Grundlagen der allgemeinen und anorganischen Chemie

Dr. sc. nat. Hans Rudolf Christen

Grundlagen der allgemeinen und anorganischen Chemie

Otto Salle Verlag
Frankfurt am Main · Berlin · München

Verlag Sauerländer
Aarau · Frankfurt am Main · Salzburg

CIP-Kurztitelaufnahme der Deutschen Bibliothek

Christen, Hans-Rudolf:
Grundlagen der allgemeinen und anorganischen Chemie /
Hans Rudolf Christen. — 7. Auflage. —
Frankfurt am Main, Berlin, München : Salle ;
Aarau, Frankfurt am Main, Salzburg : Sauerländer, 1982
    ISBN 3-7935-5394-9 (Salle)
    ISBN 3-7941-0162-6 (Sauerländer)

Bestellnummer
Salle + Sauerländer 5394

Dr. sc. nat. Hans Rudolf Christen
Grundlagen der allgemeinen und anorganischen Chemie

Illustrationen: Harald Hager

ISBN 3-7935-5394-9 (Salle)
ISBN 3-7941-0162-6 (Sauerländer)

7. Auflage 1982

Gesamtherstellung: Sauerländer AG, Aarau

Für L.

Vorwort zur vierten Auflage

Die *Grundlagen der allgemeinen und anorganischen Chemie* − deren erste Auflage im Herbst 1968 erschienen ist − setzen sich zum Ziel, den Studierenden in die theoretischen Grundlagen unserer Wissenschaft einzuführen und ihm zugleich eine erste Übersicht über die anorganische Chemie zu vermitteln. Dementsprechend nahm der allgemeine Teil − Atom- und Bindungslehre, Thermodynamik, Kinetik, Säure/Base- und Redoxreaktionen, Komplexchemie − einen relativ großen Raum ein, während die «Stofflehre» − die beschreibende Chemie − eher in den Hintergrund trat und nicht den Hauptzweck des Buches bildete. Trotzdem wurde versucht, im zweiten Teil des Buches auch aktuelle Arbeitsgebiete wie Edelgasverbindungen, Borhydride, Verbindungen der Übergangsmetalle und Komplexverbindungen angemessen zu berücksichtigen. Die Tendenz, zunächst die physikalisch-chemischen Grundlagen der Chemie zu behandeln und dann darauf den übrigen Unterricht aufzubauen, hat in der Zwischenzeit dazu geführt, daß auch an verschiedenen Hochschulen dem Anfänger zunächst eine Einführung in die allgemeine Chemie geboten wird, bevor man die «eigentliche» anorganische Chemie und dann auch die organische Chemie folgen läßt.

Für die nun vorliegende vierte Auflage wurde der gesamte Text einer gründlichen Überarbeitung und Ergänzung unterzogen, wobei aus dem oben erwähnten Grund vor allem einzelne Kapitel der allgemeinen Chemie erweitert wurden. In Kapitel 1 («Das moderne Atommodell») ist eine qualitative Diskussion des «Particle in the Box»-Problems als anschauliches Modell für die quantenmechanische Behandlung des H-Atoms neu hinzugekommen. Ziemlich stark erweitert wurde das Kapitel 3 («Die chemische Bindung»); durch eine ausführlichere Darstellung des LCAO-MO-Modelles − die allerdings nur qualitativ durchgeführt wird − soll versucht werden, den Leser in die Sprache der MO-Theorie einzuführen. Die in der vorliegenden Auflage wesentlich ausführlichere Behandlung der verschiedenen spektroskopischen Methoden, ihrer Grundlagen und ihrer Anwendungen, rechtfertigt sich durch die große Bedeutung, welche die Spektroskopie heute für die gesamte Chemie erlangt hat. Dem Leser, der jetzt zuviel Bindungstheorie findet, mag entgegnet werden, daß es leichter ist, den einen oder anderen Abschnitt beim Studium zunächst zu überschlagen, statt sich die benötigte Information zusätzlich aus anderer Literatur zu erarbeiten. Weiter neu hinzugekommen sind ein Kapitel über Gase sowie eine kurze Einführung in die für viele Probleme der Chemie unentbehrliche Symmetrielehre. Auch die Abschnitte über die Thermodynamik, die Kinetik und die koordinative Bindung wurden an einigen wesentlichen Stellen weiter gefaßt; zugleich wurden die allgemeinen Kapitel über Komplexe der Darstellung der Chemie der Übergangsmetalle vorangestellt. Der aufmerksame Leser wird jedoch auch in den meisten anderen Kapiteln kleinere oder größere Ergänzungen feststellen können.

Leider ließ es sich aus allen diesen Gründen nicht vermeiden, daß der Umfang des Buches gewachsen ist. Den darüber ungehaltenen Leser kann ich nur mit einem Ausspruch eines meiner Schüler trösten: «Ein Lehrbuch kann gar nicht umfangreich genug sein, da ich ja nicht weiß, was ich später vielleicht einmal nachschlagen möchte.»

Zum Schluß möchte ich allen, welche mich durch Kritik, Anregungen oder Hinweise auf Fehler unterstützt haben, sehr herzlich danken, ganz besonders den Herren Prof. Dr. W. Schneider (ETH Zürich), Prof. Dr. H. Krebs (Universität Stuttgart), Prof. Dr. E. Weiß (Universität Hamburg) und Prof. Dr. E. Heilbronner (Universität Basel). Die vielen Zuschriften von Studierenden, die mir wertvolle Anregungen und Kritik geboten haben, waren mir eine besondere Freude. Den

Verlagen, insbesondere den Herren H. Sauerländer, R. Kleinschnittger und J. Neubert sowie ihren Mitarbeitern danke ich für alle ihre Bemühungen und für ihr stetes Verständnis; Herrn Kleinschnittger danke ich für die mühevolle Arbeit der Herstellung des Sachregisters ganz besonders. Meine Frau hat mich nicht nur in stilistischen Fragen beraten, sondern ist mir immer mit aufmunternder Hilfe und mit Verständnis zur Seite gestanden. Ihr sei deshalb mein besonderer Dank ausgesprochen.

Winterthur, Dezember 1972   *H. R. Christen*

Vorwort zur fünften Auflage

Für die nun vorliegende fünfte Auflage wurde der gesamte Text wiederum gründlich durchgesehen und, wo nötig, überarbeitet. Insbesondere wurden die Abschnitte 1.4 («Grundlagen der Wellenmechanik») und 3.1 («Die Kovalenzbindung») erweitert und zugleich präziser formuliert. Winkel- und radiusabhängige Anteile der ψ-Funktionen werden gründlicher besprochen. Die drei Möglichkeiten zur Beschreibung der Bindungsverhältnisse in Molekülen — Verwendung delokalisierter MO auch für einfache mehratomige Moleküle (Korrelationsdiagramm von Walsh , Bildung bizentrischer MO aus Hybrid-Atomorbitalen, Elektronenpaarabstoßungs-Modell (Gillespie) — werden einander gegenübergestellt und kritisch betrachtet, wobei insbesondere auch auf die verbreitete (jedoch irrtümliche) Auffassung aufmerksam gemacht wird, daß die räumliche Gestalt eines Moleküls eine Folge der Tatsache sei, daß «ein bestimmtes Atom Hybrid-Orbitale benütze», die Überlappung also nur in bestimmten, ausgezeichneten räumlichen Richtungen erfolgen könne.

Wie bereits in der dritten Auflage der *Grundlagen der organischen Chemie* wurde jetzt auch konsequent das SI-Einheitensystem eingeführt: Verwendung von kJ bzw. J an Stelle von kcal bzw. cal, von bar an Stelle von atm, Ersatz des CGS-Systems bei der rechnerischen Durcharbeitung der Bohr-Theorie, usw. Für Fehler, die dabei stehengeblieben sind oder sich gar neu eingeschlichen haben, bitten Autor und sein HP-21 um Nachsicht!

Wiederum möchte ich allen, die zur Verbesserung des Buches und zur Ausmerzung von Fehlern beigetragen haben, meinen herzlichen Dank abstatten, vor allem Herrn Prof. Dr. K. Jørgensen (Universität Genève), dem ich zahlreiche Anregungen verdanke. Auch diesmal wurde ich von vielen Benützern auf Unklarheiten oder Fehler im Text aufmerksam gemacht. Ihnen allen gebührt mein herzlicher Dank.

Winterthur, Ende Oktober 1976   *H. R. Christen*

Inhaltsverzeichnis

1 Das moderne Atommodell

Die Vorstellung, daß sich die Materie aus kleinsten, unteilbaren Teilchen aufbaut, ist uralt und geht letzten Endes auf Leukippos und seinen Schüler Demokritos (aus Abdera, Kleinasien; Mitte des 4. Jahrhunderts v. Chr.) zurück. Im Verlaufe des 18. und dann vor allem zu Beginn des 19. Jahrhunderts nahm die «Atomhypothese» allmählich eine feste Gestalt an. In seinen klassisch gewordenen Arbeiten verwendete Dalton die Atomvorstellung zur Deutung des Gesetzes der *konstanten Proportionen,* indem er jedem Element seine eigene Atomart zuschrieb. Diese Hypothese führte ihn auf das Gesetz der *multiplen Proportionen,* dessen experimentelle Bestätigung Dalton und seinen Nachfolgern als wichtigste Stütze der Atomhypothese diente. Die Atome selbst wurden während fast des ganzen 19. Jahrhunderts als unteilbar angesehen; erst gegen Ende des Jahrhunderts wurden Teilchen entdeckt, welche kleiner und leichter sind als Atome («**Elementarteilchen**»), und man erkannte schließlich, daß die Atome eine bestimmte, offenbar recht komplizierte Struktur besitzen müssen.

1.1 Die wichtigsten Elementarteilchen und das Rutherford-Modell des Atoms

Elektronen und Protonen. Legt man an die Elektroden eines mit einem verdünnten Gas (von etwa 0,01 bis 0,001 Torr) gefüllten «Gasentladungsrohres» (Abb. 1.1) eine hohe elektrische Spannung an, so beobachtet man, daß die Kathode bestimmte Strahlen *(«Kathodenstrahlen»)* emittiert. Die Kathodenstrahlen bewegen sich völlig geradlinig auf die Anode zu, können aber durch elektrische oder magnetische Felder leicht abgelenkt werden. Indem sie bestimmte Substanzen (z. B. Zinksulfid) durch Fluoreszenz zum Aufleuchten bringen, können sie sichtbar gemacht werden. Es handelt sich bei diesen Strahlen um eine *Korpuskularstrahlung;* das Verhältnis von Ladung zu Masse dieser als «**Elektronen**» bezeichneten Korpuskeln (die sogenannte «spezifische Ladung») konnte aus der Ablenkung im elektrischen und magnetischen Feld bestimmt werden (J. J. Thomson; 1897). Die Elektronen tragen eine negative La-

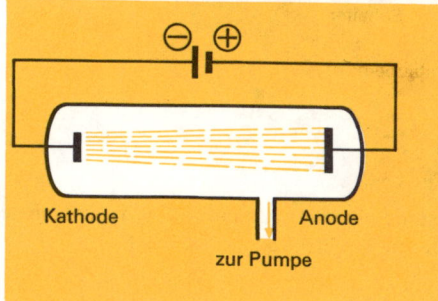
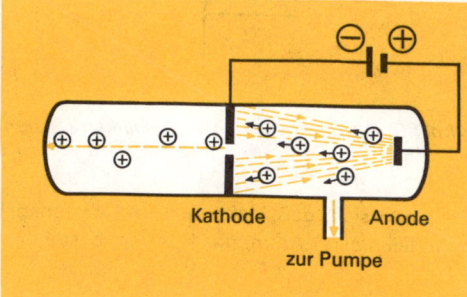

Abb. 1.1 und 1.2. Links: Schema eines Kathodenstrahlrohrs, rechts: Schema eines Kanalstrahlrohrs. Von der Kathode fliegen Elektronen zur Anode (Kathodenstrahlen); positiv geladene Teilchen fliegen auf die Kathode zu und zum Teil durch sie hindurch (Kanalstrahlen)

dung; diese Ladung stimmt überein mit der *« elektrischen Elementarladung »*, welche 1909 von Millikan durch den berühmt gewordenen «Öltropfenversuch» direkt ermittelt werden konnte (Abb. 1.3).

Millikan verwendete für seinen Versuch zwei elektrisch aufgeladene Metallplatten, zwischen die mittels einer feinen Düse kleine Öltröpfchen eingestäubt wurden. Diese Öltröpfchen wurden durch ein Mikroskop beobachtet. Durch die Wirkungen radioaktiver Strahlen konnten die Tröpfchen elektrisch geladen werden, wodurch sich ihre Fallgeschwindigkeit – je nach dem Vorzeichen der Ladung der Platten und der Tröpfchen – änderte. Aus den beobachteten Fallgeschwindigkeiten und durch Vergleich mit den Fallgeschwindigkeiten bei ungeladenen Platten ließen sich die Ladungen der Tröpfchen berechnen. Millikan fand, daß diese stets ganzzahlige Vielfache einer kleinsten Ladungsmenge betrugen, die als elektrische Elementarladung («**elektrisches Elementarquantum**») bezeichnet wurde.

Verwendet man aber eine Gesamtladungsröhre mit durchbohrter Kathode (Abb. 1.2), so läßt sich eine weitere Korpuskularstrahlung nachweisen. Die betreffenden Teilchen bewegen sich durch die Bohrung hindurch und von der Anode weg; es muß sich bei ihnen also um positiv geladene Teilchen handeln. Sie entstehen dadurch, daß die Elektronen der Kathodenstrahlen beim Zusammenstoß mit Atomen oder Molekülen des in der Röhre enthaltenen Gases den Gasteilchen Elektronen herausschlagen, so daß die Gasteilchen positiv geladen werden und sich auf die Kathode zu bewegen. Diejenigen unter ihnen, welche durch die Bohrung in der Kathode fliegen, können auf der anderen Seite als *« Kanalstrahlen »* beobachtet und untersucht werden. Die Masse der Kanalstrahlteilchen hängt davon ab, welches Gas zur Füllung der Röhre verwendet wurde. Das leichteste Kanalstrahlteilchen hat angenähert die Masse 1 u[1] und trägt eine positive Elementarladung (+ e); man bezeichnet es als **Proton.**

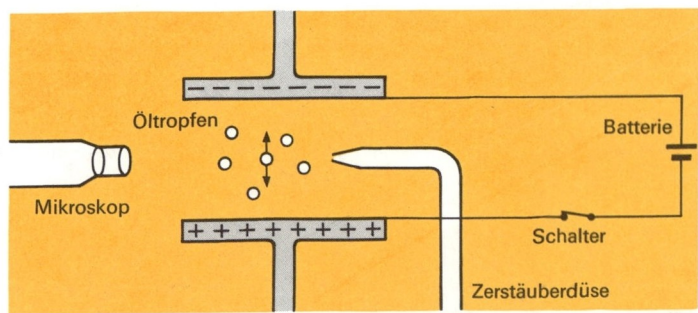

Abb. 1.3. Öltropfenversuch von Millikan (Schema)

Es zeigte sich, daß Elektronen und Protonen Bestandteile aller Atome sind. Das einfachste (und leichteste) Atom, das H-Atom, besteht nur aus einem Elektron und einem Proton.

---

[1] Definition der Atommasseneinheit (u) siehe S. 259.

Neutronen. Um 1920 postulierte man die Existenz eines elektrisch neutralen Teilchens der Masse 1 u; die mit dem Nachweis eines ungeladenen Teilchens verbundenen Schwierigkeiten machten jedoch zunächst einen direkten Beweis seiner Existenz unmöglich. (Solche Teilchen können weder durch elektrische noch magnetische Felder abgelenkt werden, und sie vermögen andere Teilchen nur durch einen unmittelbaren Zusammenstoß zu ionisieren.) Man fand dann zuerst, daß gewisse leichtere Elemente (Li, Be, B) bei der Bestrahlung mit α-Teilchen eine starke, Materie durchdringende Strahlung aussenden, und es gelang Chadwick (1932) nachzuweisen, daß diese Strahlung eine Korpuskularstrahlung ist, wobei die Teilchen ungefähr die Masse 1 u, aber keine elektrische Ladung besitzen. Chadwick bezeichnete diese Teilchen als **Neutronen** und erklärte ihre Bildung durch folgenden Prozeß:

$$^{9}_{4}Be + ^{4}_{2}He \longrightarrow ^{12}_{6}C + ^{1}_{0}n$$

(Über die Erklärung dieser Symbolik siehe S. 17.)
Obschon ähnliche Reaktionen mit schwereren Elementen sehr schwierig durchzuführen sind, gelang es doch, Neutronen als Bestandteile aller Atome (mit Ausnahme des H-Atoms!) nachzuweisen. Neutronen scheinen nur als Bestandteile von Atomen stabil zu sein; ein freies Neutron wandelt sich mit einer Halbwertszeit von 13 min in ein Elektron und ein Proton um.

Tabelle 1.1

	«Atommasse»	Masse	Ladung
Elektron	0,000 548 6 u	$0,91091 \cdot 10^{-27}$ g	$- e$
Proton	1,007 276 u	$1,6725 \cdot 10^{-24}$ g	$+ e$
Neutron	1,008 665 u	$1,6748 \cdot 10^{-24}$ g	elektrisch neutral

Unstabile Teilchen. Neben Elektronen, Protonen und Neutronen kennt man eine ganze Reihe weiterer Elementarteilchen, die allerdings meist unstabil sind *(Positronen, Mesonen* usw.) Besonders bemerkenswert sind die sogenannten *«Anti-Teilchen»*: das Positron (mit der Elektronenmasse und der Ladung $+ e$) als «Anti-Elektron», das Antiproton (Masse entspricht der Masse des Protons; Ladung $- e$) und das Antineutron. Antiteilchen sind für sich allein durchaus stabil; treffen sie jedoch auf ein «gewöhnliches» Elementarteilchen (das Positron auf ein Elektron, das Antiproton auf ein Proton usw.), so verwandelt sich die gesamte Masse der beiden Teilchen in Energie, d.h. sie vernichten sich unter Aussendung von γ-Strahlen gegenseitig.

Die Verteilung der Elementarteilchen im Atom. Elektronen und Protonen waren bereits um die Jahrhundertwende als Bausteine von Atomen erkannt worden; über den Aufbau der Atome aus diesen Elementarteilchen herrschte jedoch zunächst große Unsicherheit. Man diskutierte verschiedene Modelle, bis schließlich Versuche, die von Rutherford und seinen Mitarbeitern um 1911 durchgeführt wurden, endgültige Klarheit brachten (Abb. 1.4, 1.5).

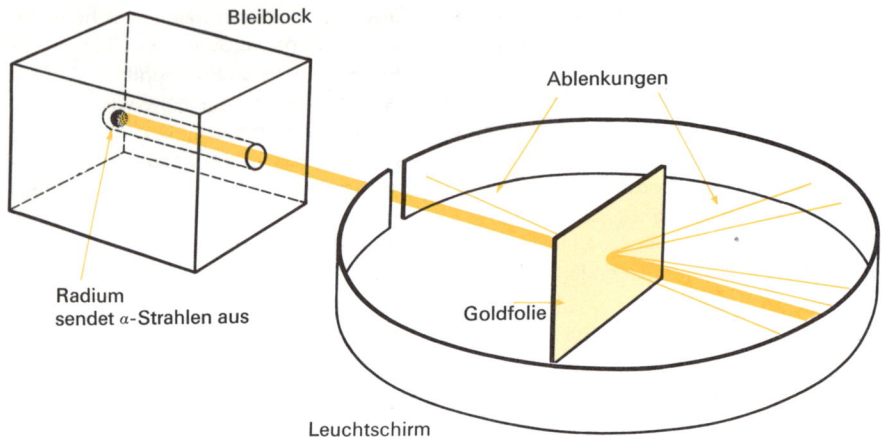

Abb.1.4. Rutherfords Apparat zur Durchführung der Streuversuche

Eine dünne Goldfolie (etwa 500 nm dick, enthält etwa 2000 Atomlagen hintereinander) wurde mit α-Teilchen (doppelt positiv geladenen He-Atomen) bestrahlt. Wenn man annimmt, daß die Atome kompakte Massenteilchen darstellen, müßte jeder α-Strahl auf Atome stoßen und stark abgelenkt werden; nur wenige Strahlen würden das Metall durchdringen. In Wirklichkeit durchdrangen aber die meisten Teilchen das Metall unter schwacher Ablenkung, und nur ganz wenige α-Teilchen wurden sehr kräftig abgelenkt. Rutherford erklärte dieses Ergebnis mit der Annahme, daß die Atome im Prinzip «leer» seien (da die meisten Strahlen unter geringer Ablenkung durch die 2000 Atome hindurchgehen) und daß die starke Ablenkung einzelner Strahlen durch positive «Zentren» innerhalb der Atome bewirkt werde. Diese «Zentren» müssen offenbar weit auseinander liegen, weil nur ein ganz kleiner Bruchteil der Strahlen von ihnen stark beeinflußt wird.

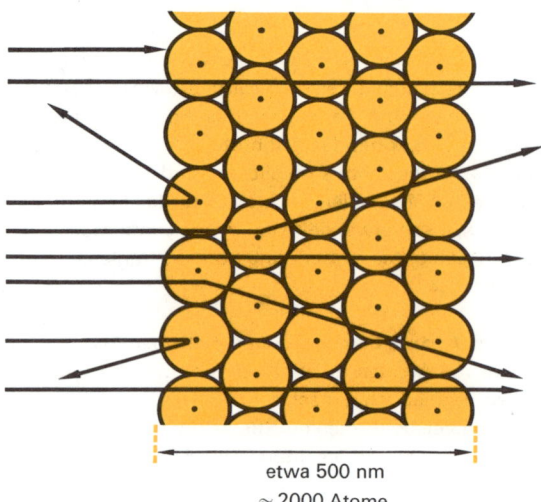

etwa 500 nm
≈ 2000 Atome

Abb. 1.5. «Streuversuch» von Rutherford: Durchstrahlung einer dünnen Metallfolie mit α-Strahlen

Die ziemlich komplizierte mathematische Auswertung solcher «Streuversuche» führte zum **Kernmodell** des Atoms. Die Atome enthalten im Zentrum einen kleinen, positiv geladenen **Atomkern,** während die Elektronen eine weite, lockere, negativ geladene **Atomhülle** bilden. Sie müssen sich in ständiger Bewegung befinden, da sie sonst «in den Kern stürzen» würden. Der Atomkern (dessen Durchmesser nur etwa den 10^4 bis 10^5 ten Teil des Atomdurchmessers beträgt) enthält neben den Protonen auch Neutronen; er macht also fast die ganze Masse des Atoms aus. Die Anzahl der Protonen eines Kernes konnte aus den gemessenen Ablenkungswinkeln der α-Strahlen in den Streuversuchen bestimmt werden; sie stimmte überein mit der bereits viel früher als **Ordnungszahl** bezeichneten «Nummer» eines Elementes im Periodensystem. Da die Masse sowohl eines Protons wie auch eines Neutrons rund 1 u beträgt, ist die Differenz zwischen der Massenzahl eines Atoms und seiner Ordnungszahl gleich der Zahl der in seinem Kern enthaltenen Neutronen.

1.2 Der Atomkern; Isotopie und Radioaktivität

Der Atomkern. Die Kerne aller Atome — mit Ausnahme des Wasserstoffatoms! — bestehen aus Protonen und Neutronen (die zusammen auch als *Nucleonen* bezeichnet werden). Zur abgekürzten Darstellung eines bestimmten Kernes schreibt man links oberhalb des betreffenden Elementsymbols seine *Massenzahl* und links unten seine Protonenzahl *(Ordnungszahl).* Beispiele: $^1_1$H (Proton), $^{16}_8$O (Sauerstoff-Kern), $^{238}_{92}$U (Uran-Kern) usw. Zwischen den Nucleonen wirken Kräfte besonderer Art *(«Kernkräfte»),* denn nach dem Coulombschen Gesetz müßten sich gleich geladene Partikeln abstoßen. Diese Kernkräfte wirken nur auf sehr geringe Distanzen (etwa 10^{-13} cm); ihre Natur wird heute noch intensiv erforscht. Sicher ist, daß die gegenseitige Umwandlung eines Protons in ein Neutron und ein «π-Meson» (mit der 273 fachen Elektronenmasse und einer Ladung von $+$ e oder $-$ e) für den Zusammenhalt des Kernes eine wesentliche Bedeutung besitzt.

Den sehr starken Kernkräften entspricht eine große, beim Aufbau eines Kernes aus seinen Nucleonen frei werdende Energie, denn zur Trennung der Nucleonen voneinander müßte man wieder einen entsprechend großen Energiebetrag aufwenden. Diese Energie zeigt sich im sogenannten *Massendefekt,* d.h. in der Tatsache, daß die Summe der Einzelmassen der Nucleonen eines bestimmten Kernes größer ist als die betreffende Kernmasse. Diese Differenz ist nach der Einsteinschen Beziehung $E = m \cdot c^2$ (wobei E = Energie; m = Masse und c = Lichtgeschwindigkeit) einer bestimmten Energie — der «Bindungsenergie» des Kernes! — äquivalent.

Beispiel: Für den Helium-Kern ergibt sich folgender Massendefekt:

$$\Delta M = [2\,m_{Proton} + 2\,m_{Neutron}] - m_{He\text{-}Kern}$$

$$= 2 \cdot 1{,}0073 + 2 \cdot 1{,}0087 - 4{,}0015 = 0{,}0305 \text{ u}$$

Diesem Massendefekt entspricht eine Energie von

$$E = \Delta M \cdot c^2 = 0{,}0305 \text{ u} \cdot \left(3 \cdot 10^{10}\,\frac{cm}{sec}\right)^2$$

und unter Berücksichtigung der Umrechnungsfaktoren von u in Gramm und erg in eV[1]: $E = 28{,}5$ MeV.

---

[1] 1 eV (Elektronvolt) ist die Energie, die ein Elektron beim Durchlaufen der Spannung 1 Volt erhält. 1 MeV = 10^6 eV.

Kernumwandlungen. Bestrahlt man Atomkerne mit Teilchen, die energiereich genug sind, um in diese eindringen zu können, so entstehen meist instabile neue Kerne, welche sich unter Aussendung von verschiedenen Zerfallsprodukten stabilisieren. Es ist auf diese Weise möglich, Atomkerne eines Elementes in Kerne eines anderen Elementes überzuführen, mit anderen Worten, Elemente ineinander umzuwandeln – ein alter Traum der Alchemisten! Die erste solche Kernumwandlung wurde von Rutherford 1919 durchgeführt, indem er Stickstoff mit α-Teilchen bestrahlte:

$$\tfrac{4}{2}\text{He} + \tfrac{14}{7}\text{N} \longrightarrow \tfrac{17}{8}\text{O} + \tfrac{1}{1}\text{H}$$

Die meisten Kernumwandlungen werden mit Teilchen durchgeführt, welche in großen Anlagen, den Teilchenbeschleunigern (Cyclotron, Synchrotron u.a.), auf hohe Energien gebracht werden. Besonders geeignet für solche Reaktionen sind Neutronen, da sie keine elektrische Abstoßung seitens des Kerns zu überwinden haben. Über die Kernspaltung durch Neutronen sowie die Kernverschmelzung siehe S. 22.

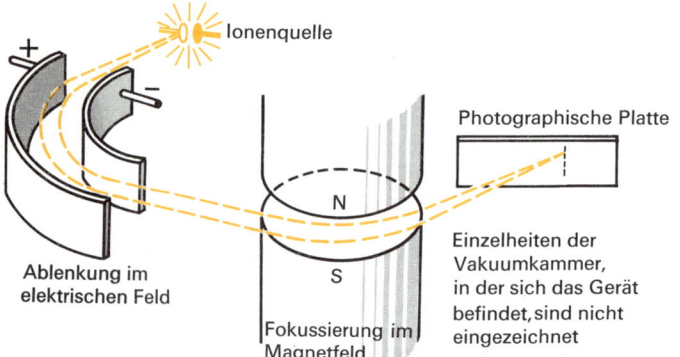

Abb. 1.6. Schema eines einfachen Massenspektrographen (nach Pauling)

Massenspektrographie, Isotope. Wie bereits auf S. 13 erwähnt wurde, kann man durch Messung der Ablenkung von Kanalstrahlen im elektrischen und magnetischen Feld die Masse der Kanalstrahlteilchen bestimmen. Dieses Verfahren wurde von Aston (1920) stark verfeinert und wird seither zur sehr genauen Bestimmung von *Atom-* und *Molekülmassen* vielfach verwendet. Im Prinzip werden dabei die Atome oder Moleküle z.B. in einem Gasentladungsrohr zuerst «ionisiert» (d.h. durch Abspaltung von Elektronen elektrisch geladen) und dann durch elektrische Felder beschleunigt. Mit Hilfe weiterer elektrischer und magnetischer Felder werden die Strahlen nachher derart abgelenkt, daß Teilchen derselben Ladung, aber verschiedener Masse, voneinander getrennt werden (Abb. 1.6). Die Anwendung dieser als «**Massenspektrographie**» bezeichneten Methode auf die verschiedenen Elemente ergab, daß zahlreiche

Abb. 1.7. Massenspektrum von Cadmium (Atommassenzahlen der einzelnen Nuclide)

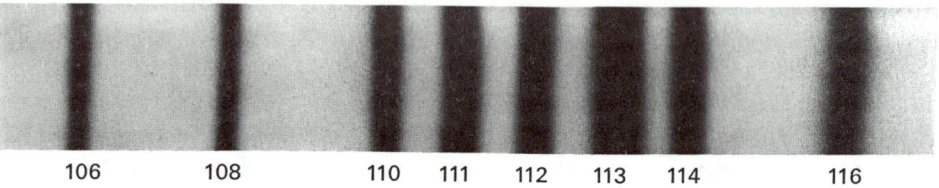

106   108   110   111   112   113   114   116

Elemente – deren Atommassenzahl dann auch ziemlich stark von ganzzahligen Werten abweicht – Mischungen *verschiedener Atomsorten* von zwar der gleichen Ordnungszahl (also der gleichen Elektronen- bzw. Protonenzahl), aber von verschiedener Neutronenzahl und damit von verschiedener Masse darstellen (vgl. Abb. 1.7: Massenspektrum von Cadmium). Da die Elektronen hauptsächlich das chemische Verhalten eines Atoms bestimmen, besitzen solche Atome weitgehend gleiche chemische Eigenschaften und lassen sich nur durch solche (physikalische) Vorgänge trennen, bei denen sich die geringen Massenunterschiede auf ihr Verhalten auswirken (z.B. durch *Thermodiffusion* in den «Trennrohren»). Weil sie im Periodensystem am gleichen Platz stehen, nennt man diese Atome **Isotope**[1] *(isos* gr. = gleich; *topos* gr. = Ort). Die Massen der einzelnen Isotope eines Elementes können mit dem Massenspektrographen sehr genau bestimmt werden. Nur sehr wenige Elemente sind *«Reinelemente»*, d.h. bestehen aus einer einzigen Atomart (Be, F, Na, Al, I).

Beispiele: *Chlor* besteht aus zwei Nukliden mit den Atommassen 34,96 u und 36,96 u, aus deren prozentualer Verteilung eine durchschnittliche Atommasse von 35,453 u resultiert. – Gewöhnlicher *Wasserstoff* ist eine Mischung von drei Nukliden: H (Atom aus einem Proton und einem Elektron bestehend), «D» *(Deuterium,* «schwerer» Wasserstoff) mit einem Kern aus einem Proton und einem Neutron und «T» *(Tritium,* «überschwerer» Wasserstoff), dessen Kern ein Proton und zwei Neutronen enthält. Die drei Isotope treten in gewöhnlichem Wasserstoff im Verhältnis $1:1,6 \cdot 10^{-4}:10^{-18}$ auf.

Radioaktivität. Die Erscheinung, daß gewisse Elemente spontan bestimmte Strahlen aussenden, wurde von Becquerel (1896) an der Pechblende, einem Uranerz, entdeckt und von ihm als «**Radioaktivität**» bezeichnet. Anschließend gelang es M. und P. Curie in jahrelanger, mühevoller Arbeit, aus Pechblende zwei neue, darin aber nur in äußerst geringen Mengen vorhandene, stark radioaktive Elemente zu isolieren: Polonium (Po) und Radium (Ra). Rutherford erkannte 1903, daß die Radioaktivität auf einen *Zerfall* der Atome (d.h. eigentlich der Atomkerne) zurückzuführen ist. Die Korpuskeln der radioaktiven Strahlungen stellen nichts anderes als Zerfallsprodukte instabiler Atomkerne dar.

Die meisten radioaktiven Elemente senden α-*Strahlen* (He-Kerne, d.h. doppelt positiv geladene He-Atome) oder β-*Strahlen* (Elektronen) aus; gewisse künstlich hergestellte radioaktive Isotope strahlen auch Positronen aus. Auch die ausgestrahlten Elektronen bzw. Positronen stammen aus dem Atomkern; sie entstehen dadurch, daß sich ein Neutron in ein Proton umwandelt bzw. umgekehrt, wobei die Ordnungszahl des betreffenden Atoms um eine Einheit steigt (sinkt), ohne daß dessen Masse in nennenswertem Maß verändert wird. Meist tritt neben der Emission von α- und β-Strahlen noch eine weitere, nichtkorpuskulare Strahlung auf, die sogenannte γ-*Strahlung.* Es handelt sich bei ihr um elektromagnetische Strahlung von sehr kurzer Wellenlänge, also um extrem kurzwelliges Röntgenlicht. Die γ-Strahlung stellt jenen Energiebetrag dar, der beim Zerfall frei wird und hier als kinetische Energie für die Bewegung der α- und β-Teilchen verbraucht wird.

Die mit dem radioaktiven Atomzerfall verbundenen Energien sind derart groß, daß auch Temperaturänderungen von einigen 1000 °C keinen Einfluß auf seinen Ablauf haben. Der Zerfall eines einzelnen, bestimmten Kernes hängt auch nicht von irgendwelchen anderen äußeren Faktoren, von seinem Aufbau oder von der Art des Zerfalles ab; es läßt sich also nicht voraussagen, wann dieses bestimmte Ereignis eintreten wird. Der radioaktive Zerfall gehorcht viel-

---

[1] Nach den Vorschlägen der IUPAP (International Union of Pure and Applied Physics) werden einzelne Atomarten, welche dieselbe Ordnungszahl besitzen, als **Nuclide** bezeichnet.

mehr rein *statistischen* Gesetzen: es besteht eine bestimmte *Wahrscheinlichkeit* dafür, daß ein Kern in einem gewissen Zeitabschnitt zerfallen wird. Die Geschwindigkeit des radioaktiven Zerfalls $\left(-\dfrac{dN}{dt}\right)$ ist proportional der in einem bestimmten Zeitpunkt vorhandenen Anzahl unzerfallener Atome:

$$-\frac{dN}{dt} = \lambda N \qquad \lambda = \text{Zerfallskonstante}$$

Wie sich gezeigt hat, folgt jeder radioaktive Atomzerfall dieser Gleichung, ganz gleichgültig, wie langsam er vor sich geht oder was für Zerfallsprodukte dabei emittiert werden.
Wenn man die zur Zeit $t = 0$ vorhandene Anzahl Atome $= N_0$ setzt, so erhält man nach der Integration obiger Gleichung den Ausdruck

$$\ln \frac{N}{N_0} = -\lambda t \qquad \text{oder in exponentieller Form } N = N_0 \cdot e^{-\lambda t}.$$

Dabei ist N die Zahl der Atome, welche zur Zeit t noch vorhanden sind. Wenn man diejenige Zeit, in welcher die Hälfte aller ursprünglich vorhandenen Atome zerfallen ist, als **Halbwertszeit** bezeichnet, so erhält man durch Einsetzen von $N = \dfrac{N_0}{2}$

$$\ln \frac{N_0/2}{N_0} = -\lambda t_{1/2} \qquad \text{und} \qquad t_{1/2} = \frac{\ln 2}{\lambda} = \frac{0{,}693}{\lambda}.$$

Da λ für jeden radioaktiven Zerfall einen bestimmten Zahlenwert besitzt, ist auch die Halbwertszeit eine für jede Zerfallsreaktion charakteristische Konstante (Abb.1.8.).

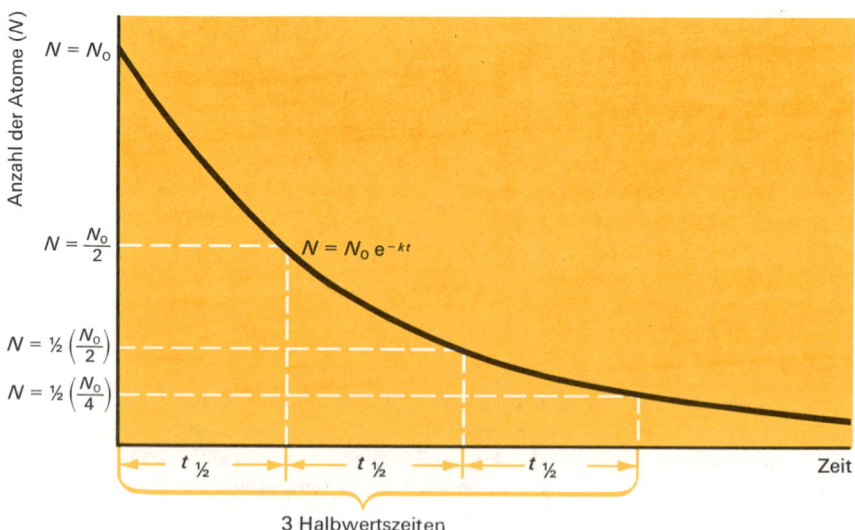

Abb.1.8. Graphische Darstellung des radioaktiven Zerfalls

Künstliche Radioaktivität. Wenn bei Kernumwandlungen α-Teilchen, Neutronen oder andere Teilchen in einen Kern eindringen, so wird sein Aufbau gestört; er wird instabil und zerfällt. Dabei entstehen neue Kerne, welche unter Umständen selbst wieder zerfallen, also radioaktiv sind. Auf solche Weise ist es möglich geworden, von praktisch allen Elementen *künstliche radioaktive Isotope* herzustellen. Deren Halbwertszeiten sind sehr verschieden; gewisse künstliche radioaktive Isotope zerfallen sehr rasch, andere besitzen eine verhältnismäßig hohe Halbwertszeit.

Künstliche radioaktive Isotope haben heute schon sehr viele *praktische Anwendungsgebiete* gefunden. Man kann z. B. in Verbindungen *bestimmte Atome «markieren»*, indem man an Stelle stabiler Atome deren radioaktive Isotope darin «einbaut». Durch ihre Strahlung, welche mit empfindlichen Zählapparaten leicht festgestellt und quantitativ gemessen werden kann, zeigen die radioaktiven Isotope genau an, wo sie sich in einem bestimmten Moment befinden. Das Arbeiten mit markierten Verbindungen ist besonders zur Erforschung von *chemischen Vorgängen im lebenden Körper* und zur Untersuchung des genauen Ablaufes chemischer Reaktionen wichtig geworden. Durch Verwendung von radioaktiven Salzen kann beispielsweise der Weg dieser Verbindungen in einer Pflanze, ihre Aufnahme in den Wurzeln, ihre Umwandlung in andere pflanzliche Substanzen und schließlich ihr Abbau genau verfolgt werden. In der *Medizin* verwendet man radioaktive Isotope sowohl für diagnostische wie für Heilungszwecke (Untersuchung der Schilddrüsenfunktion mit radioaktivem Iod; frühzeitiges Erkennen von gewissen Krebsgeschwülsten, weil z.B. in Gehirntumoren radioaktiver Phosphor bevorzugt angereichert wird; Heilung von Hauterkrankungen, Entzündungen und Tumoren durch äußerlich oder in Körperhöhlungen oder Körperflüssigkeiten eingeführte radioaktive Isotope).

Auf der Existenz radioaktiver Isotope beruht auch eine Methode zur *Bestimmung des Alters von organischem Material.* Natürlicher Kohlenstoff enthält in sehr geringen Mengen das radioaktive Nuclid ^{14}C, das dadurch entsteht, daß Neutronen aus der Höhenstrahlung auf atmosphärischen Stickstoff einwirken. Weil sich im Laufe der Erdgeschichte ein Gleichgewicht zwischen dem radioaktiven Zerfall von ^{14}C und seiner Neubildung aus Stickstoff eingestellt hat, besitzt die Luft einen konstanten Gehalt an radioaktivem Kohlendioxid. Die Pflanzen nehmen nun bei der Assimilation Kohlendioxid auf, und zwar radioaktives und inaktives ohne Unterschied, und bauen daraus Stärke, Cellulose usw. auf. Tiere, die sich von Pflanzen ernähren, bauen den Kohlenstoff in ihre Gewebe ein, wobei das Verhältnis zwischen radioaktivem und inaktivem Kohlenstoff dasselbe ist wie in der Atmosphäre. Nach dem Absterben der Pflanze oder des Tieres hört der Stoffwechsel auf, und der Gehalt an ^{14}C sinkt als Folge des radioaktiven Zerfalles. Durch die Bestimmung der Radioaktivität einer Kohlenstoffprobe, die aus Holz, Kohle, Knochen, Horn, Haut oder anderen pflanzlichen oder tierischen Überresten erhalten wurde, läßt sich deshalb die Zeit bestimmen, die seit der Bindung des Kohlenstoffes (als Kohlendioxid) aus der Atmosphäre verstrichen ist. Die ^{14}C-Methode erlaubt eine Datierung von Gegenständen bis etwa 20 000 Jahre in die Vergangenheit zurück (die Halbwertszeit von ^{14}C beträgt 5568 Jahre). Sie besitzt damit eine besondere Bedeutung für die *Datierung vor- oder frühgeschichtlicher Funde.* So gelang es damit nachzuweisen, daß in den kurdischen Vorgebirgen des heutigen Irak bereits vor 7000 Jahren ein primitiver Ackerbau getrieben wurde. In manchen Fällen wurden die Altersschätzungen der Archäologen durch die ^{14}C-Methode bestätigt, in anderen berichtigt. Für die sogenannte Sonnenpyramide in Teotihuacan in Mexiko wurde beispielsweise ein Alter von 3000 Jahren festgestellt, während die meisten Archäologen ein Alter von 15 000 Jahren angenommen hatten. – Zur Altersbestimmung von Gesteinen ist die ^{14}C-Methode nicht geeignet; man muß hier die Zusammensetzung der Zerfallsprodukte radioaktiver Atomarten mit längerer Halbwertszeit bestimmen.

Auch in den *Kernreaktoren* («Uranpile») entstehen fortlaufend große Mengen radioaktiver Isotope. Die bei *Atombombenexplosionen* als *Staub* in die Luft gelangenden radioaktiven Elemente können von lebenden Zellen aufgenommen werden. Ihre Gefährlichkeit beruht darauf, daß vor allem die γ-Strahlen in den Organismen sehr schwerwiegende Schäden verursachen (energiereiche β-Strahlen wirken ähnlich). Besonders gefährlich ist das *Strontium-Nuclid* ^{90}Sr, welches als Zerfallsprodukt bei Kernreaktionen entsteht und wegen seiner chemischen Ähnlichkeit mit Calcium vorwiegend in die Knochensubstanz eingelagert wird. Es wandelt sich dort in ein Yttrium-Nuclid um, das ein besonders starker β-Strahler ist. β- und γ-Strahlen beeinflussen einerseits die *Erbsubstanz,* indem sie Mutationen hervorrufen, welche meistens zu schweren Schädigungen führen und die, weil sie erblich sind, auf die Nachkommenschaft übertragen werden, anderseits können sie *krebserregend* wirken. Bei allen Anwendungen radioaktiver Substanzen sind deshalb einwandfrei arbeitende Schutzmaßnahmen Vorbedingung.

Die Entstehung der Elemente. Bis zu Beginn dieses Jahrhunderts wurde die auf Dalton zurückgehende Auffassung von der Unzerstörbarkeit und Unerschaffbarkeit der Atome geradezu als Axiom betrachtet. Nachdem die Radioaktivität als Zerfall von Atomen erkannt wurde und Rutherford 1919 die erste Kernumwandlung durchgeführt hatte, wurde indessen klar, daß die Atome keineswegs unveränderlich sind, und man begann sich Gedanken über die Entstehung von Atomen zu machen.

Zunächst wurden im Anschluß an die Versuche von Rutherford Tausende weiterer Kernumwandlungen durchgeführt, wobei als «Geschosse» vor allem auch Protonen, Neutronen und Deuteronen (Kerne von schwerem Wasserstoff) verwendet wurden, die man im Cyclotron oder anderen Teilchenbeschleunigern zunächst auf hohe Geschwindigkeiten (d. h. hohe kinetische Energie) brachte. 1938 beobachteten Hahn und Straßmann, daß durch Bestrahlen von Uran mit langsamen Neutronen ein regelrechter Zerfall von Atomkernen − wie es sich später zeigte, nur des Nuclids ^{235}U − auftritt, wobei als Spaltstücke Kerne zahlreicher leichterer Elemente sowie Neutronen entstehen. Da diese Neutronen durch geeignete Substanzen, «Moderatoren», gebremst werden können, kann diese Reaktion in einem aus Uran und der betreffenden Bremssubstanz aufgebauten Aggregat kettenartig weiterlaufen; sie wurde damit zur Grundlage der Gewinnung von *Atomenergie* und der *Uranbombe.*

Es sollte nun auch möglich sein, durch *Verschmelzung* (engl. *fusion)* von Kernbestandteilen schwerere Kerne aufzubauen. Tatsächlich nimmt man heute an, daß die von den *Fixsternen* (also auch von der Sonne!) ausgestrahlte Energie eine Folge solcher Kernverschmelzungsreaktionen ist. Bei den auf den Fixsternen herrschenden sehr hohen Temperaturen (auf der Sonne $10^6\,°C$, auf anderen Sternen bis $10^9\,°C$) haben nämlich die Atome ihre Elektronenhüllen vollständig verloren, und ihre kinetische Energie ist so groß, daß «thermonucleare» Reaktionen auftreten können. Man weiß mit ziemlicher Sicherheit, daß die energieliefernde Reaktion auf der Sonne in einer Verschmelzung von Protonen zu Heliumkernen besteht:

$$^1_1H \;+\; ^1_1H \;\longrightarrow\; \underset{\text{Deuteron}}{^2_1H} \;+\; \text{Positron}$$

$$^2_1H \;+\; ^1_1H \;\longrightarrow\; \underset{\substack{\text{He-3-Kern}\\\text{instabil}}}{^3_2He} \;+\; \gamma\text{-Quant}$$

$$^3_2He \;+\; ^3_2He \;\longrightarrow\; ^4_2He \;+\; 2\,^1_1H \qquad \text{(Je zwei } ^3_2He\text{-Kerne verschmelzen unter Abgabe zweier Protonen zu } ^4_2He)$$

Um Vorstellungen über die Entstehung der schwereren Elemente entwickeln zu können, sollte die *Häufigkeit* der verschiedenen Elemente im Universum bekannt sein. Geochemische Untersuchungen an Gesteinen und Meteoriten sowie spektralanalytische Messungen an Sternatmosphären, an der Sonne und an interstellarer Materie erlauben ziemlich genaue Schätzungen (Abb. 1.9). Überraschenderweise zeigte sich dabei, daß irdische und außerirdische Materie

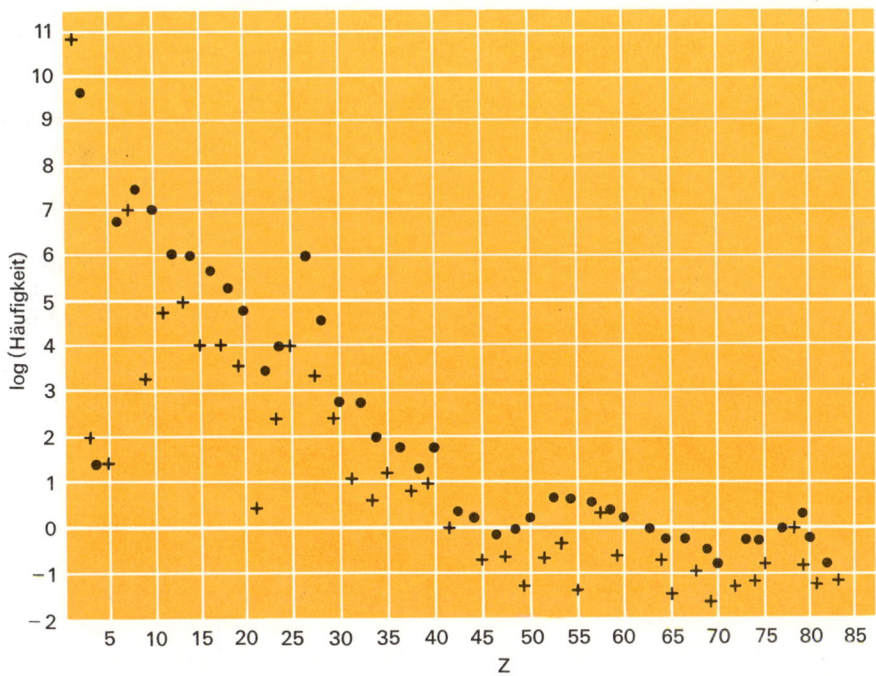

Abb. 1.9. Kosmische Häufigkeit der Elemente, verglichen mit Silicium (10⁶); logarithmische Darstellung (nach Suess und Urey). + ungerade Ordnungszahl, ● gerade Ordnungszahl

weitgehend identisch zusammengesetzt sind, was darauf hindeutet, daß die gesamte Materie des Weltalls durch übereinstimmende, plötzlich oder kontinuierlich verlaufende Vorgänge gebildet worden ist. Interessant ist weiter, daß die Häufigkeit der verschiedenen Elemente zunächst bis etwa zum Element 40 (Zirkonium) stark abnimmt, um dann ungefähr konstant zu bleiben, und daß Elemente mit geradzahliger Protonenzahl häufiger sind als solche mit ungeradzahliger. Man nimmt nun heute an, daß die Bildung der Elemente während einer sehr langen Zeit (in etwa 10^{10} Jahren) erfolgt ist. Die Grundlagen für diese Vorstellungen lieferten Beobachtungen über die Entwicklungsphasen der *Sterne*. In Sternen bestimmter Typen zeigen nämlich gewisse Elemente eine ganz besondere Häufigkeit, was darauf hinweist, daß im Inneren dieser Sterne thermonucleare Prozesse ablaufen, durch welche diese Elemente gebildet werden.

Im *ersten Entwicklungsstadium* eines Sternes (der sich aus einer interstellaren Gaswolke gebildet hat) wird hauptsächlich Wasserstoff in Helium umgewandelt, gemäß der oben dargestellten Reaktionsfolge. Nach dem Ausbrennen des Wasserstoffes dehnt sich der Stern aus und erreicht Temperaturen von bis 10^8 °C, wodurch neue Kernprozesse möglich werden können. Der wichtigste unter ihnen besteht in der Bildung von ^{12}C durch Verschmelzung von drei $^4_2$He-Kernen:

$$3 \, ^4_2\text{He} \longrightarrow \, ^{12}_6\text{C} + \text{Energie}$$

Durch Verschmelzung mit weiteren He-Kernen entstehen auch ^{16}O, ^{20}Ne, ^{24}Mg, ^{28}Si usw.; durch Kombination solcher Kerne können − unter Protonenaussendung − auch andere stabile Isotope, wie z.B. ^{23}Na, gebildet werden. Am Ende dieses Stadiums − der Stern erscheint dann als sogenannter *Roter Riesenstern* − werden noch höhere Temperaturen erreicht, und es bilden sich höhere Elemente bis etwa zum Eisen. Schließlich findet eine Kontraktion des Sternes unter Massenabbau statt (die Sterne gehen in das Stadium der *«Weißen Zwerge»* über), und die relative Unbeständigkeit dieses Stadiums führt zu eigentlichen thermonuclearen Explosionen, den sogenannten *Supernovae*-Ausbrüchen. Dabei werden nicht nur alle im Laufe der Sternentwicklung gebildeten Elemente in den interstellaren Raum geschleudert, sondern es entstehen als Folge des massenhaften Auftretens von Neutronen zusätzlich noch schwerere Elemente. Nach einem solchen Ausbruch könnte sich die Materie des explodierten Sternes mit dem durch die Materieverluste der übrigen Sterne entstandenen «Gas» vermischen, welches sich schließlich zu neuen Sternen oder zu Planeten verfestigen könnte. Die Elemente unserer Erde würden also nach dieser Hypothese letzten Endes aus dem Inneren einer nach langer Sternentwicklung gebildeten Supernova stammen.

1.3 Atomspektren und Bohrsche Theorie

Seit dem Ende des 19. Jahrhunderts war bekannt, daß *Metalldämpfe* oder *Edelgase* (die beide aus einzelnen, freien Atomen bestehen) *Licht ganz bestimmter Wellenlängen aussenden,* wenn man ihnen durch Erhitzen oder durch elektrische Funken genügend Energie zuführt. Wenn man bei der spektralen Zerlegung des Lichtes mittels eines Prismas oder eines Gitters zusammen mit der Lichtquelle auch einen Spalt optisch abbildet, treten die einzelnen Wellenlängen (Farben) in Form einzelner *«Spektrallinien»* in Erscheinung (Abb.1.10; **Linienspektrum**). Im Gegensatz dazu erhält man vom Sonnenlicht oder vom Licht einer Glühlampe ein *«kontinuierliches»* *Spektrum,* das nicht nur einzelne, sondern alle «Spektralfarben» enthält. Sonnenlicht enthält also innerhalb eines bestimmten Bereiches alle möglichen Wellenlängen, während einzelne Atome nur Licht ganz bestimmter Wellenlängen aussenden können. Werden Edelgase oder Metallatome mit weißem Licht bestrahlt, so beobachtet man, daß gerade diejenigen Wellenlängen absorbiert werden, welche auch emittiert werden können.
Diese Emissions- und Absorptionsspektren bilden charakteristische Eigenschaften der betreffenden Elemente und können z.B. für ihren Nachweis verwendet werden *(Spektralanalyse).* Die einzelnen Wellenlängen eines solchen Spektrums stehen untereinander in einem bestimmten, mathematischen Zusammenhang (S. 27) und lassen sich in sogenannte Serien ordnen (Abb.1.11). Die Spektren ähnlicher Elemente (z.B. der Alkalimetalle) zeigen darin eine gewisse Übereinstimmung.
Die Erklärung dieser Erscheinungen bot der Physik längere Zeit große Schwierigkeiten. Nach dem Rutherford-Modell rotieren die Elektronen um den Kern; eine beschleunigt bewegte Ladung − also auch ein umlaufendes Elektron! − muß aber gemäß der klassischen, von Maxwell begrün-

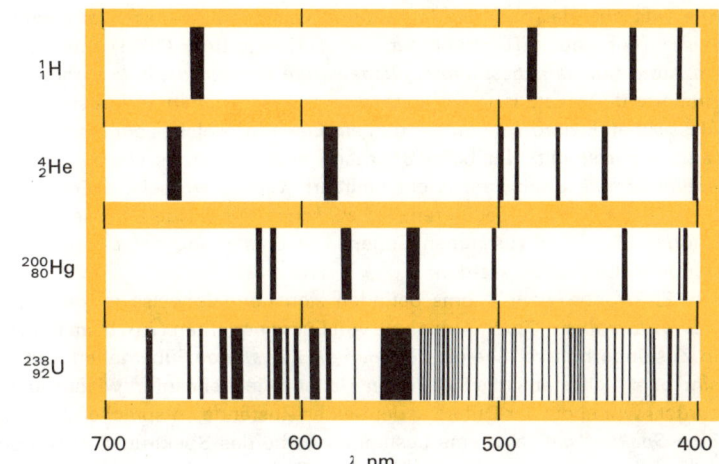

Abb. 1.10
Linienspektren
verschiedener Atome

deten Elektrodynamik Energie in Form von Licht abstrahlen, wobei dessen Frequenz gleich der Frequenz der Umläufe um den Kern sein sollte. Wenn nun aber ein Atom fortwährend Licht-energie abgibt, müßten sich die Elektronen auf immer enger werdenden Spiralbahnen dem Kern nähern und schließlich ganz in den Kern stürzen. Gleichzeitig würde die Umlaufsfrequenz eines Elektrons ständig wachsen, so daß auch die Frequenz des emittierten Lichtes ständig wachsen sollte und ein kontinuierliches Spektrum ausgestrahlt werden müßte.

Nun zeigte bereits Planck (1900), daß die Energie eines Systems nicht in beliebigen Beträgen, sondern nur als ganzzahliges Vielfaches von **Energiequanten** *(«Energiepaketen»)* auftreten kann. Die Größe dieser Energiequanten (d.h. ihr Energieinhalt) hängt zusammen mit der Frequenz der die Energie transportierenden Strahlung und wird nach Planck durch folgende Formel gegeben:

$$E = h \cdot \nu$$

(h = Plancksches Wirkungsquantum = 6,626 · 10⁻³⁴ J sec; ν = Frequenz)

Abb. 1.11. Emissionsspektrum von atomarem Wasserstoff (schematisch). Um Überschneidungen zu vermeiden, sind die höheren Serien (höher als die Paschen-Serie) weggelassen worden

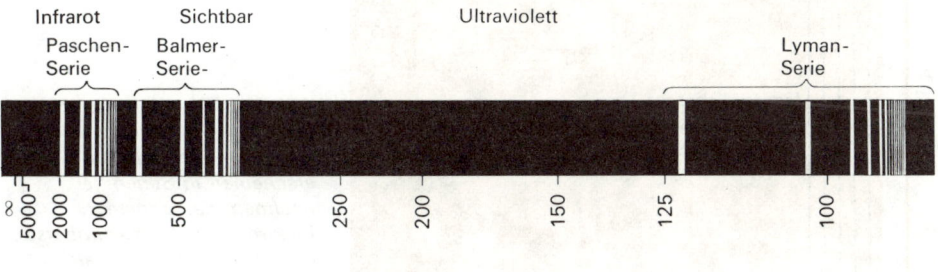

Wellenlänge (nm)

Die Tatsache, daß auch die *Lichtenergie quantenhaft ausgestrahlt* wird (das Licht also in gewissem Sinn auch Teilchennatur besitzt), führte Bohr (1913) zum Schluß, daß die Elektronen im Atom nur ganz *bestimmte, ausgewählte Energiezustände* einnehmen können. Bohr interpretierte diese «stationären Zustände» als *Kreisbahnen* und postulierte – im Widerspruch zur klassischen Elektrodynamik! –, daß ein Elektron, welches auf einer solchen Bahn um den Kern läuft, nicht strahlt. Nur beim Übergang eines Elektrons von einer energiereicheren auf eine energieärmere Bahn kann Licht emittiert werden, wobei die Frequenzen des ausgesandten Lichtes mit der Energiedifferenz ΔE zwischen den beiden Bahnen nach der «Frequenzbedingung» $\Delta E = h \cdot \nu$ zusammenhängen. Die Entstehung der *Linienspektren* konnte damit folgendermaßen erklärt werden:

Die Elektronen eines Atoms befinden sich normalerweise im energieärmsten Zustand, dem *«Grundzustand»*. Durch Aufnahme von Energiequanten (z.B. beim Erhitzen) können Elektronen in Zustände höherer Energie *(«angeregte» Zustände)* übergehen. Diese angeregten Zustände sind aber nicht stabil; die Elektronen «fallen» vielmehr sofort wieder auf tiefere Energiezustände zurück, wobei die der Differenz der beiden Zustände entsprechende Energie als Licht frei wird. Eine *Spektrallinie* (also eine bestimmte Farbe des Spektrums) entspricht damit der *Differenz zwischen zwei Energiezuständen eines Elektrons. Aus den verschiedenen Frequenzen der Spektrallinien eines Atoms kann man deshalb auf die möglichen Energiezustände schließen;* ein Spektrum stellt damit geradezu ein Abbild aller möglichen «Quantensprünge» zwischen den verschiedenen Energiezuständen dar (Abb.1.12). Unter einer zweiten Annahme (dem «zweiten Bohrschen Postulat»), daß für die stationären Zustände das Produkt aus Impuls des Elektrons $(m \cdot v)$ und dem Bahnumfang $(2\pi r)$ gleich einem ganzzahligen Vielfachen von h sei, gelang es Bohr, das Spektrum des H-Atoms sogar quantitativ exakt zu deuten. Bei Atomen mit mehreren Elektronen sollten gemäß der von Bohr entwickelten Modellvorstellung auch mehrere Elektronen auf demselben Abstand vom Kern umlaufen können und eine *«Elektronenschale»* bilden; es zeigte sich jedoch bald, daß dieses Modell mit seinen den Kern planetenartig umkreisenden Elektronen für die Anwendung auf höhere Atome nicht sehr geeignet ist und bereits bei der Deutung des Helium-Spektrums versagt.

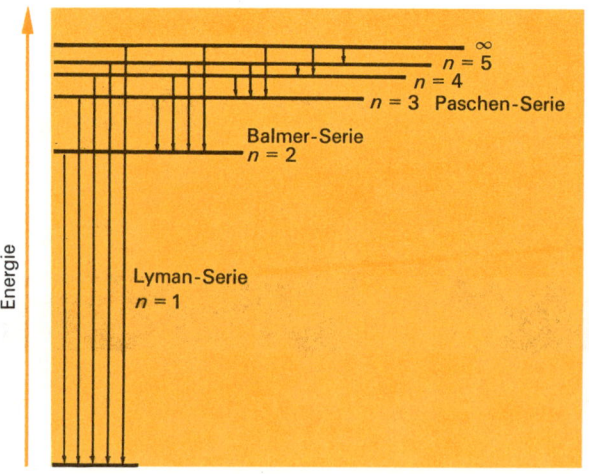

Abb. 1.12. Energiestufenschema des Wasserstoffatoms. Die einzelnen Spektrallinien erscheinen in Serien, je nachdem das angeregte Elektron auf das zweitoberste, drittoberste usw. Niveau «zurückfällt»

Ein ganz wesentliches Ergebnis der Bohrschen Theorie ist jedoch, daß das Atom – d.h. die Existenz eines stabilen Gebildes aus einem Kern und den Elektronen – mit den Mitteln der klassischen Physik *nicht* verständlich ist. Bereits das erste Bohrsche Postulat («ein Elektron, das auf einer stationären Bahn umläuft, strahlt nicht») widerspricht der Elektrodynamik, und auch das zweite Postulat ($m \cdot v \cdot 2\pi r = n \cdot h$) stellt eine zunächst ganz willkürliche Behauptung dar. Von diesen Postulaten abgesehen, arbeitet aber die Bohrsche Theorie auf dem Boden der klassischen Physik. Die Weiterentwicklung der Theorie zeigte jedoch bald, daß man zur Deutung des Phänomens «Atom» und seiner Eigenschaften die klassische Theorie weitgehend verlassen muß.

Die Behandlung des Wasserstoff-Spektrums nach der Bohr-Theorie. Balmer (1883) erkannte, daß die Frequenzen des sichtbaren Teils des H-Spektrums (der sogenannten Balmer-Serie) folgender Beziehung gehorchen:

$$\text{Wellenzahl} = \frac{1}{\lambda} = R \cdot \left[\frac{1}{2^2} - \frac{1}{m^2} \right]$$

R ist eine Proportionalitätskonstante *(«Rydberg-Konstante»): R* = 109 737 cm^{-1}

Später wurden im Ultraviolett und Infrarot weitere Serien von Spektrallinien entdeckt, bei welchen statt der Zahl 2^2 die Zahlen 1^2, 3^2, 4^2 und 5^2 auftreten. Für das H-Spektrum gilt also folgende allgemeine Beziehung:

$$\text{Wellenzahl} = \frac{1}{\lambda} = R \cdot \left[\frac{1}{n^2} - \frac{1}{m^2} \right]$$

Diese Gleichung läßt sich aus der Bohrschen Theorie ableiten, wenn man die Energie des Elektrons auf verschiedenen stationären Bahnen berechnet und weiter $E_H = E_I - E_{II}$ setzt. E_{II} und E_I sind die Energien zweier Zustände, zwischen denen ein «Quantensprung» auftreten kann.

Für eine kreisförmige Bahn des Elektrons muß die Zentrifugalkraft $m \cdot v^2/r$ gleich der Anziehungskraft Proton – Elektron ($e^2 / 4\pi \varepsilon_0 r^2$) sein. Zur Abkürzung führen wir hier (und auf den folgenden Seiten) für den Faktor $e / \sqrt{4\pi \varepsilon_0}$ die Bezeichnung e_π ein, so daß gilt:

$$\frac{m \cdot v^2}{r} = \frac{e_\pi^2}{r^2} \tag{1.1}$$

Die Gesamtenergie des Elektrons setzt sich zusammen aus kinetischer Energie *T* und potentieller Energie *V*:

$$E = \frac{1}{2} m \cdot v^2 + \left(-\frac{e_\pi^2}{r} \right) \tag{1.2}$$

(Man setzt die potentielle Energie des Elektrons im Abstand ∞ vom Kern = 0.) Nach (1.1) ist aber $m \cdot v^2 = e_\pi^2/r$; setzt man diesen Ausdruck in (1.2) ein, so erhält man:

$$E = \frac{1}{2} \frac{e_\pi^2}{r} - \frac{e_\pi^2}{r} = -\frac{1}{2} \frac{e_\pi^2}{r} \tag{1.3}$$

Aus dem zweiten Bohrschen Postulat $m\,v\,r = n\,\dfrac{h}{2\,\pi}$ folgt:

$$v = n\,\frac{h}{2\,\pi}\cdot\frac{1}{m\cdot r}$$

In (1.1) eingesetzt ergibt sich:

$$\frac{m\,n^2\,h^2}{4\,\pi^2\,m^2\,r^2} = \frac{e_\pi{}^2}{r}\qquad \text{und weiter}\qquad r = \frac{n^2\,h^2}{4\,\pi^2\,m\,e_\pi{}^2}$$

Damit wird: $E = -\dfrac{2\,\pi^2\,m\,e_\pi{}^4}{n^2\,h^2} \equiv \dfrac{m\,e^4}{8\,\varepsilon_0{}^2\,n^2\,h^2}$ (1.4)

E_H – also die Energiedifferenz zwischen zwei stationären Zuständen – wird

$$E_\mathrm{H} = -\frac{2\,\pi^2\,m\,e_\pi{}^4}{n_\mathrm{I}^2\,h^2} - \left[-\frac{2\,\pi^2\,m\,e_\pi{}^4}{n_\mathrm{II}^2\,h^2}\right] = \frac{2\,\pi^2\,m\,e_\pi{}^4}{h^2}\left[\frac{1}{n_\mathrm{II}^2} - \frac{1}{n_\mathrm{I}^2}\right]$$

und wenn schließlich $E_\mathrm{H} = h\cdot v$ gesetzt wird, erhält man für die Frequenz

$$\frac{2\,\pi^2\,m\,e_\pi{}^4}{h^3}\left[\frac{1}{n_\mathrm{II}^2} - \frac{1}{n_\mathrm{I}^2}\right] \quad\text{und für die Wellenzahl}\quad \frac{1}{\lambda} = \frac{2\,\pi^2\,m\,e_\pi{}^4}{h^3\cdot c}\left[\frac{1}{n_\mathrm{II}^2} - \frac{1}{n_\mathrm{I}^2}\right]$$

Der erste Faktor dieses Produktes entspricht der empirisch bekannten Rydberg-Konstante; setzt man die Zahlenwerte ein, so läßt sich diese berechnen. Das dadurch gefundene Ergebnis stimmt mit dem experimentell bestimmten Wert sehr genau überein.

Energiestufen der Atome. Auch wenn das Bohr-Modell bei der Anwendung auf die Spektren höherer Atome keine exakten Resultate mehr ergibt, steht doch fest, daß das Aussenden von Licht ganz bestimmter Wellenlängen durch höhere Atome ebenfalls nur dadurch zu erklären ist, daß man für deren Elektronen ausgezeichnete, stationäre Zustände annimmt. Durch die Auswertung der Atomspektren ist es deshalb möglich, diese Energiezustände festzulegen. Abb. 1.13 gibt das **Energieniveauschema**, d.h. die relative Reihenfolge dieser Zustände.

Die *Hauptenergiestufen* (-energieniveaux) werden mit den Buchstaben K, L, M, N usw. bezeichnet. Elektronen höherer Niveaux bewegen sich durchschnittlich weiter vom Kern entfernt als energieärmere Elektronen, denn zur Entfernung eines Elektrons vom Kern muß gegen die elektrische Anziehung Arbeit aufgewendet werden. Die L-, M-, N- usw. -Niveaus gliedern sich noch in eine Anzahl Untergruppen (*«Unterniveaux»*), die zwar bezüglich ihrer Energie ähnlich, jedoch nicht gleichwertig sind und die sich durch die Form des Raumes, in welchem sich die betreffenden Elektronen bewegen, charakterisieren lassen (nur beim H-Atom sind diese Unterniveaux energetisch gleich). Man unterscheidet die Untergruppen als s-, p-, d- und f-Niveaux[1]. Das L-Niveau umfaßt s- und p-, das M-Niveau s-, p- und d- und das N-Niveau auch noch f-Elektronen. Die Elektronen des K-Niveaus gleichen in ihrem Verhalten den s-Elektronen höherer Niveaus und werden ebenfalls als s-Elektronen bezeichnet.

---

[1] Die Bezeichnungen s, p, d und f stammen von den willkürlichen Namen bestimmter Spektrallinienserien.

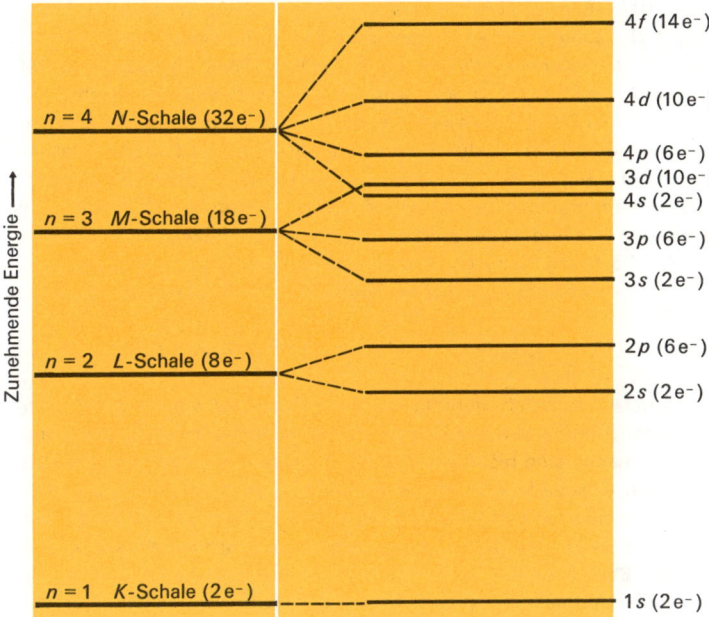

Abb. 1.13. Energieniveauschema. Das Diagramm zeigt, wie die L-, M- und N-Schale verschiedene Untergruppen von Elektronen enthalten (s-, p-, d- und f-Niveaux)

1.4 Grundlagen der Wellenmechanik

Die Bohrschen Postulate sind nach der klassischen Physik nicht verständlich. Obschon die Bohrsche Theorie wenigstens in der Anwendung auf das H-Atom recht erfolgreich war, blieb das Versagen der Theorie bei den höheren Atomen unbefriedigend, und man suchte sie schon kurz nach ihrer Entwicklung zu verbessern.

Unschärfebeziehung. Eine in dieser Hinsicht grundlegende Erkenntnis stammt von Heisenberg (1927). Es ist nach ihr *unmöglich, Ort und Impuls eines Teilchens gleichzeitig genau zu kennen.* Die Ursache für diese sich ausschließende Genauigkeit in der Orts- und Impulsmessung liegt darin, daß es unmöglich ist, z.B. den Ort eines Teilchens genau festzulegen, ohne gleichzeitig seinen Impuls in unkontrollierbarer Weise zu verändern, da sowohl Orts- wie Impulsmessung eine *Störung* des zu untersuchenden Objektes bedeuten. Um beispielsweise den Ort eines Elektrons zu bestimmen, müßte man es «beobachten», d.h. durch ein Mikroskop mit Lichtquanten bestrahlen, deren Wellenlängen in der Größenordnung des maximalen Fehlers Δx liegt, welchen man für die Ortsbestimmung noch zulassen will[1]. Man müßte also äußerst kurzwelliges Licht verwenden, d.h. Lichtquanten von sehr hoher Energie und hohem Impuls

---

[1] Das Auflösungsvermögen eines Mikroskops (der kleinste Abstand zweier Punkte, die noch getrennt wahrgenommen werden können; m.a.W. die Ortsunsicherheit) ist $= \lambda/2 \sin \theta$ (θ = halber Öffnungswinkel des Objektivs).

h/λ[1]. Bei einem elastischen Zusammenstoß zwischen einem Lichtquant und einem Elektron würde das Lichtquant einen gewissen Energiebetrag an das Elektron abgeben, wobei dieses ebenfalls einen Impuls erhalten würde. Je höher aber die ursprüngliche Energie des Lichtquants ist (je kürzer λ), desto größer wird die Unsicherheit hinsichtlich der Energie und damit auch hinsichtlich des Impulses des Elektrons nach dem Stoß. Versucht man also, den Ort eines Elektrons durch Verwendung von Lichtquanten hoher Energie möglichst genau zu bestimmen, so wird der Impuls sehr unsicher, da das Elektron durch den Zusammenstoß mit dem Lichtquant einen Impuls unbekannter Größe und Richtung erhält. In ganz entsprechender Weise hätte eine genaue Impulsmessung eine starke Ortsunsicherheit zur Folge.

Die Ortsbestimmung eines Elektrons innerhalb der Strecke $\Delta x \approx \lambda$ bedingt also eine Impulsunsicherheit von $\Delta p \approx h/\lambda$. Das Produkt der beiden Ungenauigkeiten wird

$$\Delta p \cdot \Delta x = h/\lambda \cdot \lambda = h \,.$$

Nach der Unschärfebeziehung kann das *Bohrsche Modell nicht richtig* sein, denn so präzise Aussagen über Bahn und Impuls (Geschwindigkeit) eines Elektrons, wie sie die Bohrsche Theorie macht, sind nicht zulässig. Für die Elektronen läßt sich der Aufenthaltsort nur mit einer gewissen Unschärfe, d.h. mit einer gewissen Wahrscheinlichkeit, angeben. Eine solche räumliche *«Wahrscheinlichkeitsverteilung»* kann als eine in bestimmter Weise über das Atom verteilte **«Wolke»** negativer Ladung veranschaulicht werden, wobei diese **«Ladungswolken»** an den Stellen größter Aufenthaltswahrscheinlichkeit (d.h. dort, wo sich ein Elektron am häufigsten aufhält) ihre größte Dichte besitzen. Die Darstellungen solcher Wolken in der Art der Abb. 1.14 a muß man sich durch Summierung zahlreicher «Momentaufnahmen» des Elektrons entstanden denken; ein Punkt entspricht dabei dem Ort des Elektrons in einem bestimmten Augenblick. Dort, wo die Punkte dichter liegen, hält sich das Elektron häufiger auf. Nach außen hin haben solche Ladungswolken keine scharfen Grenzen; in der Darstellung der Abb. 1.14 b entspricht die Umgrenzungslinie willkürlich einer bestimmten Minimaldichte.

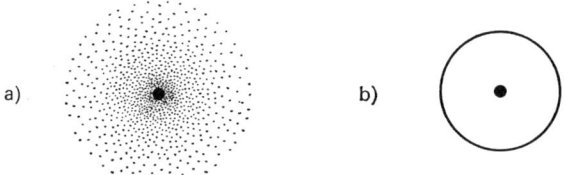

a)   b)

Abb. 1.14. Kugelsymmetrische Ladungswolke

Kinetische Energie des Elektrons. Wenn sich ein Teilchen der Masse m in einem linearen Kasten der Länge a auf der x-Achse befindet, so ist sein Ort ziemlich genau festgelegt; die Ortsunbestimmtheit ist gleich der Kastenlänge a. Der Impuls des Teilchens $m \cdot v_x$ kann entweder in die positive oder die negative x-Richtung zeigen, weist also den Bereich $\Delta p_x = 2m \cdot v_x$ auf. Seine minimale Größe wird durch die Unschärfebeziehung gegeben:

$$\Delta x \cdot \Delta p_x = a \cdot 2 \cdot m \cdot v = h$$

---

[1] Wenn man die Plancksche und die Einsteinsche Beziehung *(E = h \cdot \nu* und *E = m \cdot c^2)* für die Energie eines Lichtquants einander gleichsetzt und weiter berücksichtigt, daß $c = \lambda \cdot \nu$ ist, so ergibt sich für den Impuls $p = m \cdot c = h/\lambda$.

Daraus erhält man für die minimale kinetische Energie des Teilchens $T = m \cdot v^2/2$:

$$T \geqslant \frac{h^2}{8\,m\,a^2}$$

Als *Folge der Unschärfebeziehung* muß also ein *Teilchen,* dem durch einen bestimmten Raum *Beschränkungen in seiner Bewegung* auferlegt sind, *notwendigerweise* eine *bestimmte minimale kinetische Energie* besitzen, die um so größer wird, je kleiner der zur Verfügung stehende Raum ist.

Kimball-Ansatz für das H-Atom. Wenn man für das Elektron eine *kugelförmige Ladungswolke* von *homogener Ladungsdichte* annimmt, läßt sich die Energie des H-Atoms im Grundzustand in einfacher Weise berechnen (Kimball *et al.* 1951–1959).
Die *kinetische Energie* des Elektrons kann man aus der Unschärfebeziehung erhalten, wenn man sie – wie es für ein Teilchen, das sich in einem kugelförmigen Hohlraum konstanten Potentials bewegt, zulässig ist – in der Form $\Delta x \cdot \Delta p = h/4\,\pi$ verwendet. Es ergibt sich dann der Wert

$$T = \frac{9\,h^2}{32\,\pi^2\,m\,r^2}\;.$$

Die kinetische Energie des Elektrons verhält sich also umgekehrt proportional zum Quadrat des Radius der Ladungswolke: je größer der Raum, in dem sich das Elektron bewegen kann, desto kleiner wird die minimale kinetische Energie.
Die *potentielle Energie* des Elektrons (der Elektronenwolke) läßt sich nach der klassischen Elektrostatik berechnen, wenn man die Ladung des Elektrons als gleichmäßig in einer Kugel vom Radius r verteilt betrachtet. Wenn man einer solchen «Raumladungskugel» ein Proton aus dem Unendlichen nähert, bis sich zunächst Proton und Raumladungskugel berühren und schließlich das Proton in die Raumladungskugel gelangt, und die dabei freiwerdende Energie integriert, so erhält man für die potentielle Energie der Raumladungskugel

$$V = -\frac{3}{2} \cdot \frac{e_\pi^2}{r}\;.$$

Die potentielle Energie des Elektrons nimmt also mit zunehmendem Radius zu, während die kinetische Energie mit zunehmendem Radius abnimmt. *Ausdehnung der Elektronenwolke* würde *Aufwand an potentieller Energie, Kompression* aber *Aufwand an kinetischer Energie* bedeuten. Die *Gesamtenergie* des Systems, welche sich aus kinetischer und potentieller Energie zusammensetzt, muß demnach bei einem bestimmten Radius r ein *Minimum* besitzen.

Man findet diesen Radius (d.h. den Radius der homogenen Kugelwolke), indem man E nach r differenziert und die Ableitung gleich Null setzt.

$$E = T + V = \frac{9\,h^2}{32\,\pi^2\,m\,r^2} - \frac{3}{2} \cdot \frac{e_\pi^2}{r}\;;$$

daraus $\quad r = \dfrac{3}{2} \cdot \dfrac{h^2}{4\,\pi^2\,m\,e_\pi^2} = \dfrac{3}{2} \cdot 52{,}9\,\text{pm}$

Wenn man den für r gefundenen Ausdruck in die Gleichung für die Gesamtenergie einsetzt, erhält man

$$E = -\frac{1}{2} \frac{4\pi^2 m e_\pi^4}{h^2} \equiv \frac{m e^4}{8 \varepsilon_0^2 h^2} = -13,6 \text{ eV}.$$

Dieser Wert stimmt mit dem nach der Bohrschen Theorie für den Grundzustand berechneten Wert [Gleichung (1.4), S. 28] überein.

Materiewellen und Schrödinger-Gleichung. Wie wir gesehen haben, postuliert die Quantentheorie für das Licht eine *«Doppelnatur»*: je nach der Betrachtungsweise ist es als Wellenvorgang oder als korpuskulare Erscheinung aufzufassen. Die bekannten Beugungserscheinungen an Gittern oder an einem Spalt einerseits sowie der lichtelektrische Effekt (auf die Oberfläche bestimmter Metalle auftreffendes Licht vermag Elektronen aus dem Metall herauszulösen) anderseits bilden die augenfälligsten «Beweise» für diese Doppelnatur. Ausgehend von diesem Welle-Teilchen-Dualismus ordnete nun De Broglie (1924) jedem bewegten Korpuskel auch Wellencharakter zu («**Materiewellen**»), wobei für diese ebenso wie für Lichtquanten die Beziehung gilt:

$$\lambda = \frac{h}{m \cdot v}$$

Für makroskopische Teilchen wird die De Broglie-Wellenlänge unmessbar klein; die Wellennatur der Materie ist deshalb nur für *bewegte Elementarteilchen* oder *Atomkerne* zu berücksichtigen. So können z.B. bewegte Elektronen von hoher kinetischer Energie als Wellen von sehr kurzer Wellenlänge betrachtet werden. Durch Beugung von Elektronenstrahlen an Kristallgittern konnte in der Tat ihre Wellennatur bereits 1927 experimentell bestätigt werden. Insbesondere müssen aber auch die gemäß der Bohrschen Theorie als Korpuskeln den Atomkern umkreisenden Elektronen als (stehende) Wellen aufgefaßt werden; damit keine Auslöschung durch Interferenz erfolgt, muß der Kreisumfang ($2\pi r$) gleich einem ganzzahligen Vielfachen der Wellenlänge sein. Mit $\lambda = h/mv$ folgt daraus unmittelbar das zweite Bohrsche Postulat $2\pi r = n \cdot h/m \cdot v$ oder $2\pi r \cdot m \cdot v = n \cdot h$.

Man fragt sich vielleicht, wie man diese Wellen-Teilchen-Doppelnatur *«verstehen»* soll. Wenn man unter «Verstehen» ein Zurückführen des Neuen auf etwas Bekanntes meint, d. h. auf etwas, an das man sich auf Grund der Alltagserfahrung gewöhnt hat (das aber ohne diese Gewöhnung ebenso unverständlich ist wie das Neue), so kann man sie nicht verstehen. Naturwissenschaftliches «Verstehen» bedeutet nun aber nichts anderes als das Naturgesetz erkennen, nach welchem bestimmte Erscheinungen stattfinden. In diesem Sinn läßt sich der Welle-Teilchen-Dualismus ebenso als Naturgesetz zur Kenntnis nehmen wie die durch die Gesetze der klassischen Mechanik zu beschreibenden Erscheinungen der Alltagserfahrung.

Die Tatsache, daß kleinste Teilchen auch *Welleneigenschaften* zeigen können, legt die Möglichkeit nahe, ihr Verhalten mit *Gleichungen* zu beschreiben, die auch *zur Darstellung anderer Arten von Wellen* verwendet werden. Man geht dabei aus von einer Größe ψ, der sogenannten **Wellenfunktion,** einer Funktion der x-, y- und z-Koordinaten (für gewisse Zwecke wird ψ besser als Funktion der Polarkoordinaten, r, θ und φ dargestellt; siehe S. 40) und der Zeit. Zeitabhängige Wellenfunktionen sind allerdings nur von Interesse zur Beschreibung der Übergänge eines Elektrons von einem in einen anderen Energiezustand (sie sind deshalb für das Verständnis der Elektronenspektroskopie wichtig); zur Beschreibung stationärer Zustände (z. B. eines Elektrons im Atom) braucht die Zeitabhängigkeit nicht berücksichtigt zu werden. Bei einer *Kugelwelle,* die sich mit der Geschwindigkeit U dreidimensional im Raum ausbreitet, bedeutet ψ die Schwingungsamplitude; ihre Änderung als Funktion der drei Raumkoordinaten und der Zeit läßt sich durch eine Differentialgleichung zweiter Ordnung beschreiben:

$$\frac{\delta^2 \psi}{\delta x^2} + \frac{\delta^2 \psi}{\delta y^2} + \frac{\delta^2 \psi}{\delta z^2} - \frac{1}{U^2} \cdot \frac{\delta^2 \psi}{\delta t^2} = 0 \qquad (1.5)$$

Für eine einfache harmonische Schwingung gilt

$$\psi = A \sin 2 \pi v t$$

Durch zweimalige Differentiation erhält man

$$\frac{\delta^2 \psi}{\delta t^2} = - 4 \pi^2 v^2 \cdot A \sin 2 \pi v t = - 4 \pi^2 v^2 \psi$$

Setzt man das Ergebnis in Gleichung (1.5) ein und verwendet die allgemeine Beziehung zwischen Wellenlänge λ, Frequenz v und Geschwindigkeit U der Welle, nämlich $\lambda = U/v$, so erhält man

$$\frac{\delta^2 \psi}{\delta x^2} + \frac{\delta^2 \psi}{\delta y^2} + \frac{\delta^2 \psi}{\delta z^2} + \frac{4 \pi^2}{\lambda^2} \cdot \psi = 0$$

Diese Gleichung gilt für *beliebige* dreidimensionale Kugelwellen. Um daraus die für *Mikropartikeln* gültige Wellengleichung zu erhalten, ersetzt man die Wellenlänge λ durch die Beziehung von De Broglie $\lambda = h/(m \cdot v)$:

$$\frac{\delta^2 \psi}{\delta x^2} + \frac{\delta^2 \psi}{\delta y^2} + \frac{\delta^2 \psi}{\delta z^2} + \frac{4 \pi^2 m^2 v^2}{h^2} \cdot \psi = 0 \qquad (1.6)$$

Die kinetische Energie der Partikel $m \cdot v^2/2$ ist gleich der Differenz zwischen der Gesamtenergie E und der potentiellen Energie V, so daß man schließlich nach Einsetzen von $E - V$ für $m \cdot v^2/2$ in (1.5) die fundamentale Beziehung

$$\frac{\delta^2 \psi}{\delta x^2} + \frac{\delta^2 \psi}{\delta y^2} + \frac{\delta^2 \psi}{\delta z^2} + \frac{8 \pi^2 m}{h^2} (E - V) \psi = 0 \qquad (1.7)$$

erhält.

Diese von Schrödinger (1927) eingeführte Gleichung («**Schrödinger-Gleichung**») beschreibt das Verhalten von Mikropartikeln, insbesondere von Elektronen in Atomen oder Molekülen vollständig.

Die Schrödinger-Gleichung verbindet die Funktion ψ, die *« Wellenfunktion »* des Elektrons (bzw. des Teilchens), mit seiner Energie und den Raumkoordinaten, welche zur Beschreibung des Systems notwendig sind. Im Falle einer solchen Materiewelle besitzt die Funktion ψ *keine anschauliche Bedeutung* und ist nicht direkt beobachtbar (sie ist aber zur Behandlung der chemischen Bindung und gewisser Probleme bei chemischen Reaktionen heuristisch wertvoll), hingegen bildet der Ausdruck $\psi^2 \, dx \, dy \, dz$ ($\psi^2 \, dv$) ein Maß für die *Wahrscheinlichkeit,* das betreffende Elektron in einem Volumenelement $dx \, dy \, dz$ (dv) anzutreffen (Born). Mit anderen Worten, ψ^2 gibt die *Wahrscheinlichkeitsdichte,* d. h. den *zeitlichen Durchschnitt der Ladungsverteilung* an, wie sie aus der Bewegung des Elektrons resultiert; faßt man das Elektron als negativ geladene Ladungswolke auf, so wird die Ladungsdichte in einem bestimmten Volumenelement proportional ψ^2.

Die Beschreibung des Verhaltens einer Mikropartikel durch eine *Wellengleichung* darf nicht zur Vorstellung verleiten, die betreffende Partikel «sei eine Welle» oder bewege sich wellen-

2

förmig; es handelt sich dabei vielmehr um eine Möglichkeit, die Aufenthaltswahrscheinlichkeit eines Teilchens zu berechnen, ohne irgendetwas über seine physikalische Natur auszusagen. Nach der Unschärfebeziehung lassen sich ja nur Angaben über den mehr oder weniger wahrscheinlichen Ort eines Teilchens, jedoch nicht über seine genaue Bewegung machen. Die Schrödinger-Gleichung läßt sich nicht «begründen»; sie ist vielmehr die Folge der Anwendung der De Broglie-Beziehung auf eine sich bewegende Mikropartikel, und sie zeigt ihre «Richtigkeit» dadurch, daß die durch ihre Anwendung erhaltenen rechnerischen Ergebnisse mit den experimentellen Beobachtungen vorzüglich übereinstimmen.

Nun sind an sich unendlich viele Funktionen ψ möglich, welche der Schrödinger-Gleichung gehorchen. Von diesen sind aber nur diejenigen physikalisch sinnvoll, welche gewisse *Bedingungen* erfüllen. So muß beispielsweise ψ eine stetige Funktion sein und überall einen einzigen, endlichen Wert besitzen (wäre ψ an irgendeinem Punkt unendlich, so wäre die Wahrscheinlichkeit, das Elektron dort anzutreffen, unendlich groß, was mit der Unschärfebeziehung nicht zu vereinbaren ist). Die Rechnungen zeigen, daß unter diesen Bedingungen *die Gesamtenergie E des Elektrons nur ganz bestimmte Werte annehmen kann,* welche durch die entsprechenden ψ-Funktionen (die sogenannten **Eigenfunktionen**) festgelegt sind. Die Quantelung der Energiezustände, d.h. *die Existenz bestimmter, ausgewählter stationärer Energiezustände,* ergibt sich damit als mathematische Integrationsbedingung ganz von selbst und in der gleichen Weise, wie auch für andere schwingende Systeme nur ganz bestimmte Frequenzen (und damit Energien) möglich sind, wenn die Schwingungen durch gewisse Randbedingungen (wie z.B. die Länge einer Saite) festgelegt sind oder, anders gesagt, wenn nur stehende Wellen möglich sind (vgl. Abb. 1.15).

«Particle in the box»-Problem. Als einfachstes Beispiel der Anwendung der Wellengleichung betrachten wir die Bewegung eines Teilchens in einem Kasten (H. Kuhn, 1945). Innerhalb des Kastens sei seine potentielle Energie Null, so daß nur die kinetische Energie zu berücksichtigen ist. Ein Teilchen in einem solchen Kasten bewegt sich in drei Dimensionen. Um seine Bewegung zu beschreiben, genügt es jedoch, sich auf eine Richtung (z.B. die x-Koordinate) zu beschränken, da die Bewegung in den anderen beiden Richtungen prinzipiell davon nicht verschieden ist. Wir betrachten also das Verhalten des Elektrons in einem (fiktiven) *linearen Kasten* und wenden darauf die für eine Dimension geltende Schrödinger-Gleichung an (wobei V Null ist):

$$\frac{\delta^2 \psi}{\delta x^2} + \frac{8\pi^2 m}{h^2} E \cdot \psi = 0 \tag{1.8}$$

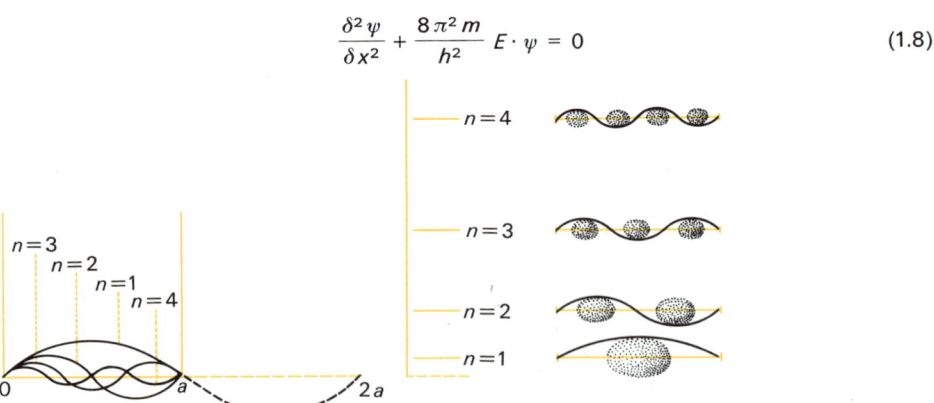

Abb. 1.15. Schwingungen einer Saite. Links: stehende Wellen verschiedener Wellenlängen. Rechts: verschiedene stehende Wellen (getrennt)

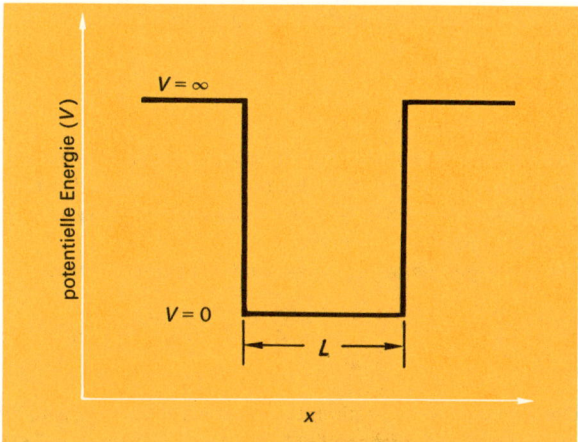

*Abb. 1.16. Eindimensionaler
«Kasten» mit der Länge L*

Die einfachste Funktion ψ, welche dieser Gleichung gehorcht, ist die Sinusfunktion

$$\psi = A \sin b \, x$$

Nach zweimaliger Differentiation erhalten wir

$$\frac{\delta^2 \psi}{\delta x^2} = - b^2 \, A \sin b \, x = - b^2 \cdot \psi$$

Diese Gleichung hat dieselbe Form wie die Gleichung (1.8) und wird mit ihr identisch, wenn wir $b^2 = 8 \pi^2 m E/h^2$ setzen. Damit wird

$$\psi = A \sin \left(\frac{8 \pi^2 m E}{h^2} \right)^{\frac{1}{2}} x \tag{1.9}$$

Bis jetzt haben wir von der Tatsache, daß der Kasten für das Teilchen undurchdringbare Wände besitzt, keinen Gebrauch gemacht; die gefundene Wellenfunktion (1.9) gilt also für ein sich frei (nicht in einem Kasten) bewegendes Teilchen. Die Energie E kann in diesem Fall jeden *beliebigen* Wert annehmen. Die *Quantelung* der Energie ergibt sich erst, wenn die *«Randbedingungen»* – die durch die Größe des Kastens gegeben sind – eingeführt werden.
Da ψ^2 ein Maß für die Wahrscheinlichkeit ist, mit welcher das Teilchen an einem bestimmten Punkt angetroffen wird, ist es sinnvoll, ψ für $x = 0$ und für $x = L$ (d.h. an den Wänden des Kastens) = Null zu setzen. Die erste dieser Bedingungen wird bereits durch die Gleichung (1.9) erfüllt (wenn $x = 0$ wird $\psi = 0$). Um die zweite Bedingung zu erfüllen, muß $\sin (8 \pi^2 m E/h^2)^{\frac{1}{2}} \cdot L$ gleich Null sein, was nur der Fall ist, wenn $(8 \pi^2 m E/h^2)^{\frac{1}{2}} \cdot L = n \pi$ wird (wobei n eine ganze Zahl ist[1]), denn $\sin n \pi$ ist Null. Somit gilt

$$\left(\frac{8 \pi^2 m E}{h^2} \right)^{\frac{1}{2}} \cdot L = n \pi.$$

---

[1] n = Null würde bedeuten, daß ψ_n für alle Werte von x Null wäre. Dies ist absurd, weil dann das Teilchen überhaupt nicht existieren würde (ψ^2 wäre auch Null). Für n kommen also alle ganzen Zahlen außer Null in Frage.

Für die möglichen Werte der Energie, die «**Eigenwerte**» E_n, erhalten wir

$$E_n = \frac{n^2\,h^2}{8\,m\,L^2}\,. \qquad\qquad n = 1, 2, 3 \ldots$$

Das Teilchen kann also nur die durch obigen Ausdruck gegebenen Energiewerte annehmen. Da n ganzzahlig, aber nicht Null sein kann, besitzt das Teilchen im energetisch tiefsten Zustand die Energie $h^2/(8\,m\,L^2)$, die «*Nullpunktsenergie*» (so genannt, weil sie auch am absoluten Nullpunkt noch vorhanden ist).

Die den Eigenwerten entsprechenden «Eigenfunktionen» sind

$$\psi_n = A \sin\left(\frac{8\,\pi^2\,m\,E_n}{h^2}\right)^{\!\frac{1}{2}} x = A \sin\left(\frac{n\,\pi\,x}{L}\right).$$

Um die noch nicht bestimmte Konstante A zu ermitteln, berücksichtigen wir die Tatsache, daß $\psi_n^2(x)\,dx$ die Wahrscheinlichkeit angibt, mit der das Teilchen im Energiezustand n zwischen den Koordinaten x und dx angetroffen wird. Das Integral über alle diese Wahrscheinlichkeiten von $x = 0$ bis $x = L$ muß deshalb gleich 1 sein, denn es stellt die Wahrscheinlichkeit dar, das Teilchen innerhalb des Kastens zu finden. Somit gilt

$$\int_0^L \psi_n^2\,dx = 1 \qquad \text{also} \qquad A^2 \int_0^L \sin^2\frac{n\,\pi\,x}{L}\,dx = 1.$$

Das Integral besitzt den Wert $L/2$, so daß $A^2 L/2 = 1$ und $A = \left(\dfrac{2}{L}\right)^{\!\frac{1}{2}}$ ist. Damit sind die möglichen *Eigenwerte* und die *Eigenfunktionen* des Teilchens in einem eindimensionalen Kasten bestimmt worden:

$$E_n = \frac{n^2\,h^2}{8\,m\,L^2} \qquad \text{und} \qquad \psi_n = \left(\frac{2}{L}\right)^{\!\frac{1}{2}} \sin\frac{n\,\pi\,x}{L}$$

(Die Ermittlung der Konstanten A durch Verwendung der Beziehung $\int_0^L \psi_n^2\,dx = 1$ bezeichnet man als «*Normierung*»; die am Schluß angegebenen Eigenfunktionen sind «normiert».)

Von Interesse ist darauf hinzuweisen, daß die *Quantelung* der Energie E auch dadurch eingeführt werden kann, daß man voraussetzt, die Wellenfunktion gebe eine stehende Welle wieder. Da dann an den Wänden die Amplitude Null ist, muß die Länge L ein ganzzahliges Vielfaches der halben Wellenlänge sein:

$$L = \frac{n\,\lambda}{2}$$

Unter Verwendung der de Broglie-Beziehung $\lambda = h/p$ erhält man

$$\tfrac{1}{2}\,m\,v^2 = \frac{n^2\,h^2}{8\,m\,L^2} \qquad \text{und damit} \qquad E_n = \frac{n^2\,h^2}{8\,m\,L^2}\,.$$

Die de Broglie-Beziehung liefert aber nur dann die korrekten möglichen Energiezustände, wenn die potentielle Energie innerhalb des Kastens (bzw. des Systems) gleich Null gesetzt

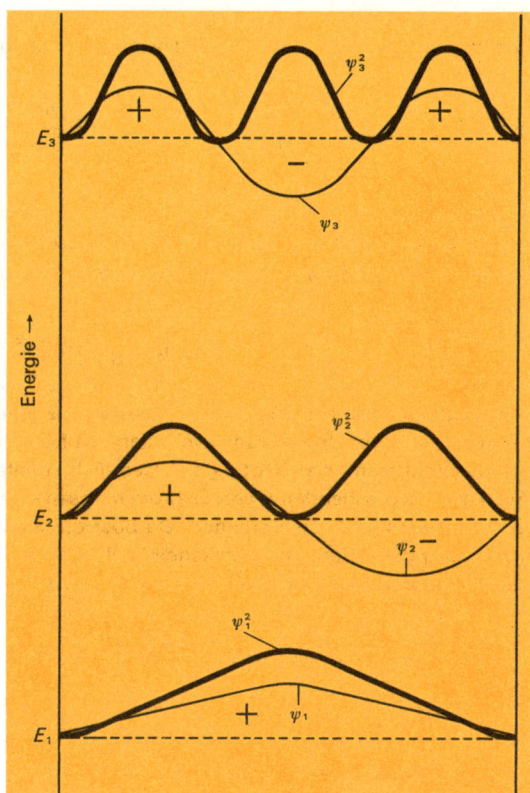

Abb. 1.17. Graphische Darstellungen der Eigenfunktionen ψ_n und ihrer Quadrate für n = 1, 2 und 3

werden kann, während unsere Überlegungen – die hier am Beispiel eines «eindimensionalen» Kastens durchgeführt worden sind – allgemein gelten (also z. B. auch für ein Atom, wo die potentielle Energie nicht Null ist) und zudem die Art und Weise illustrieren, wie Eigenfunktionen gefunden und normiert werden.

Die Abbildung 1.17 zeigt sowohl ψ wie ψ^2 für verschiedene Werte von *n* (für verschiedene «**Quantenzahlen**»). Die + und – Zeichen geben das Vorzeichen der Wellenfunktion an. Hat diese innerhalb des Kastens irgendwo den Wert Null, so spricht man von einem *«Knoten»* (in Analogie zu den Schwingungsknoten einer stehenden Welle). Zur Quantenzahl 2 gehört ein, zur Quantenzahl 3 gehören zwei Knoten usw.

Bewegt sich ein Teilchen in einem *dreidimensionalen Kasten,* so muß ψ eine dreidimensionale stehende Welle darstellen. Wenn wir annehmen, das Teilchen bewege sich ausschließlich geradlinig, ohne selbst zu rotieren (so daß es keinen Drehimpuls besitzt), läßt sich sein Geschwindigkeitsvektor aus den Geschwindigkeitsvektoren entlang der drei Koordinatenachsen ($\vec{v}_x$, $\vec{v}_y$ und $\vec{v}_z$) zusammensetzen, wobei $\left| v^2 \right| = \vec{v}_x^2 + \vec{v}_y^2 + \vec{v}_z^2$ ist. Somit setzt sich seine kinetische Energie additiv aus drei Beträgen zusammen, nämlich aus E_x, E_y und E_z (der kinetischen Energie der Geschwindigkeitskomponente in Richtung der x-, y- und z-Achse). Damit wird das drei-dimensionale Modell in drei eindimensionale Teilprobleme zerlegt. Für die Eigenwerte gilt:

$$E_{n_x} = \frac{h^2\, n_x^2}{8\,m\,L_x^2} \qquad E_{n_y} = \frac{h^2\, n_y^2}{8\,m\,L_y^2} \qquad E_{n_z} = \frac{h^2\, n_z^2}{8\,m\,L_z^2}$$

Die Gesamtenergie hängt damit von *drei «Quantenzahlen»*, n_x, n_y und n_z, ab. Für den speziellen Fall eines *würfelförmigen* Kastens wird $L_x = L_y = L_z$, also

$$E_{n_x n_y n_z} = \frac{h^2}{8\,m\,L^2}\ (n_x^2 + n_y^2 + n_z^2)\,.$$

Für die Quantenzahlen 2,1,1 bzw. 1,2,1 bzw. 1,1,2 ergeben sich drei Zustände *gleicher Energie,* die sich nur in der Orientierung bezüglich des Koordinatensystems unterscheiden. Solche Zustände nennt man «**entartet**» (in diesem Fall «dreifach entartet»).
Auch die entsprechenden *Eigenfunktionen* lassen sich durch Kombination der Eigenfunktionen für einen linearen Kasten erhalten. Da aber die Eigenfunktionen (bzw. ihr Quadrat) zur Beschreibung der Aufenthaltswahrscheinlichkeit dienen, müssen die *Produkte* der Eigenfunktionen im linearen Kasten verwendet werden[1], also

$$\psi_{xyz} = \left(\frac{2}{L_x}\right)^{\!\frac12} \sin\left(\frac{n_x\,\pi\,x}{L_x}\right) \cdot \left(\frac{2}{L_y}\right)^{\!\frac12} \sin\left(\frac{n_y\,\pi\,y}{L_y}\right) \cdot \left(\frac{2}{L_z}\right)^{\!\frac12} \sin\frac{n_z\,\pi\,z}{L_z}\,,$$

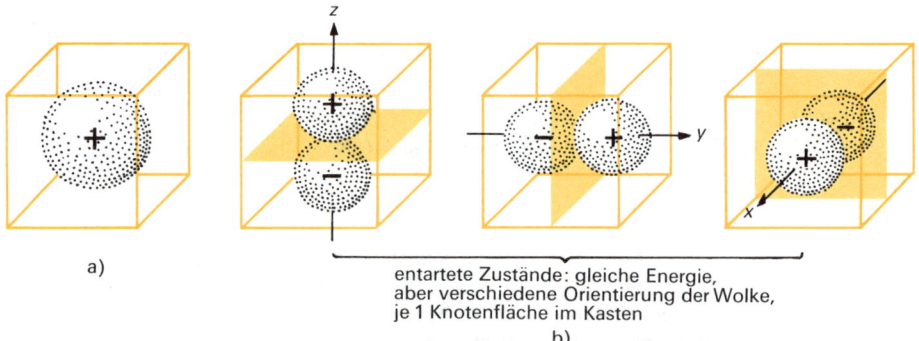

a)

entartete Zustände: gleiche Energie,
aber verschiedene Orientierung der Wolke,
je 1 Knotenfläche im Kasten

b)

Abb. 1. 18. «Kastenmodell»: Dreidimensionale stehende Materiewellen in einem kubischen Kasten

---

[1] Beim Aufwerfen einer Münze ist die Wahrscheinlichkeit, daß die «Zahl» oben liegt, gleich ½. Wirft man zwei Münzen gleichzeitig auf, so ist die Wahrscheinlichkeit, daß bei beiden die Zahlen oben liegen, gleich ¼ (= ½ · ½).

was für einen würfelförmigen Kasten den Ausdruck

$$\psi_{xyz} = \left(\frac{2}{L}\right)^{3/2} \sin\left(\frac{n_x \pi x}{L}\right) \sin\left(\frac{n_y \pi y}{L}\right) \sin\left(\frac{n_z \pi z}{L}\right)$$

liefert. Für die drei Quantenzahlen 1,1,1 erhält man die kugelsymmetrische Ladungsdichtevierteilung der Abb.1.18a. ψ_{xyz}^2 besitzt sein Maximum im Zentrum des Würfels, so daß die Wahrscheinlichkeit, das Teilchen in einem Volumenelement dv zu finden, für $x = y = z = L/2$ am größten ist. Die Ladungsdichteverteilung, welche den Quantenzahlen 2,1,1 bzw. 1,2,1 bzw. 1,1,2 entspricht, wird in Abb.1.18b dargestellt. Man erkennt die drei entarteten Zustände; die Ladungsdichteverteilung besitzt drei Knotenflächen (parallel der *yz*-, der *xz*- bzw. der *xy*-Ebene). Da die Eigenfunktionen auf beiden Seiten der Knotenflächen verschiedenes Vorzeichen besitzen, sind sie *antisymmetrisch*[1] in bezug auf die Knotenflächen.

Das Wasserstoff-Atom. Im Gegensatz zum Teilchen in einem Kasten steht das Elektron im H-Atom unter der Wirkung des *Coulomb-Potentials* (Anziehung Proton-Elektron); es besitzt also neben der kinetischen auch potentielle Energie. Die Schrödinger-Gleichung lautet dann

$$\frac{\delta^2 \psi}{\delta x^2} + \frac{\delta^2 \psi}{\delta y^2} + \frac{\delta^2 \psi}{\delta z^2} + \frac{8 \pi^2 m}{h^2} \cdot \left(E + \frac{e_\pi^2}{r}\right) \cdot \psi = 0.$$

Dabei ist m die «reduzierte Masse» $(m_e \cdot m_p) / (m_e + m_p)$ (weil $m_p \gg m_e$ wird der Nenner dieses Bruches $\approx m_p$, die reduzierte Masse also $\approx m_e$) und $- e_\pi^2/r$ das Coulomb-Potential[2].

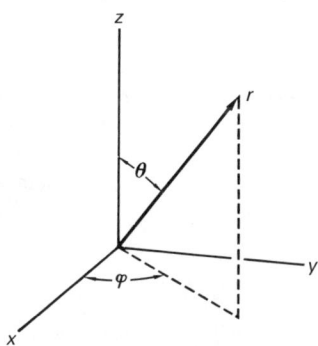

Abb.1.19. Die Polarkoordinaten

---

[1] Zur Erklärung des Begriffes *« antisymmetrisch »* : Wenn man bei Durchführung einer bestimmten Symmetrieoperation (Spiegelung, Drehung; vgl. S.189) einen betrachteten Punkt in einen äquivalenten Punkt überführen kann, für welchen eine bestimmte Eigenschaft die gleiche zahlenmäßige Größe, aber das *umgekehrte Vorzeichen* hat, so nennt man den Punkt hinsichtlich der Operation antisymmetrisch.
[2] Die Arbeit, die aufgewendet werden muß, um zwei entgegengesetzt geladene Körper voneinander zu entfernen, beträgt

$$\int_0^r \frac{1}{4\pi \varepsilon_0} \cdot \frac{q_1 \cdot q_2}{r^2} \, dr = \frac{1}{4\pi \varepsilon_0} \cdot \frac{q_1 \cdot q_2}{r}.$$

Die Energie des Elektrons im Abstand ∞ vom Kern wird als Null angenommen.

Im H-Atom befindet sich das einzige Elektron normalerweise im *Grundzustand,* der durch die energieärmste ψ-Funktion beschrieben wird. Durch Energiezufuhr (*«Anregung»,* z. B. durch elektrische Funken) kann das Elektron in höhere, im H-Atom normalerweise nicht besetzte Energiezustände übergehen. Sowohl die dem Grundzustand wie den angeregten Zuständen entsprechenden Eigenfunktionen lassen sich durch Lösen der Schrödinger-Gleichung *exakt* ermitteln, so daß man im Falle des H-Atoms die Ladungsdichteverteilung sowohl im Grundzustand wie in angeregten Zuständen genau kennt. Bei Atomen mit *mehreren* Elektronen ist – wie wir noch sehen werden – die exakte Lösung der Schrödinger-Gleichung allerdings nicht mehr möglich, so daß sich die entsprechenden Eigenfunktionen nicht exakt ermitteln lassen. Da man dann als *Näherungslösung* aber ebenfalls die für das H-Atom erhaltenen Eigenfunktionen verwendet, ist es sehr wichtig, sich ein klares Bild von der den verschiedenen Eigenfunktionen des H-Atoms entsprechenden Ladungsdichteverteilung zu machen, um Modelle auch von Atomen mit mehreren Elektronen zu bekommen.

Zur Lösung der Schrödinger-Gleichung für das H-Atom drückt man ψ wegen der Kugelsymmetrie des Coulomb-Potentials zweckmäßigerweise in Polarkoordinaten aus (r, θ und φ; über die Beziehungen zwischen dem konventionellen cartesischen Koordinatsystem und den Polarkoordinaten vgl. Abb.1.19); man muß also zunächst eine Koordinatentransformation durchführen. Die Eigenfunktionen lassen sich dann in der Form

$$\psi = R\,(r) \cdot \Theta\,(\theta) \cdot \Phi\,(\varphi)$$

schreiben, d.h. man stellt ψ als *Produkt* dreier Funktionen dar, von denen die eine vom Radius r, die beiden anderen von den Winkelkoordinaten θ bzw. φ abhängen. (Ähnlich wird auch im Fall des Kastenmodells ψ_{xyz} als Produkt dreier Funktionen erhalten!) Durch Trennung der Variablen erhält man drei Gleichungen, welche die Abhängigkeit von ψ von jeweils einer Polarkoordinate angeben. Auch hier müssen die brauchbaren Gleichungen normiert werden.

Die Lösung der Schrödinger-Gleichung für das H-Atom erfordert ebenso wie beim Kastenmodell die Einführung von *Quantenzahlen.* Im Gegensatz zu diesem wird aber nicht nur eine Art (n_x, n_y, n_z), sondern werden *drei Typen* von Quantenzahlen benötigt. Die **Hauptquantenzahl** n ($n =$ 1, 2, 3, 4 ...) charakterisiert das *Hauptenergieniveau,* die *«Schale».* Die möglichen Eigenwerte sind

$$E_n = -\frac{2\pi^2\,m\,e_\pi{}^4}{h^2\,n^2} \equiv \frac{m\,e^4}{8\,\varepsilon_0{}^2\,h^2\,n^2}$$

also dieselben Werte, die auch aus der Bohr-Theorie folgen. Der Eigenwert für $n = 1$ repräsentiert die **Nullpunktsenergie,** die Energie, welche das Elektron auch am absoluten Nullpunkt noch besitzt. Da die Eigenwerte nur von einer einzigen Quantenzahl n abhängen, *haben alle Eigenfunktionen einer «Schale» dieselbe Energie ;* sie sind *entartet.*
Die beiden weiteren Quantenzahlen, die **Neben-** oder **Orbitalquantenzahl** l (auch als *Impulsquantenzahl* bezeichnet) sowie die **magnetische Quantenzahl** m hängen voneinander und auch von der Hauptquantenzahl ab. Die *Nebenquantenzahl* bestimmt den Drehimpuls des sich um den Kern bewegenden Elektrons. Da das Elektron als Folge dieser Drehbewegung kinetische Energie besitzt und der Betrag dieser Energie durch den Betrag der Gesamtenergie (der seinerseits durch die Hauptquantenzahl n bestimmt ist) eingeschränkt wird, kann l bei gegebener Hauptquantenzahl nur ganz bestimmte Werte annehmen. Die theoretische Durcharbeitung

liefert in Übereinstimmung mit dem Experiment das Ergebnis, daß *l* alle Werte von Null bis $n - 1$ haben kann. Eigenfunktionen mit $l = 0$ werden als *s*-, Eigenfunktionen mit $l = 1$ als *p*- und solche mit $l = 2$ als *d*-Funktionen bezeichnet, nach den entsprechenden «Unterniveaux» (S. 28). Die Eigenfunktion des Grundzustandes ($n = 1$, $l = 0$) entspricht in ihrer Symmetrie einer *s*-Funktion.

Durch die *magnetische Quantenzahl* schließlich wird das Verhalten des Elektrons im Magnetfeld bestimmt. Sie bringt zum Ausdruck, daß die im freien, unbeeinflußten (aber angeregten!) H-Atom entarteten *p*- und *d*-Niveaus einer Schale durch ein Magnetfeld in drei bzw. fünf Niveaus von allerdings nur wenig verschiedener Energie aufgespalten werden können, was sich experimentell in der Aufspaltung gewisser Spektrallinien im Magnetfeld zeigt («Zeeman-Effekt»). Bei einem gegebenen Wert von *l* kann *m* die Werte $+ l \dots 0 \dots - l$ annehmen.

Da der Wert von *n* die möglichen Werte von *l* beschränkt und diese wiederum die möglichen Werte von *m* beschränken, sind *nur bestimmte Kombinationen der Quantenzahlen möglich*, denen jeweils eine Eigenfunktion entspricht (Tabelle 1.2). *Eigenfunktionen von Elektronen in*

Tabelle 1.2. Quantenzahlen und Orbitale

n	l	Orbital	m						
1	0	1 *s*				0			
2	0	2 *s*				0			
2	1	2 *p*			+1	0	−1		
3	0	3 *s*				0			
3	1	3 *p*			+1	0	−1		
3	2	3 *d*		+2	+1	0	−1	−2	
4	0	4 *s*				0			
4	1	4 *p*			+1	0	−1		
4	2	4 *d*		+2	+1	0	−1	−2	
4	3	4 *f*	+3	+2	+1	0	−1	−2	−3

einem Atom nennt man **atomic orbitals (Atomorbitale, AO)**. (Der Ausdruck «**Orbital**» wird heute allerdings auch häufig – etwas ungenau – im Sinn von *«Ladungswolke»* verwendet.) Der Hauptquantenzahl 1 entspricht ein AO (das 1 *s*-AO), während der Hauptquantenzahl 2 vier AO *gleicher Energie* entsprechen: $2s$, $2p_x$, $2p_y$, $2p_z$. Das $n = 2$-Niveau ist also vierfach entartet. Für die Hauptquantenzahl 3 existieren insgesamt 9, *ebenfalls energiegleiche* Eigenfunktionen, ein 3 *s*-, drei 3 *p*- und fünf 3 *d*-AO.

Um ein Bild von der *Ladungsdichteverteilung* des Elektrons in den verschiedenen Energiezuständen des Wasserstoffatoms zu erhalten, betrachten wir die mathematische Form einiger Eigenfunktionen, wie sie in den Tabellen 1.3 und 1.4 aufgeführt sind. Tabelle 1.3 enthält die *winkelabhängigen*, Tabelle 1.4 die *radiusabhängigen Anteile* der Eigenfunktionen; die *gesamte* Eigenfunktion ist jeweils das *Produkt* aus beiden Anteilen.

Wir betrachten zunächst die **Winkelanteile** χ der Wellenfunktionen, die von den Variablen θ und φ abhängen und somit Flächen im Raum darstellen. Bilder wie etwa Abb. 1.20 stellen die Schnittlinien dieser Flächen mit der Papierebene dar; um den richtigen räumlichen Eindruck zu erhalten, muß man sich vorstellen, daß die Schnittfläche um eine Achse (hier um die *z*-Achse) gedreht wird.

Tabelle 1.3. Winkelabhängiger Anteil von wasserstoffähnlichen Ein-Elektron-Wellenfunktionen

in Polarkoordinaten	in cartesischen Koordinaten
$\chi(s) = \left(\dfrac{1}{4\pi}\right)^{\frac{1}{2}}$	
$\chi(p_x) = \left(\dfrac{3}{4\pi}\right)^{\frac{1}{2}} \sin\theta \cos\varphi$	$\chi(p_x) = \left(\dfrac{3}{4\pi}\right)^{\frac{1}{2}} \dfrac{1}{r} x$
$\chi(p_y) = \left(\dfrac{3}{4\pi}\right)^{\frac{1}{2}} \sin\theta \sin\varphi$	$\chi(d_y) = \left(\dfrac{3}{4\pi}\right)^{\frac{1}{2}} \dfrac{1}{r} y$
$\chi(p_z) = \left(\dfrac{3}{4\pi}\right)^{\frac{1}{2}} \cos\theta$	$\chi(p_z) = \left(\dfrac{3}{4\pi}\right)^{\frac{1}{2}} \dfrac{1}{r} z$
$\chi(d_{z^2}) = \left(\dfrac{5}{16\pi}\right)^{\frac{1}{2}} (3\cos^2\theta - 1)$	$\chi(d_{z^2}) = \left(\dfrac{5}{16\pi}\right)^{\frac{1}{2}} \dfrac{1}{r^2} (3z^2 - r^2)$
$\chi(d_{xz}) = \left(\dfrac{15}{4\pi}\right)^{\frac{1}{2}} \sin\theta \cos\theta \sin\varphi$	$\chi(d_{xz}) = \left(\dfrac{15}{4\pi}\right)^{\frac{1}{2}} \dfrac{1}{r^2} xz$
$\chi(d_{yz}) = \left(\dfrac{15}{4\pi}\right)^{\frac{1}{2}} \sin\theta \cos\theta \cos\varphi$	$\chi(d_{yz}) = \left(\dfrac{15}{4\pi}\right)^{\frac{1}{2}} \dfrac{1}{r^2} yz$
$\chi(d_{x^2-y^2}) = \left(\dfrac{15}{4\pi}\right)^{\frac{1}{2}} \sin^2\theta \cos 2\varphi$	$\chi(d_{x^2-y^2}) = \left(\dfrac{15}{4\pi}\right)^{\frac{1}{2}} \dfrac{1}{r^2} (x^2 - y^2)$
$\chi(d_{xy}) = \left(\dfrac{15}{4\pi}\right)^{\frac{1}{2}} \sin^2\theta \sin 2\varphi$	$\chi(d_{xy}) = \left(\dfrac{15}{4\pi}\right)^{\frac{1}{2}} \dfrac{1}{r^2} xy$

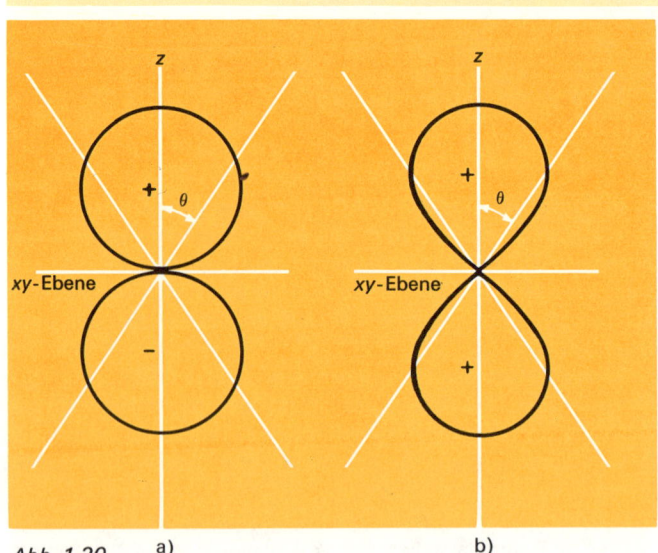

Abb. 1.20   a)   b)

a) Darstellung der Winkelabhängigkeit von $\psi 2p_z$ $[\psi = f(\cos\theta)]$; gilt für alle p_z-AO
b) Darstellung der Winkelabhängigkeit von $\psi^2 2p_z$ $[\psi^2 = f(\cos\theta)]$; gilt wiederum für alle p_z-AO

Abb. 1.21. Darstellung der Winkelanteile der Wellenfunktionen des Wasserstoffatoms

Die Rechnungen liefern nun das bemerkenswerte Ergebnis, daß **alle Eigenfunktionen eines bestimmten Typus** (s-, p_x-, p_y-, p_z- usw.) **dieselbe Winkelabhängigkeit** (also *dieselbe räumliche Orientierung*!) besitzen, unabhängig von ihrer Hauptquantenzahl und damit vom Radius r. Im s-Zustand ($1s$- bzw. $2s$-AO) ist die Ladungsdichteverteilung *kugelsymmetrisch*, da $\chi(s)$ nicht von den Winkelkoordinaten θ und φ abhängt. Das $1s$-AO entspricht damit dem energieärmsten Zustand im Kastenmodell (Abb.1.18a). Im Gegensatz dazu ist aber beispielsweise $\chi(p_z)$ proportional $\cos\theta$; die ψ-Funktion besitzt also ein Maximum entlang der positiven z-Achse, denn hier ist $\theta = $ Null und $\cos\theta = +1$. Ebenso tritt entlang der negativen z-Achse ein Maximum auf, weil hier $\theta = 180°$ und $\cos\theta = -1$ ist (Abb.1.20a). In der xy-Ebene ist $\theta = 90°$ und $\cos\theta = $ Null; die xy-Ebene ist eine *Knotenebene. Das Elektron im p_z-Zustand hält sich somit mit größter Wahrscheinlichkeit in der z-Richtung auf,* während man es in der dazu senkrecht stehenden xy-Ebene überhaupt nicht antrifft. In der gleichen Weise läßt sich die Winkelabhängigkeit der p_x- und der p_y-Eigenfunktionen beschreiben; beide haben ein Maximum entlang der positiven und negativen x- bzw. y-Achse und haben die yz- bzw. xz-Ebene als Knotenebene. Die drei p-AO unterscheiden sich somit durch die Orientierung ihrer Knotenebene.

Die Abb.1.21 stellt die *Winkelabhängigkeit der verschiedenen Eigenfunktionen* des Elektrons im Wasserstoffatom dar; sie ist – um es nochmals zu betonen! – für alle Eigenfunktionen eines bestimmten Typus gleich und **unabhängig von der Hauptquantenzahl.**

Die Tabelle 1.4 gibt die *radiusabhängigen* Anteile der Eigenfunktionen. Die **radiale Wahrscheinlichkeit,** d. h. die Wahrscheinlichkeit, das Elektron in einer Kugelschale vom Radius r und der Dicke dr anzutreffen, wird durch den Ausdruck $\psi^2\, dv = \psi^2\, 4\pi r^2\, dr$ gegeben. Im Fall des $1s$-AO hat sie für den von Bohr berechneten Bahnradius ($r_B = 52{,}9$ pm) ein Maximum, besitzt jedoch auch außerhalb und innerhalb davon endliche Werte (Abb.1.22). Im *Grund-*

Tabelle 1.4. Radiusabhängiger Anteil von wasserstoffähnlichen Ein-Elektronen-Wellenfunktionen

$$R(1s) = 2\left(\frac{Z}{a}\right)^{3/2} \cdot e^{-Zr/a}$$

$$R(2s) = 2\left(\frac{Z}{2a}\right)^{3/2} \cdot \left(1 - \frac{Zr}{2a}\right) \cdot e^{-Zr/2a}$$

$$R(2p) = \frac{2}{\sqrt{3}}\left(\frac{Z}{2a}\right)^{3/2} \cdot \left(\frac{Zr}{2a}\right) \cdot e^{-Zr/2a}$$

$$R(3s) = 2\left(\frac{Z}{3a}\right)^{3/2} \cdot \left[1 - 2\frac{Zr}{3a} + \frac{2}{3}\left(\frac{Zr}{3a}\right)^2\right] \cdot e^{-Zr/3a}$$

$$R(3p) = \frac{2}{3}\sqrt{2}\left(\frac{Z}{3a}\right)^{3/2} \cdot \left[\frac{Zr}{3a}\left(2 - \frac{Zr}{3a}\right)\right] \cdot e^{-Zr/3a}$$

$$R(3d) = \frac{4}{3\sqrt{10}}\left(\frac{Z}{3a}\right)^{3/2} \cdot \left(\frac{Zr}{3a}\right)^2 \cdot e^{-Zr/3a}$$

$$Z = \text{Kernladungszahl} \qquad a = \frac{h^2}{4\pi^2\, m\, e^2}$$

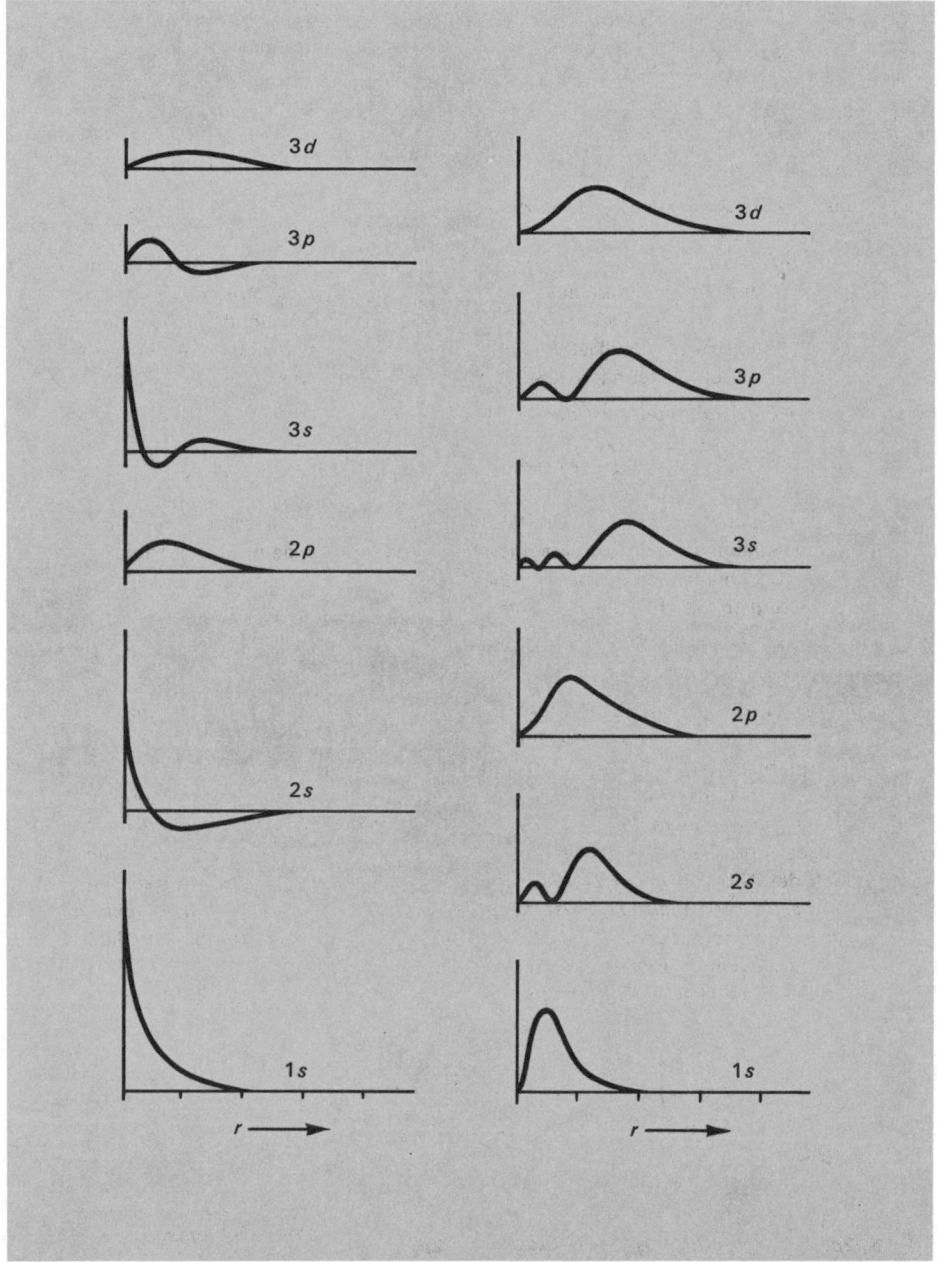

Abb. 1.22. Radialverteilungsfunktionen für ein Ein-Elektronen-Atom; Links Radialwellenfunktionen (R als Funktion von r); rechts Radialverteilungsfunktionen ($4\pi r^2 \psi_r^2$ als Funktion von r)

zustand bewegt sich das Elektron also innerhalb eines kugelsymmetrischen Raumes, und zwar am häufigsten im Abstand r_B vom Kern. Der Aufenthaltsraum des Elektrons kann nach außen nicht scharf abgegrenzt werden.

Der *radiusabhängige Anteil der 2s-Funktion* ist

$$R\,(r) = 2\left(\frac{1}{2a}\right)^{\frac{1}{2}} \cdot \left(1 - \frac{r}{2a}\right) \cdot e^{-r/2a}$$

Wegen des Faktors $2a$ im Nenner des zweiten Exponenten nimmt $\psi\,2s$ mit zunehmendem Radius r weniger stark ab als die $1s$-Funktion (wo der Exponent $= r/a$ ist). Die $2s$-Wolke besitzt also *die größere Ausdehnung nach außen*; das Elektron hält sich in diesem Zustand durchschnittlich weiter entfernt vom Kern auf als im $1s$-Zustand, so daß es *energiereicher* ist. Für den Radius $r = 2a$ wird ψ (und auch ψ^2) Null: Das $2s$-AO besitzt eine (kugelförmige) *Knotenfläche*, für welche die Ladungsdichte Null ist. Wie Abb.1.22 zeigt, erstreckt sich der Aufenthaltsbereich eines $3s$-Elektrons noch weiter nach außen, und die Funktion $\psi\,3s$ besitzt zwei Knotenflächen.

Für die *drei 2p-Eigenfunktionen ist der radiusabhängige Anteil* gleich

$$R\,(r) = \frac{2}{\sqrt{3}} \cdot \left(\frac{1}{2a}\right)^{3/2} \cdot \frac{r}{2a} \cdot e^{-r/2a}$$

Für $r =$ Null wird auch ψ Null: Die $2p$-Orbitale besitzen – wie schon gezeigt – eine *Knotenfläche*, die durch den Nullpunkt des Koordinatensystems (den Kern) geht. Das Vorzeichen von ψ wechselt beim Durchlaufen der Knotenebene, so daß die $2p$- (und ebenso die höheren p-) Funktionen bezüglich der Knotenebene als Spiegelebene *antisymmetrisch* sind[1]. Das Auftreten einer solchen Knotenebene bedeutet, daß das $2p$-Elektron sich im Durchschnitt weniger nahe dem Kern bewegt als das $2s$-Elektron.

Die **gesamte ψ-Funktion** ist das *Produkt aus dem winkel- und dem radiusabhängigen Anteil*. Ihre zeichnerische Darstellung ist beträchtlich schwieriger als etwa die Darstellung der Winkelabhängigkeit (Abb.1.21). Häufig benutzt man dazu sogenannte *Konturliniendiagramme* (Abb. 1.24), die Schnitte durch Flächen gleicher Elektronendichte wiedergeben. Konturliniendiagramme vermitteln genauere Vorstellungen über die Aufenthaltswahrscheinlichkeit des Elektrons als die getrennte Darstellung der winkel- bzw. radiusabhängigen Anteile der ψ-Funktionen. Ein Vergleich der Abb.1.21 und 1.24 zeigt indessen, daß ihre wesentlichen Aussagen übereinstimmen: *In bestimmten Richtungen ist die Aufenthaltswahrscheinlichkeit des Elektrons groß, während sie in den Knotenflächen Null ist;* Aus zeichnerischen Gründen wählt man daher oft nur die Darstellung des winkelabhängigen Anteils der Eigenfunktion.
Bilder der räumlichen Gestalt der $2p$- und der $3d$-AO des H-Atoms geben die Abb.1.23 und 1.25.

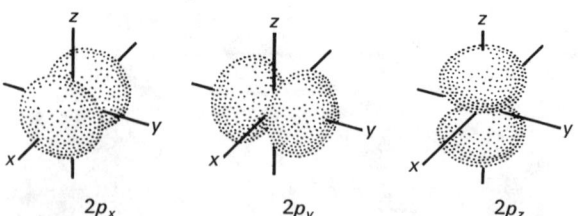

$2p_x$ $\qquad$ $2p_y$ $\qquad$ $2p_z$

Abb. 1. 23. Gestalt der 2p-AO des H-Atoms

---

[1] Selbstverständlich besitzt ψ^2 auf beiden Seiten der Knotenebene dasselbe Vorzeichen; ψ^2 ist also bezüglich der Knotenebene symmetrisch (nicht antisymmetrisch).

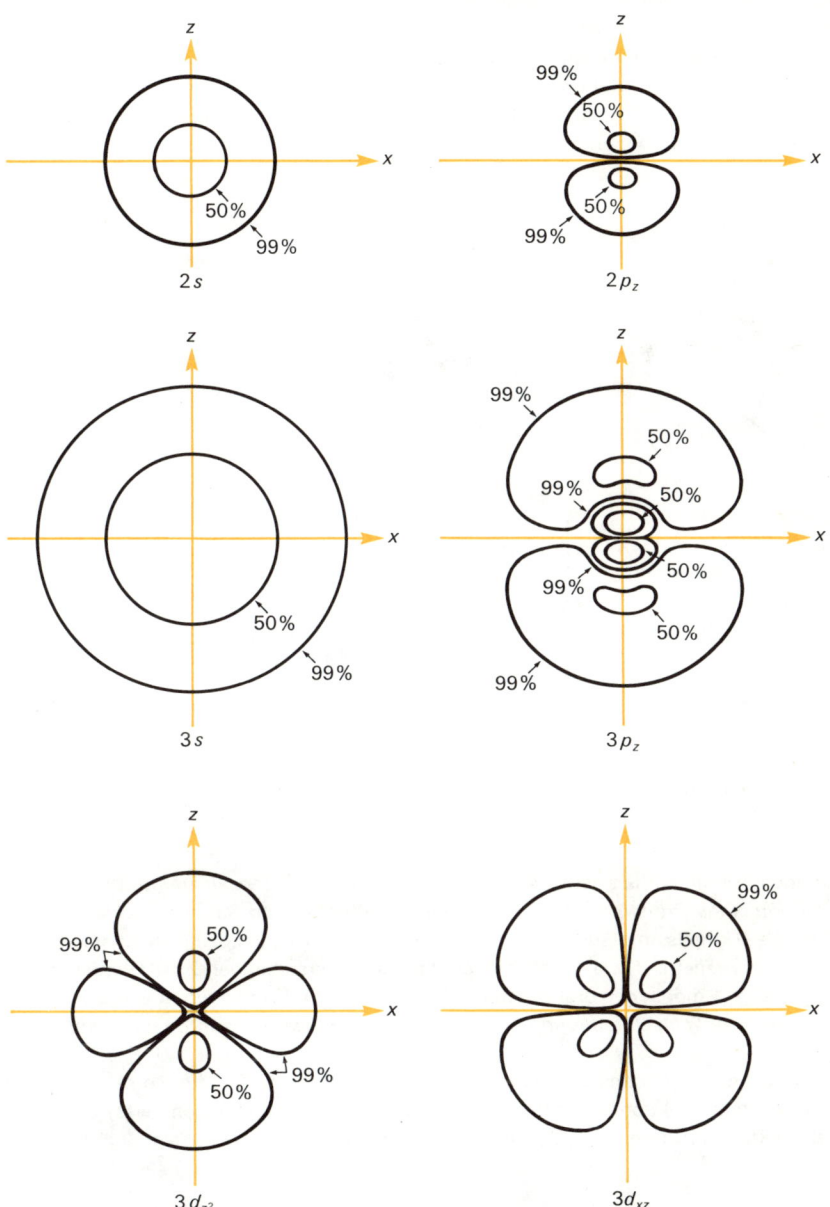

Abb. 1.24. Konturliniendiagramme einiger AO. Innerhalb der Konturlinien ist die Aufenthalts-wahrscheinlichkeit des Elektrons 50% bzw. 99%

Die drei *p*-AO, welche zur selben Hauptquantenzahl gehören, sind identisch, abgesehen von der räumlichen Orientierung ihrer Symmetrieachse, die im einen Fall der *x*-, im zweiten der *y*- und im dritten der *z*-Achse parallel geht[1].

Für die Hauptquantenzahl 3 kann *l* = 0, 1 oder 2 sein. Für *l* = 0 ist ein AO (das 3*s*-AO), für *l* = 1 sind drei AO (die drei 3*p*-AO) und für *l* = 2 sind fünf AO (die fünf 3*d*-AO) möglich. Alle besitzen *zwei Knotenebenen* (vgl. Abb. 1.20); von den fünf 3*d*-AO besitzen drei durch die Koordinatenachsen gehende Ebenen als Knotenflächen (Abb. 1.25).

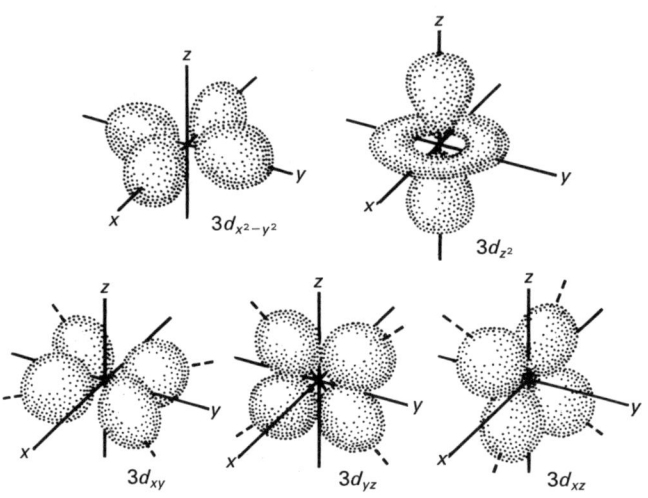

Abb. 1.25. Gestalt der 3 d-AO des H-Atoms

Wir erkennen nun auch die *anschauliche Bedeutung* der *Quantenzahlen l* und *m*: *l* charakterisiert die *Form eines Orbitals,* während *m* dessen *Orientierung im Raum* beschreibt. So ist z. B. ein AO mit *l* = 0 kugelsymmetrisch, mit *l* = 1 «hantelförmig» (und bezüglich einer Koordinatenachse zylindersymmetrisch); die drei senkrecht aufeinanderstehenden 2*p*-AO entsprechen den für *n* = 2 und *l* = 1 möglichen drei Werten für *m* (+ 1, 0, − 1). Damit wird nochmals klar, daß *die Form und die räumliche Orientierung eines AO nicht von dessen Hauptquantenzahl abhängen.*

Höhere Atome. Die Gesamtenergie eines Atoms mit mehreren Elektronen setzt sich aus den Energien der durch Elektronen besetzten AO (d. h. der Summe aller Eigenwerte) und den Energien der Elektron-Elektron-Wechselwirkung zusammen. Schon die vollständige Schrödinger-

---

[1] In der Literatur verwendet man zur Darstellung der *p*- und *d*-Funktionen sehr häufig Bilder von der Art der Abb. 1.21, die nur den winkelabhängigen Anteil der *p*- (bzw. *d*-) Funktion wiedergibt – der allerdings für alle *p*- (bzw. *d*-) Funktionen gleich ist. Man muß sich jedoch stets bewußt sein, daß Darstellungen dieser Art nicht ganz richtig sind und daß eigentlich stets Bilder von der Art von Abb. 1.23 (die den Konturliniendiagrammen entsprechen) verwendet werden müßten.

Gleichung eines Zweielektronensystems enthält aber wegen der Berücksichtigung der Elektron-Elektron-Abstoßung einen derart komplexen Ausdruck für die potentielle Energie (wobei sechs Variable – für jedes Elektron drei voneinander unabhängige Koordinaten! – an Stelle von dreien benötigt werden), daß mit den heute zur Verfügung stehenden mathematischen Mitteln eine exakte Lösung einer so komplexen Gleichung unmöglich ist. Aus diesem Grund lassen sich Eigenfunktionen und Eigenwerte selbst für das He-Atom – und erst recht für höhere Atome! – nur mittels *Näherungsrechnungen* – allerdings mit recht hoher Genauigkeit! – berechnen. *(Experimentell können die Eigenwerte aus den Spektren jedoch sehr genau bestimmt werden!)*

Eine Möglichkeit dieser Näherungsrechnung besteht darin, daß man ein einzelnes Elektron so behandelt, wie wenn es sich in einem kugelsymmetrischen Feld mit dem Kern als ruhendem Zentrum bewegen würde, wobei dieses kugelsymmetrische Feld das Feld aller übrigen Elektronen und des Kernes ersetzen soll. Mittels einer Näherungsrechnung für die potentielle Energie läßt sich eine Näherungslösung der Wellengleichung für das erste Elektron finden. Diese wiederum ermöglich eine bessere Näherung für das Potential des Feldes, welche dann ihrerseits zur Lösung der Wellengleichung eines zweiten Elektrons benützt werden kann. Die entsprechenden Rechnungen werden so lange wiederholt (wobei sukzessive immer bessere Eigenfunktionen erhalten werden können), bis schließlich keine wesentlichen Verbesserungen mehr möglich sind. Als Ergebnis dieses mathematisch recht umständlichen Verfahrens erhält man Wellenfunktionen, die den Eigenfunktionen des Grundzustandes und der angeregten Zustände des H-Atoms sehr ähnlich sind, und die in der gleichen Weise wie diese bezeichnet werden. Dabei ergibt sich, daß die im H-Atom entarteten *s*-, *p*- und *d*-Niveaux ein und derselben Hauptquantenzahl in einem Atom mit mehreren Elektronen *nicht mehr dieselbe Energie* besitzen (eine Tatsache, die *experimentell* – aus den Spektren! – schon längst bekannt war): das *s*-Niveau ist etwas energieärmer als die drei (energiegleichen) *p*-Niveaux, und diese wiederum sind energieärmer als die (ebenfalls entarteten) fünf *d*-Niveaux. Diese Verhältnisse werden durch

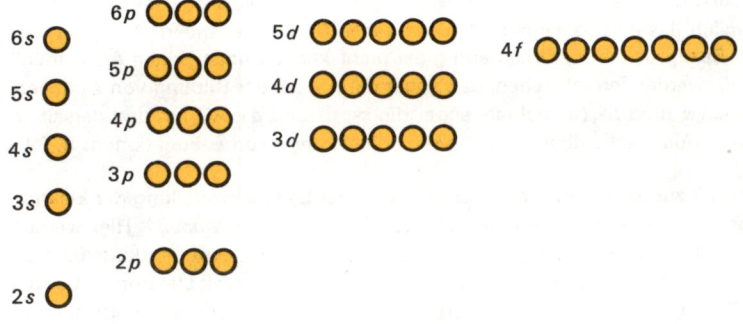

Abb. 1.26. Energieniveaudiagramm. Jeder Kreis entspricht einem AO

das *Energieniveauschema* der Abb.1.25 wiedergegeben, wobei jedoch zu bemerken ist, daß dieses Schema nur für Atome von niedriger Ordnungszahl (bis etwa 24) streng gilt. Bei diesen Atomen sind die 4s-Niveaux sogar energieärmer als die 3d-Niveaux, eine Folge der «abschirmenden» Wirkung der inneren Elektronen einer Schale auf die Kernladung. Bei schwereren Atomen hat die hohe Kernladung eine weitgehende Angleichung der 4s- und der 3d-Niveaux zur Folge, so daß sich die Energieunterschiede zwischen ihnen verwischen und schließlich die 3d-AO energieärmer sind als die 4s-AO.

Es gelingt also auf die geschilderte Weise, die *Ladungsdichteverteilung eines beliebigen Atoms* als *Summe wasserstoffähnlicher «Ein-Elektronen-Funktionen»* darzustellen (die Orbitale des H-Atoms sind exakt berechnete Ein-Elektronen-AO). Man muß sich aber ganz klar bewußt sein, daß die Verwendung solcher wasserstoffähnlicher Eigenfunktionen auch für höhere Atome – also z. B. die Beschreibung der vier Außenelektronen eines C-Atoms durch ein (mit zwei Elektronen besetztes) kugelsymmetrisches 2s-AO sowie durch je ein (hantelförmiges) 2p_x- und 2p_y-AO, wie es in der Literatur allgemein üblich ist – eine *Näherung* darstellt («**Ein-Elektronen-Näherung**»), denn die «Form» der Ladungswolken wird durch die gegenseitigen Wechselwirkungen zwischen den Elektronen zweifellos verändert. Zudem sind die einzelnen Elektronen *ununterscheidbar* voneinander, so daß man z. B. nicht angeben kann, welches p-AO besetzt ist, wenn ein Atom ein Elektron mit einer p-Eigenfunktion (ein «p-Elektron») enthält, da die drei p-AO einer Hauptquantenzahl entartet sind. Die Frage, welches Orbital von einem bestimmten Elektron «besetzt» wird, ist eng verknüpft mit dem grundsätzlichen Problem einer *Messung* in atomaren Systemen. Der Drehimpuls der Elektronenwolke beispielsweise ist nur dann bestimmt, wenn dafür im Atom eine *Bezugsachse* festgelegt ist, z. B. durch Anlegen eines elektrischen oder magnetischen Feldes. Gerade dadurch wird aber das Atom «gestört», und die Information, welche man durch die Messung gewinnt, bezieht sich nicht mehr auf das unbeeinflußte Atom. Wenn die Elektronen in einem isolierten, von außen nicht beeinflußten Atom aber «ununterscheidbar» sind, ist es nicht sinnvoll, z. B. für p-Wolken eines isolierten Atoms bestimmte Richtungen zu diskutieren (weil die Bezugsachse fehlt!). Die Gesamtladungsdichteverteilung eines (isolierten!) Atoms ist damit *kugelsymmetrisch*, und es sind in diesem Fall *die Anzahl und die Energie der verfügbaren AO* – und nicht ihre «Richtung»! – *relevant.* Anders wird es hingegen, wenn zwei oder mehrere Atome in gegenseitige Wechselwirkung treten, z. B. bei der Bildung eines *Moleküls* oder eines *Kristalls.* Dann beeinflußt nämlich das elektromagnetische Feld jedes Atoms das andere Atom, so daß die Festlegung einer Bezugsachse zur Orientierung der nicht-kugelsymmetrischen AO sinnvoll und möglich wird. Wir werden jedoch sehen, daß sogar dann – bei der Bildung von Atomverbänden – die einzelnen s- und p- (manchmal sogar die s-, p- und d-) AO ein und derselben Hauptquantenzahl oft ununterscheidbar bleiben («Hybridisierung» von ψ-Funktionen; S. 99).

Eine *andere Möglichkeit* zur näherungsweisen Darstellung der Ladungsverteilung der Elektronen in höheren Atomen bildet das von Kimball vorgeschlagene *SCAO-Modell*[1]. Hier werden an Stelle der wasserstoffähnlichen s-, p-, d- und f-Orbitale für alle Elektronen kugelförmige Wolken homogener Ladungsdichte eingeführt, die mit höchstens zwei Elektronen besetzt sein dürfen (Pauli-Prinzip; siehe S. 57) und sich so um den Atomrumpf (den Kern mit den inneren Elektronen) ordnen, daß sie möglichst weit voneinander entfernt sind.

Das SCAO-Modell unterscheidet nicht zwischen s-, p-, d- und f-Niveaux. Die *energetische Ungleichwertigkeit* der Elektronen einer Hauptquantenzahl *kommt in ihm also nicht zum Aus-*

---

[1] SCAO = **S**pherical **C**loud **A**tomic **O**rbitals; SCAO-Modell = «Kugelwolkenmodell».

druck und es gibt zweifellos kein zutreffendes Bild der Ladungsdichteverteilung eines Atoms im Grundzustand. Hingegen erlaubt es auf einfache Weise die potentielle Energie, selbst für kompliziertere Elektron-Elektron-Wechselwirkungen abzuschätzen, und man erhält durch das SCAO-Modell ohne großen Rechenaufwand brauchbare Ansätze zur Bestimmung verschiedener atomarer Größen. Da es sich zeigt, daß bei der Bildung von Atomverbänden *s*- und *p*-Niveaux oft nicht mehr unterscheidbar sind, ist das SCAO-Modell besonders auch für eine elementare, anschauliche Einführung in die Phänomene der «chemischen Bindung» geeignet.

Übungen

1.1 Welche Beweise existieren für das Vorkommen von Elektronen und von Protonen in Atomen?

1.2 Erklären Sie die Tatsache, daß die Summe der Einzelmassen der Nucleonen eines bestimmten Kernes größer ist als die betreffende Kernmasse.

1.3 Der Kern ^{24}Na zerfällt unter Aussendung von β-Teilchen mit einer Halbwertszeit von 15 Std. Wie lange dauert es, bis die β-Aktivität einer bestimmten Probe von ^{24}Na auf 1% ihres ursprünglichen Wertes gesunken ist?

1.4 Erklären Sie das Zustandekommen eines Linienspektrums.

1.5 Ein Laboratorium möchte Versuche mit ^{18}F (Halbwertszeit 1,87 Std.) ausführen. Der Transport vom nächstgelegenen Kernreaktor zu dem betreffenden Institut benötigt 12,5 Std. Wieviel ^{18}F muß bestellt werden, damit im Laboratorium 1 mg zur Verfügung steht?

1.6 Worin zeigt es sich, daß die Existenz eines «Atoms» mit den Mitteln der klassischen Physik nicht verständlich ist?

1.7 Erklären Sie die Tatsache, daß Metalldämpfe gerade diejenigen Wellenlängen des Lichtes absorbieren, die sie auch emittieren können.

1.8 Wie hängt die kinetische Energie des Elektrons mit der Größe des ihm für seine Bewegung zur Verfügung stehenden Raumes zusammen?

1.9 Um 1 mol Natrium (= $6{,}02 \cdot 10^{23}$ Atome) zu ionisieren, werden 495,8 kJ Energie benötigt. Berechnen Sie die geringstmögliche Frequenz des Lichtes, welche ein Na-Atom gerade ionisieren kann, und geben Sie auch seine Wellenlänge an. 1 kJ/mol entspricht $6{,}95 \cdot 10^{-14}$ erg/Atom. h hat den Wert $6{,}62 \cdot 10^{-27}$ erg · sec.

1.10 Wie groß ist die Wellenlänge eines Elektronenstrahls, in welchem sich die Elektronen mit ⅓ Lichtgeschwindigkeit fortbewegen?

1.11 Wie werden durch die Wellenmechanik die Bohrschen Postulate verständlich?

1.12 Inwiefern ist das SCAO-Modell nur sehr näherungsweise richtig? Warum kann es für manche Zwecke trotzdem sehr gut verwendet werden?

1.13 Inwiefern ist die Darstellung der Ladungsdichteverteilung z. B. im C-Atom bei der Verwendung von Ein-Elektronen-AO ebenfalls nur näherungsweise richtig?

Literatur

a) Allgemeine Werke

J. Barrett	*Die Struktur von Atomen und Molekülen.* Verlag Chemie, Weinheim 1973
B. Chiswell und D.W. James	*Fundamental Aspects of Inorganic Chemistry.* Wiley, London 1969
G. Choppin	*Nuclei and Radioactivity.* Benjamin, New York 1964
E. Cartmell und G.W.A. Fowles	*Valency and Molecular Structure.* Butterworths, London 1966
F.A. Cotton und G. Wilkinson	*Anorganische Chemie.* Verlag Chemie, Weinheim 1967
C.A. Coulson	*Valence.* Oxford University Press, 1962
M.C. Day und J. Selbin	*Theoretical Inorganic Chemistry.* Reinhold, New York 1968
H.B. Gray	*Electrons and Chemical Bonding.* Benjamin, New York 1965
G. Hägg	*General and Inorganic Chemistry.* Almqvist & Viksell, Stockholm 1969
R. Heslop und P. Robinson	*Inorganic Chemistry.* Elsevier, London 1960
R.M. Hochstrasser	*Behavior of Electrons in Atoms.* Benjamin, New York 1964
J.E. Huheey	*Inorganic Chemistry: Principles of Structure and Reactivity.* Harper & Row, New York 1972
B.H. Mahan	*University Chemistry.* Addison-Wesley, Reading 1969
W. Heitler	*Elementary Wave Mechanics.* Oxford University Press, 1950

b) Ergänzende Literatur

H.A. Bent	Tangent-Sphere Models of Molecules. *J. Chem. Educ. 40* (1963) 446
J. Cohen	The shape of the 2p and related orbitals. *J. Chem. Educ. 38* (1961) 20
J. Cohen und Th. Bustard:	Atomic Orbitals: Limitations and Variations. *J. Chem. Educ. 43* (1966) 187
C.D. Coryell	The Chemistry of the Creation of the Heavy Elements. *J. Chem. Educ. 38* (1965) 67
A.B. Garrett und E. Rutherford	The Nuclear Atom. *J. Chem. Educ. 39* (1962) 287 The Bohr Atomic Model. *J. Chem. Educ. 39* (1962) 534
G.E. Kimball und G. Newmark	*J. Chem. Physics 26* (1957) 1285
A. Labbauf	The Carbon-12 Scale of Atomic Masses. *J. Chem. Educ. 39* (1962) 282
R.E. Mueller	Chemistry in Planetology. *J. Chem. Educ. 42* (1965) 294
J.P. Platt	Chemical Bond and Distribution of Electrons in Molecules. *Handbuch der Physik,* Springer, 1961 (SCAO-Modell, S. 258/259)

2 Das Periodensystem

2.1 Historische Entwicklung

Trotz der auffallenden Verschiedenartigkeit der Elemente lassen sich auch gewisse Beziehungen und Ähnlichkeiten zwischen ihnen erkennen. Versuche zu ihrer Klassifizierung und zur Aufstellung von Gruppen verwandter Elemente wurden schon verhältnismäßig früh unternommen. So erkannte bereits Döbereiner 1819, daß die Atommasse des Leichtmetalles Strontium (Sr; 87,62) ziemlich genau in der Mitte zwischen den Atommassen der beiden dem Strontium chemisch und physikalisch sehr ähnlichen Metalle Calcium (Ca; 40,08) und Barium (Ba; 137,34) liegt. Er nannte diese drei Metalle eine *«Triade»* von Elementen. Wie später ebenfalls von Döbereiner gefunden wurde, bilden die Metalle Lithium, Natrium und Kalium sowie die reaktionsfähigen Nichtmetalle Chlor, Brom und Iod weitere solche «Triaden».

D. Mendelejew und gleichzeitig und unabhängig von ihm L. Meyer stellten nun 1869 fest, daß die *Eigenschaften der Elemente in periodischer Weise regelmäßig wechseln, wenn man sie nach zunehmender Atommasse anordnet.* Nach Wasserstoff und Helium kommt Lithium, ein typisches Metall; dann folgen Elemente mit immer weniger ausgeprägtem Metallcharakter (Beryllium, Bor, Kohlenstoff), dann Nichtmetalle (Stickstoff, Sauerstoff, Fluor, Neon), nachher wieder typische Metalle (Natrium, Magnesium, Aluminium), dann wieder ein Element mit weniger deutlichem Metallcharakter (Silicium), Nichtmetalle (Phosphor, Schwefel, Chlor, Argon), Metalle (Kalium, Calcium u.a.) usw. Wenn man den Quotienten aus der Masse eines Grammatoms und der Dichte (das sogenannte Atomvolumen) der Elemente in derselben Reihenfolge aufträgt (Abb. 2.1), so zeigt sich die Periodizität ebenfalls sehr deutlich.

Abb. 2.1. Atomvolumenkurve. Die Kurve stellt den Quotienten aus Atommasse und Dichte in Abhängigkeit von der Ordnungszahl dar

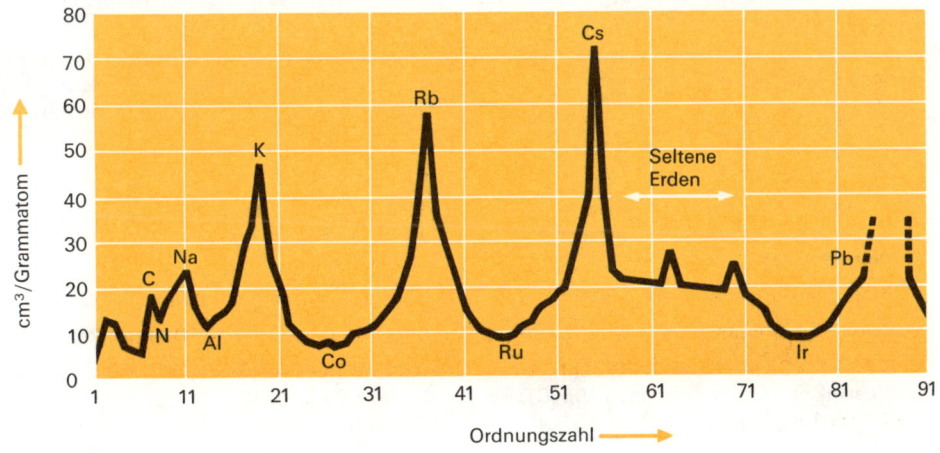

Durch Untereinanderstellen von Elementen mit ähnlichen chemischen Eigenschaften erhielten Meyer und Mendelejew das **Periodensystem** der Elemente (oft sprachlich unrichtig als «Periodisches System» bezeichnet).

Das Periodensystem gibt nicht nur eine übersichtliche Zusammenstellung der bekannten Elemente, sondern erwies sich bald auch als äußerst fruchtbares Prinzip zur Ordnung und zur Erklärung der gegenseitigen Beziehungen zwischen den Elementen.

Tabelle 2.1. Mendelejews erstes Periodensystem (1869) mit den damals bekannten Atommassen

			Ti = 50	Zr = 90	? = 180
			V = 51	Nb = 94	Ta = 182
			Cr = 52	Mo = 96	W = 189
			Mn = 55	Rh = 104,4	Pt = 197,4
			Fe = 56	Ru = 104,4	Ir = 198
			Ni = Co = 59	Pd = 106,6	Os = 199
H = 1			Cu = 63,4	Ag = 108	Hg = 200
	Be = 9,4	Mg = 24	Zn = 65,2	Cd = 112	
	B = 11	Al = 27,4	? = 68	Ur = 116	Au = 197?
	C = 12	Si = 28	? = 70	Sn = 118	
	N = 14	P = 31	As = 75	Sb = 122	Bi = 210?
	O = 16	S = 32	Se = 79,4	Te = 128?	
	F = 19	Cl = 35,5	Br = 80	I = 127	
Li = 7	Na = 23	K = 39	Rb = 85,4	Cs = 133	Tl = 204
		Ca = 40	Sr = 87,6	Ba = 137	Pb = 207
		? = 45	Ce = 92		
		? Er = 56	La = 94		
		? Yt = 60	Di = 95		
		? In = 75,6	Th = 118?		

Tabelle 2.2. Vergleich der vorausgesagten und beobachteten Eigenschaften von Germanium und einigen Germanium-Verbindungen

Mendelejews Voraussage	Nach der Entdeckung des Elementes durch Winkler (1886) beobachtete Eigenschaften
Atommasse ungefähr 72 u	Atommasse 72,59 u
Dunkelgraues Metall mit hohem Schmelzpunkt; Dichte 5,5 g/cm³; spezifische Wärme 0,305 J · K⁻¹	Weißlichgraues Metall; Smp. 958 °C; Dichte 5,36 g/cm³; spezifische Wärme 0,318 J · K⁻¹
Beim Erhitzen an der Luft entsteht XO_2	Beim Erhitzen an der Luft entsteht GeO_2
Oxid schwerflüchtig; Dichte 4,7 g/cm³	Smp. von GeO_2 1100 °C; Dichte 4,7 g/cm³
Chlorid (XCl_4) ist eine leichtflüchtige Flüssigkeit (Sdp. wenig unter 100 °C); Dichte 1,9 g/cm³	$GeCl_4$ ist flüssig (Sdp. 83 °C); Dichte 1,88 g/cm³

Damit nämlich jeweils überall wirklich Elemente von ähnlichem Verhalten untereinandergestellt werden konnten, mußte Mendelejew an verschiedenen Stellen des Systems *Lücken* für noch nicht entdeckte Elemente offen lassen, deren Eigenschaften sich teilweise mit verblüffender Genauigkeit voraussagen ließen (Tabelle 2.2), weil die oberhalb oder unterhalb dieser Lücken stehenden Elemente bereits bekannt waren. Mendelejew erkannte auch, daß man an einigen Stellen die Reihenfolge der Elemente nach wachsender Atommasse umkehren muß, um immer ähnliche Elemente untereinanderstellen zu können. Das dem Chlor und Brom ähnliche, zur gleichen Triade gehörende Iod hat z. B. eine kleinere Atommasse als das dem Schwefel und dem Selen ähnliche Tellur. Auch von den Elementen Argon/Kalium und Kobalt/Nickel besitzt jeweils das erstere die höhere Atommasse.

2.2 Die Reihenfolge der Elemente

Meyer und Mendelejew ordneten die Elemente nach wachsender Atommassenzahl, wobei, wie erwähnt, in gewissen Fällen (Ar/K, Te/I) die Reihenfolge allerdings umgekehrt werden mußte, um die wirklichen physikalischen und chemischen Beziehungen zum Ausdruck zu bringen. Tatsächlich bestimmt aber nicht die Atommasse, sondern die **Ordnungszahl** – d.h. die *Kernladungszahl* – die Reihenfolge der Elemente. Alle Nuklide mit einer bestimmten Kernladung gehören an denselben Platz im System und bilden zusammen ein «Element».
Die *Reihenfolge* der *Ordnungszahlen* konnte von Moseley (1913) experimentell aus den *Röntgenspektren* der Elemente erschlossen werden. Treffen nämlich in einer Kathodenstrahlröhre schnelle Elektronen auf die Anode, so werden sie dort durch die Atome des Anodenmaterials gebremst, besitzen aber immer noch so viel Energie, daß sie aus inneren Schalen Elektronen herausschlagen können. Deren Platz wird sofort von Elektronen eines höheren

Abb. 2.2. Die K_α-Linie im Röntgenspektrum einiger Elemente

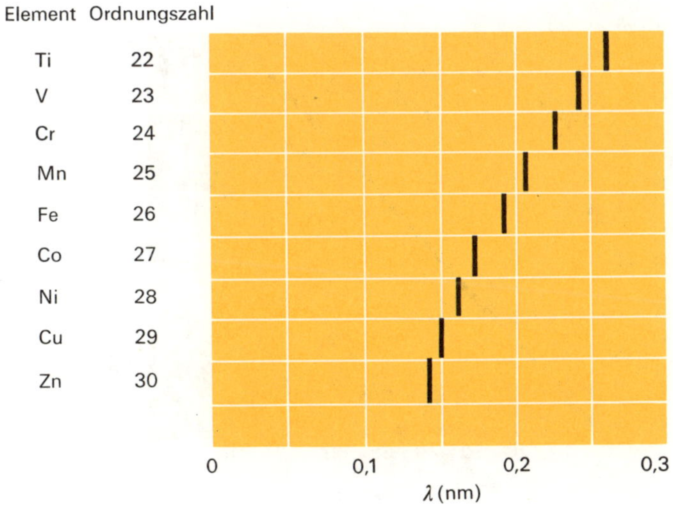

Element Ordnungszahl

Element	Ordnungszahl
Ti	22
V	23
Cr	24
Mn	25
Fe	26
Co	27
Ni	28
Cu	29
Zn	30

0   0,1   0,2   0,3

λ (nm)

Niveaus eingenommen, und die freiwerdende Energie wird als «Licht» von sehr kurzer Wellenlänge – d.h. als *Röntgenstrahlung* – ausgestrahlt (da die betreffenden Energiedifferenzen recht
groß sind, besitzt das emittierte Licht nach Planck eine hohe Frequenz, also eine kurze Wellenlänge). Durch Beugung an Kristallgittern kann das Röntgenlicht spektral zerlegt werden. Die
Verwendung von Anoden aus den verschiedenartigsten Elementen (oder auch aus geeigneten
Verbindungen) ergab, daß ihre Röntgenspektren – im Gegensatz zu den Spektren des sichtbaren Lichtes – sehr einfach gebaut sind. Sie bestehen aus nur zwei bis drei Gruppen von
Linien (Serien), welche als *K*-, *L*- und *M*-Serie bezeichnet werden. Die Elemente bis zur
Ordnungszahl 30 (Zink) zeigen nur die *K*-Serie; bei den Elementen mittlerer Ordnungszahlen
tritt neben der *K*-Serie auch die *L*-Serie und bei den schwersten Elementen schließlich auch
noch die *M*-Serie auf. Moseley erkannte, daß sich die drei Serien mit wachsender Ordnungszahl ganz regelmäßig nach der Seite der kurzen Wellenlängen hin verschieben. Besonders
deutlich wird dies, wenn man jeweils dieselbe, z.B. die längstwellige Linie ein und derselben
Serie vergleicht (Abb. 2.2). Dabei nimmt die Frequenz einer Linie proportional dem Quadrat
der Ordnungszahl zu. Auf diese Weise konnte aber nicht nur die Reihenfolge der Ordnungszahlen
mit Sicherheit festgelegt werden, sondern es konnten auch noch vorhandene Lücken im
System einwandfrei erkannt werden.

2.3 Die Elektronenkonfiguration der Elemente

Quantenzahlen und Pauli-Prinzip. Jede physikalisch sinnvolle Lösung der Schrödinger-
Gleichung ist durch bestimmte Werte einer Folge von drei **Quantenzahlen** charakterisiert.
Diese Zahlen folgen damit direkt aus der Anwendung der de Broglie-Beziehung auf das Elek-
tron, während sie in der Bohr-Theorie ebenso wie die beiden Quantenbedingungen als Postu-
late ad hoc eingeführt werden mußten. Über ihre Bedeutung siehe S. 40.
Kurz vor der Begründung der Wellenmechanik durch De Broglie und Schrödinger konnte durch
Uhlenbeck und Goudsmit gezeigt werden, daß sich die Feinstrukturen gewisser Spektrallinien

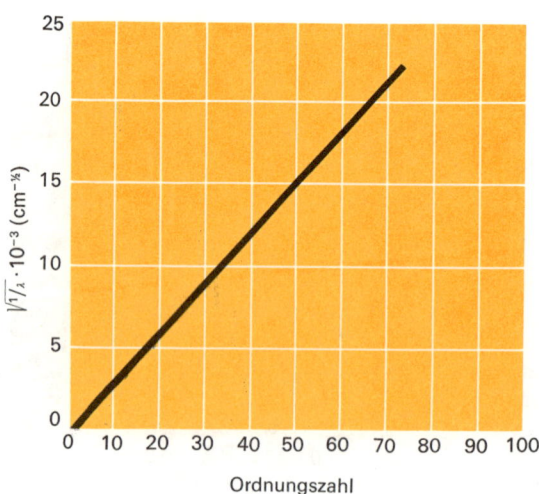

*Abb. 2.3. Graphische Dar-
stellung der Moseleyschen
Beziehung:* $\sqrt{1/\lambda} = A \cdot Z + B$
(Z = Ordnungszahl)

erklären lassen, wenn sich Elektronen von sonst gleichen Quantenzahlen in einer weiteren Eigenschaft unterscheiden, die man anschaulich als *Drehimpuls des Elektrons* deuten kann. Das Elektron zeigt darnach eine Eigenrotation, die im Uhrzeiger- oder im Gegenuhrzeigersinn erfolgen kann. Um diese als **Spin** bezeichnete Eigenschaft zu charakterisieren, mußte eine weitere Quantenzahl, die **Spinquantenzahl** *s*, eingeführt werden. Sie kann die Werte $+\frac{1}{2}$ und $-\frac{1}{2}$ annehmen, entsprechend den beiden möglichen Drehrichtungen des Elektrons. Mit dieser Eigenrotation ist ein *magnetisches Moment* verknüpft, das sich je nach dem Wert von *s* parallel oder antiparallel zu einem angelegten äußeren Magnetfeld einstellt.

Für jede Folge der vier Quantenzahlen existiert eine sinnvolle Wellenfunktion ψ; *jede erlaubte Kombination dieser Zahlen stellt also einen möglichen Zustand eines Elektrons in einem Atom dar*. Von Pauli (1926) wurde nun erkannt, daß in einem Atom *niemals zwei Elektronen in bezug auf ihren Zustand vollkommen übereinstimmen*, daß also niemals zwei Elektronen für alle Quantenzahlen dieselben Werte besitzen. Dieses «**Pauli-Prinzip**» wurde zunächst als Postulat aufgestellt, um die Auffüllung der Elektronenzustände verständlich zu machen; es hat bis heute trotz intensiver Anwendung niemals zu irgendwelchen Widersprüchen geführt und muß – ähnlich wie der Energiesatz oder die Newtonschen Prinzipien der Mechanik – als *Naturgesetz* betrachtet werden.

Die verschiedenen erlaubten Kombinationen der Quantenzahlen ergeben damit unmittelbar die verschiedenen, überhaupt möglichen *Elektronenzustände* (Tabelle 2.3). Beispielsweise müssen zwei Elektronen, die in bezug auf die ersten drei Quantenzahlen übereinstimmen – also dasselbe Orbital besetzen – notwendigerweise entgegengesetzt (antiparallel) gerichteten Spin besitzen. Da sich dann die beiden Spinrichtungen kompensieren, tritt insgesamt kein magnetisches Moment auf. Enthält jedoch ein Atom (oder ein Molekül) *ungepaarte Elektronen* (d. h. nur mit einem einzigen Elektron besetzte Orbitale), so ergibt sich für das Atom oder Molekül als Ganzes ein *magnetisches Moment,* dessen Größe durch die Zahl der insgesamt vorhandenen ungepaarten Elektronen bestimmt ist. Solche Substanzen werden durch ein angelegtes äußeres Magnetfeld angezogen; sie sind **paramagnetisch.**

Tabelle 2.3. Quantenzahlen und mögliche Elektronenzustände

n	*l*	Orbital	*m*	*s*	Anzahl der Kombinationen	
1	0	1*s*	0	$+\frac{1}{2}, -\frac{1}{2}$	2	
2	0	2*s*	0	$+\frac{1}{2}, -\frac{1}{2}$	2	}8
2	1	2*p*	+1, 0, −1	$+\frac{1}{2}, -\frac{1}{2}$	6	
3	0	3*s*	0	$+\frac{1}{2}, -\frac{1}{2}$	2	
3	1	3*p*	+1, 0, −1	$+\frac{1}{2}, -\frac{1}{2}$	6	}18
3	2	3*d*	+2, +1, 0, −1, −2	$+\frac{1}{2}, -\frac{1}{2}$	10	
4	0	4*s*	0	$+\frac{1}{2}, -\frac{1}{2}$	2	
4	1	4*p*	+1, 0, −1	$+\frac{1}{2}, -\frac{1}{2}$	6	}32
4	2	4*d*	+2, +1, 0, −1, −2	$+\frac{1}{2}, -\frac{1}{2}$	10	
4	3	4*f*	+3, +2, +1, 0, −1, −2, −3	$+\frac{1}{2}, -\frac{1}{2}$	14	

Tabelle 2.4. Reihenfolge der Besetzung der s-, p-, d- und f-Niveaux unter Berücksichtigung des Spins (Die Pfeile ↑ und ↓ stellen die beiden Spinrichtungen dar)

s	p	d	f
↓ s^1	↑ _ _ p^1	↑ _ _ _ _ d^1	↑ _ _ _ _ _ _ f^1
↑↓ s^2	↑ ↑ _ p^2	↑ ↑ _ _ _ d^2	↑ ↑ _ _ _ _ _ f^2
	↑ ↑ ↑ p^3	↑ ↑ ↑ _ _ d^3	↑ ↑ ↑ _ _ _ _ f^3
	↑↓ ↑ ↑ p^4	↑ ↑ ↑ ↑ _ d^4	↑ ↑ ↑ ↑ _ _ _ f^4
	↑↓ ↑↓ ↑ p^5	↑ ↑ ↑ ↑ ↑ d^5	↑ ↑ ↑ ↑ ↑ _ _ f^5
	↑↓ ↑↓ ↑↓ p^6	↑↓ ↑ ↑ ↑ ↑ d^6	↑ ↑ ↑ ↑ ↑ ↑ _ f^6
		↑↓ ↑↓ ↑ ↑ ↑ d^7	↑ ↑ ↑ ↑ ↑ ↑ ↑ f^7
		↑↓ ↑↓ ↑↓ ↑ ↑ d^8	↑↓ ↑ ↑ ↑ ↑ ↑ ↑ f^8
		↑↓ ↑↓ ↑↓ ↑↓ ↑ d^9	↑↓ ↑↓ ↑ ↑ ↑ ↑ ↑ f^9
		↑↓ ↑↓ ↑↓ ↑↓ ↑↓ d^{10}	↑↓ ↑↓ ↑↓ ↑ ↑ ↑ ↑ f^{10}
			↑↓ ↑↓ ↑↓ ↑↓ ↑ ↑ ↑ f^{11}
			↑↓ ↑↓ ↑↓ ↑↓ ↑↓ ↑ ↑ f^{12}
			↑↓ ↑↓ ↑↓ ↑↓ ↑↓ ↑↓ ↑ f^{13}
			↑↓ ↑↓ ↑↓ ↑↓ ↑↓ ↑↓ ↑↓ f^{14}

Auffüllung der Energieniveaux. In einem mehrelektronigen Atom belegen die Elektronen im *Grundzustand* immer die *energieärmsten* zur Verfügung stehenden Energieniveaux. Aus den möglichen Kombinationen der Quantenzahlen in Verbindung mit dem Energieniveauschema läßt sich deshalb die Besetzung der verschiedenen Niveaux (die **«Elektronenkonfiguration»**[1]) ableiten. Wie schon erwähnt, kann jedes Orbital von zwei Elektronen, die sich in ihrem Spin unterscheiden, besetzt werden; nach der **Hundschen Regel** wird ferner bei AO gleicher Energie (z. B. den drei $2p$- oder den fünf $3d$-AO) jedes Orbital zuerst nur mit einem *einzigen* Elektron besetzt (geringere Wechselwirkungen zwischen den Elektronen!). Erst nachdem alle zu einer Nebenquantenzahl gehörenden Niveaux einfach besetzt sind, kommt in jedes Niveau noch ein zweites Elektron (Tabelle 2.4).

Das Diagramm der Abb. 2.4 deutet die relativen Energien der verschiedenen AO an, während die Reihenfolge ihrer Auffüllung durch die Abb. 2.5 wiedergegeben wird. Die Abb. 2.4 hat aber ebenso wie das Energieniveauschema der Abb. 1.25 *keine allgemeine Gültigkeit,* da die relativen Energien der verschiedenen Niveaux bei einem bestimmten Atom von dessen Kernladung und von der Zahl der insgesamt vorhandenen Elektronen abhängen. Die Abb. 2.4 zeigt damit eigent-

---

[1] Man muß sich aber bewußt sein, daß die *Elektronenkonfiguration* eines Atoms nicht unmittelbar experimentell bestimmt werden kann (sie ist also **keine direkt beobachtbare Größe!**); sie stellt vielmehr eine *«Abbildung»* der experimentellen Daten in einem Ein-Elektronen-Schema dar, wobei dieses **mit der beobachteten Folge der Energiestufen übereinstimmt.**

lich bloß, welches AO bei einem bestimmten Element – verglichen mit dem ihm im Periodensystem vorausgehenden Element – neu besetzt wird; anders gesagt, die relativen Energien werden also nur für diejenigen Elemente zutreffend wiedergegeben, bei denen ein bestimmtes
Unterniveau neu belegt wird. So sind die $4s$-AO bei den Elementen Kalium ($Z = 19$) und Calcium ($Z = 20$) tatsächlich energieärmer als die $3d$-AO (aus diesem Grund wird bei den beiden
Elementen zuerst das s-Niveau der vierten Schale belegt, bevor die $3d$-AO der dritten Schale
aufgefüllt werden); bei den auf Scandium ($Z = 21$) folgenden Elementen verwischen sich die
Energieunterschiede zwischen $4s$- und $3d$-AO allmählich, bis schließlich beim Zink ($Z = 30$)
die $3d$-AO energieärmer sind als die $4s$-AO.

Die Tabelle 2.5 orientiert über die Elektronenkonfiguration sämtlicher Elemente. Nach Tabelle
2.3 und Abb. 2.4 kann die *innerste Schale* ($n = 1$) höchstens *zwei*, die *zweite Schale* ($n = 2$)
höchstens *8 Elektronen* aufnehmen. Die erste Periode umfaßt damit nur zwei Elemente, Wasserstoff und Helium, während die zweite Periode die Elemente Lithium bis Neon (insgesamt 8)
enthält. Die *dritte Schale* ($n = 3$) kann *maximal 18 Elektronen* aufnehmen: 2 s-, 6 p- und 10 d-
Elektronen. Beim Argon sind die $3s$- und die $3p$-Orbitale voll besetzt; die dritte Periode umfaßt

*Abb. 2.4. Energieniveauschema der Elemente. Bei der Auffüllung der möglichen Elektronenzu-
stände werden jeweils die Zustände geringster Energie zuerst besetzt; die auf das Ar folgenden
Elemente K und Ca besitzen in der N-Schale ein bzw. zwei s-Elektronen, und die M-Schale
wird erst vom Sc zum Zn vollständig gefüllt (d-Zustände)*

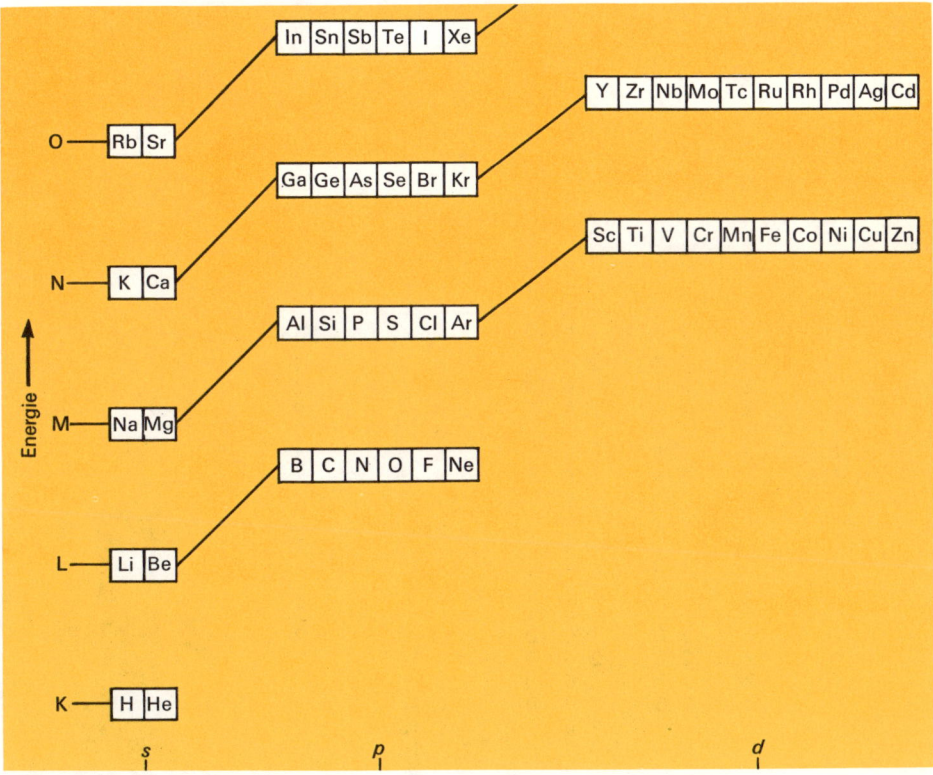

Z		K	L		M			N				O				P			Q
		1s	2s	2p	3s	3p	3d	4s	4p	4d	4f	5s	5p	5d	5f	6s	6p	6d	7s
1	H	1																	
2	He	2																	
3	Li	2	1																
4	Be	2	2																
5	B	2	2	1															
6	C	2	2	2															
7	N	2	2	3															
8	O	2	2	4															
9	F	2	2	5															
10	Ne	2	2	6															
11	Na	2	2	6	1														
12	Mg	2	2	6	2														
13	Al	2	2	6	2	1													
14	Si	2	2	6	2	2													
15	P	2	2	6	2	3													
16	S	2	2	6	2	4													
17	Cl	2	2	6	2	5													
18	Ar	2	2	6	2	6													
19	K	2	2	6	2	6		1											
20	Ca	2	2	6	2	6		2											
21	Sc	2	2	6	2	6	1	2											
22	Ti	2	2	6	2	6	2	2											
23	V	2	2	6	2	6	3	2											
24	Cr	2	2	6	2	6	5	1											
25	Mn	2	2	6	2	6	5	2											
26	Fe	2	2	6	2	6	6	2											
27	Co	2	2	6	2	6	7	2											
28	Ni	2	2	6	2	6	8	2											
29	Cu	2	2	6	2	6	10	1											
30	Zn	2	2	6	2	6	10	2											
31	Ga	2	2	6	2	6	10	2	1										
32	Ge	2	2	6	2	6	10	2	2										
33	As	2	2	6	2	6	10	2	3										
34	Se	2	2	6	2	6	10	2	4										
35	Br	2	2	6	2	6	10	2	5										
36	Kr	2	2	6	2	6	10	2	6										
37	Rb	2	2	6	2	6	10	2	6			1							
38	Sr	2	2	6	2	6	10	2	6			2							
39	Y	2	2	6	2	6	10	2	6	1		2							
40	Zr	2	2	6	2	6	10	2	6	2		2							
41	Nb	2	2	6	2	6	10	2	6	4		1							
42	Mo	2	2	6	2	6	10	2	6	5		1							
43	Tc	2	2	6	2	6	10	2	6	5		2							
44	Ru	2	2	6	2	6	10	2	6	7		1							
45	Rh	2	2	6	2	6	10	2	6	8		1							
46	Pd	2	2	6	2	6	10	2	6	10									
47	Ag	2	2	6	2	6	10	2	6	10		1							
48	Cd	2	2	6	2	6	10	2	6	10		2							
49	In	2	2	6	2	6	10	2	6	10		2	1						
50	Sn	2	2	6	2	6	10	2	6	10		2	2						
51	Sb	2	2	6	2	6	10	2	6	10		2	3						
52	Te	2	2	6	2	6	10	2	6	10		2	4						
53	I	2	2	6	2	6	10	2	6	10		2	5						
54	Xe	2	2	6	2	6	10	2	6	10		2	6						

Z		K	L	M	N	O	P	Q
		1s	2s 2p	3s 3p 3d	4s 4p 4d 4f	5s 5p 5d 5f	6s 6p 6d	7s
55	Cs	2	2 6	2 6 10	2 6 10	2 6	1	
56	Ba	2	2 6	2 6 10	2 6 10	2 6	2	
57	La	2	2 6	2 6 10	2 6 10	2 6 1	2	
58	Ce	2	2 6	2 6 10	2 6 10 1	2 6 1	2	
59	Pr	2	2 6	2 6 10	2 6 10 3	2 6	2	
60	Nd	2	2 6	2 6 10	2 6 10 4	2 6	2	
61	Pm	2	2 6	2 6 10	2 6 10 5	2 6	2	
62	Sm	2	2 6	2 6 10	2 6 10 6	2 6	2	
63	Eu	2	2 6	2 6 10	2 6 10 7	2 6	2	
64	Gd	2	2 6	2 6 10	2 6 10 7	2 6 1	2	
65	Tb	2	2 6	2 6 10	2 6 10 9	2 6	2	
66	Dy	2	2 6	2 6 10	2 6 10 10	2 6	2	
67	Ho	2	2 6	2 6 10	2 6 10 11	2 6	2	
68	Er	2	2 6	2 6 10	2 6 10 12	2 6	2	
69	Tm	2	2 6	2 6 10	2 6 10 13	2 6	2	
70	Yb	2	2 6	2 6 10	2 6 10 14	2 6	2	
71	Lu	2	2 6	2 6 10	2 6 10 14	2 6 1	2	
72	Hf	2	2 6	2 6 10	2 6 10 14	2 6 2	2	
73	Ta	2	2 6	2 6 10	2 6 10 14	2 6 3	2	
74	W	2	2 6	2 6 10	2 6 10 14	2 6 4	2	
75	Re	2	2 6	2 6 10	2 6 10 14	2 6 5	2	
76	Os	2	2 6	2 6 10	2 6 10 14	2 6 6	2	
77	Ir	2	2 6	2 6 10	2 6 10 14	2 6 7	2	
78	Pt	2	2 6	2 6 10	2 6 10 14	2 6 9	1	
79	Au	2	2 6	2 6 10	2 6 10 14	2 6 10	1	
80	Hg	2	2 6	2 6 10	2 6 10 14	2 6 10	2	
81	Tl	2	2 6	2 6 10	2 6 10 14	2 6 10	2 1	
82	Pb	2	2 6	2 6 10	2 6 10 14	2 6 10	2 2	
83	Bi	3	2 6	2 6 10	2 6 10 14	2 6 10	2 3	
84	Po	2	2 6	2 6 10	2 6 10 14	2 6 10	2 4	
85	At	2	2 6	2 6 10	2 6 10 14	2 6 10	2 5	
86	Rn	2	2 6	2 6 10	2 6 10 14	2 6 10	2 6	
87	Fr	2	2 6	2 6 10	2 6 10 14	2 6 10	2 6	1
88	Ra	2	2 6	2 6 10	2 6 10 14	2 6 10	2 6	2
89	Ac	2	2 6	2 6 10	2 6 10 14	2 6 10	2 6 1	2 ?
90	Th	2	2 6	2 6 10	2 6 10 14	2 6 10	2 6 2	2 ?
91	Pa	2	2 6	2 6 10	2 6 10 14	2 6 10 2	2 6 1	2 ?
92	U	2	2 6	2 6 10	2 6 10 14	2 6 10 3	2 6 1	2
93	Np	2	2 6	2 6 10	2 6 10 14	2 6 10 4	2 6 1	2 ?
94	Pu	2	2 6	2 6 10	2 6 10 14	2 6 10 6	2 6	2 ?
95	Am	2	2 6	2 6 10	2 6 10 14	2 6 10 7	2 6	2
96	Cm	2	2 6	2 6 10	2 6 10 14	2 6 10 7	2 6 1	2 ?
97	Bk	2	2 6	2 6 10	2 6 10 14	2 6 10 8	2 6 1	2 ?
98	Cf	2	2 6	2 6 10	2 6 10 14	2 6 10 9	2 6 1	2 ?
99	E	2	2 6	2 6 10	2 6 10 14	2 6 10 10	2 6 1	2 ?
100	Fm	2	2 6	2 6 10	2 6 10 14	2 6 10 11	2 6 1	2 ?
101	Mv	2	2 6	2 6 10	2 6 10 14	2 6 10 12	2 6 1	2 ?
102	No	2	2 6	2 6 10	2 6 10 14	2 6 10 14	2 6	2 ?
103	Lw	2	2 6	2 6 10	2 6 10 14	2 6 10 14	2 6 1	2 ?

Tabelle 2.5. Elektronenkonfiguration der Elemente

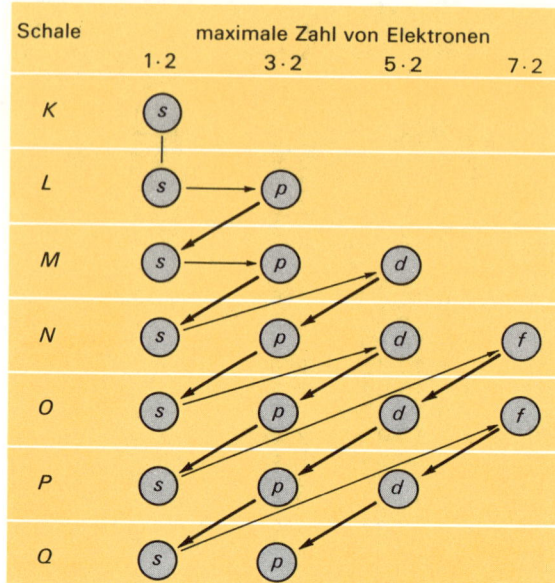

Schale	maximale Zahl von Elektronen			
	1·2	3·2	5·2	7·2
K	s			
L	s	p		
M	s	p	d	
N	s	p	d	f
O	s	p	d	f
P	s	p	d	
Q	s	p		

Abb. 2.5. Reihenfolge, in der die verschiedenen Energiezustände aufgefüllt werden (gilt für elektrisch neutrale Atome; gewisse Ausnahmen bei den Lanthaniden)

damit wiederum 8 Elemente. Die $3d$-Niveaux werden erst vom Scandium ($Z = 21$) bis Nickel ($Z = 28$) mit Elektronen belegt; die vierte Periode umfaßt damit insgesamt 18 Elemente (Kalium bis Krypton). Die *vierte Schale* ($n = 4$) enthält zusätzlich noch insgesamt 7 f-Orbitale, *kann also 32 Elektronen fassen.* Die $4f$-Orbitale sind aber energiereicher als die $5s$-, $5p$- und $5d$- sowie die $6s$-Orbitale; sie werden deshalb erst bei den Elementen 58 bis 70 besetzt. Zur fünften Periode gehören daher wiederum nur 18 Elemente; beim Rubidium und Strontium werden die beiden $5s$-Niveaux, bei den Elementen Yttrium ($Z = 39$) bis Palladium ($Z = 46$) die fünf $4d$-Niveaux und bei den Elementen Indium ($Z = 49$) bis Xenon ($Z = 54$) schließlich die drei $5p$-Niveaux besetzt. Die sechste Periode ($n = 5$) enthält 32 Elemente, bei welchen nacheinander die beiden $6s$-, die sieben $4f$- und die drei $6p$-Niveaux belegt werden.

Typen der Elemente. Entsprechend ihrer Elektronenkonfiguration kann man vier Elementtypen unterscheiden: **Edelgase, Hauptgruppenelemente** («repräsentative» Elemente), **Übergangselemente** und «**innere**» **Übergangselemente.** Die Einordnung eines Elementes in eine dieser Gruppen wird durch die Besetzung der verschiedenen Unterniveaux bestimmt.
Mit Ausnahme des Heliums (Konfiguration $1s^2$) besitzen alle *Edelgasatome* auf ihrer äußersten Schale die Konfiguration s^2p^6 (Tabelle 2.5), d.h. alle ihre s- und p-Orbitale sind vollständig besetzt. Offenbar kommt diesem Zustand eine ganz *besondere Stabilität* zu, was sich nicht nur in ihrer extremen Reaktionsträgheit, sondern z. B. auch in den verhältnismäßig hohen Ionisierungsenergien äußert (S. 69).
Bei den Atomen der *Hauptgruppenelemente* sind die s- und p-Niveaux der inneren Schalen vollständig besetzt, während die d-Niveaux der zweitäußersten Schale entweder unbesetzt (Alkali- und Erdalkalimetalle) oder ebenfalls vollständig besetzt sind (übrige Hauptgruppenelemente).Die äußersten Elektronen spielen bei der Bildung von Atomverbänden eine große

Rolle; sie werden oft als **Valenzelektronen** bezeichnet. Zu den Hauptgruppenelementen gehören die Alkali- und die Erdalkalimetalle, die Elemente B, Al, Ga, In, Tl; C, Si, Ge, Sn, Pb; die Elemente der Stickstoff/Phosphor-Gruppe, die Chalkogene und die Halogene. Obschon auch die Elemente der Kupfer- und der Zink-Gruppe vollständig besetzte innere Schalen besitzen, rechnet man die Elemente dieser Gruppen gewöhnlich zu den Übergangselementen, weil sie diesen in ihrem chemischen Verhalten viel eher entsprechen.

Bei den *Übergangselementen* sind die beiden äußersten Elektronenschalen nicht vollständig besetzt; insbesondere besitzen die eigentlichen Übergangselemente (21–28, 39–45, 72–79) *unvollständig besetzte d-Orbitale* der zweitäußersten Schale. Bei ihnen wirken meist sowohl diese *d-* wie auch die äußersten *s*-Elektronen als Valenzelektronen. Als Folge der besonderen Stabilität halbbesetzter und vollständig besetzter «Teilschalen» (d.h. *d*-Gruppen) treten einige Anomalien in der Elektronenkonfiguration der Übergangselemente auf:

	Sc	Ti	V	Cr	Mn	Fe	Co	Ni	Cu	Zn
3 d	1	2	3	5	5	6	7	8.	10	10
4 s	2	2	2	1	2	2	2	2	1	2

Es gibt insgesamt vier Reihen von Übergangselementen, bei welchen jeweils die 3 d-, 4 d-, 5 d- und 6 d-Niveaus besetzt werden. Alle Übergangselemente sind *Metalle,* von denen die Mehrzahl eine große praktische Bedeutung als Werkstoffe besitzt. Sie zeigen eine Reihe gemeinsamer Merkmale: eine auffallende Tendenz zur Komplexbildung, das Auftreten in verschiedenen Oxidationszahlen und das relativ häufige Vorkommen paramagnetischer oder gefärbter Ionen (Lichtabsorption durch die relativ leicht anzuregenden *d*-Elektronen!). Im Gegensatz zu den Hauptgruppenelementen bezeichnet man sie alle auch etwa als Elemente der *Nebengruppen.*

Bei den *«inneren»* Übergangselementen werden schließlich die *f*-Niveaus der drittäußersten Schale besetzt, während die Zahl der Elektronen der zweitäußersten und der äußersten Schale fast durchwegs konstant bleibt (Ausnahmen wegen der auch hier zu beobachtenden Stabilität halbbesetzter und vollständig besetzter Teilschalen). Die Elemente dieser Reihen – die *Lanthaniden* bzw. die *Actiniden* – zeigen aus diesem Grund untereinander eine sehr große Ähnlichkeit.

2.4 Die Periodizität einiger Eigenschaften

Eigenschaften der Elemente, welche, wenn auch oft in recht komplizierter, undurchsichtiger Weise, von der *Elektronenkonfiguration* bestimmt werden, ändern sich *periodisch* mit zunehmender Ordnungszahl:

Atom- und Ionenradien
Brechungsindex
Dichte
Elektronenaffinität und Elektronegativität
Härte

Ionisierungsenergie
Leitfähigkeit (elektrisch und thermisch)

magnetisches Verhalten
Normalpotential
Oxidationszahlen
Schmelz- und Siedepunkt
Schmelz-, Sublimations- und
Verdampfungswärmen
Solvationsenergien
Spektren

Periodensystem der Elemente

		H 1			He 2

Light elements (main groups):

0	I	II	III	IV	V	VI	VII	0
He 2								
	Li 3	Be 4	B 5	C 6	N 7	O 8	F 9	Ne 10
	Na 11	Mg 12	Al 13	Si 14	P 15	S 16	Cl 17	Ar 18

Main table (sub-groups a / b):

0	Ia	IIa	IIIa	IVa	Va	VIa	VIIa	VIII			Ib	IIb	IIIb	IVb	Vb	VIb	VIIb	0
Ar 18	K 19	Ca 20	Sc 21	Ti 22	V 23	Cr 24	Mn 25	Fe 26	Co 27	Ni 28	Cu 29	Zn 30	Ga 31	Ge 32	As 33	Se 34	Br 35	Kr 36
Kr 36	Rb 37	Sr 38	Y 39	Zr 40	Nb 41	Mo 42	Tc 43	Ru 44	Rh 45	Pd 46	Ag 47	Cd 48	In 49	Sn 50	Sb 51	Te 52	I 53	Xe 54
Xe 54	Cs 55	Ba 56	La 57 *	Hf 72	Ta 73	W 74	Re 75	Os 76	Ir 77	Pt 78	Au 79	Hg 80	Tl 81	Pb 82	Bi 83	Po 84	At 85	Rn 86
Rn 86	Fr 87	Ra 88	Ac 89 ⊙															

*Metalle der seltenen Erden (Lanthaniden):

Ce 58	Pr 59	Nd 60	Pm 61	Sm 62	Eu 63	Gd 64	Tb 65	Dy 66	Ho 67	Er 68	Tm 69	Yb 70	Lu 71

⊙ Uran-Metalle (Actiniden):

Th 90	Pa 91	U 92	Np 93	Pu 94	Am 95	Cm 96	Bk 97	Cf 98	E 99	Fm 100	Mv 101	No 102	Lw 103

*Metalle der seltenen Erden (Lanthaniden)

⊙ Uran-Metalle (Actiniden)

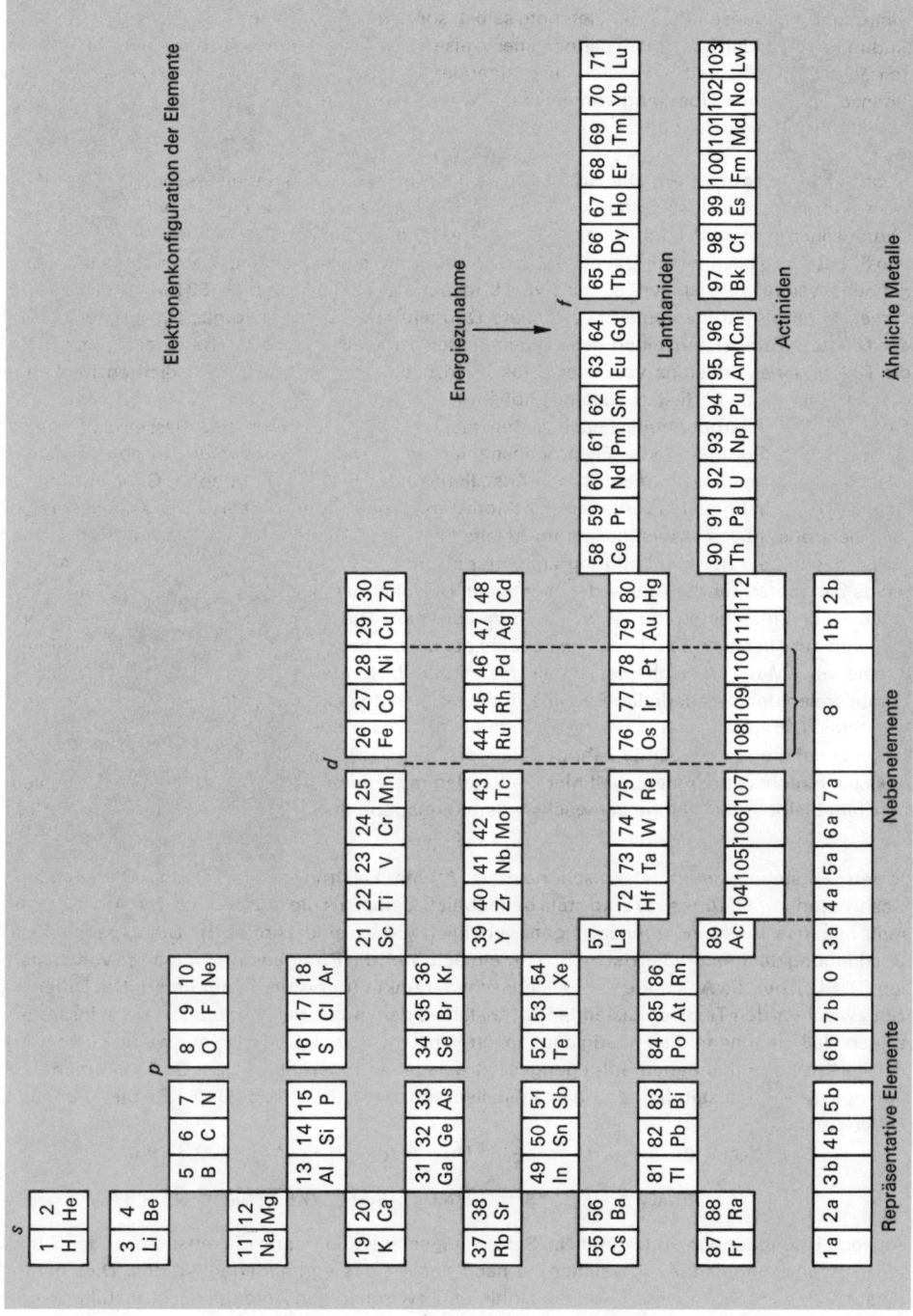

Nicht nur die Eigenschaften der Elemente selbst, sondern auch die Eigenschaften analoger Verbindungen verändern sich oft in periodischer Weise. Die Elemente einer Gruppe sowie ihre analogen Verbindungen verhalten sich untereinander meist ähnlich, wobei sich entsprechende Eigenschaften beim Übergang vom leichtesten zum schwersten Element im allgemeinen in regelmäßiger Weise verändern.

Atom- und Ionenradien. Die Größe von Atomen und Ionen übt einen wesentlichen Einfluß aus auf ihre Anordnung in Gittern von Festkörpern sowie auf gewisse Eigenschaften (z. B. Ionisierungsenergien) und kann damit auch die physikalischen und chemischen Eigenschaften von Substanzen bestimmen. Der erste Versuch, Beziehungen zwischen der Atomgröße und dem Periodensystem herzustellen, stammt von L. Meyer (1870) (Abb. 2.1 [S. 53] *«Atomvolumenkurve»).* Der als Atomvolumen bezeichnete Quotient aus der Masse eines Grammatoms und der Dichte gibt aber nur einen sehr angenäherten Hinweis auf die Größe eines Atoms, weil die Dichte einer Substanz von ihrer Struktur (d.h. der mehr oder weniger dichten Packung der Gitterbausteine im festen Zustand) abhängt.

Obschon die Elektronenhüllen nach außen nicht scharf abgegrenzt sind, lassen sich durch Beugung von Röntgen- oder Elektronenstrahlen an Kristallen *Atomradien* (in den Kristallen von Metallen) und *Ionenradien* (in den Kristallen von Salzen) mit recht hoher Genauigkeit bestimmen, denn in Kristallen verhalten sich Atome und Ionen angenähert als starre Kugeln, da sich ihre Elektronenhüllen − wenigstens im Idealfall − nicht durchdringen. Bei Metallen wird die Hälfte des mittels Röntgenbeugung am Gitter bestimmten Abstandes zweier Kerne als Atomradius betrachtet; für die Atome der Nichtmetalle nimmt man gewöhnlich die halbe Bindungslänge einer Einfachbindung A—A als Atomradius an. Die Atomradien hängen in geringem Maß von der Kristallstruktur bzw. von der Zahl der um ein bestimmtes Atom gruppierten anderen Atome ab. Man unterscheidet daher manchmal besonders bei Nichtmetallen zwischen tetrahedralen und oktahedralen Radien; für die meisten Zwecke sind jedoch diese Unterschiede belanglos. Die Abb. 2.6 zeigt, wie die Atomradien innerhalb einer Elementgruppe von oben nach unten zunehmen (wachsende Zahl der Elektronenschalen!), innerhalb einer Periode aber von links nach rechts abnehmen, weil hier die Kernladung zunimmt, während die Zahl der Schalen konstant bleibt und als Folge der wachsenden Kernladung das Atom immer mehr «schrumpft».

Ionen entstehen, wenn elektrisch neutrale Atome Elektronen aufnehmen oder abgeben. Positive Ionen *(«Kationen»)* sind stets beträchtlich kleiner als die entsprechenden Atome, während negative Ionen *(«Anionen»)* ganz erheblich größer sind (Abb. 2.6). Die experimentelle Bestimmung der Ionenradien ist nicht ganz einfach, weil die Röntgenstrukturanalyse von Kristallen (S. 146) nur die Abstände der Teilchenschwerpunkte (der Atomkerne) liefert. Die Differenzen zwischen den Teilchenabständen in Kristallen, denen ein bestimmtes Ion gemeinsam ist, zeigen, daß die Ionenradien häufig angenähert konstant sind, daß sie also nur wenig von der Art der im Kristall vorhandenen entgegengesetzt geladenen Ionen abhängen. So erhält man z. B. aus den Teilchenabständen d in den Kristallen von NaCl, KCl, NaBr und KBr die folgenden Differenzen:

$$d_{KCl} - d_{NaCl} = (r_{K^+} + r_{Cl^-}) - (r_{Na^+} + r_{Cl^-}) = r_{K^+} - r_{Na^+} = 33 \text{ pm}$$

$$d_{KBr} - d_{NaBr} = (r_{K^+} + r_{Br^-}) - (r_{Na^+} + r_{Br^-}) = r_{K^+} - r_{Na^+} = 31 \text{ pm}$$

Analoge Überlegungen an Li- und Na-Salzen zeigen aber, daß dann die entsprechenden Differenzen stark voneinander abweichen, je nach der Art des vorhandenen Anions. Dies beruht darauf, daß das sehr kleine Li⁺-Ion die Hohlräume zwischen den Anionen nicht ausfüllt, so daß

Abb. 2.6. Atom- und Ionenradien (in pm)

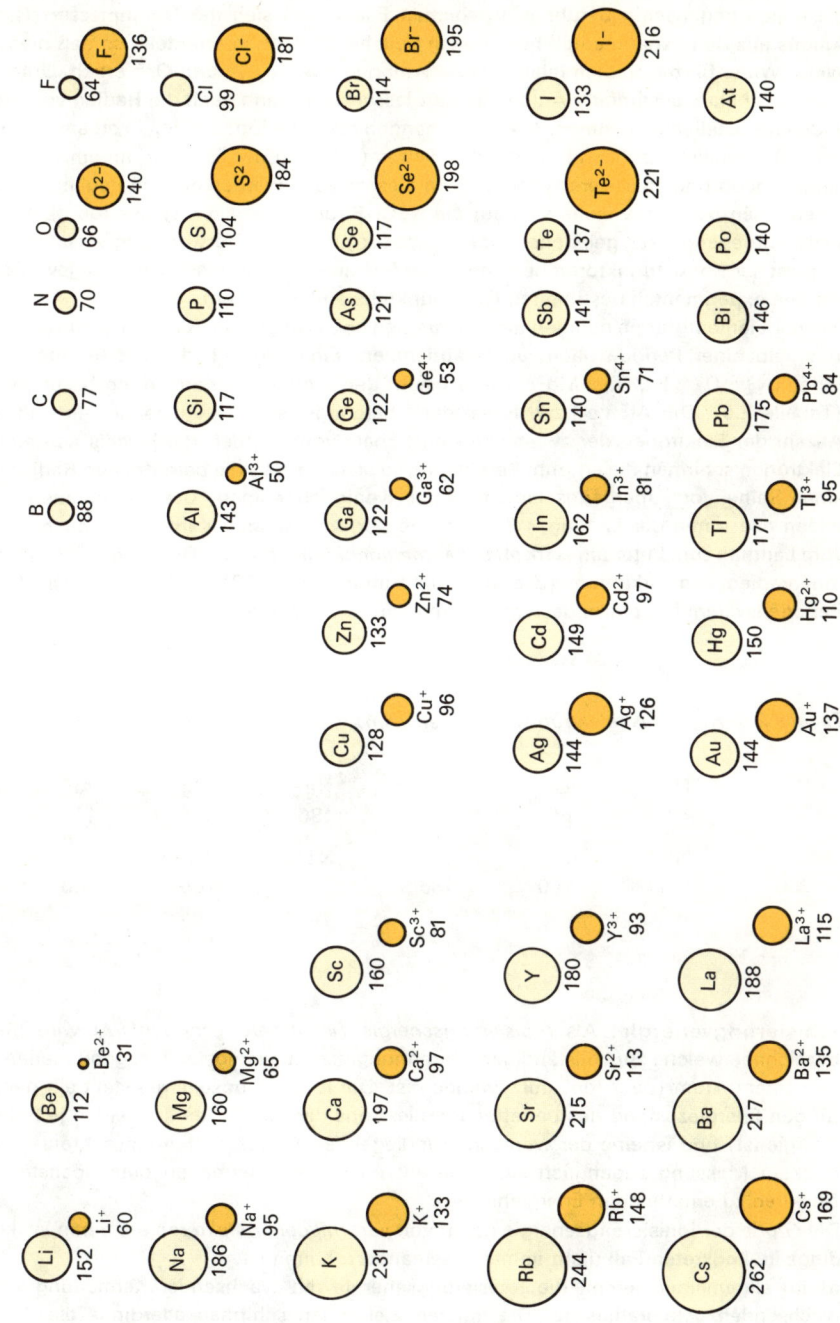

diese sich gegenseitig berühren. In solchen Fällen läßt sich der Durchmesser (Radius) des Anions aus den experimentell bestimmten Teilchenabständen ermitteln, so daß man auf diese Weise Werte für die Radien relativ großer Anionen wie Br^-, I^- und O^{2-} erhält. Unter Verwendung solcherart bestimmter Anionenradien lassen sich dann auch die Radien von Kationen in anderen Kristallen bestimmen. Allerdings hängen auch die Ionenradien in einem gewissen Maß von der Kristallstruktur des betreffenden Salzes (d.h. von der Zahl der um ein bestimmtes Ion herum angeordneten anderen Ionen) ab. In diesem Buch werden die von Pauling angegebenen Ionenradien benützt, welche sich auf die NaCl-Struktur beziehen (jedes Ion oktaedrisch von sechs entgegengesetzt geladenen Ionen umgeben) und unter Verwendung verschiedener, halbempirischer Korrekturfaktoren berechnet worden sind. Ihre Summen stimmen jeweils recht gut mit den experimentell bestimmten Gitterpunktabständen überein.

In einer Elementgruppe nehmen die Ionenradien erwartungsgemäß nach unten zu, während sie innerhalb einer Periode nach rechts abnehmen. Ein Vergleich der Größe isoelektronischer Ionen (N^{3-}, O^{2-}, F^-, Na^+, Mg^{2+}, Al^{3+}) macht den Einfluß der Kernladung besonders deutlich (Tabelle 2.6). Die Atome bzw. Ionen der Übergangselemente unterscheiden sich durch die Anzahl der Elektronen der zweitäußersten Schale voneinander; die jeweils neu eintretenden Elektronen schirmen die erhöhte Kernladung so stark ab, daß die betreffenden Radien innerhalb einer Reihe von Übergangselementen nur wenig abnehmen. Die Lanthaniden schließlich bilden alle Ionen der Ladung $+3$; als Folge der wachsenden Kernladung nimmt ihre Größe vom Lanthan zum Lutetium stark ab (« Lanthanidenkontraktion »). Die daher nahezu identischen Ionenradien von Zirkonium ($Z = 40$) und Hafnium ($Z = 72$) sind die Ursache für eine im Periodensystem fast einzig dastehende Ähnlichkeit der beiden Elemente.

Tabelle 2.6. Radien isoelektronischer Ionen (pm)

C	N	O	F	Na	Mg	Al	Si
77	70	66	64	186	160	143	117
C^{4-}	N^{3-}	O^{2-}	F^-	Na^+	Mg^{2+}	Al^{3+}	Si^{4+}
260	171	140	136	95	65	50	41

Ionisierungsenergie. Als *Ionisierungsenergie* (« *Ionisierungspotential* ») wird die Energie bezeichnet, welche zur vollständigen Abtrennung des am wenigsten fest gebundenen Elektrons von einem Atom (oder Ion) aufzuwenden ist. Die Ionisierungsenergie stellt ein direktes Maß für den Energiezustand des betreffenden Elektrons dar (sie ist um so kleiner, je höher dessen Energie ist) und ist eine der wenigen grundlegenden Eigenschaften eines Atoms, welche der direkten Messung zugänglich sind (sie entspricht gewissermaßen dem höchsten, aus den Spektren zu ermittelnden Energieniveau).

Die *Größe* der Ionisierungsenergie hängt von *verschiedenen Faktoren* ab, deren Wirkung allerdings im konkreten Fall nicht immer auseinanderzuhalten ist:

a) Im allgemeinen nimmt die Ionisierungsenergie mit wachsender Kernladung zu und mit wachsendem Atomradius ab. Die inneren Elektronen schirmen allerdings die Wirkung der Kernladung ziemlich stark ab.

Tabelle 2.7. Ionisierungsenergien der ersten 20 Elemente

| Nr. | Symbol | Ionisierungsenergien in eV für das | | | | | | | | | 10. abgespaltene Elektron | Elektronenzahl |
		1.	2.	3.	4.	5.	6.	7.	8.	9.		
1	H	13,6										= 1
2	He	24,6	54,4									= 2
3	Li	5,4	75,6	122,4								1 + 2 = 3
4	Be	9,3	18,2	153,9	217,7							2 + 2 = 4
5	B	8,3	25,1	37,9	259,3	340,1						3 + 2 = 5
6	C	11,3	24,4	47,9	64,5	391,9	489,8					4 + 2 = 6
7	N	14,5	29,6	47,4	77,5	97,9	551,9	666,8				5 + 2 = 7
8	O	13,6	35,2	54,9	77,4	113,9	138,1	739,1	871,1			6 + 2 = 8
9	F	17,4	35,0	62,6	87,2	114,2	157,1	185,1	953,6	1100,0		7 + 2 = 9
10	Ne	21,6	41,0	64,0	97,1	126,4	157,9	207,0	238,0	1190,0	1350,0	8 + 2 = 10
11	Na	5,1	47,3	71,6	98,9	138,6	172,4	208,4	264,1	299,9	1460,0	1 + 8 + 2 = 11
12	Mg	7,6	15,0	80,1	109,3	141,2	186,7	225,3	266,0	328,2	367,0	2 + 8 + 2 = 12
13	Al	6,0	18,8	28,4	120,0	153,8	190,4	241,9	285,1	331,6	399,2	3 + 8 + 2 = 13
14	Si	8,1	16,3	33,5	45,1	166,7	205,1	246,4	303,2	349,0	407,0	4 + 8 + 2 = 14
15	P	11,0	19,7	30,1	51,4	65,0	220,4	263,3	309,2	380,0	433,0	5 + 8 + 2 = 15
16	S	10,4	23,4	35,0	47,3	72,5	88,0	281,0	328,8	379,1	459,0	6 + 8 + 2 = 16
17	Cl	13,0	23,8	39,9	53,5	67,8	96,7	114,3	348,3	398,8	453,0	7 + 8 + 2 = 17
18	Ar	15,8	27,6	40,9	59,8	75,0	91,3	124,0	143,5	434,0	494,0	8 + 8 + 2 = 18
19	K	4,3	31,8	46,0	60,9	83,0	101,0	120,0	155,0	176,0	501,4	1 + 8 + 8 + 2 = 19
20	Ca	6,1	11,9	51,2	67,0	84,0	111,0	127,0	151,0	189,0	211,4	2 + 8 + 8 + 2 = 20

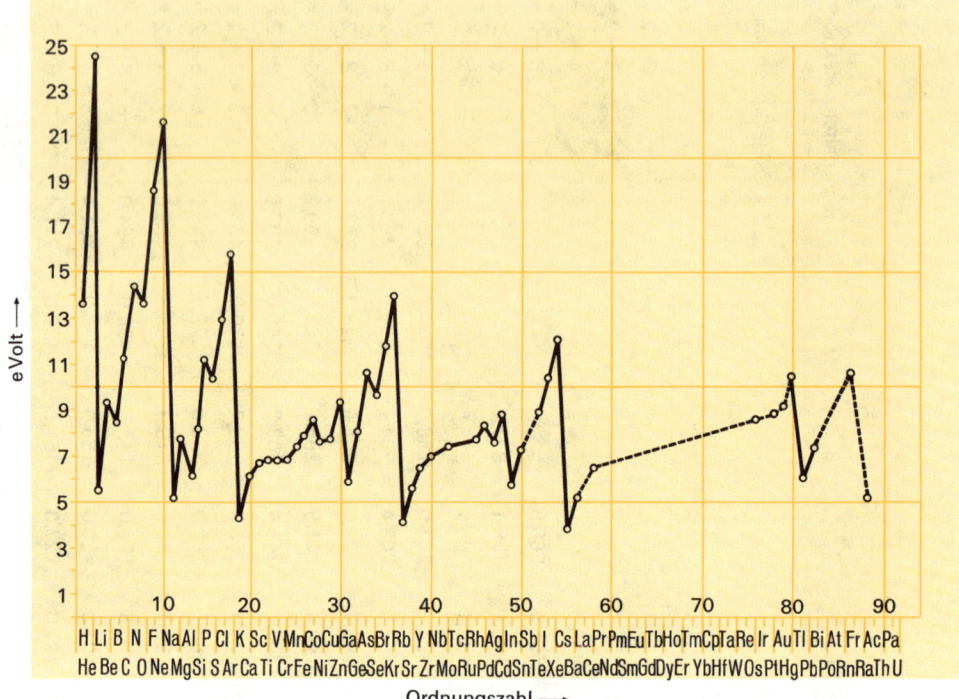

Abb. 2. 7. Die Energie zur Abspaltung des ersten Elektrons in Abhängigkeit von der Ordnungszahl

b) Die Ionisierungsenergie hängt weiter vom Ausmaß, mit welchem das am wenigsten ge-
bundene Elektron in die Ladungswolke der inneren Elektronen eindringt, ab. Wie aus Abb. 1.20
(der Darstellung der radialen Wahrscheinlichkeitsdichte) hervorgeht, nimmt dieser Effekt in der
Reihe $s > p > d > f$ ab; mit anderen Worten, ein s-Elektron nähert sich dem Kern im zeitlichen
Durchschnitt mehr als ein p-Elektron derselben Schale, ebenso wie sich ein d-Elektron dem
Kern im Durchschnitt noch weniger nähert. Dies bedeutet, daß – vorausgesetzt, daß alle anderen
Faktoren dieselben sind – ein s-Elektron schwerer zu entfernen ist als ein p-Elektron (usw.).
c) Die Ionisierungsenergie hängt schließlich in hohem Maß von der Ladung des betreffenden
Atoms ab; die Abspaltung eines zweiten Elektrons – d. h. die Abtrennung eines Elektrons von
einem positiv geladenen Ion – erfordert beträchtlich mehr Energie als die Entfernung des ersten
Elektrons aus dem betreffenden Atom (Tabelle 2.7).

Die Kurve der Abb. 2.7 stellt die Veränderung der «ersten» Ionisierungsenergie in Abhängigkeit von der Ordnungszahl dar. Die starke Zunahme vom Wasserstoff zum Helium wird durch die
erhöhte Kernladung bedingt; der sehr starke Abfall zum Lithium ist eine Folge der Tatsache,
daß das am wenigsten stark gebundene Elektron des Li-Atoms, das $2s$-Elektron, zur zweiten

Schale gehört und daß die um eine Einheit gestiegene Kernladung durch die beiden $1s$-Elektronen sehr stark abgeschirmt wird. Vom Lithium zum Neon nimmt die Ionisierungsenergie wieder zu, weil die Kernladung steigt, die Elektronen einer Schale ein anderes Elektron derselben Schale jedoch kaum abschirmen. Beim Bor (Elektronenkonfiguration $1s^2 \, 2s^2 \, 2p^1$) tritt eine deutliche Abnahme der Ionisierungsenergie auf, denn die p-Elektronen sind etwas energiereicher als die s-Elektronen derselben Hauptquantenzahl. Die beim Sauerstoff-Atom zu beobachtende ebenfalls deutliche Abnahme ist darauf zurückzuführen, daß beim Stickstoff die $2p$-Gruppe zur Hälfte besetzt ist (erhöhte Stabilität halbbesetzter Teilschalen ebenso wie bei den Übergangselementen!).

In der gleichen Weise verläuft die Ionisierungsenergiekurve in der dritten Periode. In der vierten Periode nimmt bei den Übergangselementen die Ionisierungsenergie in geringem Maß zu. Da sich die $4s$- und die $3d$-Niveaux energetisch sehr ähnlich sind, wird bei der Ionisierung dieser Elemente zumeist ein $4s$-Elektron entfernt. Die bei den Lanthaniden stetig wachsende Kernladung ist die Ursache der höheren Ionisierungsenergie der dritten Reihe von Übergangselementen.

Innerhalb einer Elementgruppe nimmt die Ionisierungsenergie mit steigender Ordnungszahl stark ab (Zunahme des Atomradius!); die Zunahme der Hauptquantenzahl und die abschirmende Wirkung der inneren Elektronen vermögen also die Erhöhung der Kernladung zu kompensieren. Die zweite, dritte usw. Ionisierungsenergie eines Atoms ist erwartungsgemäß wesentlich größer als die erste. Ganz besonders groß ist die Zunahme bei der Abspaltung eines weiteren Elektrons dann, wenn sämtliche Elektronen einer Schale bereits abgetrennt sind und ein Elektron von der *nächstinneren* Schale entfernt werden muß (vgl. Tabelle 2.7). Der enorme Unterschied zwischen den zur Abspaltung von Elektronen der äußersten und der zweit-äußersten Schale erforderlichen Energie ist einer der Gründe dafür, daß bei Metallen der ersten und zweiten Hauptgruppe sowie der Nebengruppen III a und IV a fast ausschließlich edelgasähnliche Ionen gebildet werden.

Elektronenaffinität. Man versteht darunter die mit der Aufnahme von Elektronen durch ein neutrales Atom verbundene Energie. Die Größe der Elektronenaffinität wird im wesentlichen durch die gleichen Faktoren bestimmt, die schon im Zusammenhang mit der Ionisierungsenergie diskutiert worden sind, denn die Elektronenaffinität eines neutralen Atoms entspricht zahlenmäßig der Ionisierungsenergie des betreffenden einfach negativ geladenen Ions.

Zuverlässige Werte der Elektronenaffinität sind jedoch nur für wenige Elemente bekannt (Tabelle 2.8). Sie ist am höchsten bei den Halogenen und bei den Chalkogenen – erwartungsgemäß – kleiner. Das Maximum der Elektronenaffinität beim Chlor muß davon herrühren, daß die vom Fluor zum Chlor steigende Kernladung die Wirkung des ebenfalls wachsenden Atomradius übertrifft. Die Bildung mehrfach negativ geladener Ionen (O^{2-}, S^{2-}, N^{3-}) geschieht stets stark endotherm.

Tabelle 2.8. Elektronenaffinitäten von Nichtmetallatomen (kJ/mol)

H	− 72	O	+ 694
F	− 344	S	+ 333
Cl	− 362		
Br	− 346		
I	− 297		

Elektronegativität. Die *Elektronegativität* («EN») ist ein Maß für die Fähigkeit eines Atoms, in einer Kovalenzbindung Elektronen anzuziehen (Pauling). Obschon der Begriff in der Literatur ganz allgemein und sehr häufig verwendet wird, existiert keine wirklich eindeutige Methode zur Messung der EN. Die Hauptschwierigkeit dabei ist, daß sich die EN auf das Verhalten eines bestimmten Atoms in einem *Atomverband* – in einer *Einfachbindung!* – bezieht und nicht auf einzelne, voneinander isolierte Atome im Gaszustand (wie die Ionisierungsenergie und Elektronenaffinität), und daß sie in hohem Maß von der Art und der Anzahl der mit dem betreffenden Atom sonst noch verbundenen Atome abhängt. Die EN ist ein für qualitative und halbquantitative Betrachtungen sehr nützlicher Begriff, der bei unkritischer Verwendung jedoch leicht zu Mißverständnissen oder irreführenden Schlüssen führen kann.

Tabelle 2.9. Elektronegativitäten

					H 2,1						
Be	1,5	B	2,0	C	2,5	N	3,0	O	3,5	F	4,0
				Si	1,8	P	2,1	S	2,5	Cl	3,0
				Ge	1,7	As	2,0	Se	2,4	Br	2,8
				Sb	1,8			Te	2,1	I	2,4

Ursprünglich wurde die EN von Pauling aus Bindungsenthalpien berechnet (siehe S.124). Man erhält aber mit den Werten von Pauling – von einem konstanten Zahlenfaktor abgesehen – sehr gut übereinstimmende und theoretisch besser begründete Werte, wenn man nach Mulliken das *Mittel* aus *Ionisierungsenergie* und *Elektronenaffinität* bildet. Da die Ionisierungsenergie die Energie des Vorganges $X \longrightarrow X^+ + e^-$, die Elektronenaffinität die Energie des Vorganges

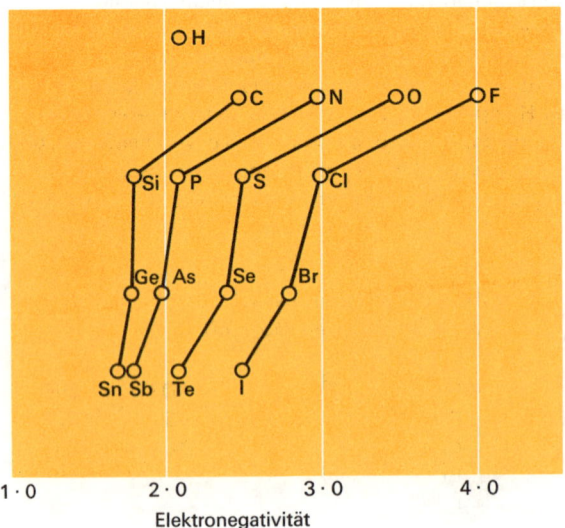

1·0   2·0   3·0   4·0
Elektronegativität

Abb. 2.8. Elektronegativität und Periodensystem

X + e$^-$ → X$^-$ darstellt, kann man die beiden Energiegrößen als Maß für den Durchschnitt der Elektronenanziehung eines positiven Ions und eines neutralen Atoms bzw. eines neutralen Atoms und eines negativen Ions betrachten, so daß das arithmetische Mittel zwischen ihnen ein Maß für die Elektronenanziehung eines neutralen Atoms sein muß. Die Tabelle 2.9 sowie die Abb. 2.8, welche die EN der Nichtmetalle in Paulings relativer Skala zeigt (die EN von Fluor wird definititionsgemäß = 4,0 gesetzt), bringt die Zusammenhänge mit dem Periodensystem gut zum Ausdruck. Die EN wächst mit zunehmender Rumpfladung und abnehmender Rumpfgröße; der starke Abfall zwischen den Elementen der zweiten und der dritten Periode weist darauf hin, daß besonders die Rumpfgröße die EN stark beeinflußt.

Tabelle 2.10. Die häufigsten Oxidationszahlen wichtiger Elemente

+I	H	Li	Na	K	Rb	Cs	Cu	Ag	Au	Tl	Cl	Br	I
+II	Mg	Ca	Sr	Ba	Mn	Fe	Co	Ni	Cu	Zn	Cd	Hg	Sn	Pb
+III	B	Al	Cr	Mn	Fe	Co	N	P	As	Sb	Bi	Cl	
+IV	C	Si	Sn	Pb	S	Se	Te	Xe					
+V	N	P	As	Sb	Cl	Br	I						
+VI	Cr	S	Se	Te	Xe								
+VII	Mn	Cl	I										
+VIII	Os	Xe											
−I	F	Cl	Br	I	H	O							
−II	O	S	Se	Te									
−III	N	P	As										
−IV	C												

Oxidationszahlen. Um eine Ordnung in die Vielfalt der bei den verschiedenen Verbindungen beobachteten Zahlenverhältnisse der Atome zu bringen, wurde schon sehr früh der Begriff der «Wertigkeit» oder «Valenz» geschaffen[1], der sich ursprünglich nur auf die von einem bestimmten Atom gebundenen oder die durch dieses Atom ersetzten Atome H oder Cl bezog. So wurde Sauerstoff in H_2O als zweiwertig, Phosphor in PCl_5 als fünfwertig, Stickstoff in NH_3 als drei-, in NH_4Cl aber als fünfwertig betrachtet. In dem Maß, wie es gelang, die Bildung und die Struktur von Atomverbänden (Molekülen, Atom- und Ionengittern) zu verstehen, wurde das Ungenügen des klassischen Wertigkeitsbegriffes offenbar, und man begann verschiedene Arten von Wertigkeit zu unterscheiden («stöchiometrische», «elektrochemische», «koordinative» Wertigkeit). Da dadurch heute der Begriff vieldeutig geworden ist, wird er am besten ganz vermieden. Wir verwenden deshalb ausschließlich den schärfer umrissenen, inhaltlich dem alten Wertigkeitsbegriff nahestehenden Begriff der **Oxidationszahl.**

Die Oxidationszahl eines Atoms ist eine Zahl mit positivem oder negativem Vorzeichen und gibt die *Ladung* an, welche das Atom haben würde, wenn man die Elektronen in dem betreffenden Atomverband in bestimmter Weise den einzelnen Atomen zuteilt. Obschon dieses Zuteilen nicht immer frei von einer gewissen Willkür ist, kann der Begriff der Oxidationszahl als *Ordnungsschema* und für ein elementares Verständnis der Redoxvorgänge kaum entbehrt werden.

---

[1] Bereits Kekulé bezeichnete die Anzahl der von einem bestimmten Atom gebundenen H-Atome als seine «Atomigkeit».

Man findet die Oxidationszahl eines bestimmten Elementes in einer Verbindung nach folgenden *Regeln* :

1. Die Oxidationszahl eines Atoms in einem freien Element ist Null.
2. Die Oxidationszahl eines einatomigen Ions ist gleich seiner Ladung.
3. In einer kovalenten Verbindung bekannter Struktur entspricht die Oxidationszahl der Ladung, welche jedes Atom erhält, wenn die bindenden Elektronenpaare vollständig dem mehr elektronegativen Atom zugeteilt werden. Bei Elektronenpaaren zwischen zwei gleichen Atomen erhält jedes Atom ein Elektron.

In vielen Fällen lassen sich die Oxidationszahlen der Elemente aus ihrer Stellung im *Periodensystem* oder aus ihrer *Elektronenkonfiguration* ableiten (Tabelle 2.10). Bei den *Hauptgruppenelementen* entsprechen die wichtigsten Oxidationszahlen den Ladungen, welche die Atome durch Erreichen der Edelgaskonfiguration (äußerste Schale $ns^2\ np^6$) oder der Konfiguration nd^{10} erhalten (vgl. Abb. 2.9). Dies gilt besonders für die Elemente der Gruppen Ia und IIa sowie für Bor, Aluminium und Gallium. Indium und Thallium (mit der Konfiguration $ns^2\ np^1$) zeigen auch die Oxidationszahl +I entsprechend dem Verlust des einzigen p-Elektrons. Auch bei den schwereren Elementen der Gruppen IVb, Vb und VIb trifft man Oxidationszahlen, welche der Konfiguration ns^2 entsprechen; diese Elemente zeigen deshalb neben ihrer «normalen» Oxidationszahl stets eine zweite, um zwei Einheiten niedrigere Zahl, welche beim Übergang von den leichteren zu den schwereren Elementen einer Gruppe immer wichtiger wird. Negative Oxidationszahlen treten nur bei *Nichtmetallen* auf, welche – im Gegensatz zu den Metallen – auch eine gewisse Tendenz zur Aufnahme von Elektronen besitzen. Ihre Bedeutung für die Chemie der Gruppen Vb, VIb und VIIb nimmt ebenfalls mit zunehmender Ordnungszahl ab, entsprechend der Abnahme der EN in derselben Richtung.

Abb. 2.9. Die wichtigsten Oxidationszahlen der Hauptgruppen- und Übergangselemente in Abhängigkeit von der Ordnungszahl

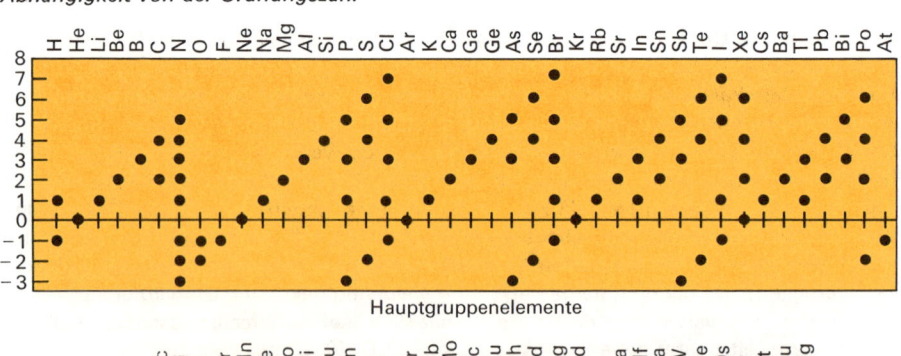

Hauptgruppenelemente

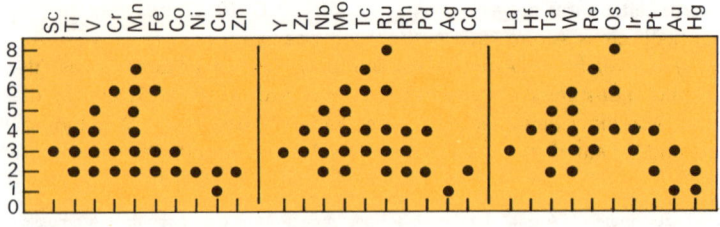

Übergangsmetalle

2.5 Metalle, Halbmetalle und Nichtmetalle

Die bekannte Gliederung der Elemente in die drei Elementtypen gründet sich im wesentlichen auf ihre *elektrische Leitfähigkeit*. *Metalle* leiten den elektrischen Strom im allgemeinen sehr gut; ihre Leitfähigkeit nimmt mit wachsender Temperatur ab. *Halbmetalle* zeigen eine zwar meßbare, jedoch sehr geringe elektrische Leitfähigkeit, welche mit steigender Temperatur zunimmt. *Nichtmetalle* schließlich sind Nichtleiter.

Man muß sich indessen bewußt sein, daß eine solche Einteilung der Elemente *nicht streng durchgeführt* werden kann. Eine Reihe von Elementen – insbesondere im Grenzgebiet zwischen Metallen und Nichtmetallen – existiert in mehreren Formen, die sich u. a. gerade in bezug auf ihre Leitfähigkeit erheblich unterscheiden können. So kristallisiert beispielsweise das sogenannte graue Zinn (stabil unterhalb +13°C) ebenso wie Silicium und Germanium im Diamantgitter und zeigt die Eigenschaften eines Halbmetalls; das «weiße» Zinn (stabil oberhalb +13°C) hingegen ist ein typisch metallischer Leiter. Anderseits ist Phosphor sowohl in seiner weißen wie in der roten Form ein typisches Nichtmetall, während schwarzer Phosphor Halbmetalleigenschaften besitzt. Ähnliches gilt auch für die rote (nichtmetallische) und die graue Modifikation von Selen.

Ein Blick auf die Abb. 2.10 zeigt, daß die Metalle im *Periodensystem* links und unten stehen und von den Nichtmetallen durch eine diagonal, vom Bor zum Tellur verlaufende Reihe von Halbmetallen getrennt werden. Innerhalb einer *Elementgruppe* nimmt der *Metallcharakter mit zunehmender Ordnungszahl deutlich zu* (vgl. C und Pb bzw. N und Bi!); innerhalb einer *Periode* nimmt der *Metallcharakter nach rechts ab.* Beide Regelmäßigkeiten hängen damit zusammen, daß innerhalb einer Periode die Ladung des Atomrumpfes von links nach rechts wächst, daß aber bei den Elementen einer Gruppe die Ausdehnung des Atomrumpfes von oben nach unten größer wird. Beide Effekte bedingen, daß die Valenzelektronen bei den Elementen links und unten weniger stark an den Atomrumpf gebunden sind. Tatsächlich ist für Metallatome das Vorhandensein von verhältnismäßig locker gebundenen Außenelektronen kennzeichnend, was z. B. auch in den verglichen mit den Nichtmetallen geringeren Ionisierungsenergien zum Ausdruck kommt.

Abb. 2.10. Elektrische Leitfähigkeit der Elemente (10^4 Ohm^{-1} cm^{-1}). Die in Farbe gehaltene Gruppe der «Halbmetalle» besitzt eine geringe Leitfähigkeit, die bei Zufügen geringer Mengen Verunreinigungen wächst (Halbleiter). Nichtmetalle sind Isolatoren

Li 11,8	Be 18	B	C	N	O	F
Na 23	Mg 25	Al 40	Si	P	S	Cl
K 15,9	Ca 23	Ga 2,4	Ge	As	Se	Br
Rb 8,6	Sr 3,3	In 12	Sn 10	Sb 2,8	Te	I
Cs 5,6	Ba 1,7	Tl 7,1	Pb 5,2	Bi 1,0	Po	At

Übungen

2.1 Warum stimmt die Reihenfolge der Elemente im Mendelejewschen System nicht immer mit der tatsächlichen Reihenfolge überein?

2.2 Wie kann man heute mit Sicherheit wissen, daß nicht noch eine ganze Elementgruppe unentdeckt geblieben ist?

2.3 Wie entstehen die Röntgenspektren der Elemente?

2.4 Geben Sie die Elektronenkonfigurationen der Atome folgender Elemente an: C, F, P, Ar, Cr, Co, Nb, Ag.

2.5 Welche der folgenden Atome zeigen ein magnetisches Moment: Be, C, Ne, Ti, V.

2.6 Wie erklärt man die Tatsache, daß bei den Elementen K und Ca die Auffüllung der 4. Elektronenschale begonnen wird, bevor die 3. Schale vollständig besetzt ist?

2.7 Was ergibt der Vergleich der Radien isoelektrischer Ionen?

2.8 Welche scheinbaren Abnormitäten beobachtet man bei der Elektronenkonfiguration der 1. Reihe der Übergangsmetalle und warum?

2.9 Warum ist die 1. Ionisierungsenergie des O-Atoms kleiner als diejenige des N-Atoms?

2.10 Wie verändert sich die Ionisierungsenergie innerhalb einer Elementgruppe, einer Periode?

2.11 Was ist in bezug auf den Atomradius der Elemente einer Gruppe (z. B. der Alkalimetalle) zu erwarten?

2.12 Warum können die Elektronegativitäten nicht direkt gemessen werden?

2.13 Geben Sie die wichtigsten Oxidationszahlen folgender Elemente an : O, Cl, P, Sr, Ti, Cr, Fe, Cu, Ag, W.

2.14 Welche Elemente erfüllen folgende Bedingungen: a) größter Atomradius, b) Übergangsmetall mit kleinstem Atomradius, c) größte 1. Ionisierungsenergie.

2.15 Was läßt sich über die Elektronenkonfiguration folgender Elemente aussagen: Alkalimetalle, Halogene, Lanthaniden.

Literatur

a) Allgemeine Werke

F. A. Cotton und G. Wilkinson   *Anorganische Chemie.* Verlag Chemie, Weinheim 1972
M. C. Day und J. Selbin   *Theoretical Inorganic Chemistry.* Reinhold, New York 1968
A. F. Holleman und E. Wiberg   *Lehrbuch der Anorganischen Chemie.* De Gruyter, Berlin 1970
Th. Moeller   *Inorganic Chemistry.* Wiley, New York 1952
H. Sisler   *Electronic Structure, Properties and the Periodic Law.* Reinhold, New York 1963

b) Ergänzende Literatur

J. W. v. Spronsen   The Prehistory of the Periodic System of the Elements. *J. Chem. Educ. 36* (1959) 565

3 Die chemische Bindung

Dalton, Proust und Berzelius gelangten durch zahlreiche Analysen zur Auffassung, daß sich die Atome der Elemente nur in bestimmten Zahlenverhältnissen verbinden; sie vermochten jedoch keine Erklärung für das Auftreten der in jedem Fall wirklich beobachteten Verhältnisse zu geben. In der Tat bildet die Erklärung der Existenz *bestimmter* (und nicht irgendwelcher beliebiger) *Atomverbände* eines der Grundprobleme der Chemie. Ansätze zu seiner Lösung wurden schon sehr früh entwickelt. So betrachtete Berzelius in seiner «dualistischen Theorie» die Bausteine der Elemente als entweder positiv oder negativ elektrisch geladen; die Verbindungen würden dann durch Vereinigung entgegengesetzter Ladungen entstehen. Die von Kekulé 1858 eingeführte Vorstellung, daß jedem Atom nur eine bestimmte, begrenzte Fähigkeit zur Bindung anderer Atome zukommt, bedeutete einen gewaltigen Fortschritt; zusammen mit dem von Couper vorgeschlagenen Bindestrich – der die Verkettung der Atome symbolisiert – und dem auf Butlerow zurückgehenden Begriff der Molekülstruktur konnte ein immenses Tatsachenmaterial (hauptsächlich aus dem Gebiet der organischen Chemie) gedeutet werden. Weniger erfolgreich war die Anwendung der Kekulé-Couperschen Strukturlehre auf die anorganischen Verbindungen; sie führte hier zur irrigen Vorstellung, daß auch die anorganischen Verbindungen alle aus Molekülen aufgebaut seien, in welchen die Atome durch «Valenzen» (für welche man als Symbol ebenfalls den Bindestrich verwendete) verkettet wären. Schwierigkeiten bereiteten dem Verständnis insbesondere die anorganischen Komplexverbindungen. Hier zeitigte erst die Wernersche Koordinationslehre (1898) einen der Kekulé/Couper/Butlerowschen Strukturtheorie entsprechenden Erfolg.

Obschon zu Beginn dieses Jahrhunderts wenig prinzipielle Zweifel daran bestanden, daß diesen Strukturtheorien *(«Modellen»)* eine gewisse Realität innewohnen müsse, war man von einem wirklichen Verständnis noch weit entfernt. Erste Versuche einer mehr physikalischen Interpretation war die *«Oktett-Theorie»,* welche von Kossel für Ionenverbindungen und von Lewis für Molekülverbindungen aufgestellt wurde (1915/16). Zum erstenmal wurden damit auch konsequent *zwei verschiedene Bindungsarten* unterschieden: die *Ionenbindung* in Salzen (welche ungefähr der dualistischen Betrachtungsweise von Berzelius entspricht) und die *Kovalenzbindung,* die Bindung des Couperschen Bindestriches. Dabei wurde aber dem Erreichen des Oktetts, d.h. einer Konfiguration von 8 Außenelektronen, eine, wie sich später zeigte, allzu große Bedeutung zugemessen; die von Langmuir durchgeführte Gleichsetzung des Bindestriches mit dem Lewisschen Elektronenpaar (zwar wiederum in hohem Maß ein reiner Formalismus) ermöglichte aber doch ein besseres Verständnis als die frühere, «klassische» Strukturtheorie und bedeutete damit einen großen Fortschritt. Die Lewis-Langmuirsche Symbolik ist auch heute noch sehr weitgehend die tägliche Sprache des Chemikers.

3.1 Die Atombindung (Kovalenzbindung)

Nach der von Lewis entwickelten Vorstellung vermag ein *Elektronenpaar,* welches zwei Atomen gemeinsam angehört, eine Bindung zwischen diesen Atomen zu bewerkstelligen («**Kovalenz-bindung**», «**Atombindung**», «**Elektronenpaarbindung**»). Sehr häufig entstehen dadurch Teilchen, die aus einer begrenzten Zahl Atome bestehen und als individuelle Einheit existieren können (**Moleküle**). Die Anzahl der Bindungen, welche ein Atom eingehen kann (seine *Bindigkeit* oder *Bindungszahl)* wird durch die Zahl seiner Außenelektronen in Verbindung mit der Oktettregel festgelegt.

Beispiele von Lewis-Formeln:

$$H:H \qquad :N:::N: \qquad H:\overset{..}{\underset{..}{C}}l: \qquad H:\overset{..}{\underset{..}{O}}:H \qquad :\overset{..}{O}::C::\overset{..}{O}:$$

$$H_2 \qquad\qquad N_2 \qquad\qquad HCl \qquad\qquad H_2O \qquad\qquad CO_2$$

Die *Oktettregel* gilt jedoch streng nur für die Elemente der zweiten Periode, da bereits bei den Atomen der dritten Periode die Schale der Valenzelektronen auch *d*-Orbitale enthält, welche unter Umständen besetzt werden können, so daß der Atomrumpf dann von mehr als 8 Elektronen umgeben ist. Eine wirkliche Erklärung der bindenden Wirkung gemeinsamer Elektronen vermochte das Lewis-Langmuirsche Modell nicht zu geben.

Das Wasserstoff-Molekül. In zwei voneinander getrennten H-Atomen werden die beiden Elektronen durch ihre atomaren ψ-Funktionen dargestellt (Abb. 3.1 a). Mit zunehmender Annäherung der beiden Atome beginnen sich die Aufenthaltsräume der beiden Elektronen zu überlagern (zu *«überlappen»),* mit anderen Worten: jeder Atomkern «taucht» zunehmend auch in die Wolke des anderen Atoms ein (Abb. 3.1 b). Ein Elektron, welches ursprünglich nur unter der Wirkung «seines» Kernes stand, gerät damit auch unter die Wirkung des anderen Kernes, und die Wahrscheinlichkeit, daß es sich auch in der Nähe des zweiten Kerns aufhält, wird mit zunehmender Näherung der Kerne immer größer. Schließlich entsteht *eine einzige Wolke, die beide Kerne umhüllt* (Abb. 3.1 c), wobei die Ladungsdichte (die Aufenthaltswahrscheinlichkeit

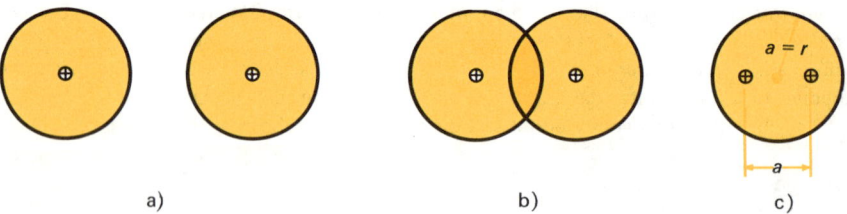

Abb. 3.1. Bildung des H_2-Moleküls

a) *zwei getrennte H-Atome, keine Kraft wirksam*
b) *Beginn der Überlappung: Anziehung jedes Protons durch das Überlappungsgebiet*
c) *Elektronenpaar bindet beide Protonen*

der beiden Elektronen) zwischen den Kernen besonders groß ist. Die erhöhte Ladungsdichte bewirkt durch **rein elektrostatische Kräfte** den Zusammenhalt des Moleküls. Dieser Zustand entspricht einem *Minimum an Energie:* Um die Kerne einander noch *näher* zu bringen, müßte die *kinetische* Energie der Elektronen stark *erhöht* werden (sie werden auf einen kleineren Raum zusammengedrängt), zur *Trennung* der Kerne (zur Vergrößerung ihres Abstandes) müßte *potentielle* Energie *aufgewendet* werden (Leistung von Arbeit gegen die anziehende Wirkung der negativen Ladung auf die Kerne).

Dies kann in einfacher Weise mittels des *SCAO-Ansatzes* deutlich gemacht werden (Kimball). Um dabei die mathematischen Ausdrücke von Konstanten zu befreien, verwendet man nach Hartree *et al.* zweckmäßigerweise «atomare Einheiten».

Ladung: $1 \text{ aE} = e = 1{,}6020 \cdot 10^{-19} \text{ As}$

Masse: $1 \text{ aE} = m_e \text{ (Elektronenmasse)} = 0{,}911 \cdot 10^{-27} \text{ g}$

Energie: $1 \text{ aE} = \dfrac{4\pi^2 \, m \, e_\pi^{\;4}}{h^2} = 27{,}210 \text{ eV} \quad (e_\pi \equiv e/\sqrt{4\pi\,\varepsilon_0}\,)$

Länge: $1 \text{ aE} = \dfrac{h^2}{4\pi^2 \, m \, e_\pi^{\;2}} = 52{,}92 \text{ pm}$

Bei Verwendung atomarer Einheiten $\left(\text{wobei auch } \dfrac{h}{2\pi} = 1 \text{ gesetzt wird} \right)$ wird z. B. die kinetische Energie T und die Gesamtenergie E_H des H-Atoms:

$$T = \frac{9}{8 \cdot r^2} \qquad\qquad E_H = \frac{9}{8 \cdot r^2} - \frac{3}{2 \cdot r}$$

Die *Energie eines H_2-Moleküls* setzt sich zusammen aus der kinetischen Energie der beiden Elektronen, der potentiellen Energie der Proton-Proton- sowie der Elektron-Elektron-Abstoßung und schließlich der Anziehung zwischen Protonen und Elektronen. Die potentielle Energie erhält man durch Berechnen der Kräfte, welche auf eine punktförmige Ladung innerhalb einer homogenen Ladungskugel wirken, sowie der Kräfte, die beim Überlagern zweier gleich geladener homogener Ladungskugeln zu überwinden sind. Unter Verwendung von Hartree-Einheiten wird dann die Gesamtenergie des H_2-Moleküls:

$$E_{H_2} = 2 \cdot \frac{9}{8 \cdot r^2} \quad + \quad \frac{6}{5\,r} \quad + \quad \frac{1}{a} \quad - \quad \frac{2 \cdot 2}{r}\left(\frac{3}{2} - \frac{1}{2} \cdot \frac{a^2}{4 \cdot r^2} \right)$$

| kinetische Energie der beiden Elektronen | Energie der Elektron-Elektron-Abstoßung | Energie der Proton-Proton-Abstoßung | Energie der Anziehung Kern[1]—Wolke und Kern[2]—Wolke |

$$= \frac{2{,}25}{r^2} + \frac{1}{a} - \frac{4{,}8}{r} + \frac{a^2}{2 \cdot r^3}$$

Dabei bedeutet a den Abstand der beiden Protonen und r den Radius der kugelförmigen Elektronenwolke.

Die Werte für a und r erhält man durch partielle Differentiation dieser Gleichung nach a bzw. r und Nullsetzen der partiellen Ableitungen. Für das Energieminimum wird $a = r = 1{,}36$ aE.

Damit erhält man die Energie selbst:

$$E_{H_2} = \frac{2{,}25}{r^2} + \frac{1}{r} - \frac{4{,}8}{r} + \frac{1}{2r} = \frac{2{,}25}{r^2} - \frac{3{,}3}{r}$$

und nach Einsetzen von $r = \dfrac{9}{2 \cdot 3{,}3}$ (= 1,36) ergibt sich

$$E_{H_2} = \frac{3{,}3^2}{9} - 2\,\frac{3{,}3^2}{9} = -\frac{3{,}3^2}{9} = -1{,}21 \text{ aE}$$

Ebenso wie im H-Atom nimmt die kinetische Energie der Elektronen mit zunehmendem Radius proportional $1/r^2$ ab, während die potentielle Energie des Systems mit zunehmendem Radius proportional $1/r$ wächst (Abb. 3.2). Zusammen ergibt sich für den Protonenabstand $a = 1{,}36$ aE ein Minimum der Energie. *Das H_2-Molekül ist um 0,21 aE energieärmer als zwei getrennte H-Atome.*

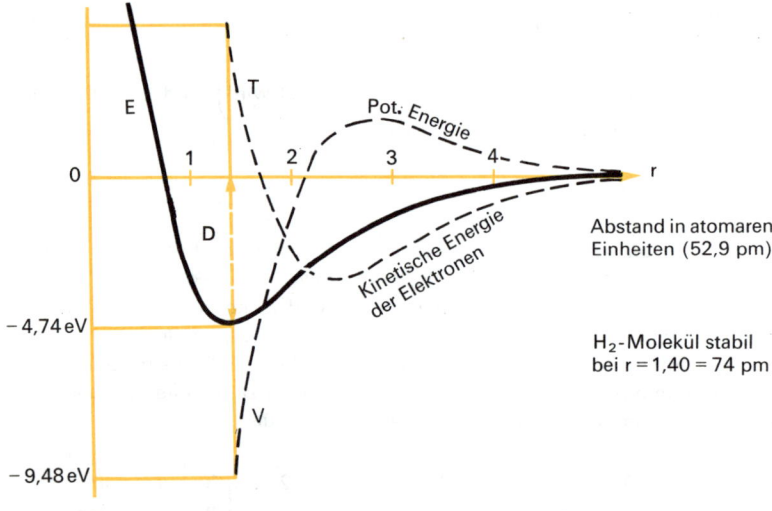

Abb. 3.2. Verlauf der Gesamtenergie E, der kinetischen Energie T und der potentiellen Energie V als Funktion des Abstandes r zweier H-Atome (die Überlagerung ist möglich, weil die Abnahme von T am Anfang größer ist als die durch die Abstoßung der Elektronenwolke bedingte Zunahme von V; wird r < 1,4, so nimmt T sehr stark zu)

Durch Umwandlung der Hartree-Einheiten in konventionelle Einheiten erhält man

E_{H2} =	−32,8 eV	experimentell E =	−31,91 eV
a =	72 pm	experimentell a =	74 pm

Die Bindung zwischen zwei H-Atomen kann durch Energiezufuhr gelöst werden. Erhitzt man z. B. Wasserstoff auf einige 1000 °C, so bekommen die Teilchen soviel kinetische Energie, daß sie bei einem Zusammenstoß auseinanderbrechen können und wieder Einzelatome entstehen. Die Energie, welche zur Trennung der Bindung aufzuwenden ist, nennt man **Dissoziations-energie.** Sie beträgt für das H_2-Molekül 436 kJ/mol. Bei der Bildung eines H_2-Moleküls aus H-Atomen werden umgekehrt 436 kJ/mol frei. Die Dissoziationsenergie entspricht damit der Energiedifferenz zwischen zwei freien und zwei gebundenen H-Atomen; wie aus dem Kimball-Ansatz für das H_2-Molekül hervorgeht, ist sie zahlenmäßig gleich der Zunahme der kinetischen Energie der Elektronen bei der Bildung der Bindung.

Die nach Kimball berechnete Dissoziationsenergie der H—H-Bindung von − 0,21 aE ist gleich − 5,70 eV (− 527 kJ/mol), ist also um rund 11% zu hoch, verglichen mit dem experimentell bestimmten Wert von − 4,72 eV (− 436 kJ/mol). Die beiden zur quantitativen Behandlung von Atombindungen üblichen Näherungsverfahren (VB- und MO-Verfahren) liefern jedoch noch beträchtlich schlechtere Ergebnisse und verletzen zudem den Virialsatz. Nur durch einen großen Aufwand können diese Näherungsmethoden soweit verfeinert werden, daß die Übereinstimmung zwischen Experiment und Berechnung befriedigend ist (Kolos und Roothan, 1960).

Näherungsmethoden. Im Wasserstoff-Molekül sind die beiden atomaren Elektronenwolken zu einer den beiden Kernen gemeinsamen Wolke «verschmolzen». Die entsprechenden Eigenfunktionen (**Molecular Orbitals, Molekülorbitale [MO]** genannt, im Gegensatz zu den AO) sollten sich aus der Schrödinger-Gleichung berechnen lassen. Die mathematische Behandlung ist aber wegen der Tatsache, daß die Elektronen nicht mehr unter der Wirkung eines zentralsymmetrischen Feldes (des Kernes) stehen, sondern sich im bizentrischen Feld zweier Kerne bewegen, noch mehr erschwert als im Fall des He-Atoms. Aus diesem Grund müssen für die quantitative Behandlung *Näherungsmethoden* verwendet werden.

In der Literatur werden hauptsächlich *zwei Näherungsmethoden* benutzt, die zwar von verschiedenen Ansätzen ausgehen, bei genügender Verfeinerung jedoch (allerdings unter verschieden großem Aufwand) zu genau gleichen Ergebnissen führen: das auf Hund und Mulliken zurückgehende **MO-(Molecular Orbital-) Verfahren** und das **VB-(Valence Bond-) Verfahren** von Heitler, London, Slater und Pauling. Während die *VB-Näherung* im wesentlichen *die Individualität der Atome* und ihrer Orbitale *im Molekül beibehält* und sowohl für die bindenden wie die nichtbindenden Elektronen paarweise besetzte, auf die Atome beschränkte («lokalisierte») Orbitale postuliert, betrachtet man bei der *MO-Methode* im Prinzip *alle Elektronen eines Moleküls als zu einem einheitlichen Elektronensystem gehörig*. Für die Elektronen bestimmt man die Eigenwerte (Energieniveaux) aus den entsprechenden ψ-Funktionen, den Molekülorbitalen (die analog den AO durch eine Folge von Quantenzahlen charakterisiert werden können), und man stellt ähnlich wie für die freien Atome auch für das Molekül als Ganzes ein *Energieniveauschema* auf. Unter Beachtung von Pauli-Prinzip und Hundscher Regel werden die MO in der gleichen Weise mit Elektronen besetzt, wie auch die zur Verfügung stehenden AO in den freien Atomen aufgefüllt werden. Im Gegensatz zu den AO sind jedoch die MO *bizentrische* oder *polyzentrische Orbitale*.

Da man annehmen darf, daß das Verhalten eines Elektrons, das sich in der Nähe des einen Kernes aufhält, in sehr guter Näherung durch die betreffende atomare ψ-Funktion beschrieben werden kann, bildet man bei der einfachsten Näherung die MO durch *lineare Kombination* (Addition oder Subtraktion) von atomaren Ein-Elektronen-AO (**«LCAO-Näherung»**[1]), vgl.

---

[1] «Linear Combination of Atomic Orbitals».

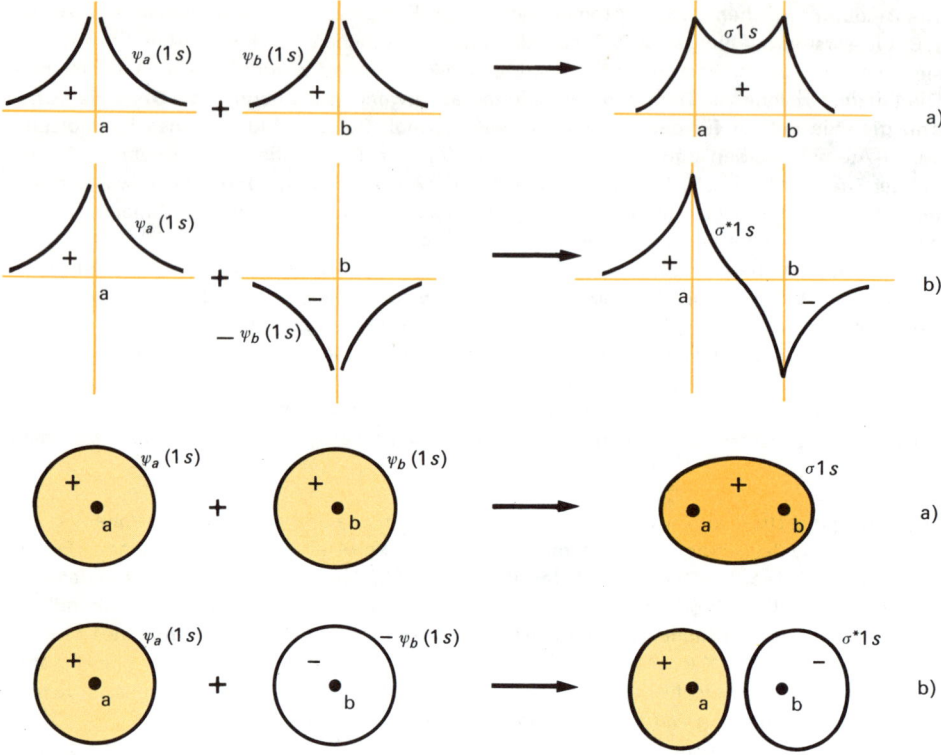

Abb. 3.3. Bildung von MO aus zwei 1s-AO
a) Addition der beiden Eigenfunktionen (symmetrische Kombination) ergibt ein bindendes MO
b) Subtraktion der beiden Eigenfunktionen (antisymmetrische Kombination) ergibt ein antibindendes MO

Abb. 3.3. Werden die beiden Eigenfunktionen addiert, so wird die Ladungsdichte im Gebiet zwischen den beiden Kernen (im «Überlappungsgebiet») erhöht, so daß ein solches MO **bindend**
wirkt (Abb. 3.4). Die Subtraktion des einen AO vom andern, bzw. die Addition einer Eigenfunktion von entgegengesetztem Vorzeichen (die «*antisymmetrische* Kombination»), führt zu einem
MO, dessen Ladungsdichte in der Mitte zwischen den Kernen Null wird, so daß keine bindende
Wirkung zustande kommen kann. Ein solches MO, das in der Mitte zwischen den Kernen eine
Knotenebene senkrecht zur Kern-Kern-Achse besitzt, bezeichnet man als **antibindendes** MO
(durch * charakterisiert). Antibindende MO sind bezüglich der Knotenebene antisymmetrisch;
die molekulare Ψ-Funktion besitzt auf beiden Seiten der Knotenebene entgegengesetztes Vorzeichen[1].

[1] Die Ladungsdichte (Ψ^2) ist selbstverständlich überall – außer in der Knotenebene, wo $\Psi = 0$ ist – positiv.

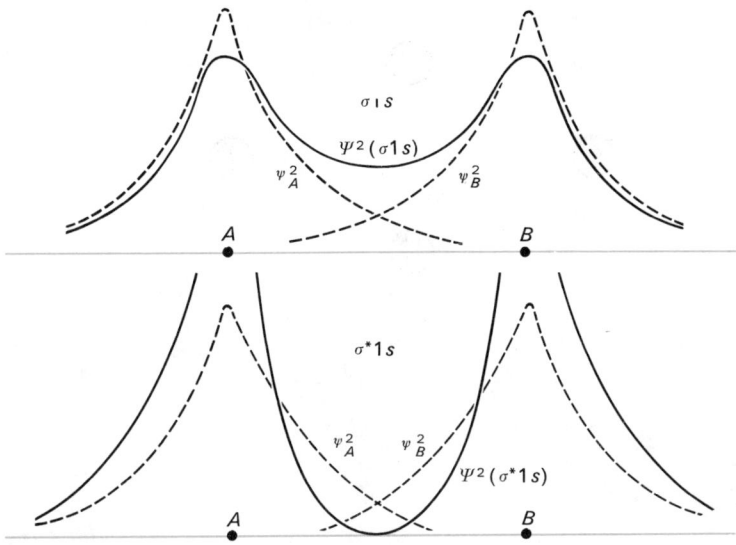

Abb. 3.4. Die Wahrscheinlichkeitsdichte Ψ^2 als Funktion des Abstandes zweier Protonen im H_2^+-Ion. $\sigma 1s$ entspricht dem bindenden, $\sigma^* 1s$ dem antibindenden («lockernden») Zustand

Für den Fall des H_2^+-Ions («Wasserstoffmolekülion»), des einfachsten, überhaupt denkbaren Atomverbandes, das z. B. spektroskopisch in Gasentladungsröhren nachgewiesen werden kann, gilt dann

$$\Psi_\sigma 1s = \frac{1}{\sqrt{2(1+S)}} [\psi_a(1s) + \psi_b(1s)],$$

$$\Psi_{\sigma^*} 1s = \frac{1}{\sqrt{2(1-S)}} [\psi_a(1s) - \psi_b(1s)].$$

Die Bezeichnungen σ bzw. σ^* geben an, daß die MO bezüglich der Kern-Kern-Achse *rotationssymmetrisch* sind. S ist das sogenannte *Überlappungsintegral* $\int \psi_a \cdot \psi_b\, dv$, welches das Ausmaß der Überlappung der beiden AO zum Ausdruck bringt. Die jeweils vor den Klammern stehenden Faktoren normieren das MO, d. h. ergeben sich aus der Bedingung, daß die Wahrscheinlichkeit, das Elektron irgendwo im Raum anzutreffen, gleich 1 ist ($\int \Psi_\sigma^2\, dv = 1$).
Ebenso wie die AO in den Atomen können auch die MO von *maximal zwei Elektronen* (mit entgegengesetzt gerichtetem Spin) besetzt werden. Im bindenden MO stehen die beiden Elektronen unter der Wirkung beider Kerne und sind stärker gebunden als in den einzelnen Atomen, so daß es energieärmer ist als die beiden AO. Die Funktion $\Psi_\sigma^* \cdot 1s$, das antibindende MO, ist aber für alle Kernabstände energiereicher als die beiden AO. Damit ergibt sich das *Energieniveauschema* der Abb. 3.5, das für das H_2^+-Ion aus der Schrödinger-Gleichung exakt berechnet werden kann und das qualitativ auch für das H_2-Molekül gilt. Im Grundzustand des H_2-Moleküls besetzen beide Elektronen das bindende MO, während sich im angeregten Zustand ein Elektron im antibindenden MO befindet. Die *«Spinpaarung»* ermöglich die Besetzung des bindenden

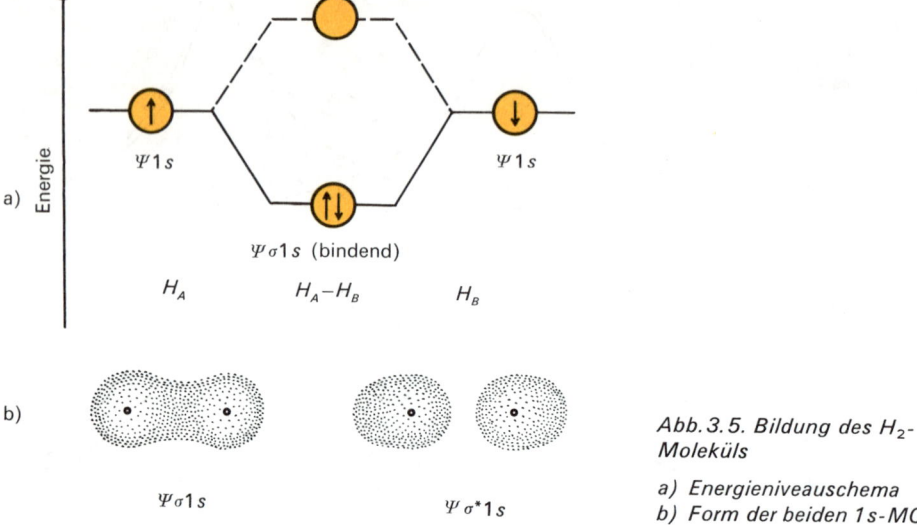

Abb. 3.5. Bildung des H_2-Moleküls

a) Energieniveauschema
b) Form der beiden 1s-MO

MO durch zwei Elektronen und bedeutet deshalb eine Verstärkung der Bindung verglichen mit dem H_2^+-Ion, wo das bindende MO nur durch ein Elektron besetzt ist und dessen Dissoziationsenergie etwa halb so groß ist wie die Dissoziationsenergie im H_2-Molekül. In einem (hypothetischen) *He$_2$-Molekül* müßten sowohl das bindende wie das antibindende MO doppelt besetzt sein, so daß im Endeffekt keine Bindung zustande kommen kann, weil sich die beiden MO – bindendes und antibindendes – in ihrer Wirkung gegenseitig aufheben. Beim He_2^+-Ion – das ebenfalls in Gasentladungsröhren als kurzzeitig existierende Partikel nachgewiesen werden kann – ist das antibindende MO von nur einem Elektron besetzt, so daß die Abstoßung durch dieses etwa halb so groß ist wie die Anziehung durch das bindende MO, und die Partikel dank dieser *«Dreielektronenbindung»* eine gewisse Zeit existieren kann.

Man muß sich jedoch bewußt sein, daß der Aufbau von MO aus zwei sich überlappenden AO durch lineare Kombination der betreffenden Eigenfunktionen eine *Näherungsbetrachtung* darstellt. *Diese Näherung ermöglicht es aber auf verhältnismäßig einfache Weise, komplizierte molekulare Eigenfunktionen* (die MO) *anschaulich als Kombinationen wasserstoffähnlicher AO zu beschreiben.* Durch Verfeinerung der Rechenmethoden lassen sich in einfacheren Fällen Ergebnisse erhalten, welche mit den experimentellen Daten (Dissoziationsenergien, Energiedifferenzen zwischen Grundzustand und angeregten Zuständen u.a.) sehr exakt übereinstimmen; bei auch nur mäßig komplexen Molekülen lassen sich jedoch durch die LCAO-Näherung nur halbquantitative oder in ungünstigeren Fällen sogar nur qualitativ richtige Ergebnisse erhalten. Trotzdem bildet das einfache MO-Modell ein sehr wertvolles Hilfsmittel zum Verständnis der Bindungsphänomene und zur rechnerischen Behandlung von Bindungsparametern.

Die *VB-Methode* – die zweite Näherungsmethode – wurde von Heitler und London 1927 erstmals auf das Wasserstoffmolekül angewandt. Die bindende Wirkung des Elektronenpaares kommt nach diesem «Modell» dadurch zustande, daß ein ungepaartes Elektron in einem Orbital des einen Atoms einer *«Austausch-Wechselwirkung»* mit einem ungepaarten Elektron des anderen Atoms unterworfen ist. Dies bedeutet, daß die beiden Elektronen ununterscheidbar sind und gegenseitig ihre Plätze wechseln können. Die konsequente mathematische Durcharbeitung ergibt, daß dabei eine Energiesenkung (die bindende Wirkung!) auftritt.

Bei der formalen Darstellung dieser Verhältnisse werden die extremen Elektronenverteilungen als «**Grenzstrukturen**» bezeichnet, und man faßt den tatsächlichen Zustand als eine Kombination – eine Überlagerung – der beiden Grenzstrukturen auf. Im Falle des H_2-Moleküls sind die Grenzstrukturen folgendermaßen zu formulieren:

$$\text{I: } H_A \cdot 1 \quad 2 \cdot H_B \qquad \text{II: } H_A \cdot 2 \quad 1 \cdot H_B$$

(Die Buchstaben A und B bezeichnen die beiden Atome, während die Zahlen 1 und 2 die beiden Elektronen bedeuten.)

Ähnliche Verhältnisse wie bei der Annäherung zweier H-Atome (d.h. bei der Bildung einer Elektronenpaarbindung) findet man z.B. bei zahlreichen Molekülen und Komplexen, für die man verschiedene extreme Elektronenverteilungen als Grenzstrukturen formulieren kann. Die Grenzstrukturen lassen sich in der Regel mittels *Lewis-Formeln* wiedergeben; der *wirkliche Zustand* entspricht einer *Kombination* der verschiedenen Grenzstrukturen und ist *energieärmer,* denn es ist eine Folge der benützten Rechenmethode, daß eine Kombination verschiedener ψ-Funktionen energieärmer ist als jede einzelne ψ-Funktion. Die verschiedenen Grenzstrukturen brauchen aber energetisch nicht unbedingt gleichwertig zu sein; wenn sich energiereichere und energieärmere Grenzstrukturen formulieren lassen, ist der «Beitrag» der letzteren zum wirklichen Zustand natürlich höher, d.h. dieser gleicht der Elektronenverteilung der energieärmeren Grenzstruktur stärker.

Dank der Verwendung von Lewis-Formeln für die Grenzstrukturen entspricht die VB-Methode weit mehr der konventionellen Schreibweise des Chemikers als die – besonders bei mehratomigen Molekülen – manchmal weniger anschauliche MO-Methode und ist daher für qualitative Betrachtungen sehr nützlich. Man muß sich dabei jedoch stets bewußt sein, daß den *Grenzstrukturen* **keinerlei Realität** zukommt und daß diese lediglich *Hilfsmittel* sind, um eine formelmäßig nicht erfaßbare Elektronenverteilung angenähert wiedergeben zu können. Sie hat auch häufig zu *Mißverständnissen* geführt, etwa auch dadurch, daß behauptet wurde, die Atombindung sei auf die Wirkung besonderer, klassisch nicht verständlicher «*Austauschkräfte*» zurückzuführen. Für die quantitative Behandlung insbesondere auch angeregter Zustände ist die MO-Methode der VB-Näherung eindeutig überlegen.

Von Interesse ist ein Vergleich der Resultate, welche die verschiedenen Näherungsmethoden für das H_2-Molekül liefern:

	Experiment	SCAO-Modell (Kimball)	VB-Methode	MO-Methode[1]
Gesamtenergie (eV)	– 31,940	– 32,924	– 30,335	– 29,876
Kernabstand (pm)	74,17	72,16	86,9	85,0
Bindungsenergie (eV)	– 4,745	– 5,714	– 3,14	– 2,68

[1] Ergebnisse der ersten, ohne die nötigen Korrekturfaktoren durchgeführten Rechnung.

Der SCAO-Ansatz liefert also beträchtlich bessere Ergebnisse als die beiden anderen Näherungsmethoden. Durch Einführung verschiedener Korrekturen läßt sich der MO-Ansatz verbessern, doch wird der mathematische Aufwand recht erheblich.

Andere zweiatomige Moleküle. Wir haben im letzten Abschnitt gesehen, daß durch lineare Kombination zweier wasserstoffähnlicher Ein-Elektronen-AO zwei MO (ein bindendes und ein antibindendes) gebildet werden können. Da jedes AO und ebenso jedes MO gemäß dem Pauli-Prinzip von zwei Elektronen besetzt sein kann, erhält man ganz allgemein aus n AO wieder n MO. Nun lassen sich allerdings *nicht beliebige AO miteinander zu MO kombinieren ;* damit nämlich wirklich eine *Überlappung* und also eine *bindende Wirkung* auftritt, müssen **die beiden AO von vergleichbarer Energie** und **bezüglich der Kern-Kern-Achse von gleicher Symmetrie** sein. Die Kombination eines s- mit einem p_y-AO ergibt also kein MO, da im Endeffekt keine Überlappung eintritt. (Bezüglich der Kern-Kern-Achse ist das s-AO symmetrisch, das p_y-AO dagegen antisymmetrisch; vgl. Abb. 3.6.)

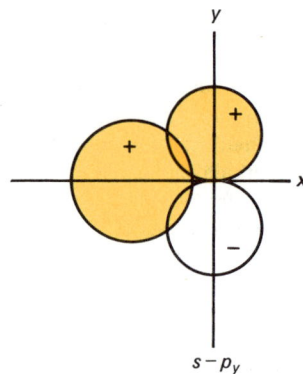

$$s - p_y$$

Abb. 3.6. Die Kombination eines s- mit einem p_y-AO ergibt kein MO

Wir wollen zunächst die *Moleküle* der *Elemente der zweiten Periode* betrachten. Das **Li$_2$-Molekül** (welches in geringer Konzentration im Dampf von Lithium auftritt) besitzt eine Dissoziationsenergie von 105 kJ/mol. Der Kernabstand beträgt 267 pm, eine Strecke, die zu groß ist, als daß sich die 1s-AO der beiden Atome überlappen könnten. Die beiden 2s-AO bilden zwei MO: die symmetrische Kombination der Eigenfunktionen liefert das (energieärmere) bindende $\sigma\,2s$-MO, während das antibindende $\sigma^*\,2s$-MO durch die antisymmetrische Kombination entsteht. Die beiden Valenzelektronen besetzen das bindende MO und bilden eine «**Elektronenpaarbindung**». Die Elektronenkonfiguration des Li$_2$-Moleküls kann dann folgendermaßen dargestellt werden:

$$\text{Li}_2\text{: } K\,K\,(\sigma\,2s)^2$$

(Die Buchstaben K bedeuten die vollständig besetzten inneren Schalen.)

Da in einem **Molekül Be$_2$** auch das antibindende $\sigma^*\,2s$-MO doppelt besetzt sein müßte, kann ein derartiges Molekül nicht existieren. — **Bor** und **Kohlenstoff** bilden (wenig stabile) zweiatomige Moleküle. Im Fall von B$_2$ beträgt die Dissoziationsenergie 289 kJ/mol und der Kernabstand 159 pm. Die 2s-AO der beiden Atome bilden wiederum ein $\sigma\,2s$- und ein $\sigma^*\,2s$-MO, die beide von je zwei Elektronen besetzt sind. Nun besitzt aber jedes B-Atom noch ein *p-Elektron,* so daß hier auch die Möglichkeiten der Überlappung von p-AO betrachtet werden müssen. Wenn wir die Molekülachse als x-Achse wählen, könnten die beiden 2p_x-AO zu zwei MO kombiniert werden, die ebenfalls rotationssymmetrisch bezüglich der Kern-Kern-Achse sind,

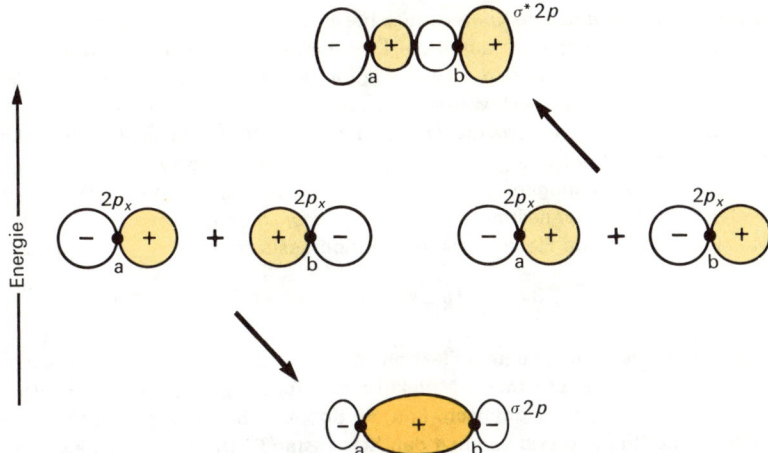

Abb. 3.7. Bildung eines bindenden und eines antibindenden σ-MO durch symmetrische bzw. antisymmetrische Kombination zweier px-AO (Die relativen Energien der beiden MO sind angedeutet)

also als σ-*MO* bezeichnet werden müssen. Die symmetrische Kombination liefert ein bindendes, die antisymmetrische ein antibindendes MO (Abb. 3.7).

Nun könnten natürlich auch die p_y- und die p_z-AO der beiden Atome zu je zwei MO kombiniert werden. Die beiden p_y- und p_z-AO stehen senkrecht aufeinander und auch senkrecht zur Kern-Kern-Achse, so daß auf diese Weise MO entstehen, die bezüglich dieser Achse *nicht rotations-*

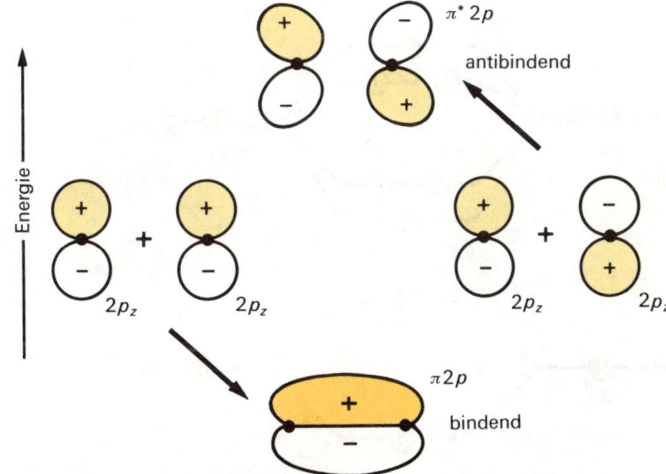

Abb. 3.8. Bildung eines bindenden und eines antibindenden π-MO durch symmetrische bzw. antisymmetrische Kombination zweier pz- (oder py-) AO (Die relativen Energien der beiden MO sind angedeutet)

symmetrisch sind und eine *Knotenebene* besitzen (eine Ebene, wo ψ und ψ^2 Null sind); vgl. Abb.
3.8. Die Knotenebene geht durch die Kern-Kern-Achse; sie ist die *xz*-Ebene für die aus den
p_y-AO gebildeten MO bzw. die *xy*-Ebene für die aus den p_z-AO gebildeten MO. Solche nicht
rotationssymmetrische MO werden als π-**MO** bezeichnet (entsprechende Bindungen als
π-**Bindungen**). Ebenso wie die $2p_y$- und $2p_z$-AO der Atome sind auch die beiden π-MO des
Moleküls entartet. Die Energien des $\sigma\, 2p_x$- und der $\pi\, 2p_y$- bzw. $\pi\, 2p_z$-MO hängen unter ande-
rem von den Kernladungen ab; im Fall von Bor (und ebenso Kohlenstoff und Stickstoff) sind die
beiden $\pi\, 2p$-MO energieärmer als das $\sigma\, 2p_x$-MO, so daß gemäß der Hundschen Regel das B_2-
Molekül die folgende Elektronenkonfiguration besitzen muß:

$$B_2: K\,K\,(\sigma\,2s)^2\ (\sigma^*\,2s)^2\ (\pi\,2p_y)^1\ (\pi\,2p_z)^1$$

Wegen der beiden mit je einem Elektron (mit parallelem Spin) besetzten $\pi\, 2p$-MO ist das B_2-
Molekül *paramagnetisch.* Im C_2-Molekül sind beide $\pi\, 2p$-MO mit zwei Elektronen besetzt. Das
Molekül ist nicht paramagnetisch, und die doppelte Besetzung der beiden bindenden π-MO
verstärkt die Bindung und verkürzt den Kernabstand (Dissoziationsenergie von $C_2 = 473$ kJ/
mol; Kern-Kern-Abstand $= 124$ pm).
Im N_2-**Molekül** wird das nächst energiereichere verfügbare MO (das $\sigma\, 2p_x$-MO) noch mit
zwei Elektronen besetzt, so daß das Molekül folgende Elektronenkonfiguration besitzt:

$$N_2: K\,K\,(\sigma\,2s)^2\ (\sigma^*\,2s)^2\ (\pi\,2p_y)^2\ (\pi\,2p_z)^2\ (\sigma\,2p_x)^2$$

Insgesamt sind 8 bindende und 2 antibindende Valenzelektronen vorhanden; die «*Bindungsordnung*» (d.h. die Zahl der effektiven Bindungen) ist $(8-2)/2 = 3$.

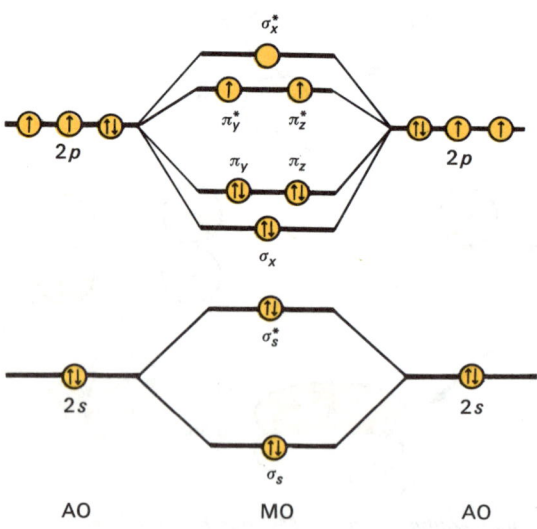

Abb. 3.9. Energieniveauschema des O_2-Moleküls

Der *« Dreifachbindung »* entspricht die noch beträchtlich höhere Dissoziationsenergie (945 kJ/mol) und der kürzere Kern-Kern-Abstand (109 pm). Die gemäß der Lewis-Formel $|N{\equiv}N|$ vorhandenen beiden «einsamen» Elektronenpaare entsprechen im MO-Modell den $\sigma\,2s$- bzw. $\sigma^*\,2s$-MO. Wird das N_2-Molekül ionisiert (wie es in Gasentladungsröhren oder im Massenspektrometer möglich ist), so entsteht ein N_2^+-Ion mit geringerer Dissoziationsenergie (841 kJ/mol) und vergrößertem Kernabstand (112 pm).

Im O_2-**Molekül** sind insgesamt 12 Valenzelektronen vorhanden. Die erhöhte Kernladung bewirkt, daß hier (und ebenso im F_2-Molekül) die $\pi\,2p$-MO energiereicher sind als das $\sigma\,2p_x$-MO (vgl. Energieniveauschema, Abb. 3.9), so daß seine Elektronenkonfiguration

$$O_2: K\,K\,(\sigma\,2s)^2\ (\sigma^*\,2s)^2\ (\sigma\,2p_x)^2\ (\pi\,2p_y)^2\ (\pi\,2p_z)^2\ (\pi^*\,2p_y)^1\ (\pi^*\,2p_z)^1$$

ist. Gemäß der Hundschen Regel werden die beiden antibindenden $\pi^*\,2p$-MO mit je einem Elektron besetzt, so daß das O_2-Molekül ein *paramagnetisches Diradikal* sein muß. Diese (experimentell schon längst bekannte) Tatsache kann mit keinem anderen Modell so einfach erklärt werden. Die Dissoziationsenergie von 498 kJ/mol und der Kernabstand von 121 pm entsprechen der Bindungsordnung von $(6-2)/2 = 2$. Das O_2^+-*Ion* (das nicht nur in Gasentladungsröhren, sondern auch in salzartigen Festkörpern wie $O_2^+[PtF_6]^-$ auftritt) ist ebenfalls paramagnetisch (ein antibindendes $\pi^*\,2p$-MO besetzt); weil aber – im Gegensatz zum O_2-Molekül – nur das eine der beiden antibindenden MO besetzt ist, wird die Dissoziationsenergie größer (624 kJ/mol) und der Kernabstand kleiner (112 pm). Im O_2^{2-}-*Ion* (in salzartigen Peroxiden wie Na_2O_2 oder BaO_2) sind die beiden antibindenden π^* MO mit je zwei Elektronen belegt, und die Bindungsordnung ist 1.

Dieselbe Elektronenkonfiguration besitzt auch das F_2-**Molekül**:

$$F_2: K\,K\,(\sigma\,2s)^2\ (\sigma^*\,2s)^2\ (\sigma\,2p_x)^2\ (\pi\,2p_y)^2\ (\pi\,2p_z)^2\ (\pi^*\,2p_y)^2\ (\pi^*\,2p_z)^2$$

Der Bindungsordnung 1 entspricht die geringe Dissoziationsenergie (159 kJ/mol) und der größere Kernabstand (144 pm). Vgl. Tabelle 3.1; die Abb. 3.10 stellt nochmals die bei zweiatomigen Molekülen aus Atomen der zweiten Periode möglichen MO dar.

Tabelle 3.1. Bindungseigenschaften homonuklearer zweiatomiger Partikeln

Partikel	Anzahl der bindenden Elektronen	Anzahl der antibindenden Elektronen	Anzahl der «überschüssigen» bindenden Elektronen	Bindungs-ordnung	Bindungs-länge (pm)	Dissozia-tions-energie (kJ/mol)
Li_2	2	0	2	1	267	105
Be_2	2	2	0	0	–	–
B_2	4	2	2	1	159	289
C_2	6	2	4	2	124	473
N_2	8	2	6	3	109	945
N_2^+	7	2	5	2½	112	841
O_2	8	4	4	2	121	498
O_2^+	8	3	5	2½	112	624
F_2	8	6	2	1	144	159
Ne_2	8	8	0	0	–	–

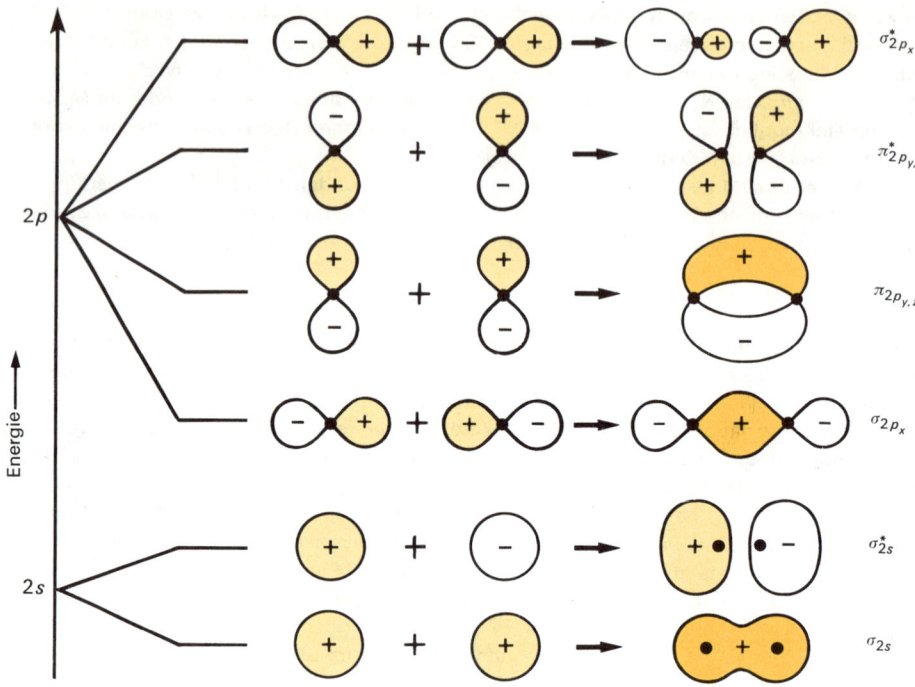

Abb. 3.10. Schematische Darstellung der MO von homonuklearen zweiatomigen Molekülen. (Die energetische Reihenfolge gilt für O_2 und F_2; in den Molekülen Li_2, B_2, C_2 und N_2 liegen die $\pi 2 p_{y,z}$-MO tiefer als das $\sigma 2 p_x$-MO und umgekehrt die $\pi^* 2 p_{y,z}$-MO höher als das $\sigma^* 2 p_x$-MO)

Ein besonders interessanter Fall ist das Molekül von **Stickoxid,** NO. Im Gegensatz zu den weitaus meisten stabilen Molekülen besitzt es eine ungerade Elektronenzahl und kann deshalb mit einer Lewis-Formel nicht beschrieben werden. Seine Elektronenkonfiguration läßt sich jedoch aus dem Energieniveauschema des O_2-Moleküls ableiten, da es ein Elektron weniger besitzt als dieses: ein einzelnes, ungepaartes Elektron besetzt wie im O_2^+-Ion ein antibindendes $\pi^* 2 p$-MO. Durch Abspaltung dieses Elektrons geht das NO-Molekül in ein NO^+-Ion («*Nitrosyl-Ion*»; tritt ebenfalls in salzartigen Festkörpern auf) über; auch hier wird durch die Ionisierung die Bindung verstärkt, weil ein antibindendes MO weniger besetzt ist.

Ein weiteres Beispiel eines «heteronuklearen» Moleküls stellt das **HF-Molekül** dar. Zur Überlappung (linearen Kombination) mit dem $1s$-AO des H-Atoms eignet sich nur ein p-AO von Fluor (ungefähr ähnliche Energie; vgl. die Tabelle der Ionisierungsenergien, S. 69). Wir haben somit

$$\psi\,(\sigma) \;=\; c_1 \cdot 1s\,(H) + c_2 \cdot 2 p_x\,(F) \qquad \text{(symmetrisch)}[1]$$

$$\psi\,(\sigma^*) \;=\; c_1 \cdot 1s\,(H) - c_2 \cdot 2 p_x\,(F) \qquad \text{(antisymmetrisch)}.$$

---

[1] Die beiden Parameter c_1 und c_2 drücken den «Beitrag» jedes AO zum MO aus.

Abb. 3.11. Bildung eines bindenden MO durch symmetrische Kombination eines s- mit einem p-AO

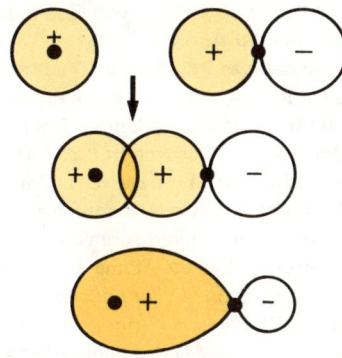

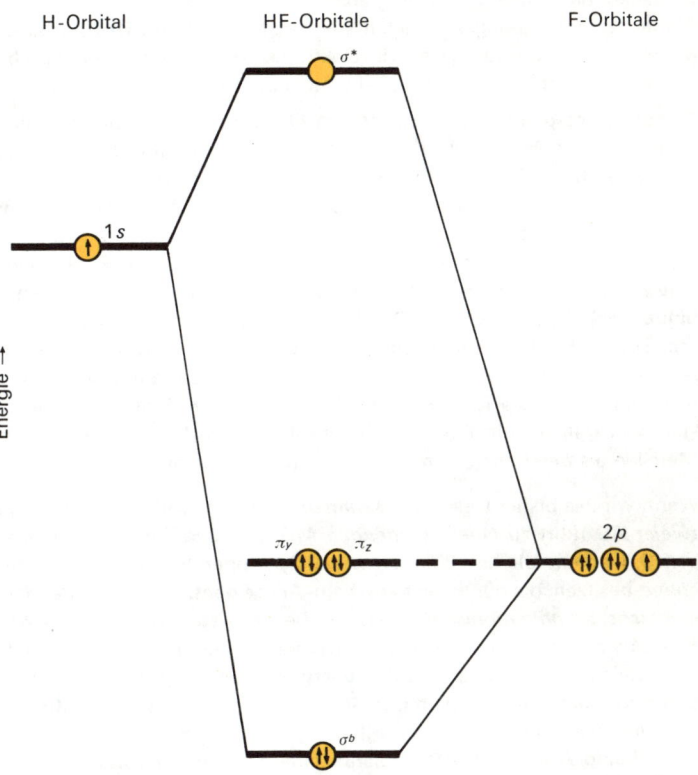

H-Orbital HF-Orbitale F-Orbitale

Energie →

1s

σ^*

π_y π_z

2p

σ^b

Abb. 3.12. Energieniveauschema des HF-Moleküls

2s 2s

Die $2p_y$- und $2p_z$-AO von Fluor bilden kein MO; sie sind nichtbindend. Vgl. das Energieniveau-schema der Abb. 3.12.

Weil hier das $2p_x$-AO von Fluor energieärmer ist als das $1s$-AO von Wasserstoff (Ionisierungs-energie 17,4 bzw. 13,6 eV) ist $c_2 > c_1$, d. h. die $2p_x$-Eigenfunktion des F-Atoms trägt mehr zum MO bei, und die bindenden Elektronen halten sich im Durchschnitt näher dem F-Kern auf. Die *Bindung* wird dadurch **polar**: die beiden verbundenen Atome tragen eine positive bzw. negative *Partialladung* ($\delta+$ bzw. $\delta-$). Ganz allgemein kommt die größere Elektronegativität des einen Atoms im MO-Modell dadurch zum Ausdruck, daß dessen Koeffizient c_2 größer ist als der Koeffizient c_1 des anderen Atoms, was bedeutet, daß das zur linearen Kombination benützte AO des elektronegativeren Atoms energieärmer ist. Man erkennt, daß im Prinzip ein *kontinuierlicher Übergang* von der *unpolaren Kovalenzbindung* ($c_1 = c_2$) über die *polare Kovalenzbindung* ($c_2 > c_1$) zur *Ionenbindung* ($c_2 = 1$; $c_1 = 0$) möglich ist; im letzteren Fall bildet sich kein MO mehr, und ein AO des einen Atoms wird doppelt besetzt. Obschon bei *polaren Bindungen* das Überlappungsintegral oft relativ kleine Werte annimmt, sind die *Dissoziationsenergien* solcher Bindungen *oft besonders hoch* (und zwar um so höher, je polarer sie sind), weil die beiden Partialladungen sich gegenseitig anziehen.

Als letztes zweiatomiges Molekül soll das Molekül von **Kohlenoxid** diskutiert werden. Die Moleküle von CO und N_2 sind «isoelektronisch», d. h. enthalten dieselbe Zahl Valenzelektronen und werden durch gleiche Lewis-Formeln beschrieben: |N≡N| |C≡O|

Trotzdem entsprechen sich die beiden Elektronenkonfigurationen nicht. Die Energiedifferenz zwischen dem $2s$-Niveau und den $2p$-Niveaux ist nämlich beim O-Atom wesentlich größer (16 eV) als beim C-Atom (4,5 eV), so daß sich die $2s$-AO von Kohlenstoff und Sauerstoff nicht überlappen können. Das energiearme $2s$-AO des O-Atoms bleibt vielmehr als nichtbindendes (doppelt besetztes) AO auf das O-Atom lokalisiert. Das $2s$-AO des C-Atoms muß mit dem $2p_x$-AO zu zwei diagonal gerichteten *sp-Hybrid-AO* (vgl. S. 99) kombiniert werden, von denen das eine zusammen mit dem $2p_x$-AO des O-Atoms zwei σ-MO bildet (ein bindendes und ein anti-bindendes). Das andere *sp*-AO bleibt als nichtbindendes AO auf dem C-Atom. Zusätzlich zur (sp-$2p_x$)-σ-Bindung treten noch zwei π-Bindungen auf (aus je einem $2p_y$- bzw. $2p_z$-AO jedes Atoms). Die Vorstellung, daß das freie Elektronenpaar am C-Atom ein *sp*-Hybrid-AO ist (und nicht ein $\sigma 2s$-MO wie im Fall von N_2!), das in der Molekülachse vom C-Atom wegweist, er-klärt sehr gut, warum CO – im Gegensatz zum N_2! – in zahlreichen stabilen Komplexen mit Metallen als *Elektronenpaardonator* auftritt (Carbonyle, siehe S. 666).

Wenn wir das bisher Gesagte *zusammenfassen,* so ergibt sich: Die *symmetrische Kombination zweier AO* führt zu einem *bindenden MO.* $2s$- und $2p_x$-AO ergeben *rotationssymmetrische σ-MO,* während die Kombination zweier $2p_y$- oder $2p_z$-AO π-*MO* ergibt, welche eine *Knoten-ebene* besitzen, die durch die Kern-Kern-Achse geht. *Antibindende MO werden durch antisym-metrische Kombinationen* erhalten; sie besitzen stets eine *Knotenebene senkrecht zur Kern-Kern-Achse.* Im Fall von O_2 und F_2 (und auch bei mehratomigen Molekülen) sind die π-MO (der gleichen Hauptquantenzahl) energiereicher als das $\sigma 2p$-MO. Über π-Bindungen, die durch Kombination von p- mit d-AO erhalten werden, siehe S. 505; solche p-d-π-Bindungen sind vor allem bei Atomen der dritten und höherer Perioden (S, P u. a.) sowie in zahlreichen Metallkomplexen wichtig. Die Polarität einer Kovalenzbindung kommt im MO-Modell durch die Größe der Koeffizienten c_1 und c_2 zum Ausdruck; es existieren *alle Übergänge zwischen ideal unpolarer Kovalenzbindung und der Ionenbindung.* Es sei zum Schluß noch besonders betont, daß die *bindende Wirkung* doppelt besetzter MO auf *rein elektrostatische Kräfte* zurückzuführen ist: die Anziehungskräfte zwischen den Elektronen (deren Ladungsdichte im Gebiet zwischen den Kernen erhöht ist) und den Kernen.

Mehratomige Moleküle. Bei der Anwendung der MO-Methode auf mehratomige Moleküle muß zuerst die genaue Lage der Atomkerne bestimmt werden. Die Elektronen werden dann auf die verschiedenen MO, die sich aus den AO der einzelnen Atome durch lineare Kombination aufbauen lassen, verteilt. **Die MO werden dabei durch Kombination von mehr als zwei AO erhalten** und sind – im Gegensatz zu den MO von zweiatomigen Molekühlen! – **polyzentrisch,** d. h. *erstrecken sich über das ganze Molekül.*

Als Beispiel diene zunächst das *Wassermolekül.* Zur linearen Kombination stehen die $1s$-AO der beiden H-Atome, das $2s$- und die drei $2p$-AO des O-Atoms zur Verfügung. Die drei Atomkerne schließen einen Winkel von etwa 105° ein.

Bindende MO werden erhalten, wenn man zwei $1s$-AO sowohl mit dem $2s$-AO als auch mit dem $2p_x$- und dem $2p_z$-AO des O-Atoms kombiniert. Da das $2p_x$-AO des O-Atoms bezüglich seiner Knotenebene (die zugleich eine Spiegelebene des Moleküls darstellt) antisymmetrisch ist, müssen die beiden $1s$-AO mit entgegengesetztem Vorzeichen addiert werden. Damit bekommen wir folgende bindende MO (vgl. auch Abb. 3.13)[1]:

$$\sigma_z = c_1\,2p_z + c_2\,1s + c_2\,1s$$
$$\sigma_x = c_3\,2p_x + c_4\,1s - c_4\,1s$$
$$\sigma_s = c_5\,2s \;\; + c_6\,1s + c_6\,1s$$

Energie nimmt zu!

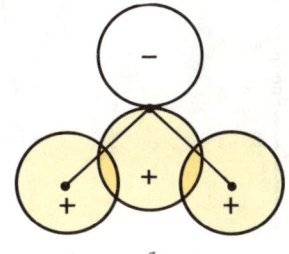

σ_z

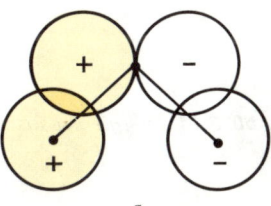

σ_x

Abb. 3.13. Bindende MO im Wassermolekül

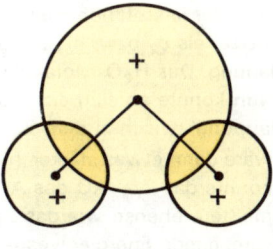

σ_s

[1] Eigentlich ist es nicht korrekt, die bindenden MO als σ-MO zu bezeichnen, da sie nicht zylindersymmetrisch sind!

O-Orbitale   H₂O-Orbitale   H-Orbitale

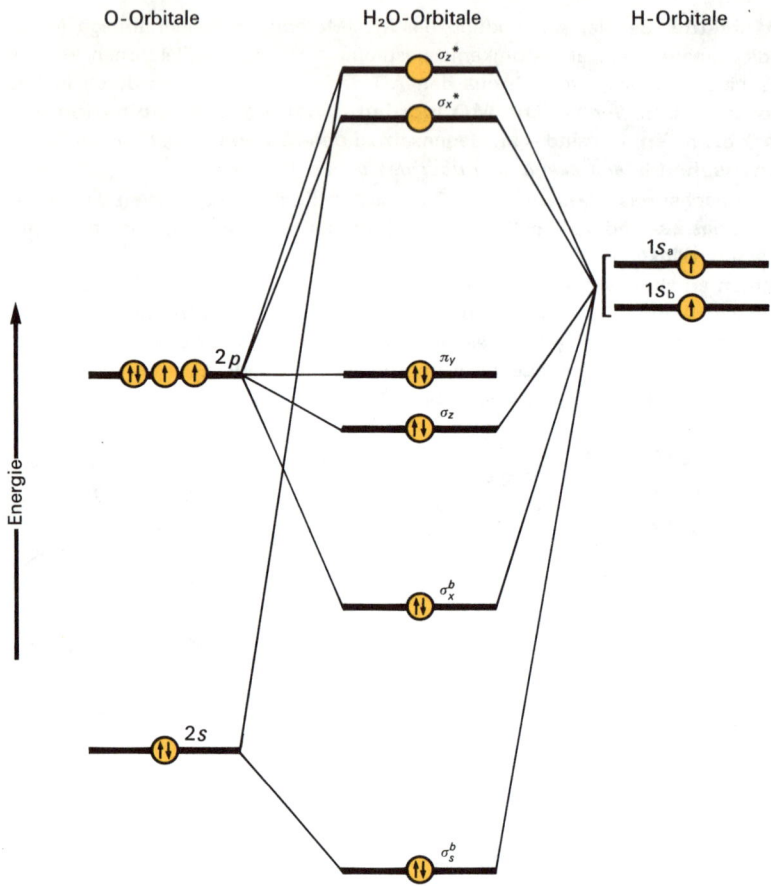

Abb. 3.14. Energieniveauschema des Wassermoleküls

Das $2p_y$-AO des O-Atoms kann mit den $1s$-AO der H-Atome nicht überlappen; es bleibt *nicht-bindend*. Das *Energieniveauschema* des H_2O-Moleküls wird in Abb. 3.14 dargestellt; es enthält auch die antibindenden MO, die im Grundzustand nicht besetzt sind. Da die Energie des $1s$-AO von Wasserstoff höher ist als die Energie der $2p$-AO des O-Atoms, sind die Faktoren c_1 bzw. c_3 größer als c_2 bzw. c_4; mit anderen Worten, die beiden H-Atome tragen eine positive Partial-ladung. Das H_2O-Molekül ist ein *Dipol*.

Nun könnte an sich ein Molekül der Summenformel AH_2 auch *linear* gebaut sein. Die Über-lappung zwischen dem $2s$-AO und dem $2p_x$-AO des Atoms A mit den $1s$-AO der H-Atome wäre dann etwas stärker (die dadurch gebildeten MO würden etwas energieärmer); hingegen könnte das $2p_z$-AO des A-Atoms mit den beiden $1s$-AO der H-Atome nicht überlappen und müßte – ebenso wie das $2p_y$-AO – ein nichtbindendes AO bleiben. Abb. 3.15 zeigt das ent-sprechende Energieniveauschema.

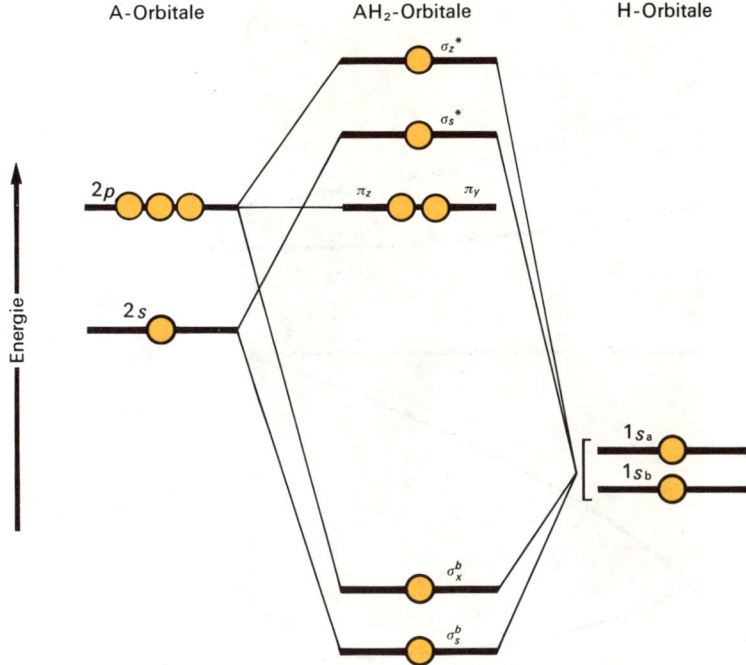

A-Orbitale   AH₂-Orbitale   H-Orbitale

Abb. 3.15. Energieniveauschema eines linearen AH₂-Moleküls

Will man nun *aus den Energieniveauschemata solcher Moleküle ihre Geometrie ableiten,* also *nicht die Geometrie als Voraussetzung postulieren,* so müssen die Energien der MO beider möglicher Strukturen (linear oder gewinkelt) miteinander korreliert werden (Abb. 3.16). *Die im konkreten Fall dann tatsächlich auftretende Struktur ist die* **energetisch günstigere;** die Atome ordnen sich in der Weise an, daß die Valenzelektronen möglichst energiearme MO besetzen können. Das Korrelationsdiagramm der Abb. 3.16 zeigt, wie im Fall des gewinkelten AH₂-Moleküls das σ_z-MO sehr viel energieärmer wird als das (nichtbindende) $2p_z$-AO des linearen Moleküls. Sind insgesamt *acht Valenzelektronen* vorhanden, so muß das Molekül daher *gewinkelt* gebaut sein. Enthält das Molekül aber nur *vier Valenzelektronen* (wie z. B. in dem in der Dampfphase existierenden BeH₂-Molekül), so ist es *linear* gebaut, denn dann besetzen die Valenzelektronen die beiden σ_s- und σ_x-MO, die – für den Fall der linearen Anordnung – energetisch tiefer liegen.

Diese Überlegungen zeigen, wie man auch im Fall von drei- (und auch mehr-) atomigen Molekülen die MO durch lineare Kombination von mehreren AO aufbauen kann und wie sich im Prinzip auch die Geometrie des Moleküls *voraussagen* läßt. Gleichzeitig erhält man auf diese Weise auch das *Energieniveauschema* des betreffenden Moleküls. Die verschiedenen, im Grundzustand des Moleküls besetzten Energieniveaux lassen sich durch das Photoelektronenspektrum (S. 164) experimentell (!) unterscheiden. Die MO sind aber, wie schon erwähnt, polyzentrisch; sie sind über alle Atome *« delokalisiert »,* so daß diese Möglichkeit zur Beschreibung eines mehratomigen Moleküls etwas unanschaulich scheinen mag. Zudem zeigt die chemische Erfahrung, daß die einzelnen Bindungen eines mehratomigen Moleküls – die in

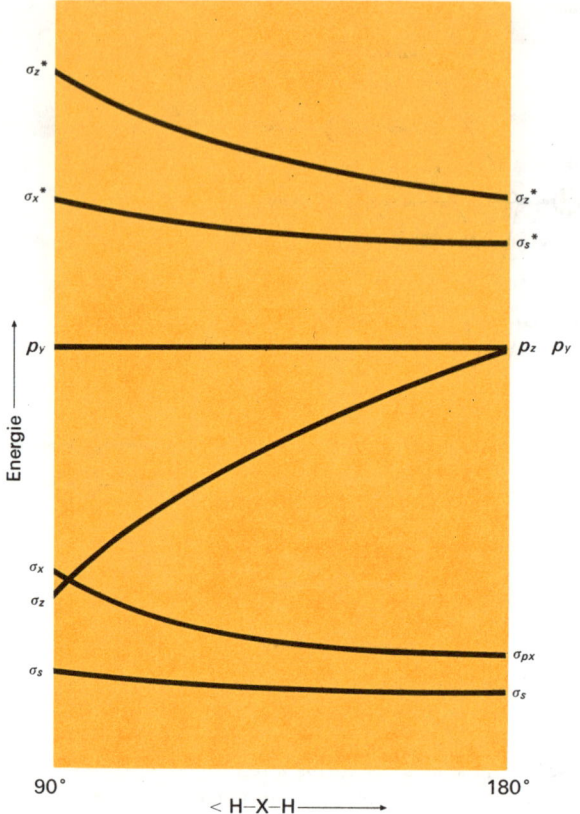

Abb. 3.16. «Korrelationsdiagramm»; zeigt die (qualitative) Abhängigkeit der Orbitalenergien eines AH_2-Moleküls in Abhängigkeit vom Bindungswinkel

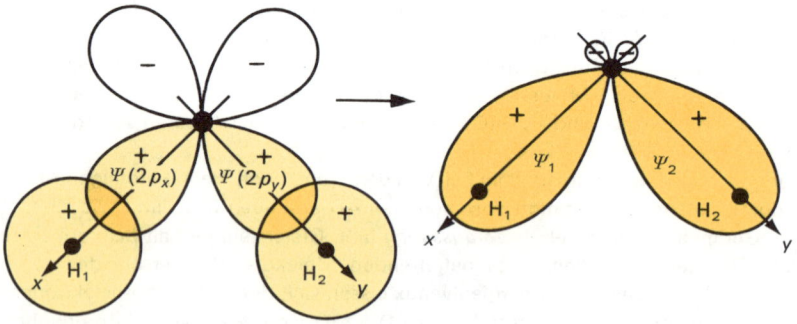

Abb. 3.17. Das H_2O-Molekül. Bindende MO entstehen durch Überlappung von je einem $2p$-AO des O-Atoms mit dem $1s$-AO der H-Atome
(Aus zeichnerischen Gründen sind die Lappen der p-AO nicht als Kreise dargestellt)

den Lewis-Formeln durch Elektronenpaare symbolisiert werden — ganz bestimmte, meßbare Eigenschaften besitzen (Bindungslänge, Bindungsenergie, Polarität u. a.), die zwar nicht genau konstant sind, aber doch verhältnismäßig wenig variieren und insbesondere auch ziemlich unabhängig davon sind, welche weitere Atome mit den Atomen der betreffenden Bindung noch verbunden sind. Aus diesen Gründen benützt man auch bei mehratomigen Molekülen vielfach *bizentrische (lokalisierte) MO*, die *durch lineare Kombination von nur zwei AO* (nämlich der AO der beiden bindenden Elektronen) erhalten werden können. Das MO-Modell behält somit auf diese Weise die Lewis-Schreibweise bei.

Als Beispiel für diese **zweite Möglichkeit** der Beschreibung der Bindungsverhältnisse in mehratomigen Molekülen betrachten wir wiederum das *Wassermolekül*. Für die lineare Kombination sind dann die beiden $1s$-AO der H-Atome und die je einfach besetzten $2p_x$- und $2p_y$-AO des O-Atoms zur Verfügung. Wenn man je ein $1s$-AO eines H-Atoms mit einem $2p$-AO des O-Atoms kombiniert, erhält man zwei lokalisierte MO, wie sie in Abb. 3.17 näherungsweise dargestellt sind. Die freien (nichtbindenden) Elektronen besetzen paarweise das $2s$- und das

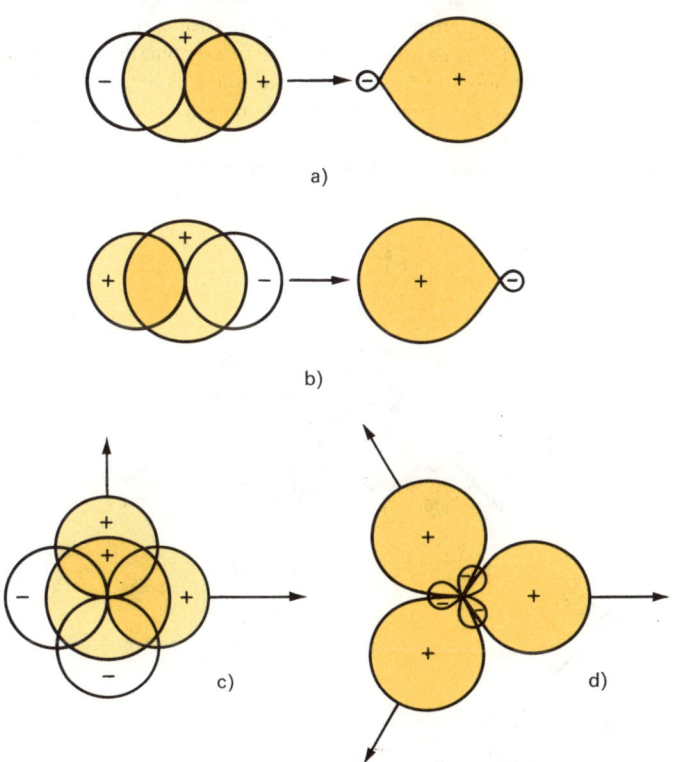

Abb. 3.18. Hybrid-AO durch Überlagerung der Wellenfunktionen von s- und p-AO

a) und b) Bildung von zwei sp-Hybrid-AO
c) und d) Bildung dreier sp²-Hybrid-AO (c die nicht hybridisierten 2s-, 2px- und 2py-AO)

$2p_z$-AO des O-Atoms. Die Atomkerne sollten einen Winkel von etwa 90° einschließen. Der wirkliche Bindungswinkel beträgt aber nicht 90°, sondern 105°; die Abweichung vom erwarteten Wert ist zu groß, als daß sie etwa durch die gegenseitige Abstoßung der positiv polarisierten H-Atome erklärt werden könnte. Durch Kombination der 1 s-AO mit den Ein-Elektronen-Funktionen des O-Atoms läßt sich offenbar die Geometrie des Wassermoleküls nicht richtig beschreiben. Das *Ungenügen der wasserstoffähnlichen Eigenfunktionen* zeigt sich aber noch deutlicher bei der Betrachtung von Molekülen wie Methan (CH_4) oder BeH_2.

Im *Methanmolekül* sind die vier H-Atome um das C-Atom völlig regelmäßig *tetraedrisch* angeordnet. Auf diese Weise sind die gegenseitigen Wechselwirkungen sowohl zwischen den Protonen wie auch zwischen den Elektronen am geringsten; diese Konfiguration ist also *energieärmer* (stabiler) als irgendeine andere räumliche Struktur.

Die Elektronenkonfiguration des C-Atoms im Grundzustand ($1s^2\ 2s^2\ 2p^2$) würde nun aber ein Molekül CH_2 erwarten lassen, das in Wirklichkeit nicht stabil ist. Die Möglichkeit, *vier Bindungen* einzugehen, besteht für das C-Atom nur dann, wenn vier einfach besetzte AO vorhanden sind, und man muß annehmen, daß ein 2 s-Elektron ein energetisch etwas höher liegendes $2p$-AO besetzt, d. h. daß das C-Atom in einen energiereicheren *«Valenzzustand»* übergeht. Um die Verteilung der Ladungsdichte im CH_4-Molekül beschreiben zu können, ist es aber offenbar nicht günstig, die wasserstoffähnlichen Ein-Elektronen-Funktionen des C-Atoms zu verwenden (die drei $2p$-AO stehen senkrecht aufeinander!); es sollten zur linearen Kombination mit den 1 s-AO der H-Atome vielmehr Wellenfunktionen verfügbar sein, die unter sich gleichwertig und zudem tetraedrisch gerichtet sind. In der Tat lassen sich nun durch eine mathematische Kombination der ψ-Funktionen eines 2 s- und dreier $2p$-Elektronen vier neue, völlig äquivalente **«q-Orbitale»** erhalten, die nach den Ecken eines Tetraeders gerichtet sind und deren Energie

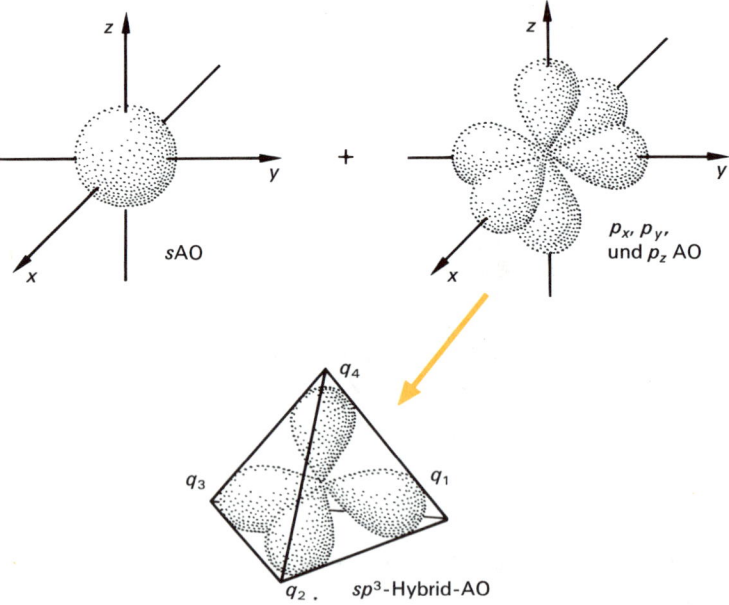

Abb. 3.19. Bildung der tetraedrisch gerichteten sp^3-Hybrid-AO

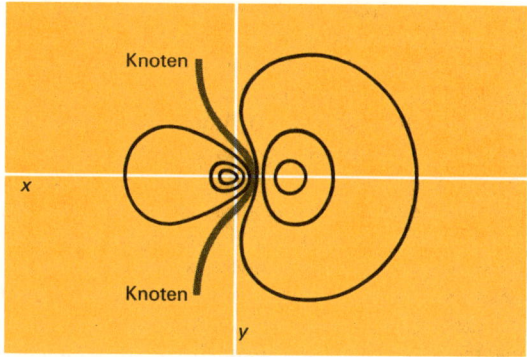

Abb. 3.20. Konturliniendiagramm eines sp³-Hybrid-AO

und räumliche Verteilung der Ladungsdichte der Summe von Energie bzw. Ladungsdichte eines 2*s*- und dreier 2*p*-Elektronen gleichwertig ist. Wenn nämlich $\psi 2s$, $\psi 2p_x$, $\psi 2p_y$ und $\psi 2p_z$ (bestimmte) Lösungen für vier Ein-Elektronen-Funktionen des C-Atoms sind, so ist, wie mathematisch gezeigt werden kann, auch jede Linearkombination von ihnen eine äquivalente Lösung. Welchen Satz von Lösungen man zur Beschreibung eines Systems auswählt, ist an sich gleichgültig; zur Beschreibung des Methanmoleküls sind natürlich die vier tetraedrischen *q*-Funktionen zweckmäßiger. Die Operation der Kombination verschiedener (energetisch jedoch ähnlicher) Wellenfunktionen eines Atoms zu gleichwertigen *q*-Funktionen bezeichnet man als «**Hybridisierung**». Vier *tetraedrisch* gerichtete *q*-Orbitale werden *sp³*-Hybrid-AO genannt; die Kombination eines *s*- mit zwei *p*-AO ergibt drei *(trigonal* gerichtete) *sp²*-Hybrid-AO, während ein *s*- und ein *p*-AO zusammen zwei *digonal* gerichteten *sp*-Hybrid-AO gleichwertig sind (Abb. 3.18 und 3.19).

Die lineare Kombination von vier *sp³*-Hybrid-AO des C-Atoms mit je einem 1*s*-Orbital eines H-Atoms zu vier lokalisierten MO ergibt nun eine den beobachteten Verhältnissen viel besser gerecht werdende Beschreibung der Ladungsdichteverteilung im CH_4-Molekül. Auch zur Beschreibung des BeH_2- und des H_2O-Moleküls werden am besten *q*-Funktionen verwendet.

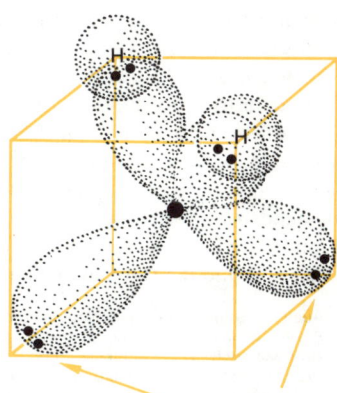

Abb. 3.21. Das H_2O-Molekül. Die Bindungen entstehen durch Überlagerung von sp³-Hybrid-AO des O-Atoms mit 1s-AO der H-Atome

freie Elektronenpaare

Energetische Gründe bedingen die *lineare* Anordnung der drei Atome im BeH_2-*Molekül;* die Ladungsdichteverteilung kann dadurch dargestellt werden, daß zwei *sp*-Hybrid-AO des Be-Atoms mit je einem 1 *s*-AO eines H-Atoms kombiniert werden.

Auch zur Beschreibung des *Wassermoleküls* wählt man bei diesem Vorgehen zweckmäßiger- weise *sp³*-Hybrid-AO des O-Atoms und bildet dann jeweils aus einem 1 *s*-AO eines H-Atoms und einem *sp³*-Hybrid-AO des O-Atoms ein lokalisiertes (bizentrisches) MO. Die nichtbin- denden Elektronenpaare besetzen dann die beiden anderen *sp³*-Hybrid-AO (Abb. 3.21).

Hier könnte sich die Frage erheben, wie weit den *Hybrid-AO «Realität»* zukommt. Handelt es sich bei ihnen um eine gute Beschreibung des Verhaltens der Elektronen oder bilden sie bloß einen Ausweg aus den Schwierigkeiten der Theorie? Die Antwort darauf ist, daß sie genau so *«real»* sind *wie die wasserstoffähnlichen Ein-Elektronen-Orbitale,* die wir zur Beschreibung der Ladungsdichteverteilung in Atomen mit mehreren Elektronen benützt haben; beides sind *mathematisch völlig äquivalente Sätze von ψ-Funktionen einer bestimmten Zahl von Elektronen.* Die wasserstoffähnlichen Funktionen sind zur Darstellung der Ladungsdichteverteilung eines einzelnen Elektrons brauchbar, während die *q*-Orbitale zur Beschreibung der Ladungsdichte- verteilung in einem *Molekül* brauchbar sind, sofern man «Bindungen» als lokalisierte MO – die aus *nur zwei AO* aufgebaut sind! – darstellen will. *Wirkliche «Realität» besitzt nur die mit experi- mentellen Mitteln feststellbare Struktur eines Atomverbandes;* Das CH_4-Molekül ist wirklich tetraedrisch gebaut, und die negative Ladung ist wirklich tetraedrisch um den Rumpf des C- Atoms verteilt; ebenso beträgt der Bindungswinkel im Wassermolekül wirklich 105°. *Die vier H-Atome ordnen sich aber nicht etwa in dieser Weise um das C-Atom herum an, weil in diesem die negative Ladung – etwa in den sp³-Hybrid-AO-tetraedrisch verteilt ist* und die Überlappung dann nur in bestimmten, ausgezeichneten Richtungen erfolgen kann. Die Gesamtladungs- dichteverteilung eines isolierten Atoms – auch des C-Atoms! – ist kugelsymmetrisch, und die räumliche Anordnung der Atome eines Atomverbandes wird durch die Wechselwirkungen zwischen den verschiedenen Elektronen bzw. durch die Energien der MO festgelegt. Es sind also **energetische Gründe**, die eine bestimmte Struktur ergeben und nicht etwa eine für ein isoliertes Atom postulierte Ladungsdichteverteilung[1]. Die oft anzutreffende Formulierung, das CH_4-Molekül sei tetraedrisch gebaut, «weil das C-Atom *sp³*-Hybrid-AO benützt», ist daher **verkehrt** und *falsch; wir verwenden zur linearen Kombination sp³-Hybrid-AO* (statt der was- serstoffähnlichen AO), *weil dadurch eine bessere Annäherung an die tatsächlich beobachtete Gestalt des Atomverbandes möglich wird.*

Es ist darum gerade aus den zuletzt genannten Gründen sehr oft möglich, die *räumliche An- ordnung* der Atome in einem Molekül (oder Komplex) dadurch verständlich zu machen, daß man die *Wechselwirkungen zwischen bindenden und nichtbindenden Elektronenpaaren* be- trachtet. Dieses «**Elektronenpaar-Abstoßungs-Modell**» (Gillespie und Nyholm) bietet eine **dritte Möglichkeit** zur Beschreibung der Bindungsverhältnisse in mehratomigen Molekülen, insbesindere von Molekülen der allgemeinen Formel AB_x. Die Valenzelektronen werden dabei paarweise so um den betreffenden Atomrumpf geordnet, daß die Abstände zwi- schen ihnen maximal (die gegenseitigen Abstoßungskräfte minimal) werden. Die nicht- bindenden, doppelt besetzten Orbitale stehen dabei nur unter der Wirkung eines einzigen Atom- rumpfes und nehmen einen größeren Raum ein als die bindenden Orbitale; sie vermögen aus diesem Grund die Geometrie eines Atomverbandes oft deutlich zu beeinflussen.

---

[1] Auch der Übergang eines C-Atoms vom Grund- in den «*Valenzzustand*» ist im Grunde genommen ein imaginärer Prozeß, denn der Chemiker hat immer nur mit C-Atomen im Valenzzustand zu tun, sowohl im elementaren Kohlen- stoff wie auch in den Kohlenstoffverbindungen. Der Begriff des Valenzzustandes ist nur für die Beschreibung der experimentell festgestellten Bindungszahlen und der Ladungsdichteverteilung von Bedeutung, weil mit seiner Hilfe die offenbare Nichtübereinstimmung zwischen dem Experiment und der Elektronenkonfiguration des Atoms im *(spektroskopisch nachweisbaren) Grundzustand* beseitigt werden kann.

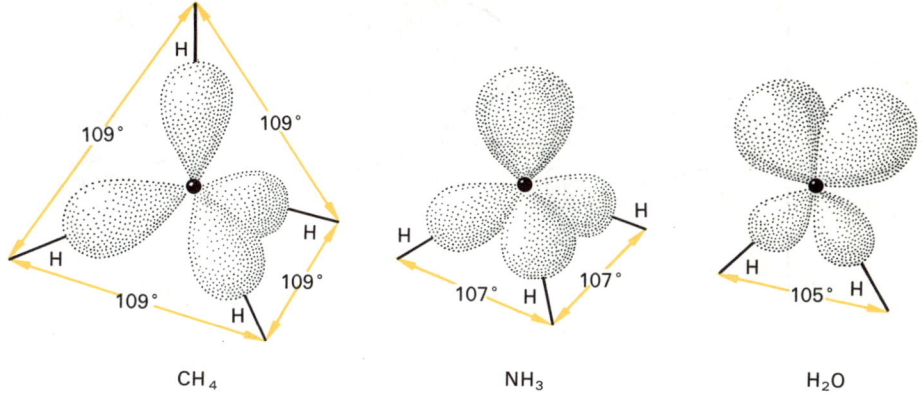

Abb. 3.22. *Bindungsrichtungen und freie Elektronenpaare in den Molekülen CH_4, NH_3 und H_2O*

Als Beispiele sollen die *Moleküle einiger einfacher binärer Verbindungen* dienen (Abb. 3.22 und 3.23 und Tabelle 3.2). In der Reihe Methan – Ammoniak – Wasser (mit tetraedrischer Ladungs-dichteverteilung der Elektronen um den Rumpf des Zentralatoms) nimmt der Bindungswinkel ab (109° 28′ – 107° – 105°). Das freie, nichtbindende Elektronenpaar des NH_3-Moleküls nimmt einen größeren Raum ein als die bindenden Paare, was dazu führt, daß sich dieses und die bindenden Paare stärker abstoßen als zwei bindende Paare untereinander, so daß die letzteren enger zusammengedrückt werden und der Bindungswinkel verringert wird. Im H_2O-Molekül sind sogar zwei freie Paare vorhanden, und der Bindungswinkel wird noch kleiner. Bei den Atomen der dritten und der folgenden Periode steht den Elektronenpaaren um den größeren Atomrumpf mehr Platz zur Verfügung, und als Folge der Abstoßung der nichtbindenden Paare werden die bindenden Elektronen auf einen Winkel von ungefähr 85 bis 95° – ungefähr den Oktaederwinkel! – zusammengedrängt (Bindungswinkel der H—S—H-Bindungen 92°, der H—P—H-Bindungen 93°). Damit steht in Übereinstimmung, daß Elemente wie Phosphor und Schwefel die Koordinationszahl 6 mit dem Oktaeder als Koordinationspolyeder besitzen können. Mit zunehmender Elektronegativität der an N, P, O oder S gebundenen Liganden werden die bindenden Orbitale stärker zu den Liganden gezogen und damit im «günstigen»

Tabelle 3.2. Bindungswinkel einiger binärer Verbindungen (°)

$N(CH_3)_3$	NH_3	NF_3					$O(CH_3)_2$	$OH(CH_3)$	OH_2	OF_2	OCl_2
109	107,3	102,1					110	109	104,5	103,2	110,8
$P(CH_3)_3$	PH_3	PF_3	PCl_3	PBr_3	PI_3			$SH(CH_3)$	SH_2		SCl_2
102,5	93,3	104	100,0	101,5	102			100	92,2		102
$As(CH_3)_3$	AsH_3	AsF_3	$AsCl_3$	$AsBr_3$	AsI_3				SeH_2		
96	91,8	102	98,4	100,5	101				91,0		
	SbH_3		$SbCl_3$	$SbBr_3$	SbI_3				TeH_2		$TeBr_2$
	91,3		99,5	97	99				89,5		98

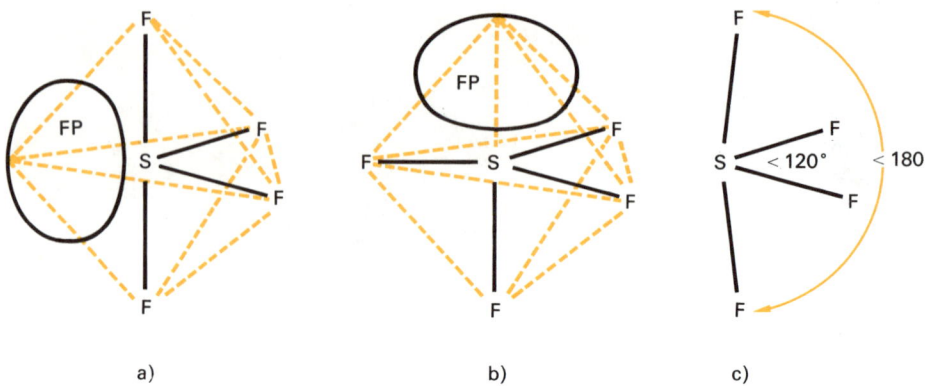

a)   b)   c)

Abb. 3.23. Schwefeltetrafluorid (SF₄)
(a) Trigonal-bipyramidale Struktur mit äquatorialem nichtbindendem Elekronenpaar
(b) Trigonal-bipyramidale Struktur mit axialem nichtbindendem Elektronenpaar
(c) Experimentell bestimmte Struktur des SF₄-Moleküls
FP = freies (nichtbindendes) Elektronenpaar

Sinne deformiert; aus diesem Grund ist der Bindungswinkel im OF_2-Molekül kleiner als im H_2O-Molekül. Entsprechendes gilt für NF_3 (verglichen mit NH_3) sowie die Reihe $PCl_3 - PBr_3 - PI_3$.

In Molekülen oder Komplexen, in denen die Valenzschale des Zentralatoms 5 oder 6 Elektronenpaare enthält, sind in gewissen Fällen verschiedene Anordnungen der nichtbindenden und der bindenden Elektronenpaare möglich. Nach dem Elektronenpaar-Abstoßungs-Modell sollte die tatsächlich beobachtete Molekülgeometrie derjenigen Anordnung entsprechen, bei der die Wechselwirkungen zwischen den Elektronen minimal werden.
Als *Beispiele* dafür seien zuerst die Moleküle von SF_4 und XeF_4 betrachtet, bei denen insgesamt 5 Elektronenpaare um den Rumpf des Zentralatoms angeordnet sind. Das entsprechende Koordinationspolyeder ist die trigonale Bipyramide (Abb. 3.23), in der das nichtbindende Elektronenpaar entweder axial oder äquatorial stehen kann. Die Wechselwirkungen zwischen diesem Paar und den bindenden Paaren sind aber im Fall des axialständigen nichtbindenden Elektronenpaares größer (drei bindende Paare stehen zu ihm im Winkel von 90°), so daß zu erwarten ist, daß die Struktur 3.23 a energetisch bevorzugt ist. In der Tat entspricht der experimentell festgestellte Bau der Moleküle von SF_4 und XeF_4 diesen Erwartungen; wegen der (geringeren) Wechselwirkungen zwischen dem nichtbindenden Paar und den bindenden Paaren liegen das S- (bzw. Xe-) Atom und zwei F-Atome nicht exakt auf einer Geraden.
Der $[ICl_4]^-$-Komplex enthält in der Valenzschale des Zentralatoms insgesamt 6 Elektronenpaare. Die freien Paare ordnen sich derart, daß die Abstoßung zwischen ihnen minimal wird, und da sie sich untereinander stärker abstoßen als die bindenden Paare, nehmen sie in einer oktaedrischen Konfiguration die «trans»-Lage ein: Das $[ICl_4]^-$-Ion ist planar gebaut.

Wenn wir die bisherigen Ergebnisse bei der Behandlung mehratomiger Moleküle *zusammenfassen,* so ergibt sich folgendes:
Im Prinzip stehen *zur Beschreibung mehratomiger Moleküle* **drei verschiedene Möglichkeiten** zur Verfügung: das *MO-Modell unter Verwendung delokalisierter, durch Kombination von*

5 trigonal-bipyramidal	5	5 BP	AX_5	trigonal-bipyramidal	PCl_5, $SbCl_5$, VO_3^{-1}
	4	4 BP, 1 FP	AX_4	unregelmäßig tetraedrisch	SF_4, $TeCl_4$, R_2SeCl_2
	3	3 BP, 2 FP	AX_3	T-förmig	ClF_3, BrF_3
	2	2 BP, 3 FP	AX_2	linear	$[ICl_2]^-$, I_3^-
6 oktaedrisch	6	6 BP	AX_6	oktaedrisch	$[SiF_6]^{2-}$, $[PbCl_6]^{2-}$
	5	5 BP, 1 FP	AX_5	quadratisch-pyramidal	BrF_5, IF_5
	4	4 BP, 2 FP	AX_4	planar-quadratisch	$[ICl_4]^-$, $[BrF_4]^-$

Tabelle 3.3. Strukturen einfacher Moleküle und Komplexe nach dem Gillespie-Modell

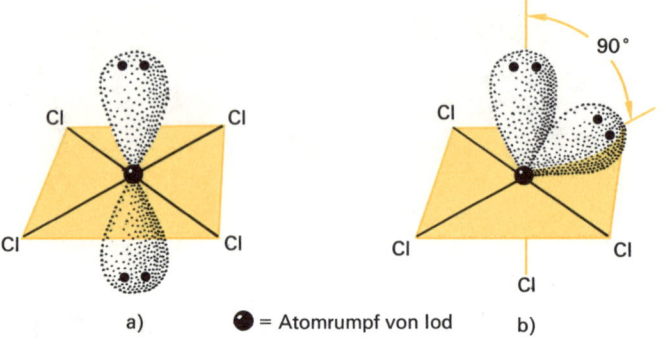

a)   ● = Atomrumpf von Iod   b)

Abb. 3.24. *Mögliche Anordnungen der bindenden und freien Elektronenpaare im ICl_4^--Komplex*

mehr als zwei AO aufgebauter MO, das MO-Modell unter Verwendung bizentrischer MO (wobei zur linearen Kombination meist nicht wasserstoffähnliche, sondern *Hybrid-Orbitale* benützt werden müssen) und schließlich das *Elektronenpaar-Abstoßungsmodell* von Gillespie. Mit allen drei Methoden läßt sich die richtige (experimentell beobachtete) Molekülgeometrie ableiten. Das in der *Literatur* und im *Unterricht* bisher am häufigsten verwendete Verfahren, die Benützung von Hybrid-AO zur Konstruktion der MO, führt aber leicht zur *(irreführenden!)* Meinung, die *Überlappung* von AO verschiedener Atome *sei nur in bestimmten, ausgezeichneten Richtungen möglich* (die durch die Anordnung der Hybrid-AO gegeben ist) und dies sei die «Ursache» der beobachteten Molekülstruktur, *während in Tat und Wahrheit Hybrid-Orbitale ja eben deshalb verwendet werden müssen, um – mittels bizentrischer MO – die festgestellte Struktur zutreffend zu beschreiben.* Die beiden anderen Methoden sind daher zur Beschreibung mehratomiger Moleküle *grundsätzlich vorzuziehen.* Ist man an den verschiedenen Energieniveaux des Atomverbandes (im Grundzustand oder in angeregten Zuständen) interessiert, so ist nur das MO-Modell mit delokalisierten MO brauchbar, da es zugleich das Energieniveauschema liefert. Will man jedoch mit möglichst einfachen und anschaulichen Mitteln zutreffende Aussagen über die *Molekülgeometrie* machen und diese insbesondere auch energetisch richtig deuten, so wird *das Elektronenpaar-Abstoßungs-Modell zum Modell der Wahl.*

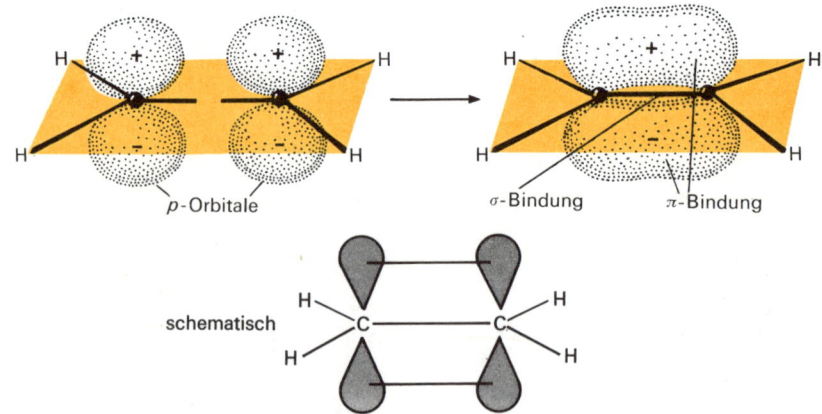

p-Orbitale   σ-Bindung   π-Bindung

schematisch

Abb. 3.25. *Bildung einer π-Bindung durch Überlagerung zweier p-AO*

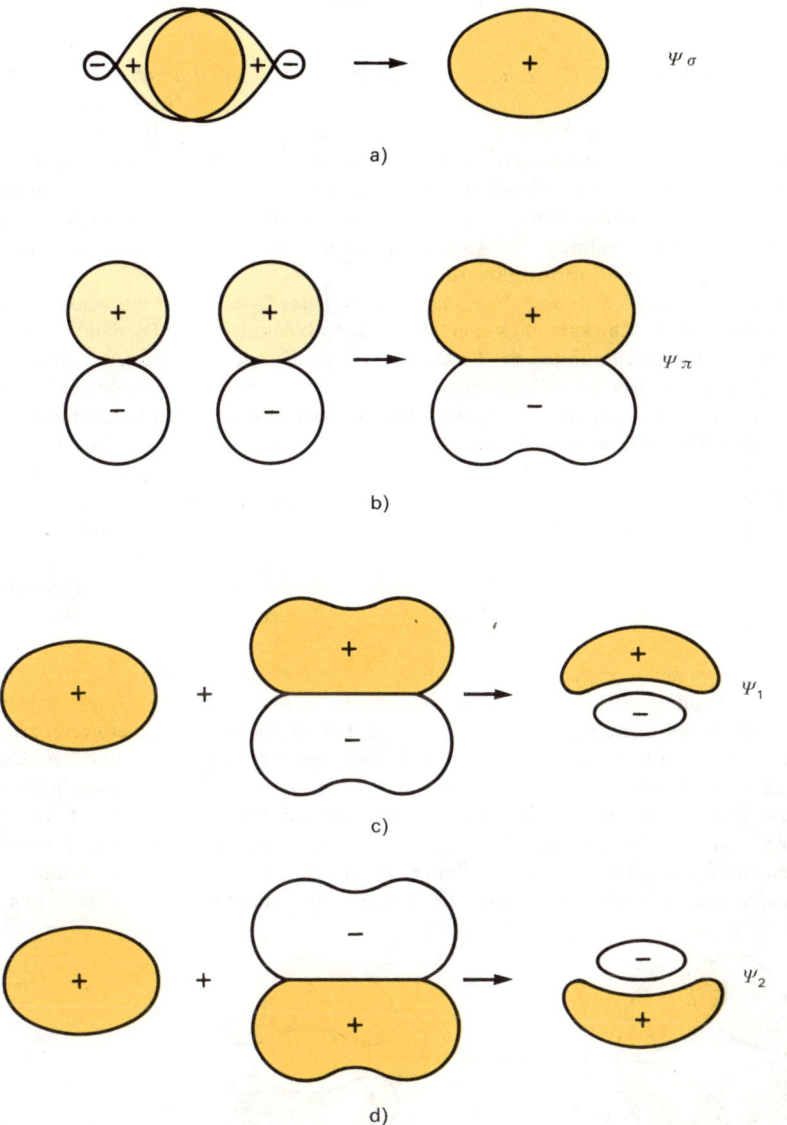

Abb. 3.26. Die Doppelbindung
a) σ-Bindung, gebildet aus zwei sp²-Hybrid-AO   b) π-Bindung   c) und d) σ–π-Hybrid-MO

Doppel- und Dreifachbindungen. In zahlreichen Molekülen liegen Bindungen vor, welche durch mehr als ein Elektronenpaar bewerkstelligt werden:

$$
\begin{array}{c}
\text{H} \\
\diagdown \\
\diagup \\
\text{H}
\end{array}
\text{C}=\text{C}
\begin{array}{c}
\diagup \text{H} \\
\\
\diagdown \text{H}
\end{array}
\qquad\qquad
\text{H}-\text{C}\equiv\text{C}-\text{H}
\qquad\qquad
\langle \text{O}=\text{C}=\text{O} \rangle
$$

Doppelbindungen entstehen durch Überlappung von je *zwei einfach besetzten AO.* Durch Überlagerung von je drei einfach besetzten Orbitalen werden **Dreifachbindungen** gebildet. Sowohl Doppel- wie Dreifachbindungen treten hauptsächlich bei den Atomen der *zweiten Periode* auf, denn bei den Atomen höherer Perioden sitzen die einfach besetzten AO an der Oberfläche größerer (voluminöserer) Atomrümpfe und können sich deshalb wegen der gegenseitigen Abstoßung der Atomrümpfe weniger stark überlagern (die im Überlappungsgebiet erhöhte Ladungsdichte vermag die Abstoßung zwischen den Atomrümpfen nicht mehr zu kompensieren; «**Doppelbindungsregel**»).

In einer Verbindung wie z.B. dem *Äthylen* (C_2H_4) ist jedes C-Atom mit drei anderen Bindungspartnern verbunden. Man kann dies (bei Verwendung bizentrischer MO) dadurch beschreiben, daß man für die drei Bindungen der C-Atome drei sp^2-Hybrid-Orbitale (Abb. 3.18) wählt (die sich durch Kombination der ψ-Funktionen eines $2s$- und zweier $2p$-AO erhalten lassen). Durch Überlagerung zweier solcher sp^2-Hybrid-Orbitale (d. h. durch lineare Kombination der entsprechenden Wellenfunktionen) erhält man eine rotationssymmetrische (σ-) C—C-Bindung; die C—H-Bindungen werden durch Kombination der übrigen sp^2-AO mit dem $1s$-Orbital je eines H-Atoms dargestellt. Bei jedem C-Atom verbleibt aber noch ein viertes Valenzelektron, ein $2p_y$-Elektron; durch Überlappung dieser beiden $2p_y$-Orbitale kommt die zweite Bindung der Doppelbindung, eine π-Bindung, zustande (Abb. 3.25). Im *Acetylen-* (C_2H_2-) Molekül wären die C-Atome gemäß diesen Überlegungen durch eine σ-Bindung (Überlagerung zweier sp-Hybrid-AO!) und durch zwei π-Bindungen (Überlagerung der beiden p_y- und p_z-AO) verbunden.

Nach dieser Darstellung besteht eine *Doppelbindung* aus *zwei verschiedenartigen Bindungen,* einer σ- und einer π-*Bindung.* Die Aufenthaltsräume der beiden Bindungselektronenpaare überschneiden sich allerdings stark, und es ist – ganz ähnlich wie im Falle des «Valenzzustandes» eines Atoms (beim C-Atom des Zustandes mit je einem $2s$-, $2p_x$-, $2p_y$- und $2p_z$-Elektron) – unwahrscheinlich, daß sich die σ- und die π-Wolken gegenseitig nicht beeinflussen. Zudem existieren *keine direkten Beweise* für das Vorhandensein zweier grundsätzlich verschiedener Bindungen in einer Doppelbindung (so lassen sich z. B. nur Bindungsenergien entweder von Einfachbindungen oder von Doppelbindungen als Ganzem, nicht aber Bindungsenergien einzelner σ- oder π-Bindungen in einer Doppelbindung bestimmen!). In der Tat kann man durch

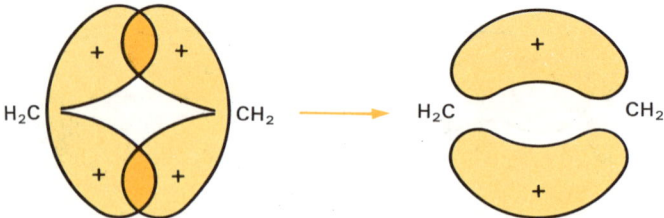

Abb. 3.27. Bildung der Doppelbindung im Äthylen ($CH_2{=}CH_2$) durch Überlagerung zweier sp^3-Hybrid-AO der Kohlenstoffatome («Bananen-Bindungen»)

lineare Kombination der Wellenfunktionen der σ- und π-Elektronen zu einer dem «σ-π-Modell» gleichwertigen Beschreibung der Doppelbindung gelangen (Abb. 3.26):

$$\psi_1 = \frac{1}{\sqrt{2}} (\psi_\sigma + \psi_\pi) \quad \text{und} \quad \psi_2 = \frac{1}{\sqrt{2}} (\psi_\sigma - \psi_\pi)$$

Die beiden durch ψ_1 und ψ_2 beschriebenen Elektronenwolken stellen zwei als *τ-Bindungen* bezeichnete, völlig *gleichwertige Bindungen* dar. Zur prinzipiell gleichen Vorstellung gelangt man aber auch, wenn man sich die Doppelbindung durch zweifache Überlagerung zweier *sp^3*-Hybrid-Orbitale entstanden denkt oder wenn man das SCAO-Modell verwendet (Abb. 3.27); die beiden Bindungen sind dann ebenfalls gleichwertig, jedoch etwas mehr bogenförmig (soge-nannte *«Bananen-Bindungen»*).

Doppelbindungen können also offenbar mit *verschiedenen Modellen* beschrieben werden. *Die Ladungsdichteverteilung beider Modelle ist völlig äquivalent* (wenn die Orbitale doppelt besetzt sind, wird $2\psi_1^2 + 2\psi_2^2 = 2\psi_\sigma^2 + 2\psi_\pi^2$, wie man sich durch Quadrieren der Ausdrücke für ψ_1 und ψ_2 überzeugen kann); sie postulieren jedoch *verschiedene Bindungswinkel*:

	σ-π-Modell	τ-Modell
X—C—X $\parallel$	120°	109° 28'
C=C—X	120°	125° 16'

Es sollte also möglich sein, durch Messung der Bindungswinkel zwischen beiden Modellen entscheiden zu können. Die beobachteten Bindungswinkel entsprechen allerdings weder dem einen noch dem anderen Wert genau; mit Ausnahme des Äthylens selbst kommen sie jedoch den vom τ-Modell geforderten Werten näher (Pauling). Wenn man die Doppelbindung durch Bogen konstanter Krümmung und von 154 pm Länge (der Länge einer C—C-Einfachbindung) darstellt, und den Bogen jeweils in der Tetraederrichtung beginnen läßt, so errechnet man für die C=C-Doppelbindung einen Kernabstand von 132 pm (gemessener Wert 133 pm), während für das σ-π-Modell keine solche Möglichkeit besteht, die Bindungslängen zu berechnen. Nach allem zeigt sich also, daß das *τ-Modell* mit zwei gleichwertigen «Bananen-Bindungen» *eine den wirklichen Verhältnissen besser angepaßte Beschreibung* darstellt als das – in der Literatur fast durchwegs verwendete – σ-π-Modell. Letzteres ist allerdings mathematisch einfacher zu handhaben und deshalb für quantitative Betrachtungen insbesondere auch von angeregten Zuständen (also z. B. zur Interpretation von Spektren) besser geeignet.

Delokalisierte Bindungen. Wie wir gesehen haben, lassen sich mehratomige Moleküle so-wohl mit delokalisierten (aus den AO von mehr als zwei Atomen aufgebauten) MO als auch mit lokalisierten (bizentrischen) MO beschreiben, wobei man jedoch oft an Stelle von wasserstoff-ähnlichen Eigenfunktionen *Hybrid-Orbitale* verwenden muß. In vielen Fällen liefern delokali-sierte MO jedoch eine bessere Annäherung an die Wirklichkeit, ja *oft ist eine zutreffende Be-schreibung der Bindungen nur durch Verwendung delokalisierter MO möglich.*

Als Beispiel eines Moleküls, an dem die beiden Darstellungsarten einander nochmals gegen-übergestellt werden sollen, wählen wir das linear gebaute Molekül von **Kohlendioxid.** Bi-zentrische lokalisierte MO können hier dadurch erhalten werden, daß man zwei sp-Hybrid-AO des C-Atoms mit je einem $2p_x$-AO eines O-Atoms zu σ-MO kombiniert (die Molekülachse wird zur x-Achse gewählt) und aus den verbleibenden $2p$-AO jedes O-Atoms mit je einem

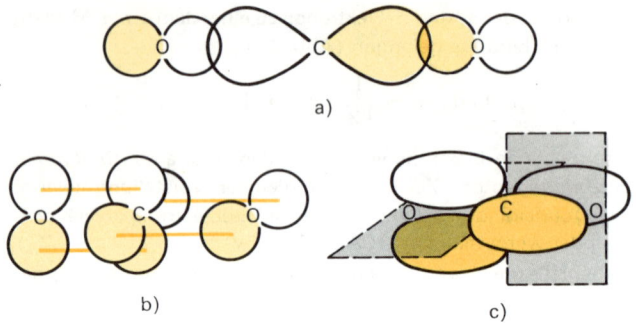

Abb. 3.28. Das CO_2-Molekül: Darstellung der Bindungsverhältnisse durch lokalisierte σ-MO a) und π-MO b) und c)

$2p$-AO des C-Atoms zwei π-MO bildet. Das CO_2-Molekül enthält nach diesem Modell zwei «*Doppelbindungen*» (wie es der Lewis-Formel entspricht), welche – wie im Äthylen – je aus einer σ- und einer π-Bindung bestehen (wobei die beiden π-Wolken senkrecht aufeinanderstehen; vgl. Abb. 3.28).

Um *delokalisierte MO* zu erhalten, muß man anders vorgehen und mehr als zwei AO linear kombinieren. Im Fall von CO_2 stehen die $2s$-, $2p_x$-, $2p_y$- und $2p_z$-AO des C-Atoms (also nicht die Hybrid-AO!) sowie die $2p_x$-, $2p_y$- und $2p_z$-AO der O-Atome zur Verfügung. Die energiearmen $2s$-AO der beiden O-Atome können in erster Näherung als nichtbindend betrachtet werden. Um bindende MO zu erhalten, muß man die Vorzeichen der zu kombinierenden ψ-Funktionen derart wählen, daß die Ladungsdichte zwischen den Kernen erhöht wird. Da die $2s$-Eigenfunktion überall positiv ist, entspricht die Kombination von $(2p_{x_a} + 2p_{x_b})$ der O-Atome mit $2s$ des C-Atoms einem bindenden σ-MO $[\psi(\sigma_s)]$. Das $2p_x$-AO des C-Atoms hingegen ist antisymmetrisch (das Vorzeichen ist auf beiden Seiten der Knotenebene verschieden), so daß die Kombination $(2p_{x_a} - 2p_{x_b})$ der O-Atome mit $2p_x$ des C-Atoms einem bindenden σ-MO $[\psi(\sigma_x)]$ entspricht (Abb. 3.29). Man erhält also insgesamt die folgenden Eigenfunktionen:

$$\psi(\sigma_s) = c_1\, 2s + c_2\,(2p_{x_a} + 2p_{x_b}) \qquad \text{bindend}$$
$$\psi(\sigma_s^*) = c_1\, 2s - c_2\,(2p_{x_a} + 2p_{x_b}) \qquad \text{antibindend}$$
$$\psi(\sigma_x) = c_3\, 2p_x + c_4\,(2p_{x_a} - 2p_{x_b}) \qquad \text{bindend}$$
$$\psi(\sigma_x^*) = c_3\, 2p_x - c_4\,(2p_{x_a} - 2p_{x_b}) \qquad \text{antibindend}$$

Aus den $2p_y$- und den $2p_z$-AO der drei Atome lassen sich zusätzlich π-MO bilden. Dabei gibt es für die O-Atome wieder die Kombinationen $(2p_{y_a} + 2p_{y_b})$ und $(2p_{z_a} + 2p_{z_b})$ bzw. $(2p_{y_a} - 2p_{y_b})$ und $(2p_{z_a} - 2p_{z_b})$. Die ersteren überlappen mit den $2p_y$-AO bzw. den $2p_z$-AO des C-Atoms, d.h. können mit diesen linear kombiniert werden. Wir erhalten deshalb wiederum 4 MO, von welchen jeweils die beiden bindenden und die beiden antibindenden entartet sind (vgl. Abb. 3.29):

$$\psi(\pi_y) = c_5\, 2p_y + c_6\,(2p_{y_a} + 2p_{y_b}) \qquad \text{bindend}$$
$$\psi(\pi_y^*) = c_5\, 2p_y - c_6\,(2p_{y_a} + 2p_{y_b}) \qquad \text{antibindend}$$
$$\psi(\pi_z) = c_7\, 2p_z + c_8\,(2p_{z_a} + 2p_{z_b}) \qquad \text{bindend}$$
$$\psi(\pi_z^*) = c_7\, 2p_z - c_8\,(2p_{z_a} + 2p_{z_b}) \qquad \text{antibindend}$$

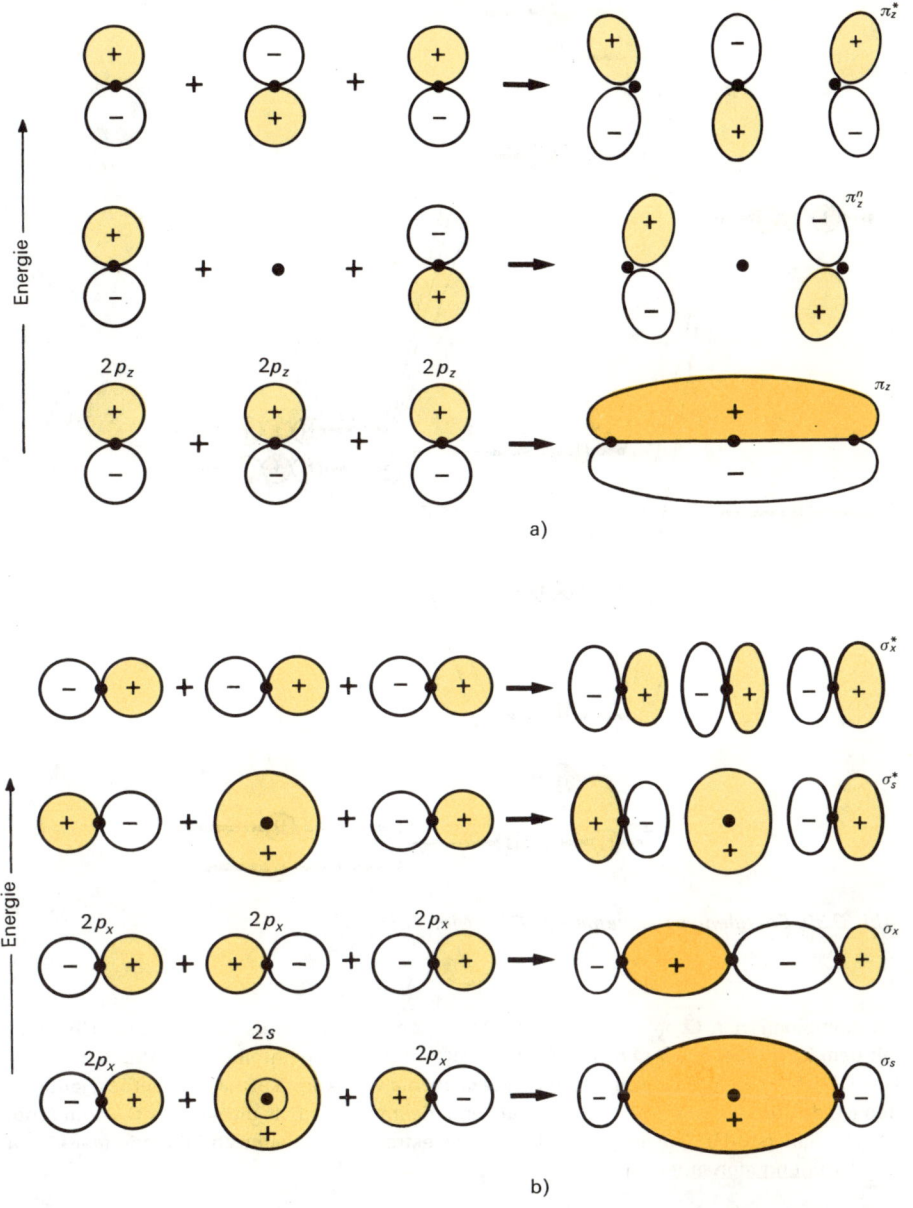

Abb. 3.29. Das CO_2-Molekül: Delokalisierte σ- und π-MO
a) (von unten nach oben) bindendes, nichtbindendes und antibindendes π-MO, b) (von unten nach oben) bindende und antibindende σ-MO

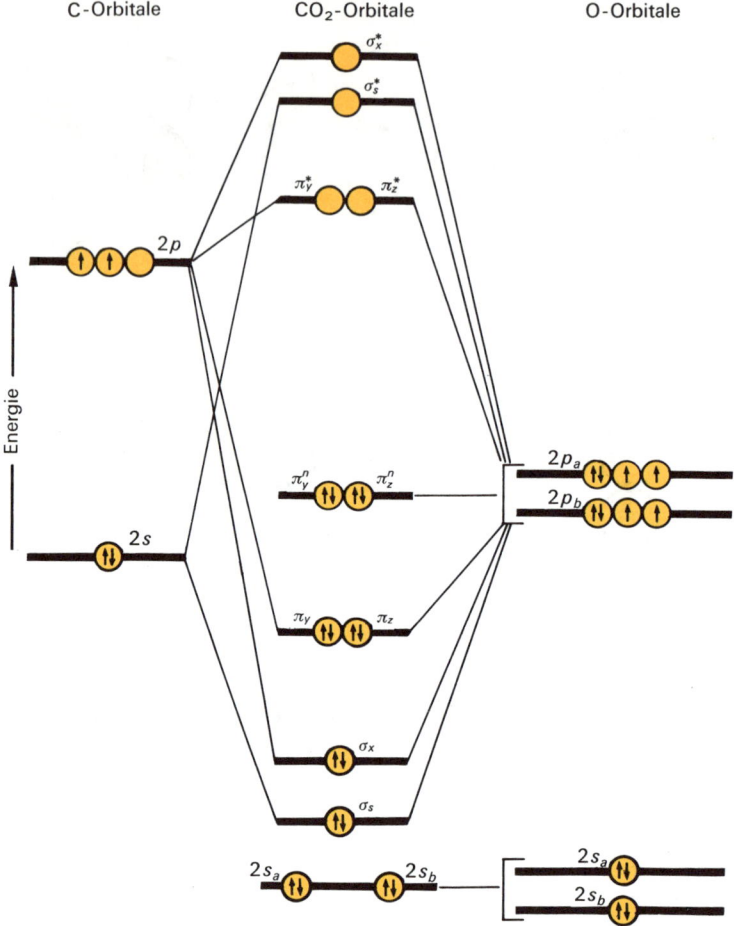

Abb. 3.30. Energieniveauschema des CO_2-Moleküls

Die Kombinationen $(2p_{y_a} - 2p_{y_h})$ und $(2p_{z_a} - 2p_{z_h})$ ergeben als Ganzes keine Überlappung mit dem $2p_y$- bzw. $2p_z$-AO des C-Atoms; sie sind deshalb nichtbindend (Abb. 3.29).

Das CO_2-Molekül besitzt das *Energieniveauschema* von Abb. 3.30, wobei berücksichtigt worden ist, daß die AO der O-Atome stabiler (energieärmer) sind als die AO des C-Atoms (höhere EN von Sauerstoff!). Die insgesamt 16 Valenzelektronen verteilen sich folgendermaßen auf die zur Verfügung stehenden MO:

$$(2s_a^n)^2 \ (2s_b^n)^2 \ (\sigma_s)^2 \ (\sigma_x)^2 \ (\pi_{y,z})^4 \ (\pi_{y,z}^n)^4$$

Vier Elektronen besetzen die beiden bindenden σ-MO, vier besetzen die bindenden π_y- und π_z-MO und je zwei ein nichtbindendes π-MO an jedem O-Atom. Auch die beiden nichtbindenden $2s$-AO jedes O-Atoms sind mit zwei Elektronen besetzt. Sowohl die σ- wie die π-MO erstrecken sich über alle drei Atome. Die *Bindungsordnung* ist $8/2 = 4$, ebenso wie im Modell mit lokalisierten Bindungen. Der Kernabstand C—O ist aber kleiner als bei einer «normalen» Doppelbindung erwartet würde (116 pm gegenüber 122 pm), und zudem zeigt das Photoelektronenspektrum von CO_2 das Vorhandensein von vier Ionisierungspotentialen (19,29 eV, 18,08 eV, 17,23 eV und 13,68 eV), die der Entfernung eines Elektrons aus dem σ_s- bzw. σ_x- bzw. $\pi_{y,z}$- bzw. $\pi_{y,z}^n$-MO entsprechen. *Die Beschreibung des CO_2-Moleküls mittels delokalisierter MO mag zwar weniger anschaulich sein; sie gibt aber die beobachteten Daten besser wieder und ist damit zweifellos eine bessere Annäherung an die Wirklichkeit* als die Beschreibung des Moleküls mit ausschließlich lokalisierten (bizentrischen) MO. Eine einfache *Modellüberlegung* mittels des «linearen Kastens» zeigt zudem, daß *ein Molekül mit delokalisierten Elektronen* **energieärmer** sein muß als ein Molekül mit lokalisierten Doppelbindungen. Wenn wir nur die π-Elektronen betrachten, so ist die Energie für den Fall lokalisierter Doppelbindungen (wenn b die Länge der Doppelbindung ist)

$$E_{lok} = 4\,\frac{h^2}{8\,m\,b^2}$$

(je zwei Elektronen befinden sich in zwei voneinander unabhängigen «Kästen» der Länge b). Für den Fall der delokalisierten π-Elektronen wird die Kastenlänge $2b$. Das niedrigste Energieniveau (das von zwei Elektronen besetzt sein kann) ist

$$E_1 = \frac{h^2}{8\,n,\,4\,b^2}$$

Die beiden anderen π-Elektronen besetzen das nächsthöhere Niveau mit $n = 2$, dessen Energie

$$E_2 = \frac{4\,h^2}{8\,m\,4\,b^2} \quad \text{ist.}$$

Die vier delokalisierten Elektronen besitzen die Gesamtenergie $2E_1 + 2E_2$:

$$E_{del} = \frac{2\,h^2}{8\,m\,4\,b^2} + \frac{8\,h^2}{8\,m\,4\,b^2} = \frac{10\,h^2}{8\,m\,4\,b^2}$$

Das Verhältnis $E_{lok} : E_{del}$ wird $4/8 : 10/32 = 1,6 : 1$. *Die delokalisierten MO sind also beträchtlich stabiler, eine Folge der wegen des größeren Raumes geringeren kinetischen Energie.* Die Energie, um die sich das delokalisierte Elektronensystem vom (in Wirklichkeit nicht existierenden) Zustand mit lokalisierten Elektronenpaaren unterscheidet, nennt man **Delokalisationsenergie**. Es handelt sich bei dieser Energie jedoch *nicht* um eine beobachtbare Größe (da ein CO_2-Molekül mit zwei lokalisierten, voneinander vollkommen unabhängigen Doppelbindungen eben nicht existiert!); sie ist aber eine bequeme *Rechengröße* (vgl. S. 117).

Einige *weitere* dreiatomige *Moleküle* und *Komplexionen* enthalten ebenfalls 16 Valenzelektronen und besitzen die gleiche Elektronenkonfiguration wie CO_2:

$$N_2O \quad CS_2 \quad OCS \quad N_3^- \quad OCN^- \quad NO_2^+$$

Sind mehr als 16 Valenzelektronen vorhanden (wie z. B. im *Nitrit-Ion*, NO_2^-, mit 18 Valenzelektronen), so müßten auch antibindende MO besetzt werden. Dieser energetisch an sich ungünstigen Situation wird dann dadurch begegnet, daß das Teilchen *gewinkelt* wird. Weil dann die

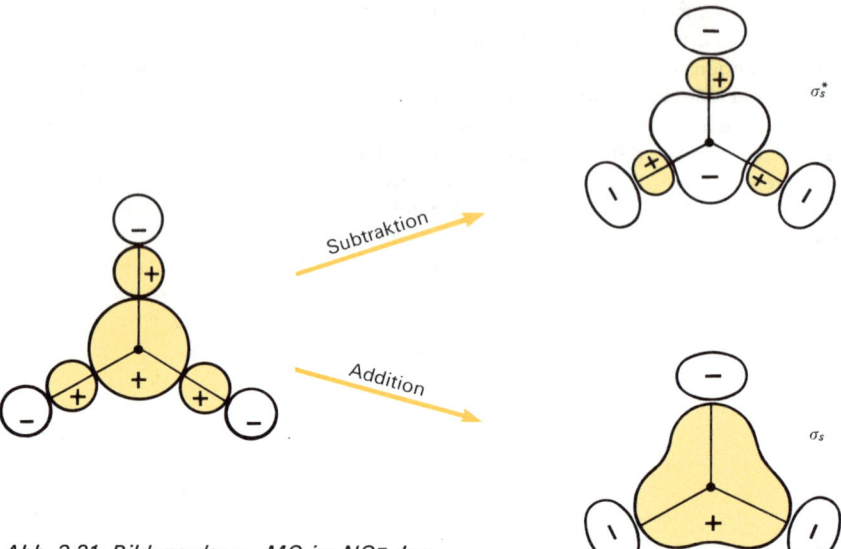

Abb. 3.31. Bildung der σ_s-MO im NO_3^--Ion

Überlappungsverhältnisse anders werden, ändert sich auch die Energie einzelner MO und damit auch ihre Reihenfolge im Energieniveauschema. Insbesondere wird ein antibindendes π-MO zu einem nichtbindenden MO. Aus diesen Gründen sind dreiatomige Partikeln mit mehr als 16 Valenzelektronen nicht mehr linear, sondern *gewinkelt* gebaut (vgl. auch S. 95). Beispiele dafür sind NO_2, NO_2^-, O_3, SO_2 u.a.

Als weiteres Beispiel betrachten wir das trigonal-planar gebaute **Nitrat-Ion** (NO_3^-; das N-Atom sitzt im Zentrum). Dieselbe Elektronenkonfiguration besitzen auch SO_3, BF_3 und CO_3^{2-}. Die mathematische Darstellung der MO eines solchen Teilchens ist bereits recht kompliziert; wir begnügen uns daher mit der anschaulichen Beschreibung der delokalisierten MO.

Aus den $2s$-, $2p_x$-, und $2p_y$-AO des N-Atoms und je einem $2p$-AO jedes O-Atoms lassen sich drei bindende und drei antibindende, also insgesamt sechs MO bilden. Alle sind bezüglich der Achsen zwischen zwei Kernen rotationssymmetrisch (jedoch nicht als Ganzes!) und können

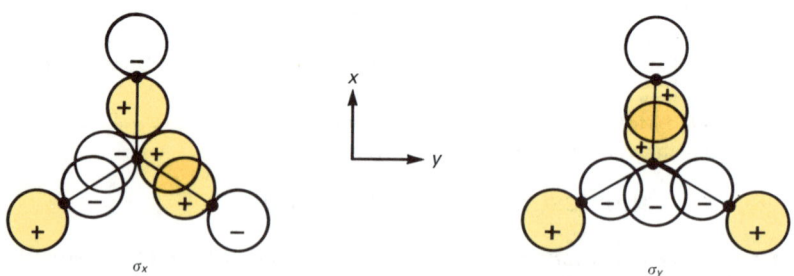

Abb. 3.32. Bildung der beiden entarteten σ_p-MO im NO_3^--Ion

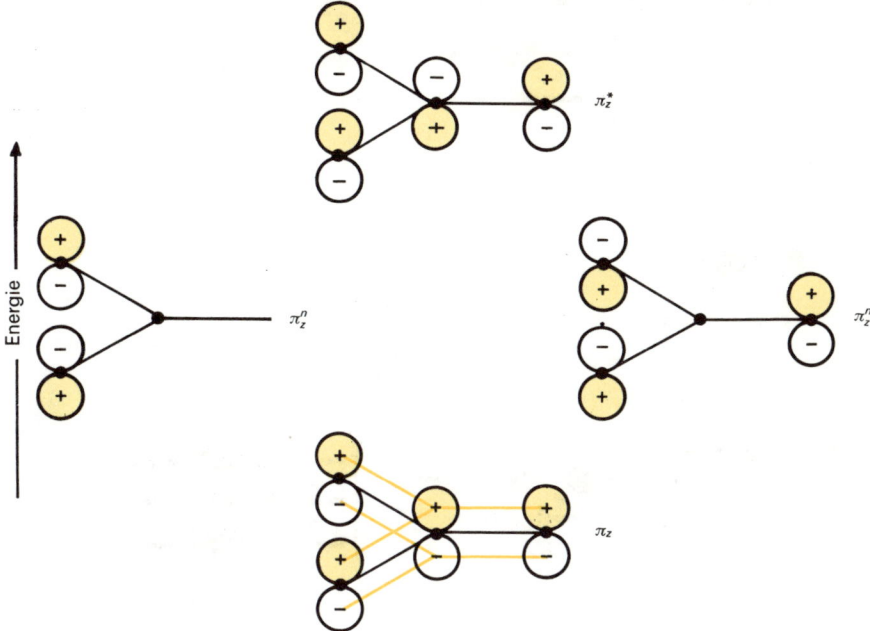

Abb. 3.33. Delokalisierte π-MO im NO_3^--Ion. Im Fall des bindenden MO (π_z) bildet sich eine durch Verbindungsstriche angedeutete, über alle vier Atome delokalisierte Wolke

als σ-MO bezeichnet werden. Die bindenden und antibindenden σ_s-MO sind in Abb. 3.31 dargestellt. Daß die beiden durch Kombination des $2p_x$- bzw. $2p_y$-AO des N-Atoms mit den $2p$-AO der O-Atome erhaltenen σ_p-MO entartet sind, ist allerdings aus der anschaulichen Darstellung (Abb. 3.32) nicht ersichtlich.

Jedes O-Atom besitzt noch ein weiteres $2p$-AO, welches in der durch die vier Atome bestimmten Ebene liegt. Sie sind alle drei nichtbindend und von ungefähr derselben Energie wie ein $2p$-AO eines freien O-Atoms. Aus den weiter noch vorhandenen $2p$-AO jedes O-Atoms und dem $2p_z$-AO des N-Atoms (die alle senkrecht zur Teilchenebene stehen) lassen sich ein bindendes, ein antibindendes und zwei (entartete) nichtbindende π-MO bilden (Abb. 3.33). Wiederum ist aus der bildlichen Darstellung nicht zu ersehen, daß die beiden nichtbindenden π_z-MO entartet sind.

Insgesamt gilt also für das NO_3^--Ion das Energieniveauschema der Abb. 3.34. Die $2s$-AO der O-Atome werden dabei wiederum näherungsweise als nichtbindend betrachtet.

Sowohl im Fall von Kohlendioxid wie des Nitrat-Ions lassen sich also durch geeignete Kombinationen von AO *lauter delokalisierte* MO bilden. Wie wir bereits sagten, wird ein solches allerdings nur wenig anschauliches Modell den empirischen Daten recht gut gerecht. Oft läßt sich aber ein anschaulicheres Modell gewinnen, wenn man *nur für die π-MO delokalisierte MO* verwendet und die *σ-Bindungen als bizentrische, lokalisierte MO* darstellt (wobei dann zur linearen Kombination häufig Hybrid-AO verwendet werden müssen). Als erstes Beispiel sei nochmals das NO_3^--Ion betrachtet. Die σ-Bindungen entstehen durch Überlappung dreier sp^2-Hybrid-AO des N-Atoms mit je einem sp-Hybrid-AO eines O-Atoms. Bei den O-Atomen bleiben

N-Orbitale   NO$_3^-$-Orbitale   O-Orbitale

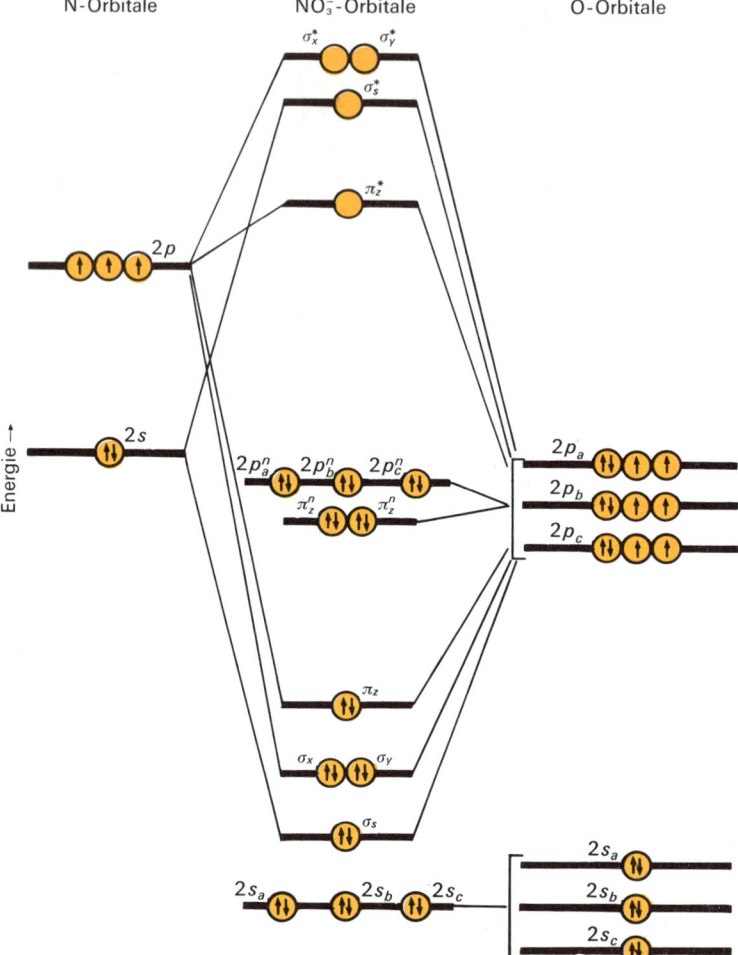

Abb. 3.34. Energieniveauschema des NO$_3^-$-Ions
(Das NO$_3^-$-Ion enthält ein Elektron mehr als die vier einzelnen Atome zusammengenommen!)

je ein *sp*-AO (in der Richtung der Kern-Kern-Achse) sowie je ein 2*p*-AO (in der Teilchenebe-ne) nichtbindend. Die übrig bleibenden 2*p*-AO jedes O-Atoms und des N-Atoms (die senkrecht zur Teilchenebene stehen) bilden ebenso wie im Modell mit lauter delokalisierten MO vier π-MO: ein bindendes, ein antibindendes und zwei entartete nichtbindende, wie es in Abb. 3.33 dargestellt ist. Das bindende und die beiden nichtbindenden π-MO sind doppelt besetzt.

Diese «**Auftrennung**» der Valenzelektronen **in lokalisierte σ- und delokalisierte π-Elektronen** erweist sich besonders bei zahlreichen *organischen Molekülen* mit «konjugierten» Doppelbindungen (zwei Doppelbindungen, zwischen welchen sich eine Einfachbindung befindet) zweckmäßig. Ein einfaches solches Molekül ist das Molekül von **Butadien-(1,3)**, $CH_2{=}CH{-}CH{=}CH_2$.

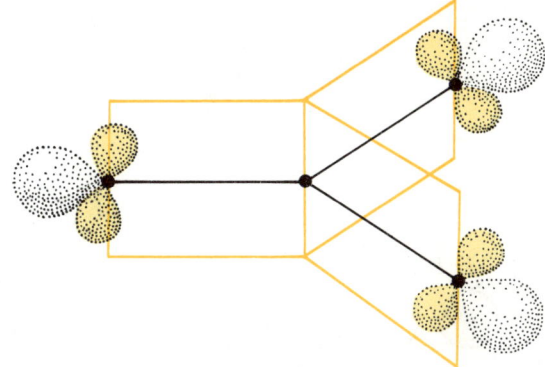

Abb. 3.35. NO_3^--*Ion : σ-π-Auftrennung. Jedes O-Atom besitzt ein nichtbindendes $2p$-(gelb) und ein ebenfalls nichtbindendes sp-Hybrid-AO. Das durch die farbigen Linien angedeutete π-Elektronensystem besitzt dieselbe Form wie π_z bzw. π_z^n in Abb. 3.33*

Verschiedene experimentelle Ergebnisse deuten darauf hin, daß hier nicht zwei lokalisierte Doppelbindungen vorliegen, sondern daß die π-Elektronen in einem gewissen Ausmaß delokalisiert sind: Butadien absorbiert im UV bei etwa 217 nm, während Äthylen ($CH_2{=}CH_2$) bei 180 nm absorbiert; mit anderen Worten, die π-Elektronen sind beim Butadien leichter anzuregen als beim Äthylen. Weiter ist die mittlere Bindung deutlich kürzer als eine C—C-Einfachbindung (143 pm statt 154 pm), während die beiden «seitlichen» Bindungen etwas länger als Doppelbindungen sind (136 pm statt 134 pm). Schließlich geschieht die für Verbindungen mit C=C-Doppelbindungen charakteristische Addition von Brom beim Butadien vorzugsweise in 1,4-Stellung, also an den Enden der C-Kette. Alle diese Beobachtungen lassen sich mit folgendem Modell zwanglos erklären:

Das C-Gerüst entsteht aus sp^2-Hybrid-AO (vgl. Abb. 3.36); ebenso werden die H-Atome durch sp^2-Hybrid-AO gebunden. Die an jedem C-Atom verbleibenden (senkrecht zur Molekülebene stehenden) $2p_z$-AO können zu vier delokalisierten MO kombiniert werden (Abb. 3.37). ψ^1, das energieärmste von ihnen, wirkt zwischen allen vier C-Atomen bindend, während ψ_2 (nächsthöhere Energie) zwischen den C-Atomen 1 und 2 bzw. 3 und 4 bindend, für die mittleren beiden C-Atome (2 und 3) antibindend wirkt. ψ_3 wirkt nur zwischen den C-Atomen 2 und 3 bindend, während ψ_4 vollkommen antibindend ist. Im Grundzustand sind ψ_1 und ψ_2 doppelt besetzt. Der Absorption bei 217 nm entspricht ein Übergang eines Elektrons von ψ_2 nach ψ_3^*.

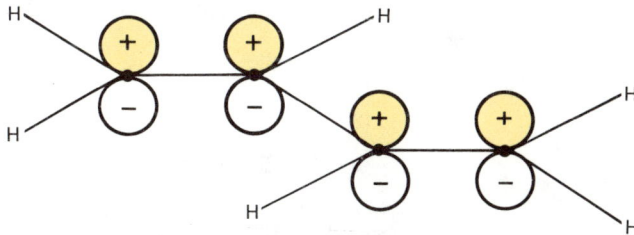

Abb. 3.36. Butadien- (1,3): Molekülgerüst mit σ-Bindungen

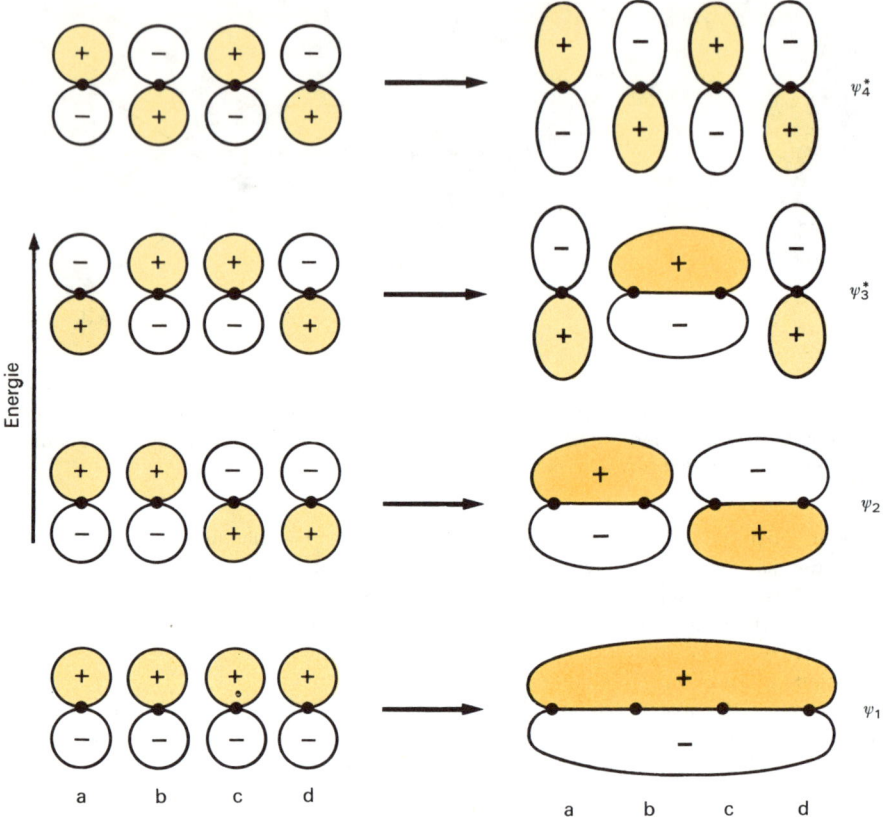

Abb. 3.37. Butadien- (1,3): Bildung der π-MO

Daß die *Lichtabsorption* als Folge der Delokalisation ins Gebiet längerer Wellen verschoben werden muß, lehrt wiederum eine einfache Modellbetrachtung anhand des «linearen Kastens». Wir setzen dabei die Gesamtlänge des Moleküls gleich $3b$ (b = Abstand der C-Atome in der Doppelbindung), was allerdings nur näherungsweise richtig ist. Den Eigenfunktionen ψ_2 und ψ_3 entsprechen folgende Eigenwerte

$$E_2 (n = 2) = \frac{4 h^2}{8 m \, 9 b^2}$$

$$E_3 (n = 3) = \frac{9 h^2}{8 m \, 9 b^2}$$

$$\Delta E = E_3 - E_2 = \frac{5}{72} \cdot \frac{h^2}{m b^2}$$

(ΔE ist die zur Anregung nötige Energie)

Die Energiedifferenz zwischen Grund- und angeregtem Zustand im Fall einer lokalisierten Doppelbindung wäre dagegen

$$\Delta E = E_2 - E_1 = \frac{4\,h^2}{8\,m\,b^2} - \frac{h^2}{8\,m\,b^2} = \frac{3}{8} \cdot \frac{h^2}{m\,b^2}.$$

Die Anregungsenergie ist also für das System mit delokalisierten π-Elektronen deutlich kleiner (5/72 < 27/72). Enthält ein Molekül noch mehr als zwei konjugierte Doppelbindungen, so verschiebt sich das Absorptionsmaximum noch stärker ins längerwellige Gebiet, und zwar um so mehr, je «länger» das delokalisierte π-System ist.

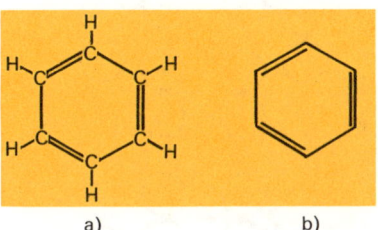

Abb. 3.38. Benzol
a) Kekulé-Formel   b) abgekürzte Darstellung   a)   b)

Als letztes Beispiel eines Moleküls mit delokalisierten Elektronen soll noch das Molekül von **Benzol** (C_6H_6) diskutiert werden.
Im Benzolmolekül ist jedes C-Atom mit drei anderen Atomen verbunden; die 6 C-Atome bilden dabei ein vollkommen regelmäßiges Sechseck. Wenn man zur Beschreibung der Bindungsverhältnisse für jedes C-Atom drei sp^2-Hybrid-AO wählt und diese mit zwei sp^2-Hybrid-AO anderer C-Atome sowie mit dem $1s$-AO eines H-Atoms kombiniert, bleibt bei jedem C-Atom ein $2p_z$-AO übrig. Nach der Kekulé-Formel (1865) wäre nun eine Paarung von je zwei $2p_z$-AO zu einem (lokalisierten) π-MO zu erwarten, so daß einfache und Doppelbindungen im Ring abwechseln würden. Tatsächlich tritt jedoch als Folge der damit verbundenen Energieabnahme eine vollkommene Delokalisation der 6 $2p_z$-AO ein. Aus den 6 $2p_z$-AO lassen sich 6 π-MO bilden (vgl. Abb. 3.39 und 3.41), von denen im Grundzustand des Moleküls die drei energieärmsten (ψ_1, ψ_2 und ψ_3) mit zwei Valenzelektronen besetzt sind (vgl. Energieniveauschema, Abb. 3.40). Da hier π-MO mit relativ hochsymmetrischer Ladungsdichteverteilung gebildet werden können, ist die Delokalisationsenergie von Benzol recht hoch (etwa 151 kJ/mol).

Alle bisher besprochenen Beispiele (CO_2, NO_3^-, Butadien, Benzol) zeigen, daß in vielen Fällen die Verwendung *delokalisierter MO* ein *Modell* des betreffenden Teilchens liefert, welches den experimentellen Daten besser entspricht (und damit *eine bessere Näherung an die Wirklichkeit darstellt)*, als es bei Verwendung ausschließlich lokalisierter MO der Fall wäre. Nur Moleküle, in denen die Atome ausschließlich durch einfache σ-Bindungen verbunden sind, wie z.B. H_2O, NH_3, CH_4, CH_3OH, H_2O_2 usw., können genausogut mit nur lokalisierten (meist Hybrid-) AO beschrieben werden. Besonders *anschaulich* und *rechnerisch relativ einfach zu bewältigen* ist die «Trennung» der lokalisierten σ- und der delokalisierten π-Elektronensysteme, wie sie für das NO_3^--Ion, das Butadien und das Benzol exemplifiziert wurde. Man muß sich aber bewußt bleiben, daß in solchen Fällen nur dann delokalisierte π-MO gebildet werden können, wenn die zu kombinierenden p_z-AO miteinander *in einer Ebene* liegen. Im Cyclooktatetraen (C_8H_8), dessen Molekül nicht eben gebaut ist, tritt deshalb keine Delokalisation ein, sondern es sind neben vier Einfachbindungen vier (lokalisierte) konjugierte Doppelbindungen vorhanden.

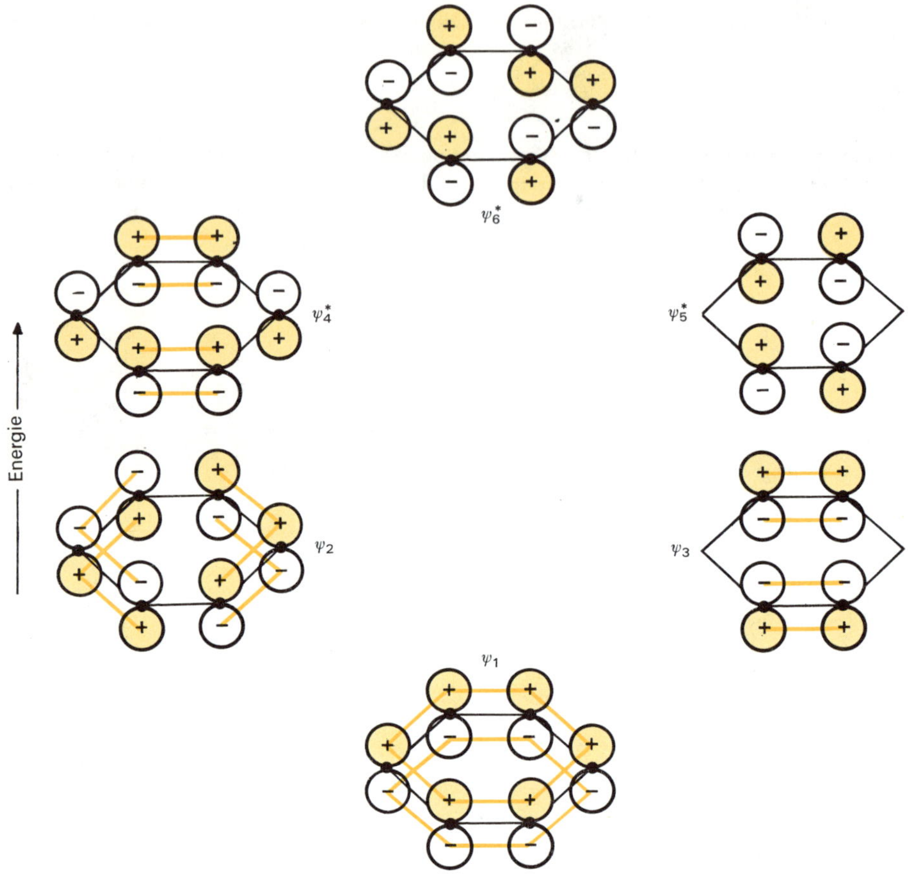

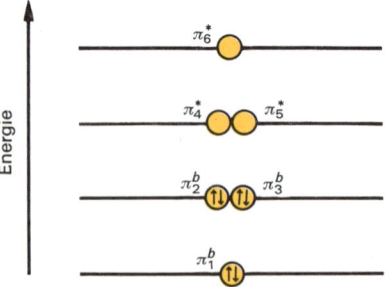

Abb. 3.39. Benzol: Schematische Darstellung der p-AO mit Andeutung der möglichen Kombinationen

Abb. 3.40. Energieniveauschema von Benzol (ohne σ-Elektronen!)

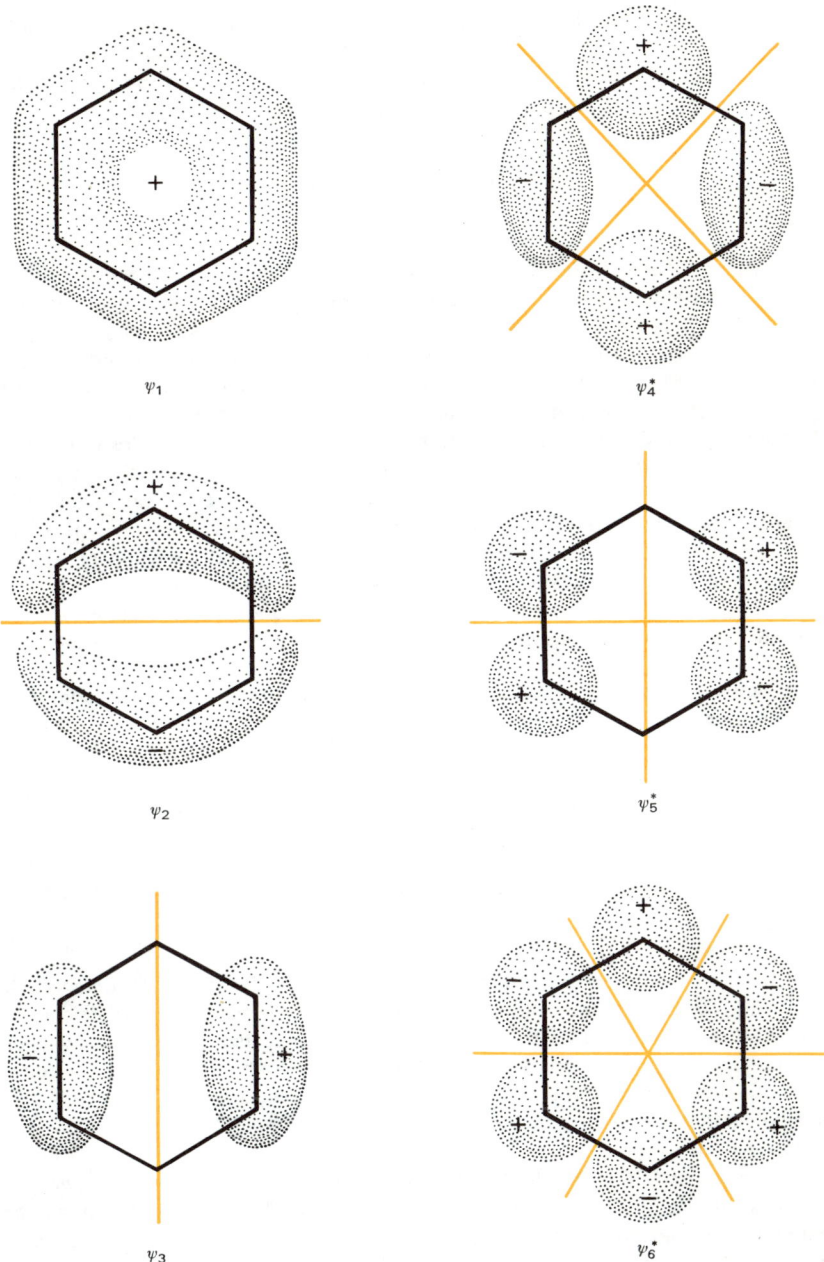

Abb. 3.41. Form der bindenden und antibindenden MO im Benzolmolekül

Partikeln mit delokalisierten Elektronensystemen können mit konventionellen *Lewis-Formeln nicht korrekt dargestellt* werden. Um trotzdem mit diesem sehr bequemen Hilfsmittel arbeiten zu können, faßt man die wirkliche Ladungsdichteverteilung als *Überlagerung mehrerer Lewis-Strukturen* auf. Das Benzol-Molekül z. B. wird dann als «**Zwischenzustand**» zwischen den als «**Grenz-**» oder «**Resonanzstrukturen**» bezeichneten Kekulé-Strukturen beschrieben:

Das Zeichen ↔ bedeutet dabei, daß der wirkliche Zustand des Moleküls (die wirkliche Ladungsdichteverteilung) zwischen den durch die Grenzstrukturen wiedergegebenen Elektronenverteilungen liegt. Es herrscht also nicht etwa ein dynamisches Gleichgewicht zwischen zweierlei Molekülarten, sondern es existiert nur eine *einzige*, mit einer Lewis-Formel eben *nicht* wiederzugebende Struktur (Molekülart). Die *Grenzstrukturen* entsprechen also *völlig fiktiven Molekülen* und stellen nichts anderes dar als *bequeme Schreibhilfen*.

Die Verwendung von Grenzstrukturen zur formelmäßigen Beschreibung delokalisierter Systeme geht letztlich auf das *VB-Näherungsverfahren* der Kovalenzbindung zurück, bei welchem die Ladungsdichteverteilung durch die Kombination der ψ-Funktionen von (ebenfalls fiktiven, jedoch mathematisch erfaßbaren) Grenzstrukturen dargestellt wird. Der wirkliche – zwischen den Grenzstrukturen liegende – Zustand wird oft als «**Resonanzhybrid**» oder – einem Vorschlag von Ingold folgend – als **mesomerer Zwischenzustand** bezeichnet. Die Erscheinung, daß die wirkliche Ladungsdichteverteilung durch Überlagerung mehrerer (Lewis-) Grenzstrukturen darstellbar ist, wird **Mesomerie** oder (hauptsächlich in der amerikanischen Literatur) **Resonanz** genannt.

Das CO_2-Molekül, das NO_3^--Ion und das Molekül von Butadien-(1,3) wären dann folgendermaßen zu formulieren:

$$^+|O{\equiv}C{-}\overline{O}|^- \quad \leftrightarrow \quad ^-|\overline{O}{-}C{\equiv}O|^+$$

$$\left[\begin{array}{ccc} \langle O{=}N \diagup^{\displaystyle O}_{\diagdown O} & \leftrightarrow & |\overline{O}{-}N \diagup^{\displaystyle \overline{O}|}_{\diagdown O} & \leftrightarrow & |\overline{O}{-}N \diagup^{\displaystyle O}_{\diagdown \overline{O}|} \end{array}\right]^-$$

$$CH_2{=}CH{-}CH{=}CH_2 \quad \leftrightarrow \quad ^-|CH_2{-}CH{=}CH{-}CH_2^+$$

$$\qquad a) \qquad\qquad\qquad\qquad b)$$

Während beim NO_3^--Ion die drei Grenzstrukturen völlig gleichwertig (und damit auch energetisch gleich) sind, wäre die Struktur *b* des Butadien-Moleküls energiereicher als die Struktur *a* (Ladungstrennung!). Der mesomere Zwischenzustand – d.h. die wirkliche Ladungsdichteverteilung – ist darum hier der Grenzstruktur *a* ähnlicher; diese hat somit mehr «Gewicht» als die energiereichere Struktur *b*. Auf diese Weise kommt in dieser Darstellung zum Ausdruck, daß die Ladungsdichte zwischen den C-Atomen 1 und 2 bzw. 3 und 4 höher ist als zwischen den Atomen 2 und 3.

Wir haben bereits erwähnt, daß die Delokalisation von Elektronen mit einer *Energiesenkung* verbunden ist, also zu größerer Stabilität führt. Werden delokalisierte Systeme durch Resonanzstrukturen beschrieben, so bedeutet dies, daß die *wirkliche Struktur stabiler* ist als *jede Grenzstruktur*. Da die (thermodynamische) Stabilität von Molekülen durch thermochemische Messungen (Messungen von Reaktionswärmen) wenigstens vergleichsweise bestimmt werden kann, läßt sich die **Mesomeriestabilisierung** (die Stabilisierung durch Delokalisation) oft da-

durch abschätzen, daß man beobachtete Reaktionswärmen mesomerer Systeme mit Reaktionswärmen hypothetischer Substanzen mit nicht delokalisierten Elektronen vergleicht, die aus
Bindungsenthalpien näherungsweise berechnet werden können. So läßt sich z. B. für das (hypothetische) Cyclohexatrien die Verbrennungswärme berechnen; der für das Benzol tatsächlich
gefundene Wert liegt rund 151 kJ/mol tiefer. Diese 151 kJ/mol stellen die durch die Mesomerie bedingte Stabilisierung (die *Delokalisations-* oder **Resonanzenergie**) dar.
Die Verwendung von *Lewis-Formeln* als *Grenzstrukturen* zur formalen Beschreibung delokalisierter Systeme ist einfach und anschaulich und entspricht in hohem Maß der Denkweise des
Chemikers; es ist dies deshalb ein für qualitative Zwecke allgemein übliches Verfahren. Man
muß sich aber dabei stets bewußt sein, daß die Auswahl der beteiligten Grenzstrukturen nicht
immer von einer gewissen Willkür frei ist und daß diese *keine reale Bedeutung* besitzen, sondern
bloß eine Möglichkeit zur Veranschaulichung eines delokalisierten Systems darstellen.
Formulierungen, wie man sie in der Literatur gelegentlich antrifft «das Molekül XY reagiert
aus der Grenzstruktur Z heraus» sind darum irreführend und zu vermeiden. Für quantitative
Zwecke (Berechnungen von Molekülparametern) wird heute wohl durchwegs die MO-Methode
verwendet. *Man spricht also die Sprache des VB-Modelles und verwendet zur qualitativen
Beschreibung Resonanzstrukturen, rechnet aber mit dem MO-Modell.*

Moleküle mit mehrzentrischen Bindungen. In allen bisher besprochenen Fällen delokalisierter Elektronensysteme genügt die Zahl der vorhandenen Elektronen, um auch mit klassischen
Formeln darstellbare Strukturen möglich zu machen (die ja in der Tat als Grenzstrukturen benutzt
werden können). Nun existiert aber eine Anzahl Verbindungen, für welche **keinerlei** klassische
(Lewis-) Strukturen formuliert werden können. Dazu gehören hauptsächlich die *Hydride* von
Bor, aber auch gewisse andere Verbindungen (Aluminiumalkyle). In allen solchen Verbindungen
liegen *MO* vor, die *mit nur zwei Elektronen besetzt,* aber trotzdem *über mehrere Atome ausgedehnt,* also polyzentrisch sind.
Das B_2H_6-Molekül beispielsweise enthält 2 B- und 4 H-Atome, welche in einer Ebene liegen.
Die beiden anderen H-Atome befinden sich oberhalb bzw. unterhalb dieser Ebene in der Mitte
des Abstandes B—B (Abb. 3.42). Die bogenförmigen B—H—B-Bindungen bilden MO, welche
die Protonen einschließen und gewissermaßen als mit einem Proton besetzte τ-Bindungen
aufgefaßt werden können. Jedes dieser MO ist mit 2 Elektronen besetzt. Auf diese Weise trägt
jedes B-Atom 2 seiner insgesamt 4 sp^3-Hybrid-Orbitale an die Bogenbindungen bei, während
die weiteren Hybrid-Orbitale die anderen H-Atome durch gewöhnliche σ-Bindungen binden.

Bindungslängen. Obschon in Molekülen die Atome ständig Schwingungen ausführen und
damit der Abstand zwischen den Atomen nicht ganz genau bestimmt ist, kann man einen mittleren Abstand zwischen den Atomkernen als «Länge» der Bindung bezeichnen. Zur Messung
von Bindungslängen dienen neben der *Röntgenstrukturanalyse* an kristallinen Festkörpern
hauptsächlich *spektroskopische Methoden* (IR- und Raman-Spektroskopie).

Abb. 3.42. B_2H_6-Molekül

Die *Bindungslängen hängen* zunächst vor allem von der *Größe* (den Radien) der gebundenen Atome *ab* (vgl. die Bindungslängen der H—F-, H—Cl-, H—Br- und H—I-Bindungen), dann aber auch von der *Polarität* der Bindung und von der «Bindungsordnung». Stark polare Bindungen sind gewöhnlich kürzer als weniger polare Bindungen, weil die zwischen den entgegengesetzt polarisierten Atomen wirkende elektrostatische Anziehung die beiden Atome näher zusammenrückt. Den Einfluß der *Bindungsordnung* (Einfachbindung, Doppel- oder Dreifachbindung; «1½-Bindungen» bei Systemen mit delokalisierten Elektronen) kann in qualitativer Weise bereits durch das Tetraedermodell (SCAO-Modell) erklärt werden: Doppel- und Dreifachbindungen sind kürzer als Einfachbindungen, während z.B. die Bindungen zwischen C-Atomen im Benzol zwar kürzer als C—C-Einfachbindungen, jedoch länger als C—C-Doppelbindungen sind (vgl. Tabelle 3.4). Ein Vergleich gleichartiger Bindungen (z.B. O—H- oder C—C-Bindungen) in verschiedenen Molekülen zeigt, daß die Bindungslängen in sehr guter Näherung konstant sind, also durch die jeweils vorhandenen, verschiedenen Nachbaratome nur in ganz geringem Maß beeinflußt werden.

Dissoziationsenergie und Bindungsenthalpie. Bei zweiatomigen Molekülen läßt sich die *Dissoziationsenergie*[1] – d.h. die zur vollständigen Trennung der Bindung in einzelne (gasförmige) Atome aufzuwendende Energie – relativ einfach bestimmen, entweder aus dem Schwingungsspektrum des betreffenden Moleküls oder durch Untersuchung der Temperaturabhängigkeit der Gleichgewichtskonstante des Dissoziationsgleichgewichtes AB $\rightleftarrows$ A + B. Bei mehratomigen Molekülen werden die Verhältnisse allerdings komplizierter, und die Bindungsenthalpien werden meist *indirekt* (durch thermochemische Messungen) bestimmt. Beispielsweise erhält man aus den Dissoziationsenergien (-enthalpien) des H_2- und des O_2-Moleküls

Tabelle 3.4. Bindungslängen von Kovalenzbindungen

Bindung	Bindungslänge (pm)	Bindung	Bindungslänge (pm)
F—F	144	H—H	74
Cl—Cl	199	O=O	120,7
Br—Br	228	N≡N	109,4
I—I	267	C—C	154
F—H	92	C=C	135
Cl—H	127	C≡C	120
Br—H	141	C≏C (Benzol)	139
I—H	161	C—Cl	176
O—H	96	C—H	107
N—H	100	C—O	143
C=O	122	C—N	147

---

[1] Spektroskopische Methoden liefern die Dissoziationsenergien; thermochemische Messungen, welche an chemischen Systemen *unter konstantem Druck* durchgeführt werden, ergeben jedoch *Dissoziationsenthalpien.* (Als «Reaktion**senthalpie**» bezeichnet man die unter konstantem Druck gemessenen Reaktionswärmen; siehe S. 276.) Der zahlenmäßige Unterschied zwischen den beiden Größen ist jedoch nur gering (im Fall von H_2 etwa 6 kJ/mol), so daß er für die weitere Diskussion nicht berücksichtigt zu werden braucht. Wir werden aber insbesondere dann aus Konsequenzgründen von Dissoziations- oder Bindungs*enthalpie* sprechen, wenn es sich um *thermochemisch gemessene* Größen handelt.

und der bei der Bildung von Wasser aus den Elementen freiwerdenden Wärme für die Reaktion $2 H + O \rightarrow H_2O$ die Wärmemenge *(Reaktionsenthalpie)* von 926 kJ/mol. Diese 926 kJ/mol bilden die Summe der Energien, welche man umgekehrt aufwenden muß, um nacheinander die beiden H-Atome aus dem H_2O-Molekül abzutrennen. Nun sind die zur Trennung der beiden O—H-Bindungen aufzuwendenden Energiebeträge (die Dissoziationsenergien der beiden Bindungen) nicht gleich groß (sie betragen für die erste O—H-Bindung 497 kJ/mol, für die zweite O—H-Bindung 429 kJ/mol), so daß man für praktische Zwecke (insbesondere thermochemische Berechnungen) das *Mittel,* also 926/2 = 463 kJ/mol der Bindungsenthalpie der O—H-Bindung gleichsetzt. In ähnlicher Weise verfährt man auch zur Bestimmung der Bindungsenthalpien in anderen mehratomigen Molekülen. Es ist deshalb zu unterscheiden zwischen der «**Dissoziationsenergie**» – welche sich auf die Trennung einer ganz bestimmten Bindung bezieht – und der «**Bindungsenthalpie**», welche eine (aus thermochemischen Messungen gewonnene) *Durchschnittsgröße* darstellt.

Tabelle 3.5. Bindungsenthalpien von Kovalenzbindungen (kJ/mol)

H—H	436	C—H	413	C—N	305
C—C	348	Si—H	318	C—O	358
Si—Si	176	N—H	391	C—F	489
F—F	159	P—H	322	C—Cl	339
Cl—Cl	242	As—H	245	C—Br	285
Br—Br	193	O—H	463	C—I	218
I—I	151	S—H	367	Si—F	586
S—S	255	Se—H	277	O—F	193
		Te—H	241	O—Cl	208
N≡N	945	F—H	567		
O=O	498	Cl—H	431	C=O	745
C=C	594	Br—H	366	C≡N	891
C≡C	778	I—H	298		

Die Bindungsenthalpien hängen hauptsächlich von drei Faktoren ab: von der *Länge* der Bindung (d. h. der *Kompaktheit der bindenden Wolken),* von ihrer *Polarität* und schließlich ebenfalls von der *Bindungsordnung.* Die Wirkungen von Bindungslänge und Polarität sind allerdings nicht immer klar zu unterscheiden, weil durch die Wirkung der Polarität der Kernabstand verkürzt wird. Die Enthalpien der H—Cl- und H—S- sowie der H—Br- und H—Se-Bindung (mit jeweils vergleichbarer Bindungslänge) machen jedoch den Einfluß der Polarität deutlich. Ein Vergleich der Enthalpien der H—H-, Cl—Cl-, Br—Br- und I—I-Bindungen zeigt den Einfluß der Bindungslänge; die auffallend kleine Bindungsenthalpie des F_2-Moleküls – die einen wesentlichen Grund für die große Reaktionsfähigkeit von Fluor darstellt – ist hauptsächlich auf die starke Abstoßung der beiden kleinen, hochgeladenen Atomrümpfe und auf die Wechselwirkungen des bindenden Elektronenpaares mit den freien Paaren zurückzuführen. Die geringere Kompaktheit der bindenden Wolken ist letzten Endes auch die Erklärung dafür, warum die Bindungsenthalpien von Doppelbindungen gewöhnlich nicht die doppelten Werte der entsprechenden Enthalpien von Einfachbindungen erreichen.

Auf den experimentell bestimmten *Bindungsenthalpien* beruht eine erstmals von Pauling verwendete Methode zur Abschätzung der *Elektronegativität* verschiedener Atome. Dabei wurde als Voraussetzung postuliert, daß die Bindungsenthalpie einer hypothetischen unpolaren Kovalenzbindung zwischen verschiedenartigen Atomen, etwa H—Cl, gleich dem arithmetischen Mittel der Bindungsenthalpien der ebenfalls unpolaren Bindungen H—H und Cl—Cl sei:

$$E_{H-Cl} = \frac{E_{H-H} + E_{Cl-Cl}}{2} = 339 \text{ kJ/mol}$$

Der für die H—Cl-Bindung gemessene Wert ist aber beträchtlich größer (431 kJ/mol); die wirkliche H—Cl-Bindung muß also – als Folge ihrer Polarität! – beträchtlich stabiler (energieärmer) sein als eine hypothetische unpolare H—Cl-Bindung. Da Pauling polare Atombindungen als Mesomerie (Resonanz) zwischen einer völlig unpolaren und einer ionischen Grenzstruktur darstellt (das HCl-Molekül also folgendermaßen formuliert: H—Cl ↔ H$^+$ Cl$^-$), bezeichnet er die Differenz zwischen wirklicher und auf die angegebene Weise abgeschätzter Bindungsenthalpie als «ionisch-kovalente Resonanzenergie»:

$$\Delta' = E_{H-Cl} - \frac{1}{2}(E_{H-H} + E_{Cl-Cl})$$

Da nun die EN die Tendenz eines Atoms, in einer Kovalenzbindung Elektronen anzuziehen, ausdrückt, muß Δ' ein Maß für die Differenz der Elektronegativitäten der beiden Atome darstellen: je größer Δ', um so größer wird diese Differenz Δ, denn um so polarer ist dann die Bindung. Die auf diese Weise bestimmten EN-Differenzen erweisen sich allerdings keineswegs als additive Größen (beispielsweise sollte $\Delta_{Si-F} - \Delta_{Si-Br} = \Delta_{F-Br}$ sein, was nicht zutrifft); Pauling verbesserte deshalb seine Methode, indem er statt des arithmetischen Mittels zur Abschätzung der Bindungsenthalpie der (hypothetischen) unpolaren Bindung das geometrische Mittel verwendete und zudem die Wurzel aus der «ionisch-kovalenten Resonanzenergie» als Maß für die EN-Differenz nahm. Indem dann willkürlich die EN des am stärksten elektronegativen Elements Fluor gleich 4,0 gesetzt wurde, gelangte man zu ziemlich gut additiv verwendbaren EN-Werten.

Die *Paulingsche EN-Skala* – die auch Metallatome einbezieht – darf allerdings *nicht kritiklos verwendet* werden. Die Hypothese des geometrischen Mittels scheint doch etwas sehr stark an den Haaren herbeigezogen, und auch das Postulat, daß die Wurzel aus der «ionisch-kovalenten Resonanzenergie » als Maß für die EN-Differenz gelten soll, leuchtet zunächst nur wenig ein. Immerhin stimmen die Werte von Pauling – abgesehen von einem konstanten Zahlenfaktor – mit den Werten von Mulliken (S. 72), die theoretisch besser begründet sind, recht gut überein. Die Betrachtung einer polaren Atombindung als mesomeres System zwischen zwei Grenzstrukturen ist hingegen nicht sehr glücklich; noch bedeutend weniger zweckmäßig ist die ebenfalls auf Pauling zurückgehende Formulierung von «so und soviel Prozent Ionencharakter» einer Atombindung und die Abschätzung dieses Prozentsatzes aus Dipolmomenten oder gar EN-Differenzen. Ionen sind selbständige Partikeln mit mehr oder weniger abgeschlossener Elektronenhülle, und es ist nicht nur recht wenig anschaulich, sondern hat auch immer wieder zu *Mißverständnissen* geführt, wenn man die Polarität einer Atombindung durch einen prozentualen Anteil an Ionencharakter ausdrücken will. Die Sprache des MO-Modelles, das dem AO des mehr elektronegativen Atoms mehr «Gewicht» beilegt (siehe S. 92), ist auf jeden Fall klarer und zweckmäßiger.

Kovalenzbindigkeit der Atome. Die *Anzahl Atombindungen,* welche ein bestimmtes Atom eingehen kann (seine *«Bindigkeit»*), wird in erster Linie durch die Zahl der einfach besetzten AO bestimmt. In manchen Fällen ist dabei vor der Bildung der Bindung eine Überführung in einen (energiereicheren) *«Valenzzustand»* notwendig, wobei dann durch Hybridisierung gleichwertige, zur Bindung befähigte Hybrid-Orbitale entstehen, welche stark überlappen können und damit starke Bindungen bilden.

Für Wasserstoff und die Elemente der zweiten Periode ergeben sich so die folgenden Bindungszahlen (in Klammern die bindenden, einfach besetzten AO):

$$\text{H } 1 \ (s)$$

$$\text{Li } 1 \ (s) \quad \text{Be } 2 \ (sp) \quad \text{B } 3 \ (sp^2) \quad \text{C } 4 \ (sp^3) \quad \text{N } 3 \ (p_x, p_y, p_z) \quad \text{O } 2 \ (p_y, p_z) \quad \text{F } 1 \ (p_z)$$

Beim Stickstoff ist eine Anregung zu einem «Valenzzustand» nicht möglich, da dann ein $2p$-Elektron in ein $3s$-Niveau promoviert werden müßte. Dabei würde die Hauptquantenzahl um 1 steigen, was einen viel zu großen Energieaufwand bedeuten würde. (Dies ist einer der Gründe, warum bei den Elementen der zweiten Periode die *Oktettregel streng* gilt!) Anders liegen die Verhältnisse bei den Elementen der dritten Periode. Da die dritte Schale auch d-Orbitale enthält, ist durch Anregung ein Übergang z.B. eines $3s$- in ein $3d$-Orbital möglich, so daß dann s-, p- und d-Orbitale hybridisiert werden können. Auf diese Art können die bei den erwähnten Elementen oft angetroffenen Bindungszahlen > 4 erklärt werden.

Beispiel: Elektronenkonfiguration von P: $K, L \, 3s^2 \, 3p^3$
                 nach «Anregung» (im Valenzzustand) $K, L \, 3s^1 \, 3p^3 \, 3d^1$ hybridisiert: 5 $sp^3 \, d$-Orbitale

Die zur Anregung notwendige Energie ist jedoch ziemlich groß: sie ist um so größer, je größer die wirksame (nicht durch Elektronen abgeschirmte) Kernladung ist. Die Tendenz, das *Oktett* zu *überschreiten*, nimmt deshalb vom P zum Cl ab. Eine Folge der bei den schwereren Edelgasen möglichen «Oktettaufweitung» ist die Bildung kovalenter Verbindungen durch Krypton und Xenon.

Gewisse Atome mit freien Elektronenpaaren (N, P, O) können nun auch noch dadurch Bindungen eingehen, daß sie einem Bindungspartner zwei Elektronen zur Verfügung stellen. So kommt es, daß N im NH_4^+-Ion (und ebenso in substituierten Ammonium-Ionen) vierbindig und O im H_3O^+-Ion (und ebenso in substituierten Oxonium-Ionen) dreibindig ist.

Die Bindungszahlen der *Übergangsmetalle* sind aus dem Periodensystem nicht ohne weiteres abzuleiten. Oft verwendet man zur Erklärung der beobachteten Bindungszahlen wiederum hybridisierte Orbitale, wobei hier besonders auch d-Niveaux innerer Schalen beteiligt sein können.

Ein in vielen Fällen recht nützlicher Begriff ist die sogenannte *formale Ladung*. Um die formale Ladung eines Atoms in einem Molekül (oder Komplex) zu bestimmen, wird jedes Bindungselektronenpaar halbiert und dann die Gesamtzahl der Elektronen des Atoms mit seiner Elektronenzahl im elektrisch neutralen, nichtgebundenen Zustand verglichen. Man erhält so z.B. für den vierbindigen Stickstoff die formale Ladung $+ 1$, für den dreibindigen Sauerstoff ebenfalls $+1$ und für den einbindigen Sauerstoff (z.B. im SO_4^{2-}-Ion) die formale Ladung -1. Die Bezeichnung «formale» Ladung rührt davon her, daß man sich eine Ladung, welche in Wirklichkeit über mehrere Atome ausgedehnt ist, auf ein bestimmtes Atom konzentriert denkt (was nur formal zutrifft). Zur Abschätzung der Stabilität verschiedener Grenzstrukturen mesomerer Moleküle oder Komplexe oder zur Diskussion von Reaktionsmechanismen kann die Kenntnis der formalen Ladung unter Umständen sehr wertvoll sein.

Abb. 3.43. Anordnung der Ionen im festen Kochsalz (große Kugeln = Chlorid-Ionen ; kleine Kugeln = Natrium-Ionen)

3.2 Die Ionenbindung

Bildung von Ionen. Verbinden sich die Atome zweier Elemente, die sich in ihrer Elektronegativität sehr stark unterscheiden, so wird das MO einem AO des stärker elektronegativen Atoms sehr ähnlich. Im Extremfall – z. B. bei der Reaktion eines Alkalimetalles mit einem Halogen – tritt ein *vollständiger Übergang* eines Elektrons ein, und es wird gar kein MO – d. h. kein gemeinsames Elektronenpaar – gebildet, sondern es entstehen positiv und negativ geladene **Ionen**:

$$A \cdot + \cdot \ddot{B} : \;\longrightarrow\; A^+ + : \ddot{B} :^-$$

Dabei entsteht zunächst ein **Ionenpaar,** welches auf weitere Ionen starke Anziehungskräfte ausübt, die räumlich allseitig wirken (also nicht gerichtet sind), so daß die positiven Ionen sich möglichst allseitig mit negativen Ionen umgeben, und umgekehrt. Die Ionenpaare bleiben deshalb nicht als Moleküle erhalten, sondern es kommt zur Bildung eines **Ionenkristalls** (Abb. 3.43).

Verbindungen, welche aus Ionen aufgebaut sind, besitzen im allgemeinen gewisse *typische Eigenschaften*: Es sind Festkörper von hohem Schmelzpunkt, die in Lösung oder als Schmelze den elektrischen Strom leiten; sie sind meist spröde und – wenn auch oft nur in sehr geringem Maß! – in polaren Lösungsmitteln löslich. Dies sind aber die Eigenschaften typischer *Salze,* so daß wir die beiden Begriffe einander gleichsetzen können:

Salze = Ionenverbindungen

Die *Salzeigenschaften* beruhen alle auf dem Vorhandensein von Ionen (Schwerflüchtigkeit als Folge der hohen Gitterkräfte; Leitfähigkeit durch bewegliche Ionen; Löslichkeit hauptsächlich dank der Solvation der elektrisch geladenen Gitterbausteine). Bei typischen Salzen wie den Alkalihalogeniden oder den Erdalkalioxiden beeinflussen sich die Elektronenhüllen der Ionen im Kristall nicht, und die *Ionen* können als *diskrete kugelförmige Partikeln* betrachtet werden.

Es existieren indessen auch alle Übergänge zwischen Ionenbindung und
(unpolarer) Kovalenzbindung (vgl. S.
92); die quantitative Behandlung
salzartiger Stoffe mittels des «Ionen-
modelles» liefert jedoch auch dann,
wenn die Bindung in den Kristallen
nicht rein ionisch ist, oft befriedigende
Ergebnisse.

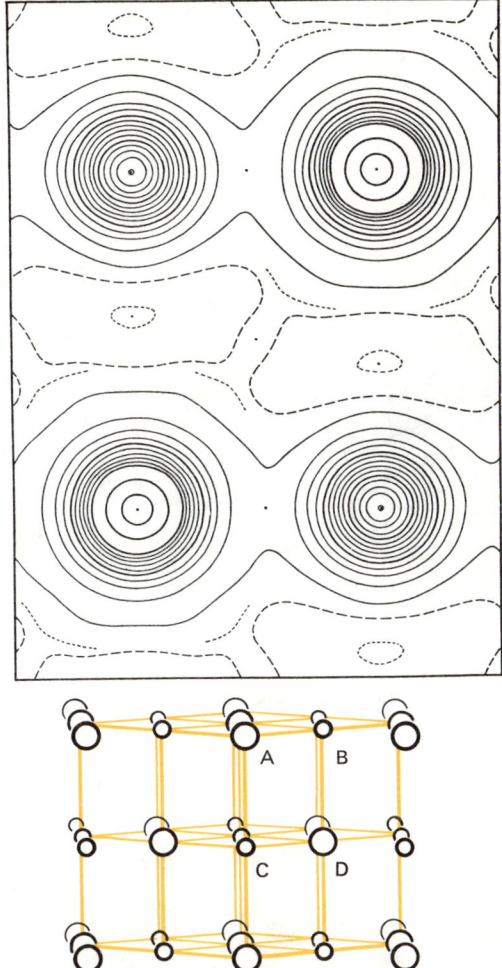

*Abb. 3.44. Elektronendichte im NaCl-
Kristall, darunter die NaCl-Struktur
in der entsprechenden Ansicht. Die
Kurven verbinden Stellen gleicher
Elektronendichte ; diese wird zwischen
den Ionen praktisch Null (besonders
deutlich zu sehen bei senkrecht über-
einanderstehenden Ionen ; wegen
der gewählten Projektionsrichtung
überlagern sich horizontal nebenein-
anderliegende Ionen etwas).
Nach Winkler*

Der *Beweis* dafür, daß feste Salze tatsächlich aus diskreten Ionen bestehen, kann durch
Fourier-Analyse von Röntgendiagrammen solcher Kristalle erbracht werden. Es zeigt sich dabei,
daß beispielsweise ein NaCl-Kristall aus Partikeln mit insgesamt 10 bzw 18 Elektronen aufge-
baut ist, d. h. aus Na^+- und Cl^--Ionen besteht. Darstellungen in der Art der Abb. 3.44, die durch
Auswertung solcher Fourier-Analysen gewonnen wurden, zeigen deutlich, wie zwischen den
Gitterbausteinen die Elektronendichte praktisch auf Null absinkt.

Die **Bildung eines festen Salzes** aus zwei Elementen ist ein recht komplizierter Vorgang. Zum
Zwecke besseren Verständnisses kann man ihn nach Haber und Born in eine Reihe von Teil-
schritten zerlegen, die zwar über den eigentlichen Reaktionsmechanismus nichts aussagen,
jedoch besonders das Verständnis der Energiebilanz ermöglichen. Vgl. das Schema der Abb.
3.45.

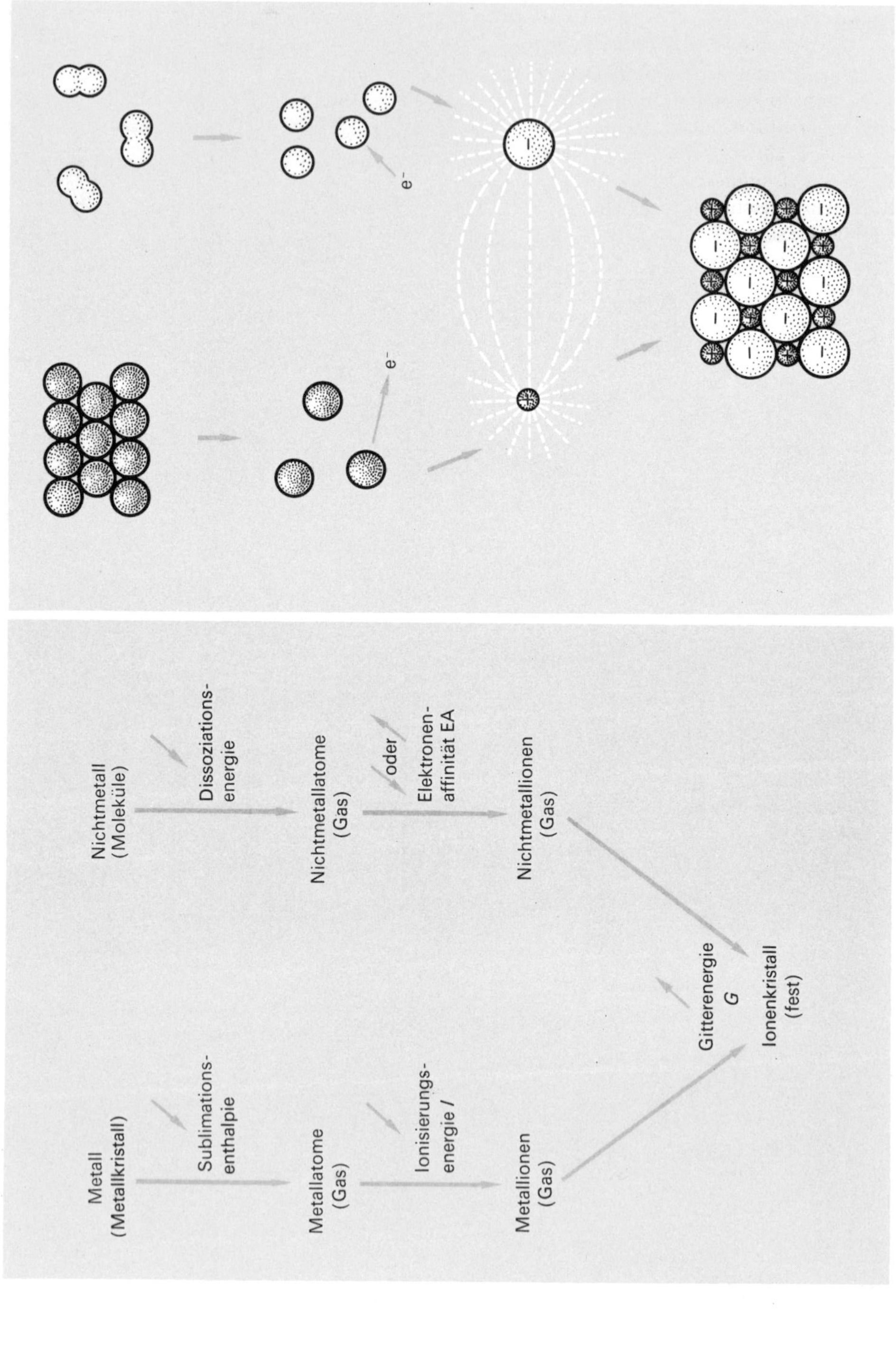

Abb. 3.45. Schematische Darstellung der Vorgänge bei der Bildung einer Ionenverbindung aus den Elementen

Bevor ein Metall und ein Nichtmetall überhaupt miteinander reagieren können, müssen aus den Elementen freie Atome entstehen. Sowohl die Überführung des Metalles in den Dampf- zustand wie die Trennung der Nichtmetallmoleküle benötigt je einen gewissen Energiebetrag *(Sublimations- bzw. Bindungsenthalpie).* Die Bildung positiver Ionen geschieht ebenfalls unter Energieaufwand *(Ionisierungsenergie);* bei der Bildung einfach negativ geladener Ionen (z. B. der Halogenid- oder Hydrid-Ionen) wird hingegen Energie frei *(Elektronenaffinität;* S. 71). Die Bildung mehrfach negativ geladener Ionen [z.B. des edelgasähnlichen (!) Oxid-Ions, O^{2-}] erfordert jedoch einen beträchtlichen Energieaufwand. Sämtliche positive sowie die mehrfach geladenen negativen Ionen sind also energiereicher und damit weniger stabil als die ent- sprechenden Atome. Für die Bildung freier Na^+- und Cl^--Ionen muß z. B. insgesamt eine Energie von 133 kJ/mol aufgewendet werden:

$$Na \longrightarrow Na^+ \quad + e^- \qquad \Delta H = + \ 495 \ kJ/mol \ [1]$$
$$e^- + Cl \longrightarrow Cl^- \qquad\qquad \Delta H = - \ 362 \ kJ/mol$$
$$\overline{Na + Cl \longrightarrow Na^+ \ (g) + Cl^- \ (g) \qquad \Delta H = + \ 133 \ kJ/mol}$$

Es ist also nicht richtig, von einer «Tendenz zur Erreichung des Oktetts» zu sprechen, wie dies oft geschieht.

Durch die Bildung zunächst von *Ionenpaaren* und schließlich von *Ionenkristallen* wird aber eine beträchtliche *Coulomb-Energie* frei. Diese **«Gitterenergie»** (im Fall von NaCl – 766 kJ/ mol) übertrifft die zur Bildung von Ionen aus den Atomen nötige Energie in einem ganz erhebli- chen Ausmaß. Sie ist also die Ursache für das Zustandekommen einer «Bindung» zwischen den Gitterbausteinen salzartiger Stoffe, im Gegensatz zur Kovalenzbindung, wo die dabei auf- tretende Energiesenkung der Überlagerung der atomaren Elektronenhüllen (Überlappung von AO; Überlappungsintegral, siehe S. 83) zuzuschreiben ist. Es ist die *Gitterenergie,* welche letzten Endes die Ursache für den stark exothermen Verlauf vieler Reaktionen von Metallen mit Nichtmetallen bildet, *nicht das Erreichen des Edelgaszustandes.*

Die *hohe Gitterenergie* des *Ionenkristalls* erklärt (neben anderen Effekten) auch die vor allem bei der Bildung einfacher Salze häufig befolgte *Oktettregel,* also die Bevorzugung der Bildung edelgasähnlicher Ionen. An sich wären nämlich feste Verbindungen, wie z.B. Ca^+F^-, gegenüber den Atomen durchaus stabil, aber die Gitterenergie von CaF_2 ist wegen der doppelten Ladung des Ca^{2+}-Ions so viel höher, daß bei der Reaktion von Calcium mit Fluor nicht CaF, sondern CaF_2 entsteht. (Zur Bildung eines Ca^{3+}-Ions [«CaF_3»] müßte hingegen eine viel zu große Ionisierungsenergie aufgewendet werden!)

Tabelle 3.6. Gitterenergien einiger Salze (kJ/mol)

LiF	− 1019	LiCl	− 838	MgO	− 3 929	CaF_2	− 2611
LiCl	− 838	NaCl	− 766	CaO	− 3 477	$CaCl_2$	− 2146
LiBr	− 798	KCl	− 703	BaO	− 3 042	$CaBr_2$	− 2025
LiI	− 742	RbCl	− 665	Al_2O_3	− 15 100	CaI_2	− 1920
		CsCl	− 623				
				MgS	− 3 347		
				CaS	− 3 084		
				BaS	− 2 707		

---

[1] Entsprechend der in der physikalischen Chemie üblichen Konvention werden freiwerdende Energiemengen mit negativem Vorzeichen versehen.

Gitterenergie. Nähern sich zwei entgegengesetzte Ladungen e bis zum Abstand r, so sinkt ihre potentielle Energie um den Betrag e_π^2/r ($e_\pi = e/\sqrt{4\pi\,\varepsilon_0}$). Mit wachsender Annäherung der beiden Ionen steigt jedoch die gegenseitige Abstoßung der Elektronenhüllen sehr stark; die effektive potentielle Energie eines Ionenpaares wird also durch die Summe von Anziehung und Abstoßung gegeben und zeigt bei einem bestimmten Abstand r_0 ein Minimum (Abb. 3.46). Aus dem Verlauf der Energiekurve in Abb. 3.46 wird deutlich, daß die potentielle Energie des *Ionenpaares* im Gleichgewichtsabstand r_0 in recht guter Näherung durch den Term e_π^2/r_0 allein wiedergegeben wird. Dieser beträgt z. B. für ein Ionenpaar Na^+Cl^- mit dem Kernabstand 238 pm -584 kJ/mol (nach den Gesetzen der Elektrostatik verhält sich eine kugelförmige Ladung wie eine sich im Kugelmittelpunkt befindliche Punktladung). Durch Addition dieser Energie zur Energie, welche aufzuwenden ist, um freie, gasförmige Na^+- und Cl^--Ionen aus den Atomen zu erhalten (133 kJ/mol), bekommt man die bei der Bildung eines solchen Ionenpaares insgesamt freiwerdende Energie: -451 kJ/mol. Das *Ionenpaar* ist also um 451 kJ/mol *stabiler als ein Na- und ein Cl-Atom zusammengenommen;* verglichen mit den einzelnen, gasförmigen Na^+- und Cl^--Ionen ist es sogar um -584 kJ/mol stabiler. Beim *Verdampfen* eines Salzes bilden sich deshalb keine einzelnen freien Ionen, sondern stets *Ionenpaare* oder noch *höhere Assoziate;* in gewissen Fällen (z. B. in einer Leuchtgasflamme) sind allerdings auch freie Atome vorhanden.

Zur exakten *Berechnung der Gitterenergie* eines dreidimensionalen Ionenkristalls müssen die *Coulomb-Energie* und die *Abstoßungsenergie* der Elektronenhüllen bekannt sein. Wir berechnen die beiden Größen zunächst für ein einzelnes Ion.

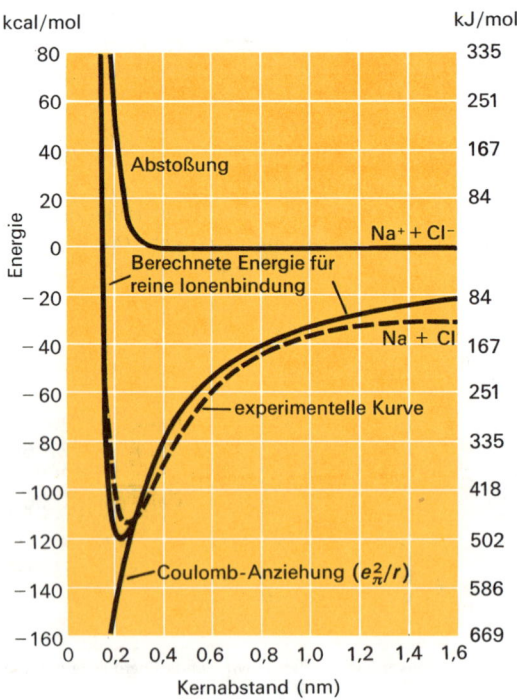

Abb. 3.46. Berechnete und experimentell gefundene potentielle Energie eines Ionenpaares als Funktion des Kernabstandes

Ein Ion in einem Ionenkristall steht unter dem Einfluß aller übrigen Ionen. Zu seiner potentiellen Energie tragen also die Wechselwirkungen mit sämtlichen anderen Ionen bei. In der NaCl-Struktur beispielsweise (Abb. 3.43) ist nun ein Na$^+$-Ion von 6 Cl$^-$-Ionen im Abstand r umgeben; es folgen dann (in der Reihenfolge wachsenden Abstandes) 12 Na$^+$-Ionen im Abstand $r\sqrt{2}$, 8 Cl$^-$-Ionen im Abstand $r\sqrt{3}$, 6 Na$^+$-Ionen im Abstand $2r$, 24 Cl$^-$-Ionen im Abstand $r\sqrt{5}$ usw. Die potentielle Energie eines einzelnen Ions setzt sich aus den Beiträgen aller anderen Ionen zusammen, wobei der Beitrag der Na$^+$-Ionen ein positives Vorzeichen erhält (Abstoßung!). Die Coulomb-Energie wird also durch eine Summe wiedergegeben:

$$U = -\frac{6\,e_\pi{}^2}{r} + \frac{12\,e_\pi{}^2}{r\sqrt{2}} - \frac{8\,e_\pi{}^2}{r\sqrt{3}} + \frac{6\,e_\pi{}^2}{2r} - \frac{24\,e_\pi{}^2}{r\sqrt{5}} + \cdots$$

$$= -\frac{e_\pi{}^2}{r}\left(6 - \frac{12}{\sqrt{2}} + \frac{8}{\sqrt{3}} - \frac{6}{2} + \frac{24}{\sqrt{5}} - \cdots\right)$$

Der in der Klammer stehende Ausdruck ist die Summe einer unendlichen Reihe und konvergiert gegen den Wert 1,748. Diese Zahl, die sogenannte *Madelung-Konstante,* hängt nur von der Geometrie der Kristallstruktur ab; sie ist also für alle Substanzen, welche in der gleichen Kristallstruktur kristallisieren, gleich groß.

Man kann nun die Coulomb-Energie eines Ions im Kristall durch den Ausdruck

$$U = -M \cdot \frac{e_\pi{}^2}{r} \cdot (Z_+ \cdot Z_-)$$

wiedergeben. Z_+ und Z_- bedeuten die Ladungen der beiden Ionen; M ist die betreffende Madelung-Konstante.

Die *Abstoßungsenergie* ist weniger leicht zu berechnen. Nach einem Ansatz von Born verwendet man für sie meist eine Funktion B/r^n; dabei bedeutet B ein Maß für die Abstoßungskräfte und n einen aus der Kompressibilität des Ionenkristalles berechenbaren Faktor, der durch die Elektronendichte der betreffenden Ionen bestimmt wird. Die Abstoßung zweier Ionen ist also umgekehrt proportional r^n. n beträgt für Kationen und Anionen mit Neon-Konfiguration etwa 7, für Ionen mit Argon-Konfiguration rund 9 und schließlich für Ionen mit Krypton- oder Xenon-Konfiguration 10 bis 12. Die Veränderlichkeit von n entsprechend der Elektronendichte bringt die Tatsache zum Ausdruck, daß sich Ionen mit kleinerer Gesamtelektronenzahl stärker nähern können als größere Ionen.

Bei der Berechnung der Abstoßungsenergie darf man ohne großen Fehler annehmen, daß die Abstoßungskräfte nur zwischen den nächsten Nachbarn im Kristall wirksam sind (außer wenn, wie z. B. im Gitter von LiBr oder LiI, die Anion-Anion-Abstoßung besonders groß ist). Für die Energie eines Ions im NaCl-Kristall erhält man dann den Ausdruck:

$$U_t = -M\frac{e_\pi{}^2}{r} + 6\,\frac{B}{r^n} \tag{3.3}$$

Um den noch unbekannten Abstoßungsfaktor zu eliminieren, setzt man $\frac{dU_t}{dr}$ gleich Null, denn im Gleichgewichtsabstand r_0 muß die Gesamtenergie minimal sein, so daß sich anziehende und abstoßende Kräfte gerade kompensieren:

$$\frac{dU_t}{dr} = \frac{M\,e_\pi^{\,2}}{r^2} - 6\,\frac{n\,B}{r^{n+1}} = 0$$

Daraus ergibt sich für B (wenn r_0 den Gleichgewichtsabstand bedeutet):

$$B = \frac{M\,e_\pi^{\,2}}{6\,n} \cdot r_0^{\,n-1}$$

Indem man diesen Ausdruck in die Gleichung (3.3) einsetzt, ergibt sich für die Energie eines einzelnen Ions im Kristall

$$U_t = -\,\frac{M\,e_\pi^{\,2}}{r_0} + \frac{6\,M}{6\,n} \cdot \frac{e_\pi^{\,2}}{r_0} = -\,M\,\frac{e_\pi^{\,2}}{r_0} \cdot \left(1 - \frac{1}{n}\right). \tag{3.4}$$

Um die *Gitterenergie* zu erhalten, muß man U_t mit der halben Anzahl der vorhandenen Ionen multiplizieren (würde man die Gesamtzahl der Ionen zur Multiplikation verwenden, so würde die Wechselwirkung zwischen zwei Ionen X und Y zweimal gezählt!). Pro Mol irgendeines Salzes der Formel AB erhalten wir damit (Z_+ und Z_- sind die Ladungen der Ionen):

$$U_G = -\,N\,\frac{M\,e_\pi^{\,2}}{r_0}\,(Z_+\,Z_-)\,\left(1 - \frac{1}{n}\right). \tag{3.5}$$

Weil n gewöhnlich einen Wert um 10 besitzt, ist die *Gitterenergie* um rund *10% kleiner* als die *Energie der Anziehung* allein.

Nun läßt sich die Gitterenergie allerdings nur in relativ wenigen Fällen direkt messen; sie läßt sich aber durch den *Born-Haberschen Kreisprozeß* in Beziehung zu experimentell bestimmbaren thermochemischen Größen setzen und damit *indirekt ermitteln*. So gilt beispielsweise für Natriumchlorid:

Daraus ergibt sich:

$$W = U_G - I - E_s - \tfrac{1}{2}B + \text{EA} \tag{3.6}$$

In dieser Gleichung sind mit Ausnahme von U_G alle Werte einer direkten Messung zugänglich, und der auf diese Weise berechnete Wert von U_G kann mit dem gemäß Formel (3.5) bestimmten Wert verglichen werden (Tabelle 3.7).

Tabelle 3.7. Vergleich von nach Gleichung (3.5) berechneten
mit nach Haber-Born gemessenen Gitterenergien (in kJ/mol)

Salz	Gitterenergie berechnet	experimentell
LiF	−1000	−1019
LiCl	− 804	− 838
LiBr	− 761	− 798
Li I	− 709	− 742
NaF	− 895	− 908
NaCl	− 750	− 766
NaBr	− 713	− 737
Na I	− 668	− 688
KF	− 792	− 807
KCl	− 683	− 703
K Br	− 655	− 674
K I	− 618	− 632
CuCl	− 904	− 950
CuBr	− 870	− 929
Cu I	− 833	− 933

Die Übereinstimmung ist − wenigstens im Falle der Alkalihalogenide − recht gut. Für andere Verbindungen, wie z. B. die Kupfer (I)-halogenide, stimmen jedoch die berechneten und die mittels des Born-Haberschen Kreisprozesses bestimmten Werte weniger gut überein, und zwar sind die experimentell bestimmten Werte stets höher als die berechneten. Der Grund dafür liegt darin, daß bei solchen Verbindungen das *Ionenmodell,* welches starre, kugelförmige Ionen postuliert, die sich gegenseitig nicht beeinflussen, nur noch *näherungsweise* zutrifft. Die relativ voluminösen negativen Ionen können nämlich durch die Wirkung kleiner positiver Ionen stark polarisiert werden *(«Ionendeformation»* [Fajans]), so daß sich im Extremfall die Elektronenhüllen der beiden Ionen etwas überlappen und keine reine Ionenbindung mehr vorliegt. CuCl, CuBr und CuI kristallisieren auch (ebenso wie AgI) in der ZnS-Struktur mit tetraedrischer Koordination (das auch bei rein kovalenten Festkörpern, wie z. B. beim Diamanten, auftritt) und nicht in der nach den Radienverhältnissen der beiden Ionenarten zu erwartenden NaCl-Struktur (siehe S. 214).

Die *Gitterenergie* stabilisiert den Ionenkristall und ermöglicht die stark exotherme Bildung von Salzen aus ihren Elementen. Sie ist um so *größer,* je *kleiner* und je *höher geladen* die *Ionen* des Kristalls sind. Man könnte nun meinen, daß bei der Bildung von Ionenverbindungen jedes Atom eine höchstmögliche Ladung zu erreichen sucht. Da die Ionisierungsenergie jedoch sehr stark zunimmt, wenn Elektronen der zweitäußersten Schale vom Atom entfernt werden und die Elektronenaffinität für die Bildung mehrfach negativ geladener Ionen sehr stark positiv ist, wird die maximale positive Ladung eines Ions durch die Zahl der Valenzelektronen des Atoms begrenzt, während die maximale Ladung negativer Ionen durch die Anzahl unbesetzter oder einfach besetzter AO des Atoms bestimmt wird. Die Metalle der *1. und 2. Hauptgruppe* sowie der Nebengruppe 3 a bilden deshalb *nur edelgasähnliche Ionen,* während die *Halogene* nur Ionen der Ladung −1, die *Chalkogene* nur Ionen der Ladung −2 bilden. Die *Übergangselemente* der Nebengruppe 4 a bilden ebenfalls meist Ionen mit Edelgaskonfiguration; bei den Elementen Gallium, Indium, Thallium und Germanium, Zinn, Blei treten neben Ionen mit abgeschlossenen und aufgefüllten d-Zuständen auch Ionen auf, welche noch zwei s-Elektronen in der äußersten Schale besitzen (z.B. Tl^+, Sn^{2+} usw.; siehe S. 74).

Da die *Gitterenergie* ein Ausdruck für die *Stärke der Bindung* zwischen den Ionen im Kristall ist, läßt sich eine Reihe *physikalischer Eigenschaften* von Salzen auf ihre unterschiedlichen Gitterenergien zurückführen. Bei gleicher Kristallstruktur (d. h. gleicher Madelung-Konstante) und gleicher Ionenladung nehmen deshalb mit zunehmendem Abstand der Ladungsschwerpunkte (d. h. mit wachsenden Ionenradien)

— die Höhe des Schmelz- und des Siedepunktes ab,
— die thermische Ausdehnung und die Kompressibilität zu,
— die Härte ab.

Umgekehrt nehmen die erwähnten Eigenschaften bei gleicher Kristallstruktur und ungefähr gleichem Abstand der Ladungsschwerpunkte mit zunehmender Ionenladung zu; vgl. Tabelle 3.8 (z. B. die Paare NaF – CaO oder NaCl – BaO.)

Tabelle 3. 8. Zusammenhang zwischen Gitterenergie und Siedepunkt, Schmelzpunkt, kubischer thermischer Ausdehnung, kubischer Kompressibilität und Ritzhärte

Kristall	Gitter-energie	Siede-punkt	Schmelz-punkt	Thermi-scher Aus-dehnungs-koeffizient	Kompressi-bilitäts-koeffizient	Ritz-härte (Mohs)	Bri-nell-härte	Par-tikel-ab-stand
	kJ/mol	°C	°C	$\alpha \cdot 10^6$	$k \cdot 10^6 \, cm^2/kg$		kg/mm²	pm
NaF	− 908	1695	992	108	2,11	3,2	−	231
NaCl	− 766	1441	800	120	4,26	2,5	12,4	276
NaBr	− 737	1393	747	129	5,07	v	9,2	290
NaI	− 688	1300	662	145	7,07	v	8,4	311
KF	− 807	1505	857	110	3,30	v	−	269
KCl	− 703	1417	770	115	5,62	2,2	5,8	314
KBr	− 674	1381	742	120	6,70	v	5,4	328
KI	− 632	1331	682	135	8,53	v	3,2	351
MgO	− 3929	∼ 2800	2642	40	0,60	6	−	205
CaO	− 3477	2850	∼ 2570	63	−	4,5	−	237
SrO	− 3205	−	2430	−	−	3,5	−	253
BaO	− 3042	∼ 2000	1925	−	−	3,3	−	275
MgS	− 3347	−	−	−	−	4,5–5	−	249
CaS	− 3084	−	−	51	2,32	4,0	−	281
SrS	− 2870	−	−	−	2,43	3,3	−	297
BaS	− 2707	−	−	102	2,95	3	−	319

v = kleiner als vorangegangene Zahl
Thermischer Ausdehnungskoeffizient im Bereich 30 bis 75 °C

Salze mit Komplex-Ionen. In vielen Salzen treten *Ionen* auf, die *aus mehreren Atomen* zusammengesetzt sind und die als **Komplex-Ionen** bezeichnet werden. So sind etwa im Calciumsulfat ($CaSO_4$) vier O-Atome mit einem S-Atom zu einem SO_4^{2-}-Ion verbunden, das sowohl im Kristall (Abb. 3.47) wie auch in der Lösung als Atomverband bestehen bleibt. Ebenso enthält ein Kristall von Calcit ($CaCO_3$, Abb. 3.48) diskrete CO_3^{2-}-Ionen als Gitterbausteine. Im Perowskit ($CaTiO_3$) – der dem Calcit formelmäßig völlig analog ist – sind jedoch keine TiO_3^{2-}-Komplexe vorhanden; die Gitterbausteine Ca^{2+}- Ti^{4+}- und O^{2-}-Ionen sind vielmehr untereinander nicht näher verbunden (Abb. 3.49).

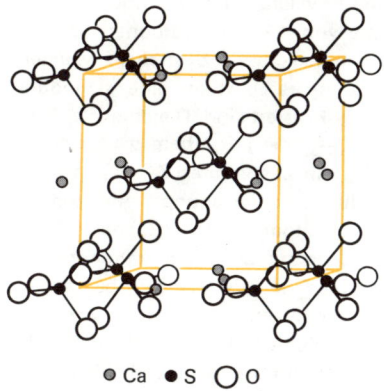

● Ca   ● S   ◯ O

Abb. 3.47. Struktur von $CaSO_4$ (Anhydrit)

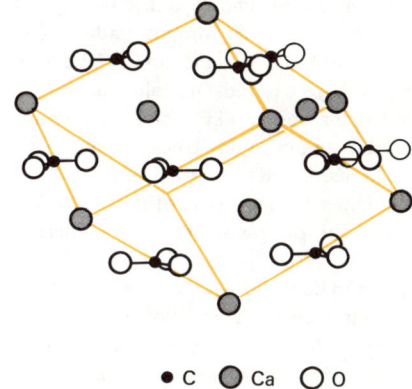

● C   ● Ca   ◯ O

Abb. 3.48. Struktur von $CaCO_3$ (Calcit)

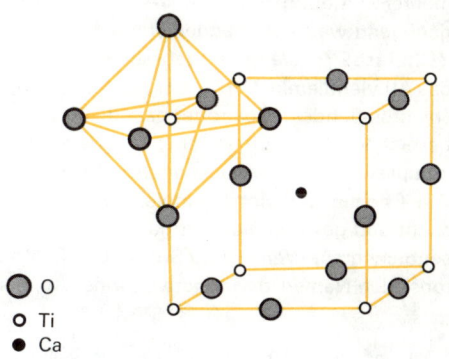

◗ O
○ Ti
● Ca

Abb. 3.49. Struktur von $CaTiO_3$ (Perowskit)

Die Bindung zwischen dem *«Zentralatom»* und den «**Liganden**» (den an dieses gebundenen Teilchen) geschieht meist durch Überlagerung von Elektronenwolken von Liganden und Zentralatom (Kovalenzbindung). Typische Beispiele dafür liefern die «Oxokomplexe» von Nichtmetallen, wie z.B. das SO_4^{2-}- (Sulfat-) oder das CO_3^{2-}- (Carbonat-) Ion:

$$\left[\begin{array}{c} O \\ | \\ O-S-O \\ | \\ O \end{array} \right]^{2-} \qquad\qquad \left[O\!=\!\!=\!C \diagup\!\!\!\!\!\diagdown \begin{array}{c} O \\ O \end{array} \right]^{2-}$$

Die vier bindenden AO des S-Atoms im SO_4^{2-}-Ion können als sp^3-Hybrid-Orbitale betrachtet werden, die zusammen mit je einem AO der O-Atome eine Kovalenzbindung eingehen[1]. Das S-Atom erhält eine formale Ladung von $+2$, die O-Atome von -1. Das Carbonat-Ion ist — genau wie das bereits auf S.112 dargestellte NO_3^--Ion — ein mesomeres System, in welchem die drei sp^2-Hybrid-Orbitale des C-Atoms mit je einem AO eines O-Atoms eine σ-Bindung bilden, während drei Elektronenpaare über alle vier Atome delokalisiert sind. Die delokalisierten MO entstehen durch Überlappung von 3 p-Orbitalen der O-Atome mit einem p-Orbital des C-Atoms. Die **Koordinationszahl** (d.h. die Anzahl der an ein bestimmtes Zentralatom gebundenen Liganden) wird durch die Zahl der für eine Bindung zur Verfügung stehenden AO und durch die räumlichen Verhältnisse (die Größe des Zentralatoms und der Liganden) beeinflußt. So zeigt das N-Atom im NO_3^--Ion gegenüber Sauerstoff die Koordinationszahl 3 während das (größere) P-Atom im entsprechenden Oxokomplex die Zahl 4 (PO_4^{3-}) besitzt.

In sehr vielen Fällen (besonders bei der Bildung von Komplexen durch Metallionen als Zentral-«Atome») entsteht die Kovalenzbindung formal dadurch, daß der Ligand beide für die Bindung benötigten Elektronen zur Verfügung stellt und dadurch (im Grundzustand unbesetzte) AO des Metallions auffüllt. Man hat früher diese Bindungsart als *«semipolare»* oder *«koordinative Bindung»* von der «gewöhnlichen» Kovalenzbindung unterschieden; da sich jedoch eine auf diese Weise zustande gekommene Bindung nicht anders verhält als eine normale Kovalenzbindung, ist eine solche Unterscheidung *nicht gerechtfertigt*. Die Bindungsverhältnisse in den zahlreichen Komplexen der Übergangsmetalle werden später (Kapitel 21) eingehend behandelt (Kristallfeld- und Ligandenfeld-Theorie).

Manche Liganden, die mehr als ein freies Elektronenpaar besitzen, können gleichzeitig auch mehrere Bindungen mit einem bestimmten Zentralatom eingehen, wenn diese Elektronenpaare genügend weit auseinanderliegen. Auf diese Weise entstehen *«mehrzähnige Komplexe»* oder «**Chelate**» *(chele* gr. = Krebsschere). Ein einfaches Beispiel eines zweizähnigen Liganden ist das Äthylendiamin ($NH_2-CH_2-CH_2-NH_2$), welches an den beiden N-Atomen je ein freies (nichtbindendes) Elektronenpaar besitzt. Chelatkomplexe (früher auch als *«innere» Komplexe* bezeichnet) sind oft durch *besondere Stabilität* ausgezeichnet; manche Salze mit Chelatkomplexen sind auch besonders schwerlöslich.

Die Chemie der Metallkomplexe wurde zuerst von Jørgensen und Werner eingehend untersucht und geklärt. Die heutige **Bezeichnungsweise** der Komplexverbindungen geht im wesentlichen auf Werner und Stock zurück. Man fügt dabei dem Namen des positiven Ions (Kations) den Namen des negativen Ions (Anions) an, wobei letzteres die Endung -at erhält[2].

---

[1] Die Länge der S—O-Bindung im Sulfat-Ion ist allerdings etwas kürzer als die Bindungslängen gewöhnlicher S—O-Einfachbindungen. Offenbar kommt den Bindungen im SO_4^{2-}-Ion in einem gewissen Ausmaß Doppelbindungscharakter zu, wobei auch d-Orbitale des S-Atoms an der Bindung beteiligt sind.

[2] Gewisse Oxokomplexe besitzen üblicherweise die Endung -it!

Zur Nennung der Bestandteile des Komplex-Ions gibt man zuerst die Zahl, dann die Art der Liganden und schließlich das Zentralatom an. Tabelle 3.9 bringt die Namen einiger häufiger Liganden. Die römischen Zahlen im Namen geben die Oxidationszahl des Zentralatoms an.

Beispiele:

$[Ag(NH_3)_2]^+$	Diamminsilber-Ion
$[Cu(NH_3)_4]SO_4$	Tetramminkupfer(II)-sulfat
$Na_2[Zn(OH)_4]$	Natriumtetrahydroxozinkat
$K_4[Fe(CN)_6]$	Kaliumhexacyanoferrat(II)

Aus historischen Gründen werden viele Sauerstoffkomplexe gewöhnlich nicht als «Oxokomplexe» bezeichnet, sondern führen Trivialnamen:

$[CO_3]^{2-}$	Carbonat-Ion	$[ClO_4]^-$	Perchlorat-Ion
$[NO_3]^-$	Nitrat-Ion	$[ClO_3]^-$	Chlorat-Ion
$[NO_2]^-$	Nitrit-Ion	$[MnO_4]^-$	Permanganat-Ion
$[PO_4]^{3-}$	Phosphat-Ion	$[CrO_4]^{2-}$	Chromat-Ion
$[SO_4]^{2-}$	Sulfat-Ion	$[Cr_2O_7]^{2-}$	Dichromat-Ion
$[SO_3]^{2-}$	Sulfit-Ion	$[OH]^-$	Hydroxid-Ion

Tabelle 3.9. Häufig vorkommende Liganden

F^-	Fluoro-	O^{2-}	Oxo-
Cl^-	Chloro-	S^{2-}	Thio-
CN^-	Cyano-		
SCN^-	Thiocyanato-(Rhodano-)	H_2O	Aquo-
OH^-	Hydroxo-	NH_3	Ammin-

3.3 Die metallische Bindung

Metallische Stoffe sind – ebenso wie die Salze – durch eine Reihe *gemeinsamer Eigenschaften* gekennzeichnet: hohe elektrische und thermische Leitfähigkeit auch im festen Zustand, plastische Verformbarkeit und Metallglanz. Etwa ¾ aller Elemente, also der weitaus überwiegende Teil, gehört zu den Metallen.

Ionenkristall und Elektronengas. Die Atome der metallischen Elemente besitzen wenig *Valenzelektronen* und daher noch unbesetzte AO. Ihre Ionisierungsenergien sind stets klein (< 10 eV); die Anziehung der Valenzelektronen durch den Rumpf ist also nur gering. Die *hohe elektrische Leitfähigkeit* läßt auf das *Vorhandensein freier Elektronen* schließen. Zur Erklärung der Metalleigenschaften wurde bereits zu Anfang dieses Jahrhunderts ein Modell entwickelt, nach welchem ein Metallkristall aus positiven Ionen besteht, während die Valenzelektronen darin nach der Art von Gaspartikeln frei beweglich sind (*«Elektronengas»*, Drude und Lorentz). Da in einem solchen Kristall nur einerlei Gitterbausteine vorhanden sind (und nicht positiv und negativ geladene Ionen, wie in Salzen) sind relativ hochsymmetrische Kristallstrukturen möglich (kubische und hexagonal dichteste Kugelpackung, kubisch innenzentrierte Struktur; siehe Abb. 5.19 und 5.30, S. 208 und 223), und bei der Verformung können dichtest gepackte Kugelschichten übereinandergleiten, ohne daß der Zusammenhalt verlorengeht (wie es der Fall wäre, wenn gleichartig geladene Ionen übereinanderzuliegen kämen), so daß eine plastische Verformung möglich ist. Die eigentliche *metallische Bindung* ist nach diesem Modell eine Folge der *starken Delokalisation der Valenzelektronen*, die sich hier nicht wie bei mesomeren Systemen (S. 120) im Feld mehrerer Atomrümpfe bewegen, sondern innerhalb des ganzen Kristalls frei beweglich sind. Ein solches *Elektronengas* steht jedoch dadurch im *Gegensatz* zu einem *«klassischen»* Gas, daß seine kinetische Energie viel größer ist als $^3/_2\ RT$, die kinetische Energie eines klassischen Gases. Dies ist eine Folge des Pauli-Prinzips, nach welchem auch im Metallgitter jeder Energiezustand mit höchstens zwei Elektronen besetzt sein kann. Die klassische Maxwell-Boltzmannsche Theorie kennt hingegen keinerlei Beschränkung der Zahl der Gaspartikeln, welche sich in einem bestimmten Energiezustand befinden. Die Elektronen des Metallgitters nehmen daher bei Temperaturerhöhung keine Energie auf und liefern keinen Beitrag zur Atomwärme des Metalls.

Energiebändermodell der Metalle. Ähnlich wie die Kovalenzbindung kann man auch die metallische Bindung von zwei verschiedenen Ansätzen aus behandeln: das «**Energiebändermodell**» entspricht dabei der *MO-Methode,* während das *«Resonanzmodell»* der *VB-Methode* analog ist. Im Rahmen dieses Buches soll nur das Energiebändermodell betrachtet werden, da es nicht nur anschaulicher ist und die Analogie zu Systemen mit delokalisierten Elektronen besser zum Ausdruck bringt, sondern auch für die quantitative Behandlung der metallischen Bindung geeigneter ist als die VB-Methode.

Bei der Bildung einer *Kovalenzbindung* aus zwei Atomen kann man durch lineare Kombination der beiden für die Bindung notwendigen AO zwei MO, ein bindendes und ein antibindendes MO, erhalten. Beim Butadien, wo eine Delokalisation der bindenden Elektronen auf vier Atome eintritt, also vierzentrische MO gebildet werden, stehen insgesamt vier MO zur Verfügung, von denen im Grundzustand die beiden bindenden MO mit je zwei Elektronen besetzt sind, während die beiden antibindenden MO im Grundzustand unbesetzt sind (vgl. S.116). Im Kristall eines *festen Metalls,* z. B. in einem Li-Kristall mit n Li-Atomen (von denen jedes zwei mögliche s-Zustände besitzt, entsprechend den beiden Spinrichtungen), können insgesamt n

MO gebildet werden, welche mit je zwei Elektronen besetzt sein können. Weil aber eine so große Zahl von Energiezuständen möglich wird, werden die Energiedifferenzen zwischen den einzelnen Zuständen außerordentlich klein (bei 10^{23} Atomen in der Größenordnung von 10^{-23} eV!), d.h. die Niveaux werden praktisch ununterscheidbar und verschmelzen zu einem mehr oder weniger breiten «**Energieband**» (Abb. 3.50).

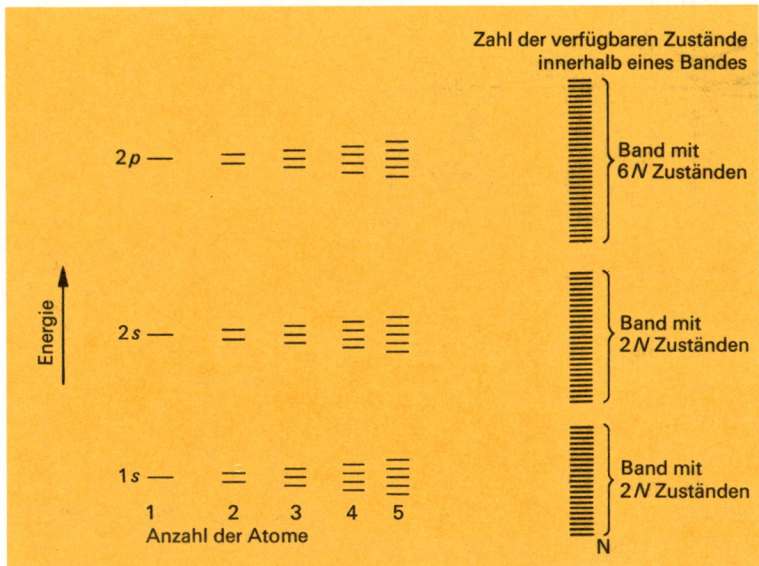

Abb. 3.50. Bildung einer wachsenden Zahl von Energiezuständen (mit geringerem Energie-unterschied) und schließlich eines Energiebandes

Die *Energiedifferenz* zwischen zwei solchen Energiebändern hängt von den Energiedifferenzen zwischen den ursprünglichen AO und dem Abstand der Atome im Kristall ab. Unter Umständen (wenn die Energiedifferenzen zwischen den ursprünglichen AO nicht allzu groß sind und die Atome genügend nahe beisammen liegen) kann eine gewisse *Überlappung der Bänder* eintreten. Die Bandbreite hängt dabei nicht etwa von der Anzahl der Atome im ganzen Kristall ab, sondern vom Ausmaß der Wechselwirkungen zwischen den einzelnen AO des Bandes. So ergeben z.B. *höhere Energiezustände* wegen der *größeren räumlichen Ausdehnung der Wolken breitere Bänder*. Mit abnehmendem Atomabstand wird die Verbreiterung immer größer, bis sich schließlich die einzelnen Bänder überlagern (Abb. 3.51).
Ebenso wie die Elektronen in den Atomen nur *diskrete Energiezustände* besetzen, können auch die Elektronen im Metallgitter nur in den durch die Energiebänder charakterisierten Zuständen existieren. Zwischen den Bändern befinden sich *«verbotene» Bänder* (vgl. rechte Seite der Abb. 3.50). Das Energiebanddiagramm eines Kristalles gleicht damit dem Energieniveau-diagramm von Atomen oder Molekülen.

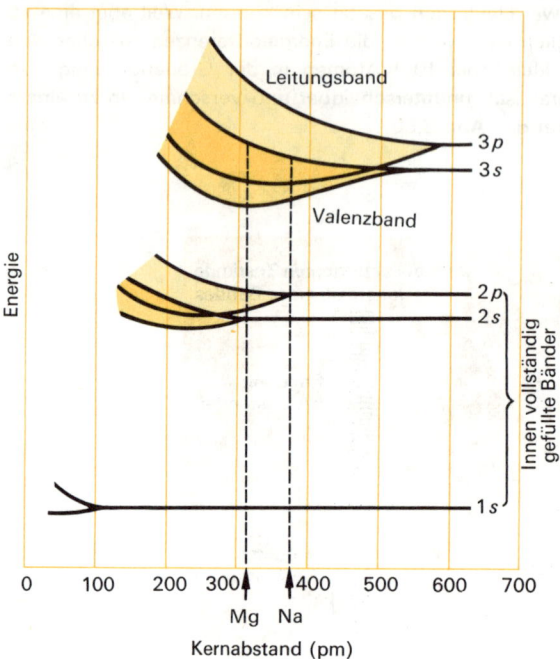

Die Abb. 3.52 zeigt das *Banddiagramm* eines *metallischen Leiters* (z. B. Na). Die inneren Bänder (1s, 2s, 2p) sind vollkommen gefüllt, d. h. sie enthalten die nach dem Pauli-Prinzip überhaupt mögliche Zahl Elektronen. Die höheren Bänder, welche aus den 3s- bzw. 3p-AO entstanden

	Anzahl der verfügbaren Energie-zustände ↓	Anzahl der besetzten Energie-zustände ↓		Anzahl der verfügbaren Energie-zustände ↓	Anzahl der besetzten Energie-zustände ↓
3p	6N	0N	3p	6N	0N
3s	2N	1N	3s	2N	2N
2p	6N	6N	2p	6N	6N
2s	2N	2N	2s	2N	2N
1s	2N	2N	1s	2N	2N

a)

b)

Abb. 3.52. Schematisches Energiebänderdiagramm für a) Natrium und b) Magnesium

sind, sind hingegen nur halb gefüllt bzw. überhaupt leer. Innerhalb der gefüllten Bänder ist auch beim Anlegen einer äußeren Potentialdifferenz keine Verschiebung der Elektronen möglich, da alle Energieniveaux besetzt sind. Weil zuviel Energie nötig ist, um die «verbotene Zone» zu überschreiten, ist auch kein Übergang in höhere Zustände möglich. Im halb gefüllten 3*s*-, dem sogenannten *Valenzband,* sind hingegen noch *unbesetzte Elektronenzustände* vorhanden; weil zudem bereits bei dem im Kristall tatsächlich beobachteten Kernabstand eine beträchtliche Überlagerung mit dem nächsthöheren, nichtbesetzten Band, dem *«Leitungsband»,* auftritt, können Elektronen vom Valenz- ins Leitungsband übergehen. Den 3*s*-Elektronen stehen damit sehr viele Energiezustände zur Verfügung, so daß beim Anlegen einer Spannung freie Bewegung der Elektronen und damit elektrische Leitfähigkeit möglich ist. Bei den Erdalkalimetallen – bei welchen das Valenzband völlig besetzt ist – tritt eine noch stärkere Überlappung zwischen Valenz- und Leitungsband auf, so daß auch diese Elemente den Charakter von Metallen besitzen.

Leiter, Halbleiter und Isolatoren. Ein **metallischer Leiter** ist offenbar dadurch gekennzeichnet, daß sich *Valenz-* und *Leitungsband teilweise überlagern.* Bei **Isolatoren** sind *Valenz-* und *Leitungsband* durch eine breite, *«verbotene»* Energiezone *getrennt*; diese Breite ist zu groß, als daß sie von Elektronen ohne besondere, starke Anregung überschritten werden könnte.

Abb. 3.53. Schematische Energiebänderdiagramme

a) *Überlappung eines teilweise besetzten Valenzbandes mit einem Leitungsband*
b) *Überlappung eines gefüllten Valenzbandes mit einem Leitungsband*
c) *Valenz- und Leitungsband sind durch ein «verbotenes Band» getrennt: Isolator*
d) *Trennung von Valenz- und Leitungsband durch ein schmaleres «verbotenes Band» in einem Halbleiter*

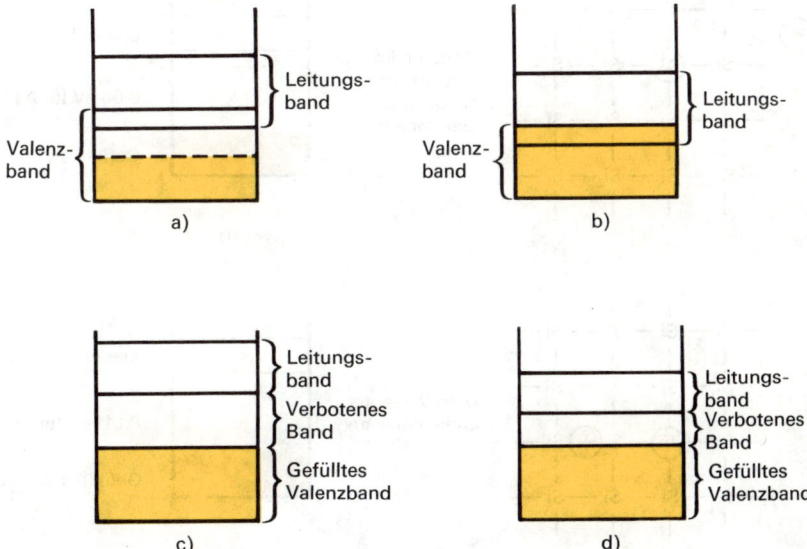

Bei den sogenannten **Halbleitern** ist das *Valenzband* vom *Leitungsband* ebenfalls durch ein verbotenes Energieband *getrennt,* welches jedoch viel *schmäler* ist als bei den Isolatoren (Abb. 3.53 d). Bei Zimmertemperatur ist nun die thermische Energie der Elektronen viel zu klein, um eine Anregung zum Leitungsband zu ermöglichen; erhöht man jedoch die Temperatur, so werden einige Elektronen im Valenzband das relativ schmale verbotene Band «übersteigen» und ins Leitungsband übergehen können. Dadurch werden aber gleichzeitig im Valenzband einige Energieniveaux frei, so daß auch hier eine gewisse Beweglichkeit der Elektronen möglich wird.

Abb. 3.54

a) Zweidimensionale Anordnung von Si-Atomen im Si-Kristall
b) Energiebanddiagramm für reines Silicium
c) Donator-Atom im Si-Kristall
d) Energiebanddiagramm mit Donator-Niveaux
e) Akzeptor-Atom im Si-Kristall
f) Energiebanddiagramm mit Akzeptor-Niveaux

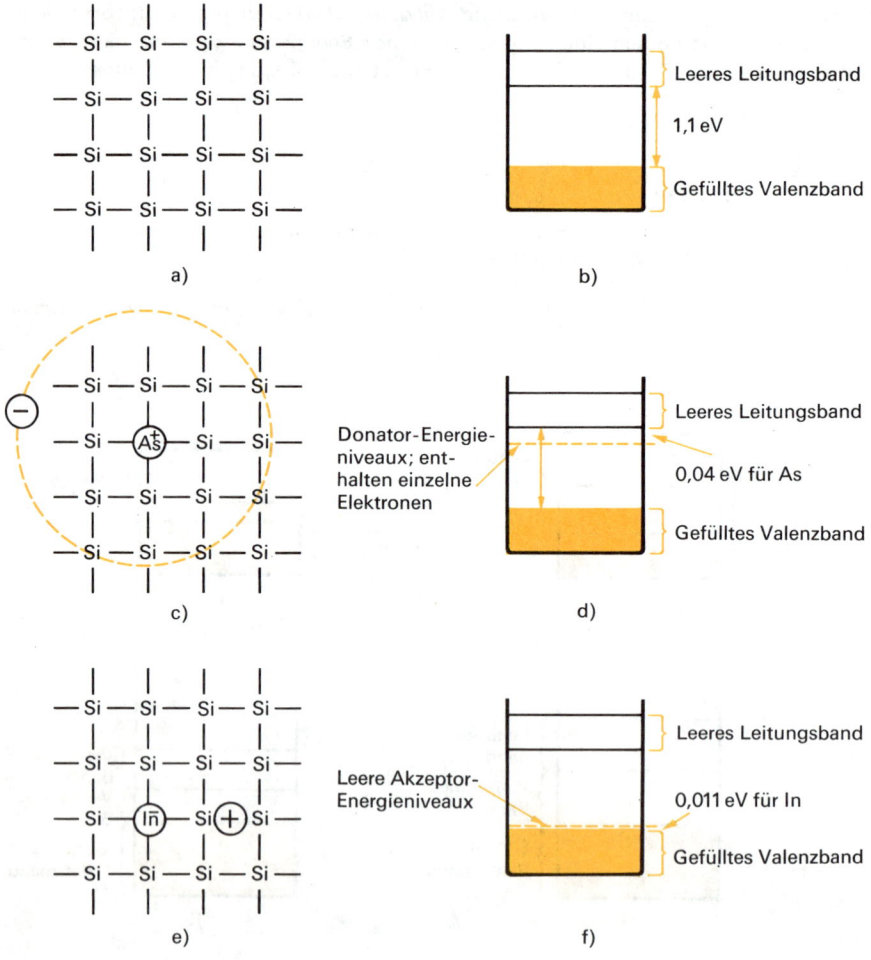

Beim Anlegen einer elektrischen Spannung wird dann eine gewisse *Leitfähigkeit* festzustellen sein, welche *mit zunehmender Temperatur stark wächst.* (Bei metallischen Leitern sinkt die Leitfähigkeit mit zunehmender Temperatur, weil die stärkere thermische Bewegung der Atom-rümpfe zu häufigeren Zusammenstößen zwischen Atomrümpfen und Elektronen führt und die Leitfähigkeit dadurch herabsetzt.)

Bei anderen Halbleitertypen beruht die Leitfähigkeit auf dem Vorhandensein von *überschüs-sigen Elektronen* oder von *Elektronenleerstellen* (Abb. 3.54). Sind beispielsweise im *Silicium-Gitter* einzelne *As-Atome* eingebaut, so besitzen diese *überschüssige Elektronen,* welche vom As-Rumpf nur relativ schwach angezogen werden. Um solche Elektronen ins Leitungsband überzuführen, wird deshalb weniger Energie benötigt als zur Anregung der viel fester gebunde-nen Valenzelektronen der Si-Atome. Im Energiebandmodell kommt dies dadurch zum Ausdruck, daß die überschüssigen Elektronen energiereicher sind als die Elektronen im Valenzband, jedoch unmittelbar unterhalb des Leitungsbandes liegen (Abb. 3.54 d; weil die «Donator-Atome» [As] im Kristall an gewissen Punkten lokalisiert sind, müssen auch die «Donator-Niveaus» lokali-siert sein und müssen als Linie, nicht als Band, dargestellt werden). Bei solchen *«n-Halbleitern»* steigt die Leitfähigkeit mit zunehmender Temperatur ebenfalls stark an.

Wenn aber in einem *Silicium-* oder *Germanium-Kristall* einige Atome durch *Al-* oder *In-Atome* ersetzt sind, so treten *«Elektronenleerstellen»* auf. Um vier Kovalenzbindungen bilden zu können, kann ein solches Fremdatom ein Elektron von einem Si-Atom übernehmen und wird dadurch selbst negativ geladen, während um das benachbarte Si-Atom ein positives «Loch» – eine Elektronenleerstelle – entsteht. Abb. 3.54 f zeigt das Energieband-Diagramm eines solchen *«p-Halbleiters».* Wenig oberhalb des Valenzbandes befindet sich ein Akzeptor-Niveau, das durch die Bindungsenergie zwischen negativ geladenem Fremdatom und positiver Elektronen-leerstelle entsteht. Weil das nicht völlig gefüllte Akzeptorniveau nur wenig energiereicher ist als das Valenzband, ist ein leichter Übergang vom Valenzelektron ins Akzeptor-Niveau möglich (die Elektronenleerstelle verschiebt sich im Kristall), so daß dann auch im Valenzband unbesetzte Energieniveaux vorhanden sind und dadurch ebenfalls eine gewisse elektrische Leitfähigkeit ermöglicht wird.

3.4 Van der Waals-Kräfte und Wasserstoffbrücken

Zwischen den einzelnen Molekülen einer kovalenten Verbindung wirken im allgemeinen nur schwache Anziehungskräfte: Verbindungen, welche aus Molekülen bestehen, sind gewöhnlich mehr oder weniger leicht **flüchtig**. Diese «**van der Waals-Kräfte**» nehmen im allgemeinen mit steigender Molekülmasse zu (vgl. Tabelle 3.10). Dieselben Kräfte wirken – allerdings erst bei sehr tiefen Temperaturen – zwischen den Atomen der Edelgase.

Tabelle 3.10. Siedepunkte einiger flüchtiger Stoffe (°C)

F_2	− 187	He	− 269	CH_4	− 164
Cl_2	− 34,6	Ne	− 246	C_2H_6	− 89
Br_2	+ 59	Ar	− 186	C_3H_8	− 42
I_2	+183	Kr	− 152	C_4H_{10}	− 0,5
		Xe	− 108	C_5H_{12}	+ 36
		Rn	− 62		

Ebenso wie die Kovalenz- und die Ionenbindung beruhen auch die van der Waals-Kräfte letzten Endes auf der *Anziehung* zwischen *entgegengesetzten elektrischen Ladungen.* In einem Atom (z.B. einem Edelgasatom) oder in einem Atom eines Moleküls bewegen sich die Elektronen innerhalb bestimmter Räume um den Atomkern. Nun kann dabei während ganz kurzer Zeit die Ladungsverteilung unsymmetrisch werden (Abb. 3.55), so daß das Atom bzw. Molekül als Dipol mit einer negativen und einer positiven Seite erscheint. Ist in diesem Moment ein anderes Atom oder Molekül in der Nähe, so werden dessen Elektronen in Richtung zur positiven Seite des ersten Atoms (Moleküls) verschoben, so daß auch dieses zweite Atom (Molekül) zu einem Dipol wird. Weil ein solcher Dipol – im Gegensatz zu polaren Molekülen, wie z.B. dem HCl- oder dem H_2O-Molekül – erst unter der Einwirkung eines äußeren elektrischen Feldes entsteht, nennt man ihn einen *«induzierten»* Dipol. Van der Waals-Kräfte sind nichts anderes als elektrostatische Kräfte zwischen solchen induzierten Dipolen und anderen Atomen bzw. Molekülen.

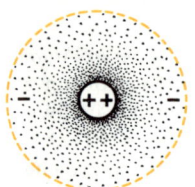 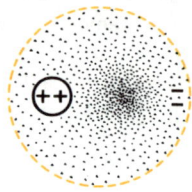 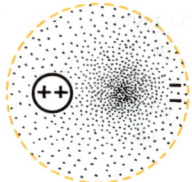

Abb. 3.55. Van der Waals-Kräfte zwischen Helium-Atomen

Da die Elektronen ständig in Bewegung sind, ändert sich die Ladungsverteilung in Atomen und Molekülen fortwährend, so daß solche Anziehungskräfte nur schwach sein können und auch mit zunehmender Entfernung der beiden Teilchen rasch stark abnehmen. Sie werden jedoch um so größer, je größer die Oberfläche der Partikeln ist (denn die Möglichkeit zur Polarisierung wird dadurch größer) und je leichter die Ladungsverteilung in einem Teilchen durch ein Nachbarteilchen polarisiert wird (je leichter die Elektronen darin verschiebbar sind). Beide Faktoren erklären die Zunahme der van der Waals-Kräfte mit steigender Atom- bzw. Molekülmasse: Größere Teilchen haben einerseits größere Oberflächen, anderseits werden die sich weiter vom Kern entfernt bewegenden Elektronen von diesem weniger fest gebunden und sind leichter verschiebbar. Unter Umständen können zwischen sehr großen Molekülen die van der Waals-Kräfte sogar stärker sein als die Atombindungen (welche die einzelnen Atome untereinander verknüpfen); die betreffende Substanz kann dann nicht mehr ohne Zersetzung zum Sieden gebracht werden.

Vergleicht man nun die Siedepunkte der vier Halogenwasserstoffverbindungen oder der Wasserstoffverbindungen von Sauerstoff, Schwefel, Selen und Tellur, so erkennt man, wie jeweils die erste Verbindung einer solchen Reihe einen ganz abnorm hohen Siedepunkt besitzt (eigentlich sollten ja HF und H_2O tiefer sieden als HCl bzw. H_2S; vgl. Abb. 3.56). Offenbar sind in diesen Fällen die Anziehungskräfte zwischen den Molekülen ganz besonders groß. Dies muß davon herrühren, daß die HF- und H_2O-Moleküle (in geringerem Maß auch die Moleküle von NH_3) wegen ihrer stark polaren Kovalenzbindungen ausgesprochen *permanente Dipole* darstellen und diese sich sehr stark anziehen. Diese *«Dipolkräfte»* sind wesentlich größer als die van der Waals-Kräfte, weil – im Gegensatz zu den induzierten Dipolen in Edelgasatomen oder Molekülen – die Ladungsverteilung im HF- und H_2O-Molekül dauernd unsymmetrisch ist.

Solche Dipolkräfte sind besonders wirksam, wenn ein H-Atom mit einem stark elektronegativen F-, O- oder N-Atom verbunden ist. Das dann positiv polarisierte H-Atom wirkt wegen seiner geringen Größe nach außen auf ein anderes, negativ polarisiertes Atom ganz besonders stark anziehend. Für diese Fälle verwendet man die Bezeichnung «**Wasserstoffbrücke**» oder «**Wasserstoffbindung**»; es handelt sich dabei aber nicht um eine besondere Art Bindung, sondern lediglich um eine stark ausgeprägte Wirkung der Polarität.

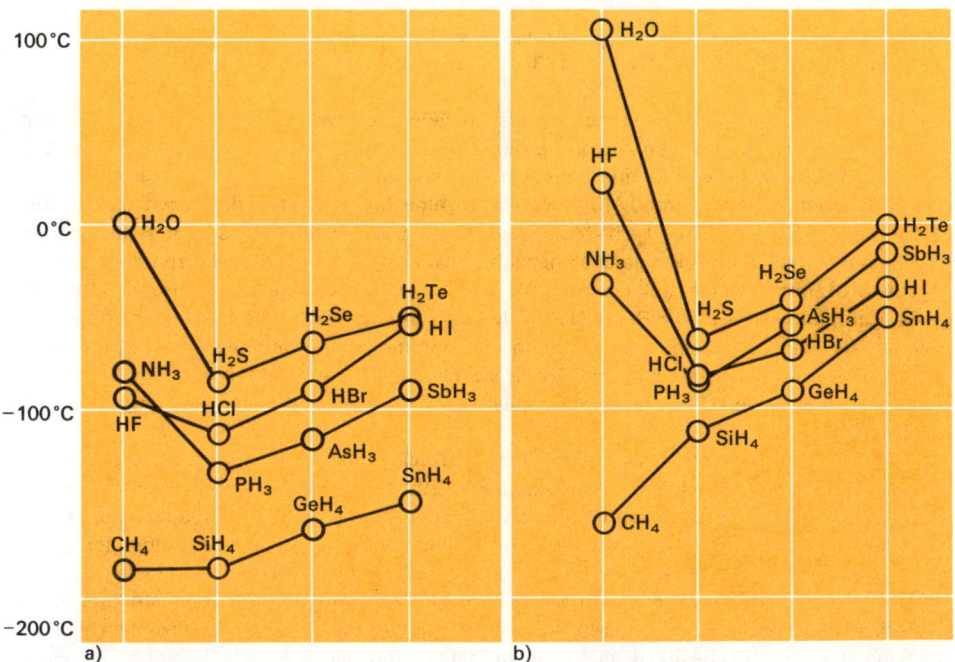

Abb. 3.56. Schmelzpunkte a) und Siedepunkte b) der Nichtmetall-Wasserstoff-Verbindungen

Die «*Bindungsenthalpie*» einer H-Brücke ist naturgemäß viel kleiner als die Bindungsenthalpie einer Atombindung. So beträgt beispielsweise die Bindungsenthalpie der stärksten H-Brücke —F ⋯ H— etwa 25–33 kJ/mol (vgl. dagegen die Bindungsenthalpie der H—H-Bindung: 436 kJ/mol!). Trotzdem handelt es sich bei diesen Bindungskräften um eine außerordentlich wichtige Erscheinung. Sie bedingt z.B. eine Reihe «abnormer» Eigenschaften, welche bei zahlreichen Verbindungen beobachtet werden: auffallend hohe Schmelz- und Siedepunkte mancher H-Verbindungen (HF, H_2O, NH_3; Alkohole, Carbonsäuren, Amine); ausgeprägte Mischbarkeit niederer Alkohole und Carbonsäuren mit Wasser; geringere Dichte von Eis, verglichen mit flüssigem Wasser bei 0 °C usw. Auch die Struktur vieler Festkörper, die Festigkeit faserartiger Stoffe, wie Cellulose und Nylon, die Reaktivität bestimmter Verbindungen u.a. werden durch das Vorhandensein von H-Brücken verursacht. Eine besonders bedeutsame Rolle spielen H-Brücken auch beim Aufbau der Proteine und der als Träger der Erbeigenschaften wichtigen Nucleinsäuren.

3.5 Experimentelle Methoden zur Untersuchung von Bindungen und ihren Eigenschaften

Nicht immer lassen sich aus den *physikalischen Eigenschaften* einer Substanz eindeutige Schlüsse auf ihren *Bindungstyp* ziehen, selbst nicht aus scheinbar so offensichtlich auf den Bindungstyp hinweisenden Eigenschaften wie Flüchtigkeit und elektrische Leitfähigkeit. In der Reihe NaCl – Cl_2 ändern sich z. B. die Siedepunkte nicht allmählich, sondern sprunghaft:

	NaCl	$MgCl_2$	$AlCl_3$	$SiCl_4$	PCl_3	SCl_2	Cl_2
Sdp. (°C)	1441°	1412°	183°	58°	76°	59°	– 34°

Der Grund für die sprunghafte Abnahme des Siedepunktes zwischen $MgCl_2$ und $AlCl_3$ liegt nicht etwa in einer plötzlichen Änderung des Bindungstyps, sondern in einer Änderung der Struktur: $MgCl_2$ kristallisiert in einer Ionenstruktur, welche beim Verdampfen Ionenpaare oder höhere Assoziate ergibt, während $AlCl_3$ zwar auch in einer Ionenstruktur kristallisiert, welche aber bereits beim Schmelzen in Al_2Cl_6-Moleküle zerfällt. Die Bindungsart ändert sich dagegen innerhalb einer solchen Reihe ganz allmählich, indem einerseits die Kovalenzbindungen vom Cl_2 zum $SiCl_4$ immer stärker polar werden (Abnahme der EN als Folge der wachsenden Rumpfgröße!) und anderseits in der Reihe NaCl – $MgCl_2$ – $AlCl_3$ – $SiCl_4$ die Elektronenwolken der Anionen als Folge der steigenden «Ladungskonzentration» der Kationen immer stärker zum Kation gezogen werden, bis sich schließlich die Elektronen der Anionen auch im Gebiet der Kationen aufhalten und die Bindung besser als (sehr stark polare) Kovalenzbindung betrachtet werden muß.

Von Interesse ist ein Vergleich der Aluminium- und Siliciumhalogenide. AlF_3 ist eine typische Ionenverbindung mit sehr hohem Schmelzpunkt (1290°C). Im SiF_4 vermögen jedoch die vier F^--Ionen das kleinere Si^{4+}-Ion zu umhüllen und damit so vollkommen nach außen abzuschirmen, daß die (zweifellos auch aus Ionen aufgebauten) SiF_4-Moleküle als einzelne Individuen beständig sind (Sublimationstemperatur von SiF_4 – 96 °C). $AlBr_3$ bildet auch im festen Zustand eine Molekülstruktur, $AlCl_3$ dagegen kristallisiert wie erwähnt in einer Ionenstruktur. Beim Schmelzen bilden sich aber Al_2Cl_6-Moleküle, welche auch in der Dampfphase bestehen bleiben. Die Schmelze von $AlCl_3$ besitzt deshalb nur eine sehr geringe elektrische Leitfähigkeit; die wäßrige Lösung hingegen, welche Al^{3+} aq-Ionen enthält, leitet den elektrischen Strom ebenso wie die Lösung irgendeines anderen Elektrolyten.

Die nun folgende Zusammenstellung vermittelt nur eine kurze Übersicht über die wichtigsten experimentellen Methoden; zum eingehenderen Studium sei auf die am Ende des Kapitels angegebene weiterführende Literatur verwiesen.

Röntgen- und Elektronenbeugung. Die Abstände der Gitterbausteine in Festkörpern entsprechen in der Größenordnung den Wellenlängen der Röntgenstrahlen, so daß beim Durchstrahlen von Kristallgittern mit Röntgenlicht *Beugungseffekte* zu erwarten sind. (Die erstmalige Beobachtung solcher Beugungserscheinungen durch Friedrich [1912] – einer Anregung Laues folgend – bewies endgültig die Wellennatur der Röntgenstrahlen.) Bragg zeigte, daß auch an Kristallen reflektierte Röntgenstrahlen Beugungseffekte ergeben, wenn

$$n \cdot \lambda = 2d \sin \theta$$

ist (d = Abstand der Netzebenen, θ = Einfallswinkel der Röntgenstrahlen). Vgl. Abb. 3.57.

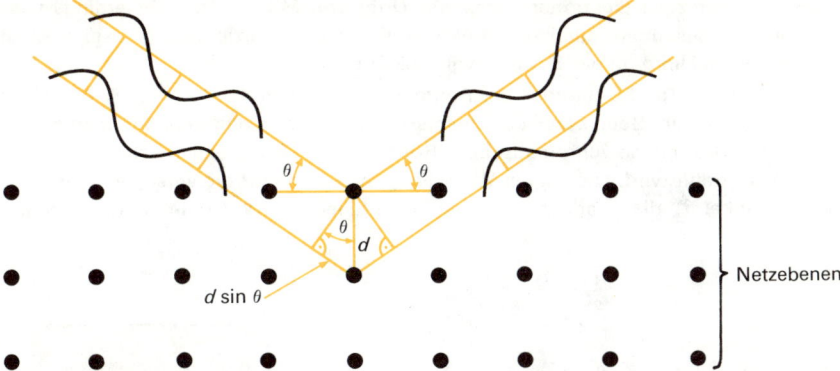

Netzebenen

Abb. 3.57. Reflexion von Röntgenstrahlen an aufeinanderfolgenden Netzebenen (nach der Reflexion sind die Wellen in Phase, wenn $n \cdot \lambda = 2 \cdot d \sin \theta$)

Aus den beobachteten Beugungsfiguren läßt sich die *Gittergeometrie* erschließen; die Röntgenstrukturanalyse ist deshalb die wichtigste Methode zur Untersuchung der Kristallstrukturen von *Festkörpern.* Da die Beugungserscheinungen durch die Wechselwirkungen zwischen der Elektronenhülle der Gitterbausteine und den Röntgenstrahlen zustande kommen, läßt sich aus der Intensität der einzelnen Reflexe auf die *Elektronendichte* schließen. Auf diese Art konnte bereits 1938 durch Fourier-Analyse der Intensitäten bewiesen werden, daß in Ionenkristallen wie NaCl die Elektronendichte zwischen den Gitterbausteinen auf Null absinkt, während in Atomkristallen (Diamant) zwischen den Gitterbausteinen eine Elektronendichte festzustellen ist,

Abb. 3.58. Elektronendichtediagramm des Anthracens ($C_{14}H_{10}$). Unten: abgekürzte Formel (an jeder Ecke der Ringe sitzt ein C-Atom; die gestrichelten Linien deuten das delokalisierte π-System an)

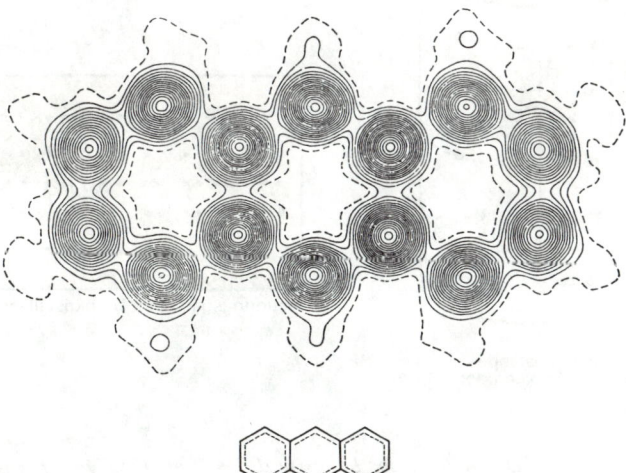

die annähernd zwei Elektronen entspricht (Brill und Mitarbeiter). Neuerdings werden diese Verfahren insbesondere auch zur Strukturermittlung komplizierter organischer Moleküle verwendet (Penicillin, Vitamin B_{12} u.a., vgl. Abb. 3.58).

Damit Reflexion (und Beugung) der Röntgenstrahlen eintreten kann, muß die Braggsche Beziehung erfüllt sein. Beim *Laue-Verfahren* erreicht man dies dadurch, daß man einen Einkristall verwendet, der mit polychromatischem Röntgenlicht (Röntgenlicht aller möglichen Wellenlängen) bestrahlt wird. Diejenigen Wellenlängen, welche für die verschiedenen Ebenen (bzw. für die Winkel θ) die Braggsche Beziehung erfüllen, werden reflektiert, und man erhält auf

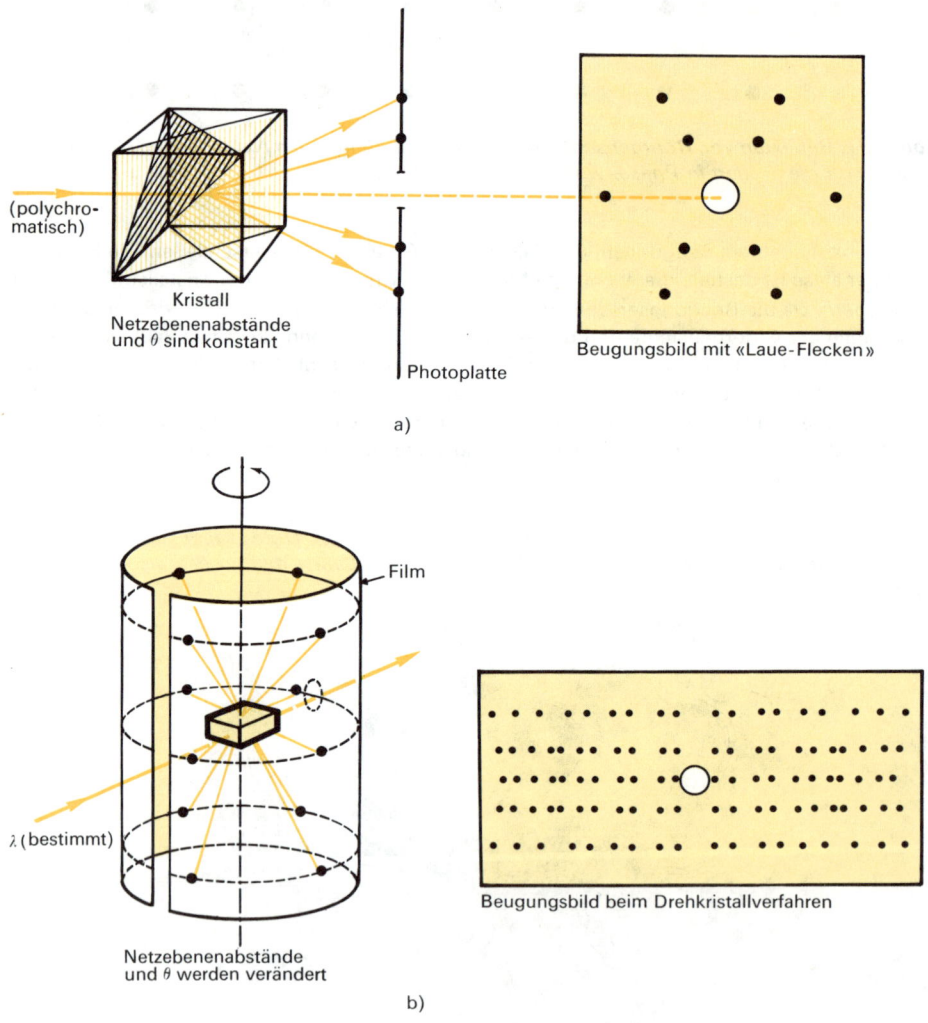

Abb. 3.59. Schematische Darstellung des Laue- und des Drehkristallverfahrens

einem photographischen Film einzelne Beugungsflecken (Abb. 3.59 a). Beim *«Drehkristall-verfahren»* verwendet man ebenfalls Einkristalle, jedoch – im Gegensatz zum Laue-Verfahren – monochromatisches Röntgenlicht. Der Kristall wird während der Aufnahme um eine bestimmte Achse gedreht, so daß nacheinander verschiedene Netzebenen in die zur Reflexion erforderliche Lage gebracht werden. Man erhält dabei wiederum eine Reihe von Beugungsflecken, welche auf einem zylindrisch um den Kristall gelegten Film aufgenommen werden (Abb. 3.59 b). Sowohl das Laue- wie das Drehkristallverfahren haben den Nachteil, daß dazu relativ große, gut ausgebildete Kristalle benötigt werden; die erhaltenen Beugungsbilder ermöglichen aber auch bei Strukturen von niedriger Symmetrie eine vollständige Analyse bzw. Strukturaufklärung des Gitters. Das von Debye und Scherrer entwickelte *«Pulververfahren»* benützt ein Kristallpulver, welches in eine dünnwandige Glaskapillare eingefüllt und mit monochromatischem Röntgenlicht bestrahlt wird. Die einzelnen Kristalle sind völlig regellos angeordnet, so daß alle Arten von Netzebenen zur Reflexion Anlaß geben können; das Pulver entspricht also gewissermaßen einem Einzelkristall, der während der Aufnahme um alle möglichen Achsen gedreht wird. Statt einzelner Beugungsflecken erhält man auf diese Weise Beugungsringe, die man sich dadurch entstanden denken kann, daß die Netzebenenschar während der Aufnahme gedreht wird (mit konstantem Winkel θ), wobei sich der reflektierte Strahl auf einem Doppelkegel bewegt (Abb. 3.60). Natürlich tritt in Wirklichkeit keine solche Drehung ein; da aber im Kristallpulver die Netzebenen alle überhaupt möglichen Orientierungen zeigen, entspricht das Ergebnis doch dieser Überlegung. Für jede Netzebenenschar erhält man einen solchen Doppelkegel, der auf dem zylindrisch um das Kristallpulver gelegten Film als Ring erscheint. Aus dem Abstand zwischen dem Ring und dem unreflektierten Primärstrahl sowie dem Abstand zwischen Pulver und Film läßt sich der Winkel θ der betreffenden Netzebenenschar berechnen; unter Verwendung der Wellenlänge des Röntgenlichtes läßt sich auch der *Netzebenenabstand d* bestimmen. Bei Gittern niedriger

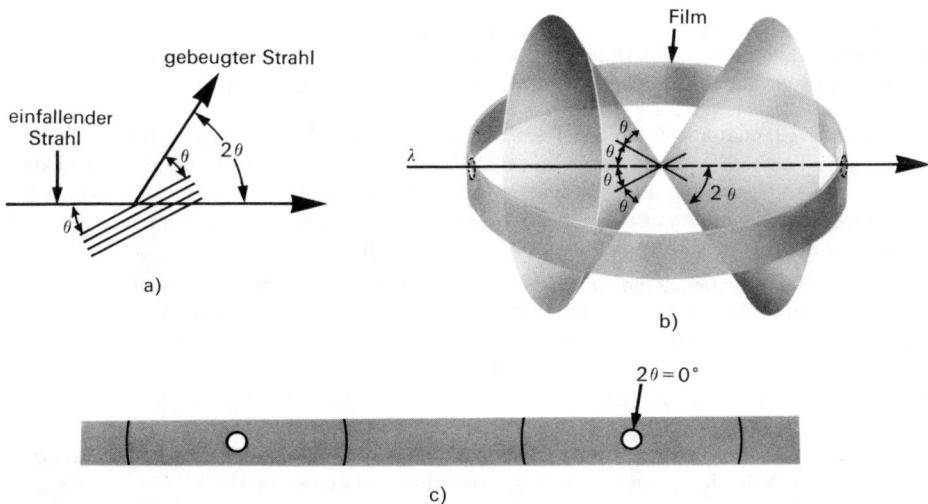

Abb. 3.60. Debye-Scherrer-Verfahren (Schema)
a) Winkel zwischen gebeugtem Strahl und nicht gebeugten Strahlen; b) Kegel aller gebeugten Strahlen ; c) Beugungsbild auf dem Film

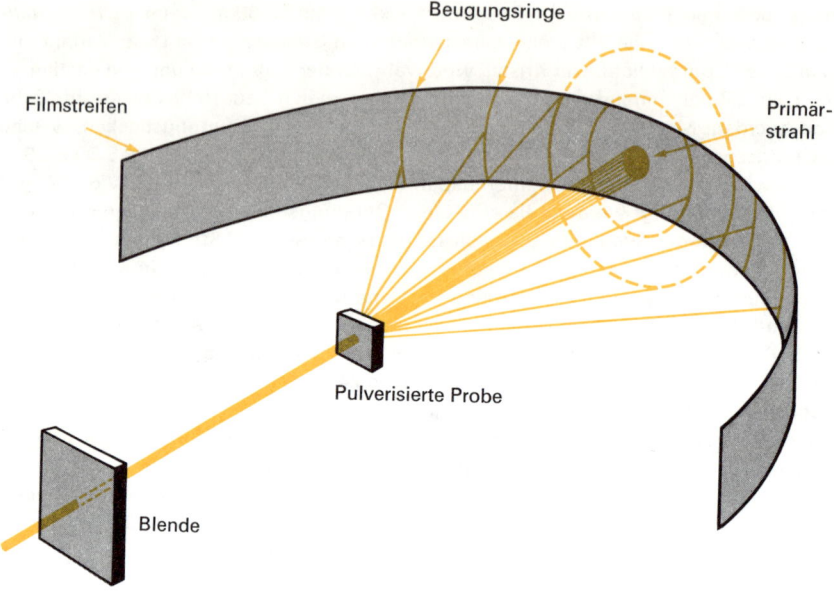

Abb. 3.61. Versuchsanordnung zur Aufnahme von Pulverdiagrammen

Symmetrie ist allerdings die Zuordnung der Ringe zu bestimmten Netzebenen oft nicht leicht. Das Pulververfahren besitzt deshalb vor allem zur Untersuchung von Kristallstrukturen höherer Symmetrie sowie zur einwandfreien Identifizierung von Festkörpern eine große Bedeutung.

Dank ihrer Wellennatur werden auch *Elektronen* an Kristallgittern gebeugt. Die Elektronenbeugung an Festkörpern kann damit wie die Röntgenbeugung zur Bestimmung der Kristallstruktur verwendet werden. Weil die Elektronenstrahlen wesentlich weniger weit in einen Kristall einzudringen vermögen, eignet sich die Elektronenbeugung insbesondere zur Untersuchung von *Oberflächenerscheinungen* (Korrosion, Gitterstörungen).

Ähnlich wie die Gitterbausteine eines Festkörpers vermögen auch *Moleküle* oder *Atome* eines *Gases* oder einer *Flüssigkeit* Elektronenstrahlen zu streuen und ergeben damit Beugungseffekte. Wegen der regellosen Anordnung der streuenden Teilchen entstehen dabei allerdings nur diffuse (also keine scharfen) Beugungsfiguren. Trotzdem ist die Elektronenbeugung an Gasen zur Untersuchung von Bindungslängen und Bindungswinkeln sehr wichtig geworden.

Spektroskopische Methoden. Die Untersuchung der Lichtabsorption einer Substanz in verschiedenen Wellenlängenbereichen (d.h. die Aufnahme entsprechender *Absorptionsspektren* und ihre Auswertung) liefert sehr viele detaillierte Informationen über Struktur und Eigenschaften von Molekülen oder Komplexionen. Manche dieser Methoden gehören heute zu den sowohl in der Forschung wie im Betrieb routinemäßig durchgeführten Arbeiten; sie sollen deshalb etwas ausführlicher besprochen werden.

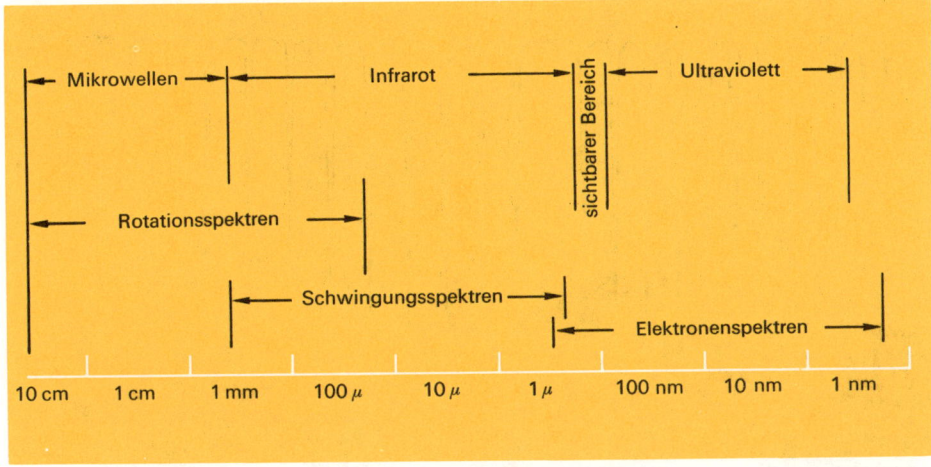

Abb. 3.62. Ausschnitt aus dem elektromagnetischen Spektrum (logarithmische Skala)

Wenn man von der Kernenergie absieht, besitzen Moleküle drei Arten innerer Energie: *Energie der Elektronen, Schwingungsenergie* und *Rotationsenergie*. Alle drei Energiearten sind *gequantelt*, so daß für alle drei nur bestimmte Energieniveaux, d.h. bestimmte, ausgewählte Elektronenübergänge bzw. Schwingungs- und Rotationsfrequenzen möglich sind. Durch Absorption von Licht ist eine Anregung der Moleküle, d.h. ein Übergang in einen Zustand höherer Energie möglich. Die Existenz diskreter Energiezustände hat damit auch die Absorption ausgewählter Wellenlängen (Frequenzen) zur Folge.

Für die innere Energie eines Moleküls gilt also

$$\Delta E_{mol} = \Delta E_{el} + \Delta E_{vib} + \Delta E_{rot}$$

Jedes Energieniveau wird durch bestimmte Quantenzahlen charakterisiert, die Schwingungsniveaux durch die *Schwingungsquantenzahl v* und die Rotationsniveaux durch die *Rotationsquantenzahl j*. Die Energiedifferenzen zwischen den einzelnen Niveaus sind – je nach Energieart – ganz verschieden groß; im allgemeinen gilt

$$\left| \Delta E_{el} \right| \gg \left| \Delta E_{vib} \right| \gg \left| \Delta E_{rot} \right|$$

Wenn sich bei der Lichtabsorption nur die Rotationsquantenzahl ändert ($\Delta E_{mol} = \Delta E_{rot}$), so beobachtet man das *Rotationsspektrum* der betreffenden Substanz. Da in diesem Fall die Energiedifferenzen ΔE nur klein sind, genügt Licht von kleiner Frequenz (relativ langer Wellenlänge) zur Anregung; Rotationsspektren liegen deshalb im Gebiet der *Mikrowellen* und des langwelligen Infrarot (50 μm bis 1 cm). Eine Änderung der Schwingungsquantenzahl, also eine Anregung von Molekülschwingungen, erfordert mehr Energie; die Absorption liegt in diesem Fall *(Schwingungsspektrum)* im kurzwelligen bis mittleren Infrarot. Bei der Untersuchung gasförmiger Substanzen gehen mit der Anregung von Schwingungen stets auch Anregungen von Rotationen einher *(Rotations-Schwingungsspektrum)*. Dabei kann eine bestimmte Änderung von *v* mit einer großen Zahl von Rotations-Energieübergängen gekoppelt sein; da jedoch die

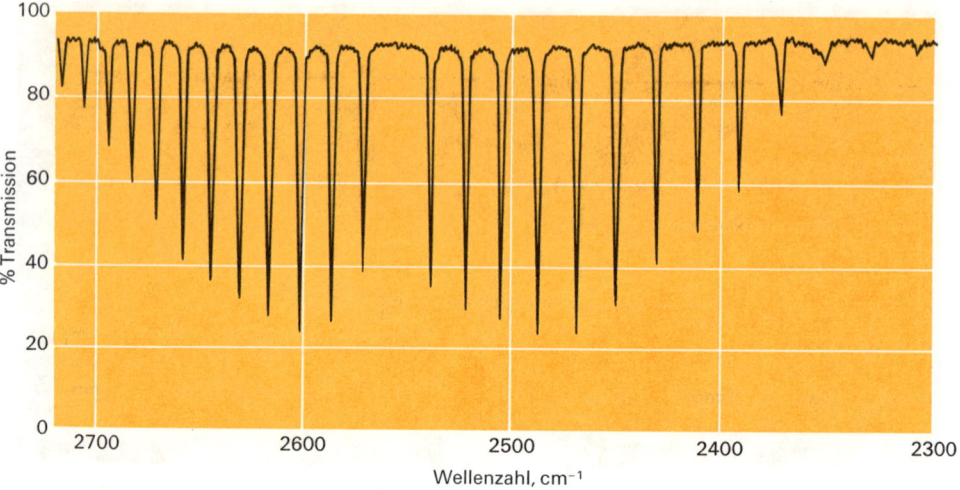

Abb. 3.63. Ausschnitt aus dem Rotations-Schwingungsspektrum von gasförmigem HBr

Rotations-Energieniveaux relativ nahe beisammen liegen, ergeben die Kombinationen Änderungen der inneren Energie, die nur wenig von ΔE_{vib} abweichen, so daß man im Spektrum bei Verwendung von Geräten nicht allzu hohen Auflösungsvermögens keine Absorptionslinien, sondern Absorptionsbanden beobachtet. Hochauflösende Geräte zeigen aber deutlich die Auflösung der Banden in die verschiedenen «Rotationslinien» (Abb. 3.63), wobei das Zentrum der Bande jeweils durch ein bestimmtes Schwingungsenergieniveau festgelegt wird. Flüssige und feste Substanzen ergeben bei der Durchstrahlung mit Infrarot in der Regel reine Schwingungsspektren, da die dichte Packung der Partikeln eine völlig freie Rotation verhindert. Als Folge von Dämpfungseffekten beobachtet man aber auch hier Absorptionsbanden statt Linien. Schwingungsspektren sind naturgemäß viel komplizierter und schwieriger zu analysieren als Rotationsspektren, weil ein Molekül meistens viel mehr verschiedenartige Schwingungen als Rotationen ausführen kann und zudem auch Kombinationen verschiedener Molekülschwingungen möglich sind.

Mikrowellen- und Infrarotspektren. Um die Wechselwirkungen zwischen Licht und einer Partikel – d.h. die Möglichkeit der Anregung einer Rotation oder einer Schwingung durch das elektrische Feld des Lichtes – verständlich zu machen, betrachten wir ein einfaches Modell. Abb. 3.64 zeigt ein zweiatomiges Molekül, das mit Licht einer bestimmten Frequenz bestrahlt wird. Besitzt das Molekül ein Dipolmoment (d.h. ist seine Bindung polar), so kann es, wie die Abb. 3.64 schematisch darstellt, durch das schwingende elektrische Feld des Lichtes zu stärkerer *Rotation* angeregt werden, sofern die Frequenzen des Lichtes (die Frequenz, mit der sich der elektrische Feldvektor verändert) mit der möglichen Frequenz einer Rotation übereinstimmt (wegen der Quantelung der Rotationsenergie sind nicht beliebige, sondern nur ausgewählte Rotationsfrequenzen möglich). Voraussetzung für die Anregung von Rotationen ist also, daß das betreffende Molekül ein *Dipolmoment* besitzt; Moleküle ohne Dipolmoment, wie homonukleare zweiatomige Moleküle oder wie CO_2, vermögen Mikrowellen nicht zu absorbieren.

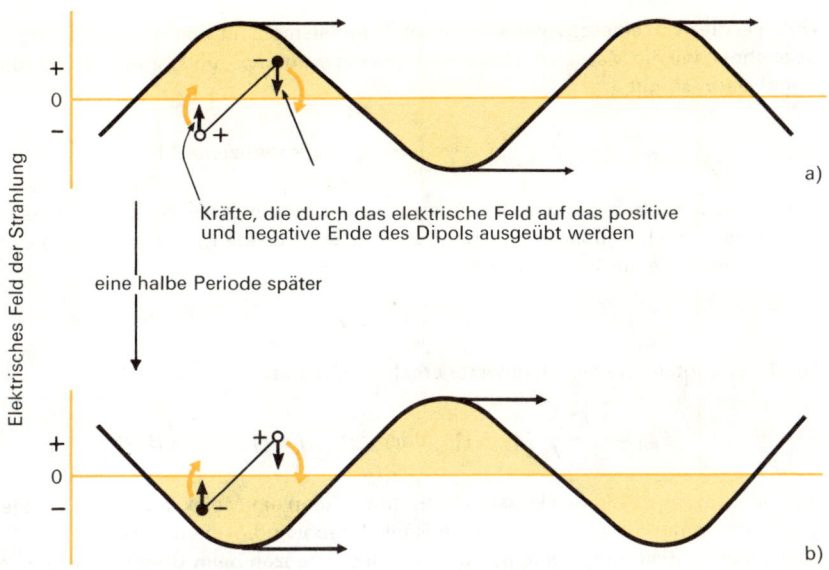

Abb. 3.64. Schematische Darstellung der Wechselwirkungen zwischen dem elektrischen Feld einer elektromagnetischen Strahlung und einem Dipolmolekül. Hat die Strahlung dieselbe Frequenz wie die Eigenfrequenz des Moleküls, so bewirken diese Wechselwirkungen eine raschere Rotation («Anregung»)

(Die Verwendung von Mikrowellen für Radar beruht gerade darauf, daß O_2, N_2 und CO_2 in diesem Spektralbereich keine Absorption zeigen!) In ähnlicher Weise lassen sich auch die Wechselwirkungen zwischen Licht und einer Partikel bei der Anregung einer *Schwingung* verstehen. Wenn die beiden Atome eines heteronuklearen polaren zweiatomigen Moleküls eine Schwingung ausführen, so schwingen auch die Partialladungen auf den Atomen hin und her. Wenn dies genau in Phase mit dem schwingenden elektrischen Feld des Lichtes geschieht – d.h. wenn die Frequenz des Lichtes mit der Eigenfrequenz der Bindung übereinstimmt – so wird dadurch eine solche Schwingung verstärkt *(«Resonanz»,* ähnlich wie bei der Anregung einer Stimmgabel durch den Ton, welcher ihrer Eigenfrequenz entspricht). Für die Absorption von Infrarotlicht – d.h. für die Anregungen von Molekülschwingungen – ist also Voraussetzung, daß mit der anzuregenden Schwingung eine periodische Änderung des Dipolmoments verknüpft sein muß, mit anderen Worten, wiederum nur Moleküle (oder Bindungen) mit Dipolmomenten vermögen Infrarotlicht zu absorbieren. Homonukleare zweiatomige Moleküle sind also auch im Infrarot inaktiv.

Besonders einfach ist die Analyse des *Rotationsspektrums* eines zweiatomigen (heteronuklearen) Moleküls, wie HF, HCl, CO u.a. Die Rotationsenergie eines solchen näherungsweise als starr zu betrachtenden Rotators ist

$$E_{\text{rot}} = \frac{1}{2} \, I \, \omega^2 = \frac{1}{2} \cdot \frac{(I \cdot \omega)^2}{I} = \frac{1}{2} \cdot \frac{p^2}{I} \, ,$$

wobei ω die Winkelgeschwindigkeit, I das Trägheitsmoment und p den Drehimpuls bedeuten. Bezeichnen wir die Massen der beiden Atome mit m_1 und m_2 und ihren Abstand (die Bindungslänge) mit r, so gilt

$$I = \frac{m_1 \cdot m_2}{m_1 + m_2} \cdot r^2 = \mu r^2 \qquad (\mu = \text{reduzierte Masse}).$$

Wendet man die Schrödinger-Gleichung auf die Rotation eines solchen Teilchens an (für die Energie muß die Rotationsenergie $[I\,\omega^2/2]$ eingesetzt werden), so erhält man als Ergebnis, daß der Drehimpuls p ein Vielfaches von $h/2\pi$ sein muß:

$$p = I\,\omega = \sqrt{j(j+1)} \cdot h/2\pi \qquad j = 0, 1, 2, 3 \ldots$$

Für die erlaubten Energie-Eigenwerte erhält man damit

$$E_{\text{rot}} = \frac{h^2}{8\pi^2 I} \cdot j\,(j+1) \quad \text{oder} \quad B\,j\,(j+1) \qquad \left(B = \frac{h^2}{8\pi^2 I} \right).$$

Im Gegensatz zum Bild des klassischen Rotators kann ein Molekül also nicht mit jeder beliebigen, sondern nur mit ganz bestimmten Winkelgeschwindigkeiten rotieren.

Eine einfache Rechnung zeigt, daß die Energiedifferenzen beim Übergang von einem Energieniveau (mit der Quantenzahl j) zum nächsthöheren Niveau mit der Quantenzahl $j+1$ gleich $2\,B\,(j+1)$ werden. Die Absorptionslinien folgen also mit den Abständen $2\,B, 4\,B, 6\,B, 8\,B$ usw. aufeinander. Durch Messung dieser Abstände lassen sich *Trägheitsmomente* und *Bindungslängen* solcher Moleküle mit sehr großer Genauigkeit bestimmen.

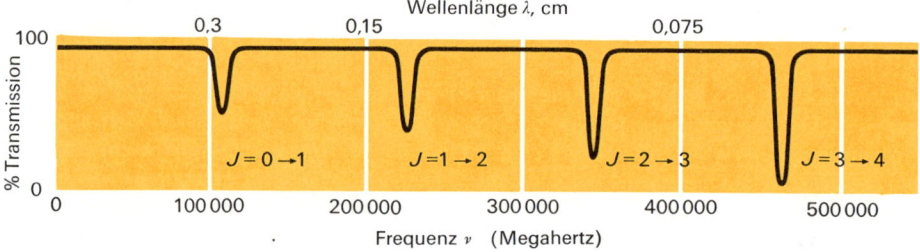

Abb. 3.65. Mikrowellenspektrum von CO (schematisch). Jedem Absorptionspeak entspricht ein Übergang von einem möglichen Rotationsniveau in ein anderes

Mehratomige Moleküle besitzen meist mehrere Rotationsmöglichkeiten und dementsprechend auch zwei oder drei Trägheitsmomente. Die genaue Analyse ihrer Rotationsspektren, d. h. die genaue Zuordnung aller Absorptionslinien zu bestimmten Rotations-Energieübergängen ist dann oft sehr schwierig. Um zwischen den verschiedenen Trägheitsmomenten unterscheiden (und die Längen der einzelnen Bindungen bestimmen) zu können, werden häufig die Mikrowellenspektren von Verbindungen verglichen, die verschiedene Nuclide desselben Elements enthalten, wie z. B. $^{32}S{=}C{=}O$ und $^{34}S{=}C{=}O$. In günstigen Fällen – wo nicht allzu viele Bindunglän-

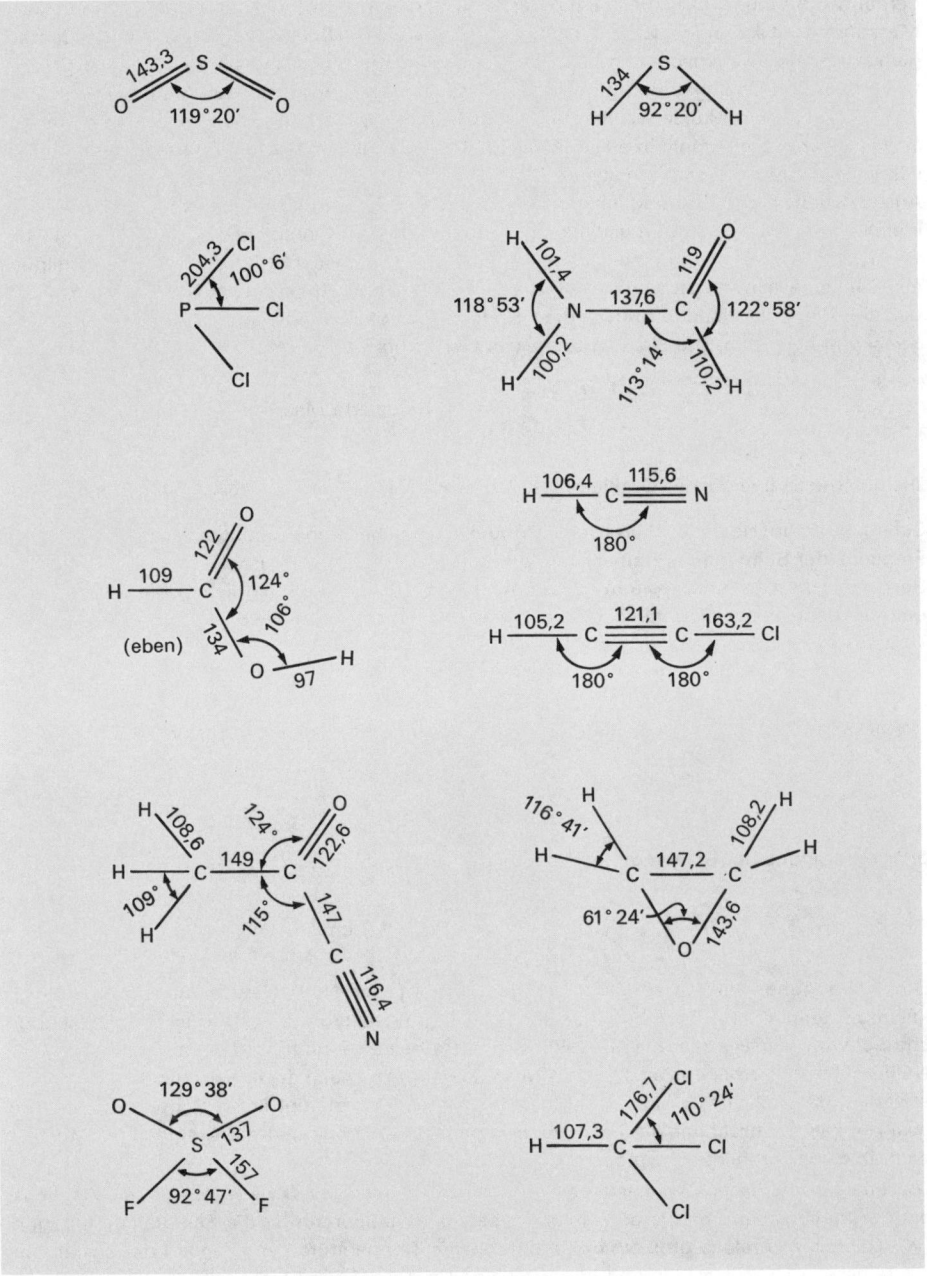

Abb. 3.66. Aus dem betreffenden Rotationsspektrum bestimmte Parameter einiger einfacher Moleküle (Atomabstände in pm)

gen und Bindungswinkel zur exakten Beschreibung eines Moleküls nötig sind – können solche Messungen mit sehr hoher Genauigkeit ausgeführt werden (Beispiele vgl. Abb. 3.66). Leider sind gerade die Mikrowellenspektren der «asymmetrischen Kreisel» (wie H_2O oder $CH_2=CHCl$ usw.), welche für den Chemiker von großem Interesse sind, besonders schwierig auszuwerten.

Die Absorption von kürzerwelligem **Infrarot** bewirkt, wie bereits erwähnt, die Anregung von *Schwingungen* der Atome in einem Molekül. Die Atomabstände (Bindungslängen) sind näm-lich nicht starr fixiert, sondern stellen Gleichgewichtslagen dar, um welche in einem gewissen Ausmaß Schwingungen möglich sind, wobei die einzelnen Bindungen etwas gestreckt bzw. komprimiert oder die Bindungswinkel deformiert werden. Ein solches System kann mit dem klassischen Modell eines harmonischen Oszillators (d. h. mit einer Feder, die um ihren Mittelpunkt als Ruhelage schwingt), verglichen werden. Nach dem Hookeschen Gesetz gilt $F = -kx$, wobei F die rücktreibende Kraft, k die «Kraft-» oder «Federkonstante» und x den Betrag der Streckung bedeuten. Die Eigenfrequenz des Oszillators ist

$$\nu = \frac{1}{2\pi} \sqrt{\frac{k}{\mu}} \qquad (\mu = \text{reduzierte Masse}).$$

Die potentielle Energie des Oszillators ist $\int_0^x kx\,dx = \frac{1}{2}kx^2$, hängt also von der Amplitude der Schwingung ab. Nach dem klassischen Modell ist jede beliebige Amplitude möglich, wobei die Frequenz der Schwingung immer dieselbe – die Eigenfrequenz! – ist.

Setzt man die Gesamtenergie in die Schrödinger-Gleichung ein, so liefern die Lösungen die quantenmechanisch erlaubten Energie-Eigenwerte, welche durch die Schwingungsquantenzahl v charakterisiert werden:

$$E_{vib} = h\nu(v + \tfrac{1}{2}) \qquad v = 0, 1, 2, 3, \ldots$$

Dabei kann ν der Eigenfrequenz des harmonischen Oszillators gleichgesetzt werden, so daß gilt

$$E_{vib} = \frac{h}{2\pi} \sqrt{\frac{k}{\mu}} \cdot (v + \tfrac{1}{2}) \quad \text{Hertz}$$

oder bei Angabe der Schwingungsfrequenz in Wellenzahlen

$$E_{vib} = \frac{h}{2\pi c} \sqrt{\frac{k}{\mu}} \cdot (v + \tfrac{1}{2}) \text{ cm}^{-1}$$

Die Schwingungsquantenzahl kann eine ganze Zahl (auch Null) sein. Befindet sich ein Mole-kül im Zustand mit $v = 0$, so beträgt seine Schwingungsenergie $\frac{1}{2}h\nu$. Dies ist die kleinstmögli-che Schwingungsenergie, die ein solches System besitzen kann, und die auch am absoluten Nullpunkt noch vorhanden ist. Diese *Nullpunktsenergie* ist nach der klassischen Physik nicht zu erwarten, da nach dieser ein Oszillator ohne weiteres überhaupt keine Schwingungsenergie besitzen kann. Tatsächlich sind also auch am absoluten Nullpunkt die Atome eines Moleküls nicht in Ruhe, sondern schwingen gegeneinander!

Die Energiedifferenzen zwischen zwei Eigenwerten betragen $h\nu = h/2\pi \cdot \sqrt{k/\mu}$. Verglichen mit der thermischen Energie der Moleküle bei Raumtemperatur ist die Energie zur Anregung ($v = 0 \rightarrow v = 1$) relativ groß, so daß bei normalen Temperaturen vorwiegend der Zustand mit $v = 0$ besetzt ist. Zum Übergang in den Zustand mit $v = 1$ wird Licht von der Wellenzahl $\bar{\nu} = 1/(2\pi c) \sqrt{k/\mu}$ absorbiert; aus der beobachteten Wellenzahl der absorbierten Strahlung läßt sich die *Kraftkonstante* der betreffenden Bindung berechnen, ein wichtiger, die «Stärke» der

Bindung charakterisierender Parameter. Durch Gleichsetzen der potentiellen Energie bei maximaler Amplitude mit der Gesamtenergie läßt sich auch die Amplitude der Schwingung berechnen; sie beträgt z. B. für das HCl-Molekül (im Zustand $v = 0$) fast 10% der Bindungslänge!

Man muß sich allerdings bewußt sein, daß das Modell des harmonischen Oszillators das Verhalten der Bindung nur bei relativ geringen Amplituden richtig wiedergibt. Bei größeren Amplituden ist die rücktreibende Kraft nicht mehr proportional der Amplitude; überschreitet die Streckung einen bestimmten Betrag, so tritt schließlich völlige *Trennung* der beiden Atome ein. Während für den harmonischen Oszillator die Energie als Funktion von x durch eine Parabel wiedergegeben wird ($E = \frac{1}{2} k x$), gilt für ein reales zweiatomiges Molekül die «*Morse-Kurve*» der Abb. 3.67 (vgl. auch Abb. 3.2, S. 80).

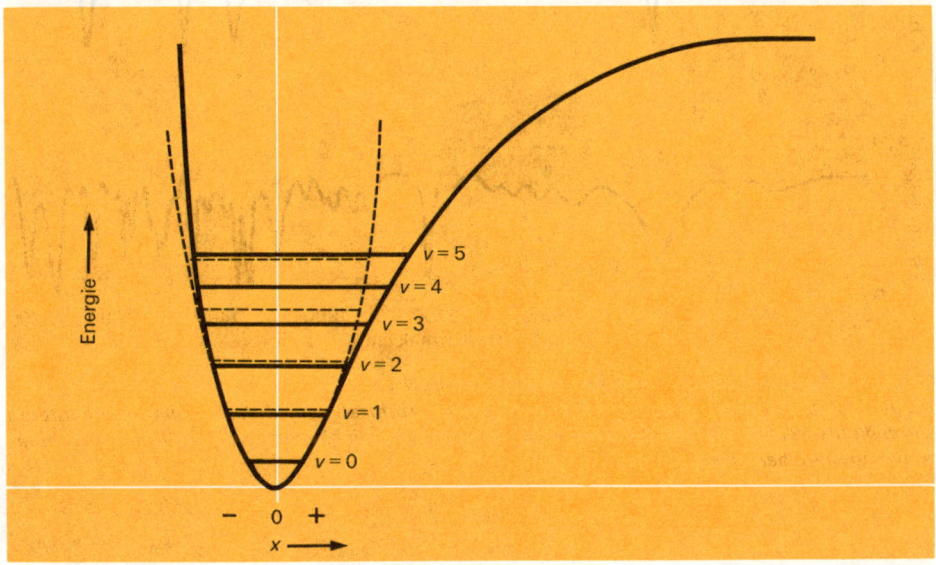

Abb. 3.67. Vergleich der «Morse-Kurve» mit der Kurve, welche aus dem Hookeschen Gesetz folgt

Selbstverständlich werden auch die Schwingungsspektren *mehratomiger Moleküle* beträchtlich komplizierter. Ein nichtlineares Molekül mit n Atomen besitzt $3n - 6$ Schwingungsmöglichkeiten, so daß z. B. im Schwingungsspektrum von H_2O – entsprechend den drei möglichen Schwingungen, vgl. Abb. 3.69 – insgesamt drei Absorptionsbanden auftreten. Häufig sind jedoch die Schwingungen der einzelnen Bindungen nicht völlig ungekoppelt, und zudem treten in den Spektren auch «Oberschwingungen» (vergleichbar den Obertönen in der Akustik) auf, so daß solche Spektren kaum vollständig zu analysieren sind. Auf empirischem Weg konnten hingegen sehr zahlreiche Banden bestimmten Strukturelementen zugeordnet werden (z. B. absorbiert eine $C{=}O$-Gruppe im Wellenzahlenbereich von 1650 bis 1720 cm^{-1}), so daß die Infrarotspektroskopie ein außerordentlich wertvolles Hilfsmittel zur Konstitutionsaufklärung anorga-

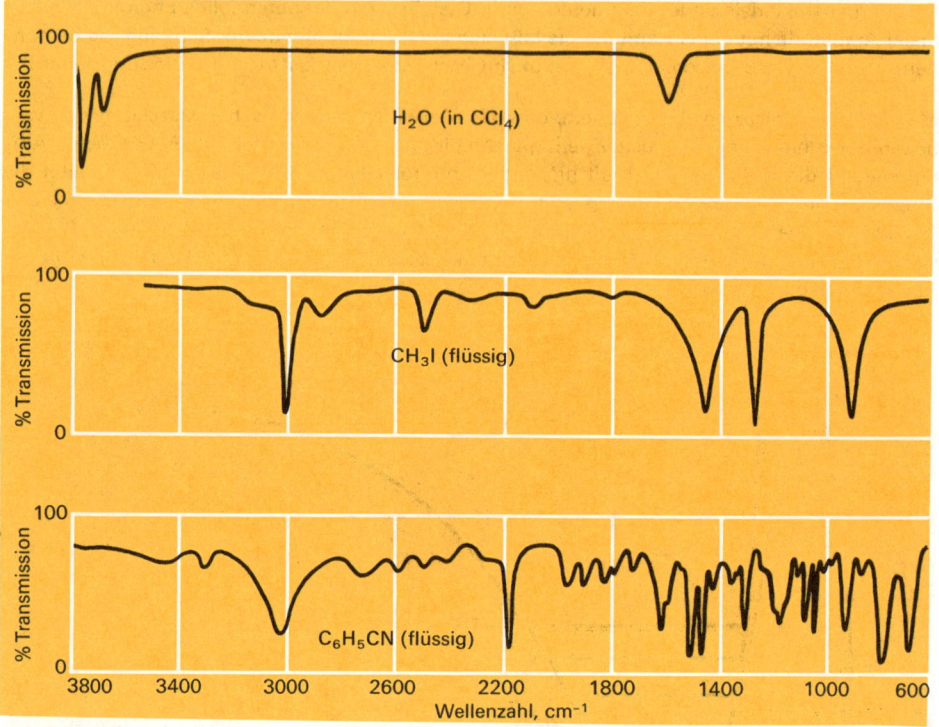

Abb. 3.68. Beispiele einiger IR-Spektren (schematisch)
Die Anzahl der Banden wächst mit zunehmender Atomzahl im Molekül; die beobachteten
Banden entsprechen einigen der $3n - 6$ Schwingungsmöglichkeiten und möglichen Kombinationen sowie Oberschwingungen.

nischer Komplexe und organischer Moleküle geworden ist. Infrarotspektren gasförmiger Substanzen sind Rotations-Schwingungsspektren (siehe S. 152); sie sind im allgemeinen mit einfacheren technischen Mitteln aufzunehmen als reine Rotationsspektren und liefern gleichzeitig Kraftkonstanten und Trägheitsmomente.

Elektronenspektren. Zur Anregung von Elektronen (Überführung in energiereichere, im Grundzustand unbesetzte Zustände) sind Lichtquanten von beträchtlich höherer Energie notwendig als zur Anregung von Schwingungen oder Rotationen. Wie die verschiedenen Energieniveaudiagramme (z. B. Abb. 3.30, S.110) gezeigt haben, liegen die σ-Niveaux besonders tief, so daß σ-Elektronen nur durch kurzwelliges *Ultraviolett* angeregt werden können. Nichtbindende sowie π-Elektronen sind leichter anzuregen (durch Absorption im längerwelligen Ultraviolett oder eventuell im sichtbaren Gebiet). Auch im elektronisch angeregten Zustand kann ein Molekül verschiedene, durch die entsprechenden Quantenzahlen festgelegten Schwingungs- und Rotationszustände einnehmen; mit der Absorption von Ultraviolett oder sichtbarem Licht ist deshalb stets auch eine Anregung von Schwingungen (und im Fall von Gasen auch von

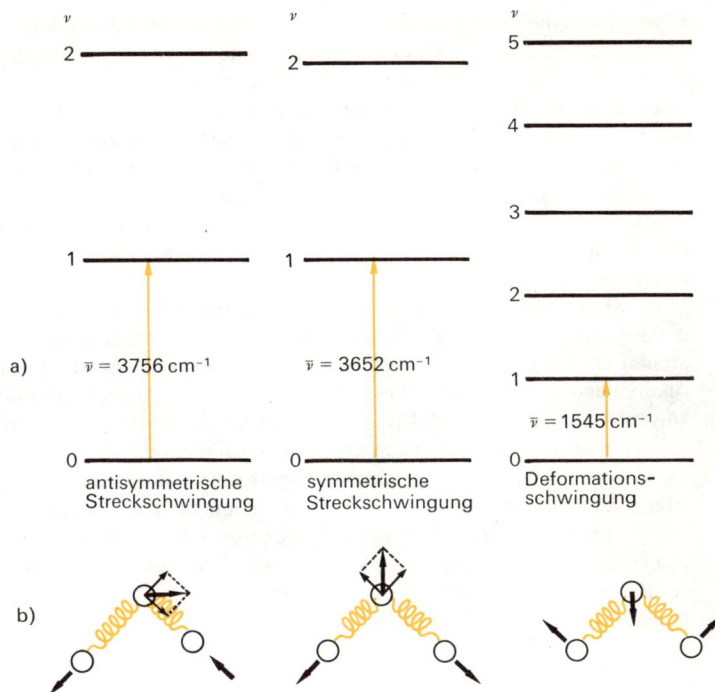

Abb. 3.69. a) Energieniveaudiagramm der Molekülschwingungen von H_2O; aus dem IR-Spektrum (Abb. 3.68) abgeleitet; b) Darstellung der entsprechenden Molekülschwingungen $\bar{\nu}$ = Wellenzahl

Rotationen) verknüpft, so daß in den entsprechenden Absorptionsspektren relativ *breite Banden* auftreten. Bei zweiatomigen Molekülen können diese Banden in Linien aufgelöst werden, aus deren Abständen sich wie im Fall der Rotations-Schwingungsspektren Kraftkonstanten, Bindungslängen und Trägheitsmomente berechnen lassen. Es zeigt sich dabei, daß in elektronisch angeregten zweiatomigen Molekülen die Kern-Kern-Abstände (Bindungslängen)größer werden; die Bindungen werden also durch die Anregung der Elektronen geschwächt. Bei mehratomigen Molekülen lassen sich die einzelnen Schwingungs-Energieniveaux nicht mehr auseinanderhalten, und das Absorptionsspektrum liefert nur Aufschlüsse über die Besetzung der verschiedenen Elektronenzustände bzw. die Energiedifferenzen zwischen diesen.

Drei besonders wichtige Möglichkeiten von Elektronenspektren sollen besonders erwähnt werden:

1. Anregung eines π-Elektrons in ein unbesetztes (antibindendes) π^*-Niveau ($\pi \longrightarrow \pi^*$-Übergang). Bereits im Zusammenhang mit der Besprechung des Butadien-Moleküls (S.115) haben wir darauf hingewiesen, daß die entsprechenden Energiedifferenzen um so kleiner werden, je mehr delokalisiert das betreffende π-MO ist (vgl. die Absorptionsmaxima von Äthylen und Butadien, S.116). Auch nichtbindende Elektronen können durch Absorption von Lichtquanten in π^*-MO übergehen ($n \longrightarrow \pi^*$-Übergang); die entsprechenden Energie-

differenzen sind zwar kleiner, jedoch ist die Intensität der Banden oft geringer, wenn sich nichtbindende und π^*-MO in ihrer relativen räumlichen Lage unterscheiden (nichtbindende p-AO und π^*-MO stehen senkrecht aufeinander).

2. Die Atome von *Übergangsmetallen* besitzen nur teilweise besetzte d-AO. In Komplexen mit solchen Atomen als Zentralatomen (z. B. $[Ni(NH_3)_6]^{2+}$) werden die – im freien (gasförmigen) Atom entarteten – d-Niveaux durch die Wirkung der Liganden in verschiedene Niveaux aufgespalten, im einfachsten Fall der oktaedrischen Koordination in zwei Niveaux. Durch Absorption von Licht entsprechender Wellenlängen ist eine Anregung von Elektronen vom tieferen in das höhere Niveau möglich. Diese «*Ligandenfeldbanden*» sind für die Farbigkeit zahlreicher solcher Komplexe verantwortlich.

3. In gewissen Fällen wird durch die Lichtabsorption ein Elektron eines Moleküls (oder Liganden) in ein höheres (unbesetztes) Niveau eines *anderen* Moleküls (bzw. des Zentralatoms) übertragen. So geht beispielsweise die braune Farbe der Lösung von Iod in Benzol, Alkohol usw. darauf zurück, daß durch die Absorption ein Elektron eines Lösungsmittelmoleküls in ein unbesetztes π^*-Niveau des Iodmoleküls übergeht. Die nötigen Anregungsenergien sind allerdings oft ziemlich groß (die entsprechende Absorption liegt im Ultraviolett); sie hängen u. a. von der Ionisierungsenergie des Donator-Moleküls und der Elektronenaffinität des Acceptormoleküls ab. Je niedriger die Ionisierungsenergie ist, um so kleiner wird die Energiedifferenz. Wiederum sind solche «*charge-transfer-Banden*» vor allem bei Komplexen von Übergangsmetallen wichtig, wo ein Elektron von einem Liganden in ein unbesetztes AO des Zentralatoms oder umgekehrt ein Elektron aus einem AO des Zentralatoms in ein unbesetztes Orbital eines Liganden übergehen kann.

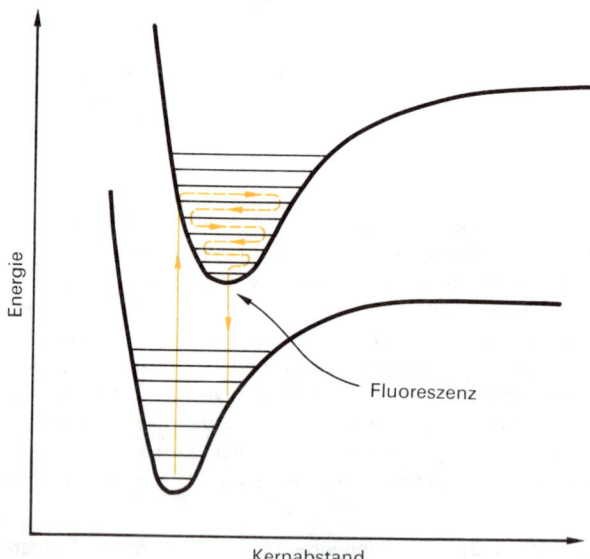

Abb. 3.70. *Dissipation von Energie durch Fluoreszenz*
Weil das Molekül im angeregten Zustand in energieärmere Schwingungsniveaux übergeht, ist die ausgesandte Strahlung energieärmer (von größerer Wellenlänge) als die absorbierte Strahlung

In allen bisher besprochenen Fällen von Lichtabsorption gehen die angeregten Moleküle (oder Komplexe) nach kurzer Zeit (im Extremfall nach 10^{-10} sec) wieder in den Grundzustand über (die Absorption findet ja dauernd – während beliebig langer Zeit! – statt), wobei Energie emittiert *(«dissipiert»)* wird. Dabei stehen im Prinzip drei Wege offen: Dissipation durch *Zusammenstöße von Molekülen* oder durch *Strahlung* oder durch *Auslösung von chemischen Reaktionen.* Im ersteren Fall findet eine Übertragung von Energie auf ein anderes Molekül (in Form von kinetischer Energie) statt; eine über längere Zeit andauernde Bestrahlung der Substanz führt dann zu einer gewissen *Erwärmung.* Vor allem überschüssige Rotations- und Schwingungsenergie wird über Molekülzusammenstöße dissipiert, weil die Energiedifferenzen zwischen angeregtem und Grundzustand relativ klein sind. Dissipation durch *Strahlung* tritt nur nach Anregung der *Elektronen* ein. Da bei dieser Anregung auch höhere Schwingungsniveaux besetzt werden, und die Schwingungsenergie leicht durch Molekülzusammenstöße dissipiert wird, sind die Quanten der emittierten Strahlung energieärmer (d. h. hat das ausgesandte Licht eine längere Wellenlänge) als die Quanten der absorbierten Strahlung (vgl. Abb. 3.70). Besitzen die Elektronen im angeregten und im Grundzustand dieselbe Spinrichtung, so erfolgt die Emission sehr schnell und klingt nach der Lichtabsorption praktisch sofort – nach 10^{-4}–10^{-9} sec – ab, was als **Fluoreszenz** bezeichnet wird. In bestimmten Fällen tritt vor der eigentlichen Lichtemission eine Umkehr der Spinrichtung des angeregten Elektrons ein, so daß dann im angeregten Zustand zwei Elektronen mit parallelem Spin vorhanden sind. Das angeregte Molekül befindet sich dann im sogenannten *«Triplett-Zustand»* (im Gegensatz zum *«Singlett-Zustand»,* wo das angeregte Elektron seine Spinrichtung beibehalten hat). Vom verglichen mit dem Singlett-Zustand etwas energieärmeren Triplett-Zustand geht das Molekül unter Emission

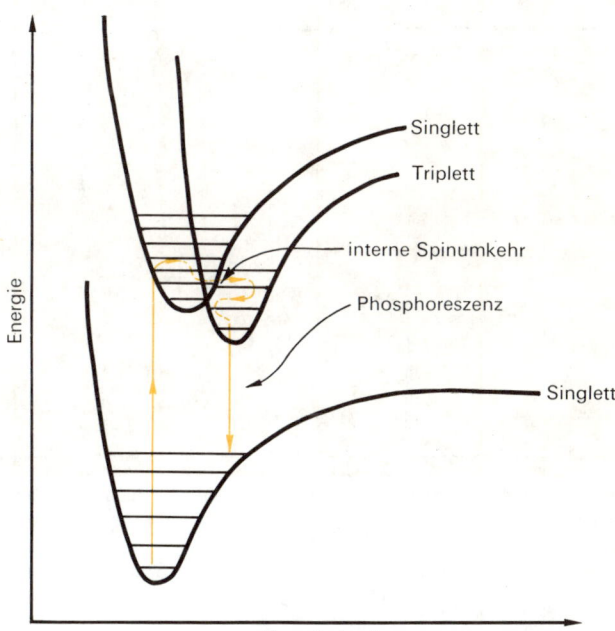

Energie

Singlett

Triplett

interne Spinumkehr

Phosphoreszenz

Singlett

Kernabstand

Abb. 3.71. Dissipation von Energie durch Phosphoreszenz. Interne Spinumkehr führt zum Triplett

6

von Strahlung wieder in den Grundzustand zurück, wobei aber nochmals Spinumkehr erfolgen muß. Da dies ein verhältnismäßig langsamer Prozeß ist, bleibt das Molekül länger im Triplett- als im Singlett-Zustand ($> 10^{-3}$ sec), und die Emission dauert (nach erfolgter Absorption) länger an (10^{-3} sec bis einige min). Diese Art Lichtemission wird als **Phosphoreszenz** bezeichnet. Da ein Molekül verhältnismäßig lange Zeit im Triplett-Zustand verweilt, kann dessen Energie beim Zusammenstoß mit einem anderen Molekül unter Umständen eine Bindungstrennung bewirken, d. h. eine *chemische Reaktion* auslösen. Substanzen, die besonders leicht vom Singlett- in den Triplett-Zustand übergehen, wirken deshalb als *« Sensibilisatoren »* zur Auslösung photochemischer Vorgänge.

Raman-Spektren. Beim Durchgang von monochromatischem Licht durch eine transparente Substanz kann man neben dem gewöhnlichen Streulicht (das die gleiche Wellenlänge wie das eingestrahlte Licht besitzt) noch eine weitere, allerdings sehr schwache Streustrahlung von kürzerer oder längerer Wellenlänge als das eingestrahlte Licht beobachten. Das Zustandekommen dieser *«Raman-Linien»* oder *«Raman-Banden»* beruht darauf, daß die Quanten des eingestrahlten Lichtes mit den Molekülen der Substanz in Wechselwirkung treten und dabei entweder Energie an diese abgeben (und sie zu Schwingungen anregen) oder Energie von ihnen übernehmen, wenn ein Molekül aus einem energiereicheren in einen energieärmeren Schwingungszustand übergeht. Die Differenzen zwischen der «Erreger-Linie» und den «Raman-Linien» bezeichnet man als Raman-Frequenzen; sie entsprechen ebenso wie die IR-Absorptionsbanden Schwingungs- (und im Gaszustand auch Rotations-) übergängen.

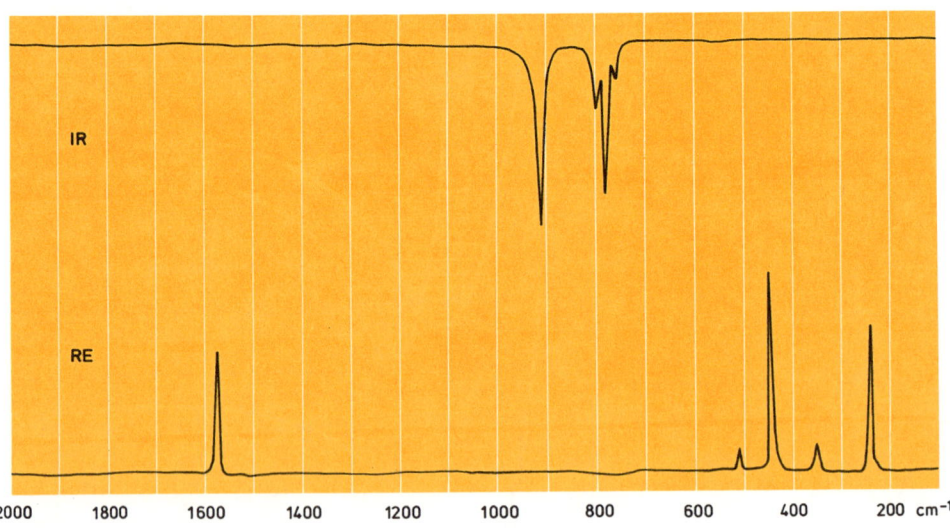

Abb. 3.72. IR-Spektrum (oben) und Raman-Spektrum (unten)
von Tetrachloräthylen $\left(\begin{smallmatrix} Cl \\ Cl \end{smallmatrix} \!\!>\! C\!=\!C \!<\!\! \begin{smallmatrix} Cl \\ Cl \end{smallmatrix} \right)$

Da ein Molekül nur ganz bestimmte Schwingungen ausführen kann, vermag es auch nur bestimmte Energiequanten zu absorbieren. Die Differenzen zwischen der Frequenz des eingestrahlten Lichtes und des Raman-Streulichtes sind daher bei einer bestimmten Substanz konstant und unabhängig von der Wellenlänge der einfallenden Strahlung. Damit können zur Untersuchung des Raman-Spektrums irgendwelche monochromatische Lichtquellen benutzt werden, so daß z. B. das gestreute Licht im Bereich der Empfindlichkeit einer photographischen Schicht liegen kann. Die mit Schwingungen und Rotationen verknüpften Energieübergänge können so ohne gleichzeitige Störung durch Elektronenanregung und in einem Spektralbereich untersucht werden, der experimentell leichter zugänglich ist als das Infrarot. Die Raman-Frequenzen sind zudem unabhängig von Aggregatzustand, wenigstens im Fall eng verbundener Atome bzw. Atomgruppen; aus diesem Grund können auch die Raman-Spektren von Festkörpern oder etwa von geschmolzenen Salzen oder Lösungen untersucht werden. Dabei zeigte sich z. B., daß die Raman-Frequenzen fester Nitrate identisch sind mit den Frequenzen der geschmolzenen Nitrate und auch von verdünnter (nicht aber von hochkonzentrierter!) Salpetersäure. Letztere enthält also keine (bzw. nur sehr wenig) NO_3^--Ionen, dafür hauptsächlich HNO_3-Moleküle.

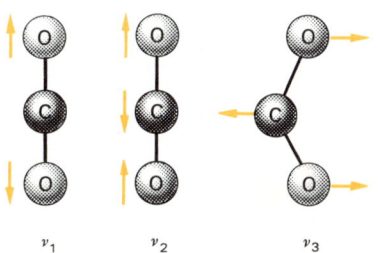

ν_1 ν_2 ν_3

Abb. 3.73. Die drei Schwingungsmöglichkeiten des linearen CO_2-Moleküls (ν_1 ist IR-inaktiv)

Während die *IR-Absorption* die Folge eines Überganges zwischen zwei Energiezuständen darstellt, sind die *Raman-Frequenzen* mit drei Zuständen verknüpft: mit dem Grundzustand, dem vorübergehend eingenommenen angeregten Zustand und dem endgültigen – ebenfalls angeregten – Schwingungs- oder Rotationszustand. (Dem direkten Übergang vom angeregten in den Grundzustand entspricht das gewöhnliche Streulicht.) Aus diesem Grund sind die «Auswahlregeln» für IR- und Raman-Spektren verschieden; während nur Schwingungen, welche den permanenten Dipolcharakter verändern, eine Absorption im IR bedingen können (S. 152), ergeben Schwingungen, welche eine Veränderung in der Polarisierbarkeit (im induzierten Dipolmoment) zur Folge haben, Raman-Linien. Von den Schwingungen eines linearen, symmetrischen Moleküls AB_2 (Abb. 3.73) ist die Polarisierbarkeit beim Schwingungstyp ν_1 für den kontrahierten und expandierten Zustand verschieden, während das Dipolmoment in beiden Zuständen gleich (nämlich Null) ist. Die Schwingung ν_1 ist damit Raman-aktiv, erscheint aber nicht im IR-Spektrum. Bei den Schwingungen ν_2 und ν_3 ändert sich hingegen beim Durchgang durch die Ruhelage das Dipolmoment (eine vektorielle Größe); die Polarisierbarkeit (eine skalare Größe) ist jedoch auf beiden Seiten der Ruhelage gleich. ν_2 und ν_3 erscheinen damit zwar im IR-, nicht jedoch im Raman-Spektrum. Aus den erwähnten Gründen geben auch Moleküle aus zwei Atomen im IR keine Rotationslinien, während sie jedoch häufig Raman-aktiv sind.

Photoelektronenspektren. Bei dem auf Franck und Hertz zurückgehenden Verfahren zur Bestimmung der *Ionisierungsenergien* werden Gasatome mit energiereichen Elektronen bestrahlt. Steigert man diese Energie allmählich (indem man die zwischen Kathode und Anode gelegte Spannung vergrößert), so tritt bei einer bestimmten Spannung (die einer bestimmten Energie der Elektronen entspricht) ein starker Abfall des Anodenstromes ein: die Elektronen vermögen beim Zusammenstoß mit einem Gasatom dieses zu ionisieren und verlieren dabei Energie, so daß sie die Anode nicht mehr erreichen. In prinzipiell ähnlicher, experimentell allerdings anders durchgeführter Weise lassen sich Atome oder Moleküle auch durch Bestrahlen mit energiereichen *Photonen* ionisieren. Man geht dabei so vor, daß man Lichtquanten verwendet, die etwas energiereicher sind, als es zur Ionisierung nötig wäre (z. B. Licht einer He-Entladungslampe, das Quanten der Energie 21,21 eV enthält) und mißt die kinetische Energie des ausgeschleuderten Elektrons (z. B. dadurch, daß man ein stetig wachsendes Verzögerungspotential zwischen die Gitter in der Ionisationskammer anlegt; der Kollektorstrom nimmt dann stufenweise ab). Auf diese Weise läßt sich die Ionisierungsenergie als Differenz zwischen der Photonenenergie und der kinetischen Energie des Elektrons bestimmen[1]. Das eigentliche Photoelektronenspektrum wird dadurch erhalten, daß man die Kollektorstromstärke gegen das Verzögerungspotential differenziert und den Differentialquotienten als Funktion der Differenz zwischen Energie der Photonen und Verzögerungspotential aufträgt. Man erhält auf diese Weise eine Reihe von Maxima, deren Abszissenwerte den Ionisierungsenergien der Elektronen in den verschiedenen Orbitalen entsprechen. Da allerdings auch hier gleichzeitig Molekülschwingungen angeregt werden können, bekommt man an Stelle eines einzigen scharfen Signals meist eine Gruppe von Linien.

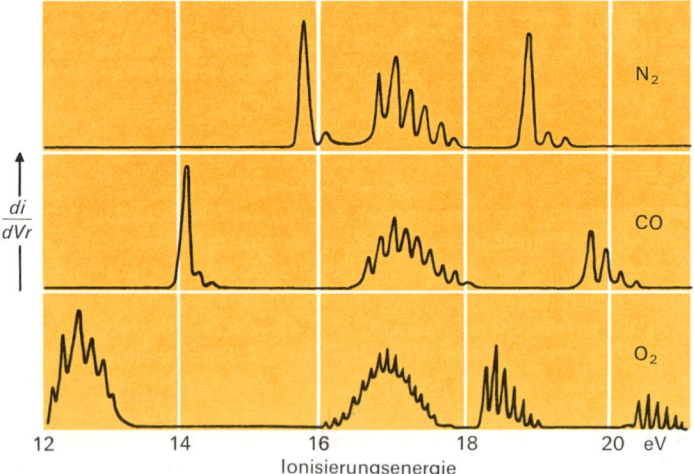

Abb. 3.74. Photoelektronenspektren von N_2, CO und O_2

[1] Prinzipiell analog verläuft die Abspaltung von Elektronen beim Auftreffen von energiereichen Lichtquanten auf eine Natrium- oder Kaliumoberfläche *(«photoelektrischer Effekt»)*; verwendet in Vakuum-Photozellen.

Die Photoelektronenspektroskopie, ein erst vor wenigen Jahren (1963) entwickeltes Verfahren, hat zur Bestimmung von *Ionisierungsenergien* und damit zur Ermittlung der elektronischen Energieniveaux in Atomen und Molekülen Bedeutung bekommen. So zeigt beispielsweise das Photoelektronenspektrum von HCl zwei deutliche Maxima bei 12,74 eV (Abtrennung eines Elektrons aus einem nichtbindenden AO) und bei 16,3–18 eV (Abtrennung eines Elektrons aus dem bindenden σ-MO). Das N_2-Molekül ergibt im Photoelektronenspektrum drei Maxima (bei 15,5 eV, bei 16 bis 17,5 eV und bei 19 eV), wobei jeweils ein Elektron aus dem $\sigma 2 p_x$- bzw. $\pi 2 p_z$- bzw. $\pi 2 p_y$-MO abgetrennt wird. Daß das Photoelektronenspektrum von CO_2 mit vier Maxima dem Energieniveauschema mit delokalisierten MO entspricht, wurde bereits auf S.111 erwähnt.

Kernresonanz- und Elektronenspinresonanzspektren. Ähnlich wie die Elektronen besitzen auch die *Nucleonen* (Protonen und Neutronen) einen *Spin.* Der Gesamtspin des Kerns ist die Resultierende aus den Spins der Nucleonen; bei Kernen mit gerader Zahl Protonen und Neutronen ist der Gesamtspin Null. Atome, deren Kerne entweder eine ungerade Zahl Protonen oder Neutronen enthalten, besitzen deshalb ein durch den Kernspin hervorgerufenes *magnetisches Moment,* verhalten sich also wie kleine *Stabmagnete.* Die Spinquantenzahl I hängt von der Anzahl der vorhandenen Nucleonen ab; die für die Chemie wichtigsten Kerne (^{1}H, ^{13}C, ^{15}N, ^{19}F, ^{31}P) besitzen alle die Spinquantenzahl $\frac{1}{2}$. Dies bedeutet, daß ihr magnetisches Moment nur zwei, gleich große, aber entgegengesetzte Werte $+ \mu$ und $- \mu$ annehmen kann, die den Spinquantenzahlen $+ \frac{1}{2}$ und $- \frac{1}{2}$ entsprechen. Bringt man nun solche Kerne in ein äußeres Magnetfeld H_0, so können sich die Kernmomente entweder *parallel* ($I = + \frac{1}{2}$) oder *antiparallel* ($I = - \frac{1}{2}$) zu diesem Feld einstellen, wobei ebenso wie bei der Magnetnadel (die sich im Magnetfeld der Erde befindet) die parallele Einstellung energetisch bevorzugt ist. Da der Energieunterschied zwischen den beiden Energieniveaux aber nur sehr gering ist, und durch die Wärmebewegung die Ausrichtung der Kerne in bezug auf die Feldlinien immer wieder aufgehoben wird, liegt im thermischen Gleichgewicht nur ein ganz geringer Überschuß (etwa 0,0001 %) an Kernen im tieferen Energieniveau (das der parallelen Einstellung entspricht) vor. Durch Aufnahme von Energie lassen sich jedoch Kerne vom tieferen in das höhere Niveau überführen. Dieser Energiedifferenz entspricht eine Absorption von Strahlung aus dem Radiowellengebiet.

Zur Aufnahme eines *Kernresonanzspektrums (NMR-Spektrum[1])* bringt man eine Substanzprobe in ein sehr starkes, extrem homogenes Magnetfeld und setzt sie einem hochfrequenten Wechselfeld von variabler Frequenz aus. Wird eine bestimmte Frequenz – die *Resonanzfrequenz* – erreicht, so wird Energie absorbiert, was nach Verstärkung auf einem Schreiber als Absorptionspeak sichtbar gemacht werden kann.

Der für den Chemiker wichtigste Kern mit einem magnetischen Moment ist das *Proton.* Kernresonanzspektren sind deshalb, wenn nichts anderes angegeben ist, stets Protonenresonanzspektren. Die überragend große Bedeutung, welche die Kernresonanzspektroskopie insbesondere zur Untersuchung struktureller Probleme erlangt hat, beruht im wesentlichen auf zwei Effekten: der *chemischen Verschiebung* und der *Spin-Spin-Aufspaltung.* Beide Effekte sind letztlich darauf zurückzuführen, daß Kerne derselben Art geringe Unterschiede in ihren Absorptionsfrequenzen zeigen, je nach der chemischen Umgebung, in der sie sich befinden. In der Elektronenwolke, die ein Proton umgibt, wird nämlich beim Anlegen eines äußeren Magnetfeldes H_0 ein diesem äußeren Feld entgegengesetzt gerichtetes Feld induziert, so daß am Ort

---

[1] Aus dem Englischen: **N**uclear **M**agnetic **R**esonance.

des Protons eine niedrigere effektive Feldstärke herrscht als die Feldstärke H_0; mit anderen Worten, die sich um ein Proton herum bewegenden Elektronen schirmen dieses in einem gewissen Maß ab. Kerne gleicher Art, die von verschiedener Elektronendichte umgeben sind, absorbieren somit bei gegebener Frequenz des Wechselfeldes bei verschiedenen Feldstärken, so daß man für jedes chemisch verschiedene Proton eines Moleküls ein eigenes Absorptionssignal erhält. Dabei ist die zur Absorption nötige Feldstärke um so größer, je stärker die abschirmende Wirkung der Elektronen ist. Gleichwertige Protonen (z. B. die drei Protonen einer Methylgruppe; vgl. NMR-Spektrum von Äthanol, Abb. 3.75 a) erzeugen ein einziges Signal, wobei die Fläche unter dem Signal der Anzahl Kerne, welche die Resonanz erzeugen, direkt proportional ist.

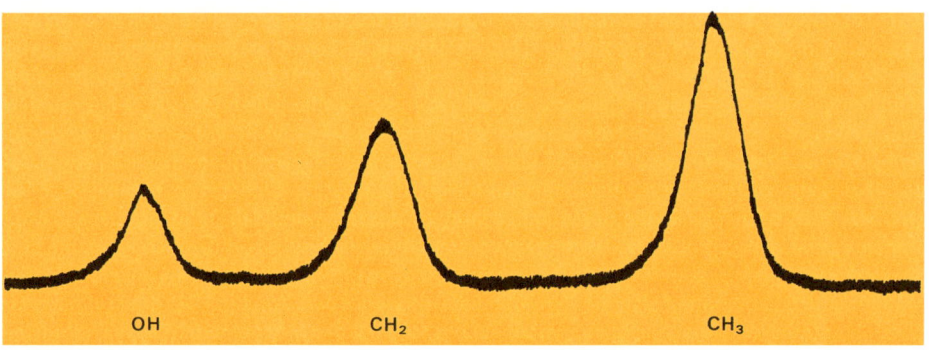

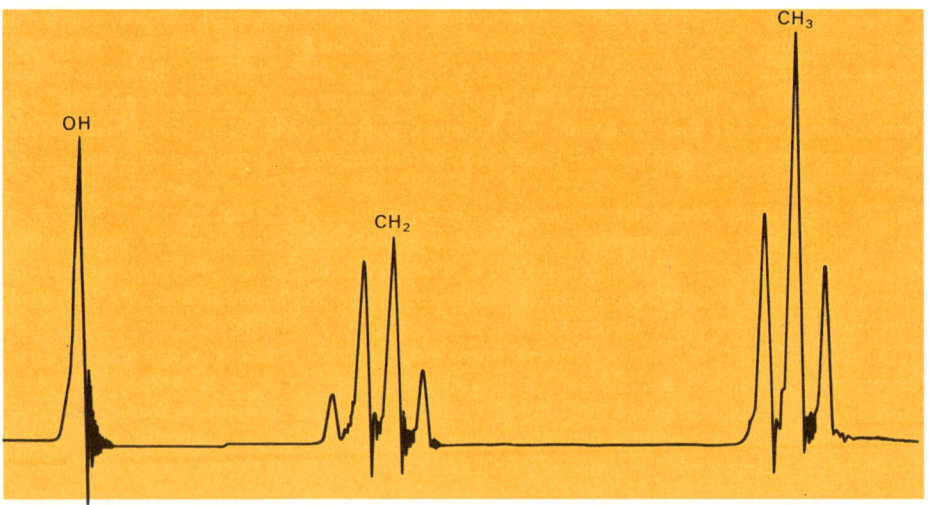

Abb. 3.75. NMR-Spektrum von Äthanol, CH_3CH_2OH
a) mit einem Instrument von geringer Auflösung aufgenommen. Die drei Absorptionspeaks entsprechen den Absorptionssignalen der drei verschiedenen Protonenarten
b) mit einem Instrument von höherer Auflösung aufgenommen. Als Folge der «Spin-Spin-Wechselwirkung» spalten die drei Signale zum Teil in mehrere Peaks auf

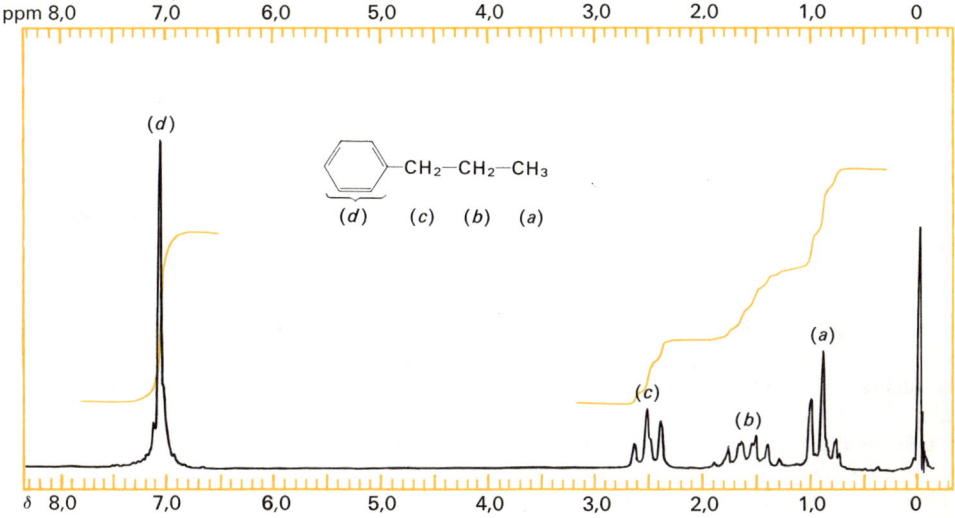

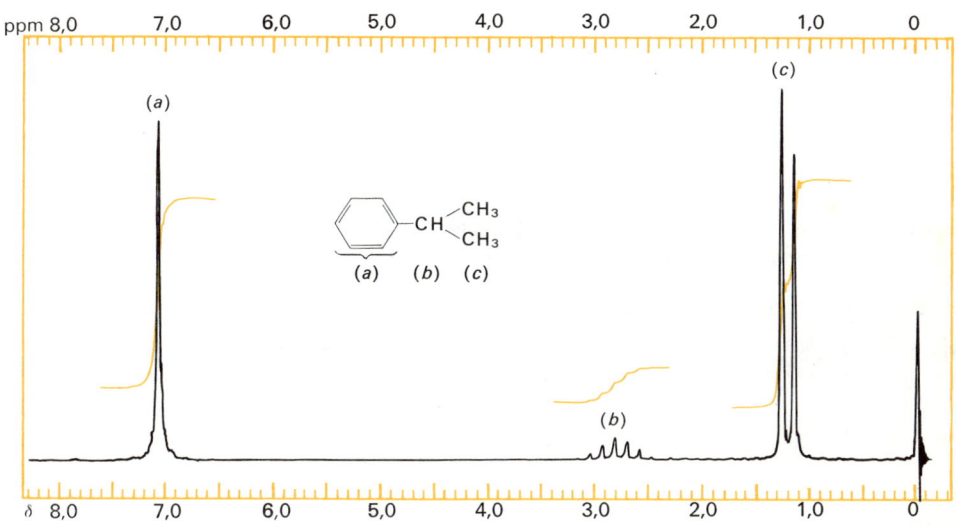

Abb. 3.76. NMR-Spektren von n-Propylbenzol (oben) und Isopropylbenzol (unten)
Im Spektrum von n-Propylbenzol erkennt man (in Richtung wachsender chemischer Verschiebung) die Signale der Methylgruppe (a), der Methylengruppe (b) und der Benzyl-Protonen (c). Dabei sind die Signale (a) und (c) in Tripletts aufgespalten. Das Signal des tertiären Protons (b) beim Isopropylbenzol sollte in 7 Peaks aufgespalten sein; die beiden äußersten Peaks sind jedoch gewöhnlich kaum zu erkennen, so daß nur 5 Peaks auftreten

Durch Ausmessen dieser Fläche (was in den NMR-Spektrographen durch elektronische Integration automatisch geschieht) läßt sich die Anzahl äquivalenter Protonen direkt *auszählen*. Durch die chemische Verschiebung läßt sich damit sofort die Zahl «chemisch verschiedener» Protonen (bzw. ^{15}N bzw. ^{19}F bzw. ^{31}P usw. Kerne) in einem Molekül oder Komplex erkennen. Wird das NMR-Spektrum mit einem Gerät höherer Auflösung aufgenommen (Abb. 3.75 b), so erhält man nicht einfach verschiedene Absorptionspeaks, sondern Gruppen von Peaks, im Fall von Äthanol (CH_3CH_2OH) ein Quadruplett und ein Triplett. Der Grund für diese *Aufspaltung* der Absorptionspeaks liegt in der Spin-Spin-Kopplung, d.h. in der Tatsache, daß die Feldstärke, die ein bestimmtes Proton erfährt, nicht nur von der Elektronendichte um dieses Proton herum abhängt, sondern auch von der Orientierung der Magnetfelder (d.h. der Spinrichtungen) der Protonen am Nachbar-C-Atom. Es ist hier nicht möglich, diese Zusammenhänge eingehender zu betrachten (vgl. *Grundlagen der organischen Chemie,* S. 312 bis 330); hingegen wird deutlich, daß die Spin-Spin-Aufspaltung Hinweise auf die Zahl der einem bestimmten Proton benachbarten, stereochemisch äquivalenten Protonen ergibt. Die NMR-Spektroskopie vermag damit Informationen über Bindungscharakter, Bindungsordnung, Ladungsdichteverteilung und die Stereochemie zu liefern; auch Reaktionen, bei welchen Protonen ausgetauscht werden, können mittels der NMR-Spektroskopie untersucht werden.

Bei der **Elektronenspinresonanz** (ESR) arbeitet man ebenso wie im Fall der Kernresonanzspektroskopie mit einem starken äußeren Magnetfeld, verwendet aber Strahlen aus dem dm- und cm-Wellenbereich zur Anregung. Die Quanten dieser Strahlung sind energiereich genug, um mit dem durch einzelne, ungepaarte Elektronen erzeugten Magnetfeld in Wechselwirkung zu treten, so daß bei bestimmten Frequenzen (Feldstärken) ebenfalls Absorption eintritt. Aus den ESR-Spektren lassen sich Informationen über die Aufenthaltswahrscheinlichkeit eines freien Elektrons in *Radikalen* erhalten.

Dipole und Dipolmoment. Permanente Dipole werden durch das Dipolmoment charakterisiert. Man versteht darunter das Produkt aus Ladung und Abstand zwischen den Ladungsschwerpunkten. Die Bestimmung von Dipolmomenten (aus dem Verhalten von Substanzen im elektrischen Feld, d.h. durch Messung der Dielektrizitätskonstanten) gibt wertvolle Hinweise auf Strukturen und Eigenschaften der Moleküle.

Beispiele von Dipolmomenten (in 10^{-30} C·m)

HF	6,1	H_2O	6,2	PF_3	3,4
HCl	3,6	H_2S	3,2	BF_3	0
HBr	2,7	NH_3	4,9		
HI	1,5	CO_2	0		
		CCl_4	0		

Im allgemeinen ist das Dipolmoment um so größer, je polarer die Bindungen sind (vgl. die Reihe HF – HI). Trotz ziemlich stark polarer Bindungen kann jedoch das Molekül als Ganzes auch unpolar sein und ein Dipolmoment Null besitzen. So sind im CCl_4-Molekül zwar die C—Cl-Bindungen polar, aber die vier Cl-Atome sind tetraedrisch um das C-Atom herum angeordnet, so daß der Schwerpunkt ihrer Ladung mit dem C-Atom zusammenfällt und das ganze Molekül unpolar ist. Aus demselben Grund ist auch das CO_2-Molekül kein Dipol (d.h. das Dipolmoment Null beweist, daß die drei Atome auf einer Geraden liegen müssen). Das

Dipolmoment Null der Verbindung BF_3 zeigt, daß die drei F-Atome in den Ecken eines gleichseitigen Dreiecks liegen müssen, denn das Molekül als Ganzes ist wiederum unpolar. Das PF_3-Molekül hingegen hat die Gestalt einer Pyramide mit dem P-Atom an der Spitze. Das hohe Dipolmoment von Wasser zeigt die starke Dipolnatur der H_2O-Moleküle; es bildet einen experimentellen Beweis dafür, daß hier die drei Atome miteinander einen Winkel einschließen.

Übungen

3.1 Schreiben Sie für die folgenden Teilchen die Lewis-Formeln und geben Sie für jedes Atom die formale Ladung an: OF_2, PO_3^{3-}, N_2O_4, HSO_3^-, $SOCl_2$, C_2H_4, SCN^-.

3.2 Warum gilt die Oktettregel streng nur für die Atome der zweiten Periode?

3.3 Erklären Sie die bindende Wirkung des Elektronenpaares im H_2-Molekül.

3.4 Wie kann die Existenz eines H_2^+-Ions erklärt werden (Energieniveauschema!) und warum gibt es kein He_2-Molekül? Kann ein He_2^+-Ion existieren?

3.5 Worin unterscheiden sich die zur Berechnung von Kovalenzbindungen am meisten benutzten Näherungsverfahren?

3.6 Was versteht man unter «polarer Bindung»? Wie wird sie nach dem MO-, nach dem VB-Verfahren dargestellt?

3.7 Erklären Sie den Paramagnetismus des O_2-Moleküls!

3.8 Ordnen Sie die folgenden Teilchen gemäß zunehmender Stärke der Bindung: O_2, O_2^+, O_2^-, O_2^{2+}, O_2^{2-}.

3.9 Was sind σ- und π-Bindungen? Können p- und d-Elektronen durch Überlappung zusammen π-Bindungen eingehen?

3.10 Wie läßt sich die tetraedrische Richtung der vier Bindungen des C-Atoms verstehen?

3.11 Vergleichen Sie die beiden Modelle der Doppelbindung. Warum stellt das τ-Modell eine den wirklichen Verhältnissen mehr adäquate Beschreibung dar?

3.12 Warum sind delokalisierte Elektronensysteme besonders stabil?

3.13 Gegeben sind die vier folgenden Verbindungen: ClO_2, PCl_3, H_2S und NI_3. Schreiben Sie für jede die Lewis-Formel und geben Sie an, was für Orbitals der einzelnen Atome durch Überlappung die Bindungen bilden. Welche Strukturen werden ein Dipolmoment besitzen, welche sind paramagnetisch? Geben Sie auch die Form der Moleküle an (Gillespie-Modell benutzen!).

3.14 Schreiben Sie die Grenzstrukturen folgender Teilchen: SO_2, O_3, CO, SCN^-, N_2O.

3.15 Wie ist es zu verstehen, daß Fluor zwar eine geringere Elektronenaffinität besitzt als Chlor, daß aber die EN von Fluor größer ist?

3.16 Was ist zu folgender Feststellung zu bemerken: Die MO-Methode besitzt gegenüber der VB-Methode den Nachteil, daß sie die Grenzstrukturen nicht berücksichtigt?

3.17 Welche Eigenschaften werden direkt oder indirekt durch die Gitterenergie bestimmt?

3.18 Warum stimmen berechnete und gemessene Gitterenergien nicht immer überein?

3.19 Warum bildet sich Magnesiumnitrid aus den Elementen unter starker Wärmeentwicklung, trotzdem viel Ionisierungsenergie und Elektronenaffinität aufzuwenden ist?

3.20 Schreiben Sie die Formeln folgender Komplexsalze:
Dibromodiaquodiamminkobalt (III)-chlorid
Tetramminkupfer (II)-sulfat
Dichlorotetramminchrom (III)-sulfat
Natriumhexacyanomanganat (III)
Kaliumhexanitritokobaltat (III)

3.21 Wie heißen folgende Substanzen:

$[Pt(NH_3)_4]$ $[PtCl_4]$ $[Pt(NH_3)_3Cl]$ $[Pt(NH_3)Cl_3]$ $K_4Ni(CN)_4$

3.22 Erklären Sie den Unterschied zwischen metallischen Leitern und Isolatoren mittels des Energiebändermodells.

3.23 Was für Typen von Halbleitern entstehen, wenn in Si-Kristallen B-Atome bzw. wenn in Ge-Kristallen P-Atome als Verunreinigungen enthalten sind?

3.24 Ordnen Sie folgende Festkörper nach zunehmender elektrischer Leitfähigkeit: Si, Diamant, Cu, Si + B.

3.25 Wie verändert sich die Leitfähigkeit von metallischen Leitern, von Halbleitern mit zunehmender Temperatur?

3.26 Rohrzucker hat die Substanzformel $C_{12}H_{22}O_{11}$. Von den 11 O-Atomen sind 8 als OH-Gruppen im Molekül vorhanden. Erklären Sie die große Wasserlöslichkeit.

3.27 Wie kommen UV-, IR- und Mikrowellenspektren zustande? Was für Schlüsse lassen sich aus ihnen ziehen?

3.28 Vorausgesetzt ist, daß ein Molekül XY_3 ein Dipolmoment besitzt. Was läßt sich dann über den Charakter der X—Y-Bindungen, die Form des XY_3-Moleküls und die Stärke der Bindungen X—X, X—Y und Y—Y aussagen?

3.29 N_2O besitzt ein Dipolmoment. Welche der beiden linearen Strukturen kommt dem Molekül zu: NNO oder NON?

3.30 Interpretieren Sie das Photoelektronenspektrum von O_2 (Abb. 3.74 c)

3.31 Im IR-Spektrum von NO_2 treten 3 Absorptionsbanden auf. Ist das Molekül gestreckt oder gewinkelt?

3.32 HCl-Gas absorbiert Strahlung mit den Wellenzahlen 20,7, 41,5, 62,3, 83,0 und 103,8 cm^{-1}.

    (a) Ordnen Sie jede dieser Absorptionslinien einem bestimmten Rotations-Energieübergang zu.

    (b) Berechnen Sie aus den Wellenzahlen die Energiedifferenzen ΔE und berechnen Sie aus einigen ΔE-Werten das Trägheitsmoment des Moleküls.

    (c) Berechnen Sie die reduzierte Masse des HCl-Moleküls (unter der Annahme, daß es das Nuklid ^{35}Cl enthält).

    (d) Berechnen Sie mittels des Trägheitsmomentes und der reduzierten Masse die Bindungslänge.

3.33 Welche Vor- und Nachteile besitzen die verschiedenen Methoden zur Kristallstrukturanalyse?

3.34 Diskutieren Sie die verschiedenen Möglichkeiten zur Dissipation von absorbierter Strahlungsenergie.

3.35 Erklären Sie die Begriffe «Laue-Diagramm», «Triplett-Zustand», «Charge-transfer-Spektrum», «Photoelektronenspektrum».

Literatur

a) Allgemeine Werke

P. Ander und A. J. Sonnessa	*Principles of Chemistry.* An Introduction to Theoretical Concepts. Macmillan, New York 1965
C. J. Ballhausen und H. B. Gray	*Molecular Orbital-Theory.* Benjamin, New York 1964
C. N. Banwell	*Fundamentals of Molecular Spectroscopy.* McGraw-Hill, London 1966
G. M. Barrow	*The Structure of Molecules.* Benjamin, New York 1964
E. Cartmell und G. W. A. Fowles	*Valency and Molecular Structure.* Butterworths, London 1977
F. A. Cotton und G. Wilkinson	*Anorganische Chemie.* Verlag Chemie, Weinheim 1972
C. A. Coulson	*Valence.* Oxford University Press, 1962
M. C. Day und J. Selbin	*Theoretical Inorganic Chemistry.* Reinhold, New York 1969
R. J. Gillespie	*Molekülgeometrie.* Verlag Chemie, Weinheim 1975
E. S. Gould	*Inorganic Reactions and Structure.* Holt, New York 1955
H. B. Gray	*Electrons and Chemical Bonding.* Benjamin, New York 1964
H. Hartmann	*Die chemische Bindung.* Springer, Berlin 1964
G. Herzberg	*Atomic Spectra and Atomic Structure.* Dover, New York 1944
J. A. A. Ketelaar	*Chemische Konstitution.* Vieweg, Braunschweig 1964
B. H. Mahan	*University Chemistry.* Addison-Wesley, New York 1965
L. Pauling	*Die Natur der Chemischen Bindung.* Verlag Chemie, Weinheim 1962
W. Ryschkewitsch	*Chemical Bonding and the Geometry of Molecules.* Reinhold, New York 1962
F. Seel	*Atombau und chemische Bindung.* Enke, Stuttgart 1974
A. F. Wells	*Structural Inorganic Chemistry.* Oxford University Press, 1975
H. Winkler	*Struktur und Eigenschaften der Kristalle.* Springer, Berlin 1962

b) Ergänzende Literatur

R. Allmann	Die Kristallstrukturanalyse. *Chemie für Labor und Betrieb 16* (1965) 177
H. A. Bent	Tangent-Sphere Models of Molecules. *J. Chem. Educ. 40* (1963) 446, 523, und *42* (1965) 302, 348
R. J. Gillespie	The Valence-Shell-Electron-Pair-Repulsion (VSEPR) Theory of Directed Valence. *J. Chem. Educ. 40* (1963) 295
R. J. Gillespie und R. S. Nyholm	Inorganic Stereochemistry. *Quart. Rev. London 11* (1957) 339
A. D. Liehr	Molecular Orbital, Valence Bond and Ligand Field. *J. Chem. Educ. 39* (1962) 135
G. C. Pimentel	Infrared Spectroscopy, a Chemist's Tool. *J. Chem. Educ. 37* (1960) 651
H. Preuß	Die chemische Bindung in der Sicht der modernen theoretischen Chemie. *Angew. Chem. 77* (1965) 666
E. A. Walters	Models for the Double Bond. *J. Chem. Educ. 43* (1966) 134

4 Gase

4.1 Die Zustandsgleichung idealer Gase

Das Volumen einer bestimmten Substanzmenge hängt von den äußeren «Bedingungen» (Druck, Temperatur, Molzahl) ab. Eine *«Zustandsgleichung»* verknüpft das Volumen mit der Substanzmenge und diesen Bedingungen:

$$V = f(p, t, n) \qquad (n = \text{Zahl der Mole})$$

Für Festkörper und Flüssigkeiten ergeben sich dabei mathematisch recht komplizierte Ausdrükke. Das Volumen hängt jedoch nur verhältnismäßig wenig vom Druck und von der Temperatur ab, so daß es im allgemeinen genügt, das Volumen allein anzugeben, wenn man eine Substanzmenge im flüssigen oder im festen Zustand charakterisieren will. Anders ist es bei Gasen: hier hängt das Volumen einer Substanzmenge sehr stark von den äußeren Bedingungen ab, dafür ist die Zustandsgleichung einfach.

Gesetze von Boyle-Mariotte und von Charles-Gay-Lussac. Boyle und nach ihm Mariotte fanden, daß für die meisten Gase in guter Näherung die folgende Beziehung gilt:

$$p \cdot V = k \tag{4.1}$$

Dabei ist k eine temperatur- und substanzabhängige Konstante. Graphisch dargestellt gibt die Gleichung (4.1) eine *Hyperbel* (Abb. 4.1).
Das Gesetz von Boyle-Mariotte wird von vielen Gasen nur innerhalb eines bestimmten Druck- und Temperaturbereiches einigermaßen genau befolgt. Bei hohen Drucken und tiefen Tempera-

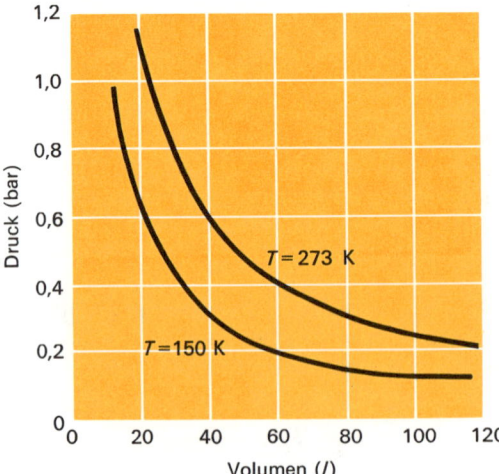

Abb. 4. 1. Druck-Volumen-Isothermen eines idealen Gases

Tabelle 4.1. $p \cdot V$ für 1 Mol Argon

Temperatur (°C)	Volumen (l)	Druck (bar)	$p \cdot V$ (l · bar)
100	2,000	15,28	30,560
	1,000	30,52	30,520
	0,500	60,99	30,500
	0,333	91,59	30,500
−50	2,000	8,99	17,980
	1,000	17,65	17,650
	0,500	34,10	17,050
	0,333	49,50	16,500

turen können größere *Abweichungen* auftreten (vgl. Tab. 4.1 und S. 178). Gase, welche sich entsprechend dem Boyle-Mariotte-Gesetz verhalten, werden als «**ideale**» **Gase** bezeichnet. Von Charles und später von Gay-Lussac wurde die Beziehung zwischen dem Volumen eines Gases und der Temperatur (bei konstantem Druck!) untersucht. Es zeigte sich, daß bei (idealen) Gasen das Volumen linear zur Temperatur wächst (Abb. 4.2). Verlängert man die Gerade der Abb. 4.2 nach links, so schneidet sie die Abszisse (V = Null!) bei − 273,15 °C, wobei dieser Zahlenwert völlig unabhängig von der Art des verwendeten Gases oder der Größe des Druckes ist. Thomson (Lord Kelvin) bezeichnete die Temperatur von − 273,15 °C als «**absoluten**

Tabelle 4.2. Molvolumen $(\overline{V})$ und Gaskonstante R einiger Gase (bei 0 °C und 1 bar Druck) Unter diesen Bedingungen beträgt das Molvolumen eines idealen Gases 22,4136 l. R ist 8,31434 J K⁻¹ mol⁻¹

Gas	Formel	Molvolumen $\overline{V}$ (l)	$R = pV/nT = p\overline{V}/T$ (p in N m⁻²)	
Wasserstoff	H_2	22,428	8,3140	
Helium	He	22,426	8,3132	
Neon	Ne	22,425	8,3129	
Stickstoff	N_2	22,404	8,3051	
Kohlenmonoxid	CO	22,403	8,3047	«Ideal» bis zu
Sauerstoff	O_2	22,394	8,3014	± 1%, wenn
Argon	Ar	22,393	8,3010	$P \leq 1$ bar
Stickoxid	NO	22,389	8,2995	$T \geq 273$ K.
Methan	CH_4	22,360	8,2888	
Kohlendioxid	CO_2	22,256	8,2502	
Chlorwasserstoff	HCl	22,249	8,2476	
Aethylen	C_2H_4	22,241	8,2446	
Acetylen	C_2H_2	22,19	8,2257	
Ammoniak	NH_3	22,094	8,1902	
Chlor	Cl_2	22,063	8,1787	

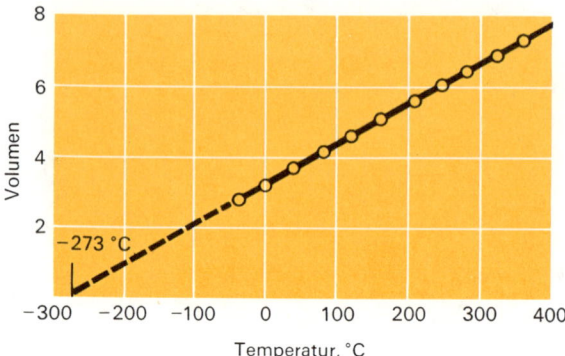

Abb. 4.2. Volumen eines idealen Gases in Abhängigkeit von der Temperatur

Nullpunkt» (eine tiefere Temperatur würde einem «negativen» Volumen entsprechen!); die «**absolute Temperatur**» eines Systems beträgt dann 273,15 + *t* K (wobei *t* = °C). Nach Charles und Gay-Lussac gilt also

$$V = k' \cdot T, \tag{4.2}$$

wobei die Konstante *k'* nur von der Masse des Gases und vom Druck abhängt.
[Die Beziehung (4.2) kann natürlich bei extrem tiefen Temperaturen nicht experimentell geprüft werden, da sich dann alle Gase verflüssigen und − außer He − zum Festkörper erstarren. Zudem läßt sich der absolute Nullpunkt nach dem 3. Hauptsatz (S.289) zwar mit beliebig guter Näherung, jedoch niemals ganz exakt erreichen.]

Satz von Avogadro. Eine weitere, sehr wichtige Erkenntnis, die zunächst als Hypothese ausgesprochen wurde (1811), stammt von Avogadro. Gay-Lussac hatte erkannt, daß die Volumenverhältnisse bei chemischen Reaktionen von Gasen stets einfach und ganzzahlig sind. Beispielsweise ergeben ein Raumteil Wasserstoff und ein Raumteil Chlor zwei Raumteile Chlorwasserstoff oder verbinden sich zwei Raumteile Wasserstoff mit einem Raumteil Sauerstoff zu zwei Raumteilen Wasserdampf. Die Erklärung für diese Beobachtung gibt der von Avogadro ausgesprochene Satz: *Gleiche Raumteile von Gasen enthalten bei gleichen Bedingungen gleich viele Teilchen,* oder mit anderen Worten, das Volumen eines Gases ist proportional der Anzahl der vorhandenen Mole. Aus *n* Wasserstoff- und *n* Chlorteilchen bilden sich somit 2*n* Chlorwasserstoffteilchen, während aus 2*n* Wasserstoff- und *n* Sauerstoff- insgesamt 2*n* Wasserteilchen entstehen. (Auf diese Weise bot sich erstmals eine sichere Möglichkeit zur Bestimmung der Atomzahlverhältnisse in Verbindungen; S.264). Mit der daraus gezogenen Folgerung, daß Wasserstoff, Sauerstoff und Chlor aus (mindestens) zweiatomigen Molekülen bestehen müßten, geriet Avogadro aber in Widerspruch zu Dalton, der die Atome als kleinste Teilchen von Elementen postuliert hatte. Aus diesem Grund wurde auch die «Hypothese» von Avogadro während langer Zeit abgelehnt.

Die Zustandsgleichung idealer Gase. Die Gesetze von Boyle-Mariotte und von Charles-Gay-Lussac lassen sich zusammen mit dem Satz von Avogadro zu einer Zustandsgleichung verbinden, welche die Beziehungen zwischen Volumen, Temperatur, Druck und Molzahl wiedergibt. Es gilt:

$$V \sim \frac{1}{p} \qquad \text{bei konstanter Temperatur und Molzahl } n$$

$$V \sim T \qquad \text{bei konstantem Druck und konstanter Molzahl } n$$

$$V \sim n \qquad \text{bei konstantem Druck und konstanter Temperatur}$$

und somit $\qquad V \sim \left(\dfrac{1}{p}\right) \cdot (T) \cdot (n)$

Schreibt man den letzten Ausdruck als Gleichung, so erhält man

$$\mathbf{p} \cdot \mathbf{V} = \mathbf{n} \cdot \mathbf{R} \cdot \mathbf{T} \tag{4.3}$$

(oder für 1 mol – wenn V_M das Molvolumen ist – $p \cdot V_M = R \cdot T$).

R – hier als Proportionalitätsfaktor eingeführt – ist die «**universelle Gaskonstante**». Den Zahlenwert für R (8,314 J K^{-1} mol^{-1} oder 1,98 cal K^{-1} mol^{-1} oder 0,082 lit atm K^{-1} mol^{-1}) bekommt man dadurch, daß man experimentell bestimmte Größen in die Zustandsgleichung einsetzt (vgl. Tab. 4.2).

4.2 Kinetische Gastheorie

Zur «Erklärung» von empirisch gefundenen Gesetzmäßigkeiten wie z. B. der Zustandsgleichung idealer Gase müssen *Modellvorstellungen* entwickelt werden. Dabei werden schon bekannte (erprobte) Begriffe und Vorstellungen aus anderen Erfahrungsbereichen übernommen, um neuere (bisher unbekannte) Erfahrungen zu beschreiben. Ein solches Modell kann somit als *Versuch zur bildlichen Interpretation von Erscheinungen* aufgefaßt werden. Unter Umständen kann zugleich mit den Begriffen und Vorstellungen auch eine schon vorliegende mathematische Behandlung aus den anderen Erfahrungsbereichen mit übernommen werden, so daß man in einem solchen Fall zu einem «mathematisierenden» Modell, zu einer *Modellrechnung*, gelangt. In der Regel werden dabei allerdings gewisse Vereinfachungen notwendig sein; die Gültigkeit dieser Annahmen sowie die Leistungsfähigkeit des gesamten Modells können jedoch dadurch überprüft werden, daß man die daraus zu ziehenden Folgerungen im Experiment verifiziert. Unter Umständen wird man dann gezwungen, das Modell zu verfeinern oder zu ergänzen; möglicherweise muß sogar das verwendete Modell durch ein der Wirklichkeit näher kommendes, besseres Modell ersetzt werden. Das «kinetische Modell» des idealen Gases bietet ein schönes Beispiel zur Illustration der Einführung, der Überprüfung und der Verbesserung einer Modellvorstellung.

Die von Brown (1827) beobachtete ständige zitternde Bewegung kleinster Partikeln, die in einer Flüssigkeit oder in einem Gas suspendiert sind, eine Bewegung, die um so rascher ist, je kleiner die Partikeln sind und je höher die Temperatur ist, legt den Gedanken nahe, daß sich auch die kleinsten Materieteilchen (Atome, Moleküle, Ionen) in ständiger *Bewegung* befinden, (Die ständig von verschiedenen Seiten auf eine solche suspendierte Partikel stoßenden Flüssigkeits- oder Gasteilchen wären dann die Ursache der Brownschen Bewegung.) Für *ideale Gase* gelangt man deshalb zu folgendem *Modell:*

Die Gasteilchen befinden sich in ständiger, regelloser, geradliniger Bewegung, wobei sie häufig unter sich oder mit der Behälterwand zusammenstoßen. Die Zusammenstöße sind völlig elastisch, d.h. die gesamte kinetische Energie bleibt erhalten, und es tritt höchstens eine Übertragung von kinetischer Energie von einem auf ein anderes Teilchen, jedoch keine Umwandlung von kinetischer in potentielle Energie (z. B. durch Deformation eines Teilchens) ein. Die Anzahl der Teilchen in einem gegebenen Gasvolumen ist sehr groß; ihr Eigenvolumen ist aber verglichen mit dem Gesamtvolumen zu vernachlässigen. Zwischen den Teilchen sind keinerlei Kräfte wirksam.

Der Gasdruck. Der Druck auf die Behälterwände wird durch die Stöße der Partikeln auf die Wand verursacht. Weil diese Stöße elastisch sind, wird keine Energie an die Wand abgegeben; die Teilchen fliegen also nach dem Stoß mit der ursprünglichen Geschwindigkeit wieder fort. Da sich dabei aber der Impuls der Teilchen ändert, erfährt die Wand eine *Kraft,* welche gleich der Impulsänderung pro Zeiteinheit ist. Die Anzahl der auftreffenden Partikeln ist natürlich nicht in jedem Augenblick genau gleich groß, so daß sich diese Kraft dauernd ändert; die Änderungen sind jedoch so gering und erfolgen so rasch, daß man nur einen zeitlichen Mittelwert der Kraft feststellen kann.

Für unsere Überlegungen nehmen wir an, daß das Gas in einen würfelförmigen Behälter der Kantenlänge a eingeschlossen ist. Die Geschwindigkeit eines Teilchens kann vektoriell in drei Komponenten v_x, v_y und v_z (jeweils parallel einer Koordinatenachse) zerlegt werden, wobei das Quadrat der Geschwindigkeit v^2 gleich der Summe von v_x^2, v_y^2 und v_z^2 ist. Zur Vereinfachung des Problems können wir deshalb annehmen, daß je ⅓ der Teilchen sich parallel einer Würfelkante bewegen.

Für ein Teilchen mit der (mittleren) Geschwindigkeit v_x ist die Impulsänderung beim Aufprall auf die Wand $2\,m \cdot v_x$, da der Impuls vor dem Stoß $m \cdot v_x$, nach dem Stoß aber $-m \cdot v_x$ beträgt. Die mittlere Kraft, welche während der Zeit τ wirkt, wird dann gleich $2\,m \cdot v_x/\tau$. In der Zeit τ legt das Teilchen den Weg $v \cdot \tau$ zurück; zwischen je zwei Stößen auf die gleiche Wand den Weg $2a$. (Dabei werden Zusammenstöße mit anderen Teilchen, welche zu einer Änderung der Richtung der Teilchenbewegung führen, unberücksichtigt gelassen; man kann jedoch zeigen, daß eine genauere Durcharbeitung – welche den Zusammenstößen Rechnung trägt – zum selben Ergebnis führt.) Die Anzahl der Stöße eines Teilchens auf die gleiche Würfelfläche wird somit

$$z = \frac{v_x \tau}{2\,a}.$$

Jede Würfelfläche wird im Durchschnitt von $N/3$ Teilchen getroffen, wenn N die Gesamtzahl der Teilchen im Behälter ist, und zwar während der Zeit τ von jedem Teilchen z-mal. Im Ganzen erfolgen also pro τ $Z = (N/3) \cdot z$ Stöße auf die gleiche Wand. Damit wird die mittlere Kraft, welche die Wand erfährt,

$$\bar{F} = F \cdot Z = \frac{2\,m\,v_x}{\tau} \cdot \frac{N}{3} \cdot \frac{v_x \tau}{2\,a} = \frac{2}{3}\,N \cdot \frac{1}{2}\,m\,v_x^2 \cdot \frac{1}{a}.$$

Der Druck p wird dann

$$p = \frac{\bar{F}}{a^2} = \frac{2}{3}\,N \cdot \frac{m\,v_x^2}{2} \cdot \frac{1}{a^3} = \frac{2}{3}\,N \cdot \frac{m\,v_x^2}{2} \cdot \frac{1}{V}. \qquad (V = \text{Volumen})$$

Dieselbe Überlegung gilt selbstverständlich auch für Teilchen, welche sich parallel der y- oder der z-Achse bewegen; für den Gesamtdruck erhält man somit

$$p = \frac{2}{3}\,N \left[\frac{m\,v_x^2}{2} + \frac{m\,v_y^2}{2} + \frac{m\,v_z^2}{2}\right] \frac{1}{V}$$

oder

$$p = \frac{2}{3}\,N \cdot \frac{m\,v^2}{2} \cdot \frac{1}{V}.$$

Damit wird

$$p \cdot V = \frac{2}{3}\,N \cdot \frac{m\,v^2}{2}.$$

Da $m \cdot v^2/2$ die *mittlere Translationsenergie (kinetische Energie)* eines Teilchens ist und $p \cdot V$ gemäß der Zustandsgleichung gleich $n \cdot R \cdot T$ ist, wird

$$p \cdot V = \frac{2}{3} \cdot N \cdot E_{kin} \quad \text{oder} \quad E_{kin} = \frac{3}{2} \cdot \frac{n}{N} \cdot R \cdot T.$$

Für *ein Mol*, d. h. für $N = N_A$ ($N_A =$ Avogadro-Konstante), ist somit

$$E_{kin} = \frac{3}{2} R \cdot T.$$

Die Translationsenergie eines *einzelnen Teilchens* wird damit gleich

$$E_{kin} = \frac{3}{2} \frac{R}{N_A} \cdot T = \frac{3}{2} k \cdot T,$$

wobei k ($= R/N_A$) als **Boltzmann-Konstante** bezeichnet wird. Da sich jedes Teilchen entweder in der x-, in der y- oder in der z-Richtung bewegen kann, mit anderen Worten, da jedem Teilchen drei «Freiheitsgrade» für die Bewegung zur Verfügung stehen, wird die (mittlere) *Translationsenergie pro Freiheitsgrad = ½ ($k \cdot T$)*.

Es ergibt sich aus dieser Ableitung, daß die *mittlere Translationsenergie* (d. h. die mittlere kinetische Energie) eines Teilchens *der absoluten Temperatur proportional* ist. Die durchschnittliche Teilchengeschwindigkeit wird proportional zu $\sqrt{T}$ und umgekehrt proportional zu $\sqrt{m}$: Schwere Teilchen bewegen sich im Durchschnitt langsamer als leichtere. Gase wie Wasserstoff oder Helium diffundieren deshalb besonders leicht durch poröse Wände bzw. breiten sich in einem abgeschlossenen Raum besonders rasch aus.

Eine weitere Überlegung zeigt, daß die *«Hypothese» von Avogadro* nichts anderes ist als *eine Folge der kinetischen Gastheorie*. Nehmen wir nämlich gleiche Volumina zweier Gase bei gleicher Temperatur und gleichem Druck, so wird

$$\frac{2}{3} \cdot N_1 \cdot E_{kin}^1 = \frac{2}{3} \cdot N_2 \cdot E_{kin}^2.$$

Da die Translationsenergien beider Gase der Temperatur proportional und somit gleich groß sind, wird $N_1 = N_2$.

Energieverteilung. Selbstverständlich besitzen bei einer bestimmten Temperatur niemals alle Teilchen eines Gases dieselbe Geschwindigkeit (dieselbe kinetische Energie), denn die Teilchen stoßen immer wieder zusammen, und es kann dabei eine Übertragung von Energie vom einen auf das andere stattfinden. (Der Gesamtimpuls bleibt beim elastischen Stoß erhalten.) Es ist aber vollkommen unmöglich, die genaue Geschwindigkeit jedes einzelnen Teilchens zu kennen, denn nur allein zur Niederschrift der $6 \cdot 10^{23}$ Beträge, welche zur exakten Beschreibung der Teilchengeschwindigkeiten in einem Mol Gas während eines bestimmten Augenblickes notwendig wären, würde man einen Stoß Papier benötigen, der beträchtlich höher wäre als die Entfernung der Erde zum Mond. Mittels der Methoden der Statistik ist es jedoch möglich, denjenigen Bruchteil der Teilchen $\Delta N/N$ zu berechnen, dessen Geschwindigkeit zwischen zwei Beträgen v und Δv liegt. Diese **«Geschwindigkeitsverteilung»** – die wegen der Beziehung $m \cdot v^2/2 = E_{kin}$ auch der **Energieverteilung** entspricht – wurde erstmals von Maxwell und Boltzmann (um 1860) berechnet *(«Maxwell-Boltzmann-Verteilung»)*:

$$\frac{dN}{N} = A \cdot v^2 \cdot e^{-E/(k \cdot T)} \quad (A \text{ ist eine Konstante})$$

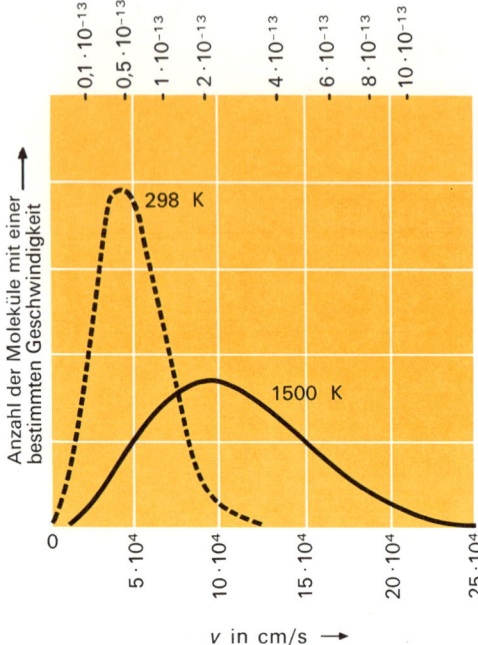

Abb. 4.3. Geschwindigkeits- (und
Energie-) verteilung von N_2-Molekülen
bei 298 K und 1500 K

Die graphische Darstellung dieser Geschwindigkeitsverteilung gibt die Abb. 4.3. Auf der Ordinate ist der Bruchteil der Teilchen, welche Geschwindigkeiten in dem engen Bereich dv besitzen, aufgetragen, während die Abszisse die Geschwindigkeiten wiedergibt. Man erkennt daraus, daß der Anteil an Teilchen mit sehr hohen oder mit sehr niedrigen Geschwindigkeiten relativ gering ist, und daß die Mehrzahl der Teilchen sich mit einer *mittleren Geschwindigkeit* bewegt, die – wegen der Unsymmetrie der Verteilungsfunktion – etwas höher ist als die wahr-
scheinlichste Geschwindigkeit v_0. (Die exakte Durchrechnung zeigt aber, daß bei normalen
Temperaturen die Durchschnittsgeschwindigkeit nur wenig höher ist als v_0.) Bei höheren
Temperaturen werden die Verteilungsfunktionen breiter; die Teilchengeschwindigkeiten werden größer und streuen über einen größeren Bereich. Der Anteil der Teilchen mit höheren Geschwindigkeiten (und damit höherer kinetischer Energie) wird dann größer als bei tieferen
Temperaturen. Der Bruchteil der Teilchen dN/N mit der Energie E ist proportional zum *«Boltz-
mann-Faktor»* $e^{-E/kT}$; es existieren somit stets weniger Teilchen mit sehr hoher Energie als
solche mit niedriger Energie.

4.3 Abweichungen vom idealen Verhalten

Die Zustandsgleichung von van der Waals. Die Gleichung $p \cdot V = n \cdot R \cdot T$ gilt nur für
ideale Gase. Von allen realen Gasen wird sie nur bei niedrigen Drucken (< 1 bar) und bei
Temperaturen, die beträchtlich über dem Siedepunkt der betreffenden Substanz liegen, einigermaßen genau befolgt. Die Zustandsgleichung idealer Gase stellt also nur eine *Näherung*
dar und muß – insbesondere für höhere Drucke und tiefere Temperaturen – durch verbes-

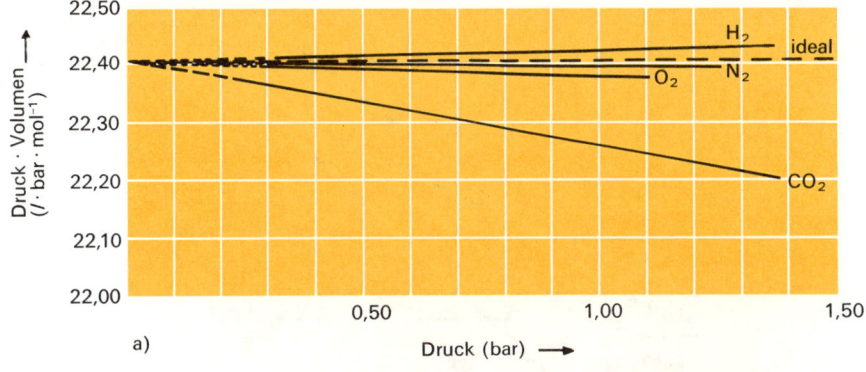

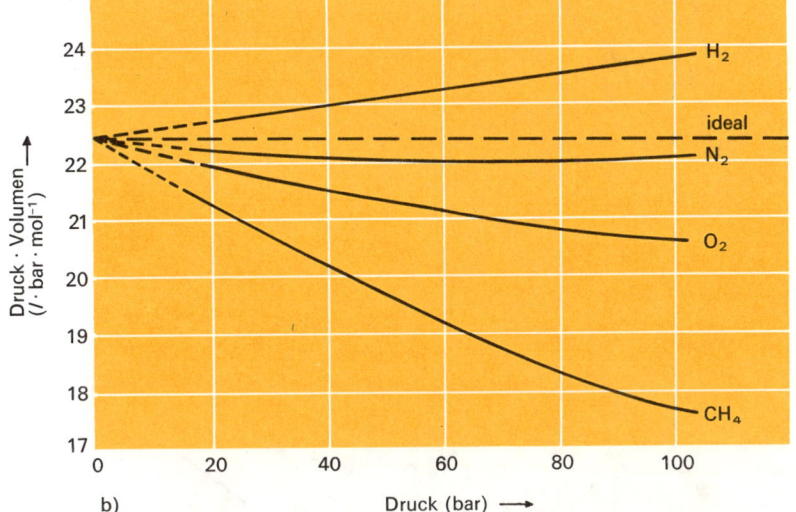

Abb. 4.4. Das Produkt p·V in Abhängigkeit des Druckes bei 0°C
a) bei niedrigen Drucken
b) bei Drucken zwischen 20 und 100 bar

serte Zustandsgleichungen ersetzt werden. Die Gründe für die Abweichungen vom idealen Verhalten sind leicht einzusehen: Ein ideales Gas wird als aus punktförmigen Massenpartikeln bestehend betrachtet, die sich gegenseitig nicht anziehen; sowohl das *Eigenvolumen* der Teilchen wie ihre (auch im Gaszustand – wenn auch nur schwach – wirksame) gegenseitige *Anziehung* werden also vernachlässigt.

Das *nicht-ideale Verhalten* bei höheren Drucken zeigt sich sehr deutlich, wenn man das Produkt $p \cdot V$ als Funktion des Druckes darstellt (das – konstante Temperatur vorausgesetzt – bei idealen Gasen konstant sein sollte), vgl. Abb. 4.4 und 4.5. Gase mit relativ kleinen, homonuklea-

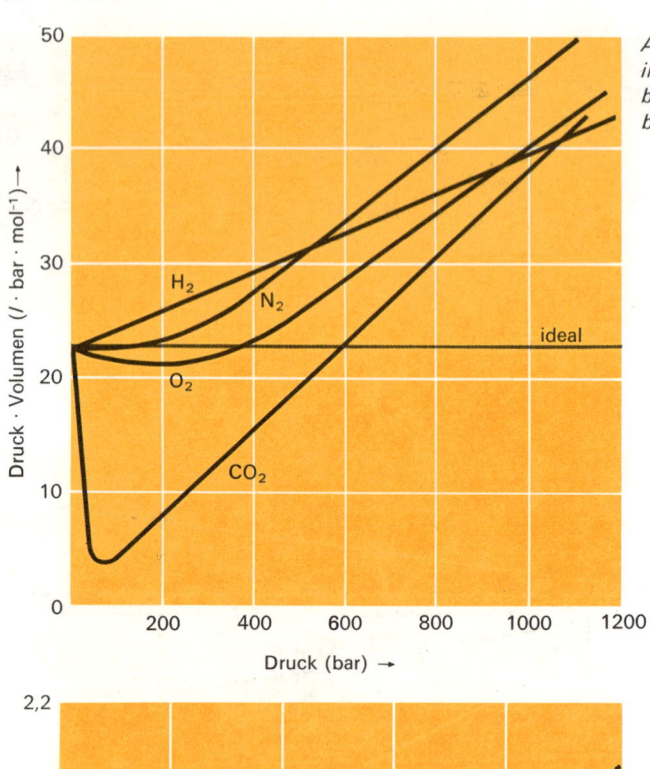

Abb. 4.5. Das Produkt p·V
in Abhängigkeit vom Druck
bei 0°C und Drucken
bis zu 1000 bar

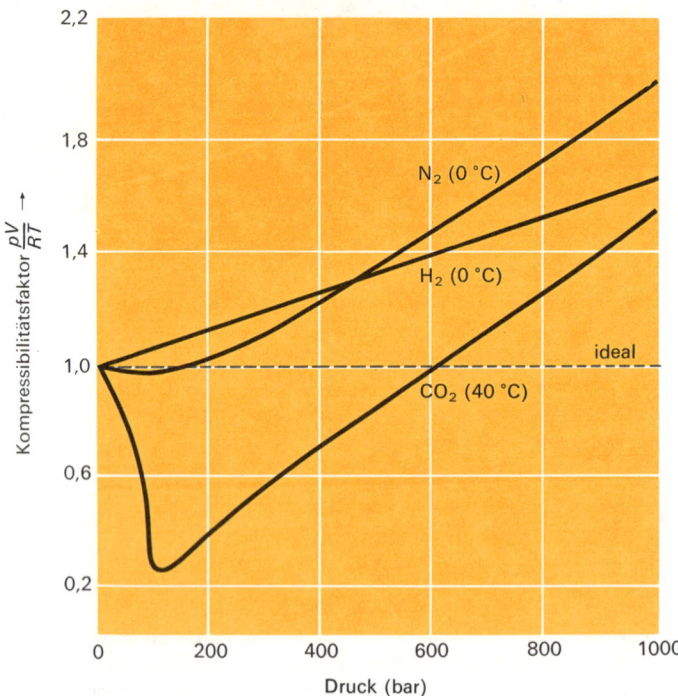

Abb. 4.6. Kompressi-
bilitätsfaktoren für
je 1 mol einiger Gase

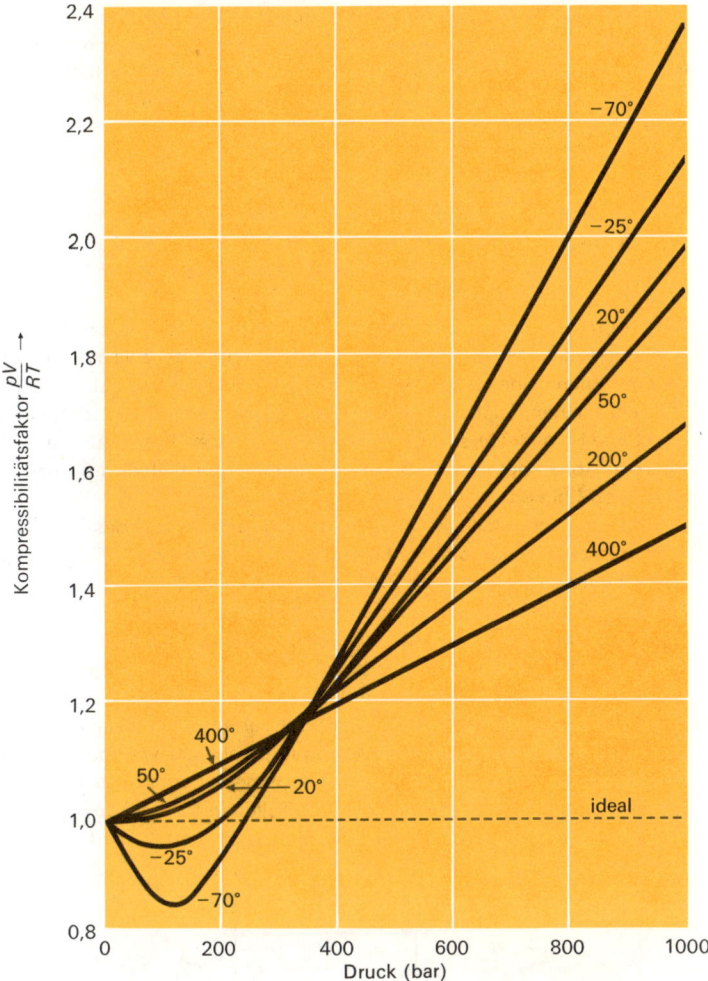

Abb. 4.7. Kompressibilitätsfaktoren für 1 mol N_2 bei verschiedenen Temperaturen (Temperaturen in °C)

ren zweiatomigen Molekülen weichen dabei weniger stark vom idealen Verhalten ab als Gase aus größeren, mehratomigen Molekülen. Trägt man das Verhältnis $(p \cdot V)/(R \cdot T)$ (wobei V das Volumen eines Mols darstellt), den sogenannten *Kompressibilitätsfaktor c* in Abhängigkeit vom Druck auf, so tritt ebenfalls eine deutliche Abweichung vom idealen Verhalten auf. Für ideale Gase müßte der Kompressibilitätsfaktor = 1 sein, was z. B. für Wasserstoff, Stickstoff oder CO_2 nur bei sehr niedrigen Drucken tatsächlich zutrifft (Abb. 4.6). Im Fall von Wasserstoff bei 0°C wächst der Kompressibilitätsfaktor linear mit zunehmendem Druck, während im Fall von Stickstoff (bei 0°C) und CO_2 (bei 40°C) c zuerst mehr oder weniger stark abnimmt, um dann bei höheren Drucken linear zuzunehmen. Dies bedeutet, daß CO_2 stärker kompressibel ist als Stickstoff und dieser wiederum stärker kompressibel ist als Wasserstoff: Im Fall von CO_2 bewirkt eine Druckerhöhung zunächst eine weit stärkere Abnahme des Volumens als im Fall von

Stickstoff. Mit zunehmender Temperatur wird das Minimum in der c/p-Kurve immer flacher (Abb. 4.7); gleichzeitig verschiebt es sich immer mehr gegen niedrigere Drucke. Liegt es auf der horizontalen Linie, für welche $p \cdot V/R \cdot T = 1$ ist, so verhält sich das Gas über einen verhältnismäßig weiten Druckbereich ideal. Die Temperatur, welche diesem Verhalten entspricht, wird als sogenannte Boyle-Temperatur bezeichnet.

Die Veränderung des Kompressibilitätsfaktors in Abhängigkeit vom Druck widerspiegelt die Wirkung der *Anziehungskräfte* zwischen den Partikeln sowie des *Eigenvolumens*. So hat beispielsweise eine sehr starke Erhöhung des Druckes nur noch eine kleine Volumenabnahme zur Folge (eine viel kleinere, als es bei idealem Verhalten der Fall wäre), weil die Partikeln bereits auf einen sehr engen Raum zusammengedrängt sind und sich ihr Eigenvolumen für eine weitere Kompression hindernd auswirkt. Anderseits bewegen sich bei sehr tiefen Temperaturen die Gasteilchen relativ langsam, so daß sich ein bestimmtes Teilchen längere Zeit in der Nähe eines anderen Teilchens aufhält und die Anziehungskräfte zwischen ihnen wirksam werden: Das Volumen nimmt bei einer Kompression stärker ab als im Fall idealen Verhaltens. Selbst Gase mit sehr kleinen, leichten Partikeln (zwischen denen die Anziehungskräfte nur sehr schwach sind), wie H_2 oder He, zeigen deshalb bei sehr tiefen Temperaturen ein Minimum für die pV/RT-Kurve in Abhängigkeit vom Druck. Je geringer der Einfluß der Anziehungskräfte, desto flacher wird das Minimum.

In einer «verbesserten» Zustandsgleichung, die sich auf das Verhalten realer Gase anwenden läßt, müssen also sowohl das Eigenvolumen der Teilchen wie ihre gegenseitigen Anziehungskräfte berücksichtigt werden. Jedes Teilchen von endlicher Größe schränkt den den anderen Teilchen zur Verfügung stehenden freien Raum um einen Betrag b' (das sogenannte *Covolumen*) ein. Das Covolumen ist gleich dem vierfachen Eigenvolumen der Teilchen, denn wie die Abb. 4.8 zeigt, wird durch das Vorhandensein eines (hier als kugelförmig betrachteten) Teilchens für das andere ein Volumen von $4/3\,\pi\,(2r)^3 = 8 \cdot 4/3\,\pi r^3$ belegt, so daß für jedes Teilchen $b' = \frac{1}{2} \cdot 8 \cdot 4/3\,\pi r^3 = 4 \cdot 4/3\,\pi r^3$ wird. Bei Verwendung des molaren Covolumens b wird dann das den Teilchen insgesamt zur Verfügung stehende Volumen gleich $(V - n \cdot b)$ (n = Anzahl der Mole), so daß dann an Stelle des gemessenen Volumens V die Größe $(V - n \cdot b)$ das «ideale» Volumen wiedergibt [das den Teilchen für ihre Bewegung zur Verfügung stehende Volumen ist $(V - n \cdot b)$] und somit $(V - n \cdot b)$ statt V in die Zustandsgleichung eingesetzt werden muß.

Covolumen

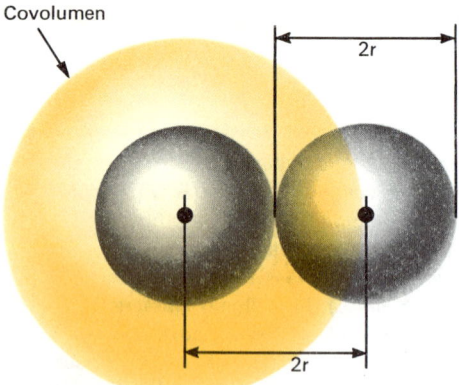

Abb. 4.8. Covolumen bei kugelförmigen Teilchen, die sich gegenseitig nicht durchdringen

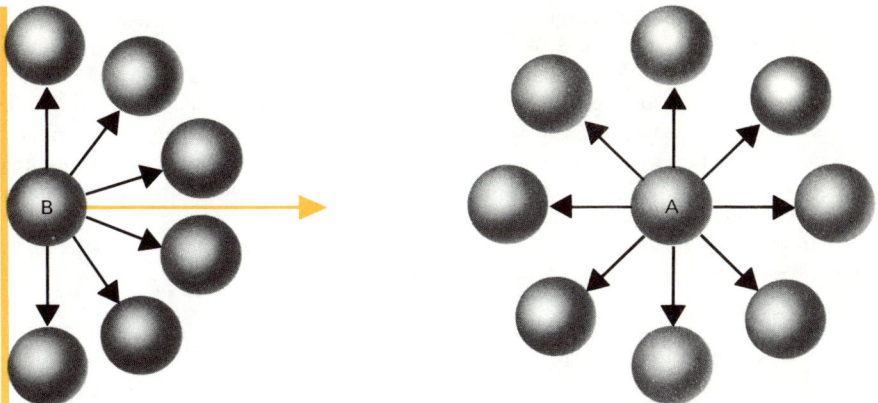

Abb. 4.9. Zwischenmolekulare Kräfte auf ein Gasteilchen an der Oberfläche und im Inneren

Den zur Berücksichtigung der gegenseitigen *Anziehungskräfte* notwendigen Korrekturfaktor erhält man durch folgende Überlegung (Abb. 4.9). Für die Teilchen im Inneren des Gases ist die Resultierende der Anziehungskräfte aus Symmetriegründen Null. Teilchen an der «Oberfläche» des Gases – d. h. an der Behälterwand – erfahren aber eine nach innen gerichtete Kraft F, welche den Aufprall mildert und dadurch den auf die Behälterwand wirkenden Druck verringert; mit anderen Worten, das Gas steht unter einem gewissen «*Binnendruck*». Die Druckdifferenz (der Binnendruck) ist proportional $(n/V)^2$: Sind n Mole Gas im Volumen V vorhanden, so ist die Zahl der «rückziehenden» Teilchen proportional (n/V); da die Zahl der auf die Behälterwand stoßenden Moleküle aber selbst proportional (n/V) ist, wird der Binnendruck proportional zu $(n/V)^2$. Der Druck auf die Behälterwand ist also um $a\,(n/V)^2$ verringert (a ist der Proportionalitätsfaktor), so daß zum gemessenen Druck p der Korrekturfaktor $a\,(n/V)^2$ addiert werden muß, um den idealen Druck zu erhalten. Zusammengefaßt gilt somit

$$\left(p + a \cdot \frac{n^2}{V^2}\right) \cdot (V - n \cdot b) = n \cdot R \cdot T. \tag{4.4}$$

Tabelle 4.3. Das Molvolumen $\overline{V}$ von CO_2 bei verschiedenen Drucken p und der Temperatur 320 K; $\overline{V}$ wurde nach der van der Waalsschen Zustandsgleichung und nach dem allgemeinen Gasgesetz berechnet

p bar	beobachtet	$\overline{V}$ (l) van der Waals	ideal
1,1	26,2	26,2	26,3
10	2,52	2,53	2,63
40	0,54	0,55	0,66
100	0,098	0,10	0,26

Dies ist die von **van der Waals** abgeleitete **Zustandsgleichung realer Gase.** p, V und T sind die experimentell gemessenen Größen; sind die Anziehungskräfte zwischen den Partikeln sehr gering und ist ihr Eigenvolumen klein (wie es z. B. bei Wasserstoff und Helium der Fall ist), so geht die Gleichung von van der Waals in die Zustandsgleichung der idealen Gase über. Die Koeffizienten a und b, als «van der Waals-Konstanten» bezeichnet, lassen sich aus den gemessenen Drucken, Volumina und Temperaturen (oder aus den kritischen Daten, S. 187) ermitteln; sie liefern Hinweise auf die Größe der Anziehungskräfte bzw. die Teilchengröße und hängen von der Art des betreffenden Gases ab.

Um zu prüfen, wie weit die van der Waals-Gleichung die auf S. 177 diskutierten Abweichungen vom idealen Verhalten zu erklären vermag, formen wir sie um:

$$\frac{p \cdot V}{R \cdot T} = 1 + \frac{b \cdot p}{R \cdot T} + \frac{a \cdot b}{R \cdot T \cdot V^2} - \frac{a}{R \cdot T \cdot V} \qquad \text{(für 1 mol)}$$

Bei niedrigen Drucken ist V relativ groß, so daß in der obigen Gleichung die beiden letzten Terme vernachlässigt werden können. Auch der Term $(b \cdot p)/(R \cdot T)$ ist klein gegenüber 1, so daß unter diesen Umständen $(p \cdot V)/(R \cdot T) = 1$ wird und sich das Gas ideal verhält. Bei mäßig hohen Drucken ist das Covolumen viel kleiner als das Gesamtvolumen ($b \ll V$), so daß dann die Terme $(b \cdot p)/(R \cdot T)$ und $(a \cdot b)/(R \cdot T \cdot V^2)$ viel kleiner sind als 1 oder als der letzte Term der Gleichung und näherungsweise $(p \cdot V)/(R \cdot T) = 1 - a/(R \cdot T \cdot V)$ wird. Weil V umgekehrt proportional zu p ist, nimmt der Kompressibilitätsfaktor mit zunehmendem Druck ab, wie es tatsächlich der Fall ist. Bei noch weiter wachsendem Druck wird aber der positive Term $(a \cdot b)/(R \cdot T \cdot V^2)$ wichtiger, so daß unter Umständen dadurch der negative Term $a/(R \cdot T \cdot V)$ kompensiert wird und der Kompressibilitätsfaktor ein Minimum erreicht. Die Tatsache, daß b bei niedrigen bzw. nur mäßig hohen Drucken (wenn das Volumen V relativ groß ist) vernachlässigt werden kann, zeigt, daß unter diesen Umständen der Faktor a (d. h. die zwischenmolekularen Kräfte) die größere Bedeutung hat als das Eigenvolumen der Teilchen. Bei sehr hohen Drucken (V relativ klein) unterscheiden sich die beiden letzten Terme nur wenig voneinander, so daß dann

Tabelle 4.4. Van der Waals-Konstanten einiger Gase

Gas	a (bar l^2 mol^{-2})	b (l mol^{-1})
H_2	0,245	0,0266
He	0,034	0,0237
O_2	1,32	0,0318
N_2	1,39	0,0391
CO	1,48	0,0398
CH_4	2,25	0,0428
CO_2	3,60	0,0428
HCl	3,67	0,0408
NH_3	4,17	0,0371
H_2O	5,46	0,0305
HI	6,23	0,0530
SO_2	6,7	0,056
CCl_4	19,5	0,127

näherungsweise der Ausdruck $(p \cdot V)/(R \cdot T) = 1 + (b \cdot p)/(R \cdot T)$ gilt und der Kompressibilitätsfaktor mit wachsendem Druck zunimmt, eine Folge des Faktors b (des Covolumens), weil das Eigenvolumen der Partikeln bei hohen Drucken (wo die Teilchen eng zusammengedrängt sind) einen größeren Einfluß erhält. Für Wasserstoff und Helium bewirken die verglichen mit dem Faktor b kleinenWerte von a, daß der Kompressibilitätsfaktor bei normaler Temperatur mit wachsendem Druck von Anfang an zunimmt. Nur wenn die Temperatur so tief ist, daß die schwachen zwischenmolekularen Kräfte wirksam werden können, erhält man für den Kompressibilitätsfaktor ein Minimum.

Kritischer Druck und kritische Temperatur. Die Abb. 4.10 gibt das Druck-Volumen-Diagramm für CO_2 wieder, wobei die verschiedenen Kurven verschiedenen (aber jeweils konstanten) Temperaturen entsprechen *(«Isothermen»)*. Komprimiert man z. B. das Gas bei 21,5°C, so tritt beim Punkt *x* Verflüssigung ein. Dabei nimmt das Volumen weiter ab (der Druck bleibt konstant), bis der Punkt *y* erreicht wird, und das Gas vollständig kondensiert ist. Für die 30,98°C-

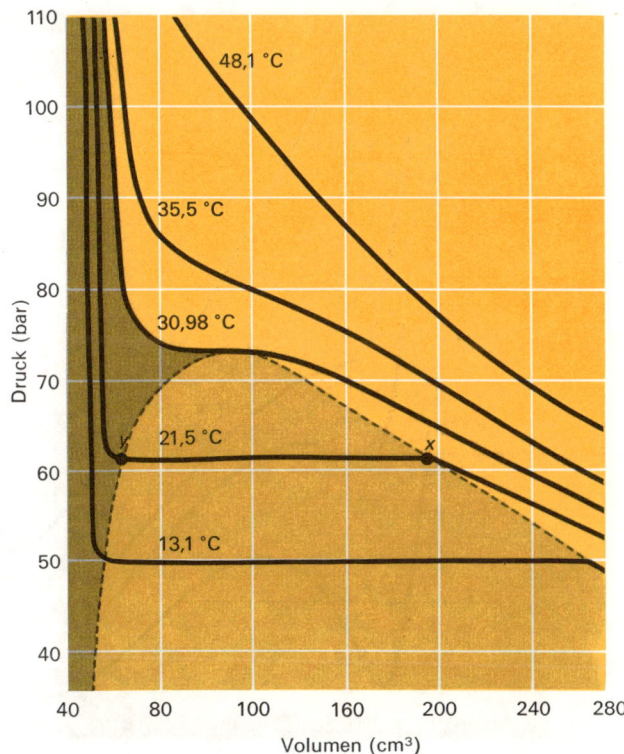

Abb. 4.10. Verflüssigungs-Isothermen von CO_2. Das Gebiet des Gaszustandes ist hellgelb, das Gebiet des flüssigen Zustandes ist dunkel und das Zweiphasengebiet ist dunkelgelb dargestellt

Tabelle 4.5. Kritische Daten einiger Gase

Substanz	Kritische Temperatur (K)	Kritischer Druck (bar)
Wasser, H_2O	647	217,7
Schwefeldioxid, SO_2	430	77,7
Chlorwasserstoff, HCl	324	81,6
Kohlendioxid, CO_2	304	73,0
Sauerstoff, O_2	154	49,7
Stickstoff, N_2	126	33,5
Wasserstoff, H_2	33	12,8
Helium, He	5,2	2,3

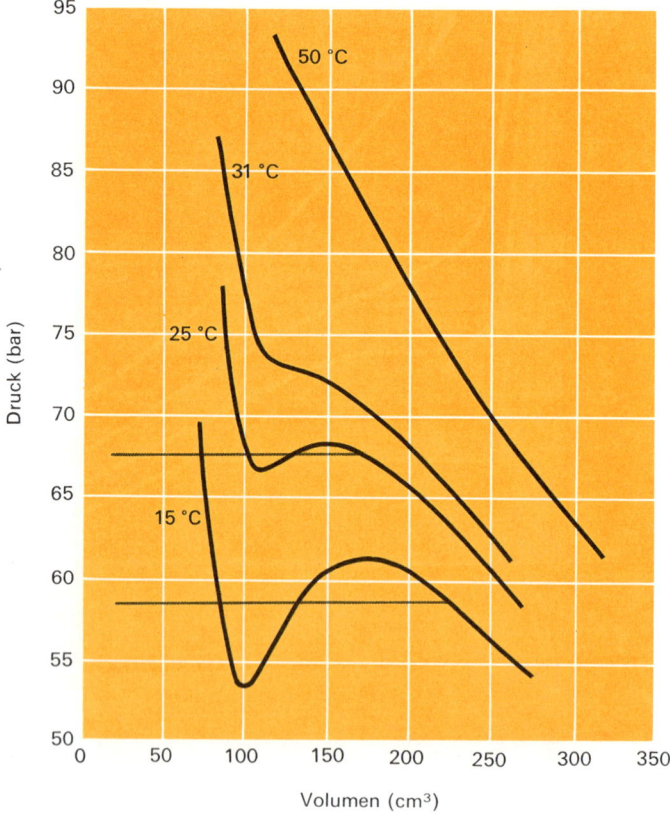

Abb. 4.11. Isothermen von CO_2 mittels der van der Waals-Gleichung berechnet

Isotherme verschwindet jedoch die horizontale Strecke, bzw. sie geht in einen Punkt, den **«kritischen Punkt»**, über. Die diesem Punkt entsprechenden Kenngrößen werden als *kritische Temperatur, kritischer Druck* und *kritisches Volumen* bezeichnet. Komprimiert man das Gas bei höheren Temperaturen als der kritischen Temperatur, so ist – auch bei noch so hohen Drucken! – *keine Verflüssigung* mehr möglich. Im Gebiet, welches durch die gestrichelte Linie abgetrennt ist, existieren die flüssige und die gasförmige Phase nebeneinander.

Wendet man auf die kritische Isotherme die van der Waals-Gleichung an, so ergibt sich folgendes. Die ausmultiplizierte und umgeformte Gleichung ist dritten Grades und hat entweder drei reelle oder nur eine reelle und zwei imaginäre Wurzeln (Abb. 4.11):

$$V^3 - \left(b + \frac{R \cdot T}{p}\right) V^2 + \frac{a}{p} V - \frac{a \cdot b}{p} = 0 \quad \text{(für 1 mol)}$$

Für den kritischen Punkt ist:

$$p \, (V, T) = p_k$$

$$\frac{\delta p \, (V, T)}{\delta V} = 0 \quad \text{(horizontale Tangente)}$$

$$\frac{\delta^2 p \, (V, T)}{\delta V^2} = 0 \quad \text{(Wendepunkt)}$$

Aus diesen drei Gleichungen lassen sich die Unbekannten V_k, p_k und T_k berechnen:

$$V_k = 3b, \quad T_k = \frac{8}{27} \cdot \frac{a}{bR}, \quad \text{wobei } a = 3p_k \cdot V_k^2, \quad p_k = \frac{1}{27} \cdot \frac{a}{b^2}, \quad \text{wobei } b = \frac{V_k}{3}.$$

Mit anderen Worten, die van der Waals-Konstanten a und b lassen sich aus den experimentell bestimmten kritischen Daten berechnen.

Joule-Thomson-Effekt. Für ein *ideales* Gas ist die *innere Energie* (d.h. die mittlere Translationsenergie der Teilchen) *vom Volumen unabhängig.* Beim Ausströmen eines idealen Gases in ein Vakuum ändert sich deshalb seine innere Energie nicht, und es tritt keine Temperaturänderung ein. Führt man einen solchen Versuch aber mit einem *realen* Gas aus, so läßt sich mit empfindlichen Instrumenten eine – wenn auch nur geringe – *Temperaturabnahme* beobachten[1]. Der Grund für diesen Effekt besteht darin, daß die Teilchenabstände durch das Ausströmen in ein evakuiertes Gefäß (d.h. durch die Vergrößerung des Volumens) vergrößert werden, wofür wegen der gegenseitigen Anziehung der Teilchen Energie aufgewendet werden muß. Diese Energie wird der kinetischen Energie der Gasteilchen entzogen, so daß im Endeffekt eine (geringe) Abkühlung auftritt. Der Joule-Thomson-Effekt ist von großer Bedeutung für die *technische Verflüssigung von Gasen.* Hier läßt man das Gas zwar nicht in ein Vakuum, sondern in ein Gefäß mit konstantem kleinerem Druck ausströmen, wodurch die Temperatur sinkt. Geschieht dies kontinuierlich, so wird sich das Gas schließlich verflüssigen[2].

---

[1] Genau genommen tritt dieser Effekt nur dann auf, wenn man unterhalb einer bestimmten (von der Natur des betreffenden Gases abhängigen) Temperatur, der sogenannten *Inversionstemperatur,* arbeitet. Für die meisten Gase liegt die Inversionstemperatur höher als Raumtemperatur; sie beträgt meist ungefähr das Doppelte der Boyle-Temperatur.

[2] Weil die Inversionstemperatur für Wasserstoff tiefer als Raumtemperatur ist, muß das Gas zuerst auf diese Temperatur vorgekühlt werden, um es verflüssigen zu können.

Übungen

4.1   1,5 mol eines Gases der Molekülmasse 46 u nehmen bei Normalbedingungen (273 K und 1 bar) ein Volumen von 33,5 Liter ein. Berechnen Sie seine Dichte bei 120 Torr und 100°C.

4.2   Welchen Druck übt jeweils 0,1 mol der folgenden Gase aus (bei 127°C; in einem Behälter von 0,4 Liter): ein ideales Gas, Helium, CO_2.

4.3   Berechnen Sie die van der Waals-Radien für die folgenden Gase: He, N_2, CO_2 und CCl_4.

4.4   Berechnen Sie die durchschnittliche Geschwindigkeit eines CCl_4-Moleküls bei einer Temperatur von 27°C.

4.5   Berechnen Sie den auf eine Behälterwand der Fläche 4 cm² ausgeübten Druck, wenn 10^{23} O_2-Moleküle senkrecht darauf prallen und ihre Geschwindigkeit im Mittel 10^4 cm/sec beträgt.

4.6   Erklären Sie die folgenden Ausdrücke:
      Zustandsgleichung, ideales Gas, Binnendruck, Joule-Thomson-Effekt, kritischer Druck.

4.7   Warum verhalten sich insbesondere Gase mit schwereren Teilchen nur sehr näherungsweise ideal?

4.8   Worin zeigt es sich, daß im Modell des idealen Gases die zwischenmolekularen Kräfte vernachlässigt sind?

4.9   Wovon hängt die Translationsenergie eines Gasteilchens ab?

4.10 Zeigen Sie, daß der Satz von Avogadro eine Folge der kinetischen Gastheorie ist.

4.11 Überlegen Sie sich, wie sich auf Grund des Satzes von Avogadro Molekülmassen von Gasen bestimmen lassen.

4.12 Die kritische Temperatur und der kritische Druck von Methan betragen 190,7 K bzw. 45,8 bar. Berechnen Sie die van der Waals-Konstanten und das kritische Volumen.

4.13 Berechnen Sie die Dichte von C_2H_6 bei 200°C und 100 bar.

Literatur

P. Ander und A. J. Sonnessa   *Principles of Chemistry.* Macmillan, New York 1965
G. M. Barrow   *Physical Chemistry.* McGraw-Hill, New York 1966
H. Ulich und W. Jost   *Kurzes Lehrbuch der Physikalischen Chemie.* Steinkopff, Darmstadt 1966

5 Der feste Zustand

5.1 Symmetrieoperationen und Symmetriearten

Die «Symmetrie» eines Gegenstandes spielt sowohl in der belebten wie in der unbelebten Natur eine große Rolle. Zahlreiche Eigenschaften, insbesondere auch Eigenschaften von Substanzen, lassen sich auf eine bestimmte vorhandene Symmetrie (der Teilchen oder des Kristalles) zurückführen. Als besonders wichtiges Beispiel sei hier bereits die «optische Aktivität» genannt (vgl. S.194 und S.606), die nur beim Fehlen ganz bestimmter Symmetrieelemente auftreten kann. Symmetriebetrachtungen an Partikeln (Molekülen und Komplexen[1]) und Kristallen sind deshalb zum Verständnis chemischer Eigenschaften und Reaktionen von großer Bedeutung.

Punktsymmetrie. Als **Symmetrieoperationen** bezeichnet man Operationen, welche einen *Gegenstand mit sich selbst zur Deckung* bringen. Man führt also mit dem Gegenstand eine Bewegung aus, bei welcher die Lage des Gegenstandes im Endzustand von seiner Ausgangslage nicht unterschieden werden kann. So läßt sich beispielsweise ein Würfel um eine Raumdiagonale drehen, wobei jeweils nach einer Drehung um 120° (= 360°/3) das «Bild» mit der Ausgangslage identisch ist. Die Raumdiagonalen eines Würfels sind somit dreizählige Drehachsen *(«Trigyren»*, mit C_3 bezeichnet). Bleibt bei der Durchführung der Symmetrieoperation ein Punkt im Raum fixiert, so spricht man von **Punktsymmetrie**; wird in die Symmetrieoperation auch eine Translation einbezogen, so betrachtet man die **Raumsymmetrie**. Moleküle sind stets punktsymmetrisch; die Translation ist nur bei dreidimensional unendlichen Teilchenanordnungen, also Kristallen, möglich.

Insgesamt lassen sich vier Punktsymmetrieelemente unterscheiden, welche mit vier Symmetrieoperationen verknüpft sind:

Symmetriezentrum (Operation: Spiegelung an einem Punkt, «Inversion»). Bei der Inversion wird jeder Punkt (jedes Atom des Moleküls) durch einen bestimmten Punkt (das Symmetriezentrum, *SZ*) in die entgegengesetzte Richtung projiziert, wobei Punkt und Gegenpunkt vom Symmetriezentrum denselben Abstand haben.

Spiegelebene (Operation: Spiegelung an einer Ebene). Jedem Punkt (Atom) auf der einen Seite der Spiegelebene (σ) entspricht ein (identischer) Punkt auf der anderen Seite, im gleichen Abstand auf der Senkrechten zur Ebene.

Drehachse oder **Gyre** (C_n) (Operation: Drehung um eine Achse, jeweils um einen Winkel von 360°/n, wobei n eine ganze Zahl ist). Lineare Moleküle wie CO_2 besitzen eine ∞-fache Drehachse (die Molekülachse), d.h. das Molekül ist in bezug auf diese Achse rotationssymmetrisch.

Drehspiegelachse (S_n) (Operation: Drehung um 360°/n mit nachfolgender Spiegelung an einer – am betreffenden Gegenstand nicht vorhandenen! – zur Achse der Drehung senk-

---

[1] Im folgenden wird der Ausdruck «Molekül» sowohl für elektrisch neutrale wie für geladene mehratomige Partikeln verwendet; Komplexe werden deshalb nicht mehr besonders aufgeführt.

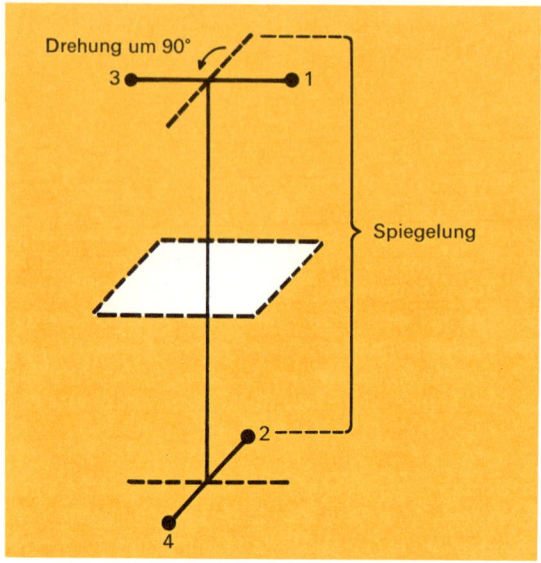

Abb. 5.1
Vierzählige Drehspiegelachse

recht liegenden Spiegelebene.) Die Drehung um 180° mit nachfolgender Spiegelung entspricht der Spiegelung an einem Punkt (Inversion); zweizählige Drehspiegelachse und Symmetriezentrum sind somit identische Symmetrieelemente. Ebenso ist eine einzählige Drehspiegelachse (S_1) identisch mit einer Spiegelebene. Eine sechszählige Drehspiegelachse ist identisch mit der Kombination von Trigyre und Symmetriezentrum, und eine dreizählige Drehspiegelachse entspricht der Kombination von Trigyre und horizontaler Spiegelebene. Die vierzählige Drehspiegelachse ist hingegen ein neues (zusätzliches, nicht durch Kombination zweier anderer Symmetrieelemente darstellbares) Symmetrieelement (Abb. 5.1).

Jedes Molekül besitzt mehr oder weniger Symmetrieelemente. Die Kombinationen der Symmetrieelemente heißen *«Punktgruppen»*. Dies bedeutet, daß alle Symmetrieelemente durch einen gemeinsamen Punkt gehen (z. B. durch das Symmetriezentrum), wie es die Punktsymmetrie erfordert. Eine Punktgruppe ist eine «Gruppe» im Sinn der Gruppentheorie. Ohne hier weiter auf die mathematische Behandlung der «Gruppen» einzugehen, sei bloß bemerkt, daß *nicht beliebige Symmetrieelemente miteinander kombiniert* sein können, sondern daß sich die einzelnen Symmetrieelemente gegenseitig bedingen. Stehen beispielsweise zwei Spiegelebenen senkrecht aufeinander, so tritt notwendigerweise auch eine zweizählige Drehachse entlang ihrer Schnittgeraden auf. Die Kombination einer Digyre mit einer senkrecht auf ihr stehenden Spiegelebene führt zwangsläufig zu einem Symmetriezentrum; drei senkrecht aufeinanderstehende Spiegelebenen bedingen ebenso zwangsläufig das Auftreten von drei (ebenfalls senkrecht aufeinanderstehenden) Digyren und eines Symmetriezentrums. Weil aber durch Kombination von Symmetrieelementen neue Symmetrieelemente entstehen, und nur ganzzählige Drehachsen (360°/n; n ist eine ganze Zahl!) auftreten dürfen, können Drehachsen unter sich, Spiegelebenen unter sich sowie Spiegelebenen mit Drehachsen nur ganz bestimmte Winkel miteinander bilden.

Ein Ergebnis dieser Selektionsprinzipien ist beispielsweise, daß nur Digyren, Trigyren, Tetragyren und Pentagyren verschiedener Raumrichtungen kombiniert auftreten, während alle übrigen Drehachsen nur in der Einzahl vorhanden sein können. Vier Trigyren (und keine weiteren, höherzähligen Achsen) sind im Tetraeder vorhanden (Tetraedersymmetrie; Symbol **T**), während das Oktaeder und der Würfel drei (aufeinander senkrecht stehende) Tetragyren, das Ikosaeder sechs Pentagyren besitzt (Oktaedersymmetrie, **O**, und Ikosaedersymmetrie, **I**).

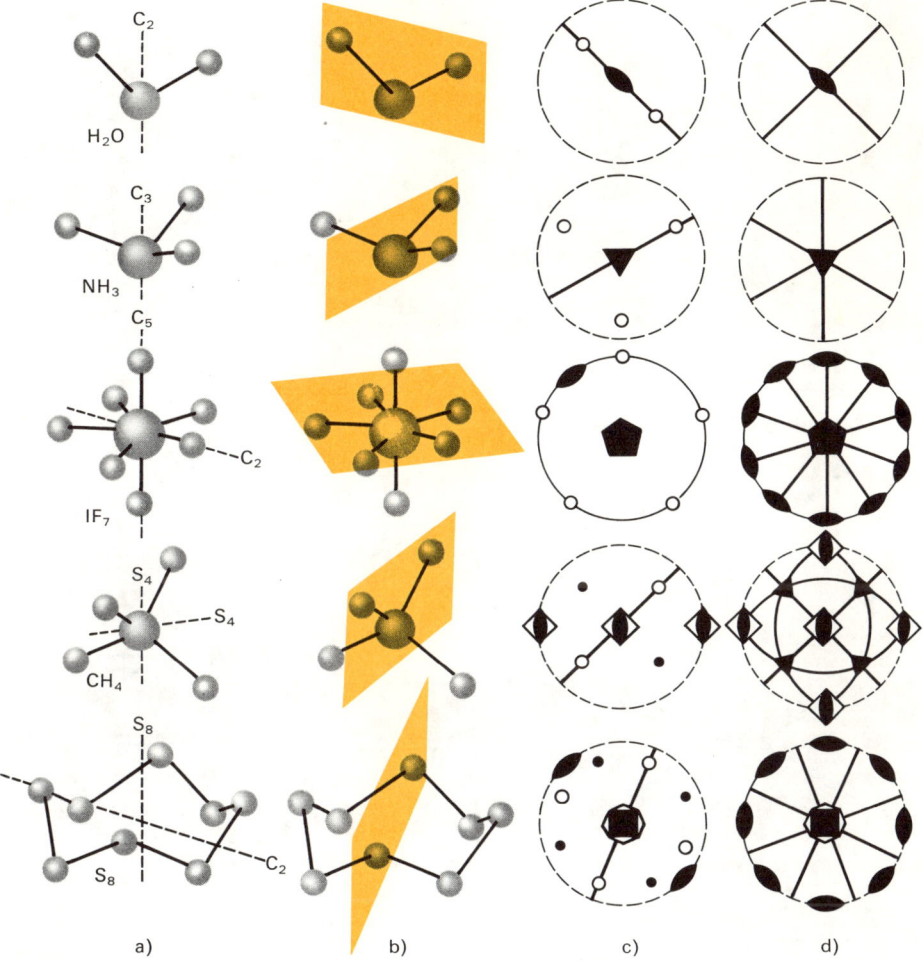

Abb. 5. 2. Symmetrieelemente einiger Moleküle
a) und b) einige Symmetrieachsen und Spiegelebenen ; c) Darstellung der Symmetrieele-
mente von a) und b) mittels stereographischer Projektion. Atome oberhalb der Aequatorial-
ebene werden durch Kreise, Atome unterhalb der Aequatorialebene als Punkte dargestellt ; d)
Darstellung aller Symmetrieelemente der betreffenden Moleküle

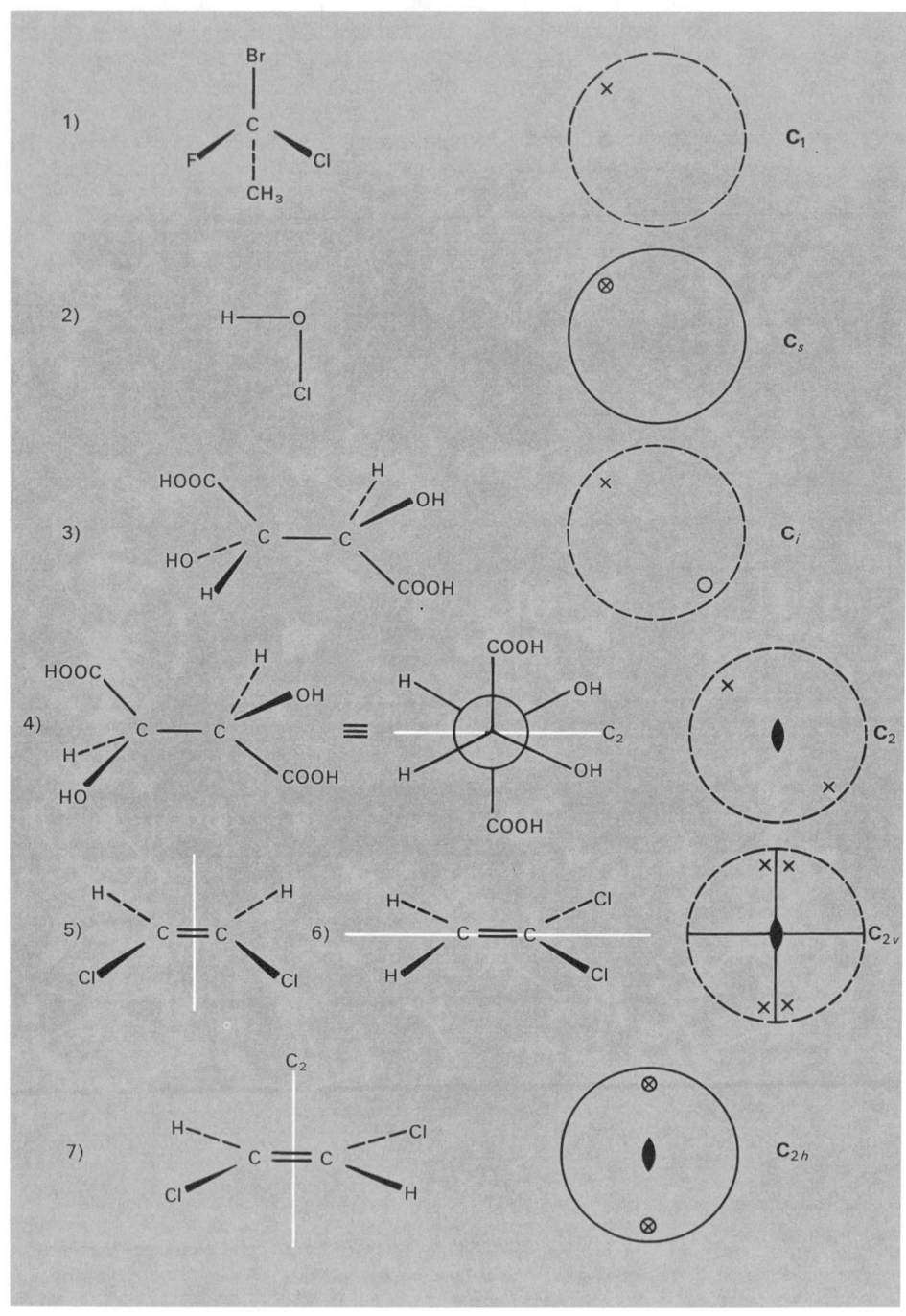

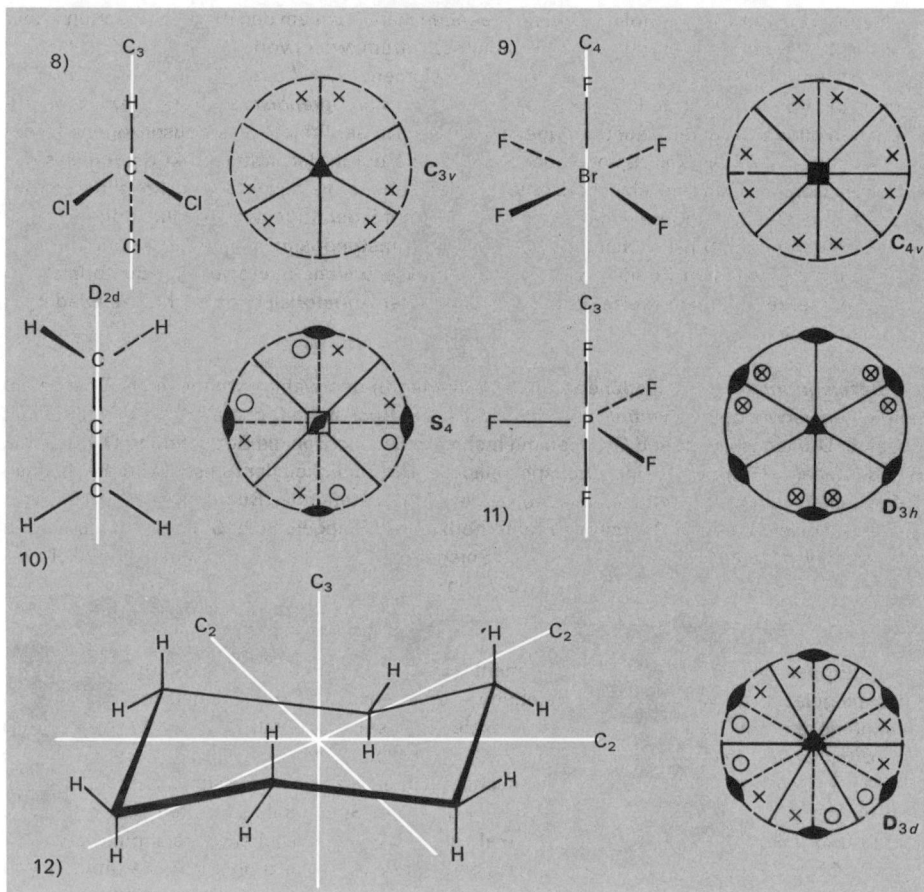

Abb. 5.3. Weitere Beispiele von Molekülen:
1) 1,1,1-Fluorchlorbromäthan: asymmetrisch, chiral, mit Dipolmoment ; 2) Unterchlorige Säure: Spiegelebene (Molekülebene), Dipolmoment vorhanden ; 3) Mesoweinsäure : Symmetriezentrum, nicht chiral, kein Dipolmoment ; 4) Weinsäure (die zweite Formel entspricht der Projektion in Richtung der mittleren C—C-Bindung) : Digyre senkrecht zur mittleren C—C-Bindung, chiral, mit Dipolmoment ; 5) cis-1,2-Dichloräthylen : zwei Spiegelebenen (in der Molekülebene und senkrecht dazu) und eine Digyre, Dipolmoment vorhanden ; 6) 1,1-Dichloräthylen : Zwei Spiegelebenen und eine Digyre, Dipolmoment vorhanden ; 7) trans-1,2-Dichloräthylen : Spiegelebene (Molekülebene), senkrecht darauf eine Digyre, Symmetriezentrum, kein Dipolmoment ; 8) Chloroform : Trigyre und drei vertikale Spiegelebenen, Dipolmoment vorhanden ; 9) Brom-(V)-fluorid : Tetragyre und vier vertikale Spiegelebenen, Dipolmoment vorhanden ; 10) Allen : Vierzählige Drehspiegelachse, zwei vertikale Spiegelebenen, zwei horizontale Digyren (die den Winkel zwischen je zwei Spiegelebenen halbieren) ; 11) Phosphor (V)-fluorid : Trigyre, drei vertikale und eine horizontale Spiegelebene, in der letzteren drei Digyren, kein Dipolmoment ; 12) Cyclohexan (C_6H_{12}) in der Sesselform : Trigyre und drei vertikale Spiegelebenen (durch je zwei einander gegenüberliegende C-Atome des Ringes) ; drei Digyren, welche jeweils den Winkel zwischen zwei Spiegelebenen halbieren.
Die Kreise und Kreuze in den stereographischen Projektionen entsprechen hier geometrisch äquivalenten Punkten, nicht Atomen (wie in Abb. 5.2)

7

Um die Symmetrie eines Moleküls wiederzugeben, kann man um den im Raum fixierten Punkt (den Molekülschwerpunkt bzw. das Symmetriezentrum, wenn vorhanden) eine Kugel legen. Die Schnittpunkte bzw. -linien der Symmetrieelemente mit dieser Kugel werden dann auf ihre Äquatorialebene (die Papierebene) projiziert *(«stereographische Projektion»)*. Spiegelebenen bilden Großkreise auf der Kugel und werden in der Projektion als ausgezogene Linien gezeichnet. Eine vertikale Spiegelebene ergibt eine durch den Mittelpunkt des Kreises gehende Gerade, während eine horizontale Spiegelebene als ausgezogene Kreislinie dargestellt wird. Die Schnittpunkte der Symmetrieachsen mit der Kugel werden durch die Symbole der betreffenden Achsen charakterisiert. Die Symmetrieoperationen werden mit entsprechenden äquivalenten Punkten verdeutlicht; Punkte, welche oberhalb der Äquatorialebene liegen, werden als leere Kreise, Punkte unterhalb der Äquatorialebene als Kreuze wiedergegeben.

Zur *Bezeichnung* der verschiedenen Punktsymmetriegruppen wählen wir die in der Chemie am häufigsten verwendeten *Symbole* von *Schönflies.* Der Buchstabe **C** charakterisiert Gruppen mit nur einer Drehachse, während Gruppen mit mehreren Drehachsen die Bezeichnung **D** erhalten[1]. **S** bedeutet eine Gruppe mit einer Drehspiegelachse. Die Zähligkeit der Achsen wird durch einen tiefgestellten Index n angegeben; ein neben der Zahl n stehender Buchstabe v bedeutet vertikale Spiegelebenen, ein Buchstabe h eine horizontale Spiegelebene. Sind zusätzlich zu den Achsen, welche **D** definieren, noch vertikale Spiegelebenen vorhanden, welche die Winkel zwischen zwei aufeinanderfolgenden (horizontalen) Digyren halbieren, so verwendet man den Buchstaben d (also z. B. D_{3d}, vgl. das Molekül von Cyclohexan, Abb. 5.3).

Punktgruppen ohne jedes Symmetrieelement (C_1) sind *asymmetrisch,* Punktgruppen ohne Drehspiegelachsen (wobei die Spiegelebene – eine einzählige Drehspiegelachse! – und das Symmetriezentrum – eine zweizählige Drehspiegelachse! – ebenfalls fehlen müssen) werden als *«dissymmetrisch»* bezeichnet (Gruppen C_n und D_n). Dissymmetrische und asymmetrische Moleküle (Gegenstände) haben eine Eigenschaft gemeinsam: sie lassen sich mit ihrem Spiegelbild nicht zur Deckung bringen. Das Molekül und sein Spiegelbild verhalten sich damit wie rechte und linke Hand, d. h. sie sind «**chiral**» (nach der griechischen Bezeichnung *cheire* = Hand). Chiralität ist die notwendige und genügende Voraussetzung für das Auftreten von **optischer Aktivität,** d. h. der Fähigkeit der betreffenden Substanz, die Polarisationsebene von polarisiertem Licht zu drehen. Optisch aktive Moleküle und Komplexe gehören somit ausnahmslos zu den Punktgruppen C_n bzw. D_n; mit anderen Worten, ein Teilchen, welches einer anderen Punktgruppe angehört, kann nicht optisch aktiv sein. Substanzen, deren Partikeln chiral gebaut sind, zeigen die optische Aktivität selbstverständlich auch in Lösung oder im Gaszustand; gewisse Substanzen sind nur als kristalline Festkörper optisch aktiv, weil bei ihnen nur die *Kristallstruktur,* nicht aber die einzelne Partikel *dissymmetrisch* ist.

Auch das Vorhandensein eines **Dipolmomentes** ist an das Fehlen bestimmter Symmetrieeigenschaften gebunden. Nur bei Molekülen, die den Punktgruppen C_s, C_n und C_{nv} zugehören, können zwei verschiedene «Pole» auftreten, so daß nur Moleküle dieser Punktgruppen ein Dipolmoment besitzen können (vorausgesetzt, daß das Molekül Kovalenzbindungen entsprechender Polarität enthält!). Moleküle aller anderen Punktgruppen können kein Dipolmoment besitzen, selbst wenn in ihnen polare Kovalenzbindungen vorhanden sind.

---

[1] Punktgruppen ohne Drehachsen haben ebenfalls das Symbol **C**: C_1 = Punktgruppe ohne jedes Symmetrieelement; C_i = Punktgruppe mit nur einem Symmetriezentrum; C_s = Punktgruppe mit nur einer Spiegelebene.

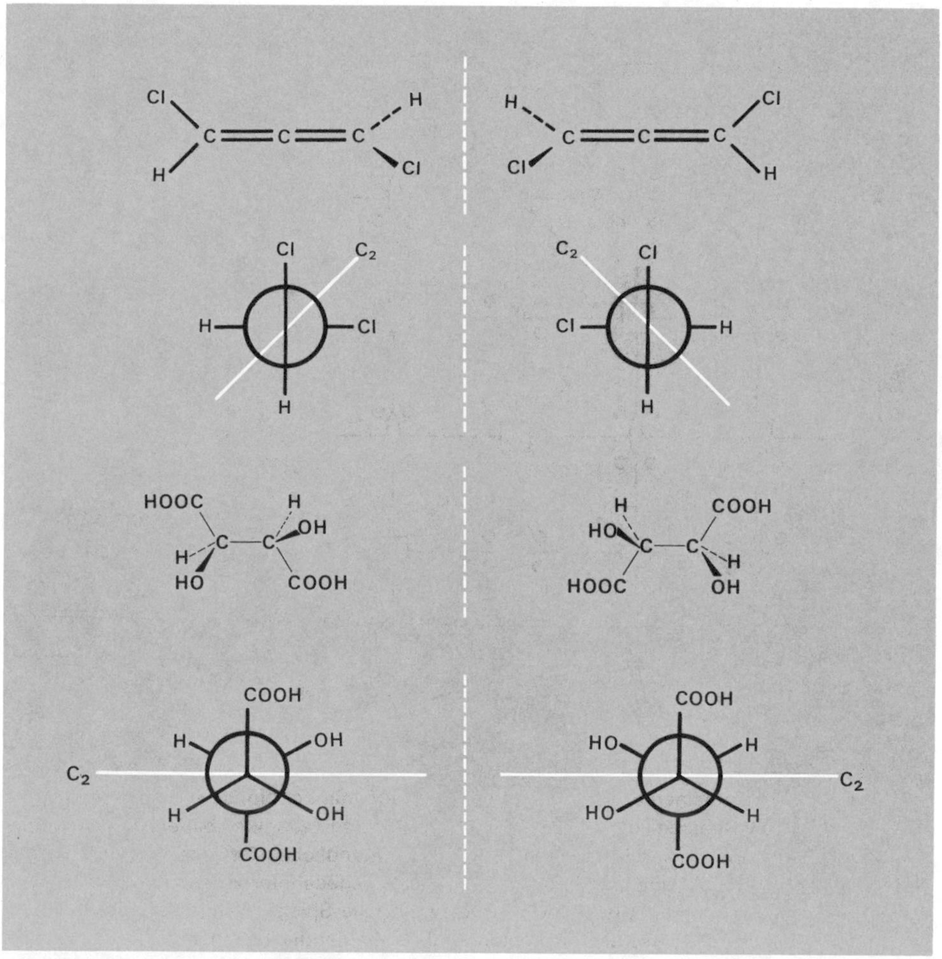

Abb. 5.4. Beispiele chiraler Moleküle

Raumsymmetrie. Gehen bei einer Punktanordnung die verschiedenen Symmetrieelemente – im Gegensatz zu den Punktgruppen! – nicht mehr durch einen gemeinsamen Punkt, so erhalten wir eine theoretisch unendlich ausgedehnte *kristalline Punktanordnung*. Zur Veranschaulichung diene die Abb. 5.5. Die vier Punkte 1, 2, 3 und 4 bilden mit der Digyre und den beiden Spiegelebenen σ_1 und σ_2 die Punktgruppe C_{2v}. Nun soll zusätzlich noch eine Spiegelebene σ_3 – die nicht durch den Schnittpunkt der Ebenen σ_1 und σ_2 geht – auftreten. Diese weitere Spiegelebene führt die vier Punkte zunächst in die ihnen gleichwertigen Punkte 5, 6, 7 und 8 über. Durch diese Ebene werden jedoch auch die Symmetrieelemente vervielfältigt: σ_4 und σ_5 werden ebenso wie σ_1 und σ_2 Spuren von Spiegelebenen, und σ_6 wird eine zur Ebene σ_3 gleichwertige Spiegelebenenspur. Zusätzlich entsteht in der Schnittlinie von vier Spiegelebenen eine Tetragyre.

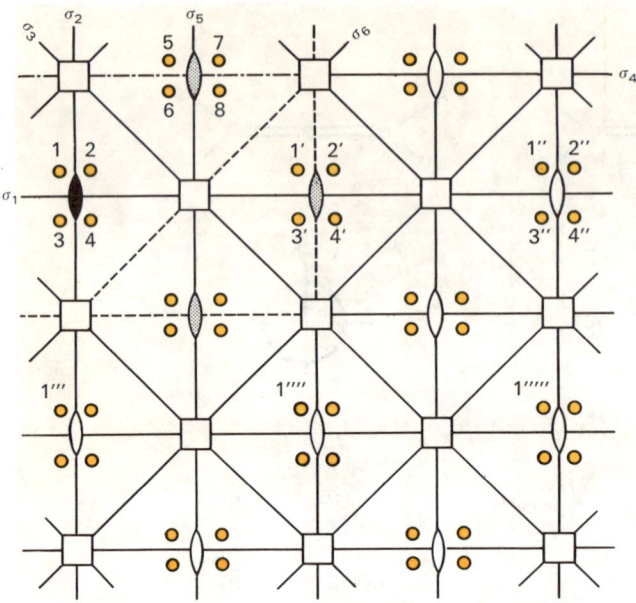

Abb. 5.5. Zweidimensionale kristalline Punktanordnung

Alle diese Symmetrieelemente wirken jedoch weiter aufeinander ein, so daß sich theoretisch unbegrenzte Parallelscharen von Spiegelebenen, Digyren und Tetragyren bilden, und die Punktanordnung sich ähnlich wie ein Tapetenmuster ins «Unendliche» fortsetzt. Damit liegt aber nicht mehr eine Punktgruppe, sondern ein unendlich ausgedehnter zweidimensionaler *«Kristall»* vor. Ein wichtiger Punkt ist jedoch zu beachten: Die Spiegelebenen dürfen nur Winkel von 30°, 45°, 60° oder 90°, also nicht beliebige Winkel miteinander, bilden; mit anderen Worten, in *kristallinen* Punktanordnungen sind *nur Digyren, Trigyren, Tetragyren* und *Hexagyren* (jedoch *keine Pentagyren* oder *Oktogyren*) möglich[1]. Daraus folgt, daß nur bestimmte, mathematisch ableitbare Symmetriegruppen zu kristallinen Punktanordnungen führen können. Die Abb. 5.5 zeigt weiter, daß beispielsweise der Punkt 1 durch die Ebene σ_2 in den Punkt 2 gespiegelt und durch σ_5 in Punkt 1' zurückgespiegelt wird (analog für die Punkte 2 und 2', 3 und 3' sowie 4 und 4'). Die Punkte 1', 2', 3' und 4' unterscheiden sich von den Punkten 1, 2, 3 und 4 nur durch **Translation** *(Parallelverschiebung).* Jede Translation, die einen bestimmten Punkt in einen mit ihm identischen überführt, bringt somit die gesamte Punktanordnung mit sich zur Deckung. Bei kristallinen Punktanordnungen ist also als neue Symmetrieoperation auch eine Translation möglich. Zusätzlich zu den bei Punktgruppen möglichen Symmetrieelementen der Drehachse und Spiegelebene treten deshalb bei räumlich dreidimensionalen Punktanordnungen auch *Schraubenachsen* (zusammengesetzt aus Translation mit nachfolgender Drehung) und

---

[1] Sowohl regelmäßige Fünfecke wie Achtecke können eine Ebene nicht lückenlos bedecken; jeder dreidimensionale Kristall stellt aber eine Aufeinanderfolge von Netzebenen dar.

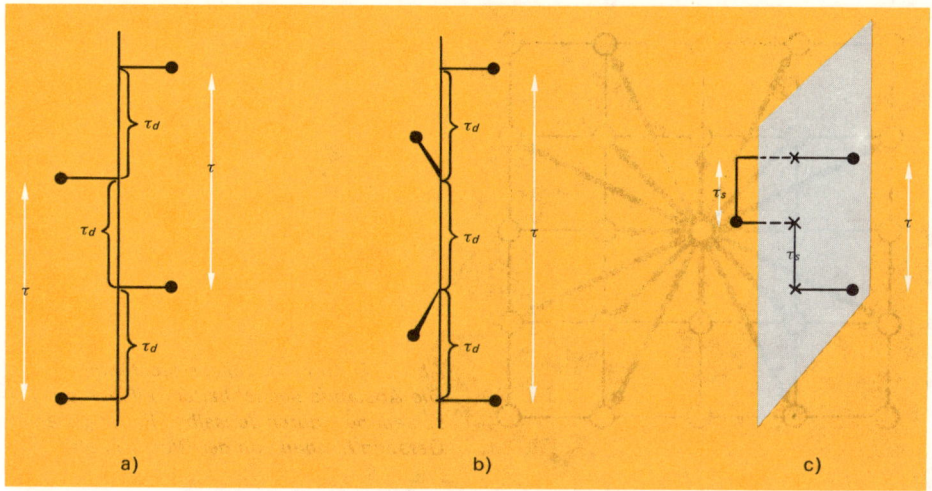

Abb. 5.6. a) zweizählige Schraubenachse, b) dreizählige Schraubenachse, c) Gleitspiegelebene
Die Strecken τ_d bzw. τ_s werden als Schraubungskomponente (Gleitkomponente) bezeichnet ;
die Strecken τ entsprechen dann einer Decktranslation

Gleitspiegelebenen (zusammengesetzt aus Translation mit nachfolgender Spiegelung) auf (Schema vgl. Abb. 5.6). Die mathematische Behandlung dieser **« Raumgruppen»** ergibt, daß insgesamt 230 räumliche Punktanordnungen (230 Raumgruppen) möglich sind. Jeder Kristall muß zu einer dieser Raumgruppen gehören. Man hat also streng zu unterscheiden zwischen Punktgruppen und Raumgruppen: Die ersteren dienen zur Beschreibung der Symmetrieeigenschaften von Molekülen, während die letzteren zur Beschreibung der Symmetrieeigenschaften von dreidimensional unendlich ausgedehnten Teilchenverbänden − von Kristallen − dienen.

5.2 Kristallgitter und Kristallstruktur

Einige allgemeine Eigenschaften von Kristallen. In einem Idealkristall ist die geometrische Ordnung der Partikeln (Atome, Ionen oder Moleküle) durch und durch regelmäßig. Diese gesetzmäßige Ordnung ist das typische Merkmal einer kristallinen Substanz (und nicht etwa die Kristallflächen mit ihren charakteristischen Winkeln!) In einem *amorphen,* d. h. nicht kristallinen Stoff sind zwar die Teilchen wie im Kristall auch stark aneinander gebunden; die Ordnung innerhalb der Substanz ist jedoch nicht regelmäßig (Beispiel: Gläser, S. 221).
Eine Folge des Gitteraufbaues ist die Erscheinung der *Anisotropie.* Man versteht darunter die Tatsache, daß gewisse physikalische Eigenschaften, wie z. B. Wärmeleitfähigkeit, Härte, Lichtbrechung, Lichtabsorption usw., richtungsabhängig sind, d. h. je nach der untersuchten Richtung im Kristall verschiedene Größe haben. Im Gegensatz zu den kristallinen Festkörpern sind amorphe Stoffe und Flüssigkeiten «isotrop», d. h. die Größe einer bestimmten Eigenschaft hängt hier nicht von der Richtung ab. Stoffe, welche wie die Metalle aus zahlreichen, regellos angeordneten, kleinen Kriställchen *(«Kristalliten»)* bestehen, sind «statistisch isotrop», weil sich die Anisotropie der einzelnen Kristallite im Ganzen aufhebt.

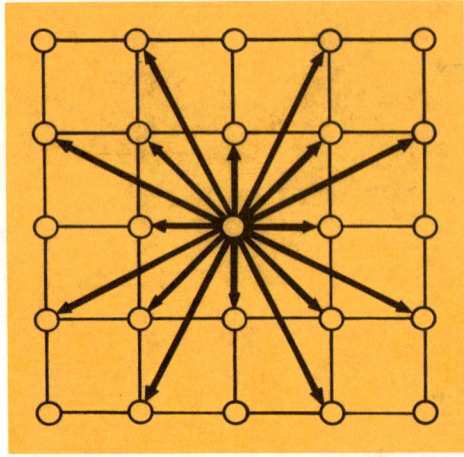

Abb. 5.7. Kürzeste Teilchenabstände :
Die Abstände benachbarter Teilchen auf ver-
schiedenen, durch denselben Punkt gehenden
Geraden hängen von der Richtung ab

Die Erklärung der Anisotropie liegt darin, daß die Teilchenabstände in einem Kristallgitter in verschiedenen Richtungen verschieden sind und sich dabei sprunghaft – je nach der Richtung – ändern (Abb. 5.7). Es ist einleuchtend, daß das physikalische Verhalten in einer Richtung, in welcher die Teilchen in kurzen Abständen aufeinanderfolgen, ein anderes sein wird als in einer verhältnismäßig locker mit Teilchen besetzten Richtung.

Ihren makroskopischen Ausdruck findet die Kristallanisotropie in der Ausbildung der *Kristall-flächen* und in der für viele Kristalle charakteristischen *Spaltbarkeit*. Zur Bildung eines Kristalles aus einer Schmelze oder einer gesättigten Lösung ist das Vorhandensein von *Kristallkeimen* (geordneten Agglomeraten von Teilchen) oder von *Kristallkernen* (winzigen Fremdpartikeln, z. B. Staubteilchen) erforderlich. Kristallkeime bilden sich in größerer Häufigkeit, wenn die Temperatur etwas unter die Schmelztemperatur fällt; in der Regel ist deshalb eine gewisse Unterkühlung der Schmelze oder Lösung notwendig, um genügend Kristallkeime zu erhalten. Die Ordnung innerhalb eines Kristallkeimes entspricht bereits der Struktur des werdenden Kri-stalles (dem Zustand minimaler Gesamt- bzw. größtmöglicher Gitterenergie); das weitere *Wachstum* geschieht natürlich bevorzugt parallel solchen Netzebenen, die besonders dicht mit Teilchen besetzt sind, denn in diesen Ebenen sind die nach außen wirkenden Kräfte besonders groß. Die äußere Erscheinungsform eines Kristalles wiederspiegelt damit in einem gewissen Maß seine innere Struktur. Dasselbe gilt auch für seine *Spaltbarkeit* : Die dichtest besetzten Netzebenen besitzen einen größeren Abstand voneinander als jede andere Netzebenenschar und zugleich den größtmöglichen inneren Zusammenhalt, so daß beim Spalten besonders leicht eine Trennung parallel diesen Netzebenen erfolgt. Tatsächlich entspricht in vielen Fällen die Spaltbarkeit eines Kristalles seinen natürlichen Wachstumsflächen. – Es muß allerdings erwähnt werden, daß die Form eines sich aus einer Schmelze oder einer Lösung bildenden Kri-stalles durch Zusätze von Fremdsubstanzen beeinflußt werden kann. Während nämlich z. B. Kochsalz gewöhnlich in würfelförmigen Kristallen kristallisiert, erhält man Oktaeder, wenn man es aus einer Lösung kristallisieren läßt, der man Harnstoff zugesetzt hat. Möglicherweise ver-danken die verschiedenen Kristallformen, in denen man oft ein und dieselbe Substanz antrifft, ihre Entstehung solchen noch weitgehend ungeklärten Effekten.

Raumgitter und Kristallstruktur. Im vorangegangenen Kapitel haben wir uns bereits mit zwei- und dreidimensionalen kristallinen Punktanordnungen und ihrer Symmetrie beschäftigt. Eine solche regelmäßige, dreidimensionale Anordnung von Punkten (wobei auf einer Geraden, welche durch zwei Punkte geht, in gleichen Abständen unendlich viele geometrisch äquivalente Punkte liegen; Translation!) wird als **Raumgitter** bezeichnet. Die Gitterpunkte stellen also nicht die im Kristall tatsächlich vorhandenen Partikeln, sondern z. B. ihre Schwerpunkte dar. Die wirkliche räumliche Anordnung der Teilchen im Kristall, eingeschlossen die Beschreibung der genauen räumlichen Lage jedes Atoms im Molekül, nennt man seine **Struktur**. Die beiden Begriffe «Raumgitter» (oder kurz «Gitter») und «**Kristallstruktur**» bzw. «**Struktur**» haben also einen verschiedenen Inhalt: Mit dem einen (dem «Gitter») meint man eine zur Beschreibung der Symmetrieverhältnisse (und für die Theorie der Röntgenbeugung) notwendige Abstraktion, während man den anderen (die «Struktur») zur Darstellung der konkreten Bauverhältnisse im Kristall benützt[1].

Ein Punkt eines Raumgitters (ein *Gitterpunkt*) kann je nach der Art des betrachteten Kristalls ganz verschiedene Dinge darstellen. Im Fall eines Metalls oder eines festen Edelgases beispielsweise, deren Kristalle aus einfachen, in bestimmter Art und Weise angeordneten Kugeln (den Atomen) bestehen, wird ein Gitterpunkt die Lage eines solchen Atoms wiedergeben; im Fall von Substanzen, die wie z. B. H_2O oder CH_4 aus Molekülen bestehen, wird jedoch ein Gitterpunkt dem Molekülschwerpunkt (also dem O- bzw. C-Atom) entsprechen. Im Fall eines Salzes kann es zweckmäßig sein, zur Beschreibung seiner Kristallstruktur sie als zwei ineinandergestellte Gitter aufzufassen, von denen das eine die Lage der Kationen, das andere die Lage der Anionen wiedergibt; man kann jedoch auch ein Raumgitter wählen, dessen Gitterpunkte in der Mitte zwischen Kationen und Anionen liegen und somit ein Ionenpaar repräsentieren. Schließ-

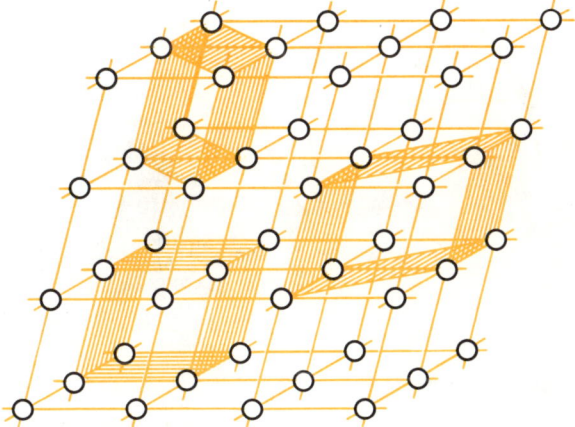

Abb. 5.8. Ausschnitt aus einem Raumgitter mit Andeutung von drei Zerlegungsmöglichkeiten in Elementarzellen

---

[1] Sehr häufig — besonders in der einführenden chemischen Literatur — wird zwischen den beiden Begriffen nicht unterschieden. Man spricht dann z. B. vom Kochsalz- oder Calcitgitter oder vom Gitter des Benzols, wenn man tatsächlich die Struktur (genauer: die Kristallstruktur) dieser Substanzen meint. Auch wenn an sich für die Zwecke dieses Buches eine Unterscheidung der beiden Begriffe nicht notwendig wäre, soll sie in den folgenden Kapiteln um der Exaktheit der Sprache willen konsequent durchgeführt werden.

lich kann ein Gitterpunkt sogar einer ganzen Gruppe von Molekülen entsprechen. Die Anordnung der Atome um einen bestimmten Gitterpunkt (d.h. die Wahl eines zur Beschreibung der Struktur geeigneten Raumgitters) ist also nicht frei von einer gewissen Willkür; im allgemeinen zeigt es sich jedoch, daß ein bestimmtes Raumgitter wesentlich praktischer ist als die anderen, auch vorhandenen Möglichkeiten. Auf alle Fälle muß darauf geachtet werden, daß jede Gitterstelle im Raumgitter mit jeder anderen Gitterstelle identisch ist und daß durch unendlich fortgesetzte Translation aus einem Gitterausschnitt das gesamte Raumgitter entsteht.

Die Elementarzelle. Entsprechend der Definition eines Raumgitters muß sich jedes solche Gitter auf verschiedene Weise in kongruente Zellen zerlegen lassen, die von drei Paaren paralleler Flächen begrenzt sind und die durch fortgesetzte Parallelverschiebung in drei Richtungen das gesamte Raumgitter ergeben. Durch die genaue Beschreibung einer solchen «*Elementarzelle*» wird also gleichzeitig das ganze Gitter beschrieben. In der Abb. 5.8 sind drei solcher Zellen angedeutet. Welche der verschiedenen Möglichkeiten man zur Beschreibung eines Raumgitters benützt, ist an sich gleichgültig; aus praktischen Gründen wählt man gewöhnlich die Elementarzelle so, daß ihre Kanten den Punktreihen mit kürzesten Punktabständen (mit kürzesten «*Identitätsperioden*») entsprechen. Die Ecken der Elementarzelle werden dann durch bestimmte Gitterpunkte gegeben.

Größe und Form der Elementarzelle werden durch die drei Kantenlängen a, b und c sowie durch die Winkel zwischen ihnen (α, β und γ) bestimmt (Abb. 5.9). Zellen, wie sie in Abb. 5.9 dargestellt sind, enthalten insgesamt einen ganzen Gitterpunkt, da jede der acht Ecken zu nur $^1/_8$ zu dieser Zelle gehört (in jeder Ecke stoßen acht Elementarzellen zusammen). Elementarzellen, die nur einen einzigen Gitterpunkt enthalten, heißen «*einfach-primitiv*»; es gibt von ihnen insgesamt 7 verschiedene Typen (Tabelle 5.1), welche den bekannten, durch ihre makroskopischen

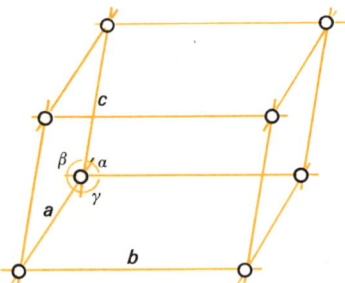

Abb. 5.9. Elementarzelle

Tabelle 5.1. Die 7 Typen Elementarzellen

kubisch	$a = b = c$	$\alpha = \beta = \gamma = 90°$		Steinsalz
tetragonal	$a = b \neq c$	$\alpha = \beta = \gamma = 90°$		weißes Zinn
orthorhombisch	$a \neq b \neq c$	$\alpha = \beta = \gamma = 90°$		α-Schwefel
monoklin	$a \neq b \neq c$	$\alpha = \gamma = 90°$	$\beta \neq 90°$	Kaliumchlorat
triklin	$a \neq b \neq c$	α, β, γ		Kaliumdichromat
hexagonal	$a \neq b \neq c$	$\alpha = \beta = 90°$	$\gamma = 120°$	Quarz
rhomboedrisch	$a = b = c$	$\alpha = \beta = \gamma \neq 90°$		Calcit

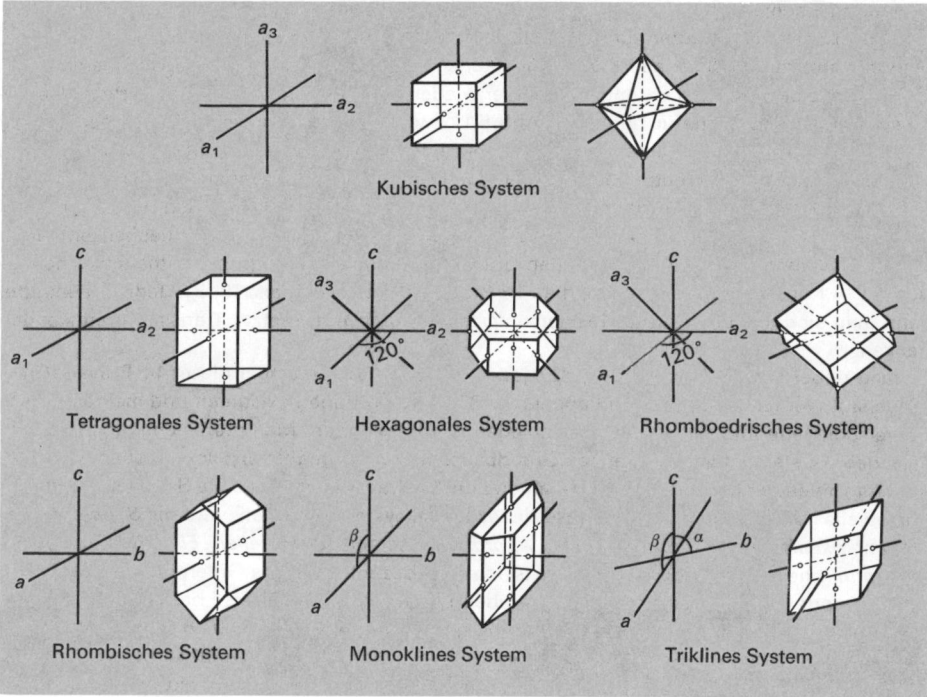

Abb.5.10. Die 7 Kristallsysteme

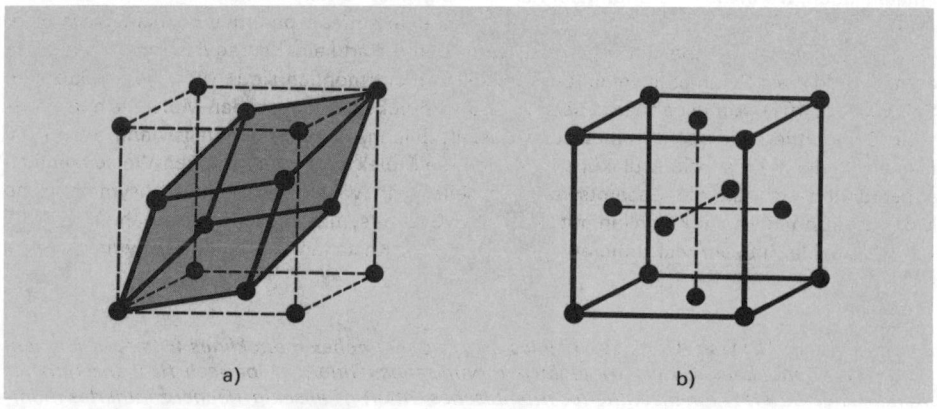

Abb.5.11. Zwei verschiedene Elementarzellen eines Cu-Kristalles
a) rhomboedrisch einfach-primitiv, b) kubisch allseitig-flächenzentriert

Symmetrieeigenschaften zu unterscheidenden 7 Kristallsystemen entsprechen (Abb. 5.10). Im Prinzip läßt sich jedes Gitter durch Translation einfach-primitiver Elementarzellen beschreiben; häufig wählt man jedoch aus Zweckmäßigkeitsgründen – nämlich um die Symmetrieeigenschaften des betreffenden Raumgitters besser wiedergeben zu können – kompliziertere Elementarzellen. Als Beispiel dafür bringt die Abb. 5.11 zwei für das Gitter von metallischem Kupfer mögliche Elementarzellen: eine rhomboedrische, einfach-primitive Zelle und eine würfelförmige Zelle mit kubischer Symmetrie, bei welcher jede Flächenmitte von einem weiteren Gitterpunkt besetzt ist, die also nicht nur einen, sondern insgesamt vier Gitterpunkte enthält (eine sogenannte *« allseitig-flächenzentrierte »* Elementarzelle). Unter Berücksichtigung von flächenzentrierten und *« innenzentrierten »* Zellen (die einen Gitterpunkt in ihrem Mittelpunkt enthalten) sind insgesamt 14 Kombinationen möglich, die 14 « Bravais-Gitter » (Bravais, 1848). Jedes Raumgitter kann man sich aus einer dieser 14 Elementarzellen durch fortgesetzte Translation entstanden denken.

Es mag dabei *befremdend* klingen, daß jedes Kristallgitter aus einem dieser 14 Bravais-Gitter aufgebaut werden kann, während anderseits 230 Raumgruppen existieren und makroskopisch 32 verschiedene Kristallklassen unterschieden werden können. Man muß sich jedoch bewußt sein, daß die Elementarzelle zwar den Grundbaustein des Raumgitters, jedoch nicht der Kristallstruktur (im engeren Sinn) darstellt. Während die 14 Bravais-Gitter alle die Symmetrieelemente der jeweils höchstsymmetrischen Klasse jedes Kristallsystems besitzen, wird die *Symmetrie des Gesamtkristalls* durch die *spezifische Anordnung* seiner *strukturellen Einheiten um jeden Gitterpunkt* herum (also durch die Punktsymmetrie bezüglich dieses Gitterpunktes) bestimmt. Die Gitterpunkte selbst entsprechen aber eben nicht notwendigerweise bestimmten Teilchen (Atomen, Ionen oder Molekülen). So gibt es beispielsweise zwei monokline Bravais-Gitter (Abb. 5.12), welche beide die Symmetrie C_{2h} (eine Digyre mit senkrecht darauf stehender Spiegelebene und Symmetriezentrum) besitzen. Befindet sich an jedem Gitterpunkt ein Teilchen mit niedrigerer Symmetrie (z. B. mit nur einer Spiegelebene oder nur einer Digyre), so gehört der Kristall als Ganzes einer Klasse des monoklinen Systems mit niedrigerer Symmetrie an (in diesem Fall C_s oder C_2), trotz des Vorliegens etwa einer flächenzentrierten Elementarzelle. Auch wenn statt der Spiegelebene eine Gleitspiegelebene vorhanden ist, tritt – bei gleicher Elementarzelle – die niedrigere Gesamtsymmetrie C_s auf. Ein Kristall von niedrigerer Gesamtsymmetrie entsteht auch, wenn die Anordnung der Partikeln um einen Gitterpunkt einer niedrigeren Punktsymmetrie entspricht; in diesem Fall enthält selbst eine einfach-primitive Elementarzelle mehr als ein Teilchen. Dasselbe gilt für Substanzen, deren Partikeln Pentagyren oder Oktogyren enthalten (die als Symmetrieelemente in Kristallen nicht möglich sind) (vgl. die Struktur von Schwefel; S. 461). Auf der anderen Seite ist es aber durchaus möglich, daß Moleküle mit niedrigerer Symmetrie sehr hochsymmetrische Kristalle bilden, nämlich ebenfalls dann, wenn die Elementarzelle mehr als ein Molekül enthält und die Moleküle in einer solchen Weise räumlich angeordnet sind, daß die Gesamtsymmetrie sehr hoch wird. Vollkommen unsymmetrische Moleküle können also in Kristallen mit sehr hoher Gesamtsymmetrie auftreten, während umgekehrt Moleküle mit sehr viel höherer Symmetrie oft in Kristallen von niedriger Symmetrie kristallisieren.

Abb. 5. 12. Die 14 Bravais-Gitter : a) triklines Gitter ; b) einfaches monoklines Gitter ; c) flächenzentriertes monoklines Gitter; d) einfach rhombisches Gitter; e) basisch-flächenzentriertes rhombisches Gitter; f) innenzentriertes rhombisches Gitter; g) allseitig-flächenzentriertes rhombisches Gitter; h) hexagonales Gitter; i) rhomboedrisches Gitter; k) einfach tetragonales Gitter; l) innenzentrisches tetragonales Gitter; m) einfaches kubisches Gitter; n) innenzentriertes kubisches Gitter; o) flächenzentriertes kubisches Gitter

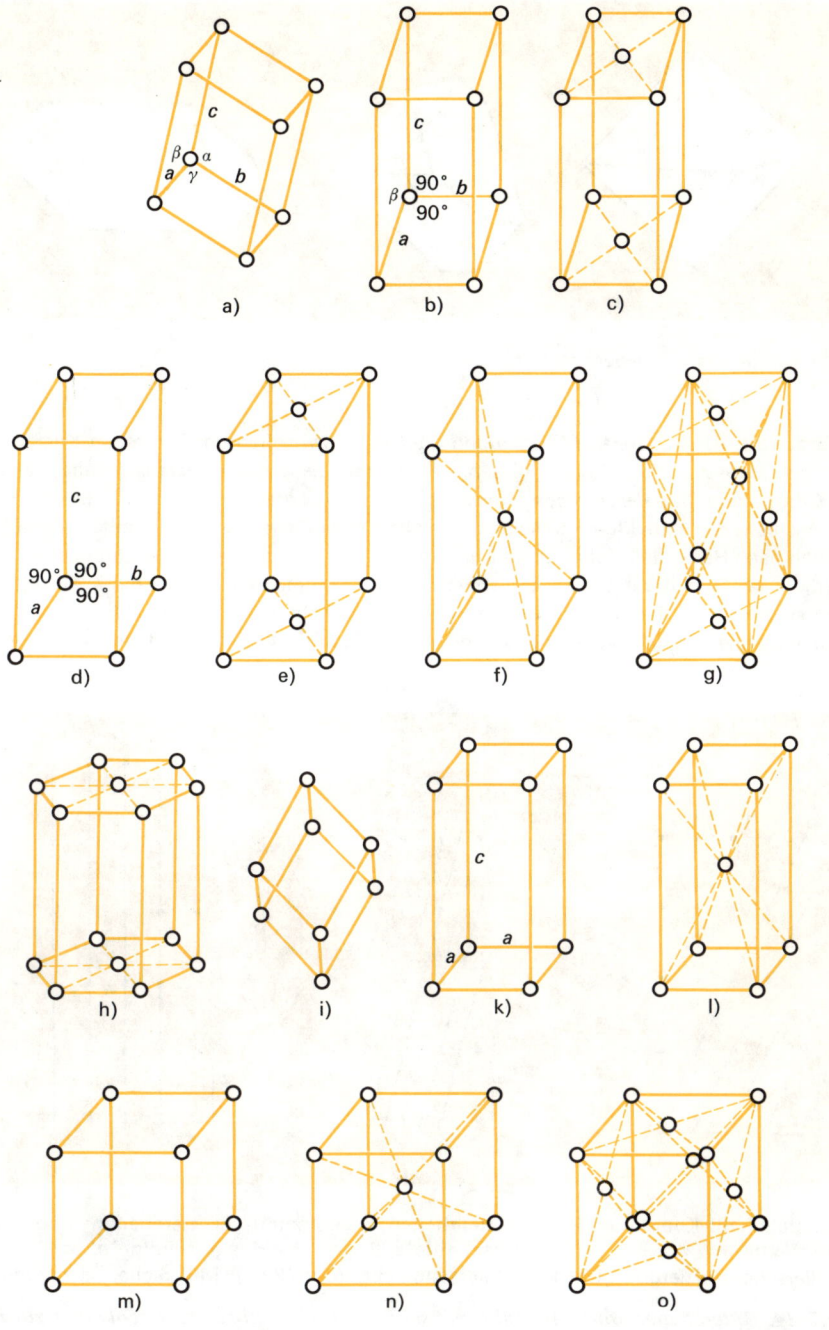

a)   b)   c)

d)   e)   f)   g)

h)   i)   k)   l)

m)   n)   o)

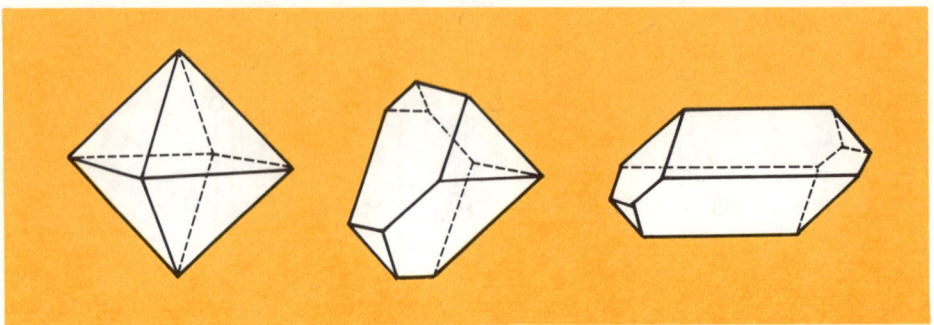

Abb. 5.13. Ideales und verzerrte Oktaeder

Millersche Indices. Genaue Messungen der Winkel zwischen den einzelnen Kristallflächen führten zu zwei wichtigen Erkenntnissen, dem *Gesetz der Winkelkonstanz* (Steno, 1669) und dem *Gesetz der rationalen Indices* (Hauy, um 1820). Das erstere besagt, daß gleiche Flächen bei verschiedenen Individuen derselben Kristallart stets dieselben Winkel miteinander bilden, während nach Hauy die Flächen eines Kristalles auf den Koordinatenachsen Strecken abschneiden, die in einfachen, rationalen Zahlenverhältnissen zueinander stehen. Beide Gesetzmäßigkeiten sind logische Folgen des Gitteraufbaues (und haben — lange vor der Entdeckung der Röntgenstrahlen — zur Vorstellung geführt, daß jeder Kristall eine dreidimensionale «Gitter-

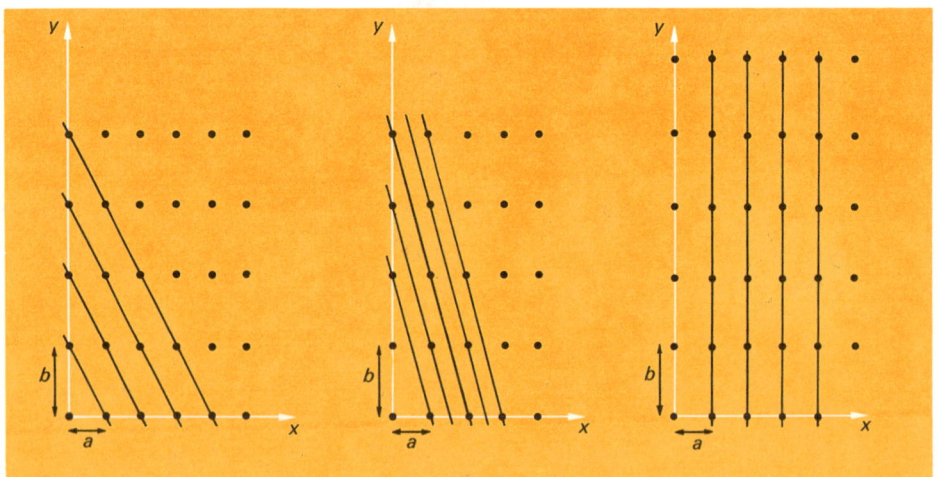

Gitterebenen: Koordinatenabschnitte *a*, *b*, ∞
Millersche Indizierung (1 1 0)

Gitterebenen: Koordinatenabschnitte *a*, 2 *b*, ∞
Millersche Indizierung (2 1 0)

Gitterebenen: Koordinatenabschnitte *a*, ∞. ∞
Millersche Indizierung (1 0 0)

Abb. 5.14. Gitterebenen und ihre Achsenabschnitte. Die z-Achse steht senkrecht zur Papierebene

struktur» besitzen müsse): Da nämlich die Wachstumsflächen bestimmten Netzebenen entsprechen, müssen die Winkel zwischen ihnen notwendigerweise konstant sein, auch wenn die
Kristallgestalt durch ungleichmäßiges Wachstum verzerrt wird (Abb. 5.13); diese Netzebenen
schneiden auf den Koordinatenachsen immer ganzzahlige Vielfache der Elementarzellenab-
messungen *a* und *b* ab (vgl. Abb. 5.14). Durch Angabe dieser *Koordinatenabschnitte* ist die
Lage jeder Gitterebene im Raum (und ebenso die Lage jeder Kristallfläche) eindeutig gekennzeichnet.

In der Praxis geht man dabei so vor, daß man zunächst für eine «Einheitsfläche» (die zwar
willkürlich gewählt werden kann, aber alle drei Koordinatenachsen schneiden muß) das Verhältnis der Achsenabschnitte *a* : *b* : *c* bestimmt. Alle übrigen Flächen des Kristalls haben dann
das Achsenabschnittsverhältnis *ma* : *b* : *pc* (durch Parallelverschiebung jeder Fläche läßt sich
erreichen, daß der Abschnitt auf der *y*-Achse jeweils = *b* wird), wobei *m* und *p* kleine ganze
Zahlen, einfache Brüche oder ∞ sind (letzteres dann, wenn eine Fläche einer Achse parallel
läuft). Zur Beschreibung der gegenseitigen Flächenlagen eines Kristalles verwendet man statt
der Faktoren *m*, *n* und *p* deren reziproke Werte und bezeichnet sie als *Millersche Indices*
(*h*, *k*, *l*), wobei diese durch Multiplikation mit dem kleinstmöglichen Faktor bruchfrei gemacht
werden (vgl. Abb. 5.15). Die Einheitsfläche erhält dann die Indices 1,1,1; eine Ebene mit den
Achsenabschnitten 2*a*, *b* und *c* bekommt die Indices ½,1,1 bzw. (ganzzahlig) 1,2,2; eine der
x-Achse parallele Fläche mit den Abschnitten *b* und *c* auf der *y*- bzw. der *z*-Achse wird als
0,1,1-Ebene bezeichnet.

Ideal- und Realkristall. In einem Idealkristall ist die geometrische Ordnung der Partikeln im
gesamten Kristall vollkommen regelmäßig. Selbstverständlich treten solche «ideal» aufgebaute
Kristalle in Wirklichkeit nie auf; jeder *«Realkristall»* ist mit gewissen *Baufehlern* (Abweichungen vom mathematisch strengen Gitteraufbau) behaftet. Manche Kristalleigenschaften hängen
in hohem Maß von den Baufehlern ab (Festigkeitseigenschaften, elektrische Leitfähigkeit),
während andere, wie z. B. die Lichtbrechung oder der Elastizitätsmodul, weitgehend störungs-
unempfindlich sind.

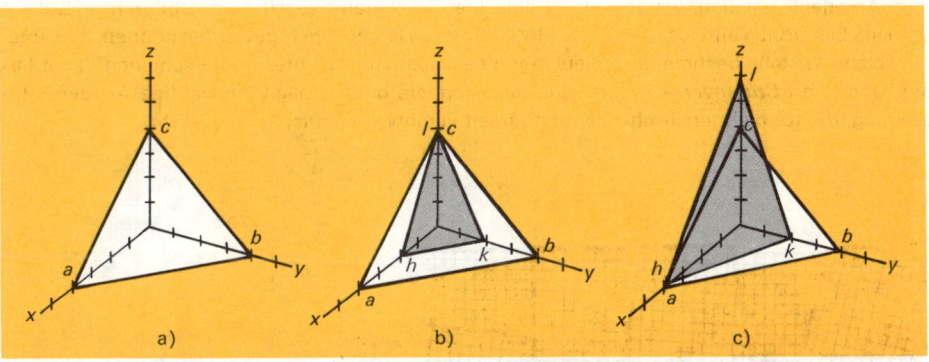

Abb. 5.15. Millersche Indices
a) Einheitsfläche mit den Achsenabschnitten a, b und c ; b) Fläche mit den Achsenabschnitten
½a, ½b und c bzw. a, b und 2c. Die Indices h, k, l sind 1, 1, ½ bzw. 2, 2, 1 ; c) Fläche mit den
Achsenabschnitten a, ½b und 1½c bzw. 2a, b und 3c. Die Indices sind ½, 1, ⅓ bzw. 3, 6, 2

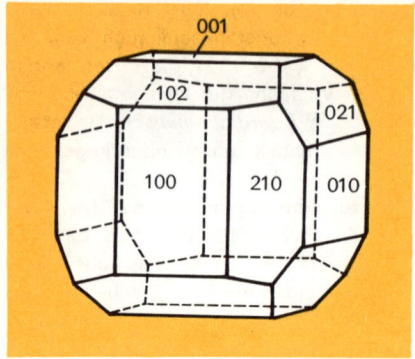

Abb. 5. 16. Indizierung der Flächen eines
Pyrit-Kristalles

Neben bereits makroskopisch oder wenigstens mit dem Mikroskop erkennbaren Baufehlern
(Sprünge, Risse, Einlagerungen), wie sie bei vielen in der Natur auftretenden kristallinen Substanzen beobachtet werden, sind insbesondere ultra- und amikroskopische Baufehler von Bedeutung. Die ersteren können z. B. mit dem Elektronenmikroskop oder durch Röntgenbeugung
nachgewiesen werden; sie bestehen in der Regel darin, daß der betreffende Kristall aus kleinen,
ideal aufgebauten «Blöcken» besteht, die um geringe Winkelbeträge gegeneinander verschoben sind *(«Mosaikkristall»;* Abb. 5.17). Die amikroskopischen atomaren Baufehler werden
gewöhnlich unter der Bezeichnung *«Fehlordnungen»* zusammengefaßt. Im Prinzip lassen sich
zwei verschiedene Typen von *struktureller* Fehlordnung unterscheiden: Bei *Frenkel-Fehlord-
nungen* befinden sich einzelne Atome (Ionen) auf Zwischengitterplätzen, und im Kristall ist eine
entsprechende Anzahl von Leerstellen vorhanden (Abb. 5.18), während bei *Schottky-Fehlordnungen* gleichzeitig Kationen- und Anionenleerstellen auftreten (Abb. 5.18). Einen bei
Ionenkristallen ebenfalls recht häufig auftretenden Baufehler bilden die sogenannten *F-Zen-
tren,* Anionenleerstellen, welche durch einzelne Elektronen besetzt sind. Dadurch, daß diese
«freien» Elektronen ähnlich wie in den Metallen relativ leicht angeregt werden können, absorbieren solche Kristalle bestimmte Wellenlängen des sichtbaren Lichtes und erscheinen damit farbig. Über die *«Stufenversetzung»,* eine insbesondere bei Metallgittern häufige Art der Fehlordnung, die für die metallische Verformbarkeit verantwortlich ist, siehe S. 224.

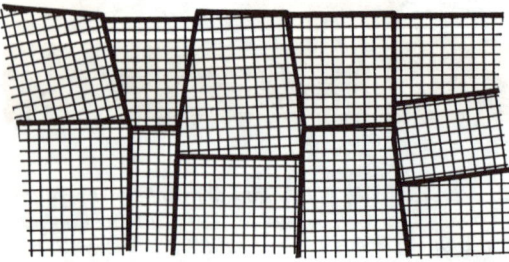

Abb. 5. 17. Mosaikkristall

Abb. 5. 18. *Frenkel- und Schottky-Fehlordnungen*

Bei Ionenkristallen wird die Struktur in erster Linie durch das Radienverhältnis und die Ladung der betreffenden Ionen bestimmt (vgl. S. 213); die Art der Ionen spielt dabei nur eine geringere Rolle. Es ist deshalb nicht verwunderlich, daß sich Ionen ähnlicher Größe im Kristall oft vertreten können, was ebenfalls zu einer Abweichung vom «idealen» Bau führt. So können im festen KCl K^+-Ionen statistisch durch Rb^+-Ionen oder Cl^--Ionen durch Br^--Ionen ersetzt sein; KCl und RbCl bzw. KCl und KBr bilden darum miteinander sogenannte *Mischkristalle (feste Lösungen)*, die zwar in einer einheitlichen Struktur kristallisieren, jedoch keine definierte Zusammensetzung besitzen. Hingegen kristallisieren aus einem flüssigen Gemisch von NaCl und KCl die beiden Substanzen getrennt, da die Radien der Na^+- und K^+-Ionen zu verschieden sind, als daß sich die Ionen im Kristall gegenseitig ersetzen könnten. Man nennt Substanzen, die wie die Alkalihalogenide (außer CsCl, CsBr und Cs I) in der gleichen Gitterstruktur kristallisieren, zueinander *isotyp*; bei gleicher Raumbeanspruchung (und Ladung) der Ionen sind bei isotypen Verbindungen Mischkristalle häufig. Einheitliche Substanzen, deren Zusammensetzung innerhalb bestimmter Grenzen schwankt, werden als «**nichtdaltonide**» oder «**berthollide**» Verbindungen bezeichnet[1].

Besonders häufig treten fehlgeordnete Kristalle (mit nicht-daltonider Zusammensetzung bei Oxiden, Sulfiden und Seleniden von Übergangsmetallen auf. So sind beispielsweise im Eisen-(II)-sulfid, «FeS», stets in einem gewissen Maß Fe^{3+}-Ionen vorhanden, so daß dann zum Ladungsausgleich einige Gitterplätze unbesetzt bleiben müssen. Auch das als Mineral («Wüstit») vorkommende Eisen(II)-oxid ist keine daltonide Verbindung und enthält stets Fe^{+III}. Die bei diesem (und anderen) Oxiden auftretende elektrische Leitfähigkeit beruht darauf, daß entweder Kationen in benachbarte Leerstellen rücken oder daß ein Elektron von einem Fe^{2+}- auf ein Fe^{3+}-Ion übertragen wird und dadurch elektrische Ladung durch den Kristall verschoben werden kann. Weil der Ordnungsgrad im Kristall mit zunehmender Temperatur abnimmt, steigt die Leitfähigkeit mit wachsender Temperatur. Dasselbe beobachtet man auch bei den schon auf S. 142 besprochenen *Halbleitern*, ebenfalls Substanzen mit ausgesprochener «*chemischer Fehlordnung*». Die Halbleitereigenschaften werden hier ebenfalls durch die Störstellen bedingt; die nicht-ideale Kristallstruktur ist hier für die praktische Anwendung gerade besonders wichtig. Ein interessanter Fall von Fehlordnung und damit verbundener elektrischer

---

[1] Nach C. Berthollet (1748–1822), welcher die Gültigkeit des Gesetzes der konstanten Proportionen bestritt.

Leitfähigkeit liegt im festen Silberiodid, AgI, vor. Oberhalb von 140°C werden die relativ kleinen Ag^+-Ionen im Kristall beweglich, während die Anordnung der Anionen erhalten bleibt; der feste Kristall ist somit oberhalb 140°C ein *Kationenleiter*.

Von praktischer Bedeutung ist die Tatsache, daß manche Kristalle mit Störstellen eine intensive *Fluoreszenz* zeigen (besonders Oxide und Sulfide von Erdalkalimetallen). Hochreine solche Substanzen, die mit Spuren von Metallsalzen (Pb- oder Bi-Salze) geglüht werden (wodurch Fremdatome in ihre Kristalle eingebaut werden), dienen zur Sichtbarmachung von radioaktiven und Röntgenstrahlen sowie von Ultraviolettlicht (Bildschirme für Kathodenstrahlröhren). Die eigentlichen Leuchtmassen (z. B. von Leuchtziffern) bestehen meist aus Zinksulfid, das mit Spuren von Kupfersulfid verunreinigt ist (Störstellen!) und dem kleine Mengen eines radioaktiven Elementes zugesetzt worden sind.

Dichteste Kugelpackungen. Bei vielen Substanzen, besonders Metallen und aus Molekülen bestehenden Stoffen, sind die Teilchen im festen Zustand möglichst dicht geordnet. Solche «**dichteste Kugelpackungen**» entstehen durch Übereinanderlegen von Ebenen, die möglichst dicht mit Kugeln besetzt sind (jede Kugel ist von 6 Nachbarn umgeben), und zwar so, daß die Kugeln einer höheren Schicht jeweils in die Einsenkungen zwischen den Kugeln der

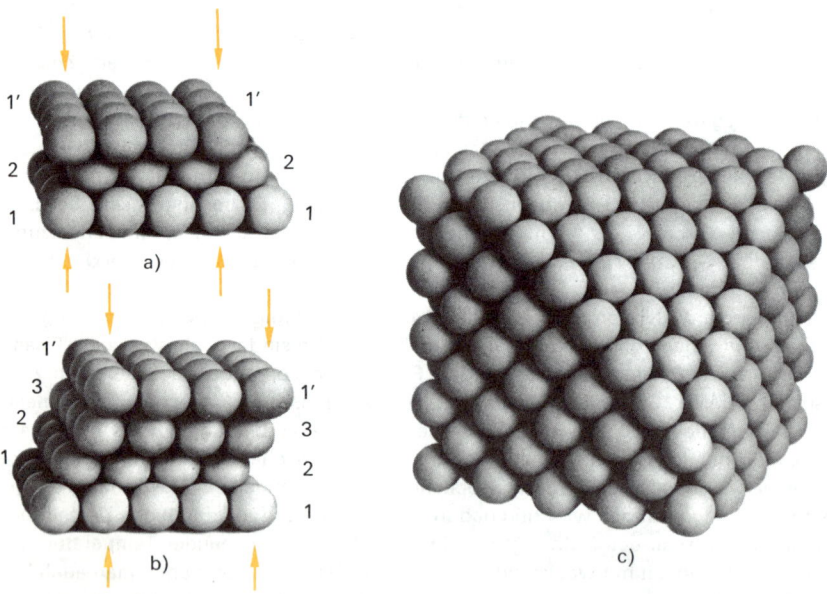

Abb. 5. 19. Dichteste Kugelpackungen

a) hexagonal-dichteste Kugelpackung
b) kubisch-dichteste Kugelpackung
c) kubisch-dichteste Kugelpackung, so dargestellt, daß die kubische Symmetrie deutlich wird.
   Die dichtest besetzten Ebenen liegen senkrecht zu den Würfeldiagonalen

unteren Schicht zu liegen kommen. Bei der *kubisch dichtesten Kugelpackung* kommt jeweils die vierte Kugelschicht in identische Positionen mit der ersten zu liegen; die dichtest besetzten Ebenen stehen senkrecht zu den Diagonalen eines Würfels (Abb. 5.19). In der *hexagonal dichtesten Kugelpackung* liegt bereits die dritte Kugelschicht in der gleichen Lage wie die erste. Senkrecht zur Aufeinanderfolge der dichtest besetzten Ebenen steht eine sechszählige Symmetrieachse. In beiden dichtesten Packungen ist eine Kugel von 12 anderen Kugeln umgeben. Die kubisch dichteste Kugelpackung entspricht einem kubisch-flächenzentrierten Gitter.

Die Aufeinanderfolge der Schichten in der kubisch dichtesten Kugelpackung kann schematisch durch die Zahlenfolge 1–2–3–1–2–3–1–2–3– usw. dargestellt werden; für die hexagonal dichteste Packung würde die Reihenfolge 1–2–1–2–1–2– gelten. Natürlich existieren noch viele andere Möglichkeiten dichtester Kugelpackungen, beispielsweise 1–2–3–1–2–1–2–3–1–2– usw. Hier würden die kubische und die hexagonale Anordnung miteinander abwechseln. Die Aufeinanderfolge dichtest gepackter Ebenen kann schließlich auch rein statistisch sein, wie es für eine Form von metallischem Kobalt festgestellt worden ist.

Sind in einem Kristall *verschiedene Bausteine* vorhanden (z. B. Anionen und Kationen bei Salzen), so bildet oft die *eine Teilchenart* eine *dichteste Kugelpackung,* während die anderen Teilchen die *Hohlräume* zwischen den Kugeln besetzen. Es gibt zweierlei solcher Hohlräume: kleinere, die von vier Kugeln begrenzt sind («tetraedrische» Hohlräume) und größere, bei denen sechs Kugeln den Hohlraum begrenzen («oktaedrische» Räume) (Abb. 5.20). Die Anzahl der oktaedrischen Räume ist gleich der Gesamtzahl der Kugeln, während die Zahl der tetraedrischen Räume doppelt so groß ist. Im NaCl-Kristall (Abb. 5.25) sind sowohl die Na^+- wie die Cl^--Ionen oktaedrisch koordiniert; die Na^+-Ionen sind in oktaedrische Hohlräume zwischen die Cl^--Ionen (welche eine kubisch dichteste Packung bilden) eingelagert. Im CaF_2-Kristall (Abb. 5.26) bilden hingegen die Ca^{2+}-Ionen eine kubisch dichteste Packung, und die F^--Ionen besetzen die tetraedrischen Hohlräume.

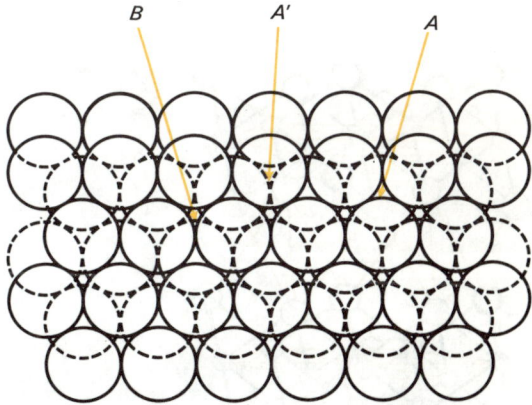

Abb. 5.20. Dichteste Kugelpackung: A und A' «tetraedrische» und B «oktaedrische» Hohlräume (aus Cotton-Wilkinson)

5.3 Arten von Kristallstrukturen

Nach der Art der vorhandenen Partikeln und der zwischen ihnen wirkenden Kräfte kann man folgende Typen von Kristallen unterscheiden:

Ionenkristalle	Ionen als Gitterbausteine ($NaCl$, CaF_2)
Molekülkristalle	Moleküle als Gitterbausteine; zwischen den Molekülen van der Waals-Kräfte (CO_2)
Atomkristalle	Durch Kovalenzbindungen verbundene Atome als Gitterbausteine (Diamant)
Metallkristalle	Metallische Bindung (delokalisierte Elektronen; Na)
Edelgaskristalle	Van der Waals-Kräfte zwischen den als Gitterbausteinen vorhandenen Einzelatomen (Ar)

Diese Einteilung läßt sich jedoch nicht streng durchführen. Nur die *Molekül-* und *Edelgaskristalle* bilden einigermaßen scharf umgrenzte Typen; bei ihnen sind als diskrete Atomgruppen unterscheidbare Moleküle bzw. Einzelatome als Gitterbausteine vorhanden, und als Gitterkräfte wirken van der Waals-Kräfte. Die Gitterenergien sind dementsprechend meist klein bzw. sehr klein. Bei Molekülkristallen, in welchen zwischen den Molekülen H-Brücken wirksam sind, können die Gitterenergien größer sein (Eis, Rohrzucker). In den meisten Kristallen treten aber Übergänge zwischen den verschiedenen Bindungsarten auf (z.B. sehr stark polare Kovalenzbindungen oder stark polarisierte Ionen [S. 133]; auch Übergänge zwischen metallischer Bindung und Atom- bzw. Ionenbindung kommen vor). Die verschiedenen Bindungstypen sind eigentlich nur bei den Alkalihalogeniden, beim Diamant und bei den typischen Metallen in reiner Ausbildung verwirklicht. Da die Eigenschaften eines Festkörpers aber in erster Linie durch seine *Kristallstruktur* (die Anordnung der Gitterbausteine und ihre Koordinationszahl) sowie durch die *Gitterenergie* bestimmt wird, ist die Frage, ob in dem betreffenden Kristall die Bindungsart mehr ionisch oder mehr kovalent ist, eher von sekundärer Bedeutung.

Wenn man nicht in erster Linie die Art der vorhandenen Gitterbausteine, sondern den *räumlichen Bau* der verschiedenen Kristalle betrachtet, so kommt man zu folgenden Strukturtypen:

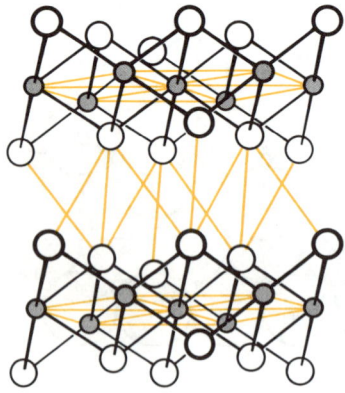

Abb. 5. 21. CdI$_2$-Struktur (schwarze Kugeln : Cd^{2+}-Ionen)

Abb.5.22. CuCl₂-Struktur

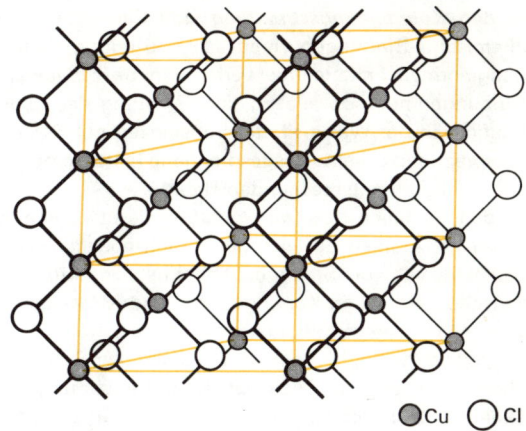

●Cu ○Cl

Koordinationsstrukturen	dreidimensional-unbegrenzte Gitterverbände, in welchen keine kleineren, in sich abgegrenzten Atomverbände erkennbar sind. Beispiele: NaCl- und Perowskit-Struktur (Abb. 3.43, 3.49), metallische Strukturen, Diamantstruktur (Abb.16.1, S. 517).
Schichtenstrukturen	Gitterbausteine zu Schichten geordnet (in zwei Dimensionen besonders enger Bauzusammenhang). Beispiele: CdI₂-Struktur (Abb. 5.21), Graphitstruktur (Abb.16.1, S. 517).
Kettenstrukturen	Gitterbausteine zu Ketten geordnet (in einer Dimension besonders enger Bauzusammenhang); Beispiel: CuCl₂-Struktur (Abb.5.22).
Molekülstrukturen	Moleküle (in sich abgegrenzte Atomverbände aus einer bestimmten Anzahl Atome) als Gitterbausteine. Beispiel: CO₂-Struktur (Abb. 5.23).

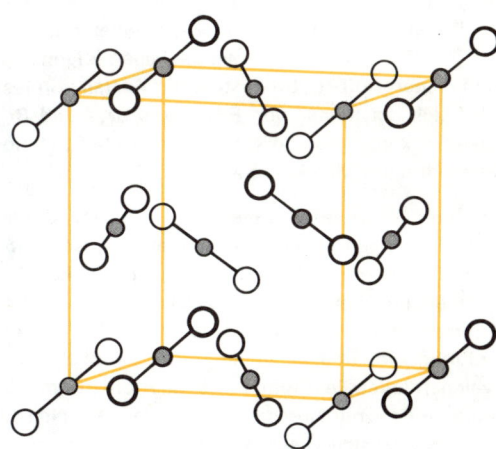

Abb.5.23. Struktur von festem CO₂ (Molekülkristall)   ●C   ○O

In den *Koordinationsstrukturen* sind die Gitterbausteine dreidimensional durch eigentliche chemische Bindungen (metallische Bindung, Ionen- oder Kovalenzbindung; häufig Übergangsformen!) miteinander verbunden. Bei *Schichten-* und *Kettenstrukturen* wirken chemische Bindungen nur in zwei bzw. einer Richtung des Raumes; zwischen den Bauelementen wirken häufig van der Waals-Kräfte. Substanzen mit Schichten- oder Kettenstrukturen zeigen dementsprechend oft eine ausgesprochene blättrige oder fasrige Spaltbarkeit, und ihre Kristalle zeigen auch den entsprechenden Habitus.

In den Kristallen der *Komplexsalze* wie etwa dem $CaSO_4$ (Abb. 3.47, S. 135) kommen aus mehreren Atomen bestehende, in sich abgeschlossene Einheiten (die Komplexe) als Gitterbausteine vor; vom Standpunkt der Kristallstruktur aus bilden solche Strukturen einen Übergang zwischen einfachen Koordinations- und Molekülstrukturen. Bei sehr vielen Substanzen (Silicate, Molybdate, Wolframate, Phosphate, Borate usw.) treten in den Kristallen «unendlich» ausgedehnte *Gerüst-Anionen* verschiedener Struktur auf, die sich den Atomstrukturen vergleichen lassen, aber im Gegensatz zu diesen Ladungen tragen und deshalb nur mit einer entsprechenden Zahl von Kationen zusammen auftreten. Beim Verdampfen, meist aber schon beim Schmelzen, zerfallen die Kristalle in kleinere Einheiten. Die betreffenden Substanzen zeigen darum ihre charakteristischen Eigenschaften nur im festen Zustand; sie werden deshalb auch etwa als «**Festkörperverbindungen**» bezeichnet. Zu ihnen gehören auch zahlreiche Substanzen, die in einfachen Koordinationsstrukturen kristallisieren, wie etwa die Verbindungen mit Perowskit-Struktur oder die Spinelle.

Die Struktur eines Festkörpers kann durch Röntgenstrukturanalyse ermittelt werden. Im allgemeinen besteht zwischen der stöchiometrischen *Formel* (der «Substanzformel») und der *Struktur kein Zusammenhang,* weil die Struktur einer Substanz nicht in erster Linie durch ihre Zusammensetzung bestimmt wird, sondern andere Faktoren, wie Teilchenart, Teilchengröße usw., maßgebend sind. Es ist darum unmöglich, aus der Substanzformel eines Stoffes Schlüsse auf seinen Aufbau im festen Zustand zu ziehen. Eine Substanz der Formel AB_2 beispielsweise (die im Dampfzustand in Form von AB_2-Molekülen bzw. Ionenpaaren oder auch höheren Assoziaten, wie A_2B_4, A_3B_6, existiert), kann im festen Zustand in Form diskreter Moleküle vorkommen und als Molekülkristall kristallisieren (Beispiel: CO_2); sie kann jedoch als Kristall auch eine Ketten- oder Schichtstruktur bilden, in welchem keine abgegrenzte Einheiten AB_2 mehr auftreten (Beispiele: $CuCl_2$ und CdI_2), oder in einer dreidimensionalen Koordinationsstruktur kristallisieren (wie CaF_2, TiO_2). In gewissen Fällen zeigen sogar «verwandte» Substanzen einen ganz verschiedenen Aufbau. So besteht der Kristall von festem PCl_5 aus PCl_4^+- und PCl_6^--Ionen, während sich der Kristall von PBr_5 aus PBr_4^+- und Br^--Ionen aufbaut (gegenüber dem größeren Br-Atom kann P nur die Koordinationszahl 4 betätigen); im Gaszustand treten jedoch bei beiden Verbindungen Moleküle PX_5 auf.

Ein weiteres, gutes Beispiel einer Substanz, die je nach dem Aggregatzustand aus ganz verschiedenartigen Atomverbänden besteht, ist das *Eisen (III)-chlorid,* «$FeCl_3$». Der Dampf enthält (bei niedriger Temperatur) hauptsächlich Fe_2Cl_6-Moleküle (Abb. 5.24; die beiden Fe-Atome sind über zwei als «Brückenatome» wirkende Cl-Atome verbunden), die bei starkem Erhitzen in $FeCl_3$-Moleküle zerfallen. Bei der Bildung des Kristalls tritt eine völlige Neuordnung ein, und es bilden sich unendlich ausgedehnte, zweidimensionale Schichten, in welchen jedes Fe-Atom von 6 Cl-Atomen umgeben ist (die Bindung zwischen Fe- und Cl-Atomen ist wohl eine sehr stark polare Kovalenzbindung). In unpolaren Lösungsmitteln, wie z. B. CS_2, löst sich «$FeCl_3$» in Form von Fe_2Cl_6-Molekülen, während in stärker polaren Lösungsmitteln (z. B. in Äther) Assoziate aus einem Äthermolekül und einem $FeCl_3$-Molekül gebildet werden. In sehr stark polaren Lösungsmitteln tritt völlige Dissoziation ein, und es entstehen

Abb. 5.24. Fe_2Cl_6-Molekül

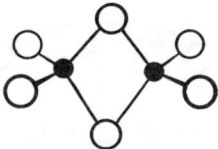

Fe^{3+}- und Cl^--Ionen, welche sich hydratisieren (S. 245). Durch Verdunstenlassen des Wassers bekommt man das Hexahydrat, $FeCl_3 \cdot 6\ H_2O$ (eigentlich $[Fe(H_2O)_6]\ Cl_3$); die ursprüngliche, wasserfreie Substanz $FeCl_3$ kann man daraus nicht mehr ohne weiteres erhalten, da sich bei stärkerem Erhitzen des Hydrates basische Salze und schließlich Eisen (III)-oxid bilden.

Ganz ähnlich verhalten sich auch andere Halogenide, wie z. B. $AlCl_3$ (S. 146) oder $CuCl_2$. Das letztere bildet im festen Zustand eine Kettenstruktur, in welchem jedes Cu-Atom mit 4 Cl-Atomen koordiniert ist. In wäßrigen Lösungen existiert es in Form hydratisierter (blauer) Cu^{2+}-Ionen und Cl^--Ionen; in konzentrierten Lösungen treten auch (grüne) $CuCl_4^{2-}$-Komplexe auf.

5.4 Einfache Koordinationsstrukturen von Verbindungen der Zusammensetzung AX bzw. AX_2

Radienverhältnisse und Struktur. Die wichtigsten Strukturen der Verbindungen vom Typus AX sind die CsCl- (Caesiumchlorid-), die NaCl- (Steinsalz-) und die ZnS- (Zinkblende-) Struktur. In der *Caesiumchloridstruktur* ist jedes Cs^+-Ion von 8 Cl^--Ionen und jedes Cl^--Ion von 8 Cs^+-Ionen umgeben, während in der *Steinsalzstruktur* jedes Na^+-Ion von 6 Cl^--Ionen und jedes Cl^--Ion von 6 Na^+-Ionen umgeben ist. In der *Zinkblendestruktur* (und ebenso in der nahe verwandten Wurtzit-Struktur mit hexagonaler statt kubischer Symmetrie) besitzen beide Gitterbausteine die Koordinationszahl 4. Der Zinkblendestruktur geometrisch völlig analog ist die Struktur des Diamanten, in welchem die C-Atome durch Kovalenzbindungen tetraedrisch miteinander verbunden sind. Der Diamant ist wohl der einzige Kristall mit ausschließlicher, reiner Kovalenzbindung.

Die energetisch günstigste (stabilste) Struktur einer bestimmten Substanz besitzt die *größtmögliche Gitterenergie*; von verschiedenen, an sich möglichen Strukturen ist bei der dichtesten Teilchenanordnung die Gitterenergie am größten. Da jedoch in einem Ionenkristall in jedem kleinsten Bereich elektrische Neutralität herrschen muß, kann die Koordinationszahl nicht die geometrisch höchstmögliche der dichtesten Kugelpackung sein (12), sondern sie ist in Ionenkristallen stets kleiner. Würde nun z. B. CsCl in der Steinsalzstruktur kristallisieren, so würden die Cl^--Ionen durch die relativ großen Cs^+-Ionen auseinandergedrängt, so daß die Struktur lockerer und damit energetisch weniger stabil würde. Wenn umgekehrt NaCl aber in der CsCl-Struktur kristallisieren würde, so müßten sich die Cl^--Ionen gegenseitig berühren, und zwischen den Na^+- und den Cl^--Ionen wäre leerer Platz vorhanden. Ein solcher Kristall wäre wiederum energetisch weniger stabil als die (bei NaCl tatsächlich vorliegende) Steinsalzstruktur. Diese Überlegungen zeigen, daß die *Kristallstruktur* einer Substanz in erster Linie durch das *Verhältnis der Radien ihrer Ionen* (Atome) bestimmt wird.

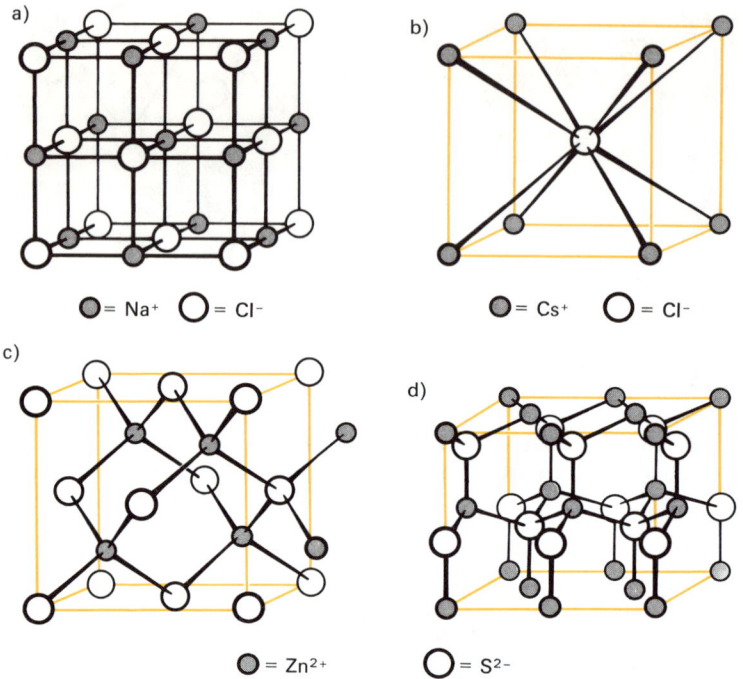

a) $\bigcirc$ = Na$^+$ $\bigcirc$ = Cl$^-$

b) $\bigcirc$ = Cs$^+$ $\bigcirc$ = Cl$^-$

$\bigcirc$ = Zn^{2+} $\bigcirc$ = S^{2-}

Abb. 5. 25. Einige bei Verbindungen der Zusammensetzung AB häufige einfache Koordinations-strukturen : a) Steinsalz (Na Cl) ; b) Caesiumchlorid (Cs Cl) ; c) Zinkblende (ZnS) ; d) Wurtzit (ZnS)

In der CsCl-Struktur sitzen 8 Cl$^-$-Ionen an den Ecken eines Würfels und ein Cs$^+$-Ion in dessen Zentrum (Abb. 5.25). Wenn wir den Radius der Anionen = 1 setzen und diese sich eben berüh-ren sollen, wird die Seitenlänge des Würfels a = 2. Der Radius eines Ions, das im «Loch» in der Mitte des Würfels so untergebracht werden kann, daß es die umgebenden 8 Ionen gerade be-rührt, ist gleich der Länge der halben Würfeldiagonale minus dem Radius des Eck-Ions, also gleich

$$r_{K^+} = a \sqrt{3} \cdot \frac{1}{2} - 1 = \frac{2}{2} \sqrt{3} - 1 = 0{,}732 \,.$$

Man kann daher erwarten, daß die CsCl-Struktur stabil bleibt, so lange das Radienverhältnis $r_{Kation} : r_{Anion} \geqslant 0{,}732$ ist. Ist das Kation kleiner, so muß eine Struktur mit niedrigerer Koordina-tionszahl gebildet werden, damit es alle umgebenden Anionen berühren kann. Eine ganz analoge Überlegung führt für die NaCl-Struktur auf das minimale Radienverhältnis 0,414 (hier sitzt das Kation im Zentrum eines Quadrates, dessen Ecken von vier Anionen besetzt sind). Die Tabelle 5.2 gibt die theoretischen Radienverhältnisse der wichtigsten Ionenkristalle; Tabelle 5.3 orien-tiert über die bei Verbindungen der Zusammensetzung AB tatsächlich auftretenden Kristall-strukturen und die Radienverhältnisse ihrer Ionen. — In gewissen Fällen (z. B. bei den Lithium-

Tabelle 5.2. Grenzbereiche der Radienverhältnisse und Gittertypen bei Ionenkristallen

Radienverhältnis	AB-Verbindungen		AB$_2$-Verbindungen	
	Koordi-nations-zahl	Struktur	Koordi-nations-zahl	Struktur
>0,732	8	CsCl	8:4	CaF$_2$ Fluorit
0,732–0,414	6	NaCl	6:3	TiO$_2$ Rutil
0,414–0,225	4	Zinkblende oder Wurtzit	4:2	SiO$_2$ Cristobalit usw.
0,225–0,155	3	Bornitrid, BN	–	–

halogeniden) bilden die relativ voluminösen Anionen gewissermaßen dichtest gepackte *«Anionengitter»*, und die Kationen füllen die Hohlräume zwischen ihnen aus. Die dann stark erhöhte Anion-Anion-Abstoßung hat zur Folge, daß der Kristall leichter getrennt und in einzelne Ionen oder Ionenpaare aufgespalten wird. Dieser Effekt erklärt die verglichen mit den übrigen Alkalihalogeniden auffallend tiefen Schmelzpunkte von LiCl, LiBr und LiI.

Für Verbindungen der Substanzformel AX$_2$ lassen sich analoge Überlegungen durchführen. Die drei den einfachen AX-Strukturtypen entsprechenden Kristallstrukturen AX$_2$ sind die kubische *Fluoritstruktur* (CaF$_2$-Struktur) mit den Koordinationszahlen 8 und 4 (stabil bei Radienverhältnissen > 0,732), die tetragonale *Rutil-* (TiO$_2$) *struktur,* dem die Strukturen der beiden anderen Modifikationen von TiO$_2$, Anatas und Brookit, verwandt sind (Koordinationszahlen 6, 3; stabil bei Radienverhältnissen von 0,732 bis 0,414) und die kubische, hexagonale oder rhomboedrische Modifikation der *SiO$_2$-Struktur* (Cristobalit-, Tridymit- und Quarzstruktur), die bei Radienverhältnissen < 0,414 stabil sind (Koordinationszahlen 4, 2). Vgl. Abb. 5.26 und Tabelle 5.4.

Tabelle 5.3. Kristallstrukturen und Radienverhältnisse einiger Salze der Zusammensetzung AB

CsCl-Struktur $R_{A^+} : R_{B^-}$ > 0,732		Natriumchlorid-Struktur $R_{A^+} : R_{B^-}$ = 0,732 bis 0,414					ZnS-Struktur $R_{A^+} : R_{B^-}$ 0,414 bis 0,225	
CsCl	0,91	KF	1,00	KCl	0,73	NaCl 0,54	BeO	0,26
CsBr	0,84	CaO	0,80	SrS	0,73	NaBr 0,50	BeS	0,20
CsI	0,75	NaF	0,74	RbI	0,68	MgS 0,49	BeSe	0,18
				KBr	0,68	NaI 0,44		
				CaS	0,61	LiCl 0,43		
				KI	0,60	LiBr 0,40		
				MgO	0,59	LiI 0,35		
				LiF	0,59			

a)   ● = Ca²⁺   ○ = F⁻

Abb. 5. 26
Einfache Koordinationsstrukturen von
Verbindungen der Zusammensetzung AB_2

a) Fluorit (CaF_2)
b) Rutil (TiO_2)
c) Cristobalit (SiO_2)

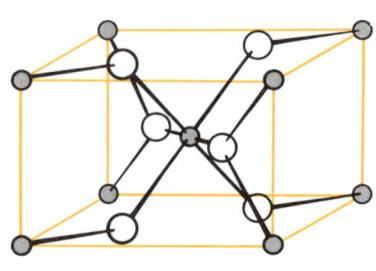

b)   ● = Ti⁴⁺   ○ = O²⁻

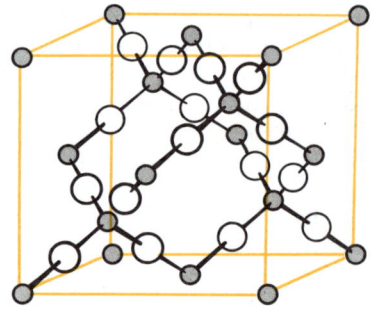

c)   ● = Si   ○ = O

Tabelle 5. 4. Kristallstrukturen und Radienverhältnisse einiger Salze der Zusammensetzung AB_2

Fluorit- Struktur $R_{A^+} : R_{B^-} > 0,732$		Rutil- Struktur $R_{A^+} : R_{B^-} = 0,732$ bis $0,414$		Quarz- Struktur $R_{A^+} : R_{B^-}$ $0,414$ bis $0,225$
BaF_2 1,05	ZrF_2 0,67	TeO_2 0,67	MoO_2 0,52	GeO_2 0,36
PbF_2 0,99	HfF_2 0,67	MnF_2 0,66	WO_2 0,52	SiO_2 0,29
SrF_2 0,95		PbO_2 0,64	TiO_2 0,48	BeF_2[1] 0,26
ThO_2 0,83		FeF_2 0,62	VO_2 0,46	
CaF_2 0,80		CoF_2 0,62	MnO_2 0,39	
UO_2 0,79		ZnF_2 0,62	GeO_2 0,36	
CeO_2 0,77		NiF_2 0,59		
CdF_2 0,74		MgF_2 0,58		
		SnO_2 0,56		

[1] BeF_2 kristallisiert in der Cristobalitstruktur. Die Koordination ist 4 : 2 wie beim Quarz.

Bei den Strukturen der AX_2-Verbindungen macht sich der Einfluß der Polarisation negativer Ionen (d. h. des Überganges zur Kovalenzbindung) noch in einem viel höheren Maß bemerkbar als bei AX-Verbindungen. So kristallisiert beispielsweise CdF_2 in der Fluoritstruktur, während $CdCl_2$ und CdI_2 typische *Schichtenstrukturen* bilden. In diesen Strukturen treten aus AX_6-Oktaedern gebildete Schichten auf, wobei eine Schicht von A-Ionen beidseitig von X-Ionen-Schichten flankiert wird (Abb. 5.21). Die Anionen X müssen stark *polarisiert* sein, denn ihre nächsten A-Nachbarn liegen alle auf derselben Seite der X-Ionen. Solche Schichtenstrukturen kommen bei vielen Halogeniden der Zusammensetzung AX_2 vor; auch die meisten Hydroxide der Metalle kristallisieren in Schichtenstrukturen, da das OH^--Ion einen starken permanenten Dipol darstellt. Je nach der Art der Aufeinanderfolge der Schichten und ihrer gegenseitigen Orientierung lassen sich verschiedene Typen von Schichtstrukturen unterscheiden. Durch abwechselnde Folge verschiedenartiger Schichten (z. B. aus MeX_6- und $Me(OH)_6$-Oktaedern verschiedener Struktur) kommen die komplizierten Strukturen der sogenannten basischen Salze zustande, welche als Produkte der Korrosion von Metallen und als erste Fällungsprodukte beim Versetzen von Lösungen der Metallhalogenide mit Hydroxidlösungen eine große Rolle spielen.

5.5 Koordinationsstrukturen vom Perowskit- und Spinelltypus

Eine Gruppe von Substanzen der Zusammensetzung $A_mB_nX_p$ bildet ebenfalls Koordinationsstrukturen. Die Perowskitstruktur (Zusammensetzung ABX_3; Abb. 3.49, S. 135) enthält O^{2-}- oder F^--Anionen, die mit zwei verschiedenen Arten von Kationen koordiniert sind. In den Spinellen ($A^{2+}B_2^{3+}O_4$ oder $A^{4+}B_2^{2+}O_4$) sind neben den Kationen O^{2-}-Ionen vorhanden[1].

In der *Perowskit-Struktur* bilden die A^+-Ionen mit den Anionen zusammen eine dichteste Kugelpackung von kubischer Symmetrie. Die B^+-Ionen füllen Hohlräume zwischen den Kugeln aus, und zwar derart, daß sie jeweils von 6 Anionen umgeben sind. Abgegrenzte BX_3-Komplexe treten nicht auf. Als Beispiele von Substanzen, die in der Perowskit-Struktur kristallisieren, seien erwähnt: $KMgF_3$, $SrTiO_3$, $LaFeO_3$, $LaCrO_3$, $BaSnO_3$. In einer ähnlichen Struktur kristallisieren die sogenannten *Wolframbronzen* mit der (idealisierten) Zusammensetzung $NaWO_3$. Gewöhnlich tritt bei ihnen ein gewisser Unterschuß an Na^+-Ionen auf, und für jedes fehlende Na^+-Ion ist ein W^{6+}-Ion an Stelle eines W^{5+}-Ions vorhanden. Es handelt sich also bei den Wolframbronzen um nichtdaltonide Verbindungen.

In den *Spinellen* bilden die O^{2-}-Ionen allein eine kubisch dichteste Kugelpackung, ein «Anionengitter». Die Kationen sind gesetzmäßig in die Hohlräume zwischen den Anionen eingelagert;

Tabelle 5.5. Beispiele von Spinellen

Al_2MgO_4	Spinell	Fe_2ZnO_4	Franklinit
Al_2ZnO_4	Zinkspinell	Fe_2MnO_4	Jakobsit
Al_2MnO_4	Manganspinell (Galaxit)	Fe_2NiO_4	Trevorit
Al_2FeO_4	Eisenspinell	Cr_2FeO_4	Chromit
Fe_2MgO_4	Magnoferrit	Cr_2MgO_4	Magnochromit
Fe_2FeO_4	Magnetit (= Fe_3O_4)		

[1] Die Bezeichnung O^{2-}-«Ionen» ist auch hier nur mit Vorbehalt zu verwenden. Die Bindungsart in den Perowskit- und Spinellstrukturen ist sicher keine reine Ionenbindung.

ein Teil davon besetzt Räume mit tetraedrischer Koordination (ist also von 4 O^{2-}-Ionen umgeben), während ein Teil «oktaedrische» Hohlräume besetzt und von 6 O^{2-}-Ionen umgeben ist. Kationen ähnlicher Größe und gleicher Ladung können sich weitgehend ersetzen. Die Zusammensetzung der Spinelle schwankt deshalb, obschon echte Bindungen zwischen den verschiedenen Gitterbausteinen bestehen und sie oft in gut ausgebildeten Kristallen auftreten. Vgl. Tabelle 5.5; bemerkenswert ist, daß auch gewisse Metalloxide wie Fe_3O_4 (= $Fe_2^{3+}Fe^{2+}O_4$) und Pb_3O_4 (= $Pb_2^{2+}Pb^{4+}O_4$) zum Spinelltypus gehören. Sogar eine Modifikation des Al_2O_3 kristallisiert in einer ähnlichen Struktur; die Al^{3+}-Ionen sind dann statistisch auf Hohlräume zwischen den O^{2-}-Ionen verteilt. Dieses «γ-Al_2O_3» besitzt noch zahlreiche Leerstellen in der Struktur und zeigt deshalb eine starke Absorptionsfähigkeit.

5.6 Strukturen mit isolierten und mit mehrkernigen Komplexen

Strukturen mit inselartigen Komplexen. In den Strukturen typischer Komplexsalze lassen sich die Komplex-Ionen als «inselartige», abgegrenzte Gruppen unterscheiden. Beispiele dafür bilden die bei Verbindungen der Zusammensetzung ABX_3 (mit BX_3-Komplexen) häufige *Calcitstruktur* (rhomboedrisch; Abb. 3.48, S. 135) und die orthorhombische *Aragonitstruktur* oder die verschiedenen Strukturen der Zusammensetzung ABX_4 (mit BX_4-Komplexen), von denen in Abb. 3.47 (S. 135) die Struktur des wasserfreien $CaSO_4$ *(«Anhydritstruktur»)* dargestellt worden ist. Viele dieser Komplexsalze kristallisieren bei hoher Temperatur in sogenannten Hochtemperaturmodifikationen. Die Komplexanionen sind dann frei beweglich und rotieren im Raum, so daß sie als kugelsymmetrische Teilchen wirken und relativ hochsymmetrische Kristallstrukturen möglich sind (meistens NaCl-Struktur). Bei tiefer Temperatur führt die starre Anordnung der Komplex-Ionen zu niedrigerer Symmetrie. Die Calcitstruktur z. B. kann aus der NaCl-Struktur abgeleitet werden, wenn man den Elementarwürfel der Steinsalzstruktur auf die Raumdiagonale (die dreizählige Symmetrieachse) stellt und die Cl^-- durch CO_3^{2-}-Ionen, die Na^+- durch Ca^{2+}-Ionen ersetzt. Die Kationen sind oktaedrisch mit 6 X-Atomen koordiniert. In der Aragonitstruktur, einem strukturell der Calcitstruktur verwandten Strukturtyp, sind die Kationen dagegen von 9 X-Atomen umgeben; sie tritt deshalb bei Salzen auf, deren Kationen relativ groß sind, während die Calcitstruktur bei Salzen mit kleineren Kationen stabil ist. Die Zwischenstellung des Ca^{2+}- (und ebenso des K^+-) Ions zeigt sich darin, daß sowohl $CaCO_3$ wie KNO_3 in beiden Kristallstrukturen kristallisieren, also *«polymorph»* sind.
Ganz ähnliche Verhältnisse liegen auch bei den Strukturen der Zusammensetzung ABX_4 vor. Bei Salzen mit kleineren Kationen tritt die erwähnte Anhydritstruktur auf, während Salze mit größeren Kationen in der wiederum strukturell verwandten Baryt- ($BaSO_4$-) Struktur kristallisieren.
Bei den Strukturen mit isolierten Komplexanionen wird – ebenso wie in einfachen Ionenstrukturen! – die Kristallstruktur hauptsächlich durch das Größenverhältnis von Kation zu Anion bestimmt. Es können sich deshalb auch bei diesen Salzen Ionen ähnlicher Größe und gleicher Ladung im Kristall gegenseitig *vertreten.* So ist im Dolomit [Calcitstruktur; Substanzformel $(Ca, Mg) CO_3$] die Hälfte der Ca^{2+}-Ionen durch Mg^{2+}-Ionen ersetzt, indem Ebenen senkrecht zur dreizähligen Symmetrieachse abwechselnd nur Ca^{2+}-bzw. Mg^{2+}-Ionen enthalten, was dann eine niedrigere Symmetrie der Struktur zur Folge hat. Von den Verbindungen ABX_4 sind z. B. $KMnO_4$ und $KClO_4$ sowie $BaSO_4$ und KBF_4 zueinander isotyp; kühlt man z. B. eine heiße Lösung, welche sowohl $KMnO_4$ wie $KClO_4$ gelöst enthält, ab, so erhält man daraus gut ausgebildete Kristalle, die sowohl MnO_4^-- wie ClO_4^--Ionen enthalten und je nach ihrem Anteil an MnO_4^--Ionen mehr oder weniger intensiv violett gefärbt sind.

Strukturen mit mehrkernigen Komplexen. In sehr vielen Kristallstrukturen treten nicht «einkernige», inselartige, sondern «mehrkernige» Anionen auf, welche formal durch Verkettung einkerniger Komplexe entstanden sind, indem ein Ligand als Brückenatom zwischen zwei Zentralatomen dient. Ein einfaches Beispiel eines solchen mehrkernigen Anions ist das Pyrophosphat-Ion ($P_2O_7^{4-}$):

$$\left[\begin{array}{c} \quad O \quad\quad O \quad \\ \quad | \quad\quad | \quad \\ O{-}P{-}O{-}P{-}O \\ \quad | \quad\quad | \quad \\ \quad O \quad\quad O \quad \end{array} \right]^{4-}$$

Die wichtigsten derartigen Verbindungen sind die **Silicate.** Im Gegensatz zu den Carbonaten, welche inselartige CO_3^{2-}-Ionen enthalten, kommen hier nicht isolierte SiO_3^{2-}- oder SiO_4^{4-}-Ionen als Gitterbausteine vor, sondern die tetraedrisch mit vier O-Atomen koordinierten Si-Atome («SiO_4-Tetraeder») treten zu kettenförmigen, bandförmigen, schichtenartigen, unend-

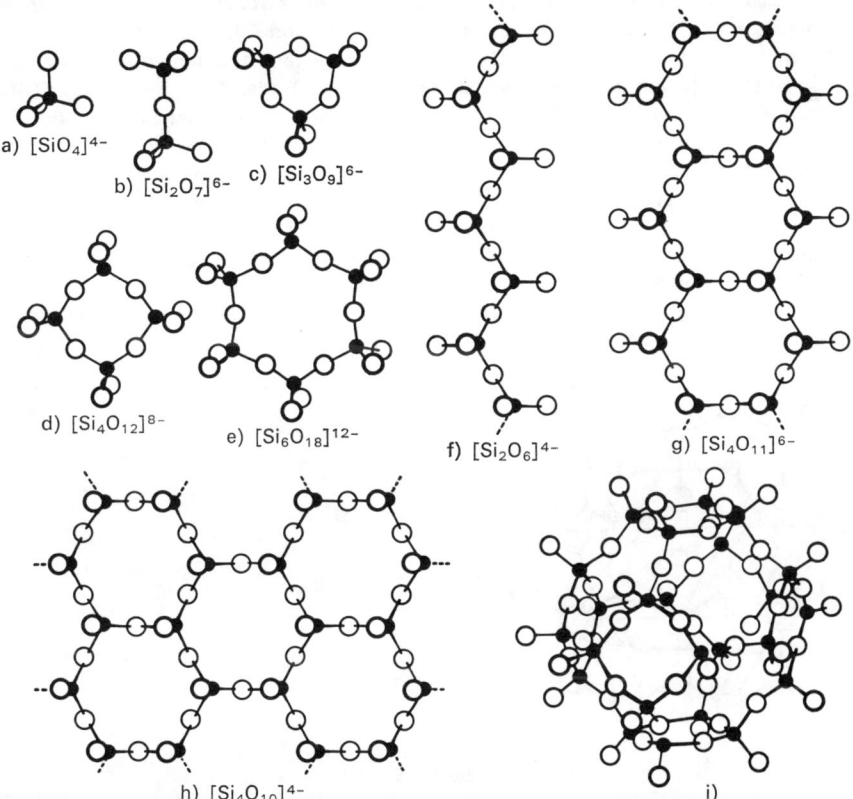

a) $[SiO_4]^{4-}$

b) $[Si_2O_7]^{6-}$ c) $[Si_3O_9]^{6-}$

d) $[Si_4O_{12}]^{8-}$

e) $[Si_6O_{18}]^{12-}$ f) $[Si_2O_6]^{4-}$ g) $[Si_4O_{11}]^{6-}$

h) $[Si_4O_{10}]^{4-}$ i)

Abb. 5. 27. Verknüpfungen der SiO_4-Tetraeder

a) inselartiges SiO_4^{4-}-Ion; b) zweikerniges $Si_2O_7^{6-}$-Ion; c)–e) ringförmige mehrkernige Komplex-Anionen; f) und g) SiO_4-Ketten; h) SiO_4-Netz; i) SiO_4-Gerüst

lich ausgedehnten vielkernigen Gerüst-Anionen zusammen, wobei immer ein O-Atom als Brücke zwischen zwei Si-Atomen wirkt[1]. Die verschiedenen Silicatstrukturen werden später genauer behandelt; es soll jedoch schon hier darauf hingewiesen werden, daß die kristallchemischen Verhältnisse bei den Silicaten durch mannigfaltige Mischkristallbildungen weiter kompliziert werden. So sind insbesondere Si-Atome («Si^{4+}-Ionen») in den SiO_4-Tetraedern häufig statistisch oder gesetzmäßig durch Al^{3+}-Ionen ersetzt (ähnlicher Radius!), was den Einbau weiterer Kationen in den Kristall verlangt; Al^{3+}-Ionen können aber auch mit oktaedrischer Koordination (von 6 O- oder F-Atomen bzw. OH^--Ionen umgeben) in Vertretung von Ca^{2+}, Mg^{2+}, Fe^{2+} im Kristall vorhanden sein. Für die Kristallstruktur sind in erster Linie Größe und Ladung der Teilchen, nicht ihr chemischer Charakter ausschlaggebend; es ist deshalb nicht zu verwundern, daß die meisten Silicate eine innerhalb bestimmter Grenzen schwankende Zusammensetzung aufweisen und damit keine daltoniden Verbindungen sind. Beim Schmelzen bricht die Kristallstruktur zusammen (wenn auch die tetraedrische Koordination der Si-Atome in der Schmelze gewöhnlich noch erhalten bleibt), und damit gehen die für die betreffende Substanz charakteristischen Eigenschaften verloren. Die Silicate sind typische Festkörperverbindungen (Abb. 5.27). Neben den Silicaten gibt es noch viele *weitere Substanzen* mit mehrkernigen Anionen, z. B. Borate, Metaphosphate, Pyrosulfate, Di-, Tri- und Tetrachromate usw. In den Boraten sind durch Verknüpfung planarer BO_3-Gruppen entstandene Anionen vorhanden, z. B. das ringförmige $(BO_2)_3^{3-}$-Ion im Natriummetaborat («$NaBO_2$») oder das kettenförmige $[(BO_2)_n]^{n-}$-Ion im Calciummetaborat («CaB_2O_4»). Bei den übrigen erwähnten Verbindungen sind die Anionen wie bei den Silicaten aus XO_4-Tetraedern gebildet, wobei wiederum O-Atome als Brückenatome zwischen zwei Zentralatomen wirken. In den Molybdaten und Wolframaten treten schließlich aus MoO_6- bzw. WO_6-Oktaedern gebildete mehrkernige Anionen auf. Diese Oktaeder können zu Ringen, Schichten oder dreidimensionalen Strukturen zusammentreten, wobei dann – besonders im ersten Fall – zusätzlich Si-, P-, As- oder B-Atome mit den O-Atomen der Oktaeder koordiniert sein können (Siliciummolybdate, Phosphormolybdate, Phosphorwolframate; vgl. Abb. 5.28). Die Strukturen dieser Anionen sind teilweise sehr kompliziert und zum Teil noch nicht vollständig bekannt.

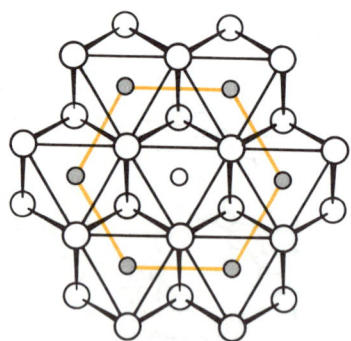

○ O   ● Mo   ○ Te

Abb. 5.28
Das $[TeMo_6O_{24}]^{6-}$-Ion im $(NH_4)_6 [TeMo_6O_{24}] \cdot 7H_2O$

---

[1] Über die sogenannten Orthosilicate mit scheinbar isolierten SiO_4^{4-}-Ionen siehe S. 535.

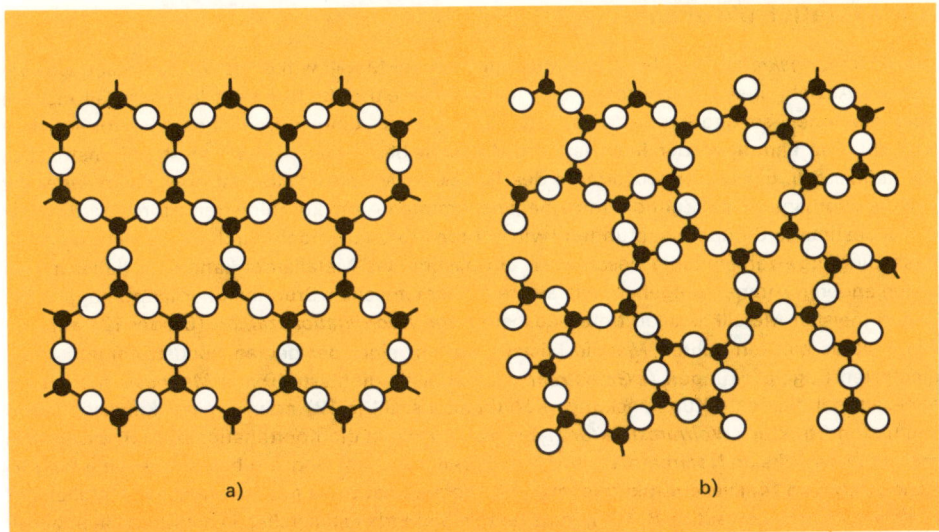

*Abb. 5. 29. Schematische Darstellung der Ordnung in einem Kristall a) und in einem Glas b).
Im Glas herrscht nur im Nahbereich eine strenge Ordnung*

Amorphe feste Phasen, Gläser. Im Gegensatz zu den Kristallen sind amorphe Substanzen völlig *isotrop,* eine Folge der hier mangelnden Ordnung der Teilchen. Die Vorstellung, daß in amorphen Festkörpern die Partikeln völlig regellos angeordnet sind, ist jedoch nicht richtig; meist herrscht im *Nahbereich* (in der Nachbarschaft eines bestimmten Teilchens) noch eine gesetzmäßige Ordnung, wogegen die für einen Kristall charakteristische *«Fernordnung»* der Struktur fehlt (vgl. Abb. 5.29). Nur innerhalb kleiner Bereiche läßt sich also eine geometrische Ordnung noch erkennen. Typische Beispiele solcher amorpher Festkörper bilden die *Gläser.* In ihnen ist – ebenso wie in den kristallinen Silicaten – jedes Si-Atom kovalent mit vier O-Atomen koordiniert (die «Nahordnung» ist also dieselbe wie im Kristall!); die tetraedrischen SiO_4-Gruppen zeigen jedoch keine gesetzmäßige Ordnung mehr. Da der Zusammenhalt der SiO_4-Aggregate durch Kräfte von verschiedener Stärke bedingt ist (Kovalenz- und Ionenbindungen), werden die verschiedenen Partikeln nacheinander getrennt, und es tritt beim Erwärmen kein eigentliches Schmelzen, sondern ein allmähliches *Erweichen* ein. Wegen der einer Flüssigkeit vergleichbaren Struktur der Gläser werden sie oft als «unterkühlte Flüssigkeiten» (Flüssigkeiten von extrem hoher Zähigkeit) betrachtet.

Die Bildung glasartiger Festkörper wird oft beobachtet, wenn man Schmelzen von Substanzen abkühlt, die im festen Zustand ein- oder mehrdimensional unendlich ausgedehnte «Moleküle» oder «Komplexe» besitzen (also nicht nur bei Silicaten, sondern auch bei Boraten, Metaphosphaten usw.). Die Schmelze enthält mehr oder weniger große Fragmente dieser «Riesenmoleküle», welche sich beim Abkühlen unter den Schmelzpunkt nur schwer wieder zur regelmäßigen Kristallstruktur ordnen, da dabei eine Trennung und Neubildung zahlreicher Bindungen erforderlich wäre. Eine solche Schmelze wird daher beim Abkühlen häufig sehr stark viskos und neigt zur Unterkühlung; häufig wird sie allmählich fest, so daß ein glasartiger Festkörper entsteht.

5.7 Metallstrukturen

Die *Anziehungskräfte* zwischen den Metallatomen im Metall wirken ebenso räumlich *allseitig* wie die Anziehungskräfte zwischen den Ionen in einem Salz. In einem Ionenkristall müssen aber die Ionen so angeordnet sein, daß in möglichst kleinen Bereichen Elektroneutralität herrscht. Die Ladungen der Kationen und Anionen bestimmen zudem ihr stöchiometrisches Verhältnis, d.h. die «Substanzformel» des Salzes. In Metallkristallen ist aber nur *einerlei Art Teilchen* vorhanden; die Zahl der mit einem bestimmten Atom koordinierten Atome wird weder durch bestimmte Bindungsrichtungen (wie in Atomkristallen) noch durch die «Elektroneutralitätsbedingung» zahlenmäßig beschränkt. Ein bestimmtes Metallatom kann sich daher mit so vielen anderen Atomen umgeben, wie aus rein geometrischen Gründen überhaupt möglich ist; in den meisten Metallkristallen treten deshalb *hohe Koordinationszahlen* (6 oder 12) auf.

Die weitaus meisten echten Metalle kristallisieren in einer der beiden höchstsymmetrischen dichtesten Kugelpackungen *(«Goldstruktur»* = kubisch dichteste bzw. *«Magnesiumstruktur»* = hexagonal dichteste Kugelpackung; Koordinationszahl je 12) oder in einer kubisch innenzentrierten Struktur *(Wolframstruktur ;* Abb. 5.30). Hier ist die Koordinationszahl 8; zusammen mit den übernächsten Nachbarn, die nur wenig weiter entfernt sind, ergibt sich aber eine Koordinationszahl von 14. Diese Struktur ist etwas lockerer gebaut und tritt vor allem bei Metallen mit größeren Atomradien auf (z. B. Alkalimetalle; von den Erdalkalimetallen kristallisiert Ba in dieser Struktur). In Tabelle 5.6 sind die wichtigsten Kristallstrukturen zusammengestellt. Die drei besprochenen Strukturtypen sind bei den Metallen außerordentlich häufig. Von insgesamt 78 untersuchten Strukturen entfallen darauf 64 (rund 82 %); 55 dieser Metalle zeigen die Koordinationszahl 12 und 16 die Koordinationszahl 8. In den Metallkristallen wird also eine möglichst hohe Raumerfüllung, verbunden mit hoher Symmetrie, angestrebt.

Tabelle 5.6. Kristallstrukturen der Metalle
(K I = kubisch innenzentriertes Gitter; KF = kubisch flächenzentriertes Gitter; H = hexagonal dichteste Kugelpackung)

Li K I	Be H									
Na K I	Mg H	Al KF								
K K I	Ca KF	Sc KF	Ti H	V K I	Cr K I	Fe K I KF	Co H KF	Ni KF	Cu KF	Zn H
Rb K I	Sr KF H K I	Y H	Zr H K I	Nb K I	Mo K I	Ru H .	Rh KF	Pd KF	Ag KF	Cd H
Cs K I	Ba K I	La H KF	Hf H K I	Ta K I	W K I	Os H	Ir KF	Pt KF	Au KF	

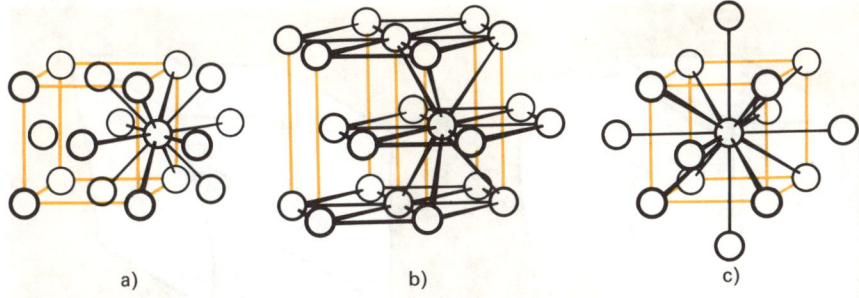

Abb. 5.30. Die drei häufigsten Metallstrukturtypen : a) kubisch-dichteste Kugelpackung ; b) hexagonal-dichteste Kugelpackung ; c) kubisch-innenzentriertes Gitter

In der Regel besteht ein Metallstück aus vielen kleinen, regellos angeordneten Kriställchen («Körnern» oder Kristalliten). Es ist *«polykristallin»* und deshalb statistisch isotrop. Unter besonderen Bedingungen gelingt es, Metallstücke herzustellen, die nur einen einzigen Kristall darstellen *(«Einkristalle»)*. Einkristalle zeigen gewöhnlich eine besonders hohe elektrische und thermische Leitfähigkeit, weil die Verschiebung der Elektronen nur innerhalb eines einzigen Kristalls erfolgt und nicht durch Korngrenzen behindert wird. Je nach der Vorbehandlung eines Metalles (die Korngröße kann z. B. durch «Rekristallisation» vergrößert werden) lassen sich auch andere Eigenschaften, welche von der Anordnung und Größe der Kristallite abhängen, beeinflussen (z. B. Härte, Verformbarkeit).
Für die typische *metallische Verformbarkeit* ist das Auftreten einer bestimmten Art von *Fehlordnung,* der *Stufen-* bzw. *Schraubenversetzung* wesentlich. Ihre Bildung und die anschließende Verschiebung bei der plastischen Verformung wird in Abb. 5.31 dargestellt.
Solche Versetzungen (die im Elektronenmikroskop als Linien sichtbar sind) liegen an Stellen, an denen zwei Atome der ungestörten Struktur drei Atomen der benachbarten Atomreihe zugeordnet sind. Die ebene Anordnung der Atome in Abb. 5.31 ist im Kristall natürlich nach vorn und

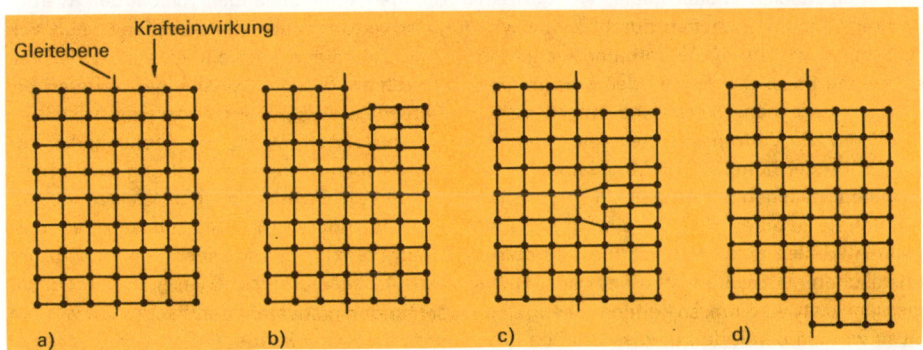

Abb. 5.31. Wanderung einer Stufenversetzung entlang einer Gleitebene bei plastischer Verformung eines Metalls

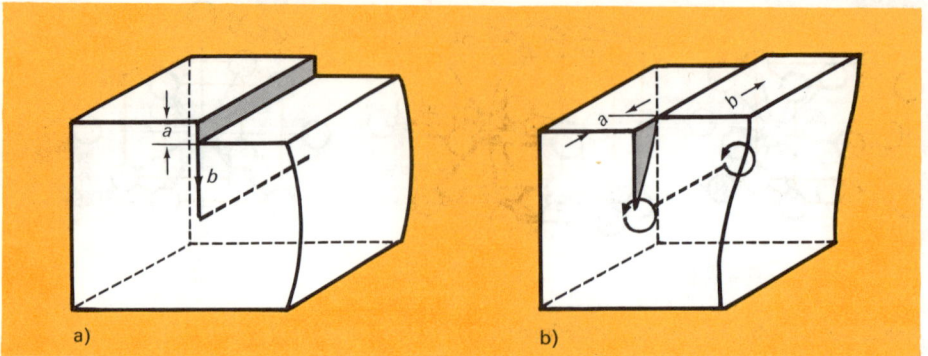

Abb. 5.32. Schematische Darstellung einer Stufenversetzung a) und einer Schraubenversetzung b)
a) Gleitschritt (Atomabstand), b) Gleitrichtung

hinten räumlich fortgesetzt, so daß eine solche Versetzung den Kristall als linienförmige Gitterstörung durchzieht. Bei der Stufenversetzung (Abb. 5.32 a) findet die Verschiebung senkrecht zur Versetzungslinie, bei der Schraubenversetzung (Abb. 5.32 b) in Richtung der Versetzungslinie statt. Die Atomanordnung in der Umgebung einer Stufenversetzung entspricht dem Zustand von Abb. 5.31 c, d. h. es ist hier zusätzlich eine Netzebene in das Gitter hineingezwängt. Nach dem Durchlaufen einer Schraubenversetzung sind hingegen die der Gleitebene benachbarten Atome in Richtung der Versetzungslinie gegeneinander verschoben. Jede Versetzungslinie kann sich über Hunderte oder Tausende von Atomen hinweg erstrecken. Je nach dem Zustand des betreffenden Metalls bzw. der Art seiner Vorbehandlung können pro cm² Schnittfläche 10 bis 10^{12} Versetzungslinien vorhanden sein.

Bei der *plastischen Verformung* bewegen sich die Versetzungen auf den Gleitebenen (Abb. 5.31). Da sich dann nur eine Reihe von Atomen bewegen muß und da zudem die Versetzung selbst eine Störung der regelmäßigen Struktur, also einen energiereicheren, weniger stabilen Zustand darstellt, erfolgt die Verformung viel leichter als bei einem vollkommen regelmäßig geordneten, idealen Metallkristall, wo ganze Netzebenen gegeneinander verschoben werden müßten. Zudem entstehen durch die Einwirkung der verformenden Kräfte laufend neue Versetzungen, welche die Verformung weiter erleichtern. Allerdings kann ein «Aufstau» der Versetzungen beispielsweise an den Korngrenzen dazu führen, daß das Metall einer weiteren Beanspruchung mehr Widerstand entgegensetzt *(Kaltverfestigung)*. *Fremdatome* im Kristall erschweren die Verformung, denn sie lagern sich – insbesondere, wenn ihre Größe stärker von der Größe der betreffenden Metallatome abweicht – bevorzugt in der Umgebung von fehlgeordneten Stellen in den Kristall ein und erschweren damit die Bewegung einer Versetzung. Wird der Schmelze eines Metalles eine größere Menge eines anderen Metalles zugesetzt, so kann beim Abkühlen eine Entmischung auftreten, d. h. das Fremdmetall scheidet sich in winzigen Kriställchen als zweite feste Phase aus. Haben diese *Ausscheidungen* einen größeren Durchmesser als etwa 15 nm, so können sie von den Versetzungen nicht mehr durchschnitten werden; diese werden damit dort gewissermaßen lokal «verankert», so daß die Verformbarkeit des betreffenden Metalles weiter sinkt. Alle diese Effekte erklären die bekannte Tatsache, daß Metalle durch Zusätze anderer Metalle *(Legierungsbildung)* gehärtet werden können, insbesondere dann, wenn die Fremdatome mit dem Metall keine homogenen Mischkristalle bilden.

An sich treten auch in *Ionenkristallen* Versetzungen auf. Bei einer Verschiebung von Netzebenen – analog zum Verhalten der Metalle – kämen aber positive über positive und negative über negative Ionen zu liegen, und der Kristall bricht auseinander: Salze sind deshalb *spröde*. Im Metallkristall kommen als Atomreihen, die sich bewegen müssen, vorzugsweise Reihen in Frage, die mit Atomen möglichst dicht besetzt sind. Nun sind in der kubisch-dichtesten Kugelpackung vier Scharen dichtest besetzter Netzebenen vorhanden (senkrecht zu den Würfeldiagonalen; Abb.5.19), während in der hexagonal-dichtesten Kugelpackung nur eine solche Ebenenschar (senkrecht zur sechszähligen Achse) auftritt. Bei polykristallinen Metallen mit kubisch dichtester Kugelpackung ist bei der Verformung die Wahrscheinlichkeit größer, daß Gleitebenen in eine günstige Lage zur Angriffskraft zu liegen kommen als bei Metallen mit hexagonal dichtester Kugelpackung. Metalle, die in der *Goldstruktur* kristallisieren, sind aus diesem Grund *leichter verformbar,* während Metalle mit der *Magnesium-* und auch mit der *Wolframstruktur* (die ebenfalls wenige dichtest besetzte Ebenen besitzt) *eher spröde* sind (Chrom, Vanadin, Molybdän, Wolfram). Die relativ weichen, gut zu bearbeitenden Metalle, Kupfer, Silber, Gold, Platin, Nickel, Aluminium, Blei und γ-Eisen kristallisieren alle in der kubisch dichtesten Kugelpackung. Eisen kristallisiert unterhalb 906°C in der Wolfram-, oberhalb dieser Temperatur in der Goldstruktur; es kann deshalb durch Wärmebehandlung die Eigenschaften der Goldstruktur annehmen und weich und gut schmiedbar werden oder die größere Härte des Wolframgitters zeigen. Die besonders hohe Härte von Stahl ist im wesentlichen darauf zurückzuführen, daß die Gleitung innerhalb der Eisenkristalle durch zwischen die Eisenatome eingelagerte Kohlenstoffkriställchen erschwert wird.

Legierungen. Für die Kristallstruktur von Metallen ist in erster Linie die Größe der Atome maßgebend, da ein Metallgitter nur gleichartige Gitterbausteine enthält (und nicht positiv und negativ geladene Ionen wie bei Salzen) und da die Bindungskräfte im Raum nicht gerichtet sind. *Mischkristallbildung* ist darum bei Metallen besonders häufig.
Als Beispiel betrachten wir zunächst die Verhältnisse bei Kupfer/Gold-Legierungen. Kühlt man eine Schmelze aus Kupfer (Atomradius 128 pm) und Gold (Atomradius 144 pm) von beliebiger Zusammensetzung ab, so bilden sich Mischkristalle der kubisch dichtesten Kugelpackung, wobei die Cu- und Au-Atome statistisch auf die Gitterplätze verteilt sind. Solche «ungeregelte» Mischkristalle sind nichts anderes als *feste Lösungen*. Eine Mischung aus 50 Atom-% Kupfer und 50 Atom-% Gold hingegen ergibt bei der Abkühlung eine Struktur, in welcher die Cu- und Au-Atome jeweils in parallelen Lagen angeordnet sind. Eine Schmelze von 75 Atom-% Kupfer und 25 Atom-% Gold schließlich bildet ebenfalls eine regelmäßige Struktur, in welcher jedes Au-Atom von 12 Cu-Atomen, jedes Cu-Atom dagegen von 4 Au- und 8 Cu-Atomen umgeben ist. Insgesamt bildet die Struktur immer noch eine kubisch dichteste Kugelpackung, aber das Gitter ist wegen der Verschiedenheit der Gitterbausteine nicht mehr kubisch-flächenzentriert, sondern kubisch einfach-primitiv. Die Au-Atome sitzen an den Ecken der Elementarzelle, und die Cu-Atome besetzen die Flächenmitten.
Das betrachtete Beispiel zeigt sehr deutlich, daß intermetallische «Verbindungen» CuAu und Cu_3Au nur deshalb zustande kommen, weil sich die Atome im Kristall besonders gut ordnen können. Es ist darum besser, in solchen Fällen nicht von «Verbindungen», sondern einfach von *metallischen Phasen* zu sprechen.
Es ist selbstverständlich, daß *ungeregelte Mischkristalle* mit statistisch verteilten Atomen nur dann zustande kommen können, wenn sich die Atomradien der verschiedenen Atome nicht zu stark voneinander unterscheiden. Erfahrungsgemäß darf dieser Unterschied rund 15% nicht übersteigen. Beispiele von vollständiger Mischkristallbildung gibt Tabelle 5.7.

	Unterschied der Atomradien
Cu/Au	12,5 %
Ag/Au	0,1 %
K/Rb	7 %
K/Cs	11 %
Rb/Cs	7,5 %
Ca/Sr	9 %
Mg/Cd	8 %
In/Tl	12 %
As/Sb	12,2 %
Sb/Bi	7,5 %
Cr/Mo	8,5 %
Mo/W	0,4 %
Ni/Pd	9,2 %
Ni/Pt	10 %
Pd/Pt	1,1 %

Tabelle 5.7. Vollständige Mischkristall-bildung bei Metallen

Neben dem Radienverhältnis ist aber auch die Anzahl der von jedem Atom zum gesamten delokalisierten Elektronensystem (zum «Elektronengas») beigesteuerten *Elektronen* für die Bildung von Mischkristallen von entscheidender Bedeutung, denn die Stabilität eines Metall-kristalls hängt offenbar von der *Elektronenkonzentration,* d.h. vom Verhältnis der Zahl der Bindungselektronen zur Anzahl der Atome, ab (Hume-Rothery, Jones). Wird im Ag- oder Cu-Kristall ein Ag- bzw. Cu-Atom durch ein Metallatom (von ähnlicher Größe) mit beispielsweise zwei Valenzelektronen statt einem einzigen ersetzt, so bekommt der Gesamtkristall ein zusätz-liches Elektron. Übersteigt die Elektronenkonzentration einen gewissen Wert, so ist die Struk-tur nicht mehr beständig. Der Bereich der Mischkristallbildung wird dadurch begrenzt. So kön-nen im Kristall eines Metalles mit einem Valenzelektron – günstige Radienverhältnisse voraus-gesetzt – höchstens rund 40 % der Atome durch andere Atome mit zwei, höchstens 20 % der Atome durch andere Atome mit drei und höchstens 13 % der Atome durch andere Atome mit vier Valenzelektronen ersetzt werden, so daß die Bildung homogener Mischkristalle nur über viel kleinere Bereiche der Zusammensetzung möglich wird.

Aus einer Schmelze zweier Metalle, deren Atome eine verschiedene Anzahl von Valenz-elektronen besitzen, können sich also in zwei *beschränkten Mischungsbereichen* homogene Mischkristalle bilden: Der eine besteht hauptsächlich aus dem Metall A, dem ein gewisser Anteil B beigemischt ist; der andere ist im wesentlichen das Metall B mit einem gewissen Anteil von A. Enthält die Schmelze die beiden Metalle in einem Mischungsverhältnis, das zwischen den Existenzbereichen der homogenen Mischkristalle liegt, so erstarrt sie gewöhn-lich zu einem heterogenen Gemenge der beiden Mischkristallarten.

In manchen Fällen treten jedoch auch *weitere Phasen* mit *definierter Zusammensetzung* auf. Das Zahlenverhältnis, in dem die verschiedenen Atomarten daran beteiligt sind, wird nur durch die Stabilität der betreffenden Struktur und die Möglichkeit zur Ausbildung starker metallischer Bindungen und nicht durch irgendwelche «Valenzregeln» bestimmt. Beispiele solcher «Verbindungen» sind etwa Cu_3Al, Cu_9Al_4, Mn_5Zn_{21}, $ZnAu$, Au_5Zn_8 und $FeZn_7$.

Eine besondere Gruppe metallischer Phasen *(«Hume-Rothery-Phasen»)* tritt bei Legierungen zwischen den im folgenden mit a) und b) bezeichneten Gruppen von Metallen auf:

a) Cu, Ag, Au, Mn, Fe, Co, Ni, Rh, Pd, Pt
b) Be, Mg, Zn, Cd, Hg, Al, Ga, In, Tl, Ge, Sn, Pb

Die Kristallstrukturen dieser intermetallischen Phasen sind unabhängig von der Kristallstruktur der reinen Komponenten und sind bei den verschiedenartigsten Legierungen identisch. Sie sollen am Beispiel der Cu/Zn-Legierungen (der verschiedenen *Messing*-Legierungen) erläutert werden.

Die beiden als α- und η-Phase bezeichneten Phasen stellen die Struktur der reinen Komponenten Cu und Zn dar; sie können beide in einem gewissen Ausmaß Zn- bzw. Cu-Atome enthalten und sind dann feste Lösungen der beiden Metalle (homogene Mischkristalle mit statistisch auf die Gitterplätze verteilten Fremdatomen).
Die β-Phase bildet ein kubisch innenzentriertes Gitter; die Zusammensetzung entspricht der «Formel» CuZn.
Die γ-Phase zeigt ein kompliziert gebaute kubische Struktur mit 52 Atomen in der Elementarzelle und der Zusammensetzung Cu_5Zn_8. Im Gegensatz zu den anderen Phasen ist die γ-Phase relativ hart und brüchig und zeigt ein Maximum des elektrischen Widerstandes (bzw. eine minimale Leitfähigkeit).
Die ε-Phase hat die Zusammensetzung $CuZn_3$ und kristallisiert in der hexagonal dichtesten Kugelpackung.

Selbstverständlich geben die hier angegebenen «Formeln» die idealisierte Zusammensetzung jeder Phase an; die entsprechenden Phasen sind nämlich bereits stabil, wenn ihre Zusammen-

Tabelle 5.8. Beispiele von Hume-Rothery-Phasen

	Phase	Valenz-elektronen	Atome	Verhältnis
β-Phase (kubisch innenzentriert)	CuZn, AgCd	1 + 2	2	21 : 14
	$CoZn_3$	0 + 6	4	21 : 14
	Cu_3Al	3 + 3	4	21 : 14
	FeAl	0 + 3	2	21 : 14
	Cu_5Sn	5 + 4	6	21 : 14
γ-Phase (52 Atome in der Elementarzelle)	Cu_5Zn_8, Ag_5Cd_8	5 + 16	13	21 : 13
	Fe_5Zn_{21}	0 + 42	26	21 : 13
	Cu_9Al_4	9 + 12	13	21 : 13
	$Cu_{31}Sn_8$	31 + 32	39	21 : 13
ε-Phase (hexagonal dichteste Kugelpackung)	$CuZn_3$, $AgCd_3$	1 + 6	4	21 : 12
	Ag_5Al_3	5 + 9	8	21 : 12
	Cu_3Sn	3 + 4	4	21 : 12

setzung einer solchen «Formel» angenähert entspricht. Jede Phase besitzt somit einen bestimmten «Homogenitätsbereich».

Wir haben schon erwähnt, daß diese β-, γ- und ε-Phasen bei ganz verschiedenartigen Legierungen auftreten können. Wie sich gezeigt hat, ist es für ihre Bildung erforderlich, daß im Kristall ein ganz bestimmtes Verhältnis der Anzahl Valenzelektronen zur Anzahl der Atome vorliegt. Nur dieses Verhältnis scheint die Stabilität der Kristallstruktur zu bestimmen, und es ist offenbar unwichtig, von welchem chemischen Charakter die Atome sind oder wie groß die relative Anzahl der Atome ist. So kommt es, daß ganz verschieden zusammengesetzte Legierungen eine gleiche Struktur bilden können (vgl. Tabelle 5.8). Das Verhältnis der Anzahl Valenzelektronen zur Anzahl der vorhandenen Metallatome ist bei den einzelnen Hume-Rothery-Phasen:

	Valenzelektronen/Atome
β-Phase	21 : 14
γ-Phase	21 : 13
ε-Phase	21 : 12

(Bei der Festlegung des Verhältnisses von Valenzelektronen und Metallatomen muß die Zahl der Valenzelektronen für die Metalle der Gruppe VIII gleich Null gesetzt werden.)

Neben diesen Hume-Rothery-Phasen gibt es schließlich noch eine weitere, sehr verbreitete Gruppe von Legierungen, die als *Laves-Phasen* bezeichnet werden. Sie entsprechen alle der Zusammensetzung AB_2 und bilden ganz bestimmte Kristallstrukturen, wobei sowohl die chemische Art der Metallatome wie auch ihre Zahl Valenzelektronen gleichgültig ist und nur das Radienverhältnis (d.h. ein rein geometrischer Faktor) für die Stabilität der Kristallstruktur entscheidend ist. Bei einem Radienverhältnis von $r_A : r_B = \sqrt{3} : \sqrt{2}$ können sich nämlich Kugelpackungen von besonders guter Raumerfüllung ausbilden. Dabei bilden sowohl die A-Atome (mit der Koordinationszahl 4) wie auch die B-Atome (Koordinationszahl 6) unter sich je einen gitterhaften Bauzusammenhang, da der Abstand zwischen nächstgelegenen A- und B-Atomen größer ist als das Mittel der Abstände zwischen nächstbenachbarten A-Atomen bzw. B-Atomen unter sich. Die beiden Gitter sind derart ineinandergestellt, daß eine sehr gute Raumerfüllung resultiert, indem jedes A-Atom 12 Nachbarn, jedes B-Atom 6 Nachbarn bekommt (die höchstmöglichen Koordinationszahlen einer Verbindung der Zusammensetzung AB_2!). Bei den rund 70 bekannten Vertretern dieser Laves-Phasen schwankt das Radienverhältnis tatsächlich um den theoretischen Wert von 1,225 und beträgt im Mittel 1,205. Beispiele von Laves-Phasen sind $CaAl_2$, $MgCu_2$, $TiCo_2$, $PbAu_2$, KNa_2, $MgZn_2$, $CaMg_2$, $MgNi_2$ u.a.

Legierungen können also *feste Lösungen* (homogene Mischkristalle mit statistisch oder geregelt verteilten Atomen) oder *intermetallische Phasen* darstellen; sie können auch aus einem *Gefüge verschiedenartiger,* in sich homogener *Kristallite* bestehen. Auf jeden Fall zeigen die Betrachtungen über die Bildung von Legierungen, daß bei Metallen die Begriffe «Gemisch» und «Verbindung» ihren wohldefinierten Sinn weitgehend verlieren und weiter, daß die Stabilität eines Metallgitters von der «Elektronenkonfiguration» des Gesamtgitters und nicht durch die Natur der zwischen den Gitterbausteinen wirkenden ionischen oder kovalenten Bindungen bestimmt wird.

Die physikalischen Eigenschaften von Legierungen unterscheiden sich oft ziemlich stark von den Eigenschaften ihrer reinen Komponenten. Sie sind erwartungsgemäß stark von ihrer Kristallstruktur, aber auch vom kristallinen Aufbau abhängig.

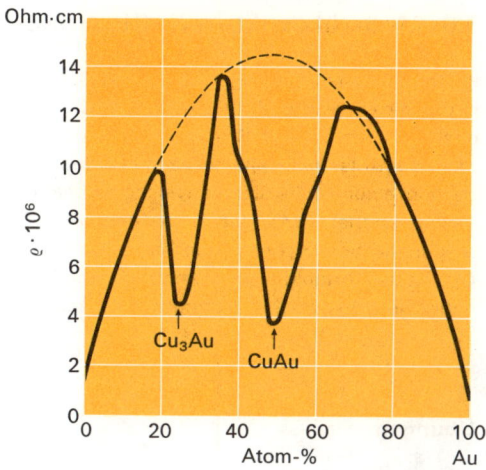

Abb. 5. 33. Elektrischer Widerstand von Cu/Au-Legierungen

Die *elektrische Leitfähigkeit* von Legierungen ist im allgemeinen schlechter als die Leitfähigkeit der reinen Komponenten. Die ungeregelte Einlagerung oder der statistische Ersatz von Atomen vermindert die Leitfähigkeit besonders stark; Legierungen aus «geregelten» Mischkristallen oder von einer geordneten Struktur (wie CuAu oder Cu_3Au) zeigen wieder eine etwas höhere Leitfähigkeit (Abb. 5.33). Für die Elektrotechnik ist deshalb die Herstellung möglichst reiner Metalle von großer Bedeutung.

Umgekehrt ist die *Härte* von Legierungen meist höher als die Härte reiner Metalle; besonders hart sind wiederum Legierungen aus ungeregelten Mischkristallen. Die Erhöhung der Härte wird durch die Erschwerung der Gleitung durch die Fremdatome bedingt. So kann reines Eisen, ein ziemlich weiches Metall, schon durch Zusatz geringer Mengen Chrom oder Nickel beträchtlich gehärtet werden; auf dem gleichen Effekt beruht auch die Härtung von Silber oder Gold durch Zulegieren von Kupfer oder Silber, die gegenüber Kupfer höhere Härte von Messing usw.

Die *Korrosionserscheinungen* an Legierungen sind wesentlich komplizierter als bei reinen Metallen. Legierungen, die aus einem Gefüge von Körnern verschiedener Zusammensetzung bestehen, können z. B. durch «interkristalline Korrosion» zerstört werden, wenn die verschiedenen Körner Lokalelemente bilden. Anderseits sind Legierungen häufig beträchtlich korrosionsbeständiger als die reinen Metalle. Beispielsweise werden an der Oberfläche von Messing (enthält Kupfer und Zink) zwar die Zn-Atome größtenteils in Lösung gehen; die zurückbleibende Schicht von Cu-Atomen vermag jedoch die darunterliegenden Zn-Atome vor weiterem Angriff zu schützen. Gewisse Legierungen zeigen auch eine ausgesprochene *Passivität,* genau wie manche reine Metalle. So erhält man durch Zulegierung von Chrom, Nickel oder Molybdän zu Eisen nichtrostende Stähle (z. B. 18/8-Chromnickelstahl mit 18 % Cr und 8 % Ni). Offenbar wird dabei die Passivität von Chrom und Nickel auf das Gesamtmetall übertragen; ein Vorgang, dessen Wesen und Ursache bis heute noch nicht vollständig abgeklärt ist.

5.8 Molekülstrukturen; Clathrate

In den Kristallen flüchtiger Stoffe, wie Cl_2, CO_2, NH_3, Schwefel, organischen Verbindungen, bilden die einzelnen Moleküle die Gitterbausteine. Als Gitterkräfte wirken van der Waals-Kräfte oder – wie im Eis – H-Brücken.

Manche Molekülkristalle besitzen sehr lockere Strukturen mit größeren Hohlräumen zwischen den einzelnen Molekülen, in welche Atome oder Moleküle anderer Substanzen eingeschlossen werden können (*«Käfigverbindungen»* oder *Clathrate).* Beispiele dafür sind die Einschlußverbindungen von Hydrochinon mit SO_2, CO_2, CO, H_2S und den Atomen gewisser Edelgase (Ar, Kr, Xe). Auch die sogenannten Gashydrate, wie z.B. $Cl_2 \cdot 6 H_2O$, gehören hierher; die Gasmoleküle sind dabei in Hohlräume der relativ locker gebauten Eisstruktur eingeschlossen.

Übungen

5.1   Definieren bzw. erklären Sie folgende Ausdrücke: Symmetrieelement, Symmetrieoperation, Drehspiegelachse, Punktsymmetrie, Punktgruppe, Raumgruppe, Gleitspiegelebene.

5.2   Geben Sie die Symmetrieelemente folgender Gegenstände an:
    a) vierseitiges Prisma mit quadratischem Querschnitt
    b) Kristalle der beiden Modifikationen von Schwefel (Abb. S. 460)
    c) regelmäßiges Tetraeder
    d) idealisierte linke Hand
    e) zylindrische Schraube
    Welche der genannten Gegenstände sind chiral?

5.3   Die Abb. 5.34 bringt einige Beispiele von Molekülen. Geben Sie von jedem Molekül die Symmetrieelemente und die Punktgruppe an, zu welcher es gehört.

5.4   Welche der Moleküle von Abb. 5.32 können optisch aktiv sein? Welche besitzen ein Dipolmoment?

5.5   Geben Sie an, zu welchen Punktgruppen das Ion $B_{12}H_{12}^{2-}$ (Abb. 17.3, S. 549) und die in Abb. 21.15 (S. 603) dargestellten Komplexe gehören!

5.6   Inwiefern unterscheiden sich Punkt- und Raumgruppen bezüglich der möglichen Symmetrieelemente?

5.7   Erklären Sie die Begriffe «Gitter» und «Struktur»!

5.8   Nennen Sie Teilchen, welche Drehachsen besitzen, die in Kristallen nicht möglich sind!

5.9   Wie läßt sich das Vorliegen von 32 Kristallklassen bzw. 230 Raumgruppen mit den 14 Bravais-Gittern in Einklang bringen? Läßt sich aus der Kristallsymmetrie ein zwingender Schluß bezüglich der Molekülsymmetrie ziehen?

5.10   Sind folgende Substanzen isotrop oder anisotrop und warum: Diamant, Eisen, Kochsalz, Glas, Wasser?

5.11   Diskutieren Sie die verschiedenen Möglichkeiten von Fehlordnungen und ihre Auswirkungen auf die Kristalleigenschaften.

5.12   Was sind nicht-daltonide Verbindungen? Bringen Sie einige Beispiele!

5.13   In welchen Strukturen kristallisieren folgende Substanzen: Eis, Diamant, Natriumsulfat, Wasserstoff, Magnesiumoxid?

5.14   Wie unterscheiden sich die Strukturen von CaF_2, CdI_2 und $CuCl_2$?

5.15   Warum sind die Strukturen von Ionenverbindungen jeweils nur innerhalb bestimmter Radienverhältnisse stabil?

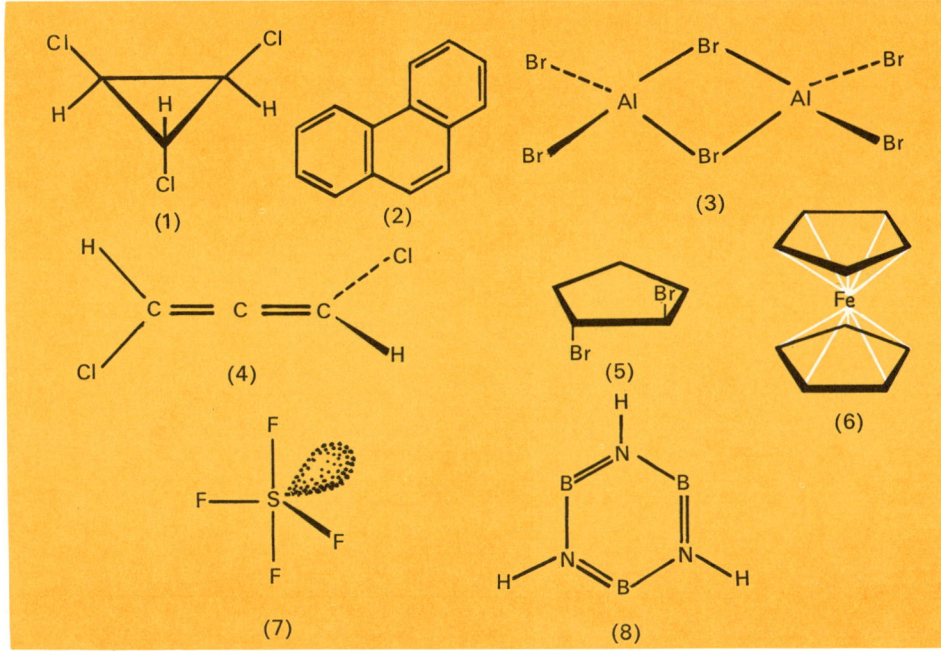

Abb. 5.34. Beispiele von Molekülen (Aufgabe 5.3)

5.16 Was sind Mischkristalle? Warum kristallisieren aus einem flüssigen Gemisch von KCl und NaCl die beiden Substanzen getrennt aus?

5.17 Vergleichen Sie die Strukturen von $CaCO_3$ und $CaTiO_3$.

5.18 Worin unterscheiden sich die Silicate von den Carbonaten? Worauf ist die große, bei den Silicium-Sauerstoff-Verbindungen auftretende Mannigfaltigkeit zurückzuführen?

5.19 Warum sind Chrom, Wolfram, die Platinmetalle besonders hart, die Alkalimetalle und Blei dagegen ausgesprochen weich?

5.20 Worauf beruht die plastische Verformbarkeit der Metalle? Warum ist Stahl und insbesondere auch Gußeisen spröder als reines Eisen?

5.21 Stellen Sie die verschiedenen Möglichkeiten der Bildung von Legierungen zusammen. Warum sind Legierungen oft härter als die reinen Metalle?

Literatur

P. Ander und A. J. Sonnessa	*Principles of Chemistry.* Macmillan, New York 1956
H. H. Jaffé und M. Orchin	*Symmetrie in der Chemie.* Hüthig, Heidelberg 1967
J. A. A. Ketelaar	*Chemische Konstitution.* Vieweg, Braunschweig 1964
W. Kleber	*Einführung in die Kristallographie.* VEB Verlag Technik, Berlin 1959
H. Krebs	*Grundzüge der Anorganischen Kristallchemie.* Enke, Stuttgart 1968
F. Machatschki	*Grundlagen der allgemeinen Mineralogie und der Kristallchemie.* Springer, Wien 1946
P. Niggli	*Grundlagen der Stereochemie.* Birkhäuser, Basel 1945
A. F. Wells	*Structural Inorganic Chemistry.* Oxford University Press, 1975
H. Winkler	*Struktur und Eigenschaften der Kristalle.* Springer, Berlin 1950

6 Der flüssige Zustand; Lösungen

6.1 Aggregatzustandsänderungen

Wenn man eine feste, kristalline Substanz langsam erwärmt, so führt man Energie zu, welche sich als kinetische Energie der Teilchen äußert. Diese rotieren und schwingen immer rascher um ihre Schwerpunktlage, bis schließlich bei weiterem Erwärmen die geometrische Ordnung zusammenbricht: der Stoff *schmilzt.* Dabei bleiben jedoch meist größere oder kleinere geordnete Bereiche bestehen (Abb. 6.1); zwischen den Flüssigkeitsteilchen sind Hohlräume vorhanden, deren Form und Größe sich als Folge der thermischen Bewegung der Teilchen ständig ändert, und die ständig neu entstehen oder verschwinden können. Da deshalb der durchschnittliche Abstand zwischen den Teilchen in der Flüssigkeit größer ist als im Kristall des Festkörpers, ist auch ihre potentielle Energie größer. Die Anziehungskräfte zwischen den Flüssigkeitsteilchen sind aber noch so stark, daß der Zusammenhalt zwischen ihnen bestehen bleibt. Erst beim Erreichen des *Siedepunktes,* d.h. beim Verdampfen, führt das Erwärmen dazu, daß sich die Teilchen voneinander völlig lösen, so daß sie sich im Gaszustand völlig frei und unabhängig voneinander bewegen können; die Abstände zwischen ihnen sind dann im Vergleich zur eigenen Größe sehr groß, und die potentielle Energie ist dementsprechend noch größer.

Energetik der Phasenumwandlungen. Es ist eine bekannte Erscheinung, daß zum Verdunsten einer Flüssigkeit Wärme benötigt wird, die in der Regel der Umgebung entzogen wird *(«Verdunstungskälte»),* weil Arbeit aufgewendet werden muß, um die Anziehungskräfte zwischen den Flüssigkeitsteilchen zu überwinden. Die Menge der für eine bestimmte Flüssigkeitsmenge (z. B. für 1 mol) aufzuwendenden *«Verdampfungswärme»* bildet ein Maß für die Stärke dieser Kräfte; sie entspricht der Zunahme der potentiellen Energie beim Übergang flüssig → gasförmig. Aber auch zur Überführung eines Festkörpers in den flüssigen Zustand muß Energie aufgewendet werden *(«Schmelzwärme»),* denn mit diesem Übergang ist ebenfalls eine Zunahme der potentiellen Energie verbunden. Der Energiebetrag, den ein System bei einem Vorgang, welcher unter konstantem Druck durchgeführt wird, aufnimmt oder abgibt, wird als *Enthalpieänderung, ΔH,* bezeichnet. Die **Enthalpie** eines Stoffes (sein «Wärmeinhalt») stellt

Abb. 6.1. Schematische Darstellung eines Kristalles (a) und einer Flüssigkeit (b)

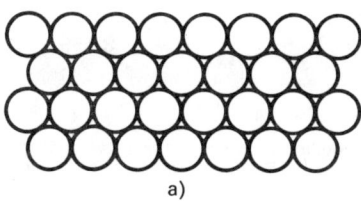

a)

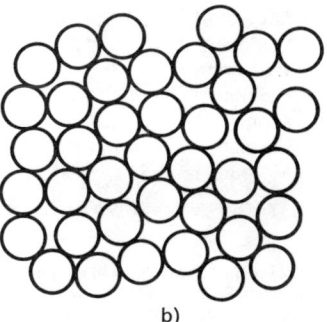

b)

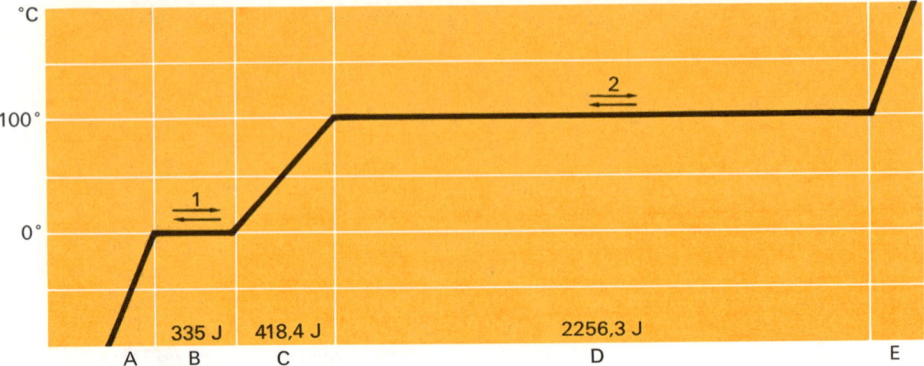

Abb. 6. 2. Haltepunkte des Wasser bei Atmosphärendruck. A Eis; B Eis + Wasser; C Wasser; D Wasser + Dampf; E Dampf. 1 Schmelzen und Gefrieren; 2 Sieden und Kondensieren. Die Wärmemengen beziehen sich auf 1 g H_2O

die Summe der gesamten thermischen und chemischen Energie dar, also die Summe von Bewegungs-, Rotations- und Schwingungsenergie der Teilchen sowie der Gitter- und Bindungsenergien und schließlich auch der Energie der Elektronen.

Bei Wärmezufuhr nimmt die Enthalpie zu; ΔH erhält damit ein positives Vorzeichen. Bei Vorgängen, die mit Abgabe von Energie verknüpft sind, ist ΔH negativ[1].Tabelle 6.1 gibt einige Daten von Schmelz- und Verdampfungsenthalpien. Letztere sind stets erheblich größer, weil zur vollständigen Trennung der Teilchen mehr Energie benötigt wird als zur Zerstörung der Kristallstruktur beim Schmelzen.

Tabelle 6. 1. Schmelz- und Verdampfungsenthalpien

	Schmelzenthalpie (kJ/mol)	Verdampfungsenthalpie (kJ/mol)
Sauerstoff	0,444	6,820
Stickstoff	0,720	5,565
Wasserstoff	0,117	0,904
Helium	0,021	0,084
Argon	1,109	6,257
Wasser	6,025	40,627
Methan	0,941	8,159

[1] Gelegentlich findet man in der Literatur auch die umgekehrte Vorzeichengebung: bei exothermen Vorgängen – bei welchen Energie frei wird – wird die freiwerdende Wärme (die Reaktionswärme) mit positivem Vorzeichen angegeben, bei endothermen Vorgängen mit negativem.

Gefühlsmäßig möchte man vielleicht denken, daß alle Vorgänge *freiwillig* in der Richtung ablaufen, in welcher *Energie frei* wird, ΔH also negativ ist. Tatsächlich verdunstet jedoch eine
Flüssigkeit in einem offenen System «von selbst» und schmilzt ein Festkörper oberhalb seiner
Schmelztemperatur ohne äußeren Zwang, obschon in beiden Fällen die Enthalpie zunimmt.
Der Grund dafür ist, daß die Richtung eines freiwillig ablaufenden Vorganges nicht nur durch
die Enthalpieänderung, sondern auch durch eine weitere Größe, die *«Unordnung»*, bestimmt
wird. Ein System hat also nicht nur die *Tendenz*, in einen möglichst *enthalpiearmen Zustand*
überzugehen, sondern sucht ebenso einen *Zustand möglichst geringer molekularer Ordnung*
zu erreichen. Die ungeregelte thermische Bewegung führt nämlich zwangsläufig zu einem
Zustand geringerer Ordnung, so daß ein solcher Zustand zum vornherein wahrscheinlicher ist als
ein Zustand höherer Ordnung. Ein augenfälliges Beispiel dafür bietet die Expansion eines Gases
in einen evakuierten Raum, die (im Falle eines idealen Gases) ohne Energieänderung, aber
selbstverständlich freiwillig, erfolgt. Wenn nämlich ein Gas einen größeren Raum einnimmt,
so steht jedem einzelnen Teilchen mehr Platz zur Verfügung, so daß die Zahl der für jedes
Teilchen möglichen Positionen wächst; der Ordnungsgrad wird somit geringer. Der umgekehrte,
mit einer Erhöhung des Ordnungsgrades verbundene Vorgang, die Kontraktion eines Gases,
tritt jedoch niemals von selbst ein.
Als Maß für die Unordnung eines Systems dient eine Zustandsgröße, die sogenannte **Entropie** *S*
(exakte Definition siehe S. 286). Sie wächst mit abnehmendem Ordnungsgrad, steigt also
beim Übergang vom festen über den flüssigen zum Gaszustand.
Abnahme der Enthalpie (negatives ΔH) und Zunahme der Entropie (positives ΔS) wirken beide
im gleichen Sinn: sie begünstigen den freiwilligen Ablauf eines Vorganges. Beim Schmelzen
und Verdampfen (wie auch bei vielen anderen Vorgängen) wirken sich die beiden Faktoren
entgegen: Wäre nämlich die Tendenz zur Erreichung eines Zustandes größter Unordnung allein
entscheidend, so müßten alle Substanzen verdampfen und schließlich zerfallen, und es würden
im gesamten Temperaturbereich keinerlei Festkörper oder Flüssigkeiten existieren. Die Tendenz
zur Erreichung eines möglichst enthalpiearmen Zustandes hätte aber anderseits zur Folge, daß
bei keiner Temperatur Stoffe im Gaszustand vorkommen könnten. Oberhalb des Schmelz- bzw.
Siedepunktes überwiegt also der Einfluß der *Entropiezunahme* (das Schmelzen bzw. Verdampfen verläuft freiwillig), während unterhalb dieser Temperaturen die *Enthalpieabnahme* den
Ausschlag gibt (das Kondensieren bzw. Gefrieren erfolgt freiwillig). Offenbar entscheidet die
Temperatur, bei welcher ein bestimmter Vorgang abläuft, darüber, wie stark die Entropiezunahme gegenüber der Enthalpieabnahme ins Gewicht fällt. Beim absoluten Nullpunkt ist der
Entropie-Term ohne Einfluß, so daß der stabilste Zustand dem Zustand geringster Enthalpie
entspricht. Mit steigender Temperatur wird die thermische Bewegung stärker, und damit wächst
auch die Bedeutung der Entropiezunahme. Bei genügend hoher Temperatur wird der Entropie-Term so groß, daß er ein positives ΔH überkompensieren kann: ein Vorgang kann Energie
verbrauchen und trotzdem freiwillig verlaufen.
Enthalpie- und Entropieänderung hängen bei isotherm durchgeführten Vorgängen gemäß
folgender Beziehung zusammen (siehe auch S. 291):

$$\Delta G = \Delta H - T \cdot \Delta S$$

Dabei ist ΔG ebenfalls eine Zustandsgröße, die sogenannte **freie Enthalpie** (oft unkorrekt
als «**freie Energie**» bezeichnet); sie nimmt bei freiwillig verlaufenden Vorgängen stets ab
(ΔG negativ).

Gleichgewichte zwischen verschiedenen Phasen. Eine Flüssigkeit kann schon unterhalb ihres Siedepunktes merklich verdunsten. Der Grund dafür besteht darin, daß stets einige Teilchen vorhanden sind, welche genügend kinetische Energie besitzen, um sich der Wirkung der anziehenden Kräfte zwischen den Teilchen zu entziehen und in den Gasraum überzugehen. Nach Maxwell und Boltzmann ist der Anteil von Teilchen, deren kinetische Energie eine bestimmte minimale Energie ε (die z. B. zur Überwindung der Anziehungskräfte notwendig ist) überschreitet, dem Faktor $e^{-\varepsilon/kT}$ proportional, bleibt also konstant, solange die Temperatur unverändert bleibt. Wenn das Gefäß in offener Verbindung mit der Atmosphäre steht, schreitet das Verdunsten deshalb immer weiter, weil sich die Gasteilchen aus dem Gefäß entfernen können, und die Flüssigkeit verdunstet schließlich vollständig. Hält man jedoch das Gefäß verschlossen, so werden zwar zunächst ebenfalls immer mehr Teilchen in den Dampfraum übergehen; hingegen geraten Teilchen, welche während ihrer Bewegung nahe zur Flüssigkeitsoberfläche gelangen, dort unter die Wirkung der von den Flüssigkeitsteilchen ausgehenden Kräfte und werden von der Flüssigkeit «eingefangen». Es stellt sich dann mit der Zeit ein für die betreffende Temperatur charakteristisches *«Gleichgewicht»* ein: der Raum über der Flüssigkeit ist mit Dampf gesättigt. Dabei handelt es sich nicht um ein statisches, sondern um ein **dynamisches Gleichgewicht,** denn die beiden Vorgänge des Verdampfens und Kondensierens gehen auch weiterhin nebeneinander, jedoch mit gleicher Geschwindigkeit, vor sich: im zeitlichen Durchschnitt verlassen ebenso viele Teilchen die Flüssigkeit, wie von ihr wiederum «eingefangen» werden, so daß man äußerlich keine weitere Veränderung, d. h. keine sichtbare Umwandlung der einen in die andere Phase, erkennen kann.

Analoge Gleichgewichte können auch zwischen einem Festkörper und seiner Schmelze, seinem Dampf oder seiner Lösung bestehen. Voraussetzung für die Einstellung eines solchen Gleichgewichtes ist in jedem Fall, daß das System nach außen abgeschlossen ist, daß also nichts entweicht und nichts hinzutritt.

Ein solches Gleichgewicht stellt nun nicht etwa einen Zustand tiefster Enthalpie (Energie) dar, wie man auf Grund mechanischer Analoga vermuten könnte, denn ein Teil der Substanz befindet sich stets in einem energiereicheren Zustand (der Flüssigkeit oder dem Gaszustand). Hingegen ist *im Gleichgewichtszustand die freie Enthalpie des Systems minimal ;* das Gleichgewicht stellt also gewissermaßen einen Kompromiß dar zwischen der Tendenz zur Erreichung eines möglichst enthalpiearmen Zustandes einerseits und dem Streben nach größerer Unordnung anderseits.

Der Druck, den der Dampf einer Flüssigkeit auf die Gefäßwände ausübt, ist ihr *Dampfdruck.* Wenn der Dampf im Gleichgewicht mit der flüssigen Phase steht, wird er ausdrücklich als *Gleichgewichts-* oder *Sättigungsdampfdruck* bezeichnet.

Der Sättigungsdampfdruck einer Flüssigkeit ist für eine gegebene Temperatur eine Konstante und ist von der Größe der Oberfläche unabhängig, weil bei einer größeren Oberfläche zwar mehr Teilchen die flüssige Phase verlassen können, aber entsprechend mehr Teilchen wieder in die Flüssigkeit zurückkehren.

Wird die Temperatur einer Flüssigkeit erhöht, so vermag eine größere Anzahl von Teilchen aus der flüssigen Phase zu entweichen, und es stellt sich ein neues Gleichgewicht mit einem neuen Sättigungsdampfdruck ein. Die *Dampfdruckkurve* (Abb. 6.3) gibt die Zunahme des Sättigungsdampfdruckes mit wachsender Temperatur wieder. Gleichzeitig grenzt sie die Existenzgebiete der Flüssigkeit und des Dampfes voneinander ab: bei höheren Drucken und niedrigeren Temperaturen als den durch die Kurve angegebenen ist nur die flüssige Phase, bei niedrigeren Drucken und höheren Temperaturen nur die Dampfphase beständig. Erwärmt man z. B. Wasser von

Abb. 6.3. Dampfdruckkurven
verschiedener Flüssigkeiten
(1 bar = 760 Torr)

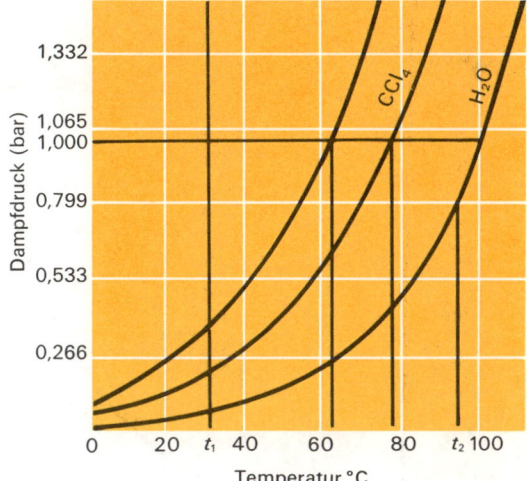

der Temperatur t_1 und vom Druck p bei konstantem Druck (z. B. 0,8 bar), so beginnt es bei der Temperatur t_2 zu sieden, d. h. geht in den Dampfzustand über. Die dabei noch weiter zugeführte Wärme bewirkt, daß ständig mehr Teilchen genügend Energie bekommen, um aus der Flüssigkeit in die Dampfphase überzugehen; die Temperatur des siedenden Wassers ändert sich dabei jedoch nicht. Erst nach völligem Verdampfen kann die Temperatur weiter erhöht werden. Die Siedetemperatur einer Flüssigkeit hängt also vom äußeren Druck ab; die Siedetemperatur bei Atmosphärendruck (1 bar), üblicherweise einfach als Siedepunkt bezeichnet, entspricht der Temperatur, bei welcher Sättigungsdampfdruck und Atmosphärendruck gleich groß sind.

Ebenso wie bei einer Flüssigkeit können auch bei einem *Festkörper* Teilchen in den Dampfraum übergehen. Der Gleichgewichtsdampfdruck eines festen Körpers ist jedoch viel geringer als derjenige einer Flüssigkeit, denn die Anziehungskräfte sind im festen Zustand viel stärker wirksam. Immerhin können gewisse aus Molekülen bestehende Verbindungen bereits im festen Zustand einen ziemlich hohen Gleichgewichtsdampfdruck besitzen.

Die gegenseitigen Beziehungen zwischen den verschiedenen Aggregatzuständen sowie Temperatur und Druck werden durch das **Phasendiagramm** (Zustandsdiagramm) einer Substanz zum Ausdruck gebracht (Abb. 6.4, 6,5). Der Kurvenabschnitt *A–P* (Abb. 6.4) entspricht der Dampfdruckkurve des Festkörpers, der Abschnitt *P–B* der Dampfdruckkurve der Flüssigkeit. Die Linie *P–C* trennt die Existenzgebiete des festen und des flüssigen Zustandes voneinander. Im Punkt *P*, dem sogenannten *Tripelpunkt,* können die feste, die flüssige und die Gasphase nebeneinander (im Gleichgewicht) bestehen. Der Tripelpunkt liegt gewöhnlich sehr nahe dem Schmelzpunkt (für Wasser beträgt die Temperatur des Tripelpunktes 273,16 K = 0,01 °C); die Abweichung rührt davon her, daß der Schmelzpunkt als die Temperatur des Schmelzens unter einem Druck von 1 bar (genauer: 1,01325 bar) definiert wird (beim Tripelpunkt ist der Druck – der Dampfdruck – nur 0,0061 bar = 4,58 Torr).

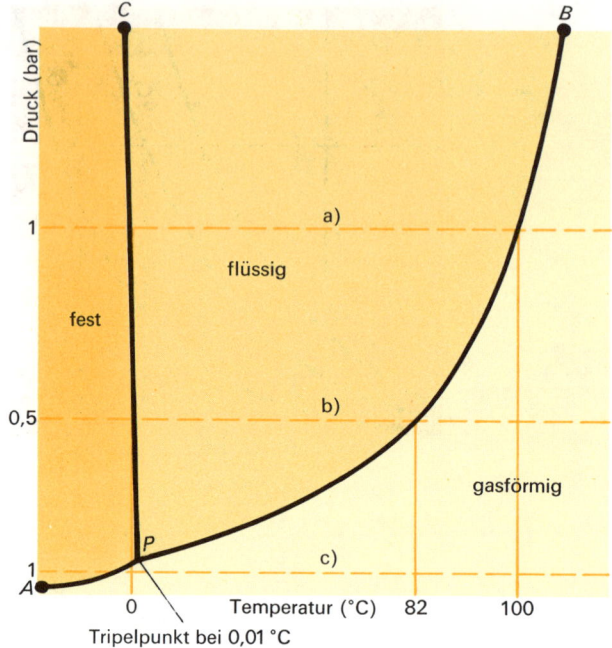

Abb. 6. 4
Phasendiagramm von Wasser

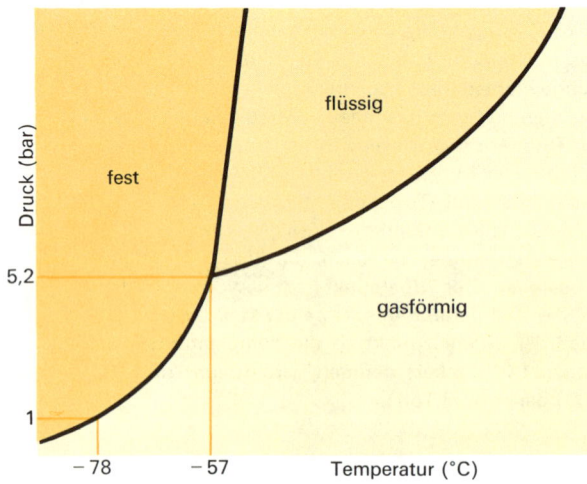

Abb. 6. 5. Phasendiagramm von
Kohlendioxid

Das Phasendiagramm stellt die Bedingungen anschaulich dar, bei welchen die verschiedenen Phasen beständig sind. Unter einem Druck von 0,5 bar beispielsweise ist Wasser (Abb. 6.4) bei $-10°C$ fest. Es schmilzt dann bei etwa $+0,005°C$ (etwas oberhalb des üblichen «Schmelzpunktes») und siedet bei $+82°C$. Bei einem Druck von nur 1 Torr ($1,3 \cdot 10^{-3}$ bar) hingegen ist Wasser bei $-10°C$ ebenfalls fest; beim Erwärmen geht das Eis jedoch direkt in den Dampfzustand über (es «sublimiert»), wenn die gestrichelte Linie *c* den Kurvenabschnitt *A–P* schneidet. Man erkennt aus dem Phasendiagramm von Wasser auch, daß der Schmelzpunkt von Eis mit zunehmendem Druck sinkt.

Die Abb. 6.5 gibt das Phasendiagramm von CO_2 wieder. Hier liegt der Tripelpunkt ($-57°C$; 5,2 bar) wesentlich höher als der Atmosphärendruck, so daß man normalerweise CO_2 nicht flüssig erhalten kann. Festes CO_2 *(«Trockeneis»)* sublimiert vielmehr bei $-78°C$ (der Temperatur, die einem Druck von 1 bar entspricht) direkt zu gasförmigem CO_2.

Phasengesetz. Die Anzahl der verschiedenen Phasen, welche gleichzeitig miteinander im Gleichgewicht existieren können, wird durch das von Gibbs (1878) aufgestellte **Phasengesetz** gegeben. Nach ihm gilt:

$$P + F = K + 2$$

P ist dabei die Anzahl der Phasen; unter **Phase** im Gibbsschen Sinn versteht man einen *homogenen Anteil* der Materie, welcher durch eine *Trennungsfläche* von einer anderen Phase abgegrenzt ist. Da Gase in allen Verhältnissen miteinander mischbar sind, kann ein heterogenes (aus mehreren Phasen bestehendes) Gemisch höchstens eine Gasphase aufweisen, dagegen kann es aus verschiedenen (miteinander nicht mischbaren!) Flüssigkeiten oder aus beliebig vielen festen Phasen bestehen. *F,* die Zahl der *«Freiheitsgrade»,* stellt die Zahl der Bestimmungsgrößen, wie Temperatur, Druck oder Konzentration, dar, welche bei gegebener Zahl der Phasen innerhalb gewisser Grenzen frei variiert werden können. *K* ist schließlich die Zahl der *stofflichen Komponenten,* die man benötigt, um das betrachtete System aufzubauen. Bei einem aus Eis, Wasser und Wasserdampf bestehenden System ist $K = 1$.

Für ein *Einstoffsystem* vereinfacht sich das Phasengesetz; es gilt dann $P + F = 3$. Liegt nur eine Phase vor, so können Druck und Temperatur über weite Bereiche verändert werden; für das Gleichgewicht zwischen zwei Phasen ist jedoch der Druck festgelegt, wenn die Temperatur gewählt worden ist, und umgekehrt. Drei Phasen existieren nur noch bei einem einzigen Druck und einer einzigen Temperatur (dem Tripelpunkt) im Gleichgewicht miteinander.

Als Beispiel für die Anwendung des Phasengesetzes betrachten wir ein *System aus zwei Festkörpern* bei *konstantem Druck* (Atmosphärendruck). Ein Freiheitsgrad wird dadurch festgelegt und das Phasengesetz erhält die Form $P + F = K + 1$. Die beiden Substanzen seien im flüssigen Zustand miteinander in jedem Verhältnis mischbar; im festen Zustand soll jedoch keinerlei Mischbarkeit vorhanden sein, so daß beim Abkühlen der Schmelze (oder Lösung) entweder die eine oder die andere (oder beide) reine feste Phase auskristallisiert. Beispiele für solche Systeme bieten *Legierungen* aus zwei Metallen, die miteinander keine homogenen Mischkristalle bilden, oder auch Gemische von Salzen mit Wasser (Kochsalz/Wasser) usw. Vgl. Phasendiagramm, Abb. 6.6.

Die Schmelzpunkte der beiden festen Phasen werden durch die Punkte *A* und *B* angegeben. Ein flüssiges Gemisch der Substanz A (im Beispiel der Abb. 6.6 von Bi) mit wenig B (wenig Cd) erstarrt bei einer Temperatur, die etwas tiefer liegt als der Schmelzpunkt der reinen Phase A. Je mehr B das Gemisch enthält, um so tiefer liegt der Erstarrungspunkt. Ebenso liegt der Erstar-

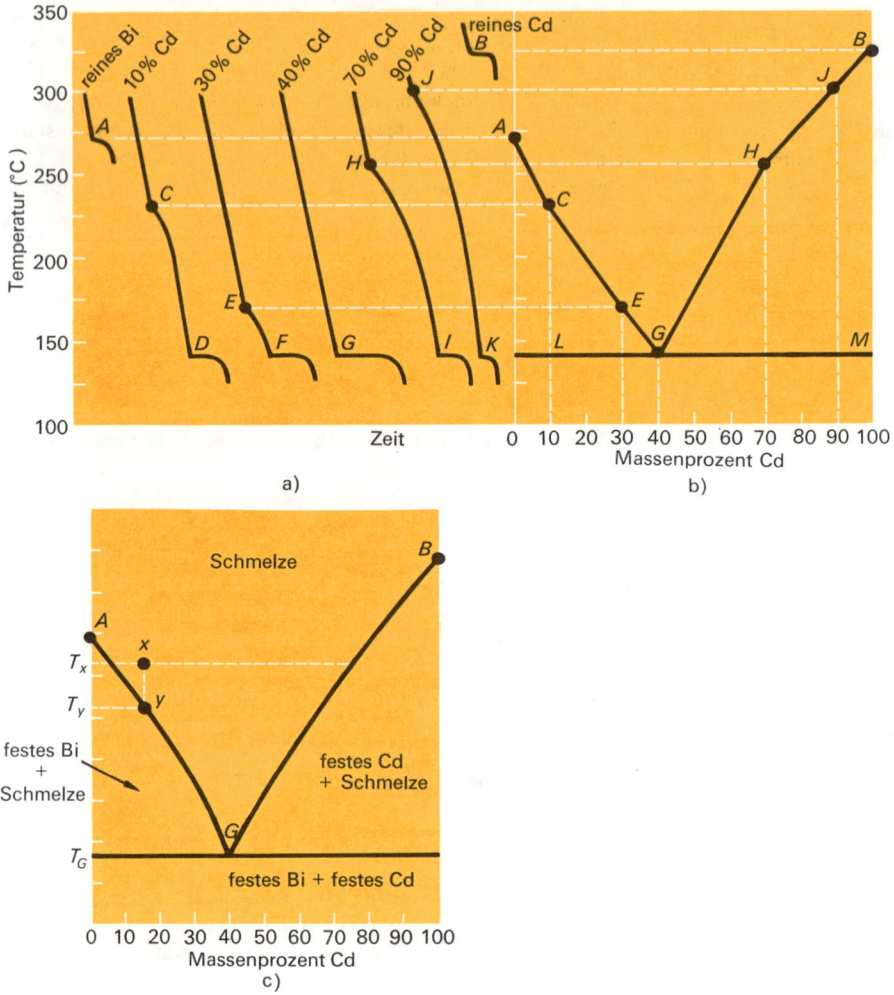

Abb. 6.6. System aus Bi und Cd (bei konstantem Druck): a) Abkühlungskurven; b) aus den Abkühlungskurven erhaltenes Phasendiagramm; c) idealisiertes Phasendiagramm

rungspunkt eines Gemisches von B (von Cd) mit wenig A (Bi) tiefer als der Schmelzpunkt von reinem B. Die beiden Kurvenabschnitte *A—G* bzw. *B—G* — welche die Erstarrungspunkte der Gemische verschiedener Zusammensetzung miteinander verbinden, schneiden sich im Punkt G. Ein Gemisch der Zusammensetzung G (40% Cd, 60% Bi) — ein sogenanntes *Eutektikum* oder **eutektisches Gemisch** — besitzt den tiefsten Schmelzpunkt aller Gemische von A mit B.

Kühlt man nun z. B. eine flüssige Mischung der Zusammensetzung x ab, so beginnt sie bei der Temperatur T_y zu erstarren, wobei sich reines Bi ausscheidet. Dadurch verarmt aber die flüssige

Phase an Bi, und der Erstarrungspunkt sinkt weiter unter fortwährender Ausscheidung von Bi. Schließlich erreicht die flüssige Phase die Zusammensetzung G und erstarrt als sehr feines Gemenge von Bi- und Cd-Kriställchen, das die zuerst entstandenen Bi-Kristalle einschließt. Ein solches Gemisch hat also keinen festen Erstarrungspunkt; oberhalb der Temperatur T_Y ist es flüssig, zwischen T_Y und T_G besteht es aus Schmelze, in welcher Bi-Kriställchen schweben, und erst unterhalb T_G ist es völlig fest.

Im Gebiet oberhalb der beiden Kurven AG und BG ist nur eine einzige Phase vorhanden, das Gemisch der beiden Komponenten (die Lösung). Für dieses Gebiet gilt $F = K - P + 1$, d.h. $F = 2 - 1 + 1 = 2$. Temperatur und Zusammensetzung können also in diesem Gebiet frei gewählt werden. Den Kurven AG und BG entlang stehen festes A bzw. festes B mit der Schmelze (Lösung) im Gleichgewicht; für diese zweiphasigen Systeme besteht nur noch ein einziger

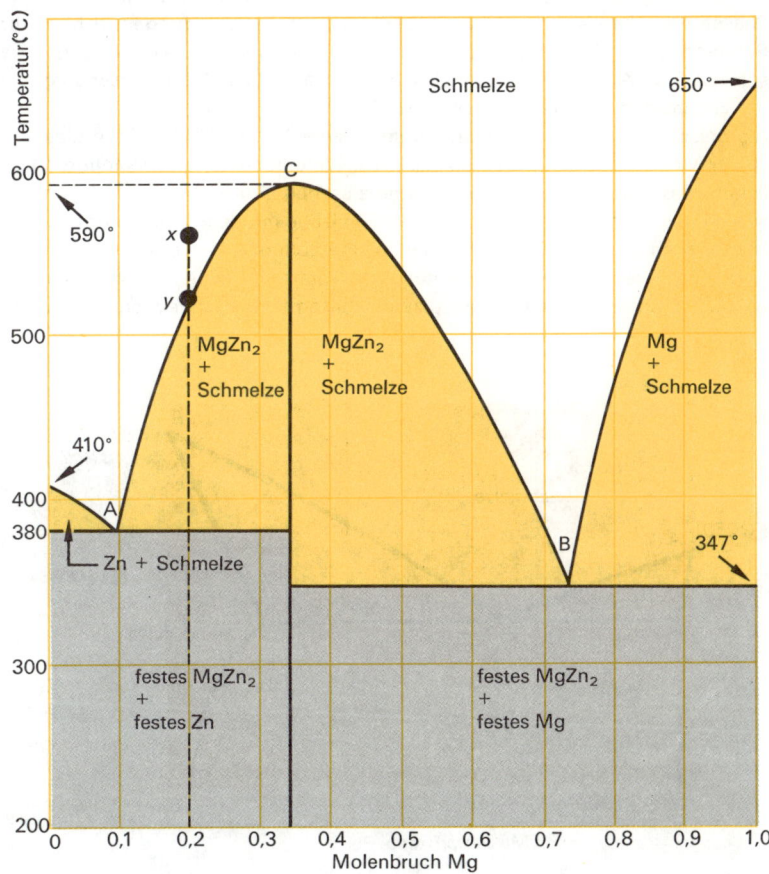

Abb. 6.7. Phasendiagramm für das System Zn / Mg bei konstantem Druck

Freiheitsgrad. Durch die Festsetzung von entweder Temperatur oder Zusammensetzung wird das System eindeutig definiert. Punkt G – die eutektische Temperatur – stellt ein nonvariantes System dar ($F = 0$), weil zwei feste Phasen im Gleichgewicht mit der flüssigen Phase stehen.

Derartige Phasendiagramme sind insbesondere für den Metallurgen von großer Bedeutung, da sie nicht nur über den Verlauf der Abkühlung einer Schmelze, sondern auch über das am Ende zu erwartende Gefüge sowie die Existenzbereiche verschiedener Gefügeformen Aufschluß geben. Um ein Phasendiagramm für ein bestimmtes Gemisch konstruieren zu können, werden die *Abkühlungskurven* verschieden zusammengesetzter Gemische von A und B aufgenommen (Abb. 6.6 a). Man stellt zu diesem Zweck Mischungen in verschiedenen Mengenverhältnissen her, erhitzt sie wenige Grad über den Schmelzpunkt hinaus und beobachtet den Temperaturverlauf bei der langsamen Abkühlung. Solange sich eine reine Phase ausscheidet, bleibt dabei die Temperatur konstant.

Wie schon früher (S. 227) ausgeführt wurde, können sich aus zwei Metallen auch *intermetallische Phasen* definierter Zusammensetzung bilden, wenn das Verhältnis der Atomradien und der Valenzelektronen günstig ist und stabile Strukturen gebildet werden können. Intermetallische Phasen verhalten sich bei Phasenübergängen wie Verbindungen, d. h. sie besitzen definierte Schmelz- (bzw. Erstarrungs-) temperaturen und kristallisieren aus Schmelzen als reine Substanzen. Das Auftreten intermetallischer Phasen gibt sich im Phasendiagramm durch *Maxima* der Erstarrungstemperatur zu erkennen.

Als Beispiel dienen die Verhältnisse im System Mg/Zn (Abb. 6.7; in diesem Phasendiagramm ist der Molenbruch von Mg die Abszisse). Wir erkennen beim Molenbruch 0,33 ein sehr deutliches Maximum, welches der intermetallischen Phase $MgZn_2$ entspricht. Als Folge dieses Maximums existieren zwei eutektische Gemische mit dem Molenbruch 0,1 (4 % Mg) bzw. dem Molenbruch 0,74 (43 % Mg). Kühlt man eine Schmelze der Zusammensetzung x ab, so beginnt sich beim Erreichen der Temperatur y die intermetallische Phase $MgZn_2$ auszuscheiden; es befinden sich somit beim Punkt y zwei Phasen im Gleichgewicht. Beim weiteren Sinken der

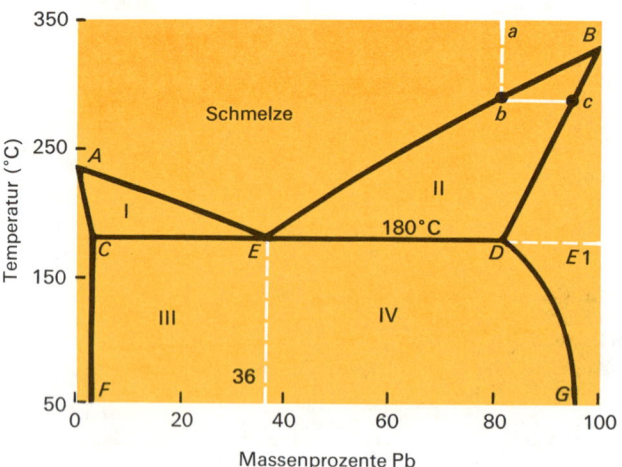

Abb. 6.8. Phasendiagramm Blei / Zinn bei konstantem Druck: A-E-B Liquidus-Linie, A-C-E-D-B Solidus-Linie

Temperatur scheidet sich weiter $MgZn_2$ aus, bis dann bei 380 °C die restliche Schmelze als eutektisches Gemisch von Zn und $MgZn_2$ erstarrt.

Sehr häufig sind zwei Metalle zwar im flüssigen Zustand miteinander vollständig mischbar, während sie im festen Zustand *nur in beschränktem Maß Mischkristalle* bilden können. So können z. B. Kristalle von Blei bei etwa 170 °C höchstens 18 % Zinn aufnehmen, während umgekehrt bei derselben Temperatur festes Zinn nur etwa 3 % Blei lösen kann. Im Phasendiagramm der Abb. 6.8 entsprechen die Gebiete, welche durch die Temperaturachsen und die Linien *ACF* bzw. *BDG* umschrieben werden, den Existenzbereichen der beiden festen homogenen Lösungen von Pb in Sn bzw. Sn in Pb. Wird eine Schmelze der Zusammensetzung *a* langsam abgekühlt, so scheidet sich bei der Temperatur *b* eine feste Phase der Zusammensetzung *c* (d. h. eine bei dieser Temperatur gesättigte feste Lösung von Sn in Pb) aus. Bei weiterem Abkühlen verändert sich die Zusammensetzung der flüssigen Phase gemäß der Kurve *bE* und die Zusammensetzung der festen Phase gemäß der Kurve *cD* (die sich ausscheidenden Kristalle werden also etwas reicher an Sn!). Im Punkt *E* erstarrt die ganze Schmelze als eutektisches Gemenge der beiden homogenen Mischkristallarten. Das Phasendiagramm zeigt jedoch, daß bei weiterem Sinken der Temperatur die « *Mischungslücke* » zwischen Blei und Zinn größer wird; mit anderen Worten, bei tieferen Temperaturen als etwa 170 °C können die Pb-Kristalle weniger als 18 % Sn aufnehmen. Kühlt man also die bei *E* erstarrte feste Legierung weiter ab, so werden sich langsam Kriställchen von Zinn aus den festen Mischkristallen ausscheiden. Die Bildung von festem Zinn erfolgt also *im festen Zustand* und erfordert selbstverständlich eine gewisse Zeit; durch eine schnelle Abkühlung ist sie mehr oder weniger gut unterdrückbar.

Das Phasendiagramm des Zweistoffsystems Pb/Sn zeigt wiederum, welche Phasen in welchen Temperatur- bzw. Konzentrationsbereichen beständig sind. Oberhalb der « *Liquidus-Linie* » *AEB* existiert allein die Schmelze. In den Gebieten I und II existieren die homogenen Mischkristalle (Sn mit maximal 3 % Pb bzw. Pb mit maximal 18 % Sn) zusammen mit der Schmelze (System aus zwei Phasen). Auch in den Gebieten III bzw. IV existieren zwei Phasen nebenein-

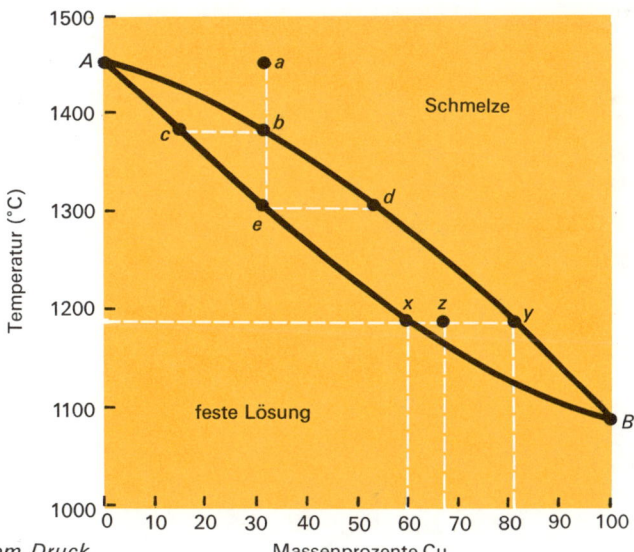

Abb. 6.9. Phasendiagramm
Kupfer / Nickel bei konstantem Druck

ander: homogene Mischkristalle (deren Zusammensetzung durch die Linien CF bzw. DG gegeben wird) zusammen mit dem eutektischen Gemisch. – In der hier geschilderten Weise verhalten sich verschiedene wichtige Metallgemische (Pb/Ni, Zn/Al, Cu/Fe, Cu/Ag, Pb/Sb; das von Gutenberg erstmals verwendete « *Letternmetall* » stellt eine eutektische Legierung von Blei mit Antimon mit einem Gehalt von 13 % Sb dar). Sind die Atomradien zweier Metalle nur wenig voneinander verschieden, so können sie sich auch im festen Zustand *in jedem Verhältnis miteinander mischen,* d. h. sie bilden in jedem Mischungsverhältnis eine homogene feste Lösung. Für solche Fälle gilt das Phasendiagramm der Abb. 6.9 (Ni/Cu-Legierung). Kühlt man z. B. eine Schmelze mit 30 % Cu und 70 % Ni ab, so beginnt die Erstarrung bei einer Temperatur von 1375°C (Punkt *b*). Die sich bildende feste Phase ist eine homogene feste Lösung der Zusammensetzung *c,* ist also reicher an Ni als die Schmelze. Die Schmelze besitzt deshalb einen höheren Gehalt an (tiefer schmelzendem) Cu, und die Erstarrungstemperatur sinkt, bis schließlich die Schmelze die Zusammensetzung *d* erreicht (bei 1310°C) und sie völlig erstarrt. Die entstandene feste Lösung besitzt dann die Zusammensetzung der ursprünglich vorhandenen Schmelze (30 % Cu). Die Kurve *AcB* (die « *Liquidus-Linie* ») gibt die Schmelzpunkte fester Lösungen (Legierungen) entsprechender Zusammensetzung an, während durch die Kurve *AdB* (die « *Solidus-Linie* ») die Zusammensetzung der Mischkristalle wiedergegeben wird. Die feste Phase ist jeweils reicher an der höher schmelzenden Komponente als die flüssige Phase, mit welcher sie im Gleichgewicht steht; während des Abkühlens verändert sich aber die Zusammensetzung der festen Phase, indem Ni-Atome aus dem Inneren der Mischkristalle herauswandern und umgekehrt Cu-Atome aus der Schmelze in die Mischkristalle hineindiffundieren müssen. Kühlt man eine Schmelze schnell ab, so verläuft dieser Austausch nicht vollkommen, und es bilden sich Mischkristalle, die in ihrem Kern anders zusammengesetzt sind als außen (*«Zonenkristalle»*). Durch mehrstündiges Glühen knapp unterhalb der Solidus-Linie kann man die Legierung wiederum homogenisieren und diese – für den Metallurgen unerwünschte – Erscheinung zum Verschwinden bringen. Auch bei Metallen, die im festen Zustand eine Mischungslücke zeigen (Phasendiagramm Abb. 6.8), können sich Zonenkristalle bilden. Kühlt man nämlich z. B. eine Schmelze aus 90 % Pb und 10 % Sn ab, so verläuft der Erstarrungsvorgang in derselben Weise, wie er hier für das System Cu/Ni geschildert worden ist. Im Gegensatz zum letztgenannten System verändern sich allerdings die zuerst ausgeschiedenen Zonenkristalle bzw. homogenen Mischkristalle beim weiteren Abkühlen (unter 170°C) durch Ausscheidung von festem Zinn. Legierungen, die homogene Mischkristalle bilden, erhält man aus den Metallen Fe/Mn, Fe/Ni, Fe/Co, Co/Ni, Cu/Au, Ag/Au, Mg/Cd u. a.; sie besitzen gewöhnlich die guten mechanischen Eigenschaften der Bestandteile und eine relativ hohe Korrosionsbeständigkeit. Ihre elektrische Leitfähigkeit ist allerdings – worauf bereits hingewiesen worden ist – geringer als bei den entsprechenden reinen Metallen.

6.2 Lösungen

Unter «**Lösung**» im weitesten Sinn versteht man eine homogene (einphasige) Mischung. Wir wollen uns im folgenden Abschnitt nur auf die wichtigeren, flüssigen Lösungen, die «Lösungen» im engeren Sinn, beschränken. Es gibt jedoch auch feste Lösungen, wie z. B. eine Lösung von Quecksilber in Zink oder eine Lösung von Wasserstoff in Palladium. Typische feste Lösungen sind die Mischkristalle.

Der Lösungsvorgang. Wenn man davon absieht, daß sich viele Substanzen durch eine chemische Umsetzung mit einem Lösungsmittel «lösen», wobei völlig neue Substanzen (Teilchen) entstehen, wie z. B. beim Auflösen von Metallen in einer Säure, sind für das Lösen zwei Erscheinungen von besonderer Bedeutung: die Wechselwirkungen zwischen Lösungsmittelteilchen und gelösten Teilchen (die *Solvation)* und die durch die thermische Bewegung bedingte *Dispersion.*

Wenn man z.B. ein Stück Zucker mit Wasser übergießt, so verschwindet es allmählich und «löst» sich. Die einzelnen Zuckermoleküle verteilen sich dabei gleichmäßig in der Lösung. Damit dies aber überhaupt möglich ist, müssen zuerst einzelne Moleküle den Kristall verlassen können; es muß also Arbeit gegen die Gitterkräfte geleistet werden, und es müssen im Wasser «Hohlräume» entstehen, in welchen Zuckermoleküle Platz finden können, wobei ebenfalls Arbeit (gegen die starken zwischenmolekularen Kräfte des Wassers) geleistet werden muß. Die für die beiden Schritte notwendige *Energie* wird durch die **Solvation** aufgebracht, indem zwischen den beiden verschiedenen Teilchenarten Anziehungskräfte wirksam werden. Die Zuckermoleküle enthalten nämlich zahlreiche $-OH$-Gruppen, welche mit den Wassermolekülen H-Brücken bilden, so daß sich ein solches Molekül mit H_2O-Molekülen umhüllen kann und als Folge dieser gegenseitigen Anziehung Energie frei wird.

Besonders stark sind diese Wechselwirkungen bei der Auflösung von *Ionenkristallen.* Bringt man einen solchen Kristall ins Wasser, so lagern sich an die Kristalloberfläche Wasserdipole an. Die dabei frei werdende Energie ermöglicht den Übergang einzelner Ionen in die wäßrige Phase, wo diese sogleich weitere Wassermoleküle binden und dadurch von ihnen ebenfalls umhüllt werden. Sofern die Gitterenergie des Salzes nicht allzu groß ist, bewirkt die dabei frei werdende «**Hydrationsenergie**»[1] (genauer die **Hydrationsenthalpie**), daß sich weitere Ionen aus dem Kristall herauslösen, bis dieser schließlich ganz aufgelöst ist. Der «Wassermantel» um die Ionen schwächt die zwischen ihnen wirkenden Anziehungskräfte so stark ab, daß die hydratisierten Ionen sich einzeln in der Lösung bewegen können. Nur in stärker konzentrierten Lösungen bilden sich Schwärme oder Gruppen von Ionen.

Diese Erscheinung, die Hydration der Ionen, ist von sehr großer Bedeutung. Wir haben schon auf S. 129 erwähnt, daß (mit Ausnahme der negativen Halogenid- und Hydrid-Ionen) Ionen nur unter Energieaufwand aus den Atomen entstehen, daß also einzelne (gasförmige) Ionen energiereicher und damit weniger stabil sind als freie Atome. Die bei der Bildung von Ionenkristallen freiwerdende Gitterenergie stabilisiert aber das feste Salz, so daß sich dieses in mehr oder weniger stark exothermer Reaktion aus den Elementen bilden kann. In ganz ähnlicher Weise *stabilisiert* nun die *Hydrationsenthalpie* die *gelösten Ionen* und ermöglicht damit das Auflösen eines Salzes. Alle Salze sind – wenn auch oft nur in sehr geringem Maß – wasserlöslich, und alle Ionen sind in wässriger Lösung hydratisiert. Man bezeichnet sie oft als «**Aquo-Komplexe**», abgekürzt Me^+aq oder X^-aq.

---

[1] Die Solvation im Wasser wird als **Hydration** bezeichnet. Gegenüber den in deutschen Büchern gewöhnlich verwendeten Ausdrücken «Solvatation» und «Hydratation» ziehen wir die aus dem Englischen stammenden, weniger schwerfälligen Bezeichnungen «Solvation» und «Hydration» vor.

Wie die Gitterenergie hängt auch die Hydrationsenthalpie vom Radius und der Ladung der Ionen (von ihrer *« Ladungskonzentration »*) ab. Kleine und hochgeladene Ionen sind besonders stark hydratisiert, und die freiwerdende Hydrationsenthalpie kann recht hoch sein:

$$Na^+ \longrightarrow [Na\,(H_2O)_6]^+ \qquad \Delta H = -397\;kJ/mol$$
$$Al^{3+} \longrightarrow [Al\,(H_2O)_6]^{3+} \qquad \Delta H = -4602\;kJ/mol$$

Im Falle des Na^+-Ions werden also pro gebundenes Wassermolekül 66 kJ/mol frei, im Falle des Al^{3+}-Ions sogar 767 kJ/mol! (vgl. daneben die Dissoziationsenergie der H—H-Bindung [436 kJ/mol] oder die Gitterenergie von NaCl [766 kJ/mol]). Das Al^{3+}-Ion bindet die H_2O-Moleküle also außerordentlich fest.

Innerhalb einer Periode des Periodensystems nimmt die Hydrationsenthalpie nach rechts zu, während sie innerhalb einer Gruppe nach unten abnimmt. Besonder stark hydratisiert sind viele Ionen der *Übergangsmetalle,* weil sich hier die freien Elektronen der H_2O-Moleküle mit dem Elektronensystem des Ions (das noch unbesetzte Orbitale enthält) überlagern können. Eine solche Bindung bedeutet aber eine Änderung im Zustand der Elektronen im Ion; sie macht sich häufig durch eine Farbveränderung sichtbar. So ist beispielsweise das freie Cu^{2+}-Ion farblos, das hydratisierte Cu^{2+}-Ion dagegen blau.

Tabelle 6.2. Hydrationsenthalpien einiger Ionen (kJ/mol)

	ΔH		ΔH		ΔH
H_3O^+	1084	Mg^{2+}	1908	OH^-	364
Li^+	508	Ca^{2+}	1577	F^-	510
Na^+	398	Sr^{2+}	1431	Cl^-	376
K^+	314	Ba^{2+}	1289	Br^-	342
Rb^+	289	Zn^{2+}	2054	I^-	298
Cs^+	256	Cd^{2+}	1791	CN^-	349
Ag^+	468	Hg^{2+}	1820	NO_3^-	255
NH_4^+	293	Fe^{2+}	1958		
		Al^{3+}	4602		
		Fe^{3+}	4485		

Beim Lösen von Substanzen, die aus *Molekülen,* nicht aus Ionen, bestehen, sind die Wechselwirkungen zwischen den verschiedenen Teilchenarten naturgemäß geringer. Um eine merkliche Solvation zu ermöglichen, müssen Anziehungskräfte zwischen den gelösten und den Lösungsmittelmolekülen auftreten. Dies ist dann der Fall, wenn zwischen ihnen Dipolkräfte oder H-Brücken wirksam sind, also z.B. beim Lösen von Substanzen mit polaren Molekülen, wie Zucker oder Alkohol, in Wasser. Bei unpolaren Molekülen, wie Hexan, Benzol, CCl_4 usw., sind zwar die zwischenmolekularen Kräfte klein; die Wechselwirkungen mit stark polaren Molekülen (wie z.B. H_2O) sind jedoch so gering, daß sie nicht ausreichen, um die Bildung von «Löchern» im Lösungsmittel zu bewirken.

Bringt man nun eine völlig unpolare Substanz, wie z.B. CCl_4, mit Wasser zusammen, so würde man meinen, daß sich die beiden Stoffe überhaupt nicht miteinander mischen. Sorgfältige Untersuchungen zeigen aber, daß trotzdem eine allerdings sehr geringe Mischbarkeit vorhanden ist: bei 20 °C lösen sich 0,08 g CCl_4 in 100 ml Wasser. Der Grund für diese geringe, jedoch meßbare Löslichkeit besteht darin, daß die *Lösung* einen Zustand *geringerer Ordnung* darstellt, daß also die Entropie beim Lösen zunimmt und daß daher als Folge der thermischen Bewegung eine gewisse Durchmischung stattfindet. Viel stärker wird dieser Effekt, wenn wir statt Wasser ein Lösungsmittel mit kleineren zwischenmolekularen Kräften verwenden. So mischt sich z. B. Benzol (C_6H_6; Moleküle ganz unpolar) in jedem beliebigen Verhältnis mit CCl_4. Die Löslichkeit ist dann weniger auf gegenseitige Wechselwirkungen zwischen den verschiedenen Teilchenarten zurückzuführen (obschon die Solvation zweifellos noch eine gewisse Rolle spielt), sondern vor allem darauf, daß sich die Substanzen als Folge der Wärmebewegung in einem bestimmten Raum möglichst weit ausbreiten und einen entropiereicheren Zustand erreichen; das Lösen ist die Folge einer *Dispersion* (ähnlich wie die Diffusion).

Löslichkeit. Fügt man zu einem Lösungsmittel immer mehr von einer darin löslichen Substanz, so löst sie sich zunächst, bis schließlich eine bestimmte Konzentration erreicht wird, welche sich beim weiteren Zufügen nicht mehr ändert. Weiter hinzugegebene Substanz bleibt als feste (flüssige) Phase ungelöst zurück[1]. Die Lösung ist *« gesättigt »*. Die Menge eines Stoffes, die sich in einer bestimmten Menge eines Lösungsmittels gerade noch lösen läßt (seine *« Löslichkeit »*), ist eine charakteristische Eigenschaft des betreffenden Stoffes; sie wird allerdings stark durch die Temperatur beeinflußt.

Die Löslichkeit einer Substanz hängt jedoch nicht nur von der *Temperatur,* sondern auch von der Natur der fraglichen Substanz und von dem betreffenden Lösungsmittel ab. Eine hohe Löslichkeit ist gewöhnlich dann zu erwarten, wenn die Teilchen von gelöstem Stoff und Lösungsmittel in bezug auf Struktur und elektrische Eigenschaften von ähnlichem Charakter sind. Wie wir bereits erwähnt haben, zeigen Dipolmoleküle untereinander relativ starke Anziehungskräfte, so daß polare Substanzen in der Regel gute Lösungsmittel sind für polare Stoffe, unpolare Stoffe hingegen schlecht oder gar nicht lösen.

Salze verhalten sich in dieser Hinsicht wie extrem polare Moleküle und sind stets, wenn auch in vielen Fällen nur in sehr geringem Maß, wasserlöslich. Ihre Löslichkeit wird in entscheidendem Maß durch ihre Gitterenergie und die Hydrationsenthalpie ihrer Ionen bestimmt. Die Gitterenergie wächst mit zunehmender Ladung und abnehmender Größe der Ionen; gleichzeitig steigt aber auch die Hydrationsenthalpie. Die Zusammenhänge zwischen den beiden Größen und der Löslichkeit sind daher recht komplex.

Beispielsweise steigt die Löslichkeit einiger *Alkalihalogenide* in den folgenden Reihen:

$$LiF < NaF < KF < RbF < CsF$$

$$LiF < LiCl < LiBr < Li I$$

Bei diesen Salzen sind Kationen und Anionen von vergleichbarer Größenordnung; die Ursache für die Zunahme der Löslichkeit muß damit in der wachsenden Größe des Kations bzw. Anions liegen. Die Abnahme der Gitterenergie ist also in beiden Reihen größer als die Abnahme der Hydrationsenthalpie. In ähnlicher Weise verhalten sich die Fluoride und Hydroxide der Erdalkalimetalle (Tabelle 6.3). – Bei Verbindungen mit relativ großen Anionen verändert sich jedoch die Gitterenergie nur wenig, wenn sich die Größe der Kationen ändert, so daß dann die Hydrationsenthalpie den Haupteinfluß auf die Löslichkeit hat. Aus diesem Grund nimmt z. B. die Löslichkeit der Sulfate und der Carbonate der Erdalkalimetalle vom Beryllium zum Radium sehr deutlich ab (mit zunehmendem Radius des positiven Ions geringere Hydrationsenthalpie!).

---

[1] Manche Flüssigkeiten mit Molekülen ähnlicher Polarität mischen sich allerdings in jedem beliebigen Verhältnis miteinander!

Tabelle 6.3. Löslichkeit einiger schwerlöslicher Erdalkalisalze (Mol / 1000 g Wasser ; 25 °C)

	Fluorid	Hydroxid	Carbonat	Sulfat
Mg^{2+}	$1,2 \cdot 10^{-3}$	$1,3 \cdot 10^{-4}$	$1,2 \cdot 10^{-3}$	2,4
Ca^{2+}	$2 \;\cdot 10^{-4}$	0,021	$1,5 \cdot 10^{-4}$	0,015
Sr^{2+}	$1 \;\cdot 10^{-3}$	0,065	$7 \;\cdot 10^{-4}$	0,005
Ba^{2+}	$1 \;\cdot 10^{-2}$	0,28	$1 \;\cdot 10^{-4}$	10^{-5}

Da die Gitterenergie auch von den Ionenladungen abhängig ist, sinkt die Löslichkeit in der Regel mit wachsender Ladung der Ionen; Erdalkalisalze sind daher meist weniger löslich als entsprechende Salze der Alkalimetalle, und Oxide sind weniger löslich als Halogenide. Im Falle mancher Salze von Aluminium oder anderer Erdmetalle wird dieser Effekt durch die bei dreifach geladenen Metallionen sehr hohe Hydrationsenthalpie allerdings mehr als kompensiert.

Temperaturabhängigkeit der Löslichkeit. Solange eine Lösung noch nicht gesättigt ist, wird sich weitere Substanz lösen, wenn man der Lösung noch mehr Substanz zusetzt. Steht aber eine gesättigte Lösung in Berührung mit ungelöstem Bodenkörper, so stellt sich an der Phasengrenzfläche wiederum ein *echtes dynamisches Gleichgewicht* ein: Einerseits vermögen dauernd einige Teilchen die feste (oder flüssige) ungelöste Phase zu verlassen und in die Lösung überzugehen, anderseits werden gelöste Teilchen, die durch ihre regellose Bewegung in die Nähe des Bodenkörpers gelangen, von diesem angezogen und in den Kristall (oder die Flüssigkeit) eingebaut.

Erwärmt man nun eine solche gesättigte Lösung, so wird in der Regel noch mehr Bodenkörper gelöst: die Löslichkeit steigt also mit zunehmender Temperatur. Es gibt jedoch auch Fälle, wo sich beim Erwärmen mehr Bodenkörper ausscheidet, die Löslichkeit mit zunehmender Temperatur sinkt. Diese Erscheinungen lassen sich durch die Betrachtung des *Phasengrenzgleichgewichtes* leicht verstehen. Wenn nämlich die Solvationsenthalpie die beim Lösen aufzuwendende Energie nicht ganz überwiegt, der Lösungsvorgang also endotherm verläuft, wird durch die Energiezufuhr beim Erwärmen dieser Vorgang begünstigt: Die Löslichkeit steigt, weil mehr Teilchen in die Lösung hinaus gelangen als umgekehrt aus der Lösung in den Bodenkörper geraten. Wir können deshalb verallgemeinern: Die Löslichkeit von Substanzen, die sich endotherm lösen, steigt mit zunehmender Temperatur. Umgekehrt wird die Löslichkeit einer Substanz, die sich unter Wärmeabgabe löst, mit zunehmender Temperatur sinken. Je mehr Wärme beim Lösen verbraucht (oder frei) wird, desto stärker wird sich die Löslichkeit bei Veränderung der Temperatur ändern (desto steiler verlaufen die Löslichkeitskurven).

Diese Aussagen bilden einfache Anwendungen des «**Prinzips der Flucht vor dem Zwang**» (siehe auch S. 306), das für alle dynamischen Gleichgewichte gilt. Übt man nämlich auf ein solches Gleichgewicht einen «Zwang» aus, indem man Wärme zuführt, so verändert sich das System in der Weise, daß die zugeführte Wärme aufgenommen und verbraucht wird und sich nachher ein neuer Gleichgewichtszustand ausbildet.

Die Löslichkeit *gasförmiger* Stoffe in Flüssigkeiten nimmt mit zunehmender Temperatur stets ab. Weil beim Lösen die Gasteilchen (die sich – wenigstens im Idealfall! – gegenseitig nicht anziehen) unter die anziehende Wirkung der Lösungsmittelteilchen geraten, ist mit dem Lösen immer eine wenn auch geringe Abgabe von Energie zu beobachten. Im allgemeinen ist die Löslichkeit von Gasen in Wasser verhältnismäßig gering; in gewissen Fällen bedingen chemische Reaktionen mit dem Wasser (Ionenbildung) und Solvationseffekte eine sehr große Löslichkeit.

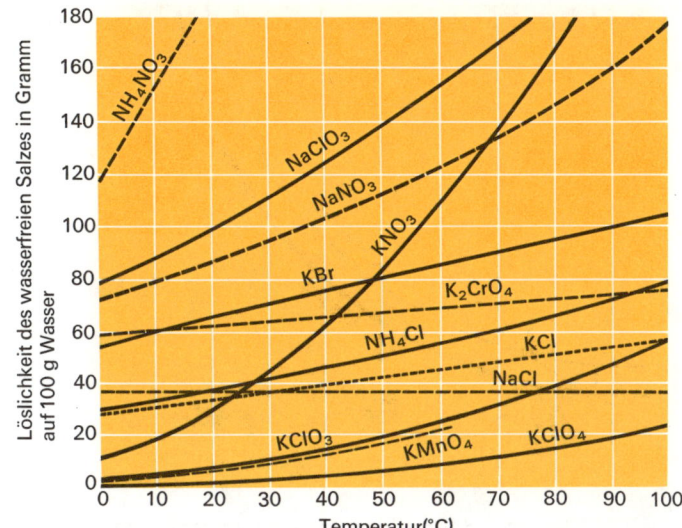

Abb. 6.10. Löslichkeits-
kurven einiger Salze

Lösungen nichtflüchtiger Substanzen. Ist in einem Lösungsmittel ein nichtflüchtiger Stoff gelöst, so ist das Entweichen von Teilchen des Lösungsmittels in den Dampfraum erschwert, weil sich nicht nur Lösungsmittelteilchen (die verdunsten können), sondern auch gelöste (nichtflüchtige) Teilchen an der Oberfläche der flüssigen Phase befinden. Der *Dampfdruck* einer solchen Lösung ist darum bei einer bestimmten Temperatur *kleiner* als der Dampfdruck des reinen Lösungsmittels.

Experimentell findet man, daß die Erniedrigung des Dampfdruckes annähernd der Zahl der in einem bestimmten Flüssigkeitsvolumen gelösten Anzahl Mole proportional ist:

$$\Delta p = E \cdot n \quad (Raoultsches\ Gesetz)$$

Als Folge des niedrigeren Dampfdruckes zeigt eine solche *Lösung* einen *höheren Siedepunkt* und einen *tieferen Schmelzpunkt* als das reine Lösungsmittel (Abb. 6.11). Wie die Abbildungen 6.12a und b zeigen, ist sowohl die Siedepunktserhöhung wie die Schmelzpunktserniedrigung (ΔT der beiden Abbildungen) direkt proportional der Dampfdruckerniedrigung (wenn ΔT und Δp klein sind, können die Kurvenabschnitte *A—B* als Gerade, die Figuren *ABC* als Dreiecke betrachtet werden), so daß nach dem Raoultschen Gesetz die folgenden Beziehungen gelten:

$$\Delta E_g = E_g \cdot n \qquad \Delta E_s = E_s \cdot n$$

ΔE_g bzw. ΔE_s bedeuten die Schmelzpunktserniedrigung bzw. die Siedepunktserhöhung. E_g und E_s sind die molalen Werte der beiden Fixpunktsverschiebungen (für Wasser 1,86°C bzw. 0,511°C). (Die *Molalität* gibt die Anzahl Mole n pro 1000 g Lösungsmittel an; vgl. S. 268.) Kennt man den Proportionalitätsfaktor E_g bzw. E_s sowie die Mengen der in 1000 g Lösungsmittel gelösten Substanz, so läßt sich aus der gemessenen Fixpunktsverschiebung die *Molmasse* experimentell ermitteln (S. 264).

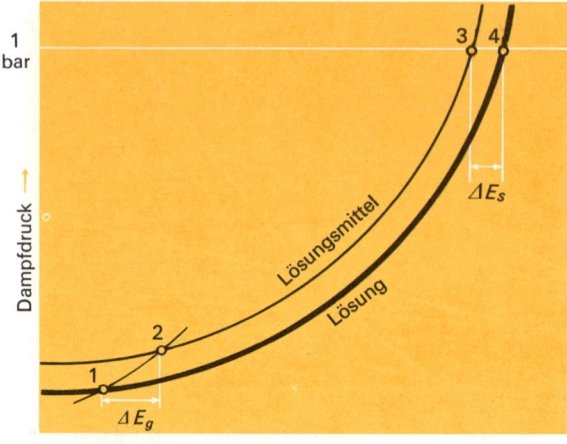

Abb. 6.11. Dampfdruckkurve einer Lösung und des reinen Lösungsmittels

1 Schmelzpunkt der Lösung
2 Schmelzpunkt des reinen Lösungsmittels
3 Siedepunkt des reinen Lösungsmittels
4 Siedepunkt der Lösung

Abb. 6.12. Beziehungen zwischen Dampfdruckerniedrigung und Schmelzpunktserniedrigung (a) bzw. Siedepunktserhöhung (b)

Ausgezogene Linien: Dampfdruckkurven des Lösungsmittels
Gestrichelte Linien: Dampfdruckkurven zweier Lösungen von verschiedenen Konzentrationen

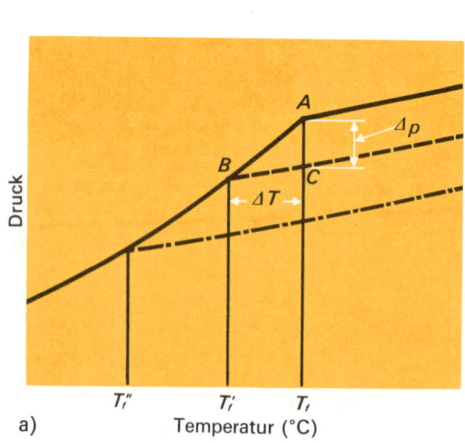

a)

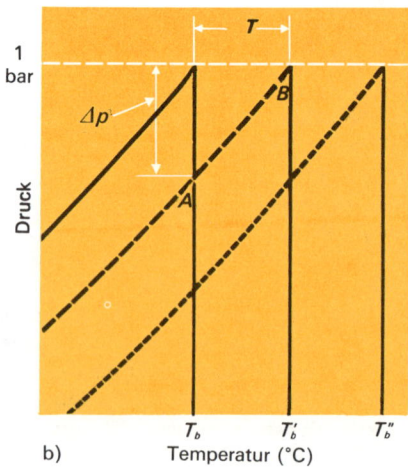

b)

Das Raoultsche Gesetz läßt sich auch in einer anderen Form ausdrücken, wenn man den sogenannten **Molenbruch** verwendet. Dies ist der Quotient aus der Anzahl der Mole einer Komponente und der Gesamtzahl der Mole aller Komponenten eines Gemisches (einschließlich dem Lösungsmittel). Es gilt dann

$$p_{Lg} = p_1 = p_1^0 \cdot x_1 = p_1^0 \cdot \frac{n_1}{n_1 + n_2} \, .$$

Dabei ist p_1 der Dampfdruck der Lösung, p_1^0 der Dampfdruck des reinen Lösungsmittels und $x_1 \left(= \dfrac{n_1}{n_1 + n_2} \right)$ der Molenbruch des Lösungsmittels.

Wenn wir in obigen Ausdruck die Dampfdruckerniedrigung $\Delta p = p_1^0 - p_1$ einführen und ihn umformen, so erhalten wir

$$\Delta p = p_1^0 - p_1 = p_1^0 - p_1^0 x_1 = (1 - x_1) \, p_1^0 \, .$$

Die Summe der Molenbrüche eines Gemisches ist gleich 1; wenn eine Lösung aus nur 2 Komponenten besteht, ist somit $x_2 = 1 - x_1$.
Damit ergibt sich

$$\Delta p = x_2 p_1^0 \, .$$

Die *Dampfdruckerniedrigung* ist also *dem Molenbruch der gelösten* (nichtflüchtigen) *Komponente proportional*.

Der Zusammenhang dieser Aussage mit der früheren Formulierung des Raoultschen Gesetzes ($\Delta p = E \cdot n$) erhellt aus folgender Überlegung: Δp ist proportional dem Molenbruch der gelösten Komponente. In sehr verdünnten Lösungen ist aber die Anzahl der gelösten Mole klein gegenüber der Anzahl der Mole Lösungsmittel, so daß im Nenner des Molenbruches n_2 gegenüber n_1 vernachlässigt werden darf und damit gilt:

$$\Delta p \sim \frac{n_2}{n_1}$$

Wird n_2 auf eine bestimmte Menge (z. B. 1000 g) Lösungsmittel bezogen, so ist n_1 konstant und Δp ist proportional n_2.

Lösungen flüchtiger Substanzen. Bei einer Lösung (einem Gemisch) aus flüchtigen Komponenten gilt für jede Komponente das Raoultsche Gesetz:

$$p_1 = x_1 \cdot p_1^0 \qquad p_2 = x_2 \cdot p_2^0$$

Der *Gesamtdampfdruck* der Lösung ist die *Summe der Partialdrucke* jeder Komponente (vgl. dazu Abb. 6.13):

$$p_{tot} = p_1 + p_2 = x_1 \cdot p_1^0 + x_2 \cdot p_2^0$$

Dabei ist aber zu beachten, daß das Mengenverhältnis der Komponenten im Dampf (ausgedrückt in Molenbrüchen) nicht mit dem Mengenverhältnis in der Lösung identisch ist. Für ein Gemisch aus 1 Mol Benzol und 2 Mol Toluol ($x_1 = 0,33$ und $x_2 = 0,67$) gilt z. B. für 20 °C

$$p_1^0 = 9,987 \cdot 10^{-2} \, \text{bar} = 75 \, \text{Torr}, \qquad p_2^0 = 2,929 \cdot 10^{-2} \, \text{bar} = 22 \, \text{Torr}$$

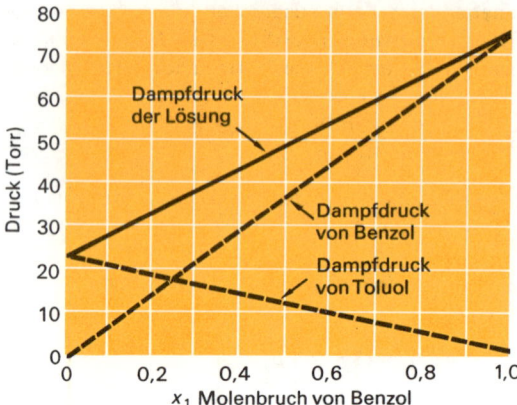

Abb. 6.13. Dampfdruck als Funktion der Zusammensetzung einer idealen Lösung von Benzol in Toluol (20°C)

Somit ist $p_1 = 0,33 \cdot 75$ Torr $= 25$ Torr und $p_2 = 0,67 \cdot 22 = 14$ Torr und $p_{tot} = p_1 + p_2 = 39$ Torr. Das Mengenverhältnis der Komponenten im Dampfzustand ist dann (in Molenbrüchen):

$$x_1 = \frac{p_1}{p_{tot}} = \frac{25}{39} = 0,64 \quad \text{und} \quad x_2 = \frac{p_2}{p_{tot}} = \frac{14}{39} = 0,36$$

(Das Verhältnis von Partialdruck einer Komponente zum Gesamtdruck ist nach Dalton gleich dem Molenbruch; die Summe aller Partialdrucke entspricht dem Gesamtdruck.)

Der Dampf enthält also beinahe doppelt so viel Benzol wie die flüssige Phase; die *flüchtigere* Komponente ist also im *Dampf* eines solchen Gemisches stark *angereichert.*

Wird jetzt der Dampf des diskutierten Gemisches kondensiert, so sind die Molenbrüche der flüssigen Phase $x_1 = 0,64$ und $x_2 = 0,36$. Die Drucke p_1^0 und p_2^0 sind noch dieselben; die Partialdampfdrucke der Komponenten sind also

$p^1 = 0,64 \cdot 75 = 48$ Torr $= 6,392 \cdot 10^{-2}$ bar und $p_2 = 0,36 \cdot 22 = 7,9$ Torr $= 1,052 \cdot 10^{-2}$ bar.

Da der Gesamtdampfdruck jetzt 55,9 Torr beträgt, sind die Anteile der Komponenten im Dampf

$$x_1 = \frac{p_1}{p_{tot}} = \frac{48}{55,9} = 0,86 \quad \text{und} \quad x_2 = \frac{p_2}{p_{tot}} = \frac{7,9}{55,9} = 0,14 .$$

Nach zweimaligem Verdampfen haben wir somit einen Dampf erhalten, in dem der Anteil von Benzol viel größer geworden ist. Durch mehrfache Wiederholung des Verfahrens läßt sich schließlich praktisch reines Benzol erhalten. Dies ist das Prinzip der sogenannten *isothermen fraktionierten Destillation.*

In der Praxis ist es allerdings einfacher, die Temperatur zu verändern und den Druck konstant zu halten. *Fraktionierte Destillationen* werden daher meistens *unter konstantem Druck* ausgeführt. Bei einem bestimmten äußeren Druck wird eine Lösung einer gewissen Zusammensetzung dann sieden, wenn der Gesamtdampfdruck dem äußeren Druck gleich geworden ist. Nach dem Raoultschen Gesetz besitzen aber Lösungen verschiedener Zusammensetzung auch verschiedene Dampfdrucke und sieden damit bei verschiedenen Temperaturen. Lösungen, deren

Komponenten niedrigere Dampfdrucke haben, sieden höher als Gemische von Komponenten mit höherem Dampfdruck.

Bestimmt man für eine binäre Lösung die Siedepunkte für alle möglichen Mengenverhältnisse der flüssigen Phase und gleichzeitig auch die Zusammensetzung des mit ihr im Gleichgewicht stehenden Dampfes, so erhält man das *Siedediagramm* der Abb. 6.14. Im angenommenen Beispiel hat die Komponente 2 den tieferen Siedepunkt.

Abb. 6.14
*Siedediagramm für eine
ideale, binäre Lösung bei
konstantem äußerem Druck*

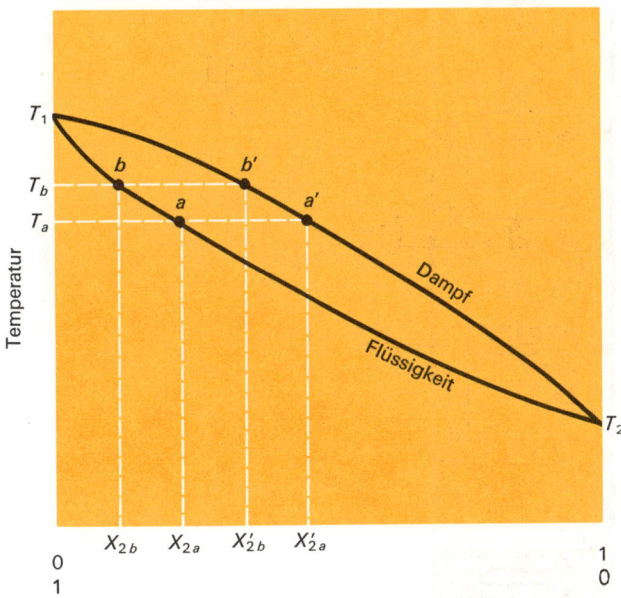

Wird ein Gemisch der Zusammensetzung x_{2a} (x_2 ist der Molenbruch der Komponente 2) erhitzt, so steigt der Dampfdruck, bis er bei Punkt *a* den äußeren Druck erreicht und das Gemisch siedet. Die Temperatur T_a entspricht damit der Siedetemperatur einer Lösung der Zusammensetzung x_{2a}. Der Dampf enthält bei dieser Temperatur die leichter flüchtige Komponente mit dem Molenbruch x'_{2a}; diese ist also im Dampf gegenüber der flüssigen Phase angereichert. Mit fortschreitendem Sieden wird die flüssige Phase immer reicher an der weniger flüchtigen Komponente 1, so daß die Siedetemperatur steigt, beispielsweise bis zum Wert T_b. Die Zusammensetzung der flüssigen Phase hat sich dabei entsprechend dem Kurvenast $a \rightarrow b$ verändert, während sich die Zusammensetzung des Dampfes gemäß $a' \rightarrow b'$ ändert. Bei der Temperatur T_b enthält die Flüssigkeit einen geringeren Anteil der tiefer siedenden Komponente als bei der Temperatur T_a ($x_{2b} < x_{2a}$!); im Dampf ist diese hingegen noch stärker angereichert.

Fängt man also den Dampf bei einer bestimmten Siedetemperatur auf, kondensiert ihn und bringt ihn – bei höherer Temperatur – erneut zum Sieden und wiederholt dieses Vorgehen immer wieder, so wird die Trennung der beiden Komponenten immer vollständiger. Statt viele solche Destillationen nacheinander auszuführen (wie es viel zu zeitraubend wäre), verwendet man für fraktionierte Destillationen *Fraktionierkolonnen,* in denen Kondensation und erneute Verdampfung immer wieder aufeinander folgen. Bei technischen Fraktionieranlagen von der Art der Abb. 6.15 wiederholt sich die Destillation auf jedem Kolonnenboden.

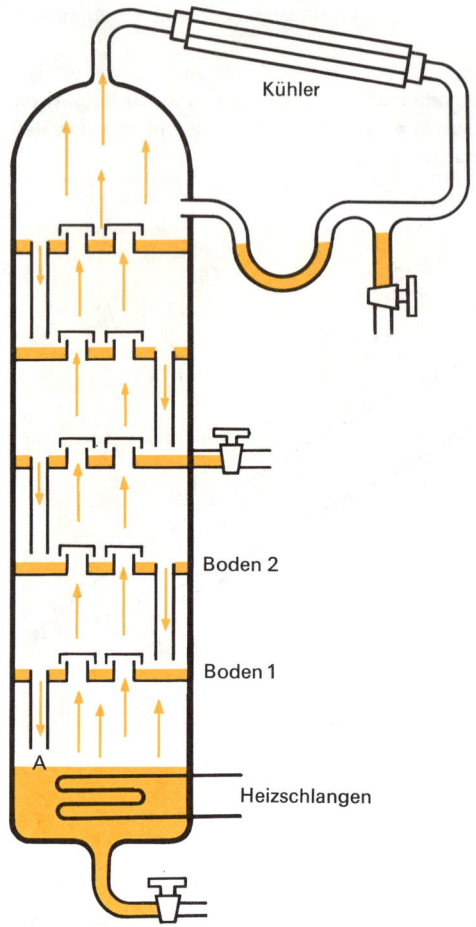

Kühler

Boden 2

Boden 1

A

Heizschlangen

Abb. 6. 15. Fraktionierkolonne mit fünf Böden

Nichtideale Lösungen. Lösungen, welche das Raoultsche Gesetz befolgen, heißen «*ideale Lösungen*». Das *Vermischen* der Komponenten zu einer idealen Lösung ist von *keinem Wärme-effekt* begleitet; es handelt sich also um einen rein physikalischen Vorgang. Zeigt sich jedoch beim Mischen entweder eine Wärmeentwicklung oder ein Wärmeverbrauch, so entstehen nichtideale Lösungen, die dem Raoultschen Gesetz nur annähernd gehorchen.

Wenn beim Lösen (Mischen) Wärme frei wird, so bedeutet dies, daß die Anziehungskräfte zwischen den im Gemisch vorhandenen verschiedenartigen Teilchen größer sind als zwischen den Teilchen jeder Komponente unter sich, z. B. dadurch, daß sich H-Brücken bilden, wie etwa in einem Gemisch aus Aceton und Chloroform:

$$Cl_3C\!-\!H\,-\,-\,-\,O\!=\!C\!\!\begin{array}{l}CH_3\\CH_3\end{array}$$

Chloroform   Aceton

Die gelösten (vermischten) Teilchen befinden sich in diesem Fall – verglichen mit den reinen Komponenten – in einem energieärmeren Zustand. Es ist deshalb nicht überraschend, daß der Dampfdruck jeder Komponente geringer ist, als er gemäß dem Raoultschen Gesetz sein sollte (Abb. 6.16). In sehr verdünnten Lösungen – d.h. dann, wenn das Gemisch die eine Komponente nur in sehr geringer Menge enthält – sind die Abweichungen vom idealen Verhalten jedoch nur klein.

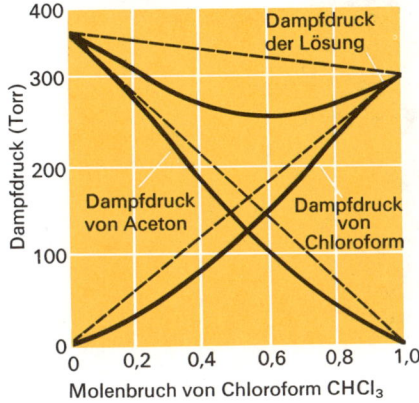

Molenbruch von Chloroform CHCl$_3$

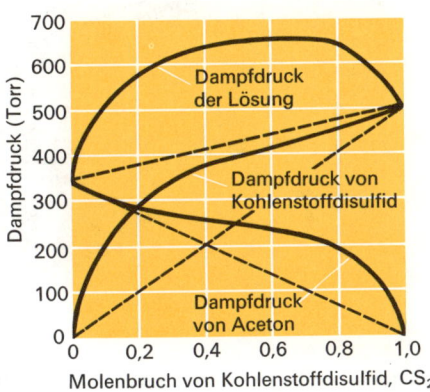

Molenbruch von Kohlenstoffdisulfid, CS$_2$

Abb. 6.16. Dampfdruck als Funktion der Zusammensetzung eines (nichtidealen) Gemisches Aceton und Chloroform (35°C). Die gestrichelten Linien deuten das ideale Verhalten an
100 Torr = 0,133 bar

Abb. 6.17. Dampfdruck als Funktion der Zusammensetzung eines (nichtidealen) Gemisches von Aceton und Kohlenstoffdisulfid (30°C). Die gestrichelten Linien deuten das ideale Verhalten an
100 Torr = 0,133 bar

Wird hingegen beim Mischen Wärme verbraucht, so befinden sich nachher die Teilchen in einem relativ energiereichen Zustand, so daß die Tendenz zum Verlassen der flüssigen Phase (und damit der Dampfdruck) größer ist, als es bei einer idealen Lösung der Fall sein sollte (Abb. 6.17). Solche Lösungen entstehen dann, wenn die Anziehungskräfte zwischen gleichartigen Teilchen höher sind als zwischen den Teilchen der beiden Komponenten unter sich, also beispielsweise beim Mischen von polaren mit weniger stark polaren Substanzen.

Während bei idealen Lösungen die stärker flüchtige Komponente im Dampf stets angereichert ist, braucht dies bei nichtidealen Lösungen nicht unbedingt der Fall zu sein. Aus Abb. 6.17 läßt sich beispielsweise ableiten, daß beim Molenbruch von 0,65 (für CS$_2$) der Dampf und die flüssige Phase dieselbe Zusammensetzung besitzen, so daß ein solches Gemisch durch Destillation nicht getrennt werden kann und einen konstanten Siedepunkt besitzt («**azeotropes Gemisch**»). Die Zusammensetzung eines azeotropen Gemisches ist vom äußeren Druck abhängig (es siedet, wenn sein Dampfdruck den äußeren Druck erreicht hat); durch wiederholte Destillation unter verschiedenen Drucken lassen sich deshalb azeotrope Gemische meistens ebenfalls trennen.

Das *nichtideale* Verhalten einer Lösung äußert sich auch in ihrem *Siedediagramm.* Zeigt die Dampfdruckkurve ein *Maximum* (Abb. 6.17), so hat das Siedediagramm ein Minimum (Abb. 6.18). Liegt beispielsweise die Zusammensetzung eines Gemisches zwischen $x_2 = 0$ und $x_2 = x_{2c}$ (x_2 ist der Molenbruch der stärker flüchtigen Komponente 2), so kann man bei der

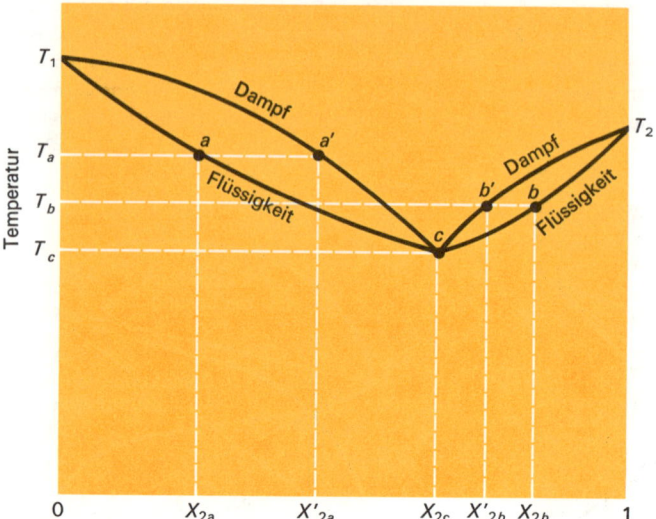

Abb. 6. 18
Siedediagramm für ein
nichtideales flüssiges
Gemisch mit Dampf-
druckmaximum.
Abszisse: Molenbruch
der (stärker flüchtigen)
Komponente 2

fraktionierten Destillation die reine Komponente 1 (im Rückstand, d. h. in der flüssigen Phase) und das azeotrope Gemisch (im Dampf) erhalten. (Ein Gemisch der Zusammensetzung x_{2a} siedet bei T_a und ergibt dann einen Dampf der Zusammensetzung x'_{2a}, in welchem die Komponente 2 stärker angereichert ist; nach fortgesetzter Destillation hat schließlich der Dampf dieselbe Zusammensetzung x_{2c} wie die flüssige Phase, und das azeotrope Gemisch destilliert über.) Gemische mit der Zusammensetzung zwischen $x_2 = x_{2c}$ und $x_2 = 1$ ergeben bei der Destillation das azeotrope Gemisch und die reine Komponente 2. Wenn die Dampfdruckkurve ein *Minimum* hat (Abb. 6.16), so zeigt das Siedediagramm ein Maximum (Abb. 6.19); das

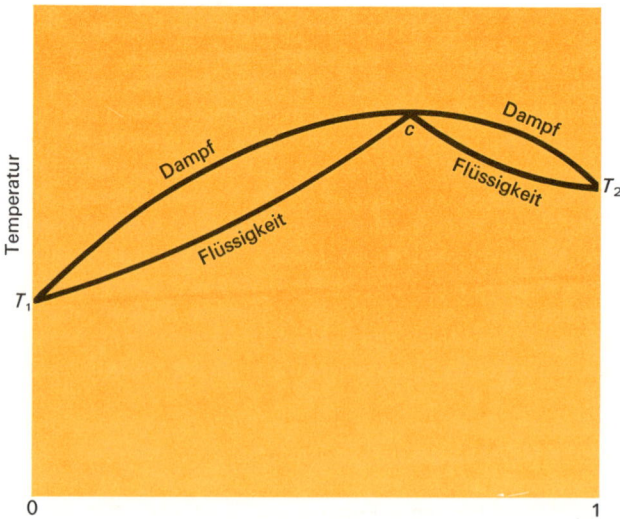

Abb. 6. 19. Siedediagramm
für ein nichtideales flüssiges
Gemisch mit Dampfdruck-
minimum. Abszisse:
Molenbruch der (weniger
flüchtigen) Komponente 2

Tabelle 6.4. Beispiele azeotroper Gemische (Siedepunkte bei 1 bar)

Komponente 1 (Sdp. °C)	Komponente 2 (Sdp. °C)	Siedepunkt des azeotropen Gemisches (°C)	Anteil der Komponente 1 (Massen-%)
H_2O (100)	C_6H_6 (80,2)	69,3	8,83
H_2O (100)	C_2H_5OH (78,3)	78,2	4,0
CCl_4 (76,8)	C_2H_5OH (78,3)	65,1	84,15
H_2O (100)	HCl (−80)	108,6	79,8
$CHCl_3$ (61,2)	CH_3COCH_3 (56,1)	64,4	78,5

azeotrope Gemisch hat den höchsten Siedepunkt. Wiederum ergibt die fraktionierte Destillation je nach der Zusammensetzung des ursprünglichen Gemisches neben dem azeotropen Gemisch die reine Komponente 1 oder 2, wobei hier aber die reinen Komponenten im Destillat angereichert werden. Tabelle 6.4 gibt einige Beispiele azeotroper Gemische.

Leitfähigkeit von Elektrolytlösungen. Lösungen, welche freibewegliche Ionen enthalten, leiten den elektrischen Strom, wobei sich (wenigstens im Fall von Gleichstrom oder von sehr niederfrequentem Wechselstrom) an den Elektroden chemische Vorgänge abspielen. Zu diesen «*Elektrolyten*» gehören neben geschmolzenen Salzen Lösungen von Salzen, Säuren und Basen. Auch für Elektrolytlösungen gilt das *Ohmsche Gesetz*: $U = J \cdot R$. Der Widerstand R wächst − bei gegebener Spannung U − mit zunehmendem Abstand der Elektroden und abnehmender Elektrodenfläche:

$$R = \frac{\varrho \cdot d}{F}$$

Der spezifische Widerstand ϱ − oder sein reziproker Wert, die spezifische Leitfähigkeit $\varkappa$ − hängt von der Natur des Elektrolyten und außerdem von seiner Konzentration ab. Um die Leitfähigkeit verschiedener Elektrolyte vergleichen zu können, verwendet man die *molare Leitfähigkeit*, d.h. das Tausendfache der Größe $\varkappa/m$, wobei m die Molarität der Lösung (ihre Konzentration in Mol/Liter) darstellt:

$$\Lambda = \frac{\varkappa}{m} 1000$$

Die molare Leitfähigkeit nimmt mit steigender Konzentration stets ab. Bei «*starken*» *Elektrolyten* beträgt diese Abnahme nur wenige Prozent, bei «*schwachen*» *Elektrolyten* hingegen ist diese Abnahme viel größer. Lösungen schwacher Elektrolyte enthalten nämlich neben freien Ionen auch undissoziierte Moleküle, wobei Ionen und Moleküle in einem echten chemischen Gleichgewicht stehen. Da mit zunehmender Verdünnung der Dissoziationsgrad zunimmt, muß die molare Leitfähigkeit ebenfalls zunehmen; sie strebt bei «unendlicher» Verdünnung einem Grenzwert Λ_0 zu. In dieser Weise verhalten sich z.B. Lösungen schwacher Säuren oder Basen, wie etwa verdünnte Essigsäure oder Ammoniaklösung.

Lösungen *starker Elektrolyte* enthalten aber *ausschließlich Ionen* und keine «undissoziierten» Moleküle (Salze, sehr starke Säuren). Die Abnahme der molaren Leitfähigkeit mit wachsender Konzentration rührt hier davon her, daß der Beitrag eines einzelnen Ions zum Leitvermögen der

9

Lösung nicht unabhängig davon ist, ob sich andere Ionen in seiner Nähe befinden oder nicht, da die Ionen — besonders in stärker konzentrierten Lösungen — aufeinander Kräfte ausüben und sich bei der Wanderung gegenseitig behindern. Diese elektrischen Anziehungskräfte bewirken, daß sich um ein bestimmtes Ion herum Ionen entgegengesetzter Ladung durchschnittlich länger aufhalten als gleich geladene Ionen; im Durchschnitt ist also jedes Ion von einer «*Raumladung*» entgegengesetzten Vorzeichens umgeben, die um so dichter zusammengeballt ist, je konzentrierter die betreffende Lösung ist. Die Behinderung eines Ions bei seiner Wanderung im elektrischen Feld äußert sich in doppelter Weise: Einmal läßt es beim Weiterwandern seine Raumladungswolke immer etwas hinter sich zurück (und wird dadurch von dieser etwas zurückgehalten), und dann erzeugt die Raumladung, deren Bestandteile (die Ionen entgegengesetzter Ladung) sich im elektrischen Feld in der entgegengesetzten Richtung bewegen wie das «Zentralion», im Lösungsmittel eine Strömung, so daß das Zentralion gewissermaßen «gegen den Strom» schwimmen muß. Beide Einflüsse sind um so stärker wirksam, je dichter die Raumladung zusammengeballt ist, d. h. je höher die Konzentration der Lösung ist.

Schon um 1880 wurde empirisch gefunden, daß molare Leitfähigkeit und Konzentration bei starken Elektrolyten in folgender Beziehung stehen:

$$\Lambda = \Lambda_0 - k\sqrt{c}$$

Dabei ist Λ_0 die molare Leitfähigkeit bei unendlicher Verdünnung (die durch graphische Extrapolation ermittelt werden kann); c ist die molare Konzentration und k ein von der Natur des betreffenden Elektrolyten abhängiger Proportionalitätsfaktor. Für schwache Elektrolyte hingegen gilt

$$\Lambda = \alpha \cdot \Lambda_0 .$$

Das Verhalten schwacher Elektrolyte kann durch die Annahme eines Gleichgewichtes zwischen Ionen und undissoziierten Molekülen befriedigend erklärt werden (Ostwald); der Koeffizient α entspricht dann dem *Dissoziationsgrad* des Elektrolyten. Da man unter dem Einfluß der Arrheniusschen Ionentheorie lange Zeit der Meinung war, daß auch in starken Elektrolyten ein solches Gleichgewicht bestehe, stand hier das experimentell festgestellte Verhalten im Widerspruch mit der Theorie. Erst die «*Theorie der starken Elektrolyte*» (Debye, Hückel, Onsager, Falkenhagen) — welche insbesondere eine vollständige «Dissoziation» der starken Elektrolyte postulierte — vermochte diese Widersprüche zu beseitigen und insbesondere die Beziehung $\Lambda = \Lambda_0 - k\sqrt{c}$ aus den oben diskutierten Modellvorstellungen quantitativ richtig abzuleiten.

Ein Vergleich von Λ_0 verschiedener Salze mit gemeinsamen Ionen (Tabelle 6.5) ergibt, daß die Λ_0-Differenzen beinahe konstant sind (bei Salzen mit mehrfach geladenen Ionen verwendet man hier zweckmäßigerweise ihre «*Äquivalentleitfähigkeiten*» statt der molaren Leitfähigkeit, wobei die Normalität, die Konzentration in Grammäquivalenten pro Liter, die Molarität ersetzt). Dieses Ergebnis zeigt, daß offenbar jede Ionenart einen bestimmten Beitrag zur Leitfähigkeit liefert, unabhängig von der Art der vorhandenen Begleitionen:

$$\Lambda_0 = \lambda_0^+ + \lambda_0^-$$

Diese Beziehung, das «*Gesetz der unabhängigen Ionenwanderung*», erlaubt es, molare und Äquivalentleitfähigkeiten schwacher Elektrolyte zu berechnen (die graphische Extrapolation ist hier nicht exakt durchzuführen!).

Tabelle 6.5. Vergleich der Äquivalentleitfähigkeiten einiger Salze (bei unendlicher Verdünnung)

NaCl	108,9					NaNO$_3$	105,3
LiCl	98,9					LiNO$_3$	95,2
Differenz	10,0					Differenz	10,1
KCl	129,9					KNO$_3$	126,4
NaCl	108,9					NaNO$_3$	105,3
Differenz	21,0					Differenz	21,1
LiCl	98,9	NaCl	108,9			KCl	129,9
LiNO$_3$	95,2	NaNO$_3$	105,3			KNO$_3$	126,4
Differenz	3,7	Differenz	3,6			Differenz	3,5

Die molare Leitfähigkeit der Essigsäure erhält man beispielsweise aus folgender Beziehung:

$$\Lambda_{0\,(NaAc)} + \Lambda_{0\,(HCl)} - \Lambda_{0\,(NaCl)} = \Lambda_{0\,(HAc)}$$

Eine Übersicht über die Äquivalentleitfähigkeiten verschiedener Ionen gibt die Tabelle 6.6. Es erhellt daraus, daß die Äquivalentleitfähigkeit der meisten Ionen mit Ausnahme der H_3O^+- und OH^--Ionen von ungefähr derselben Größenordnung ist. Innerhalb einer Gruppe des Periodensystems nimmt die Äquivalentleitfähigkeit von oben nach unten zu. Darin spiegelt sich der Einfluß der Hydration der verschiedenen Ionen wider: das kleinere, stark hydratisierte Li^+-Ion «schleppt» beispielsweise eine viel größere und voluminösere Hydrathülle mit sich und wandert entsprechend langsamer als die schwächer hydratisierten Rb^+- und Cs^+-Ionen. Die bei H_3O^+- und OH^--Ionen beobachteten auffallend hohen Äquivalentleitfähigkeiten beruhen darauf, daß hier im elektrischen Feld nicht die ganzen hydratisierten Ionen wandern, sondern daß jeweils nur ein Proton (ein H^+-Ion) von einem H_2O-Molekül auf ein anderes überspringt,

Tabelle 6.6. Äquivalentleitfähigkeiten einiger Ionen (bei 25°C)

	λ_0 (Ohm^{-1} cm^2)		λ_0 (Ohm^{-1} cm^2)
H_3O^+	349,8	OH^-	198
Li^+	38,7	Cl^-	76,3
Na^+	50,1	Br^-	78,4
K^+	73,5	I^-	76,8
NH_4^+	73,4	NO_3^-	71,4
Ag^+	61,9	CH_3COO^-	40,9
Mg^{2+}	53,1	SO_4^{2-}	79,8
Ca^{2+}	59,5	CO_3^{2-}	70,0
Ba^{2+}	63,6		
Fe^{3+}	68,0		

so daß der Leitfähigkeitsmechanismus hier weitgehend den bereits von Grotthus (1806) entwickelten Vorstellungen entspricht:

$$H-\overset{\oplus}{\underset{|}{O}}-H \quad \overset{\frown}{} \quad \overset{\frown}{|O}-H \quad \overset{\frown}{} \quad \overset{\frown}{}|\overset{}{\underset{|}{O}}-H \quad \overset{\frown}{} \quad \overset{\frown}{}|\overset{}{\underset{|}{O}}-H \quad \rightarrow \quad H-\overset{}{\underset{|}{O}}| \quad H-\overset{}{\underset{|}{O}}| \quad H-\overset{}{\underset{|}{O}}| \quad H-\overset{\oplus}{\underset{|}{O}}-H$$

Aktivität und Konzentration. Die in stärker konzentrierten Lösungen wirkenden Anziehungskräfte zwischen den gelösten Ionen (und in geringerem Maß auch zwischen anderen gelösten Teilchen) haben zur Folge, daß sich auch in der Lösung die gelösten Teilchen nicht mehr völlig unabhängig voneinander bewegen, wie es in einer idealen Lösung der Fall sein sollte (und es für stark verdünnte Lösungen tatsächlich gilt). Dadurch sind aber weniger gelöste Teilchen frei verschiebbar, als tatsächlich vorhanden sind, und die «wirksame» Konzentration oder «**Aktivität**» der Lösung ist kleiner als die wirkliche Konzentration:

$$A = f \cdot c$$

(A = Aktivität; c = Konzentration; f = Aktivitätskoeffizient)

Diese Tatsache zeigt sich z.B. darin, daß nur sehr verdünnte Salzlösungen die erwarteten mehrfachen Werte der molaren Schmelzpunktserniedrigung bzw. Siedepunktserhöhung ergeben; eine 1-molale NaCl-Lösung zeigt also einen ΔE_g-Wert, der deutlich kleiner ist als $2 \cdot 1{,}86°C$. In vielen Fällen müssen die Aktivitätskoeffizienten empirisch bestimmt werden (vgl. S. 422). Die Aktivitätskoeffizienten sind eine Funktion der sogenannten *Ionenstärke* der Lösung. Man erhält diese Größe, wenn man die Konzentration jeder in der Lösung vorhandenen Ionenart (c_i) mit dem Quadrat der betreffenden Ladungszahl multipliziert und die dadurch erhaltenen Werte zunächst summiert und dann durch zwei teilt:

$$I = \tfrac{1}{2} \sum n_i^2 \cdot c_i^2$$

Beispiele:

0,01-M KCl	$I = \tfrac{1}{2} (0{,}01 + 0{,}01) = 0{,}01$	
0,01-M CaCl$_2$	$I = \tfrac{1}{2} (0{,}01 \cdot 2^2 + 0{,}02) = 0{,}03$	
0,01-M MgSO$_4$	$I = \tfrac{1}{2} (0{,}01 \cdot 2^2 + 0{,}01 \cdot 2^2) = 0{,}04$	

In einer Lösung, die im Liter 0,01 Mol KCl und 0,01 Mol MgSO$_4$ enthält, wäre die Ionenstärke $I = 0{,}01 + 0{,}04 = 0{,}05$.

Bei sehr niedrigen Ionenstärken ($I < 0{,}01$) gehorchen nun die Aktivitätskoeffizienten einer von Debye und Hückel abgeleiteten Beziehung

$$- \log f_i = 0{,}05 \, n_i^2 \cdot \sqrt{I}$$

(wobei sich der Faktor 0,05 auf Wasser von 20°C als Lösungsmittel bezieht).

Bei so kleinen Ionenstärken ist also der Aktivitätskoeffizient nur eine Funktion der Ladung eines Ions und der Ionenstärke der Lösung. f_i wird kleiner, je größer n_i und I werden; mit anderen Worten, der Aktivitätskoeffizient weicht um so stärker von 1 ab, je höher die Ladung des Ions und die Ionenstärke der Lösung ist (größere gegenseitige Behinderung der Ionen bei höheren Konzentrationen und im Fall höher geladener Ionen!). Sind die Ionenstärken größer als 0,01, so treten *Abweichungen* von der Debye-Hückel-Beziehung auf, die für jede Ionenart individuell verschieden sind und in der Regel mit zunehmender Ionenstärke rasch größer werden. In nicht sehr stark verdünnten Lösungen von Salzen mit hochgeladenen Ionen können die Aktivitätskoeffizienten sogar *größer* als 1 werden, weil dann die Solvationshülle eines Ions kleiner ist. In derartigen Fällen lassen sich die Aktivitätskoeffizienten nicht mehr nach einem theoretischen Ansatz berechnen.

Es ist wichtig, bereits hier darauf hinzuweisen, daß für die *thermodynamische Gleichgewichtskonstante* (S. 302; *«Massenwirkungsgesetz»*) Aktivitäten statt Konzentrationen benützt werden müssen, welche von der *Ionenstärke der Lösung* abhängen. Unter Umständen kann deshalb auch ein *Zusatz von Fremdionen* – die an der betreffenden Reaktion gar nicht beteiligt sind und nur die Ionenstärke der Lösung verändern – einen Einfluß auf die Gleichgewichtskonstante ausüben und damit die Lage des betreffenden Gleichgewichtes beeinflussen.

Übungen

6.1 Welche direkten experimentellen Beweise existieren dafür, daß sich Flüssigkeits- und Gasteilchen in ständiger Bewegung befinden?

6.2 Erklären Sie die Erscheinung der «Verdunstungskälte».

6.3 Welche Faktoren bewirken den «freiwilligen» Ablauf einer Zustandsänderung? Warum verdunstet insbesondere eine Flüssigkeit, obschon sie dadurch in einen energiereicheren Zustand übergeht?

6.4 Beschreiben Sie den Gleichgewichtszustand an einer Phasengrenzfläche. Stellt ein solcher Zustand einen Zustand minimaler Energie dar?

6.5 Zeichnen Sie das Phasendiagramm von Äthanol (Smp. $-114\,°C$, Sdp. $78\,°C$) und erläutern Sie die Bedeutung der einzelnen Kurvenabschnitte.

6.6 In der Reihe der Alkohole $C_nH_{2n+1}OH$ nimmt mit zunehmender C-Zahl die Löslichkeit in Wasser ab, die Löslichkeit in Benzol (C_6H_6) dagegen zu. Warum?

6.7 Warum löst sich auch Benzol in geringen Spuren in Wasser?

6.8 Erklären Sie die Zunahme der Wasserlöslichkeit in der Reihe LiF – CsF, die Abnahme der Löslichkeit in der Reihe $MgSO_4$ – $BaSO_4$.

6.9 Beim Lösen von CsF in Wasser werden 38 kJ/mol Wärme frei. Wächst oder sinkt die Löslichkeit mit zunehmender Temperatur? Ist die Gitterenergie des Salzes oder die Hydrationsenthalpie der beiden Ionen größer?

6.10 Die Löslichkeit von $CaSO_4$ sinkt mit zunehmender Temperatur. Was läßt sich aus dieser Angabe schließen?

6.11 Der Siedepunkt einer Lösung von 0,402 g Naphthalin in 26,6 g Chloroform ist um $0,455\,°C$ höher als der Siedepunkt von reinem Chloroform. Wie groß ist die molare Siedepunktserhöhung von Chloroform? (Naphthalin ist $C_{10}H_8$).

6.12 Äthanol (C_2H_5OH) und Methanol (CH_3OH) bilden eine nahezu ideale Lösung. Bei $20\,°C$ beträgt der Dampfdruck von Äthanol 44,5 Torr, von Methanol 88,7 Torr. Berechnen Sie a) die Molenbrüche von Äthanol und Methanol in einem Gemisch, das 60 g Äthanol und 40 g Methanol enthält, und b) die Partialdampfdrucke der beiden Komponenten, den Gesamtdampfdruck des Gemisches und den Molenbruch von Äthanol im Dampf.

6.13 Bei $20\,°C$ betragen die Dampfdrucke von Benzol 75 Torr, von Toluol 22 Torr. Welche Zusammensetzung hat ein Gemisch beider Stoffe mit dem Gesamtdampfdruck von 50 Torr (ebenfalls bei $20\,°C$)? Wie ist die Zusammensetzung des Dampfes?

6.14 Bei $55\,°C$ betragen die Dampfdrucke von Äthanol 168 Torr, von Methylcyclohexan 280 Torr. Ein Gemisch beider Stoffe (Molenbruch von Äthanol = 0,68) hat einen Gesamtdampfdruck von 376 Torr. Ist das Mischen von einer Wärmeentwicklung oder einem Wärmeverbrauch begleitet?

6.15 Warum nimmt die molare Leitfähigkeit einer NaCl-Lösung mit zunehmender Konzentration ab?

6.16 Erklären Sie die besonders hohe elektrische Leitfähigkeit einer verdünnten Salzsäure.

6.17 Die sich bei der Neutralisation einer verdünnten Säure durch eine Hydroxidlösung abspielende Reaktion wird durch folgende Gleichung wiedergegeben:

$$Na^+OH^- + H_3O^+Cl^- \longrightarrow Na^+Cl^- + 2\,H_2O$$

Wie verändert sich die Leitfähigkeit, wenn man zu einer verdünnten Salzsäure Natronlauge hinzutropft? (Hinweis: Die Anzahl der in der Lösung vorhandenen Ionen bleibt unverändert!)

Literatur

P. Ander und A. J. Sonnessa   *Principles of Chemistry.* Macmillan, New York 1965 (Kapitel 6 und 7)

D. H. Andrews und R. J. Kokes *Fundamental Chemistry.* Wiley, New York 1965 (Kapitel 9, 10)

R. H. Cole und J. S. Coles   *Physical Principles of Chemistry.* Freeman, San Francisco 1964

J. P. Hunt   *Metal Ions in Aqueous Solutions.* Benjamin, New York 1963

B. Mahan   *University Chemistry.* Addison-Wesley, Reading 1974 (Kapitel 4)

H. Ulich und W. Jost   *Kurzes Lehrbuch der physikalischen Chemie.* Steinkopff, Darmstadt 1957

7 Quantitative Beziehungen

7.1 Atom- und Molekülmassen

Grundlegende Begriffe. Die Massen von Atomen oder Molekülen können grundsätzlich in irgendeiner Masseneinheit angegeben werden. Bei der Verwendung der Einheit «Gramm» würden sich jedoch sehr kleine, unhandliche Zahlen ergeben, so daß man eine willkürlich festgesetzte kleinere Einheit verwendet. Diese «**Atommasseneinheit**» (nach den Vorschlägen der IUPAP mit u bezeichnet) wurde ursprünglich der Masse eines H-Atoms gleichgesetzt; sie wird heute aus verschiedenen praktischen Gründen als $1/12$ der Masse des Nuclids ^{12}C definiert[1]. Die Maßzahlen der Atommassen in u und in Gramm sind einander natürlich proportional; anders gesagt, so viele Gramm eines Elementes, wie seine Atommassenzahl angibt, enthalten stets dieselbe Zahl Atome. Diese Zahl wird als **Avogadro-Zahl** oder *Loschmidtsche Zahl* bezeichnet und beträgt

$$N_A = 6{,}022169 \cdot 10^{23}$$

Die *Molekülmasse* (oft einfach als *«Molekulargewicht»* bezeichnet) gibt die Masse eines Moleküls in u an; sie ist gleich der Summe der Atommassenzahlen für das betreffende Molekül. Das **Mol** (Einheitszeichen «mol») ist die *Einheit der Stoffmenge* (genauer: der *Teilchenmenge*). 1 mol einer Substanz besteht aus N_A *chemischen Einheiten* («Elementareinheiten») dieses Stoffes, wobei diese «chemischen Einheiten» im konkreten Fall unter Umständen genauer zu präzisieren sind. Die Masse von 1 mol nennen wir *Molmasse;* sie beträgt z.B. für Natrium (chemische Einheit: 1 Na-Atom) 23 g, für Sauerstoff (chemische Einheit: 1 O_2-Molekül) 32 g, für Kohlendioxid (chemische Einheit: 1 CO_2-Molekül) 44 g, für Chlorid-Ionen (Cl^-) 35,5 g usw. Der Molbegriff läßt sich auch auf Salze anwenden; da die kleinste «Einheit» z.B. von Natriumchlorid ein Ionenpaar Na^+Cl^- ist, beträgt die Masse von 1 mol Kochsalz 58,5 g. – 1 Kilomol ist das tausendfache, 1 Millimol der tausendste Teil eines Mols.

Bestimmung von Atom- und Molekülmassen. Die Atommassenzahlen der Elemente wurden ursprünglich aus den *Massenverhältnissen der Elemente* in *Verbindungen* ermittelt (Dalton, Berzelius). Voraussetzung dafür war allerdings die Kenntnis der Zahlenverhältnisse der Atome in den betreffenden Verbindungen. Hinweise darauf erhielt man aus der schon früh als Regel erkannten Beobachtung, daß bei vielen Metallen das Produkt aus Atommassenzahl und spezifischer Wärme ungefähr 25 J K^{-1} ist *(«Regel von Dulong-Petit»)*. Nach *Avogadro* (1811) enthalten *gleiche Raumteile verschiedener Gase bei gleichen Bedingungen gleich*

[1] Die Atommasse des (natürlichen) Mischelementes Kohlenstoff wird dann = 12,01115 u, weil das Element noch einen geringen Anteil an schwereren Isotopen enthält. – Es sei darauf hingewiesen, daß in der chemischen Literatur bisher fast ausschließlich von «Atomgewichten» statt von Atommassen gesprochen wird. Wir schließen uns hier dem in der Physik üblichen, exakteren Sprachgebrauch an.

viele Teilchen; die Anwendung dieses Satzes auf die Volumenverhältnisse bei der Bildung gasförmiger Verbindungen erbrachte eindeutige Klarheit über die Zahlenverhältnisse der Atome wenigstens in solchen Verbindungen. Da sich nämlich bei der Bildung von Chlorwasserstoff aus den Elementen je ein Raumteil Chlor mit einem Raumteil Wasserstoff zu zwei Raumteilen Chlorwasserstoff verbindet, bei der Synthese von Wasser aber zwei Raumteile Wasserdampf aus zwei Raumteilen Wasserstoff und einem Raumteil Sauerstoff entstehen, müssen sich H- und Cl- bzw. H- und O-Atome im Zahlenverhältnis 1:1 bzw. 2:1 verbinden. In ähnlicher Weise ließen sich die Atomzahlverhältnisse zahlreicher anderer gasförmiger Verbindungen festlegen.

Heute werden die Atommassen mit dem *Massenspektrographen* ermittelt (S. 18), welcher eine viel höhere Genauigkeit gewährleistet und zudem die exakten Atommassenzahlen der einzelnen Nuclide eines Elementes liefert.

Zur Bestimmung der *Molekülmasse* ermittelt man experimentell die Masse des **Molvolumens** (bei 273 k = 0°C und 1 bar beträgt es 22,4 Liter[1]). Die Molekülmasse ist dann zahlenmäßig gleich der Molmasse. Bei Verbindungen, die wie z. B. Rohrzucker nicht unzersetzt verdampfen, kann man die Molekülmasse durch Messung der *Schmelzpunktserniedrigung* bzw. *Siedepunktserhöhung,* die eine Lösung bestimmter Konzentration zeigt, ermitteln (S. 249), wobei die molalen ΔE_g- und ΔE_s-Werte bekannt sein müssen. Auch durch Messung der Dampfdruckerniedrigung kann man die Molekülmasse erhalten.

Beispiele:

1. Eine Lösung von 1,15 g Naphthalin in 100 g Benzol zeigt einen Schmelzpunkt von 4,95°C (Smp. von reinem Benzol: 5,40°C; molarer ΔE_g-Wert = 5,12°C).

   11,5 g in 1000 g ergeben ein ΔE_g von 0,45°C,
   x g in 1000 g ergeben ein ΔE_g von 5,12°C.

$$x = \frac{5,12 \cdot 11,5}{0,45} = 130 \text{ g}.$$

   Die Molekülmasse von Naphthalin beträgt also 130 u.

2. Der Dampfdruck von Wasser bei 20 °C beträgt $2,338 \cdot 10^{-2}$ bar. Löst man 114 g Rohrzucker in 1000 g Wasser, so wird der Dampfdruck um $1,23 \cdot 10^{-2}$ bar erniedrigt.

   Nach S. 251 gilt $\Delta p = p_1^0 \cdot \dfrac{n_2}{n_1 + n_2}$.

   n_1 ist die Zahl der Mol Wasser in 1000 g = $\dfrac{1000}{18}$; n_2 ist die Zahl der Mol Rohrzucker = $\dfrac{114}{M}$, wenn M die Molekülmassenzahl des Rohrzuckers ist. Wir haben somit

$$1,23 \cdot 10^{-2} = 2,338 \; \frac{114/M}{114/M + (1000/18)} \; ; \text{ das ergibt } M = 340.$$

   Die Molekülmasse von Rohrzucker beträgt 340 u.

---

[1] Diese Zahl gilt genau genommen nur für «**ideale Gase**»! Vgl. S. 173.

Die Dampfdruckerniedrigung (und damit auch die Schmelzpunktserniedrigung bzw. die Siedepunktserhöhung) ist letztlich von der Zahl der in einem bestimmten Flüssigkeitsvolumen gelösten Teilchen abhängig. Man erhält darum bei der Anwendung dieser Methoden zur Molekülmassenbestimmung auf Lösungen von *Elektrolyten* immer «abnorm» kleine Werte, weil diese Substanzen nicht aus Molekülen, sondern aus einer entsprechend höheren Zahl von Ionen bestehen; 58 g NaCl enthalten nicht N_A, sondern 2 N_A-Teilchen und geben – in 1000 g Wasser aufgelöst – eine Schmelzpunktserniedrigung von annähernd $2 \cdot 1{,}86\,°C$.

Bestimmung der Avogadro-Zahl. Im Prinzip läßt sich jede makroskopisch meßbare Größe, die auf die Anzahl der vorhandenen Teilchen zurückgeführt werden kann, zur Berechnung der Zahl N_A (der Anzahl Teilchen pro mol) verwenden. Wir wollen im folgenden einige solche Methoden erläutern.

Da die elektrische Elementarladung (die Ladung des Elektrons) durch den Öltropfenversuch von Millikan voraussetzungsfrei direkt gemessen werden kann, ist es möglich, aus der bei einer *Elektroanalyse* an einer *Elektrode abgeschiedenen Substanzmenge* und der dazu benötigten Ladung N_A zu berechnen. Zur Abscheidung von z. B. 1 mol = 63,5 g Cu aus einer Lösung von $CuSO_4$ werden 2 N_A e$^-$, also 2 mol Elektronen[1] ($2f$) benötigt. Da die elektrische Ladung die Dimension Stromstärke × Zeit besitzt, braucht man neben der Masse des abgeschiedenen Kupfers nur die Stromstärke und die Zeit, während welcher der Strom fließt, zu kennen, um N_A bestimmen zu können (vgl. Übungsaufgabe 7.12).

Eine weitere Bestimmung von N_A ist aus *kristallchemischen Daten* möglich. Festes AgCl beispielsweise kristallisiert in der NaCl-Struktur mit einer würfelförmigen Elementarzelle (4 Ag$^+$- und 4 Cl$^-$-Ionen in den Ecken) mit einem Abstand der Ladungsschwerpunkte von 277,3 pm. Die Dichte von festem AgCl beträgt $5{,}56\ \text{g/cm}^3$.

Aus den Atommassenzahlen und der Dichte erhält man für das Volumen von 1 mol AgCl:

$$V_{\text{Mol}} = \frac{143{,}323}{5{,}56} = 25{,}78\ \text{cm}^3.$$

Das Volumen von 4 mol AgCl entspricht dem Volumen von N_A Elementarzellen; das Volumen einer einzelnen Elementarzelle beträgt $(277{,}3)^3 \cdot 10^{-27}$ cm. Damit erhalten wir:

$$N_A = \frac{4 \cdot 143{,}323}{5{,}56 \cdot (277{,}3)^3 \cdot 10^{-27}} = 6{,}04 \cdot 10^{23}$$

Der *radioaktive Zerfall* bietet eine weitere Möglichkeit zur Bestimmung von N_A. Rutherford gelang es, durch Zählung der auf einem Leuchtschirm beobachteten Lichtblitze die Zahl der beim Zerfall von Radium auftreffenden α-Teilchen pro sec zu bestimmen; da beim Zerfall eines Atoms Radium ein α-Teilchen entsteht und dieses durch Einfang zweier Elektronen zu einem Atom Helium wird, kann durch Messung des aus einer bestimmten Menge Radium entstandenen Heliumvolumens die Zahl der darin enthaltenen He-Atome bestimmt werden; über das Molvolumen erhält man dadurch die Zahl N_A.

Schließlich kann man N_A auch aus der *kinetischen Gastheorie,* aus der *Brownschen Bewegung,* aus *Sedimentationsgleichgewichten* u. a. ermitteln. Die dabei gefundene bemerkenswerte Übereinstimmung zwischen den auf den verschiedensten Wegen bestimmten Zahlenwerten bildet einen sehr starken Beweis für die Richtigkeit der dabei angestellten Überlegungen.

---

[1] Die Ladung von 1 Mol Elektronen beträgt 96 496 As; sie wird als **1 Faraday** ($1f$) bezeichnet.

7.2 Substanz- und Molekularformel

Die heute übliche «*Formelsprache*» geht im wesentlichen auf Berzelius zurück, der die Anfangs-
buchstaben oder Abkürzungen der lateinischen Namen als Symbole für die Elemente einführte
und gleichzeitig diesem Symbol neben der qualitativen Bedeutung auch einen quantitativen Sinn
gab: «Cu» bedeutet nicht nur «Kupfer», sondern auch «ein Atom Kupfer». Es wurde dadurch
möglich, in einfacher Weise auch die Zusammensetzung von Verbindungen anzugeben.

Die einfachste Formel einer Verbindung, die «**Substanzformel**», bringt das Zahlenverhältnis
der Atome in der betreffenden Verbindung (und damit auch das Massenverhältnis der Elemente)
zum Ausdruck. Sie wird oft auch als «empirische Formel» bezeichnet, weil sie letzten Endes stets
das Ergebnis einer quantitativen Analyse darstellt, also experimentell bestimmt werden muß.
Beispielsweise enthält das durch Reaktion von Schwefel mit Kupfer leicht herzustellende Kupfersulfid 79,8 % Cu und 20,2 % S. Das Massenverhältnis der Elemente ist somit 79,8 : 20,2 ; auf
79,8 u Cu kommen 20,2 u S. Weil die Masse eines Cu-Atoms 63,5 u, die Masse eines S-Atoms
die Masse 32,0 u beträgt, ist das Zahlenverhältnis der Atome

$$\frac{79,8}{63,5} : \frac{20,2}{32,0} \quad \text{oder gekürzt} \quad 2 : 1.$$

Bei Substanzen, welche aus *Molekülen* aufgebaut sind, wird man mit der «Formel» zweckmäßigerweise die Zusammensetzung des Moleküls wiedergeben. Zusätzlich zur quantitativen
Zusammensetzung der Substanz muß daher auch ihre *Molekülmasse* durch eines der oben
diskutierten Verfahren bestimmt werden. So besitzen Formaldehyd, Essigsäure, Milchsäure und
Glucose alle die Substanzformel CH_2O; die Molekülmassenzahlen der vier Verbindungen
sind aber 30 bzw. 60 bzw. 90 bzw. 180. Ihre «Molekularformeln» lauten deshalb

Formaldehyd	CH_2O
Essigsäure	$C_2H_4O_2$
Milchsäure	$C_3H_6O_3$
Glucose	$C_6H_{12}O_6$

7.3 Stöchiometrische Berechnungen

Da den Symbolen und Formeln auch eine quantitative Bedeutung zukommt, lassen sich mit
ihrer Hilfe Massen oder Volumina, mit denen Substanzen an chemischen Reaktionen beteiligt
sind, berechnen[1].
Stellt man die an einem Vorgang beteiligten Substanzen durch ihre Symbole bzw. Formeln dar,
so erhält man die *stöchiometrische Gleichung* der betreffenden Reaktion. Bei Reaktionen, an
denen Ionen beteiligt sind, benützt man häufig auch «*Ionengleichungen*», welche nur die an
der fraglichen Reaktion teilnehmenden Ionen (nicht aber die entgegengesetzt geladenen
Begleitionen) enthalten. Selbstverständlich müssen bei jeder Gleichung auf beiden Seiten des
Gleichheitszeichens oder Pfeiles von jedem Element gleich viele Atome vorhanden sein; bei
Ionengleichungen muß zudem die algebraische Summe aller Ionenladungen auf beiden Seiten
gleich groß sein.

---

[1] Das Wort «Stöchiometrie» leitet sich ab von *stoicheion* gr. = Elementarbestandteil und *metrein* gr. = messen.

Ebenso wie die Symbole und Formeln bringen die Reaktionsgleichungen die Massen- (und bei Reaktionen, an denen Gase beteiligt sind, auch die Volumen-) verhältnisse zum Ausdruck. *Stöchiometrische Gleichungen* stellen stets die *Ergebnisse von durchgeführten Experimenten,* von Messungen der quantitativen Zusammensetzung von Verbindungen und des massenmäßigen Ablaufes von Reaktionen dar; sie geben keinerlei Aufschluß darüber, auf welche Weise und wie rasch die Umwandlung der Ausgangsstoffe in die Endstoffe geschieht, d.h. sie sagen nichts aus über den «Mechanismus» der betreffenden Reaktion.

Beispiele stöchiometrischer Berechnungen:

1. Wie viele Gramm Kohlenstoff werden zur Reduktion von 20 g Bleioxid benötigt?
   Damit die Aufgabe gelöst werden kann, ist es notwendig, zuerst die stöchiometrische Gleichung zu kennen. Da experimentell festgestellt worden ist, daß im vorliegenden Fall neben Pb CO_2 als Produkt entsteht, lautet sie:

$$2\ PbO + C \longrightarrow CO_2 + 2\ Pb$$

Die Gleichung besagt, daß aus 2 mol PbO und 1 mol C 1 mol CO_2 und 2 mol Pb entstehen. Nun sind 20 g PbO 20/223 mol PbO, so daß gilt:

$$2\ \frac{20}{223}\ \text{mol PbO} + \frac{20}{223}\ \text{mol C} \longrightarrow \frac{20}{223}\ \text{mol } CO_2 + 2\ \frac{20}{223}\ \text{mol Pb}$$

Die benötigte Menge Kohlenstoff beträgt daher

$$\frac{20}{223}\ \frac{1}{2}\ \text{mol} = \frac{20}{223 \cdot 2} \cdot 12\ \text{g} = \underline{0{,}538\ \text{g.}}$$

2. Eine Probe $KClO_3$ ergab bei der Thermolyse 637 ml Sauerstoff (bei Normalbedingungen). Wie schwer war diese Probe, und wieviel KCl ist gleichzeitig entstanden?
   Die Reaktionsgleichung lautet:

$$2\ KClO_3 \longrightarrow 2\ KCl + 3\ O_2$$

2 mol   2 mol   3 mol

Da 1 mol Sauerstoff bei Normalbedingungen ein Volumen von 22,4 Liter einnehmen, entsprechen 637 ml O_2 0,637/22,4 = 0,0284 mol. 1 mol O_2 entsteht aus ⅔ mol $KClO_3$, so daß die Masse des anfänglich vorhandenen $KClO_3$

$$\frac{2}{3} \cdot 0{,}0284\ \text{mol} = \frac{2}{3} \cdot 0{,}0284 \cdot 122{,}5\ \text{g} = \underline{2{,}32\ \text{g}}\ \text{wird.}$$

Die Molzahlen von $KClO_3$ und KCl sind gleich groß; es sind somit noch

$$\frac{2}{3} \cdot 0{,}0284\ \text{mol KCl} = \frac{2}{3} \cdot 0{,}0284 \cdot 74{,}5\ \text{g KCl} = \underline{1{,}41\ \text{g KCl}}$$

entstanden.

3. Wie viele Liter Wasserstoff entstehen, wenn man 20 g Zink mit Salzsäure reagieren läßt, und wieviel 15%-Salzsäure braucht man dazu?
Zink und Salzsäure (die Lösung von HCl-Gas in Wasser) ergeben Wasserstoff und Zinkchlorid (das gelöst bleibt):

$$Zn \; + 2 \, HCl \; \longrightarrow \; ZnCl_2 \; + \; H_2$$

$$\text{1 mol} \qquad \text{2 mol} \qquad \text{1 mol} \qquad \text{1 mol}$$

20 g Zink sind 20/65 mol; es entstehen also 20/65 mol Wasserstoff. Das Volumen dieser Wasserstoffmenge ist

$$\frac{20}{65} \; 22,4 \; \text{Liter} = 6,9 \; \text{Liter Wasserstoff (bei N. B.)}.$$

Zur Reaktion mit 1 mol Zink sind 2 mol HCl nötig; 20/65 mol Zn benötigen deshalb $2 \cdot 20/65$ mol HCl, das sind

$$\frac{2 \cdot 20}{65} \cdot 36,5 \; \text{g reines HCl}.$$

Um die benötigte Menge der 15%-Säure zu erhalten, multiplizieren wir mit 100/15:

$$\text{benötigte Säure} \; = \; \frac{2 \cdot 20 \cdot 36,5 \cdot 100}{65 \cdot 15} \; \text{g} = \underline{\underline{149,7 \; \text{g}}}$$

Das letzte Beispiel zeigt, daß es wichtig ist, die verschiedenen Möglichkeiten zur Angabe von Konzentrationen zu kennen. Folgende **Konzentrationsmaße** sind gebräuchlich:

Gewichts- (genauer: *Massen-) prozente:* Gramm der betreffenden Substanz in 100 g Lösung.

Molarität: Die Molarität einer Lösung ist die Anzahl Mole des gelösten Stoffes in 1 Liter Lösung. Die Molarität – abgekürzt mit M- ist die am häufigsten verwendete Konzentrationsangabe. Sie ist insbesondere für Laboratoriumsarbeiten sehr praktisch, weil wäßrige Lösungen einer gewünschten Molarität sehr leicht durch Abwägen der nötigen Substanzmenge und Auffüllen zum nötigen Volumen hergestellt werden können. Da aber das Volumen einer Lösung temperaturabhängig ist, ist die molare Konzentration genau genommen auch *temperaturabhängig.* Weiter ist zu beachten, daß beispielsweise eine 0,2-M Lösung von $BaCl_2$ zwar 0,2 Mol $BaCl_2$ ($\triangleq$ 41,6 g) im Liter gelöst enthält, daß jedoch die Konzentration der Cl^--Ionen 0,4-M ist (die Lösung enthält pro Liter $2 \cdot 0,2$ mol Cl^--Ionen!), während die Konzentration der Ba^{2+}-Ionen 0,2-M beträgt. In Formeln oder Gleichungen werden molare Konzentrationen sehr häufig dadurch angegeben, daß man die Symbole oder Formeln der betreffenden Substanzen in *runde Klammern* schreibt oder sie mit dem Buchstaben c versieht: $(Ba^{2+}) = 0,5$ oder $c_{Ba^{2+}} = 0,5$ bedeutet dann: die molare Konzentration der Ba^+-Ionen ist 0,5 mol/Liter.

Molalität: Dies ist die Anzahl Mole, gelöst in 1000 g Lösungsmittel. Die auf S. 249 angegebenen ΔE_g- und ΔE_s-Werte beziehen sich jeweils auf ein Volumen von 1000 g Lösungsmittel; sie müssen deshalb als molale ΔE_g- und ΔE_s-Werte bezeichnet werden. Die Molalität wird mit m abgekürzt.

Normalität: Bei Säure/Base- sowie Redoxvorgängen (S. 351 und S. 387) verwendet man bei Konzentrationsbestimmungen gelegentlich die Normalität als Konzentrationsmaß (abgekürzt N). Man versteht darunter die Anzahl «Grammäquivalente» oder Val gelöster Substanz in einem Liter Lösung. 1 Val Säure oder Base ist so viel Substanz, wie 1 g H^+-Ionen abzugeben bzw. aufzunehmen imstande ist, also z. B. 36,5 g HCl, 98/2 g H_2SO_4, 40 g NaOH und 171/2 g Ba$(OH)_2$. 1 Val eines Reduktions- bzw. Oxidationsmittels (S. 368) kann 1 mol Elektronen abgeben bzw. aufnehmen. Zur Bestimmung des Gehaltes von verdünnten Säuren, Basen, Reduktions- und Oxidationsmitteln verfährt man oft so, daß man eine Lösung bekannten Gehaltes (bekannter Normalität), eine *«Maßlösung»*, mit der zu bestimmenden Substanz reagieren läßt und den Endpunkt des Vorganges durch eine chemische Reaktion (z. B. den Farbumschlag eines Indikators) oder durch die Veränderung einer physikalischen Eigenschaft (z. B. der elektrischen Leitfähigkeit) feststellt. Dieses als *«Maßanalyse»* oder *«Titration»* bezeichnete Verfahren besitzt den Vorteil, wenig Zeit zu beanspruchen; zudem sind die Berechnungen bei Verwendung der Normalität als Konzentrationseinheit sehr einfach.

Weitere Rechenbeispiele:

4. Konzentrierte Salpetersäure enthält 69 Gewichts-% HNO_3 ($\varrho = 1{,}41$). Man berechne ihre Molarität und ihre Molalität. Wieviel dieser Säure wird zur Herstellung von 100 ml 1-M HNO_3 benötigt?

   a) Berechnung der Molarität:

   1 Liter = 1410 g enthalten 69% = 973 g reine HNO_3; das sind $\dfrac{973}{63}$ mol = 15,42 mol.

   Die konzentrierte Säure ist also <u>15,42-molar</u>.

   b) Berechnung der Molalität:

   1410 g konzentrierte Säure enthalten 973 g reine HNO_3 und 437 g H_2O. Auf 1000 g H_2O kommen somit $\dfrac{973 \cdot 1000}{437}$ = 2230 g HNO_3. Das sind $\dfrac{2230}{63}$ = 35,4 mol. Die konzentrierte Säure ist also <u>35,4-molal</u>.

   c) Für 100 ml 1-M Lösung benötigt man insgesamt 0,1 mol HNO_3.

   1000 ml enthalten 15,42 mol
   x ml enthalten 0,1 mol

   $x = \dfrac{0{,}1 \cdot 1000}{15{,}42}$ ml = <u>6,5 ml</u>; das sind 6,5 · 1,41 = <u>9,1 g konz. Säure</u>

5. Bei der Bestimmung des Gehaltes einer konzentrierten Salzsäure ($\varrho = 1{,}19$) wurde diese zuerst 10 fach verdünnt (10 ml wurden mit Wasser auf ein Volumen von 100 ml aufgefüllt). 10 ml dieser verdünnten Säure benötigten bei der Titration 11,74 ml 1-N NaOH. Gesucht ist der Prozentgehalt der Säure.
   Da 1 Val Säure gerade mit 1 Val Base reagiert (wobei 1 mol H^+-Ionen übertragen werden), setzen sich gleiche Volumina von Lösungen gleicher Normalität vollständig miteinander um.

Sind die Konzentrationen von Säure und Base verschieden, so braucht es von jeder Lösung ein um so größeres Volumen, je geringer ihre Konzentration ist; folglich gilt

$$\text{Normalität } A \times \text{Volumen } A = \text{Normalität } B \times \text{Volumen } B$$

| 1-N | 11,74 ml | x-N | 10 ml |

$$x = 1{,}174$$

Die Normalität der konzentrierten Säure ist dann 11,74. 1 Liter ($= 1190$ g) enthält 11,74 Val $=$ $11{,}74 \cdot 36{,}5$ g reines HCl $= 428{,}4$ g HCl. Dies entspricht einem Gehalt von <u>36 Gewichts-% HCl.</u>

6. Um den Kalkgehalt einer Erdprobe zu bestimmen, übergoß man 5 g Erde mit 10 ml 1-N Salzsäure. Ein Teil davon reagierte mit dem Kalk nach der Gleichung $2\,HCl + CaCO_3 \longrightarrow CO_2 + H_2O + CaCl_2$. Die unverbrauchte Salzsäure wurde mit 1-N NaOH neutralisiert, wobei man 2,5 ml benötigte.
   Von den ursprünglichen 10 ml Säure haben also 7,5 ml mit dem Kalk reagiert. Aus der Reaktionsgleichung folgt, daß 1 mol HCl ($= 1$ Val HCl) mit ½ mol $CaCO_3 = 50$ g $CaCO_3$ reagiert.

   1   Liter 1-N Salzsäure reagiert mit 50 g Kalk
   1   ml   1-N Salzsäure reagiert mit 50 mg Kalk
   7,5 ml   1-N Salzsäure reagieren mit $7{,}5 \cdot 50$ mg $= 375$ mg Kalk

Die 5 g Erde enthielten also 375 mg Kalk; dies entspricht einem Gehalt von 7,5%.

7. Ein Verfahren zur quantitativen Bestimmung des Cu^{2+}-Gehaltes von Kupfersalzen besteht darin, daß man die Lösung mit einem Überschuß von KI versetzt, wobei sich gemäß folgender Reaktion I_2 bildet:

$$2\,Cu^{2+} + 4\,I^- \longrightarrow I_2 + 2\,CuI$$

Das ausgeschiedene Iod wird mit einer Maßlösung von Natriumthiosulfat ($Na_2S_2O_3$) bestimmt:

$$2\,Na_2S_2O_3 + I_2 \longrightarrow 2\,NaI + Na_2S_4O_6$$

Der Endpunkt wird dadurch erkannt, daß eine zugesetzte Stärkelösung, die mit I_2 eine Blaufärbung gibt, schlagartig farblos wird.

Zur Bestimmung des Kupfergehaltes einer Legierung wurde nun 1 g der Legierung in einer Säure gelöst und auf 100 ml aufgefüllt. 10 ml dieser Lösung verbrauchten nach Zusatz von KI und Stärkelösung 11,8 ml einer 0,1-M Thiosulfatlösung. Gesucht ist der Gehalt der Legierung an Kupfer.
Aus den beiden Reaktionsgleichungen ergibt sich, daß 1 mol Thiosulfat 1 mol Cu $= 63{,}5$ g Cu entspricht. 1 ml 0,1-M Thiosulfatlösung enthält 0,1 mmol Thiosulfat und entspricht damit 0,1 mmol $= 6{,}35$ mg Kupfer.
11,8 ml 0,1-M $Na_2S_2O_3$-Lg. entsprechen $11{,}8 \cdot 6{,}35$ mg $= 75$ mg Cu.
Da für die Titration nur $^1/_{10}$ der gesamten Lösung verwendet wurde, enthielt 1 g der Legierung 750 mg Cu oder <u>75% Kupfer.</u>

Übungen

7.1 Wieviel Liter Chlorwasserstoff enthält ein Liter konzentrierte Salzsäure (40 Gew.-%; Dichte 1,19 g/cm³) gelöst?

7.2 Wieviel mal schwerer als Luft sind Kohlendioxid und Kohlenmonoxid?

7.3 Wieviel Eisen erhält man bei der Reduktion von 10 t eines Erzes, das 65 % Fe_2O_3 enthält, und wieviel eines Gasgemisches, das neben Stickstoff und CO_2 15 % CO enthält, braucht es dazu?

7.4 Ein bestimmtes Oxid von Antimon enthält 24,73 % Sauerstoff. Welche Substanzformel hat das Oxid?

7.5 0,210 g einer Verbindung, welche nur die Elemente Kohlenstoff und Wasserstoff enthält, verbrannten zu 0,660 g CO_2. 1 Liter der gasförmigen Substanz wiegen (bei 273 K und 1 bar) 1,87 g. Geben Sie die Molekularformel der Substanz an.

7.6 1,60 g eines Eisenoxids wurden im Wasserstoffstrom bis zur vollständigen Umwandlung in Eisen erhitzt. Es entstanden 1,12 g Eisen. Substanzformel des Oxids?

7.7 Wenn man Bariumbromid ($BaBr_2$) im Chlorstrom erhitzt, wird es quantitativ in Bariumchlorid, $BaCl_2$, umgewandelt. Aus 1,50 g $BaBr_2$ entstanden in einem bestimmten Fall 1,05 g $BaCl_2$. Berechnen Sie die Atommassenzahl von Barium.

7.8 4,22 g einer Mischung von $CaCl_2$ und NaCl wurden gelöst und mit Na_2CO_3-Lösung versetzt, so daß die Ca^{2+}-Ionen vollständig als $CaCO_3$ gefällt wurden. Nachdem der $CaCO_3$-Niederschlag abfiltriert worden war, wurde er durch Glühen in CaO übergeführt. Man erhielt dabei 0,959 g CaO. Wie groß war der prozentuale Anteil an $CaCl_2$ in der ursprünglichen Mischung?

7.9 2,07 g reines Blei werden in Salpetersäure aufgelöst. Die dadurch entstandene Lösung von Bleinitrat wird mit Salzsäure, Chlorgas und Ammoniumchlorid behandelt und dadurch in Ammoniumhexachloroplumbat, $(NH_4)_2PbCl_6$, übergeführt. Wie groß ist die maximal mögliche Ausbeute?

7.10 Eine bestimmte Menge eines unbekannten Bariumoxids ergaben bei starkem Glühen 5,00 g reines BaO und 366 ml Sauerstoff (bei 273 K und 1 bar). Welches ist die Substanzformel des unbekannten Oxids? Wieviel Oxid war ursprünglich vorhanden?

7.11 Sowohl festes $MgCO_3$ wie $CaCO_3$ zersetzen sich beim Erhitzen in CO_2 und MgO bzw. CaO. Wieviel Gew.-% $MgCO_3$ enthält ein Gemisch, das beim Glühen 50 % seiner Masse verliert?

7.12 Eine verdünnte Kupfersulfatlösung wurde während 15 min mit 0,4 A elektrolysiert, wobei insgesamt 0,120 g Cu entstanden waren. Man berechne aus diesen Angaben die Avogadro-Zahl.

7.13 Konzentrierte Salpetersäure enthält 69 Gew.-% HNO_3 und hat eine Dichte von 1,41 g/cm³. Welches Volumen und welches Gewicht der Säure werden benötigt zur Herstellung von 100 ml 6-M Säure?

7.14 100 g einer bestimmten Lösung enthalten 10 g NaCl. Die Dichte der Lösung beträgt 1,071 g/cm³. Geben Sie die Molarität und die Molalität der Lösung an.

7.15 Eine Lösung von 0,402 g Naphthalin in 26,6 g Chloroform siedet um 0,455 °C höher als reines Chloroform. Geben Sie die molale Siedepunktserhöhung von Chloroform an! (Naphthalin = $C_{10}H_8$).

7.16 Ein Gemisch von 2,560 g Schwefel und 100 g Naphthalin schmilzt um 0,680 °C tiefer als reines Naphthalin (E_g = 6,8 °C). Molekülmasse von Schwefel?

7.17 Eine Lösung mit 50 Gew.-% Äthanol (C_2H_5OH) in Wasser besitzt eine Dichte von 0,914 g/cm³. Berechnen Sie den Molenbruch, die Molarität und die Molalität von Äthanol.

7.18 Man mischt gleiche Volumina von 30 Gew.-% H_2SO_4 (Dichte 1,218 g/cm³) mit 70 Gew.-% H_2SO_4 (Dichte 1,610 g/cm³). Geben Sie die Molalität des Gemisches an. Berechnen Sie auch die Molarität des Gemisches; seine Dichte ist 1,425 g/cm³.

7.19 Eine Lösung von 0,100 g HF in 50,0 g Wasser gefriert bei −0,198 °C. Geben Sie den Dissoziationsgrad in Prozenten an.

7.20 0,152 reines Na_2CO_3 wurden mit einer Salzsäure titriert, wobei bis zum Endpunkt der Reaktion 361 ml Säure verbraucht wurden. Berechnen Sie die Molarität der Salzsäure.

Literatur

G. M. Barrow *et al.*	*Understanding Chemistry I: Chemical Quantities.* Benjamin, New York 1967
W. F. Kieffer	*The Mole Concept in Chemistry.* Reinhold, New York 1962
P. Nylén und N. Wigren	*Einführung in die Stöchiometrie.* Steinkopff, Darmstadt 1955
M. J. Sienko	*Freshman Problems and How to Solve Them.* Part I: *Stoichiometry and Structure.* Benjamin, New York 1964
W. Wittenberger	*Rechnen in der Chemie.* Springer, Wien 1976

8 Thermodynamik chemischer Reaktionen; das chemische Gleichgewicht

Die Thermodynamik befaßt sich mit den Zusammenhängen zwischen Energie, Enthalpie, Entropie, mit der Übertragung von Energie in Form von Wärme oder Arbeit und insbesondere auch mit den verschiedenartigen physikalischen und chemischen Gleichgewichten. In der Thermodynamik werden immer nur *beobachtbare,* makroskopische *Größen*, nicht der atomare oder molekulare Aufbau der Stoffe betrachtet; ihre Ergebnisse sind darum ganz allgemein gültig und *unabhängig von irgendwelchen Modellvorstellungen.* Ursprünglich wurde die Thermodynamik zur Berechnung von Wärmekraftmaschinen entwickelt; ihre Ergebnisse sind jedoch für das Verständnis von physikalischen und chemischen Vorgängen aller Art von grundsätzlicher Bedeutung. Für den Chemiker ist es beispielsweise von besonderem Interesse, daß es auf Grund thermodynamischer Überlegungen möglich ist, zu entscheiden, ob eine bestimmte Reaktion überhaupt möglich ist oder nicht, unter welchen äußeren Bedingungen (Temperatur, Druck, Konzentration) sie eventuell realisiert werden kann und in welchem Ausmaß sie eintritt. Es ist aber sehr wichtig, sich vor Augen zu halten, daß thermodynamische Gleichungen in keinem Fall die Zeit als Variable enthalten; die Thermodynamik vermag also *keinerlei* Aufschluß darüber zu geben, *wie rasch* eine bestimmte physikalische oder chemische Veränderung eintritt.
Im Rahmen dieses Buches kann selbstverständlich nicht mehr als eine erste Einführung in dieses wichtige Gebiet der physikalischen Chemie gegeben werden. Wir müssen uns dabei in erster Linie auf die Besprechung grundlegender Begriffe und auf eine ausführliche Diskussion des chemischen Gleichgewichtes beschränken.

8.1 Energie und Enthalpie

Systeme und Zustandsgrößen. Mit dem Ausdruck «*System*» bezeichnet man in der Thermodynamik einen Teil des Universums, der von unkontrollierbaren Einflüssen von außen abgeschlossen sein soll und dessen Verhalten oder Veränderungen untersucht werden, also beispielsweise 1 mol O_2 in einem verschlossenen Behälter, 1 Liter 0,5-M NaCl-Lösung usw. Wenn bei Veränderungen des Systems ein Wärmeaustausch mit der Umgebung möglich ist und seine Temperatur dadurch konstant bleibt, nennt man es ein *isothermes* System. Ein *adiabatisches* System ist von seiner Umgebung wärmeisoliert; ein Wärmeaustausch ist daher nicht möglich.
Um ein System vollständig beschreiben zu können, benötigt man eine Reihe von *Variablen.* Die in der Chemie am häufigsten verwendeten variablen Größen sind Temperatur, Druck, Volumen, Konzentration und auch die chemische Zusammensetzung. Man bezeichnet sie als **Zustandsgrößen** oder *Zustandsfunktionen*, weil sie Eigenschaften des Zustands sind, in welchem sich das System augenblicklich befindet, und nicht davon abhängen, auf welche Art und Weise der betreffende Zustand erreicht worden ist. Die Größen dieser Zustandsfunktionen hängen bei einem bestimmten System unter sich in gesetzmäßiger Weise zusammen (vgl. Zustandsgleichungen der Gase!); sind zwei oder drei von ihnen festgelegt, so sind automatisch auch die übrigen Zustandsfunktionen bestimmt. Verändern wir den Zustand des Systems, so ändern sich die Zustandsgrößen; diese Änderungen sind aber, wie erwähnt, unabhängig von der Art und Weise, in der die Zustandsänderung erfolgt.

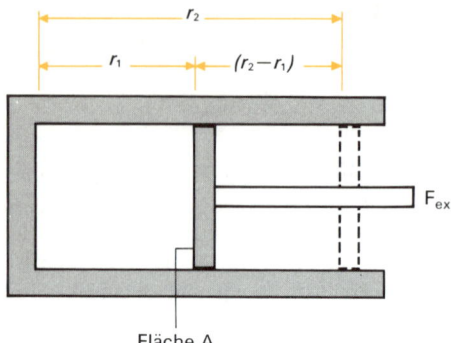

Abb. 8. 1. Expansion eines Gases gegen eine äußere Kraft F_{ex}

Fläche A

Der erste Hauptsatz. Jedes System besitzt eine gewisse **innere Energie,** die eine Zustandsfunktion ist. Der «Energiegehalt» eines Systems kann dadurch verändert werden, daß es entweder von der Umgebung Energie (in den hier interessierenden Fällen in Form von Wärme) aufnimmt bzw. Energie an die Umgebung abgibt, oder daß man an dem System *Arbeit* leistet bzw. daß es selbst an die Umgebung Arbeit leistet. Der 1. Hauptsatz sagt aus, daß die Zunahme der inneren Energie ΔU gleich der Summe von aufgenommener Wärme und Arbeit ist:

$$\Delta U = q + w$$

Ein *positives* Vorzeichen von q und w bedeutet also, daß Wärme und Arbeit *vom System aufgenommen* werden. Wenn ein System *Arbeit leistet* oder *Wärme abgibt* (und dadurch seine innere Energie abnimmt), werden q und w *negativ.* Als Beispiel betrachten wir ein in einen Zylinder mit beweglichem Kolben eingeschlossenes (ideales) Gas. Wird es erwärmt, so dehnt es sich aus und leistet Arbeit, indem es den Kolben gegen den äußeren Druck verschiebt (Abb. 8.1). Diese Arbeit ist gleich

$$w = F_{ex} \cdot (r_2 - r_1),$$

wobei F_{ex} die Kraft ist, welche von außen auf das eingeschlossene Gas wirkt. Unter Verwendung der Fläche A des Kolbens erhalten wir

$$w = F_{ex}/A \cdot A \, (r_2 - r_1) = p_{ex} \cdot \Delta V.$$

Die Zunahme der inneren Energie ist dann:

$$\Delta U = \underset{\substack{\text{aufgenommene} \\ \text{Wärme}}}{q} - \underset{\substack{\text{geleistete} \\ \text{Arbeit}}}{p_{ex} \cdot \Delta V}$$

Nach Boltzmann gilt für die kinetische (und damit die «innere») Energie eines Gasteilchens die Beziehung $E = {}^3/_2 \, kT \, (k = R/N_A)$. Die innere Energie eines Gases ist also nur von der Temperatur, nicht aber vom Volumen und vom Druck abhängig. Führt man die Expansion eines idealen Gases isotherm aus, indem man durch Wärmeaustausch mit der Umgebung dafür sorgt, daß die Temperatur unverändert bleibt, so ist $\Delta U = 0$, und die aufgenommene Wärme ist gleich der geleisteten Arbeit.

Der 1. Hauptsatz stellt nichts anderes dar als eine exaktere Formulierung des *Energiesatzes,* nach welchem Energie weder vernichtet werden noch neu entstehen kann. Es handelt sich bei diesem Satz – ebenso wie bei den weiteren «Hauptsätzen» der Thermodynamik – um Erkenntnisse, die aus einer riesigen Zahl von Beobachtungen erschlossen (deduziert) worden sind, also um Erfahrungssätze, ähnlich etwa dem Pauli-Prinzip, und nicht um Folgerungen, die aus anderen Gesetzmäßigkeiten abzuleiten sind.

Die Messung von ΔU. Wenn bei einem chemischen Vorgang die Ausgangsstoffe vollständig in die Endstoffe umgewandelt werden, so bedeutet dies eine Zustandsänderung, mit welcher eine Änderung der inneren Energie ΔU verknüpft ist. Dieses ΔU stellt den Unterschied in der inneren Energie der Edukte und der Produkte dar.

Um ΔU bestimmen zu können, muß man sich bewußt sein, daß unter gewöhnlichen Bedingungen ein *chemischer Vorgang* nur dann *Arbeit* leisten kann, wenn eine *Volumenänderung* eintritt ($w = p \cdot \Delta V$). Führt man die fragliche Reaktion in einem geschlossenen Gefäß durch (so daß sich das Volumen dabei nicht verändern kann), so leistet das System keinerlei Arbeit und

die freiwerdende (oder aufgenommene) Wärme entspricht der Änderung der inneren Energie. ΔU stellt also nichts anderes als die *Reaktionswärme bei konstantem Volumen* dar. Um sie zu messen, läßt man die Reaktionen in einem Kalorimeter mit konstantem Volumen (einer «kalorimetrischen Bombe») ablaufen (Abb. 8.2).

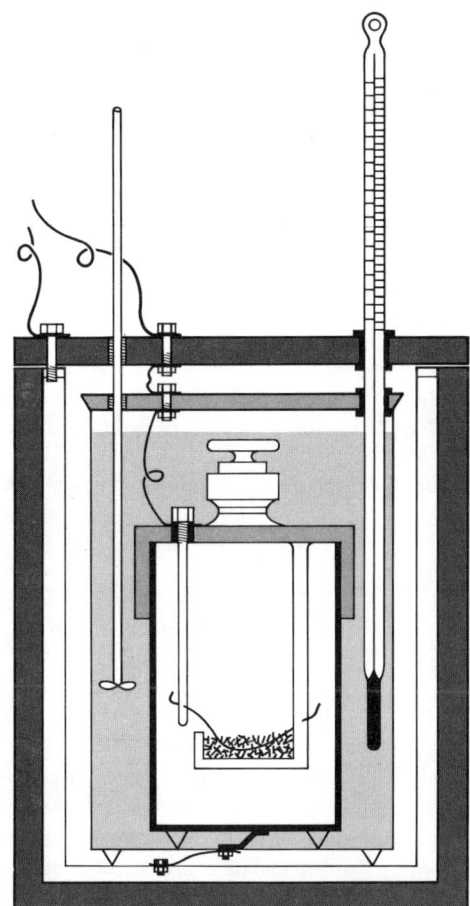

Abb. 8.2. Schematische Darstellung einer kalorimetrischen Bombe zur Messung der Verbrennungswärme bei konstantem Volumen. Die Substanz befindet sich zusammen mit dem Zünddraht im Inneren einer mit Sauerstoff (unter Überdruck) gefüllten Stahlbombe, die in einem wassergefüllten Gefäß steht. Der Draht wird elektrisch geheizt, so daß sich die Substanzprobe entzündet. Der Temperaturanstieg des Wassers wird gemessen

Die Enthalpie. Die meisten chemischen Reaktionen werden nun nicht bei konstantem Volumen, sondern *bei konstantem Druck* (Atmosphärendruck) durchgeführt. Wenn das Volumen dabei wächst (z. B. bei der Bildung eines Gases durch Reaktionen von festen Stoffen mit Flüssigkeiten), wird *gegen den äußeren Druck Arbeit geleistet.* Die mit einer solchen Reaktion verbundene Änderung der inneren Energie unterscheidet sich um diese Arbeit von der freigewordenen oder aufgenommenen Wärme. Es ist darum für die Behandlung von Zustandsänderungen, die bei konstantem Druck erfolgen (also insbesondere von chemischen Reaktionen), zweckmäßig, eine weitere Zustandsfunktion einzuführen, die **Enthalpie H**:

$$H = U + p \cdot V \quad \text{und} \quad \Delta H = \Delta U + \Delta (p \cdot V)$$

Die zweite Formulierung besagt, daß sich die Enthalpieänderung eines Systems aus der Änderung der inneren Energie ΔU und der Änderung des Produktes $p \cdot V$ zusammensetzt. Bei konstantem Druck wird $\Delta (p \cdot V) = p \cdot \Delta V$, also gleich der Arbeit, welche das System bei einer Volumenänderung gegen den konstanten äußeren Druck leistet.
Es gilt somit:

$$\Delta H = \Delta U + p \cdot \Delta V \quad \text{oder umgeformt} \quad \Delta U = \Delta H - p \cdot \Delta V$$

Der Vergleich der zweiten Formulierung mit dem 1. Hauptsatz zeigt, daß bei *konstantem Druck* die vom System aufgenommene oder abgegebene *Wärme* $q_p = \Delta H$ (gleich der *Enthalpieänderung)* wird. Aus diesem Grund bezeichnet man die Enthalpie oft auch als «Wärmeinhalt». Wenn man einem System bei konstantem Druck Wärme zuführt, so bewirkt ein Teil davon eine Zunahme der inneren Energie, während ein anderer Teil die Leistung von Arbeit gegen den äußeren Druck (die Volumenausdehnung) ermöglicht. Für chemische Vorgänge wird ΔH als *Reaktionswärme bei konstantem Druck* (oder meist als Reaktionswärme schlechthin) bezeichnet.

Beispiel: Bei der thermischen Zersetzung von $CaCO_3$ in CaO und CO_2 wird bei 900°C ein CO_2-Druck von 1 bar erreicht, wobei pro Mol 175,7 kJ Wärme absorbiert werden. Unter der Annahme, daß die Volumenänderung der beiden Festkörper zu vernachlässigen ist, läßt sich die Änderung der inneren Energie berechnen.

$$\Delta U = \Delta H - p \cdot \Delta V \quad \text{wobei } \Delta V = V_{\text{Produkte}} - V_{\text{Edukte}} \approx V_{\text{Gas}}$$

Unter Verwendung des Zahlenwertes 8,31 J K^{-1} mol^{-1} für R wird

$$p \cdot \Delta V = n \cdot R \cdot T = 1,00 \cdot 8,31 \cdot 1173 \; \frac{\text{mol J K}}{\text{mol K}} = 9,747 \text{ kJ}$$

$$\Delta U = 175,7 - 9,75 \text{ kJ} = 165,95 \text{ kJ}$$

Von der zugeführten Wärme (175,7 kJ/mol) werden 9,75 kJ/mol zur Leistung von Arbeit gegen den Atmosphärendruck verbraucht. Die innere Energie des Systems nimmt um 165,95 kJ/mol zu.

Bei Reaktionen, an denen ausschließlich *Festkörper* und *Flüssigkeiten* beteiligt sind, ändert sich das Volumen nur sehr wenig. Führt man solche Reaktionen bei einem relativ niedrigen Druck (wie dem Atmosphärendruck) aus, so ist $\Delta(p \cdot V)$ klein, so daß ΔH angenähert gleich ΔU wird. Entstehen aber während einer Reaktion Gase oder wandeln sich Gase dabei in feste oder flüssige Stoffe um, so sind ΔU und ΔH ziemlich stark verschieden voneinander. Für ideale Gase gilt die Beziehung $p \cdot V = n \cdot R \cdot T$ und damit $\Delta(p \cdot V) = \Delta n \cdot R \cdot T$ (wobei Δn die Änderung der Anzahl Mole Gas während der Reaktion darstellt [1]). ΔH und ΔU unterscheiden sich in einem solchen Fall also um den Betrag $\Delta n \cdot R \cdot T$.

Die Wärmekapazität. Erwärmt man eine Substanz von der Temperatur T_1 auf die Temperatur T_2, so wachsen innere Energie und Enthalpie. Um die Zunahme der Energie bzw. Enthalpie berechnen zu können, benötigen wir die Kenntnis der **Wärmekapazität.** Man versteht darunter die Wärmemenge, welche notwendig ist, um 1 mol einer Substanz um 1 °C (= 1 K) zu erwärmen [2]. Da aber die Wärme – im Gegensatz zur Temperatur! – keine Zustandsfunktion ist, hängt die für eine bestimmte Temperaturänderung benötigte Wärmemenge von der Art und Weise ab, in welcher die Temperaturänderung durchgeführt wird. Mit anderen Worten, man hat zu unterscheiden zwischen *Wärmekapazität bei konstantem Druck* (C_p) und *Wärmekapazität bei konstantem Volumen* (C_V).
Es gilt also:

$$dq_p = dH = C_p \cdot dT \quad \text{und} \quad dq_V = dU = C_V \cdot dT$$

Wenn man annimmt, daß C_p und C_V von der Temperatur unabhängig sind (was für nicht allzu große Temperaturbereiche näherungsweise zutrifft), so wird die mit dem Erwärmen von T_1 auf T_2 verbundene Enthalpie- (bzw. Energie-) zunahme ΔH (ΔU):

$$q_p = \Delta H = n \int_{T_1}^{T_2} C_p \cdot dT = n \cdot C_p \int_{T_1}^{T_2} dT = n \cdot C_p \cdot (T_2 - T_1) = n \cdot C_p \cdot \Delta T$$

und ebenso

$$q_V = \Delta U = n \cdot C_V \cdot \Delta T,$$

wobei n die Anzahl der Mole bedeutet.
Der zahlenmäßige Unterschied zwischen C_p und C_V geht aus folgender Beziehung hervor:

$$H = U + p \cdot V \quad \text{also} \quad \frac{dH}{dT} = \frac{dU}{dT} + \frac{d(p \cdot V)}{dT} \quad \text{oder} \quad C_p = C_V + \frac{d(p \cdot V)}{dT}$$

Tabelle 8.1. Molare Wärmekapazitäten bei konstantem Druck ($J\,mol^{-1}\,K^{-1}$) (bei 25 °C; der für Wasser angegebene Wert bezieht sich auf 100 °C)

H_2	28,87	CO_2	37,49
O_2	29,16	CH_4	35,98
N_2	29,04	C_2H_6	53,18
CO	29,16	NH_3	36,11
Cl_2	34,06	H_2O (g)	24,77

[1] Man erhält Δn, indem man die Zahl der Mole der Produkte positiv, die Zahl der Mole der Reaktanten negativ rechnet und die algebraische Summe bildet.
[2] Die zur Erwärmung von 1 Gramm Substanz um 1 °C benötigte Wärmemenge wird als «spezifische Wärme» bezeichnet.

Tabelle 8.2. Molare Wärme-kapazität von Wasser bei verschiedener Temperatur

	Temperatur (°C)	C_p
H_2O (s)	− 34	33,30
H_2O (s)	− 2,2	37,78
H_2O (l)	0	75,86
H_2O (l)	25	75,23
H_2O (l)	100	75,90

Für *feste* und *flüssige Substanzen* ist $d(p \cdot V)/dT$ im allgemeinen klein, so daß C_p und C_V annähernd gleich groß sind. Bei *idealen Gasen* ist $p \cdot V = R \cdot T$, also

$$\frac{d(p \cdot V)}{dT} = \frac{d(R \cdot T)}{dT} = R \quad \text{und somit} \quad C_p = C_V + R.$$

Bei (idealen) Gasen unterscheiden sich C_p und C_V also um den Betrag $R = 8,31 \text{ J mol}^{-1} \text{ K}^{-1}$.

Beispiel: Wir wollen die mit der Überführung von 100 g Wasser von −10°C auf +15°C verbundene Enthalpiezunahme berechnen. Die molare Schmelzenthalpie beträgt 6,02 kJ.
Für Eis setzen wir den für −2,2 °C gültigen Wert von C_p ein (Tabelle 8.2); für C_p des flüssigen Wassers nehmen wir den für 0 °C geltenden Wert. 100 g sind 100/18 = 5,55 mol.

Der ganze Vorgang läßt sich in drei Schritte zerlegen:

a) Erwärmen von −10°C auf 0°C:

$$\Delta H = 5,55 \cdot 37,8 \cdot 10 \, \frac{\text{J mol K}}{\text{mol K}} \qquad\qquad = \quad 2,10 \text{ kJ}$$

b) Schmelzen: $\Delta H = 5,55 \cdot 6,02 \, \frac{\text{kJ mol}}{\text{mol}} \qquad\qquad = 33,44 \text{ kJ}$

c) Erwärmen auf + 15 °C:

$$\Delta H = 5,55 \cdot 75,9 \cdot 15 \, \frac{\text{mol J K}}{\text{mol K}} \qquad\qquad = \quad 6,32 \text{ kJ}$$

Die gesamte Enthalpiezunahme beträgt damit 2,10 + 33,44 + 6,32 = 41,86 kJ.

Erwärmt man ein Gas, dessen Partikeln aus einem *einzigen* Atom bestehen, so äußert sich die zugeführte Wärme nur in einer Erhöhung der Translationsenergie, welche (pro mol) $3/2\,R \cdot T$ beträgt. Somit gilt für 1 mol eines solchen Gases:

$$\Delta U = C_V \cdot \Delta T = 3/2\,R \cdot \Delta T \quad \text{und} \quad C_V = 3/2\,R$$

Bestehen die Gaspartikeln aber aus *mehreren* Atomen, so verteilt sich die beim Erwärmen aufgenommene Energie auf mehrere «Freiheitsgrade» (Translation, Rotationen und Schwingungen). Ein zweiatomiges Molekül beispielsweise besitzt neben den drei Freiheitsgraden der Translation noch zwei Freiheitsgrade der Rotation (die *xy*- und die *yz*-Ebene). Wie wir bereits früher (S.177) erwähnt haben, beträgt die Translationsenergie pro Freiheitsgrad $1/2\,R \cdot T$; unter der Annahme, daß die aufgenommene Energie sich gleichmäßig auf alle Freiheitsgrade ver-

Tabelle 8.3. $\varkappa = C_p/C_V$ bei verschiedenen Gasen

Substanzen	$\varkappa$
He, Ne, Ar (bei 25 °C)	1,67
Hg (beim Sdp. 356 °C)	1,67
Na (beim Siedepunkt 892 °C)	1,68
H_2, O_2, N_2 (bei 25 °C)	1,40
H_2O (bei 100 °C)	1,32

teilt, müßte in diesem Fall $C_V = 5/2\,R$ betragen. Die experimentelle Bestimmung der Wärmekapazitäten (bzw. von $\varkappa$, dem Verhältnis C_p/C_V) gäbe in diesem Fall eine *einfache Möglichkeit, zwischen ein- und mehratomigen Gasen zu unterscheiden.* Wie die Tabelle 8.3 zeigt, trifft dies tatsächlich zu: Für einatomige Gase wird $\varkappa = 5/3 = 1{,}67$, für zweiatomige Gase ist $\varkappa = 7/5 = 1{,}40$. Da jedoch durch die Erwärmung auch Schwingungen angeregt werden können, stimmt die Beziehung $C_V = 5/2\,R$ für zweiatomige Gase bei höheren Temperaturen nicht mehr exakt; C_V ist in Wirklichkeit nicht unabhängig von der Temperatur (wie es nach dieser Überlegung der Fall sein müßte), sondern nimmt selbst beim Wasserstoff mit wachsender Temperatur zu.

8.2 Thermochemie

Bildungs- und Reaktionsenthalpien. Da die Enthalpie einer Substanz von der Temperatur (und auch vom Druck) abhängig ist, bezieht man Enthalpieangaben auf einen definierten Zustand, den sogenannten *Standardzustand* des betreffenden Stoffes, für welchen eine Temperatur von 298 K (= 25 °C) und ein Druck von 1 bar festgelegt ist. Absolute Enthalpien sind jedoch gar nicht meßbar (und werden auch nicht benötigt), so daß man willkürlich die Enthalpien der *Elemente* im Standardzustand (d.h. in dem bei 298 K und 1 bar stabilsten Zustand) gleich *Null* setzt. Die **Bildungsenthalpie** einer Verbindung ist dann gleich der bei der Bildung von 1 mol der Verbindung im Standardzustand aus den Elementen im Standardzustand unter konstantem Druck freigesetzten (oder aufgenommenen) Wärme. Sie wird mit ΔH_f^0 abgekürzt: $_f$ bedeutet «of formation» und der Index ^{0} bezeichnet alle auf den Standardzustand bezogenen Größen.

Wegen experimenteller Schwierigkeiten ist es aber oft nicht möglich, bestimmte Bildungsenthalpien (oder auch Reaktionsenthalpien) direkt zu messen. Man kann aber in solchen Fällen den Endzustand oft über einen Umweg aus den Ausgangsstoffen erreichen, der für die experimentelle Arbeit geeigneter ist. Nach dem Satz von Heß (dem *« Gesetz der konstanten Wärmesummen»)* hängt nämlich die Reaktionsenthalpie eines bestimmten Vorganges nicht vom Weg ab, d.h. sie ist immer gleich groß, ob man den Vorgang direkt oder in verschiedenen, voneinander getrennten Schritten durchführt, weil ΔH gleich der Änderung einer Zustandsfunktion und damit von der Art und Weise, in welcher die Zustandsänderung durchgeführt wird, unabhängig ist.

Beispiel: Die Bildungsenthalpie von Kohlenmonoxid läßt sich nur indirekt bestimmen, weil Kohlenstoff bei der Verbrennung stets – wenn auch in gewissen Fällen nur spurenweise – Kohlendioxid bildet. Hingegen lassen sich folgende Reaktionsenthalpien messen:

$$C + O_2 \rightarrow CO_2 \qquad \Delta H_f^o = -394 \text{ kJ/mol}$$
$$\text{und} \quad CO + \tfrac{1}{2}O_2 \rightarrow CO_2 \qquad \Delta H_f^o = -283 \text{ kJ/mol}$$

Nach dem Satz von Heß erhält man bei der Verbrennung von 1 Mol C zu CO_2 gleich viel Wärme, wenn sie direkt oder über CO als Zwischenstufe führt:

C ———————————————————→ CO_2 $\Delta H^o = -394$ kJ/mol

C ——————— CO ———————————→ CO_2 $\Delta H^o = -394$ kJ/mol

  x kJ/mol $\Delta H = -283$ kJ/mol

Die Bildungsenthalpie von CO beträgt also -111 kJ/mol

Die Bildungsenthalpien dienen in der Praxis häufig zur *Berechnung* von *Reaktionswärmen,* da nach dem oben Gesagten gilt:

$$\Delta H = \sum \Delta H_f^o \text{ (Produkte)} - \sum \Delta H_f^o \text{ (Edukte)}$$

Die in den Reaktionsgleichungen angegebenen Werte von ΔH beziehen sich stets auf einen Gramm-Formelumsatz.

Tabelle 8.4. Standard-Bildungsenthalpien (kJ/mol)[1]

H_2O (g)	– 241,8	CO (g)	– 110,5	H	+ 218,0
H_2O (l)	– 286,0	CO_2 (g)	– 393,5	O	+ 247,3
H_2O_2 (g)	– 136,1	MgO (s)	– 610,0	Cl	+ 120,9
O_3 (g)	+ 142,3	CaO (s)	– 635,1	Br	+ 111,7
HF (g)	– 286,6	Ca $(OH)_2$ (s)	– 985,8	N	+ 470,7
HCl (g)	– 92,3	$CaCO_3$ (s)	– 1260,7		
HBr (g)	– 36,2	BaO (s)	– 558,6		
HI (g)	+ 25,9	$BaCO_3$ (s)	– 1216,7		
SO_2 (g)	– 296,9	$BaSO_4$ (s)	– 1444,7		
SO_3 (g)	– 395,2	Fe_2O_3 (s)	– 821,7		
H_2S (g)	– 20,1	Al_2O_3 (s)	– 1669,8		
N_2O (g)	+ 81,5	SiO_2 (s)	– 878,2		
NO (g)	+ 90,4	ZnO (s)	– 348,1		
NO_2 (g)	+ 33,8	PbO (s)	– 220,1		
NH_3 (g)	– 45,6	CuO (s)	– 138,1		
		Ag_2O (s)	– 27,2		

[1] (s) = fest (solidus)   (g) = gasförmig
    (l) = flüssig (liquidus)   (d) = gelöst (dissolved)

Beispiele:

a) Die Reaktionswärmen für die Reduktion von Kupferoxid bzw. Aluminiumoxid mit Wasserstoff betragen:

$$CuO \quad + \quad H_2 \longrightarrow \quad H_2O \text{ (l)} \quad + \quad Cu$$

ΔH_f^0: $- 138{,}1$ kJ/mol $- 286{,}0$ kJ/mol $\Delta H = - 147{,}9$ kJ

$$Al_2O_3 \quad + \quad 3 H_2 \longrightarrow 3 H_2O \text{ (l)} \quad + \quad 2 Al$$

ΔH_f^0: $- 1669{,}8$ kJ/mol $- 3 \cdot 286{,}0$ kJ/mol $\Delta H = + 811{,}8$ kJ

b) Man berechne die Verbrennungswärme von Äthylen

$$C_2H_4 \quad + \quad 3 O_2 \longrightarrow 2 CO_2 \quad + \quad 2 H_2O \text{ (g)}$$

ΔH_f^0: $+ \quad 52{,}3$ kJ/mol $- 2 \cdot 393{,}5$ kJ/mol $- 2 \cdot 241{,}8$ kJ/mol

$$\Delta H = - 1322{,}9 \text{ kJ/mol}$$

Für Reaktionen, an denen *Ionen* beteiligt sind, sollten die Bildungsenthalpien der einzelnen Ionen bekannt sein. Sie sind aber nicht bestimmbar, da stets Verbindungen (die positive und negative Ionen nebeneinander enthalten) entstehen und nicht nur eine einzige Ionenart. Es ist deshalb notwendig, für Ionen in wäßriger Lösung ein weiteres *«Bezugssystem»* zu definieren. Man wählt dazu das «Wasserstoffion» H^+ (eigentlich H_3O^+) und setzt seine molare Bildungsenthalpie in wäßriger Lösung bei 298 K willkürlich gleich Null. Damit lassen sich die Bildungsenthalpien der übrigen Ionen (in wäßriger Lösung!) sowie Reaktionsenthalpien für Ionenreaktionen berechnen.

Beispiele:

a) Die experimentell bestimmte molare Bildungsenthalpie für verdünnte Salzsäure beträgt $- 167{,}4$ kJ. Dieser Wert setzt sich aus den Bildungsenthalpien der beiden Ionen, H_3O^+ und Cl^-, zusammen. Da die Bildungsenthalpie des ersteren definitionsgemäß = Null ist, wird

$$\Delta H_f^0 \text{ (Cl}^- \text{ aq)} = - 167{,}4 \text{ kJ/mol.}$$

b) Wir berechnen die Reaktionsenthalpie für folgende Reaktion:

$$Ag^+NO_3^- \text{ (aq)} + Na^+Cl^- \text{ (aq)} \longrightarrow AgCl \text{ (s)} + Na^+NO_3^- \text{ (aq)}$$

Da die Na^+- und NO_3^--Ionen am Vorgang nicht teilnehmen, brauchen sie nicht berücksichtigt zu werden, und wir erhalten (vgl. Tabelle 8.5):

$\Delta H = \Delta H_f^0 \text{ (AgCl)} \qquad - \Delta H_f^0 \text{ (Ag}^+) \qquad - \Delta H_f^0 \text{ (Cl}^-)$

$\quad = - 127{,}0$ kJ/mol $- 105{,}9$ kJ/mol $- (- 167{,}4$ kJ/mol)

$$\Delta H = - 65{,}5 \text{ kJ/mol}$$

Tabelle 8.5. Standard-Bildungsenthalpien von Ionen in wäßriger Lösung (kJ/mol)

H_3O^+	$-$ 0,00	OH^-	$-$ 230,0
Na^+	$-$ 239,7	F^-	$-$ 329,1
K^+	$-$ 251,2	Cl^-	$-$ 167,4
NH^+	$-$ 132,8	Br^-	$-$ 120,9
Mg^{2+}	$-$ 462,0	I^-	$-$ 55,9
Zn^{2+}	$-$ 152,5	S^{2-}	$+$ 41,8
Fe^{2+}	$-$ 87,9	SO_4^{2-}	$-$ 907,5
Fe^{3+}	$-$ 47,7	NO_3^-	$-$ 206,6
Cu^{2+}	$+$ 64,4	CO_3^{2-}	$-$ 676,3
Ag^+	$+$ 105,9	CH_3COO^-	$-$ 488,9

Temperaturabhängigkeit der Reaktionsenthalpie. Zur experimentellen Messung von Bildungsenthalpien oder Reaktionswärmen führt man die fragliche Reaktion in einem Kalorimeter durch, wobei das Reaktionsgefäß in Verbindung mit der Atmosphäre stehen muß (der Druck soll konstant bleiben!). Oft ist es dabei allerdings nicht möglich, die Temperatur von 298 K (wie sie dem Standardzustand entspricht) innezuhalten. Nach Kirchhoff lassen sich jedoch die gesuchten (für andere Temperaturen als für die Meßtemperatur geltenden) Enthalpien über einen *Kreisprozeß* berechnen:

$$T_2 \xrightarrow{\Delta H_2 = ?} T_2$$

Edukte $\downarrow$ $\uparrow$ Produkte

$$T_1 \xrightarrow{\Delta H_1} T_1$$

Wir nehmen an, daß ΔH für die Reaktion bei einer Temperatur T_1 bekannt ist, und wollen ΔH ($= \Delta H_2$) für eine andere Temperatur T_2 bestimmen. Anstatt die Reaktion bei der Temperatur T_2 auszuführen, könnte man die Edukte zuerst auf T_1 abkühlen, diese dann isotherm miteinander reagieren lassen und die gebildeten Produkte wieder auf T_2 erwärmen. Wenn die Wärmekapazitäten der Edukte und Produkte (bei konstantem Druck) bekannt sind, lassen sich die Enthalpieänderungen für das Abkühlen der Edukte und das Erwärmen der Produkte berechnen.
Als Folge des Energiesatzes gilt nämlich

$$\Delta H_2 = \int_{T_2}^{T_1} C_p \text{ (Edukte) } dT + \Delta H_1 + \int_{T_1}^{T_2} C_p \text{ (Produkte) } dT$$

oder, da durch das Vertauschen der Integrationsgrenzen das Vorzeichen umgekehrt wird:

$$\Delta H_2 = \Delta H_1 + \int_{T_1}^{T_2} [C_p \text{ (Produkte) } - C_p \text{ (Edukte)}] \cdot dT$$

Wenn die Differenz der Wärmekapazitäten als temperaturunabhängig betrachtet werden darf, gilt

$$\Delta H_2 = \Delta H_1 + \left[C_p \text{ (Produkte)} - C_p \text{ (Edukte)} \right] \cdot (T_2 - T_1)$$

Beispiel: Die Verbrennungswärme für rhombischen Schwefel bei 25 °C beträgt − 296,9 kJ/mol. Gesucht ist ΔH für eine Temperatur von 95 °C. Die Wärmekapazitäten von S, O_2 und SO_2 betragen 23,7 bzw. 29,2 bzw. 41,8 J mol^{-1} K^{-1}.

$$\Delta H_{95\,°C} = - 296\,900 + (41,8 - 29,2 - 23,7)\,70 \;\; \text{J/mol} = - 30\,377 \;\; \text{J/mol} = - 30,4 \;\; \text{kJ/mol}.$$

Bei *Phasenumwandlungen* müssen die damit verbundenen Enthalpieeffekte ebenfalls berücksichtigt werden.

Beispiel: Man berechne die Verbrennungswärme von flüssigem Schwefel bei 119 °C. Die Schmelzenthalpie (bei 119 °C, dem Schmelzpunkt von monoklinem Schwefel) beträgt 39,23 kJ/mol; die mit der Umwandlung von rhombischem in monoklinen Schwefel (bei 95 °C) verbundene «Umwandlungsenthalpie» beträgt 11,78 kJ/mol. C_p von monoklinem Schwefel ist 25,86 J/mol. Damit wird:

$$\Delta H_{119\,°C} = - \Delta H_{\text{Schmelz}} - C_p\,(m) \cdot (119 - 95) - \Delta H_{\text{Umw}} - C_p\,(r) \cdot (95 - 25)$$
$$- C_p\,(O_2) \cdot (119 - 25) + \Delta H_{25\,°C} + C_p\,(SO_2) \cdot (119 - 25)$$

$$\Delta H_{119\,°C} = - 39\,230 - 25,86 \cdot 24 - 11\,780 - 23,7 \cdot 70 - 29,2 \cdot 94 - 296\,900 + 41,8 \cdot 94$$
$$= - 349\,005 \;\text{J/mol} = - 349,0 \;\text{kJ/mol}.$$

8.3 Entropie und freie Enthalpie

Die Beantwortung der Frage: «Können zwei bestimmte Substanzen überhaupt miteinander reagieren oder nicht?» gehört zweifellos zu den Problemen, die den Chemiker am meisten interessieren. Der 1. Hauptsatz gibt darauf allerdings keine Antwort. Er sagt zwar aus, daß bei einer Zustandsänderung die Summe der Energie eines Systems und seiner Umgebung konstant bleibt, macht jedoch keine Angabe über die mögliche Richtung einer solchen Änderung. So dehnt sich z. B. ein ideales Gas spontan und ohne Energieänderung in ein Vakuum aus; der gegenteilige Vorgang – der nach dem 1. Hauptsatz durchaus möglich wäre – tritt hingegen niemals ein. Ebenso wäre es mit dem 1. Hauptsatz durchaus zu vereinbaren, daß ein System unter Wärmeaufnahme von der Umgebung spontan Arbeit leistet (z. B. indem ein auf einer Unterlage ruhender Gegenstand von selbst in die Höhe steigt, während sich die Unterlage abkühlt), ein Vorgang, der in Wirklichkeit niemals beobachtet wird. Bringt man einen heißen und einen kalten Körper miteinander in Berührung, so findet ein Übergang von Wärme statt, bis sich die Temperaturen ausgeglichen haben; der umgekehrte Vorgang – daß von zwei Körpern gleicher Temperatur spontan der eine heiß und der andere kälter wird – tritt wiederum niemals ein. Diese wenigen Beispiele zeigen, daß natürliche oder *spontane Vorgänge in einer bestimmten Richtung* erfolgen, die durch den 1. Hauptsatz nicht festgelegt wird. Es muß offensichtlich irgendeine Größe existieren, welche Aufschluß über die mögliche Richtung einer Zustandsänderung gibt.

Reversible und irreversible Zustandsänderungen; die Entropie. Um zu erkennen, wodurch die Richtung einer Zustandsänderung bestimmt wird, ist es zweckmäßig, zwischen *reversiblen* und *irreversiblen Zustandsänderungen* zu unterscheiden. Dazu betrachten wir zunächst die Expansion eines idealen Gases gegen einen äußeren Druck p_a. Ist dieser Druck während der Expansion immer nur um einen *infinitesimalen* Betrag (dp) kleiner als der Druck des Gases selbst (p_i), so erfolgt die Ausdehnung unendlich langsam *(«quasistatisch»)*, denn auf den beweglichen Kolben wirkt dann immer nur eine infinitesimal kleine Kraft. Ein solcher Prozeß kann jederzeit unterbrochen oder durch eine ebenso infinitesimale Änderung von p_a rückgängig gemacht werden; während der Zustandsänderung befindet sich das System immer in einem genau bestimmten Gleichgewichtszustand. Ein auf diese Weise durchgeführter Prozeß heißt *«reversibel»*.

Wesentlich für diese Begriffsbestimmung ist die Feststellung, daß sich das System bei einer reversiblen Zustandsänderung dauernd im *Gleichgewichtszustand* befindet. In unserem Beispiel ist es aber in Wirklichkeit nicht möglich, die Volumenänderung im Gleichgewichtszustand durchzuführen, denn Gleichgewicht und gleichzeitige Volumenänderung schließen sich gegenseitig aus. Nur im Grenzfall der infinitesimalen Druckänderung sind p_i und p_a praktisch gleich groß. Ist der Unterschied zwischen p_i und p_a sehr groß (erfolgt also die Volumenänderung weit entfernt vom Gleichgewichtszustand), so kann die Zustandsänderung durch eine infinitesimale Änderung der Zustandsgrößen nicht mehr rückgängig gemacht werden. Man bezeichnet dann den Prozeß als *«irreversibel»*. In der Praxis liegen alle Prozesse zwischen dem Idealfall des reversiblen und dem Grenzfall des irreversiblen Prozesses, können also nur dann ablaufen, wenn sich das System etwas außerhalb des Gleichgewichtes befindet.

Auch *chemische Vorgänge* lassen sich unter Umständen auf (beinahe) reversible oder irreversible Weise durchführen. So ist die Bildung von Salzsäure durch direkte Reaktion von H_2 mit Cl_2 und anschließendem Lösen des gebildeten HCl-Gases in Wasser ein irreversibler Prozeß, bei welchem sowohl bei der Gasbildung wie bei der Lösungsreaktion eine erhebliche Reaktionswärme frei wird und nur ein relativ geringer Anteil der freiwerdenden Energie Arbeit gegen den äußeren Druck leistet. Führt man aber dieselbe Reaktion in einer galvanischen Zelle aus (S. 397), so kann die Elektronenübertragung als elektrischer Strom zur Leistung von Arbeit ausgenützt werden, während gleichzeitig fast keine Wärme auftritt (nahezu reversibler Prozeß).

Obschon ideal reversible Prozesse eine in Wirklichkeit nicht realisierbare Abstraktion sind, haben sie für die Thermodynamik eine grundlegende Bedeutung. Die bei einem *irreversiblen* (bzw. teilweise irreversiblen) Prozeß geleistete *Arbeit* ist nämlich *stets kleiner* als die bei einer entsprechenden reversiblen Zustandsänderung geleistete. Für den Fall der reversiblen Expansion eines idealen Gases gegen den konstanten äußeren Druck gilt

$$w_{rev} = - \int p_a \cdot dV = - \int (p_i - dp) \cdot dV \approx - \int p_i \cdot dV,$$

weil das Produkt $dp \cdot dV$ (ein Produkt zweier infinitesimaler Größen) vernachlässigt werden kann. Für die irreversible Expansion mit $p_a < p_i$ gilt hingegen

$$w_{irrev} = - \int p_a \cdot dV < - \int p_i \cdot dV < w_{rev}$$

und also

$$w_{irrev} < w_{rev}.$$

Dasselbe gilt sinngemäß für *alle Systeme,* welche imstande sind, Energie in Form von gegen einen äußeren *«Widerstand»* geleisteter *Arbeit* an die Umgebung zu übertragen. Im reversiblen (hypothetischen) Fall wird immer die maximale Arbeit geleistet; jeder reale Prozeß liefert weniger Arbeit und ist wenigstens teilweise irreversibel. Die Bedeutung reversibler Zustandsänderungen für die Thermodynamik liegt also darin, daß sie den *Grenzfall* darstellen, welcher mit der Leistung der *maximalen Arbeit* verbunden ist.

Zur Illustration dieser Überlegungen betrachten wir die Expansion eines idealen Gases. Wird sie isotherm und *reversibel* durchgeführt, so ist $p_i \approx p_a$, so daß wir erhalten

$$w_{rev} = -\int_{V_1}^{V_2} p \cdot dV = -\int_{V_1}^{V_2} \frac{n \cdot R \cdot T}{V}\, dV = -n \cdot R \cdot T \int_{V_1}^{V_2} \frac{dV}{V} = -n \cdot R \cdot T \cdot \ln \frac{V_2}{V_1}.$$

Diese Arbeit w_{rev} entspricht der Fläche unter der $p \cdot V$-Isotherme, die durch die beiden Volumina V_2 und V_1 abgegrenzt wird (Abb. 8.3a).

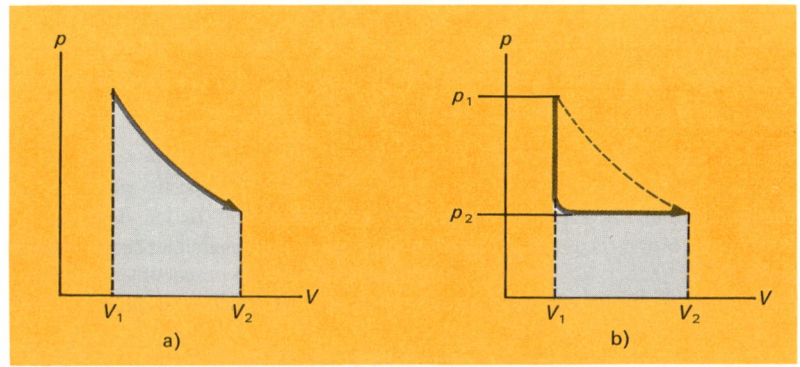

Abb. 8.3. Bei der isothermen Expansion eines idealen Gases geleistete Arbeit
a) reversible Expansion, b) irreversible Expansion

Für die *irreversible* Expansion nehmen wir an, daß der äußere Druck zunächst sehr rasch von p_1 auf p_2 fällt, ohne daß damit eine nennenswerte Volumenänderung verbunden sein soll. Die Expansion erfolgt dann gegen einen konstanten äußeren Druck $p_a = p_2 = n \cdot R \cdot T/V_2$. Die geleistete Arbeit ist

$$w_{irrev} = -\int_{V_1}^{V_2} p_a\, dV = -p_2 (V_2 - V_1).$$

Wie die Abb. 8.3b sehr deutlich zeigt, ist $w_{irrev} < w_{rev}$.

Von Interesse ist auch die Berechnung der bei der reversiblen *adiabatischen* Expansion geleisteten Arbeit. Hier ist $dw_{rev} = -dU$ (da $dq_{rev} = 0$!), so daß gilt

$$dw_{rev} = -C_V \, dT \quad \text{und} \quad w_{rev} = -C_V \int_{T_1}^{T_2} dT = -C_V(T_2 - T_1).$$

Die bei der adiabatischen Expansion geleistete Arbeit entspricht der Abnahme der inneren Energie, so daß bei einem solchen Prozeß die Temperatur abnehmen muß (und der Druck aus diesem Grund stärker fällt als bei einer isothermen Expansion auf dasselbe Volumen). Da im letzteren Fall Wärme aus der Umgebung aufgenommen werden kann, ist die geleistete Arbeit stets größer.

Man kann nun zeigen, daß bei der reversibel durchgeführten Expansion, bei welcher in infinitesimalen Schritten Wärme bei einer bestimmten Temperatur T absorbiert wird, die Summe aller Schritte $\dfrac{\Sigma \, dq}{T}$ von der Art und Weise, in welcher die Expansion durchgeführt wird, unabhängig ist; mit anderen Worten, $\dfrac{\Sigma \, dq}{T}$ hängt bei reversiblen Zustandsänderungen nur vom Anfangs- und Endzustand ab. $\dfrac{\Sigma \, dq}{T}$ muß damit aber offenbar gleich der Änderung einer *Zustandsfunktion* sein. Diese ist die bereits früher (S. 235) erwähnte **Entropie** S[1].

$$\Delta S = \int \frac{dq_{rev}}{T}$$

Die Einführung der Entropie als weitere Zustandsgröße (neben den bereits besprochenen Funktionen U und H) geschah ursprünglich am Beispiel reversibler Zustandsänderungen idealer Gase. Sie hat jedoch für jeden realen, mindestens teilweise irreversiblen Vorgang eine sehr große Bedeutung, da für irreversible Prozesse allgemein die Beziehung gilt:

$$\Delta \mathbf{S} > 0 \tag{8.1}$$

Zur Veranschaulichung der Beziehung (8.1) betrachten wir nochmals die isotherme Expansion eines idealen Gases. Die dabei geleistete Arbeit w_{rev} ist

$$w_{rev} = -n \cdot R \cdot T \cdot \ln \frac{V_2}{V_1}.$$

Nun ist weiter
$$\Delta U = q_{rev} + w_{rev} = q_{rev} - n \cdot R \cdot T \cdot \ln \frac{V_2}{V_1}$$

und — da $\Delta U = 0$ — wird
$$q_{rev} = n \cdot R \cdot T \cdot \ln \frac{V_2}{V_1}.$$

Damit erhalten wir für die Entropieänderung

$$\Delta S = \int \frac{dq_{rev}}{T} = \frac{1}{T} \int dq_{rev} = \frac{q_{rev}}{T} = n \cdot R \cdot \ln \frac{V_2}{V_1}.$$

[1] Siehe auch Seite 688.

Bei der *reversiblen* Expansion ($V_2 > V_1$) nimmt die Entropie des Gases zu ($\Delta S_{Gas} = q_{rev}/T$; positiv, weil q_{rev} positiv ist). Die vom System absorbierte Wärme wird der Umgebung entzogen, so daß die Entropie der Umgebung um einen ebenso großen Betrag abnehmen muß, wie die Entropie des Systems wächst:

$$\Delta S_{Gas} = + \frac{q_{rev}}{T} \qquad \Delta S_{Umg} = - \frac{q_{rev}}{T} \qquad \Delta S_{tot} = \text{Null}$$

Die *totale Entropieänderung* eines *abgeschlossenen Systems* (d.h. einer Kombination aus System und seiner Umgebung) ist also im Fall der reversiblen Expansion *Null*. Diese wichtige Aussage gilt für alle *reversiblen Zustandsänderungen,* bei welchen das System und seine Umgebung also dauernd in einem Gleichgewicht stehen müssen.

Anders liegen die Verhältnisse bei einer *irreversiblen* Expansion, z.B. ins Vakuum. ΔS_{Gas} ist zwar auch hier gleich $n \cdot R \cdot \ln V_2/V_1$ (S ist eine Zustandsfunktion und ΔS damit unabhängig von der Art und Weise, in welcher die Zustandsänderung erfolgt); bei der Expansion ins Vakuum ist aber $w = 0$ ($p_a = 0$!) und weil $\Delta U = 0$, ist auch $q = 0$. Mit anderen Worten, die Umgebung verliert keine Wärme, so daß für sie $\Delta S = 0$ ist. Insgesamt haben wir also für eine irreversible Expansion

$$\Delta S = \Delta S_{Gas} + \Delta S_{Umg} = n \cdot R \cdot \ln \frac{V_2}{V_1} + 0 > 0.$$

Auch diese Erkenntnis gilt für *irgendwelche irreversiblen Zustandsänderungen.* Da *jeder natürliche Prozeß* mindestens *teilweise irreversibel* ist, hat diese Aussage eine große Bedeutung; es ist aber zu beachten, daß sie für ein abgeschlossenes System (also wiederum für eine Kombination aus System und seiner Umgebung!) gilt.

Die Beziehung (8.1) stellt eine mögliche Formulierung des **2. Hauptsatzes der Thermodynamik** dar:

Die Entropie des Universums bleibt bei einem reversiblen Prozeß konstant, nimmt aber bei einem irreversiblen Prozeß zu.

Auch diese Aussage ist ein Erfahrungssatz. Wir wollen dies durch seine Anwendung auf das Problem des Wärmeüberganges zwischen zwei Körpern von verschiedener Temperatur zeigen. Bringen wir zwei solche Körper miteinander in Berührung, so absorbiert der kältere Körper eine geringe Wärmemenge dq, welche dem heißeren Körper entzogen wird; die Temperatur ändert sich dabei nur unwesentlich (reversible Zustandsänderung!). Die damit verbundenen Entropieänderungen sind für den kälteren Körper $dS_k = \frac{dq}{T_k}$; für den wärmeren Körper $dS_w = - \frac{dq}{T_w}$. Diese Entropieänderungen beziehen sich auf den reversiblen Ablauf, sind jedoch für den irreversiblen Ablauf – wenn die beiden Körper rasch miteinander in Berührung gebracht werden – gleich. Die totale Entropieänderung belder Körper ist dann

$$dS = dS_k + dS_w = \frac{dq}{T_k} - \frac{dq}{T_w} > 0, \quad \text{weil } T_w > T_k.$$

Würde Wärme vom kälteren auf den wärmeren Körper übertragen, so wäre

$$dS = dS_k + dS_w = - \frac{dq}{T_k} + \frac{dq}{T_w} < 0.$$

Nach dem 2. Hauptsatz kann aber die Entropieänderung nur Null oder größer als Null sein; seine Gültigkeit bezweifeln und damit auch Vorgänge mit ΔS < 0 zulassen, hieße für obiges Beispiel, einen spontanen Wärmeübergang vom kalten auf den warmen Körper für möglich zu halten, was aber erfahrungsgemäß niemals eintritt.

Der 2. Hauptsatz legt also die Richtung spontan erfolgender Zustandsänderungen fest. Ist die Entropieänderung des Systems und seiner Umgebung größer als Null, so verläuft der betreffende Prozeß von selbst, ist sie kleiner als Null, so tritt der Vorgang nicht ein.

Interpretation der Entropie; der 3. Hauptsatz. Obschon die Thermodynamik ohne irgendwelche Annahmen über den atomaren oder molekularen Aufbau der Materie auskommt, dienen solche *Modelle* sehr wesentlich der Vertiefung des Verständnisses thermodynamischer Funktionen. Die Vorstellung, nach der die Temperatur die mittlere kinetische Energie der Teilchen ausdrückt, erklärt z. B. ohne weiteres, daß die innere Energie eines (idealen) Gases vom Volumen unabhängig ist (kein Wärmeeffekt bei der Expansion ins Vakuum!). Es ist das Verdienst von Boltzmann, auch für die *Entropie* eine molekularkinetische Deutung entwickelt zu haben: sie ist – wie wir bereits auf S. 236 angegeben haben – ein *Maß für die Unordnung* des betreffenden Systems. Da bei spontanen Vorgängen die Entropie des Universums zunimmt, nimmt der Ordnungsgrad im gesamten dabei ab, eine natürliche Folge der völlig ungeordneten Wärmebewegung aller Teilchen[1].

Diese Überlegungen sind von Bedeutung für die Berechnung der Entropien von Substanzen. Um Reaktionsenthalpien berechnen zu können, mußten die Enthalpien bestimmter Stoffe für einen festgelegten Zustand (den Standardzustand) willkürlich definiert werden (die Enthalpie der Elemente im Standardzustand ist Null). Ebenso sollte man die Entropie einer Substanz für einen bestimmten Zustand gleich Null setzen können. Da nun die Entropie ein Maß der molekularen Unordnung darstellt, wird sie dann gleich Null sein, wenn die größtmögliche Ordnung verwirklicht ist, was für einen vollkommen regelmäßig gebauten Kristall am absoluten Nullpunkt zutrifft.

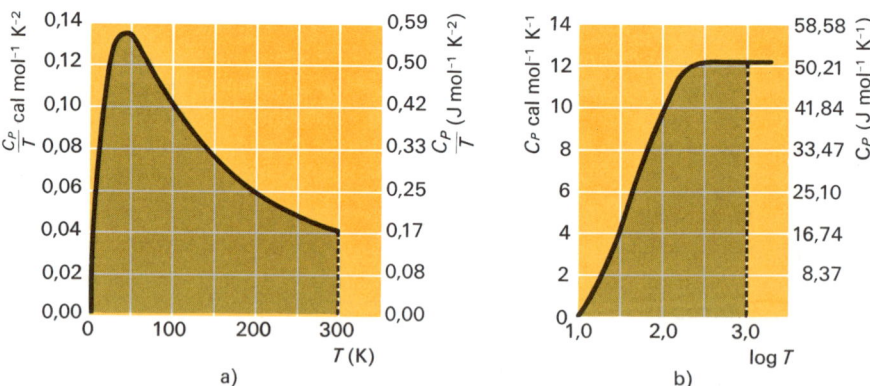

Abb. 8.4. Bestimmung der Standard-Entropie von AgCl (298 K und 1 bar) durch Ausmessen der Flächen unter den Kurven: a) C_p/T als Funktion der Temperatur und b) C_p als Funktion von log T (nach Eastman und Milner, J. Chem. Physics 1 [1933] 444)

[1] Über den Zusammenhang zwischen Entropie und Wahrscheinlichkeit siehe Seite 687.

Dies kommt im **3. Hauptsatz der Thermodynamik zum Ausdruck:**

Die Entropie von Idealkristallen eines Elementes oder einer Verbindung am absoluten Nullpunkt ist Null.

Der 3. Hauptsatz ermöglicht die *Berechnung absoluter Entropiewerte* von irgendwelchen Stoffen für beliebige Temperaturen (was für die Enthalpie nicht möglich ist!).

Für 1 mol Substanz und konstanten Druck gilt nämlich:

$$S_T - S_0 = \int_0^T \frac{dq_{rev}}{T} = \int_0^T \frac{C_p\,dT}{T}, \quad \text{also} \quad S_T = \int_0^T \frac{C_p\,dT}{T} = \int_0^T C_p \cdot d\,(\ln T)$$

Man benötigt also zur Bestimmung der absoluten Entropie einer Substanz bei einer Temperatur T die Kenntnis der Temperaturabhängigkeit der Wärmekapazität C_p. Die Entropie läßt sich dann dadurch erhalten, daß man entweder C_p/T als Funktion von T oder C_p selbst als Funktion von log T graphisch darstellt und die Fläche unter den Kurven ausmisst (Abb. 8.4). Wenn unterhalb der Temperatur T eine Phasenumwandlung eintritt, müssen auch die damit verbundenen Energieeffekte zur Berechnung berücksichtigt werden:

$$S_T = \int_0^{T_s} \frac{C_p\,(s)}{T}\,dT + \frac{\Delta H_s}{T_s} + \int_{T_s}^{T} \frac{C_p\,(l)}{T}\,dT$$

(T_s ist die Schmelztemperatur, ΔH_s die molare Schmelzenthalpie)

Die Berechnung der *Entropieänderung* einer Substanz beim Übergang von einer Temperatur T_1 zu einer Temperatur T_2 ist einfach (sofern C_p als konstant betrachtet werden darf):

$$\Delta S = \frac{dq_{rev}}{T} = C_p \int_{T_1}^{T_2} \frac{dT}{T} = C_p \cdot \ln \frac{T_2}{T_1}$$

Die *Entropieänderung* bei *chemischen Reaktionen* (im Standardzustand) ist gleich

$$\Delta S^0 = \sum n\,S^0\,(\text{Produkte}) - \sum n\,S^0\,(\text{Edukte}),$$

wobei n die Zahl der Mole ist. Man halte sich vor Augen, daß die Standard-Entropie eines Elementes – im Gegensatz zur Standard-Enthalpie! – nicht Null ist. Die *Standard-Bildungsentropie* einer Verbindung ist deshalb

$$\Delta S_f^0 = S^0\,(\text{Verbindung}) - \sum S^0\,(\text{Elemente}).$$

10

Tabelle 8.6. Standard-Entropien (J mol⁻¹ K⁻¹)

Feste Elemente		Feste Verbindungen		Flüssigkeiten	
Ag	42,7	BaO	70,3	Hg	76,0
B	7,1	$BaCO_3$	112,1	Br_2	152,3
Ba	63,2	$BaSO_4$	132,2	H_2O	70,0
$C_{Graphit}$	5,7	CaO	39,7	C_6H_6	175,3
$C_{Diamant}$	2,5	$Ca(OH)_2$	72,8		
Ca	41,6	$CaCO_3$	92,9		
Cu	33,3	CuO	43,5		
Fe	27,2	Fe_2O_3	90,0		
S_{rh}	31,9	Al_2O_3	52,3		
Zn	41,6	ZnO	43,9		
		ZnS	57,7		
		NaF	50,2		
		NaCl	72,4		
		AgCl	96,2		

Einatomige Gase		Zweiatomige Gase		Mehratomige Gase	
He	126,1	H_2	130,6	H_2O	188,9
Ne	146,2	D_2	144,8	CO_2	213,8
Ar	154,7	F_2	203,3	SO_2	248,5
H	114,6	Cl_2	223,0	H_2S	205,6
F	158,7	Br_2	245,2	NO_2	240,5
Cl	165,1	CO	198,0	N_2O	220,0
Br	174,9	NO	210,5	NH_3	192,6
I	180,7	N_2	191,2	O_3	237,7
N	153,2	O_2	205,0		
O	161,0	HF	173,8		
		HCl	186,9		
		HBr	198,7		
		H I	206,5		

Eine Betrachtung von Tabelle 8.6 zeigt, daß die Entropie einer bestimmten Substanz beim Übergang fest – flüssig und wiederum beim Übergang flüssig – gasförmig zunimmt. Harte Stoffe wie z. B. Diamant besitzen niedrigere Entropien als weichere (bessere Ordnung im Gitter!). Im allgemeinen wächst die Entropie auch mit zunehmender Komplexität der Struktur, weil mehr Möglichkeiten für Rotations- und Vibrationsbewegungen bestehen.

Um die Entropien *hydratisierter Ionen* angeben zu können, muß für ein bestimmtes Ion die Entropie willkürlich definiert werden, denn es ist nur möglich, Entropien von Verbindungen, nicht dagegen von einzelnen Ionen zu messen. Üblicherweise setzt man die Entropie des hydratisierten Protons (H_3O^+ aq) bei 298 K gleich Null. Unter Berücksichtigung der (bekannten) Entropien von H_2 und Cd-Metall läßt sich dann z. B. die Entropie von Cd^{2+} aus der Reaktionsentropie folgender Reaktionen berechnen:

$$Cd(s) + 2\ H_3O^+(aq) \longrightarrow Cd^{2+}(aq) + H_2(g) + 2\ H_2O$$

Tabelle 8.7. Entropien hydratisierter Ionen (J mol⁻¹ K⁻¹)

Li^+	19,7	OH^-	− 11,3
Na^+	60,2	F^-	− 11,3
K^+	102,5	Cl^-	39,3
Mg^{2+}	− 132,1	Br^-	53,1
Ca^{2+}	− 55,2	I^-	71,5
Ba^{2+}	12,6	SO_4^{2-}	22,6
Fe^{2+}	− 113,4	NO_3^-	87,0
Fe^{3+}	− 293,3		

Die Tabelle 8.7 bringt einige Entropien hydratisierter Ionen. Es wird daraus deutlich, daß die Entropie eines solchen Ions um so niedriger ist (d.h. daß sein Ordnungsgrad um so höher ist), je höher seine Ladung und je kleiner sein Radius ist.

Die freie Enthalpie. Nach dem 2. Hauptsatz gilt:

$\Delta S > 0$: irreversibler Prozeß, kann spontan oder nicht von selbst eintreten
$\Delta S = 0$: reversibler Prozeß: das System und seine Umgebung stehen während des Vorganges dauernd in einem Gleichgewicht
$\Delta S < 0$: tritt niemals ein

Es ist dabei zu beachten, daß sich die Entropieänderungen ΔS auf das System und seine Umgebung als *Ganzes* beziehen; Vorgänge, bei denen die Entropie des Systems abnimmt ($\Delta S_{Sys} < 0$) sind an sich natürlich schon möglich, aber dann muß die Entropie der Umgebung zunehmen.
Im Prinzip ist mit diesen Aussagen eines der Hauptziele der chemischen Thermodynamik erreicht: die Festlegung eines Kriteriums dafür, ob eine Veränderung freiwillig vor sich geht, mit anderen Worten, eines Maßes für ihre Triebkraft. Für praktische Zwecke sind allerdings die oben formulierten Aussagen nicht sehr brauchbar, weil sie die Kenntnis der Eigenschaften sowohl der Umgebung wie des Systems (das doch eigentlich allein von Interesse ist) erfordern. Es wäre deshalb sehr nützlich, eine Größe als Maß für die Triebkraft einer Zustandsänderung zur Verfügung zu haben, die nur von den Eigenschaften des Systems bestimmt wird.
Bei Versuchen, eine solche Zustandsgröße zu finden, dachte man zunächst an die Reaktionswärme ΔH (Prinzip von Thomsen und Berthelot), da ja in der Tat sehr viele exotherme Vorgänge freiwillig vor sich gehen. In Wirklichkeit gibt es jedoch auch viele freiwillige, endotherm ablaufende Vorgänge. Obschon also zweifellos eine starke Tendenz zur Erreichung eines enthalpiearmen Zustandes besteht, kann die Richtung einer möglichen Veränderung nicht durch ΔH allein bestimmt werden, weil auch die Entropieänderung dabei eine Rolle spielen muß. Enthalpie und Entropie wurden darum durch Gibbs (um 1875) zu einer neuen Zustandsfunktion G verknüpft, die als «**freie Enthalpie**» oder (oft unkorrekt auch) als «**freie Energie**» bezeichnet wird:

$$G = H - T \cdot S \qquad (8.2)$$

Für Zustandsänderungen bei konstanter Temperatur gilt:

$$\Delta G = \Delta H - T \cdot \Delta S \qquad (8.3)$$

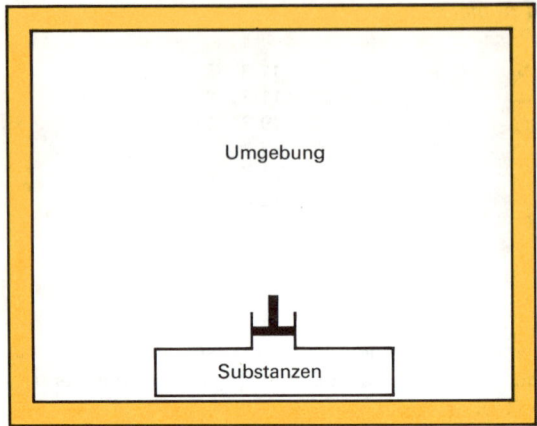

*Abb. 8. 5
Isoliertes System, das Substanzen
und ihre Umgebung umfaßt*

Um die Bedeutung dieser Funktion als Ausdruck der *Triebkraft* einer Zustandsänderung zu verstehen, betrachten wir eine Anzahl von Substanzen bei konstanter Temperatur und konstantem Druck, die zusammen mit ihrer Umgebung ein isoliertes System bilden, also unter Bedingungen, wie sie im allgemeinen bei einer chemischen Reaktion vorliegen, die in einer Apparatur durchgeführt wird, welche in Verbindung mit der Atmosphäre steht (Abb. 8. 5). Auf das Gesamtsystem läßt sich der 2. Hauptsatz anwenden.

Wenn wir annehmen, daß diese Stoffe einer spontanen Zustandsänderung unterworfen sein können, so gilt:

$$\Delta S_{Gesamtsystem} = \Delta S_{Subst} + \Delta S_{Umg} > 0 \qquad (8.4)$$

und weiter

$$q_{Umg} = - q_{Subst}$$

Da sich die Zustandsänderungen bei konstantem Druck und konstanter Temperatur vollziehen sollen, ist weiter

$$\Delta S_{Umg} = - \frac{q_{Subst}}{T} = - \frac{\Delta H_{Subst}}{T},$$

weil $\Delta S_{Umg} = q_{Umg}/T$ ist. (Die mit der Absorption von Wärme verbundene Zustandsänderung der Umgebung ist genau gleich groß, ob die Wärme auf reversible oder irreversible Weise von den Substanzen abgegeben worden ist.) Weil es sich voraussetzungsgemäß bei der Zustandsänderung der Substanzen um einen freiwilligen Prozeß handeln soll, wird nach (8.4):

$$\Delta S_{Subst} - \frac{\Delta H_{Subst}}{T} > 0 \qquad \text{oder} \qquad - \Delta G > 0 \equiv \Delta G < 0,$$

wobei sich ΔG auf die Substanz allein und nicht auch auf ihre Umgebung bezieht.
Um zu entscheiden, ob ein bestimmter Vorgang (bei konstantem Druck und konstanter Temperatur) überhaupt möglich ist, muß nur ΔG des sich ändernden Systems allein bekannt sein. Ist **ΔG negativ,** so geht der betreffende Vorgang **freiwillig** vor sich («**exergonischer** Vorgang»). Ist hingegen Δ**G positiv,** so kann der fragliche Vorgang nicht von selbst eintreten

(«**endergonischer** Vorgang»). Ist schließlich $\Delta G = 0$, so existieren Anfangs- und Endzustand im **Gleichgewicht** nebeneinander, ohne daß im Gesamteffekt eine Veränderung zu beobachten wäre.

Die Beziehung (8.3) ist für die Thermodynamik von grundlegender Bedeutung. Sie zeigt deutlich den Einfluß von Enthalpie- und Entropieänderungen auf die Triebkraft von Zustandsänderungen, also auch von chemischen Reaktionen. Vorgänge sind exergonisch, wenn ΔH negativ und (oder) ΔS positiv sind, d.h. wenn viel Wärme frei wird oder die Unordnung beträchtlich zunimmt. Bei relativ tiefen Temperaturen ist der Einfluß des Gliedes $T \cdot \Delta S$ klein, so daß in erster Linie die Reaktionswärme die Abnahme der freien Enthalpie bestimmt: exotherme Reaktionen sind auch exergonisch. Nur wenn die Entropieänderung ganz besonders groß ist (z. B. beim Schmelzen, Verdampfen oder Lösen), kann schon bei nicht allzu hoher Temperatur ein positives ΔH durch die starke Zunahme der Entropie überkompensiert werden, so daß dann ein endothermer Vorgang exergonisch werden kann. Bei hohen Temperaturen überwiegt der Einfluß des Gliedes $T \cdot \Delta S$ in jedem Fall und nur noch Reaktionen mit $\Delta S > 0$ verlaufen freiwillig. «Alles natürliche Geschehen wird regiert einerseits von dem Bestreben nach Abnahme der Energie, andererseits nach Zunahme der Entropie» (Ulich).

Als Anwendungsbeispiel der Beziehung (8.3) diskutieren wir die *Fällung* der *Erdalkalicarbonate* (vgl. Tabelle 8.8.). Mit Ausnahme der Bildung von $BaCO_3$ sind alle Reaktionen endotherm; trotzdem verlaufen alle vier spontan beim Zusammengießen von Lösungen, welche Erdalkali-Ionen und Carbonat-Ionen enthalten.

Für die Reaktion

$$Ca^{2+} + CO_3^{2-} \longrightarrow CaCO_3 \quad \Delta H = +12{,}3 \text{ kJ/mol}$$

beträgt die Entropieänderung $\Delta S = S_{CaCO_3} - S_{Ca^{2+}} - S_{CO_3^{2-}} = 201{,}3$ J mol^{-1} K^{-1}.

Tabelle 8.8. Thermodynamische Daten für die Fällung der Erdalkalicarbonate aus wäßrigen Lösungen (bei 25 °C und 1 bar)

Verbindung	ΔH^{0} (kJ/mol)	$T \Delta S^{0}$ (kJ/mol)	ΔG^{0} (kJ/mol)
Mg^{2+}aq + CO_3^{2-}aq $\longrightarrow$ $MgCO_3$ (s)	+ 25,1	+ 71,1	− 46,0
Ca^{2+}aq + CO_3^{2-}aq $\longrightarrow$ $CaCO_3$ (s)	+ 12,3	+ 59,0	− 46,7
Sr^{2+}aq + CO_3^{2-}aq $\longrightarrow$ $SrCO_3$ (s)	+ 3,3	+ 55,6	− 52,3
Ba^{2+}aq + CO_3^{2-}aq $\longrightarrow$ $BaCO_3$ (s)	− 4,2	+ 46,0	− 50,2

Trotzdem also ein relativ gut geordneter, fester Stoff entsteht, nimmt die Gesamtentropie zu, hauptsächlich deswegen, weil die Ionen ihre Hydrathüllen verlieren, das vorher gebundene Hydratwasser somit frei wird und die Unordnung insgesamt wächst. Die Berechnung von ΔG ergibt − 46,7 kJ/mol; die Fällung verläuft exergonisch.

Vergleicht man die einzelnen Terme für die Fällungen der anderen Erdalkalicarbonate miteinander, so erkennt man, daß in der Reihe $MgCO_3$ − $CaCO_3$ − $SrCO_3$ − $BaCO_3$ der Entropie-Term $T \cdot \Delta S$ abnimmt; die Reaktionsentropie der Fällung (die damit verbundene Entropieänderung) wird also immer weniger positiv. Dies rührt davon her, daß die Hydration der Metallionen in der gleichen Reihenfolge abnimmt (abnehmende Ladungskonzentration wegen wachsendem Ionenradius). Gleichzeitig wird aber ΔH immer mehr negativ (abnehmende Löslichkeit von $MgCO_3$ zu $BaCO_3$; siehe S. 248), so daß ΔG bei allen vier Vorgängen ungefähr gleich groß ist.

Man wird sich fragen, ob auch für die Funktion G eine *anschauliche Deutung* möglich ist. Betrachten wir deshalb eine reversible, isotherme Zuständsänderung eines beliebigen Systems. Es ist

$$dG = dH - d\,(T \cdot S).$$

Nun ist $dH = dU + d\,(p \cdot V)$ und weiter $dU = dw_{rev} + dq_{rev}$. Wir erhalten also

$$dG = dw_{rev} + dq_{rev} + d(p \cdot V) - d(T \cdot S)$$

$$dG = dw_{rev} + dq_{rev} + p \cdot dV + V \cdot dp - T \cdot dS - S \cdot dT.$$

Da aber $dq_{rev} = T \cdot dS$ ist und der äußere Druck p sowie die Temperatur T konstant sind, wird

$$dG = dw_{rev} + p \cdot dV$$

oder

$$\Delta G = w_{rev} + p \cdot \Delta V.$$

w_{rev} ist die maximale zu gewinnende (bzw. zu leistende) Arbeit, da der Prozeß voraussetzungsgemäß reversibel durchgeführt wird. $p \cdot \Delta V$ ist die mit der Volumenänderung des Systems verknüpfte Arbeit und besitzt einen negativen Wert (wird vom System geleistet), wenn sich das Volumen vergrößert. Die größtmögliche durch den Prozeß geleistete Arbeit w_{max} ist die gesamte reversible Arbeit abzüglich der gegen den äußeren Druck geleisteten Arbeit:

$$w_{max} = w_{rev} - (- p \cdot \Delta V) = w_{rev} + p \cdot \Delta V$$

ΔG ist also gleich w_{max}; die Änderung der freien Enthalpie entspricht somit der größtmöglichen, durch einen isotherm und reversibel, bei konstantem Druck durchgeführten Prozeß zu gewinnenden (bzw. im Fall eines endergonischen Prozesses aufzuwendenden) Arbeit, der sogenannten *Nutzarbeit*. Die Messung von ΔG erfolgt am einfachsten mittels galvanischer Zellen, weil die hier geleistete elektrische Arbeit w_{el} gleich der Nutzarbeit w_{max} ist (S. 397).

Die Tatsache, daß bei einem exergonischen Vorgang (einem Vorgang, der freiwillig verläuft) ΔG negativ ist, bedeutet, daß durch einen solchen Prozeß Arbeit (und zwar bei reversibler Durchführung w_{max}) geleistet werden kann. Ähnlich wie ein mechanisches System nur dann Arbeit leistet, wenn es von einem Zustand mit höherer in einen Zustand mit niedrigerer potentieller Energie übergeht, oder wie in einem elektrischen Leiter ein Strom nur dann fließen (und Arbeit leisten) kann, wenn eine Potentialdifferenz (Spannung) vorhanden ist, kann auch ein chemischer Vorgang nur dann Arbeit leisten, wenn ein *«Potentialunterschied»* zwischen Reaktanten und Produkten vorhanden ist, d.h. wenn dadurch die freie Enthalpie abnimmt (ΔG negativ ist). Man bezeichnet deshalb die freie Enthalpie eines Systems oder eines Stoffes oft geradezu als sein **«chemisches Potential»**. Bei *exergonischen* Vorgängen ist dann das chemische Potential der Reaktanten höher als das chemische Potential der Produkte, während umgekehrt bei *endergonischen* Vorgängen die Produkte das höhere chemische Potential besitzen. Endergonische Reaktionen sind deshalb nur dann möglich, wenn von außen am System Arbeit geleistet wird. In einem *Gleichgewichtszustand* (wie etwa im Gleichgewicht zwischen fester und flüssiger Phase einer Substanz an ihrem Schmelzpunkt) kann das System keinerlei Arbeit leisten ($\Delta G = 0$); im erwähnten Phasengleichgewicht ist das chemische Potential der beiden Phasen gleich groß.

Es ist jedoch nicht zweckmäßig, das chemische Potential einer Substanz ihrer freien Enthalpie schlechthin gleichzusetzen, da diese von der Substanzmenge abhängt (also eine sogenannte *extensive* Größe ist, im Gegensatz etwa zur Temperatur oder zur Dichte, die *intensive,* von der Substanzmenge unabhängige Größen sind) [1]. Hingegen ist die *molare freie Enthalpie* eine intensive Größe, so daß wir im folgenden die molare freie Enthalpie einer Substanz als ihr chemisches Potential bezeichnen wollen [2].

Die freie Enthalpie chemischer Reaktionen. Bei einer Reaktion

$$a A + b B + \ldots \longrightarrow c C + d D + \ldots$$

(wobei *a, b, c, d* ... die stöchiometrischen Faktoren bedeuten) ist die bei 25 °C (298 K) und 1 bar geltende Änderung der freien Energie für eine *«Reaktionseinheit»*, d.h. für einen Umsatz von soviel Mol, wie den Faktoren entsprechen, gleich folgendem Ausdruck:

$$\Delta G_r^0 = c\, G_C^0 + d\, G_D^0 + \ldots - a\, G_A^0 - b\, G_B^0 - \ldots$$

wobei G_A^0 die freie Enthalpie von 1 mol A im Standardzustand ist, usw. ΔG_r^0 bezieht sich ausdrücklich auf die Bildung der Produkte im Standardzustand aus den Edukten ebenfalls im Standardzustand und auf eine Reaktionseinheit, d.h. einen vollständigen, der Gleichung entsprechenden Stoffumsatz.

Da jeder Wert von G eine Zustandsfunktion darstellt, kann ΔG_r^0 einer bestimmten Reaktion aus ΔG_r^0-Werten anderer Reaktionen erhalten werden, in der gleichen Weise, wie es auch mit Reaktionsenthalpien geschieht. Es ist auch hier zweckmäßig, die freie Enthalpie der Elemente im Standardzustand (in ihrem stabilsten Zustand bei 25 °C und 1 bar) gleich Null zu setzen. Die der Bildung einer Verbindung im Standardzustand aus den Elementen ebenfalls im Standardzustand entsprechende Änderung der freien Enthalpie wird als die *freie Bildungsenthalpie* der Verbindung im Standardzustand (ΔG_f^0) bezeichnet (Beispiele siehe Tabelle 8.9).

Beispiel:

(a) C_{Graphit} + $O_2\,(g)$ → $CO_2\,(g)$ $\qquad \Delta G_f^0 = -394{,}6$ kJ

(b) $2\,H_2\,(g)$ + $O_2\,(g)$ → $2\,H_2O\,(l)$ $\qquad \Delta G_f^0 = -474{,}5$ kJ

(c) $CH_4\,(g)$ + $2\,O_2\,(g)$ → $2\,H_2O\,(l)$ + $CO_2\,(g)$ $\quad \Delta G_r^0 = -818{,}4$ kJ

---

[1] Man erkennt dies leicht, wenn man bedenkt, daß sich das Gleichgewicht zwischen Eis und flüssigem Wasser (bei 0 °C) – wobei die chemischen Potentiale der beiden Phasen gleich groß sind – auch dann einstellt, wenn nur wenige Gramm Eis mit mehreren Kilogramm Wasser in Berührung stehen. Mit anderen Worten, das chemische Potential muß von der Substanzmenge unabhängig sein.

[2] Die *exakte Definition* des chemischen Potentials ist $\mu_i = \left(\dfrac{\partial G}{\partial n_i}\right)_{T, p, n_1, n_2 \ldots}$, d.h. die partielle molare freie Enthalpie. Für reine Substanzen ist $\mu_i = \overline{G}$ (der Strich über dem Buchstaben zeigt, daß es sich um eine molare Größe handelt), während für Lösungen μ_i der Geschwindigkeit entspricht, mit der sich die freie Enthalpie der Lösung ändert, wenn eine kleine Menge der Substanz *i* zur Lösung hinzugefügt wird und alle anderen Größen (Molzahlen, Temperatur, Druck) konstant bleiben. Die gesamte freie Enthalpie irgendeiner Lösung ist dann gleich $G = n_1\,\mu_1 + n_2\,\mu_2 + n_3\,\mu_3 + \ldots$ Für unsere Zwecke genügt es jedoch, die freie Enthalpie eines Mols der betreffenden Substanz als ihr chemisches Potential zu bezeichnen.

H_2O	$-237{,}2$	BaO	$-528{,}4$
H_2O_2	$-103{,}3$	$BaSO_4$	$-1465{,}2$
O_3	$+163{,}4$	$BaCO_3$	$-1138{,}9$
HF	$-270{,}7$	CaO	$-604{,}2$
HCl	$-95{,}3$	$CaCO_3$	$-1128{,}8$
HBr	$-53{,}2$	$Ca(OH)_2$	$-896{,}6$
H I	$+1{,}3$	Fe_2O_3	$-741{,}0$
SO_2	$-300{,}4$	Al_2O_3	$-1576{,}5$
SO_3	$-370{,}4$	CuO	$-127{,}2$
H_2S	$-33{,}0$	Cu_2O	$-146{,}4$
N_2O	$+104{,}2$	SiO_2	$-805{,}0$
NO	$+86{,}7$	ZnO	$-318{,}2$
NO_2	$+51{,}8$	PbO_2	$-219{,}0$
NH_3	$-16{,}4$		
CO	$-137{,}3$	H	$+203{,}2$
CO_2	$-394{,}6$	O	$+230{,}1$
		F	$+59{,}4$
		Cl	$+105{,}4$
		N	$+340{,}9$

Tabelle 8.9. Freie Bildungs-enthalpie (25 °C ; kJ/mol)

Durch Addition der Gleichungen (a) und (b) und Subtraktion der Gleichung (c) erhält man für die Reaktion

$$C_{\text{Graphit}} + 2\,H_2(g) \longrightarrow CH_4(g) \qquad \Delta G_f^0 = -50{,}7\ \text{kJ}$$

Ein instruktives Beispiel für den Einfluß von Enthalpie und Entropie auf ΔG_f^0 bietet die Reihe der *gesättigten Kohlenwasserstoffe*; vgl. Tabelle 8.10.

Tabelle 8.10. Thermodynamische Daten für die Bildung der niederen Paraffinkohlenwasserstoffe (25 °C; 1 bar)

Verbindung	Formel	ΔH_f^0 (kJ mol^{-1})	ΔS^0 (J mol^{-1} k^{-1})	ΔG_f^0 (kJ mol^{-1})
Methan	$CH_4(g)$	$-74{,}9$	$-80{,}8$	$-51{,}9$
Äthan	$C_2H_6(g)$	$-84{,}7$	$-173{,}6$	$-32{,}9$
Propan	$C_3H_8(g)$	$-103{,}8$	$-269{,}4$	$-23{,}5$
n-Butan	$C_4H_{10}(g)$	$-124{,}7$	$-365{,}7$	$-15{,}7$
n-Pentan	$C_5H_{12}(g)$	$-146{,}4$	$-463{,}6$	$-8{,}2$
n-Hexan	$C_6H_{14}(g)$	$-167{,}2$	$-562{,}7$	$+0{,}2$
n-Heptan	$C_7H_{16}(g)$	$-187{,}8$	$-659{,}4$	$+8{,}7$
n-Oktan	$C_8H_{18}(g)$	$-208{,}4$	$-757{,}3$	$+17{,}3$
n-Nonan	$C_9H_{20}(g)$	$-229{,}0$	$-854{,}8$	$+25{,}9$
n-Dekan	$C_{10}H_{22}(g)$	$-249{,}7$	$-952{,}7$	$+34{,}4$

Man erkennt aus der Tabelle, daß die Bildungsenthalpien in der Reihe steigen, eine Folge des Vorhandenseins einer weiteren C—C- und zweier C—H-Bindungen. Die mit der Bildung verbundenen Entropieänderungen werden aber mit jeder weiter hinzukommenden CH_2-Gruppe immer mehr negativ, so daß ΔG_f^0 für die ersten 5 Verbindungen negativ, für Hexan nahezu Null und dann zunehmend immer mehr positiv wird. Die höheren Kohlenwasserstoffe sind also in bezug auf Kohlenstoff und Wasserstoff bei Zimmertemperatur thermodynamisch *instabil* und können durch direkte Synthese aus den Elementen nicht hergestellt werden.

Nun muß man sich aber bewußt sein, daß ΔG^0 nur dann die Änderung der freien Enthalpie einer Reaktion wiedergibt, wenn sich *alle* Reaktanten *und* Produkte im *Standardzustand* (in ihrem stabilsten Zustand bei 25 °C und 1 bar) befinden und wenn genau eine Reaktionseinheit umgesetzt wird. Um die Änderung der freien Enthalpie für Vorgänge angeben zu können, bei denen die Reaktionsteilnehmer *in beliebigen Konzentrationen* oder *mit beliebigen Partialdrucken* auftreten, muß die Abhängigkeit der freien Enthalpie von der Konzentration (genauer: der *Aktivität*) und dem Druck bekannt sein.

Wir betrachten zunächst ein ideales Gas. Es gilt

$$G = H - T \cdot S = U + p \cdot V - T \cdot S$$

und

$$dG = dU + p \cdot dV + V \cdot dp - T \cdot dS - S \cdot dT.$$

Wenn nur Arbeit gegen den äußeren Druck geleistet wird, ist $dU = dq - p \cdot dV$, also

$$dG = dq + V \cdot dp - T \cdot dS - S \cdot dT.$$

Weil aber $T \cdot dS = dq$ ist, wird $dG = V \cdot dp - S \cdot dT$ und bei konstanter Temperatur ($dT = 0$) ist $dG = V \cdot dp$. Wir bekommen somit für die Druckabhängigkeit von G

$$\frac{dG}{dp} = V.$$

Für 1 mol eines idealen Gases ist $\overline{V} = R \cdot T/p$ und somit

$$\frac{d\overline{G}}{dp} = \frac{R \cdot T}{p}.$$

Wir integrieren unter Verwendung von $p^0 = 1$ bar als unterer Integrationsbedingung:

$$\int_{\overline{G}^0}^{G} d\overline{G} = \int_{p_0}^{p} \frac{R \cdot T}{p} \, dp$$

$$\overline{G} - \overline{G}^0 = R \cdot T \cdot \ln \frac{p}{p_0} = R \cdot T \cdot \ln p.$$

denn p_0 ist 1 bar, und bei 1 bar Druck ist $\overline{G} = \overline{G}^0$. $\overline{G}$ bedeutet die molare freie Enthalpie (das chemische Potential) bei einem beliebigen Druck (in bar) und bei 25 °C; $\overline{G}^0$ ist die molare freie Enthalpie im Standardzustand. (Der Strich über dem Symbol – der zusätzlich darauf hinweisen soll, daß sich die betreffende Größe auf 1 mol bezieht – wird in der Praxis meist weggelassen.)

Für n mol gilt dann

$$n \cdot \overline{G} = n \cdot \overline{G}^0 + n \cdot R \cdot T \cdot \ln p. \qquad (8.5)\,^1$$

Dieselben Überlegungen lassen sich auch für *Lösungen* durchführen, wobei dann statt dem Druck die *molare Konzentration* (d. h. die *Aktivität*[2]) der gelösten Substanz auftritt[3]. Wir bekommen dann

$$n \cdot \overline{G} = n \cdot \overline{G}^0 + n \cdot R \cdot T \cdot \ln C, \qquad (8.6)$$

wenn C die Aktivität (molare Konzentration) der betreffenden Substanz ist[4].
Für eine Reaktion

$$a\,A + b\,B + \ldots \longrightarrow c\,C + d\,D + \ldots,$$

die in (idealer) Lösung vor sich gehen soll, wird dann

$$\Delta G_r = c\,\overline{G}_C + d\,\overline{G}_D + \ldots - a\,\overline{G}_A - b\,\overline{G}_B - \ldots,$$

also

$$\Delta G_r = [c\,G_C^0 + d\,G_D^0 + \ldots - a\,G_A^0 - b\,G_B^0 - \ldots]$$
$$+ c\,RT \ln (C) + d\,RT \ln (D) + \ldots - a\,RT \ln (A) - b\,RT \ln (B) - \ldots$$

Der in der eckigen Klammer stehende Ausdruck ist $= \Delta G_r^0$, und die weiteren Terme lassen sich zu einem einzigen Ausdruck

$$R \cdot T \cdot \ln \frac{(C)^c \cdot (D)^d \ldots}{(A)^a \cdot (B)^b \ldots}$$

zusammenfassen. Die *Änderung der freien Enthalpie* bei einer *chemischen Reaktion* (wobei die Reaktionsteilnehmer *in beliebigen Konzentrationen* auftreten) ist dann

$$\Delta G_r = \Delta G_r^0 + R \cdot T \cdot \ln \frac{(C)^c \cdot (D)^d \ldots}{(A)^a \cdot (B)^b \ldots} \qquad (8.7)$$

Dies bedeutet, daß *die Änderung der freien Enthalpie während einer chemischen Reaktion durch zwei Teilbeträge bestimmt wird; Der eine davon* (ΔG_r^0) *ist für die betreffende Reaktion charakteristisch* und *konstant, während der zweite durch die jeweiligen Werte der Konzentrationen* (Aktivitäten!) oder *Partialdrucke gegeben ist,* die sich *auch während der Umsetzung rasch ändern* können. Daß ΔG_r – im Gegensatz zu ΔH – durch Konzentrationsänderungen beeinflußt wird, kommt davon, daß die Entropie einer bestimmten Substanzmenge wesentlich davon abhängt, in welcher Flüssigkeitsmenge diese gelöst ist (bzw. wie groß ihr Partialdruck ist), daß also die Entropie einer Lösung (eines Gasgemisches) von ihrer Konzentration (den Partialdrucken) abhängt (unterschiedlicher Ordnungsgrad!). Die Reaktionswärme ΔH ändert sich hingegen nur wenig, wenn die betreffenden Substanzen in einer größeren oder kleineren Menge des Lösungsmittels gelöst sind.

---

[1] Es mag auf den ersten Blick befremdend erscheinen, den Logarithmus einer dimensionsbehafteten Größe (p) zu verwenden. Man muß sich jedoch bewußt sein, daß «ln p» in Wirklichkeit den Logarithmus eines Quotienten (ln p/p_0) darstellt, wobei $p_0 = 1$ bar ist, so daß für p im Ausdruck «ln p» nur die Maßzahl des Druckes genommen werden muß.

[2] Für verdünnte Lösungen ($< 0,01$ M) werden Aktivität und Konzentration praktisch identisch. Näherungsweise werden aber häufig auch für konzentriertere Lösungen (bis etwa 1 molar) die Aktivitätskoeffizienten vernachlässigt und damit Aktivität und Konzentration einander gleichgesetzt. Über den Einfluß der *Ionenstärke* auf Aktivität siehe S. 260.

[3] Nach der Zustandgleichung für ideale Gase sind Konzentration (n/V) und Druck einander proportional.

[4] Wiederum steht «ln C» für «ln $\frac{C}{C^0}$», wobei C^0 die Konzentration im Standardzustand (1 mol/Liter) ist.

8.4 Das chemische Gleichgewicht

Qualitative Beschreibung. Bei sehr vielen Experimenten findet man, daß keine vollständige Umwandlung der Ausgangsstoffe in die Endstoffe stattfindet, gleichgültig, wie lange man die Reaktion laufen läßt. Bringt man z. B. in einen verschlossenen Kolben 1 mol Iodwasserstoff und erwärmt zunächst etwas, hält dann aber die Temperatur konstant, so beginnt sich die Verbindung in ihre Elemente zu zersetzen. Die Konzentration von HI nimmt ab; am Anfang rascher, dann allmählich langsamer, bis sie schließlich konstant wird. Durch die Zersetzung entstehen gleiche molare Mengen von Wasserstoff und Iod. Ihre Konzentrationen nehmen zu, wiederum am Anfang rascher, dann allmählich langsamer, bis sie ebenfalls konstant werden (Abb. 8.6).

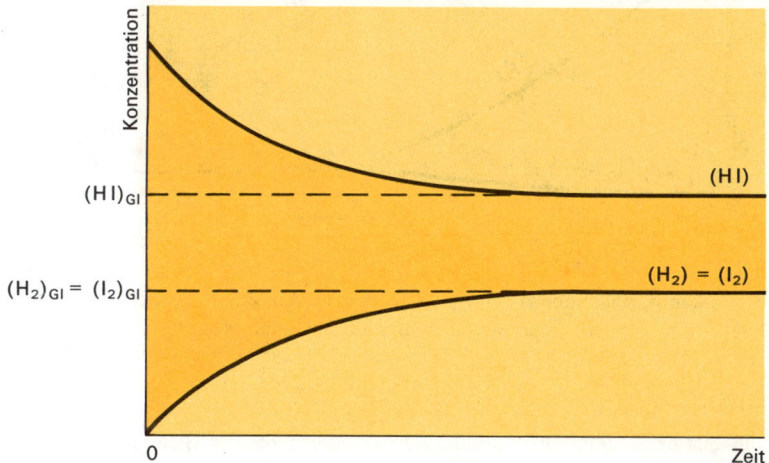

Abb. 8.6. *Die Konzentrationen von H_2, I_2 und HI als Funktion der Zeit $(HI)_{Gl}$, $(H_2)_{Gl}$ und $(I_2)_{Gl}$ bedeuten die Konzentrationen im Gleichgewicht*

Im Endzustand sind alle drei Stoffe in bestimmten Konzentrationen im Kolben vorhanden; wird dieser Zustand von außen nicht weiter beeinflußt (z. B. durch Temperaturänderung), so bleibt er beliebig lange unverändert bestehen. Ein solcher Zustand wird als **chemisches Gleichgewicht** bezeichnet.

Kinetische Interpretation. Die Einstellung eines Gleichgewichtszustandes ist die Folge zweier entgegengesetzt gerichteter chemischer Reaktionen. Zu Beginn zersetzt sich HI in die Elemente; in dem Maß, wie die Konzentration des vorhandenen HI abnimmt, sinkt die Reaktionsgeschwindigkeit. Umgekehrt vereinigen sich die Elemente H_2 und I_2 wieder zur Verbindung, wobei die Reaktionsgeschwindigkeit zunimmt, weil die Konzentrationen von H_2 und I_2 wachsen. Schließlich wird ein Zustand erreicht, wo die Reaktionsgeschwindigkeiten beider Vorgänge genau gleich groß werden (pro Zeiteinheit zerfallen genau gleich viele Moleküle HI, wie wiederum neu entstehen) und das Gleichgewicht ist erreicht worden (Abb. 8.7). Beide

Vorgänge gehen zwar – mit *gleicher Geschwindigkeit!* – dauernd weiter, aber die Zusammensetzung des Gemisches ändert sich nicht mehr. Wie bei Phasengrenzflächen liegt auch hier ein echtes dynamisches Gleichgewicht vor.

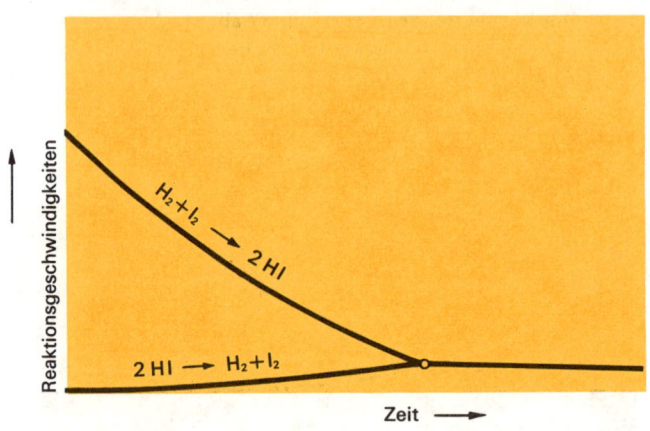

Abb. 8.7
Gleichgewichtseinstellung
im System $H_2 + I_2 \rightleftarrows 2HI$

Man erkennt, daß sich im Prinzip bei jedem *umkehrbaren Vorgang* in einem abgeschlossenen System ein solcher Gleichgewichtszustand einstellen muß:

$$2\,HI\,(g) \;\rightleftarrows\; H_2\,(g) + I_2\,(g)$$

Dabei ist es natürlich gleichgültig, von welcher Seite der Gleichung man am Anfang ausgeht; im diskutierten Beispiel wird schließlich auch ein Gleichgewichtszustand erreicht, wenn man 1 mol H_2 und 1 mol I_2 in den Kolben einschließt. Es zeigt sich dabei, daß das Verhältnis der Konzentration der Reaktionsteilnehmer nur von den Ausgangskonzentrationen und von der Temperatur abhängt; wählen wir also beide Male je 1 mol und halten das Gefäß bei der gleichen Temperatur, so sind in beiden Fällen im Gleichgewicht dieselben molaren Mengen der reagierenden Stoffe vorhanden.

Das Massenwirkungsgesetz. Wir haben bereits bemerkt, daß ein exergonischer Vorgang Arbeit (im reversiblen Grenzfall w_{max}) leisten kann, ΔG_r also negativ ist. Bei einer umkehrbaren Reaktion erreicht man aber den Gleichgewichtszustand unabhängig davon, ob man von den Substanzen der linken oder der rechten Seite der Reaktionsgleichung ausgeht. In jedem Fall muß ΔG also zunächst negativ sein, um dann für den Gleichgewichtszustand selbst Null zu werden.
Diese Verhältnisse werden anschaulich, wenn man die «*Reaktionslaufzahl*» λ einführt und G_r als Funktion von λ darstellt. Auf der linken Seite der entsprechenden graphischen Darstellung (Abb. 8.8) ist $\lambda = 0$ (Beginn der Reaktion); der dazugehörige Wert von G stellt die gesamte freie Enthalpie aller Ausgangssubstanzen dar. Zu $\lambda = 1$ (was bedeutet, daß der Vorgang vollständig abgelaufen ist) gehört die freie Enthalpie der Reaktionsprodukte. Zwischen $\lambda = 0$

und $\lambda = 1$ werden die *G*-Werte für alle Gemische der Reaktanten aufgetragen, wie sie in der Reaktion nacheinander auftreten. Im Fall der Abb. 8.8a verläuft die gesamte Reaktion vollständig von links nach rechts: die freie Enthalpie der Produkte ist beträchtlich kleiner als die freie Enthalpie der Reaktanten. Eine Kurve wie in Abb. 8.8b zeigt ein Minimum von *G* ($dG/d\lambda = 0$) in der Nähe von $\lambda = 1$. Dies bedeutet, daß der betreffende Vorgang zu einem *Gleichgewicht* führt (*G* minimal und $dG/d\lambda = 0$), wobei im Gleichgewicht die Mengen der Produkte überwiegen, das Gleichgewicht also «rechts liegt». Abb. 8.8c schließlich zeigt den Fall eines «links liegenden» Gleichgewichtes: das Minimum von *G* mit $dG/d\lambda = 0$ (d. h. der Gleichgewichtszustand) liegt nahe bei $\lambda = 0$, d. h. die Reaktanten setzen sich nur zu einem kleinen Teil

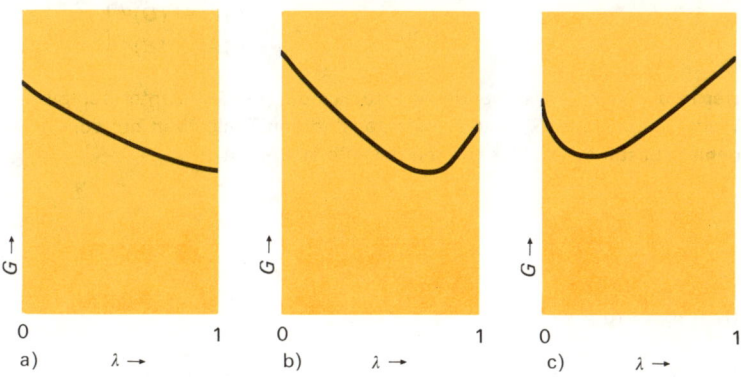

Abb. 8.8. *Freie Enthalpie und Reaktionslaufzahl*
a) freie Enthalpie der Endstoffe kleiner als der Ausgangsstoffe ; Vorgang läuft vollständig ab ;
b) umkehrbarer Vorgang mit rechts liegendem Gleichgewicht : Minimum der freien Enthalpie näher den Endstoffen ; c) umkehrbarer Vorgang mit links liegendem Gleichgewicht : Minimum der freien Enthalpie näher den Ausgangsstoffen

zu den Produkten um. In allen drei Fällen ist die maximale Nutzarbeit gleich der Differenz der freien Enthalpie zwischen Anfangs- und Endzustand. Selbstverständlich ist die tatsächlich geleistete Arbeit meist *geringer* als $\Delta G = w_{max}$, weil kein natürlicher Vorgang vollkommen reversivel durchführbar ist, bei der Ableitung des Zusammenhanges zwischen ΔG und w_{max} aber reversible Zustandsänderungen betrachtet worden sind.

Im Gleichgewichtszustand ist $dG_r/d\lambda = 0$; die Summe der chemischen Potentiale der Produkte ist gleich der Summe der chemischen Potentiale der Reaktanten. Anders gesagt, die algebraische Summe aller chemischen Potentiale ist Null:

$$\sum \Delta n \cdot \overline{G} = 0$$

(Δn ist die Summe der Molzahlen, wobei die Molzahlen der Produkte positiv, die Molzahlen der Reaktanten negativ gezählt werden.)

Um eine Aussage über die Konzentration (Partialdrucke) der Reaktionsteilnehmer im *Gleichgewicht* zu machen, verwenden wir die Beziehung (8.7) (S. 298).
Für eine Reaktion

$$aA + bB \rightleftharpoons cC + dD$$

gilt (für beliebige Konzentrationen)

$$\Delta G_r = \Delta G_r^0 + R \cdot T \cdot \ln \frac{(C)^c \cdot (D)^d}{(A)^a \cdot (B)^b} \,.$$

Wenn nun (C), (D), (A) und (B) die Konzentrationen (Aktivitäten) der Reaktionsteilnehmer *im Gleichgewicht* bedeuten, so wird $\Delta G_r = \sum \Delta n \cdot \overline{G} = 0$, also

$$0 = \Delta G_r^0 + R \cdot T \cdot \ln \left[\frac{(C)^c \cdot (D)^d}{(A)^a \cdot (B)^b} \right] \,.$$

Der in der Klammer stehende Ausdruck muß (bei konstanter Temperatur) einen konstanten Wert besitzen, da ΔG_r^0 eine Konstante ist, deren Zahlenwert nur von der Art der Reaktionsteilnehmer bestimmt ist. Wir können deshalb schreiben

$$\frac{(\mathbf{C})^c \cdot (\mathbf{D})^d}{(\mathbf{A})^a \cdot (\mathbf{B})^b} = \mathbf{K} \tag{8.8}$$

und

$$\Delta \mathbf{G}_r^0 = -\mathbf{R} \cdot \mathbf{T} \cdot \ln \mathbf{K} \tag{8.9}$$

$(R = 8{,}31 \cdot 10^{-3} \text{ kJ mol}^{-1} \text{ K}^{-1})$

Die Gleichung (8.8) gibt das Verhältnis der Konzentrationen (Aktivitäten) bzw. bei Gasen der Partialdrucke im Gleichgewichtszustand wieder. Man bezeichnet sie als das **Massenwirkungsgesetz**[1]. Die Konstante K heißt **Massenwirkungs-** oder **Gleichgewichtskonstante** und hängt für eine bestimmte Reaktion nur von der Temperatur ab[2].

Um verschiedene, umkehrbare Vorgänge miteinander vergleichen zu können, schreibt man die Gleichungen so, daß die exotherme «Richtung» nach rechts verläuft, und stellt die Produkte in den Zähler des Massenwirkungsgesetzes (MWG). Würde man die Edukte in den Zähler setzen, so bekäme man für die Gleichgewichtskonstante $1/K$.

Die Gleichungen (8.8) und (8.9) gehören zu den für die gesamte Chemie wichtigsten Ergebnissen der Thermodynamik. Das Massenwirkungsgesetz (Gleichung 8.8) ermöglicht, die *Verschiebung von Gleichgewichten* durch *Ändern der Konzentrationen* zu verstehen, und erlaubt die *rechnerische* Ermittlung der *Konzentrationen der Reaktionsteilnehmer im Gleichgewicht*. Die Gleichung (8.9) bildet die Verbindung zwischen Eigenschaften der einzelnen Substanzen und dem Ausmaß, in welchem die Reaktion zwischen ihnen fortschreitet. ΔG_r^0 kann aus den freien Bildungsenthalpien der Reaktionsteilnehmer berechnet werden, und diese wiederum

---

[1] Nach Guldberg und Waage (1867), welche die Konzentrationen als «aktive Massen» bezeichneten.
[2] Für *reale Gase* gilt der Ausdruck (8.8) nicht exakt. Ähnlich wie bei Lösungen statt der Konzentration einer Substanz ihre Aktivität verwendet werden muß, benützt man bei Gasen die *«Fugazität»* f als Ausdruck des «realen» Partialdruckes, wobei f proportional p und im Fall von idealem Verhalten gleich p ist.

sind aus den gemessenen ΔH_f^0-Werten und den nach dem 3. Hauptsatz berechneten absoluten Entropien erhältlich. Es ist deshalb mit Hilfe der Gleichung (8.9) möglich, zu berechnen, ob und in welchem Ausmaß eine bestimmte Reaktion möglich ist, ohne sie im Experiment durchführen zu müssen.

Die Gleichung (8.9) läßt sich auch in einer anderen Form schreiben:

$$K = e^{-\Delta G_r^0/RT} \quad \text{oder} \quad K = 10^{-\Delta G_r^0/2,3\,RT}$$

Wenn $\Delta G_r^0 < 0$, ist der Exponent positiv und **K ist größer als 1.** Im Gleichgewicht *überwiegen die Produkte.* Reaktionen mit sehr großem negativem ΔG_r^0 laufen praktisch vollständig ab. Ist $\Delta G_r^0 > 0$, so ist **K < 1**; die Reaktion verläuft *unvollständig.* Im Gleichgewicht wird eine gewisse Menge der Produkte vorhanden sein; die Konzentrationen der Edukte überwiegen jedoch.

Beispiele:

1. Bei 490 °C werden 1 mol Wasserstoff und 1 mol Iod in einen Kolben von 1 Liter Inhalt eingeschlossen. Man berechne die Gleichgewichtskonzentrationen aller Stoffe. K hat bei der angegebenen Temperatur den Wert 45,9.

Gemäß der Reaktionsgleichung

$$H_2 + I_2 \rightleftharpoons 2\,HI$$

werden zur Bildung von $2n$ mol H I n mol H_2 und n mol I_2 benötigt. Im Gleichgewicht sind $2n$ mol H I, $(1-n)$ mol H_2 und $(1-n)$ mol I_2 vorhanden; da das Kolbenvolumen 1 Liter beträgt, ist die molare Konzentration jedes Reaktionspartners gleich der Zahl der im Kolben enthaltenen Mole.

Es ist somit $\dfrac{(HI)^2}{(H_2)\cdot(I_2)} = 45{,}9$; also $\dfrac{(2n)^2}{(1-n)\cdot(1-n)} = 45{,}9$.

Die Lösung dieser quadratischen Gleichung führt für n auf den Wert 0,772.

Die Gleichgewichtskonzentrationen sind also:

$$\begin{aligned}
(H_2) &= 1 - n = \underline{0{,}228 \text{ mol/l}} \\
(I_2) &= 1 - n = \underline{0{,}228 \text{ mol/l}} \\
(HI) &= 2n \quad\ = \underline{1{,}544 \text{ mol/l}}
\end{aligned}$$

2. Wir wollen die Gleichgewichtskonstante der Reaktion

$$N_2 + 3\,H_2 \rightleftharpoons 2\,NH_3$$

berechnen.

$\ln K$ ist $= -\dfrac{\Delta G_r^0}{R \cdot T}$, und unter Berücksichtigung des Umwandlungsfaktors $\ln \rightarrow \log$ sowie mit den für 25°C eingesetzten Werten von T und R wird:

$$\log K = -\frac{\Delta G_r^0}{5,7} \qquad (\Delta G_r^0 \text{ in kJ})$$

$$G_r^0 = \left[\sum \Delta H_f^0 \text{(Produkte)} - \sum \Delta H_f^0 \text{(Edukte)}\right] - T \cdot \left[\sum S^0 \text{(Produkte)} - \sum S^0 \text{(Edukte)}\right]$$

ΔH_f^0 (Produkte) $= -2 \cdot 45,6$ kJ/mol

ΔH_f^0 (Edukte) $= 0$

S^0 (Produkte) $= 2 \cdot 192,6$ J mol^{-1} K^{-1} $= 0,385$ kJ mol^{-1} K^{-1}

S^0 (Edukte) $= 191,2 + 3 \cdot 130,6 = 583$ J mol^{-1} K^{-1} $= 0,583$ kJ mol^{-1} K^{-1}

$G_r^0 = \Delta H^0 - T \cdot \Delta S^0 = -91,2 - 298 \cdot (-0,2) = -31,6$ kJ/mol

$$K = 10^{\frac{31,6}{5,7}} = 10^{5,54} \quad \text{(bei 25°C)}$$

3. Für die Reaktion

$$2\,NO + O_2 \;\rightleftarrows\; 2\,NO_2$$

ist die Gleichgewichtskonstante (bei 25°C) $K = 1,6 \cdot 10^{12}$. Die freie Bildungsenthalpie von NO im Standardzustand ist 86,7 kJ/mol; man berechne ΔG_f^0 (NO$_2$).

$$\Delta G_r^0 = -RT \ln K$$

$$= -(8,31 \cdot 298 \cdot 2,303 \log 1,6 \cdot 10^{12}) \;\; \text{J K mol}^{-1} \text{ K}$$

$$= -69,6 \text{ kJ/mol}$$

$$\Delta G_r^0 = 2 \cdot \Delta G_f^0 (NO_2) - 2 \cdot \Delta G_f^0 (NO) - \underset{\substack{\downarrow \\ \text{Null}}}{\Delta G_f^0 (O_2)}$$

$$\Delta G_f^0 (NO_2) = \tfrac{1}{2} \cdot [\Delta G_r^0 + 2 \,\Delta G_f^0 (NO)]$$

$$= \tfrac{1}{2} \,(-69,6 + 2 \cdot 86,7) \text{ kJ/mol}$$

$$\underline{\Delta G_f^0 (NO_2) = 51,9 \text{ kJ/mol}}$$

Das Massenwirkungsgesetz läßt die **Verschiebung eines Gleichgewichtes** durch *Änderung der Konzentrationen* verstehen. Führt man z.B. einem System, das sich im Gleichgewicht befindet, zusätzlich eine bestimmte Menge eines Ausgangsstoffes zu, so wird dadurch dessen

Konzentration erhöht. Um die Gleichgewichtsbedingung zu erfüllen (*K* bleibt bei unveränderter Temperatur konstant!), muß sich ein Teil des zugesetzten Stoffes mit einer gewissen Menge des (oder der) anderen Ausgangsstoffes in Endstoffe verwandeln. Die Folge davon ist, daß nachher im Gleichgewicht die Konzentrationen der Endstoffe größer sind als vorher. *Durch Erhöhen der Konzentration eines Ausgangsstoffes läßt sich also das Gleichgewicht zugunsten der Endstoffe verschieben.*

Beispiel: Die Veresterung von Äthanol mit Essigsäure verläuft nach folgender Gleichung:

$$CH_3COOH + C_2H_5OH \rightleftharpoons CH_3COOC_2H_5 + H_2O$$

Essigsäure   Äthanol   Äthylacetat
                                     ein Ester

Die Gleichgewichtskonstante hat bei 25°C den Wert 4. Man berechne die Gleichgewichtskonzentrationen der Reaktionsteilnehmer, wenn man 1 mol Alkohol mit 1 mol Säure bzw. 2 mol Alkohol mit 1 mol Säure reagieren läßt.
Die Konzentration des Esters im Gleichgewicht bezeichnen wir mit *x*. Da gleich viele Ester- und Wassermoleküle entstehen, ist (H_2O) auch = *x*. Für den ersten Fall sind die anfänglichen Konzentrationen von Säure und Alkohol 1, im Gleichgewicht aber nur noch 1 − *x* (zur Bildung jedes Estermoleküls wird ein Alkohol- und ein Säuremolekül verbraucht). Deshalb lautet das MWG:

$$\frac{x^2}{(1-x)^2} = 4$$

Die Auflösung dieser Gleichung ergibt als Lösungen die Werte *x* = 2 und *x* = ⅔. Nur der zweite Wert ist chemisch möglich. Es haben sich somit je ⅔ Mol Ester und Wasser gebildet; ⅓ Mol Alkohol und Säure sind übriggeblieben. Geht man von 2 Mol Alkohol und 1 Mol Säure aus, so werden ihre Konzentrationen im Gleichgewicht = 2 − *x* bzw. 1 − *x*. Das MWG lautet dann:

$$\frac{x^2}{(2-x) \cdot (1-x)} = 4$$

Als Lösungen erhält man *x* = 3,165 oder *x* = 0,835; der erste Wert ist unbrauchbar. Es sind jetzt also je 0,835 mol Ester und Wasser entstanden. Im Gleichgewicht sind nur noch 1,165 mol Alkohol und 0,165 mol Säure übrig.
Der Vergleich beider Ergebnisse zeigt, wie die Erhöhung der Konzentration eines Ausgangsstoffes (des Alkohols) tatsächlich das Gleichgewicht zugunsten der Endstoffe verschiebt.
Statt durch Zufügen eines Ausgangsstoffes kann man das Gleichgewicht auch durch Entfernen eines Endstoffes «stören». Durch dieses Entfernen wird der Zähler des MWG kleiner. Daher werden aus den noch vorhandenen Ausgangsstoffen wieder Endstoffe gebildet, bis der Quotient aus den Massenwirkungsprodukten wieder der Gleichgewichtskonstanten entspricht. Führt man dieses «Entfernen» fortlaufend durch, so kommt es zu keinem Gleichgewicht, und die Ausgangsstoffe werden praktisch ganz in die Endstoffe verwandelt. Der Vorgang läuft dann vollständig ab. *Entziehen eines Produktes verschiebt also das Gleichgewicht ebenfalls zugunsten der Produkte.* Ein solcher Entzug eines Produktes kann z.B. dadurch geschehen, daß ein Endstoff als Gas aus dem System entweicht oder als unlöslicher Stoff aus einer Lösung ausscheidet.

Temperaturabhängigkeit der Gleichgewichtskonstanten. Um die Temperaturabhängigkeit von K zu erhalten, kombinieren wir die beiden Gleichungen für ΔG_r^0:

$$\Delta G_r^0 = \Delta H^0 - T \cdot \Delta S^0$$

$$\Delta G_r^0 = -R \cdot T \cdot \ln K$$

Es ist dann $-R \cdot T \cdot \ln K = \Delta H^0 - T \cdot \Delta S^0$ und

$$\ln K = -\frac{\Delta H^0}{R \cdot T} + \frac{\Delta S^0}{R} .$$

Wenn ΔH^0 und ΔS^0 konstante Größen und von der Temperatur unabhängig sind, ist der Logarithmus von K umgekehrt proportional zur absoluten Temperatur. Ist der betrachtete Temperaturbereich nicht allzu groß, so sind ΔH^0 und ΔS^0 tatsächlich angenähert temperaturunabhängig, und es gilt dann:

$$\frac{d(\ln K)}{d(1/T)} = -\frac{\Delta H^0}{R} \quad \text{oder, da } d(1/T) = -dT/T^2 \text{ ist:}$$

$$\frac{d(\ln K)}{dT} = \frac{\Delta H^0}{R \cdot T^2} \tag{8.10}$$

Die Beziehung (8.10), die **Gleichung von van't Hoff,** zeigt, daß ΔH^0 die *Temperaturabhängigkeit der Gleichgewichtskonstanten bestimmt.* Wenn ΔH^0 negativ ist, wird auch $d(\ln K)$ negativ, sofern dT positiv ist. Da wir die Gleichgewichte übereinkunftsgemäß so schreiben, daß die exotherme Reaktion von links nach rechts verläuft, wird K mit zunehmender Temperatur kleiner, d.h. das Gleichgewicht verschiebt sich beim Erwärmen nach links. Diese Aussage stellt nichts anderes als eine quantitative Formulierung des Prinzips von Le Chatelier (des *«Prinzips der Flucht vor dem Zwang»*) dar:

Wird auf ein im Gleichgewicht befindliches System durch Ändern der äußeren Bedingungen ein «Zwang» ausgeübt, so verschiebt sich das Gleichgewicht derart, daß es dem Zwang ausweicht, d.h. es stellt sich ein neues Gleichgewicht mit vermindertem Zwang ein. Führt man also einem Gleichgewicht Wärme zu, so sucht das System die Wärme möglichst zu verbrauchen, um dem Zwang «auszuweichen», d.h. die endotherme Reaktion wird begünstigt.

Die Gleichung (8.10) kann umgeformt und für einen Temperaturbereich $T_1 - T_2$ integriert werden. Unter der Voraussetzung, daß ΔH^0 im betrachteten Bereich temperaturunabhängig ist, erhält man

$$d(\ln K) = -\frac{\Delta H^0}{R} \, d\left(\frac{1}{T}\right)$$

$$\int_{K_1}^{K_2} d(\ln K) = -\frac{\Delta H^0}{R} \int_{T_1}^{T_2} d\left(\frac{1}{T}\right)$$

$$\ln \frac{K_2}{K_1} = -\frac{\Delta H^0}{R} \cdot \left(\frac{1}{T_2} - \frac{1}{T_1}\right) \tag{8.11}$$

Nach Gleichung (8.11) läßt sich K für eine beliebige Temperatur berechnen, sofern für eine bestimmte Temperatur die Größe der Gleichgewichtskonstanten sowie ΔH^0 bekannt sind. Umgekehrt ermöglicht die Kenntnis der Konstanten K bei zwei verschiedenen Temperaturen die Berechnung von ΔH^0. Trägt man $\ln K$ (oder $\log K$) als Funktion von $1/T$ auf, so ergibt sich nach (8.11) eine Gerade mit der Neigung $-\Delta H^0/R$ (Abb. 8.9).

Abb. 8.9
Veränderung der Gleichgewichts-
konstante mit der Temperatur

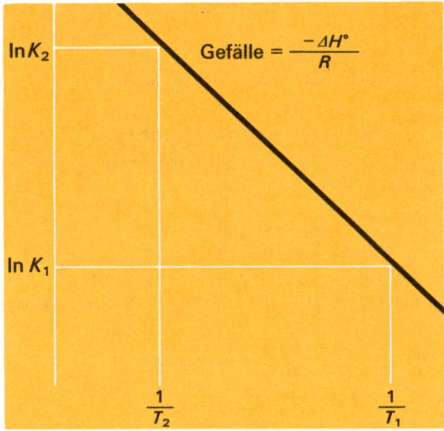

Beispiel: Die Reaktionswärme der Bildung von Ammoniak beträgt $-91{,}2$ kJ. Wir berechnen die Gleichgewichtskonstante für 525 °C (798 K); für 25 °C ist die Konstante $K = 10^{5{,}54}$ [siehe Beispiel (2), S. 304].
Unter Berücksichtigung des Umwandlungsfaktors $\ln \longrightarrow \log$ und nach Einsetzen des Zahlenwertes für R (8,31 J mol^{-1} K^{-1}) wird die Gleichung (8.11):

$$\log \frac{K_2}{K_1} = -\frac{\Delta H^0}{4{,}58} \left(\frac{1}{T_2} - \frac{1}{T_1} \right) \qquad (\Delta H^0 \text{ in J/mol!})$$

$$\log \frac{K_2}{K_1} = -\frac{-91\,200}{19{,}16} \left(\frac{1}{798} - \frac{1}{298} \right) = -10{,}01$$

$$\log K_2 - \log K_1 = -5, \text{ damit ist } \log K_2 = -10{,}01 + 5{,}54 = -4{,}47$$

$$K_2 = 10^{-4{,}47} = 3{,}4 \cdot 10^{-5}$$

8.5 Das Löslichkeitsprodukt

Die Vorgänge an der Oberfläche eines Salzes, das mit seiner gesättigten Lösung in Berührung steht, bilden ein Beispiel für ein *heterogenes Gleichgewicht.* Aus dem Gitter treten ständig Ionen in die Lösung über, und aus der Lösung werden Ionen vom festen Salz eingefangen und ins Gitter eingebaut:

$$AB \text{ (s)} \rightleftarrows A^+aq + B^-aq$$

Für dieses Gleichgewicht läßt sich das Massenwirkungsgesetz aufstellen:

$$\frac{(A^+ \, aq) \cdot (B^- \, aq)}{(AB)} = K$$

Solange aber festes Salz AB als Bodensatz vorhanden ist, bleibt seine Aktivität (AB) konstant, und wir können vereinfachen:

$$(A^+) \cdot (B^-) = Lp$$

Im Gleichgewichtszustand – in der gesättigten, mit festem Salz in Berührung stehenden Lösung – ist also das Produkt der Konzentrationen (genauer: der Aktivitäten) der Ionen konstant. Die Konstante wird als **Löslichkeitsprodukt** des betreffenden Salzes bezeichnet[1].
Auch für das Löslichkeitsprodukt gilt die Beziehung (8.9), S. 302:

$$\Delta G_r^0 = - R \cdot T \cdot \ln Lp$$

Bei Kenntnis von ΔG_r^0 (das aus den freien Energien der Reaktionspartner ermittelt werden kann) läßt sich das Löslichkeitsprodukt berechnen (vgl. Übung 8.16, S. 313).
Je kleiner das Löslichkeitprodukt, desto schwerer löslich ist das betreffende Salz. Natürlich hängt die Größe des Löslichkeitsproduktes von der *Temperatur* ab (die Löslichkeit vieler Salze ist sehr stark temperaturabhängig!). Man beachte, daß bei Salzen von der Formel AB_2 das Löslichkeitsprodukt die Form

$$Lp = (A^{2+}) \cdot (B^-)^2$$

annimmt. Tabelle 8.11 enthält die Löslichkeitsprodukte einiger schwerlöslicher Salze.

Tabelle 8.11. Löslichkeitsprodukte schwerlöslicher Salze

AgCl	10^{-10}	$CaCO_3$	$4,8 \cdot 10^{-9}$	HgS	10^{-54}
AgBr	$5 \cdot 10^{-13}$	$BaCO_3$	$5 \cdot 10^{-9}$	CuS	10^{-40}
AgI	10^{-16}			CdS	10^{-28}
CaF_2	$3,4 \cdot 10^{-11}$	$Al(OH)_3$	10^{-33}	PbS	10^{-28}
$PbCl_2$	$1,7 \cdot 10^{-5}$	$Fe(OH)_3$	10^{-38}	ZnS	10^{-23}
		$Fe(OH)_2$	10^{-15}	FeS	10^{-21}
$BaSO_4$	10^{-10}	$Ni(OH)_2$	10^{-14}	NiS	10^{-21}
$PbSO_4$	10^{-8}	$Mg(OH)_2$	10^{-12}		
		$Ca(OH)_2$	$8 \cdot 10^{-6}$		

Die Kenntnis des Löslichkeitsproduktes ist von Bedeutung für die Betrachtung der *Vorgänge beim Auflösen und Ausfällen von Salzen.* Hat man z.B. eine Lösung, welche Ba^{2+}-Ionen enthält, und setzt eine SO_4^{2-}-haltige Lösung zu, so beginnt sich festes $BaSO_4$ auszuscheiden, wenn das Produkt der Konzentrationen von Ba^{2+}- und SO_4^{2-}-Ionen größer wird als das Löslichkeitsprodukt, d.h. wenn das Löslichkeitsprodukt überschritten wird. Um die vorhandenen Ba^{2+}-Ionen

---

[1] Weil sich das Löslichkeitsprodukt immer auf Lösungen bezieht, wurden die Hinweise «aq» nach den einzelnen Ionen weggelassen.

möglichst vollständig auszufällen, verwendet man möglichst hohe Konzentrationen von SO_4^{2-}-Ionen, weil dann – gemäß dem Lp (Ba^{2+}) · (SO_4^{2-}) – nur sehr kleine Mengen Ba^{2+}-Ionen in der Lösung zurückbleiben. Die Ausfällung eines schwerlöslichen Salzes soll daher mit einem Überschuß des Fällungsmittels geschehen.

Entfernt man hingegen eine Ionenart aus der gesättigten Lösung eines schwerlöslichen Salzes, so stört man dadurch das Löslichkeitsgleichgewicht, und es müssen neue Ionen aus dem Bodensatz in Lösung gehen, bis sich das Salz schließlich völlig löst. Das Entziehen von Ionen aus einer Lösung kann z. B. dadurch geschehen, daß eine Ionenart mit einem zugesetzten Reagens ein Komplex-Ion bildet. So beruht die Löslichkeit von AgCl in verdünnter Ammoniaklösung darauf, daß NH_3-Moleküle mit Ag^+-Ionen den $[Ag(NH_3)_2]^+$-Komplex bilden. Enthält ein Salz basische Ionen (siehe S. 351), so läßt sich das Löslichkeitsprodukt dadurch stören (und das Salz dadurch lösen), daß man eine genügend starke Säure zusetzt, die mit diesen Ionen reagiert.

Aus dem Löslichkeitsprodukt läßt sich die *Löslichkeit* eines Salzes berechnen. Die molare Löslichkeit (Löslichkeit in mol/l) eines Salzes AB entspricht der Konzentration an A^+- oder B^--Ionen; bei einem Salz AB_2 ist die molare Löslichkeit gleich (A^{2+}) oder gleich ½ (B^-), denn die Konzentrationen an B^--Ionen ist doppelt so hoch wie die A^{2+}-Ionenkonzentration.

Beispiele:

1. Wie groß ist die Löslichkeit von $BaSO_4$ in g/l? ($Lp = 10^{-10}$).
   $Lp = (Ba^{2+}) · (SO_4^{2-})$, also wird $(Ba^{2+}) = (SO_4^{2-}) = \sqrt{10^{-10}} = 10^{-5}$.
   Die molare Löslichkeit von $BaSO_4$ beträgt 10^{-5} mol/Liter. Da 1 mol $BaSO_4$ 233,3 g wiegt, lösen sich im Liter $233,3 · 10^{-5}$ g = 2,333 mg $BaSO_4$.

2. Die Löslichkeit von AgCl beträgt (bei 20°C) $1,435 · 10^{-3}$ g/l. Gesucht ist das Löslichkeitsprodukt des Salzes und seine Löslichkeit in einer 0,1-M NaCl-Lösung.
   1 Mol AgCl wiegt 143,5 g, so daß die molare Löslichkeit = $\dfrac{1,435·10^{-3}}{143,5} = 1·10^{-5}$ mol/Liter wird. Das Löslichkeitsprodukt ist daher

$$Lp = 10^{-5} · 10^{-5} = 10^{-10}$$

(die molare Löslichkeit von AgCl entspricht der Konzentration von Ag^+- bzw. Cl^--Ionen!). In einer 0,1-M NaCl-Lösung setzen wir die Konzentration der Cl^--Ionen = 0,1, vernachlässigen also dabei die wenigen Cl^--Ionen, die aus dem AgCl selbst stammen. Somit wird

$$(Ag^+) = \frac{10^{-10}}{0,1} = 10^{-9} \text{ mol/l} = 1,435 · 10^{-7} \text{ g/l}$$

Die Löslichkeit von AgCl in dieser 0,1-M NaCl-Lösung ist also 10000 mal kleiner als im reinen Wasser. Diese sehr geringe Löslichkeit wird durch den Überschuß an Cl^--Ionen bewirkt. Denselben Effekt hätte natürlich ein Überschuß an Ag^+-Ionen. Andere Ionen, wie ClO_3^-, SO_4^{2-} usw., haben hingegen keinen wesentlichen Einfluß auf die Löslichkeit von AgCl [1].

Es muß betont werden, daß das MWG (und natürlich auch das Lp) in seiner hier verwendeten Form nur für genügend verdünnte Lösungen streng gilt. Schon bei mäßig konzentrierten Lösungen (konzentrierter als 0,1 mol/l) müssen für genauere Berechnungen die *Aktivitäten* der Ionen statt ihren Konzentrationen verwendet werden. Für rein qualitative Betrachtungen genügen allerdings auch dann noch die einfacher zu ermittelnden Konzentrationen.

---

[1] Die Aktivitäten der Ionen hängen allerdings von der Ionenstärke I der Lösung ab, so daß u. U. Fremdionen die Löslichkeit beeinflussen können (vgl. S. 260).

In gewissen Fällen ist allerdings die *effektive Löslichkeit* eines Salzes viel *höher,* als man nach dem Löslichkeitsprodukt berechnet. Der Grund für dieses scheinbar abnorme Verhalten liegt darin, daß die *Kationen* des schwerlöslichen Salzes *Komplexe mit seinen Anionen* bilden, wenn diese in größeren Konzentrationen vorliegen. Dadurch wird die Konzentration der freien Kationen verringert, und es muß mehr Bodenkörper in Lösung gehen. Die dann zur Hauptsache in der Lösung frei vorhandenen Teilchen sind solche Komplex-Ionen; die Konzentration der freien (hydratisierten) Kationen entspricht aber genau der nach dem Löslichkeitsprodukt zu erwartenden Konzentration.

Beispiel: Fügt man zu einer gesättigten Lösung von AgCl Cl$^-$-Ionen, so sinkt seine Löslichkeit zunächst (wie nach dem Löslichkeitsprodukt zu erwarten ist), steigt dann aber bei wachsender Cl$^-$-Konzentration an (!), weil sich Komplex-Ionen der Zusammensetzung [AgCl$_2$]$^-$ bilden.

Das Löslichkeitsprodukt ist durch folgende Beziehung mit ΔG^0 des Lösungsvorganges verknüpft:

$$- \Delta G_s^0 = R \cdot T \cdot \ln K = - 5{,}8 \cdot pK \qquad (pK = - \log K)$$

K kann näherungsweise dem Löslichkeitsprodukt gleichgesetzt werden, sofern sich die Aktivitäten nicht allzu sehr von den molaren Konzentrationen unterscheiden. Je negativer ΔG_s^0, desto besser löslich ist das betreffende Salz. Die logarithmische Abhängigkeit des Löslichkeitsproduktes von ΔG_s^0 bedeutet, daß das Löslichkeitsprodukt durch relativ geringe Veränderungen von ΔG_s^0 stark beeinflußt wird. Ein Unterschied von 5,7 kJ/mol in den ΔG_s^0-Werten zweier Salze bedeutet für die Löslichkeitsprodukte einen Unterschied um eine Zehnerpotenz! Es ist deshalb nicht verwunderlich, daß sich «lösliche» und «schwerlösliche» Salze bezüglich ΔG_s^0 nur relativ wenig unterscheiden. So ist ΔG_s^0 im Fall von KNO$_3$ – einem «leicht löslichen» Salz – um weniger als 13 kJ/mol negativer als im Fall von KClO$_4$, das als «schwerlöslich» betrachtet wird.

Nach (8.3) ist ΔG_s^0 aus einem *Enthalpieterm* (ΔH_s^0) und einem *Entropieterm* ($- T \cdot \Delta S_s^0$) zusammengesetzt. Die Löslichkeit wird also erhöht, wenn die Lösungswärme negativ ist (Hydrationsenthalpie > Gitterenergie) und wenn die Entropie beim Lösen zunimmt. Hier muß besonders auf den Entropieterm hingewiesen werden, da er unter Umständen einen recht beträchtlichen Einfluß auf die Löslichkeit hat, im allgemeinen aber bei der Diskussion der Löslichkeit verschiedener Salze nicht berücksichtigt wird (so auch bei der Betrachtung der Löslichkeitsverhältnisse auf S. 247). An sich wäre ja zu erwarten, daß ΔS_s^0 positiv ist, weil die Ionen in der Lösung frei beweglich, im Kristall jedoch gebunden sind. Tatsächlich tritt beim Lösen häufig eine Entropie*abnahme* ein (ΔS_s^0 negativ, $T \cdot \Delta S_s^0$ positiv), weil durch die Hydration die Wassermoleküle ausgerichtet werden, ein Effekt, der die Löslichkeit verringert (K bzw. Lp verkleinert) und unter Umständen sogar eine negative Lösungsenthalpie überkompensiert (z. B. beim CaSO$_4$).

Allgemein läßt sich sagen, daß *Hydrationsenthalpie* und *Gitterenergie* bei typischen Salzen *oft von ähnlicher Größe* sind; Ausnahmen bilden z. B. die Silberhalogenide, bei denen durch die starke Polarisation der Anionen die Gitterenergie erhöht ist (vgl. S. 131), sowie Salze, bei denen sich Kationen und Anionen in ihrer Größe stark unterscheiden (z. B. Li I, zum Vergleich mit K I). Hier ist die Gitterenergie kleiner, so daß ΔH_s^0 stark negativ und die Löslichkeit unter Umständen sehr hoch wird. (Eine gesättigte Lösung von Li I enthält pro 100 g 82 g Salz!) Die bereits früher (S. 247) erwähnte Abnahme der Gitterenergie in der Reihe Mg(OH)$_2$ $\longrightarrow$ Ba(OH)$_2$

Tabelle 8.12. Thermodynamische Daten zu Lösevorgängen von Salzen bei 25 °C in kJ/mol

	ΔG^0	ΔH^0	$-T\Delta S^0$		ΔG^0	ΔH^0	$-T\Delta S^0$
LiF	+ 13,8	+ 4,2	+ 9,6	KF	− 25,9	− 17,6	− 8,4
LiCl	− 41,4	− 37,2	− 4,2	KCl	− 5,0	+ 17,2	− 22,2
LiBr	− 56,9	− 49,4	− 7,5	KBr	− 6,7	+ 20,1	− 26,8
LiI	− 77,8	− 63,6	− 13,4	KI	− 11,3	+ 20,5	− 31,8
AgF	− 14,6	− 20,5	+ 5,9	CaF_2	+ 55,6	+ 13,0	+ 42,7
AgCl	+ 55,6	+ 65,7	− 10,0	$CaCl_2$	− 64,0	− 82,8	+ 18,8
AgBr	+ 70,3	+ 84,5	− 14,2	$CaBr_2$	−102,9	−110,0	+ 7,1
AgI	+ 91,6	+112,1	− 20,5	CaI_2	−127,2	−120,5	− 6,7
$Mg(OH)_2$	+ 63,2	+ 2,5	+ 60,7	$Mg(NO_3)_2$	− 88,7	− 85,8	− 2,9
$Ca(OH)_2$	+ 28,9	− 16,7	+ 45,6				
$Sr(OH)_2$	− 2,5	− 46,4	+ 43,9				
$Ba(OH)_2$	− 18,8	− 52,3	+ 33,5	$Ba(NO_3)_2$	+ 13 4	+ 40 2	− 26 8
$MgSO_4$	− 24,3	− 91,2	+ 66,9	$MnSO_4$	− 13 4	− 66,9	+ 53,1
$CaSO_4$	+ 25,5	− 18,0	+ 43,5	$ZnSO_4$	− 17,6	− 77,0	+ 59,4
$SrSO_4$	+ 35,1	− 8,4	+ 43,4	$PbSO_4$	+ 45,2	+ 9,2	+ 36,0
$BaSO_4$	+ 50,6	+ 19,2	+ 31,4				

(die größer ist als die Abnahme der Hydrationsenthalpie und damit die in dieser Reihenfolge zunehmende Löslichkeit der Hydroxide bedingt) beruht ebenfalls auf den unterschiedlichen Größenverhältnissen der Ionen: das Mg^{2+}- und das OH^--Ion sind von ähnlicher Größe, während das Ba^{2+}-Ion beträchtlich größer ist als das OH^--Ion. Der umgekehrte Fall liegt vor bei den Erdalkalisulfaten: hier ist die Gitterenergie im Fall von $MgSO_4$ am kleinsten, da sich bei diesem Fall die Ionengrößen stark unterscheiden. − Die *Lösungsentropie* ist natürlich um so mehr negativ, je kleiner und höher geladen die Ionen sind, so daß in gewissen Fällen (wie z. B. beim LiF) die Wirkung der positiven Lösungsenthalpie verstärkt wird. Bei zahlreichen anderen Salzen vermag die positive Lösungsentropie (d.h. ein negativer Term $T \cdot \Delta S^0_s$) eine ebenfalls positive Lösungsenthalpie wettzumachen, so daß solche Salze gut löslich sind. Dies gilt beispielsweise für viele *Alkalihalogenide* (ΔH^0_s positiv!) sowie für die *Nitrate,* die ja sämtlich leicht löslich sind. Sowohl bei den Alkalihalogeniden wie bei den Nitraten beruht die relativ hohe Löslichkeit auf der mit dem Lösen verbundenen Entropiezunahme, d. h. auf der wenig «ordnenden» Wirkung der Anionen. Das CO_3^{2-}-Ion ist zwar von ähnlicher Größe wie das NO_3^--Ion; als Folge der doppelt negativen Ladung ist es jedoch stärker hydratisiert, so daß die Wassermoleküle besser ausgerichtet werden und die Lösungsentropien der Carbonate meist negativ werden.

Übungen

8.1   Wie würden Sie die Reaktion $2\,NO\,(g) + O_2\,(g) \longrightarrow 2\,NO_2\,(g)$ a) unter konstantem Druck, b) isotherm und c) adiabatisch ausführen?

8.2   Geben Sie an, ob bei den folgenden Zustandsänderungen der Energiegehalt eines Systems zu- oder abnimmt: a) Das System leistet Arbeit, b) das System gibt Wärme an die Umgebung ab, c) an dem System wird Arbeit geleistet, d) das System dehnt sich gegen einen äußeren Druck aus, e) durch elektrischen Strom aus einer äußeren (nicht zum System gehörenden) Batterie wird das System elektrolytisch zersetzt.

8.3   Berechnen Sie die molare Bildungsenthalpie von $Ca\,(OH)_2$ aus den folgenden Daten:

$$H_2\,(g) \quad + \tfrac{1}{2}\,O_2\,(g) \longrightarrow H_2O\,(l) \qquad \Delta H = -\ 286{,}0\ kJ/mol$$
$$CaO\,(s) + H_2O\,(l) \longrightarrow Ca\,(OH)_2\,(s) \qquad \Delta H = -\ 64{,}0\ kJ/mol$$
$$Ca\,(s) \quad + \tfrac{1}{2}\,O_2\,(g) \longrightarrow CaO\,(s) \qquad \Delta H = -\ 635{,}1\ kJ/mol$$

8.4   Berechnen Sie unter Verwendung der Angaben der Tabelle 8.4 die Reaktionsenthalpie folgender Reaktionen:

$$Fe_2O_3\,(s) + 3\,CO\,(g) \longrightarrow 3\,CO_2\,(g) + 2\,Fe\,(s)$$
$$2\,NO_2\,(g) \longrightarrow 2\,NO\,(g) + O_2\,(g)$$
$$N\,(g) + NO\,(g) \longrightarrow N_2\,(g) + O\,(g)$$

8.5   1 Mol eines idealen Gases dehnt sich bei 300 K isotherm und reversibel von 5 Liter auf 20 Liter aus. Wie groß ist die dabei geleistete Arbeit und die durch das Gas absorbierte Wärme (U ist konstant bei konstanter Temperatur!). Wie groß ist ΔH?

8.6   Sind die folgenden Formulierungen richtig oder falsch:
   a) « Energie ist die Triebkraft einer chemischen Reaktion. »
   b) « Freie Energie ist die Triebkraft einer chemischen Reaktion. »
   c) « Bei jeder spontanen chemischen Reaktion, die bei konstantem Druck und konstanter Temperatur durchgeführt wird, nimmt die Entropie zu. »

8.7   a) Wird NH_4NO_3 auf 100 °C erhitzt, so zerfällt es in $N_2\,(g)$ und $H_2O\,(g)$. Für 1 bar (und die Temperatur von 100 °C) beträgt $\Delta H - 223{,}0\ kJ/mol$. Wie groß ist ΔU?
   b) Erklären Sie die Tatsache, daß ΔU zahlenmäßig größer ist als ΔH!

8.8   Berechnen Sie für folgende Reaktionen (die alle bei 25 °C durchgeführt werden) die Reaktionsentropie:

$$Ca\,(f) + \tfrac{1}{2}\,O_2\,(g) \longrightarrow CaO\,(s)$$
$$CaCO_3\,(s) \longrightarrow CaO\,(s) + CO_2\,(g)$$
$$H_2\,(g) \longrightarrow 2\,H\,(g)$$
$$N_2\,(g) + O_2\,(g) \longrightarrow 2\,NO\,(g)$$

Erklären Sie das Vorzeichen und die Größe von ΔS^0 bei jeder Reaktion, indem Sie die Veränderung des Ordnungsgrades betrachten. In welchen Fällen begünstigt ΔS^0 den Ablauf der Reaktion nach rechts?

8.9   1 Mol eines idealen Gases wird (reversibel) von 2 Liter auf 20 Liter expandiert. Berechnen Sie die Entropieänderung des Systems und der Umgebung. Wie groß sind die Entropie-änderungen, wenn die Expansion irreversibel durchgeführt wird und das Gas dabei keine Arbeit leistet?

8.10 60,6 g Neon werden (bei konstantem Volumen von 10 Liter) von 20 K auf 120 K erwärmt und nachher isotherm und reversibel auf 100 Liter expandiert. Berechnen Sie die Änderung der inneren Energie und der Enthalpie.

8.11 Berechnen Sie die Reaktionsenthalpie folgender Reaktion (bei 25 °C):

$$Mg\ (s) + 2\ HCl\ (aq) \longrightarrow MgCl_2\ (aq) + H_2(g)$$

(Man verwendet dazu eine etwa 1-M Salzsäure.)

8.12 Geben Sie von jedem Paar der folgenden Substanzen an, welche die größere absolute Entropie besitzt:

$C_{Graphit}$ $Ag\ (s)$
$B_{25\,°C}$ $B_{125\,°C}$
$Br_2\ (g)$ $2\ Br\ (g)$
$Ar\ (1\ bar)$ $Ar\ (0,1\ bar)$

8.13 Berechnen Sie unter Verwendung der verschiedenen Tabellen für die Reaktion $NO\ (g) + \frac{1}{2}O_2 \rightleftarrows NO_2\ (g)$ ΔG_r^0 und K.

8.14 Für die Reaktion $PCl_5\ (g) \rightleftarrows PCl_3\ (g) + Cl_2\ (g)$ (bei 25 °C) betragen $\Delta G_r^0 + 38,3$ kJ/mol und $\Delta H^0 + 92,5$ kJ/mol. Berechnen Sie K für die Temperaturen von 25 °C und 50 °C unter der Annahme, daß ΔH^0 temperaturunabhängig ist.

8.15 Berechnen Sie mittels der in den verschiedenen Tabellen angegebenen Daten die Gleichgewichtskonstante der Reaktion

$$SO_2\ (g) + \frac{1}{2}O_2\ (g) \rightleftarrows SO_3\ (g)\ \text{ für 298 K und 600 K}$$

(ΔH^0 sei temperaturunabhängig.)

8.16 Berechnen Sie das Löslichkeitsprodukt von $SrSO_4$ (bei 25 °C). Die freie Enthalpie im Standardzustand beträgt für Sr^{2+} aq $-557,3$ kJ/mol und für SO_4^{2-} aq $-741,8$ kJ/mol. ΔG_f^0 von $SrSO_4$ ist $-1334,3$ kJ/mol.

8.17 Das Löslichkeitsprodukt von $PbSO_4$ beträgt $1,8 \cdot 10^{-8}$. Berechnen Sie die Löslichkeit von Bleisulfat in reinem Wasser, in 0,1-M $Pb\ (NO_3)_2$-Lösung und in 10^{-3}-M Na_2SO_4-Lösung.

8.18 Zu einer Lösung, welche gleichzeitig 0,1 mol Ca^{2+} und 0,1 mol Ba^{2+} enthält, fügt man langsam eine Na_2SO_4-Lösung. Die beiden Löslichkeitsprodukte betragen $2,4 \cdot 10^{-5}$ bzw. $1,1 \cdot 10^{-10}$. Bei welcher Konzentration der Sulfat-Ionen bildet sich der erste Niederschlag? Welcher Stoff fällt zuerst aus? Berechnen Sie die (Ba^{2+}) im Moment, wo sich $CaSO_4$ auszuscheiden beginnt (unter Vernachlässigung der Volumenzunahme).

8.19 Das Löslichkeitsprodukt von Bleiiodat, $Pb\ (IO_3)_2$, beträgt $2,6 \cdot 10^{-13}$. Zu 35,0 ml einer 0,15-M $Pb\ (NO_3)_2$-Lösung werden 15,0 ml einer Lösung von 0,8-M KIO_3 gegeben. Wie groß ist die Konzentration der in der Lösung noch vorhandenen Pb^{2+}- und IO_3^--Ionen?

8.20 Die Löslichkeitsprodukte der beiden schwerlöslichen Silbersalze $AgCl$ und Ag_2CrO_4 betragen $2,8 \cdot 10^{-10}$ und $1,9 \cdot 10^{-12}$. Eine Lösung enthält 0,1 mol Cl^- und 0,01 mol CrO_4^{2-}. Was wird geschehen, wenn $AgNO_3$-Lösung zu dieser Lösung gegeben wird?

8.21 Die Löslichkeit von MgF_2 beträgt 0,075 g/Liter. Wie groß ist das Löslichkeitsprodukt?

8.22 Beim Lösen von Kalium- und Ammoniumnitrat sowie von Ammoniumchlorid kühlt sich die Lösung stark ab. Warum sind die drei Salze trotzdem gut wasserlöslich?

Literatur

P. Ander und A. J. Sonnessa	*Principles of Chemistry.* Macmillan, New York 1956 (Kapitel 8/II)
D. H. Andrews und R. J. Kokes	*Fundamental Chemistry.* Wiley, New York 1965 (Kapitel 11 und 12)
G. M. Barrow	*Physical Chemistry.* Mc Graw-Hill, New York 1966
K. Denbigh	*The Principles of Chemical Equilibrium.* University Press, Cambridge 1968
I. Klotz	*Introduction to Chemical Thermodynamics.* Benjamin, New York 1964
B. H. Mahan	*Elementary Chemical Thermodynamics.* Benjamin, New York 1963
K. B. Morris	*Principles of Chemical Equilibrium.* Reinhold, New York 1965
L. K. Nash	*Elements of Chemical Thermodynamics.* Addison-Wesley, Reading 1970
M. J. Sienko	*Freshman Problems and How to Solve Them.* Part II: *Chemical Equilibrium.* Benjamin, New York 1964
L. E. Strong und W. J. Stratton	*Chemical Energy.* Reinhold, New York 1965
H. Ulich und W. Jost	*Kurzes Lehrbuch der Physikalischen Chemie.* Steinkopff, Darmstadt 1966 (Kapitel I, §§ 1, 2, 3, 5; Kapitel II)
J. Waser	*Basic Chemical Thermodynamics.* Benjamin, New York 1966

9 Die Geschwindigkeit chemischer Reaktionen; chemische Kinetik

9.1 Allgemeines; die Reaktionsgeschwindigkeit

Warum gehen manche Reaktionen schnell, andere dagegen nur langsam vor sich? Man könnte vielleicht meinen, daß stark exergonische Vorgänge besonders rasch ablaufen würden. In Wirklichkeit trifft dies jedoch keineswegs zu. Viele Systeme, die zweifellos eine starke «Triebkraft» zu einer chemischen Umsetzung in sich tragen, wie etwa ein Gemisch von Wasserstoff und Sauerstoff [das nach Zündung explosionsartig reagiert; ΔG_f^0 (H_2O_{Dampf}) = $-$ 229 kJ/mol!], bleiben während beliebig langen Zeiten völlig unverändert, während anderseits manche Reaktionen mit nur schwach negativem ΔG_r^0, wie z.B. die Oxidation von NO zu NO_2, sehr rasch ablaufen. Die *freie Enthalpie* ΔG_r^0, eines Vorganges gibt offenbar nur an, ob die betreffende Reaktion *überhaupt möglich* ist oder nicht, sagt aber *nichts aus über die tatsächliche Reaktionsgeschwindigkeit.* Anders gesagt, es besteht im allgemeinen keine Beziehung zwischen der Triebkraft einer Reaktion und ihrer Geschwindigkeit bzw. zwischen der Stabilität eines Systems und seiner Reaktivität (Reaktionsfähigkeit). Man muß deshalb klar zwischen den Begriffen *«stabil»* und *«reaktionsträg»* bzw. *«instabil»* und *«reaktionsfähig»* unterscheiden. Im thermodynamischen Sinn ist eine **Substanz um so stabiler,** je negativer ihre freie Bildungsenthalpie (ΔG_f^0) (d.h. **je niedriger ihr chemisches Potential**) ist. Die (thermodynamische) **Stabilität** einer Substanz (oder eines Systems) wird also durch ΔG_f^0 bzw. ΔG_r^0 ausgedrückt, während die **Reaktivität** einer Substanz einer anderen Substanz gegenüber durch die betreffende Reaktionsgeschwindigkeit bestimmt wird. Neben der Thermodynamik – welche darüber Auskunft geben kann, ob eine bestimmte Reaktion durchführbar ist oder nicht – ist deshalb die Reaktionskinetik, die sich mit dem zeitlichen Ablauf und dem Mechanismus chemischer Reaktionen befaßt, gerade auch für den praktisch arbeitenden Chemiker von sehr großer Bedeutung.

Reaktionsgeschwindigkeit. Bei jeder chemischen Reaktion nehmen innerhalb einer Zeitspanne (Δt) die Konzentrationen der beteiligten Stoffe (Δc) ab bzw. zu. Die durchschnittliche Reaktionsgeschwindigkeit (RG) wird damit durch den Ausdruck

$$RG = \frac{\Delta c_{Produkte}}{\Delta t} \quad bzw. \quad RG = -\frac{\Delta c_{Edukte}}{\Delta t}$$

gegeben; die momentane Reaktionsgeschwindigkeit zur Zeit t ist gleich dem entsprechenden Differentialquotienten (Abb. 9.1):

$$RG = \frac{dc_{Produkte}}{dt} \quad bzw. \quad RG = -\frac{dc_{Edukte}}{dt}$$

Bei umkehrbaren Vorgängen ist die Gesamtgeschwindigkeit (bis zur Einstellung des Gleichgewichtes) gleich der Differenz zwischen der Geschwindigkeit der Hin-Reaktion und der Geschwindigkeit der Rück-Reaktion. Um unsere Betrachtungen zu vereinfachen, beschränken wir uns auf Reaktionen, die entweder einseitig verlaufen oder die noch weit von der Erreichung des Gleichgewichtszustandes entfernt sind, also auf Reaktionen, bei denen nur die Hin-Reaktion von Bedeutung ist.

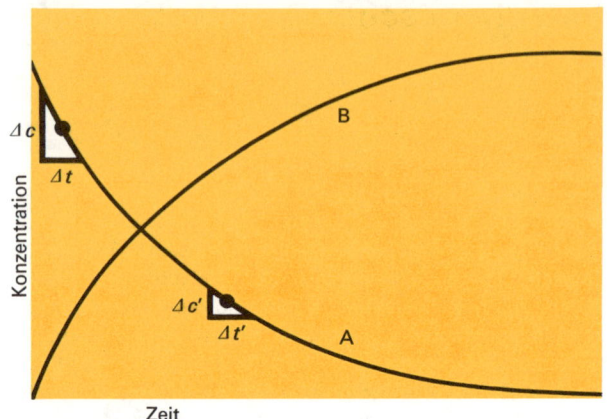

Abb. 9.1. Veränderung der Konzentrationen während einer chemischen Reaktion, bei welcher 1 mol A vollständig in 1 mol B verwandelt wird

Zur Verdeutlichung sollen die Reaktionen

$$NO + O_3 \xrightarrow{\text{(a)}} NO_2 + O_2 \quad \text{und} \quad 2 HI \xrightarrow{\text{(b)}} H_2 + I_2$$

dienen. Aus den stöchiometrischen Gleichungen der beiden Vorgänge ist ersichtlich, daß bei der Reaktion (a) die (molaren) Konzentrationen von NO und O_3 mit der gleichen Geschwindigkeit abnehmen müssen, denn gleichzeitig mit einem NO-Molekül verschwindet auch ein O_3-Molekül aus dem Reaktionsgemisch. Bei der Reaktion (b) werden zur Bildung eines H_2- und eines I_2-Moleküls zwei HI-Moleküle benötigt; die Abnahme der HI-Konzentration erfolgt also doppelt so rasch wie die Zunahme der H_2- und der I_2-Konzentration. Wir haben somit:

(a)
$$-\frac{d(NO)}{dt} = -\frac{d(O_3)}{dt} = \frac{d(NO_2)}{dt} = \frac{d(O_2)}{dt}$$

(b)
$$-\frac{d(HI)}{dt} = 2\frac{d(H_2)}{dt} = 2\frac{d(I_2)}{dt}$$

Diese Überlegungen zeigen, ·daß die Reaktionsgeschwindigkeit für verschiedene, an einer Reaktion beteiligte Substanzen verschieden sein kann und daß man deshalb genau angeben muß, auf welche Substanz sich eine bestimmte Geschwindigkeitsangabe bezieht. Zur formalen Definition der Reaktionsgeschwindigkeit ist es am einfachsten, die Ableitung der Konzentration irgendeines Reaktionsteilnehmers nach der Zeit zu nehmen und durch den entsprechenden stöchiometrischen Faktor zu dividieren:

$$aA + bB \longrightarrow cC + dD$$

$$RG = -\frac{1}{a}\frac{d(A)}{dt} = -\frac{1}{b}\frac{d(B)}{dt} = \frac{1}{c}\frac{d(C)}{dt} = \frac{1}{d}\frac{d(D)}{dt}$$

Die Einheiten der Reaktionsgeschwindigkeit sind mol/Liter · sec; bei Gasreaktionen werden zweckmäßigerweise die Partialdrucke an Stelle der Konzentrationen verwendet, und man gibt die Geschwindigkeit in bar/sec an.

Reaktionsordnung und Reaktionsmolekularität. Viele Experimente zeigen, daß die *Geschwindigkeit* einer chemischen Reaktion von den *Konzentrationen der Reaktionsteilnehmer* abhängt: konzentrierte Salzsäure greift Metalle schneller an als verdünnte, brennbare Stoffe verbrennen im reinen Sauerstoff viel rascher als in der Luft, usw. Da ein chemischer Vorgang zwischen zwei verschiedenen Substanzen nur dann eintreten kann, wenn zwei reagierende Teilchen zusammenstoßen, muß die Reaktionsgeschwindigkeit von den molaren Konzentrationen abhängen. Die experimentell bestimmte Abhängigkeit findet ihren Ausdruck im sogenannten *Zeitgesetz* der Reaktion. Für einen Vorgang

$$2\,A + B \longrightarrow A_2B$$

könnte man dabei z. B. finden, daß die Reaktionsgeschwindigkeit nur der Konzentration von *A* proportional ist:

$$-\frac{d(A)}{dt} = k\,(A) \qquad\qquad (a)^{[1]}$$

Der Faktor *k* wird als Geschwindigkeitskonstante der betreffenden Reaktion bezeichnet; er hängt natürlich von der Temperatur ab. Da die Konzentration von *A* in diesem Zeitgesetz in der ersten Potenz erscheint, nennt man einen solchen Vorgang eine **Reaktion erster Ordnung.** Es ist jedoch auch möglich, daß man für einen Vorgang, welcher nach derselben Gleichung verläuft, andere Zeitgesetze findet, z. B.

$$-\frac{d(A)}{dt} = k'\,(A)^2\,(B) \qquad\qquad (b)$$

oder

$$-\frac{d(A)}{dt} = k''\,(A)^3\,(B)^2 \qquad\qquad (c)$$

Im Fall (b) wäre die **Reaktion zweiter Ordnung** bezüglich *A* und erster Ordnung bezüglich *B*; als Ganzes würde man einen solchen Vorgang als eine Reaktion dritter Ordnung bezeichnen. Das Zeitgesetz (c) schließlich stellt eine **Reaktion dritter Ordnung** bezüglich *A* und zweiter Ordnung bezüglich *B* dar. Die Exponenten, mit welchen die einzelnen Konzentrationen in den Zeitgesetzen erscheinen (und die der Reaktionsordnung entsprechen), sind meistens kleine, ganze Zahlen; in gewissen Fällen treten auch gebrochene Exponenten auf, wie z. B. bei der Bildung von HBr aus den Elementen:

$$H_2 + Br_2 \longrightarrow 2\,HBr \qquad -\frac{d(H_2)}{dt} = \frac{k \cdot (H_2) \cdot (Br_2)^{1/2}}{1 + k' \cdot (HBr)/(Br_2)}$$

Es muß ausdrücklich betont werden, daß das Zeitgesetz und damit die Reaktionsordnung *empirisch* bestimmt werden muß, und daß im allgemeinen die *Exponenten* der Konzentrationen und die *stöchiometrischen Faktoren* **nicht** *identisch* sind. So gehorcht z. B. die der HBr-Synthese formal völlig analoge Synthese von H I einem ganz anderen Zeitgesetz:

$$H_2 + I_2 \longrightarrow 2\,HI \qquad -\frac{d(H_2)}{dt} = k \cdot (H_2) \cdot (I_2)$$

Die H I-Synthese ist also als Ganzes eine Reaktion zweiter Ordnung.

---

[1] Wir lassen in den Beziehungen (a) bis (c) den Faktor ½ vor dem Differentialquotienten weg, da dadurch nur der Zahlenwert von *k*, das Zeitgesetz selbst jedoch nicht verändert wird.

In gewissen Fällen bleibt die Geschwindigkeit während der ganzen Reaktion konstant, d.h. sie hängt nicht von den Konzentrationen ab. Die Konzentrationsänderung $[-d(A)/dt]$ ist also direkt proportional zur Zeit. Beispiele solcher Reaktionen «**nullter Ordnung**» sind manche photochemischen Reaktionen (bei denen die Gesamtgeschwindigkeit durch die Anzahl der pro Zeiteinheit absorbierten Quanten – die konstant sein kann – bestimmt wird) oder heterogene Reaktionen, bei welchen die Reaktionsgeschwindigkeit durch die Diffusionsgeschwindigkeit (z. B. an die Oberfläche eines festen Katalysators) begrenzt wird (Ammoniaksynthese; vgl. S. 492).

Man kann aber aus der Reaktionsordnung auch nicht ohne weiteres auf den tatsächlichen molekularen Ablauf, den *«Mechanismus»,* der Reaktion schließen. Es steht nämlich keineswegs fest, daß z. B. eine Reaktion, deren Geschwindigkeit dem Produkt zweier Konzentrationen proportional ist (also eine Reaktion zweiter Ordnung) auch tatsächlich in Form einfacher Zweierstöße zwischen den beiden Teilchenarten abläuft, wie es mit dem Zeitgesetz jedenfalls vereinbar wäre. Sie könnte auch über irgendwelche Umwege vor sich gehen, an denen eventuell sogar Stoffe beteiligt sind, die im Zeitgesetz überhaupt nicht auftreten. Man hat deshalb zu unterscheiden zwischen der **Reaktionsordnung** und der **Reaktionsmolekularität**. Die erstere gibt die *experimentell* ermittelte Abhängigkeit der Reaktionsgeschwindigkeit von den Konzentrationen an, während sich die letztere auf den molekularen Ablauf eines bestimmten Reaktionsschrittes bezieht. So nennt man einen Vorgang oder einen Reaktionsschritt, der als Folge eines Zusammenstoßes zweier Teilchen auftritt, einen *bimolekularen* Vorgang. Die (selten beobachteten) Reaktionen, welche einen gleichzeitigen Zusammenstoß dreier Teilchen erfordern, heißen *trimolekular.* *Unimolekulare* Reaktionen, zu denen gewisse Zerfalls- und Umlagerungsvorgänge gehören, bedürfen keiner Zusammenstöße mit anderen Molekülen.

Sehr viele Reaktionen verlaufen über eine oder sogar mehrere Zwischenstufen hinweg, d. h. bestehen aus einer Folge mehrerer *«Elementarprozesse»* (von denen natürlich der langsamste die Gesamtgeschwindigkeit bestimmt!). Für einen Elementarprozeß sind Reaktionsordnung und Reaktionsmolekularität identisch: ein bimolekularer Prozeß muß zweiter Ordnung sein, ein trimolekularer Prozeß dritter Ordnung, usw. Umgekehrt muß aber eine Reaktion, welche experimentell als Reaktion zweiter Ordnung erkannt worden ist, als Ganzes nicht unbedingt ein bimolekularer Vorgang sein; sie kann vielmehr aus verschiedenen Reaktionsschritten bestehen, wobei der langsamste (der geschwindigkeitsbestimmende) Schritt ein bimolekularer Elementarvorgang ist.

Beispiele: Der Zerfall von H I, ein bimolekularer Vorgang, ist auch eine Reaktion zweiter Ordnung, während der formal analog verlaufende Zerfall von N_2O_5 eine Reaktion erster Ordnung ist. Letzterer besteht aus einer Folge von mehreren Reaktionsschritten, deren langsamster eine unimolekulare Reaktion ist.

Reaktionsgleichungen:	$2\,HI \longrightarrow H_2 + I_2$	$2\,N_2O_5 \longrightarrow 4\,NO_2 + O_2$
geschwindigkeitsbestimmender Reaktionsschritt:	$2\,HI \longrightarrow H_2 + I_2$	$N_2O_5 \longrightarrow NO_2 + NO_3$

9.2 Die Konzentrationsabhängigkeit der Reaktionsgeschwindigkeit

Um die Abhängigkeit der Reaktionsgeschwindigkeit von den Konzentrationen der Reaktionspartner zu kennen, bzw. um aus der empirisch bestimmten Veränderung der Konzentrationen während der Reaktion auf die Reaktionsordnung schließen zu können, müssen die Zeitgesetze in ihrer integrierten Form bekannt sein. Diese geben zugleich Aufschluß darüber, wie sich die verschiedenen Konzentrationen im Laufe der Zeit ändern.

Reaktionen erster Ordnung. Eine Reaktion erster Ordnung kann durch den Ausdruck

$$A \longrightarrow \text{Produkte}$$

dargestellt werden. Für ihre Geschwindigkeit gilt

$$-\frac{d(A)}{dt} = k\,(A)$$

Setzen wir die Konzentration zur Zeit $t = 0$ (also die Anfangskonzentration) $= (A)_0$, die Konzentration zur Zeit t aber $= (A)$, so erhalten wir:

$$\int\limits_{(A)_0}^{(A)} \frac{d(A)}{(A)} = -k \int\limits_{0}^{t} dt$$

und integriert
$$\ln \frac{(A)}{(A)_0} = -k \cdot t \qquad (9.1)$$

oder
$$\log (A) = -\frac{k}{2{,}3} \cdot t + \log (A)_0 \qquad (9.2)$$

Bei vielen zur experimentellen Bestimmung der Reaktionsgeschwindigkeit geeigneten Methoden mißt man die Menge von A, welche zur Zeit t bereits reagiert hat, und bezeichnet sie als x. Mit anderen Worten, als abhängige Variable dient nicht die Konzentration selbst, sondern die Abnahme der Anfangskonzentration. Es ist also $x = (A)_0 - (A)$, und wir erhalten

$$-\frac{d[(A)_0 - x]}{dt} = \frac{dx}{dt} = k \cdot [(A)_0 - x].$$

(Hier ist dx/dt positiv, weil die verbrauchte Menge von A mit der Zeit zunimmt!)

Die Integration ergibt dann [mit $(A)_0$ und $[(A)_0 - x]$ als Integrationsbedingungen]:

$$\ln \frac{(A)_0}{[(A)_0 - x]} = k \cdot t \quad (9.3) \qquad \text{oder} \qquad \log [(A)_0 - x] = -\frac{k}{2{,}3} t + \log (A)_0 \qquad (9.4)$$

Die Gleichungen (9.1) und (9.3) bzw. (9.2) und (9.4) sind einander völlig gleichwertig, da $[(A)_0 - x] = (A)$ ist. Trägt man $\log (A)$ oder $\log [(A)_0 - x]$ als Funktion der Zeit auf, so wird der Reaktionsverlauf durch eine Gerade dargestellt. Ihre Neigung entspricht dem Ausdruck $-k/2{,}3$; ihr Schnittpunkt mit der Ordinate ($t = 0$) stellt die Ausgangskonzentration dar.

Beispiel: Eine gut untersuchte Reaktion erster Ordnung ist der erwähnte Zerfall von N_2O_5:

$$2\,N_2O_5 \longrightarrow 4\,NO_2 + O_2$$

Um die Abhängigkeit der Reaktionsgeschwindigkeit von der Konzentration zu ermitteln, wurde N_2O_5 in CCl_4 bei 30 °C gelöst und der durch den Zerfall entstandene Sauerstoff gasvolumetrisch bestimmt (NO_2 bleibt in CCl_4 gelöst). Das Volumen eines Gases ist proportional der vorhandenen Anzahl Mole. Damit ist V_t (das zur Zeit t gemessene Sauerstoffvolumen) der bis zur Zeit t gebildeten Anzahl Mole O_2 und also auch der Größe x aus Gleichung (9.3)

Tabelle 9.1. Thermische Zersetzung von N_2O_5 in CCl_4 (bei 30 °C)
(nach Daniels und Johnson, J. Amer. Chem. Soc. 43 [1921] 43)

Zeit (sec)	Volumen O_2 V_t (ml)	$(V_e - V_t)$ (ml) $= (N_2O_5)$	log (N_2O_5)	$k \cdot 10^5$ (sec^{-1})
0	0	84,85	1,9287	–
2 400	15,65	69,20	1,8401	8,50
4 800	27,65	57,20	1,7574	8,22
7 200	37,70	47,15	1,6735	8,16
9 600	45,85	39,00	1,5911·	8,10
12 000	52,67	32,18	1,5076	8,08
14 400	58,30	26,55	1,4241	8,07
16 800	63,00	21,85	1,3395	8,08
19 200	66,85	18,00	1,2553	8,08
∞	84,85 = V_∞	0	–	–

proportional; V_e – das Volumen des nach vollständigem Ablauf der Reaktion gebildeten Sauerstoffes – ist der am Anfang vorhanden gewesenen Zahl Mole N_2O_5 proportional, $[(A)_0 - x]$, die zur Zeit t vorhandene N_2O_5-Konzentration ist dann proportional zu $(V_e - V_t)$. In Gleichung (9.4) eingesetzt, erhält man

$$k = \frac{2,3}{t} \log \frac{V_e}{(V_e - V_t)}.$$

Die Tabelle 9.1 gibt die gemessenen Werte [nach Daniels und Johnson, J. Amer. Chem. Soc. 43 (1921) 43]; Abb. 9.2 zeigt die graphische Auswertung. Die gute Konstanz der Geschwindigkeitskonstanten (letzte Kolonne der Tabelle 9.1) zeigt, daß die Reaktion tatsächlich erster Ordnung ist.

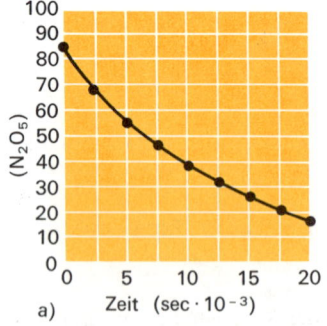

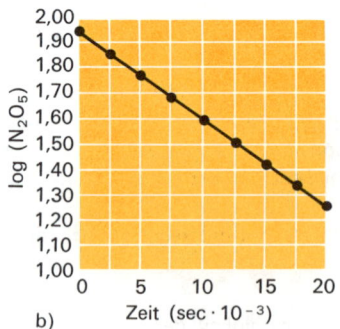

Abb. 9.2. Der Zerfall von N_2O_5 in CCl_4 bei 30 °C als Reaktion erster Ordnung

a) Konzentration N_2O_5 als Funktion der Zeit
b) Logarithmus der N_2O_5-Konzentration als Funktion der Zeit

Reaktionen zweiter Ordnung. Wir betrachten als Beispiel eine Reaktion folgender Art

$$A + B \longrightarrow \text{Produkte,}$$

wobei $-\dfrac{d(A)}{dt} = -\dfrac{d(B)}{dt} = k \cdot (A) \cdot (B)$ sein soll.

Wenn die Mengen A oder B, die bis zur Zeit t bereits reagiert haben, wiederum mit x bezeichnet werden, läßt sich das Zeitgesetz folgendermaßen formulieren:

$$-\frac{d(A)}{dt} = -\frac{d(B)}{dt} = \frac{dx}{dt} = k \cdot [(A)_0 - x] \cdot [(B)_0 - x] \tag{9.5}$$

Sind die beiden Ausgangskonzentrationen $(A)_0$ und $(B)_0$ gleich groß, so vereinfacht sich dieser Ausdruck zu

$$-\frac{d(A)}{dt} = \frac{dx}{dt} = k \, [(A)_0 - x]^2. \tag{9.6}$$

Die Integration der Gleichung (9.5) nach Trennung der Variablen und Partialbruchzerlegung führt zu einem bereits ziemlich komplizierten Ausdruck

$$\frac{1}{(A)_0 - (B)_0} \ln \frac{(B)_0 \, [(A)_0 - x]}{(A)_0 \, [(B)_0 - x]} = k \cdot t. \tag{9.7}$$

Sind beide Ausgangskonzentrationen gleich groß, so erhält man nach Integration der Gleichung (9.6):

$$\frac{1}{[(A)_0 - x]} - \frac{1}{(A)_0} = k \cdot t \tag{9.8}$$

Gleichung (9.8) gilt auch für Reaktionen zweiter Ordnung von der Art des HI-Zerfalles:

$$2\,HI \longrightarrow H_2 + I_2,$$

wobei $\dfrac{dx}{dt} = k\,(HI)^2$ ist.

Bei einer solchen Reaktion erhält man eine Gerade, wenn man $\dfrac{1}{[(A)_0 - x]}$ als Funktion der Zeit aufträgt. Ihre Neigung entspricht der Geschwindigkeitskonstanten k; der Schnittpunkt mit der Ordinate ist gleich $1/(A)_0$. Sind bei einer Reaktion zweiter Ordnung die Ausgangs-konzentrationen der beiden Reaktionspartner nicht gleich groß, so zeigt Gleichung (9.7), daß $\log (B)_0 \, [(A)_0 - x] \,/\, (A)_0 \, [(B)_0 - x]$ in Abhängigkeit von der Zeit eine Gerade mit der Neigung $k \, [(A)_0 - (B)_0] \,/\, 2{,}3$ ergibt[1] (Abb. 9.3).

---

[1] Da $(A)_0$ und $(B)_0$ für einen bestimmten Versuch konstante Größen darstellen, erhält man auch eine Gerade, wenn man nur den Ausdruck

$$\log \frac{[(A)_0 - x]}{[(B)_0 - x]}$$

als Funktion der Zeit aufträgt.

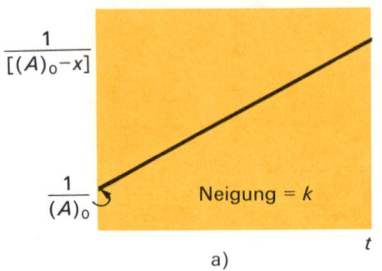

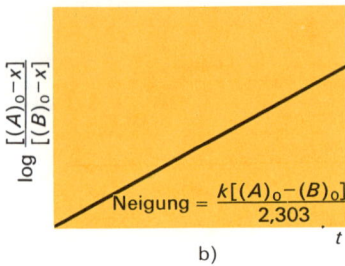

Abb. 9.3. Graphische Darstellungen für Reaktionen zweiter Ordnung

a) $A \longrightarrow$ *Produkte oder* $A + B \longrightarrow$ *Produkte (wobei die Ausgangskonzentrationen von A und B gleich groß sind)*
b) $A + B \longrightarrow$ *Produkte (Ausgangskonzentrationen verschieden)*

Beispiel: Die Hydrolyse[1] eines Esters unter der Wirkung einer starken Base ist eine Reaktion zweiter Ordnung:

$$CH_3COOC_2H_5 + NaOH \longrightarrow CH_3COONa + C_2H_5OH$$

Zur Verfolgung der Reaktionsgeschwindigkeit mischt man bekannte Mengen von Ester und Natriumhydroxid, entnimmt dem Reaktionsgemisch von Zeit zu Zeit eine kleine Probe und stoppt die Reaktion durch Verdünnen mit Eiswasser. Die Menge des zur Zeit t vorhandenen Natriumhydroxids wird titrimetrisch bestimmt. Die Abnahme der OH^--Konzentration ist gleich der Größe x. Tabelle 9.2 gibt die Daten einer solchen Untersuchung. Die gute Konstanz von k zeigt, daß die Reaktion wirklich dem Zeitgesetz zweiter Ordnung folgt.

Tabelle 9.2. Hydrolyse von Essigsäureäthylester (25 °C). Anfangskonzentration von NaOH = a = 0,0098 mol/Liter. Anfangskonzentration des Esters = b = 0,00486

Zeit (sec)	x (mol/l)	$[(A)_0-x]$ (mol/l)	$[(B)_0-x]$ (mol/l)	$\log \dfrac{(B)_0[(A)_0-x]}{(A)_0[(B)_0-x]}$	$k = \dfrac{2,303}{t[(A)_0-(B)_0]} \cdot \log \dfrac{(B)_0[(A)_0-x]}{(A)_0[(B)_0-x]}$
0	0,00000	0,00980	0,00486	–	–
178	0,00088	0,00892	0,00398	0,0412	0,108
273	0,00116	0,00864	0,00370	0,0640	0,109
531	0,00188	0,00792	0,00297	0,1208	0,106
866	0,00256	0,00724	0,00230	0,1936	0,104
1510	0,00335	0,00645	0,00151	0,3266	0,101
1918	0,00377	0,00603	0,00109	0,4390	0,106
2401	0,00406	0,00574	0,00080	0,5518	0,107

[1] Unter **Hydrolyse** versteht man eine Spaltung von Kovalenzbindungen durch Reaktion mit Wasser.

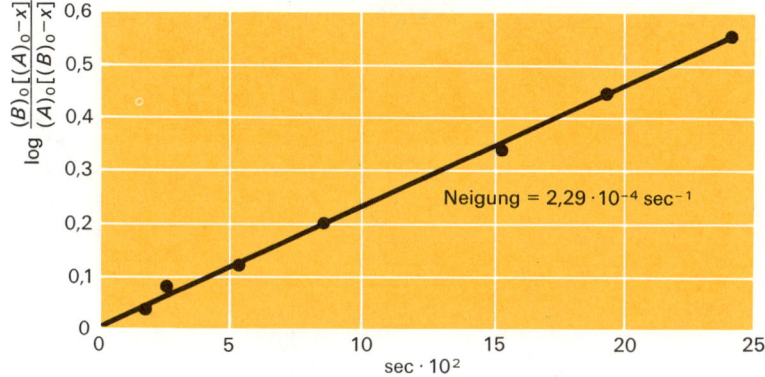

Abb. 9.4. *Hydrolyse von Äthylacetat. Graphische Darstellung der Daten von Tabelle 9.2.*

$$k \text{ ist} = \frac{2{,}3 \cdot \text{Neigung}}{(A)_0 - (B)_0} = 0{,}107 \text{ Liter mol}^{-1} \text{ sec}^{-1}$$

Zur *experimentellen Ermittlung der Reaktionsordnung* muß man die Änderung einzelner Konzentrationen von Reaktionsteilnehmern im Laufe der Zeit bestimmen und kann dann durch Auftragen der verschiedenen, den Reaktionsordnungen entsprechenden Größen gegen die Zeit oder durch Berechnen der Geschwindigkeitskonstanten gemäß den Gleichungen (9.4), (9.7) oder (9.8) entscheiden, welches Zeitgesetz für die fragliche Reaktion gilt. Um die Konzentrationsabnahme zu verfolgen, muß man wie im Beispiel der Esterhydrolyse dem Reaktionsgemisch in bestimmten Zeitabständen eine Probe entnehmen, die Reaktion stoppen und eine Konzentration mittels irgendeiner analytischen Methode bestimmen. Man kann aber auch die Veränderung einer konzentrationsabhängigen Eigenschaft, wie Lichtabsorption, Leitfähigkeit oder optische Drehung, im Verlaufe der Zeit messen und dann z. B. die *Halbwertszeit* für den betreffenden Vorgang ermitteln. Bei einer Reaktion erster Ordnung ist die Halbwertszeit (die Zeit, in der gerade die Hälfte der am Anfang vorhanden gewesenen Mengen der Ausgangsstoffe reagiert haben) von der Ausgangskonzentration unabhängig:

$$\ln \frac{(A)_0}{(A)_0 - (A)_0/2} = \ln 2 = k \cdot t_{\frac{1}{2}}, \quad \text{also} \quad t_{\frac{1}{2}} = \frac{0{,}693}{k}$$

Für eine Reaktion zweiter Ordnung (mit gleicher Konzentration der Ausgangsstoffe) ist die Halbwertszeit jedoch umgekehrt proportional der Ausgangskonzentration:

$$\frac{1}{(A)_0 - (A)_0/2} - \frac{1}{(A)_0} = k \cdot t_{\frac{1}{2}} \quad \text{und daraus} \quad t_{\frac{1}{2}} = \frac{1}{(A)_0} \cdot \frac{1}{k}$$

Natürlich lassen sich durch Messung der Halbwertszeiten und der Anfangskonzentrationen auch umgekehrt die Geschwindigkeitskonstanten bestimmen.

Reaktionsgeschwindigkeit und Gleichgewicht. Die Gesamtgeschwindigkeit einer umkehrbaren Reaktion ist gleich der Differenz zwischen der Geschwindigkeit der Hin- und der Rück-Reaktion. Für den Zerfall von H I (Iodwasserstoffgleichgewicht) ist also (vgl. auch Abb. 8.7):

$$2\,HI \rightleftharpoons H_2 + I_2$$

$$\frac{d\,(I_2)}{dt} = k'\,(HI)^2 - k''\,(H_2)\cdot(I_2)$$

Während die Lage des Gleichgewichtes – d. h. das Verhältnis der Konzentrationen der Reaktionsteilnehmer im Gleichgewicht – durch ΔG_r^0, die Differenz zwischen den freien Enthalpien der Produkte und der Edukte, bestimmt wird, hängt die *Geschwindigkeit der Gleichgewichtseinstellung* von der Differenz der *Geschwindigkeitskonstanten* der Hin- und der Rückreaktion ab.

Wenn der Gleichgewichtszustand erreicht ist, wird die Gesamtgeschwindigkeit Null:

$$k'\,(HI)^2 - k''\,(H_2)\cdot(I_2) = 0$$

oder umgeformt

$$\frac{k'}{k''} = \frac{(H_2)\cdot(I_2)}{(HI)^2}\,.$$

Der Quotient der Gleichgewichtskonzentrationen ist aber gleich K, d. h. gleich der Gleichgewichtskonstanten, so daß

$$\frac{k'}{k''} = K = e^{-\Delta G_r^0 / RT}$$

wird.

Diese Beziehung verknüpft die Gleichgewichtskonstante mit den Geschwindigkeitskonstanten der Hin- und der Rückreaktion. Sie gilt – wie hier am Beispiel des HI-Zerfalls abgeleitet wurde – für *Elementarprozesse*. Für Vorgänge, welche über Zwischenstufen verlaufen, kann leicht gezeigt werden, daß die Gleichgewichtskonstanten gleich dem Quotienten aus den Produkten der Geschwindigkeitskonstanten der einzelnen Schritte sind.

$$A \underset{k_1''}{\overset{k_1'}{\rightleftarrows}} F$$

$$F + B \underset{k_2''}{\overset{k_2'}{\rightleftarrows}} C + D$$

$$K = \frac{k_1'\cdot k_2'}{k_1''\cdot k_2''} = \frac{(C)\cdot(D)}{(A)\cdot(B)}$$

Ein- und mehrstufige Reaktionen. Manche Reaktionen verlaufen in einem *einzigen* Reaktionsschritt, entsprechen also einem einzigen Elementarprozeß. Ein Beispiel dafür bietet der schon mehrfach erwähnte Zerfall von HI, eine bimolekulare Reaktion, in derem Verlauf vorübergehend (instabile) Vierergruppen auftreten:

$$
\begin{array}{c}
H\cdots H \\
\vdots \quad \vdots \\
I\cdots\cdots I
\end{array}
$$

Die große Mehrzahl aller Reaktionen verläuft hingegen über *mehrere Teilschritte,* wobei dann der *langsamste Schritt* die *Gesamtreaktionsgeschwindigkeit* bestimmt. Die im Verlaufe solcher Reaktionen gebildeten *Zwischenstoffe* – die meist sehr instabil sind – sind unter Umständen ziemlich *schwierig nachzuweisen.* In besonders günstigen Fällen ist ein direkter Nachweis durch physikalische Messungen möglich (kryoskopische Messungen; Raman- oder IR-spektroskopische Untersuchungen; ESR-Spektroskopie). Gewisse Zwischenstoffe können durch Zusatz anderer, reaktionsfähigerer Substanzen aus dem Reaktionsgemisch abgefangen und durch die Identifizierung eines solchen Reaktionsproduktes nachgewiesen werden. Schließlich können u. U. Stoffe, die als Zwischenstoffe einer Reaktion postuliert werden, synthetisiert und denselben Reaktionsbedingungen unterworfen werden; bilden sich dann die Endprodukte der betreffenden Reaktion mit derselben Geschwindigkeit, wie wenn man von den ursprünglichen Reaktanten ausgeht, so hat man einen starken Hinweis darauf, daß der fragliche Stoff einen Zwischenstoff darstellt.

Die *Kinetik mehrstufiger Reaktionen* kann recht komplex sein. Beispiel:

$$A + B \underset{k_2}{\overset{k_1}{\rightleftharpoons}} C \qquad\qquad C + D \xrightarrow{k_3} E$$

Dem zweiten Schritt $C + D \longrightarrow E$ ist hier ein *Gleichgewicht vorgelagert.* Ist nun in einem bestimmten Fall $k_3 \ll k_2$ und k_1, so wird der zweite Schritt geschwindigkeitsbestimmend, und man erhält für die Gesamtreaktionsgeschwindigkeit:

$$\frac{d(E)}{dt} = k_3 \cdot (C) \cdot (D), \text{ und da } (C) \text{ nach dem MWG} = K \cdot (A) \cdot (B), \text{ ist}$$

$$\frac{d(E)}{dt} = k_3 \cdot K \cdot (A) \cdot (B) \cdot (D).$$

Die Gesamtreaktion ist also *dritter Ordnung,* und die experimentell bestimmte Geschwindigkeitskonstante ist das Produkt aus der Geschwindigkeitskonstanten des geschwindigkeitsbestimmenden Schrittes und der Gleichgewichtskonstanten des vorgelagerten Gleichgewichtes. Wenn aber $k_3 > k_2$ und k_1 ist, stellt sich gar kein echtes Gleichgewicht ein, da sich das im ersten Schritt gebildete Produkt C, der «Zwischenstoff», sofort mit D zu E umsetzt. Man spricht in solchen Fällen von einem «**Fließgleichgewicht**» oder «**stationären Zustand**». Ist ΔG_r des zweiten Schrittes genügend negativ, so ist auf diese Weise auch dann ein vollständiger Umsatz von A und B zu E möglich, wenn die Gleichgewichtskonstante des ersten Schrittes < 1 ist. Derartige Verhältnisse sind besonders bei biochemischen Reaktionen häufig.
Im Fließgleichgewicht ist (C) sehr klein und angenähert konstant, da laufend ebensoviel C verschwindet, wie wieder neu gebildet wird. Man erhält also

$$+ \frac{d(C)}{dt} = - \frac{d(C)}{dt} \quad \text{oder} \quad k_1 \cdot (A) \cdot (B) = k_2 (C) + k_3 \cdot (C) \cdot (D).$$

Die stationäre Konzentration von C ist

$$(C) = \frac{k_1 \cdot (A) \cdot (B)}{k_2 + k_3 \cdot (D)} .$$

Für die Bildungsgeschwindigkeit von E – die Gesamtreaktionsgeschwindigkeit – erhält man dann folgenden, bereits recht komplizierten Ausdruck:

$$\frac{d(E)}{dt} = k_3 \cdot (C) \cdot (D) = \frac{k_1 \cdot k_3 \cdot (A) \cdot (B) \cdot (D)}{k_2 + k_3 \cdot (D)}$$

Da aber $k_3 \gg k_2$ sein soll, kann diese Gleichung vereinfacht werden, weil im Nenner k_2 vernachlässigt werden kann:

$$\frac{d(E)}{dt} = k_1 \cdot (A) \cdot (B)$$

Wir bekommen jetzt ein Zeitgesetz *zweiter Ordnung,* das der Molekularität des geschwindigkeitsbestimmenden Schrittes entspricht.

Als *Beispiel* für solche Verhältnisse betrachten wir den Zerfall von N_2O_5:

$$2\,N_2O_5 \longrightarrow 4\,NO_2 + O_2$$

Wie bereits auf S. 319 angegeben worden ist, gehorcht diese Reaktion einem Zeitgesetz 1. Ordnung:

$$\frac{d(O_2)}{dt} = k \cdot (N_2O_5)$$

Man nimmt an, daß sie gemäß folgendem Schema abläuft:

$$N_2O_5 \underset{k_2}{\overset{k_1}{\rightleftharpoons}} NO_2 + NO_3$$

$$NO_3 + NO_2 \overset{k_3}{\longrightarrow} NO + NO_2 + O_2$$

$$NO_3 + NO \overset{k_4}{\longrightarrow} 2\,NO_2$$

Die beiden Zwischenstoffe NO_3 (ein sehr instabiles Molekül) und NO treten nur in sehr kleinen Konzentrationen auf. Beide lassen sich dadurch berechnen, daß man jeweils die Bildungs- und Zerfallsgeschwindigkeit einander gleichsetzt *(« stationärer Zustand »).* Für NO als Zwischenstoff erhält man

$$k_3 \cdot (NO_3) \cdot (NO_2) = k_4 \cdot (NO_3) \cdot (NO)$$

und daraus

$$(NO) = \frac{k_3}{k_4} \cdot (NO_2).$$

Für den Fall von NO_3 als Zwischenstoff gilt

$$k_1 \cdot (N_2O_5) = k_2 \cdot (NO_2) \cdot (NO_3) + k_3 \cdot (NO_2) \cdot (NO_3) + k_4 \cdot (NO) \cdot (NO_3).$$

Setzt man die oben abgeleitete Konzentration von NO ein, so erhält man die Konzentration von NO_3:

$$(NO_3) = \frac{k_1 \cdot (N_2O_5)}{k_2 \cdot (NO_2) + 2k_3 \cdot (NO_2)}$$

Die Geschwindigkeit der Bildung von Sauerstoff – welche der Gesamtgeschwindigkeit der Reaktion entspricht – ist

$$\frac{d(O_2)}{dt} = k_2 \cdot (NO_3) \cdot (NO_2).$$

Nach Einsetzen der berechneten NO_3-Konzentration ergibt sich das Zeitgesetz

$$\frac{d(O_2)}{dt} = \frac{k_1 \cdot k_3 \cdot (N_2O_5)}{k_2 + 2\,k_3} = k \cdot (N_2O_5).$$

Dieses Beispiel zeigt sehr schön, wie auch Reaktionen mit kompliziertem Ablauf (über mehrere Zwischenstoffe hinweg!) unter Umständen sehr einfache Zeitgesetze besitzen können. Anders gesagt, man sieht, daß man aus dem empirisch gefundenen Zeitgesetz oft nur wenig über den tatsächlichen Ablauf (den Mechanismus) der betreffenden Reaktion aussagen kann.

9.3 Die Temperaturabhängigkeit der Reaktionsgeschwindigkeit

Es ist eine bekannte Tatsache, daß die Geschwindigkeit eines chemischen Vorganges im allgemeinen mit zunehmender Temperatur stark wächst. Eine von van't Hoff aufgestellte *Regel* besagt, daß eine Temperaturerhöhung um 10 °C eine Steigerung der Reaktionsgeschwindigkeit um das 2- bis 4fache zur Folge hat. Diese «RGT-Regel» hat allerdings zahlreiche Ausnahmen; in gewissen Fällen nimmt die Reaktionsgeschwindigkeit mit wachsender Temperatur sogar ab!

Die Arrhenius-Gleichung. Die Temperaturabhängigkeit der Reaktionsgeschwindigkeit muß in der Temperaturabhängigkeit der Geschwindigkeitskonstanten zum Ausdruck kommen. Diese nimmt mit steigender Temperatur exponentiell zu. In vielen Fällen wird die folgende Beziehung angenähert erfüllt:

$$\log k = \log A' - \frac{b}{T} \qquad \text{A' und b stellen empirisch bestimmte Konstanten dar}$$

oder in der exponentiellen Form und nach Ersatz der dekadischen durch natürlichen Logarithmen:

$$k = A \cdot e^{-b/T} \qquad\qquad (9.9)$$

Um diese Ergebnisse zu deuten, nahm Arrhenius (1889) an, daß nur solche Teilchen bei einem Zusammenstoß reagieren können, deren Energie einen gewissen Energiebetrag E_a überschreitet. In einem idealen Gas ist nach Boltzmann die Zahl n_{E_a} solcher Teilchen

$$\frac{n_{E_a}}{n_{tot}} = e^{-E_a/RT}$$

wenn n_{tot} die Gesamtzahl der Teilchen bedeutet.

Die Reaktionsgeschwindigkeit einer bimolekularen Reaktion soll nun der Konzentration der «aktivierten» Teilchen proportional sein; sie wächst ferner mit zunehmender Zahl der Teilchenzusammenstöße (Z), wobei die Stoßzahl selbst wiederum proportional zur Gesamtkonzentration ist. Wir haben somit

$$\text{Reaktionsgeschwindigkeit} = a \cdot n_{E_a} \cdot Z = a \cdot e^{-E_a/RT} \cdot n_{\text{tot}} \cdot Z \quad \text{und weiter}$$

$$\text{Reaktionsgeschwindigkeit} = a \cdot e^{-E_a/RT} \cdot n_{\text{tot}} \cdot b \cdot n_{\text{tot}}.$$

Die beiden Proportionalitätsfaktoren a und b lassen sich zu einem einzigen Faktor A zusammenfassen. Da n_{tot} die Gesamtkonzentration der Teilchen ist, wird dann

$$\text{Reaktionsgeschwindigkeit} = A \cdot e^{-E_a/RT} \cdot (\text{Konzentration})^2$$

Die Geschwindigkeitskonstante wird also gleich

$$k = A \cdot e^{-E_a/RT} \tag{9.10}$$

Diese «**Arrhenius-Gleichung**» entspricht formal vollkommen der empirisch gefundenen Beziehung (9.9). Die Konstante b entspricht dabei dem Faktor E_a/R; die Energie E_a wurde von Arrhenius als «**Aktivierungsenergie**» bezeichnet. Je größer die Aktivierungsenergie, um so kleiner wird k, also um so langsamer verläuft die Reaktion. Nur diejenigen Teilchen, deren Energie die Aktivierungsenergie übersteigt, vermögen bei einem Zusammenstoß zu reagieren; die hauptsächlichste *Wirkung* der *Temperaturerhöhung* besteht also darin, daß dadurch der *Anteil der Teilchen, welche genug Energie besitzen,* um bei einem Zusammenstoß eine Reaktion eingehen zu können, *stark wächst* (vgl. Energieverteilung von Gasteilchen; Abb. 4.3).

Logarithmiert man die Gleichung (9.10), so erhält man:

$$\ln k = \ln A - \frac{E_a}{R \cdot T}$$

oder

$$\ln k = -\frac{E_a}{R \cdot T} + \text{const}$$

(A ist tatsächlich von der Temperatur praktisch unabhängig)

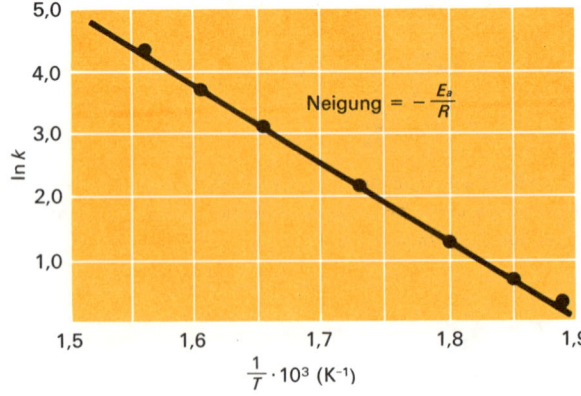

Abb. 9.5
ln k in Abhängigkeit von 1/T für die Dimerisation von Butadien. Die Neigung ist = − E_a/R

Wenn man ln k als Funktion von $1/T$ aufträgt, muß man somit eine Gerade erhalten, deren Neigung dem Wert $-E_a/R$ entspricht. Auf diese Weise können die Aktivierungsenergien aus dem Experiment bestimmt werden; vgl. Abb. 9.5.

Kennt man die Geschwindigkeitskonstanten einer Reaktion bei zwei verschiedenen Temperaturen, so läßt sich die Aktivierungsenergie auch berechnen. Es gilt:

$$\text{bei } T_1 \qquad \ln k_1 = \ln A - \frac{E_a}{R\,T_1}$$

$$\text{und bei } T_2 \qquad \ln k_2 = \ln A - \frac{E_a}{R\,T_2}$$

Subtraktion der zweiten von der ersten Gleichung ergibt

$$\ln \frac{k_1}{k_2} = \frac{E_a}{R} \left(\frac{1}{T_2} - \frac{1}{T_1} \right).$$

Durch Umformung und Umwandlung der natürlichen in dekadische Logarithmen erhält man

$$E_a = \frac{2,3 \cdot R \cdot T_1 \cdot T_2}{(T_1 - T_2)} \log \frac{k_1}{k_2}.$$

Nun ist selbstverständlich die Reaktionsgeschwindigkeit auch von der Anzahl der Zusammenstöße von aktivierten Teilchen pro sec (der *«Stoßzahl»*) abhängig[1]. Die Stoßzahl läßt sich aus der kinetischen Gastheorie berechnen; sie ist aber bereits bei Zimmertemperatur viel höher, als den im allgemeinen beobachteten tatsächlichen Reaktionsgeschwindigkeiten entspricht. Offenbar müssen die aktivierten Teilchen nicht einfach zusammenstoßen, sondern müssen mit der richtigen gegenseitigen Orientierung aufeinandertreffen (Abb. 9.6). Man kann dieser Tatsache dadurch Rechnung tragen, daß man den Faktor A der Gleichung (9.10) als Produkt zweier Größen darstellt: der berechneten Stoßzahl Z und einem *«sterischen Faktor»* P:

$$k = Z \cdot P \cdot e^{-E_a/RT}$$

Unbefriedigend an dieser *«Stoßtheorie»* ist, daß der sterische Faktor nicht berechnet werden kann, sondern im allgemeinen so gewählt werden muß, daß eine möglichst gute Übereinstimmung mit der experimentell festgestellten Temperaturabhängigkeit von k erreicht wird. Eine weitere Schwäche dieser Theorie liegt darin, daß jeder Vorgang, weil er beim Zusammenstoß zweier Teilchen eintritt, zwangsläufig eine *Reaktion zweiter Ordnung* sein sollte; *einfache Zerfallsvorgänge* (wie etwa der Zerfall von N_2O_5) konnten deshalb zunächst durch diese Theorie nicht erklärt werden. Lindemann (1925) vermochte diese Schwierigkeit zu beseitigen mit der Vorstellung, daß zwischen der Aktivierung eines Teilchens durch Energieaufnahme infolge eines Zusammenstoßes und seinem Zerfall eine gewisse Zeit verstreiche. Man kann dabei annehmen, daß die aufgenommene Energie zunächst auf die verschiedenen Schwingungsmöglichkeiten des Teilchens verteilt wird, bis dann etwas später dabei eine bestimmte Bindung so stark gedehnt wird, daß sich die Atome trennen und ein Zerfall eintritt oder aber das aktivierte Teilchen

---

[1] Man liest hie und da die Meinung, daß die bei höherer Temperatur größere Zahl von Teilchenzusammenstößen die Zunahme der Reaktionsgeschwindigkeit mit wachsender Temperatur bedinge. Dies ist jedoch keineswegs richtig; die Stoßzahl nimmt mit steigender Temperatur viel weniger zu als die Reaktionsgeschwindigkeit.

seine zusätzliche Energie durch einen Zusammenstoß verliert, bevor eine Bindung getrennt worden ist.

Bei relativ niedrigen Drucken (wo Teilchenzusammenstöße wenig häufig sind) wird ein aktiviertes Teilchen mit größter Wahrscheinlichkeit zerfallen, bevor es seine Energie wieder verlieren kann, und die Zerfallsreaktion geht folgendermaßen vor sich:

$$A + A \longrightarrow A^* + A \qquad \text{A}^* \text{ bedeutet ein aktiviertes Teilchen}$$
$$\downarrow$$
$$\text{Produkte}$$

Die Reaktionsgeschwindigkeit ist dann proportional $(A)^2$; die Reaktion ist zweiter Ordnung.

Bei höheren Drucken kann sich aber ein Gleichgewicht einstellen, in welchem die aktivierten Moleküle ebenso rasch ihre Energie durch einen Zusammenstoß verlieren, wie sie aktiviert worden sind, und der geschwindigkeitsbestimmende Schritt ist der Zerfall:

$$A^* \longrightarrow \text{Produkte}$$

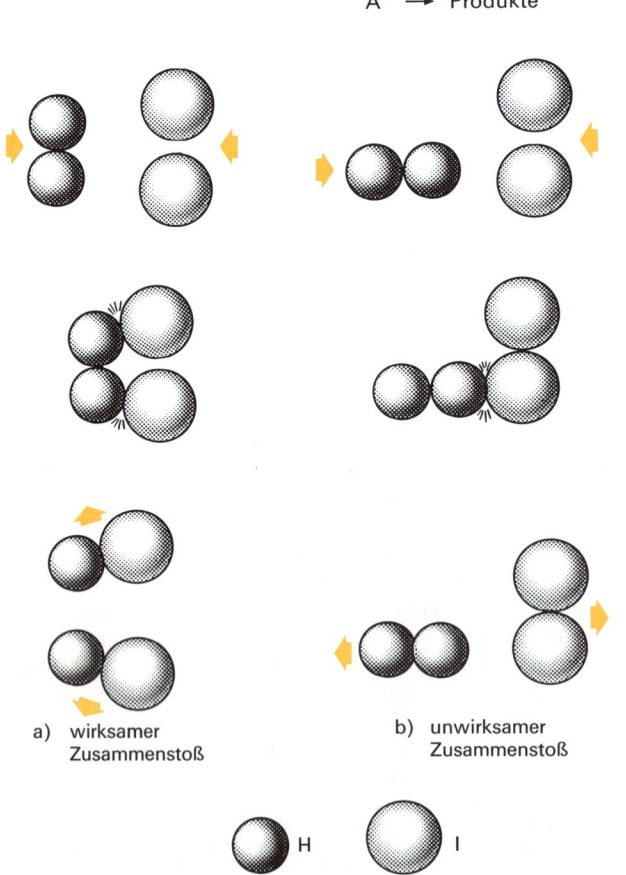

a) wirksamer
   Zusammenstoß

b) unwirksamer
   Zusammenstoß

H   I

Abb. 9.6. Bildung von
Iodwasserstoff aus
den Elementen

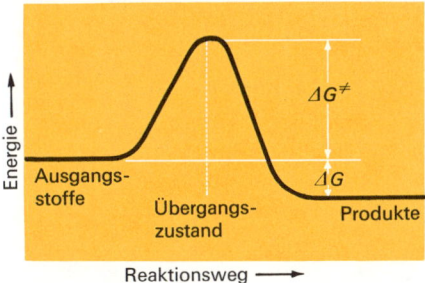 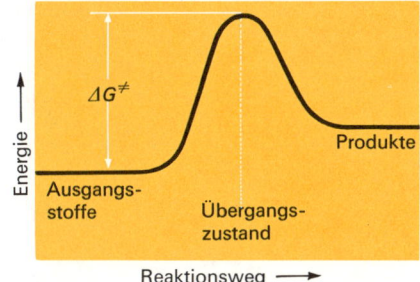

Abb. 9.7. Energiediagramme verschiedener Vorgänge

Die Reaktionsgeschwindigkeit ist dann proportional der Konzentration der aktivierten Moleküle (A)* und damit proportional (A) selbst; sie verläuft nach der ersten Ordnung. Eine solche Reaktion, die zwar durch einen bimolekularen Prozeß eingeleitet wird, kann also sowohl nach der ersten wie nach der zweiten Ordnung verlaufen. Für den Zerfall von N_2O_5 wurde bei niedrigen Drucken tatsächlich ein Zeitgesetz zweiter Ordnung ermittelt.

Der *energetische Verlauf* einer Reaktion läßt sich sehr schön durch graphische Darstellungen veranschaulichen (Abb. 9.7). Die Abszissen (die *«Reaktionskoordinaten»*) bilden ein Maß für das Fortschreiten der Reaktion, während auf der Ordinate die Energie der Teilchen aufgetragen wird. Die Aktivierungsenergie erscheint als *«Energieberg»*, welcher überschritten werden muß; je größer die Anzahl Teilchen, welche die nötige Aktivierungsenergie besitzen, um so rascher verläuft die Reaktion. Den Gipfel des Energieberges bezeichnet man als **Übergangszustand** oder «**aktivierten Komplex**»; er stellt den Zustand dar, in dem sich die reagierenden Teilchen so weitgehend als überhaupt möglich genähert haben und wo sich die alten Bindungen lösen, während gleichzeitig neue Bindungen entstehen. Im Fall der HI-Synthese (Abb. 9.6) entspricht die aus einem H_2-Molekül und zwei I-Atomen gebildete Vierergruppe dem aktivierten Komplex (die HI-Synthese ist also eine trimolekulare Reaktion!). Vorgänge, die eine Folge mehrerer Reaktionsschritte darstellen, müssen durch Abbildungen von der Art der Abb. 9.8 veranschaulicht werden. Jeder Reaktionsschritt besitzt seine besondere Aktivierungsenergie, und die **Zwischenstoffe** zeigen sich als Energieminima.

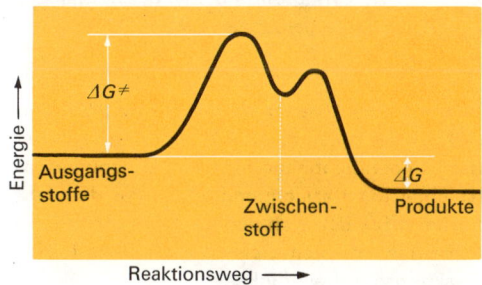

Abb. 9.8. Energiediagramm einer Reaktion, bei welcher ein (instabiler) Zwischenstoff entsteht

Eine sehr anschauliche Vorstellung der energetischen Verhältnisse im Verlauf einfacher Reaktionen liefern Darstellungen wie Abb. 9.9, in welchen die potentielle Energie einer Kombination von zusammenstoßenden Partikeln in Abhängigkeit von der Lage der beteiligten Atomkerne wiedergegeben wird. Die Abb. 9.9 bezieht sich aus einer Reaktion von folgendem Typus:

$$X + YZ \rightleftharpoons X\text{-}\text{-}\text{-}\text{-}Y\text{-}\text{-}\text{-}\text{-}Z \rightleftharpoons XY + Z$$

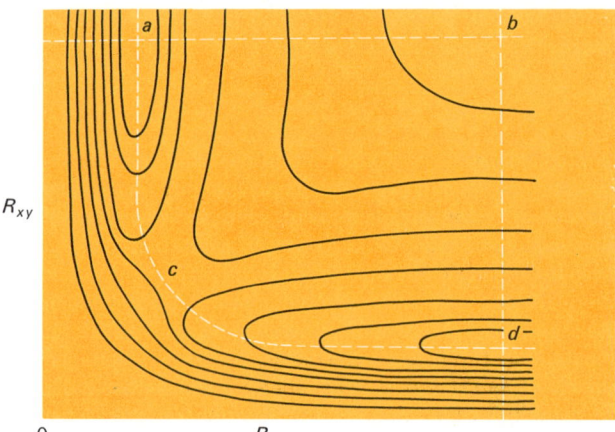

Abb. 9.9
«Schichtliniendiagramm» des Potentialgebirges für eine lineare Anordnung der drei Atome X, Y und Z in Abhängigkeit von den Kernabständen. Bei a und d befinden sich Minima der potentiellen Energie, bei b ein Maximum und bei c ein Sattelpunkt

In den Punkten *a* und *d* – die den Molekülen YZ bzw. XY bzw. den Kernabständen in diesen Molekülen entsprechen – befinden sich Minima der potentiellen Energie. Der Übergangszustand X----Y----Z entspricht dem Punkt *c*; er stellt also eigentlich nicht einen «Energieberg», sondern vielmehr einen *«Paßübergang»* dar (das Fortschreiten der Reaktion entspricht der gestrichelten Linie *a* → *c* → *d*). Die durch «Höhenlinien» wiedergegebenen Energieflächen können, wie Eyring und Polanyi gezeigt haben, durch eine halbempirische Methode recht gut näherungsweise berechnet werden.

Theorie des Übergangszustandes. Die von Lindemann verbesserte Stoßtheorie läßt sich streng genommen nur auf Reaktionen zwischen Gasen anwenden. Eine allgemeinere Theorie der Temperaturabhängigkeit der Geschwindigkeitskonstanten stammt von Eyring (1935) und ist unter der Bezeichnung «**Theorie des Übergangszustandes**» (transition-state theory) bekannt. Sie läßt sich auch auf Reaktionen in Lösungen anwenden und ermöglicht zudem – allerdings mit einem ziemlich großen mathematischen Aufwand – die exakte Berechnung von Reaktionsgeschwindigkeiten.

Wenn zwei Teilchen zusammenstoßen, welche zusammengenommen weniger Energie als die benötigte Aktivierungsenergie besitzen, werden sie einen «Komplex» bilden, der zwar etwas aktiviert ist und in dem die Teilchen enger zusammengedrängt sind, der aber nicht zu Ende reagieren kann, weil seine Energie dazu nicht ausreicht. Ein solcher Komplex wird also wieder zerfallen und die Ausgangsteilchen zurückbilden. Wenn dies fortlaufend geschieht, kann man von einem *echten dynamischen Gleichgewicht* zwischen Ausgangsteilchen und solchen Komplexen sprechen. Besitzen die aufeinandertreffenden Teilchen aber die nötige Aktivierungsenergie, so bildet sich der für die betreffende Elementarreaktion typische «**aktivierte Komplex**», in welchem sich die Teilchen einander so weitgehend als überhaupt möglich genähert haben, und der den Gipfel des «Energieberges» darstellt. Ein aktivierter Komplex existiert nur während extrem kurzer Zeit; er wird sich sofort unter Energieabgabe entweder in die Ausgangsteilchen zurückverwandeln oder die Produkte bilden. In einem Reaktionsgemisch (dem «Reaktionsknäuel») werden sich nun zahllose solche Gleichgewichte nebeneinander einstellen; wesentlich für die Behandlung der Reaktionsgeschwindigkeit ist aber das Ergebnis, daß auch der aktivierte Komplex in einem *echten Gleichgewicht* mit den Ausgangsteilchen steht. Die Konzentration der aktivierten Komplexe wird dann durch die betreffende Gleichgewichtskonstante $K^{\neq}$ bestimmt. Für den Fall einer einfachen bimolekularen Reaktion A + B ⟶ C gilt dann (wobei der aktivierte Komplex mit AB* bezeichnet wird):

$$\frac{(AB^*)}{(A) \cdot (B)} = K^{\neq} \tag{9.11}$$

Ein entscheidendes Ergebnis der transition-state theory (das durch die Anwendung der statistischen Mechanik auf das Problem des aktivierten Komplexes begründet werden kann) ist, daß alle aktivierten Komplexe – sofern sie die nötige Aktivierungsenergie wirklich besitzen – sich mit *der gleichen Geschwindigkeit* in die Produkte umwandeln. Diese Geschwindigkeit muß der Konzentration der aktivierten Komplexe proportional sein, wobei man für den Proportionalitätsfaktor den Ausdruck $k \cdot T/h$ findet (k ist die Boltzmann-Konstante R/N_A; h ist die Plancksche Konstante.)
Die Geschwindigkeit der Gesamtreaktion ist somit

$$\frac{d(C)}{dt} = \frac{k \cdot T}{h} \cdot (AB^*).$$

Unter Berücksichtigung von (9.11) wird $(AB^*) = K^{\neq} \cdot (A) \cdot (B)$, also

$$\frac{d(C)}{dt} = \frac{k \cdot T}{h} \cdot K^{\neq} \cdot (A) \cdot (B).$$

Die Geschwindigkeitskonstante der Gesamtreaktion ist also

$$k_1 = \frac{k \cdot T}{h} \cdot K^{\neq},$$

d. h. sie ist proportional zu $K^{\neq}$. Der Betrag der Gleichgewichtskonstanten wird aber durch die Differenz der freien Enthalpie zwischen Ausgangsteilchen und aktiviertem Komplex gegeben:

$$\Delta G^{\neq} = -R \cdot T \cdot \ln K^{\neq} = \Delta H^{\neq} - T \cdot \Delta S^{\neq}$$

Dabei bedeutet $\Delta H^{\neq}$ die **Aktivierungsenthalpie** (die Differenz der Enthalpie zwischen aktiviertem Komplex und den Reaktanten) und $\Delta S^{\neq}$ die **Aktivierungsentropie** (die Differenz der Entropie zwischen aktiviertem Komplex und den Reaktanten). Die Geschwindigkeitskonstante wird somit gleich

$$k_1 = \frac{k \cdot T}{h} \cdot e^{-\Delta G^{\neq}/RT}$$

oder

$$k_1 = \frac{k \cdot T}{h} \cdot e^{\Delta S^{\neq}/R} \cdot e^{-\Delta H^{\neq}/RT} \tag{9.12}$$

Dieses Ergebnis kann der Arrhenius-Gleichung (9.10) gegenübergestellt werden. Der letzte Term in (9.12) ist dem Exponentialausdruck in der Arrheniusgleichung gleichwertig; $\Delta H^{\neq}$ entspricht also der Aktivierungsenergie E_a[1]. Der Entropieterm mit dem Proportionalitätsfaktor $k \cdot T/h$ ersetzt den Faktor A der Arrhenius-Gleichung, welche den nicht exakt zu bestimmenden *«sterischen Faktor»* enthält:

$$A = \frac{k \cdot T}{h} \cdot e^{\Delta S^{\neq}/R}$$

Um exakte Werte für A zu erhalten, müssen deshalb die Aktivierungsentropien bekannt sein. Für einfachere Fälle kann man diese mittels der statistischen Mechanik berechnen.

Häufig ist die *Aktivierungsentropie* negativ, weil der aktivierte Komplex (im Übergangszustand) ein höheres Maß von Ordnung zeigt als die reagierenden Teilchen. Je komplizierter die reagierenden Teilchen gebaut sind, um so mehr negativ wird $\Delta S^{\neq}$ (d. h. um so größer ist die Zunahme der Ordnung bei der Bildung des aktivierten Komplexes), was dazu führt, daß dann der Faktor A kleiner und die Reaktionsgeschwindigkeit langsamer wird. Auch Reaktionen, bei denen aus Neutralmolekülen Ionen entstehen, zeigen durchwegs stark negative Aktivierungsentropien, weil die Ladungstrennung bereits im aktivierten Komplex beginnt und sich die Lösungsmittelmoleküle auszurichten beginnen. Im Fall von selbst sehr gut geordneten Lösungsmitteln (wie z. B. Wasser) kann aber die Aktivierungsentropie auch bei heterolytischer Bindungstrennung positiv sein, da durch die Ladungstrennung und die dadurch erfolgende Solvation die Ordnung der Lösungsmittelmoleküle gestört und damit vermindert wird.

Insgesamt wird also *die Reaktionsgeschwindigkeit durch die* **freie Aktivierungsenthalpie** $\Delta G^{\neq}$ *bestimmt.* (In den Ordinaten der Abb. 9.7 und 9.8 ist also eigentlich die freie Enthalpie aufzutragen.) Bei einer bestimmten Temperatur verläuft eine Reaktion *um so rascher, je negativer die Aktivierungsenthalpie* und *je positiver die Aktivierungsentropie* ist. Ein Vorgang wird also durch eine stark negative Aktivierungsentropie ebenso verlangsamt wie durch eine hohe Aktivierungsenthalpie. Mit anderen Worten, es genügt nicht, daß die reagierenden Teilchen die nötige Aktivierungsenthalpie besitzen, sondern sie müssen zusätzlich eine günstige Orientierung zueinander aufweisen.

---

[1] Nach der Beziehung $\Delta H^{\neq} = E_a + \Delta (p \cdot V)^{\neq}$ sind $\Delta H^{\neq}$ und E_a bei Reaktionen zwischen festen und flüssigen Stoffen zahlenmäßig praktisch gleich; ändert sich die Zahl der Mole bei der Bildung des aktivierten Komplexes wie z. B. bei einer bimolekularen Reaktion, so muß bei Reaktionen zwischen idealen Gasen die Beziehung $\Delta (p \cdot V)^{\neq} = n^{\neq} \cdot R \cdot T$ berücksichtigt werden ($n^{\neq}$ ist die Änderung der Molzahl beim Übergang Ausgangsstoffe → aktivierter Komplex).

9.4 Katalyse

Manche Reaktionen können dadurch beschleunigt werden, daß man den Ausgangsstoffen weitere Substanzen beifügt, welche zwar am Vorgang teilnehmen, am Ende aber wieder unverändert vorhanden sind. Solche Stoffe wirken als «**Katalysatoren**»; die Erscheinung, daß bestimmte Substanzen scheinbar durch ihre bloße Anwesenheit die Geschwindigkeit von Vorgängen beeinflussen, heißt **Katalyse.**

Die Wirkungsweise eines Katalysators besteht darin, daß er mit einem der Ausgangsstoffe eine *reaktionsfähige Zwischenverbindung* bildet, die mit einem Reaktionspartner so weiter reagiert, daß der Katalysator im Laufe der Reaktion wieder freigesetzt wird. Die Reaktion folgt also beim Vorhandensein eines Katalysators einem anderen «Mechanismus» (einem anderen molekularen Ablauf), dessen *freie Aktivierungsenthalpie geringer* ist. Katalysatoren setzen also die benötigte freie Aktivierungsenthalpie herab (Abb. 9.10).

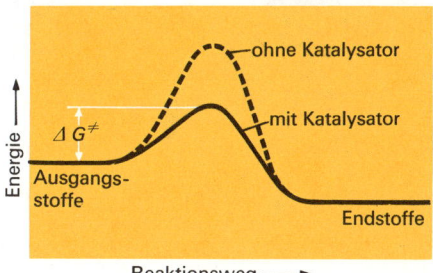

Abb. 9.10. Energiediagramm einer Reaktion unter Verwendung eines Katalysators

Ein gut untersuchtes Beispiel einer Katalyse ist die Wirkung einer starken Säure auf den Zerfall von *Ameisensäure.* Ameisensäure (HCOOH) kann nach folgender Gleichung zerfallen:

$$HCOOH \longrightarrow H_2O + CO$$

Dabei muß aber das an das C-Atom gebundene H-Atom zum O-Atom wandern, was eine ziemlich hohe Aktivierungsenergie (in der Größenordnung von 200 kJ/mol) erfordert (Abb. 9.11). Bei Zimmertemperatur zerfällt deshalb Ameisensäure nicht. Tropft man aber Schwefelsäure oder eine andere starke Säure in verdünnte Ameisensäure, so entwickelt sich rasch CO. Wie wir später sehen werden, ist das gemeinsame Merkmal der Säuren, H^+-Ionen (Protonen) abspalten zu können; da sorgfältige Untersuchungen zeigen, daß die Konzentration der H^+-Ionen während des Zerfalls der Ameisensäure unverändert bleibt, daß also die H^+-Ionen nicht verbraucht werden, müssen diese offensichtlich als Katalysator wirken.

Dies geschieht dadurch, daß zunächst ein H^+-Ion von einem HCOOH-Molekül gebunden wird:

Durch die Wirkung dieses H^+-Ions wird aber die C—O-Bindung noch stärker polar, so daß sie jetzt unter verhältnismäßig geringem Energieaufwand getrennt werden kann (wobei das bindende Elektronenpaar dem O-Atom verbleibt) und ein Molekül H_2O frei wird:

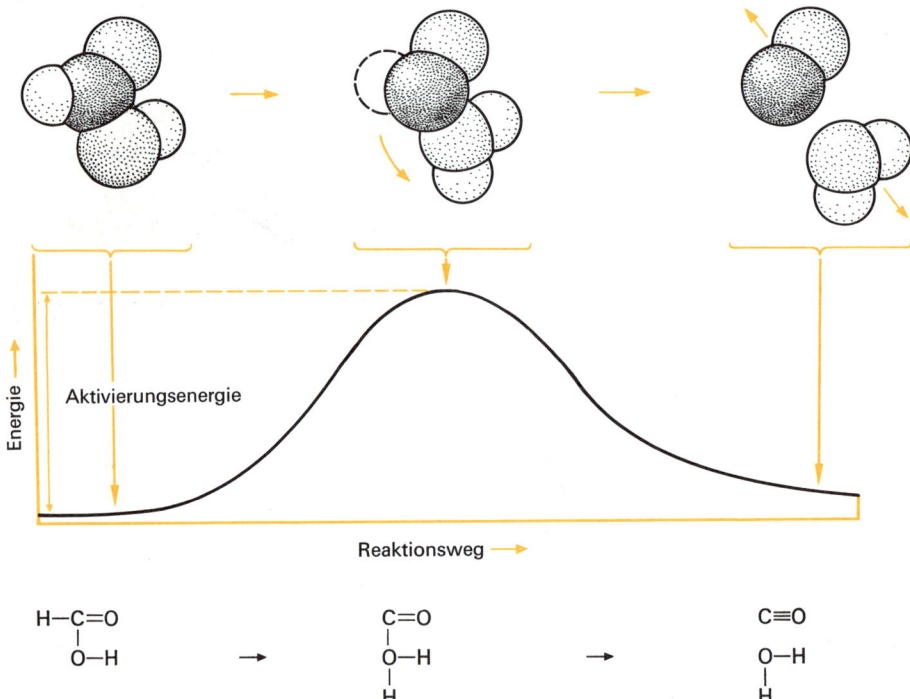

Das gleichzeitig entstehende HCO^+-Teilchen spaltet wieder ein H^+-Ion ab und wird damit zu einem CO-Molekül. Der Katalysator ist wieder frei geworden.

Abb. 9.11. Zersetzung von Ameisensäure in Wasser und Kohlenoxid ohne Katalysator

Bei Gegenwart des Katalysators läuft also die Reaktion nach einem anderen Mechanismus ab: Die Wanderung des H-Atoms vom C- zum O-Atom tritt nicht mehr ein. Jeder Schritt der katalysierten Reaktion besitzt seine eigene Aktivierungsenergie. Das Energiediagramm der Gesamtreaktion setzt sich aus den Diagrammen der Einzelschritte zusammen; die Gesamtaktivierungsenergie ist jedoch viel geringer als für die nicht katalysierte Reaktion (etwa 80 kJ/mol), und die Zerfallsgeschwindigkeit ist entsprechend höher (Abb. 9.12).

Die hier besprochene katalytische Zersetzung der Ameisensäure ist ein Beispiel einer *homogenen Katalyse*: der Katalysator und die reagierenden Substanzen bilden eine einzige Phase. In sehr vielen Fällen ist die katalytische Wirksamkeit aber auf die Oberfläche des (festen) Katalysators beschränkt *(«heterogene» Katalyse)*. So bewirkt z. B. ein angewärmtes Platinblech, das man in ein Gemisch von Wasserstoff und Sauerstoff hält, eine sofortige Explosion des Knallgasgemisches, d. h. einen sehr raschen Ablauf der Bildung von Wasser. Dabei werden an der Oberfläche des Metalles H_2-Moleküle adsorbiert, wobei die H—H-Bindungen so stark gelockert werden, daß beim Zusammenstoß mit einem O_2-Molekül die Reaktion augenblicklich vor sich gehen kann. Sehr wichtige Beispiele heterogener Katalysen sind die enzymatisch beeinflussten Reaktionen im Stoffwechsel lebender Organismen; auch hier spielen sich die Umsetzungen an der Oberflächen der Katalysatoren (kompliziert gebauter Eiweißkörper) ab.

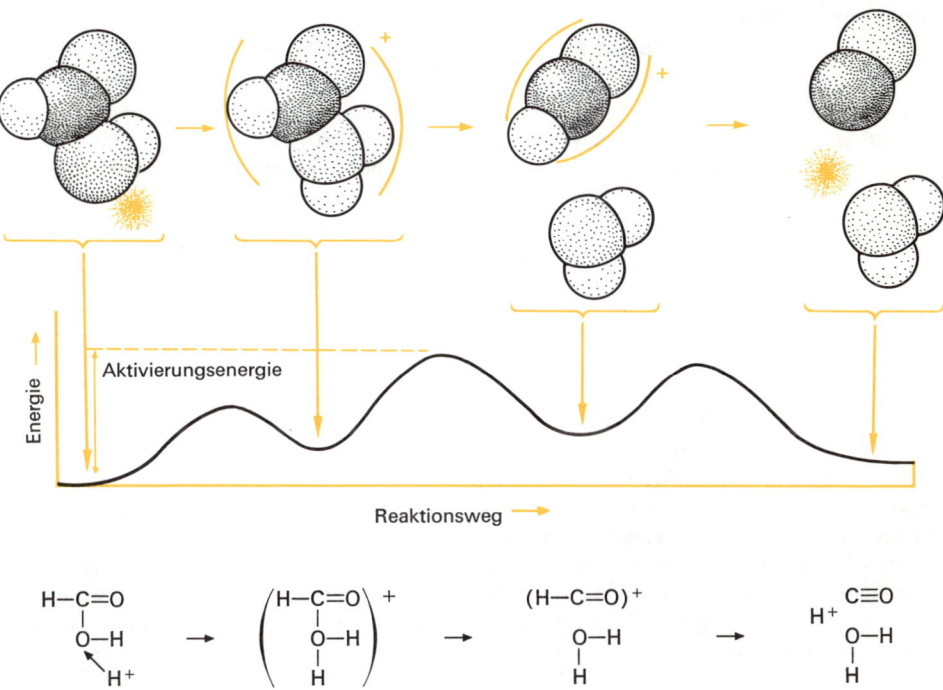

Abb. 9.12. Zersetzung von Ameisensäure in Wasser und Kohlenoxid unter der Wirkung von konzentrierter Säure als Katalysator

Stabile, metastabile und instabile Systeme. Die Größe der Gleichgewichtskonstanten bzw. die Differenz der freien Enthalpie zwischen Produkten und Edukten, gibt nur das Verhältnis der Konzentrationen im Gleichgewichtszustand an (d. h. bildet ein Maß der *Triebkraft* der betreffenden Reaktion), sagt aber nichts darüber aus, wie rasch der Gleichgewichtszustand erreicht wird (wie rasch die Reaktion abläuft). So vereinigen sich Wasserstoff und Sauerstoff bei Zimmertemperatur nicht zu Wasser, obschon das Gleichgewicht der Wasserbildung praktisch völlig rechts liegt, K also sehr groß und ΔG_r^0 stark negativ ist. Die Geschwindigkeit der Reaktion $2\,H_2 + O_2 \longrightarrow 2\,H_2O$ ist eben bei Zimmertemperatur äußerst klein, eine Folge der benötigten hohen freien Aktivierungsenthalpie. Eine Mischung von Wasserstoff und Sauerstoff scheint also beständig zu sein, obschon die Gleichgewichtsbedingung nicht erfüllt ist. Ein solches System nennt man *«metastabil»*; es ist **«kinetisch inert»**. Zum Unterschied von einem **«stabilen»** System (das sich *im Gleichgewicht* befindet), kann ein metastabiles System durch Aktivierung zur Reaktion gebracht und in den stabilen Zustand übergeführt werden. *«Instabile»* Systeme befinden sich ebenfalls nicht im Gleichgewicht; bei ihnen ist jedoch die Reaktionsgeschwindigkeit von endlicher Größe, und die Stoffe reagieren miteinander, bis wiederum der stabile Zustand erreicht ist.

Es gibt aber auch eine sehr große Zahl von Verbindungen, welche bei gewöhnlicher Temperatur metastabil sind. Ein Beispiel dafür ist das Stickoxid, NO, das mit Stickstoff und Sauerstoff im Gleichgewicht steht:

$$2\,NO \rightleftarrows N_2 + O_2 \qquad \Delta H = -180{,}8 \text{ kJ/mol}$$

Das Gleichgewicht liegt bei Zimmertemperatur stark rechts (Prinzip von Le Chatelier!), so daß sich NO spontan in die Elemente zersetzen und nicht beständig sein sollte. Da aber die Zerfalls-geschwindigkeit sehr klein ist ($\Delta G^{\neq}$ ist sehr groß), bleibt NO als metastabiler Stoff unzersetzt und beständig. Auch die große Mehrzahl der organischen Stoffe ist bei Zimmertemperatur metastabil (vgl. die homologe Reihe der gesättigten Kohlenwasserstoffe, S. 296).

Wir erwähnten bereits, daß ein Katalysator die freie Aktivierungsenthalpie einer Reaktion herab-setzt. Die Gleichgewichtskonstante K kann aber durch Anwendung eines Katalysators nicht verändert werden. *Katalysatoren vermögen daher niemals ein Gleichgewicht zu verschieben;* sie bewirken nur eine raschere Einstellung des Gleichgewichtszustandes und beeinflussen stets die Geschwindigkeiten beider Richtungen eines umkehrbaren Vorganges.

Wir können somit zusammenfassend feststellen:

Thermodynamisch stabile Systeme befinden sich in einem **Gleichgewicht,** d. h. ΔG ist Null; es besteht keinerlei Triebkraft zur Veränderung des Systems. **Stabile Substanzen** besitzen eine **hohe negative freie Bildungsenthalpie** ΔG_f^0 bzw. ein tiefes chemisches Potential. Die **Reaktivität** eines Systems oder eines Stoffes anderen Stoffen gegenüber wird aber durch die betreffende **freie Aktivierungsenthalpie** bestimmt. Metastabile Systeme oder Stoffe können an sich eine exergonische Reaktion (ΔG negativ) eingehen; da die freie Akti-vierungsenthalpie dafür aber ziemlich hoch ist, wird die betreffende Reaktionsgeschwindigkeit sehr klein. Das System verändert sich erst nach entsprechender Aktivierung durch Energiezufuhr oder durch Verwendung eines Katalysators.

9.5 Mechanismen chemischer Reaktionen

Unter dem «**Mechanismus**» einer Reaktion versteht man die vollständige *Beschreibung des molekularen Ablaufes,* d. h. der Art und Weise, in der die reagierenden Partikel in die Produkte verwandelt werden. Die Kenntnis des Mechanismus einer Reaktion kann für ihre praktische Durchführung, z. B. für die Wahl geeigneter Bedingungen, von ganz entscheidender Bedeutung sein, und es ist verständlich, daß die Untersuchung von Reaktionsmechanismen anorganischer und organischer Reaktionen heute zu den aktuellsten Forschungsgebieten gehört. Zu den wichtigsten experimentellen Methoden gehören kinetische Untersuchungen (die Reaktions-ordnung stimmt mit der Molekularität des geschwindigkeitsbestimmenden Schrittes überein!), stereochemische Untersuchungen, die Verwendung radioaktiver oder schwerer Isotope usw.

Die Variation der bei einer bestimmten Reaktion herrschenden Bedingungen und die Identifi-
kation der dabei jeweils entstehenden Produkte ermöglicht unter Umständen einen Entscheid
darüber, welche Bindungen bei einer Reaktion gelöst bzw. neu gebildet werden. Auch «kinetische Isotopeneffekte» (d.h. die Feststellung, daß sich die Geschwindigkeit einer Reaktion
verändert, wenn man bestimmte Atome durch ihre schweren Isotope ersetzt) vermögen Hinweise auf die bei der betreffenden Reaktion getrennten Bindungen zu geben. Durch Markierung
bestimmter Atome als radioaktive oder schwere Isotope können reaktive Gruppen eines Teilchens
oder Zwischenstoffe einer Reaktion erkannt werden; häufig können (instabile) Zwischenstoffe
auch durch spektroskopische Methoden nachgewiesen werden. Ganz spezielle Methoden werden schließlich für die Untersuchung des Ablaufes sehr schneller Reaktionen benötigt.
In allen Fällen können *Reaktionsmechanismen* nur *indirekt* aus den experimentellen Daten ermittelt werden, da es nicht möglich ist, die reagierenden Teilchen während der Reaktion direkt
zu verfolgen. Es ist deshalb nicht verwunderlich, daß auch heute noch bei sehr zahlreichen
Reaktionen keine Klarheit über den Reaktionsablauf besteht, sei es, daß die Beobachtungser-
gebnisse mit mehreren, verschiedenen Mechanismen zu vereinbaren sind, zwischen denen keine
eindeutige Entscheidung gefällt werden kann, oder sei es, daß die betreffenden Reaktionen
besonders schwierig experimentell zu untersuchen sind.

Ionische Reaktionen und Radikalreaktionen. Je nach der Art und Weise der Bindungstrennung bzw. -neubildung bzw. der Art der Zwischenstoffe hat man zu unterscheiden zwischen
ionischen (polaren) Reaktionen und *Radikalreaktionen.* Im ersteren Fall werden Bindungen
heterolytisch getrennt, d.h. das vorher zwei Atomen gemeinsame Elektronenpaar verbleibt
dem mehr elektronegativen Atom, bzw. der eine Reaktionspartner stellt für eine Bindung ein
ganzes Elektronenpaar zur Verfügung:

$$A : B \longrightarrow A^+ + :B^- \qquad \text{oder} \qquad A^+ + :B^- \longrightarrow A : B$$

Ein Teilchen, das wie hier das $:B^-$-Ion einen positiv geladenen (oder positiv polarisierten) Partner sucht und für die Bindung ein Elektronenpaar zur Verfügung stellen kann, wird als **nucleophil** bezeichnet. Das A^+-Ion in obigem Beispiel hingegen lagert sich an ein Elektronenpaar
eines anderen Teilchens an; es verhält sich **elektrophil.**
Die als Folge einer solchen Bindungstrennung entstehenden Ionen sind häufig nicht sehr stabil
und reagieren weiter; sie besitzen also den Charakter von *Zwischenstoffen,* und die betreffende
Reaktion verläuft über mehrere Schritte, stellt also eine Folge mehrerer Elementarprozesse dar.
Solche im Reaktionsknäuel nur vorübergehend auftretende Ionen werden als **Kryptoionen**
bezeichnet. Es ist jedoch auch möglich, daß polare Reaktionen in einem einzigen Schritt verlaufen. Im Übergangszustand sind dann die alten Bindungen noch nicht ganz gelöst und die
neuen Bindungen noch nicht fertig ausgebildet; die Bindungstrennung aber ist wiederum eine
Heterolyse.
Ionische Reaktionen treten auf, wenn die reagierenden Bindungen mehr oder weniger stark
polarisiert sind. Besonders häufig werden solche Reaktionen in Lösung oder an Oberflächen
polarer Festkörper beobachtet; *Lösungsmittel* vermögen unter Umständen den aktivierten
Komplex bzw. die Kryptoionen etwas zu stabilisieren (Solvationseffekte!), so daß dadurch die
freie Aktivierungsenthalpie erniedrigt wird und die Reaktion rascher ablaufen kann.
Bei Radikalreaktionen werden hingegen Bindungen **homolytisch** getrennt, d.h. es verbleibt
jedem der beiden Atome ein einzelnes Elektron. Als Zwischenstoffe treten deshalb nicht
Kryptoionen, sondern **Radikale** – Teilchen mit einzelnen, ungepaarten Elektronen – auf:

$$A : B \longrightarrow A\cdot + \cdot B \qquad \text{oder} \qquad A\cdot + \cdot B \longrightarrow A : B$$

Radikalreaktionen treten oft dann ein, wenn die reagierenden Bindungen wenig oder nicht polar sind. Insbesondere sind viele im Gaszustand verlaufende Vorgänge Radikalreaktionen, weil als Folge von Zusammenstößen aktivierter Gasteilchen meist Radikale entstehen. Beispiele dafür bilden viele Verbrennungen kovalenter Verbindungen (Wasserstoff, Methan usw.). Manche Radikalreaktionen können durch Licht oder durch Substanzen, die wie z. B. gewisse Peroxide leicht in Radikale zerfallen, ausgelöst werden. Auch Sauerstoffmoleküle (O_2 ist ein Diradikal; siehe S. 89) können gewisse Radikalreaktionen auslösen.

Beispiele einfacher Reaktionsmechanismen. Die Diskussion des Ablaufes einiger ausgewählter, einfacher Reaktionen soll die bisherigen Aussagen verdeutlichen.

1. Als erstes Beispiel betrachten wir die Oxidation von NO zu NO_2, die trotz relativ geringer Triebkraft sehr rasch verläuft (S. 315). Die Reaktion ist zweiter Ordnung bezüglich NO und erster Ordnung bezüglich Sauerstoff:

$$2\,NO + O_2 \longrightarrow 2\,NO_2$$

$$-\frac{d(O_2)}{dt} = k\,(NO)^2\,(O_2)$$

Mit diesem Zeitgesetz können zwei verschiedene Mechanismen vereinbart werden:

(a)
$$NO + NO \rightleftarrows N_2O_2 \quad \text{(sehr rasch; Gleichgewicht!)}$$
$$N_2O_2 + O_2 \longrightarrow 2\,NO_2 \quad \text{(langsam)}$$

Die Reaktionsgeschwindigkeit wäre

$$-\frac{d(O_2)}{dt} = k\,(N_2O_2) \cdot (O_2) = k \cdot K \cdot (NO)^2 \cdot (O_2)$$

oder

(b)
$$NO + O_2 \rightleftarrows O{-}ONO \quad \text{(sehr rasch; Gleichgewicht!)}$$
$$NO + O{-}ONO \longrightarrow 2\,NO_2 \quad \text{(langsam)}$$

Hier wäre die Reaktionsgeschwindigkeit

$$-\frac{d(O_2)}{dt} = k'\,(O{-}ONO) \cdot (NO) = k'\,K'\,(NO)^2\,(O_2)$$

In beiden Fällen hätte der aktivierte Komplex des geschwindigkeitsbestimmenden Schrittes die Zusammensetzung N_2O_4. Ein Entscheid zwischen den beiden möglichen Reaktionswegen ist auf Grund der Kinetik allein nicht möglich. Hingegen gelang es, im Reaktionsgemisch das Peroxid NO_3 spektroskopisch nachzuweisen, wodurch bewiesen werden konnte, daß der Mechanismus (b) tatsächlich auftritt. Ob daneben der Ablauf (a) auch eine gewisse Bedeutung hat, kann hingegen nicht entschieden werden.

Diese Reaktion ist in einer anderen Hinsicht von besonderem Interesse: bei ihr *nimmt die Gesamtgeschwindigkeit mit wachsender Temperatur ab!* Dies erklärt sich dadurch, daß K' (die Gleichgewichtskonstante des vorgelagerten Gleichgewichtes) mit wachsender Temperatur kleiner wird (das Gleichgewicht verschiebt sich mit wachsender Temperatur nach links), so daß die Konzentration von NO_3 entsprechend sinkt. Die Geschwindigkeit des langsameren zweiten Reaktionsschrittes wächst zwar mit zunehmender Temperatur (wie bei jeder Elementarreaktion), jedoch nicht genügend, um die Abnahme von (NO_3) wettzumachen, so daß die Gesamtgeschwindigkeit mit wachsender Temperatur fällt.

2. Die Umwandlung von Ammoniumcyanat (NH_4OCN) in Harnstoff – die wir als zweites Beispiel betrachten wollen – war von großer historischer Bedeutung, wurde doch auf diese Weise der erste organische Stoff aus einer anorganischen Substanz hergestellt (Wöhler, 1828).

Die Reaktionsgleichung dafür lautet:

$$NH_4^+ + OCN^- \longrightarrow (NH_2)_2CO$$

Es handelt sich dabei insgesamt um eine Reaktion zweiter Ordnung:

$$\frac{d\,[(NH_2)_2CO]}{dt} = k\,(NH_4^+) \cdot (OCN^-)$$

Es wäre also denkbar, daß sich beim Zusammenstoß eines NH_4^+-Ions mit einem OCN^--Ion ein Molekül Harnstoff bildet. Die Struktur des Harnstoffmoleküls macht dies allerdings unwahrscheinlich; es wäre eher möglich, daß der Harnstoff aus einem Molekül NH_3 und einem Molekül Isocyansäure (HNCO) entsteht:

In der Tat stehen die NH_4^+-Ionen mit den OCN^--Ionen in einem Säure/Base-Gleichgewicht:

$$NH_4^+ + OCN^- \rightleftharpoons NH_3 + HOCN$$

und die Cyansäure (HOCN) wiederum steht im Gleichgewicht mit ihrer tautomeren Form, der Isocyansäure:

$$HOCN \rightleftharpoons HNCO$$

Unter der Voraussetzung, daß sich diese beiden Gleichgewichte sehr rasch einstellen (was für Säure/Base-Gleichgewichte im allgemeinen und für dieses Tautomeriegleichgewicht ebenfalls zutrifft), ist die Bildung von Harnstoff aus Ammoniak und Isocyansäure der geschwindigkeitsbestimmende Schritt, und die Reaktion folgt als Ganzes einem Zeitgesetz zweiter Ordnung.

3. Für die Reaktion von Wasserstoffperoxid mit Iodid in saurer Lösung

$$H_2O_2 + 2\,H^+ + 2\,I^- \longrightarrow I_2 + 2\,H_2O$$

findet man experimentell folgendes Zeitgesetz:

$$\frac{d\,(I_2)}{dt} = k\,(H_2O_2)\,(H^+)\,(I^-)$$

Am geschwindigkeitsbestimmenden Schritt der Reaktion sind somit die drei Teilchenarten H^+, I^- und H_2O_2 beteiligt. Eine trimolekulare Reaktion ist aber höchst unwahrscheinlich. Um zu entscheiden, was wirklich geschieht, müssen Überlegungen betreffend die Eigenschaften der Ausgangsstoffe und der Struktur der möglichen Zwischenprodukte herangezogen werden. Chemische Intuition und Erfahrung sind deshalb zur Formulierung von Reaktionsmechanismen in besonders hohem Maß notwendig.

Als möglicher Zwischenstoff käme z.B. die zwar bekannte, jedoch nicht sehr stabile Verbindung HOI in Frage. Unter der Voraussetzung, daß H_2O_2 zuerst ein H^+-Ion addiert (H_2O_2 ist tatsächlich eine Brönsted-Base!), könnte man den geschwindigkeitsbestimmenden Schritt folgendermaßen formulieren:

aktivierter
Komplex

Der Zwischenstoff müsste dann rasch in I_2 und H_2O übergehen können. In der Tat kann man aus neutralen oder schwach alkalischen Lösungen, welche I^--Ionen und HOI nebeneinander enthalten, durch Ansäuern eine sofortige Ausscheidung von Iod erhalten:

aktivierter
Komplex

Die Gesamtreaktion von H_2O_2 mit Iodid entspricht also wahrscheinlich nachstehender Reaktionsfolge:

$$H^+ \ \ \ \ + H_2O_2 \ \ \rightleftharpoons \ H_3O_2^+ \ \ \ \ \ \ \ \ \ \ \ \text{rasch}$$
$$H_3O_2^+ + I^- \ \ \ \ \ \ \longrightarrow \ HOI \ \ + H_2O \ \ \ \text{langsam}$$
$$HOI \ \ \ + H^+ + I^- \longrightarrow \ I_2 \ \ \ \ \ + H_2O \ \ \ \text{rasch}$$

4. Ein sowohl bei anorganischen wie organischen Verbindungen häufiger Reaktionstyp ist die *Substitution,* d.h. der Ersatz eines Atoms oder einer Atomgruppe durch ein anderes Atom bzw. eine andere Atomgruppe. Dazu gehören beispielsweise die zur Bildung von Metallkomplexen in wäßrigen Lösungen vielfach verwendeten *«Verdrängungsreaktionen»,* z.B.

$$[Cu(H_2O)_4]^{2+} + 4\,NH_3 \ \rightleftharpoons \ [Cu(NH_3)_4]^{2+} + 4\,H_2O$$

Hier wirkt das NH_3-Molekül substituierend; es stellt dabei für die neuen Bindungen beide Elektronen zur Verfügung und wirkt als Nucleophil. Man bezeichnet deshalb solche Reaktionen als **nucleophile Substitutionen** (S_N-Reaktionen). Substitutionsreaktionen an Metallkomplexen gehen gewöhnlich stufenweise vor sich, und es lassen sich durch genaue Untersuchungen die verschiedenen Gleichgewichtskonstanten einzeln bestimmen.

Nucleophile Substitutionen an Metallkomplexen können auf *zwei Arten* vor sich gehen. Im einen Fall trennt sich im ersten Reaktionsschritt ein Ligand ab und es entsteht (bei einem oktaedrisch koordinierten Komplex) ein Komplex mit nur 5 Liganden. Dieser addiert dann im zweiten Reaktionsschritt den neuen Liganden, das Nucleophil. Im anderen Fall wird der neue Ligand zuerst gebunden; es bildet sich (wiederum bei einem oktaedrisch koordinierten Komplex) ein Komplex mit insgesamt 7 Liganden, der dann im anschließenden zweiten Reaktionsschritt einen Liganden abspaltet.

Schema:

a)

b)

In beiden Fällen verläuft der *erste* Reaktionsschritt *langsamer*; er bestimmt also die Gesamtgeschwindigkeit. Wird im ersten Schritt eine Bindung gelöst (Reaktionstyp a), so hängt die Reaktionsgeschwindigkeit nur von der Konzentration der Ausgangskomplexe ab (der Zerfall kann beim Zusammenstoß mit irgendeinem Teilchen stattfinden!); die Reaktion verläuft nach einem Zeitgesetz *erster Ordnung* und wird deshalb als S_N1-**Reaktion** bezeichnet. Zur Bildung eines z. B. siebenfach koordinierten Komplexes (Reaktionstyp b) ist aber ein Zusammenstoß des ursprünglichen Komplexes mit dem Nucleophil nötig; die Reaktion ist bimolekular und *zweiter Ordnung* («S_N2-**Reaktion**»).

Die kinetische Untersuchung von Substitutionen an oktaedrischen Komplexen hat gezeigt, daß in den weitaus meisten Fällen die Reaktionsgeschwindigkeit von der Art des substituierenden Teilchens unabhängig ist. Die Bestimmung der Reaktionsordnung ist nicht ganz einfach; eine Reihe von experimentellen Befunden weist jedoch darauf hin, daß Substitutionsreaktionen an hydratisierten Metallionen oder an entsprechenden Amminkomplexen oktaedrisch koordinierter Metallionen nach dem S_N1-Typ erfolgen. Der Austausch eines Cl^--Ions gegen ein H_2O-Molekül verläuft z. B. beim *trans*-$[Co(NH_3)_4Cl_2]^+$-Komplex rund 10^3 mal schneller als beim $[Co(NH_3)_5Cl]^{2+}$-Komplex. Die höhere Ladung des zweiten Komplexes verstärkt zweifellos die Bindung zwischen Zentralatom und Liganden und wird zudem neu eintretende Liganden anziehen, eine Verdrängung (nach S_N2) somit begünstigen. Die Tatsache, daß trotzdem die Substitutionsgeschwindigkeit am Dichloro-Komplex viel größer ist, weist darauf hin, daß die Substitution nach dem S_N1-Typ erfolgt und daß die Bindungstrennung die Gesamtgeschwindigkeit bestimmt.

Substitutionen an vierfach koordinierten planaren Komplexen scheinen hingegen meistens nach dem S_N2-Typ abzulaufen, da die ebene Anordnung der Liganden eine relativ leichte Bildung des fünffach koordinierten Zwischenstoffes (bzw. Übergangszustandes) ermöglicht. Kinetische Untersuchungen von Substitutionen an Pt-Komplexen bestätigen tatsächlich das Vorliegen eines S_N2-Mechanismus. Die Reaktionsgeschwindigkeit ist hier – im Gegensatz zu den S_N1-Substitutionen – auch von der Nucleophilie des verdrängenden Liganden abhängig.

Auch nucleophile Substitutionen an *gesättigten C-Atomen,* wie sie bei organischen Verbindungen häufig sind, können entweder als S_N1- oder als S_N2-Reaktionen ablaufen. Im ersteren Fall trennt sich im geschwindigkeitsbestimmenden ersten Reaktionsschritt die C—X-Bindung, und es bildet sich ein sogenanntes *Carbeniumion* mit positiv geladenem C-Atom. Im zweiten Reaktionsschritt wird dann das Nucleophil durch das Carbeniumion gebunden. Im Gegensatz zu S_N2-Reaktionen bei Komplexen verläuft die S_N2-Reaktion am gesättigten C-Atom in einem einzigen Reaktionsschritt (denn ein fünffach koordinierter Zwischenstoff kann nicht gebildet werden): Abtrennung der «Abgangsgruppe» X und Knüpfung der neuen Bindung C—Y erfolgen synchron, wobei am C-Atom Konfigurationsumkehr eintritt (*«Regenschirm-Mechanismus»*). Schema:

S_N1

$$-\overset{|}{\underset{|}{C}}-X \quad\rightarrow\quad -\overset{|}{\underset{|}{C}}{}^+ + X^- \qquad\qquad -\overset{|}{\underset{|}{C}}{}^+ + Y^- \quad -\overset{|}{\underset{|}{C}}-Y$$

S_N2

$$-\overset{|}{\underset{|}{C}}-X + Y^- \;\rightleftarrows\; Y\cdots\overset{\diagdown\diagup}{C}\cdots X \;\rightleftarrows\; Y-\overset{|}{\underset{|}{C}}- + X^-$$

(vgl. auch Abb. 9.13)

Die beiden Reaktionstypen unterscheiden sich nicht nur in ihrer Kinetik, sondern auch im *sterischen* Verlauf. Findet die Substitution an einem Chiralitätszentrum statt (d.h. an einem C-Atom, das mit vier verschiedenen Substituenten verbunden ist; die Verbindung ist dann chiral und demzufolge optisch aktiv), so erhält man im Fall einer S_N2-Reaktion ein ebenfalls optisch aktives Produkt von entgegengesetzter Konfiguration. Das bei einer S_N1-Reaktion als Zwischenstoff gebildete Carbeniumion ist aber eben gebaut und kann vom Nucleophil mit prinzipiell der gleichen Wahrscheinlichkeit von beiden Seiten her angegriffen werden, so daß

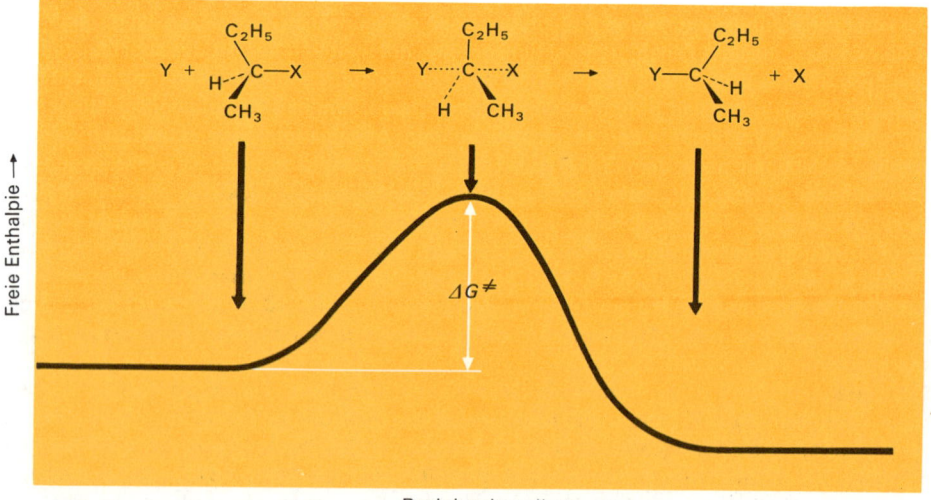

Abb. 9.13. *Energiediagramm für eine S_N2-Reaktion*

das Produkt ein *Racemat,* d. h. ein Gemisch der beiden optischen Isomere von entgegengesetzter Konfiguration bildet. Da jedoch die eine Seite des Carbeniumions meist durch das ab-
getrennte Ion X^- gegenüber einem Angriff des Nucleophils abgeschirmt wird, erfolgt die
Racemisierung nicht vollständig, und das Produkt mit entgegengesetzter Konfiguration überwiegt. Weiteres über Mechanismen organischer Reaktionen s. *Grundlagen der organischen
Chemie.*

5. Als letztes Beispiel einfacher Reaktionsmechanismen betrachten wir die Bildung der
Halogenwasserstoffverbindungen. Die H I-Synthese folgt dem Zeitgesetz zweiter Ordnung, und
man nahm darum seit den klassisch gewordenen Untersuchungen von Bodenstein (1900–1910)
an, daß sie nach folgendem Schema verläuft:

$$
\begin{array}{ccccc}
H\!-\!\!-\!H & & H\text{-}\text{-}\text{-}\text{-}H & & H \quad H \\
& \rightarrow & & \rightarrow & \vert \quad \vert \\
I\!-\!\!-\!I & & I\text{-}\text{-}\text{-}\text{-}I & & I \quad I
\end{array}
$$

Nach neuesten Ergebnissen (Sullivan, 1967) ist die Reaktion jedoch in Wirklichkeit trimolekular. Führt man sie nämlich bei relativ tiefen Temperaturen aus (so daß die nötige Aktivierungsenergie nicht durch die kinetische Energie der Moleküle aufgebracht werden kann), so gelingt
es, sie durch Bestrahlen mit Licht auszulösen, wenn dieses dieselbe Wellenlänge hat (578 nm).
wie sie zur Spaltung der I_2-Moleküle erforderlich ist. Der eigentlichen H I-Bildung ist also ein
zweites Gleichgewicht vorgelagert:

$$I_2 \;\rightleftarrows\; 2\,I$$
$$2\,I + H_2 \;\longrightarrow\; 2\,H\,I$$

Da die Konzentration der I-Atome durch folgende Beziehung gegeben wird

$$\frac{(I)^2}{(I_2)} = K,$$

läßt sich der trimolekulare Ablauf vom bimolekularen Mechanismus kinetisch nicht unterscheiden:

$$\frac{d(H\,I)}{dt} = k \cdot (I)^2 \cdot (H_2) = k \cdot K \cdot (I_2) \cdot (H_2) = k' \cdot (H_2) \cdot (I_2)$$

Das Zeitgesetz ist dasselbe, wie es dem bimolekularen Ablauf entspricht.
Ganz anders geht die Bildung von HBr oder HCl vor sich. Für die HBr-Synthese fand Bodenstein experimentell das bereits auf S. 317 erwähnte, recht komplizierte Zeitgesetz:

$$\frac{d(HBr)}{dt} = \frac{k' (H_2) \cdot (Br_2)^{\frac{1}{2}}}{k'' + (HBr)/(Br_2)}$$

Von besonderem Interesse ist das Auftreten eines gebrochenen Exponenten $(Br_2)^{\frac{1}{2}}$. Die
Untersuchung der HBr- und HCl-Synthese lehrt, daß beide Reaktionen durch *Licht* ausgelöst
werden können; es ist deshalb wahrscheinlich, daß sie – wie die H I-Synthese bei Bestrahlung
mit Licht geeigneter Wellenlänge! – durch den lichtinduzierten Zerfall der Halogenmoleküle

in Atome (Radikale!) gestartet werden; die Atome stehen dann im Gleichgewicht mit Halogen-
molekülen:

$$Br_2 \;\rightleftharpoons\; 2\,Br\cdot \qquad\qquad (a)\quad rasch$$

Als weitere Schritte müssen folgende Reaktionen angenommen werden:

$$Br + H_2 \;\longrightarrow\; HBr + H \qquad (b)\quad langsam$$
$$H + Br_2 \;\longrightarrow\; HBr + Br \qquad (c)\quad rasch$$

Der Schritt (c) verläuft wegen der relativ kleinen Bindungsenergie des Br_2-Moleküls rascher
als der Schritt (b)!
Die Gesamtreaktion läuft also *kettenartig* weiter, indem immer wieder neue Atome durch entsprechende Zusammenstöße entstehen. Geschwindigkeitsbestimmend ist der Schritt (b):

$$\frac{d\,(HBr)}{dt} = k'\,(H_2)\,(Br)$$

Als Folge des Gleichgewichtes (a) ist $(Br) = \sqrt{K\,(Br_2)}$, so daß die Gesamtgeschwindigkeit

$$\frac{d\,(HBr)}{dt} = k'\,K^{\frac{1}{2}}\,(H_2)\,(Br_2)^{\frac{1}{2}}$$

wird.

Das Auftreten des Ausdruckes $(HBr)/(Br_2)$ im Nenner des Zeitgesetzes erklärt sich dadurch,
daß neben der eigentlichen Reaktionskette (b—c) auch Vorgänge wie z. B. $H + HBr \longrightarrow H_2 + Br$
vor sich gehen.
Die HBr- und HCl-Synthese bilden damit Beispiele von sogenannten Kettenreaktionen. Sie
werden durch die Bildung von Radikalen ausgelöst; laufen im Reaktionsgemisch gleichzeitig
zahlreiche Reaktionsketten nebeneinander, so kann die freiwerdende Energie besonders im Fall
der HCl-Bildung einen explosionsartigen Ablauf zur Folge haben («Chlorknallgasreaktion»).
Als Kettenabbruchreaktionen kommen die Vereinigung von H-Atomen zu H_2-Molekülen oder
von Br- (bzw. von Cl-) Atomen zu Br_2- (Cl_2-) Molekülen in Frage.

Explosionen. Exotherme Reaktionen können sich unter Umständen bis zum äußerst raschen
Ablauf beschleunigen, so daß eine *«Explosion»* eintritt. Dies ist beispielsweise dann der Fall,
wenn die betreffende Reaktion an sich so rasch abläuft, daß die freiwerdende Wärme nicht mehr
abgeleitet werden kann, was dann zu einer Steigerung der Reaktionsgeschwindigkeit und
damit zu weiterer Temperaturerhöhung *(«Wärmestauung»)* führt *(«Wärmeexplosion»)*. Viele
Reaktionen, die explosionsartig ablaufen können, sind *Kettenreaktionen*; die Ursache für den
enorm raschen Ablauf kann dann im Auftreten von Kettenverzweigungen liegen, indem dann
gleichzeitig zwei Radikale entstehen. Als Beispiel diene die Knallgasreaktion:

$$H + O_2 \;\longrightarrow\; OH + O$$
$$O + H_2 \;\longrightarrow\; OH + H$$

Die an sich zu erwartende einfache Vereinigung zweier Atome oder Radikale, welche zum Kettenabbruch führen würde, tritt praktisch kaum ein, weil das entstehende Molekül einen so großen Energieüberschuß besitzen würde, daß es nach kurzer Zeit wieder zerfiele. Als Kettenabbruchreaktionen kommen deshalb nur Dreierstöße oder Vorgänge an der Gefäßwand in Frage; in beiden Fällen übernimmt ein weiteres Teilchen mindestens teilweise die überschüssige Energie, ohne sich chemisch zu verändern. Es ergibt sich daraus, daß man Kettenexplosionen unterdrücken kann, indem man vermehrte Möglichkeiten für Dreierstöße schafft, also z. B. durch Druckerhöhung. Die «*Wandwirkung*» zeigt sich z. B. bei der altbekannten Davyschen Sicherheitslampe für Bergwerke (wobei hier allerdings auch die abkühlende Wirkung des Festkörpers – des Drahtnetzes – explosionshemmend wirkt!). Wahrscheinlich ist die Verhinderung «überstürzter» Explosionen im Benzinmotor durch sogenannte *Antiklopfmittel* («Klopfbremsen») ebenfalls auf einen solchen Effekt zurückzuführen; es handelt sich bei diesen Klopfbremsen stets um leicht zersetzliche organische Metallverbindungen, welche bei der Erwärmung sehr fein verteilten Metallstaub liefern, der an seiner Oberfläche durch Kettenabbruch explosionsdämpfend wirkt.

Übungen

9.1 Was versteht man unter «Zeitgesetz»? Geben Sie dafür ein Beispiel! Was läßt sich über den Mechanismus einer Reaktion aussagen, wenn die Exponenten im Zeitgesetz den stöchiometrischen Faktoren nicht gleich sind? Erscheint ein Katalysator im Zeitgesetz? Begründen Sie Ihre Meinung!

9.2 Gegeben die Reaktionsgleichung: $A + B_2 \longrightarrow AB + B$.
Die Geschwindigkeit der Bildung von AB ist der molaren Konzentration von B_2 sowie der molaren Konzentration eines weiteren Stoffes C proportional; sie hängt aber nicht von (A) ab.
Geben Sie das Zeitgesetz der Reaktion an und überlegen Sie sich einen Mechanismus, der mit dem gefundenen Zeitgesetz in Einklang steht.

9.3 Die folgenden, paarweise einander gegenübergestellten Ausdrücke werden oft verwechselt. Geben Sie für jeden eine Definition oder Erklärung.

Reaktionsgeschwindigkeit	Geschwindigkeitskonstante
Reaktionsordnung	Reaktionsmolekularität
Aktivierungsenergie	Aktivierter Komplex
Zwischenstoff	Übergangszustand

9.4 Die Geschwindigkeit der Reaktion

$$NH_4^+ \quad + HNO_2 \longrightarrow N_2 \quad + 2 H_2O$$

entspricht (in saurer Lösung) folgendem Mechanismus:

$$
\begin{array}{lll}
HNO_2 & + H_3O^+ \longrightarrow 2 H_2O + NO^+ & \text{(rasch)} \\
NH_4^+ & + H_2O \longrightarrow NH_3 + H_3O^+ & \text{(rasch)} \\
NO^+ & + NH_3 \longrightarrow NH_3NO^+ & \text{(langsam)} \\
NH_3NO^+ & \longrightarrow H_3O^+ + N_2 & \text{(schnell)}
\end{array}
$$

Schreiben Sie das Zeitgesetz der Reaktion $[d(NH_4^+)/dt$ als Funktion von (NH_4^+), (HNO_2) und $(H_3O^+)]$ auf.

9.5   Nach der RGT-Regel verdoppelt sich die Reaktionsgeschwindigkeit bei einer Steigerung der Temperatur um 10 °C. Berechnen Sie die Aktivierungsenergie einer Reaktion, welche dieser Regel genau folgt. Annahme: RG bei 305 K doppelt so groß wie bei 295 K, Warum gibt es so viele Ausnahmen von der Regel?

9.6   Der Zerfall einer bestimmten Verbindung gehorcht einem Zeitgesetz zweiter Ordnung; nach 15 min sind 20 % der ursprünglich vorhandenen Menge zerfallen. Berechnen Sie a) die Geschwindigkeitskonstante, b) den Zeitpunkt, bei welchem noch 10 % der ursprünglichen Menge vorhanden sind.

9.7   Der Zerfall von Äthylamin

$$C_2H_5NH_2 (g) \longrightarrow C_2H_4 (g) + NH_3 (g)$$

wurde bei 500 °C untersucht, wobei man folgende Ergebnisse erhielt:

t (sec)	0	60	360	600	1200	1500
Gesamtdruck (Torr)	55	60	79	89	102	105

Bestimmen Sie die Reaktionsordnung und berechnen Sie die Geschwindigkeitskonstante.

9.8   Die Bildungsenthalpie der H-Synthese beträgt + 25,9 kJ/mol und ihre Aktivierungsenergie ist 163 kJ/mol. Wie groß ist die Aktivierungsenergie für den Zerfall von H I?

Literatur

D. Benson   *Mechanisms of Inorganic Reactions in Solution.* Mc Graw-Hill, London 1968

J. O. Edwards   *Inorganic Reaction Mechanisms.* Benjamin, New York 1964

H. Eyring und E. M. Eyring   *Modern Chemical Kinetics.* Reinhold, New York 1963

A. A. Frost und R. G. Pearson   *Kinetik und Mechanismen homogener chemischer Reaktionen.* Verlag Chemie, Weinheim 1964

G. M. Harris   *Chemical Kinetics.* Heath, Boston 1966

E. L. King   *How Chemical Reactions Occur.* Benjamin, New York 1963

10 Säure/Base-Gleichgewichte

10.1 Die Begriffe «Säure» und «Base»

Von alters her ist der *saure Geschmack* verschiedener Substanzen, wie Essig, Zitronensaft, saurer Milch usw., bekannt. Aber erst Boyle (1663) führte eine allgemein brauchbare Definition für Säuren ein: *Säuren* färben gewisse blaue Pflanzenfarbstoffe rot, lösen Marmor und scheiden aus Lösungen bestimmter Schwefelverbindungen (z. B. Na_2S_2) Schwefel aus. Lösungen, die nicht sauer, sondern unangenehm scharf oder seifig schmecken und beim Zusammenbringen mit Säuren deren Wirkungen aufheben können, nannte man *alkalisch (al kali* arab. = Pflanzenasche). Später fand man, daß beim Zusammengeben von sauren und alkalischen Lösungen Salze erhalten werden können, und bezeichnete die in den alkalischen Lösungen gelöst enthaltenen Substanzen als *Basen (basis* gr. = Grundlage [nämlich für die Herstellung eines Salzes]). Lavoisier fand, daß beim Lösen gewisser Oxide von Nichtmetallen in Wasser saure Lösungen entstehen. Er schloß daraus, daß Sauerstoff allen Säuren gemeinsam sei und daß das Vorhandensein von Sauerstoff die «sauren Eigenschaften» bedinge. Sehr bald erkannte man aber, daß es auch Säuren gibt, die keinen Sauerstoff enthalten, und Liebig (1838) definierte eine Säure als eine Substanz, die Wasserstoff enthält, der durch Metalle ersetzbar ist, weil verdünnte Säuren mit vielen Metallen Wasserstoff liefern:

$$H_2SO_4 \text{ (gelöst)} + Mg \longrightarrow H_2 + MgSO_4 \text{ (gelöst)}$$

Die Arrhenius-Begriffe. Die von Arrhenius 1883 aufgestellte *Ionentheorie,* nach welcher in Lösungen von Elektrolyten freibewegliche Ionen vorhanden sind (die Ionen also nicht erst beim Anlegen einer elektrischen Spannung aus Molekülen entstehen, wie man vorher angenommen hatte), bildet einen Markstein in der Entwicklung der modernen Chemie. Sie ermöglichte auch erstmals ein tieferes, allerdings noch unvollkommenes Verständnis für das Wesen von Säuren und Basen. Die im Anschluß an die Arbeiten von Arrhenius durchgeführten Untersuchungen von Ostwald über Elektrolytgleichgewichte in wäßrigen Lösungen haben entscheidend zu diesem Verständnis beigetragen; viele der heute noch häufig verwendeten, beinahe alltäglichen Begriffe des Chemikers, wie z. B. Säurestärke, Hydrolyse, Neutralisation, Dissoziation usw., sind im Zusammenhang damit geschaffen und erstmals definiert worden.
Nach der Terminologie von Arrhenius sind alle Wasserstoffverbindungen, welche in wäßriger Lösung H^+-Ionen ergeben, als *Säuren* zu bezeichnen. *Basen* sind Hydroxyverbindungen, welche beim Auflösen in Wasser OH^--Ionen bilden. Die Entstehung dieser Ionen dachte man sich als Zerfall («Dissoziation») von Molekülen, und man formulierte nach Arrhenius und Ostwald Gleichgewichte folgender Art:

$$HCl \rightleftarrows H^+ + Cl^- \qquad\qquad NaOH \rightleftarrows Na^+ + OH^-$$

Die *Neutralisation* einer Säure bzw. Base ergibt nach Arrhenius ein Salz und Wasser; die eigentliche chemische Reaktion besteht dabei in der Vereinigung von H^+- und OH^--Ionen zu Wasser:

$$H^+ + OH^- \rightleftarrows H_2O$$

Durch diese Beziehung werden Arrhenius-Säuren und -Basen miteinander verknüpft.

Mit den Arrhenius-Begriffen ließen sich zahlreiche Reaktionen in *wäßrigen Lösungen* verständlich machen; es war zudem zum erstenmal möglich, die Stärke von Säuren und Basen durch eine Stoffkonstante – die Gleichgewichtskonstante des betreffenden Dissoziationsgleichgewichts – zahlenmäßig genau festzulegen. Trotzdem erkannte man die Unvollkommenheit dieses Begriffsystems schon recht früh. Sein Hauptmangel war zweifellos die Beschränkung auf das Lösungsmittel Wasser. Obschon enorm viele chemische Reaktionen in wäßriger Lösung ausgeführt werden, kennt man (und kannte man schon zur Zeit von Ostwald) sehr viele andere, nichtwäßrige Lösungsmittel, in welchen ebenfalls Säure/Base-Reaktionen möglich sind; solche Vorgänge (wie z.B. Reaktionen in flüssigem Ammoniak oder in Alkoholen) können durch die Arrhenius-Begriffe nicht korrekt dargestellt werden. Auch Reaktionen im Gaszustand werden durch die Arrhenius-Terminologie nicht erfaßt. Eine weitere Schwäche der Arrhenius-Theorie bildet die Beschränkung des Base-Begriffes auf hydroxylhaltige Substanzen. Viele organische Stoffe und auch Ammoniak zeigen «basische» Eigenschaften ebenso wie die Metallhydroxide, ohne Hydroxylgruppen zu enthalten. Man half sich in diesen Fällen zunächst in der Weise, daß man beim Lösen der betreffenden Verbindungen in Wasser die Bildung von «Hydroxiden» postulierte; diese Hydroxide sollten dann weiter in OH^--Ionen und «Basenrest»-Ionen dissoziieren:

$$NH_3 + H_2O \rightleftarrows \underset{\text{Ammoniumhydroxid}}{NH_4OH} \rightleftarrows NH_4^+ + OH^-$$

Wir wissen heute allerdings mit Bestimmtheit, daß Substanzen, d.h. bestandfähige Atomverbände, wie z.B. Ammoniumhydroxid, nicht existieren.

Die Brönsted-Begriffe («**Protonsäuren**» bzw. «**-basen**»). Nach Arrhenius ist die Reaktion beim Lösen von HCl-Gas in Wasser als «Dissoziation» zu formulieren:

$$HCl \rightleftarrows H^+ + Cl^-$$

In Wirklichkeit enthält aber verdünnte Salzsäure (die Lösung von HCl-Gas in Wasser) keine freien H^+-Ionen (Protonen!); die durch die «Dissoziation» entstandenen H^+-Ionen werden vielmehr von einem freien Elektronenpaar eines H_2O-Moleküls gebunden, so daß H_3O^+-Ionen («**Hydroxonium-Ionen**» oder «**Hydronium-Ionen**») entstehen. (Auch dieses Ion existiert nicht völlig frei, sondern mit drei weiteren, durch H-Brücken gebundenen H_2O-Molekülen als $H_9O_4^+$-Ion – vgl. Abb.10,1 –; man läßt jedoch gewöhnlich diese weiteren H_2O-Moleküle unberücksichtigt[1].)

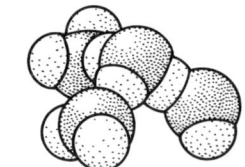

Abb. 10. 1. Das $H_9O_4^+$-Ion

[1] In wäßrigen Lösungen existiert ein einzelnes H_3O^+-Ion nur während sehr kurzer Zeit (etwa 10^{-13} sec), da das H^+-Ion sehr leicht von einem auf ein anderes H_2O-Molekül übertragen wird. Kernresonanz-, IR- und Raman-Spektren beweisen jedoch die Existenz von H_3O^+-Ionen in einer Reihe fester «*Hydrate*» von Säuren, wie z.B. HF · H_2O (= $H_3O^+F^-$), HCl · H_2O (= $H_3O^+Cl^-$), HNO_3 · H_2O (= $H_3O^+NO_3^-$), H_2SO_4 · H_2O (= $H_3O^+HSO_4^-$), H_2SO_4 · $2H_2O$ (= $[H_3O^+]_2SO_4$) usw. Das Hydrat der Perchlorsäure, $HClO_4$ · H_2O kristallisiert – wie schon in den zwanziger Jahren gefunden wurde – im gleichen Gitter wie $NH_4^+ClO_4^-$. Alle diese Hydrate stellen also eigentlich «*Hydroniumsalze*» dar.
Interessant ist auch folgende Beobachtung: Flüssiges SO_2 (bei $-30°C$) löst Wasser nur sehr schlecht, HBr-Gas dagegen gut. Eine Lösung von HBr in flüssigem SO_2 leitet den Strom nicht; gibt man Wasser dazu, so nimmt die Lösung pro Mol gelöstes HBr gerade 1 Mol Wasser auf und leitet dann sehr gut (Bildung von H_3O^+- und Br^--Ionen!). Die Elektrolyse einer solchen Lösung ergibt an der Kathode Wasserstoff neben Wasser:

$$2 H_3O^+ + 2 e^- \longrightarrow H_2 + 2 H_2O$$

Die Reaktion beim Lösen von HCl-Gas in Wasser muß also folgendermaßen formuliert werden:

$$HCl + H_2O \rightleftarrows H_3O^+ + Cl^-$$

Dabei wird ein H^+-Ion (ein Proton) vom HCl-Molekül auf ein H_2O-Molekül übertragen. Eine ganz analoge Reaktion spielt sich beim Lösen von HCl-Gas in Alkohol ab:

$$HCl + C_2H_5OH \rightleftarrows C_2H_5OH_2^+ + Cl^-$$

Auch die Salzbildung aus HCl-Gas und NH_3-Gas ist eine Protonenübertragung:

$$HCl + NH_3 \rightleftarrows NH_4^+Cl^-$$

Um alle derartigen Reaktionen analog behandeln zu können, wurden die Säure- und Base-Begriffe von Brönsted und Lowry (gleichzeitig und unabhängig voneinander!) erweitert (1923) [1]. Nach Brönsted werden Stoffe oder Teilchen, die imstande sind, H^+-Ionen (Protonen) **abzugeben,** als **Säuren** bezeichnet. Umgekehrt sind Stoffe oder Teilchen, welche H^+- **Ionen** (Protonen) **aufnehmen** können, **Basen.**
Es ist offensichtlich, daß die Brönsted-Begriffe gegenüber dem Arrhenius-System einen großen Fortschritt darstellen. Sie charakterisieren nicht bestimmte Stoffe, sondern eine bestimmte *Funktion*: die (potentielle) Fähigkeit, Protonen abzugeben bzw. aufzunehmen. So ist HCl-Gas eine Brönsted-Säure, weil es imstande ist, H^+-Ionen abzugeben, und nicht deshalb, weil es in wäßriger Lösung in H^+-Ionen (und Cl^--Ionen) dissoziiert. Ebenso sind auch H_3O^+-Ionen und NH_4^+-Ionen Säuren. Besonders bedeutungsvoll ist die Erweiterung des *Base*-Begriffes. Die Metallhydroxide, die klassischen Arrhenius-Basen, stellen im Brönsted-System nur einen Sonderfall dar (ihre wirksame Base ist das OH^--Ion!), und es gibt neben ihnen sehr viele andere Basen, die keine Hydroxylverbindungen sind (Ammoniak, organische Basen, Anionen usw.). Die Definitionen von Säuren und Basen sind somit *unabhängig* von irgendeinem *Lösungsmittel* und zeigen insbesondere auch keine Beziehung zum Begriff «Salz», wie es gemäß der Arrhenius-Charakterisierung der Neutralisation der Fall ist. Als Salze werden vielmehr – wie es bereits auf S.126 geschehen ist – alle Substanzen, die im festen Zustand Ionenkristalle bilden, bezeichnet.

Da in gewöhnlicher Materie freie Protonen wegen ihrer im Verhältnis zur Größe hohen Ladung nicht existieren können, kann eine Säure ihre Protonen nur dann abgeben, wenn eine Base zugegen ist. Da sowohl Protonenaufnahme wie -abgabe reversibel sind, stellt sich bei jeder Säure/Base-Reaktion ein *Gleichgewicht* ein:

$$HA + B \rightleftarrows BH^+ + A^-$$

Bei der «Rück-Reaktion» wirkt dann das A^--Ion als Base; man kann deshalb solche Säure/Base-Gleichgewichte («**Protolysengleichgewichte**») gewissermaßen als eine *Konkurrenz zweier Basen* (B und A^-) *um das Proton* auffassen. Die Lage des Gleichgewichtes wird dann durch die *«Stärke»* der beiden Basen (Säuren) bestimmt; ist z. B. B die stärkere Base als A^-, so

---

[1] Da die Arbeiten von Brönsted beträchtlich umfassender sind und die Erweiterung der Säure / Base-Theorie hauptsächlich Brönsted allein zu verdanken ist, werden die erweiterten Säure / Base-Begriffe gewöhnlich nur mit dem Namen von Brönsted verbunden.

wird das Gleichgewicht rechts liegen, wäre hingegen A⁻ die stärkere Base, so würde das Gleichgewicht links liegen.

Die Base A⁻, welche durch Protonenabgabe aus der Säure HA entstanden ist, wird als **konjugierte** (korrespondierende) **Base** der Säure HA bezeichnet. Ebenso ist BH^+ die konjugierte Säure der Base B. Säure und konjugierte Base bilden zusammen ein «**Säure/Base-Paar**»:

$$HA \rightleftharpoons A^- + H^+$$
$$BH^+ \rightleftharpoons B + H^+$$

Je leichter eine Säure ihr Proton abgibt (je stärker sie ist), um so schwächer ist ihre konjugierte Base.

Es ist natürlich durchaus möglich, daß ein bestimmtes Teilchen, welches sich einer starken Base gegenüber als Säure verhält (also H^+-Ionen an diese abgibt), von einer starken Säure noch H^+-Ionen übernehmen und diese binden kann. Substanzen (Teilchen), die sich sowohl als Säure wie als Base verhalten können, werden als **Ampholyte** bezeichnet. Welche Funktion ein Ampholyt in einem bestimmten Fall tatsächlich ausübt, hängt vom *Reaktionspartner*, d.h. genau genommen von der Säure- (Basen-) stärke des Reaktionspartners und des Ampholyten selbst ab. Die saure oder basische Wirkung einer Substanz ist also keine gegebene Stoffeigenschaft, sondern eine Funktion des Reaktionspartners.

Die Säure- und Base-Begriffe von Lewis. Nach Brönsted besteht eine Säure/Base-Reaktion in der Übertragung eines Protons von einer Säure auf eine Base («**Protolyse**»). Damit müssen alle Brönsted-Säuren notwendigerweise Wasserstoffverbindungen sein, während die Brönsted-Basen alle ein freies Elektronenpaar besitzen müssen. Der Brönstedsche Säurebegriff läßt sich nur auf wasserstoffhaltige *(«prototrope»)* Lösungsmittel oder Substanzen anwenden. Nun gibt es aber zahlreiche Stoffe, wie $AlCl_3$, BF_3, SO_3 u.a., die ebenfalls im Wasser sauer reagieren und Indikatoren in der gleichen Weise wie Brönsted-Säuren verfärben (selbst in völlig wasserfreier Form!), also offensichtlich *«sauren Charakter»* besitzen, ohne Wasserstoffverbindungen zu sein. Zudem treten in nichtprototropen Lösungsmitteln, wie z.B. flüssigem SO_2 oder flüssigem N_2O_4, Vorgänge auf, die sich durchaus den Säure/Base-Vorgängen in Wasser oder anderen prototropen Lösungsmitteln vergleichen lassen.

In Erkenntnis dieser Zusammenhänge schuf Lewis 1923 (im gleichen Jahr, in welchem von Brönsted und Lowry ihre Säure-Base-Terminologie veröffentlicht wurde) ein *umfassenderes* Säure-Base-System, welches alle anderen Begriffe einschließt. Eine **Säure** im Sinne von **Lewis** ist ein *Teilchen mit einer unvollständig besetzten äußersten Elektronenschale,* das zur Bildung einer Kovalenzbindung ein Elektronenpaar von einem anderen Atom übernehmen kann, also gewissermaßen ein «**Elektronenpaar-Akzeptor**». In entsprechender Weise ist jedes Teilchen, das ein Elektronenpaar zur Ausbildung einer Kovalenzbindung zur Verfügung stellen kann (jeder «**Elektronenpaar-Donator**») eine **Lewis-Base**[1]. Eine Säure-Base-Reaktion besteht damit nach Lewis in der Bildung einer Atombindung aus einer Säure und einer Base, wobei das entstandene Produkt sich unter Umständen durch eine Umlagerung oder eine Dissoziation weiter stabilisieren kann.

---

[1] Lewis-Basen sind damit nucleophile, Lewis-Säuren elektrophile Partikeln.

Folgende Beispiele sollen das Begriffssystem von Lewis illustrieren:

$$SO_3 \quad + Ca^{2+}O^{2-} \longrightarrow SO_4^{2-} \; Ca^{2+}$$

$$BF_3 \quad + NH_3 \longrightarrow BF_3NH_3$$

$$SnCl_4 + Cl^- \longrightarrow SnCl_5^- \; \text{(instabil)}$$

$$SnCl_5^- + Cl^- \longrightarrow SnCl_6^{2-}$$

$$Cu^{2+} \; + NH_3 \longrightarrow Cu\,(NH_3)^{2+} \longrightarrow Cu\,(NH_3)_4^{2+}$$

in flüssigem SO_2:
$$SO^{2+} + SO_3^{2-} \longrightarrow SO-SO_3 \longrightarrow 2\,SO_2$$

aus $SOCl_2$

Säure   Base

Zur Verdeutlichung der strukturellen Verhältnisse seien für zwei Beispiele noch die Lewis-Formeln angegeben:

Lewis-Säure   Lewis-Base
Elektronenpaar-   Elektronenpaar-
akzeptor   donator

Diese Beispiele zeigen, daß die Lewis-Terminologie wirklich sehr umfassend ist. Die üblicherweise als Säuren bezeichneten Verbindungen, wie H_2SO_4, HNO_3, H_2S usw., und ebenso die Brönsted-Säuren NH_4^+, H_3O^+, HSO_4^- usw. sind allerdings keine Säuren im Sinne von Lewis, da sie nicht als Elektronenpaarakzeptoren wirken können; eine typische Lewis-Säure ist hingegen das H^+-Ion (das Proton), welches durch eine «Dissoziation» aus den Brönsted-Säuren hervorgeht. Die Tatsache, daß die durch den Namen «-säure» gekennzeichneten Wasserstoffverbindungen nach Lewis nicht mehr als Säuren bezeichnet werden dürfen, ist zweifellos ein Nachteil dieser Terminologie. Man begegnet ihm dadurch, daß man Stoffe wie BF_3 oder SO_3 usw. ausdrücklich als *«Lewis-Säuren»* oder – einem Vorschlag Bjerrums folgend – als «Antibasen» bezeichnet. Hingegen stimmen der Brönstedsche und der Lewis-Begriff der Base überein: jede Brönsted-Base ist auch eine Lewis-Base.

Wie wir bereits angedeutet haben, läßt sich die «Stärke» einer Brönsted-Säure bzw. -Base sehr leicht durch eine Gleichgewichtskonstante zahlenmäßig ausdrücken. Bei der Verwendung der Lewis-Begriffe ist dies hingegen nicht mehr möglich, da die Stärke einer Säure (Base) je nach der betrachteten Reaktion ganz verschieden sein kann. Dies wird deutlich, wenn man z.B. die Stabilität von Komplexen zweier Kationen mit verschiedenen Liganden vergleicht. Der Fluorokomplex von Beryllium beispielsweise ist viel stabiler als der Fluorokomplex von Kupfer, woraus man schließen kann, daß das Be^{2+}-Ion die stärkere Lewis-Säure ist als das Cu^{2+}-Ion. Die Amminkomplexe der beiden Ionen verhalten sich jedoch umgekehrt: hier ist der Kupferkomplex stabiler, was bedeutet, daß in diesem Fall das Cu^{2+}-Ion die stärkere Lewis-Säure ist.

Die Unmöglichkeit, allgemein verbindliche Angaben über die Stärke von Säuren und Basen zu machen, ist ein weiterer schwerwiegender Nachteil der Lewis-Terminologie.

Ein Konzept, das von Pearson (1963) vorgeschlagen wurde, erlaubt jedoch wenigstens eine qualitative bis halbquantitative Klassifizierung der Lewis-Säuren bzw. -Basen. Ausgehend von der Beobachtung, daß einerseits kleine, schwer polarisierbare Metallionen sich vorzugsweise mit Nichtmetallionen (-atomen) von ebenfalls geringer Polarisierbarkeit und hoher EN koordinieren und dadurch stabile Komplexe bilden, andererseits aber größere, leichter polarisierbare Metallionen mit ebenfalls großen, leicht zu polarisierenden Liganden stabile Komplexe bilden, bezeichnet Pearson *Basen,* deren Elektronenpaardonator-Atom schwer polarisierbar (und schwer oxidierbar) ist (also eine hohe EN besitzt), als *«hart»,* während *«weiche»* Basen leicht polarisierbare und relativ leicht zu oxidierende Elektronenpaardonator-Atome besitzen, deren EN also geringer ist. Beispiele für «harte» Basen sind die Ionen F^-, OH^-, Cl^-, ferner die Anionen zahlreicher Sauerstoffsäuren (ClO_4^-, SO_4^{2-}, NO_3^-, PO_4^{3-}, CO_3^{2-}) sowie H_2O, NH_3 u.a.; Beispiele «weicher» Basen sind S^{2-}, I^-, CN^-, SCN^-, $S_2O_3^{2-}$, H^-, CO, C_2H_4 u.a. Eine ganz analoge Unterscheidung ist aber auch für *Lewis-Säuren* möglich. Die eine Gruppe *(«harte»* Säuren) bildet vorzugsweise stabile Bindungen mit Basen von hoher EN und geringer Polarisierbarkeit, also mit «harten» Basen (z. B. das H^+-Ion, die Ionen der Alkali- und Erdalkalimetalle, Al^{3+}, Cr^{3+}, Co^{3+}, Fe^{3+}, BF_3, SO_2 u.a.), während die andere Gruppe (die *«weichen»* Säuren) sich bevorzugt mit schwachen Protonenfängern, die aber stark polarisierbar sind, koordiniert (z. B. Cu^+, Ag^+, Hg^+, Hg^{2+}, CH_3Hg^+, Cd^{2+}, I^+, I_2). Allerdings läßt sich eine Anzahl Lewis-Säuren bzw. -Basen nicht ohne weiteres in eine der beiden Gruppen einordnen und bildet Grenzfälle; dazu gehören z. B. Fe^{2+}, Co^{2+}, Ni^{2+}, Zn^{2+}, NO^+ einerseits und NO_2^-, SO_3^{2-} und Br^- andererseits. Die allgemeine *Regel,* daß sich *«harte» Säuren vorzugsweise mit «harten» Basen, «weiche» Säuren vorzugsweise mit «weichen» Basen* verbinden, wird jedoch durch zahlreiche experimentell schon längst bekannte Tatsachen insbesondere aus der Komplexchemie der Metalle bestätigt. Die oben erwähnte unterschiedliche Stabilität der Beryllium- und Kupferkomplexe wird nun verständlich, denn Be^{2+} als «harte» Säure bildet mit der «harten» Base F^- den stabileren Komplex, während das «weiche» Cu^{2+}-Ion besser mit der eher «weicheren» Base NH_3 reagiert.

Leider ist es bisher nicht gelungen, eindeutige quantitativ meßbare Kriterien für die «Härte» bzw. «Weichheit» einer Säure oder Base aufzustellen, vergleichbar etwa den Gleichgewichtskonstanten für Brönsted-Säure/Base-Gleichgewichte. Trotzdem hat sich das Konzept von Pearson insbesondere in der Chemie der Metallkomplexe und neuerdings sogar in der organischen Chemie gut bewährt; es erlaubt Aussagen über die Lage von Gleichgewichten oder die Stabilität von Komplexen bestimmter Oxidationsstufen, die sonst nicht ohne weiteres in einen allgemeinen Zusammenhang gestellt werden können.

Trotz der erwähnten Nachteile lassen sich die Säure- und Basebegriffe von Lewis in sehr vielen Fällen zweckmäßig anwenden und ermöglichen dadurch, zahlreiche, auf den ersten Blick sehr verschiedenartige Vorgänge von einem einheitlichen Gesichtspunkt aus zu betrachten. Obschon wir uns in diesem Kapitel auf Reaktionen von *Brönsted-Säuren* bzw. -*Basen* beschränken, werden wir an passender Stelle die Lewis-Begriffe ebenfalls verwenden; um jedes Mißverständnis auszuschließen, wollen wir in allen Fällen, wo die Säurefunktion von Elektronenpaar-Akzeptoren gemeint ist, ausdrücklich von «Lewis-Säure» sprechen und das Wort «Säure» stillschweigend nur im Sinne von «Brönsted-Säure» verwenden.

10.2 Das Protolysengleichgewicht im Wasser; der pH-Wert

Prüft man mit sehr empfindlichen Instrumenten die Leitfähigkeit von Wasser, so beobachtet man, daß auch reinstes, mehrfach in Platingefäßen destilliertes Wasser eine allerdings sehr minime Leitfähigkeit besitzt. Es müssen also auch in reinem Wasser Ionen in sehr geringer Konzentration vorhanden sein. Sie entstehen durch folgenden Vorgang:

$$H_2O + H_2O \rightleftharpoons H_3O^+ + OH^-$$

Eine derartige Reaktion, bei welcher ein und dieselbe Partikelart gleichzeitig als Säure und als Base fungiert, bezeichnet man als *Autoprotolyse*.

Die Autoprotolyse von Wasser führt zu einem allerdings sehr stark links liegenden Gleichgewicht. Die Gleichgewichtskonstante läßt sich z. B. aus Leitfähigkeitsmessungen bestimmen. Dieses Gleichgewicht ist nun nicht nur in reinem Wasser, sondern in allen wäßrigen Lösungen vorhanden, d. h. überall, wo ein Protonenübergang von Wassermolekülen auf andere Wassermoleküle möglich ist. In Lösungen kann die Konzentration der H_3O^+- und der OH^--Ionen durch Zusatz einer Säure oder Base in ziemlich weitem Maß verändert werden; die Konzentration der H_2O-Moleküle (55,55 mol/Liter) bleibt jedoch in verdünnten (!) Lösungen praktisch konstant. Das Massenwirkungsgesetz vereinfacht sich daher für dieses Gleichgewicht, indem (H_2O), die Konzentration der Wassermoleküle, in die Gleichgewichtskonstante K einbezogen werden kann:

$$\frac{(H_3O^+) \cdot (OH^-)}{(H_2O)^2} = k; \quad \text{wenn } (H_2O) \text{ konstant:}$$

$$\mathbf{(H_3O^+) \cdot (OH^-) = K_W}$$

Die Konstante K_W (das «**Ionenprodukt**» des Wassers) hängt nur von der Temperatur ab und beträgt bei 22°C $\mathbf{10^{-14}}$.

In verdünnten (!) wäßrigen Lösungen also ist das Produkt aus H_3O^+- und OH^--Ionen-Konzentration konstant. Kennt man die eine dieser Konzentrationen, so ergibt sich die andere aus der obigen Beziehung. In einer neutralen Lösung sind (H_3O^+) und (OH^-) gleich groß:

$$(H_3O^+) = (OH^-) = \sqrt{10^{-14}} = 10^{-7} \text{ mol/Liter}$$

In sauren Lösungen überwiegt die Konzentration der H_3O^+-Ionen, in alkalischen Lösungen die Konzentration der OH^--Ionen. Durch die Angabe der einen dieser Konzentrationen läßt sich der Charakter einer verdünnten wäßrigen Lösung eindeutig kennzeichnen. Man hat dazu die Hydroniumionen-Konzentration [1] (Aktivität!) gewählt und verwendet als Maßzahl dafür den negativen Exponenten ihrer Zehnerpotenz, der als «pH» bezeichnet wird:

$$\mathbf{pH = -\log (H_3O^+)}.$$

---

[1] Aus historischen Gründen (Arrhenius-Terminologie!) nennt man auch heute noch diese Konzentration häufig «Wasserstoffionen-Konzentration». Da das Proton in wäßrigen Lösungen nicht isoliert vorkommt, entspricht das «Wasserstoff-Ion» dem H_3O^+-Ion.

Wenn man für den negativen Exponenten der OH^--Ionen-Konzentration noch den Ausdruck pOH einführt, so erhält man die Beziehung

$$pH + pOH = 14.$$

In sauren Lösungen [mit $(H_3O^+) > 10^{-7}$ Mol/Liter] sind die pH-Werte kleiner als 7. In alkalischen Lösungen liegt der pH-Wert über 7. Eine neutrale Lösung hat pH 7.

Beispiele:

1. In einer 0,1-M Salzsäure ist die Konzentration der H_3O^+-Ionen praktisch = 0,1 mol/l, da Chlorwasserstoff als sehr starke Säure sich mit dem Wasser nahezu vollständig umsetzt. Die durch die Autoprotolyse aus dem Wasser selbst gebildeten H_3O^+-Ionen können dabei ohne weiteres vernachlässigt werden, weil durch Zugabe der sehr starken Säure HCl zum Wasser das Autoprotolysengleichgewicht nach links verschoben (die «Dissoziation» zurückgedrängt) und damit die Menge der auf diese Weise gebildeten H_3O^+-Ionen kleiner als 10^{-7} mol/l wird. Das pH einer solchen Salzsäure ist daher 1.

2. In einer 0,5-M Natronlauge ist die Konzentration der H_3O^+-Ionen = $10^{-14}/0,5 = 2 \cdot 10^{-14}$ mol/l. (Die Menge der aus dem Wasser selbst stammenden OH^--Ionen ist wiederum zu vernachlässigen.) Der pH-Wert ist der negative Logarithmus dieser Konzentration:

$$pH = - (\log 2 + \log 10^{-14}) = - (0,3 - 14) = 13,7$$

Der pH-Wert bestimmt den Verlauf sehr vieler Reaktionen (aller Reaktionen in wäßrigen Lösungen, an denen Säuren oder Basen im allgemeinen Sinn beteiligt sind), insbesondere auch den Verlauf der meisten biologisch-chemischen Reaktionen. Die einfache und rasche pH-Messung besitzt deshalb für die theoretische und angewandte Chemie sehr große Bedeutung.

Die *Messung des pH*-Wertes geschieht entweder *potentiometrisch* (mit besonderen pH-Meßgeräten; siehe S. 420) oder mit *Indikatoren*. Indikatoren (genauer gesagt «pH-Indikatoren») sind Farbstoffe, die je nach dem pH ihre Farbe ändern können. Beispiele von Indikatoren sind die schon von Boyle verwendeten Pflanzenfarbstoffe, wie Lackmus (der Farbstoff einer Flechte) oder die Farbstoffe von Kornblumen oder Rotkohl. Prüft man eine Lösung mit verschiedenen Indikatoren, deren Umschlagsgebiete man kennt, so läßt sich der pH-Wert leicht auf 0,1 bis 0,2 pH genau bestimmen. In der Praxis verwendet man häufig mit Indikatoren getränkte Papierstreifen *(«Indikatorpapiere»)* oder Mischungen verschiedener Indikatorlösungen, deren Umschlagsbereiche so gewählt werden, daß für jedes pH eine andere Farbe auftritt *(«Universalindikatoren»)*.

Vergleicht man die gemessenen mit den berechneten pH-Werten, so findet man oft schon bei Konzentrationen von 0,1 mol/Liter Abweichungen. Dies rührt davon her, daß die Ionenaktivitäten (wegen den bei diesen Konzentrationen bereits merklich wirksamen Anziehungskräften zwischen den Ionen) kleiner sind als die effektiven Konzentrationen. Genau genommen müßten deshalb für Konzentrationen > 0,01-M die Aktivitätskoeffizienten berücksichtigt werden, d. h. es müßte mit **Aktivitäten** statt Konzentrationen gerechnet werden. Für Lösungen mit Konzentrationen von über 1 mol/Liter sollte die pH-Skala in der hier gegebenen Umschreibung nicht mehr verwendet werden; auch trifft für solche Lösungen die Annahme, daß die Konzentration der Wassermoleküle als konstant betrachtet werden darf, nicht mehr zu.

Die Bildung von Wassermolekülen durch Protonenübergang von H_3O^+-Ionen auf OH^--Ionen ist die eigentliche Reaktion bei der *Neutralisation* einer verdünnten starken Säure mit der Lösung eines Hydroxids. Die Metall-Kationen und die Säurerest-Anionen bleiben meist gelöst und bilden erst beim Eindampfen der Lösung das Ionengitter des festen Salzes. Nur in besonderen Fällen, wie z. B. bei der Neutralisation von verdünnter Schwefelsäure mit Bariumhydroxid, scheidet sich ein schwerlösliches Salz aus.

Neutralisiert man gleich konzentrierte Hydroxidlösungen mit verschiedenen starken Säuren, so wird immer derselbe Wärmebetrag frei. Diese «Neutralisationswärme» (57,3 kJ/mol) ist die Reaktionswärme der Reaktion

$$H_3O^+ + OH^- \rightleftharpoons 2\,H_2O \qquad \Delta H^o = -57,3\ \text{kJ/mol}$$

10.3 Die Stärke von Säuren und Basen

Wie *vollständig* eine Protonenübertragung abläuft (d. h. ob das betreffende Gleichgewicht mehr auf der Seite der Produkte oder mehr auf der Seite der Ausgangsstoffe liegt), hängt davon ab, wie leicht die als Protonenspender wirkende Säure H^+-Ionen abgibt und wie leicht die Base (der Protonenfänger) die H^+-Ionen bindet, also von der *Stärke* der Säure und der Base. Um Aussagen über den Verlauf von Protolysen zu machen, ist es deshalb von Bedeutung, die Stärke von Säuren und Basen einwandfrei charakterisieren zu können.

Ein quantitatives Maß der Säure- bzw. Basenstärke wäre die Gleichgewichtskonstante der Reaktion

$$HA \rightleftharpoons A^- + H^+$$

Nun stellt aber diese Gleichung keinen Vorgang dar, der tatsächlich stattfindet, denn freie H^+-Ionen (Protonen) existieren in gewöhnlicher Materie nicht. Um die Leichtigkeit der Protonenabgabe verschiedener Säuren oder der Protonenaufnahme durch verschiedene Basen vergleichen zu können, muß man sie deshalb stets mit der gleichen Base (Säure) reagieren lassen. Dazu wählt man natürlich das *Wasser*; wegen seiner Ampholytnatur eignet es sich zu solchen Messungen besonders gut, und außerdem arbeitet man am leichtesten in wäßrigen Lösungen.

Wendet man das Massenwirkungsgesetz auf die Reaktion einer Säure (HA) oder Base (B) mit Wasser an, so erhält man:

Reaktion einer Säure mit Wasser

$$HA + H_2O \rightleftharpoons A^- + H_3O^+$$

$$\frac{(A^-) \cdot (H_3O^+)}{(HA) \cdot (H_2O)} = k$$

Reaktion einer Base mit Wasser

$$B + H_2O \rightleftharpoons BH^+ + OH^-$$

$$\frac{(BH^+) \cdot (OH^-)}{(B) \cdot (H_2O)} = k'$$

Die in verdünnten wäßrigen Lösungen konstante Konzentration der Wassermoleküle kann wieder in die Konstante einbezogen werden, so daß man folgende Ausdrücke erhält:

$$\frac{(A^-) \cdot (H_3O^+)}{(HA)} = K_s \qquad\qquad \frac{(BH^+) \cdot (OH^-)}{(B)} = K_b$$

Tabelle 10.1. pK$_s$-Werte einiger Säure-Base-Paare (bei 25°C). pK$_s$ = − log K$_s$

Säure		Base	pK$_s$
$HClO_4$	Perchlorsäure	ClO_4^-	− 9
HCl	Chlorwasserstoff	Cl^-	− 6
H_2SO_4	Schwefelsäure	HSO_4^-	− 3
H_3O^+	Hydronium-Ion	H_2O	− 1,74
HNO_3	Salpetersäure	NO_3^-	− 1,32
$HClO_3$	Chlorsäure	ClO_3^-	0
HSO_4^-	Hydrogensulfat-Ion	SO_4^{2-}	1,92
H_2SO_3	Schweflige Säure	HSO_3^-	1,96
H_3PO_4	Phosphorsäure	$H_2PO_4^-$	1,96
$[Fe(H_2O)_6]^{3+}$	Hexaquo-Eisen (III)-Ion	$[Fe(OH)(H_2O)_5]^{2+}$	2,2
HF	Fluorwasserstoff	F^-	3,14
$HCOOH$	Ameisensäure	$HCOO^-$	3,7
CH_3COOH	Essigsäure	CH_3COO^-	4,75
$[Al(H_2O)_6]^{3+}$	Hexaquo-Aluminium-Ion	$[Al(OH)(H_2O)_5]^{2+}$	4,9
(H_2CO_3)	Kohlensäure	HCO_3^-	6,46
H_2S	Schwefelwasserstoff	HS^-	7,06
HSO_3^-	Hydrogensulfit-Ion	SO_3^{2-}	7,2
$H_2PO_4^-$	Dihydrogenphosphat-Ion	HPO_4^{2-}	7,21
$HClO$	Unterchlorige Säure	ClO^-	7,25
NH_4^+	Ammonium-Ion	NH_3	9,21
HCN	Blausäure	CN^-	9,4
$[Zn(H_2O)_6]^{2+}$	Hexaquo-Zink-Ion	$[Zn(OH)(H_2O)_5]^+$	9,66
HCO_3^-	Hydrogencarbonat-Ion	CO_3^{2-}	10,40
H_2O_2	Wasserstoffperoxid	HO_2^-	11,62
HPO_4^{2-}	Hydrogenphosphat-Ion	PO_4^{3-}	12,32
HS^-	Hydrogensulfid-Ion	S^{2-}	12,9
H_2O	Wasser	OH^-	15,74
OH^-	Hydroxid-Ion	O^{2-}	24

Die Konstanten K_s (K_b) werden *Säurekonstanten (Basenkonstanten)* genannt und charakterisieren die *Stärke* einer Säure oder Base [1]. Starke Säuren besitzen große Säurekonstanten (> 10), schwache Säuren sehr kleine (vgl. Tabelle 10.1). Für Rechnungen verwendet man häufig auch die negativen Logarithmen der Konstanten (pK$_s$ bzw. pK$_b$).
Sehr starke Säuren (K_s > 100) reagieren mit dem Wasser praktisch zu 100%; ihre Lösungen enthalten nahezu ausschließlich H_3O^+-Ionen und die konjugierte Base. In allen verdünnten starken Säuren ist also das H_3O^+-Ion die eigentliche Säure; ihre wäßrigen Lösungen sind deshalb alle gleich stark [2].

[1] Wiederum sollten hier und auch in den folgenden Abschnitten für genauere Zwecke im Massenwirkungsgesetz die **Aktivitäten** an Stelle der Konzentrationen eingesetzt werden.
[2] Die zwischen gleichkonzentrierten Lösungen starker Säuren oft feststellbaren Unterschiede im «sauren Charakter» (Geschmack, Geschwindigkeit der Reaktion z.B. mit Metallen, elektrische Leitfähigkeit) beruhen nicht auf verschiedenem Ausmaß der Protolyse mit Wasser, sondern auf der in den verschiedenen Lösungen (je nach der Art der vorhandenen Begleit-Ionen) verschiedenen Aktivität der H_3O^+-Ionen sowie der verschiedenen Wanderungsgeschwindigkeit der Anionen.

Wegen dieser *«nivellierenden»* *Wirkung* des Lösungsmittels Wasser müssen zum Vergleich der Säurestärke sehr starker Säuren Lösungen in anderen (schwächer basischen) Lösungsmitteln, wie z. B. Eisessig, herangezogen werden. Auch sehr starke Basen, wie O^{2-}, N^{3-}, H^-, reagieren mit Wasser vollständig und bilden OH^--Ionen. Die stärkste Säure bzw. Base, die in wäßrigen Lösungen in größerer Konzentration vorkommen kann, ist also das H_3O^+- bzw. das OH^--Ion.

K_s einer Säure und K_b ihrer konjugierten Base hängen in einfacher Weise voneinander ab:

$$HA + H_2O \rightleftarrows H_3O^+ + A^- \qquad\qquad A^- + H_2O \rightleftarrows HA + OH^-$$

$$K_s = \frac{(H_3O^+) \cdot (A^-)}{(HA)} \qquad\qquad K_b = \frac{(HA) \cdot (OH^-)}{(A^-)}$$

$$K_s \cdot K_b = \frac{(H_3O^+) \cdot (A^-) \cdot (HA) \cdot (OH^-)}{(HA) \cdot (A^-)} = (H_3O^+) \cdot (OH^-) = K_W = 10^{-14} \text{ oder mit negativen}$$

Logartihmen ausgedrückt:

$$\mathbf{pK_s + pK_b = 14.} \qquad\qquad (10.1)$$

Mehrprotonige Säuren (oder Basen), welche Protonen stufenweise abgeben (aufnehmen), besitzen für jede Protolysenstufe eine besondere Säure- (Basen-) konstante.

Beispiele:

$$H_3PO_4 + H_2O \rightleftarrows H_2PO_4^- + H_3O^+ \qquad pK_s = \quad 1{,}96$$
$$H_2PO_4^- + H_2O \rightleftarrows HPO_4^{2-} + H_3O^+ \qquad pK_s = \quad 7{,}21$$
$$HPO_4^{2-} + H_2O \rightleftarrows PO_4^{3-} \quad + H_3O^+ \qquad pK_s = 12{,}32$$

Die Tabelle 10.1 enthält eine Zusammenstellung der wichtigsten Säure/Base-Paare, geordnet nach abnehmender Säurestärke (zunehmendem pK_s-Wert). Weitere Säure/Base-Paare mit pK_s-Werten siehe S.700.

Man sieht aus dieser Zusammenstellung, wie nicht nur neutrale Moleküle, sondern auch positive und negative *Ionen* Säuren oder Basen sein können. Beispiele für «**Kationsäuren**» sind z. B. das NH_4^+-Ion und die hydratisierten, mehrfach geladenen Metallionen. Der Säurecharakter der letzteren beruht darauf, daß H_2O-Moleküle der Hydrathülle durch die Wirkung der positiven Ladung des Zentralions Protonen abgeben können, weil diese vom Zentralion abgestoßen werden (Abb.10.2):

$$[Fe(H_2O)_6]^{3+} + H_2O \rightleftarrows [Fe(H_2O)_5OH]^{2+} + H_3O^+$$

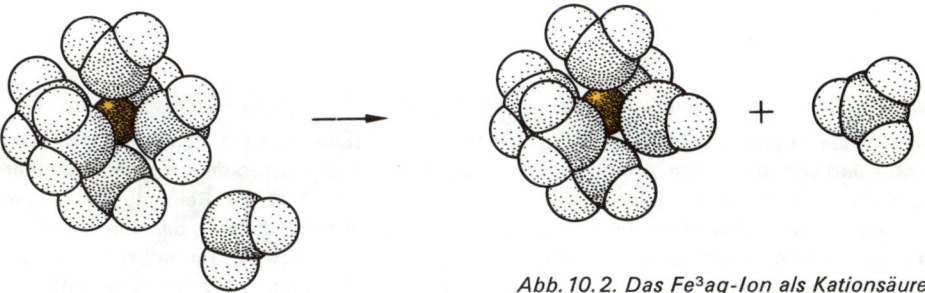

Abb. 10. 2. Das Fe^3aq-Ion als Kationsäure

In Übereinstimmung mit dieser Vorstellung steht die Tatsache, daß Lösungen von hydratisierten Metallionen um so stärker sauer reagieren, je geringer der Durchmesser und je höher geladen das Metallion ist. – Die Ionen HSO_4^-, $H_2PO_4^-$, HPO_4^{2-} und HCO_3^- bilden Beispiele für «**Anion-säuren**». Die wichtigste «**Anionbase**» ist das OH^--Ion; daneben gibt es eine sehr große Zahl weiterer basischer Ionen. Zu den Anionbasen gehören auch die stärksten überhaupt bekannten Basen: H^-, N^{3-} und O^{2-}.

Zusammenhänge zwischen Struktur und Säure- oder Basenstärke. Die Säurestärke *(«Acidität»)* einer Säure wird durch die Gleichgewichtskonstante der Reaktion

$$HA + H_2O \rightleftharpoons H_3O^+ + A^-$$

zahlenmäßig zum Ausdruck gebracht. Gleichzeitig damit ist auch die Basenstärke *(«Basizität»)* der konjugierten Base A^- gegeben [Beziehung (10.1)]. Diese *Gleichgewichtskonstante* mißt die *Differenz der freien Enthalpie* im Standardzustand *zwischen der Säure und ihrer konjugierten Base* (beide in Wasser gelöst). Ist diese Differenz negativ, so ist $K_s > 1$ und pK_s negativ: die Protonenabgabe erfolgt exergonisch. Bei allen Säuren mit positiven pK_s-Werten (und dies ist die sehr große Mehrzahl!) ist aber die Abgabe eines Protons endergonisch; ΔG_r^0 ist positiv. Dabei gelten die folgenden Beziehungen:

$$\Delta G_r^0 = -R \cdot T \cdot \ln K_s = 2,3 \cdot R \cdot T \, pK_s \quad \text{und} \quad \Delta G_r^0 = \Delta H^0 - T \cdot \Delta S^0$$

Die Abspaltung eines Protons von einem elektrisch neutralen Molekül bedeutet die Trennung einer Atombindung und müßte dementsprechend endotherm verlaufen. Bei der Anlagerung eines Protons an ein H_2O-Molekül entsteht jedoch wiederum eine Bindung, und zudem hydratisieren sich die Ionen, so daß die mit der Protonenabgabe verbundene *Enthalpie*änderung meist nicht allzu groß und oft negativ ist. Die *Entropie* nimmt jedoch ab, wenn neutrale Moleküle als Protonenspender wirken, weil die Hydration der Ionen zu einer Ausrichtung der vorher freibeweglichen Wassermoleküle führt. Dieser Effekt ist naturgemäß besonders hoch, wenn kleine und mehrfach geladene Ionen entstehen, so daß dann ein negatives ΔH^0 überkompensiert werden kann und die Protonenübertragung an Wasser endergonisch (der pK_s-Wert positiv) wird. Betrachtet man die freie Enthalpie als Maß für die «Stabilität» eines Systems, so hängt die Säurestärke einer Säure von der *Stabilität* sowohl der (in Wasser gelösten) *Säure* wie ihrer (ebenfalls in Wasser gelösten) *konjugierten Base* – d. h. vom chemischen Potential von Säure und konjugierter Base – ab. *Alle strukturellen Faktoren, welche die konjugierte Base stabilisieren oder die Säure destabilisieren* (also die freiwerdende Reaktionsenthalpie vergrößern oder die Entropieabnahme verkleinern), *bewirken eine Erhöhung der Acidität.*

Beispiele:

a) Säurestärke der Nichtmetallwasserstoffverbindungen

Die Tabelle 10.2 zeigt deutlich, daß die Acidität dieser Verbindungen im Periodensystem nach rechts und von oben nach unten zunimmt. Die Gründe dafür müssen darin liegen, daß einerseits die Stabilität der Anionen $CH_3^- - NH_2^- - OH^- - F^-$ in dieser Reihenfolge zunimmt (bedingt insbesondere auch durch die Zunahme der Hydrationsenthalpie), daß aber anderseits die Stabilität der Säuren selbst in der Reihenfolge $HF - HCl - HBr - HI$ und $H_2O - H_2S - H_2Se - H_2Te$ abnimmt (abnehmende Bindungsenthalpie). Zwar nimmt die Hydrationsenthalpie

Tabelle 10.2. pK$_s$-Werte der Nichtmetallhydride

CH$_4$	34	NH$_3$	23	H$_2$O	15,74	HF	3,14
		PH$_3$	20	H$_2$S	7,06	HCl	−6
				H$_2$Se	3,77	HBr	−6
				H$_2$Te	2,64	HI	−8

der Anionen (und damit ihre Stabilität) im gleichen Sinn (F$^-$ → I$^-$ bzw. OH$^-$ → TeH$^-$) ebenfalls ab, doch überwiegt der erstgenannte Effekt stark, so daß ΔG_r^0 für die Reaktion HX + H$_2$O ⇌ H$_3$O$^+$ + X$^-$ von HF zu HI sowie von H$_2$O zu H$_2$Te immer mehr negativ wird. Daß in einer Lösung von Chlorwasserstoff die Protonen von den H$_2$O-Molekülen viel stärker gebunden werden als von den negativ geladenen Cl$^-$-Ionen, ist die Folge der Tatsache, daß durch die Bildung von H$_3$O$^+$-Ionen viel stärkere H-Brücken gebildet werden können (ΔH^0 ziemlich stark negativ; übertrifft die mit der Protolyse verbundene Entropieabnahme). Die verglichen mit HF viel geringere Acidität von H$_2$O (trotzdem die O—H-Bindung an sich leichter zu ionisieren ist als die F—H-Bindung!) beruht darauf, daß die OH$^-$-Ionen eine besonders kleine Hydrationsenthalpie besitzen (H-Brücken mit nur einem Molekül H$_2$O).
Eine etwas genauere Einsicht in diese Zusammenhänge vermittelt eine dem Born-Haberschen Kreisprozeß analoge Aufeinanderfolge verschiedener Reaktionsschritte:

Da I und ΔH_1 für alle Säuren gleich groß sind und ΔH_3 im allgemeinen viel kleiner ist als die übrigen Enthalpieänderungen, wird die Acidität hauptsächlich durch die Bindungsenthalpie D, die Elektronenaffinität EA und die Hydrationsenthalpie des Anions (ΔH_2) beeinflußt. Um ΔG_r^0 für die verschiedenen Protolysen (und damit auch K$_s$ der verschiedenen Säuren) berechnen zu können, müssen aber auch die betreffenden Entropieterme bekannt sein. Die Tabellen 10.3 bis 10.5 geben entsprechende Daten für die Halogenwasserstoffverbindungen. Man erkennt daraus, daß die vom HF zum HI zunehmende Säurestärke in erster Linie der abnehmenden *Bindungsenthalpie* H—X (d.h. der abnehmenden Stabilität von HX!) zugeschrieben werden muß. Die relativ große Hydrationsenthalpie des kleinen F$^-$-Ions wird durch seine negative Lösungsentropie überkompensiert.

b) Säurestärke der Nichtmetallsauerstoffsäuren

Die wichtigsten *Sauerstoffsäuren* lassen sich nach ihren pK$_s$-Werten in vier deutlich geschiedene Gruppen ordnen (Tabelle 10.6).
Es bestehen also offensichtlich deutliche Beziehungen zwischen Molekülstruktur und Acidität. Da für viele dieser Säuren jedoch entsprechende Daten fehlen, ist es nicht leicht, die empirisch

Tabelle 10.3. *Enthalpieänderungen bei der Dissoziation der Halogenwasserstoffverbindungen (kJ/mol)*

Säure	$-\Delta H_3$	D	I	EA	$\Delta H_1 + \Delta H_2$	ΔH_{diss} (ΔH_r)
HF	+48,1	567,2	1318,0	−343,1	−1597,9	−12,6
HCl	+17,6	430,8	1318,0	−365,3	−1459,4	−57,3
H Br	+20,9	366,1	1318,0	−343,1	−1425,5	−63,6
H I	+23,0	297,7	1318,0	−316,7	−1382,0	−59,0

Tabelle 10.4. *Entropieänderungen bei der Dissoziation der Halogenwasserstoffverbindungen (kJ mol^{-1} K^{-1})*

Säure	ΔS_1	ΔS_2	$\Delta S_3 + \Delta S_5$	$\Delta S_4 + \Delta S_6$	ΔS_{diss}
HF	+96	+100	−115	−168	−87
HCl	+75	+93	−115	−110	−56
H Br	+79	+91	−115	−94	−38
H I	+84	+89	−115	−71	−13

Tabelle 10.5. *Freie Enthalpie und Gleichgewichtskonstanten für die Dissoziation der Halogenwasserstoffverbindungen*

Säure	berechnet ΔH_{diss}	ΔS_{diss}	ΔG_r	K	K_s (exp)
HF	−12,6	−87	13	10^{-3}	$7 \cdot 10^{-4}$
HCl	−57,3	−56	−40	10^7	$\sim 10^6$
HBr	−63,6	−38	−52	10^9	$> 10^6$
H I	−59,0	−13	−55	10^9	$> 10^9$

festgestellten Regelmäßigkeiten mit den thermodynamischen Funktionen (freie Enthalpie; Enthalpie und Entropie) der Säuren und ihrer konjugierten Basen in Verbindung zu bringen.

Die Tatsache, daß unterchlorige Säure (HOCl) stärker sauer ist als Wasser, kann qualitativ auf die elektronenanziehende Wirkung des Cl-Atoms zurückgeführt werden (sogenannter − I-Effekt des Cl-Atoms[1]), weil dadurch die Polarität der O—H-Bindung vergrößert, der

---

[1] Polarisationseffekte, die durch elektronenanziehende oder -abstoßende Atome (Atomgruppen) bewirkt werden, heißen «**induktive Effekte**». Je nachdem ob das elektronenanziehende oder -abstoßende Atom eine negative oder positive Partialladung erhält, spricht man von − I- oder von + I-Effekten.

Tabelle 10.6. pK_s-Werte von Sauerstoffsäuren

$X(OH)_m$		$XO(OH)_m$		$XO_2(OH)_m$		$XO_3(OH)_m$	
$Cl(OH)$	7,25	$NO(OH)$	3,35	$NO_2(OH)$	$-1,32$	$ClO_3(OH)$	(-9)
$Br(OH)$	8,7	$ClO(OH)$	2,0	$ClO_2(OH)$	0		
$I(OH)$	10,0	$CO(OH)_2$	3,3	$IO_2(OH)$	0,8		
$B(OH)_3$	9,2	$SO(OH)_2$	1,96	$SO_2(OH)_2$	-3		
$Si(OH)_4$	10,0	$SeO(OH)_2$	2,54	$SeO_2(OH)_2$	-3		
$Te(OH)_6$	8,8	$TeO(OH)_2$	2,7				
		$PO(OH)_3$	1,96				
		$AsO(OH)_3$	2,32				
		$IO(OH)_5$	1,64				
		$HPO(OH)_2$	1,8				
		$H_2PO(OH)$	2,0				

Austritt des Protons also erleichtert wird. (Für die «Dissoziation» von H_2O ist $\Delta H^0 = +57,3$ kJ/mol, für HOCl beträgt ΔH^0 nur $+16,3$ kJ/mol.) Zudem wird die Ladung der konjugierten Base durch den $-I$-Effekt besser delokalisiert, so daß sich das Anion der unterchlorigen Säure weniger stark hydratisiert und die Entropieabnahme geringer wird.

Die starke Zunahme der Acidität in der Reihe

	HOCl	HOClO	HOClO$_2$	HOClO$_3$
pK_s	7,25	2	0	-9

beruht zum Teil sicher auf dem $-I$-Effekt, den die mit dem Cl-Atom verbundenen O-Atome ausüben, zum Teil aber auch darauf, daß als Folge der immer mehr symmetrischen Ladungsverteilung die Stabilität der Base zunimmt und gleichzeitig wohl auch die Entropieänderung weniger stark negativ ist (größere Ionen mit stärker delokalisierter Ladung wirken auf die Wassermoleküle in einem geringeren Maß «ordnend»). Zwar nimmt — wohl in erster Linie wegen des in der Reihe HOCl – HOClO$_3$ zunehmend symmetrischen Baues der Moleküle — auch die Stabilität der Säuren selbst zu (HClO$_4$ ist die einzige Chlor-Sauerstoff-Säure, die in reinem Zustand bekannt ist), doch ist dieser Effekt viel geringer. Die Bedeutung der Ladungssymmetrie für die Stabilität solcher Teilchen zeigt sich besonders deutlich in der großen Zunahme der Acidität bei den Übergängen HOCl–HOClO und HOClO$_2$–HOClO$_3$. Das ClO$_4^-$-Ion ist eine extrem schwache Base, und die Protonenabgabe durch die Perchlorsäure (HClO$_4$) geschieht stark exergonisch.

In den folgenden Reihen

	H_4SiO_4	H_3PO_4	H_2SO_4	$HClO_4$
pK_s	10	1,96	-3	-9

	H_5IO_6	→	$HClO_4$
pK_s	1,64		-9

nimmt die Säurestärke nach rechts ebenfalls stark zu (HClO$_4$ ist eine der stärksten Säuren!). Da die Elektronegativität des Atoms, welches die OH-Gruppen trägt, nach rechts wächst, nimmt die Polarität der O—H-Bindung wiederum in der gleichen Richtung zu. Die Stabilität der Säuren nimmt nach rechts stark ab (Abnahme der Bindungsenthalpien, d. h. Abnahme der freien Bildungsenthalpien!), während umgekehrt die Stabilität der Anionen H$_3$SiO$_4^-$, H$_2$PO$_4^-$, HSO$_4^-$ und ClO$_4^-$ in der gleichen Reihenfolge zunimmt. Bei der Orthokieselsäure (H$_4$SiO$_4$) und der Perchlorsäure HClO$_4$) ist der Stabilitätsunterschied (die Differenz der freien Enthalpie zwischen der gelösten Säure und ihrer konjugierten Base fast gleich groß, nur ist im ersten Fall die Säure, im zweiten Fall die Base das stabilere Teilchen. Bereits bei der Schwefelsäure verläuft die Protonenübertragung an Wasser stark exergonisch (ΔG_r^0 ebenso wie ΔH^0 stark negativ!).

c) Acidität der Carbonsäuren

Eine wichtige Gruppe von Säuren bilden die *Carbonsäuren,* organische Verbindungen mit der Carboxylgruppe (—COOH) als funktioneller Gruppe. Hier läßt sich die Wirkung des induktiven Effektes besonders schön demonstrieren.

Das Hydroxylproton der Carboxylgruppe kann ziemlich leicht an Basen abgegeben werden was in erster Linie darauf zurückzuführen ist, daß in der konjugierten Base zwei Elektronenpaare über drei Atome delokalisiert sind. Diese *Delokalisation* – die durch Kombination der beiden Grenzstrukturen (I) und (II) veranschaulicht werden kann – bewirkt eine gewisse Stabilisierung der konjugierten Base.

Daß die Stabilisierung der konjugierten Base durch Delokalisation (*«Mesomerie-Stabilisierung»*) tatsächlich entscheidend dazu beiträgt, daß Verbindungen mit der Carboxylgruppe Säuren sind, ersieht man daraus, daß *Alkohole* – organische Verbindungen mit der Hydroxylgruppe (—OH) als funktioneller Gruppe – vergleichsweise sehr viel schwächer sauer sind (keine Stabilisierung der konjugierten Base!):

$$CH_3—CH_2—OH \quad pK_s = 17 \qquad\qquad CH_3—C\overset{O}{\underset{O—H}{}} \quad pK_s = 4{,}76$$

Trotz der Mesomerie der konjugierten Base erfolgt aber die Protolyse der Carbonsäuren endergonisch, d.h. ΔG_r^0 ist positiv. Wie die folgenden, für die Reaktion von Essigsäure mit Wasser geltenden Zahlen zeigen, ist dies hauptsächlich auf die mit der Protolyse verbundene Entropieabnahme zurückzuführen:

$$\Delta H^0 \approx -0{,}469 \text{ kJ/mol}$$
$$\Delta S^0 = -92{,}5 \text{ J mol}^{-1}\text{ K}^{-1}; \; -T \cdot \Delta S^0 \text{ (bei 25 °C)} = +27{,}6 \text{ kJ/mol}$$
$$\Delta G_r^0 = +27{,}1 \text{ kJ/mol } (pK_s = 4{,}76)$$

Hier ist die zur Abtrennung des Protons nötige Energie nahezu gleich groß wie die bei der Anlagerung des Protons an ein H$_2$O-Molekül und die anschließende Hydration der Ionen freiwerdende Energie; die Entropie nimmt jedoch bei der Protolyse stark ab («ordnende» Wirkung der Hydration!), so daß ΔG_r^0 insgesamt positiv wird.

Tabelle 10.7. pK$_s$-Werte verschiedener Carbonsäuren

Säure	pK$_s$
Ameisensäure (HCOOH)	3,77
Essigsäure (CH$_3$COOH)	4,76
Pivalinsäure [(CH$_3$)$_3$COOH]	5,05
Propionsäure (CH$_3$CH$_2$COOH)	4,88
Fluoressigsäure (CH$_2$FCOOH)	2,66
Chloressigsäure (CH$_2$ClCOOH)	2,81
Bromessigsäure (CH$_2$BrCOOH)	2,87
Iodessigsäure (CH$_2$ICOOH)	3,13
α-Chlorpropionsäure (CH$_3$CHClCOOH)	2,8
β-Chlorpropionsäure (CH$_2$ClCH$_2$COOH)	4,1
Dichloressigsäure (CHCl$_2$COOH)	1,30
Trichloressigsäure (CCl$_3$COOH)	0,89

Trägt das mit der Carboxylgruppe verbundene C-Atom Atome (Atomgruppen), die einen −I-Effekt ausüben, so steigt die Acidität stark (vgl. Tabelle 10.7). Als Folge des −I-Effektes wird ΔH^o deutlich größer, weil durch die Wirkung des elektronenanziehenden Atoms die negative Ladung in der konjugierten Base stärker delokalisiert und diese dadurch stabilisiert wird. Die Hydration eines Anions mit stärker delokalisierter Ladung ist jedoch geringer als bei einem Ion, dessen Ladung auf ein bestimmtes Atom konzentriert ist, daher ist ΔH^o für die Protolyse der Fluoressigsäure am kleinsten. Anderseits werden die Wassermoleküle im Fall eines Ions mit delokalisierter Ladung weniger stark geordnet, so daß die mit der Protolyse verbundene Entropieabnahme bei der Fluoressigsäure wiederum am geringsten ist (Tabelle 10.8). Das Zusammenwirken beider Effekte bewirkt die Zunahme der Acidität in der Reihe Iodessigsäure-Fluoressigsäure. Das hier besprochene Beispiel, die Acidität der Halogencarbonsäuren, zeigt deutlich, wie sich der −I-Effekt sowohl in *Enthalpie-* wie in *Entropieeffekten* auswirken kann; besonders die letzteren − welche bei qualitativen Betrachtungen oft unberücksichtigt bleiben − können einen wesentlichen Einfluß auf die Acidität einer Säure ausüben. Daß Dichlor- und Trichloressigsäure noch bedeutend stärker sauer sind als Chloressigsäure, verwundert nach dem oben Gesagten nicht (stärkerer −I-Effekt!); Trifluoressigsäure schließlich besitzt ungefähr dieselbe Acidität wie Schwefelsäure.

Tabelle 10.8. Thermodynamische Daten für die «Dissoziation» der Essigsäure und ihrer Monohalogenderivate

	pK$_s$	ΔG^o (kJ mol^{-1})	ΔH^o (kJ mol^{-1})	ΔS^o (J mol^{-1} K^{-1})
CH$_3$COOH	4,76	27,1	− 0,469	− 92,5
CH$_2$FCOOH	2,66	15,1	− 4,680	− 66,5
CH$_2$ClCOOH	2,81	16,0	− 4,700	− 68,2
CH$_2$BrCOOH	2,87	16,3	− 5,186	− 72,0
CH$_2$ICOOH	3,13	17,8	− 5,927	− 79,5

10.4 Allgemeines über Säure/Base-Gleichgewichte

Protonenübertragungsreaktionen («**Protolysen**») gehören zu den *schnellsten* chemischen Reaktionen überhaupt. Ihre Geschwindigkeiten bewegen sich in Größenordnungen von 10^{11} Mol/l · sec, d.h. in Größenordnungen, wie sie zu erwarten sind, wenn jeder Zusammenstoß zweier Teilchen in einer Lösung zu einer Reaktion führt. Es ist darum nicht erstaunlich, daß einfache Protonenübertragungen *ohne Aktivierungsenergie* verlaufen.

Um die Geschwindigkeiten derart rascher Reaktionen untersuchen zu können, mußten besondere Methoden entwickelt werden. Eine der wichtigsten unter ihnen besteht in der Messung von Verzögerungserscheinungen, welche mit der Störung von Gleichgewichten verbunden sind *(«Relaxationsmethoden»)*. Beim «Impulsverfahren» wird ein äußerer Parameter (Temperatur, Druck, elektrisches Feld) schlagartig verändert und das anschließende Verhalten des Gleichgewichtes (z. B. seine elektrische Leitfähigkeit, Lichtabsorption u. a.) direkt registriert. Man kann einen solchen Parameter aber auch ständig periodisch variieren und damit eine periodische Änderung der Gleichgewichtslage bewirken («stationäre Methode»). Wenn die Periode viel länger ist als die Relaxationszeit (d. h. die Zeit, in der sich der ursprüngliche Zustand wieder eingestellt hat), so hängt der tatsächliche Zustand des Systems dem Gleichgewichtszustand nicht nach; ist die Periode aber viel kürzer als die Relaxationszeit, so vermag das System den rasch aufeinanderfolgenden Störungen nicht zu folgen. Sind Relaxationszeit und Periode der Störung schließlich von derselben Größenordnung, so folgt das System dem sich verändernden Gleichgewichtszustand mit einer gewissen Phasenverschiebung, die sich in einer Energieaufnahme bemerkbar macht. Durch Messung der Energieabsorption des Systems in Abhängigkeit von der Frequenz der Störung läßt sich somit die Relaxationszeit bestimmen, und aus dieser kann – bei bekannten Konzentrationen – die Geschwindigkeitskonstante berechnet werden.

Auch durch plötzliche und kurzzeitige Bestrahlung mit Licht von sehr hoher Intensität kann ein Gleichgewicht schlagartig und heftig gestört werden *(«Blitzlicht-Photolyse»)*. Dabei wird eine große Energiemenge (von bis 10^5 Joule) in sehr kurzer Zeit (in einigen 100 Mikrosekunden) absorbiert; dies führt zu Teilchen mit angeregten Elektronenzuständen und im Endeffekt zu chemischen Reaktionen. Die Blitzlicht-Photolyse liefert die angeregten Partikeln – die Zwischenstoffen bei Reaktionen entsprechen können – in relativ hoher Konzentration und ermöglicht daher, sie z. B. durch ihre Absorptionsspektren (mittels eines zweiten, schwächeren Blitzlichts) zu identifizieren.

An jedem Säure/Base-Gleichgewicht sind *zwei Säure/Base-Paare* beteiligt:

$$\text{HA} + \text{B} \rightleftarrows \text{BH}^+ + \text{A}^-$$

(A⁻ ist die konjugierte Base zu HA; BH⁺ ist die konjugierte Säure zu B)

Die Lage eines solchen Gleichgewichtes (die *Größe der Gleichgewichtskonstanten)* hängt ab von der Stärke der Säure HA und der Base B. *Je stärker die Säure HA und die Base B sind, um so größer wird K* (um so stärker liegt das Gleichgewicht auf der Seite von BH$^+$ und A$^-$); ist aber BH$^+$ die stärkere Säure als HA und A$^-$ die stärkere Base als B, so wird $K < 1$, und das Gleichgewicht liegt auf der Seite der Ausgangsstoffe:

stärkere Säure + stärkere Base $\rightleftarrows$ schwächere Säure + schwächere Base

Die Stärke einer Säure oder Base wird durch den pK_s-Wert charakterisiert; man kann deshalb die Gleichgewichtskonstante irgendeiner Protolyse aus den pK_s-Werten der beiden daran beteiligten Säure/Base-Paare bestimmen.

Beispiel: Gesucht ist die Gleichgewichtskonstante der Reaktion

$$HCl + NH_3 \rightleftarrows NH_4^+ + Cl^-$$

Wir zerlegen diese Reaktion in zwei Teilschritte, von denen die Gleichgewichtskonstanten bekannt sind:

$$HCl + H_2O \rightleftarrows H_3O^+ + Cl^- \qquad (1)$$

$$NH_3 + H_3O^+ \rightleftarrows NH_4^+ + H_2O \qquad (2)$$

Die Gleichgewichtskonstante der Gesamtreaktion (1) + (2) erhält man durch Multiplikation der Gleichgewichtskonstanten der Teilreaktionen, wobei die Konstante der Reaktion (2) gleich dem reziproken Wert von $K_{S_{NH_4^+}}$ ist [Vorgang (2) ist die Umkehrung der Reaktion der Säure NH_4^+ mit Wasser]:

$$\frac{(NH_4^+) \cdot (Cl^-)}{(HCl) \cdot (NH_3)} = \frac{(H_3O^+) \cdot (Cl^-)}{(HCl) \cdot (H_2O)} \cdot \frac{(H_2O) \cdot (NH_4^+)}{(NH_3) \cdot (H_3O^+)}$$

$$K = K_{S_{HCl}} \cdot \frac{1}{K_{S_{NH_4^+}}} \qquad \text{oder mit negativen Logarithmen:} \qquad pK = pK_{S_{HCl}} - pK_{S_{NH_4^+}}$$

Der *pK*-Wert der Gesamtreaktion wird also $= -6 - 9,21 = -15,21$. Die Gleichgewichtskonstante von $10^{15,21}$ zeigt, daß der Vorgang praktisch vollständig von links nach rechts verläuft.
Für den *allgemeinen Fall einer Reaktion HA + B $\rightleftarrows$ BH+ + A− gilt* also:

$$pK = pK_{S_{HA}} - pK_{S_{BH^+}}$$

Ist diese Differenz *negativ*, so ist die *Gleichgewichtskonstante größer als 1*, d. h. die betreffende Reaktion ist *exergonisch* und läuft zu mehr als 50% nach rechts ab. Wenn die Differenz positiv wird, ist $K < 1$, und das entstehende Gleichgewicht liegt auf der Seite der Ausgangsstoffe. Ein Vergleich mit der Tabelle 10.1 (S. 358) lehrt, daß $K > 1$ wird, wenn man eine Säure mit einer Base zusammenbringt, die in der «Säure/Base-Reihe» unterhalb ihrer konjugierten Base steht:

Schema:

Eine Säure, die oberhalb von HA steht, vermag an A− mehr oder weniger vollständig Protonen abzugeben ($K > 1$)

Mit einer Base oberhalb von A− verläuft der Protonenübergang unvollständig ($K < 1$)

$$H^+ \longrightarrow$$

Säure/Base-Paar

$$HA \rightleftarrows A^-$$

$$H^+ \longrightarrow$$

HA vermag an eine Base, die unterhalb von A− steht, Protonen abzugeben

10.5 Säure/Base-Reaktionen mit Wasser

Das Wasser als wichtigstes Lösungsmittel ist häufig selbst an Protolysen beteiligt. Gegenüber einer Säure HA wirkt es als Base, gegenüber einer Base B als Säure:

$$HA + H_2O \rightleftharpoons H_3O^+ + A^- \qquad B + H_2O \rightleftharpoons BH^+ + OH^-$$

Lösungen von Säuren reagieren deshalb sauer ($pH < 7$), Lösungen von Basen alkalisch ($pH > 7$). Säuren, deren pK_s-Wert kleiner als Null ist ($K_s > 1$), reagieren mit dem Wasser zu mehr als 50%; in ihren Lösungen überwiegen die Konzentrationen der H_3O^+- und A^--Ionen über die Konzentration der noch vorhandenen HA-Moleküle. Sehr starke Säuren ($K_s > 100$) reagieren mit dem Wasser praktisch zu 100%. Wie bereits erwähnt, ist also in allen verdünnten starken Säuren das H_3O^+-Ion die eigentliche Säure[1].

Der Protolysengrad. Um das Ausmaß der Protolyse einer schwachen Säure oder Base mit Wasser vergleichen zu können, berechnet man den Protolysengrad α. Man versteht darunter den Anteil der reagierenden Säure (Base), welcher bei der betreffenden Reaktion umgesetzt worden ist. Der Protolysengrad gibt also das Verhältnis der Konzentration der protolysierten Säure- (Base-) Teilchen zur Gesamtkonzentration der Säure (Base), d.h. zur Konzentration der Säure (Base) vor dem Protonenübergang an:

$$\alpha = \frac{\text{Konzentration der protolysierten Teilchen}}{\text{Konzentration der gelösten Säure-(Base-) teilchen vor der Protonenübertragung}}$$

Wenn wir die Konzentration der vor der Protolyse vorhandenen Säure- bzw. Baseteilchen mit c bezeichnen, gilt also:

$$HA + H_2O \rightleftharpoons H_3O^+ + A^- \qquad\qquad B + H_2O \rightleftharpoons BH^+ + OH^-$$

$$\alpha = \frac{c - (HA)}{c} = \frac{(A^-)}{c} \qquad\qquad \alpha = \frac{c - (B)}{c} = \frac{(BH^+)}{c}$$

Bei der Reaktion einer Säure HA mit Wasser wird die Konzentration der ionisierten Moleküle $= \alpha \cdot c$. Durch die Protonenübertragung entstehen also $\alpha \cdot c$ H_3O^+- und $\alpha \cdot c$ Anionen. Im Gleichgewicht befinden sich noch $c - (H_3O^+) = c - \alpha \cdot c$ unveränderte HA-Moleküle.
Zahlenbeispiel: Eine 1-M Lösung einer einprotonigen Säure soll den Protolysengrad $\alpha = 0{,}9$ besitzen. In 1 Liter dieser Lösung sind dann aus 1 mol Säure 0,9 mol H_3O^+- und 0,9 mol Säure-Anionen entstanden. Die ursprünglich vorhandenen Säuremoleküle sind also zu 90 % ionisiert. Die Konzentration der unveränderten Säuremoleküle beträgt $1 - 0{,}9 = 0{,}1$ mol/l.
Durch Einsetzen ins MWG erhält man:

$$\frac{\alpha c \cdot \alpha c}{c - \alpha c} = K_s \qquad \text{oder} \qquad \frac{\alpha^2}{1 - \alpha}\, c = K_s$$

---

[1] Aus historischen Gründen nennt man die Reaktion einer Molekülsäure mit Wasser häufig «Dissoziation», während für die Reaktion eines sauren oder basischen Ions mit Wasser der Ausdruck «**Hydrolyse**» gebraucht wird. Es ist jedoch nicht gerechtfertigt, die beiden durchaus gleichartigen Vorgänge mit verschiedenen Namen zu belegen. Zudem versteht man unter Hydrolyse gewöhnlich die Spaltung einer Kovalenzbindung durch Wasser. Der Ausdruck Hydrolyse sollte daher in Zusammenhang mit der Reaktion wäßriger Salzlösungen nicht verwendet werden.

Bei schwachen Säuren ist α sehr klein, und man kann deshalb im Nenner ohne wesentlichen Fehler α gegenüber 1 vernachlässigen. Damit wird

$$\alpha = \sqrt{\frac{K_s}{c}}$$

Den Protolysengrad einer schwachen Base erhält man in derselben Weise, nur muß an Stelle von K_s K_b genommen werden. Für starke Säuren (Basen) mit pK_s (pK_b) < -2 wird α praktisch gleich 1.

Der Ausdruck $\dfrac{\alpha^2}{1-\alpha} \cdot c = K_s$ wird als *Ostwaldsches Verdünnungsgesetz* bezeichnet. Mit zunehmender Verdünnung strebt α gegen 1.

Protonenübertragungen beim Lösen von Salzen. Die meisten Anionen sind mehr oder weniger stark basisch; viele Kationen, wie NH_4^+, und hydratisierte, mehrfach geladene Metall-Ionen wirken sauer. Beim Lösen von Salzen, die saure oder basische Ionen enthalten, muß deshalb eine Protolyse eintreten, und es entstehen H_3O^+- oder OH^--Ionen. Lösungen solcher Salze reagieren deshalb *nicht neutral* ($pH \neq 7$). Besteht ein Salz aus basischen und sauren Ionen zugleich, so kann auch zwischen den Ionen des Salzes ein Protonenübergang vor sich gehen, und das betreffende Salz ist dann entweder in Lösung unbeständig oder überhaupt nicht existenzfähig.

Beispiele

— NaCl reagiert neutral, Natriumacetat (Salz der Essigsäure, abgekürzt NaAc) schwach alkalisch und Na_2CO_3 stark alkalisch. Die Cl^--Ionen sind nur äußerst schwach basisch und können Wassermolekülen keine Protonen entziehen. Acetat-Ionen sind bereits merklich, CO_3^{2-}-Ionen schließlich stark basisch. Deshalb stellen sich in Lösungen von Acetat und Carbonat folgende Gleichgewichte ein:

$$Ac^- + H_2O \rightleftharpoons OH^- + HAc$$
$$CO_3^{2-} + H_2O \rightleftharpoons OH^- + HCO_3^-$$

Die hydratisierten Na^+-Ionen sind so schwache Protonenspender, daß sie dem Wasser gegenüber nicht sauer wirken.

Berechnet man den Protolysengrad der beiden Reaktionen, so findet man, daß in einer 1-M Lösung nur etwa $3 \cdot 10^{-3}\%$ aller Acetat-Ionen mit dem Wasser reagieren. Eine 1-M Lösung von Na_2CO_3 hingegen besitzt den Protolysengrad $1,5 \cdot 10^{-2}$, d.h. 1,5% aller CO_3^{2-}-Ionen haben vom Wasser H^+-Ionen aufgenommen.

— NH_4Cl reagiert schwach, $[Fe(H_2O)_6]Cl_3$ jedoch ziemlich stark sauer. Die Ammonium-Ionen reagieren nur in geringem Ausmaß mit Wasser, die stark sauren Fe^{3+}aq-Ionen hingegen in einem viel höheren Grad:

$$NH_4^+ + H_2O \rightleftharpoons NH_3 + H_3O^+$$
$$[Fe(H_2O)_6]^{3+} + H_2O \rightleftharpoons [Fe(H_2O)_5OH]^{2+} + H_3O^+$$

– Salze, wie NaH, Mg_3N_2 oder CaO, reagieren mit Wasser praktisch vollständig und ergeben stark alkalische Lösungen:

$$H^- + H_2O \longrightarrow H_2 + OH^-$$
$$N^{3-} + 3\,H_2O \longrightarrow NH_3 + 3\,OH^-$$
$$O^{2-} + H_2O \longrightarrow OH^- + OH^-$$

– Die Oxide der Erdalkalimetalle sind allerdings nur in geringem Maß löslich; die O^{2-}-Ionen, die in Lösung gehen, setzen sich jedoch mit dem Wasser vollständig zu OH^--Ionen um.

Die Abhängigkeit der Säure/Base-Gleichgewichte vom pH-Wert. Bei Protonenübertragungen in wäßriger Lösung verändert sich stets auch der pH-Wert. Umgekehrt werden die Konzentrationen der vorhandenen Säure- und Baseteilchen durch das pH der Lösung eindeutig festgelegt.
Den Zusammenhang zwischen pH und Konzentration einer gelösten Säure und ihrer konjugierten Base erhält man durch Umformung des MWG:

$$\frac{(H_3O^+)\,(A^-)}{(HA)} = K_s; \quad \text{daraus} \quad (H_3O^+) = K_s\,\frac{(HA)}{(A^-)} \tag{10.2}$$

Mit negativen Logarithmen geschrieben:

$$\text{pH} = \text{pK}_s + \log\frac{(A^-)}{(HA)} \tag{10.3}$$

Die Anteile eines Säure/Base-Paares, welche bei einem bestimmten pH-Wert als Säure bzw. Base vorliegen, können aus den obigen Beziehungen berechnet werden. Zu diesem Zweck ist es praktisch, den sogenannten *Säure-* bzw. *Basenbruch* x_S (x_B) einzuführen, welcher das Verhältnis zwischen der Konzentration der Säure (Base) und der Gesamtkonzentration (der Summe der Konzentrationen von Säure und konjugierter Base) angibt:

$$x_S = \frac{(HA)}{(HA) + (A^-)} \quad \text{und} \quad x_B = \frac{(A^-)}{(HA) + (A^-)}$$

Die Summe von x_S und x_B ist definitionsgemäß gleich 1, also $x_S = 1 - x_B$. Der auf S. 372 eingeführte *Protolysengrad* α – der den Bruchteil der Säure darstellt, welcher zur konjugierten Base geworden ist – ist gleich dem *Basenbruch* x_B.
Um die Abhängigkeit des Säure/Base-Gleichgewichtes vom pH-Wert zu erhalten, setzen wir in (10.3) den Basenbruch ein. Da $(A^-)/(HA) = x_B/x_S$ ist, wird

$$\text{pH} = \text{pK}_s + \log\frac{x_B}{1 - x_B} \tag{10.4}$$

Die Darstellung des pH-Wertes als Funktion von x_B muß also für alle Säure/Base-Systeme Kurven gleicher Form ergeben, die nur parallel zur pH-Achse gegeneinander verschoben sind. Wenn $(A^-) = (HA)$, d. h. $x_S = x_B = 0,5$ ist, wird $(H_3O^+) = K_s$ und $pH = pK_s$. Ist $x_B = 0,1$ bzw. 0,9, so wird $x_B/(1-x_B) = 0,11$ bzw. 9. Dies ergibt nach (10.4) angenähert $pK_s - 1$ bzw. $pK_s + 1$.

Auf die gleiche Weise erhält man für x_B = 0,01 bzw. 0,99 angenähert $pH = pK_s - 2$ bzw. $pK_s + 2$. Innerhalb eines Intervalles von 4 pH-Einheiten verschiebt sich also das Gleichgewicht von 99% Säure zu 99% konjugierter Base.

Um für jeden beliebigen pH-Wert den Basenbruch angeben zu können, verwenden wir (10.4) in der nichtlogarithmierten Form und lösen nach x_B auf:

$$(H_3O^+) = K_s \frac{1 - x_B}{x_B} \quad \text{ergibt} \quad x_B = \frac{K_s}{(H_3O^+) + K_s}$$

und umgeformt
$$x_B = \frac{1}{1 + 10^{pK_s - pH}}$$

Für eine Säure HA mit dem pK_s = 6 hat x_B bei pH 4,5 den Wert

$$x_B = \frac{1}{1 + 10^{6-4,5}} = \frac{1}{1 + 10^{1,5}} = 0,0308.$$

Die Säure liegt also zu 3,08% in Form der konjugierten Base A$^-$ vor.

Die Abb.10.3 bringt die entsprechenden Kurven («**Pufferungskurven**») für einige ausgewählte Säure/Base-Paare. Wir erkennen daraus, daß beispielsweise das System NH_4^+/NH_3 bei pH 6 zu 100% als NH_4^+ existiert. Um die NH_4^+-Ionen vollständig in NH_3 überzuführen, müßte das pH durch Zusatz einer starken Base gegen 12 erhöht werden. Da NH_3 stark flüchtig ist, werden dann bereits merkliche Mengen Ammoniak in die Luft entweichen. Bei Reaktionen solcher Art sagte man früher, eine starke Base «treibe» eine schwächere Base «aus». Das Umgekehrte gilt für eine Säure, wie etwa die Kohlensäure. Diese liegt bei pH 6 zu etwa 76% als H_2CO_3 (die mit CO_2 und H_2O im Gleichgewicht steht) vor; um HCO_3^--Ionen vollständig in CO_2 und Wasser umzuwandeln, muß das pH durch Zusatz einer starken Säure gegen 4 gesenkt werden. (Wiederum «treibt» die stärkere Säure die schwächere «aus».) Von den verschiedenen Protolysenstufen der Phosphorsäure kommen bei pH 6 nur $H_2PO_4^-$ (94%) und HPO_4^{2-} (6%) vor.

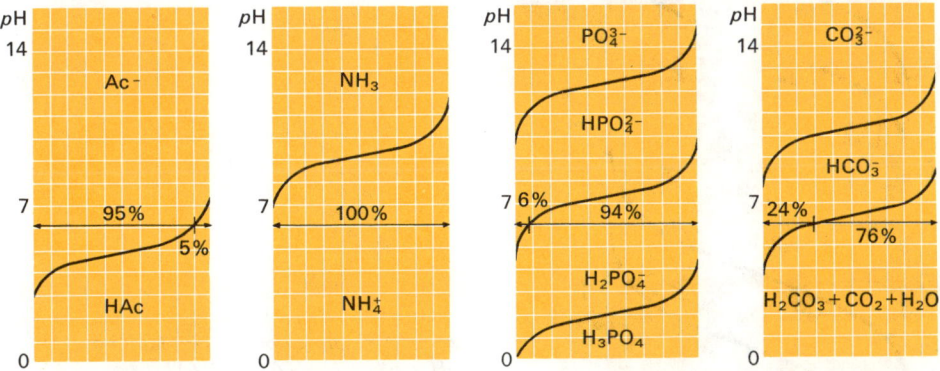

Abb. 10.3. Pufferungskurven einiger Säure/Base-Paare

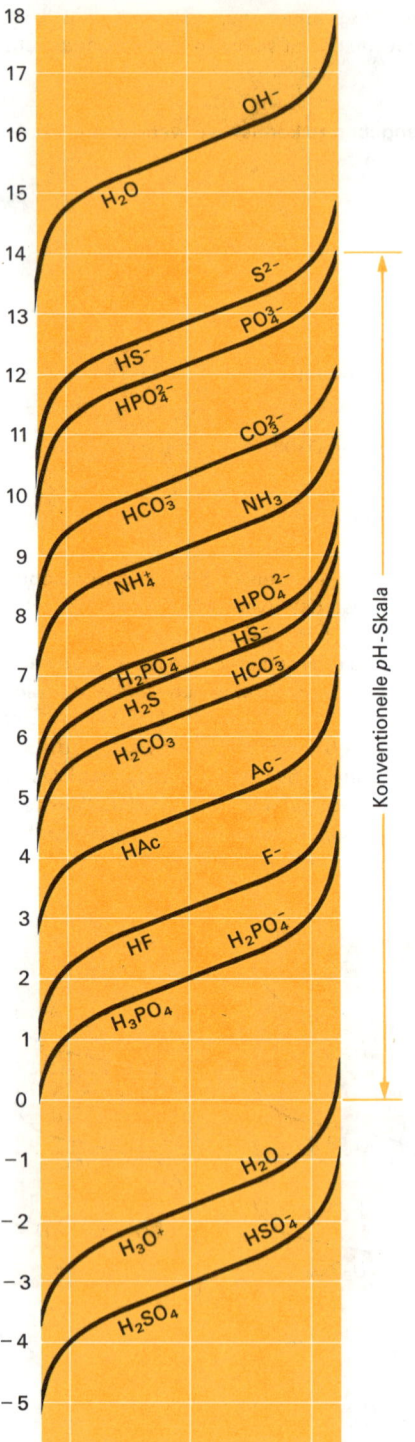

Im *Experiment* läßt sich die Pufferungskurve einer Säure (Base) dadurch erhalten, daß man eine bestimmte Menge der Substanz mit der Lösung einer starken Base (NaOH) oder einer starken Säure (verdünnte Salzsäure) titriert und dabei die Veränderung des pH-Wertes verfolgt. Dies geschieht entweder dadurch, daß man jeweils nach Zusatz von z. B. 1 ml NaOH (Salzsäure) das pH mißt und die gemessenen Werte zu einer Kurve verbindet oder durch Verwendung eines mit dem pH-Meter gekoppelten und mit der Bürette synchronisierten Schreibers, der die pH-Kurve direkt aufzeichnet. Das pH im Wendepunkt der Kurve entspricht dem pK_s-Wert; durch Aufnahme der Pufferungskurve kann man deshalb auch die pK_s-Werte experimentell bestimmen.

Wenn man die Pufferungskurven verschiedener Säuren zu einer Kurvenschar vereinigt, erhält man das wichtige Diagramm der Abb.10.4. Diese Darstellung zeigt den Existenzbereich von Säuren und Basen in wäßrigen Lösungen bei verschiedenen pH-Werten und erlaubt damit eine Voraussage von sehr vielen Protolysen in wäßriger Lösung:

Abb. 10. 4. Diagramm der Funktionen
$pH = pK_s + log\,[\,(A^-)\,/\,(HA)\,]$ *bzw.*
$pH = pK_s + log\,[\,x_B\,/\,(1 - x_B)\,]$
(«Pufferungskurvenschar»)

– Eine Lösung von Na_2S muß alkalisch reagieren, weil das S^{2-}-Ion nur im stark alkalischen Gebiet beständig ist. Da reines Wasser das pH 7 hat, muß beim Lösen von Na_2S eine Protonenübertragung eintreten, so daß OH^--Ionen entstehen:

$$S^{2-} + H_2O \rightleftharpoons HS^- + OH^-$$

– In der gleichen Weise müssen sich beim Lösen von Na_2CO_3 OH^--Ionen bilden (CO_3^{2-}-Ionen existieren in wäßriger Lösung nur oberhalb pH 11 in größerer Konzentration).

– Eine Lösung von NH_3 in Wasser hat das pH 10 bis 11,5. Größere Konzentrationen von NH_3-Molekülen existieren in wäßriger Lösung nur bei pH-Werten von > 10,5, also bei Gegenwart von viel OH^--Ionen. In Lösungen mit tiefem pH (< 7) gehen die NH_3-Moleküle praktisch vollständig in NH_4^+-Ionen über.
Setzt man also eine genügend starke Säure (H_3O^+, z. B. verd. Salz- oder Schwefelsäure) zu einer Lösung von Ammoniak, so erhält man NH_4^+-Ionen, die (zusammen mit den Anionen der starken Säure) als Ammoniumsalz gelöst bleiben:

$$NH_3 + H_3O^+ \longrightarrow NH_4^+ + H_2O$$
$$Cl^- \qquad\qquad Cl^-$$

Umgekehrt kann durch Zusatz einer starken Base zu Ammoniumsalzen Ammoniak hergestellt werden, wenn das pH gegen 12 erhöht wird:

$$NH_4^+ + OH^- \longrightarrow NH_3 + H_2O$$
$$Cl^- \quad Na^+ \qquad\qquad Na^+ \text{ und } Cl^- \text{ bleiben gelöst}$$

– Die stark basischen S^{2-}-Ionen treten in wäßriger Lösung nur oberhalb pH 13,5 in größerer Konzentration auf. Erniedrigt man das pH einer solchen Lösung durch Zusatz von NH_4Cl auf etwa 10, so entstehen Hydrogensulfid-Ionen:

$$NH_4^+ + S^{2-} \longrightarrow NH_3 + HS^-$$

Die Begleitionen Na^+ und Cl^- bleiben unverändert gelöst.
Freier Schwefelwasserstoff (H_2S) entsteht in größerer Menge erst, wenn das pH auf etwa 5 erniedrigt wird (z. B. durch Zusatz von Essigsäure).

– Salze wie $(NH_4)_2S$ oder NH_4OH können nicht existieren, weil einerseits NH_4^+-Ionen nur unterhalb pH 7, S^{2-} oder OH^--Ionen nur oberhalb pH 13 in größeren Konzentrationen existieren können (d. h. weil sich die Existenzbereiche der Kationen und Anionen auf der pH-Skala nicht überschneiden). Aus dem gleichen Grund existiert kein Salz $(NH_4)_3PO_4$ (hingegen $[NH_4]_2HPO_4$!) und riecht sowohl festes wie gelöstes Ammoniumcarbonat («Hirschhornsalz») sehr stark nach Ammoniak.

– Schüttelt man CaO mit Wasser und filtriert vom ungelösten Rückstand ab, so hat man eine Lösung von Calciumhydroxid [$Ca(OH)_2$] mit pH 13–14, weil die in Lösung gegangenen O^{2-}-Ionen vollständig zu OH^--Ionen werden. Leitet man in das Calciumhydroxid CO_2 ein, so entsteht zunächst ein weißer Niederschlag von $CaCO_3$ (CO_2 wird im Wasser zu H_2CO_3, welche bei so hohen pH-Werten beide Protonen vollständig abgegeben hat):

$$Ca^{2+} + CO_3^{2-} \longrightarrow CaCO_3 \text{ (s)}$$

Leitet man weiter CO_2 ein, so erniedrigt man allmählich das pH, und man gelangt in das Gebiet, wo HCO_3^--Ionen beständig sind. Die CO_3^{2-}-Ionen des Niederschlages nehmen H^+ auf und gehen in HCO_3^- über; da die Gitterenergie der Verbindung $Ca(HCO_3)_2$ viel geringer ist als die Gitterenergie von $CaCO_3$, löst sich der Niederschlag beim weiteren Einleiten von CO_2 auf:

$$CaCO_3\,(s) + H_2CO_3 \longrightarrow Ca^{2+} + 2\,HCO_3^-\,(aq)$$
$$(CO_2 + H_2O)$$

Um aber aus Carbonaten (CO_3^{2-}) Kohlensäure (d. h. gasförmiges CO_2) in Freiheit zu setzen, benötigt man noch tiefere pH-Werte (< 5): Zusatz von Essigsäure, Phosphorsäure oder von verdünnter Salzsäure.

Diese Beispiele beleuchten die Regel, daß *stärkere Säuren* die *Anionen* (die konjugierten Basen) *schwächerer Säuren in ihre konjugierte Säure überführen.* Besteht diese aus Molekülen und können diese durch Verdampfen aus der Lösung entfernt werden, so wird das entstehende Protolysengleichgewicht gestört und die Reaktion läuft vollständig ab:

$$Fe^{2+}S^{2-}\,(s) + 2\,(H_3O^+Cl^-)\,(aq) \longrightarrow H_2S\,(g)\ \nearrow + Fe^{2+} + 2\,Cl^-\,(aq)$$

$$2\,(Na^+Cl^-)\,(s) + H_2SO_4\,(l) \longrightarrow 2\,HCl\,(g)\ \nearrow + Na_2SO_4\,(s)$$

(Obschon im zweiten Beispiel H_2SO_4 die schwächere Säure ist als HCl, verläuft die Reaktion praktisch vollständig, weil das Gleichgewicht dadurch, daß HCl-Gas in konz. Schwefelsäure nur mäßig löslich ist, dauernd gestört wird [Entzug eines Produktes!].)

Für manche Zwecke, insbesondere um die Abhängigkeit der Größen (HA) und (A^-) vom pH zu zeigen, sind *logarithmische Diagramme* zweckmäßiger als die Pufferungskurven.
Wenn HA und A^- nicht an anderen Gleichgewichten teilnehmen, bleibt die Totalkonzentration $C = (HA) + (A^-)$ konstant, und man erhält dann aus dem MWG:

$$\frac{(H_3O^+)\,[C - (HA)]}{(HA)} = K_s \quad \text{und daraus} \quad (HA) = \frac{C \cdot (H_3O^+)}{K_s + (H_3O^+)} \tag{10.5}$$

bzw.

$$\frac{(H_3O^+) \cdot (A^-)}{C - (A^-)} = K_s \quad \text{und daraus} \quad (A^-) = \frac{C \cdot K_s}{K_s + (H_3O^+)} \tag{10.6}$$

Mit Hilfe dieser Ausdrücke kann man (HA) und (A^-) als Funktion von (H_3O^+) berechnen. Wenn log (HA) bzw. log (A^-) auf der Ordinate und der pH-Wert auf der Abszisse abgetragen werden (mit gleicher Einteilung für beide Achsen), erhält man Darstellungen von der Art der Abb.10.5, welche die Systeme HAc/Ac$^-$ ($C = 0,1$) und NH_4^+/NH_3 ($C = 0,01$) wiedergibt. Die Kurven, welche die Konzentrationen von HAc, Ac$^-$, NH_4^+ und NH_3 bei beliebigen pH-Werten angeben, sind mit HAc und Ac$^-$ bzw. mit NH_4^+ und NH_3 bezeichnet.
Zur Konstruktion solcher Diagramme geht man am besten folgendermaßen vor:
Wenn sich das pH erheblich (d. h. um mehr als 2 Einheiten) vom pK_s unterscheidet, so kann in (10.5) und (10.6) K_s gegen (H_3O^+) [bzw. (H_3O^+) gegen K_s] vernachlässigt werden. Man erhält dann:

$$\text{für } pH < pK_s \qquad \log(HA) = \log C$$
$$\text{für } pH > pK_s \qquad \log(HA) = (\log C - pH) + pK_s$$

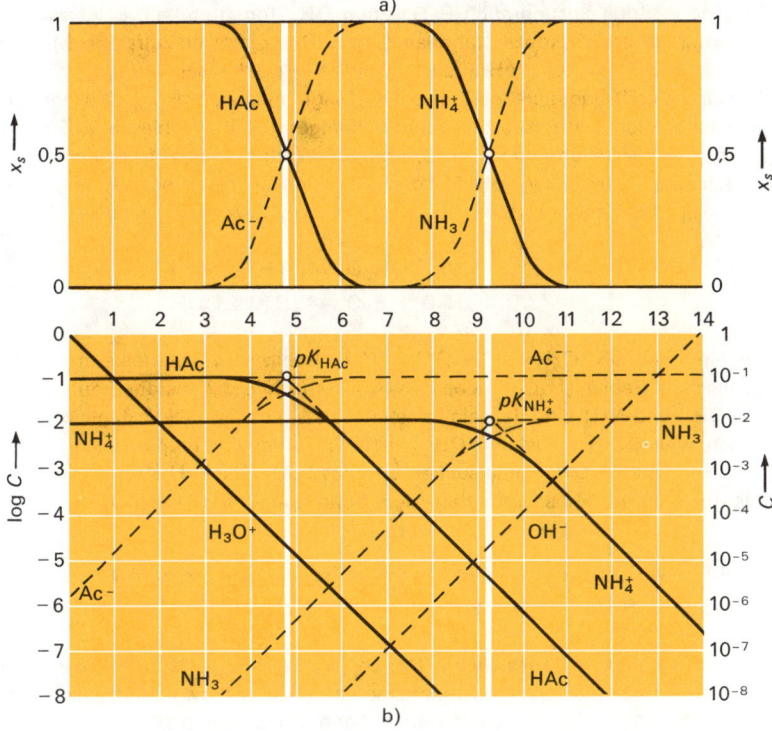

Abb. 10.5

a) Abhängigkeit des Säure- bzw. Basebruches x_s (x_b) vom pH
  Beispiele: Säure/Base-Paare HAc/Ac$^-$ und NH$_4^+$/NH$_3$
b) Logarithmisches Diagramm für die Säure/Base-Paare HAc/Ac$^-$ (Totalkonzentration
  0,1 Mol/Liter) und NH$_4^+$/NH$_3$ (Totalkonzentration 0,01 Mol/Liter)

In dem gewählten Koordinatensystem erhält man für log (HA) zwei Geraden; die eine verläuft parallel der pH-Achse mit der Ordinate log C, während die andere einen Richtungskoeffizienten von -1 besitzt und durch den Punkt log (HA) = log C für pH = pK_s geht. Auf die gleiche Weise läßt sich die Beziehung (10.6) durch zwei Gerade darstellen. Wenn nämlich pH $\ll pK_s$ ist, geht (10.6) in $C \cdot K_s/(H_3O^+)$ über, was der Geraden log (A$^-$) = pH $- pK_s$ + log C entspricht. Sie hat den Richtungskoeffizienten $+1$ und geht durch den Punkt log (A$^-$) = C für pH = pK_s. Für pH $\gg pK_s$ erhält man wieder eine Gerade parallel der pH-Achse mit der Ordinate log C.
Wenn man also durch den Punkt pH = pK_s, log (HA) = log (A$^-$) = log C eine Parallele zur pH-Achse sowie zwei Geraden mit dem Neigungswinkel $+45°$ und $-45°$ gegen die pH-Achse zieht, erhält man die Geraden, welche log (HA) bzw. log (A$^-$) als Funktion des pH-Wertes angenähert wiedergeben. Der exakte Kurvenverlauf in der Nähe von pH = pK_s läßt sich leicht ermitteln, wenn man berücksichtigt, daß in (10.5) und (10.6) (HA) = (A$^-$) = $C/2$ für pH = pK_s wird, also log (HA) = log (A$^-$) = log C − log 2 ist. Die exakten Kurven schneiden sich also im Punkt pH = pK_s, log (HA) = log (A$^-$) = log C − 0,30.

Da jede wäßrige Lösung auch H_3O^+- und OH^--Ionen enthält, ist es zweckmäßig, auch die Logarithmen dieser Konzentrationen in das Diagramm einzutragen. Man erhält für sie die Geraden $\log(H_3O^+) = -pH$ und $\log(OH^-) = -pOH = pH - pK_W$.

Aus einem vollständigen logarithmischen Diagramm kann man die Konzentrationen sämtlicher gelöster Säuren und Basen bei jedem beliebigen pH-Wert ablesen. Beispielsweise kann man mittels der Darstellung von Abb.10.5 die pH-Werte von 0,1-M Lösungen von Essigsäure und Natriumacetat sowie von 0,01-M Lösungen von Ammoniak oder Ammoniumchlorid ermitteln. Als Beispiel betrachten wir eine 0,01-M Lösung von Ammoniak, in der die Gleichgewichte

$$NH_3 + H_2O \;\rightleftarrows\; NH_4^+ + OH^-$$

und

$$H_2O + H_2O \;\rightleftarrows\; H_3O^+ + OH^-$$

bestehen, so daß $(OH^-) = (H_3O^+) + (NH_4^+)$ sein muß. Man erkennt aus Abb.10.5, daß im alkalischen Gebiet (H_3O^+) neben (NH_4^+) vernachlässigt werden kann. Die Konzentrationen von OH^- und NH_4^+ sind deshalb in einer 0,01-M Lösung praktisch gleich groß. Um das pH zu finden, welches dem Zustand $(OH^-) = (NH_4^+)$ entspricht, muß man lediglich den Schnittpunkt der NH_4^+- mit der OH^--Linie suchen und das Lot auf die pH-Achse fällen. Analog ergibt sich das pH einer 0,1-M Essigsäure aus dem Schnittpunkt der Linien (Ac^-) und (H_3O^+).

10.6 Berechnung des pH-Wertes in der wäßrigen Lösung einer Säure oder Base

Lösungen starker Säuren bzw. Basen (K_s bzw. $K_b > 10$). Hier reagiert die Säure (Base) mit dem Wasser praktisch vollständig, so daß (H_3O^+) bzw. (OH^-) gleich der Gesamtkonzentration der Säure (Base) gesetzt werden kann. Die geringen Mengen H_3O^+- bzw. OH^--Ionen, die durch die Autoprotolyse von H_2O gebildet werden, können vernachlässigt werden (S. 356). Siehe Rechenbeispiele 1 und 2.

Lösungen schwacher Säuren bzw. Basen. Hier stellt sich ein Gleichgewicht ein, in welchem alle daran beteiligten Teilchen in meßbaren Konzentrationen vorhanden sind; zur Berechnung des pH-Wertes muß deshalb das MWG herangezogen werden. Für die Lösung einer Säure gilt

$$HA + H_2O \;\rightleftarrows\; H_3O^+ + A^-$$

Aus Säure und Wasser entstehen gleich viele H_3O^+- und A^--Ionen, so daß deren Konzentrationen gleich groß $(=x)$ sind. Die aus dem Wasser selbst stammende, im Verhältnis dazu aber sehr kleine Menge der H_3O^+-Ionen kann dabei ohne Fehler vernachlässigt werden. Jedes Paar H_3O^+- und A^--Ionen entsteht durch Reaktion eines Säuremoleküls mit einem Wassermolekül; werden x H_3O^+-Ionen gebildet, so werden x Säuremoleküle verbraucht und $C - x$ Säuremoleküle bleiben übrig (C ist die Gesamtkonzentration der Säure). Setzt man alle diese Konzentrationen in das MWG ein, so erhält man

$$\frac{x^2}{C - x} = K_s.$$

Dieser Ausdruck führt auf eine quadratische Bestimmungsgleichung für x (d.h. für die Konzentration der H_3O^+-Ionen); das pH wird $= -\log x$.

Diese genaue Rechnung hat aber nur bei stark verdünnten Lösungen sehr schwacher Säuren einen Sinn. Schon in mäßig konzentrierten Lösungen schwacher Säuren (0,1- bis 0,05-M) ist (H_3O^+) viel kleiner als die Gesamtkonzentration C, so daß man im Nenner des obigen Ausdruckes ohne großen Fehler x gegenüber C vernachlässigen kann. Dann wird

$$x = \sqrt{K_s \cdot C}$$

oder mit negativen Logarithmen

$$pH = \frac{pK_s - \log C}{2}.$$

Zur Berechnung des pH-Wertes in der Lösung einer Base geht man in der gleichen Weise vor. Statt K_s benötigt man die Basenkonstante:

$$\frac{(BH^+) \cdot (OH^-)}{(B)} = K_b = \frac{10^{-14}}{K_s}$$

Auf diese Weise erhält man die Konzentration der OH^--Ionen und kann den pH-Wert aus der Beziehung $pOH + pH = 14$ berechnen.
Setzt man schließlich in den Ausdruck

$$\frac{x^2}{C - x} = K_s$$

für x die aus dem gemessenen pH-Wert einer verdünnten Säure bestimmte Konzentration der H_3O^+-Ionen ein, so läßt sich die Säurekonstante der Säure berechnen.

Lösungen von Ampholyten. Ampholyte (mit «Amph» abgekürzt), wie z. B. $H_2PO_4^-$-Ionen, bilden in Lösungen folgende Gleichgewichte:

$$\text{Amph} + H_2O \rightleftharpoons B + H_3O^+ \qquad K_s = \frac{(H_3O^+)\,(B)}{(\text{Amph})} \qquad (10.7)$$

$$\text{Amph} + H_2O \rightleftharpoons S + OH^- \qquad K_b = \frac{(S)\,(OH^-)}{(\text{Amph})} \qquad (10.8)$$

und außerdem $\quad$ Amph + Amph $\rightleftharpoons$ S + B (Autoprotolyse) $\qquad\qquad\qquad$ (10.9)

Durch Division von (10.7) durch (10.8) und unter Berücksichtigung der Beziehung $(H_3O^+) \cdot (OH^-) = K_w$ erhalten wir:

$$(H_3O^+) = \sqrt{\frac{K_s}{K_b} \cdot K_w \cdot \frac{(S)}{(B)}}$$

Sind (H_3O^+) und (OH^-) im Verhältnis zu (B) bzw. (S) klein, so treten die Protolysen (10.7) und (10.8) verglichen mit (10.9) nur in einem geringen Ausmaß ein. Wenn man (10.7) und (10.8) vernachlässigt, so wird nach (10.9) $(S) = (B)$, und wir erhalten:

$$(H_3O^+) = \sqrt{\frac{K_s}{K_b} \cdot K_w}$$

Durch Verwendung der Säurekonstanten K'_s der Säure S bzw. der entsprechenden pK_s-Werte bekommt man:

$$(H_3O^+) = \sqrt{K_s \cdot K'_s} \quad \text{bzw.} \quad pH = \frac{pK + pK'_s}{2}$$

Auf die gleiche Weise kann man auch das pH von Salzen, wie NH_4Ac oder NH_4CN (die gleichzeitig eine schwache Säure und eine schwache Base nebeneinander enthalten), näherungsweise berechnen.

Es sei aber nochmals ausdrücklich darauf hingewiesen, daß die hier angegebenen Wege zur Berechnung des pH-Wertes in Lösungen schwacher Säuren, schwacher Basen und von Ampholyten **Näherungsrechnungen** sind (die allerdings für die meisten praktischen Zwecke genügend genaue Resultate liefern). Wir vernachlässigen dabei nämlich jedesmal die Konzentrationen der H_3O^+- und OH^--Ionen, die aus dem Wasser selbst stammen. Diese können jedoch nicht größer sein als 10^{-7} mol/l, und sind jedenfalls beträchtlich kleiner als die Mengen der durch Reaktion der Säure (Base) mit Wasser gebildeten H_3O^+- und OH^--Ionen, so daß diese Vernachlässigung gerechtfertigt erscheint. Die im Fall der pH-Berechnung von Lösungen schwacher Säuren und Basen benützte Annahme, die Säure (Base) würde nur in einem geringen Ausmaß mit dem Wasser reagieren, so daß die Gesamtkonzentration C viel größer ist als die Konzentration der H_3O^+- und OH^--Ionen, trifft nur dann zu, wenn wir es mit nicht allzu verdünnten Lösungen zu tun haben. So erhalten wir z.B. für eine 0,001-M Essigsäure bei Durchführung dieser Vernachlässigung eine Konzentration der H_3O^+-Ionen von $1,36 \cdot 10^{-4}$ mol/l, während ohne diese Vernachlässigung – also durch Lösen der quadratischen Gleichung $x^2 = (C - x) \cdot K_s$ – die berechnete Konzentration der H_3O^+-Ionen $1,27 \cdot 10^{-4}$ mol/l beträgt, also um rund 7% kleiner ist. Vergleichen wir aber statt der Konzentrationen die betreffenden pH-Werte, so bekommen wir mittels der Näherungsrechnung ein pH von 3,867, mittels der genaueren Rechnung ein pH von 3,896. Da die üblichen pH-Meßgeräte nur eine Genauigkeit von 0.01 pH besitzen, ist das durch die Näherungsrechnung erhaltene Resultat auch in diesem Fall für die Praxis völlig ausreichend. Für noch mehr verdünnte Lösungen muß aber auf jeden Fall die vollständige quadratische Gleichung gelöst werden.

Rechenbeispiele

1. Gesucht ist das pH einer 0,2-M Salzsäure.

$$(H_3O^+) = 0{,}2 \text{ und damit } pH = -\log 0{,}2 = \underline{0{,}7}.$$

2. Gesucht ist das pH einer 0,2-M $Ba(OH)_2$-Lösung.
   Hier ist $(OH^-) = 2 \cdot 0{,}2 = 0{,}4$ und damit $pOH = 0{,}4$. Das pH ist $= \underline{13{,}6}$.

3. Gesucht ist das pH einer gesättigten Lösung von Schwefelwasserstoff (1 Liter Wasser löst 2,47 Liter H_2S) sowie der Protolysengrad.

$$(H_2S) \text{ wird } = \frac{2{,}47}{22{,}4} = 0{,}11 \text{ (da 1 mol} = 22{,}4 \text{ Liter).}$$

Zur Berechnung des pH-Wertes muß nur die Konstante der ersten Stufe berücksichtigt werden:

$$pH = \frac{7{,}06 - \log 0{,}11}{2} = \frac{7{,}06 - (-0{,}958)}{2} = \underline{4{,}01}$$

Um den Protolysengrad zu berechnen, bestimmt man aus $pK_s = 7,06$ zunächst K_s:

$$K_s = 10^{-pK_s} = 8,7 \cdot 10^{-8}$$

Der Protolysengrad wird dann

$$\alpha = \sqrt{\frac{8,7 \cdot 10^{-8}}{0,11}} = \sqrt{80 \cdot 10^{-8}} = \underline{8,95 \cdot 10^{-4}}.$$

Durch Multiplikation von α mit 100 erhält man den prozentualen Anteil der ionisierten Moleküle. In der gesättigten H_2S-Lösung sind also nur $9 \cdot 10^{-2}\%$ aller Moleküle ionisiert.

4. Gesucht ist das pH einer 0,1-M Na_2CO_3-Lösung.
   Na_2CO_3 enthält die basischen CO_3^{2-}-Ionen, welche mit Wasser reagieren:

$$CO_3^{2-} + H_2O \rightleftharpoons HCO_3^- + OH^-$$

Aus der Beziehung $pK_s + pK_b = 14$ erhält man pK_b; pK_s ist die Säurekonstante der konjugierten Säure, d.h. des HCO_3^--Ions.

Damit wird $pOH = \dfrac{3,6 - \log 0,1}{2} = \dfrac{3,6 - (-1)}{2} = 2,3$

und $pH = 14 - 2,3 = \underline{11,7}$.

5. Gesucht ist das pH einer 0,2-M Eisen (III)-chloridlösung. Hydratisierte Fe^{3+}-Ionen wirken sauer ($pK_s = 2,2$):

$$pH = \frac{2,2 - \log 0,2}{2} = \frac{2,2 - (-0,7)}{2} = \underline{1,45}$$

6. 0,1-M Propionsäure zeigt ein pH von 2,94. Gesucht sind K_s und α.

$$K_s = \frac{10^{-2,94} \cdot 10^{-2,94}}{0,1 - 10^{-2,94}} \text{ , wobei im Nenner } 10^{-2,94} \text{ gegenüber 0,1 vernachlässigt werden darf,}$$

logarithmiert: $pK_s = 2,94 + 2,94 + \log 0,1 = 4,88$,

$$K_s = 10^{-4,88} = \underline{1,32 \cdot 10^{-5}},$$

$$\alpha = \sqrt{\frac{1,32 \cdot 10^{-5}}{0,1}} = \sqrt{1,32 \cdot 10^{-4}} = \underline{1,15 \cdot 10^{-2}}.$$

In 0,1-M Lösung sind also 1,15% aller Propionsäuremoleküle ionisiert.

7. In welchem Ausmaß reagieren Acetat-Ionen in 0,1-M Lösung mit Wasser? Die Gleichung für die Reaktion lautet: $Ac^- + H_2O \rightleftharpoons HAc + OH^-$ $pK_b = 14 - pK_s = 9,24$

Der Protolysengrad von Ac^- wird $\alpha = \sqrt{\dfrac{10^{-9,24}}{0,1}} = \sqrt{\dfrac{5,75 \cdot 10^{-10}}{0,1}}$

$$\alpha = \underline{7,6 \cdot 10^{-5}}.$$

$7,6 \cdot 10^{-3}\%$ der Acetat-Ionen werden zu OH^--Ionen und Essigsäuremolekülen.

8. Gesucht ist das pH einer 0,1-M Lösung von NaH_2PO_4 bzw. von Na_2HPO_4. Sowohl $H_2PO_4^-$- wie HPO_4^{2-}-Ionen sind Ampholyte. Es gilt also die Beziehung

$$pH = \frac{pK_s + pK_s'}{2}.$$

Für $H_2PO_4^-$ ist $pK_s = 7{,}21$ und pK_s' $(= pK_s$ von $H_3PO_4) = 1{,}96$. Wir erhalten damit

$$pH = \frac{7{,}21 + 1{,}96}{2} = \underline{4{,}58}.$$

Die dem HPO_4^{2-}-Ion entsprechenden Werte sind $pK_s = 12{,}32$ und $pK_s' = 7{,}21$. Das pH wird also

$$pH = \frac{12{,}32 + 7{,}21}{2} = \underline{9{,}76}.$$

9. Gesucht ist das pH einer 0,1-M Lösung von Ammoniumformiat ($HCOO^-NH_4^+$). pK_s ist $= 9{,}21$ (entspricht dem pK_s von NH_4^+), während $pK_s' = 3{,}7$ ist (pK_s der Ameisensäure, $HCOOH$). Das pH der Salzlösung ist angenähert

$$pH = \frac{9{,}21 + 3{,}7}{2} = \underline{6{,}45}.$$

10.7 Indikatoren und Pufferlösungen

Indikatoren sind *Farbstoffe, die je nach dem pH ihre Farbe ändern* können. Es handelt sich bei ihnen stets um Säuren, deren konjugierte Base eine andere Farbe (d. h. Lichtabsorption) hat als die Säure selbst. In einer wäßrigen Lösung herrscht das Gleichgewicht:

$$HIn + H_2O \rightleftarrows H_3O^+ + In^-$$

(H In ist das Indikatormolekül, In$^-$ seine zugehörige Base)

Durch Zusatz einer Säure wird dieses Gleichgewicht nach links verschoben; die Konzentration der H In-Moleküle wird größer, und ihre Farbe wird sichtbar. Umgekehrt verschiebt ein Zusatz einer Base das Gleichgewicht nach rechts; die H_3O^+-Ionen geben Protonen an die Base ab und werden dadurch dem Gleichgewicht entzogen, so daß die Farbe der In$^-$-Ionen sichtbar wird. Im Umschlagpunkt des Indikators müssen die Konzentrationen von H In und In$^-$ gleich groß sein:

$$K_{s_{HIn}} = \frac{(H_3O^+) \cdot (In^-)}{(HIn)}.$$

Wenn $(In^-) = (HIn)$, wird $(H_3O^+) = K_{s_{HIn}}$ und $\mathbf{pH = pK_{s_{HIn}}}$.

Sind 10 mal so viele H In-Moleküle wie In$^-$-Ionen vorhanden ($pH = pK_{s_{HIn}} - 1$), so ist für das Auge praktisch nur die Farbe der H In-Moleküle wahrnehmbar. Ist umgekehrt die Konzentration der In$^-$-Ionen 10 mal größer als die Konzentration der H In-Moleküle, so zeigt die Lösung die

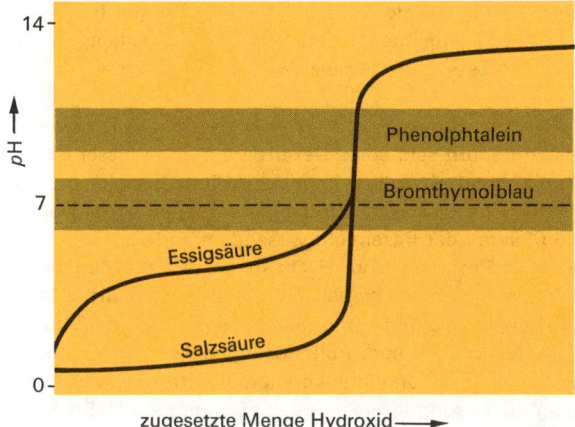

Abb. 10. 6. Titrationskurven (eingezeichnet die Umschlagsgebiete zweier Indikatoren)

Farbe der In⁻-Ionen. Der Indikator wechselt also seine Farbe in einem *p*H-*Gebiet* von ungefähr zwei Einheiten:

$$\text{Umschlagsgebiet:} \quad pH = pK_{s_{H\,In}} \pm 1.$$

Indikatoren werden nicht nur zur *p*H-Messung (siehe S. 356), sondern sehr häufig auch zur Bestimmung des stöchiometrischen Endpunktes der *Titration* einer Säure oder Base verwendet. Das Umschlagsgebiet des betreffenden Indikators muß dann dem *p*H im Endpunkt der Titration entsprechen. Dies kommt besonders deutlich zum Ausdruck, wenn man die *p*H-Änderung bei der «Neutralisation» einer Säure durch ein Hydroxid verfolgt und in der Art der Abb.10.6 graphisch darstellt.

Man erhält diese Kurven, indem man die *p*H-Werte als Funktion des Neutralisationsgrades berechnet. Neutralisiert man z. B. eine starke Säure durch Zusatz konzentrierter Natronlauge zu 90%, so sind noch $^1/_{10}$ der ursprünglichen H_3O^+-Ionen vorhanden, und ihre Konzentration sinkt auf $^1/_{10}$ des ursprünglichen Wertes (wenn keine nennenswerte Volumenvergrößerung eintritt); das *p*H wird um 1 höher als am Anfang. Sind 99% der ursprünglichen Säure neutralisiert, so ist das *p*H um zwei Einheiten, nach der Neutralisation von 99,9% um drei Einheiten gestiegen. Im Äquivalenzpunkt wird das *p*H genau 7; dieser ist also durch einen sehr steilen Abfall der Kurve, d. h. durch eine sprunghafte *p*H-Änderung, gekennzeichnet. Die *Titrations-kurve* einer schwachen Säure verläuft etwas anders, weil das Anfangs-*p*H höher ist als bei einer gleichkonzentrierten starken Säure; sie entspricht genau der Pufferungskurve der Säure und kann nach der Beziehung (10.4) von S.370 berechnet werden. Im Äquivalenzpunkt wird das *p*H > 7; die Säure liegt dann praktisch vollkommen in Form ihrer konjugierten Base vor, die nur in einem geringen Ausmaß mit Wasser reagiert und dabei OH⁻-Ionen bildet. Eine verdünnte Essigsäure wird z. B. durch Titration mit einer Lösung von NaOH in Natriumacetatlösung übergeführt, die ein *p*H von 8 bis 9 besitzt. Verdünnte Essigsäure ergibt deshalb im Äquivalenzpunkt ein *p*H von etwa 8,5.

Durch Eintragen der Umschlagsgebiete einiger Indikatoren in die Titrationskurven werden die bei einer bestimmten Titration in Frage kommenden Indikatoren sofort ersichtlich. Zur Titration von Essigsäure beispielsweise eignet sich also Phenolphthalein.

Fügt man zu destilliertem Wasser eine geringe Menge einer Säure oder Base, so ändert sich das *p*H sofort sehr stark. Der *p*H-Wert von Wasser ist gegenüber Verunreinigungen sehr empfindlich und deshalb sehr leicht veränderlich. Im Gegensatz dazu besitzen **Pufferlösungen** (**Puffergemische**) einen stabilen *p*H-Wert, der sich auch bei Zusatz recht erheblicher Mengen von Säure oder Base nicht wesentlich ändert.
Um die Protonen bzw. H_3O^+-Ionen, die bei Zugabe einer Säure frei werden, abfangen zu können, muß die Pufferlösung eine Base enthalten. Damit der *p*H-Wert auch gegenüber einer basischen Verunreinigung unverändert bleibt, muß auch eine Säure in der Lösung vorhanden sein. Meist stellt man Pufferlösungen aus einer schwachen Säure und ihrem Alkalisalz, also aus einer Säure und ihrer konjugierten Base, her. Je nach der gewählten Säure bzw. Base vermag die Lösung in einem ganz bestimmten *p*H-Bereich zu puffern.
Mischt man eine schwache Säure HA und ihr Salz (das A^--Ionen enthält) im Molverhältnis 1 : 1, so werden die Konzentrationen der HA-Moleküle und der A^--Ionen einander praktisch gleich, weil durch Zusatz des Salzes das Gleichgewicht

$$HA + H_2O \rightleftharpoons H_3O^+ + A^-$$

nach links verschoben wird und dann kaum mehr A^--Ionen aus der Säure entstehen. Das *p*H einer solchen Mischung wird = pK_s:

$$pH = pK_s + \log \frac{(A^-)}{(HA)} \; ; \; \text{da } (A^-) = (HA), \text{ wird } pH = pK_s.$$

Durch Zusatz einer Säure oder Base werden zwar die Konzentrationen von HA und A^- verändert; die Kurve der Abb.10.7 *(Pufferungskurve)* zeigt jedoch, daß sich der *p*H-Wert trotz unter Umständen ziemlich starker Veränderung des Verhältnisses der Konzentrationen von HA und A^- nicht wesentlich ändert.

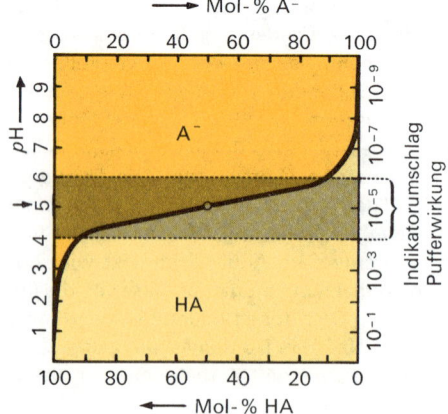

Abb. 10.7. Pufferungskurve eines Indikators oder eines Puffergemisches (K_s als 10⁻⁵ angenommen)

Beispiel

Zu 500 cm³ einer Pufferlösung, welche je 1 mol Essigsäure und 1 mol Na-acetat enthält, gibt man 500 ml 0,2-M Salzsäure (d. h. 0,1 mol). Die H_3O^+-Ionen der Salzsäure reagieren praktisch vollkommen mit den Acetat-Ionen zu Essigsäuremolekülen:

$$H_3O^+ + Ac^- \rightleftarrows HAc + H_2O$$

(Die Gleichgewichtskonstante für diese Reaktion ist $1/K_s = 10^{4,76}$!)

Die Konzentration der Acetat-Ionen wird damit $1 - 0,1$; die Konzentration der Essigsäuremoleküle $1 + 0,1$:

$$1,8 \cdot 10^{-5} = K_s = \frac{(H_3O^+) \cdot 0,9}{1,1}$$

$$(H_3O^+) = \frac{1,1}{0,9} \cdot 1,8 \cdot 10^{-5} = 2,2 \cdot 10^{-5}$$

Nach Zusatz der Salzsäure besitzt also der Puffer ein pH von 4,66 (anfänglicher Wert 4,76; pH = pK_s). Die Zugabe von 0,1 mol einer starken Säure vermochte das pH also nur um 0,1 zu senken. Würde man aber dieselbe Menge Salzsäure zu einer ungepufferten Lösung vom pH 4,76 hinzufügen, so wäre das pH nachher ungefähr 1, da die zugesetzten H_3O^+-Ionen von keiner Base gebunden werden.

Dieses Zahlenbeispiel zeigt auch, wie die *«Pufferkapazität»* eines Puffers (d. h. die Mengen Säure oder Base, welche er abfangen und puffern kann) von der Konzentration der Säure und der Base in der Pufferlösung abhängt. Hätte man in der betrachteten Acetatpufferlösung nur je 0,2 mol Acetat und Essigsäure im Liter, so würde nach Zusatz von 0,1 mol Salzsäure:

$$(H_3O^+) = \frac{0,3}{0,1} \cdot 1,8 \cdot 10^{-5} = 5,4 \cdot 10^{-5}, \text{ also } p\text{H} = 4,29$$

Die gleiche Salzsäuremenge bewirkt in diesem Fall eine pH-Änderung von fast 0,5.

Pufferlösungen haben besonders für die angewandte Chemie eine große Bedeutung, weil viele Vorgänge bei einem bestimmten, konstanten pH ablaufen müssen. Besonders häufig verwendete Pufferlösungen sind der Acetatpuffer (puffert um pH 4,5 bis 5), der Phosphatpuffer (enthält NaH_2PO_4 und Na_2HPO_4, puffert um pH 7) sowie der Ammoniakpuffer (NH_4Cl/NH_3-Mischung, Pufferbereich pH 9 bis 9,5).

Auch in *biologischen Systemen* spielen Pufferlösungen eine sehr wichtige Rolle. Wenn z. B. die Körperflüssigkeiten nicht gepuffert wären, würde die mit vielen Lebensvorgängen verknüpfte Bildung von Säuren oder Basen (z. B. von Milchsäure bei der Muskeltätigkeit!) zu lebensschädigenden Verschiebungen des pH-Wertes führen. So ist das *Blut* durch Kohlensäure und $NaHCO_3$ auf ungefähr pH 7,5 gepuffert. Eine gute Pufferung der *Erdböden* macht die von den Pflanzenwurzeln bei der Stoffaufnahme ausgeschiedenen Säuren unschädlich und verhindert damit eine Versauerung des Bodens.

10.8 Säure/Base-Reaktionen in nichtwäßrigen, prototropen Lösungsmitteln

Neben dem Wasser existiert eine ganze Reihe anderer prototroper Substanzen, in welchen Protonenübertragungen möglich sind: NH_3 (flüssig), HCN (flüssig), HF (flüssig), Eisessig, konz. Schwefel- und Salpetersäure, organische Lösungsmittel, wie Alkohole, Äther, Ketone usw. Hier sollen nur einige typische Beispiele von Reaktionen in nichtwäßrigen Systemen diskutiert werden.

Reaktionen in flüssigem Ammoniak. Ammoniak verhält sich in mancher Beziehung recht ähnlich wie Wasser. So ist es ebenfalls ein Ampholyt, wenn auch die Säurefunktion weit weniger stark ausgeprägt ist als beim Wasser ($pK_s > 23$). In flüssigem Ammoniak tritt genau wie im Wasser eine Autoprotolyse ein:

$$NH_3 + NH_3 \rightleftharpoons NH_4^+ + NH_2^-$$

Dieses Gleichgewicht liegt aber noch viel stärker links als das entsprechende Gleichgewicht des Wassers. Das NH_4^+-Ion ist dem H_3O^+-Ion, das NH_2^--Ion dem OH^--Ion analog. Ebenso wie bei der «Neutralisation» einer wäßrigen starken Säure aus H_3O^+- und OH^--Ionen Wasser entsteht, wird durch Reaktion von Ammoniumsalzen und Amiden in flüssigen Ammoniak NH_3 gebildet:

$$NH_4^+ + NH_2^- \rightleftharpoons 2\,NH_3$$

Und ebenso wie aus verdünnten starken Säuren und unedlen Metallen Wasserstoff entsteht, reagiert die Protonsäure NH_4^+ in flüssigem Ammoniak mit unedlen Metallen:

$$2\,NH_4^+ + Ca \longrightarrow 2\,NH_3 + Ca^{2+} + H_2$$

Wegen seines verglichen mit Wasser erheblich stärker basischen Charakters reagieren schwache Säuren in flüssigem Ammoniak weit vollständiger als in Wasser. So wirkt z. B. Essigsäure in flüssigem Ammoniak als starke Säure:

$$HAc + NH_3 \rightleftharpoons NH_4^+ + Ac^-$$
$$pK = pK_{s_{HAc}} - pK_{s_{NH_4^+}} = 4{,}76 - 9{,}21 = -4{,}45$$

Reaktionen in flüssigen Säuren. Für Säuren wie HNO_3 oder Essigsäure gilt sinngemäß das Umgekehrte wie für flüssigen Ammoniak. Auch hier stellt sich ein allerdings sehr stark links liegendes Autoprotolysengleichgewicht ein:

$$HNO_3 + HNO_3 \rightleftharpoons H_2NO_3^+ + NO_3^-$$
$$CH_3COOH + CH_3COOH \rightleftharpoons CH_3COOH_2^+ + CH_3COO^-$$

Schwache Basen, wie Ammoniak, Anilin, Pyridin usw., werden in Eisessig in sehr weitgehendem Maß protolysiert. Gegenüber sehr starken Säuren ($HClO_4$, H_2SO_4) wirken Stoffe wie HNO_3 oder Essigsäure als Base:

$$HClO_4 + CH_3COOH \rightleftharpoons CH_3COOH_2^+ + ClO_4^-$$
$$H_2SO_4 + HNO_3 \rightleftharpoons H_2NO_3^+ + HSO_4^-$$

Übungen

10.1 Vergleichen Sie Bedeutung und Anwendung der verschiedenen Säure- und Base-Begriffe.

10.2 Warum riecht eine Lösung von Aluminiumacetat («essigsaure Tonerde») nach Essig? Welche Substanz wird man nach dem Eindampfen einer solchen Lösung erhalten?

10.3 Ordnen Sie folgende Ammoniumsalze nach ihrer Beständigkeit: NH_4F, NH_4Cl, $(NH_4)_2S$, NH_4ClO_4, CH_3COONH_4!

10.4 Wie kann man aus Ammoniumsalzen Ammoniak, aus Sulfiden Schwefelwasserstoff, aus Acetaten Essigsäure herstellen?

10.5 Was erhält man beim Eindampfen einer Lösung, die man durch Mischen von 1 mol H_3PO_4 und 3 mol NH_3 mit 100 ml Wasser erhalten hat?

10.6 Eine Lösung von Li_2S wurde mit NH_4Cl-Lösung versetzt. Welchen Geruch wird man feststellen?

10.7 Setzt man zu verdünnter Ammoniaklösung, die mit etwas Thymolphthaleinlösung versetzt ist (Umschlag von Farblos nach Blau zwischen pH 8,5 und 10) festes NH_4Cl zu, so entfärbt sich die Lösung. Macht man den gleichen Versuch mit verd. NaOH, dem man NaCl zusetzt, so tritt keine Farbänderung auf. Erklären Sie das Ergebnis!

10.8 Durch Zusatz von OH^- (aus NaOH) zu einer $MgCl_2$-Lösung läßt sich das schwerlösliche $Mg(OH)_2$ ausfällen. Verwendet man zur Fällung eine verdünnte Ammoniaklösung, so erhält man ebenfalls einen Niederschlag von $Mg(OH)_2$; setzt man aber NH_4Cl entweder der Ammoniaklösung oder der $MgCl_2$-Lösung zu, so entsteht kein Niederschlag. Warum?

10.9 Berechnen Sie die pH-Werte folgender Lösungen:
0,1-M HBr; 1-M NH_3; 0,02-M HF; 0,1-M $NaHCO_3$; 0,5-M NaCl; 0,2-M $Ba(OH)_2$; 0,1-M Na_2S; 0,1-M NaHS; 0,2-M $Al_2(SO_4)_3$.

10.10 Berechnen Sie den Protolysengrad für 0,3-M und 0,0003-M Lösungen von Essigsäure und von Natriumacetat in Wasser.

10.11 Leitet man H_2S in eine Lösung von $CuSO_4$, so scheidet sich CuS als schwerlöslicher, schwarzer Niederschlag aus, und die Lösung reagiert nachher deutlich sauer. Erklären Sie diese Reaktion; begründen Sie insbesondere, warum hier aus der schwachen Säure H_2S die viel stärkere Säure H_3O^+ entstehen kann!

10.12 Welche Reaktionen gehen vor sich, wenn man Na_2CO_3-Lösung a) unter Verwendung des Indikators Phenolphthalein und b) unter Verwendung des Indikators Methylorange titriert?

10.13 Berechnen Sie die Konzentrationen von NH_3, NH_4^+, H_3O^+ und OH^- in einer 0,01-M Ammoniaklösung.

10.14 Wie groß ist die Löslichkeit von FeS in einer gesättigten Lösung von H_2S [(H_2S) = 0,1], deren pH auf 3 eingestellt wurde?

10.15 Berechnen Sie pH und Protolysengrad folgender Lösungen:
0,1-M Na_2CO_3; 0,01-M Na_2CO_3; 0,1-M KCN; 1-M HCN; 0,1-M NH_4Cl; 0,1-M HCl

10.16 Stellen Sie die Reaktionsgleichungen folgender Vorgänge auf:
Reaktion von SO_3 mit CuO
Reaktion von SO_3 mit H_2O
Reaktion von BF_3 mit NH_3
Reaktion von HF mit H_2O
Reaktion von CaO mit H_2O
Geben Sie jeweils an, welches Teilchen als Säure (Base) wirkt!

10.17 Was ist für die pH-Werte von Lösungen von NaCl, $MgCl_2$ und $AlCl_3$ zu erwarten?

13

10.18 Worauf beruht die Zunahme der Säurestärke in der Reihe HF − HI, in der Reihe NH_3 − HF? Was ist vom Säure-(Base-)Charakter von PH_3 zu erwarten?

10.19 Wie kann man K_s experimentell bestimmen?

Literatur

R. P. Bell	*Acids and Bases.* Methuen, London 1952
−	*The Proton in Chemistry.* Cornell University Press, Ithaca 1959
C. Bliefert	*pH-Wert-Berechnungen.* Verlag Chemie, Weinheim 1979
M. C. Day und J. Selbin	*Theoretical Inorganic Chemistry.* Reinhold, New York 1969 (Kapitel 8: Säure- und Base-Begriffe)
G. Hägg	*Die theoretischen Grundlagen der analytischen Chemie.* Birkhäuser, Basel 1950
V. Gold	*pH-Measurement.* Methuen, London 1956
I. M. Kolthoff und E. B. Sandell	*Textbook of Quantitative Inorganic Analysis.* Macmillan, New York 1952
Th. Moeller	*Inorganic Chemistry.* Wiley, New York 1952 (Kapitel 9: Säure- und Base-Begriffe; Kapitel 10: Nichtwäßrige Lösungen)
E. Pfeil	Harte und weiche Säuren und Basen. *Chemie für Labor und Betrieb 20* (1969) 289, 345
F. Seel	*Grundlagen der analytischen Chemie.* Verlag Chemie, Weinheim 1976
H. Werner	Harte und weiche Säuren und Basen − ein neues Klassifizierungsprinzip. *Chemie in unserer Zeit 1* (1967) 135

11 Redoxvorgänge

11.1 Begriffe

Seit Boyle bildete das Phänomen der *Verbrennung* eines der wichtigsten Probleme der Chemie. Man nahm dabei zunächst an, daß jeder brennbare Stoff einen «Feuerstoff» *(Phlogiston)* enthielte, und deutete die Verbrennung als ein Entweichen von Phlogiston. Erst Lavoisier erkannte, daß bei einer Verbrennung Sauerstoff verbraucht wird. Er führte dafür die Bezeichnung *«Oxidation»* ein und übertrug den Namen auf alle Vorgänge, bei denen sich eine Substanz mit Sauerstoff verbindet. Die eigentlichen Verbrennungen sind nichts anderes als besonders rasch, unter intensiver Wärme- und Lichtentwicklung verlaufende Oxidationen. Der Ausdruck *«Reduktion»*, mit dem man ursprünglich nur die «Zurückführung» eines Metalloxids auf das entsprechende Metall (d. h. die Gewinnung eines Metalls aus dem Oxid) bezeichnet hatte, wurde allmählich für jede Abspaltung von Sauerstoff aus einer Verbindung verwendet und erlangte damit die gegenteilige Bedeutung des Begriffes «Oxidation».

Nun gibt es aber viele Reaktionen, die sich äußerlich nicht im geringsten von eigentlichen Verbrennungen unterscheiden, an denen aber kein Sauerstoff beteiligt ist. So «verbrennt» z. B. erhitztes Natrium beim Darüberleiten von Chlor in ganz ähnlicher Weise, wie es in reinem Sauerstoff verbrennt; ebenso verbrennen Wasserstoff, Schwefel, eine Kerze u. a. in Chlor nahezu so gut wie an der Luft. Es hat sich aus diesen Gründen als zweckmäßig erwiesen, den Begriffen Oxidation und Reduktion einen erweiterten Sinn zu geben, damit sie auch auf solche, den «eigentlichen» Oxidationen ähnliche Vorgänge angewandt werden können.

Untersucht man die Vorgänge näher, die sich bei der Verbrennung von Natrium oder Magnesium in reinem Sauerstoff oder in Chlor abspielen, so erkennt man, daß beidemal die Metallatome ihre Außenelektronen abgeben und zu positiv geladenen Ionen werden. Diese Elektronen werden von den Nichtmetallatomen aufgenommen:

$$Na\cdot \ + \ .\overline{\underline{Cl}}| \ \longrightarrow \ Na^+ \ |\overline{\underline{Cl}}|^-$$

$$\begin{matrix} Na\cdot \\ Na\cdot \end{matrix} \ + \ \overline{\underset{.}{O}}| \ \longrightarrow \ \begin{matrix} Na^+ \\ Na^+ \end{matrix} \ |\overline{\underline{O}}|^{2-}$$

$$Mg\cdot\cdot \ + \ \overline{\underset{.}{O}}| \ \longrightarrow \ Mg^{2+} \ |\overline{\underline{O}}|^{2-}$$

Das Gemeinsame dieser Reaktionen besteht also darin, daß die Metallatome Elektronen abgeben. Bei der Verbrennung von Wasserstoff in Sauerstoff oder Chlor findet nun zwar keine Abgabe von Elektronen durch die Wasserstoffatome statt, jedoch tritt insofern ein Entzug von Elektronen auf, als die entstehenden H—O- bzw. H—Cl-Atombindungen stark polar sind und das O- bzw. das Cl-Atom das bindende Elektronenpaar stärker zu sich zieht. Um alle diese Reaktionen in gleicher Weise behandeln zu können, wollen wir den Ausdruck *«Oxidation»* für *jeden* Vorgang verwenden, bei welchem einem Teilchen (Atom, Ion, Molekül) *Elektronen entzogen* werden:

Oxidation = Elektronenabgabe

Die einem Teilchen entzogenen Elektronen werden von anderen Teilchen (hier von den Chlor- bzw. Sauerstoffatomen) aufgenommen. Für diesen Vorgang, das Gegenteil einer Oxidation, verwendet man die Bezeichnung «Reduktion»:

$$\text{Reduktion} = \text{Elektronenaufnahme}$$

Da nun ein Teilchen nur Elektronen abgeben kann, wenn diese gleichzeitig von anderen Teilchen aufgenommen werden, verlaufen Oxidation und Reduktion stets gekoppelt. Solche Reaktionen nennt man *Redoxvorgänge*:

$$\text{Redoxvorgang} = \text{Elektronenverschiebung}$$

Substanzen, welche andere oxidieren können und damit Oxidationen bewirken, nennt man **Oxidationsmittel**. Ursprünglich verstand man darunter nur Stoffe, die leicht Sauerstoff abgeben können, wie z. B. Wasserstoffperoxid (H_2O_2), Kaliumperchlorat ($KClO_4$) oder Kaliumpermanganat ($KMnO_4$). Die Erweiterung der Begriffe Oxidation und Reduktion führt aber dazu, jeden Stoff, der imstande ist, Sauerstoff abzuspalten oder Elektronen zu binden, als Oxidationsmittel zu bezeichnen. Umgekehrt wirken Elemente oder Verbindungen, denen leicht Elektronen entzogen werden können, als **Reduktionsmittel** (Natrium, Kalium, Kohlenstoff). – Die leichte Zugänglichkeit des elementaren Sauerstoffes in der Atmosphäre und die große Bedeutung, welche dieses Element für die gewöhnlichen Verbrennungen besitzt, haben dazu geführt, daß man die «eigentlichen» Oxidationen als erste genauer untersuchte und sie nach dem daran beteiligten Element benannte; die Oxidation eines Stoffes mit Chlor oder Fluor unterscheidet sich aber im Prinzip nicht von der Oxidation mit Sauerstoff, und die Sonderstellung, welche man den eigentlichen Oxidationen früher einräumte, ist nicht gerechtfertigt.

11.2 Beispiele von einfachen Redoxvorgängen

– *Verbrennung von Metallen* oder *Wasserstoff* in Sauerstoff, Chlor oder Brom; *Bildung von Metallsulfiden* aus Metallen und Schwefel. Die freie Bildungsenthalpie der Produkte ist um so größer (die Verbrennung verläuft um so heftiger), je größer die Gitterenergie der entstehenden salzartigen Stoffe bzw. die Bindungsenthalpien der kovalenten Verbrennungsprodukte sind. Flüssiges Brom oder Schwefelpulver reagieren besonders heftig mit Metallen, weil die Teilchenkonzentrationen im festen und flüssigen Zustand höher sind als im Gaszustand. So verbindet sich metallisches Kalium explosionsartig mit Brom, und ein Gemisch von Aluminium- mit Schwefelpulver brennt nach der Entzündung explosionsartig ab. Viele Verbrennungen organischer Stoffe sind ebenso wie die Verbrennung von Wasserstoff in Sauerstoff oder Chlor Radikalkettenreaktionen. Ihre freien Aktivierungsenthalpien können recht hoch sein, so daß bei Zimmertemperatur in den meisten Fällen keine Reaktion eintritt. Ein ungefähres Maß für die Höhe der Aktivierungsenthalpie ist die «Entzündungstemperatur», d. h. die Temperatur, welche erreicht werden muß, bevor die Verbrennung einsetzt. Die Entzündungstemperatur ist ein charakteristisches Merkmal brennbarer Stoffe; sie hängt bei festen und flüssigen Substanzen allerdings stark vom Zerteilungsgrad ab. Beispiele: $P_{\text{weiß}}$ 50°C, Kohlenstoffdisulfid 102°C, Äther 180°C, Benzin 200–300°C, Leuchtgas 600°C.

– *Reduktion von Metalloxiden* mit unedlen Metallen, Wasserstoff oder Kohle (teilweise technische Bedeutung zur Gewinnung von Metallen!). Beispiele:

$$CuO + H_2 \longrightarrow Cu + H_2O$$
$$Al_2O_3 + 6\,Na \longrightarrow 2\,Al + 3\,Na_2O$$
$$2\,PbO + C \longrightarrow 2\,Pb + CO_2$$

Wenn die Bildungswärme des entstehenden Oxids überwiegt, so verläuft der betreffende Vorgang exotherm. Reduktionen unter Wärmeaufwand können nur dann durchgeführt werden, wenn die benötigte Wärmemenge nicht zu groß ist. Diese Redoxvorgänge sind zugleich ein Beispiel dafür, wie scheinbar einfache Vorgänge in Wirklichkeit komplizierter verlaufen können. Bei der Reduktion des Oxids wirken nämlich nicht die H_2-Moleküle, sondern wahrscheinlich O^{2-}-Ionen als Elektronenspender (Reduktionsmittel), die dadurch zu Sauerstoffatomen werden und sich dann an der Oberfläche des festen Stoffes mit gasförmigem Wasserstoff zu Wasser verbinden:

$$Cu^{2+} \; :\overset{..}{\underset{..}{O}}:^{2-} \longrightarrow Cu^{..} + \overset{..}{\underset{..}{O}}:$$
$$\underset{2e^-}{\curvearrowleft}$$
$$\downarrow + H:H$$
$$H:\overset{..}{\underset{..}{O}}:H$$

Dieser Reaktionsmechanismus ist auch deshalb besonders wahrscheinlich, weil die Schwermetalloxide keine echten Salze sind, sondern zum Teil stark deformierte O^{2-}-«Ionen» enthalten, deren Ladungswolke bereits stark zum Metall-Ion hinübergezogen ist. Daß O^{2-}-Ionen tatsächlich Elektronen an Metall-Ionen abgeben können, zeigen die Vorgänge bei der Thermolyse von Silber- oder Quecksilberoxid:

$$2\,HgO \longrightarrow 2\,Hg + O_2$$

– *«Verdrängungsreaktionen»* in wäßrigen Lösungen, wie z. B. die Ausscheidung von metallischem Kupfer aus einer Kupfersalzlösung durch Einwirkung von Eisen oder die Bildung von Iod aus Iodidlösungen durch Zufügen von Bromwasser:

$$Fe + Cu^{2+} \longrightarrow Fe^{2+} + Cu$$
$$2\,I^- + Br_2 \longrightarrow I_2 + 2\,Br^-$$

Durch einen Vergleich verschiedener solcher Reaktionen läßt sich die «Stärke» von Oxidations- oder Reduktionsmitteln leicht qualitativ festlegen. So scheidet sich aus einer Silbersalzlösung Silber aus, wenn man ein Eisen- oder Kupferblech in die Lösung hält, und während sowohl Cl_2 wie Br_2 Iodid oxidieren können, ist die Oxidation von Bromid nur mit Chlor möglich. Ähnlich wie die Säuren (Basen) lassen sich also auch Reduktions- bzw. Oxidationsmittel in eine Reihe («**Redoxreihe**») ordnen:

reduzierende Wirkung – d. h. Oxidierbarkeit – nimmt ab	Fe	Fe^{2+}	oxidierende Wirkung – d. h. Reduzierbarkeit – nimmt zu
	2 I$^-$	I$_2$	
	Cu	Cu^{2+}	
	Ag	Ag$^+$	
	2 Br$^-$	Br$_2$	
	2 Cl$^-$	Cl$_2$	

– *Photochemische Zersetzung der Silberhalogenide.* Die Verbindungen AgCl, AgBr und AgI färben sich bei Einwirkung von Licht allmählich dunkel und schließlich schwarz, wobei die Reaktionsgeschwindigkeit vom AgCl zum AgI zunimmt. Unter dem Einfluß der Lichtenergie wird ein Elektron von einem Halogenid-Ion auf ein Ag^+-Ion übertragen, so daß metallisches Silber entsteht. Diese Vorgänge bilden die Grundlage der Photographie.

11.3 Stöchiometrische Beschreibung von Redoxreaktionen

Ebenso wie die Protolysen verlaufen auch die meisten Redoxvorgänge umkehrbar. Die Gleichgewichte liegen hier allerdings meist sehr stark einseitig. Ein Reduktionsmittel *(«Reduktor»)* steht deshalb mit dem aus ihm durch Elektronenabgabe entstehenden Oxidationsmittel *(«Oxidator»)* in einer ähnlichen Beziehung wie eine Säure zu ihrer konjugierten Base. Ebenso wie eine Säure um so «stärker» ist, je leichter sie ein Proton abspaltet, wirkt ein Teilchen um so stärker reduzierend, je leichter es Elektronen abgibt, und ebenso wie die einer Säure konjugierte Base um so schwächer ist, je leichter diese Säure H^+-Ionen abgibt, wirkt ein Oxidationsmittel um so schwächer oxidierend, je leichter der konjugierte Reduktor Elektronen abspaltet.

$$\text{Redoxpaar:} \qquad \text{Red} \rightleftarrows \text{Ox} + n\,e^-$$

$$\text{Na} \underset{\text{Reduktion}}{\overset{\text{Oxidation}}{\rightleftarrows}} Na^+ + e^- \qquad\qquad \text{HCl} \underset{\text{Protonenaufnahme}}{\overset{\text{Protonenabgabe}}{\rightleftarrows}} Cl^- + H^+$$

$$2\,Cl^- \underset{\text{Reduktion}}{\overset{\text{Oxidation}}{\rightleftarrows}} Cl_2 + 2\,e^- \qquad\qquad NH_4^+ \underset{\text{Protonenaufnahme}}{\overset{\text{Protonenabgabe}}{\rightleftarrows}} NH_3 + H^+$$

Reduzierte Form	Oxidierte Form	Säure	Base
Reduktor	Oxidator		
Reduktionsmittel	Oxidationsmittel		

Schließlich sind an einer Redoxreaktion *zwei Redoxpaare* beteiligt, genau wie an einer Protolyse auch zwei Säure/Base-Paare beteiligt sind:

$$\textbf{Red}^1 + \textbf{Ox}^2 \longrightarrow \textbf{Ox}^1 + \textbf{Red}^2 \qquad\qquad \textbf{HA} + \textbf{B} \longrightarrow \textbf{BH}^+ + \textbf{A}^-$$

Oxidationszahl. Der *Ablauf* der allermeisten Redoxreaktionen ist nun aber – im Gegensatz zum Ablauf der Protolysen – recht *verwickelt* und in vielen Fällen noch gar nicht genau bekannt. Reine Elektronenübertragungen sind jedenfalls, wie man heute weiß, sehr selten. Redoxreaktionen sind deshalb meist mit Komplexreaktionen oder Protonenübertragungen gekoppelt. Aus diesem Grund läßt sich auch oft durch Beobachtung des Reaktionsverlaufes oder aus der stöchiometrischen Gleichung einer Reaktion schwer erkennen, wo und wie Elektronen abgegeben und verschoben werden. Beispiele dafür bieten etwa die Sauerstoffabspaltung beim Erhitzen von Kaliumperchlorat oder die Reaktion von konzentrierter Salpetersäure mit Metallen, wie z. B. Kupfer. Dabei wird das Kupfer aufgelöst, und es bildet sich neben einer blauen Lösung (die Cu^{2+}aq-Ionen enthält) braunes NO_2-Gas:

$$Cu + 4\,HNO_3 \longrightarrow Cu(NO_3)_2 + 2\,NO_2 + 2\,H_2O$$

Cu wird dabei oxidiert $(Cu \longrightarrow Cu^{2+} + 2\,e^-)$, welches Atom wird aber reduziert?

Als Hilfsbegriff zur Erkennung von Reduktionen und Oxidationen vermag nun die bereits früher eingeführte **Oxidationszahl** sehr gute Dienste zu leisten. Wie auf S. 74 gezeigt wurde, entspricht die Oxidationszahl der Ladung eines Ions bzw. (in Molekülen oder Komplex-Ionen) der «imaginären» Ladung eines Atoms. Da bei einer *Oxidation* einem Teilchen Elektronen entzogen werden, muß seine *Oxidationszahl* dabei *steigen* (d. h. *positiver* werden), während umgekehrt bei einer *Reduktion* die *Oxidationszahl sinkt (negativer* wird).

Beispiele

— Verbrennung von Natrium in Chlor:

$$2\,\mathrm{Na^0} + \mathrm{Cl_2^0} \longrightarrow 2\,\mathrm{Na^+} + 2\,\mathrm{Cl^-}$$

Die Oxidationszahl des Natriums steigt von Null auf $+\mathrm{I}$, diejenige des Chlors sinkt von Null auf $-\mathrm{I}$.

— Verbrennung von Wasserstoff im Sauerstoff:

$$2\,\mathrm{H_2^0} + \mathrm{O_2^0} \longrightarrow 2\,\mathrm{H_2^{+I}O^{-II}}$$

Hier steigt die Oxidationszahl von Wasserstoff ($0 \longrightarrow +\mathrm{I}$), während die Oxidationszahl von Sauerstoff sinkt ($0 \longrightarrow -\mathrm{II}$).

— Erhitzen von festem Bleinitrat ($\longrightarrow \mathrm{NO_2}, \mathrm{O_2}$ und PbO):

$$2\,\mathrm{Pb^{+II}(N^{+V}O_3^{-II})_2} \longrightarrow 2\,\mathrm{Pb^{+II}O^{-II}} + 4\,\mathrm{N^{+IV}O_2^{-II}} + \mathrm{O_2^0}$$

$\mathrm{N^{+V}}$ wird zu $\mathrm{N^{+IV}}$ reduziert; $\mathrm{O^{-II}}$ wird zu $\mathrm{O^0}$ oxidiert

— Einwirkung von konzentrierter Schwefelsäure auf Kohle ($\longrightarrow \mathrm{SO_2}, \mathrm{CO_2}$ und $\mathrm{H_2O}$):

$$2\,\mathrm{H_2^{+I}S^{+VI}O_4^{-II}} + \mathrm{C^0} \longrightarrow \mathrm{C^{+IV}O_2^{-II}} + 2\,\mathrm{S^{+IV}O_2^{-II}} + 2\,\mathrm{H_2^{+I}O^{-II}}$$

$\mathrm{S^{+VI}}$ wird zu $\mathrm{S^{+IV}}$ reduziert; $\mathrm{C^0}$ wird zu $\mathrm{C^{+IV}}$ oxidiert

— Reaktion von konzentrierter Salpetersäure mit Kupfer:

$$4\,\mathrm{H^{+I}N^{+V}O_3^{-II}} + \mathrm{Cu^0} \longrightarrow \mathrm{Cu^{+II}(N^{+V}O_3^{-II})_2} + 2\,\mathrm{N^{+IV}O_2^{-II}} + 2\,\mathrm{H_2^{+I}O^{-II}}$$

$\mathrm{N^{+V}}$ wird zu $\mathrm{N^{+IV}}$ reduziert; $\mathrm{Cu^0}$ wird zu $\mathrm{Cu^{+II}}$ oxidiert

Reaktionsgleichungen von Redoxvorgängen. Bei komplizierteren Redoxvorgängen, welche mit Komplexreaktionen und Protolysen gekoppelt sind, ist es oft schwierig, die stöchiometrische Gleichung aufzustellen, d. h. die Koeffizienten aufzufinden, mit denen die Formeln der reagierenden Substanzen multipliziert werden müssen, damit auf jeder Seite der Gleichung von jedem Element gleich viele Atome vorhanden sind. Fast immer kommt man jedoch leicht zum Ziel, wenn man zuerst die beiden am Vorgang teilnehmenden *Redoxpaare* formuliert. Voraussetzung dafür ist allerdings, daß man die reduzierte und die oxidierte Stufe des Redoxsystems kennt, d. h. weiß, zu welchem Ion (bzw. Komplex, Molekül) ein bestimmtes Teilchen reduziert bzw. oxidiert wird.

Zur Formulierung eines solchen Redoxsystems schreiben wir links die reduzierte Form, rechts die oxidierte Form des Redoxpaares. Die Zahl der bei der Oxidation abgegebenen Elektronen entspricht der Differenz der Oxidationszahlen zwischen reduziertem und oxidiertem Atom.

Werden bei der Oxidation noch O-Atome in Komplex-Ionen «eingebaut», so kann man annehmen, daß diese in saurer Lösung aus H_2O-Molekülen, in alkalischer Lösung aus OH^--Ionen stammen; auf der oxidierten Stufe entsteht dann eine entsprechende Zahl H^+- (d.h. H_3O^+-) Ionen bzw. H_2O-Moleküle.

Beispiele

– Mn^{2+}aq-Ionen können in saurer Lösung zu MnO_4^--Ionen oxidiert werden. Man formuliere das Redoxsystem Mn^{+II}/Mn^{+VII}.

Beim Übergang $Mn^{+II} \longrightarrow Mn^{+VII}$ werden 5 Elektronen abgegeben:

$$Mn^{2+} \longrightarrow MnO_4^- + 5e^-$$

Zur Bildung des MnO_4^--Komplexes sind 4 O-Atome nötig; auf die linke Seite müssen deshalb 4 H_2O-Moleküle und auf die rechte Seite 8 H^+-Ionen geschrieben werden. Die H^+-Ionen werden aber sofort von H_2O-Molekülen gebunden; man kann deshalb entweder (richtiger!) links 12 H_2O-Moleküle oder dann rechts statt H^+ H^+aq schreiben:

$$12 H_2O + Mn^{2+} \longrightarrow MnO_4^- + 8 H_3O^+ + 5e^-$$

Man überzeuge sich, daß diese «Gleichung» sowohl stöchiometrisch wie ladungsmäßig richtig ist!

– Cr^{3+}aq-Ionen können in alkalischer Lösung zu CrO_4^{2-}-Ionen oxidiert werden. Man formuliere wiederum das Redoxsystem Cr^{+III}/Cr^{+VI}.

$$Cr^{3+} \longrightarrow CrO_4^{2-} + 3e^-$$

Für die 4 O-Atome sind 8 OH^--Ionen notwendig; gleichzeitig kommen auf die rechte Seite noch 4 H_2O-Moleküle:

$$8 OH^- + Cr^{3+} \longrightarrow CrO_4^{2-} + 4 H_2O + 3e^-$$

Die Gleichung für einen ganzen Redoxvorgang erhält man durch die *Kombination der beiden Redoxsysteme,* wobei alle vom einen Redoxpaar abgegebenen Elektronen vom anderen Paar aufgenommen werden müssen.

Beispiel: In saurer Lösung wird Natriumnitrit ($Na[NO_2]$) durch $KMnO_4$ zu Nitrat (NO_3^-) oxidiert.

Redoxsystem I: $[N^{+III}O_2]^- + H_2O \longrightarrow [N^{+V}O_3]^- + 2H^+ + 2e^-$ $\quad\mid \cdot 5$
Redoxsystem II: $MnO_4^- + 8H^+ + 5e^- \longrightarrow Mn^{2+} + 4H_2O$ $\quad\mid \cdot 2$

(umgekehrt geschrieben, weil MnO_4^- reduziert werden!)

Gesamtreaktion:

$$5 NO_2^- + 5 H_2O + 2 MnO_4^- + 16 H^+ \longrightarrow 5 NO_3^- + 10 H^+ + 2 Mn^{2+} + 8 H_2O$$

Gekürzt und mit H_3O^+ an Stelle von H^+ und entsprechender Ergänzung von H_2O:

$$5 NO_2^- + 2 MnO_4^- + 6 H_3O^+ \longrightarrow 5 NO_3^- + 2 Mn^{2+} + 9 H_2O$$

Berücksichtigt man die Begleit-Ionen ebenfalls, so erhält man

$$5\,NaNO_2 + 2\,KMnO_4 + 3\,(H_3O^+)_2SO_4^{2-} \longrightarrow 5\,NaNO_3 + 2\,MnSO_4 + K_2SO_4 + 9\,H_2O$$

(verdünnte
Schwefelsäure!)

Solche Gleichungen geben selbstverständlich *nur die stöchiometrischen Verhältnisse*, keinesfalls aber den wirklichen Verlauf einer Reaktion wieder. Ein Zusammenstoß von 5 NO_2^--Ionen, 2 MnO_4^--Ionen und 6 H_3O^+-Ionen ist natürlich vollkommen unmöglich. In Wirklichkeit verläuft z. B. die Reduktion der MnO_4^--Ionen über eine ganze Anzahl teilweise genau bekannter Zwischenstufen, und die Formulierung des Redoxsystems Mn^{+II}/Mn^{+VII} gibt nur die am Anfang und am Ende vorhandenen Teilchen sowie die Massenverhältnisse, in welchen sie am Vorgang teilnehmen, an. Es muß auch betont werden, daß es nicht möglich ist, eine Reaktionsgleichung einzig aus den bekannten Edukten – ohne Kenntnis der Reaktionsprodukte! – vorauszusagen, denn stöchiometrische Gleichungen stellen nichts anderes als besonders einfache Formulierungen experimenteller Daten dar.

11.4 Über den Ablauf von Redoxvorgängen

Der *Mechanismus* der weitaus meisten Redoxvorgänge ist recht kompliziert und auf alle Fälle viel schwieriger zu ermitteln als ihre Stöchiometrie (und Thermodynamik!). Während nämlich sowohl Stöchiometrie wie Thermodynamik einzig auf analytischen und energetischen Meßdaten beruhen und unabhängig von Modellvorstellungen gültig sind, beruhen mechanistische Angaben auf (notwendigerweise unvollkommenen!) *Modellen,* spiegeln also den heutigen Stand der Erkenntnisse wider und werden sich entsprechend der Erweiterung unseres Wissens wandeln. Heute steht die Erforschung der Mechanismen solcher Reaktionen in einem Brennpunkt des wissenschaftlichen Interesses. Neben Untersuchungen über die Kinetik, über Aktivierungsenthalpien und -entropien und von katalytischen Effekten bestimmter Substanzen haben insbesondere Arbeiten mit durch Isotopen markierten Substanzen und Untersuchungen über kinetische Isotopeneffekte mancherlei Aufschlüsse über den Ablauf von Redoxreaktionen gebracht. In den folgenden Abschnitten sollen einige Möglichkeiten solcher Mechanismen dargestellt werden, um einen Eindruck von der Kompliziertheit des Verlaufes auch scheinbar einfacher Redoxreaktionen zu vermitteln.

Redoxreaktionen zwischen einem *Kation* und einem *Anion* geschehen wohl stets über den Weg von *Ligandensubstitutionen* (S_N-Reaktionen). Die Elektronen können dabei von einem Liganden auf das Zentralion übertragen werden. Bei der Oxidation von Iodid durch Fe^{+III} beispielsweise, die nach der stöchiometrischen Gleichung

$$2\,Fe^{3+}aq + 2\,I^-aq \longrightarrow 2\,Fe^{2+}aq + I_2$$

verläuft, können die I^--Ionen H_2O-Moleküle aus den in der Fe^{+III}-Lösung enthaltenen Komplexionen verdrängen:

wäßrige
Fe^{+III}-
Lösung
$$\begin{cases} [Fe(H_2O)_6]^{3+} \xrightarrow{\ I^-\ } [Fe(H_2O)_5I]^{2+} \xrightarrow{\ I^-\ } [Fe(H_2O)_4I_2]^+ \ldots \\ \qquad\qquad\qquad\qquad\quad \text{(a)} \qquad\qquad\qquad\qquad\quad \text{(b)} \\ [Fe(H_2O)_5OH]^{2+} \xrightarrow{\ I^-\ } [Fe(H_2O)_4(OH)I]^+ \ldots \\ \qquad\qquad\qquad\qquad\qquad\qquad \text{(c)} \end{cases}$$

Nach den Ergebnissen kinetischer Untersuchungen sind in erster Linie die Teilchen (b) und (c) – also nicht (a)! – am Elektronenübergang beteiligt. Das Elektron wird dann von einem Liganden auf das Zentralion übertragen, d. h. die Bindung zwischen dem Ligand und dem Zentralion (die dadurch entstanden ist, daß der Ligand als Lewis-Base wirkte) wird homolytisch getrennt. Es bilden sich instabile Radikalionen I_2^- und IOH^-, die sich anschließend sehr rasch weiter umwandeln:

$$[Fe(H_2O)_4 I_2]^+ \quad \xrightarrow{H_2O} \quad [Fe(H_2O)_6]^{2+} + I_2^- \qquad\qquad I_2^- + I_2^- \;\rightarrow\; I_2 + 2\,I^-$$

$$[Fe(H_2O)_4(OH)I]^+ \quad \xrightarrow{H_2O} \quad [Fe(H_2O)_6]^{2+} + IOH^- \qquad IOH^- + I_2^- \;\rightarrow\; I_2 + I^- + OH^-$$

Unter Umständen können bei der Reduktion von Fe^{3+}aq -Ionen auch OH-Radikale als Zwischenstoffe auftreten, welche dann in anderen Komplexen Liganden substituieren können:

$$H_2O + [Fe^{+III}(H_2O)_5 OH]^{2+} \;\rightarrow\; [Fe^{+II}(H_2O)_6]^{2+} + OH$$

Jedenfalls verändert sich bei allen solchen Reaktionen die koordinative Sphäre des Metallions.

Ganz anders verlaufen die *Reaktionen zwischen zwei Kationen.* Die Reaktionspartner reagieren hier meist dadurch miteinander, daß Liganden beiden Kationen gleichzeitig ein Elektronenpaar zur Verfügung stellen. Als Beispiel diene die gut untersuchte Reaktion von Co^{+III} mit Cr^{+II}:

$$[Co^{+III}(NH_3)_5 Cl]^{2+} + Cr^{2+}aq \;\rightarrow\; [Co^{+II}(NH_3)_5 H_2O]^{2+} + [Cr^{+III}(H_2O)_5 Cl]^{2+}$$

Sowohl Co^{+III} wie Cr^{+II} bilden inerte Komplexe, die nur äußerst langsam Liganden mit der Lösung austauschen. Der Ligand Cl^- kann daher aus analytischen Daten mit Sicherheit lokalisiert werden: Vor der Reaktion ist Cl^- an das Co^{+III}, nachher an das Cr^{+III} gebunden. Offenbar ist es im Übergangszustand an beide Teilchen gleichzeitig gebunden und wirkt als *Brückenligand*:

$$[Co(NH_3)_5 Cl]^{2+} + [Cr(H_2O)_6]^{2+} \;\rightarrow\; [(NH_3)_5 Co^{+III}\!-\!Cl\!-\!Cr^{+II}(H_2O)_5]^{4+} + H_2O$$

$$\downarrow H_2O$$

$$[(NH_3)_5 Co^{+II} H_2O]^{2+} \;+\; [ClCr^{+III}(H_2O)_5]^{2+}$$

Das Elektron wird also über den Brückenliganden –Cl– vom Cr^{+II} auf das Co^{+III} übertragen: homolytische Trennung der Co—Cl-Bindung und Bildung der Cr—Cl-Bindung mit einem Elektron des Cr-Atoms. Einen Beweis für den diskutierten Ablauf der Reaktion bildet die Tatsache, daß bei Zugabe von radioaktivem Chlorid in die Lösung der gebildete $[Cr(H_2O)_5 Cl]^{2+}$-Komplex keine Spur von radioaktivem Cl^- enthielt.

Elektronenübertragungen über Brückenliganden scheinen – unseren heutigen Kenntnissen gemäß – recht häufig zu sein. Neben Cl^--Ionen können auch andere Teilchen (CN^-, Br^-, SO_4^{2-} u. a.) als Brückenliganden dienen, ja in gewissen Fällen scheint sogar H_2O (mit im aktivierten Komplex vierbindigem Sauerstoff!) als Brückenligand wirken zu können. Es ist jedenfalls auf Grund dieser Erkenntnisse verständlich, daß Ionen, welche als Brückenliganden fungieren können, solche Reaktionen unter Umständen stark katalysieren, so z. B. Cl^--Ionen bei der Oxidation von Fe^{+II} zu Fe^{+III}. Gerade dieser letztgenannte Vorgang ist aber bezüglich seines Mechanismus noch keineswegs völlig aufgeklärt. Fest steht, daß dabei vorübergehend Radikale auftreten, denn bekanntlich können Fe^{+II}/Fe^{+III}-Systeme Radikalpolymerisationen und andere Radikalreaktionen starten. – Von besonderem Interesse ist schließlich, daß auch Anionen von Carbonsäuren (Acetat-, Benzoat- oder Fumarat-Ionen) als Brückenliganden wirken können. Es bilden sich dann aktivierte Komplexe folgender Art:

Wie hier die eigentliche Elektronenübertragung geschieht, ist noch nicht abgeklärt; bemerkenswert ist jedoch, daß die Übertragung des Elektrons über eine beträchtliche Distanz hinweg erfolgen muß, ohne daß elektronenabgebende und elektronenaufnehmende Teilchen miteinander in direkter Berührung stehen.

Wiederum anders verlaufen *Reaktionen zwischen zwei Anionen* oder zwischen einem *Molekül* und einem *Anion*. Beispielsweise hat sich gezeigt, daß bei der Oxidation von SO_2 durch ClO_3^- unter Verwendung von Chlorat mit ^{18}O jedes gemäß nachstehender Reaktionsgleichung gebildete SO_4^{2-}-Ion ein ^{18}O-Atom enthielt:

$$SO_2 + H_2O + ClO_3^- \longrightarrow SO_4^{2-} + ClO_2^- + 2\,H^+aq$$

Es ist deshalb wahrscheinlich, daß als aktivierter Komplex ein Assoziat eines SO_2-Moleküls mit einem ClO_3^--Ion auftritt:

Durch Trennung gemäß dem Pfeil bildet sich ein SO_3-Molekül neben einem ClO_2^--Ion; das erstere ergibt mit Wasser ein SO_4^{2-}-Ion und 2 H^+-Ionen. Die Reaktion kann damit als eine Übertragung eines O-Atoms vom ClO_3^--Ion auf das SO_2-Molekül betrachtet werden. In ähnlicher Weise dürften auch andere Reaktionen zwischen Anionen vor sich gehen.

Die wenigen, hier ausführlicher diskutierten Beispiele von Redoxmechanismen zeigen, wie kompliziert solche Reaktionen oft verlaufen, selbst wenn es sich nach den stöchiometrischen Gleichungen um scheinbar einfache Vorgänge handelt. Es scheint jedenfalls heute schon festzustehen, daß einfache Elektronenübertragungen von einem auf ein anderes Teilchen äußerst selten sind.

11.5 Thermodynamik der Redoxreaktionen in wäßriger Lösung

Redoxpotential und Redoxreihe. Die relative «Stärke» von Reduktions- bzw. Oxidationsmitteln beruht auf der Größe der mit der Elektronenabgabe bzw. -aufnahme verbundenen Änderung der freien Enthalpie. Wenn man eine bestimmte Reaktion durch *Zusammengießen* der
Reaktionspartner in einer Lösung durchführt, lassen sich die energetischen Effekte (ΔH und
unter Benützung der berechneten Entropien auch ΔG) quantitativ bestimmen. Nun stellt
jedoch ein Elektronenübergang zwischen zwei Substanzen einen elektrischen Strom dar, den
man nachweisen (und zur Leistung von Arbeit ausnützen!) kann, wenn man die beiden
Redoxpaare (die «**Halbreaktionen**») voneinander *räumlich trennt* und elektrisch leitend
verbindet; man erreicht dadurch lediglich eine *Verlangsamung,* jedoch *keine Änderung des
Reaktionsablaufes.* Der besondere Vorteil einer solchen Anordnung besteht darin, daß man aus
der *elektrischen Arbeit,* welche das System leisten kann, auf einfache und genaue Weise die
Änderung der freien Enthalpie (und damit die Gleichgewichtskonstante und – bei bekanntem
ΔH – die Reaktionsentropie) bestimmen kann.
Als *Beispiel* betrachten wir zunächst die Reaktion zwischen Chlor und Sn^{+II} (Abb. 11.1):

$$Cl_2aq + Sn^{+II}aq \longrightarrow 2\,Cl^-aq + Sn^{+IV}aq$$

Im Fall a) der Abb. 11.1 werden beide Lösungen zusammengegossen. Es stellt sich nach relativ
kurzer Zeit ein Gleichgewicht ein, in welchem sowohl Sn^{+II} und Cl_2 wie Sn^{+IV} und Cl^- vorhanden sind. Die Geschwindigkeit des Ablaufes wird durch das Mischen der reagierenden
Lösungen und die Reaktionsgeschwindigkeit des Vorganges bestimmt. Die kalorimetrisch
meßbare, freiwerdende Wärme entspricht ΔH.

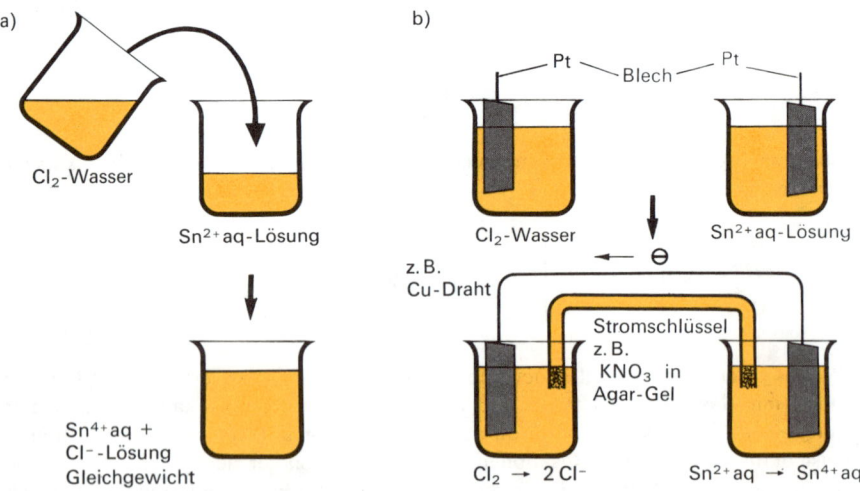

*Abb. 11.1. Reaktion von Cl_2 mit $Sn^{2+}aq$: a) durch Zusammengießen der Reaktionspartner,
b) durch Kombination zweier Halbzellen*

Bei der Versuchsanordnung b) sind die beiden Redoxpaare räumlich getrennt. Jede Lösung bildet zusammen mit einem Platinblech, das zur Zu- oder Ableitung der Elektroden dient, eine sogenannte **Halbzelle**. Die beiden Pt-Bleche stehen über ein elektrisches Meßinstrument in Verbindung miteinander. Werden nun die beiden Halbzellen noch durch eine Salzbrücke («Stromschlüssel») (z.B. KNO_3 in Agar-Gel) elektrolytisch leitend verbunden, so zeigt das Meßinstrument einen elektrischen Strom an. In der Halbzelle rechts wird Sn^{+II} zu Sn^{+IV} oxidiert; die frei werdenden Elektronen werden durch den Draht zur anderen Halbzelle verschoben, wo Cl_2 zu $2\ Cl^-$ reduziert wird. Da sich in den Lösungen entsprechend auch die Konzentrationen der Anionen bzw. Kationen ändern müssen, ist die elektrolytisch leitende Verbindung durch die Salzbrücke notwendig.

Voraussetzung für das Fließen eines elektrischen Stromes ist aber das Vorhandensein einer *Potentialdifferenz («Spannung»)* zwischen den beiden Pt-Blechen[1]. Diese Potentialdifferenz kann exakt nur in möglichst stromlosem Zustand gemessen werden: entweder mit einem Röhrenvoltmeter (d.h. mit einem Meßinstrument von sehr hohem innerem Widerstand) oder mittels der Kompensationsmethode. Bei einer solchen Messung wird dem in den Halbzellen ablaufenden Redoxvorgang von außen gerade Gleichgewicht gehalten, so daß er nur mit verschwindend geringer Geschwindigkeit, d.h. nahezu reversibel vor sich geht.

Nach S. 294 ist $\Delta G_r = w_{max}$, d.h. die Änderung der freien Enthalpie ist gleich der Nutzarbeit einer chemischen Reaktion. Führt man eine Redoxreaktion in einer galvanischen Zelle (d.h. einer Kombination zweier Halbzellen entsprechend Abb. 11.1 b) aus, so wird neben der Volumenarbeit ($p \cdot \Delta V$) nur elektrische Arbeit geleistet. Bei reversibler Durchführung (!) wird somit

$$w_{rev} = w_{el} - p \cdot \Delta V$$

(denn das System leistet Arbeit, wenn sich das Volumen vergrößert, ΔV also positiv ist). Nach S. 294 ist aber $dG = dw_{rev} + p \cdot dV$ bzw. $\Delta G_r = w_{rev} + p \cdot \Delta V$; somit wird $\Delta G_r = w_{el}$. Wenn die Zelle reversibel arbeitet, ist also die geleistete *elektrische Arbeit* gleich der *Nutzarbeit* w_{max}. Die elektrische Arbeit, welche ein System bei *spontaner* Verschiebung von n mol Elektronen ($= n$ Faraday $= n$ 96 500 C) leistet, ist gleich

$$w_{el} = - n \cdot \Delta E \cdot f,$$

wenn ΔE die Potentialdifferenz zwischen den beiden Elektroden (die EMK der galvanischen Zelle) bedeutet. Weil wir die Potentialdifferenz stets als eine positive Größe betrachten, wird mit dem Minuszeichen zum Ausdruck gebracht, daß die Zelle Arbeit leistet. Somit ist

$$\Delta G_r = - n \cdot \Delta E \cdot f \quad \text{bzw.} \quad -\Delta G_r = n \cdot \Delta E \cdot f$$

Man erkennt nun auch anschaulich den Unterschied zwischen der *«Wärmetönung»* (der *Reaktionswärme*) ΔH und der *Änderung der freien Enthalpie* ΔG. ΔH kann durch Zusammengießen der Reaktionspartner im Kalorimeter gemessen werden, während man ΔG mittels galvanischer Zellen bestimmen kann. Die große Bedeutung von EMK-Messungen liegt gerade darin, daß es auf diese Weise möglich ist, die mit einem Redoxvorgang verbundene Änderung der freien Enthalpie leicht und genau zu ermitteln.

Die Tatsache, daß man zwischen zwei Halbzellen eine elektrische Spannung messen kann, zeigt, daß offenbar jeder Halbzelle – d.h. jedem Redoxpaar! – ein charakteristisches Potential, das sogenannte **Redoxpotential**, zuzuordnen ist. Da es praktisch nicht möglich ist, Ein-

---

[1] Eine Anordnung, wie sie Abb. 11.1 b darstellt, also eine Kombination zweier Halbzellen, ist ein «galvanisches Element» (eine «galvanische Zelle»). Die Potentialdifferenz zwischen den Elektroden wird häufig auch als die **elektromotorische Kraft** (EMK) des Elementes bezeichnet.

zelpotentiale von Halbzellen zu messen (man kann nur Spannungen, d. h. Potentialdifferenzen, einwandfrei bestimmen), muß man für solche Messungen einen *willkürlichen Nullpunkt* festlegen. Man hat dafür die «**Normalwasserstoffelektrode**» gewählt, d. h. eine Halbzelle mit einer Elektrode aus platiniertem (mit elektrolytisch abgeschiedenem, fein verteiltem Pt überzogenen) Platin, die von Wasserstoff unter einem Druck von 1 bar umspült wird und in eine Säure der (H_3O^+) = 1 mol/Liter taucht (Abb. 11.2) [1]. Die Potentiale von Halbzellen (Redoxpaaren), bei welchen Elektronen frei werden, wenn sie mit einer Normalwasserstoffelektrode kombiniert sind, erhalten ein *negatives* Vorzeichen. Sie wirken also gegenüber dem System H^0/H^{+1} *reduzierend*. Redoxpaare, deren oxidierte Form stärker *oxidierend* wirkt als das H_3O^+-Ion, besitzen *positive* Potentiale. Um einen Vergleich verschiedener Redoxpaare zu ermöglichen, mißt man ihre Redoxpotentiale im Standardzustand (bei 25 °C; alle Reaktionspartner in der Konzentration 1 mol/Liter) und bezeichnet diese als **Normalpotentiale E^0** der Redoxpaare. Bei Redoxsystemen wie Sn^{+II}/Sn^{+IV} oder $2 Cl^-/Cl_2$ benötigt man zur Messung eine Pt-Elektrode. Um Normalpotentiale von Systemen Metall/Metall-Ion zu bestimmen, kann man das betreffende Metall als «Elektrode» verwenden und es in eine Lösung seiner Ionen stecken (Abb. 11.2).

Bei der Kombination zweier Halbzellen aus einem Metall und seinen Ionen läßt sich das Zustandekommen der Potentialdifferenz besonders anschaulich verstehen, wenn man die Vorgänge an den Grenzflächen Metall/Lösung näher betrachtet. Steckt man z. B. ein Zinkblech in eine Zn^{2+}-salzlösung, so können an der Oberfläche einige Ionen das Metall verlassen. Die Elektronen bleiben an der Metalloberfläche zurück und verhindern durch die elektrische Anziehung, daß sich die Metall-Ionen aus der Nachbarschaft der Oberfläche entfernen können, so daß eine *«Doppelschicht»* aus Ionen und Elektronen entsteht (Abb. 11.3).

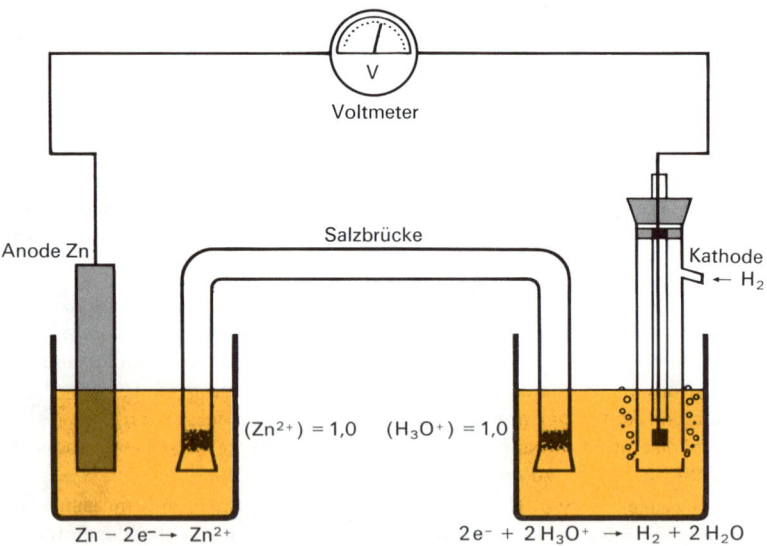

Abb. 11.2. Kombination einer Zn/Zn²⁺- mit einer H₂/2H⁺¹-Halbzelle

[1] Auch hier sollten – besonders bei Konzentrationen > 0,1-M – für genaue Zwecke **Aktivitäten** statt Konzentrationen verwendet werden. Die Normalwasserstoffelektrode verwendet eine Säure der H_3O^+-Aktivität 1 mol/Liter.

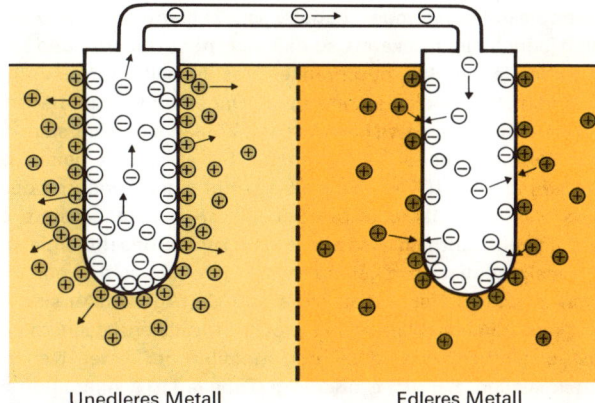

Unedleres Metall   Edleres Metall

Abb. 11. 3. Zustandekommen der Potentialdifferenz zwischen zwei Metallen infolge verschiedenen «Elektronendrucks»

Aus einem «edleren» Kupferblech werden aber weit weniger Ionen aus dem Metall in Lösung übergehen, so daß im Innern des Bleches weniger Elektronen zurückbleiben, d. h. ein geringerer *«Elektronendruck»* herrscht. Verbindet man nun das Zinkblech durch einen Draht mit dem Kupferblech, so werden die Elektronen vom Ort höheren «Elektronendruckes» (Zink) zum Orte niedrigeren «Elektronendruckes» verschoben, wobei dann am Kupfer die umgekehrte Reaktion (Cu^{2+} ⟶ Cu) eintritt. Die Potentialdifferenz zwischen den beiden Blechen läßt sich also sehr anschaulich mit der Druckdifferenz zwischen zwei Gasbehältern vergleichen. Starke Reduktionsmittel stehen gewissermaßen unter hohem, Oxidationsmittel («Elektronenfänger») unter tiefem «Elektronendruck».

Die Normalpotentiale charakterisieren die *Oxidationskraft* bzw. das *Reduziervermögen*. Bei Metallen und Nichtmetallen ist die Größe des Normalpotentials ein Maß für die Leichtigkeit des Überganges

$$\left.\begin{array}{l} \text{Metall}_{\text{fest}} \\ \text{Nichtmetall}_{\text{im Normalzustand}} \end{array}\right\} \longrightarrow \text{Ion}_{\text{hydratisiert}}$$

d. h. ist der mit diesem Vorgang verknüpften Änderung der freien Enthalpie proportional. Die beiden erwähnten «Übergänge» können als Aufeinanderfolgen verschiedener Teilschritte aufgefaßt werden, wobei für jeden die Beziehung $\Delta G = \Delta H - T \cdot \Delta S$ gilt:

$$\text{Me (s)} \xrightarrow{\text{Sublimation}} \text{Me (g)} \xrightarrow{\text{Ionisierung}} \text{Me}^+ \text{(g)} \xrightarrow{\text{Hydration}} \text{Me}^+ \text{(aq)}$$

$$\text{Nime} \xrightarrow[\text{evt. Sublimation}]{\text{Dissoziation und}} \text{Nime(g)} \xrightarrow[\text{Elektronen}]{\text{Aufnahme von}} \text{Nime}^-\text{(g)} \xrightarrow{\text{Hydration}} \text{Nime}^-\text{(aq)}$$

Bei einer genauen Betrachtung müssen für jeden Schritt die Enthalpie- und die Entropieänderung getrennt diskutiert werden. Bei der Sublimation (und der Dissoziation der Nichtmetallmoleküle) nimmt die Entropie stark zu, während die mit der Hydration der Ionen verbundene

Entropieänderung meist negativ ist. Zahlenwerte für die Entropien der gasförmigen Ionen sind jedoch nicht bekannt, so daß sich höchstens für den ersten Teilschritt Entropieänderungen angeben lassen. Wir beschränken uns deshalb im Nachfolgenden auf die Diskussion der verschiedenen Enthalpieänderungen. Dabei muß man bedenken, daß schon verhältnismässig kleine Differenzen zwischen großen Zahlen sich sehr stark auf die Gesamtenergiebilanz – d. h. das Normalpotential! – auswirken. So entspricht beim Übergang $Me(s) \rightarrow Me^+(aq)$ eine Änderung von ΔG^0 um rund 96 kJ/mol einer Änderung des Normalpotentials um 1 Volt.

Aus dem oben dargestellten Schema erkennt man sofort, daß hohe Ionisierungsenergie und Sublimationsenthalpie sowie kleine Hydrationsenthalpie eines *Metalls* bzw. *Metallions* das Normalpotential positiver machen, d.h. einen stärker edlen Charakter begünstigen. Die relativ stark positiven Normalpotentiale von Cu, Ag und Au sind in erster Linie auf die – verglichen mit den Alkalimetallen – viel größeren Ionisierungsenergien zurückzuführen. Auch die Sublimationsenthalpien sind bei den Metallen der ersten Nebengruppe (und ebenso bei anderen Edelmetallen, z. B. Pt) größer (vgl. Tabelle 11.1). Allerdings sind auch die Hydrationsenthalpien von Cu^{2+} und Ag^+ größer (stärker negativ), doch genügt dieser Effekt nicht, um die Auswirkung der größeren Ionisierungsenergie und Sublimationsenthalpie wettzumachen. Das verglichen mit Cu stark negative Normalpotential von Zn ist eine Folge der hier beträchtlich kleineren Sublimationsenthalpie, da die anderen Enthalpiedifferenzen beim Cu und Zn von ähnlicher Größenordnung sind. – Die zunehmende reduzierende Wirkung der Metalle in der Reihe Na–Cs ist auf die in dieser Reihenfolge abnehmende Ionisierungsenergie und Sublimationsenthalpie zurückzuführen. Daß jedoch nicht Cs, sondern Li das negativste Normalpotential besitzt (also das unedelste Metall ist), ist eine Folge der besonders hohen Hydrationsenthalpie des kleinen Li^+-Ions, welche die – verglichen mit Na – höhere Ionisierungsenergie und Sublimationsenthalpie überkompensiert. Aus dem gleichen Grund sind die Normalpotentiale von Ca und Ba negativer als das Normalpotential von Na (größere Hydrationsenthalpie bei doppelt negativ geladenen Ionen!) und besitzt das Al trotz sehr hoher Ionisierungsenergie ein relativ stark negatives Normalpotential. Im Fall von Fe ist die Sublimationsenthalpie beträchtlich größer, so daß (trotz nahezu gleicher Ionisierungsenergie) $E^0_{Fe/Fe^{3+}}$ viel positiver ist als der entsprechende Wert für Al (−0,04 V, verglichen mit −1,67 V für Al).

Bei den *Nichtmetallen* wird die Oxidationskraft (positives Normalpotential) durch eine geringe Bildungsenthalpie, stark negative Elektronenaffinität und Hydrationsenthalpie erhöht. Liegt das Nichtmetall bei Raumtemperatur bereits als Gas vor, so braucht für den ersten Teilschritt keine Sublimationsenthalpie aufgewendet zu werden, und das Normalpotential wird wiederum positiver. Die Tatsache, daß Fluor das stärkste Oxidationsmittel ist (obschon seine Elektronenaffinität kleiner ist als beim Chlor), ist eine Folge der geringen Bindungs- und auch der relativ großen Hydrationsenthalpie.

Tabelle 11.1

	K	Ag
Sublimationsenthalpie	+ 90,8 kJ	+ 280,3 kJ
Ionisierungsenergie	+ 418,4 kJ	+ 732,2 kJ
Hydrationsenthalpie	− 313,8 kJ	− 468,6 kJ
Summe	+ 195,4 kJ	+ 544,1 kJ

Ordnet man die Redoxpaare nach zunehmender Oxidationskraft der oxidierten Form — E^0 wird nach unten immer stärker positiv —, so erhält man die **Redoxreihe** («**Spannungsreihe**»); siehe Tabelle 11.2.

Tabelle 11.2. Redoxreihe («Spannungsreihe») [1]

Red (reduzierte Form)	Ox (oxidierte Form)			E^0 Normalpotential
Li	Li^+	$+ e^-$		$-3,03$
K	K^+	$+ e^-$		$-2,92$
Ca	Ca^{2+}	$+ 2e^-$		$-2,76$
Na	Na^+	$+ e^-$		$-2,71$
Mg	Mg^{2+}	$+ 2e^-$		$-2,40$
Al	Al^{3+}	$+ 3e^-$		$-1,69$
Se^{2-}	Se	$+ 2e^-$		$-0,77$
Zn	Zn^{2+}	$+ 2e^-$		$-0,76$
S^{2-}	S	$+ 2e^-$		$-0,51$
Fe	Fe^{2+}	$+ 2e^-$		$-0,44$
Pb	Pb^{2+}	$+ 2e^-$		$-0,13$
$2 H_2O + H_2$	$2 H_3O^+$	$+ 2e^-$		$0,00$
Cu^+	Cu^{2+}	$+ e^-$		$+0,17$
Cu	Cu^{2+}	$+ 2e^-$		$+0,35$
$4 OH^-$	O_2	$+ 2 H_2O$	$+ 4e^-$	$+0,40$ [2]
$2 I^-$	I_2	$+ 2e^-$		$+0,58$
Fe^{2+}	Fe^{3+}	$+ e^-$		$+0,75$
Ag	Ag^+	$+ e^-$		$+0,81$
Hg	Hg^{2+}	$+ 2e^-$		$+0,86$
$6 H_2O + NO$	NO_3^-	$+ 4 H_3O^+ + 3e^-$		$+0,95$
$2 Br^-$	Br_2	$+ 2e^-$		$+1,07$
$12 H_2O + Cr^{3+}$	CrO_4^{2-}	$+ 8 H_3O^+ + 3e^-$		$+1,30$
$2 Cl^-$	Cl_2	$+ 2e^-$		$+1,36$
Au	Au^{3+}	$+ 3e^-$		$+1,38$
$12 H_2O + Mn^{2+}$	MnO_4^-	$+ 8 H_3O^+ + 5e^-$		$+1,50$
$3 H_2O + O_2$	O_3	$+ 2 H_3O^+ + 2e^-$		$+1,90$
$2 SO_4^{2-}$	$S_2O_8^{2-}$	$+ 2e^-$		$+2,05$
$2 F^-$	F_2	$+ 2e^-$		$+2,85$

Reduzierende Wirkung nimmt ab ← → *Oxidierende Wirkung nimmt zu*

[1] Weitere Normalpotentiale siehe S. 693.
[2] Das Normalpotential O^{-II}/O^0 bezieht sich auf Lösungen vom pH 14 $[(OH^-) = 1]$. Bei pH 7 beträgt das Potential $+ 0,82$ V.

Konzentrationsabhängigkeit des Redoxpotentials. Wenn wir eine Halbzelle, die ein Redoxpaar Red/Ox in beliebigen Konzentrationen enthält, mit einer Normalwasserstoffhalbzelle kombinieren, so ist

$$\Delta G_r = - n \cdot \boldsymbol{f} \cdot \Delta E.$$

Das Potential der Halbzelle Red/Ox ist damit der Differenz zwischen der freien Enthalpie des Systems H^0/H^{+1} [bei $p = 1$ bar und $(H_3O^+) = 1$] und der freien Enthalpie des Systems Red/Ox direkt proportional, weil das Potential der Normalwasserstoffelektrode definitionsgemäß Null ist.

Ist das Potential E von Red/Ox positiv, so heißt das, daß die Reaktion

$$Ox + H_2 + 2H_2O \longrightarrow Red + 2H_3O^+$$

freiwillig abläuft. In der Halbzelle, die das Redoxpaar Red/Ox enthält, tritt also die Reduktion $Ox \longrightarrow Red$ ein.

Nun ist:

$$\Delta G_r = \Delta G_r^0 + R \cdot T \cdot \ln K = \Delta G_r^0 + R \cdot T \cdot \ln \frac{(Red) \cdot (H_3O^+)^2}{(Ox) \cdot (H_2)(H_2O)^2}$$

oder

$$\Delta G_r = \Delta G_r^0 + R \cdot T \cdot \ln \frac{(Red)}{(Ox)} + R \cdot T \cdot \ln \cdot \frac{(H_3O^+)^2}{(H_2)^2(H_2O)}$$

Der zweite Summand in dieser Gleichung stellt das Potential einer Wasserstoffelektrode dar, wobei man zweckmäßigerweise nicht die Konzentration, sondern den Partialdruck des Wasserstoffes angibt[1]. Somit bedeutet hier das Symbol (H_2) eigentlich den Partialdruck von Wasserstoff. Da das Redoxsystem Red/Ox voraussetzungsgemäß mit einer *Normal*-Wasserstoffelektrode kombiniert ist, wird p_{H_2} (der Wasserstoff-Partialdruck) $= 1$ bar und (H_3O^+) – die Aktivität der H_3O^+-Ionen – $= 1$ mol/l. Damit wird dieser zweite Summand gleich Null.

Die elektrische Arbeit, welche vom System geleistet werden kann, ist gleich $n E \cdot f$ (bzw. $n E^0 \cdot f$, wenn die Reaktionspartner im Standardzustand vorliegen), wobei n die Zahl der verschobenen Elektronen bedeutet. Da der gesamte Vorgang exergonisch verläuft, ist ΔG_r negativ. Es gilt also:

$$-n \cdot E \cdot f = -n \cdot E^0 \cdot f + R \cdot T \cdot \ln \frac{(Red)}{(Ox)}$$

oder

$$\mathbf{E = E^0 + \frac{R \cdot T}{n f} \cdot \ln \frac{(Ox)}{(Red)}}$$

Diese sogenannte **Nernstsche Gleichung** gibt die *Konzentrationsabhängigkeit des Elektrodenpotentials.* Setzt man für R den Zahlenwert der universellen Gaskonstanten, für f 96 486 C, für T 298 K ($= 25$ °C) ein und berücksichtigt den Umwandlungsfaktor von ln in log, so ergibt sich:

$$E = E^0 + \frac{0{,}059}{n} \cdot \log \frac{(Ox)}{(Red)}$$

Bei einer *Metall-* oder *Wasserstoffelektrode* ist die Konzentration des festen Metalls bzw. des Wasserstoffes (wenn er unter konstantem Druck steht!) konstant. Dadurch vereinfacht sich die Nernstsche Gleichung:

$$E = E^0 + \frac{0{,}059}{n} \log (Me^{n+})$$

Bei *Nichtmetallelektroden,* an denen negative Ionen entstehen, ist die Konzentration des Nichtmetalls (der oxidierten Form des Redoxpaares) konstant, so daß hier gilt:

$$E = E^0 - \frac{0{,}059}{n} \log (Nime^{n-})$$

[1] Konzentration und Partialdruck eines Gases sind einander proportional.

Da man bei Reaktionen in wäßriger Lösung die Konzentration (Aktivität) des Wassers als konstant ansehen darf, lautet die Nernstsche Gleichung z. B. für das Redoxsystem Mn^{2+}/MnO_4^-:

$$Mn^{2+} + 12\ H_2O \rightleftarrows MnO_4^- + 8\ H_3O^+ + 5\,e^-$$

$$E = E^0 + \frac{0,059}{5}\ \log \frac{(MnO_4^-) \cdot (H_3O^+)^8}{(Mn^{2+})}$$

In gleicher Weise, wie die pK_s-Werte ein Maß für die Stärke einer Säure sind und die Fähigkeit einer Säure, an Wasser Protonen abzugeben, ausdrücken, sind die Normalpotentiale ein Maß der Stärke des Reduktions- bzw. Oxidationsvermögens eines Redoxpaares. Und ebenso wie das pH (die effektive Konzentration der H_3O^+-Ionen, d. h. die «aktuelle Acidität») vom Logarithmus des Verhältnisses der Konzentrationen $(A^-)/(HA)$ abhängt, hängt auch das in der Lösung eines Reduktions- oder Oxidationsmittels tatsächlich vorhandene Potential (also das effektive Reduktions- bzw. Oxidationsvermögen) vom Logarithmus des Verhältnisses der Konzentrationen $(Ox)/(Red)$ ab:

$$pH = pK_s + \log \frac{(A^-)}{(HA)} \qquad\qquad E = E^0 + \frac{0,059}{n}\ \log \frac{(Ox)}{(Red)}$$

Bei der *Messung* von Elektrodenpotentialen müssen einige Punkte besonders beachtet werden. Um Konzentrationsveränderungen an den Elektroden möglichst auszuschalten (und um die Elektrodenreaktionen möglichst reversibel durchführen zu können), muß möglichst stromlos gemessen werden (Röhrenvoltmeter). Obschon das Normalpotential eines Redoxsystems auf das Potential der Normalwasserstoffelektrode bezogen wird, mißt man die Spannung gewöhnlich gegen eine *«Elektrode zweiter Art»* (z. B. eine Kalomel- oder Silberchlorid-Elektrode; vgl. S. 419), da solche Elektroden ein konstantes, gut reproduzierbares Potential besitzen und einfach zu handhaben sind.

Weiter muß bei genauen Messungen berücksichtigt werden, daß auch dort, wo sich zwei Elektrolyte verschiedener Konzentration berühren, Potentialsprünge auftreten *(«Grenzflächen-potentiale»)*. Die Grenzflächenpotentiale sind allerdings im allgemeinen relativ klein; ihr Einfluß kann durch Verwendung einer Salzbrücke (an Stelle einer porösen Membran) erheblich verringert werden, da sich dann die beiden Grenzflächenpotentiale fast aufheben.

Das Elektrodenpotential hängt schließlich auch vom Zustand des betreffenden *Elektroden-metalls* ab. Oberflächenfilme (z. B. dünne Oxidschichten) und mechanische Spannungen im Metall selbst vermögen das Potential stark zu beeinflussen. Ein vor der Messung mechanisch beanspruchtes Metall als Elektrode zeigt gegenüber einem nicht behandelten, gleichen Metall stets ein positiveres Potential. Oberflächenschichten können sich z. B. durch Reaktion des Elektrolyten mit dem Metall bilden, so daß dann ein und dasselbe Metall je nach dem verwendeten Elektrolyten verschiedene Potentiale ergibt. Beispielsweise mißt man für eine Zn-Elektrode in 1-M $ZnSO_4$-Lösung ein Potential von $- 0,76$ V, für dasselbe Blech in einer 1-M $Zn(NO_3)_2$-Lösung jedoch nur ein Potential von $- 0,69$ V. Aus allen diesen Gründen ist es oft nicht leicht, wirklich reproduzierbare Potentiale zu messen, insbesondere bei Metallelektroden (Ag, Zn u. a.).

Voraussage von Redoxvorgängen. Das Redoxpotential eines Redoxpaares charakterisiert seine reduzierende bzw. oxidierende Wirkung in wäßriger Lösung. Je **negativer das** Potential, desto stärker wirkt seine **reduzierte** Form **reduzierend**; je **positiver** das Potential, desto stärker wirkt seine **oxidierte** Form **oxidierend**. Es gilt deshalb

Ein oxidierbares Teilchen Red[1] kann nur von einem Oxidationsmittel Ox[2] oxidiert werden, dessen Potential positiver ist als das Redoxpotential des Redoxpaares Red[1] / Ox[1].

Damit läßt sich bei Kenntnis der fraglichen Redoxpotentiale voraussagen, ob ein bestimmter Redoxvorgang möglich ist oder nicht, d.h. ob eine bestimmte Reduktion oder Oxidation überhaupt möglich ist.

Beispiele

1. Metalle mit negativerem Potential können die Ionen der Metalle mit positiverem Potential reduzieren:

$$Fe + Cu^{2+} \longrightarrow Fe^{2+} + Cu \qquad\qquad \text{(vgl. S. 389)}$$

Einen Spezialfall davon bildet die *Wasserstoffentwicklung* aus einer verdünnten *Säure* oder aus *Wasser* (Reduktion der H_3O^+-Ionen zu H_2). Alle Metalle mit negativem Normalpotential sollten aus einer Säure vom pH 0 [d.h. mit $(H_3O^+) = 1$] Wasserstoff in Freiheit setzen:

$$Mg + 2\,H_3O^+ \longrightarrow Mg^{2+} + H_2 + 2\,H_2O$$

Wegen Hemmungserscheinungen reagieren allerdings einige Metalle nur schlecht (Ni, Cr, Al: Passivität und Überspannung, siehe S. 414).

In neutralem Wasser beträgt das Potential einer Wasserstoffelektrode $-0,42$ Volt, weil $E = 0 + 0,06 \cdot \log(H_3O^+)$, also $E = -0,06 \cdot p$H, ist. Metalle mit negativerem Normalpotential vermögen auch aus Wasser Wasserstoff zu entwickeln. Trotzdem geben viele unedle Metalle keinen Wasserstoff, weil das bei der Reaktion Me + $H_2O \longrightarrow$ MeOH + $\frac{1}{2}H_2$ entstehende Hydroxid eine feste, unlösliche Schutzschicht um das Metall bildet (Al, Zn, Fe). In starker Lauge lösen sich aber die Hydroxide von Al, Zn und Cr unter Komplexbildung auf. Da das Potential einer Wasserstoffelektrode in einer Lauge von pH 12 $-0,72$ Volt beträgt, vermögen nur Al und Zn, nicht aber Cr, aus einer solchen Lauge Wasserstoff zu entwickeln.

Metalle mit positivem Normalpotential (Cu, Ag, Hg usw.) werden von nichtoxidierenden Säuren (z.B. Salzsäure) nicht angegriffen. In Gegenwart von Luftsauerstoff löst sich jedoch Cu langsam in Salzsäure, weil dann O_2 zu H_2O reduziert wird (E bei pH 0 = $+1,24$ V). Das Cu wird dabei aber nicht zu Cu^{2+}, sondern zu Cu^{+I} oxidiert, da sich dann der relativ stabile $CuCl_2^-$-Komplex bilden kann:

$$4\,Cu + O_2 + 4\,H_3O^+ + 8\,Cl^- \longrightarrow 4\,[CuCl_2]^- + 6\,H_2O$$

2. Die oxidierende bzw. reduzierende Wirkung eines Redoxpaares hängt von den Konzentrationen aller daran beteiligten Ionen ab. Besonders groß ist der Einfluß einer Konzentration dann, wenn sie im Massenwirkungsprodukt in einer Potenz vorkommt. Dies gilt bei vielen Redoxsystemen für die Konzentration der H_3O^+-Ionen. Die *oxidierende (reduzierende) Wirkung* eines solchen Redoxpaares ist dann stark pH-abhängig.

So wird z.B. die oxidierende Wirkung des MnO_4^--Ions sehr stark von der Konzentration der H_3O^+-Ionen beeinflußt. Für eine Lösung, welche MnO_4^-- und Mn^{2+}-Ionen im Verhältnis 100 : 1 enthält, wird

$$E = +1,5 + 0,012 \cdot \log \frac{100 \cdot (H_3O^+)^8}{1}.$$

Bei pH 0 wird $E = 1,524$ Volt, bei pH 3 (etwa 0,1-M Essigsäure) aber nur noch 1,236 Volt. Bei pH 0 kann man mit Permanganat Cl^- zu Cl_2 oxidieren (Herstellung von Chlor aus konzentrierter Salzsäure!); bei pH 3 ist diese Oxidation nicht mehr möglich. Hingegen lassen sich Br^- in essigsaurer Lösung (pH 2–3) zu Br_2 oxidieren. Die Oxidation von I^- zu I_2 ist sogar bei pH 7 noch möglich.

Im Fall von Redoxsystemen, welche einfache *«Ionen-Umladungen»* darstellen (wie z. B. das System Fe^{2+}/Fe^{3+}) sollte das Redoxpotential vom pH der Lösung unabhängig sein. In Wirklichkeit ist dies jedoch meist nicht der Fall, weil die Aquokomplexe der betreffenden Ionen Säuren sind (S. 359), deren Stärke je nach der Ladung des Zentralions verschieden ist. Das Fe^{3+} aq-Ion beispielsweise ist beträchtlich stärker sauer als das Fe^{2+}aq-Ion, so daß die Konzentrationen der nicht-protolysierten Aquokomplexe $Fe(H_2O)_6^{3+}$ bzw. $Fe(H_2O)_6^{2+}$ – auf welche sich das Normalpotential bezieht! – pH-abhängig ist. Die in schwach alkalischer Lösung viel stärker reduzierende Wirkung von $Fe(II)$-Salzen beruht darauf, daß das Eisen(III)-oxidhydrat (das sogenannte «$Fe(OH)_3$»; vgl. S. 644) viel weniger löslich ist als $Fe(OH)_2$. Da auch die Art der in der Lösung vorhandenen Anionen einen Einfluß auf das Redoxpotential haben kann (Komplexbildung durch Ligandensubstitution mit dem Aquokomplex), benützt man statt der Normalpotentiale für praktische Zwecke vielfach sogenannte «**Realpotentiale**», die sich auf ganz bestimmte Lösungen beziehen. So beträgt das Realpotential des Systems Fe^{2+}/Fe^{3+} in einer 1-M Salzsäure + 0,67 V und in einer 1-M Perchlorsäure + 0,70 V, während sein Normalpotential + 0,75 V ist.

3. Auch das *Verhältnis (Ox) / (Red)* ist für die oxidierende (reduzierende) Wirkung bestimmend. Ein reines Oxidationsmittel hätte das Potential $+ \infty$; absolut reine Oxidations- oder Reduktionsmittel sind daher gar nicht herstellbar. Auch die «analysenreinen» Lösungen solcher Stoffe enthalten immer geringe Spuren der reduzierten bzw. oxidierten Stufe des Redoxsystems.

Die Abhängigkeit der oxidierenden und reduzierenden Wirkung vom Verhältnis der Konzentrationen (Ox) / (Red) läßt sich z. B. am System Fe^{2+}/Fe^{3+} gut untersuchen, weil vor allem die Fe^{3+}-Ionen zahlreiche Komplexe bilden. Besonders stabil sind der Thiocyanato- und der Fluorokomplex:

$$[Fe(H_2O)_4(SCN)_2]^+ \qquad [FeF_6]^{3-}$$

Die Spannung zwischen einer Zinkelektrode (in 1-M $ZnSO_4$) und einer Platinelektrode in einer Fe^{2+}/Fe^{3+}-Lösung (je 1-M) sinkt bei Zusatz von NaF von 1,5 auf 0,8 V. Daraus läßt sich berechnen, daß die Konzentration der Fe^{3+}-Ionen nach dem Fluoridzusatz noch 10^{-12} Mol/Liter beträgt; die Komplexbildung erfolgt also sehr vollständig. Setzt man der Fe^{2+}/Fe^{3+}-Mischung zuerst Thiocyanat zu, so sinkt die Spannung etwas weniger stark, weil der Thiocyanatokomplex die kleinere Komplexbildungskonstante besitzt und deshalb noch mehr Fe^{3+}aq im Gleichgewicht mit ihm existieren.

Durch Zusatz von Fluorid zu einer $FeSO_4$-Lösung läßt sich deren Reduktionswirkung stark erhöhen (Wegfangen der auch in einer solchen Lösung noch vorhandenen Fe^{3+}-Ionen!). Eine solche fluoridhaltige Fe^{2+}-Lösung vermag daher z. B. $CuCl_2$ zu $CuCl$ zu reduzieren (E_0 von $Cu^+/Cu^{2+} = + 0,17$ V), während dies mit gewöhnlicher $FeSO_4$-Lösung nicht möglich ist. Ihr Gehalt an Fe^{3+} ist so hoch, daß ihr Redoxpotential positiver ist als + 0,17 V.

4. Weitere Beispiele, welche den Einfluß der *Komplexbildung* oder der *Löslichkeit* auf das Redoxpotential illustrieren, bieten die Systeme Co^{+II}/Co^{+III} und Cu^0/Cu^{+I}. Das Normalpotential für Co^{2+}/Co^{3+} ist +1,80 V. Co^{3+}-Ionen wirken deshalb sehr stark oxidierend und reagieren beispielsweise mit Wasser unter Sauerstoffentwicklung. Das Normalpotential für die entsprechenden Amminkomplexe $Co(NH_3)_6^{2+}/Co(NH_3)_6^{3+}$ beträgt jedoch nur + 0,10 V; $Co(NH_3)_6^{3+}$ wirkt also kaum oxidierend. Der Grund für dieses Verhalten liegt darin, daß der Amminkomplex von $Co(III)$ sehr viel stabiler ist als der entsprechende Komplex von $Co(II)$ (die Komplexzerfallskonstanten sind 10^{35} bzw. $10^{4,7}$), so daß dadurch die oxidierte Form

des Redoxsystems ganz wesentlich stabilisiert und das Normalpotential negativer wird (vgl. S. 612). In ähnlicher Weise werden auch bestimmte Oxidationsstufen anderer Metalle durch Komplexbildung besonders stabilisiert.

Am Beispiel der Cu(I)-Verbindungen erkennt man den Einfluß der Löslichkeit auf das Redoxpotential. Während z.B. $CuCl_2$ und $CuBr_2$ in wässriger Lösung ohne weiteres stabil sind, erhält man beim Zusammengießen von Iodid- und Kupfer(II)-salzlösungen einen weißen Niederschlag von CuI, obschon das Normalpotential von I^-/I^0 viel positiver ist als das Normalpotential von Cu^+/Cu^{2+}. Die sehr geringe Löslichkeit von CuI (d.h. die sehr kleine Konzentration von freien Cu^+-Ionen) bewirkt aber, daß das Redoxpotential von Cu^+/Cu^{2+} positiver als $+0,58$ V wird, so daß Iodid durch Cu^{2+} oxidiert wird.

5. Löst man Chlor in Wasser, so stellt sich ein Gleichgewicht ein, in welchem neben Salzsäure auch unterchlorige Säure (HOCl) vorhanden ist:

$$Cl_2 + 2\,H_2O \rightleftharpoons H_3O^+ + Cl^- + HOCl$$

Dabei geht Cl^0 gleichzeitig in eine höhere $(+I)$ und eine niedrigere $(-I)$ Oxidationsstufe über. Solche Reaktionen, bei welchen ein und dieselbe Substanz zugleich Oxidations- und Reduktionsmittel ist, bezeichnet man als **Disproportionierungen**. Sie lassen sich schematisch folgendermaßen formulieren:

$$2\;\text{Redox} \rightleftharpoons \text{Red} + \text{Ox}$$

Dabei enthält Red das betreffende Element in der niedrigeren, Ox das Element in der höheren Oxidationsstufe. Eine solche Reaktion ist nur möglich, wenn das Redoxpotential des Systems Red/Redox *positiver* ist als das Potential des Systems Redox/Ox, da die oxidierte Form des ersteren (Redox) als Oxidationsmittel wirken muß. Zur Illustration diene nochmals eine Betrachtung der Systeme Cu^0/Cu^+, Cu^+/Cu^{2+} und Cu^0/Cu^{2+}.

	E^0
Cu^0/Cu^+	$+0,52$ V
Cu^+/Cu^{2+}	$+0,17$ V
Cu^0/Cu^{2+}	$+0,35$ V

Wie sich aus den Normalpotentialen ergibt, sind Cu(I)-Verbindungen in wäßriger Lösung instabil und disproportionieren in Cu^0 und Cu^{+II}:

$$2\;Cu^+ \rightleftharpoons Cu + Cu^{2+}$$

Die Gleichgewichtskonstante dieses Gleichgewichtes kann aus den Normalpotentialen berechnet werden (S. 408). Sie beträgt ungefähr 10^6, was zeigt, daß Cu^+ nahezu vollständig disproportioniert. Nur die sehr wenig löslichen Kupfer(I)-halogenide, CuCN, Cu_2S sowie gewisse Kupfer(I)-komplexe sind in Wasser beständig, weil die sehr kleine Konzentration der freien Cu^+-Ionen das Redoxpotential des Systems Cu^+/Cu^{2+} erhöht (positiver macht).

Selbstverständlich lassen die Redoxpotentiale – wie die Thermodynamik überhaupt! – nur Voraussagen zu, ob ein bestimmter Vorgang *möglich* ist oder nicht; sie sagen jedoch nichts darüber aus, ob er auch wirklich eintritt. Gerade Redoxvorgänge besitzen sehr oft ziemlich *große Aktivierungsenthalpien* (eine Folge ihres gewöhnlich recht komplizierten Ablaufes), so daß viele, an sich durchaus mögliche (exergonische) Redoxreaktionen aus kinetischen Gründen bei Raumtemperatur oder nur mäßig erhöhter Temperatur nicht oder nur sehr langsam verlaufen.

Besonders groß sind die Aktivierungsenthalpien für die Bildung von Wasserstoff und Sauerstoff aus Wasser (wie ja auch die Aktivierungsenthalpie der Knallgasreaktion sehr hoch ist!). So müßten aus thermodynamischen Gründen alle Reduktionsmittel mit einem Redoxpotential, das negativer ist als $-0,42$ V, aus Wasser Wasserstoff entwickeln; ebenso sollten Oxidationsmittel mit einem positiveren Potential als $+0,82$ V aus Wasser Sauerstoff in Freiheit setzen. [Das Potential des Systems $4\,OH^-/2\,H_2O + O_2$ beträgt $+0,40 -0,06\,\log(OH^-) = (+0,40 + 0,06\,pOH)$ Volt.] In wäßriger Lösung thermodynamisch stabile Redoxsysteme müssen also ein Redoxpotential haben, das zwischen $(-0,06\,pH)$ Volt und $(+0,40 + 0,06\,pOH)$ Volt liegt. *Kinetische Faktoren* (d. h. eine hohe freie Aktivierungsenthalpie) bewirken jedoch rund eine Verdoppelung des Potentialbereiches, innerhalb dessen Redoxsysteme im Wasser beständig sind. So reduziert Zn ($E^0 = -0,76$ V) Wasser nicht und werden Oxidationsmittel wie $KClO_3$ ($E_0 = +1,45$ V) oder $KMnO_4$ ($E^0 = +1,50$ V) vom Wasser nicht reduziert. Daß durch solche Hemmungserscheinungen die Möglichkeiten und die Vielfalt von Reaktionen in wässrigen Systemen ganz gewaltig vergrößert werden, braucht nicht besonders betont zu werden.
Manche Redoxreaktionen, die gewöhnlich recht langsam verlaufen, können durch Katalysatoren beschleunigt werden. In gewissen Fällen wirken auch Substanzen (Teilchen), die sich als Zwischenprodukte der Reaktion bilden, katalytisch, so daß die anfänglich langsame Reaktion allmählich immer schneller verläuft *(Autokatalyse)*. Ein Beispiel dafür bietet die maßanalytisch wichtige Oxidation von Oxalsäure bzw. Natriumoxalat durch Permanganat in schwefelsaurer Lösung, welche durch Verbindungen von Mangan in tieferen Oxidationsstufen katalysiert wird.

Berechnung von Gleichgewichtskonstanten. Im Gleichgewicht ist die Potentialdifferenz zwischen zwei Halbzellen Null; das System vermag keine Arbeit mehr zu leisten.
Für eine Reaktion

$$Red^1 + Ox^2 \rightleftarrows Ox^1 + Red^2,$$

bei welcher n Elektronen verschoben werden und die von links nach rechts exergonisch verlaufen soll (E_2^0 positiver als E_1^0), gilt:

$$E_2^0 + \frac{RT}{nf}\,\ln\frac{(Ox^2)}{(Red^2)} - E_1^0 - \frac{RT}{nf}\,\ln\frac{(Ox^1)}{(Red^1)} = 0$$

oder umgeformt

$$E_2^0 - E_1^0 + \frac{RT}{nf}\,\ln\frac{(Ox^2)\,(Red^1)}{(Red^2)\,(Ox^1)} = 0$$

Wir erhalten somit:

$$E_2^0 - E_1^0 = -\frac{RT}{nf}\,\ln\frac{1}{K}$$

oder

$$E_2^0 - E_1^0 = \frac{RT}{nf}\,\ln K$$

Nach Einsetzen der für 25 °C gültigen Zahlenwerte und des Umwandlungsfaktors für die Logarithmen ist

$$\log K = (E_2^0 - E_1^0)\,\frac{n}{0,059}\,.$$

Beispiele

1. Gesucht ist die Gleichgewichtskonstante für die Reaktion zwischen Sn^{+II} und Cl_2.

Die beiden Normalpotentiale sind:

$$E_2^0 = E_2^0{}_{Cl^-/Cl_2} = +1{,}36 \text{ V}$$
$$E_1^0 = E_{Sn^{2+}/Sn^{4+}}^0 = -0{,}20 \text{ V}$$

Wir bekommen also $\log K = [1{,}36 - (-0{,}20)]\dfrac{2}{0{,}059} = 52$ und $K = 10^{52}$.

2. Die Oxidation von Iodid zu Iod durch Luftsauerstoff geschieht nach folgender Gleichung:

$$4\,I^- + O_2 + 2\,H_2O \rightleftarrows 2\,I_2 + 4\,OH^-$$

Die Differenz der Normalpotentiale wird gleich

$$E_{OH^-/O_2}^0 - E_2^0{}_{I^-/I_2} = 0{,}40 - 0{,}58 = -0{,}18 \text{ V}.$$

Der betrachtete Vorgang ist also endergonisch (negative Differenz der Normalpotentiale!); K wird kleiner als 1. Wir erhalten:

$$\log K = -0{,}18\,\frac{4}{0{,}059} = -12 \quad \text{und} \quad K = 10^{-12}$$

Das Gleichgewicht liegt also bei Standardbedingungen und $(OH^-) = 1$ mol/Liter ganz links. Wir wollen noch berechnen, ob bei pH 7 (also in neutraler Lösung) die Oxidation möglich ist.
Das MWG für unsere Reaktion lautet:

$$\frac{(I_2)^2 \cdot (OH^-)^4}{(I^-)^4 \cdot (O_2) \cdot (H_2O)^2} = 10^{-12}$$

Für pH = 7 [d.h. $(OH^-) = 10^{-7}$] wird

$$\frac{(I_2)^2}{(I^-)^4} = \frac{10^{-12}}{10^{-28}} \qquad [(O_2) \text{ und } (H_2O) \text{ sind konstant!}]$$

also $\qquad \dfrac{(I_2)}{(I^-)^2} = \underline{10^8}$

Im Gleichgewicht überwiegt damit die Konzentration vom I_2 derart stark, daß die Oxidation von Iodid durch Luftsauerstoff bei pH 7 praktisch vollkommen verläuft.

11.6 Galvanische Elemente; Korrosion

Kombinationen zweier Halbzellen («**galvanische Elemente**») können als ortsunabhängige Stromquellen verwendet werden *(«Batterien», «Akkumulatoren»)*. Die Spannung, welche ein solches Element liefert, ist allerdings nicht konstant, sondern nimmt im Laufe der Zeit ab, weil allmählich der Gleichgewichtszustand ($\Delta E = 0$) erreicht wird.

Auch wenn zwei verschiedene Metalle in dieselbe Elektrolytlösung tauchen (z.B. Zink und Kupfer in verdünnte Schwefelsäure), kann man zwischen ihnen eine Spannung messen, da die Metalle gegenüber der Lösung verschiedenes Potential annehmen. Werden beide Metalle durch einen Draht verbunden, so daß ein Strom fließen kann, so löst sich das unedlere Metall auf, während am edleren Metall Ionen aus der Lösung reduziert werden. Eine solche Kombination bildet z.B. das häufig verwendete *Leclanché-Element* («Taschenlampenbatterie»). Hier werden ein Kohlestab und ein Zinkblech als Elektrode verwendet, während eine mit Sägemehl, Kleister oder Gelatine verdickte NH_4Cl-Lösung als Elektrolyt dient. Der Kohlestab (die positive Elektrode) ist von Braunstein (MnO_2) umgeben, was die Bildung von Wasserstoffgas verhindert (Mn^{+IV} wird an Stelle von H^{+I} reduziert). Bei der Stromentnahme spielen sich folgende Reaktionen ab:

$$Zn \longrightarrow Zn^{2+} + 2\ e^-$$

$$2\ e^- + 2\ MnO_2 + 2\ H_3O^+ \longrightarrow 2\ MnO(OH)(s) + 2\ H_2O$$

Weitere für bestimmte Zwecke eingesetzte galvanische Elemente sind die *Metall/Luft-* und die *Silberchlorid-Zelle*. Bei Metall/Luft-Zellen dient eine Sauerstoffelektrode (ein poröser Kohle- oder Nickelstab, der mit Luft gesättigt ist) als positiver Pol. Wenn die Zelle nicht im Gebrauch steht, muß der Zutritt von Luft verhindert werden. Die Silberchlorid-Zelle besteht aus einer Magnesiumelektrode (negativer Pol) und einem mit AgCl überzogenen Silberdraht (positiver Pol). Die Zelle wird vor Gebrauch mit Leitungswasser «angesetzt». Die ablaufenden Reaktionen sind die folgenden:

Zink/Luft-Zelle	$Zn \longrightarrow Zn^{2+} + 2\ e^-$
E etwa 0,6 V	$4\ e^- + O_2(g) + 2\ H_2O \longrightarrow 4\ OH^-$
Silberchlorid-Zelle	$Mg \longrightarrow Mg^{2+} + 2\ e^-$
E etwa 1,5 V	$e^- + AgCl(s) \longrightarrow Ag + Cl^-$

Besondere Typen galvanischer Elemente sind die *Akkumulatoren*. Hier können beim Laden die chemischen Vorgänge, die sich bei der Stromentnahme abspielen, wieder rückgängig gemacht werden. Wegen gewisser Veränderungen an den Elektroden sind die Elektrodenreaktionen allerdings nicht vollkommen reversibel.

Von praktischer Bedeutung sind neben dem Blei-Akkumulator («Autobatterie») auch Eisen/Nickel- und Nickel/Cadmium-Akkumulatoren. Im Blei-Akkumulator (Abb.11.4) wird eine Blei- und eine Bleidioxidelektrode verwendet (Elektrolyt 20% Schwefelsäure). Die Bleielektrode wird zum schwerlöslichen $PbSO_4$ oxidiert (sie bildet den negativen Pol des Akkumulators); am positiven Pol wird PbO_2 zu $PbSO_4$ reduziert; vgl. Abb.11.4. Da bei der Stromentnahme Schwefelsäure zur Bildung von $PbSO_4$ verbraucht wird, kann die Messung der Dichte der Säure zur Kontrolle des Ladungszustandes dienen.

Galvanische Elemente und Akkumulatoren haben gegenüber anderen Energiequellen den sehr großen Vorteil, eine wertvolle Energieart zu erzeugen und zudem einen sehr hohen Wirkungsgrad zu besitzen (technisch bis 90%). Der Wirkungsgrad von Wärmekraftmaschinen ist dagegen aus prinzipiellen theoretischen Gründen auf etwa 40% beschränkt. Es wäre deshalb außerordentlich wertvoll, wenn sich die zur Energiegewinnung in Wärmekraftmaschinen verwendeten chemischen Reaktionen (Verbrennung von Kohle, Benzin oder Öl; Knallgasreaktion) elektrochemisch durchführen ließen. Leider haben die jahrzehntelangen Forschungen und Arbeiten über diese *«Brennstoffelemente»* bisher nur verhältnismäßig wenige praktische Resultate ge-

Zugeschraubte Öffnung
zum Prüfen und Nachfüllen
des Elektrolyts (H₂SO₄
und destilliertes Wasser)

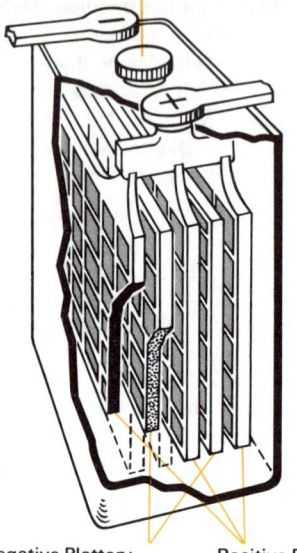

Negative Platten:
Bleigitter gefüllt mit
schwammigem Blei

Positive Platten:
Bleigitter gefüllt
mit PbO₂

Abb. 11.4. Bleiakkumulator (nach Pauling)

zeitigt. Die Hauptschwierigkeit liegt in allen Fällen in den hohen Aktivierungsenthalpien, welche für die Verbrennungen benötigt werden. So läßt sich z.B. eine Kohle-Anode (unter Verwendung von geschmolzenem Na_2CO_3 als Elektrolyt) erst oberhalb 800°C elektrochemisch oxidieren; wegen verschiedener Wirkungen, insbesondere der Korrosion der metallischen Werkstoffe, sind aber Salzschmelzen als Elektrolyte in galvanischen Elementen praktisch kaum zu gebrauchen.

Einzig das *«Knallgaselement»* hat heute – als Stromquelle für Raumschiffe! – bereits eine gewisse praktische Bedeutung bekommen. Man verwendet dazu eine Kombination einer Wasserstoff- und einer Sauerstoffelektrode, wobei sich folgende Reaktionen abspielen:

in alkalischer Lösung

$$H_2 + 2\,OH^- \longrightarrow 2\,H_2O + 2\,e^-$$

$$4\,e^- + O_2 + 2\,H_2O \longrightarrow 4\,OH^-$$

in saurer Lösung

$$H_2 + 2\,H_2O \longrightarrow 2\,H_3O^+ + 2\,e^-$$

$$4\,e^- + O_2 + 4\,H_3O^+ \longrightarrow 6\,H_2O$$

Als Elektrolyt dient verdünnte KOH oder verdünnte Schwefelsäure. Dank der Verwendung besonders konstruierter Elektroden aus Metallen, welche die Dissoziation von H_2 bzw. O_2 katalysieren (poröses Pt bzw. Ni) lassen sich die durch die hohen Aktivierungsenthalpien bedingten Schwierigkeiten weitgehend überwinden. Der allgemeinen Verwendung des Knallgaselementes z. B. für Automotoren steht allerdings die Tatsache entgegen, daß H_2 bei Raumtemperatur nicht verflüssigt werden kann (kritische Temperatur 33,3 K), so daß verhältnismäßig große Vorratsbehälter nötig wären. (In Raumschiffen werden beide Gase verflüssigt — unter Druck — transportiert; das durch die Elektrodenreaktionen gebildete Wasser kann abdestilliert und z. B. als Trinkwasser für die Raumfahrer verwendet werden.) Von größerem Interesse wäre das *Methan/Luft-Element* (Methan läßt sich bei Raumtemperatur unter Druck verflüssigen und transportieren), bei welchem folgende Reaktionen ablaufen:

$$10\ H_2O + CH_4 \longrightarrow CO_2 + 8\ H_3O^+ + 8\ e^-$$

$$4\ e^- + O_2 + 4\ H_3O^+ \longrightarrow 6\ H_2O$$

Die durch die auch hier sehr hohe Aktivierungsenthalpie für die Oxidation von Methan bedingten Schwierigkeiten sind allerdings bis heute noch nicht in einem Maß überwunden, als daß sich das Methan/Luft-Element zum Betrieb von Fahrzeugen eignete.

Die Bildung kleiner galvanischer Elemente ist eine der Hauptursachen der **Korrosion** von Metallen. Man versteht darunter die Zerstörung eines Metalles durch bestimmte chemische Einflüsse *(corrodere* lat. = zernagen, zerfressen). Neben der Korrosion durch *Gase* (Chlor, Chlorwasserstoff; Stickstoff für Al/Mg-Legierungen) und Säuren ist vor allem die *elektrochemische Korrosion* von sehr großer Bedeutung. Dabei wird ein Metall entweder durch Elektrolyse (durch sogenannte *vagabundierende Ströme* ; dort, wo das betreffende Metall zur Anode wird) oder durch die Bildung von *«Lokalelementen»* korrodiert. Ein solches Lokalelement ist nichts anderes als ein kleines, kurzgeschlossenes galvanisches Element, das durch Berührung zweier verschieden edler Metalle entsteht, wobei die Berührungsstelle in eine Elektrolytlösung taucht; wegen der auch in dest. Wasser vorhandenen Kohlensäure genügt schon Wasser! (Abb. 11.5). Das *unedlere* der beiden Metalle *löst sich auf,* während am edleren meist H_3O^+-Ionen zu Wasserstoff reduziert werden. Die bei der Reduktion von H_3O^+-Ionen aus einem wäßrigen Elektrolyten zurückbleibenden OH^--Ionen bilden mit den Ionen des unedleren Metalles häufig schwerlösliche Hydroxide und wasserhaltige Oxide. Wegen ihrer meist lockeren Struktur können diese Produkte allerdings häufig nicht als Schutzschicht wirken.
Manche Ionen (z. B. Cl^-) fördern das Auflösen des unedlen Metalls durch Katalysatorwirkung; andere Ionen wirken ähnlich, indem sie mit den Metall-Ionen Komplexe bilden.
Korrosion durch Lokalelementbildung ist besonders bei *unedlen Metallen* sehr häufig, da schon kleine Verunreinigungen der Oberfläche mit einem edleren Metall zum Zustandekommen von Lokalelementen genügen. Besonders gefährdet sind natürlich Stellen, wo sich bei

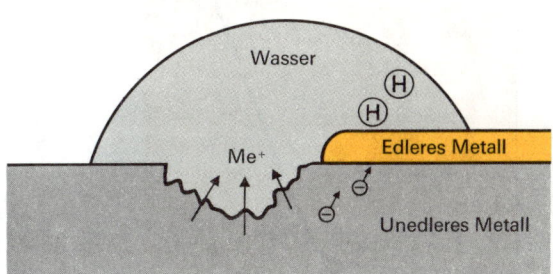

Abb. 11.5. Lokalelement

Geräten oder Apparaten zwei verschieden edle Metalle berühren (Messingschraube in Aluminium; verchromtes Eisen mit verletzter Chromschicht usw.). Unter Umständen kann sogar schon verschiedene Oberflächenbeschaffenehit ein und desselben Metalles genügen, um Lokalelemente zu erzeugen. Stellen mit dickerer Oxidschicht verhalten sich z. B. edler als angefeilte oder an der Oberfläche sonstwie verletzte Stellen, so daß hier das Metall allmählich korrodiert wird.

11.7 Die Elektrolyse

Bei einer **Elektrolyse** treten chemische Vorgänge (Redoxreaktionen!) unter der Einwirkung eines elektrischen Stromes ein. Zu diesem Zweck legt man eine Gleichspannung an zwei Elektroden, wodurch die eine zur Kathode (negativ) und die andere zur Anode (positiv) wird; man sagt, daß die beiden *Elektroden «polarisiert»* werden. Bei den einfachsten Elektrolysen werden an den Elektroden Ionen aus dem Elektrolyten reduziert bzw. oxidiert. Oft löst sich jedoch auch das Anodenmetall auf; in gewissen Fällen kann auch ein Nichtelektrolyt (der dem Elektrolyten beigemischt wird) reduziert oder oxidiert werden.

Zusammenhänge zwischen Strom und Spannung bei der Elektrolyse. Wenn man Salzsäure mit Platin- oder Kohlenelektroden elektrolysiert und dabei die an die Elektroden angelegte Spannung allmählich steigert, so stellt man fest, daß eine sichtbare Stoffausscheidung (Bildung von Wasserstoff an der Kathode und von Chlor an der Anode) erst dann eintritt, wenn die Spannung einen bestimmten Wert erreicht hat und ein meßbarer Strom fließt. Nach Erreichen dieser **«Zersetzungsspannung»** wächst die Stromstärke mit wachsender Spannung linear weiter (Abb. 11.6). Beim Ausschalten der Batteriespannung geht aber das Voltmeter (mit dem man die zwischen den Elektroden herrschende Spannung mißt) nicht sogleich auf Null zurück, und das Ampèremeter zeigt für ganz kurze Zeit einen Strom in der entgegengesetzten Richtung an. Die Erklärung für diese Beobachtung geben folgende Überlegungen: Eine geringe, von außen an die beiden Elektroden angelegte Spannung bewirkt einen kleinen Stromstoß. Dadurch entstehen sehr kleine Mengen Wasserstoff und Chlor, so daß die Elektrodenbleche zu Wasserstoff- bzw. Chlorelektroden werden und als galvanische Zelle eine der angelegten äußeren Spannung

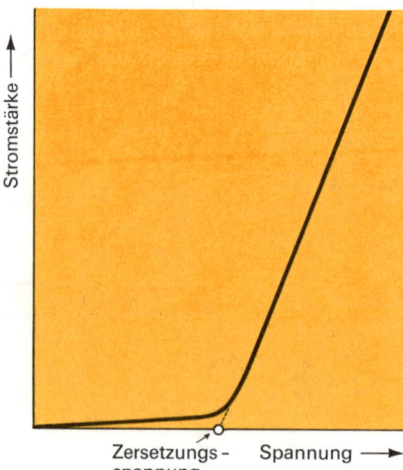

Abb. 11.6. Stromstärke/Spannungs-Kurve bei einer Elektrolyse

entgegengerichtete Spannung erzeugen. Wenn diese durch die äußere (Batterie-) Spannung überwunden wird, d. h. wenn die äußere Spannung etwas größer geworden ist als diese Gegenspannung, fließt ein dauernder Strom [1].

Die Elektrolyse ist also nichts anderes als die *zwangsweise Umkehrung* von Vorgängen, die in einer *galvanischen Zelle freiwillig* ablaufen. Die Zersetzungsspannung entspricht der Potentialdifferenz zwischen den beiden Halbzellen und kann aus den Elektrodenpotentialen berechnet werden. Für eine 1-M Salzsäure erhält man 1,36 V ($E_{H_3O^+} = 0$; $E_{Cl^-} = 1,36$ V).

In manchen Fällen, besonders wenn bei Elektrolysen Gase entstehen, ist die gemessene Zersetzungsspannung wesentlich höher als die aus den Elektrodenpotentialen berechnete. Die Differenz zwischen berechneter und gemessener Zersetzungsspannung bezeichnet man als **Überspannung.** Die Gesamtüberspannung setzt sich in der Regel aus den einzelnen Überspannungen der beiden Elektroden zusammen.

Wenn man bei einer Elektrolyse die angelegte Spannung allmählich steigert, die Stromstärke und die Potentiale der beiden Elektroden mißt und dann die Stromstärke in Abhängigkeit der Elektrodenpotentiale graphisch darstellt, so erhält man Kurven von der Art der Abb. 11.7. Man kann daraus entnehmen, daß im vorliegenden Beispiel (Elektrolyse einer 0,1-M CdSO$_4$-Lösung) an der Kathode ein Potential von $-0,44$ V und an der Anode ein Potential

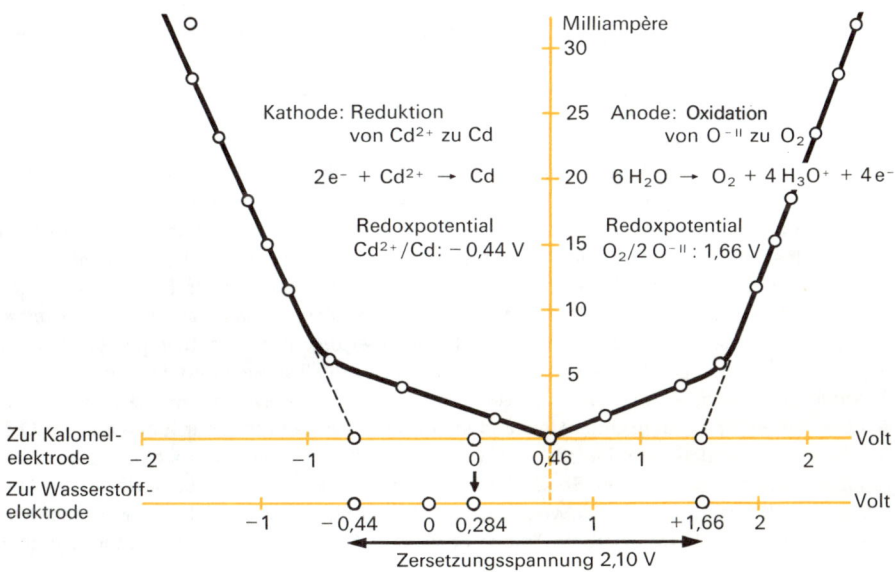

Abb. 11.7. Elektrolyse einer 0,1-M CdSO$_4$-Lösung mit Pt-Elektroden. Stromstärke als Funktion der Elektrodenpotentiale

---

[1] Der schwache Strom, den man mißt, bevor die Zersetzungsspannung erreicht ist (der «*Reststrom*»), beruht darauf, daß die gelösten Gase von der Elektrode wegdiffundieren, so daß die Gegenspannung geringer ist als die angelegte Spannung.

von + 1,66 V erreicht werden muß, damit die Elektrolyse eintritt und die Stromstärke mit wachsender Spannung weiterhin stark (und linear) zunimmt. Die Zersetzungsspannung ist die Summe von Anoden- und Kathodenpotential (2,10 V); das Metall Cadmium scheidet sich praktisch beim theoretisch erforderlichen Potential [$E = -0,40 + 0,03 \log (0,1)$], also ohne Überspannung, ab, während die Überspannung für den Anodenvorgang (6 $H_2O \rightarrow O_2 +$ 4 $H_3O^+ + 4 e^-$) 1,66 − 0,82 = 0,84 V beträgt (das theoretische Abscheidungspotential für Sauerstoff aus einer Lösung von pH 7 beträgt + 0,82 V).

Überspannungen sind zurückzuführen auf *Hemmungserscheinungen* bei Elektrodenvorgängen; ihre Größe hängt stark vom Elektrodenmaterial und von der «Stromdichte» (Stromstärke pro cm² Elektrodenfläche) ab. Am Platin ist besonders die Sauerstoffüberspannung ziemlich groß, während Wasserstoff an Zink, Blei und besonders Quecksilber eine beträchtliche Überspannung zeigt. Die praktische Bedeutung von Überspannungseffekten ist sehr groß, weil viele Elektrodenprozesse in wäßriger Lösung nur dadurch möglich sind, daß die eigentlich zu erwartende Wasserstoff- oder Sauerstoffentwicklung behindert ist.

Elektrodenvorgänge. An der *Kathode* werden bei der Elektrolyse *Ionen* aus dem Elektrolyten entladen *(reduziert)*. Sind mehrere Ionenarten vorhanden, so wird zunächst diejenige mit dem positivsten Potential reduziert, d. h. diejenigen Ionen, welche gemäß der Spannungsreihe am «edelsten» (am leichtesten reduzierbar) sind. Wegen der Überspannung wird das Potential des Wasserstoffes (d. h. der H_3O^+-Ionen) oft negativer als berechnet[1]. Nur an «platiniertem» Platin (Platinmetall, das mit feinem, elektrolytisch niedergeschlagenem Platin überzogen ist), wird Wasserstoff (bei geringen Stromstärken) ohne Überspannung abgeschieden.
An der *Anode* können *Ionen* aus dem Elektrolyten *oxidiert* werden. Ist jedoch das Potential des Anodenmetalles negativer als das Potential der vorhandenen Anionen, so wird das *Anodenmetall selbst oxidiert,* d. h. es gehen Ionen aus dem Metall in Lösung. Nur Platin und Kohle lösen sich bei Elektrolysen nicht auf (sogenannte «unangreifbare» Elektroden)[2]. In bestimmten Fällen beobachtet man allerdings, daß sich eine Anode trotz ziemlich negativen Potentials nicht auflöst. Man spricht dann von «**Passivität**» des Anodenmetalls. Wenn man z. B. ein Eisenstück kurz in konz. Salpetersäure taucht und nachher bei einer Elektrolyse als Anode verwendet, so gehen keine Fe^{2+}- oder Fe^{3+}-Ionen in Lösung; das Eisen ist «passiviert». Die Ursachen der Passivität sind noch nicht vollkommen erforscht; wahrscheinlich ist bei manchen Metallen ein dünner Oxidfilm vorhanden, welcher das Metall schützt und damit edler macht.
Kathode und *Anode* können also im weiteren Sinn als *reduzierende bzw. oxidierende Grenzflächen* aufgefaßt werden. Unter Umständen können an ihnen nicht nur Ionen aus der Lösung, sondern auch andere, im Elektrolyten vorhandene reduzierbare oder oxidierbare Teilchen reduziert bzw. oxidiert werden. So kann z. B. das im Wasser sogar unlösliche Nitrobenzol kathodisch zu Anilin reduziert werden, wenn man es in einem geeigneten Elektrolyten aufschwemmt. Ebenso werden leicht reduzierbare Anionen (wie z. B. MnO_4^--Ionen) an der Kathode reduziert.

Beispiele

Die Zersetzungsspannung des Wassers. Bei pH 7 beträgt das Potential der H_2/H_3O^+-Elektrode − 0,42 V, das Potential der OH^-/O_2-Elektrode + 0,82 V. Demnach sollte man aus

---

[1] Daher erhält man z. B. bei der Elektrolyse einer verd. $ZnSO_4$-Lösung an einer Zinkkathode nicht nur Wasserstoff, sondern auch Zink, obwohl an sich Zink ein wesentlich negatives Potential hat als Wasserstoff!
[2] Kohlenelektroden können allerdings durch O_{nasc} (O im Entstehungszustand; durch Oxidation von OH^- entstanden) unter Bildung von CO_2 angegriffen werden.

jeder wäßrigen Lösung beim Anlegen von mehr als 1,24 V Wasserstoff und Sauerstoff entwickeln können (vorausgesetzt, daß die gelösten Stoffe keine niedrigere Zersetzungsspannung haben als 1,24 V). Wegen der Überspannung sowohl von Wasserstoff wie von Sauerstoff erhält man jedoch oft andere Elektrodenprodukte. Zur Bildung von Wasserstoff und Sauerstoff aus verdünnter Schwefelsäure ist eine beträchtlich höhere Spannung notwendig (über 1,8 V).

Die Chloralkali-Elektrolyse. Die Elektrolyse wäßriger Lösungen von NaCl oder KCl *(« Chloralkali-Elektrolyse»)* besitzt eine große technische Bedeutung zur Gewinnung mannigfacher Produkte. An der Kathode bildet sich Wasserstoff (E_{H_2} bei pH 7 = − 0,42 V; E_{Na} = − 2,7 V). Es ist jedoch nicht wahrscheinlich, daß an der Kathode nur die in neutraler Lösung in äußerst kleiner Konzentration vorhandenen H_3O^+-Ionen reduziert werden; wahrscheinlicher ist die direkte Reduktion von Wassermolekülen:

$$2\,e^- + 2\,H_2O \longrightarrow H_2 + 2\,OH^-$$

Der an der Kathode entwickelte Wasserstoff entsteht also aus dem Wasser. An der Anode (Kohle) sollte nach der Spannungsreihe Sauerstoff entstehen. Da aber an Kohle die Sauerstoffüberspannung größer ist als die Chlorüberspannung, entsteht (besonders auch bei höheren Chloridkonzentrationen) an der Anode Chlor. Wenn man nach einiger Zeit die Kathodenflüssigkeit abzapft und eindampft, erhält man (mit NaCl verunreinigtes) Natriumhydroxid (aus den OH^- und den sich bei der Kathode ansammelnden, aber nicht reduzierten Na^+). Um eine möglichst chloridfreie Natronlauge an der Kathode zu erhalten, muß man Anoden- und Kathodenflüssigkeit durch eine poröse Wand («Diaphragma») trennen (Abb. 11.8 a). Verwendet man Quecksilber statt Eisen als Kathode, so bildet sich wegen der hohen Wasserstoffüberspannung kein Wasserstoffgas, sondern es werden Na^+-Ionen zu Na-Metall reduziert, welches sich als Natriumamalgam («Amalgam» = Quecksilberlegierung) in der Kathode löst (Abb. 11.8 b). Läßt man nacnher das Amalgam mit Wasser reagieren, so setzt sich das Natrium mit dem Wasser um, und man erhält Wasserstoff sowie reine, völlig chloridfreie Natronlauge.

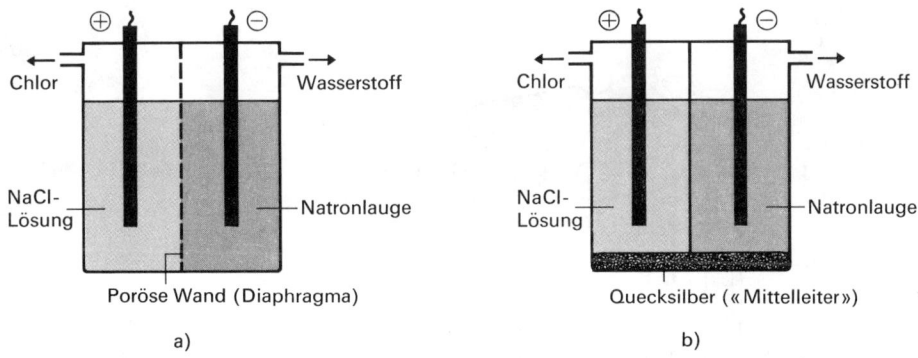

Abb. 11.8. Schematische Darstellung zweier Verfahren der Chloralkali-Elektrolyse

a) Diaphragma-Verfahren: Anoden- und Kathodenraum durch Diaphragma (poröse Wand) in Verbindung

b) Quecksilberverfahren: Anoden- und Kathodenraum getrennt. In der linken Zelle wirkt Hg als Kathode. In der rechten Zelle (Hg als Anode) löst sich das Natriumamalgam, und es entstehen NaOH und H_2

Vermischt man hingegen die Kathoden- mit der Anodenflüssigkeit durch ständiges Umrühren, so entsteht Hypochlorit:

$$Cl_2 + 2\,OH^- \longrightarrow Cl^- + ClO^- + H_2O$$

Führt man schließlich die Elektrolyse bei einer Temperatur von 70 bis 80°C durch, so bilden die ClO^--Ionen Chlorat und Chlorid:

$$3\,ClO^- \longrightarrow ClO_3^- + 2\,Cl^-$$

Je nach den angewandten Bedingungen lassen sich also durch die Chloralkalielektrolyse Natriumhydroxid, Chlor, Wasserstoff, Hypochlorit und Chlorat gewinnen.

Bei der Chloralkalielektrolyse ist die Chlorherstellung mit der Erzeugung von Natronlauge und Wasserstoff gekoppelt. Eine Steigerung des Bedarfes eines Produktes bringt zwangsläufig einen Überschuß der anderen Produkte mit sich, für die Verwendungen gesucht werden müssen. Zunächst war der Chlorbedarf der Industrie geringer als der Bedarf an reinem Natriumhydroxid, insbesondere als in der Zwischenkriegszeit das Anwachsen der Kunstseideindustrie immer wachsende Mengen reiner, NaCl-freier Natronlauge verlangte. Der damit anfallende Überschuß an Chlor zwang zur Suche nach Verwendungsmöglichkeiten für das «lästige» Nebenprodukt, und man begann, aus Chlor und Wasserstoff durch direkte Verbrennung Chlorwasserstoff zur Gewinnung von Salzsäure herzustellen. Auch zur Gewinnung chlorierter Kohlenwasserstoffe (als Zwischenprodukte oder Lösungsmittel) konnten große Chlormengen abgesetzt werden. Der seit dem Zweiten Weltkrieg ständig fortgesetzte Aufschwung der Kunststoff-, Synthesekautschuk- und Lackindustrie verlangte nach weiteren großen Mengen Chlor, so daß gegenwärtig wiederum eher die Natronlauge das «Nebenprodukt» der Chloralkalielektrolyse darstellt.

Anodische Oxidation von Aluminium («**Eloxal-Verfahren**»). Verwendet man bei der Elektrolyse von verdünnter Schwefelsäure eine Aluminiumanode, so löst sich diese nicht auf, obschon das Potential von Aluminium ($-1,69$ V) wesentlich negativer ist als das Potential

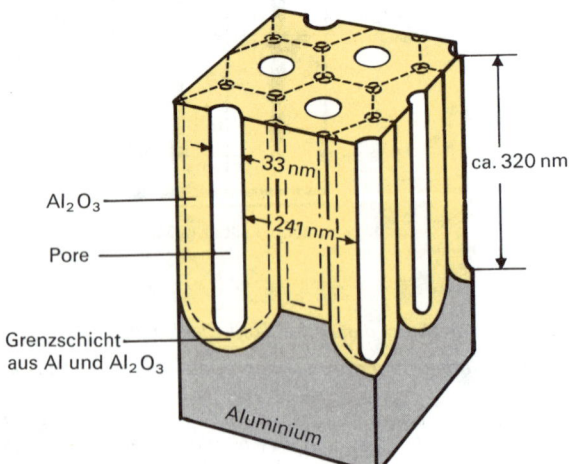

Abb. 11.9. Struktur der Eloxalschicht

einer OH^-/O_2-Elektrode (bei pH 0 = +1,24 V); das Aluminium verhält sich also passiv. Man kann jedoch auch keine Sauerstoffentwicklung beobachten, weil sich die O-Atome (im Entstehungszustand!) mit Aluminium zu Oxid verbinden. Dadurch kann die auch bei gewöhnlichem Aluminium schon vorhandene Oxidschicht erheblich verstärkt werden. Dieses Verfahren hat eine große Bedeutung zum Schutz des Aluminiums und seiner Legierungen vor Korrosion. Wenn Schwefelsäure als Elektrolyt dient, wird das gebildete Oxid zum Teil wieder aufgelöst (die O^{2-}-Ionen reagieren mit den H_3O^+-Ionen!) und die Schicht wird porös (Abb. 11.9). (Schwächere Säuren als Elektrolyte verwendet ergeben kompakte Schichten!) In die Poren einer solchen Schicht kann man Farbstoffe, Kunstharze oder sogar lichtempfindliche Substanzen (AgBr) einlagern, so daß derartige Aluminiumgegenstände gefärbt oder als Träger für lichtempfindliche Schichten verwendet werden können (Schilderfabrikation).

Herstellung galvanischer Metallüberzüge. Ein Metall kann dadurch mit einem anderen Metall überzogen werden, daß man es bei der Elektrolyse als Kathode schaltet und einen Elektrolyten verwendet, der das Überzugsmetall als Kation (eventuell auch als Komplex-Anion) enthält (Versilbern, Verchromen, Vernickeln). Wenn man eine Anode aus dem Überzugsmetall wählt, bleibt die Konzentration des Elektrolyten praktisch konstant. Bei einer solchen Elektrolyse wird keine Zersetzungsspannung beobachtet (der Strom wächst also von Anfang an proportional der Spannung), weil sich kein galvanisches Element ausbildet. (Der Kathodenvorgang ist die Umkehrung des Anodenvorganges!)

Bei der praktischen Durchführung muß darauf geachtet werden, daß die Abscheidung des Metalls nur sehr langsam erfolgt, damit ein kompakter, auf der Unterlage gut haftender Belag entsteht. Man elektrolysiert deshalb mit sehr geringer Stromdichte und unter Verwendung von Cyanokomplexen als Elektrolyten. Diese (negativ geladenen!) Komplexe werden dabei an der Kathode reduziert:

$$e^- + Ag(CN)_2^- \longrightarrow Ag + 2 CN^-$$

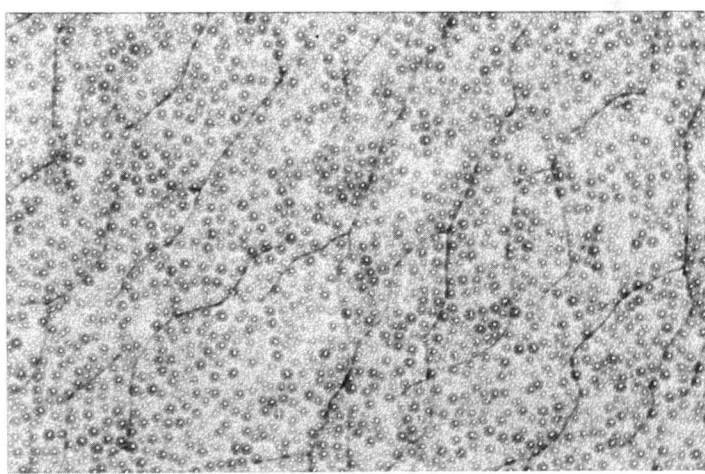

Abb. 11.10. Elektronenmikroskopische Aufnahme einer eloxierten Oberfläche (Vergrößerung 32000 mal). Aufnahme: Alusuisse, Neuhausen

14

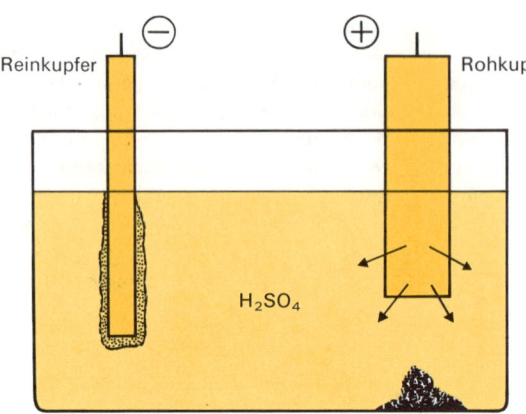

Abb. 11. 11. Elektrolytische Raffination
von Kupfer

Elektrolytische Raffination. Zur Gewinnung von hochreinem Kupfer (Elektrotechnik!) elektrolysiert man verdünnte Schwefelsäure mit einer Rohkupfer-Anode und einer Reinkupfer-Kathode (Abb. 11.11). Das Rohkupfer enthält unedlere (Zn, Fe) und edlere (Ag, Au) Metalle als Verunreinigungen. Bei der Elektrolyse gehen aus der Anode neben dem Kupfer nur die unedleren Metalle als Ionen in Lösung, während sich die edleren Verunreinigungen im «Anodenschlamm» absetzen und daraus gewonnen werden können. An der Kathode wird reines Kupfer abgeschieden, da die Cu^{2+}-Ionen das positivste Potential der in Lösung vorhandenen Ionen besitzen. Durch diese Raffination des Rohkupfers läßt sich ein Kupfer von sehr hohem Reinheitsgrad gewinnen.

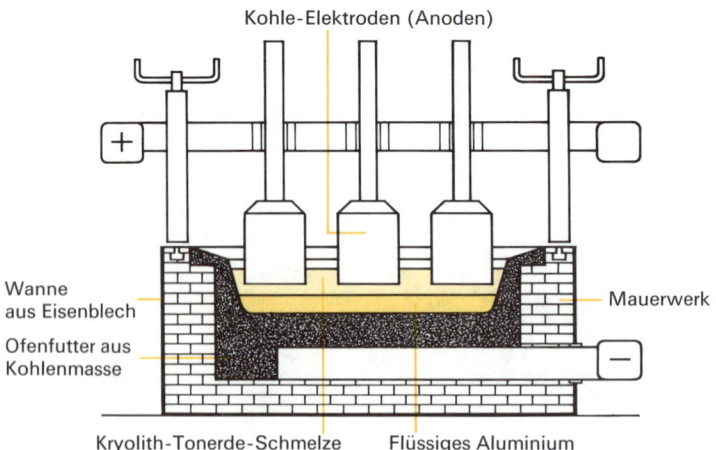

Abb. 11. 12. Schematische Darstellung eines Al_2O_3 («Tonerde»)/Kryolith-Elektrolyseofens

Elektrolytische Gewinnung unedler Metalle. Metalle wie Aluminium, Magnesium, die Alkalimetalle u. a. werden durch Elektrolyse von geschmolzenen Salzen, welche die betreffenden Metalle als Kationen enthalten, gewonnen. (Die Elektrolyse von wäßrigen Lösungen solcher Salze ergibt an der Kathode H_2 wegen ihres stark negativen Normalpotentials!) Zur Aluminiumherstellung verwendet man eine Lösung von Al_2O_3 in geschmolzenem Kryolith (Na_3AlF_6), die um rund 1000 °C tiefer schmilzt als das reine Oxid. Natrium und Kalium werden durch Elektrolyse einer Schmelze der Chloride oder Hydroxide hergestellt.

11.8 Einige analytische Anwendungen

Potentiometrie. Die Konzentrationsabhängigkeit der Redoxpotentiale kann zur Messung von Konzentrationen verwendet werden. Diese Methode eignet sich wegen der logarithmischen Abhängigkeit der Spannung von der Konzentration besonders zur Messung kleiner Konzentrationen. Man benötigt dazu eine Elektrode von bekanntem, konstantem Potential *(« Standard-»* oder *« Vergleichselektrode »)* und eine Elektrode, deren Potential von der Konzentration des zu bestimmenden Ions abhängt *(« Meßelektrode »).* Um Konzentrationsveränderungen an den Elektroden auszuschließen, muß die Spannungsmessung möglichst stromlos geschehen (Röhrenvoltmeter, Kompensationsmethode). Als Vergleichselektroden dienen in der Praxis gewöhnlich sogenannte *« Elektroden zweiter Art »* aus einem Metall und einem schwerlöslichen Salz, deren Potential sehr gut konstant bleibt. Eine Kalomel-Elektrode (Kalomel-Halbzelle) beispielsweise besteht aus Quecksilber, welches mit festem Quecksilber(I)-chlorid (Kalomel) bedeckt ist. Dieses steht mit einer KCl-Lösung bestimmter Konzentrationen in Berührung. Ganz analog dazu dient ein oberflächlich mit festem AgCl überzogener Silberdraht, der in eine KCl-Lösung taucht, als Silberchlorid-Halbzelle.

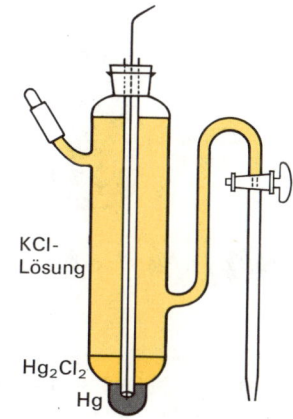

KCl-Lösung

Hg_2Cl_2

Hg

Abb. 11.13. Kalomelektrode

Das Potential einer solchen Elektrode ist gegeben durch

$$E = E^0 + \frac{0{,}059}{n} \log (Me^+) \quad \text{(bei 25 °C)}.$$

Da die schwerlöslichen Salze als Bodenkörper vorhanden sind, sind die Lösungen an ihren Ionen gesättigt, und es gilt

$$(Me^+) = \frac{L}{(Cl^-)} \quad \text{(L = Löslichkeitsprodukt)}.$$

Weil die Konzentration der Cl^--Ionen in der KCl-Lösung konstant bleibt, ist auch das Potential der Elektrode konstant. Für eine Kalomelelektrode (mit 1-M KCl-Lösung) wird es + 0,284 V.

Eine besonders wichtige Anwendung der Potentiometrie ist die *pH-Messung*. Als Messelektroden dienen hier die Wasserstoffelektrode oder andere, auf die Konzentration der H_3O^+-Ionen ansprechende Elektroden (Chinhydron-, Antimon- oder *Glaselektroden*). Die Wirkungsweise der heute für die *p*H-Messung am meisten verwendeten Glaselektrode beruht darauf, daß zwischen einer Glasfläche und einer wäßrigen Lösung eine Potentialdifferenz auftritt, welche *p*H-abhängig ist. Eine solche Glaselektrode besteht aus Glas von relativ hoher elektrischer Leitfähigkeit und stellt ein am Ende kugelförmig erweitertes Rohr dar, das eine Pufferlösung enthält. Als eigentliche Meßhalbzelle dient ein mit AgCl überzogener Silberdraht, der in die Pufferlösung taucht und dessen Potential indirekt durch die – *p*H-abhängigen! – Potentialsprünge an den Glasoberflächen bestimmt wird. Die genaue Wirkungsweise der Glaselektrode ist allerdings auch heute noch nicht erklärt, obschon sie schon längst zu einem häufig verwendeten Instrument der Laboratoriumspraxis geworden ist.

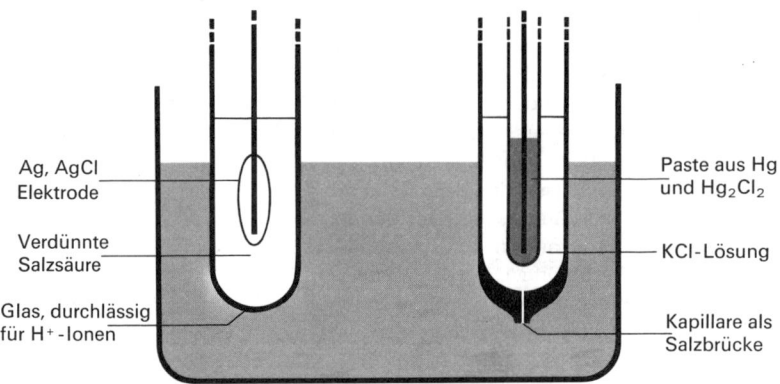

Abb. 11.14. Glaselektrode (links) und Kalomel-Vergleichselektrode (rechts) zur pH-Messung

Seit einigen Jahren sind neben der *p*H-empfindlichen Glaselektrode weitere Elektroden entwickelt worden, deren Potential von der Konzentration (eigentlich Aktivität) ganz bestimmter Ionen abhängt (z. B. Na^+, K^+, Ca^{2+}, Cl^-, Br^-, I^-, CN^- u.a.). Diese *«ionenselektiven Elektroden»* besitzen am Ende eine Membran (Glas [wie die Glaselektrode zur *p*H-Messung], Ionenaustauschharz [vgl. S. 530], Salz-Einkristall u.a.), welche jeweils nur für ganz bestimmte Ionen durchlässig ist. An den Grenzflächen kommt es dann ähnlich wie bei der *p*H-abhängigen Glaselektrode zu Potentialsprüngen, die von der Aktivität des betreffenden Ions abhängen und gemessen werden. Obschon ionenselektive Elektroden oft sehr empfindlich bezüglich gewisser störender Ionen und damit nicht immer einfach zu handhaben sind, haben sie für die analytische Praxis in kurzer Zeit Bedeutung bekommen.

Bei der *potentiometrischen Titration* läßt man eine Standardlösung von bekanntem Gehalt zu einer Lösung fließen, deren Gehalt bestimmt werden soll, und mißt mit einer geeigneten Meßelektrode die Potentialveränderungen im Laufe der Titration. Wird das Instrument für die Spannungsmessung mit einem Schreibgerät kombiniert und synchronisiert man dieses mit dem

Zufluß der Standardlösung, so läßt sich direkt die Titrationskurve des betreffenden Vorganges aufnehmen (Abb.11.15). Den Endpunkt der Reaktion kann man dadurch besonders scharf erkennen, daß man neben der Titrationskurve auch die Differentialkurve $\left(\dfrac{dE}{dv}\right.$ – d.h. die Spannungsänderung pro 0,1 ml – als Funktion der zugesetzten Menge Standardlösung) aufträgt, da diese im stöchiometrischen Endpunkt der Reaktion – im Wendepunkt der Titrationskurve – ein Maximum besitzt. Potentiometrische Titrationen werden in Laboratorien und zur Betriebskontrolle sehr häufig ausgeführt; Voraussetzungen für ihre Anwendung sind, daß die Standardlösung in einem stöchiometrischen Verhältnis und quantitativ mit der zu bestimmenden Substanz reagiert (d.h. die betreffende Reaktion soll eine große Gleichgewichtskonstante besitzen), daß eine Meßelektrode zur Verfügung steht, deren Potential eindeutig von der Konzentration der zu bestimmenden Teilchenart abhängt und schließlich, daß sich das Gleichgewicht rasch einstellt.

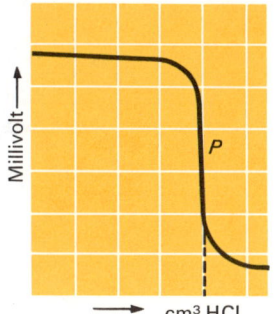 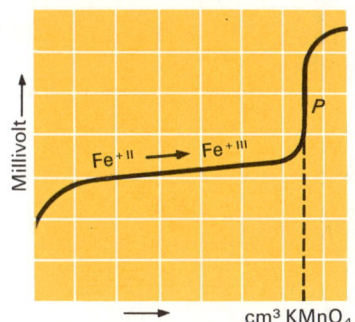

Abb. 11. 15. Links: Potentiometrische Titration einer $AgNO_3$-Lösung mit Salzsäure. Rechts: Potentiometrische Titration einer $FeSO_4$-Lösung mit $KMnO_4$

Eine sehr wichtige Anwendung der Potentiometrie ist die Bestimmung von *Aktivitätskoeffizienten*. Das gemessene Redoxpotential einer Elektrode (eines Redoxsystems) hängt ja nicht von der Konzentration der Ionen, sondern von ihrer Aktivität ab. Verwendet man eine «Konzentrationskette» (d.h. eine galvanische Zelle mit zwei gleichen Elektroden, aber verschiedenen Elektrolytkonzentrationen), wobei die eine Ionenkonzentration so klein ist, daß Aktivität und Konzentration einander gleichgesetzt werden können, und mißt das Potential der Halbzelle mit höherer (bekannter) Konzentration, so wird

$$E = 0{,}059 \log \frac{(M_1)}{(\gamma_2 \cdot M_2)},$$

wenn M_1 und M_2 die (bekannten) Molaritäten und γ_2 den Aktivitätskoeffizienten für die Konzentration 2 bedeuten. (Der angegebene Ausdruck gilt für ein Redoxsystem, bei welchem nur ein Elektron übertragen wird.) Die Abb.11.16 zeigt den auf diese Weise erhaltenen Zusammenhang zwischen Aktivität und Konzentration für NaCl-Lösungen, wobei hier die Molalität (nicht die Molarität, eine temperaturabhängige Größe!) als Konzentrationsmaß verwendet wird.

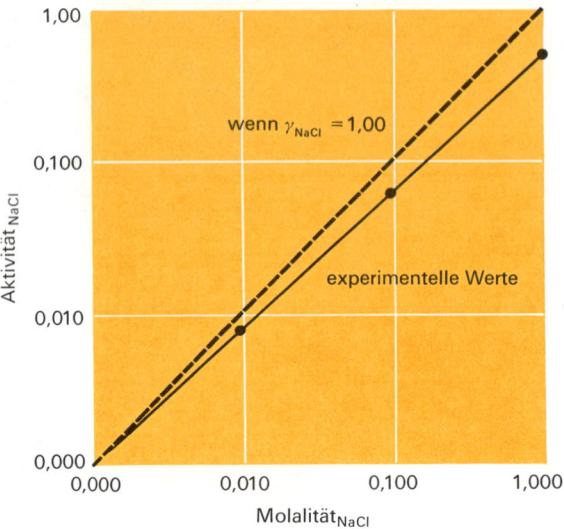

Abb. 11.16. Molalität und Aktivität wäßriger NaCl-Lösungen

Aktivitätskoeffizienten und Aktivitäten von NaCl-Lösungen bei 25 °C

Molalität	γ	Aktivität
0,001	0,97	0,00097
0,010	0,90	0,0090
0,100	0,78	0,078
1,000	0,66	0,66
2,000	0,67	1,34
3,000	0,71	2,13

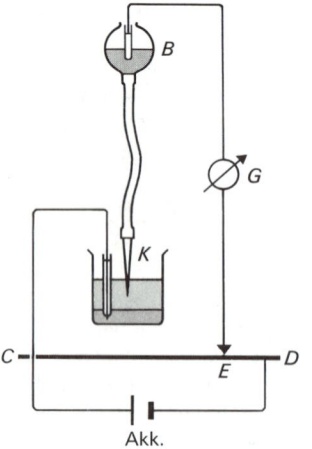

Abb. 11.17. Prinzip der Polarographie: B Vorratsgefäß mit Hg, K Kapillare zum Austritt der Hg-Tropfen, G Galvanometer. Die bekannte Spannung eines Akkumulators (Akk) liegt an den Enden eines kalibrierten Drahtes CD. Mittels eines Schieberkontaktes E kann die gewünschte Spannung abgenommen werden

Elektroanalyse. Die quantitative Bestimmung von Metallen durch Elektroanalyse beruht auf der kathodischen Reduktion von in Wasser gelösten Metallkationen zu den entsprechenden Metallen. Die Metallniederschläge müssen zu diesem Zweck an den Elektroden gut haften und dürfen keine Verunreinigungen aus der Lösung einschließen; die elektrolytische Abscheidung hat darum möglichst langsam zu geschehen. Es ist ohne weiteres möglich, verschiedene Kationen nacheinander zu reduzieren und sie damit voneinander zu trennen und einzeln quantitativ zu bestimmen, wenn sich ihre Abscheidungspotentiale genügend voneinander unterscheiden. Das Ende der Abscheidung kann dadurch erkannt werden, daß man den Elektrolyten mit empfindlichen Reagenzien durch Tüpfelreaktionen auf das Vorhandensein der zu bestimmenden Ionen prüft.

Polarographie. Die Verfolgung der Stromstärke als Funktion der angelegten Spannung (Aufnahme der I/U-Kurve) erlaubt eine quantitative Bestimmung der in einer Lösung nebeneinander vorhandenen Kationen und Anionen. Bei dem von Heyrovsky (1922) eingeführten, als Polarographie bezeichneten Verfahren wird als Anode eine relativ große Quecksilberoberfläche verwendet, an welcher die Stromdichte klein und das Potential unverändert bleibt, während aus einer feinen Kapillare in die Elektrolytlösung austretende reinste Quecksilbertropfen die Kathode bilden (*«Quecksilber-Tropfelektrode»*; Abb. 11.17). Das beständige Tropfen bewirkt eine ständige Erneuerung der Quecksilberoberfläche, und zudem ist die Stromdichte an der Kathode verhältnismäßig hoch; aus beiden Gründen ist die Wasserstoff-Überspannung maximal, so daß auch Alkali- und Erdalkali-Ionen reduziert werden können, ohne daß sich gleichzeitig Wasserstoff bildet. Die abgeschiedenen Metalle lösen sich in den Tropfen zu (stark verdünnten) Amalgamen; die Kathodenvorgänge verlaufen auf diese Weise praktisch völlig reversibel.

Weil das Anodenpotential während der ganzen Dauer der Analyse konstant bleibt, wird jede Änderung der Stromstärke ausschließlich durch die Potentialänderungen an der Kathode bestimmt. Die ständige Erneuerung der Kathodenoberfläche erlaubt eine vollkommene Reproduzierbarkeit der Ergebnisse und eine solche Konstanz der Versuchsbedingungen, daß die Stromstärke nur vom Potential und nicht von der Elektrolysedauer abhängt. Zur Messung wählt man ein empfindliches Galvanometer (die Menge des zersetzten Elektrolyten ist dann so klein, daß keine nennenswerte Änderung in seiner Zusammensetzung eintritt) und koppelt es mit einem

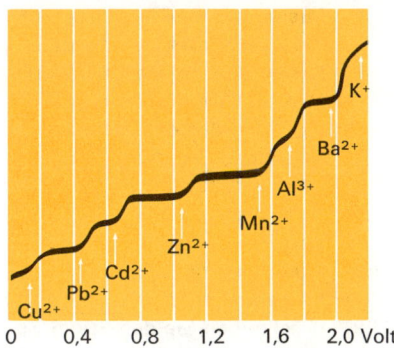

Abb. 11.18. Polarogramm einer Lösung, die Cu^{2+}-, Pb^{2+}-, Cd^{2+}-, Zn^{2+}-, Mn^{2+}-, Al^{3+}-, Ba^{2+}- und K^+-Ionen enthält

synchronisierten Registriergerät. Die Stromstärke/Spannung-Kurven zeigen einen ganz charakteristischen Verlauf: Nach Erreichung des Abscheidungspotentials eines bestimmten Ions steigt die Stromstärke steil an, um bei weiterer Steigerung der Spannung schließlich wieder konstant (von der angelegten Spannung unabhängig) zu werden (Abb.11.18). Man erhält auf diese Weise eine Reihe von Stufen, von denen jede das Vorhandensein einer reduzierbaren Ionensorte anzeigt. Weil die Stromstärke auch von der Konzentration der vorhandenen Ionen abhängt, lassen sich auch quantitative polarographische Bestimmungen ausführen. Die Polarographie ist durch die weitere Verfeinerung der Meß- und Apparatetechnik zu einer außerordentlich leistungsfähigen Analysenmethode geworden.

Übungen

11.1 Begründen Sie, warum man die Ausdrücke «Oxidation» und «Reduktion» heute nicht mehr nur im Sinn von Lavoisier verwendet.

11.2 Welche der folgenden Reaktionen sind Redoxvorgänge? Geben sie die jeweils oxidierten und reduzierten Atome an!
   a) Wenn man Salzsäure auf festes Eisensulfid auftropfen läßt, entsteht H_2S.
   b) Gießt man Eisen(III)-chloridlösung zu konzentrierter KI-Lösung, so entsteht Iod.
   c) Wird Magnesium im Stickstoffstrom stark erhitzt, so bildet sich unter Aufglühen Magnesiumnitrid.
   d) Wird Salzsäure auf Kalk ($CaCO_3$) gegossen, so schäumt sie stark auf (Bildung von CO_2). $CaCl_2$ bleibt gelöst.

11.3 Eine galvanische Zelle besteht aus einer Halbzelle mit verdünnter $KMnO_4$-Lösung und einer Halbzelle mit $FeSO_4$-Lösung. Man mißt eine bestimmte Spannung. Wie wird sich diese Spannung verändern, wenn man
   a) zur $KMnO_4$-Lösung Schwefelsäure zusetzt,
   b) zur $FeSO_4$-Lösung $FeCl_3$-Lösung zusetzt,
   c) schließlich zur Fe^{2+}/Fe^{3+}-Halbzelle noch NaF-Lösung zufügt (Fe^{3+} gibt mit F^- einen stabilen Komplex).

11.4 Mischt man $CuCl_2$-Lösung mit einer $FeSO_4$-Lösung, so beobachtet man keine Veränderung. Setzt man aber konzentrierte NaF-Lösung zu, so entsteht schwerlösliches CuCl. Interpretieren Sie diesen Versuch.

11.5 Muß zur Oxidation von Na_2S (0,1-M) mit $KMnO_4$-Lösung (die 1 $^o/_{oo}$ Mn^{2+} enthält) angesäuert werden oder geht die Reaktion schon beim pH der Sulfidlösung?

11.6 Berechnen Sie das minimale pH, welches zur Oxidation von Cl^- mit CrO_4^{2-} nötig ist. (Cl^-) = 1; (CrO_4^{2-})/(Cr^{3+}) = 100.

11.7 Beim Zusammengießen von Cu^{2+}-Lösungen mit KI-Lösung entsteht weißliches, schwerlösliches CuI. Erklären Sie diese Reaktion (Normalpotentiale beachten!).

11.8 Warum ist die Spannung eines Daniell-Elementes nicht konstant? Wie muß man die Konzentrationen wählen, um möglichst große Spannungen zu erhalten?

11.9 Beschreiben Sie den Strom/Spannungsverlauf bei der Elektrolyse von verd. Schwefelsäure mit Pt-Elektroden, von $CuSO_4$-Lösung mit Cu-Elektroden.

11.10 Was für Elektrodenreaktionen werden bei folgenden Elektrolysen eintreten: 1-M NaF-Lösung (Pt-Elektroden), 1-M Pb(NO_3)$_2$-Lösung (Pt-Elektroden), 1-M Pb(NO_3)$_2$-Lösung (Pb-Elektroden). Berechnen Sie die Zersetzungsspannungen.

11.11 Wenn man zur Elektrolyse einer Schwefelsäure eine Fe-Anode verwendet, welche kurz zuvor in konzentrierte Salpetersäure getaucht wurde, löst sich die Anode nicht auf. Warum? Was für ein Vorgang geschieht dann an der Anode?

11.12 Vervollständigen Sie folgende «Reaktionsgleichungen»:

a) in saurer Lösung:

$$I_2 \quad + H_2S \quad \longrightarrow \quad H_3O^+ + I^- + S$$
$$Ag \quad + NO_3^- \quad \longrightarrow \quad Ag^+ \quad + NO$$
$$Zn \quad + NO_3^- \quad \longrightarrow \quad Zn^{2+} \quad + NH_4^+$$
$$ClO_3^- + As_2S_3 \quad \longrightarrow \quad Cl^- \quad + H_2AsO_4^- + SO_4^{2-}$$
$$MnO_4^{2-} \quad \longrightarrow \quad MnO_2 + MnO_4^-$$

b) in alkalischer Lösung:

$$Ag_2S + CN^- + O_2 \longrightarrow S \quad + Ag\,(CN)_2^-$$
$$PbO_2 + Cl^- \quad \longrightarrow ClO^- + Pb\,(OH)_3^-$$
$$Mn\,(CN)_6^{4-} \quad + O_2 \longrightarrow Mn\,(CN)_6^{3-}$$

11.13 Mit welchen Reduktionsmitteln lassen sich Cu^{2+}-Ionen zu Cu, S zu S^{2-}-Ionen und Fe^{3+}- zu Fe^{2+}-Ionen reduzieren? Womit kann man S^{2-}-Ionen zu S oxidieren? Wie kann man aus Cl^--Ionen Cl_2 herstellen?

11.14 Was für Produkte erhält man bei der Oxidation von Eisen mit verdünnter Salzsäure, Chlorgas, verdünnter Salpetersäure?

11.15 Welche der folgenden Oxidationsmittel werden durch eine pH-Erhöhung stärker? Bei welchen ist die Oxidationskraft pH-unabhängig?

$$Cl_2 \qquad Cr_2O_7^{2-} \qquad Fe^{3+} \qquad MnO_4^- \qquad ClO_4^- \qquad H_2O_2$$

11.16 Für das System Fe^{+II}/Fe^{+III} gelten folgende Normalpotentiale:

$$Fe^{2+}/Fe^{3+} \qquad\qquad E^0 = +0{,}75\ V$$
$$Fe\,(CN)_6^{4-}/Fe\,(CN)_6^{3-} \qquad E^0 = +0{,}48\ V$$

Welche Oxidationsstufe wird durch die Komplexbildung mit CN^--Ionen stärker stabilisiert?

11.17 Berechnen Sie die Gleichgewichtskonstante folgender Reaktion:

$$Fe^{3+} + I^- \longrightarrow Fe^{2+} + \tfrac{1}{2} I_2$$

Was wird geschehen, wenn gleiche Volumina von 2-M Fe^{3+}- und 2-M KI-Lösungen vermischt werden?

11.18 Die Spannung zwischen einer Standard-Kalomelelektrode ($E = +0{,}284\ V$) und einer Ag-Elektrode über gesättigter AgCl-Lösung beträgt 0,226 V. Die Ag-Elektrode ist positiver. Berechnen Sie das Löslichkeitsprodukt von AgCl.

11.19 Wie wird die Strom/Spannungskurve verlaufen, wenn man eine Lösung elektrolysiert, die KCl, KBr und KI (in ungefähr gleichen Konzentrationen) enthält?

11.20 Bei der potentiometrischen Titration einer verdünnten Salzsäure mit NaOH wird das pH im Verlaufe der Titration graphisch registriert. Wie wird die Kurve aussehen? Wie läßt sich daraus der genaue Endpunkt der Reaktion ermitteln?

11.21 Diskutieren Sie die wichtigsten analytischen Anwendungen elektrochemischer Maßverfahren.

Literatur

D. H. Andrews und R. J. Kokes   *Fundamental Chemistry.* Wiley, New York 1966 (Kapitel 16 und 17)

M. C. Day und J. Selbin   *Theoretical Inorganic Chemistry.* Reinhold, New York 1969 (Kapitel 7: Electromotive Force)

G. Kortüm   *Elektrochemie.* Verlag Chemie, Weinheim 1965

B. H. Mahan   *University Chemistry.* Addison-Wesley, Reading 1965 (Kapitel 7 und 8)

G. Milazzo   *Elektrochemie.* Springer, Wien 1952

F. Seel   *Grundlagen der analytischen Chemie.* Verlag Chemie, Weinheim 1976

H. Taube   How Do Redox Reactions Take Place? *Chemistry 38* (1965) Nr. 3

H. Ulich und W. Jost   *Kurzes Lehrbuch der physikalischen Chemie.* Steinkopff, Darmstadt 1965 (Kapitel II, § 11, und Kapitel III)

12 Edelgase und Wasserstoff

12.1 Edelgase

Vorkommen und Eigenschaften. Die Elemente Helium, Neon, Argon, Krypton, Xenon und Radon – die nullte Gruppe des Periodensystems – treten alle als Bestandteile der *Luft* auf (vgl. Tabelle 12.1)[1]. Helium kommt außerdem in gewissen Erdgasen als Folgeprodukt radioaktiver Zerfallsvorgänge vor und wird daraus in technischem Maßstab gewonnen (USA); es ist zudem nach dem Wasserstoff das kosmisch häufigste Element (Sonne, Fixsterne, schwerere Planeten). Radon, ein Produkt des radioaktiven Zerfalles von Radium, ist selbst instabil (Halbwertszeit des langlebigsten Nuclids 3,8 Tage); der fast konstante (allerdings minimale) Radon-Gehalt der Luft ist eine Folge des ständigen Zerfalls von Radium. Mit Ausnahme von Helium werden sämtliche stabile Edelgase aus flüssiger Luft gewonnen, entweder durch fraktionierte Destillation oder durch selektive Adsorption an Kohle (die Adsorption steigt mit zunehmender Atommasse!). Sie werden hauptsächlich in der Beleuchtungstechnik verwendet (Leuchtröhren; Ar – zusammen mit 7 % N_2 – als Füllgas in Glühlampen); Argon dient häufig als «Schutzgas» (Schweißen u.a.).

Über die *physikalischen Eigenschaften* der Edelgase siehe Tabelle 12.2. Der Anstieg der Schmelz- und Siedepunkte, der Verdampfungswärme und anderer Eigenschaften (Dichte, kritische Temperatur und kritischer Druck) vom Helium zum Radon entspricht den Erwartungen für Stoffe, bei denen allein van der Waals-Kräfte zwischen den Teilchen wirksam sind. Bemerkenswert ist der extrem tiefe Schmelzpunkt von Helium (etwa 1 K bei 26 bar Druck) sowie seine «Supraflüssigkeit». Unterhalb von 2,2 K geht nämlich flüssiges Helium in einen Zustand extrem niedriger Viskosität über («Helium II»), der zudem mit sehr hoher elektrischer Leitfähigkeit (etwa das Dreitausendfache der Leitfähigkeit von Kupfer!) verbunden ist. Das merkwürdige Phänomen der Supraflüssigkeit ist auch heute noch nicht vollständig geklärt.

Tabelle 12.1. Zusammensetzung der Luft

	Volumen-%	Siedepunkt (°C)
Stickstoff	78,09	− 195,8
Sauerstoff	20,95	− 183,0
Argon	0,92	− 185,9
Kohlendioxid	0,03	(sublimiert bei − 78,5)
Neon	0,001 8	− 246,1
Helium	0,000 52	− 268,9
Krypton	0,000 1	− 152,2
Wasserstoff	0,000 05	− 252,77
Xenon	0,000 008	− 108,0

[1] 1892 entdeckte Lord Rayleigh, daß Stickstoff, der aus der Luft durch Entfernen des Sauerstoffs hergestellt worden war, eine etwas höhere Dichte zeigte als aus Verbindungen gewonnener Stickstoff. Die genaue Untersuchung des «Luftstickstoffes» führte zur Entdeckung der Edelgase. Helium wurde durch gewisse charakteristische Spektrallinien schon dreißig Jahre früher im Sonnenspektrum erkannt.

Tabelle 12.2. Physikalische Eigenschaften der Edelgase

	He	Ne	Ar	Kr	Xe	Rn
Schmelzpunkt (°C)	− 272,2 (25 at)	− 248,	− 189,4	− 157,2	− 111,8	− 71
Siedepunkt (°C)	− 268,9	− 246,1	− 185,9	− 152,0	− 108,0	− 62
Verdampfungsenthalpie beim Sdp. (kJ/mol)	0,0812	1,732	6,518	9,029	12,635	18,096
Kritischer Druck (bar)	2,26	26,9	48,3	54,3	57,6	62
Kritische Temperatur (°C)	− 267,9	− 228,7	− 122,3	− 63,8	16,6	105
Dichte im flüssigen Zustand beim Sdp. (g/cm³)	0,125	1,207	1,400	2,413	3,057	4,4
Farbe des in Gasentladungs- röhren ausgesandten Lichtes	gelb	rot	rot, blau	gelb-grün	blaugrün	−
Atomradius (pm)	93	131	174	189	209	214

Mit Ausnahme von Helium besitzen alle Edelgasatome die Elektronenkonfiguration $ns^2\, np^6$ in der äußersten Schale. Die Ionisierungsenergien sind dementsprechend relativ hoch, nehmen aber vom Helium zum Radon ab. Ebenfalls als Folge der vollständig besetzten s- und p-Niveaux zeigen die Edelgasatome keinerlei Tendenz, sich untereinander zu Molekülen zu verbinden (vgl. S. 84; Energieniveauschema des H_2- und des He_2-Moleküls). Die Tatsache, daß viele Elemente Ionen der gleichen Elektronenkonfiguration bilden, wie sie die Edelgasatome besitzen, und daß auch in zahlreichen kovalenten Verbindungen die Atomrümpfe von insgesamt acht Außenelektronen umgeben sind, findet ihren Ausdruck in der bekannten *«Oktettregel»*, die jedoch nur beschränkt gilt (streng nur für die Elemente der zweiten Periode). Die in Tabelle 12.2 angegebenen Atomradien sind durch Röntgenstrukturanalysen von festen Edelgasen erhalten worden (sie entsprechen dem halben Kernabstand!); ihre Größe ist vergleichbar mit der Größe der negativen Halogenid-Ionen.

Verbindungen. Schon seit vielen Jahren kennt man Teilchen wie He_2^+, Ar_2^+, HeH^+, CH_3Xe^+, die in Gasentladungsröhren vorübergehend auftreten können. Obschon die Bindungsenthalpien in diesen Partikeln von der Größenordnung der Bindungsenthalpien normaler Kovalenzbindungen sind (200–250 kJ/mol), sind diese Ionen nicht stabil und gehen durch Einfang eines Elektrons sofort in die betreffenden Atome über. Auch Edelgasclathrate, bei welchen Edelgasatome in käfigartige Hohlräume von Kristallgittern eingeschlossen sind (z.B. in Eis oder in Hydrochinon), sind schon lange bekannt. Echte Edelgasverbindungen wurden hingegen erstmals 1962 hergestellt. Den Anstoß zu ihrer Entdeckung gab die Beobachtung, daß aus molekularem Sauerstoff und PtF_6 eine Verbindung $[O_2]^+\,[PtF_6]^-$ erhalten werden konnte; da die Ionisierungsenergie von Xenon fast gleich groß ist wie die Ionisierungsenergie des O_2-Moleküls, wurde vermutet, daß sich aus Xenon und PtF_6 eine analoge Verbindung $XePtF_6$ gewinnen lassen müßte, was sich in der Tat bestätigen ließ (Bartlett). Weil man bis zu diesem Zeitpunkt die Edelgasatome für absolut unfähig zur Bildung von Verbindungen hielt (obschon Pauling bereits 1933 auf eine solche Möglichkeit hingewiesen hatte), bildete die Herstellung echter Xenonverbindungen eine wissenschaftliche Sensation, und es wurden in der Folgezeit in rascher Aufeinanderfolge eine ganze Reihe weiterer Edelgasverbindungen hergestellt und charakterisiert, hauptsächlich Verbindungen von Xenon, aber auch von Krypton mit Fluor oder Sauerstoff (Tabelle 12.3).

Tabelle 12.3. Eigenschaften der wichtigsten Xenon-Verbindungen

Oxida-tions-zahl	Ver-bindung	Aussehen	Smp. (°C)	Struktur	Bemerkungen
II	XeF_2	farblose Kristalle	140°	linear	durch Wasser zu O_2 und Xe hydrolysiert; löslich in HF
IV	XeF_4	farblose Kristalle	63°	planar	stabil; $\Delta H_f^0 = -285$ kJ/mol
	$XeOF_2$	farblose Kristalle	114°		
VI	XeF_6	farblose Kristalle	47,7°	verzerrt-oktaedrisch	stabil; $\Delta H_f^0 = -402$ kJ/mol
	$CsXeF_7$	farbloser Festkörper			zersetzt sich oberhalb 50°C
	Cs_2XeF_8	gelber Festkörper			beständig bis 400°C
	$XeOF_4$	farblose Flüssigkeit	−28°	quadratisch-pyramidal	beständig
	XeO_3	farblose Kristalle		trigonal-pyramidal	explosiv; $\Delta H_f^0 = +289$ kJ/mol in Lösung beständig
VIII	XeO_4	farbloses Gas		tetraedrisch	explosiv
	XeO_6^{4-}	farblose Salze		oktaedrisch	weitere Anionen mit Xe^{+VIII} $HXeO_6^{3-}$, $H_2XeO_6^{2-}$, $H_3XeO_6^-$

Verhältnismäßig leicht bilden sich *Xenonfluoride.* So erhält man aus Mischungen von Xe und F_2 in Nickelgefäßen durch Erhitzen auf 400°C und anschließendes Abschrecken XeF_2, XeF_4 und XeF_6, von denen XeF_4 am stabilsten ist. Um reines XeF_2 zu erhalten, muß das Produkt aus der Reaktionszone ständig entfernt werden, da es sich sonst mit weiterem Fluor zu XeF_4 verbindet. XeF_6 benötigt zur Reindarstellung höhere Temperaturen und einen Druck von 200 bar; es reagiert mit Quarz sehr leicht unter Bildung von XeF_4:

$$2\,XeF_6 + SiO_2 \longrightarrow 2\,XeF_4 + SiF_4 + O_2$$

Mit Alkalifluoriden (außer LiF) bildet XeF_6 gut charakterisierte Salze, während durch Hydrolyse Oxofluoride erhalten werden können:

$$XeF_6 + RbF \longrightarrow RbXeF_7 \qquad\qquad XeF_6 + H_2O \longrightarrow XeOF_4 + 2\,HF$$

Die vollständige Hydrolyse sowohl von XeF_4 wie von XeF_6 führt zu XeO_3. Dieses ist in Lösung sehr beständig, in reiner Form jedoch sehr explosiv; es kann darum nur in Lösung verwendet werden (ΔH_f^0 = + 289 kJ/mol). Seine Lösung leitet den Strom nicht und enthält diskrete XeO_3-Moleküle, wie aus dem Raman-Spektrum geschlossen werden kann. In stark alkalischer Lösung bilden sich aus XeO_3 zunächst $HXeO_4^-$-Ionen, welche langsam in Xe und Xe^{+VIII} (!) übergehen:

$$2\ HXeO_4^- + 2\ OH^- \longrightarrow XeO_6^{4-} + Xe + O_2 + 2\ H_2O$$

In stärker konzentrierten Lösungen scheiden sich feste Salze der Zusammensetzung $Me_4^{+I}XeO_6$ aus.

Sowohl die Perxenate (mit Xenon in der Oxidationsstufe +VIII) wie XeO_3 wirken stark oxidierend:

$$E^0_{Xe/XeO_3} = +1,8\ V$$

$$E^0_{Xe/XeO_6^{4-}} = +3,0\ V$$

Vielleicht wird XeO_3 in der Zukunft eine gewisse Bedeutung als Oxidationsmittel im Laboratorium erreichen, da bei seiner Reduktion ausschließlich Xe entsteht und damit keinerlei störende Substanzen in das Reaktionsgemisch gelangen können.

Bei den *Bindungen* in den Edelgasverbindungen handelt es sich um «normale» Kovalenzbindungen mit Bindungsenthalpien in der Größenordnung von 125 bis 200 kJ/mol. Die Strukturen der verschiedenen Moleküle (Abb. 12.1) lassen sich leicht verstehen, wenn man aus den bindenden, einfach besetzten AO der F- bzw. O-Atome und den doppelt besetzten 5 s- bzw. 5 p_x, 5 p_y- und 5 p_z-AO des Xe-Atoms eine «Valenzschale» mit lauter gleichwertigen Elektronenpaaren bildet, die sich derart anordnen, daß die Wechselwirkungen zwischen ihnen minimal werden («Elektronenpaar-Abstoßungsmodell» von Gillespie; vgl. S. 100). Nach diesen Überlegungen erwartet man für XeF_2 eine lineare, für XeF_4 eine planar-quadratische, für XeO_3 eine trigonal-pyramidale und für $XeOF_4$ eine tetragonal-pyramidale Struktur, was experimentell auch bestätigt wird. Für das XeF_6 mit sechs F-Atomen und einem nichtbindenden Elektronenpaar

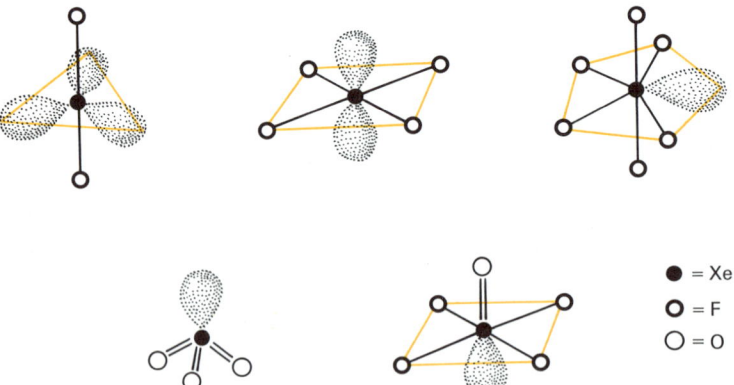

Abb. 12. 1.Strukturen der wichtigsten Xenonverbindungen. Oben (von links nach rechts): XeF₂, XeF₄, XeF₆, unten: XeO₃, XeOF₄

sagt die Theorie eine verzerrt-oktaedrische Struktur voraus, was – jedenfalls gemäß den heutigen Kenntnissen – der Fall ist.

Das MO-Verfahren liefert für XeF_2 ein lineares, dreizentrisches bindendes MO (Abb.12.2), das den im B_2H_6 auftretenden dreizentrischen «Bananen-Bindungen» vergleichbar ist, weiter ein nichtbindendes MO mit großer Elektronendichte auf den beiden F-Atomen und schließlich ein energiereicheres, antibindendes MO. Die drei MO werden durch lineare Kombination aus einem p-AO des Xe-Atoms und je einem p-AO der beiden F-Atome erhalten. Von den vier

Abb. 12. 2. Bindendes MO von XeF_2

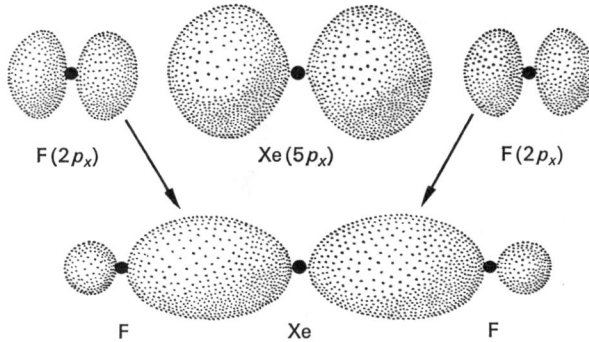

$F(2p_x)$ $Xe(5p_x)$ $F(2p_x)$

F   Xe   F

Elektronen der beiden Kovalenzbindungen besetzen zwei das bindende und zwei das nichtbindende MO. Durch Heranziehung von $5p_y$- und $5p_z$-Orbitalen läßt sich die MO-Theorie auch auf die höheren Xenonfluoride anwenden, doch sind hier die Bindungsverhältnisse noch nicht vollständig geklärt. So wird beispielsweise von der MO-Theorie für das XeF_6 eine regelmäßig-oktaedrische Struktur postuliert, was aber offenbar nicht zutrifft. Weitere Untersuchungen müssen diese Widersprüche klären.

Kürzlich (1968) sind auch Radonfluoride erhalten worden; ihre Zusammensetzung und ihre Struktur sind jedoch noch nicht genügend bekannt. Krypton bildet das Fluorid KrF_2; es ist flüchtiger als die entsprechende Xenonverbindung und zersetzt sich leichter in die Elemente.

12.2 Wasserstoff

Vorkommen und Darstellung. Wasserstoff ist das kosmisch häufigste Element. Über 90% der Materie des Weltalls ist Wasserstoff. Bei der Bildung der Erde aus kosmischer Materie ist aber offenbar der größte Teil des Wasserstoffs verlorengegangen; in bezug auf die Häufigkeit in der Erdkruste steht Wasserstoff erst an 9. Stelle. Trotzdem existieren wohl mehr Verbindungen des Elementes Wasserstoff als irgendeines anderen Elementes, Kohlenstoff nicht ausgenommen, denn nahezu alle organischen Verbindungen enthalten neben C auch H, und zudem bildet Wasserstoff auch zahlreiche anorganische Verbindungen.

Auf der Erde und in erdnahen Schichten der Atmosphäre kommt Wasserstoff nur in sehr geringen Spuren elementar vor. Mit zunehmender Höhe wächst der Wasserstoffgehalt; in einer Höhe von mehreren hundert km tritt er vorwiegend in Form einzelner Atome auf, während in noch größeren Höhen ($\approx$ 1500 km) Wasserstoff fast vollständig ionisiert (in Form freier Protonen) vorliegt. In der Technik stellt man ihn durch Reduktion von Wasser her, entweder durch Elektrolyse (mit einer Fe-Kathode und einer Ni-Anode; Elektrolyt verdünnte NaOH oder KOH) oder durch Reduktion mittels Kohle oder Kohlenwasserstoffen.

Durch Reaktion von Kohle mit überhitztem Wasserdampf erhält man ein Gemisch von CO und H_2 («Wassergas», «Synthesegas») :

$$C + H_2O \;\rightleftharpoons\; CO + H_2 \tag{1}$$

$$\Delta G_r^0 = +91,44 \text{ kJ} \qquad \Delta H^0 = +131,3 \text{ kJ}$$

In der Gasphase stellt sich anschließend das sogenannte «Wassergasgleichgewicht» ein:

$$CO + H_2O \;\rightleftharpoons\; CO_2 + H_2 \tag{2}$$

$$\Delta G_r^0 = -28,6 \text{ kJ} \qquad \Delta H^0 = -41,2 \text{ kJ}$$

Bei 810°C ist K_p dieses Gleichgewichtes = 1. Bei höherer Temperatur verschiebt sich das Wassergasgleichgewicht immer stärker nach links (K_p < 1), so daß bei Temperaturen über 1000°C praktisch nur noch CO und H_2 erhalten werden. Die notwendige hohe Temperatur wird dadurch erreicht, daß man abwechselnd Luft und Wasserdampf einbläst; die Luft bewirkt, daß ein Teil der Kohle direkt verbrennt und dadurch die nötige Wärme liefert. Soll statt Synthesegas nur Wasserstoff hergestellt werden, so arbeitet man bei tieferen Temperaturen (etwa 500°C), damit das Wassergasgleichgewicht rechts liegt. Um die Reaktonsgeschwindigkeit genügend groß zu bekommen, sind in diesem Fall zusätzlich Katalysatoren erforderlich. Die Bildung von H_2 erfolgt dann nach

$$C + 2 H_2O \longrightarrow 2 H_2 + CO_2.$$

Zur Trennung der beiden Gase löst man entweder das CO_2 unter Druck heraus (mit Wasser oder NaOH) oder man läßt das Gemisch durch ein dünnes Blech aus einer Pd/Ag-Legierung diffundieren, die nur für H_2 durchlässig ist.

Größere Mengen Wasserstoff entstehen als Nebenprodukt der Chloralkali-Elektrolyse oder des Crackverfahrens zur Gewinnung von Benzin aus Erdöl. Seit einigen Jahren werden auch Kohlenwasserstoffe wie z.B. Methan (aus Erdgas) zur Reduktion des Wassers verwendet, wobei sich (oberhalb 900°C und bei Verwendung geeigneter Katalysatoren) Synthesegas bildet:

$$CH_4 + H_2O \longrightarrow 2 H_2 + CO$$

Auch Kokereigas enthält ziemlich viel Wasserstoff (über 50 Vol.-%), der z.B. dadurch abgetrennt werden kann, daß man das Gas mit flüssiger Luft stark abkühlt, wobei außer H_2 alle anderen Komponenten verflüssigt werden. In kleinem Maßstab (Laboratorium) gewinnt man Wasserstoff durch Reduktion von H_3O^+-Ionen mittels Zink oder Eisen (Reaktion von verdünnter Schwefelsäure mit den betreffenden Metallen).

Der größte Teil des industriell produzierten Wasserstoffes wird für Synthesen verwendet (Ammoniaksynthese, Methanolsynthese, Fetthärtung). Auch die Reduktion gewisser Metalloxide (MoO_3, WO_3) zur Gewinnung der betreffenden Metalle benötigt erhebliche Mengen H_2. Neuerdings wird sogar Eisen durch Reduktion oxidischer Erze mit Synthesegas gewonnen.

Eigenschaften. Wasserstoff ist ein farb-, geruch- und geschmackloses Gas (Smp. 14,1 K, Sdp. 20,4 K; bildet unterhalb 14,1 K eine hexagonal dichteste Kugelpackung). Über seine wichtigsten physikalischen Eigenschaften siehe Tabelle 12.4.

Natürlicher Wasserstoff ist ein Mischelement und besteht aus drei Isotopen ^1H, ^2H *(«Deuterium»;* Symbol D) und ^3H *(«Tritium»;* Symbol T) im Atomverhältnis $1 : 1,6 \cdot 10^{-4} : 10^{-18}$. Das Deuterium-Nuclid ist stabil, hingegen ist Tritium radioaktiv; es geht unter Aussendung von weichen β-Strahlen in ^3_2He über. Da der Tritium-Gehalt einer Verbindung aus ihrer β-Aktivität bestimmbar ist, eignet sich das Nuclid als Tracer-Atom zur Markierung von Wasserstoff-Verbindungen. Tritium entsteht u.a. durch die Einwirkung von Neutronen aus der Höhenstrahlung auf Stickstoff:

$$^{14}_{7}N + ^{1}_{0}n \longrightarrow ^{3}_{1}H + ^{12}_{6}C$$

Tabelle 12.4. Physikalische Eigenschaften von Wasserstoff und Deuterium

	H_2	D_2
Schmelzpunkt (°C)	$-259,20$	$-254,43$
Siedepunkt (°C)	$-252,77$	$-249,49$
Schmelzenthalpie (J/mol)	117,1	196,6
Dichte im flüssigen Zustand beim Sdp. (g/cm³)	0,07099	0,1630
Verdampfungsenthalpie (J/mol)	903,7	225,9
Kritischer Druck (bar)	13,0	16,4
Kritische Temperatur (°C)	$-240,0$	$-234,8$
Bindungsenergie bei 25 °C (kJ/mol)	436	443,3

Bei keinem Element ist der Massenunterschied zwischen den einzelnen Isotopen relativ gesehen so groß wie beim Wasserstoff. Aus diesem Grund unterscheiden sich die Isotope des Wasserstoffs stärker voneinander als die Isotope irgendeines anderen Elementes, und zwar insbesondere bezüglich Reaktionsgeschwindigkeiten und Gleichgewichtskonstanten. So ist z.B. das Ionenprodukt von *«schwerem Wasser»* (D_2O) bei 25°C nur $0,2 \cdot 10^{-14}$, also 5mal kleiner als das Ionenprodukt von H_2O. Bindungsenergien von Bindungen mit Deuterium sind meist höher als Bindungsenergien entsprechender H-Bindungen, hingegen ist die Reaktionsgeschwindigkeit von Deuterium anderen Elementen oder Verbindungen gegenüber meist geringer. Solche Isotopeneffekte werden praktisch vielfach ausgenützt, so z.B. auch bei der Trennung der Isotopen: Bei der Elektrolyse von gewöhnlichem Wasser wird an der Kathode H_2O schneller reduziert als D_2O, so daß sich im Rückstand Deuterium anreichert.

Wenn ein Gemisch von H_2 und D_2 genügend hoch erhitzt wird, tritt ein *Isotopenaustausch* ein:

$$H_2 + D_2 \longrightarrow 2\,HD$$

Ähnliche Austauschreaktionen können sich auch an der Oberfläche katalytisch wirksamer Metalle abspielen. So wird z.B. an einer Pt- oder Ni-Oberfläche (die beiden Metalle sind besonders gute Katalysatoren für Hydrierungen!) in Methan, Ammoniak, Wasser u. a. leicht H gegen D ausgetauscht. Verwendet man sehr fein verteiltes Nickel, so verläuft der Austausch als Adsorptions-Desorptions-Prozeß:

$$D_2 + \text{(S)} \longrightarrow 2\ D\ (\text{adsorbiert}) \qquad H_2 + \text{(S)} \longrightarrow 2\ H\ (\text{adsorbiert})$$

$$D\ (\text{adsorbiert}) + H\ (\text{adsorbiert}) \longrightarrow HD\ (\text{desorbierend}) + \text{(S)}$$

Untersuchungen an solchen Reaktionen vermögen wichtige Aufschlüsse über die Wirkungsweise von Katalysatoren zu geben.

Auch in schwerem Wasser kann ein Isotopenaustausch eintreten, und zwar mit solchen Verbindungen, die kinetisch labile X—H-Bindungen enthalten:

$$NH_4^+ + D_2O \longrightarrow NH_3D^+ + HDO \qquad CH_3OH + D_2O \longrightarrow CH_3OD + HDO$$

H-Atome in Alkylgruppen (d. h. H-Atome, die direkt an C-Atome gebunden sind) werden hingegen nicht gegen D-Atome ausgetauscht; sie sind kinetisch inert. Nur an α-C-Atomen von Carbonylverbindungen ist — über die tautomere Enolform — ein Austausch möglich. In der Tat sind solche C—H-Bindungen unter Bildung eines negativ geladenen C-Atoms — eines Carbanions — in einem gewissen Maß ionisierbar.

Das *Proton* des H-Atoms besitzt ebenso wie das Elektron einen *Spin*; als Folge dieses Kernspins existieren zweierlei H_2-Moleküle: der *« Ortho-Wasserstoff»* mit parallelen Kernspins und der *«Para-Wasserstoff»* mit antiparallelen Kernspins. Die beiden Formen («Isomere»), welche z. B. durch gaschromatographische Methoden bei tiefen Temperaturen trennbar sind, stehen in einem dynamischen Gleichgewicht. Die gegenseitige Umwandlung geschieht durch Dissoziation eines Moleküls und anschließende Neukombination.

Ebenso wie mit dem Elektronenspin ist auch mit dem Spin des Protons ein *magnetisches Moment* verknüpft, das allerdings wegen der größeren Masse des Protons viel geringer ist als das magnetische Moment des Elektrons. Die *Protonenresonanzspektroskopie* — die darauf beruht, daß das Proton in einem sehr starken äußeren Magnetfeld in zwei diskreten Energiezuständen auftreten kann — wurde bereits in Kapitel 3 ausführlich besprochen (S. 165).

Wasserstoffgas besteht aus zweiatomigen Molekülen; als Folge der relativ großen Bindungsenergie (436 kJ/mol) ist molekularer Wasserstoff ziemlich reaktionsträg. Hingegen ist *atomarer Wasserstoff,* der durch Einwirkung hoher Temperatur (Langmuir, 1912) oder genügend kurzwelliger Strahlen oder auch durch elektrische Entladungen bei tiefem Druck (Wood, 1920) aus H_2 entsteht, bedeutend reaktionsfähiger. Die Rekombination der H-Atome zu H_2-Molekülen geschieht nicht sofort, weil die große freiwerdende Bindungsenergie — in Schwingungsenergie umgewandelt — zum erneuten Zerfall führt; nur wenn zwei Atome an der Oberfläche eines dritten Körpers zusammenstoßen (der die freiwerdende Energie mindestens zum Teil absorbiert), erfolgt die Vereinigung zu H_2. Trotzdem existieren freie H-Atome bei Raumtemperatur nur während kurzer Zeit (⅓ – ½ sec), eine Folge katalytischer Wirkungen der Umgebung. Wiederum sind die bekannten Hydrierungskatalysatoren Pt und Ni katalytisch besonders stark wirksam. Atomarer Wasserstoff wirkt stark reduzierend. Im Gegensatz zu molekularem Wasserstoff verbindet er sich direkt mit Elementen wie Ge, Sn, As, Sb und Te.

12.3 Wasserstoffverbindungen

Salzartige Hydride. Zu den einfachsten Wasserstoffverbindungen gehören die Substanzen, welche sich bei mäßig hohen Temperaturen aus Alkali- oder Erdalkalimetallen und Wasserstoff bilden. Es sind typische *Salze* von exakt stöchiometrischer Zusammensetzung, die in Ionen-strukturen kristallisieren (die Alkalihydride z. B. in der NaCl-Struktur); sie enthalten neben den Metall-Kationen negativ geladene Hydrid- (H^--) Ionen und liefern bei der Elektrolyse ihrer Schmelze Wasserstoff an der Anode. Die Bildung solcher salzartiger Festkörper wird durch die zwar nicht allzu hohe, jedoch meßbare Elektronenaffinität von Wasserstoff und besonders durch die große Gitterenergie der Hydride ermöglicht (das H^--Ion ist von ähnlicher Größe wie das F^--Ion).

Mit Wasser oder anderen prototropen Lösungsmitteln bilden sich aus den salzartigen Hydriden unter heftiger Reaktion Wasserstoff und OH^--Ionen:

$$H_2O \quad + H^- \longrightarrow OH^- \quad + H_2$$
$$CH_3OH + H^- \longrightarrow CH_3O^- + H_2$$
$$NH_3 \quad + H^- \longrightarrow NH_2^- \quad + H_2$$

Das H^--Ion stellt die konjugierte Base des H_2-Moleküls (einer naturgemäß extrem schwachen Säure!) dar; die betrachteten Reaktionen sind aber zugleich auch Redoxvorgänge (Oxidation von H^{-I} zu H^0; Normalpotential des Systems $2\,H^-/H_2$ $-2,25$ V).

Metallische Hydride. Die meisten Übergangsmetalle absorbieren bei höheren Temperaturen ziemlich viel Wasserstoff und bilden dabei Festkörper von einigermaßen definierter oder auch stark variabler Zusammensetzung, wobei die Struktur der Metalle erhalten bleiben kann oder durch die Einladung von H-Atomen verändert wird. Verglichen mit den entsprechenden Metallen sind die Produkte spröder, von geringerer Dichte, von geringerer Reaktionsfähigkeit gegen Sauerstoff; sie sehen aber meist metallisch aus und sind Elektronenleiter oder Halbleiter. Trotz vieler Untersuchungen bestehen auch heute noch zahlreiche Unklarheiten über ihre genaue Struktur.

Bei Verwendung des Energiebändermodelles kann man ein metallisches Hydrid als einen besonderen Fall einer Legierung betrachten. Die Energiebänder des zugrunde liegenden Metalls werden durch die Einlagerung von H-Atomen in den Kristall und den dadurch bedingten größeren Abstand der Metallatome verändert; auch ist die Besetzung der einzelnen Bänder anders als im reinen Metall, weil auch die Elektronen der H-Atome in diese Bänder übergehen können oder weil Elektronen von den Metallatomen auf die H-Atome übertragen werden können. Es ist aber sehr schwierig, die Ladungsdichte auf den Metallatomen genau zu bestimmen, und es ist deshalb nicht möglich, anzugeben, ob Wasserstoff in diesen Hydriden eher als positives oder negatives Ion oder als neutrales Atom auftritt. Zwar wurde beobachtet, daß in Drähten von Pd, Ta, Ti u. a. gelöster Wasserstoff zum negativen Ende eines angelegten Potentialgradienten wandert, und man schloß daraus, daß Wasserstoff in diesen Substanzen als H^+-Ion vorhanden sei. Es wäre jedoch auch möglich, daß nur ein kleiner Teil des gelösten Wasserstoffs wirklich als H^+-Ion vorhanden ist; die Atomabstände und die bei gewissen Hydriden eher salzähnlichen Eigenschaften sprechen für das Vorhandensein H^--ähnlicher Ionen.

Von den verschiedenen Metallen bilden die Lanthaniden und Actiniden Hydride der ungefähren Zusammensetzung MeH_3. Von Titan und Zirkonium kennt man nichtdaltonide Hydride, die angenähert der Formel MeH_2 entsprechen, während die ebenfalls nichtdaltoniden Hydride von

Vanadin und Hafnium etwa durch die Formel MeH dargestellt werden können. Durch eine besonders hohe Fähigkeit zur Bindung von Wasserstoff ist Palladium ausgezeichnet; es absorbiert ungefähr das Tausendfache seines eigenen Volumens an H_2, was – wegen seiner hohen Atommasse! – für das Hydrid eine Zusammensetzung von etwa $PdH_{0,8}$ ergibt. Kupfer und Zink bilden wenig stabile, nahezu stöchiometrisch zusammengesetzte Hydride CuH bzw. ZnH_2.

Kovalente Hydride. Zu dieser Gruppe gehören die Hydride der Elemente der Gruppen III b–VII b; sie umfaßt eine außerordentlich große Zahl von Verbindungen (Kohlenwasserstoffe!). Die meisten kovalenten Hydride sind *flüchtige* Stoffe; viele von ihnen sind bei Raumtemperatur gasförmig.

Die X—H-Bindungen sind in allen kovalenten Hydriden mehr oder weniger stark polar. Entsprechend der EN des Elementes X ist dabei entweder das H-Atom oder das X-Atom positiv polarisiert. Ersteres gilt z. B. für die Halogenwasserstoffverbindungen, letzteres für Verbindungen vom Typus der Silane (Siliciumwasserstoffverbindungen). Die Richtung des Bindungsdipols wirkt sich naturgemäß stark auf die chemischen Eigenschaften (z. B. Säure- oder Basenfunktion; Reaktion mit nucleophilen Reagenzien) aus. Die *Bindungsenthalpien* der X—H-Bindungen werden hauptsächlich durch die *Polarität* der Bindung und die *Größe des X-Atoms* beeinflußt (vgl. Abb. 12.3). Sie nehmen innerhalb einer Periode nach rechts zu, innerhalb einer Gruppe nach unten ab. Die Bildungsenthalpie, d. h. die bei der Reaktion

$$n\, H_2 + \frac{2}{x}\, X_x \longrightarrow 2\, H_n X$$

(unter konstantem Druck) freiwerdende oder aufgenommene Wärme entspricht der Differenz zwischen den Bindungsenthalpien der Produkte und den Bindungsenthalpien der Edukte; sie ist (unter Vernachlässigung des Entropietermes $T \cdot \Delta S$) ein ungefähres Maß der Thermostabilität der Verbindung. Die Thermostabilität nimmt deshalb im Periodensystem nach rechts zu, nach unten ab; besitzen zwei Elemente annähernd gleiche EN, so ist gewöhnlich die Wasserstoffverbindung des schwereren Elementes weniger stabil (vgl. CH_4 und H_2S bzw. PH_3 und H_2Te).

Die direkten *Synthesen* der Nichtmetallhydride sind alle umkehrbar. Wegen der hohen Bindungsenergie der F—H- und der O—H-Bindung zerfallen HF und H_2O allerdings erst bei sehr

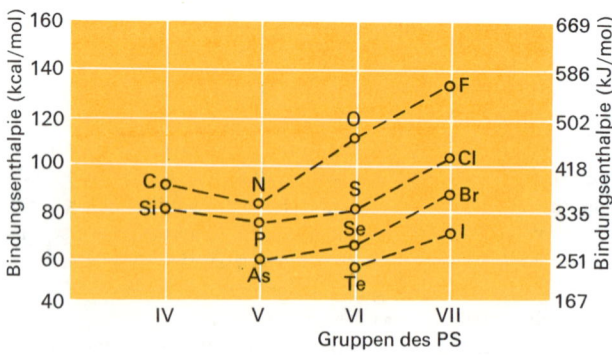

Abb. 12.3. Bindungsenthalpien von X—H-Bindungen

hohen Temperaturen merklich in die Elemente. Fluor und Wasserstoff reagieren auch entsprechend heftig miteinander (ein F_2/H_2-Gemisch explodiert sogar unterhalb $-200\,°C$ noch von selbst). Wasserstoffverbindungen von Tellur, Antimon u. a. lassen sich hingegen nur durch Einwirkung von atomarem Wasserstoff (H_{nasc}) auf die betreffenden Elemente (oder aus Metalltelluriden bzw. -antimoniden mit Säure) erhalten und sind schon bei Zimmertemperatur sehr leicht zersetzlich.

Viele Nichtmetallwasserstoffverbindungen sind *Säuren* und – bei Vorhandensein eines freien Elektronenpaares – *Basen.* Die Säurestärke nimmt innerhalb einer Periode nach rechts und innerhalb einer Gruppe nach unten zu (vgl. Tabelle 10.2 [S. 361]). Als Beispiele typischer Säure/ Base-Reaktionen mit Nichtmetallhydriden seien erwähnt:

Bildung der Wasserstoffverbindungen aus ihrer konjugierten Base und einer Säure, die stark genug ist, um dieser ein Proton «aufzuzwingen»: Herstellung von HF und HCl aus Fluoriden bzw. Chloriden mit konzentrierter Schwefelsäure [1]; Herstellung von H_2S, H_2Se, H_2Te u. a. aus Sulfid (Selenid, Tellurid oder entsprechender Verbindung) mit verdünnter Säure.

Reaktion der Metalloxide mit Wasser unter Bildung alkalischer Lösungen:

$$O^{2-} + H_2O \longrightarrow 2\,OH^-$$

Bildung von Ammoniumsalzen aus Ammoniak und einer Säure. Ammoniumsalze sehr schwacher Säuren, wie $(NH_4)_2CO_3$ oder $(NH_4)_2S$, sind allerdings nicht beständig, weil die Anionen stärker basisch sind als Ammoniak und damit gegenüber dem Ammonium-Ion als Protonenfänger wirken.

Gewinnung von Ammoniak aus Ammoniumsalzen und einer starken Base:

$$NH_4^+ + OH^- \longrightarrow NH_3 + H_2O$$

Bildung von Monosilan aus Magnesiumsilicid mit Ammoniumbromid in flüssigem Ammoniak:

$$Mg_2Si + 4\,NH_4Br \longrightarrow SiH_4 + 4\,NH_3 + 2\,MgBr_2$$

Eine besondere Stellung unter den kovalenten Hydriden nehmen die nahezu unendlich vielen Wasserstoffverbindungen des Elementes *Kohlenstoff* ein, welche als thermodynamisch metastabile Stoffe wegen der kinetisch inerten C—H-Bindung bei Raumtemperatur und auch noch bei mäßig erhöhter Temperatur beständig sind (nur die Paraffine mit 1 bis 5 C-Atomen sind thermodynamisch stabil; vgl. S. 296). Im Gegensatz zum Kohlenstoff bildet das Element *Silicium* viel weniger Wasserstoffverbindungen *(«Silane»)*; die längste Si-Kette ist im Hexasilan (Si_6H_{14}) enthalten. Die Silane sind selbstentzündliche, an der Luft explosive Substanzen, die in Wasser oberhalb pH 7 sofort zu Kieselsäuren hydrolysiert werden. Die Gründe für die geringe Stabilität – verglichen etwa mit den Kohlenwasserstoffen, deren X—H-Bindungen von vergleichbarer Polarität sind (EN-Differenz nahezu gleich groß; H positiv polarisiert!) – liegen darin, daß in den Si—H-Bindungen die H-Atome negativ polarisiert sind und zudem das relativ große Si-Atom gegen den Angriff eines nucleophilen Teilchens nur schlecht abzuschirmen

---

[1] HBr und H I können nicht auf diese Weise hergestellt werden, weil konz. Schwefelsäure Bromid-Ionen zum Teil und Iodid-Ionen fast völlig zu Brom bzw. Iod oxidiert.

vermögen; zudem zeigt das Si-Atom als Element der dritten Periode bereits eine deutliche Tendenz zur Oktettaufweitung, d.h. zur Bildung von Bindungen, an denen auch *d*-Orbitale beteiligt sind. Alle diese Faktoren bewirken, daß die *Si—H-Bindungen kinetisch labil* (nicht inert) werden.

Eine Gruppe ganz ungewöhnlicher Verbindungen bilden die *Borhydride* (S. 121 und S. 546). Sie besitzen für die Ausbildung «gewöhnlicher» Kovalenzbindungen, die durch gemeinsame Elektronenpaare bewerkstelligt werden, zu wenig Elektronen und werden deshalb als *«Elektronenmangelverbindungen»* bezeichnet.

Komplexe Hydride. Bor, Aluminium und Gallium bilden Verbindungen von teilweise salzartigem Charakter, die H-Atome als Liganden in Komplexen enthalten: $NaBH_4$ (Natriumborhydrid), $LiAlH_4$ (Lithiumaluminiumhydrid[1]), $LiGaH_4$ (Lithiumgalliumhydrid) u. a. Die tetraedrisch gebauten XH_4-Komplexe können dabei formal als Koordinationsverbindungen des Zentral-Ions mit $4 H^-$-Ionen betrachtet werden.

Die thermische Stabilität und die chemische Reaktionsfähigkeit dieser Verbindungen hängen von der Stärke der Bindung, mit welcher die H-«Atome» gebunden sind, und auch von der Natur des vorhandenen Kations ab. In der Reihe $BH_3 - AlH_3 - GaH_3$ nimmt die Fähigkeit, als Lewis-Säure zu wirken (und ein weiteres H^--Ion zu binden), als Folge des vom Bor zum Gallium stark wachsenden Atomradius ab, und daher sinkt die Thermostabilität der komplexen Hydride in dieser Reihenfolge. Umgekehrt wächst die Reaktionsfähigkeit – z. B. gegenüber Wasser – im gleichen Sinn; die Reaktion

$$4 H_2O + XH_4^- \longrightarrow 4 H_2 + X(OH)_3 + OH^-$$

(die wahrscheinlich durch eine Protonenübertragung von einem Wassermolekül auf ein XH_4^--Ion eingeleitet wird) tritt bei $NaBH_4$ nur in geringem Ausmaß ein ($NaBH_4$ löst sich als salzartiger Stoff gut in Wasser), während $NaAlH_4$ oder $NaGaH_4$ sehr rasch und explosionsartig hydrolysiert werden. Kationen, die wie Be^{2+}- oder Al^{3+}-Ionen als relativ starke Lewis-Säuren wirken können, vermögen die XH_4^--Ionen in einem erheblichen Ausmaß zu deformieren, so daß die Hydride eher kovalenten Charakter annehmen. $Al(BH_4)_3$ beispielsweise ist eine sehr reaktionsfähige, instabile Flüssigkeit (Smp. $-64,5\,°C$), die in organischen Lösungsmitteln sehr gut löslich ist. Über die Bindungsart herrscht allerdings noch keine völlige Klarheit; möglicherweise treten auch hier, ähnlich wie bei den Wasserstoffverbindungen von Bor, dreizentrische Bindungen zwischen dem Zentralatom des Komplexes und dem «Kation» auf.

Die große Bedeutung der komplexen Hydride liegt in ihrer Verwendung als *Reduktionsmittel.* Vor allem $LiAlH_4$ und $NaBH_4$ sowie KBH_4 werden für solche Zwecke häufig verwendet. Das in Diäthyläther lösliche $LiAlH_4$ ermöglicht z. B. zahlreiche organische Reduktionen (wie etwa die Reduktion von Carbonsäuren zu Alkoholen), die sonst nicht allzu leicht und nur mit mäßigen Ausbeuten durchführbar sind. Es wird technisch aus $AlCl_3$ und LiH hergestellt und ist bei Temperaturen unter $120\,°C$ recht stabil.

---

[1] Der $[AlH_4]^-$-Komplex ist eigentlich als *Tetrahydridoaluminat-Komplex* zu bezeichnen.

Übungen

12.1 Erklären Sie den Inhalt der Oktettregel und begründen Sie, warum diese Regel nur für die Elemente der ersten Periode streng gilt.

12.2 Warum kennt man bis heute bloß Verbindungen der schwereren Edelgase (Xe, Rn und Kr), dagegen keine von He, Ne oder Ar?

12.3 Wie wird technisch Wasserstoff gewonnen? Wie erhält man reines Deuterium?

12.4 Worauf sind die unterschiedlichen Schmelz- und Siedepunkte sowie die verschiedenen Verdampfungsenthalpien bei H_2 und D_2 zurückzuführen?

12.5 Wie läßt sich die katalytische Wirkung von Platin bei vielen Reaktionen, an denen molekularer Wasserstoff beteiligt ist, verstehen?

12.6 Warum wird in schwerem Wasser nur das H-Atom in der Hydroxylgruppe von Äthanol gegen Deuterium ausgetauscht, nicht aber die anderen H-Atome? Welche Eigenschaft läßt sich durch einen solchen Isotopenaustausch experimentell untersuchen?

12.7 Was versteht man unter «kinetischem Isotopeneffekt»? Geben Sie ein Beispiel dafür!

12.8 Was ist Ortho- und Parawasserstoff?

12.9 Worauf beruht die Kernresonanzspektroskopie? Warum ist sie für die Strukturaufklärung zu einem wichtigen Hilfsmittel geworden?

12.10 Was für verschiedene Arten von Hydriden gibt es? Geben Sie die «Existenzfelder» der verschiedenen Hydrid-Typen im Periodensystem an!

12.11 Wie reagieren NaH, $LiAlH_4$ und CaH_2 mit Wasser, mit CH_3OH und mit $C_2H_5OC_2H_5$ (Diäthyläther)?

12.12 Beschreiben Sie die Natur der Wasserstoffverbindungen von Metallen. Warum sind sie häufig nicht stöchiometrisch zusammengesetzt?

12.13 Wie verhalten sich die Bindungsenergien innerhalb der Reihen

$HF - HI$ $\quad$ $HF - CH_4$ $\quad$ $NH_3 - SbH_3$

Geben Sie eine Erklärung dafür!

12.14 Vergleichen Sie das Verhalten von Äthan (C_2H_6) und Disilan (Si_2H_6) gegenüber Wasser und gegenüber Luft.

12.15 Wie könnte man $NaBH_4$ herstellen? Warum ist $NaBH_4$ beträchtlich stabiler als $NaAlH_4$? Wie reagieren diese Substanzen mit Wasser?

Literatur

C. L. Chernick — Edelgasverbindungen. *Chemie in unserer Zeit 1* (1967)

F. A. Cotton und G. Wilkinson — *Anorganische Chemie.* Verlag Chemie, Weinheim 1972 (Kapitel 23 [Edelgase] und 6 [Wasserstoff])

G. J. Moody und J. D. R. Thomas — *Noble Gases and their Compounds.* Pergamon, London 1964

M. J. Sienko, R. A. Plane und R. E. Hester — *Inorganic Chemistry.* Benjamin, New York 1965 (Part II, Kapitel 1 und 12)

13 Die Halogene

Die Ähnlichkeiten zwischen den Elementen Fluor, Chlor, Brom, Iod und Astatin sind stärker ausgeprägt als bei allen anderen Elementen einer Gruppe, ausgenommen den Alkali- und Erdalkalimetallen. Ihren Namen («Salzbildner»; *hals* gr. = Salz, *gennan* gr. = bilden) verdanken sie der Tatsache, daß sie alle mit Metallen relativ leicht salzartige Halogenide bilden.

13.1 Gruppeneigenschaften

Alle Halogenatome besitzen in ihrer äußersten Schale die *Elektronenkonfiguration ns^2 np^5*, also ein Elektron weniger als die nachfolgenden Edelgase. Ihr chemisches Verhalten wird damit weitgehend durch die Tendenz bestimmt, abgeschlossene *s*- und *p*-Niveaus zu erreichen. Ihre Elektronegativität ist relativ hoch (sie sinkt allerdings stark mit zunehmender Ordnungszahl), und sie zeigen alle deutlichen Nichtmetallcharakter. Iod erinnert im Aussehen (metallisch glänzende Schuppen) schon deutlich an Metalle; bei Astatin dürfte der Metallcharakter noch mehr ausgeprägt sein, doch konnten bisher noch nicht genügende Mengen dieses Elementes hergestellt werden, um dies eindeutig zu entscheiden. Die Elektronenaffinität ist bei allen Halogenen negativ; sie ist am größten beim Chlor und sinkt wiederum mit zunehmender Ordnungszahl. Die Ionisierungsenergie nimmt mit zunehmender Ordnungszahl ebenfalls ab; die Atome der schwereren Halogene enthalten die Außenelektronen weniger fest gebunden. Die Normalpotentiale der Systeme $2X^-/X_2$ werden vom Fluor zum Astatin immer weniger stark positiv; freies Fluor ist – abgesehen von den Verbindungen mit Xe^{+VIII} – das stärkste Oxidationsmittel, während Iodid-Ionen und Iodwasserstoff bereits häufig als Reduktionsmittel verwendet werden. Die große Oxidationskraft von Fluor ist hauptsächlich auf die große Hydrationsenthalpie des kleinen F^--Ions und auf die kleine Dissoziationsenergie des F_2-Moleküls zurückzuführen; die Elektronenaffinität von Fluor ist kleiner als von Chlor.
Alle Halogene bilden zweiatomige Moleküle; die Schmelz- und Siedepunkte steigen regelmäßig innerhalb der Gruppe als Folge der wachsenden van der Waals-Kräfte.

13.2 Die Elemente

Vorkommen und Gewinnung. Als Folge ihrer großen Reaktionsfähigkeit treten die Halogene in der Natur nicht elementar, sondern nur in Verbindungen auf. Am Aufbau der Lithosphäre sind die einzelnen Halogene mit folgenden Anteilen beteiligt: Fluor 0,08%, Chlor 0,031%, Brom 0,00016% und Iod 0,00003%. Auch Astatin tritt in winzigen Mengen in der Natur auf; einzelne seiner Isotopen konnten als Nebenprodukte des radioaktiven Zerfalles von Uran und Thorium identifiziert werden. Der eindeutige Beweis seiner Existenz gelang erst 1940 durch Bombardierung des Nuclids $^{209}_{83}$Bi mit α-Strahlen:

$$^{209}_{83}\text{Bi} + {}^{4}_{2}\text{He} \longrightarrow {}^{211}_{85}\text{At} + 2\,{}^{1}_{0}n$$

Man kennt etwa 20 verschiedene Astatin-Isotope, die größtenteils als Produkte von Kernreaktionen erhalten worden sind. Das langlebigste Nuclid hat eine Halbwertszeit von 8,3 Stunden; es ist darum nicht möglich, größere Mengen des Elementes anzuhäufen, und sein chemisches Verhalten kann nur durch Tracer-Experimente untersucht werden. Wie man aber weiß, ordnet es sich sehr gut in die Reihe der übrigen Halogene ein. Irgendeine praktische Bedeutung kommt dem Element und seinen Verbindungen nicht zu; es kann darum im Rahmen dieses Buches auf eine Besprechung des Elementes verzichtet werden.

Die wichtigsten natürlichen *Halogenverbindungen* sind Halogenide: Steinsalz (NaCl), Sylvin (KCl), Carnallit (Doppelsalz aus KCl und $MgCl_2$), Flußspat (CaF_2), Kryolith (Na_3AlF_6) u. a. Bromide und Iodide kommen in den Steinsalzlagern (in den «Abraumsalzen») und im Meerwasser[1] vor. In gewissen Braunalgen ist Iod stark angereichert, so daß man das Element daraus gewinnen kann. Roher Chilesalpeter enthält $NaIO_3$ als Beimengung. Gasförmiger Chlorwasserstoff schliesslich tritt in vulkanischen Exhalationen auf.

Zur *Gewinnung der freien Elemente* werden meist ihre negativen Ionen oder ihre Wasserstoffverbindungen oxidiert. Als Oxidationsmittel können MnO_2, $KMnO_4$, Chlorkalk oder auch elektronegativere Elemente verwendet werden; so werden Brom und auch Iod technisch durch Einleiten von Chlor in konzentrierte Bromid- oder Iodidlösungen gewonnen:

$$Cl_2 + 2\,Br^- \longrightarrow 2\,Cl^- + Br_2$$

Die Hauptmenge des technisch produzierten Chlors wird durch die Chloralkalielektrolyse erhalten (S. 415); in kleineren Mengen entsteht Chlor auch als Nebenprodukt der Elektrolyse von geschmolzenem Natriumchlorid. Fluorid-Ionen können nur an der Anode oxidiert werden. Zur Fluor-Herstellung verwendet man elektrolytische Zellen aus Nickel, Kupfer oder Monel-Metall (einer Ni/Cu-Legierung), die sich oberflächlich mit einer Schutzschicht aus schwerlöslichem Fluorid überziehen, und als Elektrolyt eine Lösung von KF in wasserfreiem HF. – Iod wird schließlich auch durch Reduktion von Iodat (IO_3^-) mit Sulfit gewonnen.

Eigenschaften. Wichtige physikalische Eigenschaften siehe Tabelle 13.1. Alle Halogene sind ausgesprochen flüchtige Stoffe und zeigen charakteristische Farben. Fluor absorbiert im violetten Bereich des Spektrums und erscheint blaßgelb. Mit zunehmender Ordnungszahl verschiebt sich die Absorptionsbande immer mehr gegen die längeren Wellen (Chlor ist gelbgrün und Bromdampf rotbraun); Ioddampf absorbiert Gelb und Grün und erscheint dadurch violett. Diese Verschiebung der Absorptionsbande beruht darauf, daß in der Reihenfolge F–Cl–Br–I die Außenelektronen immer weniger stark gebunden werden, also immer leichter (durch energieärmeres, längerwelliges Licht) anzuregen sind. Fluor und Iod sind Reinelemente und treten in der Natur nur in einem einzigen Nuclid auf. Das Atom ^{19}F besitzt einen Kernspin von $+\frac{1}{2}$ und zeigt damit ein magnetisches Kernmoment von ähnlicher Größe wie das Proton; die Auswertung von Kernresonanzspektren mit ^{19}F ergibt wichtige Informationen über die Struktur von Fluorverbindungen. Natürliches Chlor besteht aus zwei Isotopen: ^{35}Cl (75,4 Atom-%) und ^{37}Cl (24,6 Atom-%). Das künstlich hergestellte Nuclid ^{36}Cl ist radioaktiv und wird als Tracer-Atom verwendet. Auch Brom kommt in zwei Isotopen vor (^{79}Br 50,57 Atom-%; ^{81}Br 49,43 Atom-%). Iod löst sich sehr gut in unpolaren Lösungsmitteln wie CS_2 und CCl_4; diese violetten Lösungen enthalten I_2-Moleküle. Die Lösungen in vielen anderen Lösungsmitteln (Benzol, Alkohole, Ketone) enthalten braune, aus I_2- und Lösungsmittelmolekülen gebildete charge-transfer-Komplexe. Auch mit Stärke bildet Iod eine charakteristisch blauschwarz gefärbte Additionsver-

---

[1] Häufigkeitsverhältnis von Cl^-, Br^- und I^- im Meerwasser: $10^6 : 6000 : 1$.

bindung, wobei I_2-Moleküle in Hohlräume des Polysaccharids Amylose eingelagert sind. Von den drei schwereren Halogenen löst sich Brom am besten in Wasser (0,21 mol/l bei 20 °C); in Gegenwart von I^--Ionen löst sich Iod aber recht gut unter Bildung eines labilen, leicht in die Bestandteile zerfallenden I_3^--charge-transfer-Komplexes von brauner Farbe:

$$I^- + I_2 \rightleftarrows I_3^-$$

Wird Chlor bei 0 °C in eine verdünnte $CaCl_2$-Lösung eingeleitet, so kristallisiert das Hydrat der Zusammensetzung $Cl_2 \cdot 7\,H_2O$, eine typische Clathratverbindung, aus.

Die Halogene sind alle sehr *reaktionsfähige* Elemente. Mit *Metallen* bilden sich meist *salzartige*, mit *Nichtmetallen flüchtige Halogenide*. Die Reaktionsfähigkeit der Halogene nimmt vom Fluor zum Iod deutlich ab, weil in dieser Reihenfolge Elektronenaffinität und Elektronegativität abnehmen sowie die Radien der Halogenid-Ionen zunehmen. Die Gitterenergien salzartiger Halogenide und ebenso die Bindungsenergien der meisten Kovalenzbindungen mit Halogenatomen sinken deshalb vom Fluor zum Iod stark ab.

Mit *Wasser* reagiert Fluor sehr heftig unter Bildung von HF und gasförmigem Sauerstoff; bei höheren pH-Werten entsteht auch gasförmiges Sauerstofffluorid, OF_2:

$$2\,F_2 + 2\,H_2O \longrightarrow 4\,HF + O_2 \qquad 2\,F_2 + 2\,OH^- \longrightarrow OF_2 + 2\,F^- + H_2O$$

Über HOF, das als weiteres Produkt bei der Reaktion von Fluor mit Wasser entsteht, siehe S. 448.

Tabelle 13. 1. Physikalische Eigenschaften der Halogene

	Fluor	Chlor	Brom	Iod
Aussehen	schwach gelbliches Gas	grünes Gas	braunschwarze Flüssigkeit (Dampf rotbraun)	metallisch glänzende blauschwarze Schuppen (Dampf violett)
Schmelzpunkt (°C)	− 223	− 102	− 7,3	114
Schmelzenthalpie (kJ/mol)	1,56	6,40	10,54	15,65
Siedepunkt (°C)	− 187	− 34,6	59	183
Verdampfungsenthalpie (kJ/mol)	6,3	20,4	30,0	41,7
Löslichkeit in Wasser (bei 20 °C; in mol/l)	−	0,09	0,21	$1,3 \cdot 10^{-3}$
Elektronenaffinität (kJ/mol)	− 376,6	− 387,0	− 364,4	− 331,4
EN	4,0	3,0	2,8	2,4
$E^0_{2X^-/X_2}$ (Volt)	+ 2,85	+ 1,36	+ 1,07	+ 0,58
Dissoziationsenergie X_2 (kJ/mol)	159	242	193	151
Ionenradius (pm)	136	181	195	216

Auch Chlor reagiert in geringem Maß mit Wasser, wobei sich unterchlorige Säure (HOCl) bildet:

$$Cl_2 + 2\,H_2O \rightleftharpoons H_3O^+ + Cl^- + HOCl \qquad K = 4{,}2 \cdot 10^{-4}$$

Dabei disproportioniert Cl^0 in Cl^{-I} und Cl^{+I}.

In alkalischem Milieu bildet sich aus Chlor und Wasser *Hypochlorit*:

$$Cl_2 + 2\,OH^- \rightleftharpoons Cl^- + OCl^- + H_2O \qquad K = 1{,}8 \cdot 10^{16}$$

Brom und Iod reagieren in der gleichen Weise; die Gleichgewichtskonstante ist jedoch für die entsprechende Reaktion mit Brom bedeutend kleiner als für die Reaktion mit Chlor und für die Reaktion mit Iod noch kleiner. Immerhin verläuft auch die Reaktion von Iod mit OH^- noch exergonisch ($K = 30$).

Ein Vergleich dieser Reaktionen zeigt einen charakteristischen Unterschied zwischen Fluor und den anderen Halogenen: Während die Elemente Chlor, Brom und Iod oberhalb $pH\ 8$ Hypochlorit bilden (also eine Verbindung, in welcher sie die Oxidationszahl $+\,I$ besitzen), geht Fluor unter diesen Bedingungen in Sauerstofffluorid über, in welchem Sauerstoff eine positive Oxidationszahl ($+\,II$) zeigt.

Das Element *Fluor* nimmt überhaupt innerhalb der ganzen Gruppe eine gewisse *Sonderstellung* ein. Dies ist darauf zurückzuführen, daß die *Dissoziationsenergie* der F—F-Bindung *ungewöhnlich klein* ist (159 kJ/mol), eine Folge der relativ starken Abstoßungskräfte sowohl zwischen den nichtbindenden Elektronen der beiden Atome wie zwischen den Atomrümpfen, und weiter auch darauf, daß sowohl das F-Atom wie das F^--Ion einen besonders kleinen Radius besitzen. Zudem gilt für Fluor als ein Element der ersten Periode die Oktettregel streng; da die zweite Schale nur *s*- und *p*-Orbitale enthält, ist eine «Oktettaufweitung» unter Bildung von Bindungen mit *d*-AO nicht möglich. Viele Elemente bilden mit Fluor Verbindungen in hohen Oxidationszahlen: SF_6, IF_7, CoF_3, AgF_2, AuF_3, MoF_6, XeF_6 usw., ja manche Elemente, wie z.B. Cu, zeigen die höchstmögliche Oxidationszahl nur in Verbindung mit Fluor. Fluoride von Nichtmetallen (CF_4, SF_6 u.a.) sind oft reaktionsträger als die entsprechenden anderen Halogenide; die Nichtmetall-Fluor-Bindungen sind also nicht nur thermodynamisch sehr stabil, sondern oft auch kinetisch inert. Metallfluoride besitzen meist stärker ausgeprägt salzartigen Charakter als die entsprechenden Verbindungen mit anderen Halogenen (man vergleiche etwa HgF_2 mit $HgCl_2$ oder PbF_4 mit $PbCl_4$). Dies zeigt sich sehr deutlich auch in den Kristallstrukturen; die Fluoride kristallisieren gewöhnlich in typischen Ionenkristallen (Steinsalzstruktur, Fluoritstruktur u.a.), während die anderen Halogenide in Schichtstrukturen oder sogar in Molekülstrukturen (wie z.B. $HgCl_2$ und $PbCl_4$) kristallisieren.

Viele Kationen von hoher Ladung und mit kleinem Radius bilden mit F^--Ionen mehr stabile Komplexe als mit den anderen Halogenid-Ionen. So gibt es z.B. eine ganze Reihe von Fluorokomplexen mit Al^{3+} als Zentralion: AlF^{2+}, AlF_2^+, AlF_4^-, AlF_5^{2-} und AlF_6^{3-}. Zu diesen Verbindungen (wie auch zu anderen Komplexen, wie BF_4^-, SiF_6^{2-}, FeF_6^{3-} und CoF_6^{3-}) analoge Komplexe mit anderen Halogenen existieren nicht. Die Liganden besitzen in solchen Fluorokomplexen weitgehend Ionencharakter; die Gitterenergien dieser Komplexsalze sind oft ziemlich groß, und die Substanzen sind demgemäß sehr stabil. Durch Verwendung von elementarem Fluor oder von BrF_3 als Fluorierungsmittel können noch zahlreiche weitere, interessante Metallkomplexverbindungen hergestellt werden, in denen die Zentralatome in ungewöhnlichen Oxidationszahlen auftreten: Cs_2CoF_6, K_2NiF_6, K_3CuF_6, $K\,IrF_6$ und $AgAuF_4$. Zwischen den Kationen und den Komplex-Anionen sind hier keine Kovalenzbindungen möglich, da die Oktettregel für Fluor streng gilt. Moleküle wie HBF_4, HPF_6 oder H_2SiF_6 können nicht existieren, weil das sehr stark elektronegative F-Atom nicht zweibindig sein kann. Ein Gemisch von HF mit BF_3 stellt darum ein Lösungsmittel von extrem stark saurem Charakter dar.

In organischen Verbindungen bewirkt der Ersatz von H- durch F-Atome weitgehende Veränderungen in den Eigenschaften. Auch die C—F-Bindung ist dank ihrer großen Bindungsenthalpie thermodynamisch sehr stabil und zudem kinetisch inert; die Polymerisation von fluorierten Alkenen z. B. ergibt deshalb thermisch und chemisch sehr widerstandsfähige Makromoleküle (Teflon). Zur Fluorierung verwendet man hier gewöhnlich nicht Fluor selbst, da das reine Element mit organischen Verbindungen viel zu heftig reagiert, sondern Fluorierungsmittel, wie CoF_3, SbF_3, HgF_2 und auch HF.

Fluor und Chlor wirken wegen ihrer oxidierenden Wirkung bleichend und desinfizierend (Chlorbleicherei; Desinfektion von Trinkwasser oder Badewasser mit Chlor). Kaliumiodid wird dem Tafelsalz zur Vorbeugung gegen Kropfbildung zugesetzt («Vollsalz»); F^--Ionen wirken (in sehr großer Verdünnung) kariesverhindernd (Trinkwasser- und Milchfluorierung; größere Konzentrationen von Fluoriden sind giftig!).

13.3 Verbindungen

Wasserstoffverbindungen. In ihren physikalischen und zum Teil auch in den chemischen Eigenschaften sind sich die 4 Halogenwasserstoffverbindungen HF, HCl, HBr und HI sehr ähnlich. Es sind farblose, stechend riechende Gase, die sich in Wasser sehr gut lösen. Der «abnorm» hohe Siedepunkt von HF ($+19,5\,°C$) wird durch Wasserstoffbrücken bedingt (S. 145); Wasserstoffbrücken zwischen F-Atomen (F—H····F) haben als Folge der starken Polarität der F—H-Bindung die größtmögliche Bindungsenthalpie aller Wasserstoffbrücken überhaupt (25–35 kJ/mol).

Tabelle 13.2. Eigenschaften der Halogenwasserstoffverbindungen

	HF	HCl	HBr	HI
Schmelzpunkt (°C)	− 83,1	− 114,8	− 86,9	− 50,7
Siedepunkt (°C)	19,5	− 84,9	− 66,8	− 35,4
Verdampfungsenthalpie (kJ/mol)	30,3	16,1	17,6	19,8
Bildungsenthalpie (kJ/mol)	− 286,6	− 92,3	− 36,2	+ 25,9
ΔG_f^0 (kJ/mol)	− 270,7	− 95,3	− 53,2	+ 1,3

Alle vier Halogenwasserstoffverbindungen sind *Säuren,* wobei die Säurestärke von HF zu HI zunimmt (vgl. S. 361). Der verglichen mit den übrigen Verbindungen besonders schwach saure Charakter von HF dürfte u. a. auch auf die starke Assoziation der HF-Moleküle zurückzuführen sein. HF löst Quarz und Glas unter Bildung von gasförmigem SiF_4 ($SiO_2 + 4\,HF \longrightarrow SiF_4 + 2\,H_2O$); die wäßrige Lösung *(«Flußsäure»)* wird daher zum Glasätzen benutzt. Sie muß in Kunststoffgefäßen aufbewahrt werden und erzeugt auf der Haut sehr schwer heilende, schmerzhafte Wunden. *Salzsäure* ist die Lösung von Chlorwasserstoff in Wasser; konzentrierte Salzsäure enthält etwa 36 Gewichts-% HCl-Gas gelöst.

Die Bindungsenthalpien und die Thermostabilität der Wasserstoffverbindungen nehmen vom HF zum HI stark ab. Während sich HCl und vor allem HF in sehr heftiger, explosionsartiger

Reaktion aus den Elementen bilden, zersetzen sich HBr und besonders H I bereits bei mäßig hoher Temperatur zum Teil in die Elemente. Die technische Herstellung geschieht durch Reaktion des Halogenid-Ions mit einer starken Säure wie H_2SO_4 (Herstellung von HF aus CaF_2), durch direkte Synthese (Verbrennung von Chlor in Wasserstoff) oder durch spezielle Reaktionen:

$$PBr_3 + 3\ H_2O \longrightarrow H_3PO_3 + 3\ HBr$$
$$I_2\ \ + H_2S \longrightarrow S \ \ \ \ \ + 2\ H I$$

An Stelle der Phosphorhalogenide verwendet man gewöhnlich einfach Gemische von rotem Phosphor mit dem betreffenden Halogen.

Salzartige Halogenide. Die Alkali- und Erdalkalimetalle (mit Ausnahme von Beryllium) ergeben Halogenide von vorwiegend salzartigem Charakter; sie kristallisieren größtenteils in typischen Ionenkristallen (NaCl-, CaF_2- und TiO_2-Struktur; bei Erdalkalichloriden, -bromiden und -iodiden auch Schichtstrukturen). Als Folge des kleinen Ionenradius des F^--Ions bilden sich die Fluoride unter besonders heftiger Reaktion und sind oft schwerer löslich als die entsprechenden Verbindungen anderer Halogene. Auch die Übergangsmetalle bilden zahlreiche salzartige Halogenide; im allgemeinen ist dabei der Salzcharakter bei den Fluoriden am stärksten ausgeprägt. Bromide und Iodide, in gewissen Fällen auch die Chloride, zeigen bereits deutliche Übergänge zu Kovalenzbindung (Deformation, d. h. Polarisation der Anionen durch die relativ kleinen Kationen) und damit zu Strukturen vom Typus der Atomkristalle (CuCl, Silberhalogenide, Hg_2Cl_2). In solchen Fällen sinkt die Löslichkeit mit zunehmend kovalentem Charakter (vgl. die Reihe AgF [salzartig, NaCl-Gitter] – AgCl – AgBr – Ag I [Diamantstruktur!]). Im allgemeinen nimmt der kovalente Charakter der Halogenide mit zunehmender Ladungskonzentration des Kations zu (stärker polarisierende Wirkung!). Wenn Metalle in verschiedenen Oxidationszahlen auftreten können, haben die Halogenide der niedrigeren Oxidationszahl eher den Charakter von Ionenverbindungen ($PbCl_2 - PbCl_4$; $SnCl_2 - SnCl_4$; $UF_4 - UF_6$).

Kovalente Halogenide. Kovalente Halogenide werden von Nichtmetallen und Übergangselementen in höheren Oxidationsstufen gebildet. Es sind flüchtige, häufig bei Zimmertemperatur gasförmige Substanzen, die in Molekülstrukturen kristallisieren. Die meist besonders tiefen Siedepunkte der Fluor-Verbindungen sind auf die besonders geringe Polarisierbarkeit der F-Atome und die darum besonders schwachen van der Waals-Kräfte zurückzuführen. Die Bindungsart in solchen Molekülen ist allerdings nicht immer rein kovalent; Moleküle wie z. B. SiF_4 können auch als umhüllte Ionen (S. 146) aufgefaßt werden. In Verbindungen wie z. B. PCl_5 (im Gaszustand) oder SF_6 – wo die Koordinationszahl des Zentralatoms größer ist als 4 – werden auch *d*-Orbitale des Nichtmetallatoms oder Übergangsmetallatoms für Bindungen benützt. Kovalente Halogenide entstehen entweder durch direkte Synthese oder durch Reaktionen niedriger Halogenide mit Halogenen bzw. Halogenierungsmitteln. Die Fluoride sind erwartungsgemäß besonders stabil; Iodide sind oft so wenig beständig, daß sie kaum herzustellen sind. Viele kovalente Halogenide sind recht *reaktionsfähige* Substanzen und werden insbesondere durch nucleophile Reagenzien leicht angegriffen. So tritt z. B. mit Wasser häufig eine *Hydrolyse* ein, wobei Halogenwasserstoffsäuren neben Säuren des betreffenden Nichtmetalls entstehen:

$$BCl_3\ + 3\ H_2O \longrightarrow B(OH)_3 + 3\ HCl$$
$$PBr_3\ + 3\ H_2O \longrightarrow H_3PO_3\ \ + 3\ HBr$$
$$SiCl_4 + 4\ H_2O \longrightarrow Si(OH)_4 + 4\ HCl$$

Tabelle 13.3. Beispiele kovalenter Halogenide

	Smp. (°C)	Sdp. (°C)		Smp. (°C)	Sdp. (°C)
XeF_2	140	zers.	ICl	27,2	97,5
XeF_4	114	zers.	IBr	36	116
XeF_6	46	zers.	SCl_2	− 78	59 (zers.)
ClF	− 155,6	− 100,3	S_2Cl_2	− 80	138
ClF_3	− 82,6	12,1	S_2Br_2	− 46	90 (zers.)
IF_7	4,5	5,5	SCl_4	− 31 (zers.)	
SF_4	− 121	− 40,4	Se_2Cl_2	− 85	zers.
SF_6	− 51	− 75 (subl.)	NCl_3	− 92	zers.
SeF_6	− 34,6	− 47 (subl.)	PCl_3	− 92	74,2
NF_3	− 206,8	− 129,0	PBr_3	− 40,5	172,8
PF_3	− 151,5	− 101,5	PI_3	61,2	> 200 (zers.)
PF_5	− 93,7	− 84,5	$AsCl_3$	− 13	120
AsF_5	− 79,8	− 53,2	$AsBr_3$	35	220
SbF_5	8,3	150	CCl_4	− 22,9	76,7
CF_4	− 183,7	− 182,0	CBr_4	90,1	187
SiF_4	− 90,3	− 95,5 (subl.)	CI_4	171	
GeF_4	− 15,0	− 36,8 (subl.)	$SiCl_4$	− 68	57
BF_3	− 128,7	− 99	$SiBr_4$	5,2	152,8
PtF_6	61,3	69,1	$GeCl_4$	− 49,5	83,1
WF_6	2,3	17,1	BCl_3	− 107	12,4

Obschon eigentlich die Nichtmetallatome durch die relativ voluminösen Cl- oder Br-Atome besser vor einem nucleophilen Angriff abgeschirmt werden als durch F-Atome, sind Chloride und Bromide meistens leichter zu hydrolysieren, wohl als Folge der stärker kovalenten Bindungen. Fluoride, die Nichtmetalle in niedrigeren (nicht der höchsten) Oxidationszahl enthalten, sind im allgemeinen hingegen leichter hydrolysierbar. Einige Beispiele kovalenter Halogenide gibt Tabelle 13.3.

Interhalogenverbindungen. Die Halogene bilden auch eine Reihe von Verbindungen untereinander, die alle der Formel XY_n entsprechen, wobei n eine ungerade Zahl und Y das leichtere Halogen ist. Trotz vieler Versuche ist es bisher nicht gelungen, ternäre Halogenverbindungen herzustellen; offensichtlich sind die binären Verbindungen viel stabiler. Ihre Stabilität nimmt ab mit zunehmender Zahl n, mit wachsender Größe des X-Atoms und abnehmender Größe des Y-Atoms.

In bezug auf die physikalischen Eigenschaften stehen viele Interhalogenverbindungen ungefähr zwischen den beiden Elementen, aus denen sie entstanden sind. Ihre Moleküle sind polar, entsprechend der EN-Differenz der beiden Elemente; im Falle der aus nur zwei Atomen bestehenden Moleküle bestimmt die Richtung des Bindungsdipols sowohl die Natur der bei der Hydrolyse gebildeten Produkte wie auch die Richtung der Addition an unsymmetrisch substituierte Doppelbindungen von Alkenen. Alle Interhalogenverbindungen sind recht *reaktionsfähig.* Es sind starke Oxidationsmittel, und sie werden in alkalischer Lösung − zum Teil sogar explosionsartig! − hydrolysiert. IF_7 ist wohl eine der reaktionsfähigsten Verbindungen überhaupt; in Berührung mit organischen Verbindungen beispielsweise tritt spontane Entflammung ein.

Die einfachen Verbindungen wie ClF, BrF, IF, ICl und IBr entstehen durch direkte Reaktion der beiden Elemente. Höhere Interhalogenverbindungen sind durch Anlagerung von Halogen an die einfachen XY-Verbindungen erhältlich. Besonders zu erwähnen ist BrF_3, eine farblose Flüssigkeit (Smp. 8,8 °C; Sdp. 125 °C), die sowohl eine hohe Dielektrizitätskonstante und eine relativ hohe Eigenleitfähigkeit besitzt und deshalb für Untersuchungen über das Verhalten von Substanzen in nichtwäßrigen, ionisierenden Lösungsmitteln dienen kann. Auch als Fluorierungsmittel wird BrF_3 häufig verwendet.

Obschon alle Interhalogenverbindungen kovalenten Charakter haben, ionisieren sie zum Teil im flüssigen Zustand:

$$2\,ICl \longrightarrow I^+ + ICl_2^- \qquad 2\,BrF_3 \longrightarrow BrF_2^+ + BrF_4^- \qquad 2\,IF_5 \longrightarrow IF_4^+ + IF_6^-$$

Einzelne dieser Ionen konnten in Festkörpern mit Ionenstrukturen nachgewiesen werden, z.B. $BrF_2^+SbF_6^-$, $K^+BrF_4^-$ usw. Neben den durch Selbst-Ionisierung von Interhalogenverbindungen entstandenen Polyhalogenid-Komplexen existieren noch viele weitere Interhalogenkomplexe wie Br_3^-, I_3^-, I_5^-, IBr_2^-, ICl_2^-, ClF_4^-, $IBrF^-$, $IFCl_3^-$ usw. Manche dieser Komplexe kommen zusammen mit Kationen von großem Radius in Ionenkristallen vor: $Rb^+I_9^-$, $Cs^+ICl_4^-$ u. a. und entstehen durch Kristallisation eines Gemisches aus dem einfachen Halogenid und dem Halogen.

Sauerstoffverbindungen. Alle Halogene bilden Verbindungen mit Sauerstoff. Die *Oxide* sind *ziemlich unbeständige* und reaktionsfähige Verbindungen, die größtenteils zu explosionsartiger Zersetzung neigen. Etwas stabiler sind die Oxokomplex-Anionen. Als einziges Halogen bildet Fluor keinerlei Verbindungen, die F in einer positiven Oxidationszahl enthalten (zu hohe Elektronegativität von Fluor!).

Die *Fluor-Sauerstoff-Verbindungen* sind wegen der hohen Elektronegativität von Fluor (F ist der negativ polarisierte Bindungspartner) besser als Sauerstofffluoride statt als Fluoroxide anzusprechen (sie enthalten also O in der Oxidationszahl +II!). Von den beiden Verbindungen OF_2 und O_2F_2 existiert nur OF_2 bei Raumtemperatur. Es ist ein trotz seiner positiven Bildungsenthalpie ($\Delta H_f^0 = +17$ kJ/mol) metastabiles, reaktionsfähiges Gas (Smp. -224 °C; Sdp. -145 °C); seine Reaktionsfähigkeit ist aber deutlich kleiner als die von Fluor, und wie das Normalpotential des Redoxsystems $2\,F^-/OF_2$ ($E^0 = +2,1$ V) zeigt, wirkt es auch weniger stark oxidierend als dieses.

Chlor (I)-oxid, Cl_2O (Smp. -116°C, Sdp. $+2$°C), ein gelbrotes, beim Erhitzen explodierendes Gas, ist ebenfalls sehr reaktionsfähig und ein starkes Oxidationsmittel. Es entsteht durch Einwirkung von Chlor auf Quecksilberoxid (HgO) und bildet mit Wasser zusammen unterchlorige Säure:

$$Cl_2O + H_2O \longrightarrow 2\,HOCl$$

Von praktischer Bedeutung ist das grünlichgelbe *Chlor (IV)-oxid,* ClO_2, (Smp. -59°C, Sdp. $+11$ °C; $\Delta H_f^0 = +98,3$ kJ/mol), welches als Bleichmittel für Baumwolle und zur Trinkwasserdesinfektion verwendet wird. Es ist paramagnetisch (ungerade Elektronenzahl!), also ein freies Radikal, und dementsprechend sehr reaktionsfähig; es zerfällt beispielsweise schon bei geringem Erwärmen explosionsartig in die Elemente. Seine Elektronenkonfiguration entspricht derjenigen des O_3-Moleküls (S. 459), wobei das zusätzlich noch vorhandene Elektron ein antibindendes π-MO besetzt. Man erhält ClO_2 aus Chloraten durch Einwirkung einer Säure wie konzentrierter Schwefelsäure oder Oxalsäure bei tieferer Temperatur:

$$2\,ClO_3^- + H_2C_2O_4 + 2\,H_3O^+ \longrightarrow 2\,ClO_2 + 2\,CO_2 + 4\,H_2O$$

Das dabei gleichzeitig gebildete CO_2 verdünnt das ClO_2 und vermindert dadurch seine Gefährlichkeit.

Das stabilste der bekannten Halogenoxide ist *Iod (V)-oxid,* I_2O_5, ein weißer, fester Stoff, der sich erst oberhalb 300°C zu zersetzen beginnt. Seine oxidierende Wirkung wird zur quantitativen Bestimmung von CO ausgenutzt (Oxidation zu CO_2 unter Bildung von I_2). Die ebenfalls festen Verbindungen I_2O_4 und I_4O_9 stellen wahrscheinlich Iodyliodat ($IO^+IO_3^-$) bzw. Iod (III)-iodat [$I^{3+}(IO_3)_3$] dar, doch ist ihre Struktur noch nicht genau bekannt.

Verschiedene Halogenoxide ergeben mit Wasser sauerstoffhaltige Säuren, wirken also als *« Säureanhydride ».* Hypochlorite (-bromite, -iodite) entstehen, wie bereits erwähnt, durch Reaktion des elementaren Halogens mit Alkalihydroxidlösungen:

$$Br_2 + 2 OH^- \longrightarrow Br^- + OBr^- + H_2O$$

Lösungen von Hypochloriten—und in noch stärkerem Maß auch von Hypobromiten und Hypoioditen — zerfallen schon beim Stehen am Licht langsam in Chlorid (Bromid, Iodid) und O_{nasc} und werden deshalb als Desinfektions- und Bleichmittel verwendet: Eau de Javelle ist eine hypochlorithaltige Lösung von Chlor in Kalilauge; Chlorkalk, Ca (OCl) Cl, entsteht aus Chlor und Ca (OH)$_2$. Hypochlorite vermögen andere Teilchen durch direkte Übertragung von O-Atomen zu oxidieren (Beweis durch Verwendung von Hypochlorit mit ^{18}O):

$$^{18}OCl^- + NO_2^- \longrightarrow Cl^- + NO_2^{18}O^-$$

Auch mit Wasser kann ein Austausch von O-Atomen eintreten.

Die konjugierten Säuren – *unterchlorige (unterbromige* bzw. *unteriodige) Säure* – sind sämtlich sehr schwache Säuren (pK_s 7,25 bzw. 8,7 bzw. 10,8) und in reinem Zustand unbekannt. Verdünnte Lösungen lassen sich durch Reaktion des betreffenden Halogens mit einer wäßrigen Suspension von HgO erhalten:

$$2 Cl_2 + HgO + H_2O \longrightarrow HgCl_2 + 2 HOCl$$

Die Hypohalogenit-Ionen disproportionieren in wäßriger Lösung leicht in Halogenid und Halogenat (vgl. S. 415; Chloralkalielektrolyse):

$$3 ClO^- \longrightarrow ClO_3^- + 2 Cl^-$$

Wie auf S. 406 erwähnt wurde, ist eine Disproportionierung

$$2 \text{ Redox} \longrightarrow \text{Red} + \text{Ox}$$

dann möglich, wenn das Normalpotential des Redoxsystems Red/Redox positiver ist als das Normalpotential des Systems Redox/Ox. Wie aus der Tabelle 13.4 hervorgeht, trifft diese Voraussetzung für alle Hypohalogenit-Ionen zu. Die Geschwindigkeit der Disproportionierung ist jedoch bei den drei Hypohalogeniten sehr verschieden. Während Hypochlorit erst bei leicht erhöhter Temperatur (um 75°C) mit größerer Geschwindigkeit in Chlorat und Chlorid übergeht, disproportioniert das Hypobromition bereits bei Zimmertemperatur ziemlich rasch, so daß Lösungen von Hypobromiten nur unterhalb 0°C beständig sind. Hypoiodite disproportionieren bereits bei noch tieferer Temperatur so schnell, daß man beim Lösen von Iod in Hydroxidlösungen direkt Iodat erhält und Hypoiodite in Lösungen kaum hergestellt werden können.

Neuerdings (1969) ist es gelungen, die Verbindung HOF (*«unterfluorige Säure»*) in Milligrammengen durch Reaktion von Fluor mit Wasser zu erhalten. Die geringen Mengen HOF,

Tabelle 13.4. Normalpotentiale (Volt) für Redoxpaare der Halogene

	Chlor	Brom	Iod
$\frac{1}{2}X_2 + 2\,H_2O \rightleftharpoons HOX + H_3O^+ + e^-$	+ 1,63	+ 1,59	+ 1,45
$\frac{1}{2}X_2 + 5\,H_2O \rightleftharpoons HXO_2 + 3\,H_3O^+ + 3\,e^-$	+ 1,64	–	–
$\frac{1}{2}X_2 + 9\,H_2O \rightleftharpoons XO_3^- + 6\,H_3O^+ + 5\,e^-$	+ 1,47	+ 1,51	+ 1,20
$\frac{1}{2}X_2 + 12\,H_2O \rightleftharpoons XO_4^- + 8\,H_3O^+ + 7\,e^-$	+ 1,42	–	+ 1,34
$X^- \rightleftharpoons \frac{1}{2}X_2 + e^-$	+ 1,36	+ 1,07	+ 0,58
$X^- + 2\,OH^- \rightleftharpoons XO^- + H_2O + 2\,e^-$	+ 0,89	+ 0,71	+ 0,49
$X^- + 4\,OH^- \rightleftharpoons XO_2^- + 2\,H_2O + 4\,e^-$	+ 0,78	–	–
$X^- + 6\,OH^- \rightleftharpoons XO_3^- + 3\,H_2O + 6\,e^-$	+ 0,63	+ 0,61	+ 0,26
$X^- + 8\,OH^- \rightleftharpoons XO_4^- + 4\,H_2O + 8\,e^-$	+ 0,56	–	+ 0,39

die sich neben den Hauptprodukten HF, O_2 und OF_2 bilden, konnten durch Ausfrieren aus dem Gasstrom abgetrennt werden. HOF ist eine instabile, flüchtige Verbindung (Smp. $-127°C$), die sich bei Raumtemperatur mit einer Halbwertszeit von rund einer Stunde zersetzt, und die sehr stark oxidierend wirkt (so vermag HOF z. B. BrO_3^- zu BrO_4^- zu oxidieren). Bemerkenswert ist die Tatsache, daß Sauerstoff in dieser Verbindung die formale Oxidationszahl Null besitzt!

Die technisch zu Bleichzwecken verwendeten *Chlorite* (z. B. $NaClO_2$) werden durch Reduktion von Chloraten mittels Hydrogensulfit gewonnen. Reine Chlorite lassen sich durch Reaktion von ClO_2 mit Natriumperoxid erhalten:

$$Na_2O_2 + 2\,ClO_2 \longrightarrow 2\,NaClO_2 + O_2$$

Eine Disproportionierung von $HOCl$ in HCl und $HClO_2$ tritt wegen der ungünstigen Gleichgewichtslage (vgl. die Normalpotentiale) nicht ein. Die dem ClO_2^--Ion konjugierte Säure ist nur in verdünnten Lösungen beständig. Entsprechende Brom- und Iodverbindungen sind unbekannt.

Zu den Halogenverbindungen der *Oxidationsstufe + V* gehört eine Anzahl ziemlich wichtiger Verbindungen: $KClO_3$ (Oxidationsmittel; in Zündhölzern und Feuerwerk), $NaClO_3$ (Unkrautvertilgungsmittel), $NaBrO_3$ und $NaIO_3$ (Oxidationsmittel für Laboratoriumsarbeiten). Die konjugierten Säuren der XO_3^--Anionen sind – außer im Falle des Iodats – im reinen Zustand unbekannt. *Iodsäure* (HIO_3) kann als einzige Halogensauerstoffsäure der Oxidationsstufe +V in Form farbloser Kristalle (Smp. 110°C) leicht durch Oxidation von Iod mit Ozon, H_2O_2 oder konzentrierter Salpetersäure erhalten werden. Die Halogensäuren sind ziemlich starke Säuren (d. h. die XO_3^--Anionen sind ziemlich schwache Basen), die in konzentrierten Lösungen stark oxidierend wirken. Obschon die $X{-}O$-Bindungen mit Wasser langsam O-Atome austauschen, sind sie kinetisch ziemlich inert. Chlorate, Bromate und Iodate sind darum in Lösung unbeschränkt haltbar. Erst beim Erhitzen über den Schmelzpunkt hinaus geht z. B. Chlorat in Perchlorat (ClO_4^-) und Chlorid über (obschon die Gleichgewichtskonstante für diese Disproportionierung bei 100°C 10^{21} beträgt!); bei stärkerem Erhitzen spaltet das Perchlorat den Sauerstoff ab und geht ebenfalls in Chlorid über:

$$4\,ClO_3^- \longrightarrow 3\,ClO_4^- + Cl^- \qquad\qquad ClO_4^- \longrightarrow 2\,O_2 + Cl^-$$

15

Die XO_4^--Anionen *(Perchlorat,* ClO_4^-, *Perbromat,* BrO_4^- und *Periodat,* IO_4^-) sind regelmäßig tetraedrisch gebaut. Die X—O-Bindungen sind jedoch kürzer als beispielsweise die X—O-Bindungen in Partikeln wie Cl_2O, Br_2O oder OI^-, welche echte Einfachbindungen (lokalisierte σ-Bindungen) sind. Dies zeigt, daß die übliche Formulierung der XO_4^--Anionen mit vier Einfachbindungen den wirklichen Bindungsverhältnissen nicht ganz gerecht wird. Auch hier werden (ähnlich wie im NO_3^--Ion; vgl. S. 112) delokalisierte π-MO besetzt, welche durch Kombinationen von (im freien Zustand unbesetzten) d-AO der zweitäußersten Schale des Halogenatoms mit $2p$-AO der O-Atome gebildet werden (vgl. Abb.15.6). Dasselbe gilt auch für andere Oxokomplexe wie SO_4^{2-}, PO_4^{3-} u.a.

Offenbar wegen ihrer hohen Symmetrie sind die XO_4^--Anionen ziemlich reaktionsträg.[1] Auf diese Reaktionsträgheit ist ihre Beständigkeit in Kristallen und wässrigen Lösungen zurückzuführen. *Perchlorsäure* ($HClO_4$) ist die einzige, in reiner Form darstellbare Chlor-Sauerstoff-Säure; man erhält sie durch vorsichtiges Eindampfen einer verdünnten, aus $Ba(ClO_4)_2$ mit Schwefelsäure gewonnenen Lösung. Sie ist eine farblose, an der Luft rauchende Flüssigkeit (Smp. $-112°C$), die sich bereits bei geringem Erwärmen explosionsartig zersetzen kann (besonders bei Vorhandensein von Spuren organischer Verunreinigungen), und die stark oxidierend wirkt. Sie ist eine der stärksten bekannten Säuren. Das ClO_4^--Ion, eine extrem schwache Base, ist zugleich ein Teilchen mit sehr geringer Neigung zur Komplexbildung. Perchlorate werden meist durch elektrolytische Oxidation von Chloraten hergestellt.

Nach sehr vielen vergeblichen Versuchen, Verbindungen von Br^{+VII} zu erhalten, gelang 1968 die Darstellung von Perbromat ($KBrO_4$) durch Oxidation von Bromat mit elementarem Fluor in wässriger NaOH. Das Normalpotential des Redoxsystems $BrO_3^- + 3 H_2O \rightleftharpoons BrO_4^- + 2 H_3O^+ + 2 e^-$ beträgt $+1,76$ V; Perbromate wirken also stärker oxidierend als Perchlorate oder Periodate. Das BrO_4^--Ion scheint aber recht reaktionsträg zu sein, so daß die mit seiner Herstellung verbundenen Schwierigkeiten offenbar eher auf kinetische als auf thermodynamische Effekte zurückzuführen sind.

Die Periodate sind – ebenso wie die Iodate – stabiler als die entsprechenden Chlorverbindungen. Eine der $HClO_4$ analoge Periodsäure ist nicht bekannt; aus angesäuerten Lösungen von Periodaten erhält man beim Verdampfen des Wassers die *« Orthoperiodsäure »,* H_5IO_6, in Form von farblosen, zerfließlichen Kristallen. Ihre Moleküle enthalten 6 oktaedrisch mit dem I-Atom koordinierte O-Atome; die bindenden Elektronen besetzen im I-Atom auch d-Orbitale. – In wässrigen Lösungen von Periodaten stellen sich Gleichgewichte der folgenden Art ein:

$$IO_4^- + 2 H_2O \rightleftharpoons H_4IO_6^-$$

Es ist interessant, die *Normalpotentiale der verschiedenen Oxidationsstufen* der drei Halogene Chlor, Brom und Iod zu vergleichen und ihre Stabilität bezüglich Disproportionierung oder Reduktion durch Wasser zu betrachten. Dabei wollen wir auch zeigen, wie sich aus *bekannten Normalpotentialen* die Potentiale *weiterer, möglicher Redoxpaare* erhalten lassen.

Als *Beispiel* betrachten wir das Normalpotential des Redoxpaares I_2/IO_3^- (in alkalischer Lösung), das in Tabelle 13.4 oder in den nachfolgenden schematischen Zusammenstellungen nicht enthalten ist. Folgende Normalpotentiale sind bekannt:

$$E^0_{I^0/IO^-} = +0,45 \text{ V} \quad \text{und} \quad E^0_{IO^-/IO_3^-} = +0,14 \text{ V}$$

---

[1] Ganz entsprechend nimmt die Geschwindigkeit des Austausches von O-Atomen mit H_2O-Molekülen in folgender Reihe ab:

$$ClO^- - ClO_2^- - ClO_3^- - ClO_4^-$$

Nun sind Normalpotentiale intensive Größen, d. h. sie sind – wie z. B. auch die Temperatur – von der Stoffmenge unabhängig und können darum nicht ohne weiteres addiert oder subtrahiert werden. Es ist darum nötig, sie zuerst in ΔG-Werte (die extensive Größen sind) umzuwandeln. Dies geschieht durch Multiplikation des Potentials (in Volt) mit der Anzahl der verschobenen Elektronen, wobei man dann den Zahlenwert für ΔG in eV erhält. Für unsere beiden Redoxpaare gilt also:

$$\Delta G^0_{I^0/IO^-} = 0{,}45 \text{ eV} \quad \text{und} \quad \Delta G^0_{IO^-/IO_3^-} = 4 \cdot 0{,}14 = 0{,}56 \text{ eV}$$

Das gesuchte Normalpotential des Redoxpaares I_2/IO_3^- – das der Änderung der freien Energie pro Elektron entspricht – ist dann gleich:

$$E^0_{I_2/IO_3^-} = +\frac{0{,}45 + 0{,}56}{5} = +0{,}20 \text{ V}$$

Die folgenden Darstellungen geben eine *Übersicht über die Normalpotentiale* der verschiedenen Redoxpaare von Halogenverbindungen (in Volt):

in sauren Lösungen

in alkalischen Lösungen

Zur Beurteilung des Verhaltens von Oxidations- oder Reduktionsmitteln in wäßriger Lösung muß man sich weiter vergegenwärtigen, daß das Potential für die Oxidation von Wasser zu Sauerstoff bei pH 0 $+$ 1,24 V, bei pH 7 $+$ 0,82 V und bei pH 14 $+$ 0,40 V beträgt. Die Reduktion zu Wasserstoff ist bei pH 0 bei einem Potential von 0,0 V, bei pH 7 bei $-$ 0,42 V möglich.

In *saurer Lösung* wirken alle Verbindungen der Halogene in positiven Oxidationsstufen stark oxidierend (E^0 positiver als $+$1,19 V). Perchlorat-, Chlorat-, Perbromat-, Bromat- und Periodationen sowie ihre konjugierten Säuren und außerdem die Säuren $HClO_2$, $HOCl$, $HOBr$ und HOI sind bei niedrigem pH in bezug auf eine Reduktion durch Wasser (Bildung von O_2) thermodynamisch instabil und würden in Wasser Sauerstoff entwickeln, wenn die X–O-Bindungen weniger inert wären. Nur Iodat ist – als einzige Halogen-Sauerstoff-Verbindung – auch in saurer Lösung thermodynamisch stabil. In *stark alkalischen* Lösungen wird auch das ClO_4^--Ion stabil. Bezüglich einer Disproportionierung sind die Verbindungen der Oxidationsstufen $+$ I und $+$ III sowie (außer in stark alkalischen Lösungen) ClO_3^- thermodynamisch instabil.
Für die analytische Chemie sind die Reaktionen von *Iodid* mit *Iodat* bzw. *Bromat* und von *Bromid* mit *Bromat* von einer gewissen Bedeutung. In neutraler Lösung wird Iodat von Iodid nicht reduziert; säuert man aber eine Lösung, die Iodid und Iodat nebeneinander enthält, an, so scheidet sich sofort Iod (als I_3^--Komplex) aus:

$$6 \, H_3O^+ + 5 \, I^- + IO_3^- \longrightarrow 3 \, I_2 + 9 \, H_2O$$

Auch durch Bromat wird Iodid zu Iod oxidiert. Bei einem Überschuß von Iodid entsteht als Produkt der Reduktion von Bromat Bromid, weil elementares Brom in Gegenwart von Iodid nicht entstehen kann:

$$6 \, H_3O^+ + 6 \, I^- + BrO_3^- \longrightarrow 3 \, I_2 + Br^- + 9 \, H_2O$$

Ist aber Bromat im Überschuß vorhanden, so muß als Endprodukt der Reduktion Brom entstehen, da Bromid von Bromat zu Brom oxidiert wird. Das Iodid wird dann bis zur Stufe des Iodats oxidiert:

$$6 \, H_3O^+ + 5 \, I^- + 6 \, BrO_3^- \longrightarrow 5 \, IO_3^- + 3 \, Br_2 + 9 \, H_2O$$

Stereochemie der kovalenten Halogenverbindungen. Sowohl die Verbindungen der Halogene untereinander wie auch ihre Oxokomplexe und die kovalenten Halogenide bieten zahlreiche Beispiele von räumlichen Strukturen, die leicht zu verstehen sind, wenn man annimmt, daß bindende und nichtbindende Elektronenpaare der Halogenatome im Raum möglichst symmetrisch angeordnet sind (Abb. 13.1). In manchen Molekülen bewirken allerdings die Wechselwirkungen zwischen den freien Elektronenpaaren und den Liganden geringe Abweichungen von den erwarteten, idealisierten Strukturen.
4 Paare von Valenzelektronen ordnen sich tetraedrisch um das Zentralatom (sie können als sp^3-Hybrid-Orbitale beschrieben werden): CCl_4, CBr_4, GeF_4, NCl_3, OF_2; ClO_4^-, ClO_3^-, ClO_2^- usw. Moleküle wie OF_2 oder Komplexe wie ClO^- sind also gewinkelt. 5 Liganden ordnen sich zu einer trigonalen Bipyramide; die ψ-Funktionen von 5 gleichwertigen Elektronen können durch Hybridisierung von einem s-, drei p- und einem d-AO gebildet werden (sp^3d-Hybrid-AO). Auf die trigonale Bipyramide als Koordinationspolyeder lassen sich auch Teilchen wie SF_4, ClF_3, ICl_2^- und $IO_2F_2^-$ (in denen das Zentralatom ebenfalls insgesamt 5 bindende und nichtbindende

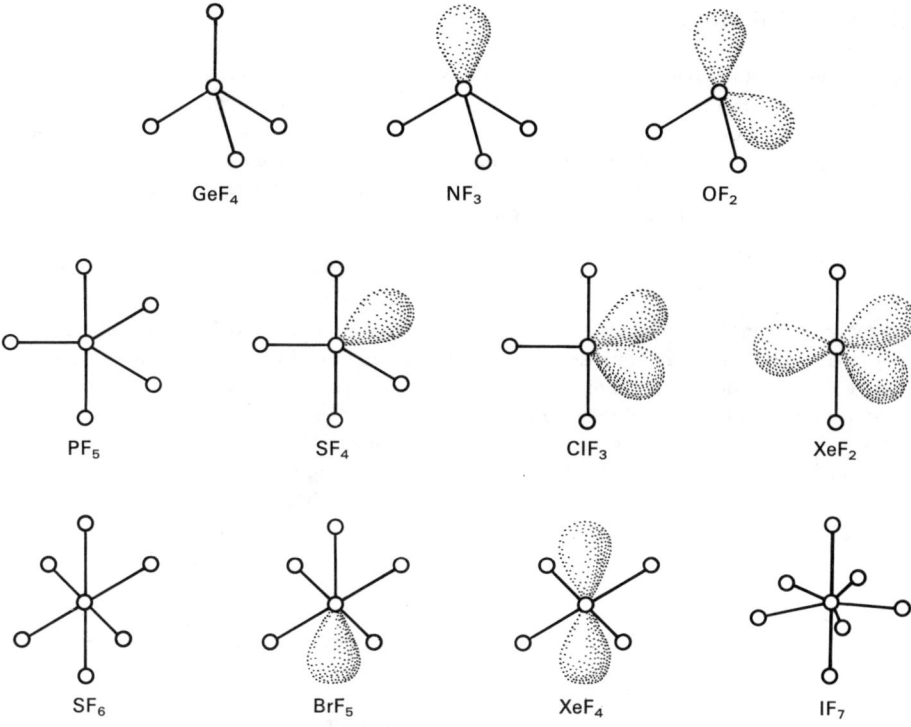

GeF₄   NF₃   OF₂

PF₅   SF₄   ClF₃   XeF₂

SF₆   BrF₅   XeF₄   IF₇

Abb. 13. 1. Strukturen der Moleküle verschiedener Fluoride

Elektronenpaare besitzt) zurückführen. Dies erklärt die auf den ersten Blick merkwürdig an-mutenden Strukturen von SF_4 (deformiertes Tetraeder) und ClF_3 (T-fömiges Molekül; bei dieser Anordnung sind die Wechselwirkungen zwischen den F-Atomen geringer als bei der an sich ebenfalls möglichen trigonal-planaren Struktur). Im SF_6 sind die F-Atome oktaedrisch mit dem S-Atom koordiniert (6 gleichwertige ψ-Funktionen entsprechen einer Kombination eines s-, dreier p- und zweier d-AO; sp^3d^2-Hybridisierung). Auch IF_5 und ICl_4^- enthalten ins-gesamt 6 Paare bindender und nichtbindender Elektronen und besitzen damit die Gestalt einer tetragonalen Pyramide bzw. sind planar-quadratisch gebaut.

13.4 Pseudohalogene

Gewisse Verbindungen von stark elektronegativen Elementen gleichen in ihrem Verhalten stark den elementaren Halogenen. Sie sind wie diese flüchtige Stoffe und bilden mit Metallen zusammen Salze, welche ähnliche Eigenschaften besitzen wie die entsprechenden Halogenide. Die wichtigsten dieser «Pseudohalogene» sind *Dicyan*, $(CN)_2$, und *Dirhodan*, $(SCN)_2$.

Dicyan ist ein giftiges Gas (Sdp. $-21°C$) und besitzt die Struktur $N\equiv C-C\equiv N$. Mit Metallen bildet es Cyanide, welche CN^--Anionen enthalten:

$$Me + (CN)_2 \longrightarrow Me^{+II}(CN)_2$$

Die meisten Cyanide sind – wie die Halogenide – in Wasser leicht löslich; Ausnahmen sind – ebenfalls wie bei den Halogeniden! – AgCN, $Pb(CN)_2$ und $Hg_2(CN)_2$. Die dem *Cyanid-Ion* entsprechende konjugierte Säure, die Verbindung HCN *(Cyanwasserstoff* oder *«Blausäure»)* ist eine farblose Flüssigkeit[1] (Sdp. $25,6°C$) von sehr hoher Dielektrizitätskonstante, die bei Abwesenheit von Stabilisatoren zu explosionsartig verlaufender Polymerisation neigt und im Gegensatz zu den Halogenwasserstoffverbindungen eine sehr schwache Säure ist ($pK_s = 9,4$). Lösungen von Cyaniden reagieren deshalb stark alkalisch (im Gegensatz zu Halogenid-Lösungen!):

$$CN^- + H_2O \rightleftharpoons HCN + OH^-$$

Analog den Halogenid-Ionen lassen sich auch Cyanid-Ionen oxidieren, wobei Dicyan entsteht. Dicyan selbst disproportioniert in alkalischer Lösung – wiederum genau wie ein Halogen! – unter Bildung von Cyanid und *Cyanat* (OCN^-):

$$(CN)_2 + 2 OH^- \longrightarrow CN^- + OCN^- + H_2O$$

Zum Unterschied von den Halogenen bildet aber Dicyan kaum kovalente Cyanide mit Nichtmetallen (außer den Halogenen).

Cyanid-Ionen zeigen eine ganz ausgeprägte Tendenz zur *Komplexbildung* mit Metallionen, viel stärker als die Halogenid-Ionen. Neben den vielen, den Halogenokomplexen analogen Cyanokomplexen (die aber gewöhnlich beträchtlich stabiler sind als jene) existieren viele weitere Cyanokomplexe von Metallen, in welchen die Metallionen häufig ihre höchstmögliche Koordinationszahl betätigen. Beispiele dafür sind etwa die Silber- und Quecksilberkomplexe $[Ag(CN)_2]^-$ und $[Hg(CN)_4]^-$, die viel stabiler sind als die entsprechenden Halogenokomplexe, oder die ebenfalls sehr stabilen Hexacyanoferratkomplexe $[Fe(CN)_6]^{4-}$ und $[Fe(CN)_6]^{3-}$ (von Fe^{+II} sind gar keine Halogenokomplexe bekannt).

Sowohl HCN wie CN^--Ionen sind extrem *giftig*; ihre Wirkung beruht darauf, daß sie schwermetallhaltige Enzyme durch Komplexbildung inaktivieren.

Das bei Raumtemperatur flüssige *Dirhodan* (Smp. $+2°C$) kann durch Oxidation von *Thiocyanat- (Rhodanid-) Ionen* (SCN^-) erhalten werden. In gewissen Lösungsmitteln tritt es in seiner dimeren Form $[(SCN)_2]$ auf; im freien Zustand polymerisiert es hingegen ziemlich rasch zu einem roten, spröden Festkörper unbekannter Struktur. Das wahrscheinlich linear gebaute Thiocyanat-Ion, dem die Struktur $[S{=}C{=}N]^-$ zukommt, bildet ebenso wie das Cyanid-Ion

---

[1] *kyanos* gr. = blau. Die «Blausäure» hat ihren Namen davon erhalten, daß man sie aus den blauen Eisen-Hexacyanoferrat-Komplexen (Berlinerblau) erhalten kann.

viele Komplexe mit Metallionen, die ebenfalls den Halogenokomplexen analog zusammengesetzt sind und von denen der blutrote Eisen (III) -thiocyanato-Komplex besonders bekannt ist. Seine konjugierte Säure, die Thiocyansäure *(«Rhodanwasserstoffsäure»)*, HSCN, ein farbloses Gas (Sdp. $-110\,°C$), ist eine beträchtlich stärkere Säure als Cyanwasserstoff ($pK_s = 4$). Sowohl Thiocyanationen wie Thiocyansäure sind weniger stark giftig als CN^- bzw. HCN. Thiocyanate können durch Zusammenschmelzen von Cyaniden mit Schwefel hergestellt werden.

Durch Oxidation von Cyanid oder durch Disproportionierung von Dicyan entstehen *Cyanat*-Ionen (OCN^-). Eine dem Dirhodan analoge Verbindung ist hingegen nicht mit Sicherheit bekannt. Cyanatokomplexe sind gewöhnlich weniger stabil als Thiocyanatokomplexe.

Schließlich sind auch die Verbindungen ClCN, BrCN und ICN (*Chlor-,* bzw. *Brom-* bzw. *Iodcyan*) erwähnenswert, die ebenfalls als Pseudohalogene aufgefaßt werden können. Sie können durch Einwirkung des elementaren Halogens auf Metallcyanidlösungen oder HCN erhalten werden:

$$NaCN + Br_2 \longrightarrow NaBr + BrCN$$

Die Halogencyane sind sehr giftig und reizen zu Tränen. (Verwendung als Kampfstoff!); ClCN siedet bei $15,5\,°C$ und BrCN bei $61\,°C$. Sie sind nur in sehr reinem Zustand beständig; bei Gegenwart von überschüssigem Halogen trimerisieren sie zu Cyanurchlorid (-bromid, -iodid), von denen das erstere zur Gewinnung von Reaktivfarbstoffen erhebliche technische Bedeutung besitzt:

3 ClCN ⟶

Cyanurchlorid

Übungen

13.1 Erklären Sie, warum der metallische Charakter der Halogene in der Reihenfolge F – Cl – Br – I zunimmt.

13.2 Wie kann man verstehen, daß die Elektronenaffinität von Chlor größer ist als von Fluor?

13.3 Warum nimmt das Fluor innerhalb der Gruppe der Halogene eine Sonderstellung ein? Belegen Sie dies mittels einigen Beispielen!

13.4 Geben Sie an, wie man Chlor, Brom und Fluor technisch herstellt.

13.5 Wie verhalten sich die vier Halogene gegenüber Wasser?

13.6 Warum nimmt die oxidierende Wirkung der Halogene von Fluor zum Iod ab, trotzdem das Chlor die größte Elektronenaffinität besitzt?

13.7 CF_4 und SF_6 sind ungewöhnlich beständige Verbindungen. Warum? Wieso ist SF_4 viel reaktionsfähiger als SF_6?

13.8 Schwefel und Iod bilden mit Fluor Verbindungen der Formeln SF_6 bzw. IF_7. Warum existieren keine analog zusammengesetzten Chlorverbindungen?

13.9 Warum kann eine Verbindung H_2SiF_6 nicht existieren?

13.10 Wie gewinnt man die Halogenwasserstoffverbindungen? Warum kann man nicht alle nach demselben Reaktionsschema herstellen?

13.11 Erklären Sie, warum einerseits Fluor besonders heftig mit Metallen reagiert, andererseits die Fluoride oft schwerer löslich sind als entsprechende Chloride. Warum verhält sich die Löslichkeit in der Reihe AgF – AgCl – AgBr – Ag I gerade umgekehrt?

13.12 Wie auf S. 445 erwähnt wurde, zeigen die Halogenide der Übergangsmetalle in niedrigeren Oxidationsstufen meist eher Salzcharakter als die entsprechenden Verbindungen der Metalle in höheren Oxidationsstufen. Warum?

13.13 Wie verhalten sich kovalente Halogenide gegenüber Wasser? Warum sind die Fluoride eher inert?

13.14 Geben Sie an, auf welche Weise man a) Chlor in $KClO_3$, b) Chlor in $HClO_4$, c) Chlor in ClO_2 überführen kann.

13.15 Charakterisieren Sie die verschiedenen Oxokomplex-Anionen des Chlors in bezug auf Stabilität und Oxidationsvermögen.

13.16 Die Reaktionsenthalpie der Reaktion $Cl_2 \longrightarrow 2\ Cl\cdot$ beträgt $+ 249{,}4$ kJ/mol. Berechnen Sie die maximale Wellenlänge des Lichtes, welches Chlormoleküle in Atome spalten kann.

13.17 Berechnen Sie die Gleichgewichtskonstanten für folgende Disproportionierungen: a) ClO^- in ClO_3^- und Cl^-, b) Br_2 in BrO^- und Br^- in alkalischer Lösung und c) I_2 in IO_3^- und I^- in basischer Lösung.

13.18 Geben Sie an, unter welchen Voraussetzungen (Normalpotentiale!) Disproportionierungen möglich sind.

13.19 Stellen Sie die verschiedenen Produkte zusammen, welche durch die Chloralkalielektrolyse erhalten werden können, und geben Sie die Reaktionsgleichungen an, nach welchen sie entstehen.

13.20 Berechnen Sie das Normalpotential des Redoxpaares Br^-/BrO^- (in saurer Lösung).

13.21 Begründen Sie, warum man Dicyan und Dirhodan als Pseudohalogene bezeichnet. Worin unterscheiden sie sich aber von den Halogenen?

Literatur

F. A.Cotton und G. Wilkinson   *Anorganische Chemie.* Verlag Chemie, Weinheim 1972 (Kapitel 16)

E. S. Gould   *Inorganic Reactions and Structure.* Holt, New York 1962

A. F. Holleman und E. Wiberg   *Lehrbuch der Anorganischen Chemie.* De Gruyter, Berlin 1964 (Kapitel VIII)

W. L. Jolly   *The Chemistry of the Non-Metals.* Foundation of Modern Chemistry Series, Prentice-Hall, Englewood Cliffs 1966

M. Schmeißer und K. Brändle   Oxide und Oxyfluoride der Halogene. *Advances Inorg. Chem. Radiochem. 5* (1963) 41

14 Die Elemente der Gruppe VI («Chalkogene»)

Die Elemente dieser Gruppe (Sauerstoff, Schwefel, Selen, Tellur, Polonium) unterscheiden sich in ihren Eigenschaften viel stärker voneinander als die Halogene: Sauerstoff ist ein ausgesprochenes Nichtmetall, Polonium ein Metall. Entsprechende Vielfalt herrscht auch in struktureller Hinsicht, sowohl was die Elemente selbst, als auch was ihre Verbindungen anbelangt. Ihren Namen *(chalkos* gr. = Erz) verdanken sie der Tatsache, daß viele Sauerstoff- und Schwefelverbindungen von Metallen als Erze Bedeutung haben.

14.1 Die Elemente

Sauerstoff. Atmosphärischer Sauerstoff ist ein Isotopengemisch aus ^{16}O (99,76%), ^{17}O (0,04%) und ^{18}O (0,20%). Keines dieser Isotope ist radioaktiv; bei Untersuchungen mit ^{18}O als Traceratom kann man dieses Nuclid nur massenspektrometrisch nachweisen. Das zweiatomige Sauerstoffmolekül ist ein Diradikal (2 ungepaarte Elektronen befinden sich in antibindenden $\pi^* 2p_y$- und $\pi^* 2p_z$-MO; siehe S. 88). Die ungepaarten Elektronen bedingen den Paramagnetismus und die verglichen etwa mit molekularem Wasserstoff ziemlich große Reaktivität von gasförmigem Sauerstoff.

Sauerstoff ist das häufigste aller Elemente. Sein Anteil am Aufbau der Erdrinde beträgt rund 49 Gewichts-%. In der Lithosphäre tritt er gebunden in Silicaten, Carbonaten, Oxiden und Sulfaten auf. In der Atmosphäre entsteht Sauerstoff fortwährend als Produkt der CO_2-Assimilation der grünen Pflanzen sowie – in der oberen Atmosphäre – durch photolytische Spaltung von Wasserdampf. (Möglicherweise entstand der erste freie Sauerstoff – bei der Bildung der Atmosphäre – nach dieser letzteren Reaktion.) Bis vor kurzem wurden keine meßbaren Schwankungen im Sauerstoffgehalt der Atmosphäre beobachtet; in den letzten Jahren scheint jedoch der Sauerstoffgehalt mindestens in Industriegebieten deutlich abzunehmen, und es ist wahrscheinlich, daß als Folge des allzu starken Wachstums der Erdbevölkerung und der damit verbundenen weltweiten Industrialisierung die Sauerstoffbilanz der Atmosphäre immer ungünstiger wird.

Sauerstoff wird technisch in sehr großem Maßstab aus flüssiger Luft gewonnen. Die Hauptmenge dieses Sauerstoffes wird bei der Herstellung von Stahl aus Roheisen verbraucht. Auch für zahlreiche Synthesen, zur Erzeugung heißer Flammen (Schweißen) und für Sauerstoffgeräte wird elementarer Sauerstoff verwendet; für Raketen mit flüssigem Treibstoff ist flüssiger Sauerstoff das am meisten verwendete Oxidationsmittel. Im Labormaßstab gewinnt man Sauerstoff aus Verbindungen wie H_2O_2 (katalytische Zersetzung beim Auftropfen einer verdünnten Lösung auf MnO_2) oder aus $KClO_3$ oder $KMnO_4$ durch Erhitzen.

Bei der Verflüssigung der Luft durch sehr hohe Drucke wird die Tatsache ausgenützt, daß sich ein nichtideales (ein «reales») Gas meistens abkühlt, wenn man es von einem hohen auf einen niedrigen Druck entspannt, weil bei der Ausdehnung Arbeit gegen die Anziehungskräfte zwischen den Gasteilchen aufgewendet werden muß *(«Joule-Thomson-Effekt»;* S. 187). Nach Linde wird die Luft in einem kontinuierlichen Arbeitsgang verflüssigt (Schema Abb.14.1), indem die zunächst komprimierte, dann entspannte und abgekühlte Luft in einem «Gegenströmer» die weiter zuströmende komprimierte Luft vorkühlt. Die so erhaltene flüssige Luft wird

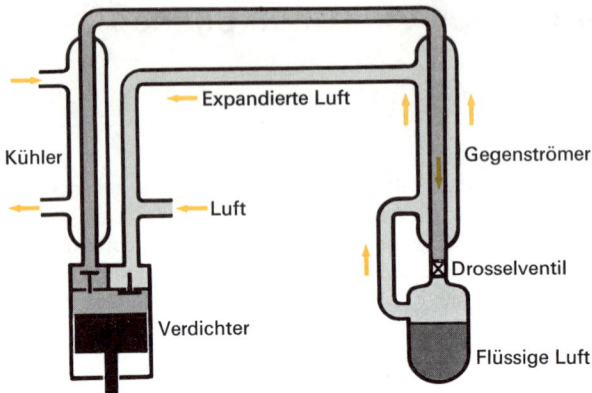

Abb. 14. 1.Schema der Luftverflüssigung nach Linde

durch fraktionierte Destillation in ihre Bestandteile zerlegt; neben Sauerstoff sind auch Stickstoff und die Edelgase wichtige Produkte der Luftfraktionierung.

Sauerstoff ist ein farb-, geruch- und geschmackloses Gas (flüssiger Sauerstoff erscheint jedoch in dickeren Schichten blau); Sdp. $-183°C$, Smp. $-219°C$.

In Wasser ist Sauerstoff in geringem Maß löslich; die Löslichkeit steigt mit zunehmendem Druck und nimmt mit zunehmender Temperatur ab. Bei 0 °C und 1 bar lösen sich rund 7 mg/l.

Setzt man gewöhnlichen Sauerstoff elektrischen Entladungen oder einer Bestrahlung mit UV-Licht (λ = 185 nm) aus, so bildet sich **Ozon,** eine besondere Form *(«Modifikation»)* von Sauerstoff. Auch bei der Elektrolyse mäßig konzentrierter Schwefelsäure mit sehr hoher Anodenstromdichte entsteht (an der Anode) Ozon. In 10 bis 30 km Höhe enthält die Atmosphäre ziemlich viel Ozon; da Ozon selbst UV- (und IR-) Licht stark absorbiert, ist diese «Ozonschicht» von großer Bedeutung als «UV-Schutzschirm» für die Erde.

Ozon (O_3) ist ein bläuliches, charakteristisch riechendes Gas (*ozein* gr. = riechen) vom Sdp. $-111,5°C$. Die blaue Flüssigkeit erstarrt bei $-249,6°C$ zu einem violettschwarzen Festkörper. Die Bildung von Ozon geschieht stark endotherm:

$$3\ O_2 \rightleftharpoons 2\ O_3 \qquad \Delta H_f^0 = +143,1\ \text{kJ/mol}$$

Das O_3-Molekül ist symmetrisch gebaut und gewinkelt (Punktgruppe C_{2v}). Die Tatsache, daß die beiden O–O-Abstände gleich lang sind, deutet darauf hin, daß hier Elektronenpaare über alle drei Atome delokalisiert sind. In der Sprache des VB-Modelles wird dies durch *Mesomerie* zwischen zwei (energetisch gleichwertigen) Grenzstrukturen zum Ausdruck gebracht:

Bei Benützung des MO-Modelles ist es am einfachsten, lokalisierte σ-MO und delokalisierte π-MO zu verwenden («Auftrennung» der σ- und π-MO; vgl. S. 114). Die σ-MO können dadurch gebildet werden, daß je zwei sp^2-Hybrid-AO der drei O-Atome miteinander überlappen;

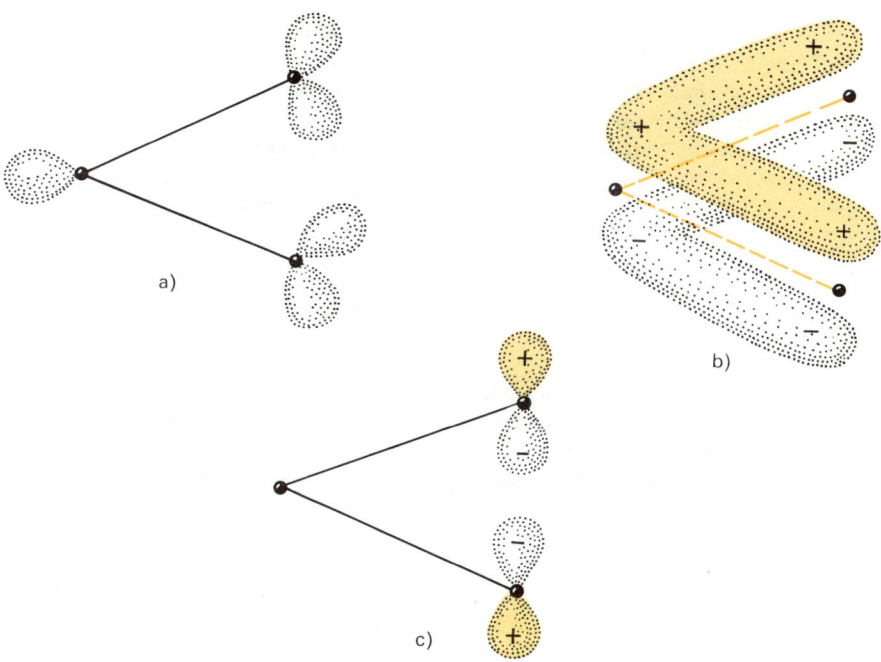

Abb. 14.2. Schematische Darstellung der MO im O_3-Molekül
a) σ-Gerüst aus sp^2-Hybrid-AO, b) bindendes π-MO, c) nichtbindendes π-MO

die «endständigen» O-Atome besitzen dann noch je zwei nichtbindende (sp^2-) Elektronen-paare, während das mittlere O-Atom ein solches nichtbindendes Paar besitzt (vgl. Abb. 14.2. a). Die drei $2p_y$-AO jedes O-Atoms können zu drei π-MO kombiniert werden (Abb. 14.2. b und c), von denen das eine bindend, das zweite nichtbindend und das dritte antibindend wirkt. Das bindende und das nichtbindende π-MO sind mit je zwei Elektronen besetzt, während das anti-bindende MO unbesetzt bleibt.

Selbstverständlich läßt sich auch das O_3-Molekül ebenso wie das Molekül von CO_2 (S. 108) unter ausschließlicher Verwendung delokalisierter MO beschrieben. Diese zwar weniger an-schauliche Darstellung liefert ebenso wie beim CO_2 ein den experimentellen Daten besser gerecht werdendes Energieniveauschema des Moleküls. Würde man für das O_3-Molekül (mit insgesamt 18 Valenzelektronen) aber dasselbe Energieniveauschema benützen wie für CO_2 (mit 16 Valenzelektronen), so müßten zwei antibindende π^*-MO besetzt werden, was einer gewissen Destabilisierung gleichkäme. Die nicht-lineare, gewinkelte Struktur verlangt jedoch andere Überlappungsverhältnisse, wodurch sich die Reihenfolge der MO im Energieniveau-schema ändert. Insbesondere wird ein – im Fall des linearen dreiatomigen Moleküls – anti-bindendes π^*-MO zu einem nichtbindenden π-MO, und zudem kann durch lineare Kombi-nation des $2p_y$-AO des mittleren Atoms mit den $2p_x$-AO der endständigen Atome ein weiteres π-MO gebildet werden. Aus *energetischen Gründen* ist also bei dreiatomigen Molekülen mit 18 Valenzelektronen die *nicht-lineare Struktur begünstigt.*

Ozon zerfällt bei Raumtemperatur und Atmosphärendruck nur langsam, unter höherem Druck und bei Vorhandensein von Spuren organischer Verunreinigungen explosionsartig. Es ist ein sehr starkes *Oxidationsmittel* ($E^0_{O_2/O_3}$ = +1,90 V). In größeren Konzentrationen wirkt es giftig. Man benützt es zur Desinfektion von Trinkwasser und zur «Ozonisierung» ungesättigter Verbindungen (Strukturaufklärung!). Seine auf Gummi stark zerstörende Wirkung beruht auf der Addition des O_3-Moleküls an Doppelbindungen.

In der Atmosphäre tritt in Spuren noch eine weitere Modifikation von Sauerstoff auf: O_4, eine lockere Verbindung aus 2 O_2-Molekülen:

$$2\,O_2 \rightleftarrows \begin{matrix} |\overline{O}-\overline{O}| \\ |\ \ |\ \ | \\ |\underline{O}-\underline{O}| \end{matrix} \qquad \Delta H^0_f = -0,54 \text{ kJ/mol}$$

In flüssigem Sauerstoff ist diese Modifikation etwas stärker angereichert.

Die Erscheinung, daß eine Substanz in verschiedenen Modifikationen auftritt, nennt man **Poly-morphie** (bei Elementen oft auch *Allotropie*). Die Polymorphie von Sauerstoff beruht darauf, daß die Atome des Elementes in verschiedener Zahl zu Molekülen zusammentreten können. Häufig ist Polymorphie auch dadurch bedingt, daß bei ein und demselben Stoff verschiedene Kristall-strukturen vorkommen.

Schwefel. Auch dieses Element ist *polymorph*. Die verschiedenen Modifikationen unter-scheiden sich in der Kristallform und der Molekülgröße; teilweise sind sie immer noch nur ungenügend bekannt.

Bei Raumtemperatur ist einzig die *rhombische* Form des Schwefels (α-Schwefel) stabil (Abb.14.3), die sich bei 95,6°C langsam (und reversibel) unter geringer Wärmeabgabe in eine zweite feste Modifikation, den *monoklin* kristallisierenden (β-) Schwefel umwandelt (Abb.14.3). Die beiden festen Formen enthalten – wie durch kryoskopische Messungen an Lösungen von Schwefel in CS_2 gezeigt wurde – keine S_2-, sondern S_8-Moleküle (*«Cycloocta-schwefel»*; Abb.14.3b); das Element zeigt hier – wie auch in vielen Verbindungen – eine

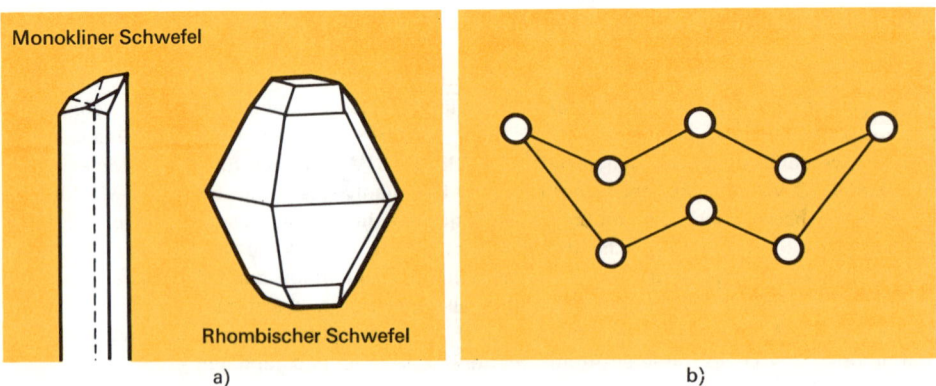

Abb.14.3.Schwefel. a) Kristallformen, b) S_8-Molekül

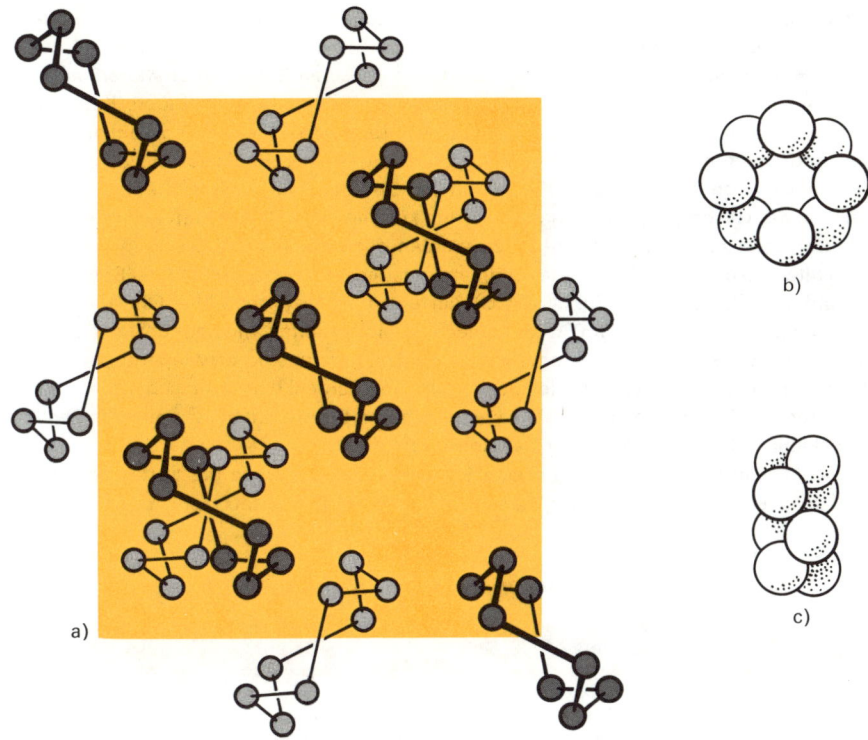

Abb. 14. 4. Kristallstruktur von α-Schwefel
a) Ausschnitt aus dem Gitter, b) S_8-Ring von oben gesehen, c) S_8-Ring von der Seite gesehen

deutliche Tendenz zur Bildung kettenartiger Atomverbände (stabile *p—p*-Doppelbindungen sind nur in Ausnahmefällen möglich; «Doppelbindungsregel», S. 106).

Neben dem rhombischen und dem monoklinen Schwefel existieren noch weitere, bei Raumtemperatur *metastabile* Formen. Eine *«perlmutterartige»* Form kann unter besonderen Bedingungen aus Schwefelschmelzen oder aus Lösungen in organischen Lösungsmitteln erhalten werden; sie kristallisiert ebenfalls monoklin und enthält S_8-Moleküle. *Cyclohexaschwefel* (S_6) tritt in orangeroten, rhomboedrischen Kristallen auf und ist am Licht nur wenige Stunden haltbar (Umwandlung in S_8!). Beim Erwärmen wandelt er sich oberhalb 60°C ebenfalls in S_8 um. Etwas beständiger ist der fast farblose *Cyclododekaschwefel* (S_{12}), der rhombische Kristalle bildet und erst oberhalb seines Schmelzpunktes (148°C) rasch in S_8 übergeht. S_6 und S_{12} können aus Sulfanen (H_2S_x) und S_2Cl_2 erhalten werden.

Monokliner (β-) Schwefel schmilzt bei 119°C zu einer honiggelben, leichtbeweglichen Flüssigkeit. Beim Abkühlen des flüssigen Schwefels entstehen zunächst die nadelförmigen Prismen von β-Schwefel, dann unterhalb 95,6°C wieder α-Schwefel. Die Geschwindigkeit der Umwandlung von β- in α-Schwefel ist aber so gering, daß die Kristalle des β-Schwefels erhalten bleiben und erst nach einiger Zeit in eine große Zahl mikroskopisch kleiner Kriställchen zerfallen, die in ihrer Gesamtheit noch das Aussehen des β-Schwefels wahren.

Flüssiger Schwefel enthält bis etwa 160°C vorwiegend S_8-Moleküle. Beim weiteren Erhitzen der Schmelze wird diese hochviskos und dunkelrot, weil dann der größte Teil der S_8-Ringe thermisch gespalten ist. Dabei bilden sich neben größeren Ringen auch *Kettenradikale,* die sich untereinander aufknäueln und zum Teil wieder verbinden, so daß längere Ketten von S-Atomen entstehen. Die intensive Lichtabsorption beruht wahrscheinlich sowohl auf der Anregung der ungepaarten Elektronen an den Kettenenden solcher Radikale wie auch auf dem Vorhandensein von S_3- und S_4-Molekülen, deren Struktur noch nicht sicher bekannt ist, die aber auch in der Gasphase nachgewiesen werden können und intensiv schwarzrot sind. Erhitzt man die Schwefelschmelze noch höher, so werden auch die Kettenradikale in kleinere Einheiten gespalten, so daß die Zähigkeit der Schmelze wieder abnimmt. Bei 400°C ist Schwefel wiederum dünnflüssig; beim Siedepunkt (444°C) besteht er nahezu ausschließlich aus S_8-Molekülen. Im Dampf existieren bis 800°C verschiedene Molekülarten miteinander in einem Gleichgewicht (S_8, S_6, S_4 und S_2); erst oberhalb dieser Temperatur sind vorwiegend (wie die O_2-Moleküle) paramagnetische S_2-Moleküle vorhanden. Schreckt man diesen Dampf mit flüssiger Luft auf −190°C ab, so bildet sich ein paramagnetischer, intensiv gefärbter Festkörper von unbekannter Kristallstruktur, der S_2-Moleküle enthält.

Schreckt man hocherhitzten, flüssigen Schwefel ab, so bleiben die Kettenmoleküle erhalten, und man erhält ein plastisches, fadenziehendes, im Gegensatz zum α- und β-Schwefel in

Tabelle 14.1. Physikalische Eigenschaften der Chalkogene

	Sauerstoff	Schwefel	Selen	Tellur	Polonium
Aussehen	farbloses Gas	gelber Festkörper; tritt in mehreren festen Modifikationen auf	halbmetallische und zwei nichtmetallische Modifikationen	Halbmetall	Metall
Schmelzpunkt (°C)	− 219	119[1] 113[2]	≈ 180[3] 217[4]	452	252
Siedepunkt (°C)	− 183	444	685	994	962
Dichte $(g \cdot cm^{-3})$	1,14[5]	1,96[1] 2,06[2]	4,47[3] 4,82[4]	6,25	9,32
Elektronenaffinität $X \longrightarrow X^{2-}$ (kJ/mol)	+ 695	+ 333	+ 402[6]	+ 414[6]	
EN	3,5	2,5	2,4	2,1	1,7
Atomradius (pm)	66	104	117	137	152
Ionenradius $(X^{2-}; pm)$	140	184	198	221	
$E^0_{X^{2-}/X}$ (V)	+ 0,82[7]	− 0,51	+ 0,92	+ 1,14	

[1] monoklin   [2] rhombisch   [3] monoklin   [4] grau   [5] bei −183°C   [6] geschätzt
[7] Potential des Redoxpaares OH^-/O_2 bei pH 7

CS$_2$ völlig unlösliches Produkt (*«γ-Schwefel»*). Beim Stehenlassen wandelt sich diese Form allmählich wieder in α-Schwefel um.

Die Existenzbereiche der verschiedenen (stabilen) Schwefelmodifikationen werden durch das *Phasendiagramm* (Abb.14.5) zusammenfassend dargestellt. Man erkennt daraus, daß z.B. bei sehr hohen Drucken monokliner Schwefel nicht mehr stabil ist und α-Schwefel sich direkt in flüssigen Schwefel umwandelt.

Elementarer Schwefel tritt als freies Element in mächtigen Lagern in der Natur auf (rund um den Golf von Mexico; Sizilien) und wird durch Ausschmelzen aus dem Gestein (beim wichtigsten Verfahren nach Frasch mittels überhitztem Wasserdampf) gewonnen. Da die riesigen Schwefellager um den Golf von Mexico von Anhydrit (CaSO$_4$) überdeckt sind und zudem in ihrer Nähe auch Erdöl auftritt, muß man annehmen, daß der Schwefel hier durch Reduktion von Sulfat (das sich aus einem salzreichen Meer ausgeschieden haben muß) unter der Wirkung anaerober, sulfatreduzierender Bakterien entstanden ist. – Neuerdings gewinnt man auch sehr viel Schwefel aus H$_2$S-haltigen Erdgasen (Lacq in Südfrankreich; Kanada). Dabei wird H$_2$S zuerst zu SO$_2$ oxidiert, welches anschließend als Oxidationsmittel für weiteren H$_2$S verwendet wird (Claus-Prozeß):

$$2\,H_2S + 3\,O_2 \longrightarrow 2\,H_2O + 2\,SO_2 \qquad \Delta H^0 = -519\,\text{kJ/mol}$$

$$2\,H_2S + SO_2 \longrightarrow 2\,H_2O + 3\,S \qquad \Delta H^0 = -146\,\text{kJ/mol}$$

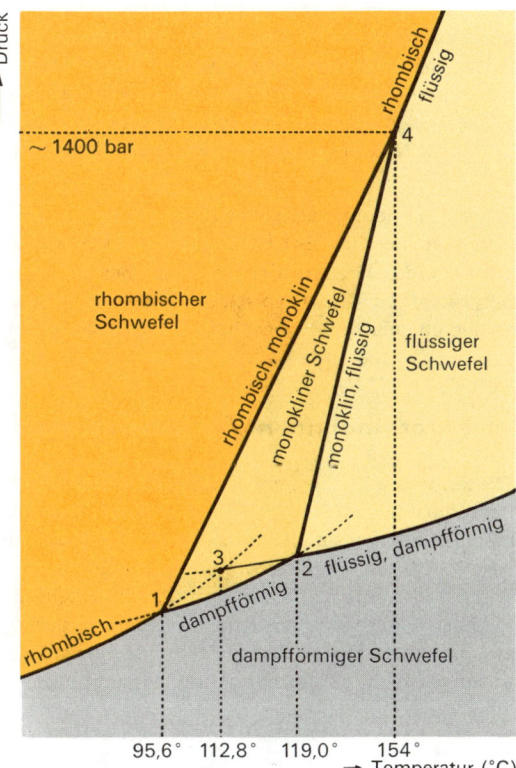

Abb. 14.5. Phasendiagramm des Schwefels (vereinfacht)

Der größte Teil des in der Natur gewonnenen Schwefels (etwa 80%) werden auf Schwefelsäure verarbeitet. Auch zum Vulkanisieren von Rohkautschuk, in der Zündholzindustrie, als Schädlingsbekämpfungsmittel u.a. findet Schwefel Verwendung.

Selen, Tellur und Polonium. Die unter normalen Bedingungen stabile Form von Selen ist das metallische oder «graue» *Selen,* das in einer trigonalen Struktur mit kettenförmigen Makromolekülen als Bausteinen kristallisiert und bei 217°C schmilzt. Es existieren auch zwei nichtmetallische, rhombische bzw. monokline, rote Formen des Selens, die beide Se_8-Moleküle enthalten.

Eine bemerkenswerte Eigenschaft der grauen Modifikation ist die starke Erhöhung der Leitfähigkeit durch Belichtung oder durch das Vorhandensein von Störstellen im Kristall. Selen-Cadmium-Grenzflächen zeigen die Eigenschaft, einen besonders hohen elektrischen Widerstand zu besitzen, wenn das Cadmium Anode ist *(«Sperrschicht»).* Da bei umgekehrter Polung dieser Widerstand fast völlig verschwindet, können solche Sperrschichten zur Umwandlung eines Wechselstromes in pulsierenden Gleichstrom verwendet werden *(«Sperrschicht-Gleichrichter»).* Dampft man auf eine Selenschicht einen lichtdurchlässigen Cadmium-Belag auf, so lädt sich bei Bestrahlung mit Licht die Cd-Schicht positiv, die Se-Schicht negativ auf. Eine solche Kombination verhält sich wie ein galvanisches Element und dient zur Herstellung photographischer Belichtungsmesser.

Tellur tritt gewöhnlich in einer sehr spröden, silberweißen, metallglänzenden Modifikation auf (Smp. 452°C), deren Struktur wie beim grauen Selen aus Ketten mit zweibindigen Te-Atomen besteht und die nur geringe elektrische Leitfähigkeit besitzt. Nichtmetallische, dem Schwefel und dem roten Selen analoge Modifikationen sind bisher nicht bekannt geworden. Sowohl Selen wie Tellur treten in der Natur hauptsächlich als Begleiter von Schwefel in Sulfiden auf; sie reichern sich beim Abrösten der Erze im Flugstaub an. Ihr Anteil am Aufbau der Erdrinde ist gering (jedes etwa 10^{-7}-%, etwa gleiche Häufigkeit wie Gold). Tellur ist das einzige Element, das in der Natur in einer Verbindung mit Gold auftritt.

Polonium findet man als Produkt des radioaktiven Zerfalls von Uran und Thorium in Uran- und Thoriummineralien. Es ist radioaktiv; das langlebigste Nuclid ^{210}Po (Halbwertszeit 138,4 Tage) wird heute in Gramm-Mengen durch Bestrahlen von Wismut mit Neutronen in Kernreaktoren hergestellt. Es ist ein typisches Metall von relativ hoher elektrischer Leitfähigkeit, das sich seinen chemischen Eigenschaften nach sehr gut in die Reihe der Chalkogene einordnet.

14.2 Verbindungen des Sauerstoffs

Oxide. Von allen Elementen außer den leichteren Edelgasen (He, Ne, Ar) sind Sauerstoffverbindungen bekannt. Mit Ausnahme einiger Sauerstoffverbindungen von Halogenen und Edelmetallen können sie alle durch direkte Synthese aus den Elementen erhalten werden.
Alkali-, Erdalkali- und schwerere Erdmetalle bilden *salzartige Oxide,* die O^{2-}-Ionen enthalten und in Ionengittern kristallisieren (Antifluorit-, Steinsalz-, Korundstruktur u.a.). Nur die Alkalioxide sind gut wasserlöslich; die anderen salzartigen Oxide sind wegen ihrer hohen Gitterenergie schwerlöslich. Das Oxid-Ion ist eine sehr starke Base ($pK_b = -10$); es ist in wäßrigen Lösungen nicht existenzfähig und reagiert vollständig mit Wasser gemäß

$$O^{2-} + H_2O \longrightarrow OH^- + OH^-$$

Im Wasser schwerlösliche salzartige Oxide lösen sich in Säuren; in gewissen Fällen (z. B. beim MgO) sind jedoch die durch direkte Verbrennung des Metalles entstandenen Oxide gegen Säuren auffallend resistent.

Die meisten *Übergangsmetalle* bilden mehrere Oxide, die im allgemeinen nicht typisch salzartig sind, sondern Übergänge zwischen salzartigen und diamantartigen oder zwischen salzartigem und flüchtigem Charakter zeigen. Nicht rein salzartige Oxide sind häufig in Wasser und selbst in verdünnten Säuren sehr schwerlöslich. Die Oxide niedriger Oxidationsstufen lassen sich oft noch in Säuren lösen und ergeben hydratisierte Metallionen; Oxide höherer Oxidationsstufen (wegen der geringen Größe und der hohen Ladung des Zentralions häufig als ungeladene Komplexe mehr oder weniger stark flüchtig) lassen sich dagegen oft in Oxokomplexe überführen. Beispiele dafür sind die Oxide von Chrom und Mangan:

Cr^{+III}:	Cr_2O_3	Cr^{3+}-Ion		Cr^{+VI}:	CrO_3	CrO_4^{2-}-Ion
Mn^{+II}:	MnO	Mn^{2+}-Ion		Mn^{+VII}:	Mn_2O_7	MnO_4^{-}-Ion

Manche Oxide wie ZnO und andere lösen sich sowohl in starken Säuren wie in Hydroxidlösungen*(«amphotere Oxide»),* wobei Aquo- bzw. Hydroxokomplexe entstehen:

$$ZnO + 2\ H_3O^+ \longrightarrow Zn^{2+}aq + 3\ H_2O$$
$$ZnO + 2\ OH^- + H_2O \longrightarrow [Zn\,(OH)_4]^{2-}$$

Gewisse Oxide der Übergangsmetalle besitzen keine konstante Zusammensetzung. Beispiele dafür sind Eisen (II)-oxid $Fe_{0,9-0,95}O$ (enthält in Gitterhohlräumen zum Ladungsausgleich Fe^{3+}-Ionen) oder Titan (II)-oxid ($Ti_{0,69-1,33}O$).

Die *Reduktion* von Oxiden, insbesondere Metalloxiden, ist technisch außerordentlich wichtig. (Auch sulfidische Erze werden durch «Rösten» an der Luft zuerst in Oxide übergeführt!) Die Wahl des Reduktionsmittels richtet sich zunächst nach der Leichtigkeit, mit welcher die Oxide reduzierbar sind; es soll aber auch möglichst billig sein, und darf sich mit dem zu gewinnenden Metall nicht legieren oder verbinden. Am häufigsten werden C (Koks) und CO verwendet; jedoch erhält man gerade bei der Reduktion mit C fast nie reine Metalle, da sich immer etwas C mit dem Metall legiert. Metalle, welche wie Cr, W, Ti u.a. sich besonders leicht mit C verbinden (Bildung von Carbiden), müssen durch Reduktion der Oxide (eventuell Chloride) mit Al, Mg oder H_2 gewonnen werden.

Um die *Reduzierbarkeit* der Oxide vergleichen zu können, kann man nicht einfach die Normalpotentiale der ihnen zugrunde liegenden Metalle (Nichtmetalle) vergleichen, da sich diese ja auf das Verhalten in wäßrigen Lösungen beziehen. Ein Maß für die Leichtigkeit, mit welcher sich ein Oxid reduzieren läßt, ist hingegen die Gleichgewichtskonstante folgender Reaktion:

$$2\ MeO \rightleftarrows 2\ Me + O_2$$

Die Tabelle 14.2 bringt eine Reihe solcher Gleichgewichtskonstanten (K_p-Werte) für je drei Temperaturen (1000 K, 1500 K und 2000 K). Da die verschiedenen Gleichgewichte in der Tabelle nach zunehmender Gleichgewichtskonstante geordnet sind, stehen die stabilsten Oxide am Anfang, die am wenigsten stabilen am Ende der Tabelle. Der Sauerstoffdruck (welcher der O_2-Aktivität proportional ist) bestimmt allein die Lage des Gleichgewichtes (denn die Aktivitäten der reinen festen bzw. flüssigen Stoffe können = 1 gesetzt werden), so daß man aus der Tabelle ablesen kann, daß jedes Element auf der rechten Seite eines Systems alle Oxide

Tabelle 14.2. K_p-Werte für die thermische Zersetzung von Metalloxiden (p in bar gemessen; nach Hägg)

Reaktion		log K_p		
		1000 K	1500 K	2000 K
2 CaO(s)	⇌ 2 Ca(s) + O_2(g)	− 55,80		
2 CaO(s)	⇌ 2 Ca(l) + O_2(g)		− 33,54	
2 CaO(s)	⇌ 2 Ca(g) + O_2(g)			− 21,17
2 BeO(s)	⇌ 2 Be(s) + O_2(g)	− 54,46	− 33,07	
2 BeO(s)	⇌ 2 Be(l) + O_2(g)			− 22,25
2 MgO(s)	⇌ 2 Mg(l) + O_2(g)	− 52,07		
2 MgO(s)	⇌ 2 Mg(g) + O_2(g)		− 30,06	− 17,23
2 TiO(s)	⇌ 2 Ti(s) + O_2(g)	− 49,03	− 29,55	− 19,86
⅔ Al_2O_3(s)	⇌ 1⅓ Al(l) + O_2(g)	− 46,59	− 27,84	− 18,46
2 BaO(s)	⇌ 2 Ba(s) + O_2(g)	− 44,89		
⅔ Ti_2O_3(s)	⇌ 1⅓ Ti(s) + O_2(g)	− 44,09	− 26,15	− 17,26
TiO_2(s)	⇌ Ti(s) + O_2(g)	− 38,38	− 22,53	− 14,64
SiO_2(s)	⇌ Si(s) + O_2(g)	− 36,06	− 20,89	
SiO_2(l)	⇌ Si(l) + O_2(g)			− 13,11
2 MnO(s)	⇌ 2 Mn (s) + O_2(g)	− 32,62	− 19,23	
2 MnO(s)	⇌ 2 Mn (l) + O_2(g)			− 12,27
⅔ Cr_2O_3(s)	⇌ 1⅓ Cr (s) + O_2(g)	− 29,96	− 16,96	− 10,46
2 Na_2O(s)	⇌ 4 Na (l) + O_2(g)	− 29,50		
2 Na_2O(s)	⇌ 4 Na(g) + O_2(g)		− 11,60	
2 V_2O_3(s)	⇌ 4 VO(s) + O_2(g)	− 29,46	− 17,02	
$2/5 P_2O_5$(g)	⇌ $2/5 P_2$(g) + O_2(g)	− 21,57		
2 CO(g)	⇌ 2 C(s) + O_2(g)	− 20,83	− 16,94	− 14,99
CO_2(g)	⇌ C(s) + O_2(g)	− 20,63	− 13,77	− 10,34
2 FeO(s)	⇌ 2 Fe(s) + O_2(g)	− 20,59	− 11,55	
2 FeO(l)	⇌ 2 Fe(l) + O_2(g)			− 7,42
⅔ WO_3(s)	⇌ ⅔ W(s) + O_2(g)	− 20,46		
2 CO_2(g)	⇌ 2 CO(g) + O_2(g)	− 20,43	− 10,60	− 5,68
2 H_2O(g)	⇌ 2 H_2(g) + O_2(g)	− 20,02	− 11,44	− 7,15
MoO_2(s)	⇌ Mo(s) + O_2(g)	− 19,78		
2 Fe_3O_4(s)	⇌ 6 FeO(s) + O_2(g)	− 19,55	− 8,67	
2 SiO(g)	⇌ 2 Si(s) + O_2(g)	− 18,62	− 14,73	
⅔ MoO_3(s)	⇌ ⅔ Mo(s) + O_2(g)	− 16,92		
2 CoO(s)	⇌ 2 Co(s) + O_2(g)	− 16,84	− 8,69	
2 CoO(s)	⇌ 2 Co(l) + O_2(g)			− 4,51
2 NiO(s)	⇌ 2 Ni(s) + O_2(g)	− 15,25	− 6,74	
2 NiO(s)	⇌ 2 Ni(l) + O_2(g)			− 2,34
SO_2(g)	⇌ ½ S_2(g) + O_2(g)	− 15,14	− 8,84	− 5,68
2 PbO(s)	⇌ 2 Pb(l) + O_2(g)	− 12,68		
6 Fe_2O_3(s)	⇌ 4 Fe_3O_4(s) + O_2(g)	− 11,36		
2 Cu_2O(s)	⇌ 4 Cu(s) + O_2(g)	− 10,84		
2 Cu_2O(s)	⇌ 4 Cu(l) + O_2(g)		− 4,84	
2 Cu_2O(l)	⇌ 4 Cu(l) + O_2(g)			− 2,45
2 Ag_2O(s)	⇌ 4 Ag(s) + O_2(g)	+ 3,46		
2 Ag_2O(s)	⇌ 4 Ag(l) + O_2(g)		+ 4,44	+ 4,83

reduzieren kann, deren Sauerstoffdruck bei der betreffenden Temperatur höher liegt als der Sauerstoffdruck seines Oxides, d.h. alle Oxide mit größerem K_p *(alle Oxide unterhalb seines Oxids in Tabelle 14.2).*

Die Tabelle enthält auch K_p-Werte verschiedener anderer Gleichgewichte, welche für die Reduktion von Oxiden von Bedeutung sind. Für die Gleichgewichte $2\,CO_2\,(g) \rightleftarrows 2\,CO\,(g) + O_2$ sowie $2\,H_2O\,(g) \rightleftarrows 2\,H_2\,(g) + O_2\,(g)$ gilt (bei Verwendung von Logarithmen):

$$\log p_{O_2} = \log K_p + 2 \log (p_{CO_2}/p_{CO}) \tag{1}$$

$$\log p_{O_2} = \log K_p + 2 \log (p_{H_2O}/p_{H_2}) \tag{2}$$

Betrachten wir dazu einige Beispiele. Nach Tabelle 14.2 hat sich für das System Fe/FeO bei 1500 K das Gleichgewicht eingestellt, wenn $\log p_{O_2} = -11{,}55$ ist. Um zu prüfen, ob FeO durch CO reduzierbar ist, setzen wir diesen Wert in die Gleichung (1) ein. Für das Verhältnis p_{CO_2}/p_{CO} findet man dann den Wert 0,34. Ist das Verhältnis p_{CO_2}/p_{CO} bei 1500 K > 0,34, so wird Fe oxidiert, ist es < 0,34, so wird FeO reduziert. In analoger Weise finden wir für die Reduktion von SiO_2 bei 1500 K für das Gleichgewicht ein Verhältnis $p_{CO_2}/p_{CO} = 7{,}2 \cdot 10^{-6}$. Da es kaum möglich ist, den CO_2-Druck so klein zu halten, ist die Reduktion von SiO_2 mit CO praktisch nicht möglich. Aus ähnlichen Gründen können sehr stabile Oxide kaum durch Wasserstoff reduziert werden. Für Cr_2O_3 beispielsweise findet man [indem $\log p_{O_2}$ des Gleichgewichtes in (2) eingesetzt wird] für 1000 K, 1500 K und 2000 K die Werte p_{H_2O}/p_{H_2} $1{,}07 \cdot 10^{-5}$, $1{,}74 \cdot 10^{-3}$ bzw. $2{,}21 \cdot 10^{-2}$. Da der übliche industriell hergestellte Wasserstoff stets Spuren von O_2 enthält, welche in der Hitze zu H_2O verbrennen, können diese Verhältnisse nur dann erreicht werden, wenn man mit sehr gut gereinigtem und getrocknetem H_2-Gas arbeiten kann, was in der Technik nicht möglich ist.

Unter den *kovalenten Oxiden* – die besser im Zusammenhang mit den entsprechenden Elementen behandelt werden – besitzt das **Wasser** dank seinen physikalischen und chemischen Eigenschaften nicht nur für die Chemie, sondern für die ganze belebte und unbelebte Natur eine gewaltige Bedeutung. Seine in mancher Hinsicht einzigartigen Eigenschaften lassen sich letzten Endes alle auf die Struktur des H_2O-Moleküls und dessen Fähigkeit, sehr starke Wasserstoffbrücken bilden zu können, zurückführen (vgl. Tabelle 14.3).

Tabelle 14.3. Physikalische Eigenschaften von Wasser

Schmelzpunkt	273,15 K = 0 °C
Tripelpunkt	273,16 K = 0,01 °C
Siedepunkt	100 °C
Kritischer Druck	220,64 bar
Kritische Temperatur	374,0 °C
Bildungsenthalpie (ΔH_f^0)	286,0 kJ/mol
Schmelzenthalpie	5,632 kJ/mol
Verdampfungsenthalpie	40,656 kJ/mol
Wärmekapazität (bei 25°C)	75,295 J mol^{-1} K^{-1}
Dielektrizitätskonstante (bei 25°C)	78,54
Oberflächenspannung gegen Luft (bei 25°C)	71,97 dyn/cm
Viscosität (bei 25°C)	0,8937 centipoise
Leitfähigkeit (bei 18°C)	$4 \cdot 10^{-8}$ Ohm^{-1} cm^{-1}
Ionenprodukt (bei 25°C)	$1{,}00210^{-14}$

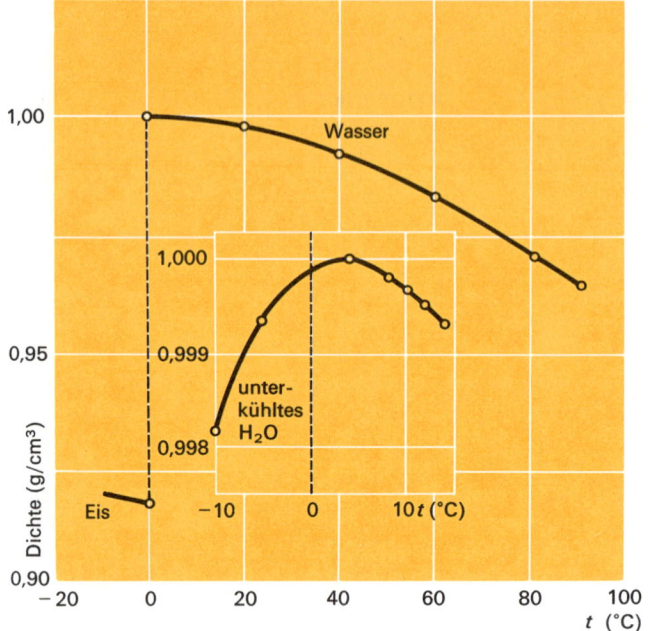

Abb. 14. 6. Dichte von Wasser

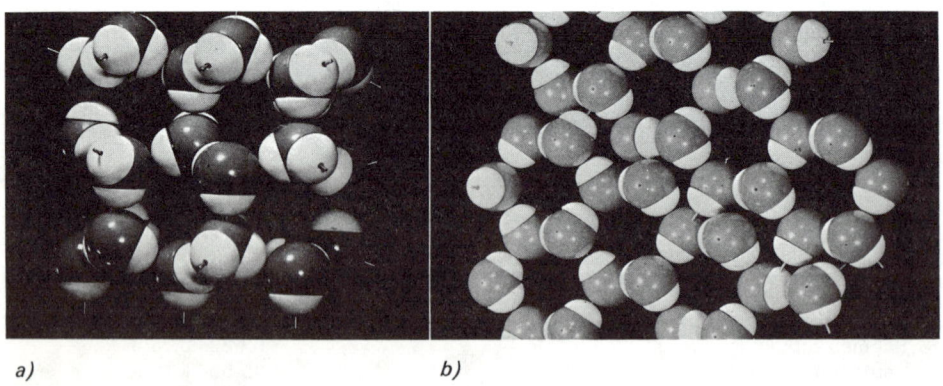

a)   b)

Abb. 14. 7. Strukturen von Eis und Wasser (Kalottenmodelle)

a) Eisgitter (Seitenansicht einer «Schicht» von H_2O-Molekülen): relativ lockere Anordnung
b) «Struktur» von Wasser (ungefähr bei Raumtemperatur). Auch hier ist noch eine gewisse
   Ordnung vorhanden

Im *Eis* ist ein O-Atom tetraedrisch von vier H-Atomen umgeben, von denen zwei durch Atombindungen und zwei durch H-Brücken gebunden werden. Diese Anordnung gibt eine sehr voluminöse, lockere Struktur (Abb. 14.7 und 14.8). Beim Schmelzen bricht die Gitterordnung zusammen, und die Moleküle können sich dichter zusammenlagern, so daß Wasser bei 0 °C eine höhere Dichte besitzt als Eis. Beim weiteren Erwärmen nimmt einerseits die Raumbeanspruchung der Teilchen zu (stärkere Wärmebewegung), anderseits wird die Ordnung immer mehr gestört, und die Teilchen lagern sich enger zusammen. Als Folge dieser einander entgegengesetzten Effekte zeigt Wasser ein Maximum der Dichte bei 4 °C. Dieses *Dichtemaximum* verhindert ein vollständiges Gefrieren auch nur wenig tiefer Gewässer. Auch oberhalb 4 °C ist im flüssigen Wasser innerhalb gewisser Bereiche (die je nach der Temperatur etwa 90 bis 30 H_2O-Moleküle umfassen) eine gewisse Ordnung vorhanden; ein Beweis dafür ist die relativ hohe Verdampfungsentropie von 109 J mol^{-1} K^{-1} (nichtassoziierte Flüssigkeiten besitzen gewöhnlich Verdampfungsentropien um 80 J mol^{-1} K^{-1}). – Die hohe Polarität des Moleküls bedingt den «abnorm» hohen Siedepunkt (H_2O 100 °C, H_2S −61 °C) und das ausgezeichnete Lösevermögen für Salze und für Verbindungen aus stark polaren Molekülen, wie Harnstoff, Alkohol, Zucker usw.

Natürliches Wasser ist niemals rein (auch Regenwasser enthält Sauerstoff und CO_2 gelöst). Die wichtigsten gelösten Bestandteile von «Brunnenwasser» sind neben Sauerstoff und CO_2 Salze wie $Ca(HCO_3)_2$, $CaSO_4$, $MgCl_2$ usw. («Härte» des Wassers, siehe S. 529). Durch mehrfache Destillation kann man völlig reines «Leitfähigkeitswasser» erhalten (Prüfung der Reinheit durch Messung der Leitfähigkeit).

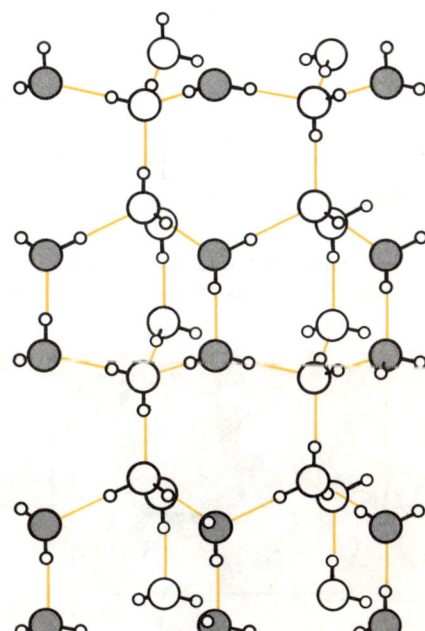

Abb. 14.8. Anordnung der H_2O-Moleküle im Eiskristall. Die farbigen Linien stellen Wasserstoffbrücken dar

In der Praxis gewinnt man entsalztes Wasser heute meist durch Ionenaustauscher (S. 530). Zur Gewinnung von Trinkwasser aus Meerwasser läßt man Wasser sehr langsam durch eine elektrolytische Zelle fließen, welche durch zwei Membranen in drei Teile getrennt wird. Die Membran um die Anode besteht aus einem Anionenaustauscher (der nur Anionen, nicht aber Kationen durchtreten läßt); um die Kathode befindet sich eine Membran aus einem Kationenaustauscher, welcher nur Kationen hindurchtreten läßt. Beim Anlegen einer Spannung wandern deshalb die Ionen allmählich aus der mittleren Kammer heraus, so daß man dort schließlich fast vollständig entsalztes Wasser erhält *(«Elektrodialyse»)*.

Die stark polare H—O-Bindung läßt sich nur durch Zufuhr erheblicher Energiemengen spalten, z. B. durch Elektrolyse (Zersetzungsspannung des Wassers 1,24 V; wegen der geringen Leitfähigkeit Zusatz von Schwefelsäure oder Natronlauge) oder durch starkes Erhitzen (bei 2000 °C sind erst rund 2 % des Wasserdampfes in Wasserstoff und Sauerstoff gespalten!). Durch sehr starke Oxidations- oder Reduktionsmittel kann Wasser oxidiert oder reduziert werden (Oxidation zu Sauerstoff und HF mit elementarem Fluor; Reduktion mit elementarem Natrium).

Peroxide und Hyperoxide. *Wasserstoffperoxid,* (H_2O_2), eine farblose, in dickeren Schichten bläuliche Flüssigkeit (Smp. − 0,4 °C, Sdp. 158 °C) wird technisch durch Hydrolyse von Peroxyverbindungen (Verbindungen, welche O—O-Bindungen enthalten) hergestellt:

$$H_2O + \begin{bmatrix} & O & & & O & \\ & \| & & & \| & \\ O-&S&-O-O-&S&-O \\ & \| & & & \| & \\ & O & & & O & \end{bmatrix}^{2-} \longrightarrow HSO_4^- + \begin{bmatrix} & & O & \\ & & \| & \\ HO-&O-&S&-O \\ & & \| & \\ & & O & \end{bmatrix}^{-}$$

Peroxydisulfat   Peroxymonosulfat

$$H_2O + \begin{bmatrix} & & O & \\ & & \| & \\ HO-&O-&S&-O \\ & & \| & \\ & & O & \end{bmatrix}^{-} \longrightarrow HSO_4^- + H-O-O-H$$

Da der erste Reaktionsschritt langsamer als der zweite verläuft, kann das Zwischenprodukt, die konjugierte Base der *Peroxymonoschwefelsäure («Carosche Säure»,* H_2SO_5) isoliert werden.

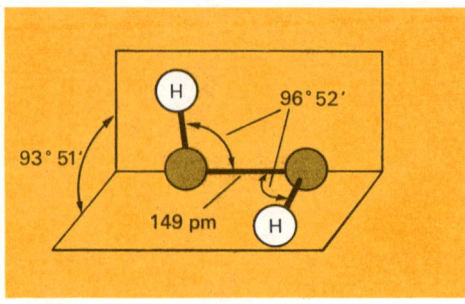

Abb. 14.9. Struktur des H_2O_2-Moleküls

Um eine Oxidation des im zweiten Schritt gebildeten Wasserstoffperoxids durch das Peroxy-monosulfat-Anion zu verhindern, führt man die Hydrolyse unter vermindertem Druck aus, wobei Wasserstoffperoxid als etwa 30% Lösung abdestilliert.

Wasserstoffperoxid enthält zwei gleichsinnig polarisierte H—O-Bindungen und ist daher ziemlich instabil; konzentrierte Lösungen oder reines H_2O_2 neigen zu explosionsartigem Zerfall. Es ist ein starkes Oxidationsmittel ($E^0_{H_2O/H_2O_2} = +1{,}77$ V); allerdings gehen manche Oxidationen mit H_2O_2 nur langsam vor sich. Über den Verlauf der Oxidation von Iodid mit H_2O_2 siehe S. 342. Die Oxidation von Fe^{2+} mit H_2O_2 verläuft wahrscheinlich über zwei Schritte, wobei vorübergehend Radikale auftreten:

$$Fe^{2+} + H_2O_2 \longrightarrow Fe^{3+} + OH^- + OH\cdot$$
$$Fe^{2+} + OH\cdot \longrightarrow Fe^{3+} + OH^-$$

Auf solchen intermediär auftretenden Radikalen beruht die Verwendung eines Gemisches von Fe^{2+}- und H_2O_2-Lösungen zur Startung der Polymerisation von Olefinen. — Wegen seiner oxidierenden Wirkung wird Wasserstoffperoxid als Bleichmittel (Haare, Leder, Stroh; als «Perborat» in vielen Waschmitteln) und als Oxidationsmittel für Raketentreibstoffe verwendet. Gegenüber Substanzen mit positiverem Normalpotential vermag aber H_2O_2 auch reduzierend zu wirken; so wird es z. B. durch $KMnO_4$ in saurer Lösung quantitativ zu Wasser und Sauerstoff oxidiert ($E^0_{H_2O_2/O_2} = +0{,}68$ V).

Die Disproportionierung

$$2\,H_2O_2 \longrightarrow 2\,H_2O + O_2$$

verläuft unter gewöhnlichen Bedingungen sehr langsam; sie kann aber durch eine große Zahl von Katalysatoren stark beschleunigt werden. Viele dieser Katalysatoren stellen Redoxpaare dar, von denen die oxidierte Form H_2O_2 oxidiert, während die reduzierte Form H_2O_2 reduziert; ihre Normalpotentiale müssen also zwischen $+0{,}68$ V und $+1{,}77$ V liegen. So läßt sich z. B. die durch das System Fe^{2+}/Fe^{3+} katalysierte Disproportionierung folgendermaßen formulieren:

$$2\,Fe^{2+} + H_2O_2 + 2\,H^+ \longrightarrow 2\,Fe^{3+} + 2\,H_2O$$
$$2\,Fe^{3+} + H_2O_2 \longrightarrow 2\,Fe^{2+} + O_2 + 2\,H^+$$

insgesamt:
$$2\,H_2O_2 \longrightarrow 2\,H_2O + O_2$$

Wasserstoffperoxid ist zwar nur äußerst schwach, jedoch deutlich stärker sauer als Wasser (pK_s der 1. Stufe 11,62). Das $[O_2]^{2-}$ («Peroxid»-) Ion ist eine starke Base, jedoch schwächer als das Oxid-Ion.

Manche Metalle (Natrium, Barium) bilden bei der Verbrennung an der Luft *Peroxide* (Na_2O_2, BaO_2), gelbliche oder weißliche Salze, welche O_2^{2-}-Ionen enthalten. Technisch wird BaO_2 durch Erhitzen von BaO im O_2-Strom erhalten. Kalium und die schwereren Alkalimetalle verbrennen an der Luft zu *«Hyperoxiden»*, in deren Kristallen (paramagnetische) O_2^--Anionen vorhanden sind. Hyperoxide sind recht reaktionsfähige Stoffe; mit CO_2 bilden sie das entsprechende Carbonat neben O_2, und mit Wasser entsteht ebenfalls O_2:

$$4\,MeO_2 + 2\,CO_2 \longrightarrow 2\,Me_2CO_3 + 3\,O_2 \qquad 2\,MeO_2 + 2\,H_2O \longrightarrow O_2 + H_2O_2 + 2\,MeOH$$

(Auf diesen Reaktionen beruht die Verwendung solcher Hyperoxide für die Raumfahrt: Bindung der Atmungsprodukte CO_2 und H_2O und dafür Bildung von O_2.)

Das Hyperoxid-Ion besitzt dieselbe Elektronenstruktur wie das O_2-Molekül und zusätzlich ein Elektron in einem antibindenden $\pi^*\,2p_y$-MO.

Viele andere Elemente bilden ebenfalls Peroxyverbindungen (HO—ONO, CrO_5, CH_3CO_2OH usw.), die durch Reaktion von konzentrierten H_2O_2-Lösungen mit den entsprechenden Säuren oder Salzen erhalten werden können.

14.3 Verbindungen von Schwefel, Selen und Tellur

Sulfide. Von den *Metallsulfiden* sind einzig die Sulfide der Alkali- und Erdalkalimetalle salzartig und wasserlöslich. Beim Lösen geht die starke Base S^{2-} allerdings zum größten Teil in HS^- über. Aluminiumsulfid reagiert mit Wasser vollständig zu Al(OH)$_3$ und H_2S, weil das Hydroxid ein äußerst kleines Löslichkeitsprodukt hat und daher die nach der Reaktion

$$S^{2-} + H_2O \longrightarrow HS^- + OH^-$$

gebildeten OH^--Ionen durch die in Lösung gegangenen Al^{3+}-Ionen in einem solchen Ausmaß weggefangen werden, daß auch die zweite Protolysenstufe noch eintritt:

$$HS^- + H_2O \longrightarrow H_2S + OH^-$$

Die meisten Metallsulfide sind aber keine reinen Ionenverbindungen, sondern stellen Übergänge zwischen Ionen- und Atomstrukturen oder auch zwischen Ionenstrukturen und metallischen Strukturen dar. Solche *nicht rein salzartige* Sulfide kristallisieren in der *Diamantstruktur* (ZnS), der *Steinsalzstruktur* (PbS) oder der *Rotnickelkies-Struktur* (NiAs-Typ, Abb.14.10) wie FeS, NiS und CoS. Hier ist zwar jedes Metallatom mit 6 S-Atomen oktaedrisch koordiniert, aber zwei weitere Metallatome befinden sich relativ nahe dem ersten, so daß eine gewisse Delokalisation der Elektronen möglich wird, die dann den metallähnlichen Charakter bedingt. Eisen (II)-sulfid ist ein typisches Beispiel einer gut charakterisierten *bertholliden Verbindung* und besitzt die Zusammensetzung $Fe_{0,8-0,95}S$.

Viele Sulfide von Metallen treten in der Natur auf und sind wichtige und wertvolle Erze. Beispiele sind Zinkblende, ZnS (tetraedrisch kristallisierend, mit starkem, nicht metallischem Glanz); Bleiglanz, PbS (graublaue, metallisch glänzende Würfel; das verbreitetste Bleierz, enthält häufig nutzbare Mengen von Silber als Ag_2S); Pyrit FeS_2 (häufig in Würfeln mit gestreiften Flächen oder in Pentagondodekaedern kristallisierend, messingglänzend; der Kristall [Abb. 14.11] enthält S_2-Ionen); Zinnober, HgS (rote, hexagonale Kristalle), das wichtigste Quecksilbererz, usw.

Durch Lösen von elementarem Schwefel in konzentrierten Alkali- oder Erdalkalisulfidlösungen erhält man komplexe Gemische von *Polysulfid-Anionen* S_x^{2-} ($x = 2$ bis 6), die aus kettenartig verknüpften S-Atomen bestehen. Gewisse Alkalipolysulfide können durch Zusammenschmelzen der Elemente oder durch deren Umsetzung in organischen Lösungsmitteln oder flüssigem Ammoniak in reiner Form erhalten werden. Beim Ansäuern entstehen daraus *Sulfane*.

Selenide und *Telluride* von Metallen verhalten sich größtenteils sehr ähnlich den entsprechenden Sulfiden und kristallisieren auch in den gleichen Strukturen. Erwartungsgemäß ist der salzartige Charakter noch weniger ausgeprägt.

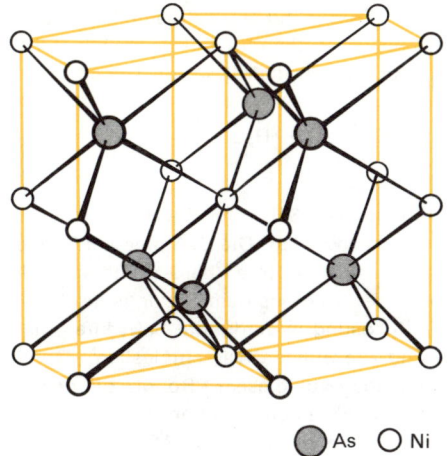

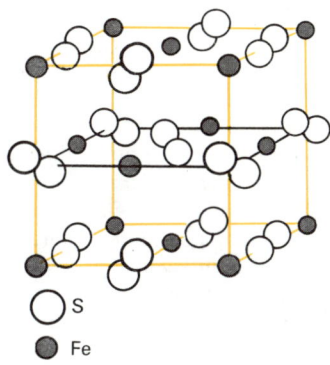

$\bigcirc$ S

$\bullet$ Fe

$\bullet$ As $\bigcirc$ Ni

Abb. 14.10. Rotnickelkiesstruktur   *Abb. 14.11. Pyritstruktur*

Schwefelwasserstoff (H_2S), ein farbloses, sehr giftiges, wie faule Eier riechendes Gas (Smp. $-85,5\,^{\circ}C$, Sdp. $-61\,^{\circ}C$), kommt in der Natur als Fäulnisprodukt eiweißhaltiger Stoffe, in «Schwefelwässern» (durch bakterielle Reduktion von Sulfaten entstanden) und in vulkanischen Gasen vor. Seine Löslichkeit in Wasser ist ziemlich gering (bei $20\,^{\circ}C$ 2,47 Liter H_2S im Liter Wasser). Schwefelwasserstoff ist eine schwache zweiprotonige Säure; das HS^--Ion ist eine schwache, das S^{2-}-Ion eine starke Base. H_2S ist ziemlich leicht oxidierbar (Verwendung als Reduktionsmittel!) und verbrennt mit blauer Flamme zu Schwefeldioxid und Wasser; bei ungenügendem Luftzutritt bildet sich Schwefel («unvollständige» Verbrennung):

$$2\,H_2S + 3\,O_2 \longrightarrow 2\,SO_2 + 2\,H_2O$$
$$2\,H_2S + O_2 \longrightarrow 2\,S + 2\,H_2O$$

Die große Bedeutung des Schwefelwasserstoffes für die *qualitative Analyse* von Salzgemischen beruht auf der pH-abhängigen Löslichkeit der Metallsulfide. Dadurch können durch Einleiten von Schwefelwasserstoff in eine Lösung verschiedener Salze die Metall-Ionen gruppenweise durch Veränderung des pH-Wertes gefällt werden. In stark sauren Lösungen ist die Konzentration der S^{2-}-Ionen sehr klein:

$$\frac{(H_3O^+)^2 \cdot (S^{2-})}{(H_2S)} = K_{s_1} \cdot K_{s_2} = 10^{-21}; \text{ bei } (H_2S) \approx 0,1 \text{ und } p\text{H } 0 \text{ wird } (S^{2-}) = 10^{-22}$$

Bei pH < 1 können deshalb nur Sulfide ausfallen, deren Löslichkeitsprodukt auch durch diese minimale Konzentration der S^{2-}-Ionen noch überschritten werden kann: PbS, CuS, HgS u.a. (Lp. $< 10^{-28}$).

In neutraler oder schwach alkalischer Lösung ist die Konzentration der S^{2-}-Ionen beträchtlich höher, und man erhält die schwerlöslichen Sulfide ZnS, MnS, FeS, NiS u.a. mit Löslichkeitsprodukten zwischen 10^{-15} und 10^{-22}.

Für analytische Zwecke wird Schwefelwasserstoff oft aus Eisensulfid und Salzsäure hergestellt. Eine elegante Methode besteht im Erhitzen einer Mischung von Paraffin und Schwefel, wobei Kohle zurückbleibt. Im Laboratorium wird H_2S häufig auch durch Hydrolyse von Thioacetamid gewonnen:

$$CH_3-C{\overset{\displaystyle S}{\underset{\displaystyle NH_2}{\diagdown}}} + H_2O \rightarrow CH_3-C{\overset{\displaystyle O}{\underset{\displaystyle NH_2}{\diagdown}}} + H_2S$$

Neben H_2S gibt es noch weitere Wasserstoff-Verbindungen von Schwefel, die alle der Zusammensetzung H_2S_x entsprechen und als *Sulfane* bezeichnet werden. Die S-Atome sind dabei untereinander zu zickzackförmigen Ketten verbunden, welche an ihren beiden Enden je ein H-Atom tragen. Die einzelnen Glieder dieser Reihe lassen sich aus dem Sulfangemisch gewinnen, das man durch Eintragen einer Alkalipolysulfidlösung in verdünnte Salzsäure erhält (mit Ausnahme von H_2S – dem *«Monosulfan»* – sind alle Sulfane wasserunlöslich). Durch thermische Zersetzung unter vermindertem Druck entstehen aus diesem «Rohöl» die beiden ersten Glieder H_2S_2 und H_2S_3; höhere Sulfane können auch durch Reaktion von H_2S_2 oder H_2S_3 mit S_2Cl_2 (unter HCl-Abspaltung) erhalten werden. Sulfane mit mehr als 8 S-Atomen sind kaum mehr voneinander zu trennen und bisher nicht in reinem Zustand erhalten worden. *Disulfan* (H_2S_2) ist eine farblose Flüssigkeit (Sdp. 70°C). Die nächsthöheren Sulfane sind ebenfalls flüssig, wobei mit zunehmender Kettenlänge ihre Viskosität wächst und die Farbe immer stärker gelb (schwefelähnlicher!) wird (H_2S_3 ist bereits von hellgelber Farbe). Nur H_2S_2 und H_2S_3 können im Vakuum unzersetzt destilliert werden; die höheren Sulfane zerfallen schon bei geringem Erhitzen. Alle Sulfane sind bezüglich des Zerfalles in H_2S und elementaren Schwefel thermodynamisch instabil. Der Zerfall kann sehr heftig verlaufen und wird bereits durch Spuren basischer Substanzen oder auch durch rauhe Oberflächen eingeleitet. Aus diesen Gründen ist die Handhabung der Sulfane sehr erschwert, so daß über ihr chemisches Verhalten noch relativ wenig bekannt ist.

Selen- und **Tellurwasserstoff** (H_2Se bzw. H_2Te) sind weit weniger stabil als H_2S und ebenso giftig wie dieses. Beide sind starke Reduktionsmittel; H_2Te vermag sogar Wasser zu Wasserstoff zu reduzieren. Die Säurestärke der Wasserstoffverbindungen nimmt – ebenso wie bei den Halogenen – mit zunehmender Ordnungszahl der Chalkogene zu (vgl. S. 361).

Halogenverbindungen von Schwefel, Selen und Tellur existieren in großer Zahl. Ihre Zusammensetzung entspricht den Formeln A_2X_2 (A = S, Se; X = Cl, Br), AX_2 (A = S, Se, Te; X = Cl, Br), AX_4 (A = S, Se, Te; X = F, Cl, Br [letzteres für Se und Te], I [für Te]) und AF_6 (A = S, Se, Te). Die meisten dieser Verbindungen werden durch Wasser zu den entsprechenden Halogenwasserstoffverbindungen und einer Sauerstoffsäure von Schwefel (bzw. Selen oder Tellur) hydrolysiert; SF_6 bildet durch seine große Reaktionsträgheit darin eine Ausnahme.

Besonders zu erwähnen sind:

SF_4, ein farbloses Gas (Smp. -121°C; Sdp. -40°C), das durch Reaktion von SCl_2 mit NaF in organischen Lösungsmitteln (z. B. Acetonitril) leicht erhältlich ist. Das Molekül ist von deformiert-tetraedrischer Struktur (Abb. 13.1, S. 453); die insgesamt 5 Elektronenpaare der «Valenzschale» sind trigonal-bipyramidal gerichtet. SF_4 besitzt dank seiner großen Reaktionsfähigkeit als *Fluorierungsmittel* für die präparative organische Chemie eine große Bedeutung. Es wirkt dabei sehr selektiv, indem $>C{=}O$- und $-COOH$-Gruppen glatt in $>CF_2$- bzw. $-CF_3$-Gruppen übergeführt werden, ohne daß weitere vorhandene funktionelle Gruppen ebenfalls angegriffen würden.

SF_6, eine orangegelbe Substanz (Smp. $-51\,°C$; Sblp. $-65\,°C$) entsteht als Produkt der direkten Reaktion von Schwefel mit Fluor. Seine bereits erwähnte große *Reaktionsträgheit* (es reagiert weder mit Wasser, noch mit Wasserdampf von einigen $100\,°C$ noch mit geschmolzenen Alkalimetallen) ist eine Folge der starken Abschirmung des S-Rumpfes durch die 6 F-Atome und der dadurch bedingten Schwierigkeit des Angriffes durch nucleophile Reagenzien. Daß diese Reaktionsträgheit wirklich ein kinetischer Effekt ist, zeigt die stark negative freie Enthalpie der Hydrolyse:

$$SF_6 + 3\,H_2O \longrightarrow SO_3 + 6\,HF \qquad \Delta G_r^0 = -460\,kJ/mol$$

S_2Cl_2, eine orangegelbe Flüssigkeit von unangenehm beißendem Geruch (Smp. $-80\,°C$; Sdp. $138\,°C$) entsteht beim Überleiten von Chlor über geschmolzenen Schwefel. Es wird technisch in großen Mengen hergestellt und wegen seines guten Lösevermögens für Schwefel zur Kaltvulkanisation von Kautschuk verwendet. Mit einem Überschuß von Chlor erhält man bei genügend tiefen Temperaturen SCl_2 (eine dunkelrote Flüssigkeit vom Sdp. $59\,°C$), das aber bereits bei mäßigem Erwärmen in S_2Cl_2 und Cl_2 zerfällt. SCl_2 bildet das Anfangsglied einer den Sulfanen analogen Reihe von *Chlorsulfanen* (S_xCl_2), welche – ebenso wie die Sulfane – mit zunehmender Kettenlänge immer weniger stabil und zugleich immer schwefelähnlicher werden. Höhere Chlorsulfane lassen sich aus Sulfanen und niedrigeren Chlorsulfanen erhalten; sie werden sämtlich von Wasser unter Bildung von HCl, Schwefel und verschiedener Schwefel-Sauerstoff-Säuren hydrolysiert.

Die *Oxyhalogenide* von Schwefel (und Selen) können formal als « *Säurehalogenide* » betrachtet werden, wenn man sich in den Sauerstoffsäuren OH-Gruppen durch Halogenatome ersetzt denkt. Die Thionylhalogenide (SOF_2, $SOCl_2$, $SOBr_2$ und $SOFCl$) entsprechen der «schwefligen Säure» («H_2SO_3»); die Sulfurylhalogenide (SO_2F_2 und SO_2Cl_2) der Schwefelsäure, H_2SO_4. Analoge Verbindungen sind von Selen, nicht aber von Tellur, bekannt.

In den Molekülen der *Thionylhalogenide* sind die vier Elektronenpaare in der «Valenzschale» des S-Atoms tetraedrisch gerichtet; die Moleküle sind also pyramidal gebaut. Die relativ kurze Bindungslänge der S—O-Bindung weist darauf hin, daß dieser in einem gewissen Maß Doppelbindungscharakter zukommt (Besetzung von *d*-AO des S-Atoms):

Die Thionylhalogenide werden durch Wasser rasch und leicht zu SO_2 und Halogenwasserstoff hydrolysiert (nur SOF_2 reagiert relativ langsam), wobei das Halogenid als Lewis-Säure wirkt (unbesetzte *d*-Orbitale des S-Atoms!). Von einer gewissen praktischen Bedeutung ist *Thionylchlorid,* eine an der Luft stark rauchende Flüssigkeit (Sdp. $79\,°C$), das in der präparativen organischen Chemie als Chlorierungsmittel verwendet wird (Gewinnung von Säurechloriden). Man erhält es aus SO_2 und PCl_5:

$$SO_2 + PCl_5 \longrightarrow SOCl_2 + POCl_3$$

Die *Sulfurylhalogenide* (SO_2F_2, SO_2Cl_2) besitzen tetraedrisch gebaute Moleküle. Sulfurylfluorid ist ein nahezu inertes Gas, das mit Wasser selbst bei $150\,°C$ nicht reagiert und nur in konzentrierten Hydroxidlösungen langsam hydrolysiert wird. Sulfurylchlorid hingegen ist viel reaktionsfähiger; es zerfällt beim Erhitzen auf $300\,°C$ in SO_2 und Cl_2 und wird durch Wasser leicht hydrolysiert. Man erhält es als farblose, stark rauchende Flüssigkeit (Sdp. 69°C) durch direkte Reaktion von SO_2 mit Cl_2 unter der katalytischen Wirkung von Aktivkohle und verwendet es ähnlich wie Thionylchlorid als Chlorierungsmittel.

Die wichtigste Stickstoffverbindung von Schwefel, **Schwefelnitrid** (S_4N_4), entsteht durch Auflösen von Schwefel in flüssigem Ammoniak oder beim Überleiten von S_2Cl_2 über erhitztes, festes NH_4Cl. Es ist ein fester, an der Luft beständiger Stoff (Smp. 187°C; orangerote Kristalle), die sich in Wasser nicht lösen und bei Schlag oder Stoß heftig explodieren:

$$2\ S_4N_4 \longrightarrow 4\ N_2 + S_8 \qquad \Delta H = -539\ kJ/mol$$

Das S_4N_4-Molekül besitzt eine käfigartige Struktur (ähnlich wie der Realgar, As_4S_4, bei dem jedoch die S- bzw. As-Atome gegenüber dem S_4N_4-Molekül vertauschte Positionen einnehmen; vgl. Abb.14.12), in welchem wegen des relativ kurzen Abstandes der beiden S-Atome auch Wechselwirkungen zwischen diesen auftreten und darum offenbar eine gewisse Delokalisation der Elektronen möglich ist. Ausgehend von S_4N_4 sind eine Anzahl weiterer Schwefel-Stickstoff-Verbindungen, wie $S_4N_4H_4$ oder $S_4N_4F_4$, zugänglich.

Oxide. Beim Verbrennen von Schwefel bildet sich *Schwefeldioxid* (neben sehr wenig Trioxid), ein farbloses, stechend riechendes Gas (Sdp. -10°C; $\Delta H_f^0 = -295{,}6\ kJ/mol$; $\Delta G_f^0 = -301{,}2$ kJ/mol). Auch beim Erhitzen von Metallsulfiden an der Luft entsteht Schwefeldioxid. Im Gegensatz zum SO_2 sind SeO_2 und TeO_2 bei Raumtemperatur feste Substanzen; gasförmiges *SeO_2* besteht ebenso wie SO_2 aus Molekülen, welche – als dreiatomige Moleküle mit insgesamt 18 Valenzelektronen – gewinkelt gebaut sind und die gleiche Elektronenkonfiguration wie das O_3-Molekül (S. 459) besitzen:

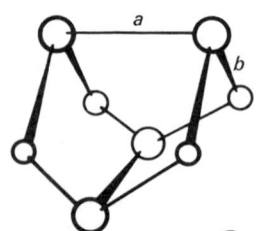

Während aber SO_2 im festen Zustand ein Molekülgitter bildet, vereinigen sich SeO_2-Moleküle zu Ketten von unbegrenzter Länge:

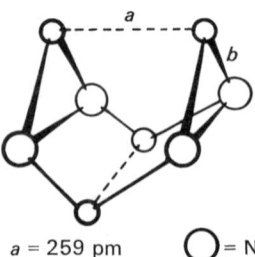

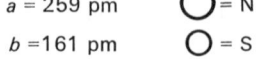

| a = 259 pm | ⃝ = N |
| a =161 pm | ⃝ = S |

| a = 249 pm | ⃝= As |
| b =223 pm | ⃝ = S |

Abb. 14.12. Die Strukturen von N_4S_4 und As_4S_4

TeO₂ schließlich kristallisiert in einem Ionengitter mit TiO₂- (Rutil-)Struktur (S. 216), das Te^{4+}-Ionen enthält. In den unterschiedlichen Strukturen von SO_2, SeO_2 und TeO_2 manifestiert sich wiederum der mit zunehmender Ordnungszahl stärker metallische Charakter der Elemente.

Von den Oxiden der Oxidationsstufe + VI ist nur *Schwefeltrioxid* (SO_3) von Bedeutung. Sein Dampf ist monomer und enthält einzelne SO_3-Moleküle; festes SO_3 existiert in drei verschiedenen, gut charakterisierten Formen: eisartiges oder γ-SO_3 (das durch Kondensation des Dampfes unterhalb $-80\,°C$ erhältlich ist und aus drei SO_3-Molekülen gebildete Ringe als Gitterbausteine enthält) und zwei fasrige, asbestartige Modifikationen (α- und β-SO_3), die aus verschieden angeordneten Ketten aus zahlreichen SO_3-Gruppen bestehen:

$$-\overset{\displaystyle O}{\underset{\displaystyle O}{S}}-O-\overset{\displaystyle O}{\underset{\displaystyle O}{S}}-O-\overset{\displaystyle O}{\underset{\displaystyle O}{S}}-O-\overset{\displaystyle O}{\underset{\displaystyle O}{S}}-O-\overset{\displaystyle O}{\underset{\displaystyle O}{S}}-O-$$

Flüssiges SO_3, ein Gemisch aus monomeren und trimeren Molekülen, kondensiert bei $44\,°C$. Schwefeltrioxid ist ein starkes Oxidationsmittel und gleichzeitig (gegenüber Basen, die von ihm nicht oxidiert werden) eine sehr starke Lewis-Säure. Die sehr heftige Reaktion mit Wasser kann als Lewis-Säure/Base-Reaktion aufgefaßt werden:

$$|\overline{O}-\overset{\displaystyle |\overline{O}|}{\underset{\displaystyle |\overline{O}|}{S}} \;+\; \underset{H}{\overset{H}{O}} \;\longrightarrow\; |\overline{O}-\overset{\displaystyle |\overline{O}|}{\underset{\displaystyle |\overline{O}|}{S}}-\overline{O}\underset{H}{\overset{H}{}} \;\longrightarrow\; |\overline{O}-\overset{\displaystyle |\overline{O}|}{\underset{\displaystyle |O-H}{S}}-\overline{O}-H$$

Schwefeltrioxid wird als Zwischenprodukt zur Gewinnung von Schwefelsäure in der Technik in großem Maßstab hergestellt. Bei der direkten Verbrennung von Schwefel entsteht es nur in geringen Mengen, weil die Weiteroxidation von SO_2 zu SO_3 umkehrbar und exotherm verläuft; es muß darum durch Oxidation von SO_2 gewonnen werden:

$$2\,SO_2 + O_2 \rightleftharpoons 2\,SO_3 \qquad \Delta H^0 = -98{,}3\ kJ; \qquad \Delta G_r^0 = -70{,}0\ kJ$$

Bei Zimmertemperatur reagieren SO_2 und Sauerstoff kaum miteinander; bei höheren Temperaturen verschiebt sich jedoch das Gleichgewicht zugunsten der linken Seite (Le Chatelier!):

	400 °C	600 °C	800 °C	900 °C
% SO_3 im Gleichgewicht	97,0	68,2	22,3	12,0

Um die Reaktionstemperatur möglichst tief zu halten, leitet man eine Mischung von SO_2 und Sauerstoff (d.h. Luft) über Katalysatoren (Platin wirkt ab etwa 400 °C, V_2O_5 benötigt 600 °C). Das bei diesem *«Kontaktprozeß»* gebildete SO_3 löst sich sehr schlecht in Wasser; man löst es daher in konzentrierter Schwefelsäure, welche bis zu 65 % ihres Gewichtes SO_3 absorbieren kann und dann eine an der Luft stark rauchende (verdunstendes SO_3!) Flüssigkeit bildet (sogenannte «rauchende» Schwefelsäure oder «Oleum»). Durch vorsichtiges Verdünnen mit Wasser erhält man schließlich die konzentrierte Schwefelsäure mit etwa 98 % H_2SO_4-Gehalt.

Das zur Schwefelsäureherstellung nötige Schwefeldioxid entsteht entweder durch direkte Verbrennung von Schwefel oder durch «Rösten» von Sulfidmineralien (FeS_2, ZnS, PbS), indem in Röstöfen heiße Luft über die erhitzten Sulfide geleitet wird:

$$4\ FeS_2 + 11\ O_2 \longrightarrow 2\ Fe_2O_3 + 8\ SO_2$$

Die in den rohen Sulfiden in Spuren enthaltenen Selen- und Arsenverbindungen werden dabei zu SeO_2 bzw. As_2O_3 oxidiert. Vor der Weiteroxidation müssen sie durch sorgfältige Reinigung aus dem Gemisch der Röstgase entfernt werden, da sie sonst in kurzer Zeit den Katalysator unwirksam machen («Katalysatorgifte»). Platin-Katalysatoren werden besonders leicht «vergiftet»; man erhält mit ihnen zwar höhere Ausbeuten an SO_3 (tiefere Reaktionstemperatur!), sie erfordern aber eine ganz speziell gute Reinigung der Röstgase.

Neben dem seit etwa 1890 entwickelten Kontaktprozeß (der heute vor allem zur Gewinnung konzentrierter Schwefelsäure dient und etwa 70 % der insgesamt erzeugten Säure liefert) existiert eine Anzahl anderer Verfahren zur Oxidation von SO_2. Das praktisch wichtigste von ihnen ist der sogenannte «Bleikammerprozeß». Zur Oxidation des Schwefeldioxids wird hier Stickstoffdioxid (NO_2) verwendet, welches dabei zu Stickoxid (NO) reduziert wird. Dieses bildet mit Luftsauerstoff wiederum NO_2. NO_2 wirkt also als Sauerstoffüberträger. Schema:

$$SO_2 + NO_2 \longrightarrow SO_3 + NO$$
$$2\ NO + O_2 \longrightarrow 2\ NO_2$$

In Wirklichkeit verläuft der Prozeß, der in großen Bleikammern durchgeführt wird (Blei wird durch die entstehende Schwefelsäure nicht angegriffen infolge Bildung einer Schutzschicht), komplizierter, und es treten verschiedene Nebenreaktionen auf. Das Bleikammerverfahren liefert nur verdünnte Schwefelsäure.

Sauerstoffsäuren von Schwefel, Selen und Tellur. Schwefeldioxid löst sich ziemlich gut in Wasser (1 Liter Wasser löst bei 20 °C 40 Liter SO_2); die Lösung reagiert deutlich sauer. Man war lange Zeit der Ansicht, eine solche Lösung enthalte «schweflige Säure», H_2SO_3, im Gleichgewicht mit physikalisch gelöstem SO_2, welche durch eine Lewis-Säure/Base-Reaktion von SO_2 mit H_2O gebildet würde:

$$H_2O + SO_2 \rightleftarrows H_2SO_3$$

Neuere Untersuchungen haben indessen gezeigt, daß kein Anzeichen dafür besteht, daß eine Verbindung der Formel H_2SO_3 tatsächlich existiert. Man muß vielmehr annehmen, daß die hydratisierten SO_2-Moleküle direkt HSO_3^--Ionen bilden:

$$SO_2 \cdot x\ H_2O \rightleftarrows HSO_3^-aq + H_3O^+ + (x - 2)\ H_2O$$

oder vereinfacht dargestellt:

$$SO_2 + 2\ H_2O \rightleftarrows H_3O^+ + HSO_3^-$$

Sulfite (SO_3^{2-}) entstehen durch Einleiten von SO_2 in Lösungen von Carbonaten oder Hydroxiden. Mit starken Säuren zusammen bilden sie – ebenso wie die Hydrogensulfite – SO_2.

Durch Erhitzen fester Hydrogensulfite oder beim Einleiten von SO_2 in wäßrige Lösungen von Hydrogensulfiten entstehen *Pyrosulfite*:

$$2\ HSO_3^- \longrightarrow S_2O_5^{2-} + H_2O$$
$$HSO_3^- + SO_2 \longrightarrow HS_2O_5^-$$

Das Pyrosulfit-Ion ist deshalb bemerkenswert, weil es – im Gegensatz zu den Anionen anderer «Pyrosäuren», wie z. B. *Pyroschwefelsäure* ($H_2S_2O_7$) – keine S—O—S-Brücke enthält, sondern eine S—S-Bindung aufweist und damit eine unsymmetrische Struktur besitzt:

$$\left[\begin{array}{c} |\overline{O}\ ||\overline{O}| \\ |\ |\ \\ |\overline{O}-S-S-\overline{O}| \\ |\ \\ |\underline{O}| \end{array} \right]^{2-}$$

In wäßriger Lösung werden sowohl SO_2, die Sulfite und Hydrogensulfite und die Pyrosulfite ziemlich leicht zu Schwefelsäure bzw. Sulfaten oxidiert, wirken also als *Reduktionsmittel*:

$$2\ OH^- + SO_3^{2-} \rightleftharpoons SO_4^{2-} + H_2O + 2\ e^- \qquad E^0 = -0{,}90\ V$$
$$6\ H_2O + SO_2 \rightleftharpoons SO_4^{2-} + 4\ H_3O^+ + 2\ e^- \qquad E^0 = +0{,}14\ V$$

Auf der reduzierenden Wirkung von SO_2 beruht die Verwendung zum Bleichen von Holz, Wolle, Papier u. a., die durch Chlor nicht gebleicht werden können. SO_2 reduziert dabei farbige Stoffe zu farblosen Produkten. SO_2 ist giftig und wird darum häufig auch zur Desinfektion und zur Konservierung verwendet (Ausschwefeln von Weinfässern). Mit einer Lösung von Calciumhydrogensulfit [«Calciumbisulfit», $Ca(HSO_3)_2$] kann aus Holz das Lignin (der Holzstoff) herausgelöst werden (Cellulosegewinnung aus Holz).

Gegenüber stark reduzierenden Substanzen können Schwefel (IV)-Verbindungen auch als Oxidationsmittel wirken:

$$2\ H_2S + SO_2 \longrightarrow 2\ H_2O + 3\ S$$

Auf dieser Reaktion beruht der *« Claus-Prozeß »*, der zur Entfernung des in Erdgasen vorhandenen Schwefelwasserstoffes eine technisch bedeutungsvolle Rolle spielt.

Durch Reaktion von HCl-Gas mit SO_3 (Lewis-Säure/Base-Reaktion!) entsteht *Chlorsulfonsäure* ($ClSO_3H$), eine farblose Flüssigkeit (Sdp. 152 °C). Von Wasser wird sie unter heftiger Reaktion zu HCl und H_2SO_4 hydrolysiert; sie hat für die präparative organische Chemie eine gewisse Bedeutung, weil sie ähnlich wie die Oxyhalogenide von Schwefel zur Chlorierung verwendet werden kann und zugleich auch zur Einführung des Sulfonsäurerestes ($-SO_3H$) in organische Verbindungen dienen kann.

Die *Schwefelsäure* (H_2SO_4), die wichtigste Sauerstoffsäure des Schwefels, ist eine der wichtigsten anorganischen Verbindungen überhaupt. Die reine Säure, eine ölige, schwere Flüssigkeit, nimmt sehr leicht Wasser auf; eine 98 % Säure bildet ein konstant siedendes Gemisch vom Sdp. 338 °C. Der Dampf enthält neben H_2SO_4- auch SO_3- und H_2O-Moleküle; bereits bei 400 °C sind aber darin praktisch nur noch die Zerfallsprodukte der Säure vorhanden. Aus dem Schmelzdiagramm von H_2SO_4/Wasser-Mischungen ergibt sich die Existenz definierter Hydrate $H_2SO_4 \cdot H_2O$ (Smp. 8,5 °C) und $H_2SO_4 \cdot 2\ H_2O$ (Smp. -38 °C), die beide als Hydroniumsalze aufgefaßt werden müssen. Reine Schwefelsäure zeigt eine meßbare elektrische Leitfähigkeit, welche auf einer Autoprotolyse zwischen H_2SO_4-Molekülen beruht:

$$H_2SO_4 + H_2SO_4 \rightleftharpoons H_3SO_4^+ + HSO_4^-$$

Schwefelsäure ist eine sehr starke Säure. Verdünnte Schwefelsäure ist nahezu vollständig ionisiert und enthält neben H_3O^+- vorwiegend HSO_4^--Ionen. Dank der Bildung der Ionen nimmt die spezifische Leitfähigkeit der Schwefelsäure beim Verdünnen zunächst zu, mit immer stärkerer Verdünnung jedoch wieder ab (Verringerung der molaren Konzentrationen der Ionen!); 30% Säure zeigt ein Maximum der Leitfähigkeit. Konzentrierte Schwefelsäure besitzt deutlich oxidierende Eigenschaften; heiße konzentrierte Säure vermag daher auch mit Halbedelmetallen zu reagieren, wobei SO_2 (nicht Wasserstoff!) entsteht:

$$2 H_2SO_4 + Cu \longrightarrow CuSO_4 + SO_2 + 2 H_2O$$

Die Hauptmenge der technisch produzierten Säure findet Verwendung zur Herstellung von Superphosphat (Kunstdünger); ein großer Teil wird auch durch die organisch-chemische Industrie verbraucht (Sulfonierung organischer Verbindungen, Veresterungen usw.). Die Petroleumindustrie, die Textil- und Papierindustrie verbrauchen ebenfalls erhebliche Mengen Schwefelsäure.

Mit Ausnahme der sehr schwer löslichen Salze $SrSO_4$, $BaSO_4$ und $PbSO_4$ lösen sich die *Sulfate* in Wasser. $CaSO_4$ ist nur wenig löslich. Wegen des äußerst schwach basischen Charakters des SO_4^{2-}-Ions lösen sich die schwerlöslichen Sulfate nicht in Säure; Ba^{2+}- oder Pb^{2+}-Ionen können daher (in saurer Lösung) als Reagens auf Sulfat-Ionen dienen. Viele Sulfate kristallisieren aus den wäßrigen Lösungen mit Kristallwasser: $Na_2SO_4 \cdot 10\ H_2O$ (Glaubersalz), $CuSO_4 \cdot 5\ H_2O$ (Kupfervitriol) usw. $BaSO_4$ (Schwerspat), $SrSO_4$ (Coelestin), $PbSO_4$ (Anglesit), $CaSO_4$ (Anhydrit), $CaSO_4 \cdot 2\ H_2O$ (Gips) u.a. treten in der Natur als Mineralien auf. Gips verliert beim Erhitzen auf 180°C ¾ seines Kristallwassers. Ein Brei aus «gebranntem Gips» und Wasser erstarrt (exotherm) zu einer kompakten Masse aus ineinander verfilzten kleinen Kriställchen von $CaSO_4 \cdot 2\ H_2O$. In ähnlicher Weise können sich oberflächliche Anhydritlager in Gips verwandeln, wobei eine starke Volumenvermehrung eintritt (Schwierigkeit bei Tunnelbauten!).

Beim Erhitzen von Hydrogensulfaten entstehen *Pyrosulfat*-Anionen:

$$2 HSO_4^- \longrightarrow S_2O_7^{2-} + H_2O$$

Ihre konjugierte Säure, die *Pyroschwefelsäure* ($H_2S_2O_7$), entsteht durch Auflösen von SO_3 in konzentrierter Schwefelsäure und ist im *«Oleum»* vorhanden; das Pyrosulfat-Ion – in welchem zwei SO_3-Gruppen über eine O-Brücke verbunden sind – wird durch Wasser sofort zu Hydrogensulfat hydrolysiert.

Durch Oxidation von Sulfiten mit Mangan (IV)-oxid («Braunstein») kann man *Dithionate* erhalten, in welchen dem Schwefel die formale Oxidationszahl +V zugeschrieben werden muß, die also bezüglich der Oxidationsstufe zwischen Sulfiten (S^{+IV}) und Sulfaten (S^{+VI}) stehen:

$$2 SO_3^{2-} + MnO_2 + 4 H_3O^+ \longrightarrow Mn^{2+} + S_2O_6^{2-} + 6 H_2O$$

Es ist unvermeidlich, daß dabei gleichzeitig auch SO_4^{2-}-Ionen entstehen; man kann diese durch Ausfällung als $BaSO_4$ von der Lösung des Dithionats trennen ($Ba_2S_2O_6$ ist ziemlich leicht löslich).

Im Dithionat-Ion ist jedes S-Atom tetraedrisch von vier anderen Atomen umgeben:

$$\left[\begin{array}{c} O \\ O-S-S-O \\ O \quad\quad O \end{array} \right]^{2-}$$

Die konjugierte Säure *(«Dithionsäure», $H_2S_2O_6$)* ist eine mittelstarke Säure. In konzentrierteren Lösungen (über 30%) zerfällt sie in SO_2 und Schwefelsäure (Disproportionierung!). Dithionate sind überraschend stabil; ihre Lösungen zersetzen sich auch beim Erhitzen bis zum Siedepunkt nicht. Obschon sie Schwefel in einer sehr ungewöhnlichen (ungeraden!) Oxidationsstufe enthalten, wirken sie kaum reduzierend oder oxidierend, wahrscheinlich aus kinetischen Gründen.

Reduktion von Sulfiten in wäßrigen Lösungen (bei SO_2-Überschuß und mit Zink oder Natriumamalgam als Reduktionsmittel) ergibt *Dithionit*-Ionen ($S_2O_4^{2-}$; früher als *«Hyposulfit»* oder «Hydrosulfit» bezeichnet). In ihnen kommt dem Schwefel die formale Oxidationszahl + III zu. Lösungen von Dithioniten sind nicht sehr beständig; sie disproportionieren bereits beim Stehenlassen langsam in Thiosulfat und Hydrogensulfit. Noch unbeständiger ist die konjugierte Säure *(«Dithionige Säure»,* die ziemlich rasch in SO_2 und S disproportioniert. Dithionite sind *starke Reduktionsmittel* ($E^0_{S_2O_4^{2-}/SO_3^{2-}} = -1,4$ V); sie besitzen große Bedeutung für die Küpenfärberei (Reduktion der wasserunlöslichen Küpenfarbstoffe zu wasserlöslichen, auf der Faser aufziehenden Produkten, der «Küpe»).

Werden Lösungen von Sulfiten zusammen mit elementarem Schwefel erwärmt, so erhält man *Thiosulfate*:

$$S + SO_3^{2-} \longrightarrow S_2O_3^{2-}$$

Ihre konjugierte Säure, die *Thioschwefelsäure* ($H_2S_2O_3$) ist nicht beständig und kann nur unterhalb $-80\,°C$ als Ätherat erhalten werden; beim Ansäuern von Thiosulfatlösungen bilden sich statt der Thioschwefelsäure ihre Zerfallsprodukte Schwefel und SO_2. Im Thiosulfat-Ion besitzt das zentrale S-Atom – ebenso wie im Sulfat-Ion – die Koordinationszahl 4. Die schon früher postulierte Struktur

$$\left[\begin{array}{c} |\overline{O}| \\ |\overline{S}-S-\overline{O}| \\ |O| \end{array} \right]^{2-}$$

konnte durch Untersuchungen mit radioaktivem Schwefel als Tracer-Atom bestätigt werden. Wird nämlich markierter Schwefel (*S) mit Sulfit zusammen erhitzt und zersetzt man das gebildete Thiosulfat anschließend mit Säure, so wird der gesamte radioaktive Schwefel wieder frei (als S_8). Die beiden S-Atome im Thiosulfat-Anion sind also chemisch nicht gleichwertig. Das wichtigste Thiosulfat ist das Natriumsalz, $Na_2S_2O_3 \cdot 5\,H_2O$. Es wird als *«Fixiersalz»* beim photographischen Prozeß benutzt, da es mit Ag^+-Ionen einen leichtlöslichen Dithiosulfato-

komplex bildet und dadurch unbelichtetes Silbersalz aus der photographischen Schicht herauslösen kann. Thiosulfate sind Reduktionsmittel und vermögen z. B. Iod quantitativ und glatt zu
Iodid zu reduzieren, wobei sie selbst zu Tetrathionat oxidiert werden:

$$2 \; \begin{array}{c} |\overline{O} \\ |\overline{O} \end{array}\!\!> S <\!\!\begin{array}{c} \overline{O}|^{2-} \\ \overline{S}| \end{array} + I_2 \;\longrightarrow\; \begin{array}{c} |\overline{O} \\ |\overline{O} \end{array}\!\!> S <\!\!\begin{array}{c} \overline{O}| \\ \overline{S}\!-\!\overline{S} \end{array}\!\!> S <\!\!\begin{array}{c} \overline{O}|^{2-} \\ \overline{O}| \end{array} + 2\,I^-$$

$$(E^0_{S_2O_3^{2-}/S_4O_6^{2-}} = +0{,}08 \text{ V})$$

Auf dieser Reaktion beruht eine für die analytische Chemie wichtige Methode der Maßanalyse
(Iodometrie) : Um ein Oxidationsmittel quantitativ zu bestimmen, versetzt man es mit einem
Überschuß an Iodid; das durch Oxidation von I^- entstehende Iod (das eine zugesetzte Stärkelösung intensiv blau färbt) wird mit einer Standard-Thiosulfatlösung titriert, wobei der Endpunkt der Reaktion dadurch angezeigt wird, daß die blaue Farbe der Lösung schlagartig verschwindet.
In den *Polythionaten* – die als Derivate der Sulfane (H_2S_x) aufgefaßt werden können – zeigt
das S-Atom wiederum seine Tendenz zur Bildung kettenartiger Atomverbände $(O_3S-S_n-SO_3)^{2-}$.
Von den Polythionaten sind die Salze mit den Anionen von $n = 2$ bis 6 (Tetrathionate – Okto-
thionate) gut charakterisiert. Die den Anionen konjugierten Säuren sind sämtlich nicht stabil;
sie zerfallen schnell in Schwefel, SO_2 und manchmal auch SO_4^{2-}.

Schließlich müssen noch die beiden *Peroxysäuren* des Schwefels erwähnt werden: H_2SO_5
(Peroxymonoschwefelsäure; «Carosche Säure») und $H_2S_2O_8$ *(Peroxydischwefelsäure).*
Peroxydischwefelsäure, die in reiner Form bei Raumtemperatur farblose Kristalle vom Smp.
60°C bildet, kann aus ihren Salzen erhalten werden; das Peroxydisulfat-Anion bildet sich bei
der Elektrolyse mäßig konzentrierter Schwefelsäure oder von konzentrierten Sulfatlösungen bei
hoher Anodenstromdichte:

$$SO_4^{2-} + SO_4^{2-} \;\longrightarrow\; S_2O_8^{2-} + 2\,e^-$$

Peroxydisulfate sind starke Oxidationsmittel $(E^0_{SO_4^{2-}/S_2O_8^{2-}} = +2{,}05 \text{ V})$. Auch Peroxymonoschwefelsäure (eine feste, bei 45°C schmelzende Substanz) wird als Oxidationsmittel verwendet.

Zum Schluß sollen auch hier die *Normalpotentiale* der wichtigsten Redoxsysteme zusammengefaßt werden:

in sauren Lösungen:

$$\mathrm{H_2S} \xrightarrow{+0{,}17} \mathrm{S} \xrightarrow{+0{,}50} \mathrm{S_2O_3^{2-}} \xrightarrow{+0{,}40} \mathrm{SO_2(aq)} \xrightarrow{+0{,}14} \mathrm{SO_4^{2-}}$$

mit den Zweigen: $+0{,}45$ (S bis SO_2), $+0{,}08$ und $+0{,}51$ über $S_4O_6^{2-}$.

in basischen Lösungen:

$$S^{2-} \underset{}{\overset{-0,51}{\rule{2cm}{0.4pt}}} S \overset{-0,74}{\rule{2cm}{0.4pt}} S_2O_3^{2-} \overset{-0,58}{\rule{2cm}{0.4pt}} SO_3^{2-} \overset{-0,90}{\rule{2cm}{0.4pt}} SO_4^{2-}$$

$$-0,59$$

Aus diesen Zusammenstellungen geht hervor, daß SO_4^{2-}-Ionen sowohl in saurer Lösung (*p*H ungefähr 0) wie in stark alkalischen Lösungen (*p*H um 14) sehr wenig oxidierend wirken (Gegensatz zum ClO_4^--Ion!). Wäßrige Lösungen von SO_2 wirken oxidierend, werden aber selbst leicht zu SO_4^{2-} oxidiert (reduzierende Wirkung von S^{+IV}!). Thiosulfat wird durch alle Oxidationsmittel mit einem Redoxpotential > 0,08 V zu Tetrathionat oxidiert; das $S_2O_3^{2-}$-Ion ist aber in sauren Lösungen bezüglich einer Disproportionierung in S^0 und S^{+IV} instabil. In stark alkalischen Lösungen hingegen ist das $S_2O_3^{2-}$-Ion auch gegenüber Disproportionierung stabil.

Selendioxid (SeO_2) löst sich im Wasser unter Bildung «*seleniger Säure*», H_2SeO_3, die relativ beständig ist und durch Eindunsten der Lösung im Vakuum in Form farbloser, zerfließlicher Kristalle erhalten werden kann. Sie ist schwächer sauer als SO_2-Lösungen vergleichbarer Konzentration und wirkt viel weniger stark reduzierend als SO_2-Lösungen. H_2S und Iodide werden durch Lösungen von SeO_2 sogar oxidiert.
Die Oxidation der selenigen Säure zur *Selensäure* (H_2SeO_4) gelingt nur mit starken Oxidationsmitteln oder an der Anode bei der Elektrolyse. Selensäure wirkt viel stärker oxidierend als Schwefelsäure und ist – obwohl schwächer sauer als Schwefelsäure – ebenfalls eine starke Säure.
Auch von Tellur sind zwei Säuren bekannt: die sehr schwache, wenig stabile «*tellurige Säure*» H_2TeO_3 und die ebenfalls sehr schwache, in fester, kristalliner Form bekannte *Orthotellursäure* (H_6TeO_6).

14.4 Beziehungen innerhalb der Gruppe der Chalkogene

Wie schon bei den Halogenen nimmt auch hier das erste Element, Sauerstoff, eine Sonderstellung ein. Als Folge des kleinen Atom- bzw. Ionenradius ist das O-Atom viel stärker elektronegativ und das O^{2-}-Ion viel weniger polarisierbar als die Atome (Ionen) der übrigen Elemente der Gruppe. Bindungen mit Sauerstoffatomen sind daher meist stark polar, wobei das O-Atom negativ polarisiert ist (außer in den Sauerstofffluoriden!). Oxide von Metallen sind ausgeprägter salzartig als die Sulfide, Selenide oder gar Telluride der entsprechenden Metalle. In kovalenten Verbindungen ist Sauerstoff gewöhnlich zwei-, seltener dreibindig; die übrigen Elemente zeigen am häufigsten Koordinationszahlen von 4 oder gar 6. Mit steigender Ordnungszahl nimmt die Tendenz zur Bildung von Doppelbindungen sehr stark ab; S-Atome zeigen – hierin ganz ähnlich wie Kohlenstoff, mit dem sie auch in der Elektronegativität übereinstimmen! – eine auffallende Tendenz zur Bildung von Ketten.
Ebenso wie die Elektronegativität vom O zum Te abnimmt, nimmt auch die thermodynamische Stabilität der H-Verbindungen und der Verbindungen, in denen das Chalkogen in der Oxidationsstufe + VI vorkommt, ab. Der Metallcharakter dagegen nimmt sehr deutlich zu: *Tellur* und *Polonium* treten bereits als *Kationen* in Salzen auf: TeO_2, $TeSO_4$, $Po(SO_4)_2$.

Übungen

14.1 Erklären Sie das Prinzip des Linde-Verfahrens. Was für ein Effekt wird hier ausgenützt?

14.2 Wie gewinnt man Ozon? Welches sind die Eigenschaften von Ozon?

14.3 Versuchen Sie zu erklären, warum S_2-Moleküle bei Raumtemperatur instabil sind.

14.4 Welche Veränderungen spielen sich beim Erhitzen von Schwefel ab? Wie sind sie zu erklären?

14.5 Was sind Sperrschicht-Gleichrichter?

14.6 Beschreiben Sie die Strukturen von festem Schwefel, festem Selen und festem Tellur.

14.7 Vergleichen Sie die Oxide der Erdalkalimetalle mit Eisen(II)-oxid und anderen Oxiden der Übergangselemente bezüglich ihrer Eigenschaften.

14.8 Wie sind die «abnormen» Eigenschaften des Wassers zu erklären?

14.9 Wie reagieren H_2O_2 und $KMnO_4$-Lösung, H_2O_2 und angesäuerte KI- bzw. KBr-Lösung, H_2O_2 und $FeCl_2$-Lösung miteinander?

14.10 Warum wird die Disproportionierung von H_2O_2 in H_2O und O_2 von sehr vielen Substanzen katalysiert? Geben Sie Beispiele der katalytischen Wirkung!

14.11 Wie ist die Wirkung von H_2O_2- und Fe(II)-haltigen Gemischen als Starter der Olefinpolymerisation zu erklären?

14.12 Welche praktische Bedeutung besitzen die Hyperoxide?

14.13 Wie reagiert Al_2S_3 mit Wasser?

14.14 Wie groß ist das maximale Löslichkeitsprodukt eines Sulfids, das durch eine gesättigte Lösung von H_2S (0,1-M) bei pH 1, in einem Acetatpuffer vom pH 4,75 und in einem äquimolaren Ammoniakpuffer gerade noch ausgefällt werden kann (Konzentration der Metallionen = 0,1 mol/l).

14.15 Warum kann man in der Technik SO_3 nicht durch direkte Oxidation von Schwefel gewinnen?

14.16 Formulieren Sie die Gleichungen folgender Reaktionen:

$NaHSO_3$ aq   + konz. HNO_3
$NaHSO_3$ aq   + $FeCl_3$ aq
$Na_2S_2O_4$ aq   + $KMnO_4$ aq
$Na_2S_2O_3$ aq   + verdünnte Salzsäure
Cu + H_2SO_4 (konz.)

14.17 Welche Substanzen lassen sich durch Iodometrie quantitativ bestimmen? Erklären Sie das Prinzip! Warum sind stark saure Lösungen für iodometrische Titrationen nicht geeignet?

14.18 Zeigen Sie an verschiedenen Beispielen die Tendenz des S-Atoms zur Bildung kettenartiger Atomverbände!

14.19 Welche der folgenden Partikeln bzw. Substanzen werden in wäßriger Lösung durch SO_2 reduziert (pH etwa 0): I_2, Fe^{3+}, ClO_4^-, H_3PO_3, Cr^{3+}, H_2O_2, Ag^+, Mn^{2+}, MnO_2

14.20 Durch welche Reaktionsfolge könnte man $Na_2S_2O_3$ bzw. $H_2S_2O_8$ aus den Elementen gewinnen?

14.21 Zum Nachweis des SO_4^{2-}-Ions verwendet man die Bildung von (auch in starken Säuren) schwerlöslichem $BaSO_4$ bei Zusatz von Ba^{2+}. Warum gibt gewöhnlich auch eine Sulfit-Lösung eine positive Reaktion bei dieser Prüfung? Wie könnte man in einer Lösung SO_3^{2-} und SO_4^{2-} eindeutig nebeneinander nachweisen?

14.22 Diskutieren Sie die Elektronenkonfiguration von CO_2, SO_2 und SO_3.

Literatur

F. A. Cotton und G. Wilkinson *Anorganische Chemie.* Verlag Chemie, Weinheim 1972 (Kapitel 14 und 15)

M. Herberhold Die Geschichte vom «Polywasser». *Chemie in unserer Zeit 5* (1971) 154

A. F. Holleman und E. Wiberg *Lehrbuch der Anorganischen Chemie.* De Gruyter, Berlin 1964 (Kapitel V und X)

W. L. Jolly *The Chemistry of the Non-Metals.* Foundations of Modern Chemistry Series. Prentice-Hall, Englewood Cliffs 1966

M. Schmidt Schwefel — was ist das eigentlich? *Chemie in unserer Zeit 7* (1973) 11

15 Die Elemente der Gruppe V

Innerhalb dieser Gruppe herrscht eine noch größere strukturelle Vielfalt als bei den Chalkogenen, sowohl bei den Elementen als auch bei den Verbindungen. Erwartungsgemäß nimmt der Metallcharakter auch hier mit zunehmender Ordnungszahl zu und besitzt Stickstoff – das erste Element – eine gewisse Sonderstellung.

15.1 Die Elemente

Stickstoff. Stickstoff ist – ebenso wie Sauerstoff bei den Elementen der VI. Gruppe – das einzige bei Raumtemperatur gasförmige Element der Gruppe (Smp. $-210\,°C$, Sdp. $-196\,°C$). Das N_2-Molekül kann in der Sprache des MO-Modelles folgendermaßen beschrieben werden: $K\,K\,\sigma^2\,2s\,\sigma^{*2}\,2s\,(\pi\,2p_y\,\pi\,2p_z)^4\,\sigma^2\,2p_x$; es sind also 2 bindende und ein antibindendes σ-MO sowie zwei π-MO besetzt, was insgesamt einer Dreifachbindung entspricht. Diese $N{\equiv}N$-Bindung besitzt eine ganz ungewöhnlich *hohe Dissoziationsenergie*, was sich nicht nur auf die Eigenschaften des Elementes selbst auswirkt (extreme Reaktionsträgheit!) [1], sondern weiterhin zur Folge hat, daß Reaktionen, bei denen gasförmiger Stickstoff entsteht, in der Regel stark exotherm verlaufen. Von Interesse ist ein Vergleich der Bindungsenthalpien von Bindungen zwischen N- und zwischen C-Atomen:

C—C	348 kJ/mol	N—N	159 kJ/mol
C=C	594 kJ/mol	N=N	418 kJ/mol
C≡C	778 kJ/mol	N≡N	945 kJ/mol

Verglichen mit der sehr großen Bindungsenthalpie der $N{\equiv}N$-Dreifachbindung ist z. B. die Bindungsenthalpie der N—N-Einfachbindung auffallend klein.

Stickstoff tritt in elementarer Form in der *Atmosphäre* auf (78,09 Vol.-%) und wird in großer Menge durch Fraktionierung von flüssiger Luft gewonnen. Die wichtigste, mineralisch vorkommende Stickstoffverbindung ist Chilesalpeter ($NaNO_3$). Gewisse Silicate enthalten N als NH_4^+-Ion. Reinsten (spektroskopisch reinen) Stickstoff erhält man durch thermische Zersetzung von Natrium- oder Bariumazid. Natürlicher Stickstoff besteht aus den Isotopen ^{14}N und ^{15}N im Atomverhältnis 272 : 1. Das Nuclid ^{15}N wird oft als Tracer-Atom verwendet; es ist nicht radioaktiv.

---

[1] Die große Reaktionsträgheit von N_2 beruht teils auf thermodynamischen, teils auf kinetischen Gründen. Wegen der großen Dissoziationsenergie des N_2-Moleküls bilden sich viele N-Verbindungen (vor allem die Oxide) endergonisch (diese sind also bezüglich N_2 und O_2 thermodynamisch instabil); die bekannte Reaktionsträgheit von N_2 gegenüber H_2 ist jedoch ein kinetischer Effekt (ΔG_f^0 von $NH_3 = -16{,}44$ kJ/mol). Die einzigen mit elementarem Stickstoff bei Raumtemperatur möglichen Reaktionen sind die Bildung von Lithiumnitrid (Li_3N), die Bildung gewisser Komplexe mit Übergangsmetallen (vgl. S. 671) und die Bindung des Luftstickstoffs und seine anschließende Überführung in Aminosäuren durch die Bakterien der Wurzelknöllchen von Leguminosen und durch gewisse Cyanophyceen. Wahrscheinlich beruht hier die Stickstoffbindung auch auf einer Komplexbildung mit Enzymen, welche Schwermetalle als aktive Zentren enthalten. Oberhalb 500 °C reagiert jedoch Stickstoff ziemlich leicht mit einer Reihe von Elementen, vorzugsweise Metallen.

Tabelle 15.1. Physikalische Eigenschaften der Elemente der Gruppe V

	Stickstoff	Phosphor	Arsen	Antimon	Wismut
Aussehen	farbloses Gas	verschiedene feste Modifikationen; am bekanntesten P_{weiss} (P_4) und P_{rot} (amorph)	verschiedene feste Modifikationen; graue Form stabil, gelbe Form (As_4) instabil. As_{grau} ist ein Halbleiter!	verschiedene feste Modifikationen; graue (metallische) Form stabil, gelbe Form (Sb_4) instabil	Metall
Schmelzpunkt (°C)	– 210	44,1[1] ≈ 600[2]	subl.	631	271
Siedepunkt (°C)	– 195,8	280[1]	Sblp. 633	1380	1500
Dichte (g cm^{-3})	0,808[3]	1,82[1]	5,77	6,69	9,80
EN	3,0	2,1	2,0	1,9	1,9
Atomradius (pm)	70	110	121	141	146
E^0 (V)	+ 1,25 (zu NO_3^-)	– 0,50 (zu H_3PO_3)	+ 0,23 (zu As_4O_6)	+ 0,21 (zu SbO^+)	+ 0,32 (zu BiO^+)
Bildungsenthalpie XH_3 (kJ/mol)	– 45,6	+ 5,4	+ 66,5	+ 142	–

[1] gelbe Form [2] violette Form [3] bei −195,8 °C
Die Angaben für As und Sb beziehen sich auf die stabile (graue bzw. metallische) Form

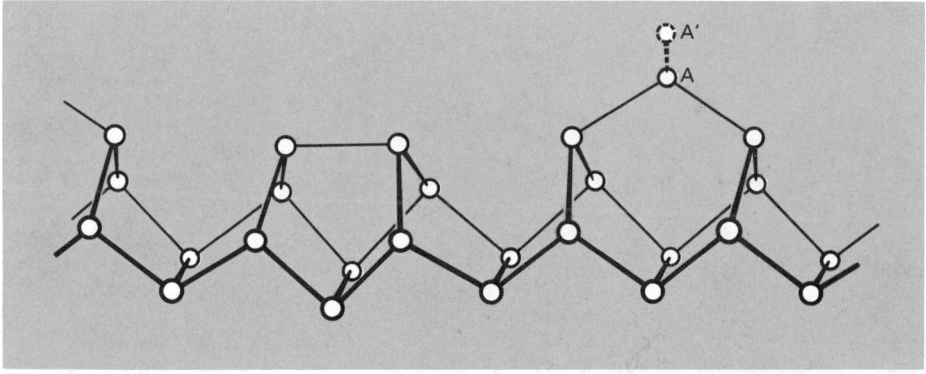

Abb. 15.1. Ausschnitt aus der Kristallstruktur von violettem Phosphor. Die Atome bilden eine «Röhre» mit fünfeckigem Querschnitt (in der Abb. von links nach rechts verlaufend). Über die Atome A werden im Kristall senkrecht aufeinanderstehende «Röhren» miteinander verbunden

Phosphor existiert – im Gegensatz zum Stickstoff – in verschiedenen Modifikationen, die sich durch ihre Eigenschaften stark unterscheiden. Die bekannte *weiße* Modifikation entsteht durch Kondensation von P-Dampf (Smp. 44,1°C, Sdp. 280,5°C, löslich in Äther, Benzol, Kohlenstoffdisulfid). Wegen der sehr leichten Oxidierbarkeit (die zur Selbstentzündung führt; eine Folge der niedrigen Entzündungstemperatur) muß weißer Phosphor unter Wasser aufbewahrt werden. Bei der langsamen Oxidation bildet sich ein Rauch von Phosphor (V)-oxid (P_4O_{10}), und man beobachtet im Dunkeln ein fahles Leuchten. Trotz mehrerer Untersuchungen ist der Mechanismus dieser Oxidation noch keineswegs aufgeklärt; das auffallende Leuchten (das auch bei der langsamen Oxidation von Phosphor (III)-oxid, P_4O_6, beobachtet werden kann) ist wahrscheinlich auf ein vorübergehendes Auftreten angeregter PO-Moleküle zurückzuführen. Weißer Phosphor enthält P_4-*Moleküle,* in welchen die vier P-Atome tetraedrisch angeordnet sind und jedes Atom durch Einfachbindungen mit drei anderen Atomen verbunden ist. Die Dissoziationsenergie einer P–P-Einfachbindung ist zwar beträchtlich höher als die Dissoziationsenergie der N—N-Bindung (214,6 kJ/mol), aber der abnormal kleine Bindungswinkel von 60° (der zur Folge hat, daß das P_4-Molekül unter starker Spannung steht) bewirkt zusammen mit der nicht allzu hohen Dissoziationsenergie die große Reaktionsfähigkeit und gleichzeitig auch den instabilen (bzw. metastabilen) Charakter des weißen Phosphors. Er wandelt sich nämlich beim Stehenlassen am Licht von selbst allmählich in *roten Phosphor* um. Die mehr oder weniger festen, oft schleimigen Produkte dieser Umwandlung sind amorph und sehr schlecht charakterisiert. Sicher enthalten sie keine P_4-Tetraeder mehr, sondern wahrscheinlich Ketten aus mehreren bis vielen P-Atomen. Auch der gewöhnliche, handelsübliche «rote» Phosphor ist nur schlecht kristallin geordnet; weil er aber keine diskreten Moleküle enthält, ist er weniger flüchtig, weniger löslich und reaktionsträger als die weiße Form. Durch längeres Erhitzen auf 400°C kann man eine kristalline Modifikation des roten Phosphors erhalten («*violetter*» oder «Hittorfscher» Phosphor), der bis zum Schmelzpunkt von etwa 620°C stabil bleibt. Violetter Phosphor besitzt eine sehr komplizierte Schichtstruktur, deren Bauelemente Ketten von P-Atomen sind, die röhrenartige Strukturelemente bilden, und in welchen P_8-und P_9-Gruppen auftreten (die P_8-Gruppe entspricht in ihrem Bau dem As_4S_4-Molekül; vgl. Abb. 14.12 S. 476 und Abb. 15.1). Sowohl der übliche rote wie der violette Phosphor lassen sich nicht direkt in weißen verwandeln; dieser entsteht vielmehr durch Abkühlen von P-Dampf.

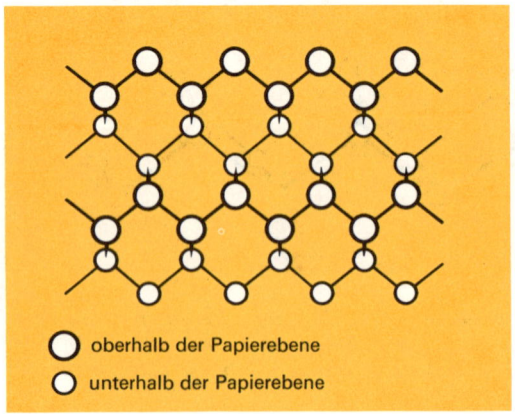

○ oberhalb der Papierebene
○ unterhalb der Papierebene

Abb. 15. 2. Schichtenstruktur des schwarzen Phosphors

Eine dritte, *schwarze Form* des Elementes läßt sich katalytisch (Erhitzen mit Quecksilber) oder unter hohem Druck aus weißem Phosphor erhalten. Sie ist bei Zimmertemperatur (und bis 400°C) thermodynamisch stabil und besitzt ebenfalls eine Schichtstruktur, in welche Doppelschichten aus P-Atomen auftreten, wobei jedes P-Atom mit drei anderen Atomen verbunden ist (Abb. 15.2). Die an jedem P-Atom noch vorhandenen nichtbindenden Elektronenpaare sind teilweise delokalisiert, was die elektrische Leitfähigkeit des schwarzen Phosphors erklärt.

Natürlicher Phosphor ist ein Reinelement. Das Nuclid ^{31}P besitzt einen Kernspin von $+ \frac{1}{2}$ und ist deshalb für NMR-Untersuchungen geeignet. Radioaktiver Phosphor (^{32}P), ein β-Strahler mit einer Halbwertszeit von 14,3 Tagen, entsteht in Kernreaktoren und wird als Tracer-Atom zur Untersuchung von Reaktionsmechanismen und insbesondere von biologischen Prozessen viel verwendet. – Weißer Phosphor ist sehr *giftig* und verursacht Knochen-Nekrosen; 0,1 g, in den Magen gebracht, wirken tödlich. (Gegengift: 0,2% $CuSO_4$-Lösung).

Die wichtigsten *Phosphormineralien* sind Phosphorit [$Ca_3(PO_4)_2$] und Apatit (ein chlor- und fluorhaltiges Calciumphosphat komplizierter Zusammensetzung). Manche Eisenerze enthalten beträchtliche Mengen Phosphat, die bei der Eisenerzeugung als «Thomasmehl» ein wertvolles Nebenprodukt bilden. Verbindungen der Phosphorsäure sind wichtige Bestandteile pflanzlicher und tierischer Organismen (Eiweiß, Knochensubstanz, Nervensubstanz; Nucleinsäuren in den Zellkernen); Phosphate sind daher wichtige Düngemittel. Tierische und menschliche Exkremente sind reich an Phosphat (Gewässer-«Düngung» – d.h. Gewässerverschmutzung durch phosphathaltige Abwässer). Zur Gewinnung von elementarem Phosphor – der in seiner roten Form in großen Mengen in der Zündholzindustrie verbraucht wird (Reibflächen für Zündhölzer!) – wird Phosphorit in Gegenwart von SiO_2 mit Kohle reduziert (Heizung durch elektrischen Lichtbogen; das SiO_2 bildet dabei Calciumsilicat, welches als Schlacke entfernt werden kann).

Arsen und **Antimon** kommen ebenfalls in drei Modifikationen vor, während von **Wismut** nur eine einzige Form bekannt ist. Die gelbe Form von Arsen bzw. Antimon enthalten As_4- (Sb_4-) Moleküle und sind dem weißen Phosphor analog; sie sind wie dieser thermodynamisch instabil. Die grauen, metallischen Modifikationen von Arsen und Antimon entsprechen dem schwarzen Phosphor und sind dem metallischen Wismut isomorph. Sie besitzen alle Schichtenstrukturen von relativ hoher Dichte und zeigen relativ gute elektrische Leitfähigkeit (Arsen ist ein Halbleiter!). Von Arsen und Antimon kennt man auch instabile schwarze Modifikationen. Elementares Wismut zeigt ähnlich wie Eis beim Schmelzen eine Volumenkontraktion, eine Folge der relativ lockeren Kristallstruktur.

Arsen findet man in der Natur sowohl elementar (als «Scherbenkobalt») wie auch in Verbindungen und zwar (anionisch) in Metallarseniden oder (kationisch) in Arsensulfiden. Beispiele von *Arsenmineralien* sind Arsenkies (FeAsS), Löllingit ($FeAs_2$), Rotnickelkies (NiAs), Realgar (As_4S_4) und Auripigment (As_4S_6). Es wird durch Erhitzen von Arsenkies unter Luftabschluß gewonnen; das Arsen sublimiert dabei weg, und Eisensulfid verbleibt als Rückstand.

Auch Antimon tritt in der Natur sowohl elementar wie auch in Metallantimoniden und Antimonsulfiden auf. Das verbreitetste *Antimonerz* ist der Grauspießglanz (Sb_2S_3), aus dem man das Metall durch Rösten und anschließende Reduktion mit Kohle gewinnt. Metallisches Antimon wird für bestimmte Legierungen verwendet (Härten von Pb, Sn).

Die wichtigsten *Wismuterze* sind Wismutglanz (Bi_2S_3) und Wismutocker (Bi_2O_3). In elementarer Form ist das Metall selten.

15.2   Stickstoffverbindungen

Die **Nitride,** d. h. die binären Verbindungen, in welchen Stickstoff der stärker elektronegative Partner ist, können in drei Gruppen unterteilt werden:

Salzartige Nitride werden von Lithium und den Erdalkalimetallen gebildet. Sie entstehen durch direkte Reaktion der beiden Elemente und enthalten N^{3-}-Ionen. Mit Wasser ergeben sie Ammoniak und das entsprechende Metallhydroxid (das N^{3-}-Ion ist eine noch stärkere Base als das O^{2-}-Ion):

$$Li_3N + 3 H_2O \longrightarrow 3 LiOH + NH_3$$

Von den *kovalenten Nitriden* sind die Nitride der Elemente der Gruppe III (BN, AlN u. a.) sehr schwerflüchtig und kristallisieren in Strukturen, die den beiden Strukturen von Kohlenstoff völlig isotyp sind. So tritt z. B. Bornitrid sowohl in einer der Graphitstruktur (S. 517) analogen Gitterstruktur wie auch in der Diamantstruktur auf; die letztgenannte Modifikation entspricht dem Diamanten auch in ihrer extremen Härte. Unter den verschiedenen flüchtigen (ebenfalls kovalenten) Nitriden, die als Moleküle auftreten, müssen S_4N_4 (S. 476) und die Phosphornitride (S. 510) erwähnt werden.

Die Übergangsmetalle schließlich bilden zahlreiche *« interstitielle »* Nitride, bei welchen N-Atome Hohlräume in den dichtesten Kugelpackungen der Metallgitter besetzen. Diese Verbindungen sind nicht immer stöchiometrisch zusammengesetzt und besitzen metallähnliche Eigenschaften (hohe Schmelzpunkte, große Härte und elektrische Leitfähigkeit). Auf der Bildung von Eisennitrid beruht ein Verfahren zum oberflächlichen Härten von Stahl.

Wasserstoffverbindungen. Die wichtigste Verbindung von Stickstoff mit Wasserstoff und eine der wichtigsten Stickstoffverbindungen überhaupt ist **Ammoniak** (NH_3). Es ist ein charakteristisch riechendes, farbloses, giftiges Gas (Smp. $-77\,°C$, Sdp. $-33,5\,°C$), dessen Molekül pyramidal gebaut ist. Bemerkenswert ist, daß im gasförmigen und flüssigen Ammoniak das N-Atom dauernd durch die Ebene der drei H-Atome in die entgegengesetzte Lage und wieder zurückschwingt (Schwingungsfrequenz etwa $2,4 \cdot 10^{10} \cdot sec^{-1}$!). Nur im festen Zustand tritt diese «Inversionsschwingung» nicht auf, weil das einsame Elektronenpaar des N-Atoms an H-Brücken zu Atomen anderer Moleküle beteiligt ist und das N-Atom darum in seiner Lage fixiert wird.

Ammoniak entsteht bei der Fäulnis stickstoffhaltiger organischer Verbindungen (Eiweiß, Harnstoff); gewisse Planeten (Jupiter) haben eine Atmosphäre, die neben anderen Hydriden Ammoniak enthält. Ammoniak bildet das Ausgangsmaterial für die Gewinnung der meisten anderen Stickstoffverbindungen. Man erhält es als Nebenprodukt bei der trockenen Destillation der Steinkohle («Kokerei») oder durch *Synthese* aus Luftstickstoff und Wasserstoff:

$$N_2 + 3 H_2 \rightleftharpoons 2 NH_3 \quad \Delta H_f^0 = -45,6 \text{ kJ/mol} \quad \Delta G_f^0 = -16,4 \text{ kJ/mol}$$

Das bei Zimmertemperatur praktisch völlig auf der Seite von Ammoniak liegende Gleichgewicht wird durch Erwärmen stark nach links verschoben (Prinzip von Le Chatelier). Bei tiefen Temperaturen ist jedoch die Reaktionsträgheit des Stickstoffes zu groß, d. h. die Reaktionsgeschwindigkeit ist äußerst klein. Katalysatoren wirken erst ab $400\,°C$ genügend stark beschleunigend, so daß man praktisch bei Temperaturen von $400–500\,°C$ arbeiten muß. Die dann sehr kleinen Ausbeuten (bei $500\,°C$ und 1 bar Druck befinden sich nur 0,1 Vol.-% Ammoniak mit Stickstoff und Wasserstoff im Gleichgewicht, siehe Abb. 15.3) lassen sich durch hohe Drucke (mindestens 200 bar) beträchtlich steigern. Da aus einem Raumteil Stickstoff und drei Raumteilen Wasserstoff nur zwei Raumteile Ammoniak entstehen, muß nach dem Prinzip von Le Chatelier hoher Druck die Bildung von Ammoniak (kleineres Volumen!) begünstigen.

Das *Ammoniakgleichgewicht* wurde von Haber untersucht (1905–1910) und die Ergebnisse anschließend von Bosch in die Technik übertragen (Badische Anilin- und Soda-Fabrik, Ludwigshafen am Rhein). Beim ursprünglichen «Haber-Bosch-Verfahren» wird die Synthese bei 500 °C und 200 bar in 12 m hohen Stahlrohren durchgeführt, welche hochreines Eisen mit etwas Aluminium- und Alkalihydroxid als Katalysator enthalten. Unter den Bedingungen der Ammoniaksynthese wird aber der Kohlenstoff des Stahls durch Wasserstoff in Form gasförmiger Kohlenwasserstoffverbindungen aus dem Metall herausgelöst, so daß dieses spröde wird und den Druck nur kurze Zeit aushalten kann. Man mußte deshalb die Druckrohre innen mit einem Mantel aus kohlenstoffarmen Weicheisen versehen. Die erforderliche Temperatur wird zunächst im Inneren der Reaktionsrohre durch Heizdrähte erzeugt; ist die Reaktion einmal im Gang, so hält die Reaktionswärme das Gasgemisch von selbst auf der nötigen Temperatur.

Den für die Ammoniaksynthese benötigten Wasserstoff gewinnt man aus Wasser oder Kohlenwasserstoffen (vgl. S. 432).

Andere Verfahren unterscheiden sich vom Haber-Bosch-Prozeß durch andere Temperaturen oder Drucke. Die Lonza-Werke verwenden z.B. 750 bar und 500 °C (Verfahren von Casale); ein weiteres Verfahren arbeitet sogar bei Drucken von 1000 bar. Die Ammoniaksynthese hat

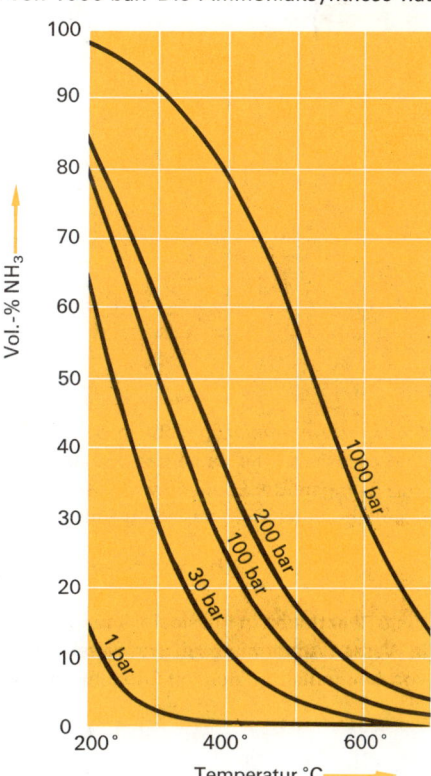

Abb. 15.3. Menge Ammoniak im Ammoniakgleichgewicht in Abhängigkeit von Temperatur und Druck

sehr große wirtschaftliche Bedeutung; sie bildet – gemessen an der Menge der erzeugten Produkte (etwa 100 Mill. t/Jahr) – einen der wichtigsten technischen Prozesse überhaupt. Die Überführung von Stickstoff in Ammoniak ist heute die einzige Möglichkeit von Bedeutung, mit welcher man die große Reaktionsträgheit des elementaren Stickstoffes überwinden kann, und nur über den «Umweg» über Ammoniak lassen sich aus Luftstickstoff *Stickstoffdünger* gewinnen. Es ist wohl nicht zu viel gesagt, wenn man feststellt, daß ohne die Entwicklung der Ammoniaksynthese die Menschheit wohl bereits zum größeren Teil verhungert wäre.

Die Erforschung des *Mechanismus* der Ammoniaksynthese gelang erst in den Jahren 1959/60. Stickstoff- und Wasserstoffmoleküle werden an der Oberfläche des Katalysators adsorbiert (die Geschwindigkeit, mit der die N_2-Moleküle gebunden werden, bestimmt in erster Linie die Reaktionsgeschwindigkeit; diese ist hier also unabhängig von den Konzentrationen!), und über verschiedene instabile Zwischenstufen entstehen die Ammoniakmoleküle:

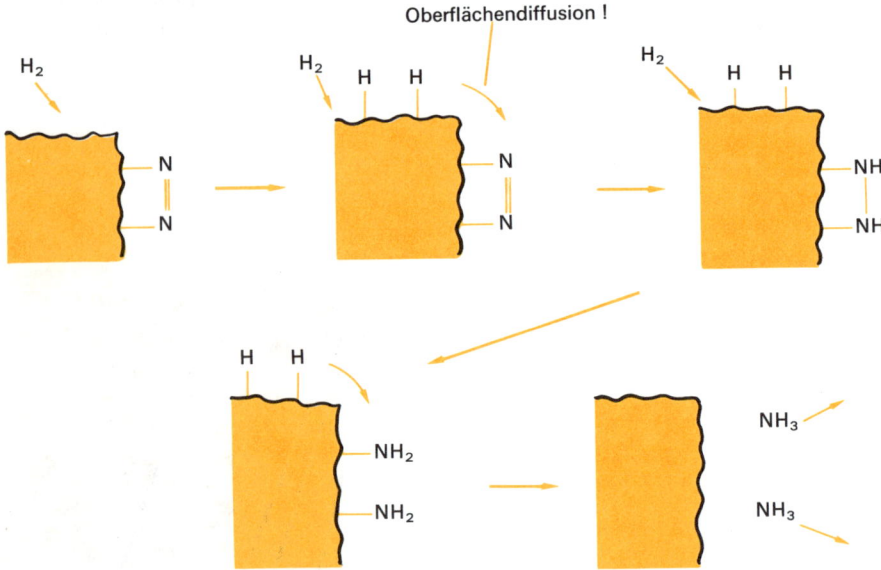

Flüssiges Ammoniak gleicht in seinem physikalischen Verhalten dem Wasser; die Moleküle sind assoziiert, und es ist dank seiner Polarität (Dielektrizitätskonstante = 17) ein recht gutes Salzlösungsmittel. Ebenso wie Wasser zeigt es eine Autoprotolyse; das Gleichgewicht liegt allerdings noch viel stärker links als beim Wasser:

$$NH_3 + NH_3 \rightleftharpoons NH_4^+ + NH_2^- \qquad pK = 33 \text{ (bei } -35\,°C)$$

Viele Reaktionen in flüssigem Ammoniak verlaufen ähnlich wie die entsprechenden Reaktionen in Wasser. Ammoniumsalze reagieren z. B. mit Amiden (die NH_2^--Ionen enthalten) unter Bildung von Ammoniak, analog der Entstehung von Wasser bei der Neutralisation einer starken Säure:

$$NH_4^+ + NH_2^- \longrightarrow 2\,NH_3$$
$$OH_3^+ + OH^- \longrightarrow 2\,H_2O$$

Der verglichen mit Wasser stärker basische Charakter von Ammoniak zeigt sich darin, daß viele Molekülsäuren, welche in Wasser nur in einem kleinem Ausmaß Ionen bilden, in flüssigem Ammoniak «starke» Säuren sind (d.h. nahezu vollständig ionisiert sind). Unedle Metalle (Natrium) reagieren mit Ammoniak (unter der katalytischen Wirkung von Fe^{3+}-Ionen) wie mit Wasser unter Bildung von Wasserstoff:

$$2\ Na + 2\ NH_3 \xrightarrow{(Fe^{3+})} 2\ NaNH_2 + H_2$$

Na-amid
Salz

$$2\ Na + 2\ OH_2 \longrightarrow 2\ NaOH + H_2$$

Na-hydroxid
Salz

Schließlich neigt Ammoniak ähnlich wie Wasser stark zur *Komplexbildung* mit Metall-Ionen. Die «Ammin-Komplexe» sind aber im allgemeinen wesentlich stabiler als die Hydrate («Aquo-Komplexe»). Offenbar treten die Elektronen des Metall-Ions und das freie Elektronenpaar des NH_3-Moleküls in eine wesentlich engere gegenseitige Wechselwirkung.

Ammoniak ist in Wasser sehr gut löslich (1 Liter Wasser löst bei 15°C 727 Liter Ammoniak). Entsprechend dem sich einstellenden Protolysengleichgewicht reagiert die Lösung alkalisch (*p*H 10 bis 11):

$$NH_3 + H_2O \rightleftarrows NH_4^+ + OH^-$$

Aus einer solchen Lösung lassen sich zwei stabile *Hydrate* isolieren ($NH_3 \cdot H_2O$ und $2\ NH_3 \cdot H_2O$), die aber weder NH_4^+- und OH^--Ionen noch NH_4OH-Moleküle enthalten; die NH_3- und H_2O-Moleküle sind darin vielmehr durch H-Brücken aneinander gebunden. Eine Substanz der Formel NH_4OH – die von der Arrhenius-Theorie postuliert wurde – existiert mit Sicherheit nicht.

Ammoniak kann relativ leicht *oxidiert* werden. Seine Verbrennung liefert allerdings nicht so viel Wärme, daß das Gas an der Luft selbständig brennen kann; nur bei ständigem Erwärmen (oder in reinem Sauerstoff) verbrennt es mit rötlicher oder gelber Flamme zu Wasser und Stickstoff. Ammoniak/Sauerstoff-Gemische können aber unter Umständen heftig explodieren. Die katalytische Oxidation von Ammoniak führt zu Stickstoffoxiden (S. 495).

Die *Ammoniumsalze* verhalten sich in mancher Beziehung ähnlich wie die Kalium- oder Rubidiumsalze, so z.B. in bezug auf Löslichkeit, Kristallform u.a. (ähnliche Ionenradien der Kationen: K^+ 133 pm, Rb^+ 148 pm; NH_4^+ 143 pm). Das Ammonium-Ion ist viel weniger stark sauer als das Hydronium-Ion; während nur die allerstärksten Säuren (deren konjugierte Basen äußerst schwach basisch sind) kristallisierte Hydroniumsalze bilden können (z.B. H_3OClO_4), kennt man Ammoniumsalze auch von vielen schwächeren Säuren. Ammoniumsalze von Anionen von ausgeprägt basischem Charakter sind hingegen ebenfalls unbeständig. Beim Erhitzen zerfallen alle Ammoniumsalze in Ammoniak und Säure (Umkehrung der Bildung!). Da sich an kälteren Stellen des Gefässes wieder Ammoniumsalz niederschlägt, scheint das Salz zu sublimieren; in Wirklichkeit bildet jedoch die Dampfphase ein Gemisch von Ammoniak und Säure:

$$NH_3 + HX \rightleftarrows NH_4^+X^-$$

Die «Sublimationstemperatur» ist um so tiefer, je stärker basisch das Anion ist. Von den Ammoniumhalogeniden sublimiert deshalb NH_4F bei besonders tiefer Temperatur.

Wenn das Anion eines Ammoniumsalzes aber genügend stark oxidierend wirkt (wie es z. B. beim NO_2^-, NO_3^-, ClO_4^-- oder $Cr_2O_7^{2-}$-Ion der Fall ist), wird beim Erhitzen des festen Salzes das NH_4^+-Ion zu N_2 oder zu Stickstoffoxiden oxidiert. Bei raschem Erhitzen erfolgt diese Reaktion fast schlagartig (Detonation!), so daß alle solchen Ammoniumsalze als *Sprengstoffe* dienen können. NH_4ClO_4 wurde auch als Treibstoff für Raketen verwendet.

Die Elektrolyse wäßriger Lösungen von Ammoniumsalz mit einer Hg-Kathode ergibt *Ammoniumamalgam*, NH_4Hg_x. Da für Stickstoff die Oktettregel streng gilt, müssen darin NH_4^+-Ionen enthalten sein; die zusätzlichen Elektronen sind in der Legierung als Ganzem delokalisiert.

Hydrazin [Smp. 1,8 °C, Sdp. 113,5 °C; ΔH_f^0 (l) = + 50,4 kJ/mol] kann als N-Analogon von Wasserstoffperoxid aufgefaßt werden. Es entsteht durch Oxidation von Ammoniak mit unterchloriger Säure bzw. Natriumhypochlorit:

$$2\,NH_3 + OCl^- \longrightarrow NH_2-NH_2 + H_2O + Cl^-$$

Reines Hydrazin ist eine rauchende, farblose Flüssigkeit, die trotz ihrer positiven Bildungsenthalpie relativ beständig ist. An der Luft verbrennt Hydrazin unter beträchtlicher Wärmeentwicklung:

$$N_2H_4\,(l) + O_2 \longrightarrow N_2 + 2\,H_2O \qquad \Delta H = -621,7 \text{ kJ/mol}$$

Auf dieser Reaktion beruht die Verwendung von Hydrazin als Treibstoff für Raketen.

Hydrazin ist eine zweiprotonige Base, die schwächer ist als Ammoniak (pK_b = 6,07). Hydrazinium-Salze vom Typus $N_2H_5^+Cl^-$ sind in wäßriger Lösung beständig und reagieren sauer; $N_2H_6^{2+}$-Ionen hingegen reagieren vollständig mit Wasser unter Bildung von H_3O^+- und $N_2H_5^+$-Ionen. Ähnlich wie Ammoniak kann auch Hydrazin mit Lewis-Säuren und Metall-Ionen Komplexe bilden, in welchen aus sterischen Gründen allerdings meist nur ein N-Atom mit einem anderen Atom koordiniert ist.

In basischer Lösung wirkt Hydrazin sehr stark reduzierend:

$$4\,OH^- + N_2H_4\,aq \longrightarrow N_2 + 4\,H_2O + 4\,e^- \qquad E^0 = -1,16 \text{ V}$$

Analog zu H_2O_2 kann Hydrazin aber auch als Oxidationsmittel wirken, so z. B. gegenüber Zink, Zinn, Sn^{2+}-Salzen u. a.

Hydroxylamin (NH_2OH; Smp. 33°C, Sdp. [unter Zersetzung] 58°C) entsteht durch Reduktion von Nitraten oder Nitriten mittels SO_2 oder elektrolytisch an der Kathode. Ebenso wie Hydrazin ist es schwächer basisch als Ammoniak (pK_b = 8,18). Man verwendet es gewöhnlich in Form seiner Salze $NH_3OH^+X^-$, die an der Luft beständig sind. Ähnlich wie Hydrazin verhält sich auch Hydroxylamin als Reduktions- und Oxidationsmittel.

Schließlich ist noch eine weitere Stickstoff-Wasserstoff-Verbindung bekannt, die *Stickstoffwasserstoffsäure*, HN_3:

$$H-\overline{N}=N=N \longleftrightarrow H-\overline{\underline{N}}-N\equiv N|$$

Sie ist eine farblose, stark endotherme Flüssigkeit (Smp. − 80 °C, Sdp. 37 °C; ΔH_f^0 = + 228,0 kJ/mol), die sehr zu explosionsartiger Zersetzung neigt. Sie ist eine schwache Säure (pK_s = 4,76, wie Essigsäure). Ihre Salze, die *Azide* (die dem CO_2 isoelektronische und wie dieses Molekül lineare N_3^--Ionen enthalten), erinnern in ihrem Verhalten in mancher Hinsicht an Halogenide (z. B. sind Silber- und Bleiazid schwerlöslich). Schwermetallazide explodieren auf Schlag

(Verwendung als Initialzünder); hingegen zersetzen sich die Azide der Alkalimetalle glatt unter Stickstoffentwicklung:

$$2 \ NaN_3 \longrightarrow 3 \ N_2 + 2 \ Na$$

Natriumazid wird aus Natriumamid durch Reaktion mit Natriumnitrat in geschmolzenem Zustand (bei 175 °C) oder in flüssigem Ammoniak gewonnen:

$$3 \ NaNH_2 + NaNO_3 \longrightarrow NaN_3 + 3 \ NaOH + NH_3$$

Oxide. Insgesamt sind 8 verschiedene Stickstoffoxide bekannt:

$$N_2O \qquad NO \qquad N_2O_3 \qquad NO_2 \qquad N_2O_4 \qquad N_2O_5 \qquad NO_3 \qquad N_2O_6$$

Von ihnen sind allerdings nur N_2O, NO und NO_2 von größerer Bedeutung. NO_3 und N_2O_6 sind ziemlich unbeständige Peroxyverbindungen; N_2O_5 (das Anhydrid der Salpetersäure) kann aus dieser mit wasserentziehenden Mitteln hergestellt werden; es schmilzt bei 30 °C und zersetzt sich beim Erwärmen leicht. Im festen Zustand bildet es Ionenkristalle mit NO_2^+- und NO_3^--Ionen.

Stickstoff (I)-oxid («Distickstoffoxid»), N_2O (Smp. $-102,4$ °C, Sdp. $-88,5$ °C; $\Delta H_f^0 = +81,5$ kJ/mol) entsteht durch langsame thermische Zersetzung von Ammoniumnitrat. Die endotherme Verbindung ist metastabil und wird in Mischung mit Sauerstoff als Anästhetikum verwendet *(«Lachgas»)*. Das lineare Molekül ist mesomer und ebenfalls isoelektronisch mit CO_2:

$$\widehat{N=N=O} \leftrightarrow |N\equiv N-\overline{O}|$$

Wegen des nicht-symmetrischen Baues besitzt N_2O ein schwaches Dipolmoment $(0,55 \cdot 10^{-30}$ C · m). N_2O ist bei Raumtemperatur recht reaktionsträg (so ist es gegen Halogene, Alkalimetalle oder Ozon inert); bei höherer Temperatur zersetzt es sich aber in die Elemente und unterhält deshalb ganz ähnlich wie Sauerstoff eine Flamme. Es ist aber bezüglich der Elemente thermodynamisch instabil ($\Delta G_f^0 = +104,2$ kJ/mol).

Stickstoff (II)-oxid («Stickoxid»), NO, ein in Wasser wenig lösliches farbloses Gas (Smp. $-163,6$ °C, Sdp. $-151,8$ °C; $\Delta H_f^0 = +90,4$ kJ/mol, $\Delta G_f^0 = +86,7$ kJ/mol) wird technisch als Zwischenprodukt bei der Gewinnung von Salpetersäure in großem Maßstab durch katalytische Oxidation von Ammoniak hergestellt *(Ostwald-Prozeß)* :

$$4 \ NH_3 + 5 \ O_2 \xrightarrow{Pt} 4 \ NO + 6 \ H_2O$$

Zur Katalyse verwendet man Platindrahtnetze, durch welche man ein Gemisch von Ammoniak und Luft streichen läßt (Abb. 15.4). Das Gemisch darf dabei den Katalysator nur während ganz kurzer Zeit berühren, da sonst das metastabile NO in die Elemente zerfällt. Die Oxidation verläuft exotherm, so daß der Katalysator nur zu Beginn erwärmt werden muß.

Ein interessantes Verfahren, das früher technische Bedeutung hatte, bildet die sogenannte *«Luftverbrennung»*. Luft wird durch einen elektrischen Flammenbogen geschickt und nachher rasch abgekühlt, wobei sich Stickstoff und Sauerstoff zu Stickstoff (II)-oxid verbinden:

$$N_2 + O_2 \rightleftarrows 2 \ NO \qquad \Delta H^0 = +180,7 \ kJ/mol$$
$$\Delta G_r^0 = +173,4 \ kJ/mol$$

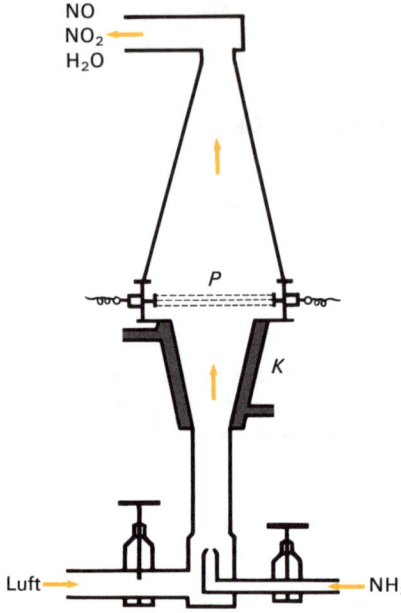

NO
NO$_2$
H$_2$O

P

K

Luft

NH$_3$

Abb. 15. 4. Schema der Ammoniakoxidation nach Ostwald. K Wasserkühlung, P Platindrahtnetze, elektrisch heizbar

Der Vorgang verläuft stark endotherm; bei 2700 °C sind erst etwa 5 Vol.-% NO mit Luft im Gleichgewicht. Durch Abschrecken kann man das Oxid als metastabile Substanz erhalten. Das Verfahren besitzt wegen des hohen Energieverbrauchs heute keine Bedeutung mehr.

Das NO-Molekül besitzt – wie auch das NO$_2$-Molekül – eine *ungerade Elektronenzahl;* es ist durch keine Lewis-Formel darstellbar und bot der theoretischen Erklärung lange große Schwierigkeiten. Mittels des MO-Modelles ist jedoch eine befriedigende und einfache Beschreibung möglich (S. 90). Im Gaszustand zeigt NO keinerlei Tendenz zur Assoziation; die relativ hohe Verdampfungsentropie von flüssigem NO (113,5 J mol^{-1} K^{-1}) beweist jedoch, daß im flüssigen Zustand Assoziate wie N$_2$O$_2$ auftreten.

NO ist eine sehr reaktionsfähige Substanz. Mit Sauerstoff verbindet sich NO leicht und rasch zu NO$_2$ ($\Delta H = -56{,}5$ kJ/mol, $\Delta G_r^0 = -69{,}6$ kJ/mol; über den Ablauf der Reaktion vgl. S. 340), während mit Fluor, Chlor und Brom kovalente *Nitrosylhalogenide* entstehen:

$$2\,NO + X_2 \longrightarrow 2\,NOX$$

Die gewinkelt gebauten Nitrosylhalogenide (z. B. Nitrosylchlorid, NOCl, ein orangegelbes Gas vom Sdp. $-6{,}4$ °C) sind ebenfalls sehr reaktionsfähig und werden durch Wasser unter Bildung von HNO$_2$ und Halogenwasserstoff sehr rasch hydrolysiert. Gegenüber Metallen können sie als Oxidationsmittel wirken. Mit gewissen Lewis-Säuren wie BF$_3$ reagieren sie unter Bildung von *Nitrosyl-Kationen* (NO$^+$):

$$NOF + BF_3 \longrightarrow NO^+BF_4^-$$

Das NO⁺-Ion entspricht in seiner Elektronenkonfiguration dem NO-Molekül, besitzt aber ein antibindendes $\pi^*\ 2p_y$-Elektron weniger als dieses. Dementsprechend ist die Dissoziationsenergie der N–O-Bindung im Nitrosyl-Ion größer als im NO-Molekül, und dessen Ionisierungsenergie ist – verglichen mit der Ionisierungsenergie anderer zweiatomiger Moleküle – auffallend klein. Das NO⁺-Ion ist dem CO-Molekül und dem CN⁻-Ion isoelektronisch und tritt als Bestandteil salzartiger Stoffe wie $NO^+BF_4^-$ oder $NO^+ClO_4^-$ auf. Die «Nitrosylschwefelsäure», ein Zwischenprodukt beim Bleikammerprozeß zur Herstellung von Schwefelsäure, ist in Wirklichkeit Nitrosylhydrogensulfat, $NOHSO_4$; es läßt sich z.B. aus einem Gemisch von konzentrierter Schwefelsäure und N_2O_3 als feste, kristalline Substanz isolieren:

$$N_2O_3 + 2\ H_2SO_4 \longrightarrow 2\ NO^+HSO_4^- + H_2O$$

Blaues *Stickstoff(III)-oxid*, N_2O_3 existiert nur in festem Zustand (Smp. $-111\,°C$). Schon in der Schmelze zerfällt es zum Teil in NO und NO_2; bei $0\,°C$ verläuft der Zerfall praktisch vollkommen. Das unbeständige Oxid läßt sich aus einem äquimolaren Gemisch von NO und NO_2 durch Abkühlen auf $-100\,°C$ erhalten.
In der Oxidationsstufe $+IV$ bildet Stickstoff zwei Oxide: NO_2 *(Stickstoffdioxid)*, ein braunes, charakteristisch riechendes giftiges Gas, und N_2O_4 *(Stickstofftetroxid)*, eine farblose Flüssigkeit. Die beiden Oxide stehen miteinander im *Gleichgewicht*:

$$2\ NO_2 \rightleftharpoons N_2O_4 \qquad \Delta H^o = -\ 58{,}2\ kJ$$

braun   farblos
paramagnetisch   diamagnetisch

Festes Stickstoff(IV)-oxid (Smp. $-11{,}2\,°C$) ist N_2O_4. Im flüssigen Zustand erfolgt teilweise Dissoziation, und im Dampf von $100\,°C$ sind bereits mehr als 90% NO_2-Moleküle vorhanden.

N_2O_4 besitzt folgende Struktur:

$$\begin{array}{c} |\overline{O}\diagdown\ \ \ \diagup\overline{O}| \\ N{-}N \\ |\overline{O}\diagup\ \ \ \diagdown\overline{O}| \end{array}$$

Bei tiefer Temperatur steht eine andere Form, $O{=}N{-}ONO_2$, mit dieser im Gleichgewicht. Dieses kovalente Nitrosylnitrat läßt das Verhalten von N_2O_4 gegenüber Wasser verstehen:

$$NONO_3 + H_2O \longrightarrow HNO_2 + HNO_3$$

N_2O_4 bzw. NO_2 stellen deshalb ebenfalls ein Zwischenprodukt bei der technischen Salpetersäuresynthese dar.
Das NO_2-Molekül ist gewinkelt (wie es für ein dreiatomiges Molekül mit mehr als 16 Valenzelektronen zu erwarten ist; S. 95). Der Bindungswinkel ($134°$) ist allerdings größer als im Ozon ($117°$) oder im Nitrit- (NO_2^-) Ion ($116°$), was möglicherweise darauf zurückzuführen ist, daß das (nichtbindende) sp^2-AO des N-Atoms im Gegensatz zu O_3 und NO_2^- mit nur einem einzigen Elektron besetzt ist. Die delokalisierten π-MO besitzen die gleiche räumliche Verteilung der Ladungsdichte wie im O_3-Molekül (S. 461).

Schematisch:

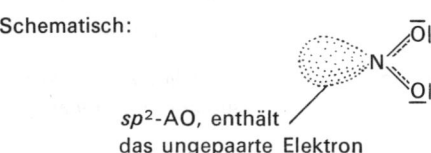

sp^2-AO, enthält
das ungepaarte Elektron

Die Oxide der Oxidationsstufe + IV sind ziemlich starke Oxidationsmittel und in ihrer Oxidationskraft dem elementaren Brom vergleichbar ($E^0_{HNO_2/NO_2}$ = + 1,07 V).
Ebenso wie das NO kann auch das NO_2-«Radikal» sein ungepaartes Elektron relativ leicht abgeben und bildet dann kovalente oder auch salzartige *Nitryl- («Nitronium») Verbindungen*:

$$F_2 + NO_2 \longrightarrow 2\,NO_2F$$

Nitrylfluorid

Die Nitrylhalogenide sind wie die Nitrosylhalogenide starke Lewis-Säuren und werden von Wasser zu HNO_3 und Halogenwasserstoff hydrolysiert. Das dem CO_2-Molekül isoelektronische und wie dieses gestreckt gebaute NO_2^+-Ion *(Nitryl-Ion)* ist das elektrophile, den aromatischen Ring angreifende Teilchen bei der Nitrierung von aromatischen Verbindungen.

Sauerstoffsäuren und Oxokomplexe. Neben verschiedenen Peroxysäuren existieren drei Sauerstoffsäuren von Stickstoff:

$H_2N_2O_2$	(N^{+I})	untersalpetrige Säure	$N_2O_2^{2-}$	Hyponitrit-Ion
HNO_2	(N^{+III})	salpetrige Säure	NO_2^-	Nitrit-Ion
HNO_3	(N^{+V})	Salpetersäure	NO_3^-	Nitrat-Ion

Hyponitrite können z.B. durch Reduktion von Nitriten mittels Natriumamalgam hergestellt werden. Silberhyponitrit ist in Wasser schwerlöslich und dient zur Isolation des Hyponitrit-Anions. Die freie Säure kann daraus durch Ansäuern in Form weißer Kristalle erhalten werden, die sich aber bereits im festen Zustand allmählich in N_2O und Wasser zersetzen. Sie ist eine schwache Säure, die sowohl oxidierende wie reduzierende Wirkung besitzt.
Alkali*nitrite* entstehen leicht durch thermische Zersetzung von Alkalinitraten:

$$2\,NaNO_3 \longrightarrow 2\,NaNO_2 + O_2$$

Durch Ansäuern lassen sich daraus wäßrige Lösungen von *salpetriger Säure* erhalten. Die freie Säure ist unbekannt (das HNO_2-Molekül kann nur in der Gasphase als instabiles Teilchen nachgewiesen werden); beim Konzentrieren der wäßrigen Lösung erhält man als Zersetzungsprodukte NO und NO_2. HNO_2 ist eine ziemlich schwache Säure (pK_s = 3,35).
Durch genügend starke Reduktionsmittel werden Nitrite zu NO reduziert (E_{NO/HNO_2} in saurer Lösung = + 0,99 V), während starke Oxidationsmittel Nitrite zu Nitraten oxidieren (E_{HNO_2/NO_3^-} in saurer Lösung = + 0,94 V). In sauren Lösungen sind Nitrite zudem gegenüber einer Disproportionierung in NO und NO_3^- instabil; in alkalischen Lösungen hingegen betragen die Potentiale der beiden erwähnten Redoxpaare E_{NO/NO_2^-} = − 0,46 V und $E_{NO_2^-/NO_3^-}$ = + 0,01 V, so daß bei hohen pH-Werten eine Disproportionierung nicht möglich ist. − Durch NH_4^+-Ionen werden Nitrite zu elementarem Stickstoff reduziert (Laboratoriumsmethode zur Gewinnung von reinem N_2):

$$NH_4^+ + NO_2^- \longrightarrow N_2 + 2\,H_2O$$

Von den zahlreichen organischen Derivaten der salpetrigen Säure seien hier die *Diazoniumsalze* erwähnt, welche sich bei der Einwirkung von angesäuerten Nitritlösungen auf aromatische Amine bilden:

$$\langle\!\!\!\!\!\bigcirc\!\!\!\!\!\rangle\!\!-\!\!NH_2 \quad \xrightarrow[H_3O^+]{NaNO_2} \quad \left\{ \langle\!\!\!\!\!\bigcirc\!\!\!\!\!\rangle\!\!-\!\!N{\equiv}N| \quad \leftrightarrow \quad \langle\!\!\!\!\!\bigcirc\!\!\!\!\!\rangle\!\!-\!\!N{=}N\rangle \right\}^+$$

Diazoniumsalze haben als Zwischenprodukte bei zahlreichen Synthesen, insbesondere zur Herstellung von *Azofarbstoffen,* eine sehr große Bedeutung.

Salpetersäure (HNO_3), die wichtigste Oxysäure des Stickstoffs (Smp. $-41,6\,°C$, Sdp. $83\,°C$) ist ebenfalls thermodynamisch wenig stabil und zersetzt sich besonders unter dem Einfluß von Licht allmählich in Wasser, NO_2 und Sauerstoff:

$$4\,HNO_3 \longrightarrow 4\,NO_2 + 2\,H_2O + O_2$$

Das Molekül ist planar gebaut und besitzt die Struktur

Ebenso wie im NO_2-Molekül sind vier Elektronen über das N- und die beiden einzelstehenden O-Atome delokalisiert. Die Bindung zwischen dem Hydroxyl-O-Atom und dem N-Atom wird durch Überlappung eines sp^2-AO des N-Atoms mit einem sp^3-AO des O-Atoms bewerkstelligt. In der Sprache des VB-Modelles ist das Molekül als Resonanzhybrid zweier Grenzstrukturen darzustellen:

Salpetersäure wird technisch durch Oxidation von Ammoniak erzeugt. Das als Zwischenprodukt auftretende NO_2 (N_2O_4) setzt sich mit Wasser zu HNO_3 und HNO_2 um (Disproportionierung in N^{+III} und N^{+V}); die salpetrige Säure wird durch den Luftsauerstoff allmählich ebenfalls in HNO_3 übergeführt.

Salpetersäure ist eine starke Säure. Das eben und symmetrisch gebaute Nitrat-Ion ist durch Mesomerie gegenüber dem HNO_3-Molekül so sehr stabilisiert, daß die Abgabe eines Protons exergonisch wird ($pK_s = -1,32$). Gegenüber anderen, wesentlich stärkeren Säuren wirkt HNO_3 jedoch als Base:

$$HNO_3 + H_2SO_4 \rightleftharpoons H_2NO_3^+ + HSO_4^-$$

Die durch eine solche Protonenübertragung gebildeten $H_2NO_3^+$-Ionen *(«Nitratacidium-Ionen»)* spalten sehr leicht ein Molekül Wasser ab und ergeben damit die relativ stabilen NO_2^+-Ionen. Auf dieser Reaktion beruht die Verwendung eines Salpetersäure/Schwefelsäure-Gemisches für die Nitrierung.

Während Verbindungen von Stickstoff in der Oxidationsstufe $+\text{III}$ (z. B. die Nitrite) sowohl als Reduktions- wie als Oxidationsmittel wirken können, sind N^{+V}-Verbindungen, insbesondere stark konzentrierte Salpetersäure, starke Oxidationsmittel ($E^0_{NO/HNO_3} = +0,95$ V). Leichtentzündliche Materialien wie Holzwolle oder Terpentinöl können durch konzentrierte Säure sogar in Brand gesetzt werden.

Bei der Reduktion der Salpetersäure bildet sich gewöhnlich Stickstoff (II)-oxid; konzentrierte Säure kann auch zu Stickstoff (IV)-oxid reduziert werden. Häufig entstehen bei solchen Reduktionen Gemische von NO, NO_2 und N_2O_4, die mehr oder weniger intensiv braun gefärbt und sehr giftig sind *(«nitrose Gase»)*. Unter besonderen Bedingungen führt die Reduktion auch zu Hydroxylamin, elementarem Stickstoff oder Ammoniak; so erhält man durch elektrolytische Reduktion von Nitraten Hydroxylamin oder durch Erhitzen von alkalischen Nitratlösungen mit Zinkstaub Ammoniak.

Metalle mit negativerem Normalpotential als $+0,95$ V reagieren mit konzentrierter Salpetersäure unter Bildung von NO (NO_2):

$$3 \text{ Cu} + 2 \text{ HNO}_3 + 6 \text{ H}_3\text{O}^+ \longrightarrow 3 \text{ Cu}^{2+} + 2 \text{ NO} + 10 \text{ H}_2\text{O}$$

Nur Gold und Platin (sowie Rhodium und Iridium) werden von konzentrierter HNO_3 nicht angegriffen, können jedoch durch eine Mischung von konzentrierter Salpeter- und konzentrierter Salzsäure im Verhältnis 1 : 3 (dem sogenannten *Königswasser,* weil es sogar Gold, den «König» der Metalle, löst) oxidiert werden. Königswasser enthält neben NOCl auch freies Chlor; die komplexbildende Wirkung der Cl^--Ionen (Bildung von $AuCl_4^-$-Komplexen) fördert die oxidierende Wirkung. Eisen, Chrom und Aluminium werden − trotz ziemlich negativem Normalpotential − von konzentrierter Salpetersäure ebenfalls nicht angegriffen, weil sie infolge der oxidierenden Wirkung der Säure passiviert, d. h. durch eine Oxidschicht geschützt werden. Stärker verdünnte Säure bildet mit unedlen Metallen Wasserstoff, doch entsteht stets auch etwas NO (bzw. NO_2). Schließlich werden auch Nichtmetalle durch konzentrierte Salpetersäure oxidiert, wobei Oxide oder Oxysäuren entstehen.

Wie bereits erwähnt, ist das *Nitrat-Ion* thermodynamisch stabiler als das HNO_3-Molekül, was hauptsächlich auf die Delokalisation dreier Elektronenpaare zurückzuführen ist:

Über die Beschreibung des NO_3^--Ions mit dem MO-Modell siehe S. 112).

Die *Nitrat*-Ionen wirken (in neutraler Lösung) weit weniger stark oxidierend als die Säure. Erst wenn man die Salze über den Schmelzpunkt hinaus erhitzt, beginnen die NO_3^--Ionen Sauerstoff abzuspalten. Die Alkalinitrate gehen dabei in *Nitrite* über; die Nitrate der anderen Metalle bilden neben Sauerstoff auch Stickstoffdioxid:

$$2 \text{ NaNO}_3 \longrightarrow 2 \text{ NaNO}_2 + \text{O}_2$$
$$2 \text{ Pb(NO}_3)_2 \longrightarrow 2 \text{ PbO} + 4 \text{ NO}_2 + \text{O}_2$$

Sämtliche Nitrate sind in Wasser leicht löslich. Natriumnitrat («Natron-» oder «Chilesalpeter») wird in großen Mengen in der Salpeterwüste im nördlichen Chile abgebaut und als Düngemittel verwendet. Kaliumnitrat («Kalisalpeter») bildet sich bei Verwesungsvorgängen. Calciumnitrat («Kalksalpeter») entsteht aus dem Mörtel von jauchedurchtränkten Mauern (an solchen Mauern als Salzkruste sichtbar) und wird aus Salpetersäure und Kalkstein hergestellt (Dünger!). Ammoniumnitrat («Ammonsalpeter») ist ebenfalls ein wichtiger Dünger. Bei langsamem Erwärmen zerfällt es in Distickstoffoxid und Wasser; bei raschem Erwärmen oder nach Initialzündung erfolgt schlagartig Zersetzung in Stickstoff, Sauerstoff und Wasser, so daß man Ammonsalpeter als Sprengstoff verwenden kann. Das früher vielfach gebrauchte *Schwarzpulver* besteht aus fein pulverisierter Kohle, Schwefel und Kali- oder Kalksalpeter.

Halogenverbindungen. Nur vier binäre Halogenverbindungen von Stickstoff sind in reiner Form bekannt: NF_3, N_2F_2, N_2F_4 und NCl_3.
NF_3 bildet sich bei der Einwirkung von Fluor auf Ammoniak:

$$4\,NH_3 + 3\,F_2 \longrightarrow NF_3 + 2\,NH_4F$$

Es ist ein farb- und geruchloses Gas (Smp. $-207\,°C$, Sdp. $-129\,°C$), das bemerkenswert stabil und bei Raumtemperatur gegenüber Wasser und vielen anderen Reagenzien geradezu inert ist. Das NF_3-Molekül ist wie das NH_3-Molekül pyramidal gebaut, wirkt jedoch nicht als Lewis-Base (in Gegensatz zu NH_3!) und hat – ebenfalls im Gegensatz zu NH_3! – nur ein minimales Dipolmoment. Der Grund für diese zunächst überraschenden Unterschiede liegt darin, daß im Falle von NH_3 die «Dipolmomente» der einzelnen Bindungen sich zum Moment des freien Elektronenpaares addieren und damit ein relativ großes Gesamt-Dipolmoment ergeben, während beim NF_3-Molekül das Moment des freien Elektronenpaares von den – hier umgekehrt gerichteten! – Bindungsmomenten überkompensiert wird:

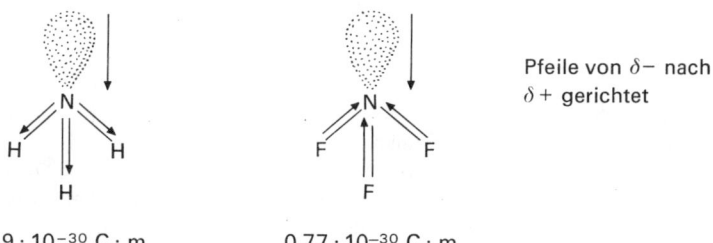

Pfeile von $\delta-$ nach $\delta+$ gerichtet

Dipolmoment $4{,}9 \cdot 10^{-30}$ C · m $0{,}77 \cdot 10^{-30}$ C · m

Dieses Verhalten zeigt, wie nicht nur die Bindungsdipole, sondern auch die *nichtbindenden* (freien) *Elektronenpaare zum Gesamt-Dipolmoment wesentlich beitragen.* Auch im Fall von Wasser ist das hier besonders hohe Dipolmoment nicht nur auf die beiden (polaren) Atombindungen, sondern sicher in einem beträchtlichen Maß auch auf die beiden freien Elektronenpaare des O-Atoms zurückzuführen.
NCl_3 entsteht aus Chlor und Ammoniak (z. B. bei der Elektrolyse wäßriger NH_4Cl-Lösungen). Es ist ein tiefgelbes Öl (Sdp. 71 °C), das beim Kontakt mit Spuren von Verunreinigungen, bei geringen Erschütterungen oder beim Belichten mit UV-Licht explosionsartig zerfällt:

$$2\,NCl_3 \longrightarrow N_2 + 3\,Cl_2 \quad \Delta H = -230\ kJ/mol$$

NBr_3 und NI_3 sind nur in Form sehr unbeständiger Additionsverbindungen an Ammoniak erhältlich (NI_3 entsteht z. B. bei der Einwirkung von konzentrierter Ammoniaklösung auf gepulvertes Iod); sie explodieren außerordentlich leicht unter Bildung von Stickstoff, Ammoniak, Ammoniumsalz und dem freien Halogen.

Smog-Bildung. Im Anschluß an die Besprechung der Stickstoffverbindungen ist es zweckmäßig, kurz auf einige Reaktionen in der Atmosphäre einzugehen, welche als Folge der Luftverschmutzung durch Auto- und Industrieabgase immer wichtiger werden. Die hauptsächlichsten Verschmutzungskomponenten sind SO_2 (das durch Verbrennung fossiler Brennstoffe entsteht, die mit Ausnahme von Erdgas stets etwas Schwefel enthalten), ferner CO (vor allem aus den Abgasen von Benzinmotoren), Kohlenwasserstoffe (ebenfalls aus den Abgasen von Verbrennungsmotoren [Benzin- und Dieselmotor!]) und verschiedene Stickstoffoxide, vor allem NO, das sich aus N_2 und O_2 bei den hohen Verbrennungstemperaturen im Benzinmotor in nicht unbeträchtlichen Mengen bildet. SO_2, das auch durch Industrieabgase in die Luft gelangt, bildet die Hauptursache des berüchtigten Londoner Smogs, weil es langsam zu SO_3 oxidiert wird und dieses mit der Luftfeuchtigkeit Schwefelsäurenebel bildet. Stickstoffoxide können Organismen direkt schädigen (ein Gehalt der Luft > 0,5 ppm – während einer Stunde eingeatmet – genügt [1]); ihre Bedeutung für die Luftverschmutzung besteht aber in erster Linie darin, daß sie imstande sind, *Radikalkettenreaktionen* zu starten, wobei *Kohlenwasserstoffe* (aus den Abgasen von Verbrennungsmotoren) zu Aldehyden oder anderen Oxidationsprodukten oxidiert werden, welche die Augen stark reizen und die Atmungsorgane schädigen können. Startreaktion ist die photochemische Bildung von NO und O-Atomen aus NO_2:

$$NO_2 \xrightarrow{h \cdot \nu} NO + O$$

Die Kohlenwasserstoff-Oxidation kann schematisch folgendermaßen formuliert werden:

$$
\begin{aligned}
O \cdot \ + R &\longrightarrow R \cdot + RCHO \\
R \cdot \ + O_2 &\longrightarrow RO_2 \cdot \\
RO_2 \cdot \ + NO &\longrightarrow RO \cdot + NO_2 \\
RO \cdot \qquad &\longrightarrow R \cdot + \cdot O \cdot
\end{aligned}
$$

(Dabei bedeutet «R» einen Kohlenwasserstoff; -CHO ist die funktionelle Gruppe eines Aldehyds, und $RO_2 \cdot$ sind Peroxyradikale.)
Atomarer Sauerstoff reagiert aber auch mit O_2 und bildet dadurch *Ozon*. Das schon in kleinen Mengen (ab 0,1 ppm) giftige Ozon setzt weitere, ebenfalls über Radikale ablaufende Oxidationsvorgänge von Kohlenwasserstoffen in Gang. Insbesondere Industrieabgase enthalten nun auch erhebliche Mengen von feinem Staub (mit Partikeln in der Größe von $10^{-2} - 10^{-6}$mm), der als Kondensationskeime für die Produkte der Kohlenwasserstoff-Oxidation wirkt, so daß sich auch ohne direkte Beteiligung von SO_2 ein *Smog* bilden kann (wie es z. B. in Los Angeles unter dem Einfluß bestimmter Wetterlagen häufig der Fall ist). Sehr wahrscheinlich ist auch CO an diesen Oxidationsreaktionen beteiligt; auch wirken gewisse Kohlenwasserstoffe als *Sensibilisatoren,* so daß direkt – durch den Einfluß des Sonnenlichtes – weitere Oxidationsketten ausgelöst werden. Daß die Luft in Ballungszentren auch erhebliche Mengen halogenhaltiger Verbindungen enthält (z. B. Freon aus Spraydosen oder HF und HCl, die bei der Beseitigung von halogenhaltigen Kunststoffen in Kehrichtverbrennungsanlagen entstehen),

---

[1] ppm = parts per million = 1 Millionstel.

welche unter Umständen ebenfalls an photochemischen Reaktionen beteiligt sind und jedenfalls die Atmungsorgane auch direkt schädigen können, sei nur beiläufig angemerkt. Man schätzt, daß heute mengenmäßig etwa die Hälfte aller Luft-Immissionen Produkte des motorisierten Verkehrs sind (dabei auch die sehr giftigen Bleiverbindungen!), während die Industrie zu etwa ⅓ daran «beteiligt» ist. Für die USA wird geschätzt, daß jährlich 130 Mill. t Schmutzstoffe in die Luft abgegeben werden!

15.3 Phosphorverbindungen

Phosphide. Die meisten Metalle bilden mit Phosphor zusammen binäre Verbindungen. Wegen der Größe (d. h. der leichteren Polarisierbarkeit) des Phosphid-«Ions» haben Phosphide viel mehr kovalenten Charakter als die entsprechenden Nitride oder auch Sulfide; sogar die Phosphide der Alkalimetalle (Li_3P, Na_3P) sind keine echten Salze. Alkali- und Erdalkaliphosphide ergeben mit Wasser PH_3.

Wasserstoffverbindungen. Von Phosphor sind zwei Hydride bekannt: PH_3 *(Phosphin)* und P_2H_4 *(Diphosphin)*. Phosphin (Smp. $-134\,°C$, Sdp. $-87,7\,°C$; $\Delta H_f^0 = +5,4$ kJ/mol, $\Delta G_f^0 = +13,4$ kJ/mol) ist ein äußerst giftiges, unangenehm (nach «Carbid») riechendes Gas, das viel weniger stabil ist als Ammoniak. Es entsteht aus Phosphiden und Wasser oder durch Erwärmen von weißem Phosphor mit Alkalihydroxidlösungen:

$$P_4 + 3\,OH^- + 3\,H_2O \longrightarrow PH_3 + 3\,H_2PO_2^-$$

(Disproportionierung von P^0 in P^{-III} und P^{+I}!)

Phosphin ist viel weniger stark basisch als Ammoniak ($pK_b = 27,4$). Den Ammoniumsalzen analoge Phosphoniumsalze können nur bei völligem Ausschluß von Wasser und nur aus den stärksten Säuren erhalten werden. PH_4I (Sblp. $80\,°C$) ist das einzige bei Raumtemperatur einigermaßen beständige Phosphoniumsalz; mit Wasser zusammen setzt es sich aber ebenso wie PH_4Cl (Sblp. $-28\,°C$) und PH_4Br (Sblp. $30\,°C$) vollständig zu PH_3 um.

Diphosphin entsteht gewöhnlich in kleinen Mengen als Nebenprodukt bei der Herstellung von Phosphin. Es ist noch weniger stabil ($\Delta H_f^0 = +66,5$ kJ/mol) und an der Luft selbstentzündlich (es ist die Ursache der Selbstentzündlichkeit von rohem PH_3!). Sowohl PH_3 wie P_2H_4 sind sehr starke Reduktionsmittel.

Oxide. *Phosphor(III)-oxid,* P_4O_6 *(«Phosphortrioxid»)* entsteht bei langsamer Verbrennung von Phosphor unter Sauerstoffmangel. Die Struktur des P_4O_6-Moleküls (Abb. 15.5) leitet sich vom P_4-Molekül ab, indem jede P—P-Bindung durch P—O—P-Bindungen ersetzt ist. P_4O_6 ist das Anhydrid der «phosphorigen Säure», H_3PO_3; diese entsteht aus dem Oxid durch Reaktion mit kaltem Wasser (mit heißem Wasser bildet sich ein Gemisch verschiedener Produkte, u. a. von PH_3 und H_3PO_4)

Die Verbrennung von Phosphor liefert normalerweise *Phosphor (V)-oxid,* P_4O_{10} *(«Phosphor-pentoxid»).* P_4O_{10} existiert in drei festen Modifikationen; die bei der Verbrennung gewöhnlich erhaltene Form kristallisiert hexagonal und sublimiert bei 360°C. Die Struktur des P_4O_{10}-Moleküls leitet sich ebenfalls vom P_4-Tetraeder ab (Abb. 15.5). Phosphor (V)-oxid reagiert sehr heftig mit Wasser unter Bildung verschiedener Phosphorsäuren der Oxidationsstufe + V.

P_4O_{10} $O = O$ $\bigcirc = P$ P_4O_6

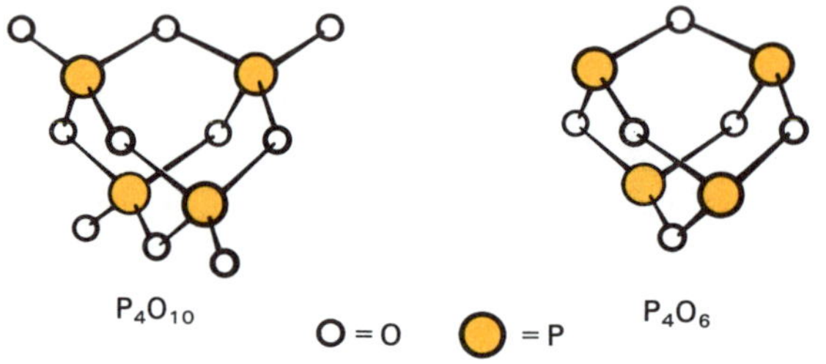

Abb. 15. 5. Strukturen der Phosphoroxid-Moleküle

Es ist das wirksamste bekannte Trocknungsmittel und vermag selbst aus Verbindungen Wasser zu entziehen. So erhält man aus P_4O_{10} und Schwefel- bzw. Salpetersäure ihre Anhydride SO_3 bzw. N_2O_5.

Im P_4O_{10}-Molekül ist das P-Atom ebenso wie in den Oxokomplexen und Säuren der Oxidationsstufe + V tetraedrisch mit 4 O-Atomen koordiniert. Während aber für Stickstoff – im Gegensatz zu Phosphor und den übrigen Elementen der Gruppe – die Oktettregel streng gilt und das N-Atom höchstens 4 Kovalenzbindungen eingehen kann, können P-Atome unter Benützung von *d*-AO bis 6 Atombindungen bilden (z.B. im Molekül des gasförmigen PCl_5 oder im PF_6^--Komplex u.a.). Auch im P_4O_{10}-Molekül und in den Oxokomplexen müssen die P-Atome als *fünfbindig* betrachtet werden; wie die Bindungslängen zeigen, hat eine der vier P—O-Bindungen den Charakter einer Doppelbindung. Im Triphenylphosphat, einem Ester, ist die Länge der P—O-Einfachbindung 163 pm, der P=O-Doppelbindung 132 pm. Auch im P_4O_{10} sind die Bindungslängen der P—O-Bindungen verschieden; sie betragen 160 pm (P—O-Einfachbindung) und 140 pm (terminale P=O-Doppelbindung).

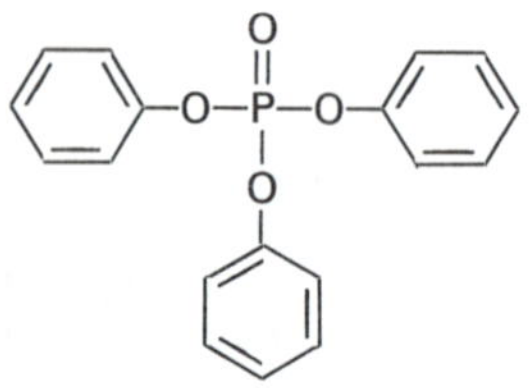

Triphenylphosphat

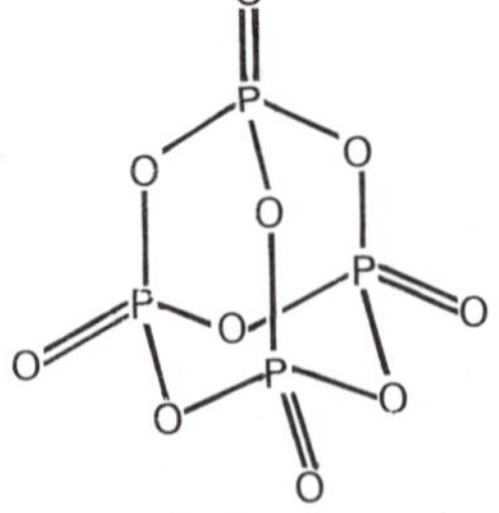

P_4O_{10}

Solche Doppelbindungen kommen durch Überlagerung eines (doppelt besetzten) *p*-Orbitals des O-Atoms mit einem unbesetzten, zur Bildung einer Bindung verfügbaren *d*-Orbital des P-Atoms zustande (Abb.15.6); es ist also neben der σ- auch eine π- *(eine d–p-π-) Bindung* vorhanden. Der O—P—O-Winkel ist stets kleiner als der Tetraederwinkel (109°28'), weil die abstoßende Wirkung zwischen den Elektronen der Doppelbindung und den Elektronen der Einfachbindungen größer ist als die Abstoßung zwischen den Einfachbindungen untereinander.

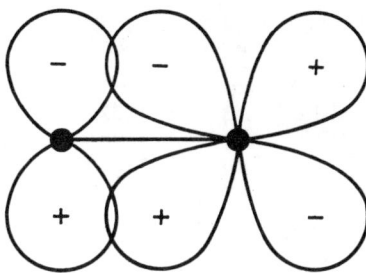

Abb. 15. 6. d–p-π-Bindung

Sauerstoffsäuren von Phosphor. Das Element Phosphor bildet eine große Anzahl sauerstoffhaltiger Säuren und Oxokomplex-Anionen, die teilweise noch gar nicht vollkommen bekannt sind.

Am wichtigsten sind die Säuren der Oxidationsstufe + V, die *«Phosphorsäuren»*. Mit kaltem Wasser bildet sich aus Phosphor(V)-oxid die formal der Salpetersäure analoge Metaphosphorsäure HPO_3, während heißes Wasser oder ein Überschuß an Wasser *Orthophosphorsäure*, H_3PO_4 (gewöhnlich einfach als «Phosphorsäure» bezeichnet), ergibt. Durch Konzentrieren solcher Lösungen erhält man 85–90%, «sirupöse» Phosphorsäure, deren hohe Viskosität auf H-Brücken zwischen den H_3PO_4-Molekülen zurückzuführen ist. Wasserfreie Orthophosphorsäure kann durch Eindampfen im Vakuum in Form zerfließlicher, farbloser Kristalle (Smp. 42°C) erhalten werden. Phosphorsäure ist eine mittelstarke, dreiprotonige Säure (pK_s 1. Stufe 1,96). Sie bildet drei Reihen von Salzen.

NaH_2PO_4	primäres oder Dihydrogenphosphat
Na_2HPO_4	sekundäres oder Hydrogenphosphat
Na_3PO_4	tertiäres Phosphat

Sowohl $H_2PO_4^-$- wie HPO_4^{2-}-Ionen sind Ampholyte; bei $H_2PO_4^-$ überwiegt jedoch der Säurecharakter ($pK_s = 7,21$), bei HPO_4^{2-}- aber der Basecharakter ($pK_s = 12,32$). Primäre Phosphate reagieren daher sauer, sekundäre dagegen basisch. Mischungen von primärem und sekundärem Phosphat puffern im pH-Gebiet von 6,5 bis 7,5. Das PO_4^{3-}-Ion ist eine starke Base. Tertiäre Phosphate existieren in wäßrigen Lösungen nur bei Gegenwart großer Mengen OH^--Ionen (bei pH > 13); Lösungen von Na_3PO_4 reagieren stark alkalisch. Mit Ausnahme der Alkalisalze sind alle tertiären Phosphate im Wasser schwerlöslich; dank der stark basischen Natur des PO_4^{3-}-Ions lösen sie sich aber beim Zusatz einer starken Säure. Oberflächliche Phosphatschichten dienen als Korrosionsschutz bei bestimmten Metallen (Fe, Zn). Zur Bildung solcher Schichten wird das Metallstück in eine heiße, saure Phosphatlösung eingetaucht, wodurch sich ein Film von unlöslichem Fe- bzw. Zn-Phosphat bildet («Phosphatierung»).

Tabelle 15.2. Thermodynamische Daten von Orthophosphorsäure

	ΔH_f^0 (kJ/mol)	S^0 (J mol^{-1} K^{-1})
H_3PO_4 (aq)	− 1289,5	176,1
$H_2PO_4^-$ (aq)	− 1302,5	89,1
HPO_4^{2-} (aq)	− 1298,7	− 36,0
PO_4^{3-} (aq)	− 1284,1	− 217,6
H^+ (aq)	0	0

Die Tabelle 15.2 bringt die thermodynamischen Daten, welche für die stufenweise Protonenabgabe der Orthophosphorsäure in Wasser von Bedeutung sind. Sie zeigt, daß die erste Stufe, also die Reaktion

$$H_3PO_4 + H_2O \rightleftharpoons H_2PO_4^- + H_3O^+$$

insgesamt exotherm verläuft (Hydrationsenthalpie der Ionen!). Das System $H_3O^+/H_2PO_4^-$ (1-M) stellt also einen Zustand niedrigerer Energie dar als das System H_2O/H_3PO_4; trotzdem ist die Protonenübertragung endergonisch ($K < 1$), weil die mit ihr verknüpfte Entropieänderung stark negativ ist (Zunahme des Ordnungsgrades, da H_2O-Moleküle von den Ionen gebunden und dadurch «ausgerichtet» werden!). Die Abgabe des zweiten bzw. des dritten H^+-Ions durch ein bereits negativ geladenes Komplex-Ion verläuft hingegen endotherm (um so stärker, je größer seine negative Ladung ist). Die Entropiedifferenzen werden für jede Protolysenstufe stärker negativ, da die erhöhte Ladung der Anionen zu immer besserer Ordnung der H_2O-Moleküle führt. Enthalpiezunahme und Entropieabnahme wirken somit beide im gleichen Sinn und haben zur Folge, daß die Aciditätskonstanten für die zweite bzw. dritte Protolysenstufe sehr klein werden.

Die Titrationskurve (pH-Wert als Funktion der bei der Titration einer Phosphorsäure zugesetzten Menge Hydroxidlösung) zeigt zwei ausgesprochene pH-Sprünge nach Zusatz von einem bzw. zwei Äquivalenten Hydroxid (Abb.15.7). Der erste Sprung bei pH 4,5 (Umschlagsgebiet des Indikators Methylorange) entspricht dem primären Phosphat. Beim zweiten Sprung (pH $\approx$ 9; Umschlagsgebiet von Thymolphthalein) ist vorwiegend HPO_4^{2-} vorhanden. Die Bildung von tertiärem Phosphat ist von einem derart schwachen «Sprung» begleitet, daß man ihn experimentell kaum mehr feststellen kann. Die Kurve zeigt, wie mehrprotonige Säuren stufenweise neutralisierbar sind.

Abb.15.8 gibt das logarithmische Diagramm der Existenzbereiche und Konzentrationen der Systeme $H_3PO_4/H_2PO_4^-/HPO_4^{2-}/PO_4^{3-}$.

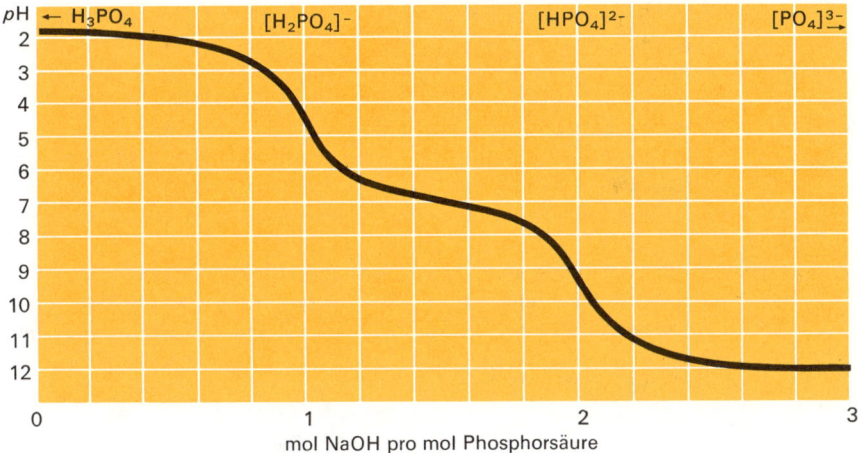

Abb. 15. 7. Titrationskurve der Orthophosphorsäure

Phosphate sind wichtige *Düngemittel.* Die natürlichen Phosphormineralien Phosphorit und Apatit sind allerdings zu wenig löslich, um von Pflanzen aufgenommen zu werden. Mit Schwefelsäure hingegen läßt sich Phosphorit in ein Gemisch von Gips und Calciumdihydrogenphosphat, das sogenannte *Superphosphat,* überführen, das besser löslich ist und den wichtigsten Phosphordünger bildet:

$$Ca_3(PO_4)_2 + 2\ H_2SO_4 \longrightarrow 2\ \underbrace{CaSO_4 + Ca(H_2PO_4)_2}_{\text{Superphosphat mit Kristallwasser}}$$

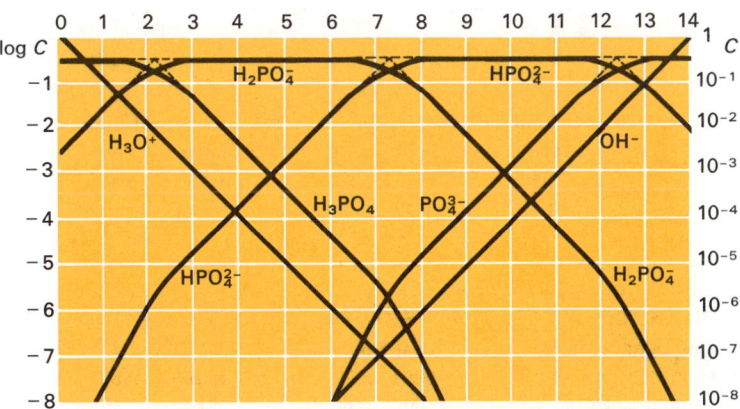

Abb. 15. 8. Logarithmisches Diagramm des Systems $H_3PO_4/H_2PO_4^-/HPO_4^{2-}/PO_4^{3-}$

Die Bedeutung des Superphosphats als Dünger läßt sich daran ermessen, daß rund 50% der Welt-Schwefelsäureproduktion zur Herstellung von Superphosphat verwendet werden.

Von den organischen Derivaten der Phosphorsäure müssen insbesondere die *Nucleinsäuren* erwähnt werden, hochmolekulare Substanzen, in denen Phosphorsäure mit einem Kohlenhydrat (Ribose oder Desoxyribose) und verschiedenen organischen Basen verbunden ist und die als Träger der genetischen Information eine biologisch außerordentlich wichtige Rolle spielen. Bei der Energieübertragung und -speicherung im Stoffwechsel der Zelle kommt der Bildung und Trennung (Hydrolyse) von P—O—P-Bindungen eine weitere überragende Bedeutung zu.

Die Moleküle der Orthophosphorsäure (und ebenso die Hydrogenphosphat-Ionen) neigen zur **Kondensation,** d. h. zur Vereinigung zu größeren Molekülen (Ionen), wobei — im Gegensatz zur eigentlichen **Polymerisation** — noch andere (meist Wasser-) Moleküle abgespalten werden. So bildet sich beim Erhitzen von Orthophosphorsäure *Pyrophosphorsäure (Diphosphorsäure),* indem sich zwei H_3PO_4-Moleküle unter Wasseraustritt verbinden:

$$H_3PO_4 + H_3PO_4 \longrightarrow H_4P_2O_7 + H_2O$$

Pyrophosphorsäure kann in reinem Zustand als zerfließliche, bei 61 °C schmelzende Substanz erhalten werden.

Stärkeres Erhitzen (über 200 °C hinaus) oder auch Reaktion von P_4O_{10} mit wenig Wasser ergibt *höhere Phosphorsäuren,* von denen die niederen Glieder (mit 3 bis 6 P-Atomen) z.B. papierchromatographisch getrennt werden können. Von ihren Salzen sind nur die Natrium- und Kaliumsalze gut charakterisiert; sie finden Verwendung als Waschmittel oder zur Wasserenthärtung (Bildung wasserlöslicher Komplexe mit Ca^{2+}) und wegen ihres großen Wasserbindungsvermögens auch als Zusätze zu Lebensmittelkonserven. In Wasser werden sie sehr langsam zu Orthophosphaten hydrolysiert.

Werden primäre Orthophosphate (z. B. NaH_2PO_4) stark erhitzt (auf Temperaturen zwischen 200 °C und 1000 °C), so erhält man hochpolymere *Polyphosphate* mit 10^3 bis 10^4-P-Atomen in der Kette:

Ihre Kettenlängen und Strukturen sind nicht genau bekannt, und man unterscheidet darum rein empirisch verschiedene Formen, die durch Erhitzen auf verschieden hohe Temperaturen erhalten werden können. Aus NaH_2PO_4 entsteht z.B. durch Erhitzen auf etwa 200 °C das *«Madrellsche Salz»* (kristallin, wasserunlöslich), das bei weiterem Erhitzen (auf etwa 600 °C) in das wasserlösliche *Metaphosphat* [«$Na_3(PO_3)_3$»] übergeht (Smp. 620 °C). Die abgeschreckte glasartige Schmelze, das *«Grahamsche Salz»,* ist wasserlöslich und bildet ebenfalls mit Ca^{2+} lösliche Chelatkomplexe (Verwendung als Wasserenthärtungsmittel unter der Bezeichnung Calgon). *«Kurollsches Salz»* schließlich entsteht bei etwa 500 °C aus KH_2PO_4 in Form hochpolymerer, wasserunlöslicher Fasern.

Die eigentlichen *Metaphosphate* bzw. *Metaphosphorsäuren* haben fast die gleiche analytische Zusammensetzung wie die Polyphosphate (Polyphosphorsäuren), nämlich $(PO_3^-)_n$ bzw. $(HPO_3)_n$; sie unterscheiden sich von diesen jedoch dadurch, daß sie *ringförmig* geschlossene Ionen (Moleküle) enthalten, weil die Wasserabspaltung beim Erhitzen von Orthophosphaten bzw. Orthophosphorsäure auch intramolekular erfolgen kann. Die niedrigste Metaphosphorsäure ist die Trimetaphosphorsäure, $H_3P_3O_9$, die einen Sechsring enthält:

$$
\begin{array}{c}
\text{HO}\diagdown\overset{\displaystyle \nearrow^{O}}{P}\\
\end{array}
$$

Von den verschiedenen Metaphosphorsäuren sind nur die Glieder mit 3 bis 6 P-Atomen gut charakterisiert. Es sind eisartige, feste Substanzen von ähnlicher Säurestärke wie die Orthophosphorsäure (in ihrer 1. Protolysenstufe); ihre Anionen sind isoelektronisch mit SO_3, so daß das Trimetaphosphat dem eisartigen SO_3 (S. 477) entspricht. Von Wasser werden sie langsam über Polyphosphate bzw. Polyphosphorsäuren zu Orthophosphaten (Orthophosphorsäure) hydrolysiert.

Die Phosphorverbindungen der Oxidationsstufe + V sind thermisch viel stabiler als die entsprechenden Stickstoffverbindungen. Auch wirken sie – im Gegensatz zu diesen – kaum oxidierend.

In den Sauerstoffsäuren der Oxidationsstufen + III und + I betätigt Phosphor ebenfalls die *Koordinationszahl 4.* Die *phosphorige Säure* (H_3PO_3), eine feste Substanz (Smp. 70°C), die durch Hydrolyse von PCl_3 oder aus P_4O_6 und Wasser erhalten werden kann, ist eine nur zweiprotonige Säure (pK_s der 1. Stufe 1,29) und besitzt folgende Struktur:

$$
\begin{array}{c}
\text{O}\\
\parallel\\
\text{HO}-\text{P}-\text{H}\\
\mid\\
\text{OH}
\end{array}
$$

Sowohl die Säure wie auch ihre Salze, die Phosphite, sind starke Reduktionsmittel ($E^0_{HPO_3^{2-}/PO_4^{3-}}$ in alkalischer Lösung = $-1{,}12$ V).

Die *hypophosphorige Säure,* H_3PO_2, (zerfließliche Kristalle vom Smp. 26,5°C) kann – in Form ihrer Salze – durch Erhitzen von weißem Phosphor mit Alkalihydroxidlösungen erhalten werden (als Nebenprodukt entsteht dabei Phosphin). Sie ist eine ziemlich starke, einprotonige Säure ($pK_s = 1{,}1$):

$$
\begin{array}{c}
\text{O}\\
\parallel\\
\text{H}-\text{P}-\text{H}\\
\mid\\
\text{OH}
\end{array}
$$

Die Tatsache, daß in D_2O nur ein einziges H-Atom gegen D austauschbar ist, erhärtet die angegebene Struktur. Auch Hypophosphite sind starke Reduktionsmittel ($E^0_{H_2PO_2^-/PO_4^{3-}}$ = $-1{,}65$ V).

Halogenverbindungen. Phosphor bildet mit den Halogenen Verbindungen der Zusammensetzung PX_3 und PX_5 (letztere nicht mit Iod). Die Moleküle der Trihalogenide sind pyramidal gebaut und lassen sich aus den Elementen unter Verwendung eines Überschusses an Phosphor gewinnen. Die wichtigste dieser Verbindungen ist PCl_3 *(Phosphortrichlorid)*, eine farblose, stechend riechende Flüssigkeit (Smp. $-111,8\,°C$, Sdp. $74,2\,°C$). Man stellt sie durch Verbrennen von weißem Phosphor in Chlor her und verwendet sie als Chlorierungsmittel in der organischen Chemie. Mit Wasser wird PCl_3 zu H_3PO_3 und HCl hydrolysiert. PCl_5 *(Phosphorpentachlorid*; aus PCl_3 und Chlor erhältlich) besteht im Dampf aus Molekülen der Zusammensetzung PCl_5 und von trigonal-bipyramidaler Struktur; es ist eine bei Raumtemperatur feste Substanz, die bei 100°C sublimiert und im festen Zustand Ionenkristalle mit PCl_4^+- und PCl_6^--Ionen bildet (siehe S. 212). Phosphorpentachlorid ist eine Lewis-Säure (unbesetzte, für Bindungen zur Verfügung stehende d-Orbitale des P-Atoms!); mit Wasser wird sie zu H_3PO_4 hydrolysiert, wobei aber die Zwischenstufe, das Phosphoroxychlorid ($POCl_3$; farblose Flüssigkeit vom Sdp. 105°C) faßbar ist:

$$PCl_5 \; + \; H_2O \; \longrightarrow \; POCl_3 \; + \; 2\,HCl$$
$$POCl_3 + 3\,H_2O \; \longrightarrow \; H_3PO_4 + 3\,HCl$$

Durch Erhitzen mit Ammoniak entsteht aus PCl_5 *Phosphornitriddichlorid,* $PNCl_2$, eine instabile Substanz, die sich ähnlich wie die PO_3^--Ionen entweder zu Ketten von unbeschränkter Länge $(PNCl_2)_x$ oder zu Ringen $(PNCl_2)_3$ polymerisiert. Die kettenförmige Polymerisate besitzen Kautschukelastizität, werden jedoch von Wasser leicht hydrolysiert; das ringförmige, trimere Phosphornitridchlorid zeigt ähnlich wie Benzol aromatischen Charakter (Delokalisierung von d-Orbitalen der P-Atome!):

Schwefelverbindungen. Schwefel und Phosphor verbinden sich oberhalb 100°C zu kovalenten, niedermolekularen *Sulfiden* wie P_4S_3, P_4S_5, P_4S_7 und P_4S_{10}, gelben, unzersetzt destillierbaren Flüssigkeiten. Ebenso wie die Moleküle der Oxide leiten sich auch die Moleküle der Sulfide vom P_4-Tetraeder ab, indem zwischen einzelne P–P-Bindungen S-Atome eingebaut sind. An der Luft verbrennen sie leicht zu P_4O_{10} und SO_2; mit Wasser ergeben sie H_2S und Phosphor-Sauerstoff-Säuren.

Durch Zusammenschmelzen von P_4O_{10} mit Metallsulfiden und Alkalihydroxiden entstehen *Thiophosphat-Ionen,* die sich formal von der Ortho- (bzw. Di- bzw. Tri-) phosphorsäure durch Ersatz von O- durch S-Atome ableiten. Die freien Säuren sind nur bei tiefen Temperaturen in Äther gelöst haltbar.

15.4 Verbindungen von Arsen, Antimon und Wismut

Zahlreiche Metalle bilden *Arsenide.* Alkali- und Erdalkaliarsenide ergeben mit Wasser wie die Phosphide die Wasserstoffverbindung, AsH_3 *(Arsin).* Arsin ist ein noch stärker giftiges und weniger stabiles Gas als Phosphin (Sdp. $-62\,°C$; $\Delta H_f^0 = +67\,kJ/mol$), das sich bereits bei relativ schwachem Erhitzen in die Elemente spaltet. Arsin entsteht auch bei der Einwirkung von H_{nasc} auf As-Verbindungen; die Bildung eines As-Spiegels durch thermische Zersetzung von

Arsin wird zum Nachweis von Arsen in der Gerichtsmedizin verwendet *(Marsh-Probe)*. Manche Arsenide der Übergangselemente besitzen metallähnliche Eigenschaften und sind Halbleiter. Gewisse Antimonide von Metallen kommen als Mineralien in der Natur vor ($NiSb$, Ag_3Sb). Antimonwasserstoff *(Stibin, SbH_3)* ist ebenfalls sehr giftig und noch unbeständiger als Arsin ($\Delta H_f^0 = +145$ kJ/mol).

Die wichtigsten *Oxide* von Arsen und Antimon sind die Trioxide, As_4O_6 (*«Arsenik»*) und Sb_4O_6, die beide in Molekülstrukturen kristallisieren und dem P_4O_6-Molekül analog gebaute Moleküle besitzen. Sb_4O_6 tritt zusätzlich in einer rhombisch kristallisierenden Form auf, welche hochmolekulare Ketten als Bausteine enthält. Beide Oxide entstehen durch die Verbrennung der Elemente; As_2O_3 wird technisch als Nebenprodukt beim Rösten von Sulfiden gewonnen. Arsen (V)-oxid ist weniger stabil als Arsen (III)-oxid und kann nicht durch Verbrennung, sondern nur durch Wasserabspaltung aus der entsprechenden Säure (H_3AsO_4) erhalten werden. Auch Antimon (V)-oxid ist beträchtlich weniger stabil als das Oxid der Oxidationsstufe $+$ III; im Gegensatz zum Arsen (V)-oxid bildet es keine Molekülstruktur, sondern besitzt einen komplizierten Kristallbau, in der Sb-Atome oktaedrisch mit 6 O-Atomen koordiniert sind.

Arsenik löst sich langsam und nur wenig in Wasser; die Existenz einer Säure H_3AsO_3 *(arsenige Säure)* ist sehr fraglich. Hingegen sind die den drei Protolysenstufen dieser Säure entsprechenden Salze *(Arsenite)* bekannt. Antimon (III)-oxid löst sich sowohl in Hydroxidlösungen (unter Bildung von *Antimoniten)* wie auch in starken Säuren [unter Bildung von *Sb^{3+}-Ionen,* wie z. B. im Antimonnitrat, $Sb(NO_3)_3$] auf; in der Existenz positiv geladener Kationen zeigt sich der beim Antimon bereits deutlich ausgeprägte Metallcharakter. Durch Oxidation von Arsenik mittels konzentrierter Salpetersäure läßt sich eine Lösung von *Arsensäure,* H_3AsO_4, erhalten, welche nach Verdampfen des Wassers die reine Arsensäure in Form farbloser, zerfließlicher Kristalle (Smp. 35,5 °C) ergibt. Die Säure ist wenig schwächer als Phosphorsäure (pK_s 1. Stufe $= 2,3$). Die verschiedenen Hydrogenarsenate und Arsenate gleichen in bezug auf Löslichkeit und Kristallform stark den entsprechenden Phosphaten. Antimon (V)-oxid, durch Oxidation von Antimon mit konzentrierter Salpetersäure als wasserhaltiges Produkt erhältlich, löst sich im Wasser sehr wenig; die Lösung reagiert sauer und enthält wahrscheinlich neben H_3O^+-Ionen *Hexahydroxoantimonat-Ionen* ($[Sb(OH)_6]^-$). Jedenfalls ist eine Anzahl von Salzen, welche dieses Komplex-Ion als Anion enthalten, bekannt; von einer gewissen Bedeutung ist das relativ schwerlösliche Natriumsalz, welches in der analytischen Chemie zum Nachweis von Na^+-Ionen Verwendung findet.

Mit *Halogenen* bilden Arsen und Antimon den Phosphorhalogeniden analog zusammengesetzte Verbindungen. Von der Oxidationsstufe $+$ V sind nur AsF_5 (Sdp. -53 °C), SbF_5 (Smp. -40 °C) und $SbCl_5$ (Smp. 2 °C) bekannt, die im Gaszustand und in flüssiger Form aus diskreten (kovalenten) Molekülen aufgebaut sind, im festen Zustand aber wahrscheinlich ähnlich den Phosphor (V)-halogeniden einen Ionenkristall bilden. Es sind wie PCl_5 starke Lewis-Säuren. Mit F^-- oder Cl^--Ionen bilden sie Fluoro- bzw. Chlorokomplexe (AsF_6^-, $SbCl_6^-$). Auch die Halogenide der Oxidationsstufe $+$ III sind kovalente Verbindungen. Es sind ebenfalls Lewis-Säuren, die mit Halogenidionen Halogenokomplexe bilden und in Wasser hydrolysiert werden. Aus den Antimonhalogeniden bildet sich dabei aber nicht die entsprechende Sauerstoffsäure, sondern das Kation SbO^+ («Antimonyl-Ion»).

Sowohl Arsen wie Antimon bilden mehrere *Schwefelverbindungen,* die zum Teil direkt durch Zusammenschmelzen des betreffenden Elements mit Schwefel erhalten werden können. Von den Arsensulfiden sind das rote As_4S_4 (in der Natur als Realgar), das zitronengelbe As_4S_6 («Auripigment») und das hellgelbe As_4S_{10} genauer bekannt. Das Molekül von Realgar ist ähnlich gebaut wie das S_4N_4-Molekül (vgl. S. 476). Realgar schmilzt bei 320 °C und verdampft bei 565 °C; der Dampf enthält nichtpolymere Moleküle. As_4S_6 und As_4S_{10} entsprechen in ihrer

Struktur den analogen Phosphorverbindungen. Im Gegensatz zu diesen werden sie jedoch durch Wasser nicht zu Arsensauerstoffverbindungen hydrolysiert, sondern entstehen im Gegenteil durch Reaktion von Arsenit- bzw. Arsenatlösungen mit H_2S. Beide Sulfide lösen sich in Alkalisulfidlösungen unter Bildung von *Thiokomplexen :*

$$As_4S_6 + 6\ S^{2-} \longrightarrow 4\ AsS_3^{3-} \qquad\qquad As_4S_{10} + 6\ S^{2-} \longrightarrow 4\ AsS_4^{3-}$$

Von den Antimonsulfiden sind Sb_2S_3 («Grauspießglanz»; in frisch gefälltem Zustand orangerot) und Sb_2S_5 gut charakterisiert. Beide können durch direkte Reaktion der Elemente oder durch Fällung aus Antimonit- bzw. Antimonatlösungen mit H_2S erhalten werden und ergeben mit Alkalisulfiden ebenfalls Thiokomplexe. Im festen Zustand zeigen sie Band- oder Kettenstrukturen.

Als bereits deutlich metallisches Element verbindet sich *Wismut* mit Halogenen und Schwefel direkt zu Halogeniden und zu Sulfid, welche teilweise – wie etwa BiF_3 (Smp. 730°C) – deutlichen Salzcharakter zeigen. Entsprechend seinem positiven Normalpotential ($E^0 = +0,2$ V) löst sich das Metall nicht in verdünnter Salzsäure, hingegen in oxidierenden Säuren wie konzentrierte Salpetersäure oder heiße Schwefelsäure, wobei Lösungen, die Bi^{3+}-Ionen enthalten, entstehen. Mit Hydroxidlösungen erhält man aus Lösungen von Wismutsalzen weißes, schwerlösliches *Wismut(III)-hydroxid,* eine gut charakterisierte Substanz von stöchiometrischer Zusammensetzung. Beim Erwärmen geht das Hydroxid in die wasserärmere Form, $BiOOH$, und bei noch stärkerem Erwärmen schließlich in *Wismut(III)-oxid,* Bi_2O_3, über. Bi_2O_3, ein gelbes Pulver, ist das einzige gut charakterisierte Oxid von Wismut. Durch Weiteroxidation mit sehr starken Oxidationsmitteln läßt sich Wismut (V)-oxid als wenig stabile, leicht sauerstoffabspaltende Substanz erhalten; im reinen Zustand ist jedoch dieses Oxid bisher nicht bekanntgeworden. Durch Erhitzen z. B. von Na_2O_2 mit Bi_2O_3 kann man *Wismutate* (z. B. $NaBiO_3$) erhalten, die jedoch ebenfalls in reinem Zustand kaum herstellbar sind und sehr stark oxidierend wirken. Schließlich bildet Wismut noch ein positives Ion der Zusammensetzung BiO^+ *(«Bismutyl-Ion»),* welches als Nitrat durch Behandlung von Wismut(III)-oxid mit Salpetersäure erhältlich ist und sehr beständig ist.

15.5 Beziehungen zwischen den Elementen der Gruppe

Ebenso wie bei den Gruppen VI und VII nimmt der Metallcharakter der Elemente mit zunehmender Ordnungszahl stark zu. In dieser Beziehung unterscheiden sich die leichteren und schwereren Elemente der Gruppe stärker voneinander als die Elemente irgendeiner anderen Elementgruppe. Stickstoff – als Nichtmetall – und Wismut – als Metall – treten als einzige Elemente der Gruppe nicht in mehreren Modifikationen auf. Phosphor kommt gewöhnlich in den nichtmetallischen Formen vor (schwarzer Phosphor kann nur unter außergewöhnlichen Bedingungen erhalten werden, obschon er bei Raumtemperatur die thermodynamisch stabilste Form darstellt), während Arsen und Antimon normalerweise in der (stabileren) metallischen Modifikation existieren. Antimon und besonders Wismut sind zudem die einzigen Elemente der Gruppe, welche auch positive Ionen bilden können, welche in den Ionenkristallen von Salzen oder sogar in wäßriger Lösung beständig sind (Sb^{3+}, SbO^+ bzw. Bi^{3+} und BiO^+). Entsprechend der vom Stickstoff zum Wismut stark abnehmenden Elektronegativität nimmt in der gleichen Richtung die Stabilität der Wasserstoffverbindungen ab, die Stabilität der Sauerstoffverbindungen (d. h. die Stabilität der positiven Oxidationsstufen der Elemente) hingegen zu, wobei beim Phosphor die + V-Stufe, beim Wismut die + III-Stufe stabiler ist. Der Bindungswinkel H—X—H beträgt beim Ammoniak 107°; beim Phosphin und Arsin schließen jedoch die H—X—H-Bindungen einen Winkel von nahezu 90° ein (PH$_3$: 93°). Die bindenden Elektronen haben also im Fall von PH$_3$ und AsH$_3$ eher den Charakter von p-Elektronen, und das freie Elektronenpaar entspricht hier eher einem s-Elektronenpaar. Dies ist mit ein Grund für die vom NH$_3$ zum PH$_3$ stark abnehmende Basizität der Wasserstoffverbindungen. – Der vom Stickstoff zum Wismut stark wachsende Atomradius hat eine Erhöhung der Koordinationszahl zur Folge: Während Stickstoff nur im Ammoniumion (und in den substituierten Ammoniumionen, wie den Tetraalkylammoniumionen) die Koordinationszahl 4 betätigt, zeigt Phosphor in den Phosphorsäuren und den Phosphaten durchwegs die Koordinationszahl 4 und gegenüber Fluor sogar die Koordinationszahl 6 (im PF$_6^-$-Komplex). Antimon schließlich tritt auch gegenüber Sauerstoff in sechsfach koordinierter Form auf.

Die *Sonderstellung,* die der *Stickstoff* als erstes Element der Gruppe innehat, zeigt sich in seinem besonders kleinen Atomradius, seiner hohen Elektronegativität und seiner Tendenz zur Bildung von Mehrfachbindungen. Das chemische Verhalten von Stickstoff ist das eines typischen, elektronegativen Nichtmetalls, das in Kovalenzbindungen häufig negativ polarisiert ist und dessen Verbindungen in höheren positiven Oxidationszahlen starke Oxidationsmittel sind. Eine Tendenz zur Bildung kettenartiger Atomverbände ist kaum vorhanden. Mit Ausnahme der stöchiometrischen Verhältnisse in entsprechenden Verbindungen – und auch dies nur zum Teil! (vgl. die Oxysäuren!) – sind die Ähnlichkeiten zwischen Stickstoff und den übrigen Elementen der Gruppe nicht sehr groß.

Zum Schluß sollen auch hier noch die *Redoxpotentiale* verglichen werden:

In saurer Lösung

$$\text{NH}_4^+ \xrightarrow{+0,27} \text{N}_2 \xrightarrow{+1,77} \text{N}_2\text{O} \xrightarrow{+1,59} \text{NO} \xrightarrow{+0,99} \text{HNO}_2 \xrightarrow{+0,94} \text{NO}_3^-$$

$$\text{N}_2 \xrightarrow{+0,83} \quad \text{NO} \xrightarrow{+0,95} \text{NO}_3^-$$

in alkalischer Lösung

$$\text{NH}_3 \xrightarrow{-0,73} \text{N}_2 \xrightarrow{+0,94} \text{N}_2\text{O} \xrightarrow{+0,76} \text{NO} \xrightarrow{-0,46} \text{NO}_2^- \xrightarrow{+0,01} \text{NO}_3^-$$

$$\text{N}_2 \xrightarrow{-0,10} \quad \text{NO} \xrightarrow{+0,15}$$

in saurer Lösung

$$\text{PH}_3 \xrightarrow{-0,06} \text{P}_4 \xrightarrow{-0,51} \text{H}_3\text{PO}_2 \xrightarrow{-0,50} \text{H}_3\text{PO}_3 \xrightarrow{-0,28} \text{H}_3\text{PO}_4$$

$$\text{P}_4 \xrightarrow{-0,50} \text{H}_3\text{PO}_3$$

in alkalischer Lösung

$$\text{PH}_3 \xrightarrow{-0,89} \text{P}_4 \xrightarrow{-2,05} \text{H}_2\text{PO}_2^- \xrightarrow{-1,65} \text{HPO}_3^{2-} \xrightarrow{-1,12} \text{PO}_4^{3-}$$

in saurer Lösung

$$\text{AsH}_3 \xrightarrow{-0,60} \text{As} \xrightarrow{+0,25} \text{HAsO}_2 \xrightarrow{+0,559} \text{H}_3\text{AsO}_4$$

in alkalischer Lösung

$$\text{AsH}_3 \xrightarrow{-1,43} \text{As} \xrightarrow{-0,68} \text{AsO}_2^- \xrightarrow{-0,67} \text{AsO}_4^{3-}$$

in saurer Lösung

$$\text{SbH}_3 \xrightarrow{-0,51} \text{Sb} \xrightarrow{+0,21} \text{SbO}^+ \xrightarrow{+0,58} \text{Sb}_2\text{O}_5$$

Die Darstellungen zeigen, wie die N^{+V}-Verbindungen ziemlich stark oxidierend wirken (insbesondere in saurer Lösung). Auch H_3AsO_4 ist – im Gegensatz zu H_3PO_4 – ein mäßig gutes Oxidationsmittel. In alkalischen Lösungen wirken besonders weißer Phosphor und Hypophosphit, ebenso auch Arsen und AsH_3 stark reduzierend. Während Nitrit (in saurer Lösung) in NO und NO_3^- disproportionieren kann, ist die + III-Stufe beim Phosphor und Arsen sowie beim Antimon auch in saurer Lösung gegenüber Disproportionierung stabil. In alkalischer Lösung wirken P^{+III} und As^{+III} stark reduzierend. Alkalische Arsenitlösungen werden darum oft zur Titerstellung von Maßlösungen für die Oxidimetrie in der Maßanalyse verwendet.

Übungen

15.1   Wie wirkt sich die hohe Bindungsenergie der $N\equiv N$-Bindung auf die Stickstoffchemie aus?

15.2   Erklären Sie die große Reaktionsfähigkeit von weißem Phosphor. Ist die leichte Oxidierbarkeit ein kinetischer oder thermodynamischer Effekt?

15.3   In welcher Form kommen die Elemente der Gruppe V in der Natur vor?

15.4   Stellen Sie die verschiedenen Typen der Nitride zusammen und erklären Sie ihre Eigenschaften!

15.5   Vergleichen Sie die physikalischen und chemischen Eigenschaften von Wasser und Ammoniak!

15.6   Erklären Sie den schwächer basischen Charakter von Hydrazin bzw. Hydoxylamin verglichen mit Ammoniak!

15.7   Geben Sie die Möglichkeiten zur Herstellung von Hydrazin und Hydroxylamin an!

15.8   Vergleichen Sie die chemischen Eigenschaften und die Molekülstruktur von NO und NO_2, von N_2O_5 und P_2O_5!

15.9   Wie kann man Nitrite herstellen? Wie verhalten sie sich gegenüber Oxidations- und Reduktionsmitteln?

15.10   Vergleichen Sie die physikalischen und chemischen Eigenschaften von NH_3 und PH_3!

15.11   Wie läßt sich verstehen, daß die Aciditätskonstante der dritten Protolysenstufe von H_3PO_4 einen so kleinen Wert hat? Warum ist Schwefelsäure die stärkere Säure als Orthophosphorsäure?

15.12   Phosphorige Säure verbraucht bei der Neutralisation mit NaOH nur zwei Äquivalente Hydroxid, unterphosphorige Säure sogar nur ein einziges Äquivalent. Warum?

15.13   Erklären Sie den aromatischen Charakter von Phosphornitridchlorid!

15.14   Worin zeigt sich der stärker elektropositive Charakter von Sb und Bi?

15.15   Geben Sie die Elektronenstruktur folgender Teilchen an: NO_3^-, NO_2^-, NO_2^+, NO. Ist das NO_2^+-Ion gerade oder gewinkelt gebaut?

15.16   Zur Titerstellung einer wäßrigen Iodlösung wird eine Lösung von As_2O_3 verwendet, das durch Iod in $H_2AsO_4^-$ übergeführt wird. In einem bestimmten Fall reagieren 0,276 g As_2O_3 mit 45 ml Iodlösung. Berechnen Sie die Molarität der Iodlösung!

15.17   Stellen Sie die Gleichungen für folgende Reaktionsfolgen auf:
        a) $P_4 \longrightarrow PH_3$;   b) $P_4 \longrightarrow H_3PO_4$;   c) $Ca_3(PO_4)_2 \longrightarrow H_3PO_3$.

15.18   Stellen Sie die Gleichungen folgender Reaktionen auf:
        a) Reduktion von Salpetersäure durch Zink zu NH_4^+.
        b) Erhitzen von Magnesium in Luft und anschließende Reaktionen der Produkte mit Wasser.
        c) Herstellung von NO_2 aus NH_3.

15.19 Die Reaktion $H_3PO_3 + I_2 + H_2O \longrightarrow H_3PO_4 + 2HI$ (aq) ist erster Ordnung bezüglich H_3PO_3 und erster Ordnung bezüglich I_2. Die Geschwindigkeitskonstante bei 25°C beträgt $9,4 \cdot 10^{-3}$ mol^{-1} min^{-1}. Wie lange dauert es, bis die Hälfte der vorhandenen H_3PO_3 oxidiert ist, wenn die Ausgangskonzentrationen folgende Werte haben:

a) H_3PO_3 10^{-3} mol/l und I_2 0,1 mol/l

b) H_3PO_3 $2 \cdot 10^{-3}$ mol/l und I_2 0,1 mol/l

c) H_3PO_3 10^{-3} mol/l und I_2 0,2 mol/l

15.20 Quecksilber wird durch NO_2 gemäß folgender Gleichung oxidiert:

$Hg + NO_2 \longrightarrow NO + HgO$

Im Gegensatz dazu wird aber Quecksilber von N_2O nicht angegriffen. Ist dies ein thermodynamischer oder ein kinetischer Effekt? G_f^0 (HgO) = − 58,5 kJ/mol.

15.21 Beim Einleiten von H_2S in konzentrierte Salpetersäure bilden sich Schwefel, NO, NO_2 und NH_4^+. Geben Sie die Reaktionsgleichungen an!

15.22 Berechnen Sie die Konzentrationen der drei Anionen PO_4^{3-}, HPO_4^{2-} und $H_2PO_4^-$ in einer 0,1-M Na_3PO_4-Lösung!

Literatur

F. A. Cotton und G. Wilkinson — *Anorganische Chemie.* Verlag Chemie, Weinheim 1972 (Kapitel 12 und 13)

A. F. Holleman und E. Wiberg — *Lehrbuch der Anorganischen Chemie.* De Gruyter, Berlin 1970 (Kapitel XI)

W. L. Jolly — *The Chemistry of the Non-Metals.* Foundation of Modern Chemistry Series. Prentice-Hall, Englewood Cliffs 1966

M. J. Sienko, R. A. Plane und R. S. Hester — *Inorganic Chemistry.* Benjamin, New York 1965 (Part II, Kapitel 9)

16 Die Elemente der Gruppe IV

Die ersten beiden Elemente dieser Gruppe nehmen eine außergewöhnliche Stellung ein: Kohlenstoff als Bestandteil aller organischen Verbindungen und Silicium als gesteinsbildendes Element. Ihre besondere Bedeutung verdanken die beiden Elemente ihrer Elektronenkonfiguration ($ns^2\,np^2$) in Verbindung mit ihrer «günstigen» Atomgröße; da die vier Valenzelektronen bei der Bildung von Atomverbänden gleichwertig werden, ergibt sich für die vier durch Kovalenzbindungen an das C- bzw. das Si-Atom gebundenen Liganden eine hohe Symmetrie in bezug auf räumliche Struktur und Ladungsverteilung. Letzteres wird dadurch, daß die normale Koordinationszahl der Bindungszahl gleich ist, weiter begünstigt. Die symmetrische Ladungsverteilung und damit verbunden die weder besonders hohe noch besonders kleine Elektronegativität bewirken, daß – im Falle des Kohlenstoffes – Bindungen gleicher Atome untereinander und Bindungen zwischen Wasserstoff- und Kohlenstoffatomen bei Raumtemperatur ungewöhnlich beständig (wenn auch thermodynamisch nicht stabil) sind und – im Falle des Siliciums – Bindungen mit Sauerstoff besonders stabil sind. Wie auch bei anderen Elementgruppen nimmt der Metallcharakter mit zunehmender Ordnungszahl zu; Germanium und ganz besonders Zinn und Blei sind typische Metalle.

16.1 Die Elemente

Kohlenstoff. Kohlenstoff tritt in der Natur in den Isotopen ^{12}C (98,89 %) und ^{13}C (1,11 %) auf; in Spuren kommt auch das radioaktive Nuclid ^{14}C (ein β-Strahler mit einer Halbwertszeit von 5570 Jahren) natürlich vor. Die Bestimmung des Anteils an ^{14}C (das in oberen Schichten der Atmosphäre durch Einwirkung kosmischer Strahlen auf ^{14}N entsteht) wird zur Altersbestimmung von biologischen Materialien ausgenützt (S. 21). Das Nuclid ^{13}C ist für NMR-Untersuchungen von Bedeutung, da es – im Gegensatz zum Nuclid ^{12}C – einen Kernspin besitzt. Elementarer Kohlenstoff ist polymorph und tritt in zwei Modifikationen auf, die sich voneinander stark unterscheiden. Im *Diamant,* der bei Raumtemperatur metastabilen Form, ist jedes C-Atom tetraedrisch von vier anderen Atomen umgeben, wobei die Atome unter sich durch Atombindungen verbunden sind (Abb.16.1). Die hohe Härte ist auf die durch die relativ große Bindungsenthalpie der C—C-Bindung (348 kJ/mol) bedingte extrem hohe Gitterenergie zurückzuführen[1]. Die Struktur von *Graphit* (Abb. 16.1) besteht aus ebenen Schichten, in denen die C-Atome zu regelmäßigen Sechsecken geordnet sind (Abstand zweier C-Atome 142 pm; Abstand der Schichten untereinander 340 pm). Natürlicher Graphit tritt dabei in zwei Modifikationen auf, die sich durch die Art der Aufeinanderfolge der Schichten unterscheiden. Die Bindungen zwischen zwei C-Atomen können als MO aufgefaßt werden, die durch Überlagerung zweier sp^2-Hybrid-AO gebildet sind; die Elektronen in den nichthybridisierten p-AO bilden ein völlig delokalisiertes System ähnlich wie in den Metallen. Dies erklärt die metallische Leitfähigkeit (sowie die hohe Lichtabsorption und den metallischen Glanz) von Graphit. Die elektrische

---

[1] 1967 wurde in Meteoriten eine *hexagonale Modifikation von Diamant* entdeckt, die offenbar in der Wurtzit-Struktur kristallisiert. Über ihre Eigenschaften ist noch wenig bekannt geworden.

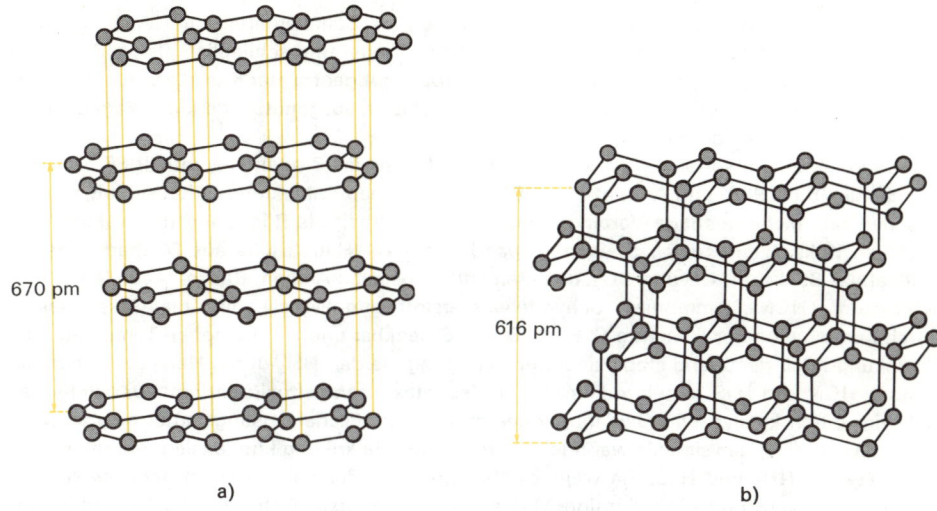

670 pm

616 pm

a)

b)

Abb. 16. 1. a) Graphitstruktur, b) Diamantstruktur

Leitfähigkeit ist naturgemäß (bei Einkristallen) stark richtungsabhängig; sie beträgt in der Richtung parallel den Schichten $\approx 2{,}8 \cdot 10^4$ Ohm^{-1} cm^{-1}, während sie senkrecht dazu nur etwa 5 Ohm^{-1} cm^{-1} beträgt. Zwischen den Schichten sind nur schwache van der Waals-Kräfte wirksam, was die geringe Härte und die leichte Spaltbarkeit parallel den Schichtebenen erklärt. Während somit ein Diamantkristall gewissermaßen ein einziges «Riesenmolekül» darstellt, bildet ein Graphitkristall eine schichtförmige Aufeinanderfolge sehr flacher Riesenmoleküle übereinander.

Graphit ist die *thermodynamisch stabilere* Form des Elementes. Die Differenz der freien Enthalpie zwischen den beiden Modifikationen beträgt jedoch nur 2,90 kJ/mol. Die Umwandlung von Diamant in Graphit verläuft extrem langsam; erst beim Erhitzen auf 1500°C (unter Luftabschluß!) geht Diamant rascher in Graphit über. Die Umkehrung dieses Prozesses, die Bildung von Diamant aus Graphit, ist erst vor rund 25 Jahren einwandfrei gelungen (1953), wird aber heute zur Gewinnung von Industriediamanten bereits technisch durchgeführt. Das *Phasendiagramm* von Kohlenstoff (Abb.16.2) zeigt, daß Diamant bei sehr hohen Drucken die stabilere Modifikation wird (bei 300 K stehen die beiden Formen unter einem Druck von 15 000 bar miteinander im Gleichgewicht!), so daß die Synthese von Diamant sehr hohe Drucke erfordert.

Die weiteren «Formen» von Kohlenstoff, wie *Koks, Gaskohle, Ruß* usw., stellen keine besondere Modifikationen des Elementes dar, sondern bestehen im wesentlichen aus mikrokristallinem, meist sehr schlecht geordnetem Graphit. Koks, Gaskohle, Holzkohle u.a. enthalten stets auch noch verschiedene andere Verbindungen (S-, N-Verbindungen; H_2O) beigemengt, sind also nicht reiner Kohlenstoff. Wird fein gepulverter Koks in Elektroöfen längere Zeit auf 2500°C erhitzt, so wandelt er sich allmählich in Graphit um. Diese Graphitisierung erfordert die Trennung und Neubildung zahlreicher Bindungen, so daß dazu verhältnismäßig hohe Temperaturen notwendig sind. Scheidet sich Kohlenstoff aus der Gasphase bei genügend hoher Temperatur ab, so entstehen besser geordnete Produkte. Praktisch gewinnt man deshalb auch Graphit durch thermische Zersetzung von Kohlenwasserstoffen an Graphitkontakten (> 2000°C), wobei durch anschließendes Erhitzen des Produktes auf 3000°C die Ordnung weiter erhöht werden kann. Graphit wird technisch als Schmiermittel zur Herstellung von Bleistiftminen (vermischt mit Kaolin), für Elektroden, Tiegel und schließlich als Moderator in Kernreaktoren verwendet. Die ausgeprägte Anisotropie gut geordneter Kristalle von pyrolytisch gewonnenem Graphit wird z. B. zur thermischen Isolation ausgenützt (geringe Wärmeleitung senkrecht zu den Schichten).

Fossile Kohle ist um so reicher an Kohlenstoff, je älter sie ist. Braunkohle enthält 65 bis 75 %, Steinkohle 75 bis 90 % und Anthrazit bis 95 % C. Erhitzt man Kohle unter Luftabschluß, so entweichen zahlreiche flüchtige Verbindungen, und man erhält als Rückstand den kohlenstoffreicheren Koks *(Verkokung)*. *Steinkohlengas* besteht zur Hauptsache aus Methan, Wasserstoff, etwas Stickstoff, CO und CO_2, daneben enthält es auch Aethan, Benzol, Aethylen, Cyanwasserstoff (HCN), Ammoniak, Schwefelwasserstoff und Wasser, also die Gase, welche durch Kombination der Elemente C, H, N, O und S denkbar und bei der hohen Temperatur der Verkokung noch genügend stabil sind. Zur Reinigung werden NH_3 durch Herauswaschen mit Wasser, HCN und H_2S mittels Adsorption an feuchtes Eisenhydroxid entfernt. Der Gehalt an CO wird durch katalytische Oxidation oder mittels spezifischer Lösungsmittel herabgesetzt. Das *« Gaswasser»,* das sich als wäßrige Lösung bei der Verkokung kondensiert, enthält erhebliche Mengen NH_3 und H_2S. Ein weiteres Nebenprodukt der Kokerei bildet der *Steinkohlenteer,* eine schwarzbraune, zähflüssige Masse, welche hauptsächlich aromatische Verbindungen enthält (Toluol, Xylole, Naphthalin u. a.), welche durch fraktionierte Destillation getrennt werden. Bis vor etwa 10 bis 15 Jahren stellte der Steinkohlenteer die Hauptquelle für Aromaten und damit eine äußerst wichtige Basis für viele Zweige der organisch-chemischen Großindustrie dar (Farbstoffe, Pharmazeutika); heute werden jedoch auch die Aromaten aus Erdölprodukten (durch katalytische Dehydrierung und Ringbildung von Kohlenwasserstoffen) gewonnen.

Tabelle 16.1. Physikalische Eigenschaften der Elemente der Gruppe IV

	Kohlenstoff	Silicium	Germanium	Zinn	Blei
Aussehen	grauschwarz, weich[1] bzw. farblos, hart[2]	schwarz, Metallglanz, hart	schwarzgrau, Metallglanz; Halbmetall	silberweiß, Metall[3]	bläulichgrau; an der Luft matt. Metall
Schmelzpunkt (°C)	3550[2]	1410	937,4	231,9[4]	327,4
Siedepunkt (°C)	4830[2]	2355	2830	2270	1751
Dichte (g cm^{-3})	1,9–2,3[1] 3,52[2]	2,33	5,32	7,31[3] 5,75[5]	11,34
EN	2,5	1,8	–	–	–
Atomradius (pm)	77	117	122	14	175
Ionenradius (Oxidationszahl + II; pm)	–	–	93	112	120
$E^0_{Me/Me^{2+}}$ (V)	–	–	–	– 0,16	– 0,13

[1] Graphit   [2] Diamant   [3] β-Zinn   [4] γ-Zinn   [5] α-Zinn

Behandelt man Graphit mit sehr starken Oxidationsmitteln (z. B. mit Gemischen aus konzentrierter Salpeter- und konzentrierter Schwefelsäure oder aus rauchender Salpetersäure und Kaliumchlorat), so erhält man das sogenannte *Graphitoxid*, eine Verbindung der angenäherten Zusammensetzung C_2O. Dabei werden O-Atome in die Schichten eingelagert und bilden entweder C—O—C-Brücken oder $>$C=O- bzw. $>$C—OH-Gruppen. Weil die π-Elektronen der

ursprünglichen Struktur die eingelagerten O-Atome binden, verschwindet die elektrische Leitfähigkeit des Materials. Zudem wird der Abstand der Kohlenstoffschichten auf etwa 600 bis 700 pm vergrößert. Eine solche «Einlagerungsverbindung» ist auch das durch Reaktion von Graphit mit elementarem Fluor herstellbare *Graphitfluorid*, eine meist graue (nur in sehr reinem Zustand fast weiße) Substanz der ungefähren Zusammensetzung CF. Der Abstand der Schichten (ungefähr 800 pm) entspricht ziemlich genau zweimal der Länge einer C—F-Bindung (140 pm) und zweimal des van der Waals-Radius eines F-Atoms (etwa 26 pm); wahrscheinlich

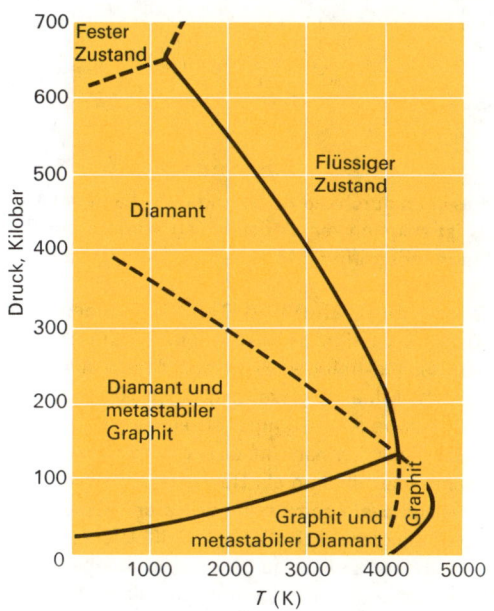

Abb. 16.2
Phasendiagramm von Kohlenstoff
(nach F. P. Bundy, J. Chem. Physics 38
(1963); aus Cotton-Wilkinson)

ist also jedes C-Atom mit einem F-Atom (und mit drei weiteren C-Atomen) verbunden. Die Schichten sind als Folge der tetraedrischen Bindungsrichtungen nicht mehr eben (Abb. 16.3), und elektrische Leitfähigkeit ist nicht vorhanden.

Silicium. Silicium, das zweithäufigste Element der Erde (am Aufbau der Erdkruste mit 28% beteiligt), tritt im Gegensatz zum Kohlenstoff nicht elementar auf, eine Folge seiner deutlich höheren Reaktionsfähigkeit. Es wird technisch durch Reduktion von SiO_2 mit C oder CaC_2 hergestellt. Hochreines Silicium, wie es für elektrotechnische Zwecke benötigt wird (Halbleiter, Gleichrichter) erhält man dadurch, daß rohes Silicium zuerst in $SiCl_4$ übergeführt und dieses nach der Reinigung durch Destillation mit Wasserstoff reduziert wird. Aus diesem reinen Silicium erhält man anschließend durch *«Zonenschmelzen»* Reinstsilicium (Verunreinigungen $< 10^{-9}$%!). Dabei wird ein Stab des zu reinigenden Materials vom einen Ende her durch Induktion derart erhitzt, daß nur eine schmale Zone über den gesamten Querschnitt hin schmilzt.

Diese geschmolzene Zone läßt man nun langsam durch den festen Stab bis an sein anderes Ende wandern. Dabei «sammelt» die den Stab durchlaufende Schmelzzone die noch vorhandenen Verunreinigungen, da diese in der Schmelze besser löslich sind als in der festen Substanz. Elementares Silicium (Smp. 1410°C) tritt nur in der Diamantstruktur auf, zeigt aber schon

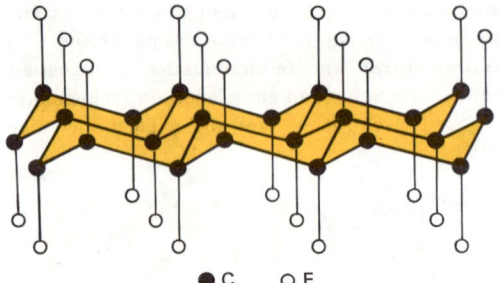

● C   ○ F

Abb. 16.3
Gitterstruktur von Graphitfluorid (CF)$_n$

äußerlich durch die Farbe und den charakteristischen Glanz seine Ähnlichkeit mit den Metallen. Es ist ziemlich reaktionsträg; so wird es bei Raumtemperatur nur von HF oder elementarem Fluor angegriffen. Mit Sauerstoff reagiert Silicium erst bei Temperaturen >1000°C.

Germanium, Zinn und Blei. Die übrigen Elemente der Gruppe IV machen zusammen etwa 10^{-3}% der Erdkruste aus. Von ihnen ist *Germanium* das seltenste Element; es wird hauptsächlich aus Ge-haltigen Zinkerzen sowie aus Germanit, einem kupfer-, eisen- und germaniumhaltigen Mineral, gewonnen. Auch Germanium kristallisiert im Diamantgitter, ist aber weicher und auch reaktionsfähiger als elementares Silicium und schmilzt auch ziemlich tiefer (937°C). Hochreines Germanium, dem geringe Spuren von Fremdelementen (As, B) zugesetzt wurden, besitzt wie Silicium als Halbleiter eine große Bedeutung.

Zinn und *Blei* kommen in der Natur hauptsächlich als Oxid bzw. Sulfid vor (SnO_2 [Kassiterit]; PbS [Bleiglanz]). $PbCO_3$ («Weißbleierz»), $PbCrO_4$ («Rotbleierz») und $PbSO_4$ «(Anglesit») sind ebenfalls wichtige Bleierze. Man erhält die Elemente durch Reduktion der Oxide mit Kohle bzw. Kohlenmonoxid, wobei Bleiglanz durch «Rösten» an der Luft zuerst in das Oxid übergeführt werden muß.

Zinn tritt in drei verschiedenen Modifikationen auf:

$$\alpha\text{-Sn} \underset{}{\overset{13{,}2°C}{\rightleftharpoons}} \beta\text{-Sn} \underset{}{\overset{161°C}{\rightleftharpoons}} \gamma\text{-Sn}$$

α-Sn	β-Sn	γ-Sn
grau	weiß	grau, spröde
Diamantstruktur	tetragonal	rhombisch
	metallisch	metallisch

Bei Raumtemperatur ist die metallische «weiße» Form beständig. Sie wandelt sich unterhalb 13,2°C allmählich in graues α-Sn um und zerfällt dabei in viele kleine Kriställchen. Die Umwandlung geht von einzelnen Zentren (Störungen im Kristallaufbau) aus und breitet sich allmählich durch das ganze Stück hindurch fort («Zinnpest»). γ-Sn schmilzt bei 232°C.

Blei kristallisiert in der kubisch-dichtesten Kugelpackung, also in einer echten Metallstruktur. Es ist ein bläulich-graues, weiches und dehnbares Schwermetall (Smp. 327,4°C, Sdp. 1751°C; Dichte 11,34 g/cm³). Auf frischen Schnittflächen zeigt es einen starken Glanz, läuft an der Luft jedoch schnell an.

Sowohl Zinn wie Blei werden in Form verschiedener Legierungen häufig verwendet. Lagermetalle sind entweder Sn/Sb- oder Pb/Sb-Legierungen. Bronzen sind Legierungen aus Kupfer und Zinn. Das «Letternmetall» enthält gewöhnlich 70 bis 90% Blei, daneben Antimon und meist auch etwas Zinn. Die Hauptmenge von Blei wird für Bleiakkumulatoren verwendet.

16.2 Kohlenstoffverbindungen

Kohlenstoffatome verbinden sich mit den Atomen anderer Elemente hauptsächlich durch *Atombindungen*. Sowohl für die Bildung von C^{4+}- wie C^{4-}-Ionen müßte sehr viel Energie aufgewendet werden: C^{4+}-Ionen sind deshalb bei gewöhnlichen Bedingungen unbekannt, und C^{4-}-Ionen treten nur in Verbindungen von Kohlenstoff mit den elektropositivsten Metallen auf, die jedoch sicher keine rein salzartigen Substanzen sind. Immerhin sind (positive und negative) Ionen, in denen ein C-Atom eine einzige Ladung trägt, als Zwischenstoffe bei zahlreichen organischen Reaktionen gut bekannt *(Carbokationen, Carbanionen)*.

Carbide. Durch direkte Vereinigung der beiden Elemente (wobei meist sehr hohe Temperaturen – um 2000 °C – benötigt werden), durch Reaktion von Kohle mit einem Metalloxid oder schließlich auch aus Metallen und Kohlenwasserstoffen (ebenfalls bei hohen Temperaturen) lassen sich Carbide erhalten, welche – analog den Nitriden – in drei voneinander deutlich verschiedene Gruppen aufgeteilt werden können:
Salzartige Carbide werden nur von den stark elektropositiven Metallen gebildet. Je nach dem Produkt, das aus ihnen durch Reaktion mit Wasser entsteht, hat man zu unterscheiden zwischen *«Methaniden»*, die offensichtlich C^{4-}-Ionen enthalten (welche jedoch durch die relativ kleinen Kationen sicher stark polarisiert sind) wie Al_4C_3, Be_2C, Mg_2C, und *«Acetyliden»*, welche wie CaC_2 mit Wasser Acetylen (Äthin, $CH{\equiv}CH$) bilden und C_2^{2-}-Ionen enthalten Acetylide können leicht dadurch erhalten werden, daß man Acetylen durch Lösungen entsprechender Metallsalze leitet; man kennt Acetylide nicht nur von den Alkali- und Erdalkalimetallen, sondern auch von manchen Übergangselementen. Letztere stellen allerdings kaum mehr typisch salzartige Stoffe dar und können zum Teil (wie Cu_2C_2 und Ag_2C_2) durch Hitze oder Schlag zur explosionsartigen Zersetzung gebracht werden. Technisch von Bedeutung ist Calciumcarbid, das im Lichtbogenofen aus Koks und Kalk hergestellt wird.
Zu den *kovalenten Carbiden* gehören nur SiC und B_4C; es sind sehr harte, unschmelzbare Festkörper von geringer Reaktionsfähigkeit. Siliciumcarbid kristallisiert in der Diamantstruktur und wird als Schleifmittel verwendet *(«Carborundum»)*.
In den *interstitiellen Carbiden* schließlich, welche von den Übergangsmetallen, wie Ti, Zr, Hf, V, Nb und Ta, gebildet werden, bleibt die dichteste Kugelpackung des Metallgitters erhalten und C-Atome werden in Hohlräume zwischen den Metallatomen eingelagert (was nur möglich ist, wenn die Atomradien der betreffenden Metalle genügend groß sind). Solche Carbide zeigen metallische Leitfähigkeit und sind härter und schwerer flüchtig als die reinen Metalle. Cr, Mn, Fe, Co und Ni – mit kleineren Atomradien! – bilden keine typischen Einlagerungscarbide; die Strukturen der Metalle werden hier vielmehr durch die Carbidbildung stark verändert, und die C-Atome sind unter sich zu kettenartigen Verbänden verbunden (Abstand C—C 165 pm; Länge einer C—C-Einfachbindung 154 pm). Durch Wasser oder verdünnte Säuren werden diese Carbide (die häufig die Zusammensetzung Me_3C besitzen) unter Bildung von Kohlenwasserstoffen verschiedener Kettenlängen sowie von Wasserstoff und unter Abscheidung von Kohle zersetzt. Besonders zu erwähnen ist das Wolframcarbid (WC), das zusammen mit etwa 6 % Co gesintert unter der Bezeichnung «Widia» als Diamantersatz für Bohrer und als Schnelldrehstahl verwendet wird.

Kohlenwasserstoffe. Dadurch, daß die bindenden Elektronenwolken der C—C- und C—H-Bindungen von angenähert gleicher Kompaktheit sind, wird der C^{4+}-Rumpf in maximaler Weise abgeschirmt, und es resultiert eine Ladungsverteilung von sehr hoher Symmetrie. Dies äußert sich nicht nur in der relativ hohen Bindungsenthalpie sowohl der C—C- wie der C—H-

Tabelle 16.2. Fixpunkte der normalen (unverzweigten) gesättigten Kohlenwasserstoffe

Formel	Name	Smp. (°C)	Sdp. (°C)
CH_4	Methan	−184	−164
C_2H_6	Äthan	−172	− 89
C_3H_8	Propan	−190	− 42
C_4H_{10}	Butan	−135	− 0,5
C_5H_{12}	Pentan	−129	36
C_6H_{14}	Hexan	− 94	69
C_7H_{16}	Heptan	− 90	98
C_8H_{18}	Oktan	− 59	126
C_9H_{20}	Nonan	− 54	151
$C_{10}H_{22}$	Dekan	− 30	174
$C_{11}H_{24}$	Undekan	− 26	196
$C_{12}H_{26}$	Dodekan	− 10	216
$C_{13}H_{28}$	Tridekan	− 6	230
$C_{14}H_{30}$	Tetradekan	5,5	251
$C_{15}H_{32}$	Pentadekan	10	268
$C_{16}H_{34}$	Hexadekan	18	280
$C_{17}H_{36}$	Heptadekan	22	303
$C_{18}H_{38}$	Oktadekan	28	317
$C_{19}H_{40}$	Nonadekan	32	330
$C_{20}H_{42}$	Eicosan	36	
$C_{25}H_{52}$	Pentacosan	53	
$C_{30}H_{62}$	Triacontan	66	
$C_{40}H_{82}$	Tetracontan	81	

Bindung (348 bzw. 413 kJ/mol), sondern auch in einer ausgesprochenen *Reaktionsträg-heit* dieser Bindungen. Das Element Kohlenstoff zeigt deshalb die bekannte, bei keinem anderen Element in diesem Ausmaß anzutreffende Tendenz zur *Verkettung* gleichartiger Atome unter-einander. Die *«gesättigten»* oder *«Paraffin»-Kohlenwasserstoffe* – die durch Verkettung von C-Atomen untereinander mittels gewöhnlicher σ-Bindungen entstehen – sind zwar mit Aus-nahme der ersten fünf Glieder der Reihe *thermodynamisch nicht stabil* (S. 296), aber bei Raum-temperatur *fast völlig inert,* so daß sie als einzige organische Verbindungen mineralisch in der Natur auftreten *(Erdöl).* Alle Paraffinkohlenwasserstoffe lassen sich formal vom **Methan,** dem einfachsten Kohlenwasserstoff, ableiten und unterscheiden sich voneinander durch das Hinzu-kommen einer weiteren —CH_2-Gruppe. Ihre Formel entspricht der allgemeinen Zusammen-setzung C_nH_{2n+2}. Während das Vorhandensein einer weiteren —CH_2-Gruppe im Molekül auf die chemischen Eigenschaften nur einen geringen Einfluß hat, ändern sich die physikalischen Eigenschaften (Schmelz- und Siedepunkt) regelmäßig mit zunehmender Kohlenstoffzahl (vgl. Tabelle 16.2).

In den Kohlenwasserstoffmolekülen können nun die C-Ketten nicht nur gestreckt-zickzack-förmig, sondern auch verzweigt sein. So sind für das Molekül C_4H_{10} bereits zwei Strukturen möglich; den Molekularformeln C_5H_{12} und C_6H_{14} entsprechen drei bzw. fünf Strukturen:

Butane: C—C—C—C   C—C—C
                                                                                              |
                                                                                              C

Pentane: C—C—C—C—C   C—C—C—C   C—C—C
                                | |
                                C   C

Hexane:

C—C—C—C—C—C   C—C—C—C—C   C—C—C—C—C   C—C—C—C   C—C—C—C
                         | | | | |
                         C   C   C C   C

Jede dieser Strukturen stellt eine bestimmte Molekülart (eine bestimmte Substanz) dar, die sich durch ihre physikalischen Konstanten von den anderen unterscheidet. Substanzen, welche wie die verschiedenen Butane oder Pentane trotz gleicher Molekularformel verschiedene Eigenschaften haben, nennt man **isomer**. Beruht die **Isomerie** auf verschiedener Struktur des Moleküls, so spricht man von **Strukturisomerie**.

Die Isomerenzahl wächst sehr rasch mit steigender Kohlenstoffzahl. Von C_7H_{16} existieren 9, von $C_{10}H_{22}$ schon 75 Isomere. Von $C_{15}H_{32}$ sind 4347 und von $C_{20}H_{42}$ gar 366 319 Isomere möglich. Die Zahl der wirklich dargestellten Isomere ist natürlich viel kleiner als die Zahl der theoretisch möglichen. Die einzelnen Isomere sind sich in ihren Eigenschaften stets sehr ähnlich (z.B. sind die Verbrennungswärmen isomerer Moleküle nahezu gleich); nur Schmelz- und Siedepunkt sowie Dichte hängen stärker von der Struktur der Moleküle ab und zeigen bei verschiedenen Isomeren deutliche Unterschiede (vgl. Tabelle 16.3). Über weitere Kohlenwasserstoffe (ungesättigte und aromatische) vgl. *Grundlagen der organischen Chemie*.

Tabelle 16.3. Schmelz- und Siedepunkte isomerer gesättigter Kohlenwasserstoffe

	Smp. (°C)	Sdp. (°C)
C—C—C—C	−138,3	− 0,5

C—C—C
   |
   C
	−159,4	− 11,7

C—C—C—C—C—C—C—C	− 56,8	+125,7
C‚C—C—C—C—C	−109,2	+117,6
C‚C—C—C—C‚C	−121,2	+106,8
C‚C—C‚C (Doppelstruktur)	+100,7	+106,3

Halogen- und Schwefelverbindungen. Wegen der Bildung kettenartiger Atomverbände existieren von Kohlenstoff auch Halogenverbindungen in großer Zahl. Unter den einfachen Halogeniden sind besonders CF_4 und CCl_4 zu erwähnen. CF_4, ein farbloses Gas (Smp. $-185\,°C$, Sdp. $-128\,°C$), ist eine ganz ungewöhnlich stabile Verbindung ($\Delta H_f^0 = -908$ kJ/mol, $\Delta G_f^0 = -879$ kJ/mol); sie bildet das Endprodukt der Fluorierung jeder Kohlenstoffverbindung. CCl_4 *(«Tetrachlorkohlenstoff»)*, eine farblose, nicht brennbare Flüssigkeit von charakteristischem, süßlichem Geruch (Smp. $-22,9\,°C$, Sdp. $76,4\,°C$), wird als Lösungsmittel und Feuerlöschmittel verwendet; die Substanz ist weniger stabil als CF_4 (geringere Bindungsenthalpie der C—Cl-Bindung) und wird z.B. photochemisch ziemlich leicht zersetzt. Technisch wird CCl_4 aus CS_2 und Chlor gewonnen:

$$CS_2 + 3\,Cl_2 \longrightarrow S_2Cl_2 + CCl_4$$

Dichlordifluormethan (CF_2Cl_2; Sdp. $-29\,°C$) ist als Treibgas für Aerosole (Spraydosen) und als Kühlflüssigkeit in Kühlschränken wichtig («Freon», «Frigen»); fluorhaltige Makromoleküle sind wichtige Kunststoffe (Polytetrafluoräthylen [«Teflon»]).

Durch Reaktion von Kohlenmonoxid mit Chlor (unter der katalytischen Wirkung von Aktivkohle) erhält man eine weitere wichtige Halogenverbindung, das *Phosgen* ($COCl_2$), ein farbloses, erstickend-süßlich riechendes Gas (Sdp. $8\,°C$), das wegen seiner Reaktionsfähigkeit als Zwischenprodukt für viele Synthesen organischer Verbindungen in großen Mengen hergestellt wird.

Durch Erhitzen eines Gemisches von Schwefel und Kohle entsteht *Kohlenstoffdisulfid,* CS_2 («Schwefelkohlenstoff»), als blaßgelbe Flüssigkeit von charakteristischem, sehr unangenehmem Geruch (Smp. $-111,6\,°C$, Sdp. $46,2\,°C$). Das Molekül von CS_2 ist insofern von Interesse, als es einen der wenigen Fälle darstellt, wo Schwefel – als Element der dritten Periode! – echte $p-p-\pi$-Bindungen eingeht, im Widerspruch zur Doppelbindungsregel.

Oxide und Oxokomplexe. Kohlenstoff bildet drei Oxide: Kohlensuboxid (C_3O_2), Kohlenmonoxid (CO) und Kohlendioxid (CO_2).
Kohlensuboxid, ein unangenehm riechendes Gas (Sdp. $-7\,°C$) entsteht nicht durch direkte Reaktion der beiden Elemente, sondern aus Malonsäure durch Wasserabspaltung mittels Phosphor(V)-oxid:

$$HOOC—CH_2—COOH \xrightarrow{\;P_4O_{10}\;} O{=}C{=}C{=}C{=}O \quad +2\,H_2O$$

Das Molekül ist von linearer Struktur; die Bindungen sind etwas kürzer als gewöhnliche C=C- und C=O-Doppelbindungen, was auf eine gewisse Delokalisation (in der Sprache des VB-Modelles auf eine gewisse Bedeutung von Grenzstrukturen wie $O{\equiv}C—C{\equiv}C—O$ usw.) hindeutet.
Kohlenoxid und *Kohlendioxid* sind farb-, geruch- und geschmacklose Gase (CO: Smp. $-204\,°C$, Sdp. $-191,5\,°C$; CO_2: sublimiert bei Atmosphärendruck, Sblp. $-78,5\,°C$). *Kohlendioxid* entsteht als Produkt der pflanzlichen und tierischen Atmung, der alkoholischen Gärung sowie der normalen Verbrennung kohlenstoffhaltiger Brennstoffe. Freies CO_2 ist in vielen Mineralquellen vorhanden; in manchen Gegenden, besonders in der Nähe von Vulkanen, strömt es als Gas aus der Erde. CO_2 ist deutlich schwerer als Luft und sinkt in geschlossenen Räumen (Weinkellereien) ab. Luft enthält 0,03 Vol.-% CO_2; sofern genügend Sauerstoff vorhanden ist, kann man längere Zeit ohne Schaden bis 3% CO_2 enthaltende Luft einatmen. CO_2 wird für kohlensäurehaltige Getränke, als Feuerlöschmittel und (in fester Form) als Trockeneis verwendet.

Das bei unvollständiger Verbrennung entstehende *Kohlenmonoxid* ist stark giftig, weil das Hämoglobin (der rote Farbstoff in den Blutkörperchen) CO besser bindet als Sauerstoff, so daß die Körperzellen ungenügend mit Sauerstoff versorgt werden. 0,5 Liter/m³ wirken bereits nach kurzer Zeit tödlich. Auf dem Gehalt an Kohlenoxid beruht die Giftigkeit des Leuchtgases, des Generatorgases und der Abgase von Benzinmotoren (vgl. S. 502).

CO ist isoelektronisch mit dem N_2-Molekül ($|C{\equiv}O|$); auch die Protonen- und Neutronenzahl der beiden Moleküle sind identisch. Dies erklärt die teilweise überraschend ähnlichen physikalischen Eigenschaften der beiden Gase:

	CO	N_2
Schmelzpunkt	− 204 °C	− 210 °C
Siedepunkt	− 191,5 °C	− 196 °C
Flüssigkeitsdichte	0,793	0,796
Löslichkeit in Wasser (bei 0 °C; Liter Gas/Liter H_2O)	0,033	0,023

Kohlenmonoxid ist eine schwache Lewis-Base. Trotzdem vermag es gegenüber zahlreichen Übergangsmetallen als Ligand in Komplexen, den *«Metallcarbonylen»*, zu wirken, wobei es formal ein Elektronenpaar für die Bindung zur Verfügung stellt. Dadurch, daß Elektronen aus *d*-AO der Metallatome teilweise in die unvollständig besetzten π-MO des CO-Moleküls übergehen (was formal als Resonanz zwischen den folgenden Grenzstrukturen zum Ausdruck gebracht werden kann: Me—C≡O| ↔ Me=C=O|, wird die Bindung zwischen Ligand und Zentralatom erheblich verstärkt. Die Carbonyle sind teilweise leichtflüchtige, sehr giftige und bei Raumtemperatur relativ stabile Substanzen, die nicht nur für die Komplexchemie, sondern auch technologisch von Interesse sind. So stellt man z.B. hochreines Nickel dadurch her, daß man Rohnickel mittels CO in Nickeltetracarbonyl, [Ni(CO)₄], überführt und dieses anschließend durch starkes Erhitzen zersetzt. − Kohlenmonoxid ist in Wasser nur wenig löslich; die Lösung reagiert nicht sauer. Es kann also nicht als Anhydrid der Ameisensäure betrachtet werden, obschon es aus dieser durch Einwirkung wasserabspaltender Mittel wie konzentrierter Schwefelsäure herstellbar ist und mit NaOH unter Druck zu Natriumformiat reagiert:

$$\text{HCOOH} \xrightarrow{\text{H}_2\text{SO}_4} \text{CO} + \text{H}_2\text{O} \qquad \text{CO} + \text{NaOH} \longrightarrow \text{HCOO}^-\text{Na}^+$$

Ameisensäure   Natriumformiat

Kohlenmonoxid verbrennt mit charakteristischer hellblauer Flamme zu CO_2:

$$2\,\text{CO} + \text{O}_2 \rightleftharpoons 2\,\text{CO}_2 \qquad \Delta H^0 = -\,2 \cdot 283 \text{ kJ}$$

Dieses Gleichgewicht liegt bei Raumtemperatur ziemlich stark rechts ($\Delta G_r^0 = -\,2 \cdot 257,3$ kJ); da jedoch CO kinetisch beinahe inert ist, bleibt es bis über 1500 °C beständig.

Auf seiner ziemlich stark reduzierenden Wirkung beruht die Verwendung als Reduktionsmittel im Hochofenprozeß sowie sein Nachweis durch Schwärzung ammoniakalischer Silbersalzlösung ($Ag^+ \longrightarrow Ag$) und ebenso die quantitative Bestimmung mittels Iod(V)-oxid.

Kohlendioxid, Kohlenmonoxid und Kohlenstoff stehen miteinander im sogenannten «Boudouard-Gleichgewicht»:

$$C + CO_2 \rightleftarrows 2\,CO \qquad \Delta H = +172,4\ kJ$$

Dieses Gleichgewicht verschiebt sich bei hoher Temperatur nach rechts; bei 950 °C stehen 1,5 Vol.-% CO_2 mit 98,5 Vol.-% CO im Gleichgewicht. Bei 450 °C beträgt das Verhältnis umgekehrt 98 Vol.-% CO_2 und 2 Vol.-% CO. Kohlendioxid läßt sich deshalb oberhalb 800 °C mit Kohle zu Kohlenoxid reduzieren.

Das Boudouard-Gleichgewicht ist für Verbrennungsprozesse und für Reduktionen sauerstoffhaltiger Verbindungen mit Kohle von großer Bedeutung. Reduziert man z. B. ein Metalloxid bei hoher Temperatur mit Kohle, so bildet sich vorwiegend CO, während bei tieferer Temperatur CO_2 entsteht. Verbrennungen kohlenstoffhaltiger Brennstoffe führen bei hohen Temperaturen ebenfalls zur Bildung von CO (besonders, wenn die Abgase über noch unverbranntes Brennmaterial streichen) und damit zu einem spürbaren Energieverlust. In sogenannten «Generatoren» (schachtförmige, mit Holz, Kohle oder Koks beschickte Öfen) erzeugt man mit Luft eine Mischung von CO und Stickstoff («Generatorgas»), welches industriell als Heizgas Verwendung findet.

Läßt man stark überhitzten Wasserdampf über glühenden Koks streichen (bei 1000–1400 °C), so erhält man «Wassergas», eine Mischung von CO und Wasserstoff:

$$H_2O + C \longrightarrow CO + H_2 \qquad \Delta H = +118,8\ kJ$$

Wassergas wird wegen seines hohen Heizwertes entweder direkt als Heizgas verwendet oder dem rohen Leuchtgas zugesetzt. Es bildet ferner das Ausgangsmaterial zur Gewinnung von Wasserstoff (siehe S. 432) und für die Benzinsynthese nach Fischer und Tropsch.

Das *CO₂-Molekül* ist linear gebaut und besitzt dementsprechend kein Dipolmoment. Die Länge der C=O-Bindung im CO_2-Molekül (116 pm; Länge der C=O-Bindung in Carbonylverbindungen wie Aldehyden oder Ketonen 122 pm) weist darauf hin, daß die übliche Lewis-Formel (1) keine zutreffende Beschreibung des Moeleküls gibt. Die π-Elektronen sind vielmehr weitgehend delokalisiert, was in der Sprache des VB-Modells durch Grenzstrukturen des Typus (2) zum Ausdruck gebracht wird:

$$\overline{\underline{O}}{=}C{=}\overline{\underline{O}} \qquad\qquad |O{\equiv}C{-}\overline{\underline{O}}| \leftrightarrow |\overline{\underline{O}}{-}C{\equiv}O|$$

$$(1) \qquad\qquad\qquad\qquad\qquad (2)$$

Über die MO-Beschreibung des CO_2-Moleküls siehe S. 108.

Eine *wäßrige Lösung* von *Kohlendioxid* reagiert schwach sauer (pH 4–5). In einer solchen Lösung treten nebeneinander folgende Gleichgewichte auf:

$$CO_2 + H_2O \rightleftarrows H_2CO_3 \qquad (1)\quad pK = 3,16$$
$$H_2CO_3 + H_2O \rightleftarrows H_3O^+ + HCO_3^- \qquad (2)\quad pK_s = 3,3$$
$$HCO_3^- + H_2O \rightleftarrows H_3O^+ + CO_3^{2-} \qquad (3)\quad pK_s = 10,40$$

Das Gleichgewicht (1) liegt dabei ziemlich stark links; bei 20°C liegen etwa 99% des gelösten Kohlendioxids in Form physikalisch gelöster CO_2-Moleküle vor. Die Bildung der Kohlensäure gemäß (1) ist eine Lewis-Säure/Base-Reaktion und verläuft relativ langsam:

Erwärmt man eine solche CO_2-haltige Lösung, so entweicht das Oxid als Gas. Die eigentliche Kohlensäure ist in reiner Form nur bei sehr tiefer Temperatur (unterhalb von $-70°C$) existenzfähig.

Kohlensäure ist – gemäß ihrer «eigentlichen» Säurekonstante – eine mittelstarke Säure (pK_s 1.Stufe = 3,3); da jedoch aus CO_2 und Wasser nur äußerst wenig H_2CO_3-Moleküle entstehen, wirkt sie wie eine sehr schwache Säure. Durch Zusammenfassung der Gleichgewichte (1) und (2) erhält man die übliche Säurekonstante der Kohlensäure (1.Stufe), d.h. die Säurekonstante bezogen auf gelöstes Kohlendioxid:

$$CO_2 + 2\,H_2O \rightleftarrows HCO_3^- + H_3O^+ \quad (4) \quad pK = 6{,}46$$

HCO_3^--Ionen wirken schwach basisch; das CO_3^{2-}-Ion ist eine starke Base (pH einer 0,1-M Na_2CO_3-Lösung etwa 11,7). Beim Ansäuern gehen Carbonate zunächst nach (3) in Hydrogencarbonat über (pH 7–9); bei weiterem Ansäuern (d.h. auch direkt beim Zusatz einer starken Säure zu Carbonat) bildet sich gemäß (4) CO_2, welches aus der Lösung entweicht, sobald seine Löslichkeit in Wasser überschritten wird. Mischungen von CO_2 und Hydrogencarbonat puffern um pH 7–7,5; durch dieses System sind z.B. Brunnenwasser und Blut auf pH 7,5 gepuffert.

Als zweiprotonige Säure bildet Kohlensäure zwei Reihen von Salzen: *Hydrogencarbonate* («primäre» Carbonate oder «Bicarbonate») der Formel $Me^+HCO_3^-$ und *(normale) Carbonate* ($Me^{2+}CO_3^{2-}$). Von den normalen Carbonaten lösen sich nur die Alkalicarbonate leicht in Wasser; hingegen sind sämtliche Hydrogencarbonate leicht wasserlöslich (mit Ausnahme des verhältnismäßig schwerlöslichen $NaHCO_3$). Infolge des stark basischen Charakters des CO_3^{2-}-Ions sind Carbonate von Kationsäuren (wie z.B. $[Al(H_2O)_6]^{3+}$ oder $[Fe(H_2O)_6]^{3+}$) in wäßriger Lösung unbeständig und gehen in die entsprechenden schwerlöslichen Hydroxide über. Beim Erwärmen der Carbonate tritt Zersetzung in Metalloxid und CO_2 ein; Hydrogencarbonate zersetzen sich bei mäßigem Erwärmen in Carbonat, Wasser und CO_2:

$$MeCO_3 \longrightarrow MeO + CO_2$$
$$Me(HCO_3)_2 \longrightarrow MeCO_3 + CO_2 + H_2O$$

Die Beständigkeit der Carbonate gegenüber Erhitzen liefert wiederum ein Beispiel dafür, wie die Gitterenergien das chemische Verhalten von Salzen bestimmen können. Innerhalb einer Elementgruppe (z.B. den Erdalkalimetallen) wächst die Temperatur, bei welcher der Gleichgewichtsdruck des mit dem festen Carbonat im Gleichgewicht stehenden Kohlendioxids 1 bar erreicht, mit wachsender Ordnungszahl (Tabelle 16.4); mit zunehmender Ordnungszahl des Kations werden also die Carbonate gegenüber Erhitzen stabiler (die ΔG^0-Werte werden also vom $MgCO_3$ zum $BaCO_3$ immer mehr positiv). Die Zunahme der ΔG^0-Werte läuft der Zu-

Tabelle 16.4. Thermodynamische Daten für die Zersetzung der Erdalkalicarbonate

	ΔH^o (kJ)	ΔG^o (kJ)	T (p_{CO_2} = 1 bar)
$MgCO_3 \longrightarrow MgO + CO_2$	117	67	540°C
$CaCO_3 \longrightarrow CaO + CO_2$	176	130	900°C
$SrCO_3 \longrightarrow SrO + CO_2$	238	188	1290°C
$BaCO_3 \longrightarrow BaO + CO_2$	268	218	1360°C

nahme der (aufzuwendenden) Reaktionsenthalpie ziemlich gut parallel; für eine vergleichende Betrachtung können darum die Entropieeffekte außer acht gelassen werden. Die mit wachsender Ordnungszahl des Kations zunehmend positiver werdende Reaktionsenthalpie ist eine Folge der sich in der gleichen Richtung verändernden Gitterenergien der Carbonate und Oxide. Wir haben schon früher bemerkt (S. 247), daß bei Salzen mit relativ großen Anionen die Gitterenergie durch die Größe des Kations nur wenig beeinflußt wird. Die Stabilität der Carbonate nimmt darum nur wenig ab, wenn der Radius des Kations wächst. Die Radien der Metall- und der Oxid-Ionen sind jedoch von vergleichbarer Größenordnung, so daß die Gitterenergien der Oxide viel stärker von der Größe des Kations abhängen und dementsprechend mit zunehmendem Kationenradius relativ stark sinken. Die Oxide der Metalle mit kleineren Kationen sind deshalb viel stabiler, so daß die Zersetzung von Carbonaten mit kleineren Kationen weniger endotherm verläuft als die Thermolyse von Carbonaten mit größeren Kationen. Der gleiche Effekt ist auch dafür verantwortlich, warum sich gewisse Carbonate der Übergangsmetalle, wie $CuCO_3$ oder Ag_2CO_3, relativ leicht zersetzen lassen (erhöhte Gitterenergien der Oxide als Folge eines Überganges zur Kovalenzbindung); im Fall des Silbercarbonats bildet sich beim Erhitzen allerdings direkt das Metall an Stelle des Oxids, und elementarer Sauerstoff wird frei.

Natriumcarbonat («Soda»), Na_2CO_3, kommt in Salzseen in der Natur vor (Ostafrika) und kristallisiert aus der Lösung unterhalb 32 °C als «Kristallsoda» mit 10 mol Wasser ($Na_2CO_3 \cdot$ 10 H_2O). Beim Erhitzen verliert Kristallsoda stufenweise Wasser, bis bei 109°C wasserfreie (kalzinierte) Soda entsteht. Soda wird in großen Mengen zur Fabrikation von Glas, Seife, Waschpulver u.a. und als «milde» Base zur Neutralisation von Säuren verwendet. Sie wird technisch durch den *«Ammoniak-Soda-Prozeß»* («Solvay-Prozeß») aus Kalk und Kochsalz hergestellt.

Beim Einleiten einer Mischung von Kohlendioxid und Ammoniak in konzentrierte Sole entsteht das relativ schwerlösliche $NaHCO_3$, das abgetrennt wird und durch Erhitzen in Soda übergeht. Das benötigte Kohlendioxid erhält man durch Brennen von Kalk; das gleichzeitig gebildete Calciumoxid («gebrannter Kalk») wird mit Wasser «gelöscht», d.h. in Hydroxid übergeführt. Mit diesem wird aus dem bei der Bildung von $NaHCO_3$ entstandenen NH_4Cl wieder Ammoniak in Freiheit gesetzt. Der Prozeß verläuft also etwa gemäß folgender Reaktionsfolge:

$$CaCO_3 \xrightarrow{\text{brennen}} CO_2 + CaO$$

$$H_2O + CO_2 + NH_3 + NaCl \longrightarrow NaHCO_3 + NH_4Cl$$

$$2\,NaHCO_3 \longrightarrow Na_2CO_3 + CO_2 + H_2O$$

$$CaO + H_2O \longrightarrow Ca\,(OH)_2$$

$$Ca\,(OH)_2 + 2\,NH_4Cl \longrightarrow 2\,NH_3 + 2\,H_2O + CaCl_2$$

Natriumhydrogencarbonat ($NaHCO_3$) enthält das schwach basische HCO_3^--Anion und dient als Medikament zur Neutralisierung überschüssiger Magensäure sowie als Backpulver (beim Erwärmen Abspaltung von CO_2).

Calciumcarbonat ($CaCO_3$), das wichtigste Carbonat, tritt in der Natur als Kalk, Marmor und (in reiner Form) als Kalkspat (Calcit) auf. $CaCO_3$ entsteht als schwerlöslicher Niederschlag beim Einleiten von CO_2 in Calciumhydroxidlösung sowie beim Abbinden (Erhärten) von Kalk-mörtel, einer Mischung von Sand, gelöschtem Kalk [$Ca(OH)_2$] und Wasser:

$$Ca^{2+} + 2\,OH^- + CO_2 \longrightarrow \underset{\downarrow}{CaCO_3} + H_2O$$

Weitere wichtige Carbonatmineralien sind Dolomit, $(Ca, Mg)\,CO_3$, wobei im Calcitgitter etwa die Hälfte der Ca^{2+}- durch Mg^{2+}-Ionen ersetzt ist, ferner Zinkcarbonat, Mangancarbonat und Eisencarbonat. Die letzteren sind wertvolle Erze. – Viele Carbonate der Zusammensetzung $MeCO_3$ kristallisieren in der Calcitstruktur (Abb. 3.43, S. 135). $CaCO_3$ selbst tritt zudem in einer zweiten, bei Raumtemperatur metastabilen Modifikation auf, dem orthorhombischen Aragonit. Hier ist jedes Ca^{2+}-Ion von 9 O-Atomen umgeben, während im Calcit jedes Ca^{2+}-Ion von nur 6 O-Atomen umgeben ist. Offenbar hat beim $CaCO_3$ der Radius des Metallions eine solche Größe erreicht, daß ein Übergang von der Sechser- zur Neunerkoordination ein-tritt. Dementsprechend kristallisieren $SrCO_3$ und $BaCO_3$ nur in der Aragonitstruktur. Genau denselben Wechsel in der Gitterstruktur findet man auch bei den Alkalinitraten: $LiNO_3$ und $NaNO_3$ sind dem Calcit isotyp, während KNO_3 in der (hier metastabilen) Calcit- und der (sta-bileren) Aragonitstruktur kristallisiert.

Kommt CO_2-haltiges Wasser in Berührung mit Kalkstein, so wird dieser allmählich in Hydrogen-carbonat verwandelt und damit aufgelöst (Protonenübergang von H_2CO_3 auf CO_3^{2-}!):

Eigentlicher Vorgang:

$$CaCO_3 + H_2O + CO_2 \rightleftharpoons Ca(HCO_3)_2$$

$$CO_3^{2-} + \underbrace{CO_2 + H_2O}_{H_2CO_3} \rightleftharpoons 2\,HCO_3^-$$

$CaCO_3$ löst sich also um so mehr, je mehr CO_2 das Wasser enthält.

Auf diese Weise entsteht die *«Carbonathärte»* von natürlichem Wasser, d.h. sein Gehalt an HCO_3^--Ionen[1] (Kalkverwitterung!). Besonders hart ist Grundwasser und Wasser in kalkreichen Gebieten; hingegen ist Wasser in größeren Seen oft relativ weich, weil Algen und höhere Wasserpflanzen bei intensiver Assimilation (Sommer) den gelösten HCO_3^--Ionen CO_2 ent-ziehen und damit Kalk ausscheiden können (Umkehrung der obigen Reaktion!).

Wasser mit hoher Carbonathärte[2] bildet beim Erhitzen Kalk, der sich als «Kesselstein» nieder-schlägt [Störung des $CaCO_3/Ca(HCO_3)_2$-Gleichgewichtes durch Entweichen von CO_2 beim Erwärmen!]. Mit gelöster Seife bilden Ca^{2+}-Ionen einen Niederschlag von unlöslicher «Kalk-seife», welcher sich in den Textilien als «Seifenläuse» niederschlägt und durch Zersetzung die Wäsche fleckig und spröde macht. Für Waschzwecke und zur Verwendung als Kesselspeise-wasser muß das Wasser daher enthärtet werden.

---

[1] Den Gehalt an Ca^{2+}- und Mg^{2+}-Ionen bezeichnet man als «Gesamthärte».
[2] Sowohl Gesamt- wie Carbonathärte werden in «Härtegraden» gemessen. 1° französischer Härte entspricht einem Gehalt von 10 mg $CaCO_3$/Liter; 1° deutscher Härte einem Gehalt von 10 mg CaO/Liter. Die Carbonathärte läßt sich durch Titration mit verd. Salzsäure auf pH 4,5 (Methylorange orange) leicht bestimmen.

Bei der *Enthärtung* durch Soda scheiden sich die gelösten Ca^{2+}-Ionen als $CaCO_3$ aus:

$$Ca^{2+} + CO_3^{2-} \longrightarrow \underline{CaCO_3} \downarrow$$

Wenn es nicht zur Bildung von Kesselstein kommen darf, muß man das Wasser mit Metaphosphaten («Calgon») enthärten, welche die Ca^{2+}-Ionen in Form löslicher Chelat-Komplexe binden. In ähnlicher Weise wirken gewisse organische Komplexbildner, die auch zur quantitativen Bestimmung von Ca^{2+}- und Mg^{2+}-Ionen verwendet werden können (Äthylendiamintetraessigsäure). Um Wasser vollständig zu entsalzen, verwendet man *«Ionenaustauscher»* oder *«Permutite»*.

Ionenaustauscher sind Kunstharze aus einem riesigen organischen Netzwerk mit zahlreichen sauren ($-SO_3H$)- oder basischen ($-NH_2$)-Gruppen. Läßt man einen sauren Austauscher in Wasser quellen, so bilden sich H_3O^+-Ionen, welche aber infolge ihrer Ladung an das (negativ geladene) Gerüst gebunden bleiben. In basischen Austauschern entstehen in entsprechender Weise OH^--Ionen (Abb. 16.4).

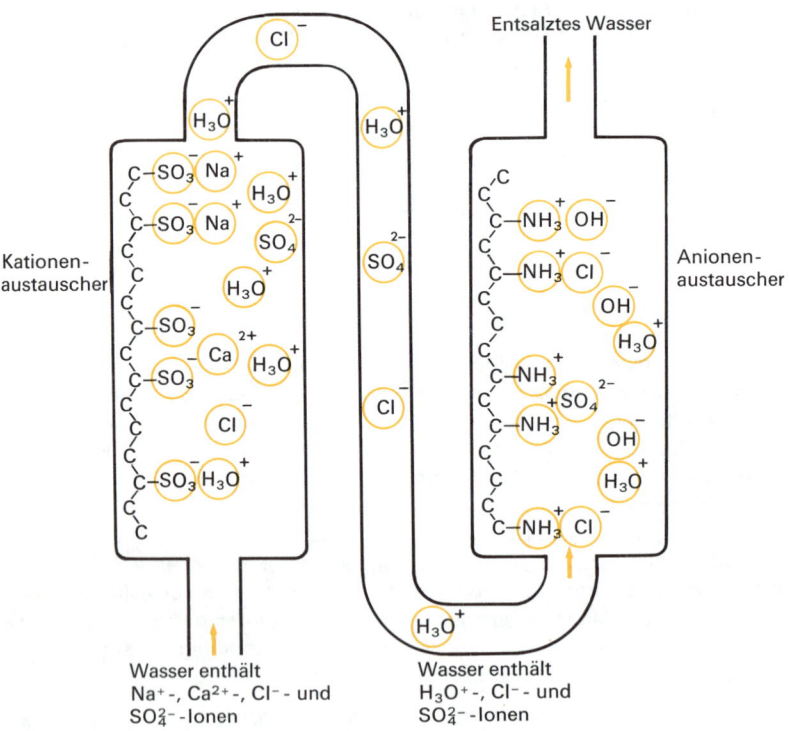

Abb. 16.4. Entsalzung von Wasser durch Ionenaustauscher (die C-Kette symbolisiert das Kunstharznetzwerk)

Läßt man nun eine Lösung mit verschiedenen Kationen und Anionen zuerst durch einen sauren, dann durch einen basischen Austauscher strömen, so bleiben die Kationen an Stelle der H_3O^+-Ionen im sauren Austauscher, während H_3O^+-Ionen an die Lösung abgegeben werden (*«Kationenaustausch»*); im basischen Austauscher (*«Anionenaustauscher»*) werden umgekehrt Anionen gegen OH^--Ionen ausgetauscht. Da sich H_3O^+- mit OH^--Ionen gemäß dem Ionenprodukt zu Wasser verbinden, wird das Wasser durch solche Austauscherharze völlig von Elektrolyten befreit.

Der Austausch ist umkehrbar; «erschöpfte», d. h. vollkommen mit Kationen bzw. Anionen beladene Austauscher können durch konzentrierte Säure oder Lauge wieder «regeneriert» werden:

$$(R)H_3O^+ + Me^+ \rightleftarrows (R)Me^+ + H_3O^+$$
$$(R)OH^- + X^- \rightleftarrows (R)X^- + OH^-$$

Austauschharze haben neben der Wasserenthärtung sehr vielerlei Anwendungen gefunden: Anreicherung wertvoller Metalle aus verdünnten Lösungen (z. B. von Ag aus gebrauchten photographischen Fixierbädern); Beseitigung radioaktiver Salze aus Wasser (Abfälle von Kernreaktoren); Trennung von Ionen, die verschieden stark an das Harz gebunden werden und mit Säure «stufenweise» ausgewaschen oder durch Komplexbildner nacheinander aus dem Harz herausgelöst werden können; Herstellung von Säuren aus Salzen; Trinkwasser aus Meerwasser für Notfälle usw. – Die obenerwähnten Permutite wirken in ganz ähnlicher Weise; es handelt sich bei ihnen aber nicht um Harze, sondern um (natürliche oder künstlich hergestellte) Silicate.

16.3 Siliciumverbindungen

Halogen- und Schwefelverbindungen. Durch Reaktion von Silicium mit elementaren Halogenen erhält man die Tetrahalogenide SiF_4, $SiCl_4$, $SiBr_4$ und SiI_4; SiF_4 entsteht auch durch Einwirkung von HF auf SiO_2 oder Glas. Läßt man einen langsamen Chlorstrom über erhitztes Calciumsilicid (Ca_2Si) bei etwa 150 °C streichen, so erhält man verschiedene Siliciumchloride der homologen Reihe Si_nCl_{2n+2}, hauptsächlich $SiCl_4$, Si_2Cl_6 und Si_3Cl_8.

Alle diese Halogenverbindungen sind stark flüchtig. SiF_4 ist die einzige bei Raumtemperatur gasförmige Verbindung (Sblp. $-95,7$ °C), SiI_4 ist fest (Smp. 120,5 °C); die anderen Halogenide sind flüssig. Sie werden alle durch Wasser oder andere Lewis-Basen leicht angegriffen und dabei in SiO_2 übergeführt, sind also sehr *reaktionsfähige* Stoffe. In dieser Hinsicht ist ein Vergleich des Verhaltens etwa von $SiCl_4$ und von CCl_4 gegen Wasser von Interesse:

$$SiCl_4 + 2\,H_2O \longrightarrow SiO_2 + 4\,HCl \quad \Delta G_r^0 = -278,2\ \text{kJ/mol}$$
$$CCl_4 + 2\,H_2O \longrightarrow CO_2 + 4\,HCl \quad \Delta G_r^0 = -376,6\ \text{kJ/mol}$$

Es zeigt sich also, daß beide Hydrolysen stark exergonisch sind, wobei die Triebkraft für die Reaktion von CCl_4 mit Wasser sogar noch beträchtlich größer ist als für die entsprechende Reaktion von $SiCl_4$. Die Tatsache, daß trotzdem CCl_4 gegenüber Wasser praktisch vollständig inert ist, beruht darauf, daß die vier Cl-Atome das C-Atom gegenüber einem Angriff einer Lewis-Base (eines Nucleophils) völlig abschirmen. Im Fall von $SiCl_4$ ist die abschirmende Wirkung der Cl-Atome auf das (größere) Si-Atom viel kleiner, so daß die H_2O-Moleküle das Si-Atom angreifen können, ohne das Molekül stark deformieren zu müssen; zudem besitzt das Si-Atom unbesetzte, nur wenig energiereichere d-AO, welche für die Bildung des aktivierten Komplexes benützt werden können. Die Beständigkeit der Kohlenstoffhalogenide gegenüber Wasser oder anderen Lewis-Basen beruht also nicht etwa auf besonderer Stabilität, sondern auf ihrer ausgesprochenen Reaktionsträgheit; sie sind also kinetisch inert.

Siliciumsulfid (SiS_2) ist – im Gegensatz zur CS_2 – ein schwerflüchtiger Festkörper, der farblose, faserartige, seidenglänzende Kristalle bildet und in einer Kettenstruktur kristallisiert:

SiS_2-Moleküle mit Doppelbindungen (analog den CS_2-Molekülen) sind nicht existenzfähig.

Wasserstoffverbindungen. Wie bereits früher erwähnt wurde (S. 437), sind die ersten 6 Glieder der Reihe Si_nH_{2n+2} bekannt. Alle diese *« Silane »* sind sehr reaktionsfähige Substanzen, die an der Luft selbstentzündlich sind, mit Halogenen explosionsartig reagieren können und schon durch Spuren von Wasser oder anderen Basen hydrolysiert werden. Dies ist wiederum darauf zurückzuführen, daß die Si-Atome durch die H-Atome nur ungenügend abgeschirmt werden und daß sie d-Orbitale für die Bildung aktivierter Komplexe zur Verfügung stellen können. Zudem ist in den Silanen das Si-Atom positiv polarisiert, was den Angriff einer Lewis-Base beträchtlich erleichtert; in den C—H-Bindungen der Paraffinkohlenwasserstoffe hingegen ist das H-Atom der positiv polarisierte Partner.

Sauerstoffverbindungen. *Siliciumdioxid* (SiO_2) ist im Gegensatz zum CO_2 kein flüchtiger Stoff, sondern ein *harter Festkörper* von sehr hohem Schmelzpunkt. Dies beruht darauf, daß das Si-Atom als Folge seines größeren Atomradius gegenüber Sauerstoff durchwegs die Koordinationszahl 4 betätigt und daß weiter keine Si=O-Doppelbindungen gebildet werden. SiO_2-Moleküle existieren daher nicht; die Si- und O-Atome bilden vielmehr einen dreidimensionalen Atomkristall, in welchem jedes Si-Atom tetraedrisch von 4 O-Atomen umgeben ist, wobei die Si—O-Bindung am besten als sehr stark polare Kovalenzbindung betrachtet wird.

SiO_2 ist polymorph und tritt bei Atmosphärendruck in verschiedenen Modifikationen auf:

$$\text{Quarz} \underset{\longleftarrow}{\overset{870\,^\circ C}{\rightleftharpoons}} \text{Tridymit} \underset{\longleftarrow}{\overset{1470\,^\circ C}{\rightleftharpoons}} \text{Cristobalit}$$

Die *Cristobalitstruktur* ist von kubischer Symmetrie; die Si-Atome nehmen die Lage der C-Atome in der Diamantstruktur ein, und die O-Atome liegen jeweils in der Mitte zwischen zwei Si-Atomen. *Tridymit* kristallisiert hexagonal (in derselben Struktur wie Eis). Im *Quarz* (rhomboedrische Symmetrie) sind die SiO_4-Tetraeder schraubig angeordnet, wobei die Schraube rechts- oder lingsgewunden sein kann, so daß Quarzkristalle in zwei zueinander spiegelbildlichen Kristallformen auftreten (Abb. 16.5). Jede Form existiert zudem noch in einer weiteren «Tieftemperaturmodifikation» mit prinzipiell zwar gleichartiger, aber etwas niedriger symmetrischer Struktur. Da die gegenseitige Überführung von Quarz in Tridymit und weiter in Cristobalit die Trennung und Neubildung sehr zahlreicher Bindungen erfordert, sind die freien Aktivierungsenthalpien

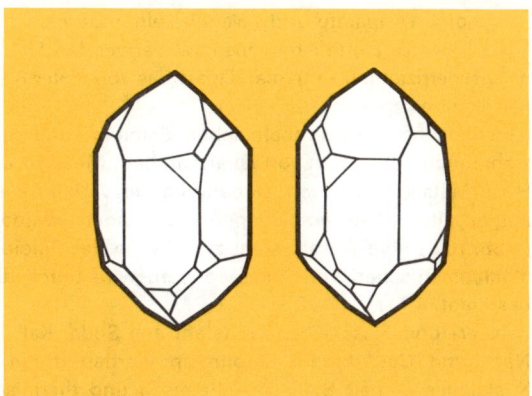

*Abb. 16.5. Quarzkristalle:
zwei spiegelbildliche Formen*

dieser Umwandlungen sehr hoch, so daß auch Tridymit und Cristobalit bei Raumtemperatur metastabil sind und sogar mineralisch auftreten. Die Umwandlung der Tieftemperatur- in die Hochtemperaturmodifikation ist hingegen nur von relativ geringfügigen Änderungen im Gitteraufbau begleitet und ist deshalb ein reversibler Prozeß.

Die häufigste und wichtigste Form des Siliciumdioxids ist der *Quarz.* Reiner Quarz ist hart und wasserklar und schmilzt bei 1705°C; kristallisierter Quarz («Bergkristall») tritt in Klüften und Höhlen von Erstarrungsgesteinen relativ häufig auf. Quarzkristalle sind oft durch Einlagerung von Spuren anderer Elemente gefärbt (Rauchquarz: braun bis schwarz; Amethyst: violett; Citrin: gelb). Quarz bildet einen wichtigen Bestandteil vieler Gesteine (Granit u.a.); Sandstein besteht größtenteils aus kleinen, miteinander verfestigten Quarzkörnchen. Amorphes Siliciumdioxid kommt als Achat, Opal u.a. in der Natur vor; die Schalen der Diatomeen («Kieselalgen») bestehen ebenfalls aus amorphem SiO_2.

Kristallines Siliciumdioxid ist chemisch sehr reaktionsträge. Es löst sich nicht in Wasser und wird von Säuren praktisch nicht angegriffen. Nur Flußsäure (und elementares Fluor) reagieren ziemlich leicht mit Quarz unter Bildung von flüchtigem SiF_4 oder der Säure $H_2[SiF_6]$. Laugen vermögen Siliciumdioxid beim Kochen sehr langsam zu lösen. Aus solchen Lösungen lassen sich neuerdings unter Druck sehr regelmäßig gebaute Quarzkristalle beträchtlicher Größe züchten die für die Elektrotechnik von Bedeutung sind. Durch Reduktion von Quarz mit Magnesium entsteht elementares Silicium.

Wird Quarz geschmolzen und langsam abgekühlt, so tritt gewöhnlich beim Schmelzpunkt keine Kristallisation ein; die Schmelze wird vielmehr immer zäher und schließlich fest, ohne daß eine bestimmte Ordnung zustande kommt. Die Siliciumatome sind zwar noch mit je vier Sauerstoffatomen zu einer tetraedrisch gebauten SiO_4-Gruppe koordiniert; die Gruppen untereinander lagern sich jedoch nicht zu einem regelmäßig gebauten Kristall zusammen, sondern bleiben in der im flüssigen Zustand vorhandenen Unordnung. Ein solches «*Quarzglas*»[1] ist nicht mehr anisotrop und zeigt keine Kristallflächen. Quarzglas wird vielfach zur Herstellung hitze-

---

[1] Unter «Gläsern» im allgemeinen Sinn versteht man Festkörper, in denen die Atome derart gepackt sind, daß über mehrere Atomabstände hinweg keine Ordnung, jedoch noch eine «Nahordnung» besteht.

beständiger Apparate und (wegen seiner Durchlässigkeit für ultraviolettes Licht) für Quarz-lampen, Ultraviolettmikroskope usw. verwendet. Dank seinem geringen thermischen Ausdeh-nungskoeffizienten kann man Quarzglas von heller Rotglut auf Zimmertemperatur abschrecken, ohne daß es springt.

Gewöhnliches *Glas* enthält neben Silicium- und Sauerstoffatomen auch Kationen. Es ent-steht durch Schmelzen von Quarzsand mit Metalloxiden oder mit Verbindungen, welche in der Hitze Metalloxide bilden. Dabei wird der Verband der SiO_4-Gruppen in kleinere Bruchstücke aufgespalten. Die entstehenden Ladungen werden durch Metall-Kationen kompensiert (Abb. 16.6); ihre Anzahl steht zur Menge der Silicium- und Sauerstoffatome nicht in einem stöchiometrischen Verhältnis, sondern wird durch die Menge des verwendeten Metalloxids bestimmt.

Fenster- und Flaschenglas entsteht aus Soda, Kalk und Quarzsand; es enthält als Kationen Na^+- und Ca^{2+}-Ionen. Färbungen werden durch Zusatz gewisser Metalloxide erhalten. Kristallglas enthält Blei. Die chemisch und thermisch sehr widerstandsfähigen Jenaer und Pyrex-Gläser stellen «Quarzgläser» dar, in welchen eine Anzahl Silicium- durch Aluminium- oder Boratome ersetzt und zum Ladungsausgleich Kationen in das Gerüstwerk eingelagert sind.

Neben den besprochenen Modifikationen von SiO_2 existieren noch weitere, weniger stabile Formen. Ein *fasriges Siliciumoxid* von der gleichen Struktur wie SiS_2 (die SiO_4-Tetraeder bilden eine Kettenstruktur, wobei je zwei Tetraeder eine Kante gemeinsam besitzen) entsteht bei der Oxidation von SiO. Es schmilzt tiefer als Quarz (Smp. 1420°C) und wandelt sich langsam in Tridymit um. Eine andere, zunächst in der Natur nicht beobachtete, später aber im großen Meteorkrater in Arizona und auch anderen Meteoritenkratern (z.B. im «Ries» [Nördlingen]) aufgefundene Form, der sogenannte *Coesit,* kann unter sehr hohen Drucken aus Quarz herge-stellt werden (1953). Coesit ist beträchtlich reaktionsträger als Quarz (von HF wird Coesit nicht angegriffen!) und hat auch eine höhere Dichte. Sowohl Coesit wie auch eine weitere, noch reaktionsträgere, ebenfalls in Meteorkratern vorkommende Form *(«Stishovit»)* kristalli-sieren in der *Rutilstruktur ;* die Si-Atome weisen also die Koordinationszahl 6 auf! Beim Erhit-

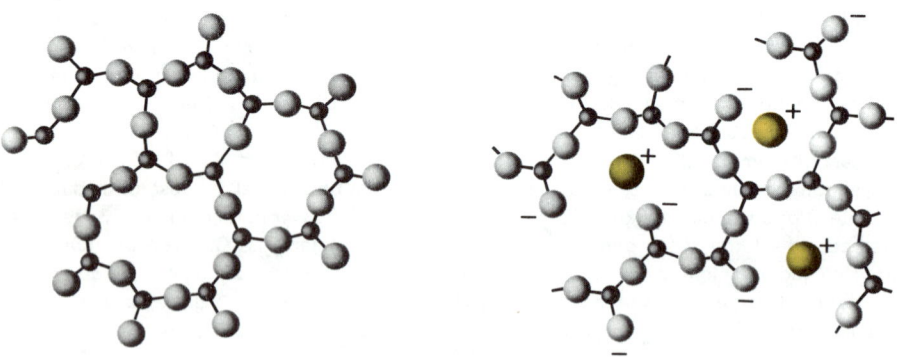

Abb. 16. 6. Struktur von Quarzglas und Glas (Schema). Kleine dunkle Kugeln = Si-Atome, größere Kugeln = O-Atome. Von den vier Bindungen der Si-Atome sind nur drei dargestellt. Gewöhnliches Glas (rechts) enthält eingelagerte Kationen

zen gehen Coesit und Stishovit in Quarz über (Umwandlungstemperaturen 1200°C bzw. 400°C); ihr Vorkommen in Meteorkratern beruht offenbar auf den durch den Aufschlag des Meteors zustande gekommenen hohen Drucken und Temperaturen.

Erhitzt man elementares Silicium zusammen mit SiO_2 auf 1250°C, so erhält man einen braunen Festkörper unbekannter Struktur und von nichtstöchiometrischer Zusammensetzung, der stark reduzierende Eigenschaften aufweist. Die Substanz wurde lange Zeit als *Siliciummonoxid,* SiO, betrachtet; nach neueren Arbeiten ist es jedoch zweifelhaft, ob es sich hier wirklich um SiO handelt.

Auch in den **Silicaten** besitzt Silicium die konstante Koordinationszahl 4. Isolierte Anionen wie SiO_3^{2-} (die den Carbonat-Ionen analog wären) existieren daher nicht. Das tetraedrisch gebaute SiO_4^{4-}-Ion zeigt eine große Tendenz zur Bildung größerer Verbände durch Verkettung von SiO_4-Gruppen, wobei jeweils zwei Silicium-Atome über ein O-Atom miteinander verbunden sind. Die Silicate enthalten darum als bestimmende Bauelemente *Gerüst-Anionen,* die man sich aus zahlreichen SiO_4-Gruppen entstanden denken kann. Beim Schmelzen eines solchen Silicats tritt Aufhebung der geordneten Lagerung oder sogar Zerfall in kleinere Einheiten auf; die spezifischen Eigenschaften der Silicate sind also nur im festen Zustand vorhanden. Silicate sind typische Festkörperverbindungen.

Die *Orthosilicate* entsprechen größtenteils der formalen Zusammensetzung Me_2SiO_4; sie enthalten einzelne SiO_4^{4-}-Anionen. Ihre Anordnung in den kristallinen Orthosilicaten ist aber so, daß die Sauerstoffatome einen einheitlichen Bauzusammenhang bilden («dichteste Kugelpackung» u.a.); in Hohlräumen zwischen ihnen sind die Siliciumatome (mit den Sauerstoffatomen durch polare Atombindungen verbunden) und die Metall-Ionen eingelagert. Für die Kristallstruktur ist die Größe und die Ladung der Ionen wichtig; Ionen ähnlicher Größe (aber unter Umständen ganz verschiedenen Charakters) können sich im Kristall ersetzen. Die Orthosilicate besitzen deshalb, wie übrigens alle natürlichen Silicatmineralien, eine innerhalb bestimmter Grenzen *schwankende Zusammensetzung.* Beispiele für Orthosilicatmineralien bilden die Olivine $(Mg, Fe)_2SiO_4$, die Granate u.a.

Durch Kochen oder Schmelzen von fein gepulvertem Quarz (SiO_2) mit Soda, Kaliumcarbonat oder Lauge erhält man die wasserlöslichen *Alkalisilicate.* Sie enthalten neben SiO_4^{4-}- auch $Si_2O_7^{6-}$-, $Si_3O_{10}^{8-}$- usw. -Gruppen. Im Gegensatz zu echten Lösungen lassen sich die gelösten Teilchen einer solchen «Wasserglas»-Lösung mittels einer porösen Membran (Pergament, Cellophan) abtrennen (Abb. 16.7; *«Dialyse»),* und die im durchfallenden Licht klare Lösung

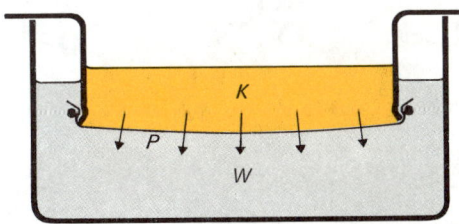

Abb. 16.7. Reinigung einer kolloidalen Lösung durch Dialyse. Die kolloidale Lösung K wird durch das Pergament P vom Wasser W abgetrennt. Ionen und Moleküle diffundieren durch das Pergament, während die größeren Kolloidteilchen nicht diffundieren können. Wenn man das Wasser von Zeit zu Zeit durch frisches Wasser ersetzt, kann die kolloidale Lösung schließlich von den Ionen oder Molekülen getrennt werden

sieht im auffallenden Licht schwach trübe aus. Ein durch die Lösung hindurchfallender Licht-
strahl kann an seiner leuchtenden Spur erkannt werden *(«Tyndall-Effekt»;* die «Lichtspur»
rührt von der Beugung des Lichts an den Teilchen her, ähnlich der Beugung von Sonnen-
strahlen an Staubteilchen in einem dunklen Zimmer). Solche sogenannte «**kolloidale**»
Lösungen *(colla* lat. = Leim) enthalten Teilchen der Größenordnung 10^{-7} bis 10^{-5} cm, also
wesentlich größere Teilchen als freie Moleküle oder Ionen (mit Dimensionen von einigen
10^{-8} cm!).

Wasserglas wird z. B. als Feuerschutzimprägnierungsmittel, zur Konservierung von Eiern und als
«anorganischer Leim» zum Verkitten von Glas und Porzellan verwendet.

Säuert man eine solche Alkalisilicatlösung an, so erstarrt sie nach einiger Zeit gallertig. Die aus
den SiO_4^{4-}-, $Si_2O_7^{6-}$- usw. -Gruppen durch Protonenaufnahme gebildeten Säuremoleküle kondensieren untereinander zu «Polykieselsäuren», die aus Ketten oder Netzen bestehen:

$$
\begin{array}{cccc}
OH & OH & OH & OH \\
| & | & | & | \\
HO-Si-O\boxed{H\ HO}-Si-O\boxed{H\ HO}-Si-O\boxed{H\ OH}-Si-OH \\
| & | & | & | \\
OH & OH & OH & OH
\end{array}
$$

$$\downarrow$$

$$
\begin{array}{cccc}
OH & OH & OH & OH \\
| & | & | & | \\
HO-Si-O-Si-O-Si-O-Si-OH \\
| & | & | & | \\
OH & OH & OH & OH
\end{array}
$$

Geht die Kondensation fortgesetzt weiter, so bilden sich schließlich dreidimensionale «Netze»
der Zusammensetzung SiO_2. Auf solche Art sind wahrscheinlich die amorphen Siliciumdioxid-
Mineralien (Achat, Opal, Feuersteine) entstanden.

Kettensilicate enthalten zu kettenartigen Gerüst-Anionen vereinigte SiO_4-Gruppen (Abb.16.8)
oder «Bänder» aus mehreren solchen SiO_4-Ketten (z. B. in den *Hornblenden).* Im Gegensatz

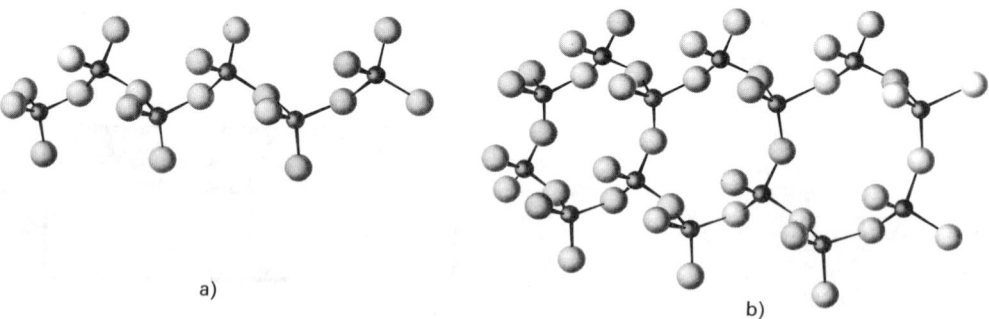

a)

b)

Abb. 16.8. Struktur der Gerüstanionen bei Kettensilicaten

a) *Einfache Kette aus SiO_4-Gruppen (z. B. in Augiten)*

b) *Doppelkette aus zwei miteinander verbundenen Ketten («Band»), z. B. in Hornblenden*

Kleine Kugeln = Si-Atome, große Kugeln = O-Atome

zu den Kohlenstoffatomen in organischen Verbindungen sind aber in solchen Gerüst-Anionen niemals zwei Siliciumatome direkt miteinander verbunden; stets erfolgt ihre Verbindung über ein Sauerstoffatom. Die Zusammensetzung dieser Verbindungen wird noch komplizierter dadurch, daß sich auch in den SiO_4-Tetraedern Aluminium- und Siliciumatome wegen ihrer ähnlichen Größe ersetzen können. Jeder Ersatz eines Siliciumatoms durch ein Aluminiumatom erhöht aber die totale negative Ladung des Anions um eine Einheit (Al besitzt zwar in diesem Fall die Koordinationszahl 4, jedoch nur 3 Außenelektronen!), so daß zusätzlich weitere Kationen zum Aufbau eines elektrisch neutralen Gitters notwendig sind, welche gesetzmäßig in Gitterhohlräume eingelagert werden.

In den *Schichtsilicaten* sind ebene Schichten (Netzwerke) aus SiO_4-Gruppen vorhanden, welche durch dazwischen gelagerte Kationen zusammengehalten werden (Abb. 16.9). Kettensilicate zeigen vielfach ausgesprochen stenglig-fasrige Gestalt (Strahlstein, Hornblenden, Asbeste); Schichtsilicate sind ganz ausgezeichnet blättrig spaltbar *(Glimmer).* Der Zusammenhalt der Atome innerhalb der Gerüst-Anionen ist offenbar beträchtlich größer als der Zusammenhalt der Ketten, Bänder oder Schichten untereinander und entspricht etwa dem Zusammenhalt der Atome in einem Atomkristall.

Die Verwitterung der Schichtsilicate führt zu Metallhydroxiden und -aluminaten, die ebenfalls Schichtstrukturen besitzen (Tone, *Lehm*). Zwischen die Schichten kann Wasser eingelagert werden und bewirkt dadurch eine eindimensionale Quellung. Dadurch kommt es zur Bildung dünner, flockiger, kleiner Teilchen, deren Oberfläche mit Wassermolekülen «überzogen» ist und die leicht übereinandergleiten. Dies erklärt die plastische Verformbarkeit und die Schlüpfrigkeit von feuchtem Ton. Beim Brennen verdampft das adsorbierte Wasser, und es bilden sich größere Teilchen von einigermaßen gesetzmäßiger Ordnung; der Ton wird hart.

Werden kalk- und tonreiche Mineralien (z. B. Kalkstein und Ton oder Kalk- und Tonmergel) in einem geeigneten Verhältnis gemischt, zerkleinert und in 50–70 m langen, drehbaren Rohren («Drehrohröfen») bei 1400–1450 °C gebrannt, so entsteht *«Zement».* Dabei bilden sich

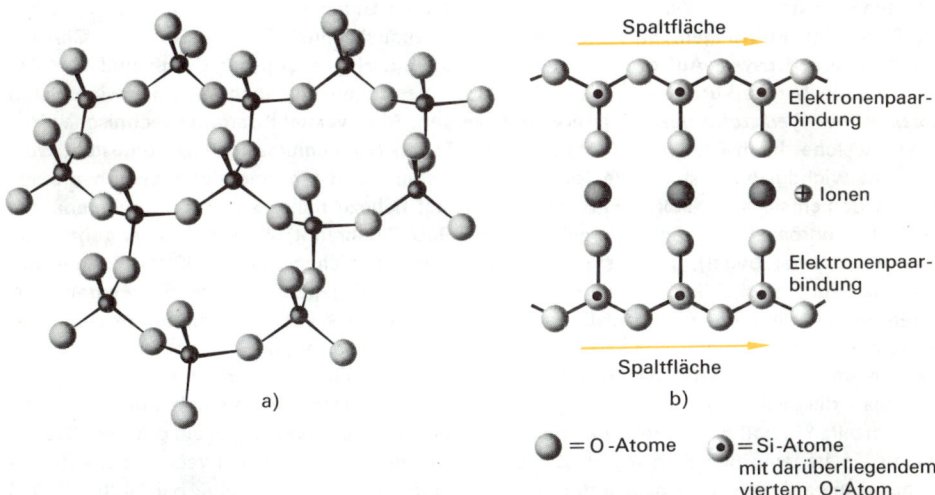

Spaltfläche

Elektronenpaar-bindung

⊕ Ionen

Elektronenpaar-bindung

Spaltfläche

a)   b)

🔵 = O -Atome   🔘 = Si-Atome mit darüberliegendem viertem O-Atom

Abb. 16.9. Schichtsilicate

a) Gerüstanionen aus SiO_4-Gruppen; große Kugeln = O-Atome, kleine Kugeln = Si-Atome
b) Schnitt durch eine Doppelschicht; positive Ionen zwischen die Gerüstanionen eingelagert

Calciumsilicate und -aluminate, welche die Eigenschaft haben, zusammen mit Sand oder Kies und Wasser sehr rasch zu erhärten. Die Reaktionsprodukte (einfachere Ca-Silicate und Ca-Hydroxid, Al-Hydroxide) scheiden sich in Form sehr kleiner Kriställchen aus, die sich beim Wachsen verfilzen und dadurch das Gefüge sehr stark verfestigen. Im Gegensatz zum *«Kalk-mörtel»* [bei welchem aus $Ca(OH)_2$ $CaCO_3$ entsteht] erhärtet der Zementmörtel auch unter Wasser.

Statt zu Ketten, Bändern oder Schichten können die tetraedrischen SiO_4-Gruppen auch zu *drei-dimensionalen Strukturen* verbunden sein, wie es in den verschiedenen Modifikationen von Siliciumdioxid tatsächlich der Fall ist. Prinzipiell den gleichen Aufbau zeigen die *Gerüstsilicate ;* bei ihnen vertreten aber Al-Atome einen Teil der Si-Atome, und der Kristall enthält zum Ladungs-ausgleich Kationen wie K^+, Na^+, Ca^{2+} usw. Zu den Gerüstsilicaten mit dreidimensionalem gerüstartigem Anion gehören die außerordentlich verbreiteten *Feldspäte* (Kalifeldspat, Ortho-klas: $KAlSi_3O_8$; Natronfeldspat, Albit: $NaAlSi_3O_8$; Calciumfeldspat usw.). Bei manchen Gerüst-silicaten besitzt das «Alumosilicat-Anion» eine sehr lockere, weitmaschige Struktur, in welcher Kationen nicht sehr fest gebunden sind und gegen andere Kationen leicht ausgetauscht werden können. Darauf beruht das Austauschvermögen gewisser Silicatmineralien *(«Permutite»)* für Kationen: Wird Ca^{2+}- oder Fe^{2+}-haltiges Wasser durch einen solchen Permutit geschickt, so werden die doppelt geladenen Kationen gebunden und eine entsprechende Menge Na^+- oder K^+-Ionen an das Wasser abgegeben. Eine ähnlich lockere Struktur besitzen die *Zeolithe* und der *Ultramarin,* wobei bei letzterem zusätzlich Na_2S_2 – als blaufärbender Bestandteil – im Kristall eingebaut ist. Erhitzt man Permutite oder Zeolithe im Vakuum, so wird das im Kristall ge-bundene Wasser ausgetrieben und man erhält die «trockenen» Strukturen von großer innerer Oberfläche. Solche Materialien dienen heute als *«Molekularsiebe»,* weil nur solche Moleküle (durch van der Waals-Kräfte) gebunden und damit zurückgehalten werden können, die durch die engen «Kanäle» im Kristall diffundieren können (Anwendung z.B. zur Trennung gerad-kettiger von verzweigtkettigen Kohlenwasserstoffen).

Viele Silicate sind von großer *wirtschaftlicher Bedeutung.* Manche dienen ohne weitere Ver-arbeitung für besondere Zwecke, wie z.B. Asbest oder Glimmer als Isoliermaterialien, Achat für Schneiden in Waagen, Silicatmineralien als Schmucksteine (Granat, Turmalin, Chryso-beryll, Smaragd usw.). Auf die Zusammensetzung und Herstellung der Gläser und von Ze-ment wurde bereits kurz hingewiesen (S. 533); hier sollen nur noch kurz die wichtigsten *keramischen Werkstoffe* besonders erwähnt werden. Man versteht darunter technische Pro-dukte, welche durch Glühen («Brennen») von Tonen (Aluminiumsilicaten) hergestellt wer-den. Die wichtigsten Bestandteile von Ton sind Kaolinit und Montmorillonit, zwei hydroxid-haltige Schichtsilicate. Kaolin («Porzellanerde») ist nahezu reiner Kaolinit. Das sogenannte Tongut ist porös; zu ihm zählen Ziegel (bei etwa 900°C gebrannt), Klinker (stärker gebrannter und feuerfesterer Ziegel), feuerfeste Schamottesteine (erweichen erst >1700°C), Tongeschirr u.a. Die Feuerfestigkeit kann durch höhere Tonerde- (Al_2O_3)-gehalte gesteigert werden. Gla-suren werden dadurch erzeugt, daß man das geformte Stück vor dem Brennen in eine Blei-glasurmischung eintaucht, die dann beim Brennen ein Bleiglas ergibt. Steingut wird aus eisen-oxidarmem, mit Quarz und geschlämmtem Kaolin vermischtem Ton erhalten. Steinzeug und Porzellan, die beide nicht porös sind, werden als «Tonzeug» zusammengefaßt. Zur Herstellung von Porzellan benötigt man neben Kaolin auch Quarz und Feldspat, wobei ein größerer Kaolin-gehalt ein härteres Porzellan ergibt. Zur Verzierung verwendet man entweder «Scharffeuer-farben», die auf die Glasur oder unter der Glasur aufgetragen und nachher bei 1400–1500°C eingebrannt werden (Kobaltoxid, Thénards Blau, Chromoxid u.a.), oder «Muffelfeuerfarben», mit Terpentinöl angerührte Metalloxide oder Metalle, die bei viel niedrigeren Temperaturen eingebrannt werden können.

Siloxane, Silicone. Wir haben auf S. 531 erwähnt, daß Siliciumhalogenide (z. B. $SiCl_4$) von Wasser leicht zu SiO_2 hydrolysiert werden. Als Zwischenprodukt bildet sich dabei $Si(OH)_4$ *(«Orthokieselsäure»)*, welche unter Wasserabspaltung zu dreidimensional-gitterartigen Verbänden von SiO_4-Gruppen kondensiert. Läßt man nun statt $SiCl_4$ organische Siliciumderivate, wie z. B. Trimethylsiliciumchlorid, $(CH_3)_3SiCl$, auf Wasser einwirken, so entstehen zunächst *«Silanole»*, die ebenfalls Wasser abspalten und in (niedermolekulare) Siloxane übergehen:

$$(CH_3)_3Si—Cl + H_2O \;\longrightarrow\; (CH_3)_3Si—OH + HCl$$
Trimethylsilanol

$$2\,(CH_3)_3SiOH \;\longrightarrow\; (CH_3)_3Si—O—Si(CH_3)_3 + H_2O$$
Hexamethyldisiloxan

Durch Reaktion von Dimethyl- oder Monomethylsiliciumchlorid mit Wasser erhält man – über den im monomeren Zustand nicht faßbaren Dimethylsilandiol bzw. Methylsilantriol als Zwischenprodukt – hochmolekulare Verbindungen mit ring- oder kettenartigen oder auch vernetzten Makromolekülen *(«Silicone»)*:

$$(CH_3)_2SiCl_2 + 2\,H_2O \;\longrightarrow\; (CH_3)_2Si(OH)_2 + 2\,HCl$$
$$n\,(CH_3)_2Si(OH)_2 \;\longrightarrow\; [(CH_3)_2SiO]_n + n\,H_2O$$

Die Länge der Ketten und der Vernetzungsgrad werden durch einen geringen Anteil an Trimethylsiliciumchlorid und Methylsiliciumchlorid im Gemisch mit Dimethylsiliciumchlorid bestimmt. Kondensiert ein Trimethylsilanolmolekül mit einer im Wachstum begriffenen Siloxan-Kette, so wird die Polykondensation abgebrochen [$(CH_3)_3Si—O$-Gruppen bilden Kettenenden], während Methylsilantriol [$CH_3Si(OH)_3$] zur Vernetzung führt. Durch Variation des Verhältnisses von $(CH_3)_2SiCl_2$, CH_3SiCl_3 und $(CH_3)_3SiCl$ in dem Gemisch, das mit Wasser zur Reaktion gebracht wird, lassen sich darum die Eigenschaften der Produkte in weitgehendem Maß variieren. Hochmolekulare Silicone mit kettenförmigen Makromolekülen von mäßiger Kettenlänge sind flüssig *(«Siliconöle»)*, wobei die Viskosität mit wachsender Kettenlänge zunimmt; in geringem Maß vernetzte Ketten besitzen Kautschukelastizität *(«Siliconkautschuk»;* für Dichtungen u. a.), während hochmolekulare , stark vernetzte Produkte harzartige, feste Massen darstellen *(«Siliconharze»)*.

Alle diese Substanzen besitzen als Kunststoffe eine große Bedeutung. Die $Si—C$-Bindung ist so beständig (kinetisch inert), daß sie unter normalen Bedingungen weder von Säuren noch von schwach alkalischen Lösungen angegriffen wird; der organische Anteil in den Makromolekülen macht die Silicone wasserabstoßend (hydrophob), so daß sie zur Imprägnierung von Textilien, Papier, Mauerwerk u. a. verwendet werden können.

Zur Herstellung der Silicone geht man von Quarzsand aus, der zunächst zu elementarem Silicium reduziert wird. Aus diesem erhält man durch Reaktion mit Methylchlorid (CH_3Cl) bei 300 bis 400 °C und unter der katalytischen Wirkung von Kupfer die verschiedenen Methylsiliciumhalogenide, welche dann anschließend mit Wasser umgesetzt werden (Rochow-Prozeß). Auch durch Reaktion von Grignard-Verbindungen (z. B. CH_3MgCl) mit $SiCl_4$ können Alkylsiliciumchloride erhalten werden, doch eignen sich diese Synthesen weniger für technische Prozesse. Als Beispiel dafür sei die Bildung von Äthylsiliciumchlorid formuliert:

$$C_2H_5MgCl + SiCl_4 \;\longrightarrow\; C_2H_5SiCl_3 + MgCl_2$$

16.4 Verbindungen von Germanium, Zinn und Blei

Auch die Elemente der Gruppe IV zeigen mit zunehmender Ordnungszahl die Tendenz, eher in tieferen positiven Oxidationszahlen als in der höchsten Stufe (+ IV) oder gar in der − IV-Stufe aufzutreten. Dieses Verhalten zeigt sich naturgemäß beim Blei besonders deutlich; es erklärt verschiedene charakteristische *Unterschiede* zwischen den Eigenschaften von Blei einerseits und von Germanium und Zinn anderseits. Das folgende Schema soll diese Unterschiede verdeutlichen:

$$MeO_2 \xleftarrow[\text{Erhitzen}]{O_2} Me \xrightarrow{\text{Halogene}} MeX_4 \qquad\qquad PbO \xleftarrow[\text{Erhitzen}]{O_2} Pb \xrightarrow{\text{Halogene}} PbX_2$$

$$\downarrow 450\,°C$$

$$Pb_3O_4$$

$$MeS_2 \xleftarrow[\text{Erhitzen}]{S} \quad \Big\Vert \xrightarrow{\text{konz. HNO}_3} MeO_2aq \qquad\qquad PbS \xleftarrow[\text{Erhitzen}]{S} \quad \Big\Vert \xrightarrow{\text{konz. HNO}_3} Pb\,(NO_3)_2$$

$$(Me = Ge, Sn)$$

Wasserstoffverbindungen. Die Hydride von Germanium (Mono-, Di-, Tri- bis Penta*german*; GeH_4, Ge_2H_6, Ge_3H_8, Ge_4H_{10}, Ge_5H_{12}) gleichen in ihrem Verhalten den Silanen. Sie sind zwar nicht so leicht entflammbar und sind auch gegenüber Wasser beständiger (GeH_4 wird erst durch 30 % NaOH hydrolysiert!); sie werden jedoch durch Sauerstoff schnell zu GeO_2 und H_2O oxidiert.

Von Zinn und Blei sind nur die Verbindungen SnH_4 (*«Stannan»*; Smp. − 150°C, Sdp. − 51,8°C) und PbH_4 (*«Plumban»*; Sdp. − 13°C) bekannt. Beide sind sehr instabile Substanzen, die leicht oxydiert werden. PbH_4 entsteht in Spuren bei der Reaktion von Mg/Pb-Legierungen mit Säuren oder bei der Einwirkung von kathodisch entwickeltem (atomarem) Wasserstoff auf zerstäubtes Blei und ist wenig bekannt. Etwas beständiger als die Wasserstoffverbindungen von Zinn und Blei sind die Tetraalkylverbindungen der beiden Elemente, von denen besonders Bleitetraäthyl [$Pb\,(C_2H_5)_4$] als Antiklopfmittel in Motortreibstoffen eine große Bedeutung besitzt. Man gewinnt es aus Äthylbromid, C_2H_5Br, und einer Pb/Na-Legierung.

Verbindungen der Oxidationsstufe + IV. Mit Ausnahme von $PbBr_4$ und PbI_4 sind alle *Tetrahalogenide* bekannt. Sie gleichen in bezug auf die physikalischen Eigenschaften den entsprechenden Verbindungen von Kohlenstoff und Silicium, sind also flüchtige Stoffe. Nur SnF_4 und PbF_4 sind relativ schwerflüchtig und salzartig; SnF_4 sublimiert bei 705°C, und PbF_4 schmilzt bei 600°C, wobei es sich allerdings bereits teilweise in PbF_2 und elementares Fluor zersetzt (Verwendung als Fluorierungsmittel!). Auch $PbCl_4$ zersetzt sich (bereits bei tieferer Temperatur) spontan in $PbCl_2$ und Chlor. Germanium- und Zinn (IV)-halogenide können durch direkte Reaktion der Elemente erhalten werden, während $PbCl_4$ nur aus $PbCl_2$ und Cl_2 hergestellt werden kann. Durch Wasser werden die Tetrahalogenide unter Bildung von Halogenokomplexen hydrolysiert. Besonders stabil sind der GeF_6^{2-}, der $SnCl_6^{2-}$- und der $PbCl_6^{2-}$-Komplex mit oktaedrischer Koordination.

Die *Oxide* GeO_2, SnO_2 und PbO_2 sind alle gut charakterisierte, schwerflüchtige Verbindungen von salzähnlichem Charakter. GeO_2 ist polymorph und kristallisiert sowohl in der Cristobalit- wie in der Rutilstruktur. Auch SnO_2 ist polymorph; die häufigste und wichtigste Modifikation (der

Kassiterit) besitzt ebenfalls Rutilstruktur, wie übrigens auch PbO_2. Die GeO_2-Modifikation mit Cristobalit-Struktur löst sich in geringem Maß in Wasser; die Lösung reagiert schwach, jedoch deutlich sauer. In Säuren ist GeO_2 nur sehr schwer löslich, hingegen können durch Auflösen von GeO_2 in Hydroxidlösungen oder durch Zusammenschmelzen des Oxids mit Hydroxiden *Germanate* erhalten werden, welche in ihrem Verhalten weitgehend den Silicaten gleichen. SnO_2 ist in Säuren und Alkalihydroxiden unlöslich; beim Schmelzen mit NaOH oder KOH erhält man «*Stannate*», die in Wasser löslich sind. Aus der konzentrierten wäßrigen Lösung kann man Festkörper der Zusammensetzung $Na_2SnO_3 \cdot 3\,H_2O$ erhalten, die mit Na_2SnF_6 isomorph sind und das Zinn als Hexahydroxokomplex $[Sn(OH)_6]^{2-}$ enthalten. PbO_2 schließlich löst sich in Säuren kaum. Durch Schmelzen mit KOH oder durch Reaktion mit heißen konzentrierten Alkalihydroxidlösungen erhält man Plumbate, die $[Pb(OH)_6]^{2-}$-Ionen enthalten.

Die vom Germanium zum Blei abnehmende Stabilität der Oxidationsstufe $+$ IV zeigt sich darin, daß die oxidierende Wirkung vom GeO_2 zum PbO_2 stark zunimmt. PbO_2 ist ein starkes Oxidationsmittel ($E^0_{Pb^{2+}/PbO_2} = +1,47\,V$) und spaltet beim Erhitzen Sauerstoff ab, wobei es in niedrigere Oxide von nichtdaltonider Zusammensetzung übergeht.

Nur Germanium und Zinn bilden mit *Schwefel* Verbindungen in der Oxidationsstufe $+$ IV. GeS_2 besitzt die gleiche Struktur wie SiS_2; SnS_2 hingegen kristallisiert im CdI_2-Gitter, ist also schon eher salzähnlich. Durch Reaktion mit Alkalisulfiden entstehen Thiostannate, d.h. Thiokomplexe.

Verbindungen der Oxidationsstufe $+$ II. Während aus Germanium und den Halogenen Tetrahalogenide entstehen, bilden sich aus Zinn bzw. Blei und Halogenen *Dihalogenide,* wie $SnCl_2$, $SnBr_2$, $PbCl_2$, $PbBr_2$ und PbI_2. Dihalogenide von Germanium können nur aus Tetrahalogeniden und elementarem Germanium erhalten werden; sie sind schwerflüchtig, wirken stark reduzierend und neigen zu rascher Disproportionierung, besonders beim Erwärmen (Umkehrung der Bildung). Die Dihalogenide von Zinn und besonders Blei sind salzartig und enthalten Sn^{2+}- bzw. Pb^{2+}-Ionen. Mit Ausnahme von PbF_2, das in der CaF_2-Struktur (einer typischen Ionenstruktur!) kristallisiert, zeigen die Blei(II)-halogenide Schichtgitterstrukturen. Zinn(II)-salze sind starke Reduktionsmittel (größere Stabilität der Oxidationsstufe $+$ IV!); hydratisierte Sn^{2+}-Ionen sind stark sauer, so daß Lösungen von $SnCl_2$ oder anderen Zinn(II)-salzen nur bei sehr tiefen pH-Werten beständig sind (bei höherem pH – so z.B. in Wasser – fallen nach einiger Zeit basische Salze [1] aus). Pb^{2+}-Ionen wirken nicht reduzierend und treten in zahlreichen, gut kristallisierenden und wohl charakterisierten Salzen auf $[PbSO_4$, $Pb(NO_3)_2$, $Pb(CH_3COO)_2$, $PbCrO_4$ usw.]. Die Blei(II)-halogenide sind sämtlich in Wasser schwerlöslich.

Sn^{2+}- und Pb^{2+}-Ionen ergeben mit OH^--Ionen schwerlösliche Hydroxide, die sich bei hohem pH wieder lösen:

$$Sn(OH)_2 + 2\,OH^- \longrightarrow [Sn(OH)_4]^{2-} \qquad Pb(OH)_2 + 2\,OH^- \longrightarrow [Pb(OH)_4]^{2-}$$

Keines dieser Hydroxide besitzt indessen eine stöchiometrisch definierte Zusammensetzung; es handelt sich bei ihnen vielmehr um stark *wasserhaltige Oxide.* GeO, SnO und PbO sind schwerschmelzbare Festkörper. Als einziges der drei Elemente bildet Blei außerdem ein Oxid, das Pb-Atome in den Oxidationsstufen $+$ II und $+$ IV nebeneinander enthält: Pb_3O_4 (Mennige), ein orangeroter Festkörper, der eine einheitliche Substanz mit charakteristischer Kristallstruktur und nicht etwa ein Mischoxid darstellt. Mit Salpetersäure entsteht neben PbO_2 Blei(II)-nitrat: ein Beweis für das Vorhandensein sowohl von Pb^{4+}- wie Pb^{2+}-«Ionen».

---

[1] Basische Salze enthalten im Kristall neben den «gewöhnlichen» Anionen (wie Cl^-, Br^-, SO_4^{2-} usw.) auch OH^-- oder O^{2-}-Ionen.

16.5 Beziehungen innerhalb der Gruppe

Bei der Gruppe IV zeigen sich die schon erwähnten gleichartigen Tendenzen, wie sie auch bei den Elementen der Gruppe V deutlich sind: Zunahme des Metallcharakters mit zunehmender Ordnungszahl und damit verbunden zunehmende Stabilität der Verbindungen der Oxidationsstufe + II, abnehmende Stabilität der + IV-Verbindungen und abnehmende Stabilität der Wasserstoffverbindungen. Die mit wachsender Ordnungszahl abnehmende Bindungsenergie der X—X-Bindungen und im gleichen Sinn zunehmende Bindungsenergie der X—O-Bindungen erklärt die vom C zum Pb stark abnehmende Tendenz zur Verkettung und gleichzeitig die wachsende Stabilität der X—O-Verbindungen. Die entsprechend dem wachsenden Atomradius größere Koordinationszahl von Zinn und Blei (Si zeigt die Koordinationszahl 6 nur in Ausnahmefällen, z. B. im SiF_6^{2-}-Komplex) geht mit der bindenden Wirkung von im freien Zustand unbesetzten d-Orbitalen einher.

Übungen

16.1   Begründen Sie mit den Gitterstrukturen der beiden Modifikationen, warum bei der Überführung von Graphit in Diamant sehr hohe Drucke notwendig sind.

16.2   Stellen Sie die bei den Elementen der Gruppe IV im festen Zustand auftretenden Gitterstrukturen zusammen.

16.3   Welche Carbide bilden die Elemente Ca, Zr, Fe? Wie reagieren sie mit Wasser?

16.4   Warum bildet das Element Kohlenstoff so viele Verbindungen mit Wasserstoff?

16.5   Wie verhalten sich folgende Verbindungen gegenüber Wasser: CF_4, CCl_4, $SiCl_4$, $SnCl_4$, $SnCl_2$, PbF_2, $PbCl_2$.

16.6   Geben Sie die Elektronenstruktur folgender Partikeln an: CS_2, CO, CO_2, CO_3^{2-}, C_3O_2.

16.7   Vergleichen Sie die Oxide XO_2 von Kohlenstoff, Silicium, Zinn und Blei!

16.8   Leitet man einen Sauerstoffstrom durch ein mit Holzkohle beschicktes Quarzglasrohr und erhitzt die Kohle, so beobachtet man, wie sich Bariumhydroxidlösung in einer vorgelegten Waschflasche trübt, wenn der Sauerstoffstrom mäßig stark ist. Ein starker Sauerstoffstrom führt zu einem hellen Aufflammen der Kohle, und in einer weiteren Waschflasche färbt sich ammoniakalische Silbersalzlösung [mit $Ag(NH_3)_2^+$] schwarz. Erklären Sie diese Beobachtungen und formulieren Sie die Reaktionsgleichungen!

16.9   Erklären Sie das Zustandekommen der Carbonathärte, die Bildung von Tropfsteinen und die Tatsache, daß man in Seewasser im allgemeinen besser waschen kann.

16.10 Warum ist Kohlensäure eine schwache Säure und bei Zimmertemperatur unbeständig?

16.11 Wie verhalten sich Carbonate beim Erhitzen? Wie werden sich die Zersetzungstemperaturen bei folgenden Carbonaten verhalten: $CaCO_3$, Na_2CO_3, $ZnCO_3$, $MgCO_3$, $CuCO_3$.

16.12 Vergleichen Sie die Eigenschaften der Silane und der Paraffinkohlenwasserstoffe.

16.13 Was ist Glas, Opal, Cristobalit, Tieftemperaturquarz, Citrin?

16.14 Stellen Sie die Strukturprinzipien der Silicate zusammen. Worin bestehen die Unterschiede zwischen Silicaten und Carbonaten und worauf sind sie zurückzuführen?

16.15 Wie läßt sich eine kolloidale von einer echten Lösung unterscheiden?

16.16 Vergleichen Sie die Halogenverbindungen von Germanium, Zinn und Blei (Oxidationszahlen, Bildung, Beständigkeit, Verhalten gegen Wasser)!

16.17 Stellen Sie die Gleichungen auf für folgende Reaktionen:
   a) Herstellung von Silicium aus Quarz.
   b) Verbrennung von Disilan.
   c) Hydrolyse von $GeCl_4$.
   d) Reaktion von Zinn mit Natriumhydroxidlösung.
   e) Oxydation von Plumbit mit alkalischer Wasserstoffperoxidlösung.

16.18 Berechnen Sie den pH-Wert einer Lösung von CO_2 in Wasser, die $1,2 \cdot 10^{-5}$ mol CO_2 im Liter Wasser enthält.

16.19 Die Löslichkeit von $PbCl_2$ beträgt bei $0\,°C$ 6,73 g/Liter, bei $100\,°C$ 33,4 g/Liter. Berechnen Sie die Lösungsenthalpie (unter der Annahme, daß ΔH temperaturunabhängig sei).

16.20 Berechnen Sie das pH folgender Lösungen: 0,1-M $NaHCO_3$; 0,5-M K_2CO_3.

16.21 Schreiben Sie für die 12 Isomere der Molekularformel $C_5H_{12}O$ die Strukturformeln auf.

16.22 Bei starkem Erhitzen können auch Sulfate in SO_3 und das Oxid des Metalls gespalten werden. Wie werden sich die Erdalkalisulfate in dieser Hinsicht verhalten?

16.23 Für das Gleichgewicht $2\,CO + O_2 \rightleftarrows 2\,CO_2$ ist $\Delta H^0 = -2 \cdot 282,8$ kJ, ΔG_f^0 aber $-2 \cdot 257,3$ kJ. Erklären Sie diesen Unterschied.

Literatur

F. A. Cotton und G. Wilkinson	*Anorganische Chemie;* Verlag Chemie, Weinheim 1972 (Kapitel 10 und 11)
E. S. Gould	*Inorganic Reactions and Structure.* Holt, New York 1960 (Kapitel 10 und 17)
A. F. Holleman und E. Wiberg	*Lehrbuch der Anorganischen Chemie.* De Gruyter, Berlin 1970 (Kapitel XII)
P. Niggli	*Grundlagen der Stereochemie.* Birkhäuser, Basel 1945 (Silicate)
L. Pauling	*Die Natur der chemischen Bindung.* Verlag Chemie, Weinheim 1963 (Kapitel 13)
A. F. Wells	*Structural Inorganic Chemistry;* Oxford University Press, 1975
H. G. Winkler	*Struktur und Eigenschaften der Kristalle.* Springer, Berlin 1962 (Teil II und III)

17 Die Elemente der Gruppe III

Wie auch schon in den anderen Gruppen unterscheidet sich das erste Element (Bor) stark von den übrigen Elementen. Es ist ein Halbmetall, im Gegensatz zu allen übrigen Elementen der Gruppe, die typische Metalle sind; es bildet als einziges Element der Gruppe keine freien Ionen der Ladung +3, und es zeigt eine stoffliche und strukturelle Vielfalt, die stark an Kohlenstoff und Silicium erinnert. Trotzdem gleicht Bor in seinem Verhalten in mancher Hinsicht auch den anderen Elementen, z. B. dem Aluminium, nicht nur in bezug auf die stöchiometrischen Verhältnisse in entsprechenden Verbindungen.

Tabelle 17.1. Eigenschaften der Elemente der Gruppe III

	B	Al	Ga	In	Tl
Schmelzpunkt (°C)	2030	660	29,8	156	449
Siedepunkt (°C)	3930	2060	2070	2100	1390
Dichte (g/cm³)	2,4	2,7	5,93	7,29	11,85
Sublimationsenthalpie (kJ/mol)	565	324	273	243	180
Atomradius (pm)	80	143	122	162	171
Ionenradius (pm)	–	50	62	81	95
Hydrationsenthalpie (kJ/mol)	–	– 4600	– 4600	– 4117	– 4117
$E^{o}_{Me/Me^{3+}}$ (Volt)	–	– 1,67	– 0,52	– 0,34	+ 0,72

17.1 Die Elemente

Keines der Elemente der Gruppe III kommt elementar in der Natur vor. Bor wird aus natürlichem *Borax* ($Na_2B_4O_7 \cdot 10\,H_2O$) oder *Kernit* ($Na_2B_4O_7 \cdot 4\,H_2O$) durch Überführung dieser Salze in Boroxid (B_2O_3) und anschließende Reduktion mit Magnesium gewonnen. Hochreines Bor erhält man durch thermische Zersetzung von Bortriiodid, BI_3. Bor ist ein Mischelement (^{10}B 18,83% und ^{11}B 81,17%). Beide Isotope haben einen Kernspin.

Elementares Bor ist ein Halbleiter von sehr hoher Härte (es ist nächst Diamant das härteste Element!) und ist bei Raumtemperatur relativ reaktionsträg. So wird es trotz des negativen Normalpotentials ($E^{o}_{B/H_3BO_3} = -0,87$ V) weder von Salzsäure noch von Fluorwasserstoff angegriffen und reagiert auch mit starken Oxidationsmitteln, wie z. B. heiße konzentrierte Salpetersäure, nur langsam. Bei höherer Temperatur ist seine Reaktionsfähigkeit größer; beim Schmelzen mit Na_2O_2 oder mit KNO_3/Na_2CO_3-Gemischen entstehen Borate, und bei sehr hohen Temperaturen vermag Bor sogar CO_2 oder SiO_2 zu reduzieren.

Bor existiert in einer tetragonalen und zwei rhombischen Modifikationen. Die Gitter der drei Formen enthalten *Ikosaeder* aus 12 B-Atomen als strukturelle Einheiten, welche unter sich auf verschiedene Arten verbunden sind. Die komplizierteste, jedoch thermodynamisch stabilste Struktur enthält 108 B-Atome pro Elementarzelle; diese Modifikation schmilzt bei 2030°C und siedet bei 3930°C. Die Bindung zwischen den B-Atomen geschieht ähnlich wie in den Borhydriden (S. 121 und 547) durch mehrzentrische MO (Elektronenmangelstrukturen).

Aluminium kommt in der Natur hauptsächlich in Form verschiedenster Alumosilicate und ihrer Verwitterungsprodukte (Ton, Bauxit) vor. Als Rohstoff zu seiner Gewinnung dient roter Bauxit, ein Mineral, das etwa 55 bis 65% Al_2O_3 neben Eisenoxid, Titanoxid u. a. enthält. Vor der elektrolytischen Gewinnung des Metalles muß Bauxit zuerst in reine Tonerde übergeführt werden (die Schmelzelektrolyse von Bauxit ergäbe an der Kathode Eisen!), indem man mit Lauge das Aluminiumoxid als Hydroxokomplex löst (Erhitzen bei 170°C unter Druck), dann von den unlöslichen Eisen- und Siliciumoxiden abfiltriert und aus der konzentrierten Lösung durch Impfen mit $Al(OH)_3$-Kriställchen Aluminiumhydroxid ausscheidet. Dieses wird ebenfalls abfiltriert und anschließend kalziniert:

$$Bauxit + NaOH \xrightarrow[\text{Druck}]{170°C} Na[Al(OH)_4]\, aq + Fe_2O_3,\ SiO_2\ u.a.$$

$$\downarrow Impfen$$

$$\tfrac{1}{2}\,Al_2O_3 + \tfrac{3}{2}\,H_2O \xleftarrow{\ Erhitzen\ } Al(OH)_3 + NaOH$$

Der für die Schmelzelektrolyse benötigte Kryolith (Na_3AlF_6) wird aus Natriumtetrahydroxoaluminatlösungen mit HF ausgeschieden (Kryolith ist wenig wasserlöslich):

$$Al(OH)_4^- + 6\,HF \longrightarrow AlF_6^{3-} + 2\,H_3O^+ + 2\,H_2O$$

Aluminium ist ein silberweißes, leichtes, gut verformbares Metall (Smp. 660°C, Sdp. 2060°C), das trotz seines stark negativen Normalpotentials ($E^0 = -1,67$ V) relativ reaktionsträg ist (Passivität: Schutz durch Oxidschicht). Durch Zulegieren von Mg, Mn, Si, Cu u.a. kann Aluminium härter und korrosionsbeständiger gemacht werden.

Gallium, Indium und *Thallium* treten als Begleiter in Aluminium-, Zink- oder Bleierzen auf und werden durch Elektrolyse wäßriger Lösungen ihrer Salze bei hohem pH oder durch Reduktion ihrer Oxide mit Kohlenstoff oder Wasserstoff gewonnen. Es sind typische, ziemlich reaktionsfähige Metalle; Thallium erinnert in seinen physikalischen Eigenschaften stark an Blei (weiches, bläulich-weißes Metall; $E^0_{Tl/Tl^+} = -0,34$ V; $E^0_{Pb/Pb^{2+}} = -0,13$ V). Bemerkenswert ist der tiefe Schmelzpunkt von Gallium (29,78°C); beim Schmelzen tritt ebenso wie beim Eis und Wismut eine Volumenkontraktion ein.

17.2 Verbindungen von Bor

Wie man heute weiß, nimmt das Element Bor in der Chemie eine ähnliche Sonderstellung ein wie Kohlenstoff und Silicium. Sowohl bei den Sauerstoff- wie bei den Wasserstoffverbindungen von Bor herrscht eine überraschend *große strukturelle Vielfalt*; während die ersteren in mancherlei Hinsicht den Silicaten oder Metaphosphaten gleichen, zeigen die Wasserstoffverbindungen Ähnlichkeiten mit den Wasserstoffverbindungen von Kohlenstoff. Die Kenntnis besonders der Borhydride hat in den letzten Jahren große Fortschritte gemacht, wobei auch ganz neue, in theoretischer Hinsicht höchst interessante Verbindungsklassen entdeckt und charakterisiert worden sind, die möglicherweise in der Zukunft auch erhebliche praktische Bedeutung erlangen können.

Wasserstoffverbindungen. Die einfachste denkbare Wasserstoffverbindung von Bor, das «*Monoboran*», BH_3, existiert *nicht* (sie tritt nur als instabiles Zwischenprodukt bei gewissen Reaktionen auf), da die Elektronegativität von Bor zu groß ist, um eine salzähnliche Struktur

18

mit H⁻-Ionen zu ermöglichen und anderseits bei kovalenter Bindung der drei H-Atome an das B-Atom eine Elektronenlücke vorhanden wäre und ein solches Molekül eine extrem starke Lewis-Säure sein müßte. Berechnungen zeigen, daß das System $2\,BH_3$ in der Tat um rund 117 kJ energiereicher ist als das Dimer, das Diboran B_2H_6.

Die Lewis-Säure BH_3 kann aber durch Addition an Lewis-Basen stabilisiert werden, wobei dann das B-Atom vierbindig wird. Man kennt eine Reihe solcher Komplexe mit Lewis-Basen, wie z. B. BH_3CO oder das bereits auf S. 437 erwähnte Boranat- $(BH_4^-$-) Ion, das durch Reaktion von Alkalihydriden mit BF_3 in Äther entsteht:

$$4\,LiH + BF_3 \longrightarrow LiBH_4 + 3\,LiF$$

Es ist das Verdienst von Stock, in einer Reihe von heute klassisch gewordenen Arbeiten festgestellt zu haben, daß das Bor eine ganze Anzahl von Hydriden («**Boranen**») bilden kann (1912–1936). So erhielt Stock bei der Einwirkung von verdünnten Säuren auf Magnesiumborid neben *Diboran* (B_2H_6) weitere Verbindungen, wie B_4H_{10}, B_5H_9, B_5H_{11}, B_6H_{10}, $B_{10}H_{14}$ u. a. Von diesen Substanzen ist das *Dekaboran*-14 $(B_{10}H_{14})$ am stabilsten. $B_{10}H_{14}$ ist auch das einzige Boran, das sich an der Luft nicht von selbst entzündet und im Wasser nicht sofort hydrolysiert wird; es mußte deshalb zur Untersuchung der Borane von Stock eine besondere Hochvakuumtechnik entwickelt werden.

Bis vor wenigen Jahren wurden die Borwasserstoffverbindungen mehr oder weniger als interessante Laborkuriositäten betrachtet, und sie wurden in erster Linie wegen ihrer ungewöhnlichen Bindungsverhältnisse und Strukturen untersucht. Nachdem aber die Auffindung der komplexen Bor- und Aluminiumhydride $(NaBH_4, LiAlH_4)$ durch Schlesinger eine bequeme Möglichkeit zur Herstellung von Diboran bot und man erkannt hatte, daß die höheren Borane durch thermische Zersetzung von Diboran relativ leicht zugänglich sind, fand die Chemie der Borane vermehrtes Interesse, insbesondere, seit es gelang, zahlreiche weitere Borwasserstoffverbindungen von höchst bemerkenswerten Strukturen und Eigenschaften zu erhalten, die teilweise in ihren Reaktionen überraschende Ähnlichkeiten mit gewissen Kohlenwasserstoffen zeigen, und man auch eine große Zahl interessanter organischer Derivate der Borwasserstoffverbindungen herstellen konnte. Die Chemie der Borhydride gehört heute zu den aktuellsten und faszinierendsten Arbeitsgebieten der anorganischen Chemie überhaupt, und ihre weitere Entwicklung ist noch gar nicht abzusehen; sie ist jedoch heute schon so umfangreich geworden, daß im Rahmen dieses Buches lediglich einige Aspekte von besonderem Interesse aufgezeigt werden können. Es darf nicht unerwähnt bleiben, daß die Borhydride auch *praktische Bedeutung* erlangt haben; weil ihre Verbrennung sehr exotherm verläuft, kommen sie als Treibstoffe in Frage, wobei ihre Verbrennungswärme etwa doppelt so hoch ist wie die Verbrennungswärmen der bis heute ausschließlich verwendeten Kohlenwasserstoffe (Verbrennungswärme pro Gramm B_2H_6 73,2 kJ; pro Gramm Äthan $[C_2H_6]$ 31,4 kJ). Auch mit Fluor reagieren Borhydride äußerst heftig (Bildung der sehr stabilen Verbindungen BF_3 und HF).

Diboran (B_2H_6) ein (wie die meisten Borhydride) unangenehm riechendes Gas (Smp. $-165,5\,°C$, Sdp. $-92,5\,°C$, $\Delta G_f^0 = +82,8$ kJ/mol) wird heute am einfachsten durch Reaktion von Borfluorid mit $NaBH_4$ hergestellt:

$$4\,BF_3 + 3\,NaBH_4 \longrightarrow 3\,NaBF_4 + 2\,B_2H_6$$

Die in einer Wasserstoffatmosphäre durchgeführte thermische Spaltung von Diboran ergibt bei Temperaturen zwischen 100 und 250 °C die höheren Borane. Diese Reaktionen sind heute noch nicht vollständig bekannt; es ist jedoch offensichtlich, daß im wesentlichen Temperatur und Wasserstoffdruck die Zusammensetzung des entstehenden Borangemisches bestimmen. Diboran ist erwartungsgemäß sehr reaktionsfähig; von Wasser wird es zu H_3BO_3 und H_2 hydrolysiert, Lithiumalkyle ergeben Boralkylverbindungen, mit BCl_3 oder BBr_3 erhält man Halogenderivate usw. Durch Erhitzen mit Ammoniak erhält man neben anderen Substanzen *Borazin,* eine Substanz mit ringförmiger Struktur, die in ihren physikalischen Eigenschaften eine große Ähnlichkeit mit dem Benzol zeigt *(«anorganisches Benzol»)*:

Borazin   Benzol

Die *Bindungsverhältnisse* in den Borhydriden blieben trotz vieler Untersuchungen lange Zeit ungeklärt, weil überall weniger Valenzelektronen verfügbar sind, als zur Ausbildung von Elektronenpaarbindungen notwendig wären. Man bezeichnet deshalb solche Verbindungen – zu denen auch das elementare Bor (!) und gewisse Aluminium-organische Verbindungen gehören – als «**Elektronenmangelverbindungen**» (electron deficient compounds). Durch das I R-Spektrum und durch Elektronenbeugung wurde die schon 1921 durch Dilthey postulierte Struktur von B_2H_6 endgültig bewiesen:

Die 6 H-Atome sind also nicht gleichwertig gebunden, was z. B. auch im NMR-Spektrum von B_2H_6 sehr deutlich zum Ausdruck kommt.

Für die Beschreibung von Diboran werden am besten neben $4\,\sigma$-MO (den B—H-Bindungen) dreizentrische lokalisierte MO verwendet, welche je ein Proton einschließen *(«protonierte Doppelbindung»)*, vgl. auch S. 121 und Abb. 17.1. Diese MO können durch Überlagerung zweier sp^3-Hybrid-AO der beiden B-Atome und des $1s$-AO des H-Atoms aufgebaut werden.

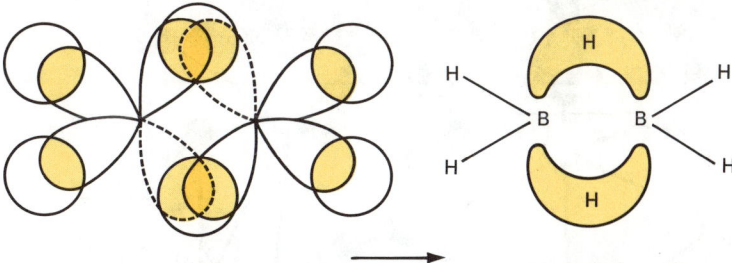

Abb. 17. 1. Dreizentren-MO im Diboran. Die beiden Orbitale, die von den B-Atomen zum Dreizentren-MO beigesteuert werden, sind gleichwertig. Da aber für die beiden Orbitale nur ein Elektron verfügbar ist, wird das eine formal als unbesetzt dargestellt (gestrichelte Linie), während das andere mit diesem einen Elektron besetzt ist

In höheren Boranen sind neben den dreizentrischen B—H—B-MO auch dreizentrische B—B—B-MO vorhanden, wobei meistens eine gewisse oder sogar sehr weitgehende Delokalisation der Elektronen auftritt und die wirkliche Struktur nur durch Verwendung zahlreicher Grenzformeln wiedergegeben werden könnte (Lipscomb). In allen Fällen ist aber die Zahl der Valenzelektronen genau doppelt so groß wie die Zahl der MO («gewöhnliche» Paarbindungen und mit einem Elektronenpaar besetzte Dreizentrenbindungen zusammengenommen). Bemerkenswert ist, daß die Moleküle höherer Borane Teilstrukturen des *Ikosaeders* oder auch Oktaeders darstellen (Abb. 17.2); das Ikosaeder ist, wie schon erwähnt wurde, auch das grundlegende Strukturelement der Gitterstruktur des Elementes Bor!

Abb. 17. 2. Strukturen von Borhydriden, die Teilen des Ikosaeders oder Oktaeders gleichen

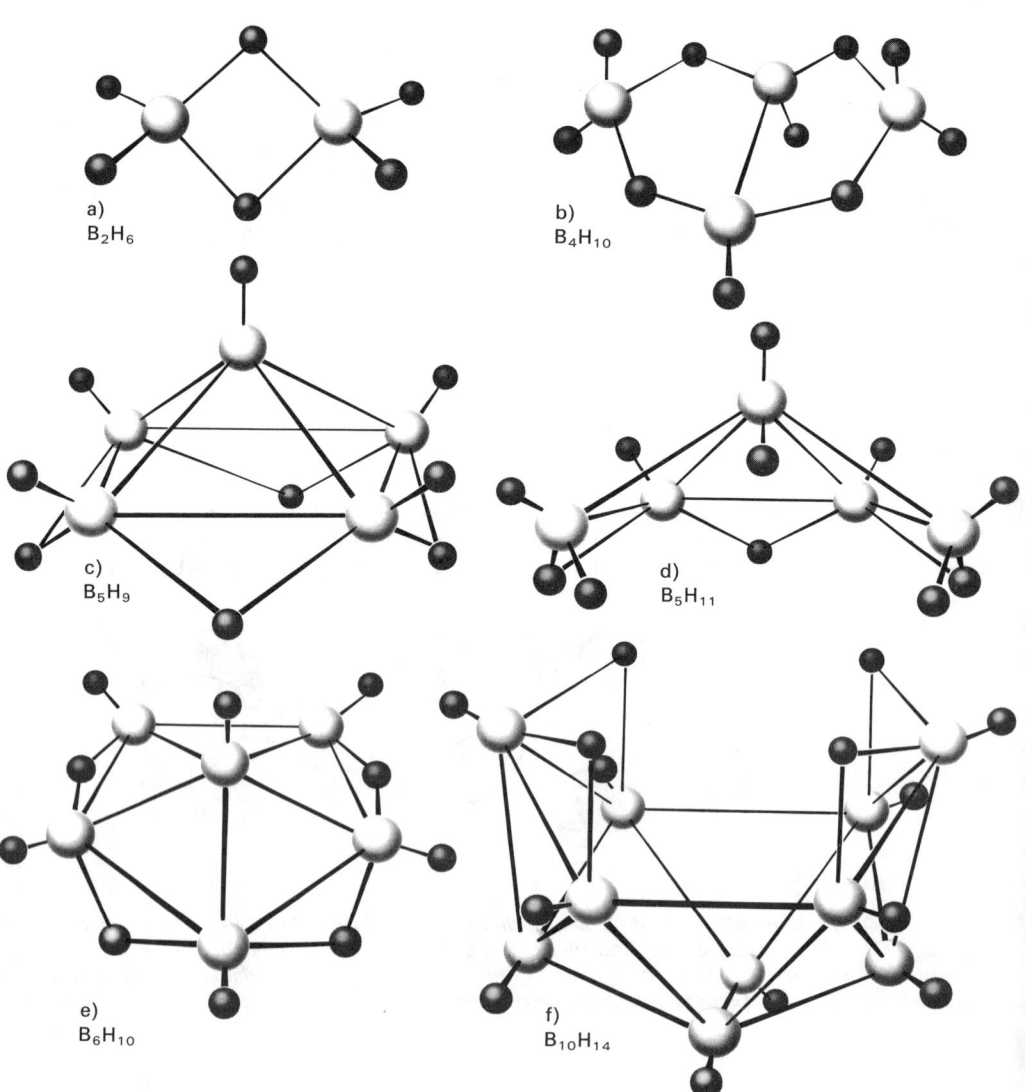

a) B_2H_6

b) B_4H_{10}

c) B_5H_9

d) B_5H_{11}

e) B_6H_{10}

f) $B_{10}H_{14}$

Abb. 17.3. Polyedrisch gebaute Boranat-Ionen bzw. Carborane (die B-Atome sitzen in den Ecken der Polyeder; jedes B-Atom ist noch mit einem − außerhalb des Polyeders liegenden − H-Atom verbunden)

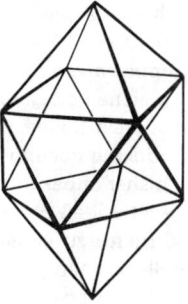 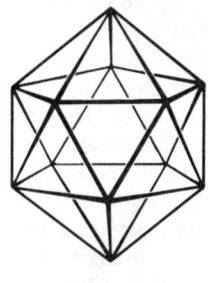

$B_{10}H_{10}^{2-}$ ($B_8C_2H_{10}$) $B_{12}H_{12}^{2-}$ ($B_{10}C_2H_{12}$)

Zur Orientierung über die Bindungsverhältnisse seien als Beispiele die Moleküle von B_4H_{10} und B_5H_9 betrachtet:

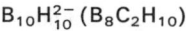

B_4H_{10} B_5H_9

Im Tetraboran-10 sind insgesamt 6 B—H-σ-Bindungen, eine B—B-σ-Bindung und vier Dreizentrenbindungen vorhanden. Die rechts dargestellte «Elektronenstruktur» des Pentaborans-9 stellt nur eine der vier möglichen Grenzstrukturen dar, die man durch Drehung um 90° erhalten kann. Die 24 Valenzelektronen besetzen 12 MO: 5 B—H-σ-Bindungen, 2 B—B-σ-Bindungen, 4 B—H—B-MO und schließlich noch ein dreizentrisches B—B—B-MO. B_5H_9 ist das einfachste Borhydrid, welches alle drei Bindungstypen aufweist.

Ein Vergleich der in Abb. 17.2 dargestellten Borhydrid-Strukturen mit den Eigenschaften der Borhydride zeigt, daß ein Boran um so stabiler ist, je geschlossener das durch die B-Atome gegebene Polyeder ist. In dem verhältnismäßig beständigen Dekaboran-14 ist der «Korb» beinahe geschlossen. Ganz geschlossen ist das Ikosaeder erst im $B_{12}H_{12}^{2-}$-Ion (Abb. 17.3), das dementsprechend ganz *ungewöhnlich beständig* sein muß. Die Existenz eines solchen ikosaederförmigen $B_{12}H_{12}^{2-}$-Ions wurde bereits 1956 auf Grund theoretischer Berechnungen postuliert; 1960 gelang es, dieses Ion herzustellen und nicht nur die postulierte Struktur, sondern auch die infolge sehr weitgehender Delokalisation und symmetrischer Ladungsdichteverteilung große Beständigkeit zu bestätigen[1]. Das Natriumsalz dieses Ions entsteht in nahezu quantitativer Ausbeute aus Diboran und Natriumborhydrid:

$$5\ B_2H_6 + 2\ NaBH_4 \longrightarrow 2\ Na^+ + B_{12}H_{12}^{2-} + 13\ H_2$$

---

[1] Wie alle Borhydride ist auch das $B_{12}H_{12}^{2-}$-Ion thermodynamisch unstabil (bzw. metastabil); seine große Beständigkeit bei Raumtemperatur ist somit ein kinetischer Effekt!

Durch Abwandlung dieses Verfahrens lassen sich weitere polyedrische Ionen wie $B_{10}H_{10}^{2-}$ und $B_6H_6^{2-}$ (letzteres von oktaedrischer Gestalt) gewinnen.

Man kennt heute eine ganze Gruppe *polyedrisch gebauter Ionen* der Zusammensetzung $B_nH_n^{2-}$. In ihrem chemischen Verhalten gleichen sie ganz auffallend den aromatischen Kohlenwasserstoffen. So lassen sich an ihnen elektrophile Substitutionen durchführen, $B_{10}H_{10}^{2-}$ kann mit Diazoniumsalzen zu farbigen Produkten gekuppelt werden usw., so daß sich hier ein Ausblick auf eine überwältigende Vielfalt bisher unbekannter, interessanter Reaktionen eröffnet.

Von besonderem Interesse ist weiter, daß es möglich ist, auch elektrisch neutrale Moleküle von regelmäßig polyedrischer Struktur zu erhalten, die den erwähnten polyedrischen Ionen isoelektronisch und damit ebenfalls beständig sind, bei welchen aber zwei B-Atome durch zwei ihnen elektrisch äquivalente C^+-Ionen ersetzt sind. Weil sich die beiden C-Atome relativ zueinander in verschiedenen Stellungen befinden können, sind zahlreiche Isomere dieser als *«Carborane»* bezeichneten Verbindungen möglich, welche heute erst zum Teil bekannt und charakterisiert sind.

Carborane lassen sich z. B. aus B_4H_{10} und Acetylen (oder Acetylen-Derivaten) unter der Wirkung von Dialkylsulfiden, wie z. B. $(C_2H_5)_2S$, herstellen:

$$B_{10}H_{14} + 2\,R_2S \longrightarrow H_2 + B_{10}H_{12}(R_2S)_2$$

$$B_{10}H_{12}(R_2S)_2 + HC{\equiv}CH \longrightarrow H_2 + 1{,}2\text{-}B_{10}C_2H_{12} + 2\,R_2S$$

In den ikosaderförmigen $B_{10}H_{12}C_2$-Carboranen lassen sich schließlich weitere B-Atome durch Ionen gewisser Übergangsmetalle ersetzen (Fe, Co, Mn, Rh), so daß auch Metallcarborane erhalten werden können.

Als Beispiele für viele interessante Reaktionen der polyedrischen Borhydrid-Ionen und der Carborane seien folgende Ergebnisse angeführt (die Kreise deuten das delokalisierte Elektronensystem an):

(a) $B_{10}H_{10}^{2-}$ $\xrightarrow[\text{(Methanol)}]{\substack{\text{Zuerst } HNO_2,\\ \text{dann } NaBH_4}}$ $1{,}10\text{-}B_{10}H_8\,(N_2)_2$
(diazotiertes Ion)

$-\,2\,N_2 \downarrow +\,2\,CO$

$2\,H_3O^+ + 1{,}10\text{-}B_{10}H_8\,(COOH)_2^{2-} \underset{H_2O}{\rightleftarrows} 1{,}10\text{-}B_{10}H_8\,(CO)_2$

$\xrightarrow{LiAlH_4}$ ... $\downarrow NH_3$ ... $\xrightarrow{N_3^-}$

$1{,}10\text{-}B_{10}H_8\,(CH_3)_2^{2-}$ $1{,}10\text{-}B_{10}H_8\,(CONH_2)_2^{2-}$ $1{,}10\text{-}B_{10}H_8\,(NCO)_2^{2-}$

$\downarrow$ ... $\downarrow$

$1{,}10\text{-}B_{10}H_8\,(CN)_2^{2-}$ $1{,}10\text{-}B_{10}H_8\,(NH_2)_2^{2-}$

(b) $B_{10}H_{14}$ $\xrightarrow{HC\equiv CCH_2Br}$ H—C⎯C—CH$_2$Br $\xrightarrow{Mg}$ H—C⎯C—CH$_2$MgBr
 $B_{10}H_{10}$ $B_{10}H_{10}$

CH$_2$Br-Carboran

$\downarrow$ CO$_2$

H—C⎯C—CH$_2$COOH
 $B_{10}H_{10}$

(c) H—C⎯C—H $\xrightarrow{C_4H_9Li}$ Li—C⎯C—Li $\xrightarrow{CO_2}$ HOOC—C⎯C—COOH
 $B_{10}H_{10}$ $B_{10}H_{10}$ $B_{10}H_{10}$

$\xleftarrow{NOCl}$ $\downarrow$ I$_2$ $\xrightarrow{CH_2O}$

ON—C⎯C—NO I—C⎯C—I HOCH$_2$—C⎯C—CH$_2$OH
 $B_{10}H_{10}$ $B_{10}H_{10}$ $B_{10}H_{10}$

Die Reaktionsfolgen der Beispiele (a) – (c) zeigen, daß sich polyedrische $B_nH_n^{2-}$-Ionen und Carborane durchaus wie organische Moleküle verhalten. Das diazotierte $B_{10}H_{10}^{2-}$-Ion (a) zeigt ähnlich vielseitige Reaktionen wie aromatische Diazoniumsalze und läßt sich in zahlreiche organische $B_{10}H_8$-Derivate (u. a. auch Azofarbstoffe) überführen. Die Reaktionsfolge (b) und (c) illustrieren die Bildung eines Carborans aus Dekaboran-14 sowie typische «organische» Reaktionen der Carborane.

Es ist sehr gut möglich, daß Bor auch mit anderen Elementen des Periodensystems solche polyedrische Moleküle oder Ionen von relativ großer Beständigkeit bildet, und es scheint sich abzuzeichnen, daß die Chemie des Bors von ähnlicher Vielgestaltigkeit ist, wie die organische Chemie, die Chemie der Kohlenstoffverbindungen. Ob die «aromatischen» Eigenschaften dieser Ionen für praktische Zwecke (Synthesen neuer Stoffe) auszunutzen sein werden, läßt sich heute noch nicht mit Bestimmtheit sagen. Vorläufig sind die Herstellungskosten der als Ausgangsstoffe verwendeten Borhydride immer noch sehr hoch. Die Entwicklung eines neuen, billigeren Weges zur Herstellung der Borane aus Borax ist deshalb eine insbesondere auch wirtschaftlich sehr wichtige Aufgabe.

Halogen- und Sauerstoffverbindungen. Die Borhalogenide sind alle ausgesprochen flüchtige Substanzen (BF$_3$: Sdp. $-101\,°C$; BCl$_3$: Sdp. $12,5\,°C$; BBr$_3$: Sdp. $90,8\,°C$; BI$_3$: Sdp. $210\,°C$). Ihre Stabilität nimmt vom BF$_3$ zum BI$_3$ sehr stark ab ($\Delta G_f^\circ = -1120,5$ kJ/mol, $-387,4$ kJ/mol, $-232,6$ kJ/mol und $+20,8$ kJ/mol). Alle können als Lewis-Säure wirken, eine Folge der am B-Atom vorhandenen Elektronenlücke. Die Säurestärke nimmt vom BF$_3$ zum BI$_3$ zu, was in erster Linie darauf zurückzuführen ist, daß in den Borhalogenid-Molekülen in gewissem Ausmaß eine Delokalisation der freien Elektronenpaare der Halogenatome eintritt (die Borhalogenide besitzen dieselbe Zahl Valenzelektronen wie das NO_3^--Ion!). Dieser Effekt ist beim BF_3 am stärksten ausgeprägt, da hier wegen der ähnlichen Atomradien eine $p–p$-Überlappung am ehesten möglich ist, nimmt aber mit zunehmendem Atomradius des Halogens stark ab.

Mit Ausnahme von Borfluorid werden die ˙Borhalogenide von Wasser rasch und vollständig hydrolysiert:

$$BX_3 + 3\,H_2O \longrightarrow H_3BO_3 + 3\,HX$$

Borfluorid bildet zwei Hydrate ($BF_3 \cdot H_2O$ und $BF_3 \cdot 2\,H_2O$; Smp. 10,2 °C bzw. 6,4 °C); das Monohydrat ist das direkte Additionsprodukt der Lewis-Säure BF_3 an die Lewis-Base H_2O:

Diese Hydrate sind allerdings nicht sehr stabil und zersetzen sich bereits oberhalb 20 °C. Leitet man BF_3 in Wasser, so erhält man eine Lösung der (als reine Substanz nicht isolierbaren) Borfluorwasserstoffsäure, die den sehr stabilen *Tetrafluoroboratkomplex* (BF_4^-) enthält:

$$4\,BF_3 + 6\,H_2O \longrightarrow 3\,H_3O^+ + 3\,BF_4^- + H_3BO_3$$

In einem geringen Ausmaß bildet sich weiterhin das Hydroxyfluoroborat-Ion:

$$BF_4^- + H_2O \longrightarrow BF_3OH^- + HF$$

Die Borhalogenide sind durch direkte Reaktion von Bor mit den Halogenen erhältlich; BF_3 – das meistens als Ätherat, $(C_2H_5)_2O$–BF_3, verwendet wird – stellt man durch Erhitzen von Boroxid (B_2O_3) mit konzentrierter Schwefelsäure und Calciumfluorid her.
Boroxid (B_2O_3) wird gewöhnlich durch Erhitzen von *Borsäure,* H_3BO_3 (die als Mineral in der Natur auftritt) gewonnen. Es ist ein schwer zu kristallisierender, meist in glasartiger Form auftretender Festkörper. Borsäure löst sich in geringem Maß in Wasser; sie wirkt dabei nicht als Proton-, sondern als Lewis-Säure:

$$H_3BO_3 + 2\,H_2O \rightleftharpoons H_3O^+ + B(OH)_4^- \quad (pK = 8,8)$$

Die Löslichkeit der Borsäure wächst stark mit zunehmender Temperatur. In verdünnten Lösungen ($< 0,025$-M) sind fast ausschließlich die monomeren H_3BO_3- und $B(OH)_4^-$-Teilchen vorhanden; wird die Konzentration erhöht, so sinkt das pH und es bilden sich größere Verbände:

$$3\,H_3BO_3 \longrightarrow B_3O_3(OH)_4^- + H_3O^+ + H_2O \quad (pK = 6,84)$$

Durch Zusatz organischer Polyhydroxyverbindungen kann die Acidität der Borsäure erheblich verstärkt werden. Dieser Effekt beruht auf der Bildung von Komplexen der folgenden Art:

Voraussetzung für die Komplexbildung ist, daß die beiden Hydroxylgruppen der organischen Komponente sich an benachbarten C-Atomen und in *cis*-Stellung zueinander befinden.

Borsäure kristallisiert in einer Schichtstruktur, in welcher die H_3BO_3-Moleküle durch H-Brücken untereinander verbunden sind (Abb. 17.4). Einige Boratstrukturen leiten sich von der planar gebauten BO_3-Gruppe ab, welche zwar nur in wenigen Salzen, wie $ScBO_3$ und $LaBO_3$,

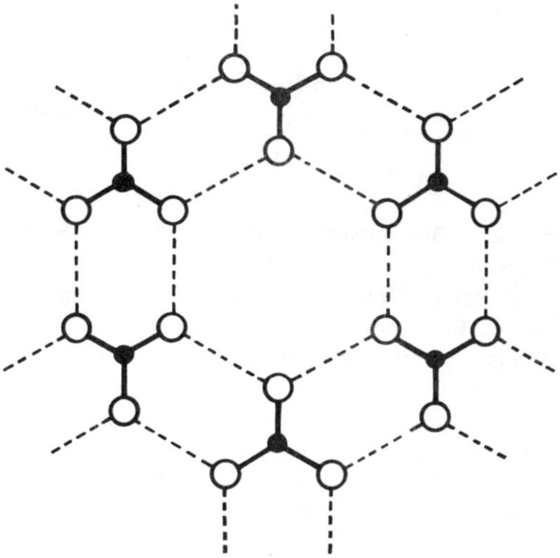

Abb. 17. 4
Ausschnitt aus einer Borsäure-
Schicht im Gitter von H_3BO_3

● $=$ B-Atom   ◯ $=$ O-Atom

◯- - -◯ $=$ Wasserstoffbrücke
(O—H⋯O)

als diskretes Ion auftritt und meistens ähnlich der PO_4-Gruppe in den Metaphosphaten zu *größeren Verbänden* kondensiert ist: $B_2O_5^{4-}$(«Pyroborat»; 2 BO_3-Gruppen über ein gemeinsames O-Atom verbunden), $(BO_2)_n^{n-}$ («Metaborate»; die BO_3-Gruppen sind über zwei gemeinsame O-Atome zu Ketten oder Ringen verbunden: $Ca(BO_2)_2$ mit Kettenstruktur und $Na_3B_3O_6$ mit ringförmigem Anion), dreidimensional-schichtförmige Verbände, in welchen die BO_3-Gruppen alle drei O-Atome mit anderen Gruppen gemeinsam haben. Dagegen enthalten wasserhaltige Polyborate im Anion neben den dreifach (planar) auch vierfach (tetraedrisch) koordinierte B-Atome; so sind im Boraxanion, $[B_4O_5(OH)_4]^{2-}$, je zwei B-Atome dreifach und vierfach von O-Atomen umgeben (Abb. 17.5).

Durch Behandlung von Boraten mit H_2O_2 oder von Borsäure mit Na_2O_2 entstehen *«Perborate»* verschiedener Zusammensetzung (z. B. $NaBO_2 \cdot H_2O_2 \cdot 3\,H_2O$), welche in Waschmitteln Verwendung finden.

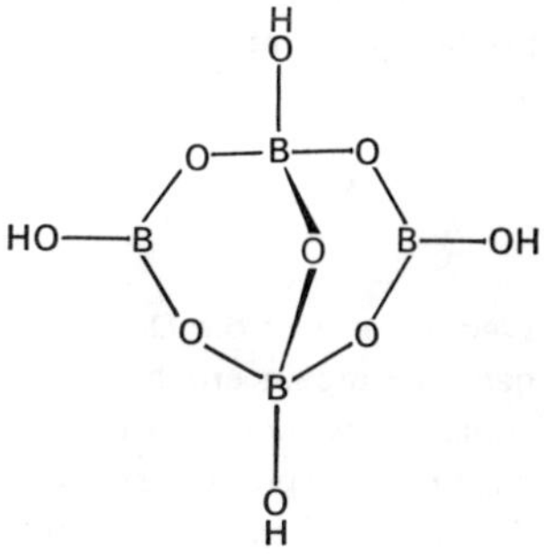

Abb. 17.5. Struktur des Anions von Borax

Schwefel- und Stickstoffverbindungen. Beim Erhitzen von Bor mit Schwefel oder H_2S entsteht glasartiges, verhältnismäßig leichtflüchtiges B_2S_3 unbekannter Struktur, das von Wasser leicht zu Borsäure und H_2S hydrolysiert wird. Gewisse Ringsysteme aus B- und S-Atomen, wie z.B. das aus Borhalogeniden und Disulfan zu erhaltende Fünfringsystem, zeigen ähnlich wie Borazin «aromatischen» Charakter, weil von jedem S-Atom ein freies Elektronenpaar über den ganzen Ring delokalisiert ist (wodurch gleichzeitig die «Elektronenlücken» der B-Atome besetzt werden):

$$2\,BCl_3 + 2\,H_2S_2 \longrightarrow \text{[Ringsystem]} + 4\,HCl + S$$

Bornitrid (BN) entsteht bei der Reaktion von Borhalogeniden mit Ammoniak über verschiedene Zwischenstufen hinweg, von denen das «Borimid» $[B_2(NH)_3]$ in reiner Form isoliert werden kann. Bei Weißglut verbindet sich elementares Bor auch direkt mit Stickstoff oder Ammoniak zu Bornitrid.

Bornitrid ist eine farblose, in Schuppen kristallisierende und extrem schwerflüchtige Substanz (Smp. > 3000°C!), die in der gleichen Struktur wie Graphit kristallisiert (ein B- und ein N-Atom haben zusammen gleich viele Valenzelektronen wie zwei C-Atome!). Während aber im Graphit die «vierten» Elektronenpaare über eine ganze, aus C-Atomen gebildete Netzebene delokalisiert sind (und die elektrische Leitfähigkeit des Graphits bedingen), sind diese Elektronenpaare im Bornitrid wegen der höheren EN des Stickstoffs hauptsächlich auf den N-Atomen lokalisiert. Bornitrid leitet darum den elektrischen Strom nicht.

Wie schon auf S. 490 erwähnt wurde, existiert Bornitrid ebenso wie Kohlenstoff in einer zweiten Modifikation, die in der Diamantstruktur kristallisiert. Sie ist von gleicher Härte und gleichem Aussehen wie Diamant (sie soll angeblich sogar Diamant ritzen und damit härter sein als dieser), chemisch ist sie jedoch noch beträchtlich widerstandsfähiger als Diamant. So verbrennt dieses *«Borazon»* erst oberhalb 1900°C zu B_2O_3. Die Überführung der hexagonalen, graphitartigen Form in die kubische, diamantartige Modifikation benötigt wie beim Kohlenstoff extrem hohe Drucke (70000 bis 90000 bar) und Temperaturen zwischen 1000°C und 2000°C.

Von den weiteren Bor-Stickstoff-Verbindungen muß das ebenfalls schon erwähnte *Borazin* ($B_3N_3H_6$), das «anorganische Benzol», genannt werden. Es stellt wie Benzol eine wasserklare, aromatisch riechende Flüssigkeit dar (Smp. $-58°C$ [Benzol 5,5°C], Sdp. 55°C [Benzol 80,1°C]), die – allerdings in schlechter Ausbeute – aus Diboran und Ammoniak erhalten werden kann. Leichter gewinnt man Borazin durch Erhitzen von Lithiumborhydrid mit Ammoniumchlorid auf 300°C:

$$3\,LiBH_4 + 3\,NH_4Cl \longrightarrow B_3N_3H_6 + 3\,LiCl + 9\,H_2$$

Wegen der trotz der Delokalisation der π-Elektronen feststellbaren Polarität der B—N-Bindungen ist Borazin erheblich reaktionsfähiger als Benzol. So vermag es beispielsweise HCl zu addieren (wobei die Cl^--Ionen von den positiv polarisierten B-Atomen gebunden werden); das Additionsprodukt spaltet beim Erhitzen aber nicht etwa wieder HCl ab, sondern ergibt unter Wasserstoffabspaltung Trichlorborazin:

$$B_3N_3H_6 + 3\,HCl \longrightarrow \qquad \longrightarrow \qquad + 3\,H_2$$

Neben Borazin existieren noch weitere, gewissen organischen Verbindungen isolelektronische Bor-Stickstoff-Verbindungen wie z. B. *Borazan* ($H_3B{-}NH_3$) oder *Borazen* ($H_2B{=}NH_2$), die zwar heute noch von geringer Bedeutung sind, möglicherweise in Zukunft jedoch einmal als Ausgangsmaterialien zur Gewinnung anderer, organo-analoger Verbindungen ein gewisses Interesse finden könnten.

17.3 Verbindungen von Aluminium, Gallium, Indium und Thallium

Wasserstoffverbindungen. Die monomere Verbindung AlH_3 *(«Alan»)* ist aus den gleichen Gründen, wie sie bereits für das monomere BH_3 diskutiert wurden, nicht existenzfähig [es ist ebenfalls wie BH_3 nur in Komplexen mit Lewis-Basen, wie z. B. $N(CH_3)_3$, bekannt]. Wegen des größeren Radius des Al-Atoms betätigt Aluminium aber gegenüber Wasserstoff (wie auch gegenüber Sauerstoff) die Koordinationszahl 6 (nicht 4), so daß Aluminiumhydrid eine hochpolymere, nichtflüchtige Substanz darstellt, die in einer Schichtstruktur kristallisiert, in welcher jedes Al-Atom von 6 H-Atomen umgeben ist (Abb. 17.6).

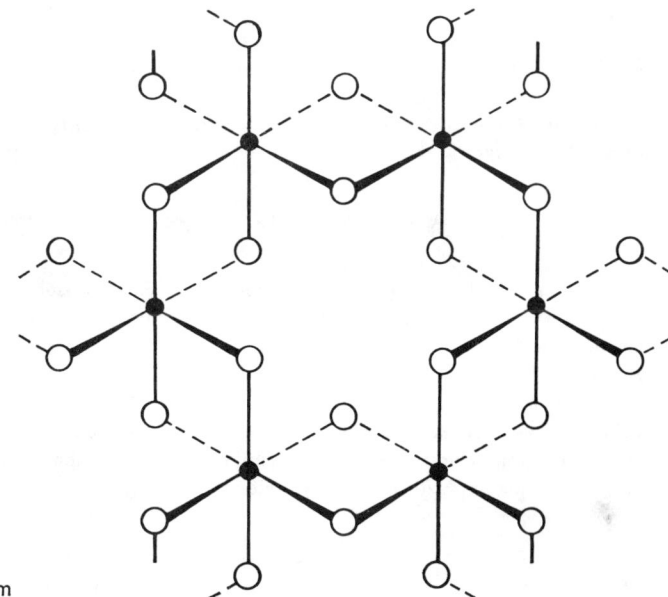

Abb. 17.6
Ausschnitt aus einer
Schicht im Kristall
des polymeren
Aluminiumwasserstoffs

● = Al-Atom ○ = H-Atom

Auch Aluminiumhydrid ist eine *Elektronenmangelverbindung*; ein H-Atom bildet jeweils mit zwei Al-Atomen eine Dreizentrenbindung. $(AlH_3)_n$ ist bei Raumtemperatur ziemlich beständig; beim Erhitzen zersetzt sich die Verbindung oberhalb 100°C in die Elemente. Von Wasser wird sie in sehr heftiger Reaktion zu $Al(OH)_3$ und Wasserstoff hydrolysiert.

Man erhält Aluminiumhydrid aus $AlCl_3$ und $LiAlH_4$ in ätherischer Lösung; dabei bildet sich zuerst das monomere AlH_3 (als Additionsverbindung an Äther), das allmählich polymerisiert und ausflockt:

$$3\ LiAlH_4\ (\text{in Äther}) + AlCl_3 \longrightarrow 3\ LiCl + 4\ AlH_3$$

Gallium, Indium und Thallium bilden ebenfalls polymere Wasserstoffverbindungen von vermutlich gleicher Struktur; sie sind jedoch weniger beständig als Aluminiumhydrid.

Über die komplexen Hydride der Gruppe III siehe S. 438.

Verbindungen der Oxidationsstufe + III. Aluminiumoxid (Al_2O_3) existiert in zwei Modifikationen. α-Al_2O_3 *(«Korund»)* ist ein sehr harter, diamantartiger Festkörper vom Schmelzpunkt 2050°C; seine Schmelze leitet den elektrischen Strom und enthält Al^{3+}- und O^{2-}-Ionen. Die O^{2-}-Ionen bilden im Korund eine hexagonal dichteste Kugelpackung, und die Al^{3+}-Ionen nehmen die tetraedrischen Hohlräume ein. Die zweite Form, das γ-Al_2O_3, das man durch Erhitzen von $Al(OH)_3$ als wasserunlösliches, in verdünnten Säuren jedoch lösliches Pulver erhält, besitzt eine Spinellstruktur, in welcher Kationengitterplätze unbesetzt sind (S. 217; Verwendung als Adsorbens!). Durch Schmelzen in einem elektrischen Flammenbogen und anschließendes Abkühlen geht γ-Al_2O_3 in Korund über, der also die Hochtemperaturmodifikation darstellt, bei Raumtemperatur als metastabile Form jedoch völlig beständig ist. γ-Al_2O_3 wird technisch in großen Mengen aus Bauxit hergestellt *(«Tonerde»)*; es dient als Rohmaterial zur Gewinnung von Aluminium und zur Herstellung von Schmirgel (unreinem Korund) zur Verwendung als Schleif- und Poliermittel. Die Edelsteine *Rubin* und *Saphir* sind mit Spuren von Metalloxiden verunreinigter Korund; man stellt sie künstlich aus γ-Al_2O_3 durch Schmelzen im Knallgasgebläse unter Zusatz der benötigten Metalloxide (Cr_2O_3 für Rubin, TiO_2 für Saphir) her.

Auf der großen Bildungsenthalpie von Al_2O_3 beruht das *«Goldschmidt-Verfahren»* zur Reduktion von Metalloxiden:

$$2\ Al + Fe_2O_3 \longrightarrow Al_2O_3 + 2\ Fe \quad \Delta H^0 = -850\ kJ$$

Die gebildeten Metalle werden als Folge der großen Reaktionsenthalpie in flüssiger Form abgeschieden und bilden nach dem Erstarren einen festen «Regulus» am Grund des Reaktionsgemisches; die Reaktion von Aluminiumpulver mit Eisenoxid wird darum auch zum Schweißen verwendet *(«Thermitverfahren»)*.

Aluminiumhydroxid, $Al(OH)_3$, tritt mineralisch in der Natur auf *(«Hydrargillit»)*. Es löst sich sowohl in verdünnten Säuren wie in Hydroxidlösungen («amphoteres» Verhalten); in Säuren entstehen Lösungen von Aluminiumsalzen mit Al^{3+}aq-Ionen, während sich in alkalischer Lösung Hydroxokomplexe $[Al(OH)_4]^-$ bilden:

$$Al(OH)_3 + 3\ H_3O^+ \longrightarrow Al^{3+}aq + 6\ H_2O$$
$$Al(OH)_3 + \quad OH^- \longrightarrow Al(OH)_4^-$$

Durch Entwässern von Hydroxoaluminatlösungen entstehen ähnlich wie bei den Boraten und Metaphosphaten polymere Aluminat-Anionen.

Versetzt man eine Aluminiumsalzlösung mit der Lösung eines Alkalihydroxids oder säuert man Aluminatlösungen vorsichtig an, so bildet sich das Aluminiumhydroxid als schwerlöslicher Niederschlag. Die Ausscheidung des Hydroxids geschieht dadurch, daß H_2O-Moleküle aus der Hydrathülle des Ions austreten und OH⁻-Ionen als «zweizähnige» Liganden je zwei Metallionen verknüpfen:

$$
\begin{array}{c}
\text{HO} \diagdown\!\!\!\! \underset{\substack{|\\ \text{Al} \\ |}}{\overset{H_2O}{}} \!\!\!\!\diagup \text{OH} \\
\text{HO} \diagup \underset{H_2O \ \ OH_2}{} \diagdown
\end{array}
\ + \
\begin{array}{c}
H_2O \diagdown\!\!\!\! \underset{\substack{|\\ \text{Al} \\ |}}{\overset{H_2O}{}} \!\!\!\!\diagup \text{OH} \\
\text{HO} \diagup \underset{H_2O}{} \diagdown \text{OH}
\end{array}
\ \longrightarrow \
\begin{array}{c}
\text{HO} \diagdown\!\! \underset{\text{Al}}{\overset{H_2O}{}} \!\diagdown \overset{\displaystyle \overset{H}{|}}{O} \diagup \underset{\text{Al}}{\overset{H_2O}{}} \!\!\diagup \text{OH} \\
\text{HO} \diagup \underset{H_2O \ \ OH_2}{} \qquad \text{HO} \diagup \underset{H_2O}{} \diagdown \text{OH}
\end{array}
\ + \ H_2O
$$

Die fortgesetzte Wasserabspaltung führt schließlich zu untereinander vernetzten $Al(OH)_6$-Oktaedern.

Frisch ausgefälltes Aluminiumhydroxid ist gallertig, stark wasserhaltig und amorph; erst bei längerem Stehenlassen ordnen sich die $Al(OH)_6$-Oktaeder zu einer regelmäßigen Schichtstruktur. Diese *«Alterung»* vollzieht sich bei Raumtemperatur sehr langsam, bei höheren Temperaturen schneller; gealtertes Hydroxid ist wegen seiner kleineren inneren Oberfläche und auch wegen der besseren Ordnung der Gitterbausteine viel reaktionsträger als das frische Fällungsprodukt. So löst sich beispielsweise gealtertes Aluminiumhydroxid nur schwer in Säuren.

Eine weitere mineralisch auftretende Hydroxyverbindung, der Böhmit, $AlO(OH)$, bildet sich aus Hydrargillit durch längeres Erhitzen in Natronlauge. $AlO(OH)$ kommt noch in einer zweiten, ebenfalls rhombisch kristallisierenden Modifikation, dem Diaspor, vor.

Wichtige Aluminiumsalze sind die *Alaune* [allgemeine Zusammensetzung $Me^{+I}Me^{+III}(SO_4)_2$], wie z. B. der gut kristallisierende Kaliumalaun, $KAl(SO_4)_2 \cdot 18\,H_2O$. Die Alaune sind Doppelsalze und zerfallen in wäßriger Lösung vollständig in die einzelnen Ionen. Aluminiumsalze werden u. a. für die Gerbung verwendet.

Oxid und Hydroxid von *Gallium* gleichen den entsprechenden Aluminiumverbindungen. Galliumoxid kommt in zwei, strukturell den Aluminiumoxiden analogen Modifikationen vor. *Indiumoxid*, In_2O_3, ist ein gelblicher Festkörper, der nur in einer einzigen Form bekannt ist. *Thallium(III)-oxid*, eine schwarzbraune, feste Substanz, ist nicht sehr beständig; es beginnt bereits bei 100°C Sauerstoff abzuspalten und geht in Thallium(I)-oxid, Tl_2O, über.

Von allen vier Metallen sind die *Halogenide* bekannt. Mit Ausnahme der Thallium(III)-halogenide sind sie sehr beständig; die Fluoride sind jeweils salzartig und haben einen sehr hohen Schmelzpunkt, während die übrigen Halogenide relativ leichtflüchtig sind und mit Ausnahme von $InCl_3$ (Smp. 586°C) und $InBr_3$ (Smp. 436°C) unterhalb 210°C schmelzen oder gar sublimieren. Die Fluoride kristallisieren in Ionenkristallen, in welchen jedes Metallion von 6 F⁻-Ionen umgeben ist, während in den Kristallen der Bromide und Iodide dimere Moleküle Me_2X_6 auftreten, in welchen das Metallion die Koordinationszahl 4 betätigt. Das salzartige AlF_3 (Smp. 1290°C) ist wegen seiner hohen Gitterenergie in Wasser schwerlöslich.

Die wasserfreien Aluminiumhalogenide (außer AlF_3) zeigen im festen Zustand eine geringe elektrische Leitfähigkeit; sie lösen sich leicht in organischen Lösungsmitteln und zeigen dann keine Leitfähigkeit mehr. Solche Lösungen enthalten dimere Moleküle, in welchen die beiden Al-Atome über zwei Cl-Brückenatome durch echte Kovalenzbindungen miteinander verbunden sind. Erst im Dampfzustand dissoziieren diese Moleküle in die monomeren Trihalogenide AlX_3. Die lösungsmittelfreien Aluminiumhalogenide sind starke (potentielle) Lewis-Säuren. Mit

Lewis-Basen entstehen oft ziemlich beständige Additionsverbindungen, wobei die *« Anionen-brücken »* Al—Cl—Al gelöst werden:

$$Al_2Cl_6 + 2 \ (C_2H_5)_2O \longrightarrow 2 \ (C_2H_5)_2O-AlCl_3$$

Auf der Bildung solcher Addukte an Lewis-Basen beruht die Verwendung von $AlCl_3$ als Katalysator bei gewissen elektrophilen Substitutionsreaktionen in der organischen Chemie *(« Friedel-Crafts-Reaktionen »)*.

Mit Wasser reagieren wasserfreie Aluminiumhalogenide sehr heftig (sie «rauchen» darum an der Luft), wobei zunächst ebenfalls Addukte an die Lewis-Base Wasser entstehen. Ist nur wenig Wasser vorhanden, so bilden diese unter Abspaltung von Halogenwasserstoff basische Halogenide oder Aluminiumhydroxid:

$$Al_2Cl_6 \quad + 2 \ H_2O \longrightarrow 2 \ \overset{H}{\underset{H}{>}}O-AlCl_3$$

$$\overset{H}{\underset{H}{>}}O-AlCl_3 \qquad \longrightarrow HO-AlCl_2 + HCl$$

$$HO-AlCl_2 + 2 \ H_2O \longrightarrow Al(OH)_3 + 2 \ HCl$$

Bei Wasserüberschuß entstehen schließlich hydratisierte Al^{3+}-Kationen:

$$Al_2Cl_6 + 12 \ H_2O \longrightarrow 2 \ [Al(H_2O)_6]^{3+} + 6 \ Cl^-aq$$

Die hydratisierten Al^{3+}-Kationen sind ziemlich starke Kationsäuren; beim Eindampfen wäßriger Aluminiumhalogenidlösungen entweicht darum Halogenwasserstoff, und es hinterbleibt $Al(OH)_3$.

Sehr beständig sind manche *Fluorokomplexe*, wie etwa der AlF_6^{3-}-Komplex (z. B. im Kryolith, Na_3AlF_6). Gallium und Indium zeigen in solchen Komplexen die Koordinationszahl 6 auch gegenüber Chlor oder sogar Brom: $GaCl_6^{3-}$, $InCl_6^{3-}$ und $GaBr_6^{3-}$, während Aluminium mit Chlor nur tetraedrisch gebaute $AlCl_4^-$-Komplexe bildet.

Verbindungen der Oxidationsstufe + I. Von Gallium existieren vereinzelte Verbindungen mit Ga^+-Ionen: Gallium (I)-halogenide, Ga_2O, Ga_2S u.a. Auch Indium tritt in gewissen Verbindungen in der Oxidationszahl + I auf. Beim *Thallium* hingegen leiten sich die meisten Verbindungen von der Oxidationsstufe + I ab; sie sind im allgemeinen stabiler als die Thallium (III)-verbindungen. In ihrem Verhalten gleichen sie zum Teil den Kalium-, zum Teil aber auch den Silberverbindungen. So ist TlOH wie KOH oder NaOH leicht löslich, ebenso Tl_2CO_3 (als einziges Nicht-Alkalicarbonat!); Tl_2SO_4 und Tl_2PtCl_6 sind den entsprechenden K-Salzen isomorph usw. Anderseits entsprechen die Thallium-(I)-halogenide bezüglich Löslichkeit und Farbe den Silberhalogeniden, und Tl_2O ist wie Ag_2O ein schwarzer Festkörper.

Übungen

17.1 Vergleichen Sie die Strukturen und die Eigenschaften der Elemente Bor, Aluminium und Thallium.

17.2 Zeigen Sie, inwiefern gewisse Ähnlichkeiten zwischen der Chemie des Bors und des Siliciums bestehen.

17.3 Wie läßt sich Diboran aus den Elementen herstellen? Geben Sie die Gleichungen für die entsprechende Reaktionsfolge an.

17.4 Was sind Carborane?

17.5 Nennen Sie einige Tatsachen, welche die Chemie der Borwasserstoffe auszeichnen!

17.6 Wie verhalten sich die Borhalogenide gegenüber Wasser?

17.7 Was sind Perborate?

17.8 Was geschieht, wenn man das pH einer Aluminiumsulfatlösung erhöht?

17.9 Wie kann man sich das «Altern» von Hydroxidniederschlägen erklären?

17.10 Vergleichen Sie die Chemie des Thalliums mit der Chemie des Aluminiums!

17.11 Geben Sie die wesentlichen Unterschiede in den Elektronenkonfigurationen folgender Partikeln an: Tl^+ und Tl^{3+}; Al^{3+} und Ga^{3+}; Sc^{3+} und Ga^{3+}; B_2H_6 und C_2H_6.

17.12 Für die Bildung von B_2H_6 und B_5H_9 gelten folgende thermodynamischen Daten:
$$G_f^0 = +82{,}8 \text{ bzw. } +165{,}7 \text{ kJ/mol}; \quad \Delta H_f^0 = +31{,}4 \text{ bzw. } 62{,}8 \text{ kJ/mol}.$$

Berechnen Sie   a)   die Gleichgewichtskonstante der Reaktion
$$5 \, B_2H_6 \rightleftarrows 2 \, B_5H_9 + 6 \, H_2 \text{ (bei 25°C),}$$

            b)   die Gleichgewichtskonstante für dieselbe Reaktion bei 100°C (ΔH^0 und ΔS^0 seien temperaturunabhängig).

17.13 Berechnen Sie unter Verwendung der angegebenen Normalpotentiale die Gleichgewichtskonstante der Reaktion:
$$3 \, Tl^+ \rightleftarrows 2 \, Tl + Tl^{3+}$$
$$E^0_{Tl/Tl^+} = -0{,}336 \text{ V} \quad \text{und} \quad E^0_{Tl^+/Tl^{3+}} = +1{,}25 \text{ V}$$

Literatur

E. Cartmell und G. W. A. Fowles *Valency and Molecular Structure.* Butterworths, London 1966 (Teil III, S. 163)

F. A. Cotton und G. Wilkinson *Anorganische Chemie.* Verlag Chemie, Weinheim 1972 (Kapitel 8 und 9)

A. F. Holleman und E. Wiberg *Lehrbuch der Anorganischen Chemie.* De Gruyter, Berlin 1970 (Kapitel XIII)

W. N. Lipscomb *Boron Hydrides.* Benjamin, New York 1963

18 Die Elemente der Gruppe II («Erdalkalimetalle»)

18.1 Die Elemente

Die Elemente Beryllium, Magnesium, Calcium, Strontium, Barium und (soweit bekannt) Radium gleichen sich in ihren Eigenschaften stark. Es sind leichte, mit Ausnahme des sehr harten Berylliums nur mäßig harte Metalle von guter elektrischer Leitfähigkeit. Beryllium, Magnesium und β-Calcium kristallisieren in der hexagonal-dichtesten Kugelpackung (höhere Härte!), während α-Calcium und Strontium in der kubisch dichtesten Kugelpackung und Barium (wie auch die Alkalimetalle) in der Wolframstruktur (kubisch innenzentrierte Kristallstruktur kristallisieren. Über die wichtigsten Eigenschaften der einzelnen Elemente orientiert die Tabelle 18.1.

Tabelle 18.1. Eigenschaften der Erdalkalimetalle

	Be	Mg	Ca	Sr	Ba
Schmelzpunkt (°C)	1280	650	851	800	850
Siedepunkt (°C)	2967	1102	1437	1366	1537
Dichte (g/cm³)	1,86	1,75	1,55	2,6	3,6
Flammenfarbe	–	–	ziegelrot	karmin	grün
Sublimationsenthalpie (kJ/mol)	325,9	149	176,6	163,6	177,8
Atomradius (pm)	112	160	197	215	217
Ionenradius (pm)	31	65	97	113	135
Hydrationsenthalpie (kJ/mol)	– 2385	– 1908	– 1577	– 1431	– 1290
$E^0_{Me/Me^{2+}}$ (Volt)	– 1,70	– 2,40	– 2,76	– 2,89	– 2,92

Kein Erdalkalimetall tritt elementar in der Natur auf. Das relativ seltene *Beryllium* kommt als Beryll ($Be_3Al_2Si_6O_{18}$) und als Chrysoberyll (Al_2BeO_4) sowie in einigen weiteren, noch selteneren Mineralien vor. *Magnesium* ist am Aufbau der Erdrinde mit 1,9% beteiligt; es tritt hauptsächlich als Carbonat, Chlorid, Sulfat und in vielen Silicaten auf ($MgSO_4$, «Bittersalz», verursacht den bitteren Geschmack von Meerwasser). Auch *Calcium* (3,4% der Erdrinde) kommt als Carbonat, Sulfat und in Silicaten vor. Die wichtigsten *Strontium-* und *Barium*-Mineralien sind $SrCO_3$ (Strontianit), $SrSO_4$ (Coelestin) und $BaSO_4$ (Schwerspat). Das radiumreichste Mineral ist die Pechblende (im wesentlichen Uranoxid, UO_2), in der das Radium als Zerfallsprodukt des Urans enthalten ist.

Man gewinnt die Elemente durch Elektrolyse geschmolzener Halogenide; in gewissen Fällen ist auch die direkte Reduktion möglich (so wird Magnesium auch durch Reduktion von MgO mit Ferrosilicium gewonnen). Es sind alles recht reaktionsfähige Elemente (vgl. die stark negativen Normalpotentiale), die sich an der Luft mit einer Oxidschicht bedecken oder sogar wie Calcium allmählich vollständig durchoxidieren. Barium muß zum Schutz vor Oxidation durch den Luftsauerstoff unter Petrol aufbewahrt werden. Nur Beryllium bleibt an der Luft völlig blank, da es sich wie das Aluminium mit einer dünnen, kompakten und durchsichtigen Oxidschicht bedeckt. Trotz des negativen Normalpotentials werden Beryllium und Magnesium von Wasser nicht angegriffen (Schutz durch Oxidschicht); Calcium und die schwereren Erdalkalimetalle reagieren jedoch sehr heftig mit Wasser unter Bildung von Wasserstoff und Metallhydroxid.

Die *Reaktionsfähigkeit* der Elemente nimmt also mit wachsender Ordnungszahl deutlich zu; eine Folge hauptsächlich des im gleichen Sinn wachsenden Atomradius: Abnahme der Ionisierungsenergien, Normalpotential immer mehr negativ. Beryllium, das «edelste» Erdalkalimetall, gleicht in manchen Beziehungen dem Aluminium (vgl. S. 565).

Beryllium findet heute trotz seines hohen Preises als Konstruktionsmaterial für Kernreaktoren Verwendung. Beryllium/Kupfer-Legierungen zeichnen sich durch hohe Härte, gute Biegefestigkeit und gleichzeitig gute elektrische Leitfähigkeit aus. Magnesium dient als Legierungsbestandteil für Leichtmetalle.

18.2 Chemie der Erdalkali-Ionen

Alle Erdalkalimetalle kommen in stabilen Verbindungen nur in der *Oxidationsstufe + II* vor. Die zur Abspaltung zweier Elektronen benötigte Energie ist allerdings beträchtlich größer als das erste Ionisierungpotential; im Gaszustand sind die einfach positiv geladenen Ionen also stabiler als die «normalen» Ionen der Ladung 2 +. Die für doppelt positiv geladene Ionen viel größere Gitterenergie und Hydrationsenthalpie stabilisieren jedoch die Me^{2+}-Ionen im festen und im gelösten Zustand, so daß Me^+-Verbindungen instabil sind[1]. Die Hydrationsenthalpie ist auch die Ursache für die relativ stark negativen Normalpotentiale der Erdalkalimetalle (vgl. z. B. $E^0_{Ca/Ca^{2+}} = -2,76$ V; $E^0_{Na/Na^+} = -2,71$ V), indem die zur Abspaltung zweier Elektronen aufzuwendende Energie durch die Hydrationsenthalpie mehr als überkompensiert wird (vgl. auch S. 400). Die relativ großen Hydrationsenthalpien sind auch die Ursache dafür, daß viele Erdalkalisalze mit Kristallwasser kristallisieren und daß die entsprechenden wasserfreien Salze oft als Trocknungsmittel verwendet werden (z. B. $CaSO_4$ [Drierit, Sikkon], $Mg(ClO_4)_2$ [Anhydron] u.a.). Die hydratisierten Erdalkali-Ionen sind Kationsäuren. Entsprechend dem wachsenden Ionenradius nimmt allerdings ihre Säurestärke vom Beryllium ($pK_S = 6,5$) zum Barium ($pK_S = 13,4$) sehr stark ab. Schon Lösungen von Magnesiumsalzen reagieren praktisch neutral. Der Säurecharakter der Mg^{2+}aq-Ionen zeigt sich hingegen z. B. beim Eindampfen von $MgCl_2$-Lösungen, wo HCl-Gas entweicht und schließlich basische Chloride erhalten werden.

Tabelle 18.2. Gitterenergien einiger Erdalkalisalze (kJ/mol)

	MeO	MeF$_2$	MeI$_2$	MeCO$_3$
Mg	3930	2908	2293	3180
Ca	3477	2611	1920	2987
Sr	3205	2460	–	2720
Ba	3042	2368	–	2615

[1] Für die Disproportionierung von Magnesium (I)-iodid in MgI_2 und Mg wurde eine Enthalpieabnahme von -350 kJ/mol berechnet.

Tabelle 18.3. Löslichkeit einiger Erdalkalisalze (mol/1000 g Wasser; 25 °C)

	Fluorid	Hydroxid	Chlorid	Perchlorat	Carbonat	Sulfat
Mg^{2+}	$1,2 \cdot 10^{-3}$	$1,3 \cdot 10^{-4}$	5,6	2,2	$1,2 \cdot 10^{-3}$	2,4
Ca^{2+}	$2 \cdot 10^{-4}$	0,021	5,4	7,1	$1,5 \cdot 10^{-4}$	0,015
Sr^{2+}	$1 \cdot 10^{-3}$	0,065	3	11,0	$7 \cdot 10^{-4}$	0,005
Ba^{2+}	$1 \cdot 10^{-2}$	0,28	1,5	6,0	$1 \cdot 10^{-4}$	10^{-5}

Einige Werte der Gitterenergien von Erdalkalisalzen sind in Tabelle 18.2 zusammengestellt. Erwartungsgemäß nehmen sie mit zunehmendem Radius des Kations ab. Während die Abnahme der Gitterenergie allein eine Zunahme der Löslichkeit der Erdalkalisalze ein und desselben Anions zur Folge haben müßte, wirkt die im gleichen Sinn erfolgende Abnahme der Hydrationsenthalpie in entgegengesetzter Richtung, so daß die Löslichkeit analoger Salze häufig bei einem bestimmten Element ein Maximum oder Minimum zeigt (Tabelle 18.3). Im allgemeinen tritt bei leichtlöslichen Salzen, wie z. B. den Chloriden oder Bromiden — bei denen die Hydrationsenthalpie der entscheidende Faktor ist —, ein Maximum der Löslichkeit auf, was

Abb. 18.1. Struktur von basischem Berylliumacetat (nach Wells). Das O-Atom im Zentrum ist mit vier Be-Atomen koordiniert; über jeder Tetraederecke liegt ein Acetat-Ion. Jedes Be-Atom ist tetraedrisch mit vier O-Atomen koordiniert: mit dem O-Atom im Zentrum und mit drei O-Atomen verschiedener Acetat-Ionen (kleine, nicht ausgefüllte Kreise = C-Atome; H-Atome nicht eingezeichnet)

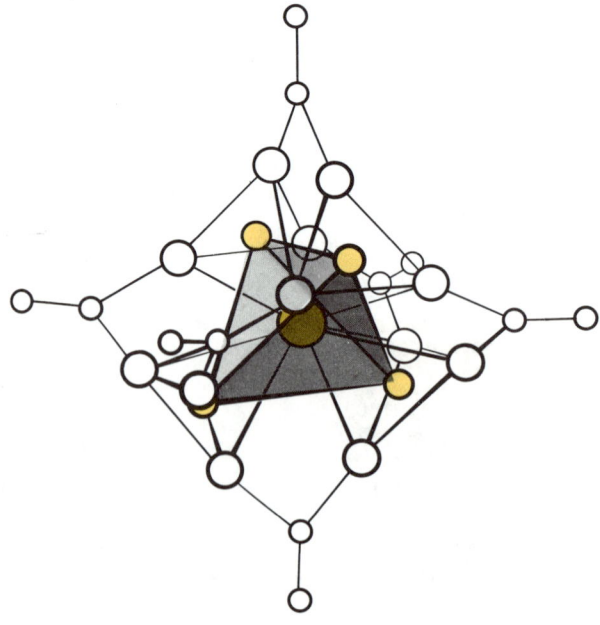

darauf hinweist, daß die Gitterenergie stärker vom Radius des Kations abhängig ist als die Hydrationsenthalpie. Weniger gut lösliche Salze, bei denen die Gitterenergie nur in geringerem Maß durch den Kationenradius beeinflußt wird, zeigen in der Regel ein Minimum der Löslichkeit. Vergleiche auch S. 247.

Mit Ausnahme des Berylliums weisen die Kationen der Gruppe II nur eine *geringe Tendenz zur Komplexbildung* auf. Be^{2+}-Ionen bilden relativ stabile Fluorokomplexe, in welchen H_2O-Moleküle der Hydrathülle sukzessive durch F^--Ionen ersetzt sind: $[Be(H_2O)_3F]^+ \dots [BeF_4]^{2-}$. Die Tendenz zur Komplexbildung zeigt sich auch darin, daß das Be^{2+}aq-Ion die H_2O-Moleküle der Hydrathülle viel langsamer gegen D_2O austauscht als die anderen hydratisierten Erdalkali-Ionen. Besonders interessante Komplexe werden von Be^{2+} mit Carbonsäuren gebildet, wenn $Be(OH)_2$ zusammen mit den entsprechenden Säuren erhitzt wird. Es sind kristalline, jedoch flüchtige Substanzen, die in unpolaren, aber auch in polaren Lösungsmitteln löslich sind. In ihnen ist ein zentrales Sauerstoffatom tetraedrisch von vier Be-Atomen umgeben, und jedes Be-Atom ist tetraedrisch mit vier O-Atomen koordiniert (Abb.18.1); dies ist einer der wenigen Fälle, wo ein O-Atom mit vier Liganden koordiniert ist.

Die übrigen Erdalkali-Ionen bilden mit gewissen mehrzähnigen organischen Liganden (die mehrere Koordinationsstellen besetzen) stabile «Chelat-Komplexe» *(chele* gr. = Krebsschere), wie z. B. die Komplexe mit *Äthylendiamintetraacetat* («Komplexon»)[1], das als sechszähniger Ligand wirkt.

$$^-OOCCH_2 \diagdown \overline{N}-CH_2-CH_2-\overline{N} \diagup CH_2COO^-$$
$$^-OOCCH_2 \diagup \phantom{\overline{N}-CH_2-CH_2-\overline{N}} \diagdown CH_2COO^-$$

Äthylendiamintetraacetat-Ion

18.3 Verbindungen

Beryllium als Erdalkalimetall mit dem kleinsten Atom- (und Ionen-) radius zeigt eine gewisse Tendenz zur Bildung *kovalenter* Bindungen. So ist es nicht verwunderlich, daß in den Kristallen vieler Beryllium-Verbindungen die Koordinationszahl 4 mit tetraedrischer Anordnung der Liganden häufig vorkommt. Bei den meisten übrigen Erdalkaliverbindungen werden die Strukturen im festen Zustand nur durch die Größe der verschiedenen Ionen bestimmt. In dieser Hinsicht ist z. B. ein Vergleich der Fluoride recht aufschlußreich: BeF_2 kristallisiert in der Cristobalitstruktur (einer im allgemeinen bei nicht typisch salzartigen Verbindungen auftretenden Struktur), während MgF_2 in der Struktur von Rutil und CaF_2 («Fluorit»), SrF_2 und BaF_2 in der Fluoritstruktur kristallisieren. Die übrigen Halogenide von Magnesium, Calcium, Strontium und Barium kristallisieren in Schichtstrukturen.

Oxide, Hydroxide. Alle «normalen» Oxide kristallisieren in der NaCl-Struktur mit Ausnahme von BeO (Wurtzit-Struktur mit tetraedrischer 4:4-Koordination). Die Bildungsenthalpien der Oxide sind recht groß, eine Folge der hohen Gitterenergien. BeO ist wie Al_2O_3 in Wasser nahezu unlöslich (die große Hydrationsenthalpie vermag die Gitterenergie nicht zu kompensieren). MgO, das technisch durch Glühen von Magnesit ($MgCO_3$) hergestellt wird, löst sich (in geringem Maß) in Wasser nur dann, wenn der Magnesit nicht allzu hoch erhitzt wurde (auf höchstens 900°C), da bei stärkerem Erhitzen (bis 1700°C) das Oxid zu einer hochfeuerfesten, kaum lös-

---

[1] Äthylendiamintetraessigsäure bzw. ihr Anion werden auch in der deutschsprachigen Literatur häufig mit «EDTA» (Ethylenediaminetetraacetate) abgekürzt.

lichen Masse zusammensintert. In der Reihe CaO – SrO – BaO wächst die Löslichkeit deutlich. Da die O^{2-}-Ionen der Oxide beim Lösen quantitativ zu OH^--Ionen werden, sind diese Feststellungen gleichbedeutend mit der Aussage, daß die Löslichkeit der Hydroxide in der Reihe Be $(OH)_2$ – Ba $(OH)_2$ zunimmt. Be $(OH)_2$ erinnert in seinen Eigenschaften etwas an Al $(OH)_3$; ebenso wie dieses löst es sich in Säuren und in Hydroxidlösungen. Im letzteren Fall entstehen Tetrahydroxokomplexe.

Hydride. Wie bereits auf S. 435 erwähnt wurde, bilden die eigentlichen Erdalkalimetalle Calcium, Strontium und Barium salzartige Hydride mit H^--Ionen als Gitterbausteinen. Von Beryllium und Magnesium kennt man ebenfalls Wasserstoffverbindungen. BeH_2 ist eine feste, schwerflüchtige, bei 300°C in die Elemente zerfallende, luft- und feuchtigkeitsempfindliche Substanz. Sie ist (wie auch MgH_2) hochpolymer und bildet im festen Zustand eine Kettenstruktur, in welcher die Be-Atome tetraedrisch von vier H-Atomen umgeben sind und diese jeweils zwei Be-Atome miteinander verbinden *(Dreizentrenbindungen* Be—H—Be):

Magnesium-organische Verbindungen. Magnesium-Metall reagiert mit organischen Halogeniden in ätherischer Lösung unter Bildung sogenannter *Grignard-Verbindungen* (Grignard, 1902):

$$C_2H_5Br + Mg \longrightarrow C_2H_5MgBr$$

Die Grignard-Verbindungen sind sehr feuchtigkeits- und oft auch sauerstoffempfindlich; ihre Darstellung sowie Reaktionen mit ihnen lassen sich darum nur in völlig wasserfreiem Milieu (absoluter Äther) durchführen.

Diese magnesium-organischen Verbindungen sind wohl die bekanntesten und am vielseitigsten verwendbaren metallorganischen Substanzen. Trotz vieler Untersuchungen ist aber ihre Struktur auch heute noch nicht völlig geklärt. Es steht fest, daß aus den ätherischen Lösungen das Lösungsmittel nicht ohne Zersetzung der Grignard-Verbindungen entfernt werden kann; diese sind also in reinem (lösungsmittelfreiem) Zustand nicht beständig und nicht bekannt. Die C—Mg-Bindung ist zweifellos sehr stark polar (das Mg-«Atom» ist positiv polarisiert), und das Halogen-Atom liegt möglicherweise als negatives Ion vor, so daß die Grignard-Verbindung als ein mit Äther solvatisiertes Ionenpaar aufgefaßt werden könnte. Molekülmassenbestimmungen ergeben Werte von $(RMgX)_{1,2}$ bis $(RMgX)_4$; es scheint also, daß die solvatisierten Ionen dicht gepackte Ionenkomplexe bilden. Möglicherweise sind in den Lösungen auch Magnesiumdiorganyle (MgR_2; «R» = organischer, einbindiger Rest) enthalten.

Dank der polaren C—Mg-Bindung sind die Grignard-Verbindungen außerordentlich *reaktionsfähig* (sie enthalten *potentielle Carbanionen* mit negativ geladenem C-Atom als reaktive Partikeln) und darum für sehr viele Synthesen verwendbar. Bei der Reaktion mit Verbindungen, die positiv polarisierte C-Atome enthalten (z. B. Carbonylverbindungen, d. h. Verbindungen mit der C=O-Gruppe als funktionelle Gruppe), wird der organische Rest der Grignard-Verbindung an dieses addiert, so daß neue C—C-Bindungen entstehen. Grignard-Verbindungen sind auch sehr wertvolle Ausgangssubstanzen zur Gewinnung «element-organischer» Verbindungen (Verbindungen, die außer C und den gewöhnlichen Nichtmetallen weitere Elemente enthalten). Zu diesem Zweck läßt man meistens Halogenide mit Grignard-Verbindungen reagieren, wie z. B. in folgenden Fällen:

$$SiCl_4 \; + \; RMgCl \longrightarrow R{-}SiCl_3 + MgCl_2$$

$$BBr_3 \; + \; RMgBr \longrightarrow R{-}BBr_2 + MgBr_2$$

$$POCl_3 + 3\,RMgCl \longrightarrow (R_3)PO \; + 3\,MgCl_2$$

Die auf diese Weise darstellbaren Bor- und Aluminiumorganyle sind aus verschiedenen Gründen besonders interessant. *Aluminiumtrimethyl* [« $(CH_3)_3Al$ »], eine farblose Flüssigkeit (Smp. 15 °C, Sdp. 126 °C) ist dimer; von den 6 C-Atomen wirken zwei als Brückenatome zwischen den beiden Al-Atomen (Dreizentrenbindungen Al—C—Al). Im Gegensatz dazu und auch zum Boran sind die analogen *Boralkyle* monomer, was wahrscheinlich darauf zurückzuführen ist, daß Alkyl-gruppen schwach elektronenabstoßend wirken (sogenannter + I-Effekt) und dadurch die Elektronenlücken des B-Atoms in einem gewissen Maß «absättigen».

18.4 Sonderstellung von Beryllium

Als erstes Element der Gruppe unterscheidet sich Beryllium stärker von den übrigen Elementen als die anderen Erdalkalimetalle untereinander. Der hauptsächlichste Grund dafür ist der kleine Radius des Be-Atoms und des Be^{2+}-Ions (das Be^{2+}-Ion besitzt ungefähr den halben Radius des Mg^{2+}-Ions!). Be^{2+}-Ionen wirken deshalb auf große Anionen stark *polarisierend,* und die Bindungen bekommen deutlich einen gewissen *kovalenten* Charakter. Die Tendenz zur Bildung von Kovalenzbindungen wird dadurch erleichtert, daß ein $2s$-Elektron des Be-Atoms leicht in ein leeres, nur wenig energiereicheres $2p$-AO promoviert wird; die verschiedentlich (so im dampfförmigen $BeCl_2$) beobachtete Zweibindigkeit von Beryllium kann dann durch Über-lagerung der beiden sp-Hybrid-AO mit weiteren Atomen aufgefaßt werden. Der relativ kleine Atomradius verbunden mit der Tendenz zur Kovalenz führt auf die bereits mehrfach betonte Ähnlichkeit zwischen Beryllium und Aluminium. Diese *«Schrägbeziehung»* wird auch bei.den Elementen anderer Gruppen gefunden (Li – Mg; B – Si); sie ist immer in ähnlichen Atomradien begründet.

Die Sonderstellung von Beryllium zeigt sich auch darin, daß das Element als einziges Erdalkali-metall in einem gewissen Maß zur Bildung *mehrkerniger Komplexe* neigt. So können z. B. Lösungen von Berylliumsalzen noch beträchtliche Mengen BeO oder $Be(OH)_2$ lösen, wobei Oxo- und Hydroxokomplexe mit Be—O—Be bzw. Be—OH—Be-Brücken gebildet werden.

Die *Berylliumhalogenide* unterscheiden sich in ihrer Struktur ebenfalls von den übrigen Erd-alkalihalogeniden. Das in der Cristobalitstruktur kristallisierende BeF_2 wurde bereits erwähnt; die Struktur von $BeCl_2$ ist erwartungsgemäß noch weniger salzähnlich als die BeF_2-Struktur, indem hier $BeCl_4$-Tetraeder jeweils durch zwei als «Brückenatome» wirkende Cl-Atome ver-bunden sind:

Im Dampf sind neben $BeCl_2$- auch dimere Be_2Cl_4-Moleküle vorhanden (Analogie zum eben-falls dimeren Al_2Cl_6!).

Die Tendenz zur Bildung von Kovalenzbindungen zeigt sich auch darin, daß Berylliumverbindungen durch Reaktion mit Grignard-Verbindungen verhältnismäßig leicht *Beryllium-
organyle* bilden. $(CH_3)_2Be$ ist als Festkörper polymer, während im Dampf dimere Moleküle auftreten, in welchen – wie beim Aluminiumtrimethyl! – Be—C—Be-Dreizentrenbindungen vorhanden sind:

$$
\begin{array}{c}
\text{H} \quad \text{H} \quad \text{H} \\
\diagdown \quad | \quad \diagup \\
\text{C} \\
\diagup \quad \quad \diagdown \\
\text{CH}_3\text{—Be.} \qquad \text{Be—CH}_3 \\
\diagdown \quad \quad \diagup \\
\text{C} \\
\diagup \quad | \quad \diagdown \\
\text{H} \quad \text{H} \quad \text{H}
\end{array}
$$

Erwähnenswert ist schließlich der süße Geschmack und die starke Giftigkeit der Berylliumsalze.
Außerdem wirken viele Berylliumverbindungen krebserregend.

Übungen

18.1   Wie werden die Erdalkalimetalle gewonnen?

18.2   Warum treten die Erdalkalimetalle ausschließlich in der Oxidationszahl +II auf und
bilden keine Ionen der Ladung +1 oder +3?

18.3   Warum reagieren Lösungen von Berylliumsalzen nicht neutral?

18.4   Geben Sie Beispiele von Komplexen der Erdalkali-Ionen. Was sind Chelat-Komplexe?

18.5   Worin zeigt sich die Sonderstellung des Berylliums und insbesondere seine Ähnlichkeit
mit dem Aluminium?

18.6   Wie ist diese Ähnlichkeit mit dem Aluminium zu verstehen? Bei welchen weiteren
Elementen tritt diese «Schrägbeziehung» ebenfalls auf?

18.7   Schreiben Sie die Reaktionsgleichung für folgende Vorgänge auf:
a) Reaktion von Barium mit Wasser, b) Verbrennung von Barium an der Luft, c) Elektrolyse von geschmolzenem CaH_2, d) Lösen von $MgCO_3$ in verdünnter Säure, e) Entfernung des gelösten $MgSO_4$ aus einer Bittersalzlösung mittels Ionenaustauschern.

18.8   Berechnen Sie die Anzahl der Mole CaF_2, die sich in 1 Liter folgender Substanzen lösen:
Wasser, 0,1-M $Ca(NO_3)_2$, 0,1-M NaF. $Lp = 1,7 \cdot 10^{-10}$.

18.9   Warum liest man oft: $Ba(OH)_2$ ist die stärkere Base als $Ca(OH)_2$? Stimmt diese Aussage wirklich?

Literatur

F. A. Cotton und G. Wilkinson *Anorganische Chemie*. Verlag Chemie, Weinheim 1972
(Kapitel 7)

A. F. Holleman und E. Wiberg *Lehrbuch der Anorganischen Chemie*. De Gruyter, Berlin 1970
(Kapitel XIV)

J. A. A. Ketelaar   *Chemische Konstitution*. Vieweg, Braunschweig 1964
(Kapitel II: Die Ionenbindung)

M. J. Sienko, R. A. Plane und R. E. Hester: *Inorganic Chemistry* (Principles and Elements).
Benjamin, New York 1964 (Kapitel 3)

19 Die Elemente der Gruppe I («Alkalimetalle»)

Die Alkalimetalle zeigen unter sich eine größere Ähnlichkeit als die Elemente irgendeiner anderen Gruppe (die Edelgase ausgenommen), was hauptsächlich davon herrührt, daß sie alle nur ein einziges s-Elektron in der Valenzschale enthalten und das gesamte physikalische und chemische Verhalten durch ihren ausgeprägt metallischen Charakter und ihr ausschließliches Auftreten in der Oxidationsstufe $+ \text{I}$ bestimmt wird.

19.1 Die Elemente

Wie die Erdalkalimetalle kommen auch die Alkalimetalle als Folge ihrer großen Reaktionsfähigkeit *nicht elementar,* sondern nur als Ionen der Ladung $+1$ in der Natur vor. Das häufigste Element, *Natrium* (2,6 % der Erdrinde), ist als Ion ein wichtiger Bestandteil vieler Silicate. Zu den wichtigsten mineralisch vorkommenden Natriumverbindungen gehören Steinsalz (NaCl), das den Rohstoff zur technischen Gewinnung der meisten Natriumverbindungen bildet, ferner Natriumnitrat («Chilesalpeter», $NaNO_3$) und Natronfeldspat ($NaAlSi_3O_8$) usw. *Kalium* (2,4 % der Erdrinde) tritt hauptsächlich als Bestandteil der «Abraumsalze» auf. Es sind dies relativ leicht lösliche Kalium- und Magnesiumsalze, die sich beim Verdunsten des Meerwassers (das Na^+-, K^+-, Ca^{2+}-, Mg^{2+}-, Cl^-- und SO_4^{2-}-Ionen enthält) zuletzt ausgeschieden haben und daher in manchen Steinsalzablagerungen als oberste Schichten auftreten[1]. Weitere wichtige Kaliumverbindungen sind Kalifeldspat ($KAlSi_3O_8$), Sylvin (KCl), Carnallit ($KCl \cdot MgCl_2$) usw. Ein natürlich vorkommendes Nuclid von Kalium, ^{40}K (0,0119 %) ist radioaktiv (ein β-Strahler). – *Lithium* ist viel seltener als Natrium und Kalium; es tritt hauptsächlich in Silicaten (Lepidolith, «Lithiumglimmer») und Phosphaten auf. *Rubidium* und *Caesium* kommen als Begleiter der anderen Alkalimetalle in sehr geringen Mengen vor. *Francium* ist extrem selten; alle Fr-Isotope sind radioaktiv. Die Halbwertszeit des längstlebigen Nuclids beträgt 21 min. – Die Gewinnung der Alkalimetalle geschieht durch Schmelzelektrolyse ihrer Chloride oder Hydroxide.

Alle Alkalimetalle kristallisieren in der Wolframstruktur. Sie haben alle relativ niedrige Schmelz- und Siedepunkte (Tabelle 19.1), geringe Dichte (Lithium, Natrium und Kalium <1; Lithium ist nächst festem Wasserstoff der leichteste Festkörper), sind sehr weich und haben eine gute elektrische Leitfähigkeit. Ihre Dämpfe enthalten bis zu 1 % zweiatomige Moleküle. Flüssige Natrium/Kalium-Legierungen mit 70 bis 80 % K werden in Kernreaktoren als Kühlflüssigkeit verwendet (die eutektische Mischung enthält 77,2 % K und schmilzt bei $-12,3\,°C$). Auf frischen Schnittflächen zeigen die Metalle einen ausgesprochenen Silberglanz (Caesium glänzt goldgelb!); an der Luft tritt allerdings sofortige Oxidation ein (Aufbewahrung unter Petrol), wobei die Reaktionsfähigkeit wie bei den Erdalkalimetallen mit zunehmender Ordnungszahl wächst.

---

[1] Der Name «Abraumsalze» rührt davon her, daß man diese Salze füher als wertlos weggeräumt hatte, bevor man das Steinsalz gewinnen konnte.

Tabelle 19.1. Eigenschaften der Alkalimetalle

	Li	Na	K	Rb	Cs
Schmelzpunkt (°C)	180	98	63,5	39	28,5
Siedepunkt (°C)	1336	883	759	700	670
Dichte (g/cm³)	0,53	0,97	0,86	1,53	1,90
Flammenfarbe	karmin	gelb	rot-violett	rot-violett	blau
Sublimationsenthalpie (kJ/mol)	160,7	108,4	90,0	81,6	78,2
Atomradius (pm)	152	186	231	244	262
Ionenradius pm)	60	95	133	148	169
Hydrationsenthalpie (kJ/mol)	− 507,5	− 398,3	− 313,8	− 289,1	− 256,1
E^0_{Me/Me^+} (Volt)	− 3,02	− 2,71	− 2,92	− 2,99	− 2,99

19.2 Chemie der Alkali-Ionen

Die Alkalimetalle zeigen nur eine geringe Tendenz zur Ausbildung von Kovalenzbindungen. Am ehesten ist dies bei gewissen Lithiumverbindungen (vor allem den Lithiumorganylen; S. 572) der Fall. Das kleine Li^+-Ion wirkt naturgemäß ziemlich stark polarisierend auf große Anionen (S. 571) und auch auf die Moleküle von mäßig polaren Lösungsmitteln. Der letztere Effekt erklärt die ungewöhnlich gute Löslichkeit mancher Lithiumsalze in Alkoholen und Ketonen (starke Solvation des Li^+-Ions!). Die in den Dämpfen der Alkalimetalle auftretenden zweiatomigen Moleküle (Li_2, Na_2 usw.) werden durch eine (schwache) Atombindung zusammengehalten. Die meisten Alkaliverbindungen sind aber durch ein *reines Ionenmodell* sehr gut zu beschreiben. So betragen z. B. die Abweichungen zwischen den berechneten und den experimentell bestimmten Gitterenergien bei den Alkalihalogeniden nur Bruchteile von Prozenten, und selbst bei Hydriden sind die Differenzen zwischen den beiden Werten gering. Bei den Alkalimetallen wird der Einfluß des wachsenden Atom- bzw. Ionenradius sowie der Atommasse am deutlichsten von allen Gruppen des Periodensystems offenbar. Mit zunehmender Ordnungszahl nehmen durchweg ab: Schmelzpunkt, Sublimationsenthalpie, Gitterenergie der Salze (außer wenn die Anionen sehr klein sind), Hydrationsenthalpie, Leichtigkeit der thermischen Zersetzung der Nitrate und Carbonate, Bildungsenthalpie der Fluoride, Hydride, Oxide und Carbide (wegen der abnehmenden Gitterenergie).
Die Alkali-Ionen bilden sehr wenige schwerlösliche Salze. Beispiele dafür sind $Na[Sb(OH)_6]$, $NaZn(UO_2)_3(CH_3COO)_9 \cdot 6 H_2O$, die Perchlorate, Hexachloroplatinate und Hexanitritokobaltate von Kalium, Rubidium und Caesium. Die Löslichkeit der Halogenide nimmt vom Lithium zum Caesium ab, außer bei den Fluoriden, wo die Abnahme der Gitterenergie entscheidend ist. Auch andere Salze mit Anionen, die im Verhältnis zum Radius eine relativ große Ladung tragen, verhalten sich wie die Fluoride (z. B. Phosphate, Carbonate).
Entsprechend der geringen Tendenz zur Bildung von Kovalenzbindungen sind stabile Komplexe der Alkalimetalle kaum bekannt. Li^+-Ionen bilden mit NH_3 labile Assoziate. Wegen seiner geringen Größe ist das Li^+-Ion auch stark hydratisiert, was in seiner stark negativen Hydrationsenthalpie und in der positiven Hydrationsentropie zum Ausdruck kommt. Die starke Hydration des Li^+-Ions ist auch dafür verantwortlich, daß Lithium das negativste Normalpotential aller Alkalimetalle besitzt, obschon die Ionisierungsenergie von Cs beträchtlich kleiner ist als von Li. Als einziges Alkali-Ion ist das Li^+-Ion auch eine (allerdings schwache) Kationsäure.

exo-exo

exo-endo

endo-endo

Konfigurationen der Polyäther an den N-Atomen

Eine interessante Möglichkeit der Komplexbildung von Alkali- (und Erdalkali-) Ionen wurde 1969 gefunden. Bizyklische *Polyäther,* die in verschiedenen Konfigurationen auftreten können (in Lösung stellt sich als Folge einer Inversionsschwingung an den N-Atomen ein Gleichgewicht zwischen den verschiedenen Konfigurationen ein), vermögen recht stabile Komplexe mit den Alkali- und mit verschiedenen Erdalkali-Ionen zu bilden. Dabei werden die Ionen im käfigartigen Hohlraum der Ringverbindung eingeschlossen, wobei sich zwischen dem Ion und den beiden N-Atomen (schwache) Kovalenzbindungen ausbilden; die Ringverbindung muß dazu in der «endo-endo-Konfiguration» vorliegen. Mittels solcher *«Kryptate»* (von *crypta* = Höhle) lassen sich zahlreiche Alkalisalze in wenig polaren Lösungsmitteln wie Chloroform (CHCl$_3$) lösen (sogar BaSO$_4$ löst sich unter Kryptat-Bildung in Chloroform!); da je nach der Anzahl der zwischen den beiden N-Atomen liegenden Atome die Liganden eine ausgesprochene Kationenselektivität zeigen (das Ion muß in den Hohlraum «passen»), bieten sich Anwendungsmöglichkeiten zur Trennung von Kationengemischen, zur Entwicklung sehr spezifischer Kationenaustauscher oder zur Kationenausscheidung aus dem Körper (z.B. Bindung und damit Ausscheidung von radioaktivem Sr). Sehr wahrscheinlich sind ähnlich gebaute

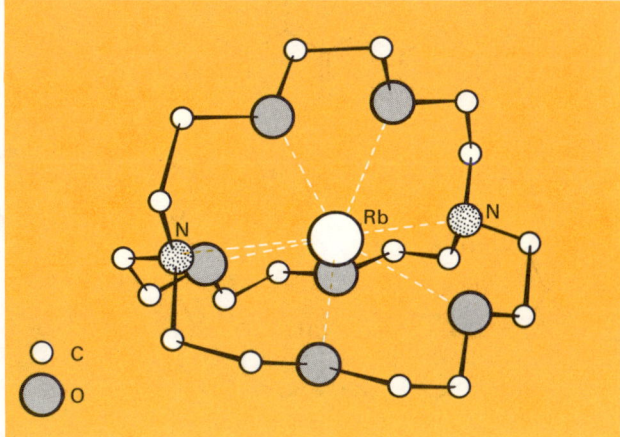

Abb. 19. 1. Beispiel eines Kryptat-Komplexes

Beispiele trizyklischer Verbindungen, welche mit Alkali- und Erdalkali-Ionen Kryptate bilden (in den Ecken sitzt jeweils eine CH_2-Gruppe)

Komplexe auch am Transport von Ionen durch biologische Membranen beteiligt. Jedenfalls wurden schon 1967 aus gewissen Pilzen makrozyklische Verbindungen, wie z. B. das Nonactin, isoliert, welche mit K^+-Ionen relativ stabile Komplexe bilden und damit K^+-Ionen selektiv binden (Bedeutung für die Aufnahme von Kalium in den Organismus!). Synthetische makrozyklische Polyäther (sogenannte Crown-Verbindungen) bilden mit Alkalimetallen ebenfalls stabile Komplexe.

Die Salze der Alkalimetalle sind farblos, wenn nicht die Anionen Licht absorbieren und so eine Farbe erzeugen. Eine Ausnahme davon bilden die gelegentlich anzutreffenden, meist blau gefärbten Kristalle von NaCl. Ihre Färbung beruht darauf, daß im Gitter Leerstellen und dafür freie Elektronen vorhanden sind, welche Licht absorbieren können. Solche Kristalle lassen sich z. B. durch Bestrahlung mit Röntgenlicht aus gewöhnlichen NaCl-Kristallen herstellen.

Nonactin

19.3 Einzelne Verbindungen

Die Alkalimetalle reagieren direkt mit den meisten Nichtmetallen und bilden mit diesen (oft sogar mehrere) binäre Verbindungen. Mit vielen Metallen werden Legierungen gebildet.

An der Luft verbrennt nur Lithium zum «normalen» *Oxid* Li_2O. Natrium gibt bei der Verbrennung *Natriumperoxid* (Na_2O_2), während Kalium, Rubidium und Caesium *Hyperoxide* (MeO_2) bilden. Die Stabilität der Per- und Hyperoxide nimmt mit zunehmender Ordnungszahl des Alkali-Ions zu, ein gutes Beispiel für die Stabilisierung großer Anionen durch große Kationen.

Die Oxide sind sämtlich wasserlöslich und gehen dabei in die Hydroxide über. Sie kristallisieren im Antifluorit-Gitter (die Metallionen besetzen die Anionen-, die O^{2-}-Ionen die Kationen-gitterplätze des Fluoritgitters). Die festen *Alkalihydroxide* sind Salze; sie sind bei 300 bis 400 °C sublimierbar und enthalten in der Dampfphase Ionenpaare und Vierergruppen von Ionen.

Die *Alkalihalogenide* sind typisch salzartige, schwerflüchtige Substanzen von hoher Stabilität. Aus der freien Bildungsenthalpie von Kochsalz ($\Delta G_f^0 = -384{,}0$ kJ/mol) berechnet man für die Reaktion

$$Na + \tfrac{1}{2} Cl_2 \rightleftharpoons NaCl$$

eine Gleichgewichtskonstante von $1{,}6 \cdot 10^{67}$. Dies entspricht bei 25 °C einem Chlor-Gleich-gewichtsdampfdruck von etwa 10^{-134} bar!

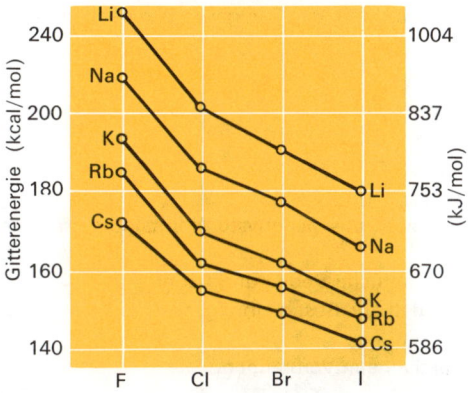

Abb. 19. 2. Gitterenergien der Alkalihalogenide

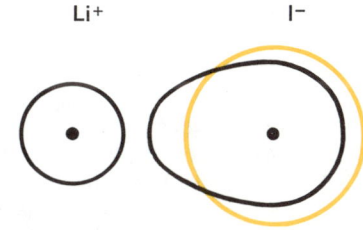

Abb. 19. 3. Polarisierung eines relativ großen Anions durch ein kleines Kation

Über die Strukturen der Alkalihalogenide siehe S. 215. Ihre Gitterenergien nehmen erwartungs-gemäß in der Reihenfolge Fluorid – Chlorid – Bromid – Iodid und ebenso vom Lithium- zum Caesiumhalogenid ab (Ionenradien!), vgl. Abb. 19.2. Ihre Dämpfe enthalten Ionenpaare; wie spektroskopische Untersuchungen gezeigt haben, sind die Abstände zweier Kerne in diesen gasförmigen Ionenpaaren geringer als die Kernabstände im Kristall, und zudem sind auch die Dipolmomente beträchtlich kleiner, als man auf Grund eines Ionenmodells (mit völlig unab-hängigen, kugelförmigen Ionen) erwarten würde. Diese Erscheinungen zeigen, daß die Ionen in diesen Ionenpaaren nicht mehr exakt kugelförmig sein können, sondern daß die Anionen durch die Wirkung der Kationen polarisiert werden (Abb. 19.3) und somit ein Übergang zur Kovalenzbindung eintritt. In Verbindungen wie LiBr und LiI ist dieser Effekt erwartungsgemäß besonders ausgeprägt.

Auch *organische Verbindungen* der Alkalimetalle sind bekannt. So bildet Lithium mit organischen Halogenverbindungen ziemlich leicht Lithiumorganyle:

$$2\ Li + C_2H_5Cl \longrightarrow C_2H_5Li + LiCl$$

Die *Lithiumorganyle* sind gewöhnlich Flüssigkeiten oder relativ niedrig schmelzende Festkörper und lösen sich in Kohlenwasserstoffen oder anderen unpolaren Lösungsmitteln, besitzen also die Eigenschaften typisch kovalenter Verbindungen. Lithiummethyl und Lithiumäthyl sind tetramer, wobei die Li-Atome ein Tetraeder bilden und jedes Li-Atom mit den α-C-Atomen zweier Alkylgruppen durch eine Dreizentrenbindung verbunden ist. Man verwendet sie als Katalysatoren zur stereospezifischen Polymerisation von Isopren; sie dienen auch für zahlreiche Synthesen, ähnlich wie die Grignard-Verbindungen.

Aus Quecksilberorganylen und den entsprechenden Metallen können Natrium-, Kalium-, Rubidium- und Caesiumalkyle erhalten werden:

$$2\ Me + HgR_2 \longrightarrow 2\ MeR + Hg$$

Es sind salzartige, im Gegensatz zu den Lithiumorganylen in Kohlenwasserstoffen unlösliche, nicht polymere Substanzen, welche Carbanionen als negative Ionen enthalten und mit nahezu allen Elementen und Verbindungen (abgesehen von Stickstoff, den Edelgasen und den Paraffinkohlenwasserstoffen) meist sehr heftig reagieren.

Übungen

19.1   Wie werden die Alkalimetalle gewonnen?

19.2   Warum hat das Lithium und nicht das Caesium das negativste Normalpotential der Alkalimetalle?

19.3   Was sind «Abraumsalze», und welche wirtschaftliche Bedeutung haben sie?

19.4   Zeigen Sie, in welchen Fällen das Ionenmodell zur Beschreibung des Verhaltens der Alkaliverbindungen nicht genügt.

19.5   Vergleichen Sie das Verhalten der Alkalimetalle beim Verbrennen.

Literatur

F. A. Cotton und G. Wilkinson *Anorganische Chemie.* Verlag Chemie, Weinheim 1972
                                 (Kapitel 6)
A. F. Holleman und E. Wiberg *Lehrbuch der Anorganischen Chemie.* De Gruyter, Berlin 1970
                                 (Kapitel XV)

20 Übergangsmetalle I: Allgemeines

Die zwischen den Elementen der Gruppen II und III anzuordnenden Elemente – die sämtlich den Charakter von Metallen haben – werden als Übergangselemente bezeichnet. Wie bereits auf S. 63 ausgeführt wurde, werden bei ihnen die d- bzw. f-AO mit Elektronen besetzt. Trotzdem diese Auffüllung mit den Elementen 28 (Ni), 46 (Pd) und 78 (Pt) abgeschlossen ist, rechnet man gewöhnlich die Elemente der Kupfer- und Zinkgruppe (Gruppen I b und II b) auch zu den Übergangsmetallen. Die erste Übergangsmetallreihe umfaßt damit die Metalle Scandium – Zink, die zweite die Metalle Yttrium – Cadmium. Die Elemente Lanthan und Hafnium – Quecksilber bilden die dritte Übergangsreihe, während die auf das Lanthan bzw. Actinium jeweils folgenden 14 Elemente als «innere Übergangsmetalle» bezeichnet werden.

In ihren physikalischen und chemischen *Eigenschaften* unterscheiden sich die verschiedenen Übergangsmetalle sehr stark voneinander; es gibt z. B. unter ihnen relativ unedle, wie etwa Lanthan ($E^0 = -2{,}52$ V), und auch sehr edle, wie Platin oder Gold. Wegen ihrer Vielfalt gehören die Übergangsmetalle und ihre Verbindungen zu den am meisten untersuchten Stoffen der anorganischen Chemie; mit dem neuen Aufschwung, den die Komplexchemie in den letzten Jahren genommen hat, ist die Chemie der Übergangselemente wieder ganz besonders in den Mittelpunkt des Interesses gerückt. Neben ihrer ausgesprochenen Tendenz zur Komplexbildung sind auch andere Eigenschaften, die auf das Vorhandensein nur teilweise besetzter d- (und f-) Niveaux zurückzuführen sind, bemerkenswert, wie etwa die magnetischen und spektralen Eigenschaften der Atome oder Ionen, das Auftreten in relativ sehr vielen Oxidationsstufen, usw.

Die Tatsache, daß die d-AO erst nach den s-AO der nächsthöheren Hauptquantenzahl besetzt werden, zeigt, daß diese bei den Metallatomen energieärmer sind als die d-Orbitale. Bilden sich jedoch aus den Atomen Ionen der Ladung $+1$ oder $+2$, so werden zuerst Elektronen aus den höheren s-Orbitalen abgegeben, wie aus den Emissionsspektren der gasförmigen Ionen (etwa des Sc^+-, Ti^{2+}-, Zr^{2+}-Ions) mit Deutlichkeit hervorgeht. Dies bedeutet aber, daß in den Ionen die d-Niveaux tiefer liegen als die nächsthöheren s-Niveaux, im Gegensatz zu den Atomen; ein unerwartetes und nicht völlig befriedigend erklärtes Verhalten.

20.1 Metalleigenschaften

Die Übergangsmetalle sind im Gegensatz etwa zu den Alkali- oder Erdalkalimetallen im allgemeinen ziemlich hart, in manchen Fällen spröde und haben – mit Ausnahme der Metalle der Zinkgruppe – einen relativ hohen Schmelzpunkt. Diese Eigenschaften sind hauptsächlich auf die relativ kleinen Atomradien sowie unter Umständen auf einen gewissen Anteil an kovalenter Bindung zwischen den Atomen zurückzuführen. Die meisten Übergangsmetalle kristallisieren in dichtesten Kugelpackungen und zeigen relativ gute elektrische Leitfähigkeit. Sehr viele Übergangsmetalle sind wichtige Werkstoffe (Fe, Ni, Cr, Mn, Cu, Zn, Ag, Hg, Au, Mo, W, Pt). Die wenigsten von ihnen kommen in der Natur elementar *(«gediegen»)* vor; man gewinnt sie meistens durch *Reduktion* der Oxide mit Kohle oder CO, wobei sulfidische Erze zuerst durch Rösten in Oxide übergeführt werden müssen. Metalle, welche interstitielle Carbide bilden, lassen sich allerdings durch Kohle nicht reduzieren; zur Reduktion dienen in solchen

Fällen Wasserstoff (für Wolfram), Aluminium (für Mangan, Vanadin, Chrom, Titan; Titan wird auch durch Reduktion des Chlorids mit Magnesium hergestellt) oder auch die Kathode bei der Elektrolyse. Hochreine Metalle bekommt man durch thermische Zersetzung der Iodide auf einem glühenden Wolfram-Draht.

20.2 Oxidationszahlen

Eine der auffallendsten und für den Anfänger verwirrendsten Eigenschaften der Übergangsmetalle ist ihr Auftreten in vielen *verschiedenen Oxidationsstufen* (Tabelle 20.1; da gegenwärtig besonders auch Verbindungen von Übergangsmetallen in ungewöhnlichen Oxidationsstufen untersucht werden, ist die Tabelle wohl noch nicht vollständig).

Tabelle 20.1. Oxidationsstufen der Übergangsmetalle (Oxidationszahlen von geringerer Bedeutung in Klammern)

Sc	Ti	V	Cr	Mn	Fe	Co	Ni	Cu	Zn
+III	(+II)	+II	+II	+II	+II	+II	+II	+I	+II
	+III	+III	+III	(+III)	+III	+III	(+III)	+II	
	+IV	+IV	(+IV)	(+IV)	(+IV)	(+IV)	(+IV)	(+III)	
		+V	(+V)	(+V)	(+VI)				
			+VI	(+VI)					
				+VII					

Y	Zr	Nb	Mo	Tc	Ru	Rh	Pd	Ag	Cd
						+I			
+III	+IV	(+III)	+III	+IV	+II	+III	+II	+I	+II
		+V	+IV	(+VI)	+III	+IV	(+III)	(+II)	
			+V	+VII	+IV	(+VI)	+IV	(+III)	
			+VI		(+V)				
					+VI				
					(+VII)				
					(+VIII)				

La	Hf	Ta	W	Re	Os	Ir	Pt	Au	Hg
						(+I)			
+III	+IV	(+IV)	(+II)	(+III)	(+II)	(+II)	+II	+I	+I
		+V	(+III)	+IV	(+III)	+III	(+III)	+III	+II
			+IV	(+V)	+IV	+IV	+IV	+V	
						+V			
			+V	+VI	+VI	(+VI)			
					+VII				
			+VI	+VII	+VIII				

Ein Überblick über die Tabelle 20.1 zeigt, daß innerhalb einer *Übergangsreihe* die *mittleren* Elemente die *höchsten* Oxidationszahlen erreichen, die dann der Gesamtzahl der *s*- und *p*-Elektronen in der Valenzschale des betreffenden Atoms entspricht. So wächst die *maximale Oxidationszahl* in der ersten Reihe vom Scandium (+III) zum Mangan (+VII), um dann bis zum Zink wieder bis auf + II zu fallen. In der zweiten und dritten Reihe sind es die Elemente Ruthenium und Osmium (aus der Gruppe VIII), welche die höchstmögliche Oxidationszahl + VIII zeigen. In diesen höchsten Oxidationsstufen bilden die Übergangsmetalle jedoch nur Verbindungen mit den elektronegativsten Elementen (O, F, Cl). Dabei sind in den entsprechenden Oxokomplex-Anionen die Metallatome tetraedrisch von vier O-Atomen umgeben, während in den Oxiden der niedrigen Oxidationsstufen (bis + IV) gewöhnlich oktaedrische Koordination auftritt. Die mittleren Glieder einer Übergangsreihe kommen auch in mehr verschiedenartigen Oxidationsstufen vor als die Anfangs- und Endglieder. Innerhalb einer *Nebengruppe* (z. B. Cr, Mo, W; Fe, Ru, Os; Ni, Pd, Pt) werden mit zunehmender Ordnungszahl die Verbindungen in höheren Oxidationszahlen zunehmend stabiler, d. h. diese werden immer mehr bevorzugt. Dies dürfte darauf zurückzuführen sein, daß die *d*-AO um so leichter für Bindungen verfügbar sind, je größer das betreffende Atom ist. Es ist jedoch bei vergleichenden Betrachtungen der Stabilität verschiedener Oxidationsstufen stets eine gewisse Vorsicht geboten, denn es hängt sehr stark von den *äußeren Bedingungen* ab, ob gewisse Oxidationsstufen «stabil» sind oder nicht. In Festkörpern, Schmelzen oder bei Ausschluß von Luft können Verbindungen in Oxidationsstufen beständig sein, die in wäßrigen Lösungen oder an der Luft nicht existenzfähig sind. Beispielsweise ist kristallines $TiCl_2$ unter Luftabschluß bis über 400°C beständig, obschon in wäßrigen Lösungen keine Titanverbindungen der Stufe + II existieren. Man muß sich also bewußt sein, daß in manchen Fällen bestimmte Oxidationsstufen durch die experimentellen Bedingungen wesentlich stabilisiert werden können. – Diese Verhältnisse sollen nun für die *Elemente der ersten Übergangsreihe* noch etwas genauer erläutert werden.

Mit Ausnahme von Scandium, das ausschließlich in der Oxidationsstufe + III auftritt und in den meisten Verbindungen als edelgasähnliches Sc^{3+}-Ion vorkommt, zeigen die Elemente der ersten Übergangsreihe alle die *Oxidationsstufe + II* (Abgabe von zwei $4s$-Elektronen). Im Fall von Ti und V ist die + II-Stufe allerdings nur wenig stabil, und Ti^{+II}- sowie V^{+II}-Verbindungen sind starke Reduktionsmittel. Mangan und Zink erreichen dadurch ein halb- bzw. ganz gefülltes 3 *d*-Niveau; dies erklärt die besondere Stabilität der + II-Stufe bei diesen Elementen. Bemerkenswert ist, daß auch Kupfer gewöhnlich in der Oxidationsstufe + II auftritt, obschon nach seiner Elektronenkonfiguration ($3d^{10}4s^1$) eher die + I-Stufe zu erwarten wäre. Die relative Stabilität der beiden Oxidationsstufen hängt hier sehr stark von der Art der vorhandenen Anionen oder Liganden ab; in wäßriger Lösung z. B. ist Cu^{+I} instabil und disproportioniert in Cu^0 und Cu^{+II} (nur die sehr schwerlöslichen Salze wie CuCl, CuI und CuCN sind in Gegenwart von Wasser beständig), während anderseits das Sulfid der + I-Stufe erheblich stabiler ist und sich als einzige Schwefelverbindung beim direkten Erhitzen von Kupfer mit elementarem Schwefel bildet.

Die *Oxidationsstufe + III* ist in der ersten Übergangsreihe ebenfalls häufig. Mit zunehmender Ordnungszahl nimmt die Tendenz, in die + III-Stufe überzugehen, allerdings ab. Bereits beim Mangan ist die Oxidation von Mn^{2+} zu Mn^{3+} relativ schwierig (Stabilität der halbbesetzten Teilschale!), und Zn^{2+} kann überhaupt nicht mehr zu Zn^{3+} oxidiert werden (vollständig besetztes *d*-Niveau). Von Interesse ist das Verhalten der *Eisenmetalle* in dieser Hinsicht. Eisen und Kobalt kommen gewöhnlich in den Oxidationsstufen + II und + III vor, wobei die Oxidation zur + III-Stufe beim Kobalt erheblich schwerer ist. Tatsächlich wirken Co^{3+}-Ionen so stark oxidierend, daß sie in Wasser Sauerstoff entwickeln. Bei Gegenwart stärkerer Lewis-Basen als Wasser (NH_3, CN^-), die als Liganden wirken, wird jedoch die + III-Stufe stabiler als die + II-Stufe. Dies hat zur Folge, daß das Normalpotential für die Oxidation von $CoX_6^n \longrightarrow CoX_6^{n-1} + e^-$ weniger positiv wird; für die Hexamminkomplexe ist $E^0 = +0,10$ V, was bedeutet, daß der Kobalt (III)-amminkomplex nicht nur Wasser nicht oxidiert, sondern daß im Gegenteil Luftsauerstoff den Kobalt (II)-amminkomplex zum Komplex der Stufe + III oxidiert. Für den Cyanokomplex wird E^0 sogar $-0,83$ V, so daß $Co\,(CN)_6^{4-}$ Wasser zu Wasserstoff reduziert. Durch sehr starke Oxidationsmittel, wie z. B. Chlor oder Kaliumhyperoxid (KO_2), können sowohl Eisen wie Kobalt auch zu höheren Oxidationsstufen oxidiert werden, allerdings nur in sehr stark alkalischem Milieu, wie etwa in sehr konzentrierten Alkalilaugen oder in Alkalischmelzen. Es entstehen dann Ferrate und Cobaltate, wie z. B. K_2FeO_4, K_4FeO_4 u. a.

Nickel tritt gewöhnlich nur in der Oxidationsstufe $+$ II auf. Die Oxidation zu Nickel (III)- bzw. Nickel (IV)-Verbindungen ist jedoch möglich. So gibt Natriumhypobromit mit Nickelsalzen schwarze Oxidationsprodukte verschiedener Struktur und von nicht immer stöchiometrischer Zusammensetzung, die Ni^{+III} enthalten.

In der $+IV$-Stufe treten Titan, Vanadin, Chrom und Mangan auf; sie ist für das Titan die stabilste Oxidationsstufe überhaupt, während Cr^{+IV}-Verbindungen wie CrF_4 oder K_2CrF_6 nur im festen Zustand stabil sind und in Lösung sofort disproportionieren. Erwartungsgemäß kommen Vanadin in der $+V$-, Chrom in der $+VI$- und Mangan in der $+VII$-Stufe vor. Die oxidierende Wirkung der diesen Oxidationszahlen entsprechenden Oxokomplexe nimmt von Vanadin zum Mangan stark zu, ein Anzeichen dafür, daß die höheren Oxidationsstufen mit zunehmender Ordnungszahl weniger stabil werden. Chrom und Mangan bilden auch einige wenige, nur im festen Zustande stabile Verbindungen der Oxidationsstufen $+V$ bzw. $+VI$ [$Ba_3\,(CrO_4)_2$; Na_3MnO_4 und Na_2MnO_4]. Bemerkenswert ist, daß der Hexacyanokomplex von Mn^{+II} in Lösung elektrolytisch zu $Mn\,(CN)_6^{5-}$ reduziert werden kann (Mn^{+I}); in flüssigem Ammoniak ist sogar die Reduktion zu $Mn\,(CN)_6^{6-}$ möglich, wobei dem Mangan offensichtlich die Oxidationsstufe 0 zukommt.

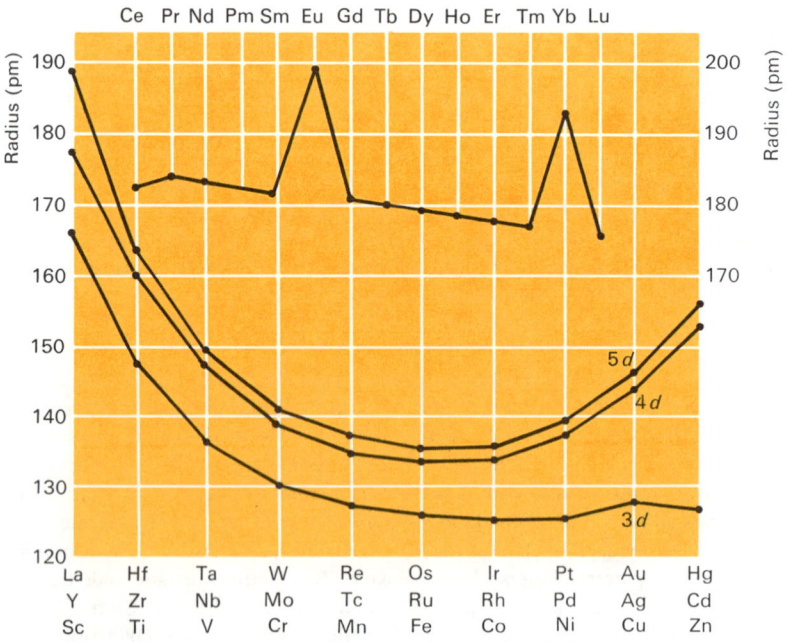

Abb. 20.1. Atomradien der Übergangsmetalle als Funktion der Ordnungszahl (die Skala rechts gilt für die Atomradien der inneren Übergangselemente; oberste Kurve)

20.3 Atom- und Ionenradien

Die Radien der Atome verhalten sich im allgemeinen annähernd proportional dem Quadrat der Hauptquantenzahl und umgekehrt proportional der Ordnungszahl. Innerhalb einer Übergangsreihe sollten demnach die Atomradien *kontinuierlich abnehmen.* Tatsächlich nehmen jedoch die aus den Kernabständen in den Metallkristallen bestimmten Radien von den d^7-Atomen an wieder zu, wobei diese Zunahme in der zweiten und dritten Übergangsreihe besonders ausgeprägt ist (Abb. 20.1). Dieses unerwartete Verhalten hängt wohl damit zusammen, daß die d-Elektronen ebenfalls delokalisiert sind und dabei relativ mehr Platz beanspruchen als die gebundenen s- und p-Elektronen. Aus der Abb. 20.1 ist weiter auch ersichtlich, daß sich die Atomradien der Metalle der ersten und zweiten Übergangsreihe um mehr als 10 pm voneinander unterscheiden, während die Unterschiede zwischen den Radien der zweiten und dritten Reihe nur rund 2 pm betragen. Dies ist eine Folge der sogenannten *Lanthanidenkontraktion,* d.h. der Abnahme der Atomradien bei den Lanthaniden (Auffüllung «innerer» 4f-Niveaux und gleichzeitig wachsende Kernladung).

Die Übergangsmetalle bilden nur relativ wenige typische Salze, d.h. Substanzen, deren Gitter aus ideal kugelförmigen Ionen aufgebaut sind. Vielmehr treten meistens mehr oder weniger starke Wechselwirkungen zwischen den Metallionen und den Anionen auf, so daß die *Bindungen* in den Gittern in einem gewissen Ausmaß *kovalenten Charakter* annehmen (in wäßrigen Lösungen sind die Ionen jedoch unabhängig und frei beweglich, aber stets hydratisiert!). Am ehesten bleibt der *Salzcharakter* bei Verbindungen erhalten, die Metalle in *niedrigeren Oxidationsstufen* enthalten (+II, eventuell +III). Es ist unter den angegebenen Umständen auch nicht verwunderlich, daß die *Ionenradien* in einem gewissen Ausmaß durch die Koordination mit Nachbarionen, d.h. durch die Koordinationszahl, beeinflußt werden. Wir wählen darum für die vergleichende Betrachtung die Abstände der Teilchenschwerpunkte, wie sie für die Strukturen der Oxide MeO (mit NaCl-Struktur und der Koordinationszahl 6 für beide «Ionen») bestimmt worden sind. Die Abb. 20.2 stellt die Daten für die Metalle der ersten Übergangsreihe graphisch dar. Man erkennt daraus, daß diese Abstände nicht etwa mit wachsender Ordnungszahl regelmäßig abnehmen (wie man es erwarten könnte), sondern daß beim V^{2+}- und Ni^{2+}-Ion zwei ausgeprägte *Minima* auftreten. Nur die «Radien» der Ionen mit den Elektronenkonfigurationen d^0, d^5 und d^{10} liegen auf einer regelmäßig abfallenden Kurve. Die Erklärung für dieses Verhalten liegt darin, daß die (im freien, gasförmigen Atom) energetisch

Abb. 20.2
Abstände der Schwerpunkte von Me^{2+}- und O^{2-}-Ionen in Oxiden der Übergangsreihe als Funktion der Ordnungszahl

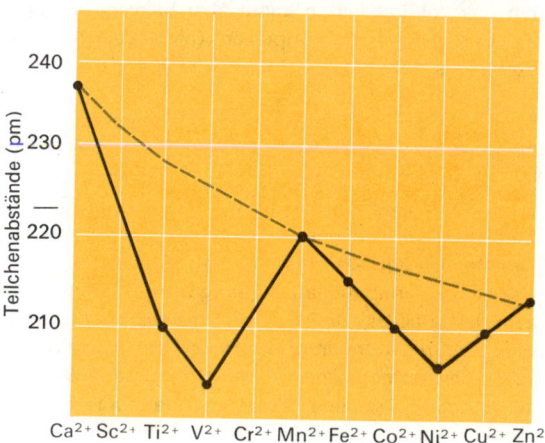

gleichwertigen d-Niveaux unter der Wirkung der oktaedrisch um das Metallion herum angeordneten Oxid-Ionen in zwei Gruppen von verschiedener Energie aufgespalten werden, die
drei tieferen d_ε- und die beiden höheren d_γ-Niveaux (siehe S. 587, *«Kristallfeldtheorie»*). In
den Ionen mit nur 1 bis 3 d-Elektronen werden die tieferen d_ε-Niveaux besetzt, während die
Ionen mit der Elektronenkonfiguration d^4 und d^5 (Cr^{2+} und Mn^{2+}) auch Elektronen in den
höheren (d_γ-) Niveaus enthalten. Die Ladungswolken der d_γ-Elektronen sind nun aber genau
auf die das betreffende Ion umgebenden sechs Anionen gerichtet, und die Wechselwirkungen
zwischen den Anionen und diesen d_γ-Elektronen haben eine größere Gesamtraumbeanspru-
chung des Ions, also einen größeren Radius, zur Folge. Dieselbe Erscheinung wiederholt sich
bei den Ionen mit den Elektronenkonfigurationen d^8 bis d^{10} (die d_γ-Niveaux sind doppelt besetzt; wiederum Zunahme des Ionenradius!). Die scheinbaren Unregelmäßigkeiten in den
Ionenradien lassen sich somit auf die durch die «Liganden» eines Ions bewirkte Aufspaltung
der d-Niveaux zurückführen.

20.4 Magnetische und spektrale Eigenschaften der Atome bzw. Ionen

Substanzen, welche in ihren Teilchen *einzelne ungepaarte Elektronen* besitzen, sind **paramagnetisch**, d. h. werden von einem äußeren Magnetfeld angezogen. Neben dem Elektronenspin trägt aber auch das mit der Bewegung der Elektronen (mit der räumlichen Orientierung
der Orbitale) verbundene magnetische Moment zum Paramagnetismus von Atomen oder Ionen
bei. Bei den meisten Übergangsmetallen ist dieser zweite Effekt allerdings von geringerer Bedeutung, hauptsächlich deshalb, weil die Wechselwirkungen der d-Elektronen mit den Nachbaratomen die Ausrichtung der Orbital-Momente zum angelegten Feld verhindern.
Das auf den Elektronenspin zurückzuführende, als Folge der unvollständig besetzten d-Niveaux
bei den meisten Übergangsmetallen und auch bei zahlreichen Übergangsmetallionen vorhandene
magnetische Moment ist gleich $\sqrt{n\,(n+2)}$, wo n die Zahl der ungepaarten Elektronen bedeutet
(die Einheit ist das *Bohrsche Magneton*; ein einzelnes s-Elektron hat also das Moment 1,73).
Die Tabelle 20.2 gibt eine Anzahl berechneter und experimenteller Werte; die Abweichungen
spiegeln den Beitrag des Orbital-Momentes zum Gesamtmoment wieder. Sehr unerwartet ist
das magnetische Moment Null des $[Co(H_2O)_6]^{3+}$-Ions, im Gegensatz zum Moment des
isoelektronischen $[Fe(H_2O)_6]^{2+}$-Ions (beide mit sechs d-Elektronen!). Offenbar besetzen die
sechs d-Elektronen des Co^{3+}aq-Ions paarweise drei d-Orbitale. Diese *«Spin-Paarung»* tritt
nur beim hydratisierten, nicht aber beim gasförmigen Co^{3+}-Ion auf, jedoch auch bei vielen
anderen Kobalt(III)-Komplexen (nicht aber beim $[CoF_6]^{3-}$-Komplex). Zur Erklärung dieses
Verhaltens siehe S. 589 («Kristallfeldtheorie»).

Die Metalle Eisen, Kobalt und Nickel, gewisse Metallegierungen sowie Fe_3O_4 und eine Modifikation von Fe_2O_3 zeigen ein besonderes Verhalten: sie sind *ferromagnetisch*. Ferromagnetismus
ist im Prinzip nichts anderes als ein besonders ausgeprägter Paramagnetismus, dessen Stärke
vom äußeren Magnetfeld abhängig ist; er kommt dadurch zustande, daß sich die magnetischen
Momente der einzelnen Atome als Folge des äußeren Feldes innerhalb größerer Bereiche (der
Größenordnung 10^{-2} bis 10^{-5} cm) parallel ausrichten. Um die Bildung solcher *«Weißscher
Bezirke»* zu ermöglichen, ist ein ganz bestimmter Atomabstand notwendig, der weder so kurz
sein darf, daß es zur Bildung gemeinsamer Elektronenpaare kommt, noch so lang sein darf,
daß die Spin-Korrelation zwischen den einzelnen Atomen verlorengeht. Offensichtlich erfüllen die Atomabstände in den Gittern der erwähnten Festkörper gerade die nötigen Voraussetzungen. Bei genügend tiefer Temperatur ist Ferromagnetismus auch bei anderen Elementen
möglich; nur bei den genannten drei Metallen (und Fe_3O_4 bzw. die Mn-Legierungen) liegt die

Tabelle 20.2. Berechnete und gemessene magnetische Momente (Bohrsche Magnetonen)

Ion	Elektronen-konfiguration	Ungepaarte Elektronen	Magnetisches Moment berechnet	experimentell
Sc^{3+}	$3d^0$	0	0	0
Ti^{3+}	$3d^1$	1	1,73	1,75
Ti^{2+}	$3d^2$	2	2,84	2,76
V^{2+}	$3d^3$	3	3,87	3,86
Cr^{2+}	$3d^4$	4	4,90	4,80
Mn^{2+}	$3d^5$	5	5,92	5,96
Fe^{2+}	$3d^6$	4	4,90	5,0 bis 5,5
Co^{2+}	$3d^7$	3	3,87	4,4 bis 5,2
Ni^{2+}	$3d^8$	2	2,84	2,9 bis 3,4
Cu^{2+}	$3d^9$	1	1,73	1,8 bis 2,2
Zn^{2+}	$3d^{10}$	0	0	0

kritische Temperatur, oberhalb der keine Weißschen Bezirke mehr auftreten (die *«Curie-Temperatur»*) höher als Raumtemperatur (Fe 770 °C, Co 1130 °C, Ni 358 °C).

Die *Absorptionsspektren* der Übergangsmetallionen enthalten meist drei Typen von Absorptionsbanden. Die energiereichste von ihnen ist die sogenannte *«charge-transfer»-Bande,* welche alle Ionen im festen Zustand zeigen. Die Absorption wird hier dadurch verursacht, daß Elektronen vom Ion auf seine Nachbaratome (in Komplexen die Liganden) übertragen werden können oder auch umgekehrt. Diese Banden liegen häufig im Ultraviolett (λ kürzer als 400 nm) und zeigen im allgemeinen ziemlich hohe Extinktionskoeffizienten. Beispiele für Komplexe, bei denen die charge-transfer-Banden im sichtbaren Gebiet des Spektrums liegen (und die deshalb intensiv farbig sind) sind $[Fe(NO)(H_2O)_5]^{2+}$ (braun schwarz) und $[Fe(H_2O)_4(SCN)_2]^+$ (blutrot). Ionen mit nur teilweise besetzten *d*- oder *f*-Niveaus zeigen weitere Banden, die *«Ligandenfeld»-Banden.* Sie kommen dadurch zustande, daß durch das Feld der Liganden eine Aufspaltung der verschiedenen *d*-Niveaux bewirkt wird und diese energetisch nicht mehr gleichwertig sind. Die Absorption ist dann eine Folge des Überganges von Elektronen aus energieärmeren in energiereichere *d*-Niveaux. Die Ligandenfeld-Banden sind gewöhnlich beträchtlich schwächer als die «charge-transfer»-Banden; sie liegen meist im sichtbaren Gebiet des Spektrums. Schließlich können noch weitere, schwächere Banden auftreten, die ebenfalls eine Folge der Aufspaltung der *d*-Zustände durch die Liganden darstellen, jedoch Übergängen der Elektronen von einer in eine andere Spin-Quantenzahl entsprechen.

20.5 Verhalten in wäßriger Lösung bei verschiedenen *p*H-Werten

Die hydratisierten Ionen der Übergangsmetalle sind *Kationsäuren.* Zahlreiche Übergangsmetalle bilden *Oxokomplex-Anionen.* Es stellt sich deshalb die Frage, in welchen gegenseitigen Beziehungen die verschiedenen Partikeln zueinander stehen und wie sich die betreffenden Gleichgewichte bei einer Veränderung des *p*H-Wertes verschieben.

Die *Acidität* der hydratisierten Metallionen hängt hauptsächlich vom Ionenradius und von der Ionenladung ab (vgl. Tabelle 20.3). Ein Vergleich der Acidität von Ionen von ähnlicher Ladungskonzentration (Tabelle 20.4) zeigt aber trotzdem erhebliche Unterschiede, welche nicht leicht zu erklären sind. Wahrscheinlich machen sich in diesen Unterschieden die Auswirkungen der

Tabelle 20.3. pK_s-Werte und Ladungskonzentration bei Aquokomplexen der Übergangsmetalle

Ion	Radius (pm)	pK_s
Ce^{3+}	103,4	9
Ce^{4+}	91	0,15
Fe^{2+}	75	9,51
Fe^{3+}	64	2,22
Co^{2+}	72	9,3
Co^{3+}	63	4,79
Pu^{3+}	100	6,96
Pu^{4+}	86	1,4

unterschiedlichen Besetzung der *d*-Orbitale sowie ihre Aufspaltung im elektrischen Feld der Liganden (S. 587) bemerkbar. Es ist jedenfalls nicht möglich, die Acidität der verschiedenen Ionen ohne weiteres in gesetzmäßige Beziehung zueinander zu setzen.

Die Verhältnisse in wäßrigen Lösungen werden nun dadurch noch *komplizierter,* daß die hydratisierten Ionen nicht nur H^+-Ionen an H_2O-Moleküle abgeben, sondern sich zugleich zu *mehrkernigen Komplexen* vereinigen. In einer wäßrigen Lösung von Eisen(III)-perchlorat (das ClO_4^--Ion ist ein sehr schlechter Komplexbildner und gibt mit den H_2O-Molekülen des Aquokomplexes keinen Ligandenaustausch) treten z.B. folgende Gleichgewichte auf:

$$[Fe(H_2O)_6]^{3+} \quad + \quad H_2O \rightleftarrows [Fe(H_2O)_5OH]^{2+} + H_3O^+ \qquad pK_s = 2,22$$

$$[Fe(H_2O)_5OH]^{2+} \quad + \quad H_2O \rightleftarrows [Fe(H_2O)_4(OH)_2]^+ + H_3O^+ \qquad pK_s = 3,87$$

$$2\,[Fe(H_2O)_6]^{3+} \quad + 2\,H_2O \rightleftarrows [Fe(H_2O)_4(OH)_2Fe(H_2O)_4]^{4+} + 2\,H_3O^+ \quad pK = 2,91$$

In dem letztgenannten, zweikernigen Eisenkomplex sind die beiden Fe-«Ionen» über zwei OH^--Ionen, die als Brückenliganden wirken, miteinander verbunden.

Die Konzentrationen der einzelnen Partikeln hängen von den betreffenden Gleichgewichtskonstanten und von den ursprünglich vorhandenen Konzentrationen der Metallionen und H_3O^+-Ionen ab. Durch pH-Erhöhung oder durch Erhöhung der Metallionenkonzentration wächst die Konzentration der «polymeren» Komplex-Ionen; die eigentlichen hydratisierten Metallionen

Tabelle 20.4. pK_s-Werte von Aquokomplexen einiger Übergangsmetalle

Ion	Radius (pm)	pK_s	Ion	Radius (pm)	pK_s
Sc^{3+}	81	5,9	Mn^{2+}	80	10,64
Ti^{3+}	76	1,7	Fe^{2+}	75	9,51
V^{3+}	74	2,7	Co^{2+}	72	9,3
Cr^{3+}	69	4,95	Ni^{2+}	69	8,3
Fe^{3+}	64	2,22	Cu^{2+}	72	6,8
Co^{3+}	63	4,79	Zn^{2+}	74	9,66

können also nur bei relativ tiefen pH-Werten (0 bis 2) existieren. Erhöht man das pH solcher Lösungen stetig weiter, so fällt schließlich das entsprechende *Hydroxid* bzw. ein stark wasserhaltiges Oxid (ein «*Oxidhydrat*») aus. Das zur Ausfällung dieser schwerlöslichen Substanzen erforderliche pH wird durch das Löslichkeitsprodukt des Hydroxids und die vorhandene Konzentration der Metallionen bestimmt.

Erwartungsgemäß treten mehrkernige Komplexkationen bei Ionen von hoher Ladungskonzentration häufiger auf; so bilden $+4$fach geladene Ionen von Übergangsmetallen bereits bei relativ niedrigem pH solche polymere Kationen. In Lösungen von Zirkonium (IV)- oder Cer(IV)-Salzen kommen hauptsächlich Ionen wie $Zr_4(OH)_8^{8+}$, $Zr_3(OH)_6^{6+}$ oder $Ce_2(OH)_4^{4+}$ vor. Die Bildung solcher mehrkerniger Komplexe geschieht aber oft ziemlich langsam, so daß sich frisch hergestellte und ältere Lösungen in ihrem Verhalten deutlich unterscheiden können, weil sich die entsprechenden Komplexgleichgewichte erst im Laufe der Zeit einstellen. Bei manchen Übergangsmetallen, wie z. B. Vanadin oder Molybdän, existieren schließlich gar keine einfachen (hydratisierten) Ionen; an ihrer Stelle enthalten die Lösungen entsprechender Verbindungen Oxykationen wie VO_2^+, MoO^{3+} oder VO^{2+}.

Diejenigen Übergangselemente, welche in den Oxidationsstufen $+V$, $+VI$ und $+VII$ auftreten, bilden *Oxokomplex-Anionen*: VO_3^-, VO_4^{3-}, NbO_4^{3-}, CrO_4^{2-}, WO_4^{2-}, MnO_4^- usw. Niobate und Tantalate kommen allerdings nur in festen Salzen vor. Die einfachen Oxokomplexe der Nebengruppen V a und VI a existieren in wäßriger Lösung nur in stark alkalischem Milieu. Bei Senkung des pH-Wertes bilden sich polymere, *mehrkernige Anionen*:

$$3\ VO_4^{3-} + 6\ H_3O^+ \longrightarrow V_3O_9^{3-} + 9\ H_2O$$
$$6\ WO_4^{2-} + 7\ H_3O^+ \longrightarrow HW_6O_{21}^{5-} + 10\ H_2O$$

Mehrkernige Anionen, welche durch Vereinigung einer einzigen Art von Oxokomplexen entstanden sind, werden als «*Isopolyanionen*» bezeichnet. Im Fall von Vanadin und Chrom bilden sich die Polyanionen dadurch, daß die tetraedrischen MeO_4-Gruppen ähnlich wie in den Silicaten oder Metaphosphaten über ein gemeinsames O-Atom verbunden sind, während sich bei den anderen Metallen oktaedrische MeO_6-Gruppen zu größeren Verbänden zusammenschließen. Mit abnehmendem pH wächst der «Polymerisationsgrad» immer mehr, und es entstehen immer längerkettige Anionenkomplexe, bis schließlich das elektrisch neutrale Oxid aus der Lösung als Niederschlag ausfällt. Das Verhalten der Oxokomplexe steht also im Gegensatz zum Verhalten der hydratisierten positiven Ionen, bei welchen sich mehrkernige Komplexe bei Erhöhung des pH-Wertes bilden.

Säuert man nun alkalische Lösungen von Vanadaten, Molybdaten oder Wolframaten bei Gegenwart weiterer Ionen oder Substanzen wie z. B. PO_4^{3-} oder SiO_2 u.a. an, so entstehen mehrkernige Komplexe, welche auch diese weiteren Atome eingebaut enthalten (sogenannte «*Heteropolysäuren*»). Die Strukturen der Heteropolysäuren sind teilweise schon recht kompliziert und in manchen Fällen noch nicht genau bekannt; die Metallatome sind in ihnen oktaedrisch mit O-Atomen koordiniert, wobei die Koordinationsoktaeder gemeinsame Kanten oder Ecken aufweisen. Die zusätzlichen P- (Si-, I- u.a.) Atome sind in käfigartige Hohlräume zwischen den MeO_6-Oktaedern eingebaut.

Übungen

20.1 Welche Eigenschaften zeichnen die Übergangsmetalle im allgemeinen aus?

20.2 Geben Sie die Elektronenkonfiguration folgender Teilchen an: Sc, Ti^{4+}, V^{2+}, Cr, Mn^{2+}, Mn^{3+}, Fe^{3+}, Co^{3+}, Zn.

20.3 Wie gewinnt man die Metalle der ersten Übergangsreihe technisch?

20.4 Vergleichen Sie die Stabilität der Oxidationsstufen $+II$ und $+III$ bei den Metallen der ersten Übergangsreihe.

20.5 Was läßt sich allgemein auf die Stabilität von Oxidationszahlen aussagen? Geben Sie Beispiele dafür, wie die Komplexierung mit bestimmten Liganden gewisse Oxidationsstufen zu stabilisieren vermag!

20.6 Erklären Sie das Verhalten der Ionenradien innerhalb der ersten Übergangsreihe!

20.7 Wie kommt der Paramagnetismus gewisser Partikel zustande? Interpretieren Sie die Daten der Tabelle 20.2 mit den Elektronenstrukturen der betreffenden Ionen!

20.8 Warum sind gerade die Metalle der Eisentriade ferromagnetisch?

20.9 Welche Banden können im allgemeinen in den Absorptionsspektren von Übergangsmetallen beobachtet werden? In welchen Wellenlängenbereichen liegen sie?

20.10 Zeigen Sie mit einigen Beispielen, wie die Acidität der hydratisierten Metallionen durch ihre Ladungskonzentration beeinflußt wird.

20.11 Welche Teilchen liegen in wäßrigen Eisen(III)-salzen vor? Wovon hängen die Konzentrationen der einzelnen Teilchenarten ab?

20.12 Was sind «Isopolysäuren»? Wie kommen Heteropolysäuren zustande?

20.13 Geben Sie unter Verwendung der Daten der Tabelle im Anhang an, welche der folgenden Ionen in wäßriger Lösung gegen Disproportionierung stabil sind:
Mn^{3+} MnO_4^{2-} Fe^{2+} Cu^+ Cu^{2+}

20.14 Ist die Stabilität von Chromat- und Permanganatlösung in Wasser ein thermodynamischer oder kinetischer Effekt?

Literatur

F. A. Cotton und G. Wilkinson   *Anorganische Chemie.* Verlag Chemie, Weinheim 1972 (Kapitel 20)

R. B. Heslop und P. L. Robinson   *Inorganic Chemistry.* Elsevier, London 1960 (Kapitel 28–32)

E. M. Larsen   *Transitional Elements.* Benjamin, New York 1965

M. J. Sienko, R. A. Plane und R. E. Hester *Inorganic Chemistry* (Part II: Elements of Inorganic Chemistry). Benjamin, New York 1965 (Kapitel 4 und 5)

21 Übergangsmetalle II: Komplexverbindungen

Die Übergangsmetalle bilden besonders zahlreiche Komplexverbindungen. Es ist deshalb sinnvoll, vorgängig der systematischen Darstellung der einzelnen Gruppen der Übergangsmetalle in einem allgemeinen Kapitel auf die Bildung und die Eigenschaften von Komplexen einzugehen.

21.1 Historische Entwicklung; die Koordinationslehre

Einzelne Verbindungen aus der Gruppe der heute als *Komplexverbindungen* (**Koordinationsverbindungen**) bezeichneten Stoffklasse sind schon sehr lange bekannt. So wurde beispielsweise das Berlinerblau schon in der zweiten Hälfte des 18. Jahrhunderts als Farbstoff verwendet. 1798 beobachtete Tassaert, daß sich beim Stehenlassen ammoniakalischer Lösungen von Kobaltchlorid ein orangegelber Niederschlag der Zusammensetzung $CoCl_3 \cdot 6 NH_3$ ausscheidet, und erkannte auch, daß es sich bei dieser Substanz um ein Beispiel eines neuen Verbindungstyps handelt, weil sie durch Kombination zweier völlig «gesättigter» Verbindungen entstanden war und ganz andere Eigenschaften als jede der Komponenten zeigte. Im Laufe des 19. Jahrhunderts entdeckte man immer weitere solche *«Verbindungen höherer Ordnung»*, wie sie genannt wurden, so daß zu Beginn des 20. Jahrhunderts sehr viele (in erster Linie kinetisch inerte) Komplexe bekannt geworden waren. Es blieb allerdings mit den damaligen theoretischen Hilfsmitteln unverständlich, wie sich aus zwei valenzchemisch gesättigten Verbindungen neue, einheitliche Substanzen bilden sollten, und man formulierte sie deshalb als Additionsverbindungen, wie z. B. $CoCl_3 \cdot 6 NH_3$ oder – für Berlinerblau – $KCN \cdot Fe(CN)_2 \cdot Fe(CN)_3$.

Sehr früh hatte man indessen erkannt, daß sich solche *«Kobaltchlorid-Ammoniakate»* und auch andere analoge Salze, wie z. B. die *«Platinchlorid-Ammoniakate»* gegenüber $AgNO_3$ ganz unterschiedlich verhalten. Aus einer frisch hergestellten Lösung von $CoCl_3 \cdot 6 NH_3$ lassen sich mit $AgNO_3$ drei Cl-Atome als AgCl ausfällen, während $CoCl_3 \cdot 5 NH_3$ nur zwei als AgCl fällbare Cl-Atome enthält. In der Verbindung $CoCl_3 \cdot 6 NH_3$ sind also alle Cl-Atome als Cl^--Ionen vorhanden und damit miteinander identisch; bei der Verbindung $CoCl_3 \cdot 5 NH_3$ treten jedoch in Lösung nur zwei der Cl-Atome als Cl^--Ionen auf. Weitere Ergebnisse mit ähnlich

Tabelle 21.1. Molare Leitfähigkeit von Platin (IV)-Komplexen

Komplex	Molare Leitfähigkeit	Anzahl der Ionen	Heutige Formulierung
$PtCl_4 \cdot 6 NH_3$	523	5	$[Pt(NH_3)_6]^{4+} Cl_4$
$PtCl_4 \cdot 5 NH_3$	404	4	$[Pt(NH_3)_5 Cl]^{3+} Cl_3$
$PtCl_4 \cdot 4 NH_3$	229	3	$[Pt(NH_3)_4 Cl_2]^{2+} Cl_2$
$PtCl_4 \cdot 3 NH_3$	97	2	$[Pt(NH_3)_3 Cl_3]^+ Cl$
$PtCl_4 \cdot 2 NH_3$	0	0	$[Pt(NH_3)_2 Cl_4]$
$PtCl_4 \cdot NH_3 \cdot KCl$	109	2	$K^+ [Pt(NH_3) Cl_5]^-$
$PtCl_4 \cdot 2 KCl$	256	3	$K_2^+ [PtCl_6]^{2-}$

zusammengesetzten Platinverbindungen sind in Tabelle 21.1 zusammengestellt. Besonders bemerkenswert ist der Fall von $PtCl_4 \cdot 2\,NH_3$, da diese Substanz beim Versetzen mit $AgNO_3$ überhaupt kein AgCl ergibt (erst bei längerem Stehenlassen scheidet sich AgCl aus), in Lösung also keine Cl^--Ionen enthält.

Zur Erklärung des Aufbaues und des Verhaltens solcher Substanzen nahm man zunächst die von Kekulé 1858 aufgestellte «Strukturtheorie» zu Hilfe. Gemäß diesen Vorstellungen schrieb man jedem Element eine bestimmte «Wertigkeit» («Valenz») zu, die durch einen Bindestrich dargestellt wurde und welche die gegenseitige Verknüpfung der Atome in Molekülen symbolisieren sollte. Da sich diese Anschauungen bei den organischen Verbindungen ausgezeichnet bewährt hatten, wurden sie auch für anorganische Substanzen verwendet, die man – den organischen Verbindungen analog – durchwegs als aus Molekülen aufgebaut betrachtete, und man formulierte (wohl unter dem Eindruck der in organischen Verbindungen häufigen Ketten von C-Atomen) auch die «Verbindungen höherer Ordnung» mit *Kettenstrukturen.* So schrieb man die erwähnten Kobaltchlorid-Ammoniakate nach Blomstrand und Jørgensen folgendermaßen:

$$
CoCl_3 \cdot 6\,NH_3: \qquad
Co
\begin{array}{l}
\diagup NH_3{-}Cl \\
{-}NH_3{-}NH_3{-}NH_3{-}NH_3{-}Cl \\
\diagdown NH_3{-}Cl
\end{array}
$$

(1)

$$
CoCl_3 \cdot 5\,NH_3: \qquad
Co
\begin{array}{l}
\diagup NH_3{-}Cl \\
{-}NH_3{-}NH_3{-}NH_3{-}NH_3{-}Cl \\
\diagdown Cl
\end{array}
$$

(2)

Das unterschiedliche Verhalten gegenüber Ag^+-Ionen wurde dann dadurch erklärt, daß man annahm, die direkt an das Co-Atom gebundenen Cl-Atome seien nicht ionisierbar und deshalb nicht als AgCl fällbar. Die Unrichtigkeit der «Kettentheorie» zeigte sich jedoch an Verbindungen von der Art von $PtCl_4 \cdot 2\,NH_3$, welche gemäß der Kettenschreibweise (3) ein als AgCl fällbares Cl-Atom enthalten sollten, was aber nicht zutrifft (vgl. Tabelle 21.1):

$$
Cl{-}Pt
\begin{array}{l}
\diagup Cl \\
{-}NH_3{-}NH_3{-}Cl \\
\diagdown Cl
\end{array}
$$

(3)

Die Klärung dieser (und weiterer) Widersprüche gelang erst durch die von Werner 1898 (hundert Jahre nach Tassaert!) aufgestellte *«Koordinationslehre»*, eine Theorie, die sich für die weitere Entwicklung der gesamten anorganischen Chemie'als ungeheuer fruchtbar erweisen sollte.

Werner erkannte, daß eine bestimmte Anzahl von Atomen, Molekülen oder Ionen direkt an ein Zentralion gebunden sein kann und dessen *«Koordinationssphäre»* bildet. Ein Metallion besitzt also nicht nur eine charakteristische Ladung (Haupt- oder Elektrovalenz), sondern zugleich eine bestimmte *Koordinationszahl*, welche die Anzahl der in der Koordinationssphäre gebundenen Liganden angibt. Co^{+III} und Pt^{+IV} haben nach Werner die Koordinationszahl 6; die verschiedenen Kobalt- bzw. Platinchlorid-Ammoniakate müssen deshalb folgendermaßen formuliert werden:

$$
[Co(NH_3)_6]Cl_3 \qquad\qquad [Co(NH_3)_5Cl]Cl_2 \qquad\qquad [Pt(NH_3)_2Cl_4]
$$

(1)   (2)   (3)

Mit dem Postulat einer für das betreffende Metallion charakteristischen und konstanten Koordinationszahl (die mit der Ladung, der Hauptvalenz des Ions, in keiner Beziehung steht) läßt sich einleuchtend auch die bei den verschiedenen Platinkomplexen beobachtete Leitfähigkeit und die Anzahl der in Lösung vorhandenen Chlorid-Ionen erklären (Tabelle 21.1).

Die Bindung der Liganden an das Zentralion geschieht nach den Anschauungen von Werner durch sogenannte «Nebenvalenzen», welche – ähnlich wie die Valenzen des C-Atoms – räumlich gerichtet sind. Die Koordinationszahl 6 ergibt damit eine oktaedrische Anordnung der Liganden. Es gelang Werner, die oktaedrische Anordnung durch präparative Darstellung der verschiedenen, bei einer solchen Struktur zu erwartenden stereoisomeren Komplexverbindungen zu beweisen (zehn Jahre vor der ersten Strukturanalyse durch Röntgenbeugung!).

Trotz unzulänglicher Vorstellungen über das Wesen der Bindungskräfte in Komplexen ermöglichte die Wernersche Koordinationslehre eine übersichtliche Ordnung eines sehr großen Tatsachenmaterials und seine Betrachtung von einem einheitlichen Standpunkt aus. Grundsätzlich neue Gesichtspunkte wurden in den auf Werner folgenden Jahrzehnten kaum zur Diskussion gestellt. Erst die modernen Erkenntnisse über das Wesen der chemischen Bindung, die Untersuchung der Thermodynamik und Kinetik von Komplexen und die Herstellung neuartiger Typen von Komplexverbindungen haben seit etwa zwanzig Jahren zu einer eigentlichen Renaissance der Komplexchemie geführt.

21.2 Die koordinative Bindung I: Kristallfeld- und Ligandenfeld-Theorie

Die Koordinationslehre in ihrer ursprünglichen Form – nahezu 20 Jahre vor den ersten Modellen der chemischen Bindung konzipiert – lieferte keine Aussagen über die Natur der Bindekräfte. Einen ersten Fortschritt in dieser Hinsicht bedeutete die Gleichsetzung des Bindestriches (bei Metallkomplexen der «Nebenvalenz») mit einem zwei Atomen gemeinsamen Elektronenpaar. Die Bildung der Komplexe konnte damit als Lewis-Säure/Base-Reaktion aufgefaßt werden: die Liganden stellen das bindende Elektronenpaar zur Verfügung.

Die Weiterentwicklung dieser Anschauungen durch Pauling führte auf die **VB-** (**Valence Bond-**) **Theorie** der koordinativen Bindung. Zur Erklärung der räumlichen Struktur der Metallkomplexe nimmt die VB-Theorie an, daß unter sich gleichwertige (durch Hybridisierung von *s-*, *p-* und eventuell auch *d-*Orbitalen gebildete) AO des Metallions durch die freien Elektronenpaare der Liganden besetzt und aufgefüllt werden.

Das Fe^{3+}-Ion beispielsweise besitzt 5 ungepaarte 3 *d-*Elektronen. Zusammen mit insgesamt 6 freien Elektronenpaaren von 6 CN^--Ionen ergeben sich im $[Fe(CN)_6]^{3-}$-Komplex für das Fe-Atom 4 doppelt besetzte 3 *d-*Orbitale neben einem doppelt besetzten 4 *s-*Orbital und drei doppelt besetzten 4 *p-*Orbitalen. Ein 3 *d-*Orbital bleibt mit einem einzelnen Elektron besetzt. Durch Hybridisierung eines 4 *s-*, dreier 4 *p-* und zweier 3 *d-*AO können 6 oktaedrisch gerichtete d^2sp^3-Hybrid-AO erhalten werden, welche von 12 Elektronen besetzt sind. Die übrigen Elektronen belegen die restlichen *d-*Orbitale, und das einzelne Elektron bedingt den Paramagnetismus des Komplexes.

Die VB-Theorie blieb bis in die vierziger Jahre nahezu alleinherrschend. Im Laufe der Zeit erkannte man jedoch, daß sie in manchen Fällen zu falschen Ergebnissen führt, andere Fälle überhaupt nicht erklären kann und für quantitative Betrachtungen (insbesondere angeregter Zustände) kaum brauchbar ist. An ihre Stelle traten deshalb allmählich Vorstellungen, wie sie bereits um 1930 von Bethe und van Vleck zur Erklärung des magnetischen Verhaltens von Ionenkristallen entwickelt wurden. Die ursprünglich rein elektrostatische « **Kristallfeldtheorie**» von Bethe wurde später – durch Berücksichtigung der Tatsache, daß die Bindungen in den Komplexen zweifellos in einem gewissen Ausmaß kovalenten Charakter besitzen – zur «**Ligandenfeldtheorie**».

Während nach der VB-Theorie die Liganden ein freies Elektronenpaar auf das Zentralion übertragen und dadurch unbesetzte oder halbbesetzte AO auffüllen, wird *eine Überlappung zwischen Orbitalen des Zentralatoms und der Liganden* in der Kristallfeldtheorie *nicht berücksichtigt* bzw. *ausdrücklich ausgeschlossen ;* die AO des Zentralatoms und der Liganden werden vielmehr als voneinander völlig getrennt angenommen. Die Komplexe werden also aus Ionen oder Dipolmolekülen aufgebaut betrachtet, die entsprechend ihrer Raumbeanspruchung möglichst symmetrisch um das Zentralion herum angeordnet sind. Die Bindungsenthalpie stellt dann die Summe der Energie der Anziehung zwischen Zentralion und Liganden und der Energien der gegenseitigen Abstoßung der Liganden dar.

Die Kristallfeldtheorie begnügt sich aber nicht etwa mit einem reinen Ionenmodell der Komplexe mit kugelförmigen, sich gegenseitig nicht beeinflussenden Ionen (bzw. Dipolmolekülen) als Komplexbausteinen; sie untersucht vielmehr vor allem die *Auswirkungen* des durch die *Liganden verursachten elektrischen Feldes auf die d-AO des Zentralions,* denn die physikalischen und chemischen Eigenschaften eines Komplexes hängen zweifellos stark von den Veränderungen ab, welche die Elektronen – und insbesondere die Elektronen der bei den Übergangsmetallen unvollständig besetzten *d*-Niveaus – als Folge des Ligandenfeldes erfahren. Auf diese Weise kann eine Reihe von Eigenschaften der Komplexe (magnetische Eigenschaften, Absorptionsspektren, Stabilität u. a.) mit dem Verhalten der Liganden bzw. der *d*-Elektronen in Beziehung gesetzt und teilweise sogar quantitativ erfaßt werden. Wegen der Nichtberücksichtigung einer Überlappung zwischen Orbitalen des Zentralions und der Liganden und der Annahme, die Liganden seien punktförmig, ist jedoch die Kristallfeldtheorie selbstverständlich nur eine *Näherung*. Tatsächlich ist aber das Ausmaß der Überlappung bei den meisten Komplexen der Übergangsmetalle in ihren normalen Oxidationsstufen geringfügig, so daß die Kristallfeldtheorie und besonders ihre verbesserte Form, die Ligandenfeldtheorie, relativ gute Ergebnisse liefert. Wenn jedoch

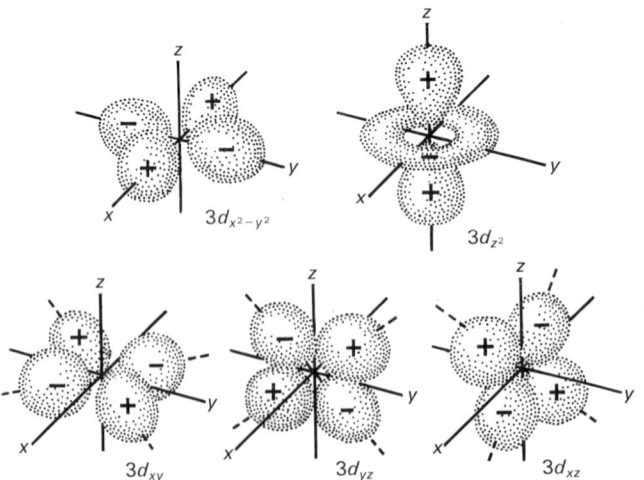

$3d_{x^2-y^2}$ $3d_{z^2}$

$3d_{xy}$ $3d_{yz}$ $3d_{xz}$ *Abb. 21. 1. Die fünf 3 d-AO* die Überlappung beträchtlich wird (wie es z. B. bei Komplexen der Metalle in ungewöhnlichen Oxidationsstufen der Fall ist), so ist eine befriedigende Behandlung nur mittels der MO-Methode möglich.

Aufspaltung der d-Zustände im oktaedrischen Feld. Die Abb. 21.1 gibt die Form der d-AO wieder, wie sie durch Integration der Schrödinger-Gleichung für das H-Atom berechnet werden können[1]. Bei einem isolierten Atom, z. B. einem einzelnen Atom im Vakuum, sind die fünf d-Orbitale entartet. Unterliegen sie aber der Wirkung eines elektrischen *Feldes,* wie es von Liganden (oder Nachbaratomen in Kristallen) erzeugt wird, so sind die d-Orbitale *nicht mehr länger gleichwertig.* Die Elektronen der Liganden und die d-Elektronen des Zentralions stoßen sich gegenseitig ab, so daß die Energie derjenigen Orbitale, die in den Richtungen der Liganden ihre größte Ladungsdichte besitzen, erhöht wird, während die von den Liganden weiter entfernten Orbitale energieärmer werden. Die fünf d-AO spalten sich somit in Gruppen von verschiedener Energie auf.

Wir betrachten zuerst den häufigsten Fall, die Bildung eines *oktaedrischen Komplexes.* Die 6 Liganden nähern sich dem Zentralion in der Richtung der drei Koordinatenachsen, so daß die $d_{x^2-y^2}$-und die d_{z^2}-AO (die als d_γ- oder e_g-Orbitale bezeichnet werden) mit den Elektronen der Liganden in viel stärkere Wechselwirkungen treten (sie werden stärker durch diese abgestoßen) als die d_{xy}-, d_{xz}-AO und d_{yz}-AO (die d_ε- oder t_{2g}-AO). Die ursprüngliche Gleichwertigkeit der d_γ- und d_ε-Orbitale geht damit verloren, und die d-AO spalten sich in zwei Gruppen (ein *Dublett* und ein *Triplett)* auf, von denen die d_γ-*Orbitale energiereicher,* die d_ε-*Orbitale energieärmer* sind als im freien, unbeeinflußten Atom (Abb. 21.3). Die Energiedifferenz Δ wird häufig durch einen Parameter Dq ausgedrückt; Dq ist ein Maß für die Stärke des Ligandenfeldes. Je stärker das Feld, um so größer ist Dq. Die Größe der Aufspaltung, also die Energiedifferenz zwischen dem d_γ- und dem d_ε-Niveau, wird willkürlich gleich 10 Dq gesetzt.

Nach einem Theorem der Quantenmechanik wird die durchschnittliche Energie der d-Niveaux durch eine «Störung» (wie sie das Ligandenfeld darstellt) nicht verändert; die Summe aus der durch das Vorhandensein eines Ligandenfeldes bedingten Energiezunahme von 4 d_γ-Elektronen und Energieabnahme von 6 d_ε-Elektronen muß daher gleich Null sein. Das d_ε-Niveau liegt also um 4 Dq ($2/5\Delta$) unterhalb des ursprünglichen Niveaus, während das d_γ-Niveau um 6 Dq ($3/5\Delta$) oberhalb davon liegt. Da die ursprüngliche Energie der d-Niveaux (ohne Aufspaltung!) nicht bekannt ist, nimmt man als Nullwert die Energie eines Elektrons, das sich in irgendeinem

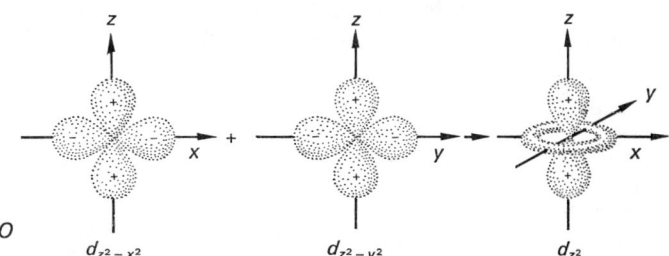

Abb. 21. 2. Kombination
des $d_{z^2-x^2}$- und des
$d_{z^2-y^2}$-Orbitals zum d_{z^2}-AO
(schematisch)

$d_{z^2-x^2}$ $d_{z^2-y^2}$ d_{z^2}

[1] Die d_{z^2}- und $d_{x^2-y^2}$-AO sind einander völlig gleichwertig, denn wie die Abb. 21.2 zeigt, stellt das d_{z^2}-Orbital eine Linearkombination zweier (getrennt nicht existierender) Orbitale ($d_{z^2-x^2}$- und $d_{z^2-y^2}$-AO) dar.

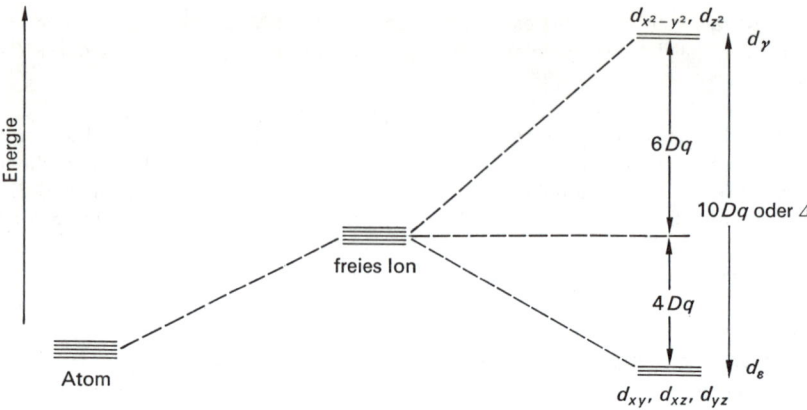

Abb. 21.3. *Aufspaltung der energetisch gleichwertigen (entarteten) fünf d-Niveaux im oktaedrischen Ligandenfeld*

der gleichwertigen (entarteten) d-Niveaux befindet, an. Die Energiedifferenz zwischen einem System, in welchem die Elektronen auf die Triplett- (d_ε-) und Dublett- (d_γ-) Niveaux verteilt sind, und einem System, in welchem die gleiche Anzahl Elektronen (hypothetische) entartete Niveaux besetzt, wird als «**Kristallfeld-Stabilisierungsenergie**» (**CFS-Energie**) bezeichnet.

Die *Auswirkungen* der CFS-Energie wird durch einen Vergleich der Komplexe [Sc(H$_2$O)$_6$]$^{3+}$, [Ti(H$_2$O)$_6$]$^{3+}$ und [V(H$_2$O)$_6$]$^{3+}$ offenbar, von denen der erste kein d-Elektron enthält (d^0), die beiden anderen aber ein bzw. zwei d-Elektronen besitzen (d^1 bzw. d^2). Im Fall des [Sc(H$_2$O)$_6$]$^{3+}$-Komplexes ist der mit der Assoziation verbundene Energiegewinn lediglich die Coulomb-Energie der elektrostatischen Anziehung zwischen dem Sc^{3+}-Ion und H$_2$O-Dipolen, während bei den anderen beiden Komplexen zur Coulomb-Energie noch die CFS-Energie dazukommt. Im [Ti(H$_2$O)$_6$]$^{3+}$-Ion besetzt das einzelne d-Elektron ein d_ε-Niveau, so daß die

Tabelle 21.2. *Elektronenkonfiguration von Übergangsmetallen verschiedener Oxidationsstufen*

Beispiele						Elektronenkonfiguration
Ca^{+II}	Sc^{+III}	Ti^{+IV}	V^{+V}	usw.		d^0
Ti^{+III}	V^{+IV}					d^1
Ti^{+II}	V^{+III}					d^2
V^{+II}	Cr^{+III}					d^3
Cr^{+II}	Mn^{+III}					d^4
Mn^{+II}	Fe^{+III}					d^5
Fe^{+II}	Co^{+III}	Pt^{+IV}				d^6
Co^{+II}						d^7
Ni^{+II}	Pd^{+II}	Pt^{+II}				d^8
Cu^{+II}						d^9
Cu^{+I}	Zn^{+II}	Cd^{+II}	Hg^{+II}	Ga^{+III}	usw.	d^{10}

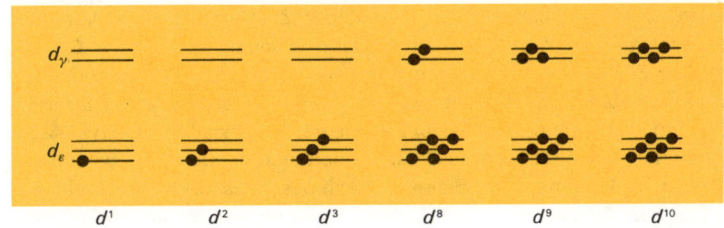

Abb. 21.4. Besetzung der d_ε- und d_γ-Niveaux bei Komplexen mit 1–3 bzw. 8–10 d-Elektronen

CFS-Energie 4 Dq beträgt; beim $[V(H_2O)_6]^{3+}$-Ion — mit zwei d-Elektronen im d_ε-Niveau — ist die CFS-Energie $2 \cdot 4 = 8\,Dq$. Mit anderen Worten, der $[Ti(H_2O)_6]^{3+}$-Komplex ist um $4\,Dq$, der $[V(H_2O)_6]^{3+}$-Komplex um $8\,Dq$ stabiler als der $[Sc(H_2O)_6]^{3+}$-Komplex.

Die Größe 10 Dq (= Δ) hängt, wie wir sehen werden, von verschiedenen Faktoren ab. Sie kann experimentell aus den *Absorptionsspektren* der Komplexe bestimmt werden. Mit dem Übergang eines (oder mehrerer) Elektronen aus einem d_ε- in ein d_γ-Niveau ist im allgemeinen eine Absorption im sichtbaren Gebiet des Spektrums verbunden *(«Ligandenfeld-Bande»)*. So zeigt z. B. der schon erwähnte $[Ti(H_2O)_6]^{3+}$-Komplex eine einzelne Absorptionsbande bei einer Wellenzahl von 20 000 cm^{-1} (λ = 500 nm). Dies entspricht nach der Planckschen Formel einer Energie von etwa 238,5 kJ/mol; dieser Wert muß somit der Energiedifferenz Δ (= 10 Dq) entsprechen. Der mit der Komplexbildung verknüpfte Energiegewinn (CFS-Energie) beträgt somit $4\,Dq = 0,4 \cdot 238,5\,kJ = 954\,kJ/mol$. Im $[Ti(H_2O)_6]^{3+}$-Ion sind die Wassermoleküle also um rund 954 kJ/mol stärker gebunden als im $[Sc(H_2O_6]^{3+}$-Komplex.

High-spin- und Low-spin-Komplexe. Die meisten Komplexe der Übergangsmetalle enthalten mehrere d-Elektronen. Um ihre Verteilung auf die verschiedenen d_ε- und d_γ-Niveaux verstehen zu können, muß man sich vor Augen halten, daß zwei einander entgegenwirkende Faktoren die Besetzung der verschiedenen d-Niveaus unter dem Einfluß eines Ligandenfeldes bestimmen: Einerseits belegen die Elektronen natürlich nach Möglichkeit die energieärmeren (d_ε-) Niveaus, andererseits haben sie die Tendenz, möglichst viele AO einzeln (mit parallelem Spin) zu besetzen, wie es der Hundschen Regel entspricht.

Sind nun im Zentralion eines Übergangsmetallkomplexes 1 bis 3 bzw. 8 bis 10 d-Elektronen vorhanden, so ist nur ein *einziger* Zustand *tiefster Energie* möglich (Abb. 21.4). Im Fall von einem bis drei d-Elektronen werden die drei d_ε-Niveaus (mit parallelem Spin) belegt, während bei Vorhandensein von 8 bis 10 d-Elektronen die d_ε-Niveaus durch 6 Elektronen doppelt besetzt werden und die übrigen d-Elektronen die beiden d_γ-Niveaus belegen. Bei Komplexen, wo das Zentralion aber 4 bis 7 d-Elektronen enthält, sind zwei Zustände möglich, die als **«high-spin»**- und **«low-spin»**-Zustand unterschieden werden[1]. Im *high-spin-Zustand* enthält das Zentralion die *größtmögliche Zahl ungepaarter d-Elektronen,* während es im *low-spin*-Zustand die geringstmögliche Zahl ungepaarter d-Elektronen (d.h. die *größtmögliche Zahl doppelt be-*

[1] Beim VB-Modell der koordinativen Bindung entsprechen die *high-spin*-Komplexe den sogenannten **«Outer-Orbital-Komplexen»**, während die *low-spin*-Komplexe als **«Inner-Orbital-Komplexe»** bezeichnet werden. In der älteren deutschsprachigen Literatur wurden die beiden Bezeichnungen **«Anlagerungskomplexe»** und **«Durchdringungskomplexe»** verwendet.

setzter d-AO) enthält. Welcher der beiden Zustände in einem konkreten Fall verwirklicht ist, hängt vom Ausmaß der Aufspaltung der d-Niveaux (also von der Größe von Δ), aber auch von der zur Paarung der Elektronen aufzuwendenden Energie ab. Beim Wechsel vom *high-spin-* zum *low-spin*-Zustand wird zwar durch den Übergang eines Elektrons von einem höheren (d_γ-) in ein tieferes (d_ε-) Niveau Energie frei, dafür stellt die paarweise Besetzung eines Orbitals gegenüber der einfachen Besetzung einen energiereicheren Zustand dar, so daß Energie nötig ist, um das Elektron in ein bereits einfach besetztes AO hineinzubringen.

Wenn nun Δ relativ groß ist, wird sich ein Komplex vom *low-spin*-Typus bilden; ist jedoch die «Paarungsenergie» größer als die Aufspaltung Δ, so entsteht ein *high-spin*-Komplex. Während die Größe von Δ hauptsächlich durch die Stärke des Ligandenfeldes, d. h. im wesentlichen durch die Natur der Liganden, bestimmt wird, ist die Paarungsenergie eine Eigenschaft des betreffenden Metallions selbst. Ein und dasselbe Metallion kann deshalb je nach den Liganden, mit denen es einen Komplex bildet, einen *high-spin-* oder einen *low-spin*-Komplex ergeben.

Als Beispiele betrachten wir oktaedrische Komplexe aus der *ersten Reihe der Übergangsmetalle.* Daß für Scandium (III)-Komplexe keine Kristallfeld-Stabilisierung möglich ist, wurde bereits erwähnt. Bei den Titan (III)-Komplexen hingegen belegt das eine vorhandene d-Elektron ein d_ε-Orbital, womit ein Energiegewinn von 4 Dq verbunden ist. Die beiden weiteren d-Elektronen der Vanadin (III)- und Chrom (III)-Komplexe belegen — mit parallelem Spin — die beiden anderen d_ε-Orbitale. Im Fall der *Mangan (III)-Komplexe* sind nun beide Zustände, *high-spin* und *low-spin,* möglich. Bei geringer Aufspaltung, wie es im Feld von 6 H_2O-Molekülen tatsächlich der Fall ist, belegt das vierte d-Elektron ein d_γ-Orbital und verringert dadurch die

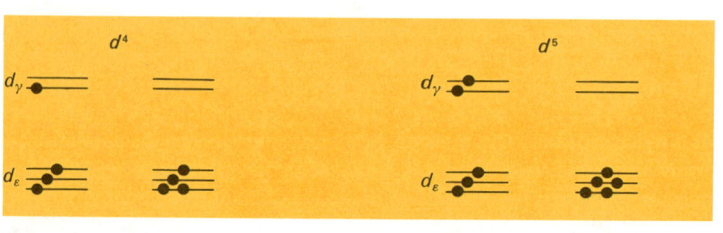

| High-spin 4 ungepaarte Elektronen | Low-spin 2 ungepaarte Elektronen | High-spin 5 ungepaarte Elektronen | Low-spin 1 ungepaartes Elektron |

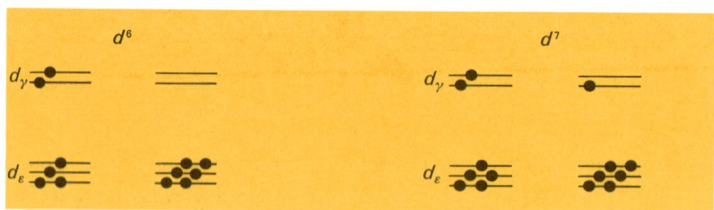

| High-spin 4 ungepaarte Elektronen | Low-spin 0 ungepaarte Elektronen | High-spin 3 ungepaarte Elektronen | Low-spin 1 ungepaartes Elektron |

Abb. 21.5. Besetzung der d_ε- und d_γ-Niveaux bei d^4-, d^5-, d^6- und d^7-Komplexen

Gesamtenergie um 6 *Dq* [verglichen etwa mit den Chrom (III)-Komplexen]; im Fall starker Aufspaltung (z. B. im Hexacyanokomplex) kommt das vierte Elektron in ein bereits einfach besetztes d_ε-AO, wodurch zwar die Kristallfeld-Stabilisierung um 4 *Dq* steigt (d. h. die Energie um 4 *Dq* abnimmt), die Gesamtenergie jedoch dieser Abnahme nicht entspricht, weil zur paarweisen Besetzung eines d_ε-Orbitals Energie aufzuwenden ist. Die Besetzung eines (destabilisierenden, energetisch viel höher liegenden) d_γ-Orbitals würde jedoch viel mehr Energie erfordern als die paarweise Belegung eines d_ε-Orbitals, so daß die Gesamtenergie des Systems doch einem Minimum an Energie entspricht. Die Anzahl der in einem Komplex vorhandenen ungepaarten Elektronen kann durch magnetische Messungen bestimmt werden; sie stimmt völlig mit der durch die Theorie geforderten Zahl ungepaarter Elektronen überein (vgl. Abb. 21.5 und Tabelle 21.3).

Das *Ausmaß der Aufspaltung* der *d*-Zustände (d. h. die Größe von Δ) bestimmt also, ob die *d*-Elektronen die Hundsche Regel befolgen oder ob sie einzelne AO paarweise besetzen. Die Größe von Δ beeinflußt jedoch auch eine Reihe weiterer Eigenschaften wie Lichtabsorption, Stabilität u. a. Sie hängt, wie schon gesagt, von verschiedenen Faktoren ab. Von besonderem Interesse ist natürlich ihre Abhängigkeit von der Art der vorhandenen *Liganden*. Liganden mit großer negativer Ladung oder mit kleinem Radius (die sich dem Zentralion relativ stark nähern können) werden zweifellos eine besonders große Aufspaltung bewirken. Auch Liganden,

Tabelle 21.3. Magnetische Momente von Komplexen der ersten Übergangsreihe (in Bohrschen Magnetonen)

| Ion | Anzahl der *d*-Elektronen | *high-spin*-Komplexe | | | *low-spin*-Komplexe | | |
		Spin-moment	Experimentell bestimmtes Moment	Anzahl ungepaarter Elektronen	Spin-moment	Experimentell bestimmtes Moment	Anzahl ungepaarter Elektronen
Ti^{3+}	1	1,73	1,73	1	–	–	–
V^{4+}	1	1,73	1,68–1,78	1	–	–	–
V^{3+}	2	2,83	2,75–2,85	2	–	–	–
V^{2+}	3	3,88	3,80–3,90	3	–	–	–
Cr^{3+}	3	3,88	3,70–3,90	3	–	–	–
Mn^{4+}	3	3,88	3,80–4,00	3	–	–	–
Cr^{2+}	4	4,90	4,75–4,90	4	2,83	3,20–3,30	2
Mn^{3+}	4	4,90	4,90–5,00	4	2,83	3,18	2
Mn^{2+}	5	5,92	5,65–6,10	5	1,73	1,80–2,10	1
Fe^{3+}	5	5,92	5,70–6,10	5	1,73	2,00–2,50	1
Fe^{2+}	6	4,90	5,10–5,70	4	0	0	0
Co^{3+}	6	4,90	5,3[1]	4	0	0	0
Co^{2+}	7	3,88	4,30–5,20	3	1,73	1,70–2,00	1
Ni^{2+}	8	2,83	2,80–3,50	2	–	–	–
Cu^{2+}	9	1,73	1,70–2,20	1	–	–	–

[1] CoF_6^{3-} ist der einzige bekannte *high-spin*-Komplex von Kobalt (III).

welche ein einzelnes freies Elektronenpaar besitzen (wie etwa das NH_3-Molekül) und damit negative Ladung gewissermaßen direkt auf das Zentralion hin richten, haben relativ starke Aufspaltungen zur Folge. Da eine stärkere Aufspaltung zu einer Verschiebung der Lichtabsorption nach kürzeren Wellenlängen (energiereicheren Strahlen) führt, ergibt ein Vergleich der durch die verschiedenen Liganden ein und desselben Metallions bewirkten Verschiebung der Absorptionsmaxima eine Reihenfolge der Liganden nach zunehmender Stärke der Aufspaltung. Diese Reihe, die sogenannte **spektrochemische Reihe,** gilt für die meisten Übergangsmetallkomplexe, die Metallionen in ihren normalen Oxidationsstufen enthalten:

$$I^- < Br^- < Cl^- < F^- < OH^- < H_2O < SCN^- < NH_3 < NO_2^- < CN^-$$

Bekannte Beispiele für die Veränderung der *Lichtabsorption* bei Ligandensubstitutionen sind die Bildung der Amminkomplexe von Nickel bzw. Kupfer beim Versetzen von Ni^{2+}aq- bzw. Cu^{2+}aq-Lösungen mit NH_3. Aus den grünen bzw. hellblauen Aquoionen entstehen blaue bzw. tiefblaue Amminkomplexe. Die Absorptionsbanden verschieben sich dabei gegen das kürzerwellige Gebiet, weil in den Amminkomplexen das Ligandenfeld und damit die Aufspaltung $\varDelta$ stärker wird (vgl. Abb. 21.6).

Im allgemeinen ist es jedoch mit einem rein elektrostatischen Modell allein schwierig, die experimentell festgestellte Fähigkeit verschiedener Liganden zur Aufspaltung der *d*-Niveaux vollständig zu verstehen. Wie bereits erwähnt wurde, muß das rein «ionische» Modell durch ein *verfeinertes Modell* ersetzt werden, welches die *gegenseitige Überlappung* von Orbitalen der Liganden und des Zentralions (oder, anders gesagt, kovalente Bindungen zwischen Liganden und Zentralion) *nicht ausschließt* (**Ligandenfeldtheorie**). Es zeigt sich dabei, daß diejenigen Liganden, welche die stärksten Ligandenfelder ergeben, alle befähigt sind, mit dem Zentralion π-Bindungen einzugehen und dadurch die Aufspaltung $\varDelta$ zu vergrößern.

Auch der Zustand des Metallions selbst hat einen Einfluß auf die Größe der Aufspaltung der *d*-Zustände. Je *höher* nämlich seine *Oxidationsstufe* (d.h. seine Ladung) ist, um so *größer wird die Aufspaltung*, weil sich die Liganden dem kleineren, stärker geladenen Metallion mehr

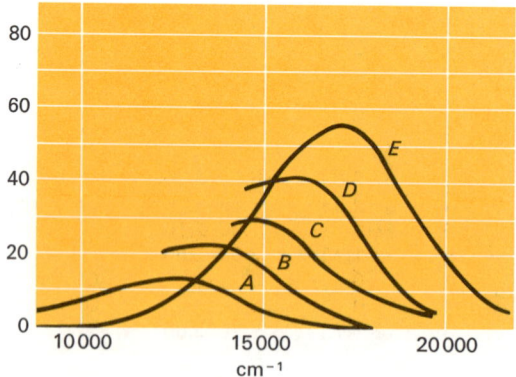

A $[Cu(H_2O)_6]^{2+}$
B $[Cu(NH_3)(H_2O)_5]^{2+}$
C $[Cu(NH_3)_2(H_2O)_4]^{2+}$
D $[Cu(NH_3)_3(H_2O)_3]^{2+}$
E $[Cu(NH_3)_4(H_2O)_2]^{2+}$

Abb. 21.6. Absorptionsspektren verschiedener Cu(II)-Komplexe (als Abszisse dienen die Wellenzahlen, d.h. die reziproken Werte der Wellenlänge)

nähern können. So ist etwa der $[Co(NH_3)_6]^{2+}$-Komplex ein *high-spin*-Komplex und para-magnetisch, während der $[Co(NH_3)_6]^{3+}$-Komplex diamagnetisch ist *(low-spin*-Komplex). Im Kobalt (III)-Komplex ist die Aufspaltung etwa doppelt so groß wie im Kobalt (II)-Komplex, so daß dort die sechs d-Elektronen paarweise die d_ε-Orbitale besetzen. Die große Aufspaltung beim Kobalt (III)-Komplex ist auch einer der Gründe seiner besonders großen Stabilität.

Komplexe mit der Koordinationszahl 4. Neben der Koordinationszahl 6 ist besonders auch die Koordinationszahl 4 *(tetraedrische* oder *planar-quadratische Koordination)* weit verbreitet. Nach der VB-Methode werden tetraedrische Komplexe durch sp^3-Hybrid-AO des Zentral-atoms beschrieben. Dies ist z.B. für tetraedrische Komplexe von Be, Zn, Cd, Hg, B, Al und Ga zweckmäßig, wo überall die d-Niveaux entweder unbesetzt oder vollständig belegt sind. Planar-quadratische Komplexe können durch eine Kombination von $d_{x^2-y^2}$-, s-, p_x- und p_y-AO (dsp^2-Hybrid-AO) dargestellt werden.

Die *Kristallfeld-* (Ligandenfeld-) theorie vermag – ebenso wie für den Fall der oktaedrischen Koordination – auch die Eigenschaften vierfach koordinierter Komplexe der Übergangsmetalle sehr gut zu deuten. Die Abb. 21.7 gibt die energetische *Aufspaltung* der d-Niveaux in einem tetraedrischen pzw. planar-quadratischen Ligandenfeld. Um sie zu verstehen, muß man sich bewußt sein, daß bei tetraedrischer Koordination die x-, y- und z-Achsen jeweils die Winkel zwischen den Bindungen halbieren und daß die Wolken der d_ε-Elektronen den Liganden näher liegen als die Wolken der d_γ-Elektronen (Abb. 21.8). In einem *tetraedrischen* Ligandenfeld spalten darum die d-Zustände in ein energieärmeres Dublett (d_γ) und ein energiereicheres Triplett (d_ε) auf.

Das Feld der vier Liganden ist aber schwächer als das Feld von 6 (oktaedrisch angeordneten) Liganden (mit demselben Abstand vom Zentralion), so daß die *Aufspaltung kleiner* wird (sie wird auf etwa $^4/_9$ der Aufspaltung im oktaedrischen Feld geschätzt). Im oktaedrischen Feld sind die Energien der d_ε- bzw. d_γ-Niveaux bezogen auf die Energie der gleichwertigen (entarteten) d-Niveaux $-^2/_5\Delta\,(-4\,Dq)$ bzw. $+^3/_5\Delta\,(+6\,Dq)$; die entsprechenden Werte für das tetraedri-sche Feld betragen dann

$$d_\gamma = -^3/_5 \cdot {}^4/_9\Delta = -0{,}27\,\Delta$$
$$d_\varepsilon = +^2/_5 \cdot {}^4/_9\Delta = +0{,}18\,\Delta$$

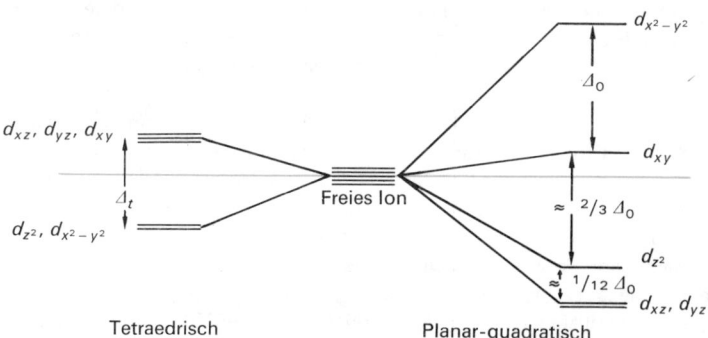

Abb. 21.7. *Aufspaltung der d-Niveaux in einem tetraedrischen bzw. planar-quadratischen Ligandenfeld*

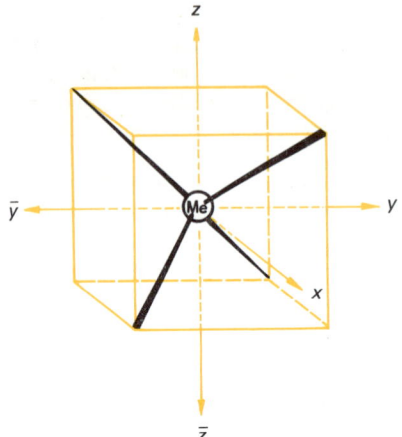

Abb. 21.8
Bindungsrichtungen bei tetraedrischer Koordination

Im *planar-quadratischen* Ligandenfeld ist natürlich der $d_{x^2-y^2}$-Zustand am wenigsten stabil (am energiereichsten), denn die Ladungsdichte dieser Elektronen ist gerade auf die Liganden zu gerichtet. Auch der d_{xy}-Zustand ist relativ wenig stabil. Die d_{xz}- und d_{yz}-Orbitale werden von den Liganden im gleichen Maß beeinflußt; sie sind damit von gleicher Energie (entartet). Daß das d_{z^2}-Niveau höher liegt als die d_{xz}- und d_{yz}-Niveaux, ist auf den in der xy-Ebene liegenden «Kragen» zurückzuführen, welcher eine etwas größere Abstoßung der Liganden ergibt. Ob nun vierfach koordinierte Komplexe von Übergangsmetallen *tetraedrisch oder planar-quadratisch* gebaut sind, hängt davon ab, wie groß die *CFS-Energie* ist und wie stark sich die *Liganden* gegenseitig *abstoßen* (was seinerseits wieder auf ihre Größe und ihre Elektronegativität zurückzuführen ist). Die Werte der CFS-Energie für tetraedrische und planar-quadratische Koordination und für schwache und starke Ligandenfelder *(high-spin-* und *low-spin-*Komplexe) sind in Tabelle 21.4 zusammengestellt. Aus ihr geht mit Deutlichkeit hervor, daß – abgesehen von den d^0-, d^5 *(high-spin)-* und den d^{10}-Komplexen, bei denen die CFS-Energie Null ist – alle vierfach koordinierten Komplexe planar-quadratisch gebaut sein sollten. Daß trotzdem – besonders bei den Metallen der ersten Übergangsreihe – *auch tetraedrische Komplexe* auftreten, ist eine Folge der in diesen Fällen erheblichen *Abstoßungskräfte* zwischen den Liganden. Bei den Metallen der zweiten Übergangsreihe, bei denen die Aufspaltung Δ der d-Niveaus größer ist, wird dieser «sterische Faktor» von geringerer Bedeutung. So ist der $NiCl_4^{2-}$-Komplex tetraedrisch, der $PtCl_4^{2-}$-Komplex hingegen planar-quadratisch gebaut. Weitere Beispiele tetraedrischer Komplexe sind $FeCl_4^-$ *(high-spin d^5)*, CoX_4^{2-}, wobei X = Cl, Br, I und SCN (d^7) und Ni(CN)$_4^{2-}$ (d^8). Daß gerade Co^{+II} relativ viele tetraedrisch koordinierte Komplexe bildet (die gewöhnlich blau, oft auch grün oder purpur gefärbt sind), hat seinen Grund darin, daß bei der d^7-Konfiguration die Differenz der CFS-Energien für oktaedrische und tetraedrische Koordination geringer ist als bei jeder anderen Elektronenkonfiguration, daß also – anders gesagt – hier die tetraedrische Koordination verglichen mit der oktaedrischen am wenigsten destabilisiert ist. Wegen der relativ geringen Stabilitätsunterschiede zwischen oktaedrischen und tetraedrischen Kobalt(II)-Komplexen gibt es sogar verschiedene Fälle, in denen beide Typen mit demselben Liganden gebildet werden.

Tabelle 21.4. CFS-Energien (in Δ-Einheiten) für tetraedrische und planar-quadratische Komplexe

Anzahl der d- Elektronen	Schwaches Feld			Starkes Feld		
	tetraedrisch	planar-quadratisch	Differenz	tetraedrisch	planar-quadratisch	Differenz
0	0	0	0	0	0	0
1	0,27	0,51	0,24	0,27	0,51	0,24
2	0,54	1,02	0,48	0,54	1,02	0,48
3	0,36	1,45	1,09	0,81	1,45	0,64
4	0,18	1,22	1,04	1,08	1,96	0,88
5	0	0	0	0,90	2,47	1,57
6	0,27	0,51	0,24	0,72	2,90	2,18
7	0,54	1,02	0,48	0,54	2,67	2,13
8	0,36	1,45	1,09	0,36	2,44	2,12
9	0,18	1,22	1,04	0,18	1,22	1,04
10	0	0	0	0	0	0

Planar-quadratische Komplexe treten vor allem bei den Konfigurationen d^8 und d^9 auf. So sind beispielsweise die meisten vierfach koordinierten Nickel (II)- und Platin (II)-Komplexe sowie die Kupfer (II)-Komplexe[1] planar-quadratisch gebaut. Beispiele dafür sind $[Ni(CN)_4]^{2-}$, $[PtCl_4]^{2-}$, $[Cu(NH_3)_4]^{2+}$ und der bekannte rote Komplex von Ni^{2+}-Ionen mit Diacetyldioxim.

Komplexe mit π-Bindungen. Es wurde bereits darauf hingewiesen, daß bei verschiedenen Typen von Komplexverbindungen die Eigenschaften mit einem rein elektrostatischen Modell (der «Kristallfeldtheorie») nicht befriedigend zu erklären sind, daß also in gewissem Ausmaß eine Überlappung von Orbitalen der Liganden und des Zentralions eintritt: Überlagerung besetzter Orbitale der Liganden mit unbesetzten p- oder d-Orbitalen des Metallions oder Überlagerung besetzter d-Orbitale des Metallions mit unbesetzten p- oder d-Orbitalen der Liganden. Dabei werden meist neben σ-Bindungen auch nicht-rotationssymmetrische π-Bindungen gebildet. Diese Bildung kovalenter Bindungen erklärt z. B. einige scheinbare Unregelmäßigkeiten in der spektrochemischen Reihe. So ergibt das OH^--Ion beispielsweise eine schwächere Aufspaltung als das H_2O-Molekül, trotzdem es eine negative Ladung trägt. Dies muß davon herrühren, daß das OH^--Ion mit seinen drei nichtbindenden Elektronenpaaren eine größere Tendenz zur Übertragung negativer Ladung auf das Metallion zeigt als das H_2O-Molekül, so daß die effektive Ladung des Metallions dadurch verringert und das Ausmaß der Aufspaltung verkleinert wird. Anderseits wird durch die Bildung von π-Bindungen mit ungesättigten Liganden (CN^-, CO) negative Ladung von besetzten d-Orbitalen des Zentralions auf die Liganden übertragen, so daß seine effektive Ladung vergrößert und damit auch die Aufspaltung verstärkt wird. Das größere Ausmaß der Aufspaltung hat aber eine erhöhte CFS-Energie zur Folge, so daß Komplexe mit CN^--Ionen, CO-Molekülen oder gewissen organischen Molekülen besonders stabil sind. Die bekannte relativ große thermodynamische Stabilität und die gleichzeitig oft vorhandene geringe Reaktionsfähigkeit von Cyanokomplexen oder Metallcarbonylen ist also hauptsächlich auf die Ausbildung von π-Bindungen mit dem Zentralion zurückzuführen.

---

[1] Über den Bau der Kupfer(II)-Komplexe, die in Wirklichkeit vielfach deformiert-oktaedrische Strukturen besitzen, siehe S. 604.

Zusammenfassung. Die Ligandenfeldtheorie in ihrer einfachsten Form, der Kristallfeldtheorie, vermag eine Reihe von Eigenschaften von Komplexen verständlich zu machen und teilweise auch quantitativ zu erfassen: Koordinationszahl, Stereochemie, magnetische Eigenschaften, Absorptionsspektren, thermodynamische Stabilität, Reaktionsmechanismen bei Substitutionsreaktionen usw. Sie ist also ein für das Verständnis der Komplexverbindungen sehr wertvolles Hilfsmittel.

Nun muß man sich aber bewußt sein, daß die Kristallfeldtheorie mit der Vorstellung punktförmiger Liganden arbeitet, genau genommen also keine realen Verhältnisse betrachtet. Untersucht man nun die Wechselwirkungen zwischen realen Liganden (mit endlicher Ausdehnung) und den *d*-AO des Zentralatoms, so gelangt man zunächst zu ganz anderen Ergebnissen (Abb. 21.9).

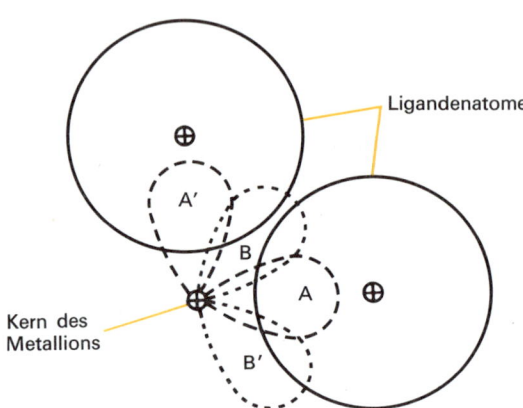

Ligandenatome

Kern des Metallions

Abb. 21.9. Wechselwirkungen zwischen realen Liganden (mit endlicher Ausdehnung) und den d-AO des Zentralions (aus Cotton-Wilkinson)

Unter der Voraussetzung von oktaedrischer Koordination stehen nämlich die $d_{x^2-y^2}$-Elektronen (die mit A und A' bezeichneten Orbitale) ziemlich stark unter dem Einfluß des Atomrumpfes (bzw. der Kerne) des Liganden, wodurch die abstoßende Wirkung der Elektronenhülle des Liganden auf die in sie eindringenden AO (A bzw. A') abgeschwächt wird. Die d_{xy}-Elektronen (B und B') werden jedoch durch die Elektronen des Liganden nahezu im gleichen Maß abgestoßen wie die $d_{x^2-y^2}$-Elektronen, ohne daß diese Abstoßung durch eine Anziehung durch den Atomrumpf (die Kerne) des Liganden wettgemacht würde. Dies hat zur Folge, daß nicht etwa die d_{xy}-AO (wie es die Kristallfeldtheorie fordert), sondern im Gegenteil eher die $d_{x^2-y^2}$-AO stabilisiert werden (was rechnerisch auch bestätigt werden konnte). Ein «reales», d.h. mit nicht punktförmigen Liganden arbeitendes «Ionenmodell» vermag also die Aufspaltung der *d*-Zustände nicht zu erklären!

Wird jedoch die Bindung zwischen Ligand und Zentralatom als eine – wenn unter Umständen auch sehr stark polare – Kovalenzbindung betrachtet (wie es der Wirklichkeit eher entspricht), so bekommt man bei Verwendung der MO-Methode wiederum die (wie aus den Spektren zu schließen ist) tatsächlich vorhandene Aufspaltung der *d*-Niveaux (siehe weiter unten). Die d_γ-AO entsprechen dabei antibindenden, die d_ε-AO nichtbindenden Orbitalen.

Die *Kristallfeldtheorie* ist also *physikalisch ohne reale Bedeutung*; sie erlaubt jedoch mindestens qualitativ korrekte Aussagen über die Aufspaltung der *d*-Niveaux und die damit zusammenhängenden Eigenschaften und ermöglicht auch in sehr vielen Fällen ohne großen mathematischen Aufwand recht genaue Berechnungen. Sie ist damit ein zwar sehr wertvolles und nützliches, im wesentlichen aber mathematisches Modell und gibt kein zutreffendes Bild der Wirklichkeit.

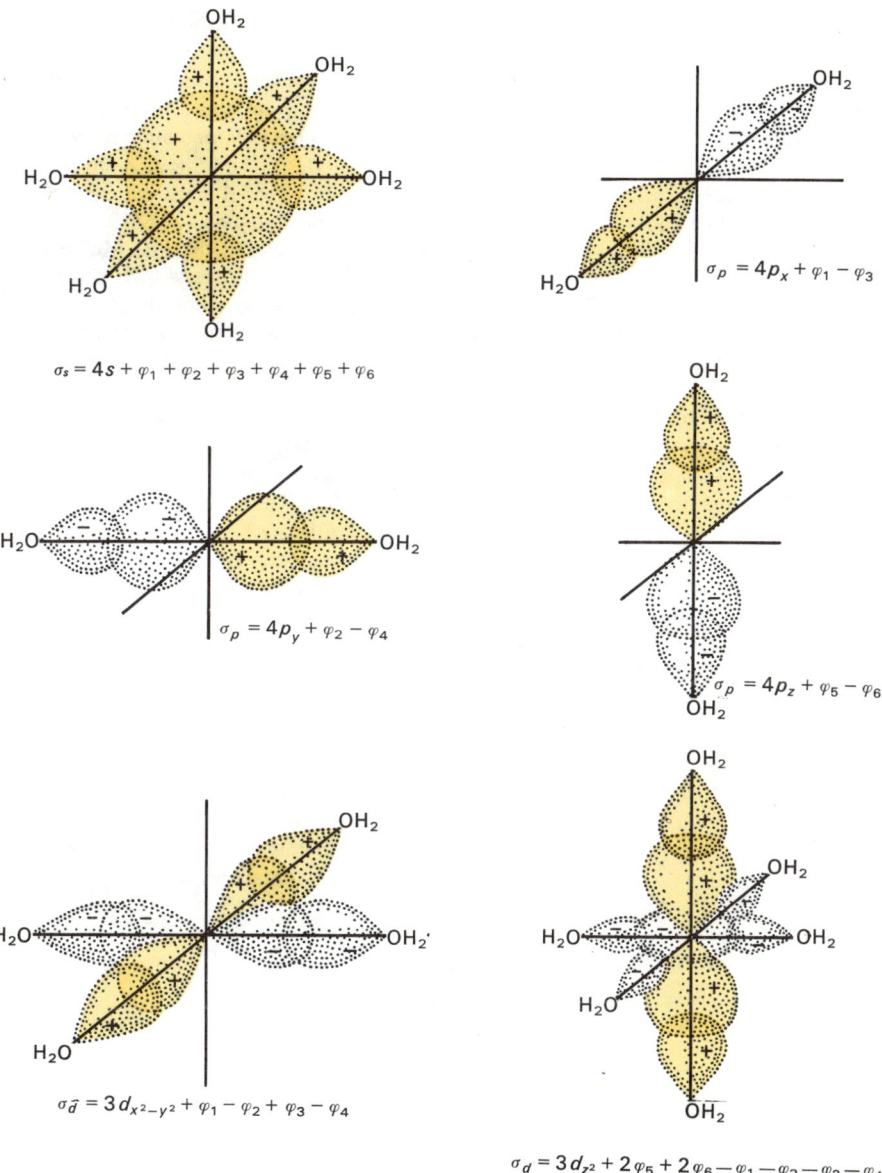

$$\sigma_s = 4s + \varphi_1 + \varphi_2 + \varphi_3 + \varphi_4 + \varphi_5 + \varphi_6$$

$$\sigma_p = 4p_x + \varphi_1 - \varphi_3$$

$$\sigma_p = 4p_y + \varphi_2 - \varphi_4$$

$$\sigma_p = 4p_z + \varphi_5 - \varphi_6$$

$$\sigma_{\vec{d}} = 3d_{x^2-y^2} + \varphi_1 - \varphi_2 + \varphi_3 - \varphi_4$$

$$\sigma_d = 3d_{z^2} + 2\varphi_5 + 2\varphi_6 - \varphi_1 - \varphi_2 - \varphi_3 - \varphi_4$$

Abb. 21.10. Bindende MO in Übergangsmetallkomplexen durch Kombination von s-, p- und d-Orbitalen des Zentralions mit φ-Orbitalen der Liganden (oktaedrische Koordination)

21.3 Die koordinative Bindung II: MO-Theorie

Von den verschiedenen Methoden zur Behandlung der koordinativen Bindung ist die **MO-Theorie** die *umfassendste*. Man nimmt dabei an, daß eine gewisse Überlappung der Orbitale von Zentralion und Liganden eintritt, wenn es aus Symmetriegründen überhaupt möglich ist; die MO-Theorie schließt damit die beiden Grenzfälle «keine Überlappung» (Kristallfeldtheorie) und «maximale Überlappung» (VB-Methode) in sich ein. Ihre Grundlagen stammen ebenfalls von van Vleck; sie wurde aber besonders in den letzten Jahren stark ausgebaut und vielfach verwendet. Leider sind die Berechnungen mittels der MO-Methode recht kompliziert und nicht einfach durchzuführen. Es ist deshalb im Rahmen dieses Buches nur möglich, einen (qualitativen) Ausblick auf die Arbeitsweise der MO-Theorie zu geben.
Im Prinzip geht man bei der Behandlung der Metallkomplexe mittels der MO-Methode gleich vor wie bei der Beschreibung mehratomiger Moleküle durch delokalisierte MO (siehe die ausführliche Beschreibung des CO_2-Moleküls, S. 108). Nachdem die Lage der Atomkerne bestimmt ist, bildet man durch lineare Kombinationen der AO die verschiedenen MO und verteilt die Elektronen auf diese entsprechend ihrer zunehmenden Energie. Wir wollen dies zunächst für *oktaedrische Komplexe* etwas näher erläutern.
Von den insgesamt 9 Orbitalen in der Valenzschale des Zentralions (im Fall eines Metallions der ersten Übergangsreihe fünf $3d$-, ein $4s$- und drei $4p$-AO) können sechs für die Bildung von σ-Bindungen (d. h. zur Bildung von σ-MO) benützt werden, weil sie in den (oktaedrischen) Bindungsrichtungen eine bestimmte Ladungsdichte besitzen. Es sind dies die beiden d_γ-, das s- und die drei p-AO. Die drei d_ε-AO haben ihre größte Ladungsdichte zwischen den Bindungsrichtungen und können höchstens π-Bindungen eingehen (Abb. 21.13 und 21.14); bei Komplexen ohne π-Bindungen wirken sie als nichtbindende Orbitale. Zur Bildung der (delokalisierten) MO müssen die sechs verfügbaren AO des Zentralions mit den bindenden Orbitalen der Liganden (z. B. den freien Elektronenpaaren der NH_3-Moleküle im Fall eines Hexamminkomplexes) kombiniert werden. Diese letzteren besitzen σ-Charakter (sie sind bezüglich der Verbindungsachse Zentralatom—Ligand rotationssymmetrisch!) und werden hier mit φ abgekürzt. Die folgenden Kombinationen dieser φ-Orbitale sind zur Bildung von MO durch lineare Kombination mit Orbitalen des Zentralatoms geeignet (vgl. Abb. 21.10):

a) $\varphi_1 + \varphi_2 + \varphi_3 + \varphi_4 + \varphi_5 + \varphi_6$ kann mit dem $4s$-AO des Metallatoms zu zwei MO (einem bindenden und einem antibindenden) kombiniert werden $\rightarrow \sigma_s + \sigma_s^*$

b) $\varphi_1 - \varphi_3$
c) $\varphi_2 - \varphi_4$
d) $\varphi_5 - \varphi_6$ lassen sich mit je einem $4p$-AO kombinieren; die drei bindenden und antibindenden MO sind jeweils entartet $\rightarrow \sigma_p + \sigma_p^*$

e) $\varphi_1 - \varphi_2 + \varphi_3 - \varphi_4$ besitzt die Symmetrie des $d_{x^2-y^2}$-AO und ergibt mit diesem zwei MO

f) $2\varphi_5 + 2\varphi_6 - \varphi_1 - \varphi_2 - \varphi_3 - \varphi_4$ läßt sich mit dem d_{z^2}-AO zu zwei MO kombinieren $\rightarrow \sigma_d + \sigma_d^*$

Die beiden durch lineare Kombination mit den d-AO des Zentralatoms erhaltenen bindenden bzw. antibindenden MO und ebenso die drei σ_p-MO sind entartet.
Die energetischen Verhältnisse lassen sich schematisch durch das *Energieniveaudiagramm* der Abb. 21.11 wiedergeben. Solche MO-Diagramme von Komplexen beruhen allerdings nicht

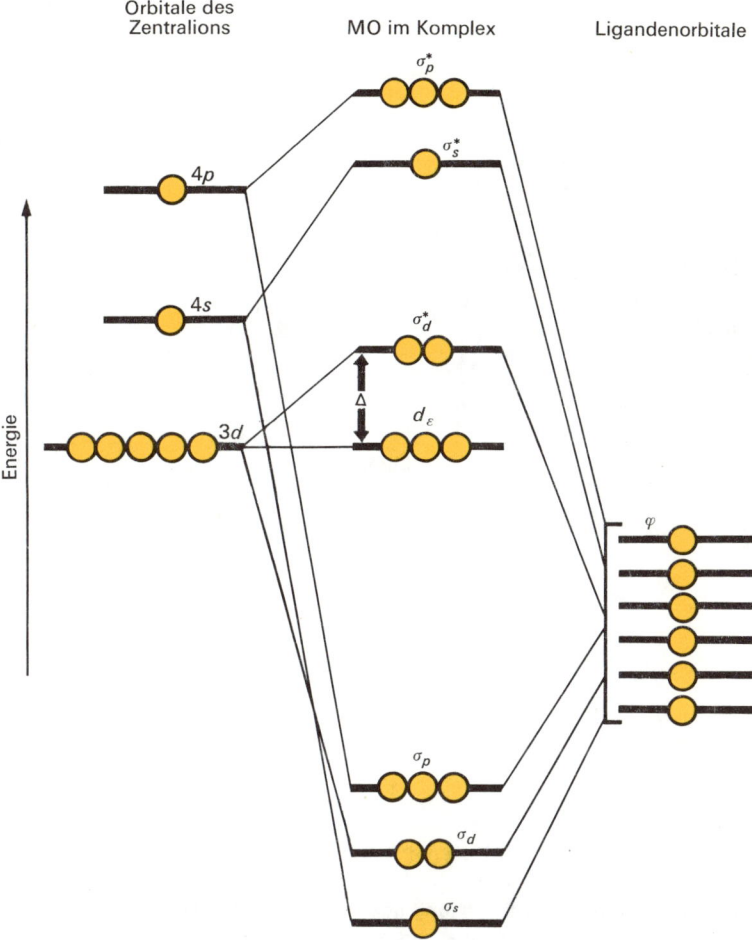

Orbitale des
Zentralions   MO im Komplex   Ligandenorbitale

Energie

σ_p^*

4p

σ_s^*

4s

σ_d^*

Δ

3d d_ε

φ

σ_p

σ_d

σ_s

Abb. 21.11. Energieniveauschema von oktaedrischen Übergangsmetall-Komplexen

auf einer vollständigen mathematischen Durcharbeitung, sondern können bestenfalls als semiempirische Darstellungen aufgefaßt werden. Die genaue Reihenfolge der antibindenden MO ist nämlich nicht bekannt, und auch die Energien der σ_s-, σ_p- und σ_d-MO können je nach dem betrachteten Komplex verschieden sein. Die für uns wichtigste Aussage des Energieniveauschemas ist, daß die drei d_ε-AO des Zentralatoms durch die Komplexbildung im wesentlichen *unbeeinflußt* bleiben (man kann sie als *nichtbindende MO* betrachten), daß aber die beiden d_γ-Orbitale ein doppelt entartetes bindendes und ein (ebenfalls doppelt entartetes) antibindendes MO bilden (σ_d bzw. σ_d^*, wie bereits gezeigt). Da die Liganden-Orbitale stabiler sind als die Metall-Orbitale (die Ionisierungsenergie der Metallatome ist beträchtlich geringer), tragen die ersteren mehr zu den bindenden MO bei als die Metall-Orbitale, d.h. die Bindungen zwischen Zentralatom und Liganden sind mehr oder weniger stark *polar*. Die antibindenden

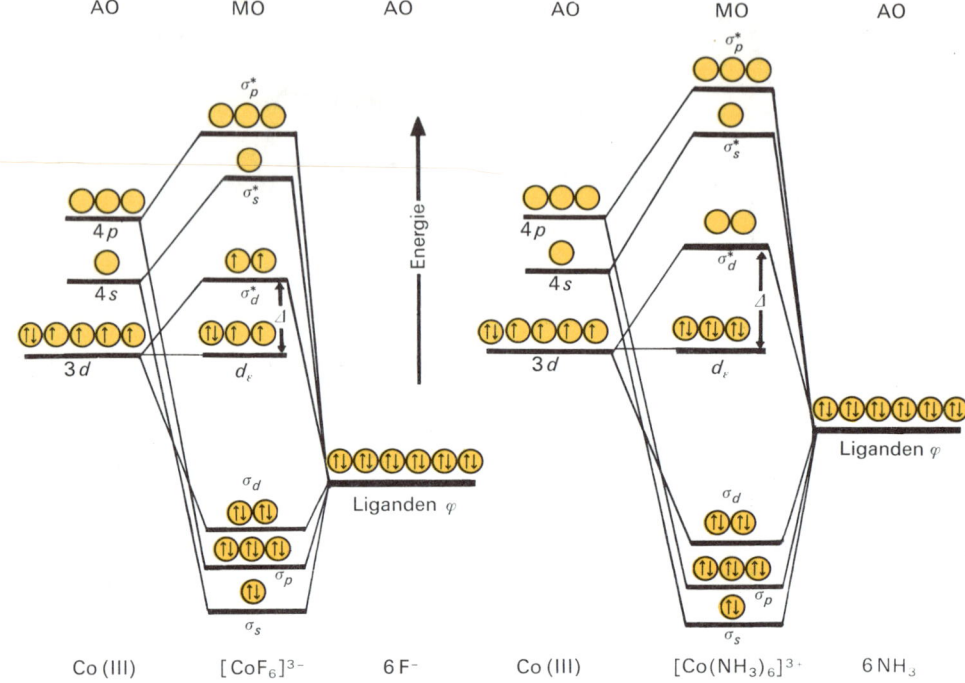

Abb. 21.12. MO-Diagramme für den CoF_6^{3-}-(high-spin) und den $Co\,(NH_3)_6^{3+}$-(low-spin) Komplex

σ_d^*-MO sind dagegen im wesentlichen auf das Metallatom beschränkt, also nur wenig delokalisiert.

Die Abb. 21.12 zeigt die Besetzung der verschiedenen MO bei zwei Komplexen von Co^{+III}. Im Fall des $[Co\,(NH_3)_6]^{3+}$-Komplexes besetzen die insgesamt 12 Elektronen der Liganden die sechs energieärmsten MO (σ_s, σ_p und σ_d). Die sechs $3\,d$-Elektronen des Co^{3+}-Ions verteilen sich auf die nichtbindenden d_ε- und die antibindenden σ_d^*-MO. Die Energiedifferenz Δ zwischen den d_ε- und den σ_d^*-MO ist hier verhältnismäßig groß, so daß die ersteren paarweise mit Elektronen besetzt werden: Der Komplex ist ein diamagnetischer *low-spin-Komplex*. Beim $[CoF_6]^{3-}$-Komplex (wo die Liganden die bindenden Elektronen stärker zu sich ziehen als im Hexammin-Komplex) wird die Energiedifferenz Δ zwischen den d_ε- und den σ_d^*-MO kleiner, so daß die Hundsche Regel befolgt wird, die sechs $3\,d$-Elektronen des Co^{3+}-Ions also ein d_ε-MO doppelt, die anderen d_ε- sowie die σ_d^*-MO je einfach besetzen: Der $[CoF_6]^{3-}$-Komplex ist ein d_6-*high-spin-Komplex*.

Die *Trennung* der d_ε- und der σ_d^*-MO im *MO-Modell* entspricht ganz offensichtlich der *Aufspaltung* der d-Elektronen in das d_ε- und das d_γ-Niveau in der *Kristallfeldtheorie* (CF-Theorie). Beide Theorien gelangen also im wesentlichen zum selben Ergebnis, allerdings aus verschiedenen Gründen. Nach der CF-Theorie ist die Aufspaltung eine Folge der elektrostatischen Wechselwirkungen zwischen den (punktförmigen) Liganden und den d-AO, während sie nach der MO-Theorie das Ergebnis der linearen Kombination von AO – also eine Folge der Bildung von *Kovalenzbindungen!* – ist: Die Destabilisierung der d_γ-AO (d.h. der σ_d^*-MO) ist hier auf ihren *antibindenden* Charakter zurückzuführen. Die Elektronen des nicht-komplexierten Metallions werden aber bei der Komplexbildung auf die beiden Niveaux d_ε und σ_d^* in derselben Weise verteilt, wie sie nach der CF-Theorie in die d_ε- und d_γ-Niveaux plaziert werden. Das Ausmaß der «Aufspaltung» Δ ist in beiden Theorien eine experimentell bestimmte Größe. Wenn wir also bei der Diskussion von Komplexstabilitäten (CFS-Energien), von Absorptionsspektren (Übergänge $d_\varepsilon \longrightarrow d_\gamma$) u.a. die Bezeichnung «$d_\gamma$» durch «$\sigma_d^*$» ersetzen, so bleibt bei Verwendung der MO-Theorie im Prinzip alles beim alten[1]; mit anderen Worten, die bisher (vgl. insbesondere die S. 587) mittels der CF-Theorie gewonnenen Ergebnisse lassen sich also durchaus weiter verwenden, auch wenn der Theorie selbst keine reale – physikalische! – Bedeutung zukommt. Weil *das MO-Modell* aber die Bindungen zwischen dem Zentralatom und den Liganden durch (delokalisierte) MO beschreibt, sie also als (polare) Kovalenzbindungen auffaßt, *kommt es der Wirklichkeit näher;* zudem läßt es sich ohne Schwierigkeiten auch auf Komplexe anwenden, bei denen die Liganden mit den d_ε-AO des Zentralatoms π-Bindungen eingehen.

Für tetraedrische oder planar-quadratische Komplexe wird das Energieniveauschema der MO natürlich anders aussehen, aber auch für diese Fälle gelangt das MO-Modell im wesentlichen zu den gleichen Ergebnissen wie die CF-Theorie. Nur stellt Δ auch dann eine Energiedifferenz zwischen antibindenden und nichtbindenden MO dar. Insbesondere geht aus dem Energieniveauschema eindeutig hervor, daß bei vierfach koordinierten d^8-Komplexen die planarquadratische Konfiguration bevorzugt ist.

Wir haben schon früher erwähnt (S. 595), daß die besondere Stabilität gewisser Komplexe sowie die quantitativ exakte Erklärung der Reihenfolge der Liganden in der spektrochemischen Reihe nur mit der Annahme *zusätzlicher π-Bindungen* zwischen Liganden und Zentralion zu verstehen ist.

Im Fall eines oktaedrisch gebauten *Hexachlorkomplexes* beispielsweise kann jedes der drei d_ε-Orbitale mit vier p-AO der Liganden überlappen (Bildung delokalisierter π-MO), was bedeutet, daß in einem gewissen Ausmaß negative Ladung von den Liganden auf das Zentralatom übertragen wird (sogenannte «*L* $\longrightarrow$ *M*-π-Bindung»; Abb. 21.13). Im Fall von *mehratomigen Liganden,* wie z.B. CN⁻ oder von ungesättigten organischen Molekülen als Liganden, besteht noch eine weitere Möglichkeit zur Ausbildung von π-Bindungen, da alle diese Liganden unbesetzte antibindende π^*-MO besitzen, welche gerade die zur Kombination mit den d_ε-AO des Zentralatoms notwendige Symmetrie zeigen. Werden π-Bindungen durch

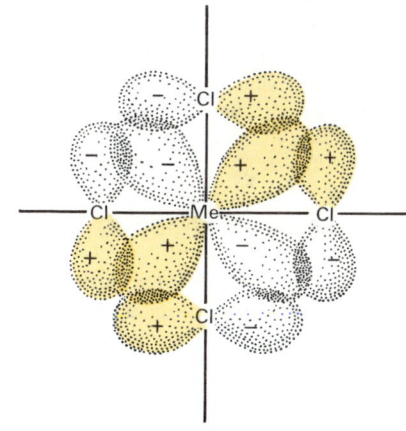

Abb. 21. 13. L $\longrightarrow$ M-π-Bindung (schematisch)

---

[1] *Ein* Unterschied besteht allerdings: Die σd^*-MO sind nach dem MO-Modell (allerdings nur wenig) auf die Liganden *delokalisiert,* während sie nach der CF-Theorie allein auf das Zentralatom beschränkt sind.

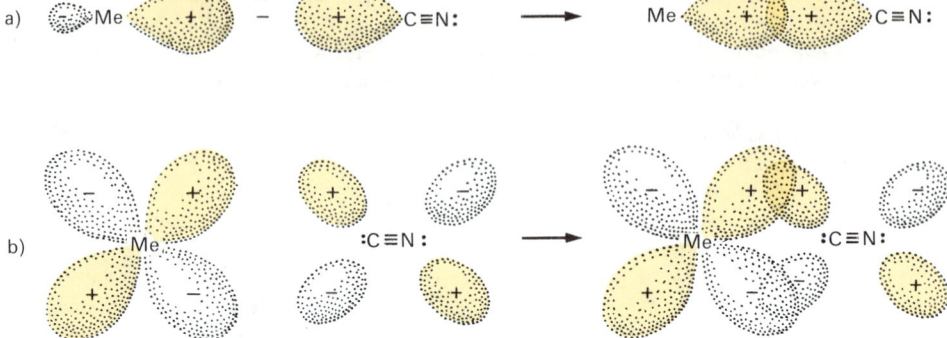

Abb. 21.14. M → L-π-Bindung mit CN⁻ als Ligand. a) σ-Bindung unter Verwendung eines freien Elektronenpaares am C-Atom, b) π-Bindung aus d-AO des Metallatoms und (unbesetzten) antibindenden π-AO des CN⁻-Ions

Kombination der d_ε-AO mit solchen π^*-MO gebildet, so werden die d_ε-AO des Zentralatoms zum Teil über die Liganden delokalisiert («*M → L-π-Bindung*» oder «*back-donation*»; Abb. 21.14). Da die π^*-MO der Liganden vor der Bildung des Komplexes *unbesetzt* waren, bewirkt diese Delokalisation eine gewisse *Stabilisierung* (Energiesenkung) der d_ε-AO, wodurch das Ausmaß der «*Aufspaltung*» (die Energiedifferenz $\varDelta$ zwischen d_ε- und σ_d^*-MO) *größer* wird. Als Folge der Übertragung negativer Ladung vom Zentralatom auf die Liganden wird aber auch deren Fähigkeit zur Bildung von σ-Bindungen (ihr «*Donator-Charakter*») *verstärkt* (ihre σ-MO – die freien Elektronenpaare – tragen mehr zu den bindenden σ_s-, σ_p- und σ_d-MO bei), so daß dadurch ganz allgemein die Liganden stärker vom Zentralatom gebunden, *der Komplex also stabilisiert wird.* In der Tat bewirken CN⁻-Ionen als Liganden nicht nur eine besonders große «Aufspaltung» (was sich in den Absorptionsspektren zeigt; vgl. die spektrochemische Reihe, S. 592), sondern Cyanokomplexe sind häufig auch von außergewöhnlicher thermodynamischer Stabilität.

21.4 Stereochemie

Geometrie der Komplexverbindungen. Wir haben uns bisher schon mehrfach mit den Faktoren auseinandergesetzt, welche die räumliche Struktur eines Atomverbandes bestimmen (S. 96–104, 452). Zu ihnen gehören z. B. Ladung und Größe des Zentralatoms (-ions), das Vorhandensein nichtbindender Elektronenpaare, die Möglichkeit zur Oktettaufweitung u. a. In Komplexen mit völlig *kugelsymmetrischen* Zentralionen, also in den Komplexen aller Metalle der Hauptgruppen in ihren normalen Oxidationszahlen (die in ihren Atomen keine freien, nichtbindenden Elektronenpaare besitzen), sind völlig regelmäßig gebaute Koordinationspolyeder zu erwarten, für die Koordinationszahlen 2, 3, 4, 5, 6, 7 und 8 also lineare, trigonale, tetraedrische, trigonal-bipyramidale, oktaedrische, pentagonal-bipyramidale und quadratisch-antiprismatische Strukturen (Abb. 21.15). Bei Übergangsmetallkomplexen sind dann ebenfalls höchstsymmetrische Strukturen zu erwarten, wenn die nichtbindenden (*d-*) Elektronen insgesamt eine kugelsymmetrische Ladungsverteilung zeigen, d. h. wenn das *d*-Niveau vollständig oder jedes

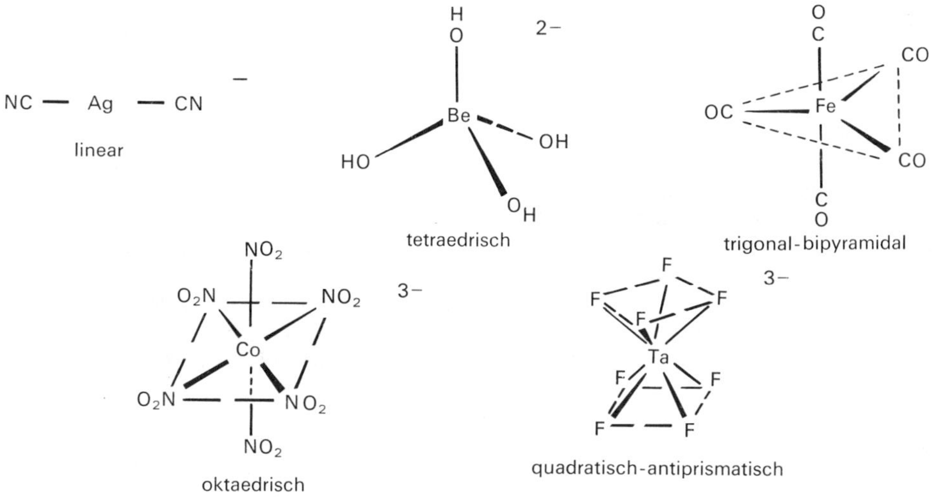

Abb. 21.15. Räumliche Strukturen von Metallkomplexen

d-AO mit einem einzelnen Elektron besetzt ist. Bei einem oktaedrischen Ligandenfeld (Koordinationszahl 6) ist dies bei folgenden Elektronenkonfigurationen tatsächlich der Fall:

high-spin-Komplexe $\quad d^0; \; d_\varepsilon^3; \; d_\varepsilon^3 \, d_\gamma^2; \quad d_\varepsilon^6 \, d_\gamma^2; \; d^{10}$

low-spin-Komplexe $\quad d^0; \; d_\varepsilon^3; \; d_\varepsilon^6; \quad d^{10}$

Alle anderen Elektronenkonfigurationen sollten *verzerrt-oktaedrische* Strukturen (z. B. tetragonal deformierte Oktaeder als Koordinationspolyeder oder im Extremfall planar-quadratische Koordination) ergeben (der letztgenannte Fall kann als sehr stark tetragonal deformiertes Oktaeder aufgefaßt werden, wobei die in der z-Achse liegenden Liganden so weit vom Zentralion entfernt liegen, daß man sie nicht mehr an dieses gebunden betrachten darf und sie keinen Beitrag zum Ligandenfeld mehr leisten).

Die bei den andern als den oben angegebenen Elektronenkonfigurationen auftretenden Abweichungen von den ideal-höchstsymmetrischen Strukturen kommen dadurch zustande, daß die Liganden als Folge der Wechselwirkungen mit den *d*-Orbitalen etwas abgestoßen werden können. Enthält das Zentralion beispielsweise ein oder zwei einfach besetzte d_ε-AO, so ist die Gesamtladungsdichteverteilung der d_ε-AO nicht mehr kugelsymmetrisch und es müßten geringe Abweichungen von der regulär-oktaedrischen Struktur zu beobachten sein (die größte Ladungsdichte der d_ε-Elektronen liegt zwischen den Liganden, und diese sollten also durch die d_ε-Elektronen etwas abgestoßen werden). Tatsächlich wurden bisher in solchen Fällen keine deformiert-oktaedrische Strukturen gefunden; offenbar ist der Effekt der d_ε-Elektronen auf die Liganden zu schwach.

Anders liegt der Fall bei den d_γ-Elektronen, deren größte Ladungsdichte in den Richtungen der Liganden orientiert ist. Wenn ein Zentralion eines *high-spin*-Komplexes 1 oder 3, eines *low-spin*-Komplexes (Spin-Paarung) 1, 2 oder 3 d_γ-Elektronen enthält, so werden die Wechselwirkungen zwischen den d_γ-Elektronen und den Liganden zu einer starken Deformation des Koordinations-Oktaeders führen und damit eine *tetragonale* oder – im Extremfall – *planar-*

quadratische Koordination ergeben. Planar-quadratische oder tetragonal-verzerrte Koordination ist also bei folgenden Elektronenkonfigurationen zu erwarten:

high-spin-Komplexe $d_\varepsilon^3\ d_\gamma^1$; $d_\varepsilon^6\ d_\gamma^3$ *low-spin*-Komplexe $d_\varepsilon^6\ d_\gamma^1$; $d_\varepsilon^6\ d_\gamma^2$; $d_\varepsilon^6\ d_\gamma^3$

Solche auf der Abstoßung zwischen den Liganden und den *d*-Elektronen beruhende Veränderungen der regulären Geometrie werden als *«Jahn-Teller-Effekte»* bezeichnet. Beispiele von Komplexen mit tetragonal deformiert-oktaedrischer Struktur sind die d^4-*high-spin*-Komplexe $[Cr(H_2O)_6]^{2+}$ oder $[Mn(H_2O)_6]^{3+}$ und die d^9-Komplexe (Cu^{+II}). Der $[Cu(NH_3)_4]^{2+}$-Komplex ist bereits planar-quadratisch gebaut; in Lösung nehmen zwei H_2O-Moleküle die Positionen oberhalb und unterhalb der durch die 4 NH_3-Moleküle gebildeten Ebene ein, allerdings in einem ziemlich weiten Abstand. Auch der Aquokomplex von Kupfer(II), $[Cu(H_2O)_6]^{2+}$, besitzt dieselbe Struktur. Wie schon auf S. 594 erwähnt, sind auch die meisten d^8-Komplexe planar-quadratisch gebaut.

Jahn-Teller-Effekte bilden auch einen der Gründe, warum bei den Übergangsmetallen tetraedrische Komplexe relativ selten sind. An sich wäre ja aus Symmetriegründen bei der Koordinationszahl 4 ein Tetraeder als Koordinationspolyeder zu erwarten; die Wechselwirkungen zwischen den *d*-Orbitalen und den Liganden ergeben aber oft deformierte Tetraeder oder – wie bei den d^8-Komplexen – planar-quadratisch koordinierte Komplexe. Tetraedrische *low-spin*-Komplexe sind überhaupt nicht bekannt, weil offenbar die Aufspaltung im tetraedrischen Ligandenfeld zu klein ist, um die paarweise Besetzung der (energieärmeren) d_γ-Niveaux zu erzwingen (vgl. S. 593). Auch der Vergleich der CFS-Energien bei verschiedenen Koordinationspolyedern ergibt, daß eher tetragonal verzerrt-oktaedrische oder planar-quadratische Komplexe, seltener dagegen tetraedrische Komplexe zu erwarten sind. Bei den *high-spin-d⁴*- und den *low-spin-d⁷*-, *d⁸*- und *-d⁹*-Systemen sind die CFS-Energien für planar-quadratische Koordination besonders groß, was diesen Strukturtyp begünstigt. Mit Ausnahme der d^0-, d^5- und d^{10}-Konfigurationen ist die oktaedrische gegenüber der tetraedrischen Koordination durch ihre größere CFS-Energie bevorzugt. Mit Cl^--Ionen als Liganden (schwaches Ligandenfeld als Folge der $L \longrightarrow M$-π-Bindungen!) ergeben Fe^{3+}-Ionen (d^5-Konfiguration) einen tetraedrischen $FeCl_4^-$-Komplex, während CN^--Ionen als Liganden (mit starkem Ligandenfeld; $M \longrightarrow L$-π-Bindungen!) den oktaedrischen $Fe(CN)_6^{3-}$-Komplex bilden. Diese Diskussionen zeigen, wie die CF-Theorie (bzw. das MO-Modell) imstande ist, Abweichungen von der ideal-regelmäßigen, oktaedrischen Struktur zu erklären oder sogar – bei bekannter Koordinationszahl des betreffenden Komplexes – vorauszusagen. Viel *schwieriger* ist jedoch eine *Voraussage* der *Koordinationszahl*, die ein Zentralion in einem bestimmten Fall wirklich zeigt; hier spielen offenbar hauptsächlich die Größenverhältnisse der Ionen bzw. Liganden, die Anzahl der möglichen Kovalenzbindungen und die Wechselwirkungen zwischen den Liganden eine Rolle. So sind z. B. viele Zentralionen mit relativ voluminösen Anionen wie Cl^-, Br^-, I^- oder O^{2-} sowie mit Molekülen von großer Raumbeanspruchung vierfach koordiniert. Es ist zu erwarten, daß auch solche Beziehungen durch die Ligandenfeld- bzw. MO-Theorie geklärt werden können.

Isomerien in Komplexen: cis/trans-Isomerie. Ist ein Zentralion mit verschiedenen Liganden zugleich oder mit mehrzähnigen Liganden (die mehrere Koordinationsstellen besetzen) verbunden, so sind in verschiedenen Fällen **Isomere** möglich, die sich in der räumlichen Anordnung der Liganden (jedoch nicht in der stöchiometrischen Zusammensetzung) unterscheiden.

Bei *planar-quadratischen* oder *oktaedrischen* Komplexen ist **cis/trans-Isomerie** (oft auch als «geometrische Isomerie» bezeichnet) möglich. Besonders gut untersucht sind die planaren Platin(II)-Komplexe (Elektronenkonfiguration d^8), von denen z.B. die beiden möglichen Isomere des $[Pt(NH_3)_2Cl_2]$-Komplexes (I) und (II) bereits von Werner dargestellt worden sind.

cis   *trans*
(I)   (II)

Auch planar-quadratische Komplexe mit unsymmetrischen zweizähnigen Liganden wie z.B. Glycinat-Ionen, $NH_2CH_2COO^-$, treten als *cis/trans*-Isomere auf:

cis   *trans*
(III)   (IV)

Das Auffinden solcher *cis/trans*-Isomerenpaare bei vierfach koordinierten Komplexen bildete einen direkten Beweis für die planar-quadratische Anordnung der Liganden. Bei tetraedrischer Koordination würde nämlich z.B. der Diglycinat-Komplex in einem Isomerenpaar auftreten, das sich wie Bild und Spiegelbild verhält (in einem «Enantiomerenpaar»).

Auch bei *oktaedrischen* Komplexen sind *cis/trans*-Isomere sehr eingehend untersucht. Besonders in der Frühzeit der Komplexchemie wurden Hunderte von stereoisomeren Komplexen der Typen MeA_4X_2, $Me(A-A)_2X_2$, MeA_4XY usw. hergestellt und charakterisiert. Zu den bekanntesten Beispielen gehören die violetten *(cis)* und grünen *(trans)* Formen der Dichloro-tetrammin-Chrom(III)- bzw. Kobalt(III)-Ionen, welche die Strukturen (V) und (VI) besitzen:

cis   *trans*
(V)   (VI)

Zur Reindarstellung von *cis*- und *trans*-Isomeren kann man das bei einer gewöhnlichen Komplexbildungsreaktion in solchen Fällen häufig entstehende Isomerenpaar durch fraktionierte Kristallisation oder ähnliche Methoden trennen oder man kann – im Fall der oktaedrischen Platin(IV)-Komplexe – von planaren Platin(II)-Komplexen ausgehen und durch eine bestimmte Reaktionsfolge das eine oder andere Isomer direkt synthetisieren:

gelb $\xrightarrow[HCl]{Cl_2}$ gelb $\xrightarrow{NH_3}$ gelb

Bei planar-quadratischen Platin-Komplexen lassen sich die Isomeren auch durch *stereospezifisch* verlaufende Synthesen erhalten. Es hat sich nämlich gezeigt, daß bei Ligandensubstitutionen in solchen Komplexen bestimmte Liganden (in *trans*-Stellung) bevorzugt ausgetauscht werden (sogenannter *trans*-Effekt):

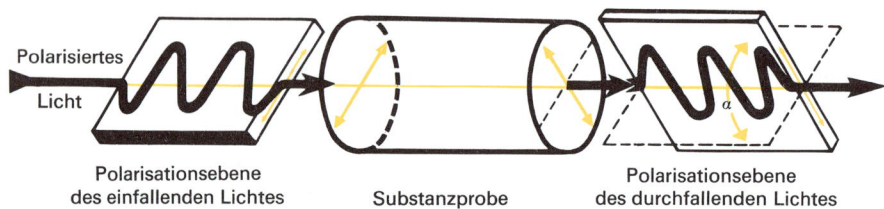

farblos   gelb   gelb

Optische Isomerie. Bei tetraedrischer und oktaedrischer Koordination ist eine weitere Art der Stereoisomerie, die **Spiegelbildisomerie** oder optische Isomerie, möglich. Ein Komplex einer bestimmten Zusammensetzung tritt dann in *zwei Strukturen* auf, die sich wie *Bild* und *Spiegelbild* verhalten und *miteinander nicht zur Deckung zu bringen sind*. Die beiden Isomere («**Enantiomere**» oder «optische Antipoden») unterscheiden sich nur darin, daß sie die Polarisationsebene von *linear polarisiertem Licht* entweder nach rechts oder nach links – bei gleicher Konzentration bzw. Schichtdicke jedoch um den gleichen Betrag – drehen (Abb. 21.16), ein Verhalten, das als optische Aktivität bezeichnet wird. Die übrigen physikalischen und chemischen Eigenschaften der Enantiomere sind im allgemeinen identisch.

Abb. 21.16. Schematische Darstellung der Drehung der Polarisationsebene von polarisiertem Licht durch eine optische aktive Substanz (Drehwinkel α)

Die Voraussetzung für das Auftreten von Spiegelbildisomerie bei einer bestimmten Substanz ist die *Chiralität* (Dissymmetrie) der Moleküle bzw. Komplexe oder der gesamten Gitterstruktur, d.h. die Moleküle (Komplexe) oder die Kristallstruktur dürfen *keine Drehspiegelachsen* als Symmetrieelemente aufweisen, müssen also den Punktgruppen bzw. Kristallklassen C_n und D_n angehören (S. 194). Ist wie beispielsweise beim Quarz oder beim $KClO_4$ die Kristallstruktur chiral (im Quarzkristall bilden die Gitterbausteine eine Schraubenachse, die entweder links- oder rechtsgewunden sein kann, so daß zwei zueinander spiegelbildliche, miteinander aber nicht zur Deckung zu bringende [«enantiomorphe»] Anordnungen möglich sind), so zeigt sich die optische Aktivität nur im festen Zustand und verschwindet beim Schmelzen oder Lösen; die Kristalle treten dann aber ebenfalls in zwei enantiomorphen Formen auf («Links-» und «Rechtsquarz»). Sind jedoch die Moleküle (Komplexe) selbst chiral, so bleibt die optische Aktivität der Substanz auch in der Schmelze oder in Lösung erhalten; das Ausmaß der Drehung ist in diesem Fall abhängig von der Konzentration der Substanz.

Enantiomere verhalten sich wie erwähnt in ihren physikalischen und chemischen Eigenschaften weitgehend gleich; sie können nur durch ihr Verhalten gegen *chirale Effekte* (wie es linear polarisiertes Licht ist) oder aber gegen selbst chiral gebaute Reagenzien unterschieden werden. Synthesen solcher Substanzen aus nicht chiral gebauten Stoffen ergeben deshalb in der Regel Gemische beider Enantiomere. Solche Gemische können als einheitliche Substanzen *(«Racemate»)* kristallisieren, wobei es sich um feste Lösungen (Mischkristalle) oder um eigentliche *«racemische Verbindungen»* handelt. Im letzteren Fall tritt aber eine andere Gitterstruktur auf als bei den reinen Enantiomeren, und sie schmelzen deshalb höher oder tiefer als diese. Racemate drehen die Polarisationsebene natürlich nicht; sie sind optisch inaktiv.

Die *Trennung* («Spaltung») eines Racemats in die beiden Antipoden geschieht meist dadurch, daß man es mit einer weiteren, optisch aktiven Verbindung reagieren läßt. Die beiden Produkte einer solchen Reaktion sind zwar stereoisomer, aber nicht spiegelbildlich zueinander und unterscheiden sich in ihren physikalischen Eigenschaften wie Löslichkeit, Schmelzpunkt usw.; sie sind «diastereomer» zueinander. Nach ihrer Trennung werden die Produkte wieder zerlegt und die optisch aktiven Komponenten des ursprünglichen Racemats erhalten. Für die Spaltung racemischer Komplexe eignet sich besonders die Bildung von Salzen mit optisch aktiven (organischen) Anionen oder Kationen.

Beispiel: Zur Spaltung eines racemischen Kobalt-Komplexes – der aus der linksdrehenden (−) und rechtsdrehenden (+) Form zusammengesetzt ist, bildet man aus dem Racemat das Salz der (−)-Weinsäure. Es entstehen zwei Salze: (+)-Komplex(−)tartrat und (−)-Komplex(−)tartrat, die sich auf Grund ihrer verschiedenen Eigenschaften trennen lassen, weil sie nicht Enantiomere sind [enantiomer zum (+)(−)-Salz wäre das (−)(+)-Salz!].

Beispiele optisch aktiver Komplexe sind gewisse tetraedrische Beryllium-Komplexe mit unsymmetrischen, zweizähnigen Liganden und zahlreiche oktaedrische Komplexe der Zusammensetzung $Me(A-A)_3$, wie z.B. die Trioxalato-Chrom(III)-Komplexe, welche ebenfalls schon von Werner charakterisiert wurden:

Ein weiterer, sehr häufiger Typus von optisch aktiven Komplexen entspricht der allgemeinen Formel $Me(A-A)_2X_2$. Das *trans*-Isomer besitzt eine Symmetrieebene und kann nicht in optische Antipoden getrennt werden, während die *cis*-Form in zwei Enantiomeren auftritt:

trans   *cis*(+)   *cis*(−)

Die zweizähnigen Liganden werden abgekürzt dargestellt:

O—Ox—O bedeutet $^-OOC-COO^-$ und N—en—N $NH_2-CH_2-CH_2-NH_2$

21.5 Stabilität und Reaktivität von Komplexen

Betrachtungen über die *Stabilität* und *Reaktivität* von Komplexen sind für das Verständnis der Chemie der Übergangsmetalle von großer Bedeutung. Leider sind über die Zusammenhänge zwischen Struktur und Stabilität bzw. Reaktivität auch heute noch in vielen Fällen nur qualitative Aussagen möglich, weil es sehr schwierig ist, die mit der Verschiedenartigkeit von Zentralionen und Liganden sowie der verschiedenen Lösungsmittel verbundenen Variablen auseinanderzuhalten und quantitativ zu erfassen. Immerhin ist es in den letzten Jahrzehnten möglich geworden, einige allgemeine Beziehungen zwischen Komplexen verschiedener Metalle oder zwischen Komplexen eines Metalles in verschiedenen Oxidationsstufen zu erkennen und teilweise zu erklären.

Stabilitätskonstanten. Die Stabilität eines Komplexes (genauer: seine thermodynamische Stabilität) wird durch die Gleichgewichtskonstante seiner Bildung ausgedrückt, also durch die Gleichgewichtskonstante für Reaktionen der folgenden Art:

$$Me^{+y} + n\,L \rightleftarrows MeL_n^{+y}$$

Nun verlaufen aber alle solchen Reaktionen schrittweise, und für jeden Schritt gilt eine bestimmte Gleichgewichtskonstante k_1, k_2, k_3 usw. Die «Brutto-Konstante» – die eigentliche Stabilitätskonstante *(«Komplexbildungskonstante»)* – wird dann gleich dem Produkt der einzelnen Konstanten:

$$Me^{+y} \quad + L \rightleftarrows MeL^{+y} \qquad k_1 = \frac{(MeL^{+y})}{(Me^{+y})\,(L)}$$

$$MeL^{+y} \quad + L \rightleftarrows MeL_2^{+y} \qquad k_2 = \frac{(MeL_2^{+y})}{(MeL^{+y})\,(L)}$$

$$\vdots \qquad\qquad\qquad\qquad\qquad \vdots$$

$$MeL_{n-1}^{+y} + L \rightleftarrows MeL_n^{+y} \qquad k_n = \frac{(MeL_n^{+y})}{(MeL_{n-1}^{+y})\,(L)}$$

$$K = \frac{(MeL_n^{+y})}{(Me^{+y})\,(L)^n} = k_1\,k_2 \ldots k_n$$

Weil die Komplexbildung *stufenweise* erfolgt, treten in einer Lösung auch die Zwischenstufen (die nicht vollständig koordinierten Ionen MeL^{+y}, $MeL_2^{+y} \ldots MeL_{n-1}^{+y}$) auf; ihre Konzentrationen werden durch die ursprünglich vorhandenen Konzentrationen der Metallionen und der Liganden sowie die einzelnen Gleichgewichtskonstanten bestimmt. Die Größe der Konstanten nimmt im allgemeinen – mit ganz wenigen Ausnahmen – von Schritt zu Schritt ab. Wenn also zu einer Lösung, welche die betreffenden Metallionen enthält, die Liganden zugesetzt werden, so bildet sich zuerst der Komplex MeL^{+y}. Mit zunehmender Ligandenkonzentration wächst die Konzentration der MeL_2^{+y}-Komplexe und dann die MeL_3^{+y}-Konzentration, während die Konzentrationen von MeL^{+y} und dann von MeL_2^{+y} abnehmen, bis schließlich bei genügend hoher Ligandenkonzentration der vollständig koordinierte Komplex MeL_n^{+y} überwiegt (vgl. Abb. 21.17).

Die Gründe dafür, daß die Gleichgewichtskonstanten für jeden Schritt der Komplexbildung kleiner werden, sind die mit zunehmender Zahl gebundener Liganden wachsende sterische Hinderung, die Coulomb-Abstoßung (bei geladenen Liganden) und schließlich statistische Faktoren, denn die Wahrscheinlichkeit, daß das Zentralion mit einem Liganden in der richtigen

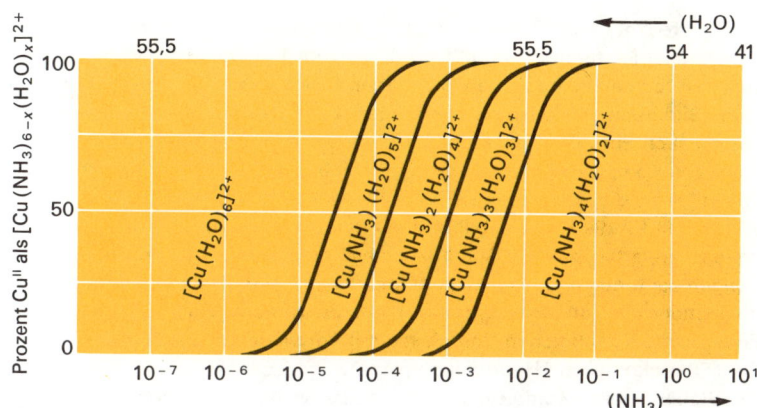

Abb. 21. 17. Anteil von Cu^{+II} in den verschiedenen Amminkomplexen in Abhängigkeit von der Ammoniakkonzentration

Orientierung zusammenstößt, wird mit zunehmender Zahl bereits gebundener Liganden immer kleiner.

Die mit der Komplexbildung verknüpfte *Änderung der freien Enthalpie* (im Standardzustand) ist gleich

$$\Delta G^0 = -RT \ln K = -2,3\ RT \log K.$$

Die Stabilitätskonstante mißt die Differenz zwischen der freien Enthalpie des Komplexes und der freien Enthalpie von Metallionen und Liganden (beide im Standardzustand). Diese Differenz ist um so größer – der Komplex ist also um so stabiler –, je größer die mit der Komplexbildung einhergehende Enthalpieabnahme bzw. Entropiezunahme ist.

Nun befassen sich die weitaus meisten Arbeiten über Komplexbildungs- und -zerfallsgleichgewichte mit Reaktionen in wäßrigen Lösungen, so daß es sich bei den diskutierten Reaktionen eigentlich um Ligandensubstitutionen handelt, wobei H_2O-Moleküle der Aquokomplexe durch neue Liganden ersetzt werden. Die (im Kalorimeter) meßbare Enthalpieänderung stellt somit die Enthalpiedifferenz zwischen dem Aquokomplex und dem fraglichen Komplex dar; ebenso bezieht sich die Entropieänderung auf das Ligandenaustausch-Gleichgewicht und kann nicht einfach der Entropieänderung, welche der eigentlichen Komplexbildung entspricht, gleichgesetzt werden. Die *experimentelle Bestimmung* der wirklichen *Stabilitätskonstante* eines Komplexes ist aber nicht nur deswegen recht *schwierig,* weil die Hydrationsenthalpien und -entropien (die nicht immer exakt bestimmbar sind, oft jedoch wenigstens abgeschätzt werden können) berücksichtigt werden müssen, sondern weil oft auch die genaue stöchiometrische Zusammensetzung der an den verschiedenen Gleichgewichten beteiligten Teilchenarten schwierig zu bestimmen oder überhaupt nicht bekannt ist. So kennt man beispielsweise im Falle mancher Aquokomplexe die genaue Zahl der koordinierten H_2O-Moleküle nicht mit Sicherheit. Eine weitere Schwierigkeit besteht in der Bestimmung der Aktivitätskoeffizienten der einzelnen Teilchenarten, sofern nicht in sehr verdünnten Lösungen gearbeitet werden kann. (Die thermodynamischen Gleichgewichtskonstanten beziehen sich nicht auf die analytisch feststellbaren Teilchenkonzentrationen, sondern auf ihre Aktivitäten.) Es darf aus allen diesen Gründen nicht wundernehmen, daß die Stabilitätskonstanten vieler Komplexe nur annähernd bekannt sind und die in der Literatur zu findenden Zahlenangaben oft voneinander beträchtlich abweichen.

CFS-Effekte. Es ist offensichtlich, daß die Stabilität eines Komplexes von einer ganzen Anzahl struktureller Faktoren beeinflußt wird, die zum Teil von der Art des betreffenden Zentralions, zum Teil von den im fraglichen Fall vorhandenen Liganden abhängig sind und die in erster Linie in der Bildungsenthalpie des betreffenden Komplexes zum Ausdruck kommen. Daneben spielen jedoch auch Entropieeffekte eine zweifellos recht bedeutende Rolle, insbesondere bei der Bildung von Komplexen mit mehrzähnigen Liganden (S. 613). In der Praxis ist es allerdings nicht immer leicht, die Wirkungen der verschiedenen Effekte zu erkennen und zu unterscheiden.

Wenn man für die Komplexbildung ein reines Ionen- (bzw. Ionen-Dipol-) Modell verwendet, wäre zu erwarten, daß die Stabilität eines Komplexes um so größer sein wird, je größer die Ladungen der Ionen und je kleiner die Ionen selbst sind. Die Komplexstabilität müßte also mit zunehmender «Ladungskonzentration» des Zentralions wachsen. In der Tat findet man diese Erwartung bei zahlreichen Komplexen mit vorwiegend ionischer Bindung der Liganden bestätigt (Fluorokomplexe, Hydroxokomplexe).

Die Stabilität eines Komplexes wird nun aber vielfach in entscheidender Weise durch die *CFS-Energie* des Zentralions beeinflußt. Wir haben bereits gezeigt, wie die d-Elektronen im oktaedrischen Ligandenfeld (auf das wir uns hier beschränken wollen) in ein energieärmeres Triplett (d_ε-Orbitale) und ein energiereicheres Dublett (d_γ-Orbitale) aufgespalten werden. Die Besetzung eines d_ε-AO durch ein einzelnes Elektron bedeutet deshalb eine Stabilisierung des Zentralions um den Betrag 4 Dq, während die Belegung eines d_γ-AO durch ein einzelnes Elektron um 6 Dq destabilisierend wirkt. Ein d^3-Ion ist als Zentralion in einem oktaedrischen Komplex also um insgesamt 12 Dq energieärmer als im freien (gasförmigen) Zustand. Für die verschiedenen anderen oktaedrischen *high-spin*-Komplexe ist die CFS-Energie in Tabelle 21.5 zusammengestellt. Da man die Größe der Aufspaltung (den Wert 10 Dq) unabhängig von thermochemischen Messungen aus den Absorptionsspektren ermitteln kann, ist es möglich, den Beitrag der CFS-Energie zur Stabilisierung der einzelnen Ionen zahlenmäßig anzugeben.

Für viele (oktaedrische) *high-spin*-Komplexe + 2- und + 3fach geladener Metallionen gilt in bezug auf die *Komplexstabilität* folgende «*natürliche*» Reihe:

$$Ca^{2+} < Ti^{2+} < V^{2+} < Cr^{2+} > Mn^{2+} < Fe^{2+} < Co^{2+} < Ni^{2+} < Cu^{2+} > Zn^{2+}$$

$$Sc^{3+} < Ti^{3+} < V^{3+} < Cr^{3+} > Mn^{3+} > Fe^{3+} < Co^{3+} > Ga^{3+}$$

Vergleicht man beispielsweise die *Hydrationsenthalpien* der + 2- und + 3fach geladenen Ionen, so ergeben sich die den obigen Reihen entsprechenden Kurven der Abb. 21.18. Wäre die Ladungsdichteverteilung aller Ionen völlig kugelsymmetrisch, so wäre eine vom Ca^{2+} zum Zn^{2+} (bzw. vom Sc^{3+} zum Ga^{3+}) allmählich ansteigende Kurve zu erwarten, entsprechend dem mit wachsender Ordnungszahl abnehmenden Ionenradius. Die Werte für die Ionen mit den Elektronenkonfigurationen d^0 (Ca^{2+} bzw. Sc^{3+}), d^5 (Mn^{2+} bzw. Fe^{3+}) und d^{10} (Zn^{2+} bzw. Ga^{3+}), bei denen keine Kristallfeldstabilisierung möglich ist (Ladungsdichte insgesamt kugelsymmetrisch), liegen tatsächlich auf einer solchen Kurve. Zieht man von den experimentell bestimmten Hydrationsenthalpien der übrigen Aquokomplexe die CFS-Energie ab, so kommen auch die Werte dieser Ionen ziemlich genau auf die durch die d^0-, d^5- und d^{10}-Ionen gegebene Kurve zu liegen. Dieses Ergebnis zeigt, daß die thermodynamische Stabilität solcher Komplexe einerseits durch die *Ladungskonzentration* des Zentralions und anderseits durch dessen *CFS-Energie* bestimmt wird. Daß (im Falle der + 2-fach geladenen Ionen) die Maxima der Stabilität bei den d^4- bzw. d^9- (und nicht — wie es nach den in Tabelle 21.5 angegebenen Werten der CFS-Energie zu erwarten wäre — bei den d^3- bzw. d^8-) Ionen liegen, rührt davon her, daß bei den d^4- und d^9-Ionen keine regulär-oktaedrische, sondern tetragonal deformiert-oktaedrische Strukturen vorliegen.

Tabelle 21.5. Besetzung der d_ε- und d_γ-Orbitale sowie CFS-Energien (in Δ-Einheiten, $\Delta = 10$ Dq bei okteaderischen Komplexen

Beispiele				Schwaches Feld			Starkes Feld		
				d_ε	d_γ	CFSE	d_ε	d_γ	CFSE
d^0	Ca^{2+}	Sc^{3+}	usw.	0	0	0	0	0	0
d^1	Ti^{3+}	V^{4+}		1	0	0,4	1	0	0,4
d^2	Ti^{2+}	V^{3+}		2	0	0,8	2	0	0,8
d^3	V^{2+}	Cr^{3+}		3	0	1,2	3	0	1,2
d^4	Cr^{2+}	Mn^{3+}		3	1	0,6	4	0	1,6
d^5	Mn^{2+}	Fe^{3+}		3	2	0	5	0	2,0
d^6	Fe^{2+}	Co^{3+}		4	2	0,4	6	0	2,4
d^7	Co^{2+}			5	2	0,8	6	1	1,8
d^8	Ni^{2+}	Pd^{2+}	Pt^{2+}	6	2	1,2	6	2	1,2
d^9	Cu^{2+}			6	3	0,6	6	3	0,6
d^{10}	Ag^+	Zn^{2+}		6	4	0	6	4	0

CFS-Effekte sowie Auswirkungen von Ladung und Größe des Zentralions spielen auch bei der *Stabilisierung gewisser Oxidationsstufen* durch Komplexbildung eine Rolle. Wie die Tabelle 21.6 zeigt, sind die Normalpotentiale der Redoxsysteme Fe^{+II}/Fe^{+III} und Co^{+II}/Co^{+III} sehr stark verschieden, je nachdem, welche Liganden mit dem Zentralion koordiniert sind. Wird in den Aquokomplexen H_2O durch Liganden wie NH_3, CN^- oder $EDTA^{4-}$ ersetzt, so wird dadurch die +III-Stufe beträchtlich stabilisiert, und die Leichtigkeit, mit der die Komplexe der +II-Stufe oxidiert werden, wächst. Während beispielsweise Co^{3+} aq-Ionen Wasser zu Sauerstoff oxi-

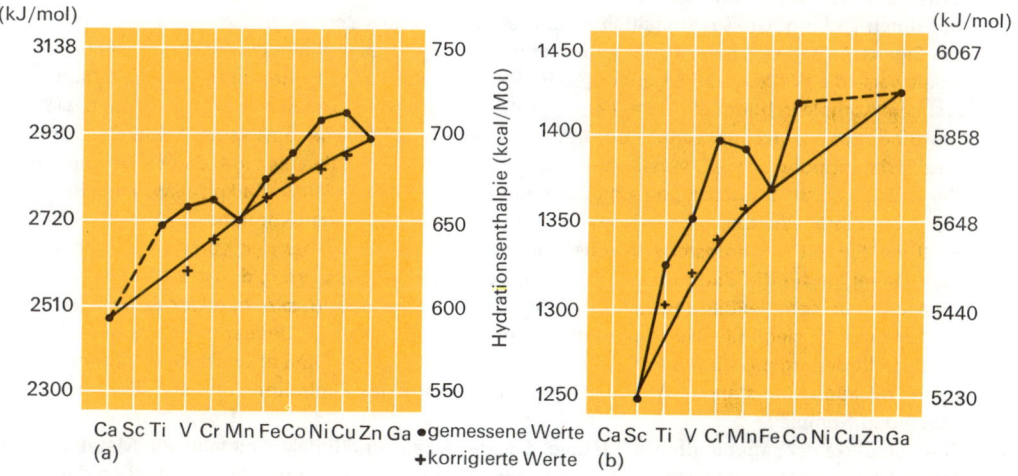

Abb. 21.18. Hydrationsenthalpien von Kationen der Übergangsmetalle
a) +2-fach geladene Ionen   b) +3-fach geladene Ionen

Tabelle 21.6. Normalpotentiale einiger Redoxsysteme von Eisen und Kobalt

Redoxpaar	E^0 (Volt)
$[Fe(H_2O)_6]^{2+} \rightleftarrows [Fe(H_2O)_6]^{3+} + e^-$	+0,75
$[Fe(CN)_6]^{4-} \rightleftarrows [Fe(CN)_6]^{3-} + e^-$	+0,36
$[Fe(EDTA)]^{2-} \rightleftarrows [Fe(EDTA)]^- + e^-$	-0,12
$[Co(H_2O)_6]^{2+} \rightleftarrows [Co(H_2O)_6]^{3+} + e^-$	+1,80
$[Co(NH_3)_6]^{2+} \rightleftarrows [Co(NH_3)_6]^{3+} + e^-$	+0,10

dieren können, wird umgekehrt der Komplex $Co(H_2O)_6^{2+}$ in Gegenwart von NH_3, CN^- oder NO_2^- sogar durch Luftsauerstoff zum entsprechenden Kobalt(III)-Komplex oxidiert.

Zur Erklärung dieser Effekte betrachten wir die Kristallfeldstabilisierung der Kobalt-Komplexe. Wasser als Ligand bewirkt nur eine relativ schwache Aufspaltung der d-Niveaux, und der Komplex $Co(H_2O)_6^{2+}$ zeigt die Elektronenkonfiguration $d_\varepsilon^5 d_\gamma^2$ *(high-spin*-Komplex). In einem stärkeren Ligandenfeld – z.B. bei der Koordination mit CN^--Ionen – wäre die Aufspaltung jedoch viel größer und man würde auch bei Kobalt(II)-(d^7-)Komplexen Spin-Paarung erwarten ($d_\varepsilon^6 d_\gamma^1$). Durch Abspaltung des einzelnen, ein d_γ- (bzw. ein antibindendes $\sigma_d{}^*$-) Orbital besetzenden Elektrons tritt aber eine beträchtliche Stabilisierung ein (die CFS-Energie wächst von 18 Dq auf 24 Dq), so daß die Oxidation des Kobalt(II)-Komplexes leicht eintritt. Sie ist um so leichter möglich [d.h. der entstehende Kobalt(III)-Komplex ist um so stabiler], je stärker das Ligandenfeld ist, denn dadurch werden die d_γ-Orbitale immer energiereicher und würde deshalb ein einzelnes d_γ-Elektron immer stärker destabilisierend wirken. Dazu kommt noch, daß die Aufspaltung Δ bei Ionen der Ladung +3 an sich schon größer ist als bei +2fach geladenen Ionen, was den Übergang zum d^5-Fe^{+III}- bzw. d^6-Co^{+III} weiter erleichtert.

Einflüsse der Liganden. Es ist selbstverständlich, daß die Stabilität eines Komplexes nicht nur durch Ladung, Größe, Kristallfeldstabilisierung usw. des Zentralions, sondern auch durch die Eigenschaften der mit diesem koordinierten Liganden beeinflußt wird. So zeigt sich beispielsweise die Wirkung der Ligandengröße darin, daß das kleine F^--Ion mit vielen Metallionen stabilere Komplexe bildet als die anderen, größeren Halogenid-Ionen, obwohl bei den letzteren die Bindungen zwischen Zentralion und Liganden durch eine in gewissem Ausmaß eintretende Überlappung von AO verstärkt werden. Bei Neutralmolekülen als Liganden spielen neben der Größe vor allem auch Eigenschaften wie Dipolmoment, Polarisierbarkeit usw. eine Rolle, die aber in ihrer Wirkung nicht immer auseinandergehalten werden können.

Weil ein Ligand – wenigstens in einem gewissen Ausmaß! – bei der Komplexbildung ein Elektronenpaar für die Bildung zur Verfügung stellt, darf man erwarten, daß die Tendenz eines Liganden zur Komplexbildung um so größer ist, je stärker sein *Basencharakter* (eigentlich je stärker seine Nucleophilie) ist, denn auch beim Verhalten als Base (bei der Bindung eines H^+-Ions) stellt der Ligand ein freies Elektronenpaar zur Verfügung. Stärker basische Liganden ergeben oft auch eine stärkere Aufspaltung der d-Niveaux des Zentralions und stabilisieren dadurch den Komplex.

Die Komplexe der sogenannten A-Metalle, d.h. der Alkali- und Erdalkalimetalle, der Metalle der ersten Reihe der Übergangselemente sowie der Lanthaniden und Actiniden entsprechen diesen Erwartungen. Alle diese Metallionen sind mäßig harte bis harte Lewis-Säuren und bevorzugen dementsprechend auch mehr oder weniger harte Basen als Liganden (Liganden, die über N-, O- oder F-Atome an das Zentralion gebunden sind). B-Metalle, wie die Metalle der

Kupfer- und der Zinkgruppe sowie Zinn und Blei (eher weiche Lewis-Säuren) hingegen bilden stabilere Komplexe mit weicheren Basen [S^{2-}, I^-, $P(CH_3)_3$ u.a.]; die Bindungen in diesen Komplexen sind ohne Zweifel wesentlich stärker kovalent als in den Komplexen der A-Metalle. Die Bildung von π-Bindungen zwischen Metallionen und Liganden, wie CO oder CN^-, erhöht aber in jedem Fall – auch bei der ersten Reihe der Übergangsmetalle – die Komplexstabilität.

Entropieeffekte. Wie bereits erwähnt wurde, ist ein Komplex um so stabiler, je größer die mit der Komplexbildung verbundene Entropiezunahme ist. Nun wäre an sich zu erwarten, daß bei der Bildung eines Komplexes aus Zentralion und Liganden die Entropie abnehmen sollte, weil dadurch die Zahl der frei beweglichen Teilchen – und damit auch die Unordnung – abnimmt. In Tat und Wahrheit bewirken jedoch die mit der Komplexbildung einhergehenden Veränderungen der Solvathülle der Ionen in der Regel eine *Zunahme der Entropie.* Bildet sich z. B. durch Ligandensubstitution aus dem Aquokomplex eines Metallions ein neuer Komplex, wobei H_2O-Moleküle durch negativ geladene Liganden ersetzt werden, so nimmt die Entropie stark zu, denn die beiden Hydrathüllen der Reaktionspartner werden zerstört und der neuentstandene Komplex – mit geringerer positiver Ladung – bewirkt eine geringere Ordnung der Lösungsmittelteilchen:

$$Me(H_2O)_6{}^{3+}aq + L^-aq \rightleftarrows Me(H_2O)_5L{}^{2+}aq + H_2O$$

Besonders groß ist die Bedeutung der Entropiezunahme für die Stabilität von **Chelatkomplexen,** also von Komplexen mit zwei- oder mehrzähnigen Liganden. Chelatkomplexe sind ganz allgemein beträchtlich stabiler als Komplexe der gleichen Zentralionen mit einzähnigen Liganden. So beträgt beispielsweise die Stabilitätskonstante des $[Ni(NH_3)_6]^{2+}$-Komplexes $2 \cdot 10^9$; werden aber die NH_3-Moleküle als Liganden durch den zweizähnigen Liganden $NH_2-CH_2-CH_2-NH_2$ (Äthylendiamin, abgekürzt «en») ersetzt, so entsteht ein Komplex mit einer Stabilitätskonstanten von $3,8 \cdot 10^{17}$. Diese ganz bedeutend höhere Stabilität des Chelatkomplexes $[Ni(en)_3]^{2+}$ ist hauptsächlich auf die mit der Komplexbildung verbundene Entropiezunahme zurückzuführen. Bei der Bildung des Chelatkomplexes werden zwei H_2O-Moleküle des Aquokomplexes durch ein einziges en-Molekül ersetzt, so daß die Zahl der freibeweglichen Teilchen – die Unordnung! – zunimmt. Zudem ist der Ersatz eines zweiten H_2O-Moleküls durch die zweite Aminogruppe eines bereits mit dem Zentralion koordinierten en-Moleküls auch aus statistischen Gründen viel wahrscheinlicher als der Ersatz eines zweiten H_2O-Moleküls durch ein weiteres NH_3-Molekül aus der Lösung, weil sich diese Aminogruppe bereits in unmittelbarer Nähe eines ersetzbaren H_2O-Moleküls befindet. Die Wahrscheinlichkeit für die Bildung von $[Ni(H_2O)_4en]^{2+}$ ist damit größer als die Wahrscheinlichkeit der Bildung von $[Ni(H_2O)_4(NH_3)_2]^{2+}$ (die Entropie des erstgenannten Komplexes ist höher), was in den entsprechenden Gleichgewichtskonstanten zum Ausdruck kommt (für $[Ni(H_2O)_4(NH_3)_2]^{2+}$ ist $k_1 \cdot k_2 = 6 \cdot 10^4$, für $[Ni(H_2O)_4en]^{2+}$ hingegen ist $K = 2 \cdot 10^7$).

Die Entropiezunahme bei der Bildung von Chelatkomplexen ist naturgemäß um so größer, je mehr Koordinationsstellen die mehrzähnigen Liganden besetzen. Komplexe, die vier-, fünf- oder sechszähnige Liganden enthalten, sind dementsprechend ganz besonders stabil. Bekannte Beispiele dafür bilden die Komplexe mit *Äthylendiamintetraacetat* (EDTA oder «Komplexon»), einem sechszähnigen Liganden, der selbst mit Erdalkali-Ionen – die im allgemeinen nur wenig stabile Komplexe bilden – sehr stabile Chelatkomplexe ergeben (Bedeutung für die volumetrische Bestimmung der Metallionen; *«Komplexometrie»).* Auch die Ringgröße in den Chelatkomplexen ist für deren Stabilität von Bedeutung; fünf- oder sechsgliedrige Chelatringe führen im allgemeinen zu besonders stabilen Komplexen.

Labile und inerte Komplexe. Komplexe, welche ihre Liganden mit relativ großer Geschwindigkeit gegen andere Liganden austauschen können, werden als «labil» bezeichnet. Bei «**inerten**» Komplexen hingegen geschieht ein solcher Ligandenaustausch verhältnismäßig langsam[1]. Die Bezeichnung «labil» sagt also nichts aus über die Stabilität eines Komplexes, denn wie bereits wiederholt betont wurde, haben «Stabilität» und «Reaktivität» nichts miteinander zu tun. Die «Stabilität» bezieht sich auf die Differenz der freien Enthalpie zwischen Zentralion und Liganden einerseits und Komplex anderseits, während die Reaktivität – also der mehr oder weniger inerte bzw. labile Charakter – eines Komplexes durch seine *freie Aktivierungsenthalpie* (die Differenz der freien Enthalpie zwischen Übergangszustand und Metallkomplex) ausgedrückt wird. Obschon viele stabile Komplexe zugleich inert und ebenso viele wenig stabile Komplexe zugleich labil sind, gibt es auch sehr stabile, aber kinetisch labile Komplexe wie z. B. den $Ni(CN)_4^{2-}$-Komplex, welcher in Lösung radioaktives Cyanid (^{14}CN) praktisch momentan gegen seine nichtradioaktiven Liganden austauscht.

Von Taube wurde erstmals darauf hingewiesen, daß die *Elektronenstruktur* eines Komplexes *mit seiner Reaktivität in Beziehung* steht. So sind sämtliche Komplexe, deren Zentralionen Elektronen in d_γ-Orbitalen enthalten, labil, also beispielsweise die Komplexe $Co(NH_3)_6^{2+}$ (d^7), $Cu(H_2O)_6^{2+}$ (d^9), $Ni(H_2O)_6^{2+}$ (d^8) und $Fe(H_2O)_6^{3+}$ (d^5). Ebenso sind alle Komplexe, welche weniger als drei d-Elektronen enthalten, labil [z. B. $Ti(H_2O)_6^{3+}$, $CaEDTA^{2-}$]. Oktaedrische d^3-Komplexe sowie *low-spin-d^4-*, *-d^5-* und *-d^6*-Komplexe sind hingegen inert [$Cr(H_2O)_6^{3+}$, d^3; $Fe(CN)_6^{3-}$, d^5; $PtCl_6^{2-}$, d^6].

Eine vertiefte Einsicht in die Reaktionsfähigkeit verschiedener Metallkomplexe läßt sich durch einen Vergleich von CFS-Energien von *Übergangszuständen* und von Komplexen selbst gewinnen. Ist z. B. die CFS-Energie des Komplexes viel größer als diejenige des Übergangszustandes, so ist die Aktivierungsenthalpie relativ groß, die Reaktionsgeschwindigkeit der betrachteten Reaktion also gering; ist jedoch der Unterschied in der CFS-Energie zwischen Komplex und Übergangszustand nur klein, so wird die Reaktionsgeschwindigkeit größer sein. Für oktaedrische Komplexe und quadratisch-pyramidale sowie pentagonal-bipyramidale Übergangszustände ($S_N 1$- und $S_N 2$-Reaktionen) sind entsprechende Berechnungen durchgeführt worden. Nach ihnen sollten die Reaktionsgeschwindigkeiten bei Ligandensubstitutionen an inerten Komplexen (ungeachtet des Reaktionstyps) in der Reihenfolge $d^5 > d^4 > d^8 \sim d^3 > d^6$ abnehmen (die d^4-, d^5- und d^6-Komplexe sind *low-spin*-Konfigurationen). In der Tat entsprechen die experimentellen Messungen den Erwartungen.

Die Reaktionsgeschwindigkeiten von Metallkomplexen werden aber auch durch *Ladung* und *Größe* des *Zentralions* beeinflußt. Ebenso wie die Komplexe von kleinen, hochgeladenen Ionen besonders stabil sind, sind solche Komplexe oft auch kinetisch inert. In der Reihe AlF_6^{3-} – SiF_6^{2-} – PF_6^- – SF_6 nimmt deshalb die Reaktionsfähigkeit nach rechts deutlich ab. Bei oktaedrischen Komplexen, welche dieselben Liganden enthalten, sind die Komplexe, deren Zentralion die größe Ladungskonzentration aufweist, am meisten inert.

Reaktivität vierfach koordinierter Komplexe. Tetraedrisch gebaute d^{10}-Komplexe wie z. B. $[HgX_4]^{2-}$ (X = Cl, Br, I) sind *labil,* da die CFS-Energie für die d^{10}-Konfiguration Null ist und somit kein Verlust an CFS-Energie möglich ist, wenn sich ein fünffach koordinierter Übergangszustand bildet. Planar-quadratische Komplexe sind ebenfalls *labil* (mit Ausnahme der PtX_4^{2-}-Komplexe), weil sich hier fünffach koordinierte Übergangszustände leicht bilden können. Die Reaktionsträgheit der Pt-Komplexe beruht auf der relativ großen Aufspaltung $\varDelta$

---

[1] Nach Taube werden solche Komplexe als labil bezeichnet, bei welchen ein Ligandenaustausch bei 25 °C weniger als eine Minute benötigt.

des Pt^{II}-Ions, was zur Folge hat, daß mit der Bildung eines fünffach koordinierten Übergangszustandes ein ziemlich großer Verlust an CFS-Energie einhergeht, mit anderen Worten, daß der
Übergangszustand durch CFS-Energie viel weniger stabilisiert wird als der Komplex selbst.
Wie bereits auf S. 606 erwähnt wurde, beobachtet man bei vielen Substitutionsreaktionen an
planar-quadratischen Komplexen, daß die Substitution *stereospezifisch* erfolgt. Bei Reaktionen
vom Typus $[PtLX_3]^- + Y^- \longrightarrow [PtLX_2Y]^- + X^-$ können zwei verschiedene Produkte entstehen, die sich in der Orientierung des neuen Liganden Y bezüglich des Liganden L unterscheiden:

Die Mengenverhältnisse, in denen *trans*- und *cis*-Komplexe gebildet werden, hängen weitgehend von der Natur des Liganden L ab; im allgemeinen überwiegt jedoch die *trans*-Konfigura-
tion. Der Ligand L bewirkt offenbar, daß der in Richtung «*trans*» zu L gebundene Ligand besonders labil wird.
Die Erklärung für diese Erscheinung liegt wahrscheinlich in Polarisations- und π-Bindungs-
effekten. Wenn zwischen dem Liganden L und dem Zentralion durch Überlagerung von
Liganden-AO mit d_{xz}- oder d_{yz}-Orbitalen des Zentralions eine π-Bindung gebildet wird, so wird
die Ladungsdichte zwischen dem Zentralion und dem *trans*-ständigen Liganden verringert, so
daß hier ein neu eintretender Ligand leichter angreifen kann. Da die beiden nicht an der π-
Bindung beteiligten «Keulen» der d_{xz}- und d_{yz}-AO – welche direkt gegen den eintretenden
Liganden Y gerichtet sind – dadurch «verkleinert» werden, wird auch der betreffende Übergangszustand stabilisiert, und die Substitution wird bevorzugt in *trans*-Stellung erfolgen. In
Übereinstimmung mit dieser Vorstellung zeigen CN^- und CO als Liganden einen besonders
stark ausgeprägten *trans*-Effekt.

21.6 Beispiele von Komplexreaktionen

Ligandensubstitutionen. Über Mechanismen und Kinetik von Ligandensubstitutionen wurde bereits früher gesprochen (S. 342). Hier sei nochmals daran erinnert, daß solche Reaktionen
im Prinzip als S_N1- oder S_N2-Reaktion ablaufen können: Der geschwindigkeitsbestimmende
Schritt besteht in der Abtrennung des austretenden Liganden [S_N1] bzw. in der Bildung des
sieben- bzw. fünffach koordinierten Übergangszustandes [S_N2]. Es muß jedoch darauf hingewiesen werden, daß beide Typen *Extremfälle* darstellen und die wirklichen Mechanismen
nur selten diesen einfachen Vorstellungen völlig entsprechen. Die Bildung der neuen Bindung
dürfte vielmehr meistens schon eintreten, bevor die alte Bindung vollständig aufgespalten
worden ist, d.h. der Übergangszustand ist meistens weder ein echter fünffach koordinierter
Komplex (wie es bei einer S_N1-Reaktion an oktaedrischen Komplexen zu erwarten wäre) noch
ein Gebilde, in welchem sowohl der austretende wie der neu eintretende Ligand gleichzeitig
stark an das Zentralion gebunden sind. Man würde vielleicht denken, daß im konkreten Fall
mittels kinetischen Untersuchungen eine Entscheidung darüber, ob ein S_N1- oder ein S_N2-
Mechanismus vorliegt, gefällt werden könnte; bei Reaktionen, die in Lösung ablaufen (und

dazu gehören die meisten Ligandensubstitutionen!), vermag jedoch die Bestimmung der Reaktionsordnung oft keinen Aufschluß über den Mechanismus zu geben. Eine Reaktion der folgenden Art

$$[L_5MeX]^+ + H_2O \longrightarrow [L_5Me(H_2O)]^{2+} + X^-$$

beispielsweise wird in wäßriger Lösung in jedem Fall nach der 1. Ordnung verlaufen, weil die Konzentration von H_2O durch die Reaktion praktisch nicht verändert wird, die Reaktionsgeschwindigkeit somit nur von der Konzentration des Ausgangskomplexes abhängt. – Unter Umständen kann auch ein vorgelagertes Gleichgewicht auftreten:

$$[L_5MeX] + Y \rightleftarrows [L_5MeX] \cdots Y$$
$$[L_5MeX] \cdots Y \longrightarrow [L_5MeY] + X$$

Wenn die eigentliche Ligandensubstitution (der zweite Schritt) langsam verläuft und damit geschwindigkeitsbestimmend wirkt, hängt die Geschwindigkeit der Substitution von der Konzentration des Assoziates ab, wobei diese wiederum von den Konzentrationen des Komplexes $[L_5MeX]$ und der Liganden Y abhängt. Die Substitution als Ganzes ist dann eine Reaktion 2. Ordnung, obschon der geschwindigkeitsbestimmende Schritt unimolekular ist. Zur Untersuchung solcher Reaktionen werden besonders auch nichtwäßrige Lösungsmittel herangezogen (Methanol, Dimethylformamid, Dimethylsulfoxid), in denen die Assoziation von Ionen schwächer ist. Nach den bis heute vorliegenden Resultaten ist für Substitutionen an oktaedrischen Komplexen jedenfalls noch kein geschwindigkeitsbestimmender bimolekularer Reaktionsschritt bekannt, so daß also Ligandensubstitutionen in diesen Fällen wohl stets gemäß dem S_N1-Typ verlaufen.

Interessant ist schließlich auch, daß *Ligandensubstitutionen in wäßrigen Lösungen* wahrscheinlich immer über einen *Aquokomplex* als *Zwischenstoff* verlaufen (wenigstens bei oktaedrischen Komplexen):

$$[MeL_6] + H_2O \longrightarrow [MeL_5(H_2O)] + L$$
$$[MeL_5(H_2O)] + Y \longrightarrow [MeL_5Y] + H_2O$$

Verläuft der zweite Reaktionsschritt rascher als der erste, so wird man ebenfalls stets eine Reaktion 1. Ordnung feststellen. Bemerkenswerterweise verlaufen Substitutionen an gewissen Kobalt (III)-Komplexen als Reaktionen 2. Ordnung, wenn der neu eintretende Ligand ein OH^--Ion ist; zudem ist dann auch die Reaktionsgeschwindigkeit viel größer. Zur Erklärung dieser Beobachtungen nimmt man an, daß zunächst (in einem vorgelagerten Gleichgewicht) durch das OH^--Ion ein Proton abgetrennt wird und der Ligand X erst in einem zweiten Schritt austritt:

$$[Co(NH_3)_5Cl]^{2+} + OH^- \rightleftarrows [Co(NH_3)_4(NH_2)Cl]^+ + H_2O$$

$$[Co(NH_3)_4(NH_2)Cl]^+ \xrightarrow{\text{lang-sam}} [Co(NH_3)_4(NH_2)]^{2+} + Cl^-$$

$$H_2O + [Co(NH_3)_4(NH_2)]^{2+} \xrightarrow{\text{rasch}} [Co(NH_3)_5OH]^{2+}$$

Daß diese Interpretation im wesentlichen zutrifft, wird dadurch gezeigt, daß die Reaktion nach der 1. Ordnung verläuft, wenn der Co-Komplex keine N—H-Bindung enthält.

Zu den wichtigsten Ligandensubstitutionen gehören die Reaktionen von *Aquokomplexen*. Sie verlaufen häufig umkehrbar und führen dann zu typischen Gleichgewichten. Weil die Liganden oft basischen, seltener auch sauren Charakter haben, sind diese Gleichgewichte häufig *p*H-abhängig, d.h. Ligandensubstitutionsgleichgewichte sind mit Protonenübertragungsgleichgewichten gekoppelt. Insbesondere sind solche Reaktionen von Bedeutung für die präparative Herstellung zahlreicher Komplexe. Einige bekannte Beispiele solcher Reaktionen seien hier angeführt:

— Bildung von Amminkomplexen aus wäßrigen Lösungen von Metallsalzen und Ammoniak; um die intermediäre Bildung von (schwerlöslichen) Metallhydroxiden oder Oxidhydraten zu verhindern, arbeitet man am besten in gepufferten Lösungen. Amminkomplexe mit relativ kleiner Stabilitätskonstante lassen sich durch eine genügende Erniedrigung des pH-Wertes zerstören.

$$[Cu(H_2O)_6]^{2+} + 4 NH_3 \rightleftharpoons [Cu(NH_3)_4(H_2O)_2]^{2+} + 4 H_2O[1]$$
$$[Ag(NH_3)_2]^+ + 2 H_3O^+ \rightleftharpoons Ag^+aq + 2 NH_4^+ + 2 H_2O$$

— Bildung von Anionenkomplexen: In konzentrierten Lösungen von Metallsalzen können die Anionen H_2O-Moleküle aus den Aquokomplexen verdrängen. Bekannte Beispiele dafür sind die Bildung der grünen Chlorokomplexe von Kupfer(II) durch Zusatz von Cl^--Ionen zu Lösungen von Kupfer(II)-salzen oder die verschiedenen, teilweise auch mehrkernigen Eisen(III)-Komplexe (S. 580):

$$[Cu(H_2O)_6]^{2+} + 4 Cl^- \longrightarrow [CuCl_4]^{2-} + 6 H_2O$$

Auch die Bildung des blutroten Eisen(III)-thiocyanatokomplexes gehört hierher:

$$[Fe(H_2O)_6]^{3+} + SCN^- \rightleftharpoons [Fe(H_2O)_5SCN]^{2+} + H_2O$$
gelb

$$[Fe(H_2O)_5SCN]^{2+} + SCN^- \rightleftharpoons [Fe(H_2O)_4(SCN)_2]^+ + H_2O$$
blutrot

Solche Reaktionen lassen sich unter Umständen auch ohne Vorhandensein eines Lösungsmittels durchführen. So geht beispielsweise das hellblaue $CuSO_4 \cdot 5 H_2O$ beim Überleiten von NH_3-Gas in den tiefblauen Amminkomplex über.

Isomerisierungsreaktionen. Gewisse *cis/trans-Isomere*, wie z. B. die Isomere des $Co(en)_2Cl_2^+$-Komplexes, isomerisieren bei Gegenwart von Wasser ziemlich rasch. In verdünnt salzsaurer Lösung scheint diese Reaktion nach folgendem Schema zu verlaufen:

cis $[Co(en)_2Cl_2]^+ + H_2O \rightleftharpoons$ *cis* $[Co(en)_2(H_2O)Cl]^{2+} + Cl^-$

                                          $\uparrow\downarrow$

trans $[Co(en)_2Cl_2]^+ + H_2O \rightleftharpoons$ *trans* $[Co(en)_2(H_2O)Cl]^{2+} + Cl^-$

Die Isomerisierung des Aquo-Chlorokomplexes verläuft offenbar wie eine Ligandensubstitution über einen fünffach koordinierten (trigonal-bipyramidalen) Komplex als Zwischenstoff:

---

[1] Bei der Formulierung dieser Komplexe wurden die beiden H_2O-Moleküle, welche in größerem Abstand mit dem Cu^{2+}-Ion koordiniert sind (deformiert-oktaedrische Struktur!) ebenfalls berücksichtigt, im Gegensatz zur üblichen Schreibweise der Kupferkomplexe mit nur 4 Liganden.

Auch manche *optische Isomere* wandeln sich in das entsprechende Enantiomer um (sie «racemisieren»). Racemisierung tritt erwartungsgemäß besonders bei kinetisch labilen Komplexen leicht auf; in solchen Fällen sind die beiden optischen Antipoden oft kaum voneinander zu trennen.

Für den Mechanismus der Racemisierung bestehen im Prinzip zwei Möglichkeiten. Bei *«intermolekularer»* Racemisierung sind die Geschwindigkeiten der Racemisierung und des Komplexzerfalles über ziemlich weite Temperatur- und pH-Bereiche hinweg von gleicher Größe. Dies weist darauf hin, daß bei beiden Reaktionen der erste Reaktionsschritt gleich ist. Ein Beispiel dafür ist die Racemisierung des optisch aktiven Komplexes von Nickel[II] mit Phenanthrolin:

$$(+)\,[Ni\,(N\!-\!N)_3]^{2+} \xrightarrow[\text{langsam}]{H_2O} \ (+)\,(-)[Ni\,(N\!-\!N)_2\,(H_2O)_2] + (N\!-\!N)$$

$$(1)$$

Mit $(+)$ und $(-)$ wird die optische Drehung bezeichnet; $(N\!-\!N)$ steht für Phenanthrolin:

Die Gleichgewichtskonstante dieser Reaktion ist ziemlich klein, so daß der Komplex (1) nicht in größeren Konzentrationen im Gleichgewicht vorhanden ist. In stark saurem Milieu wird das Gleichgewicht nach rechts verschoben (Phenanthrolin ist eine Base), und der Komplex (1) wandelt sich ziemlich rasch in den Aquokomplex von Nickel um. In reinem Wasser, wo der Übergang in den Hexaquokomplex nicht eintritt, zeigt die Racemisierung die gleiche freie Aktivierungsenergie wie der Komplexzerfall bei tiefem pH, was darauf hinweist, daß die Acidität der Lösung den Mechanismus nicht beeinflußt.

Im Gegensatz dazu scheint die Racemisierung von $(+)[Co\,(C_2O_4)_3]^{3-}$ ein *intramolekularer* Prozeß zu sein. Für einen solchen Ablauf sprechen die Beobachtungen, daß in wäßriger Lösung des Komplexes keine freien $C_2O_4^{2-}$-Ionen nachgewiesen werden können (hohe Stabilitätskonstante!), daß die Racemisierung auch im festen Zustand möglich ist (!) und schließlich, daß bei Verwendung von radioaktivem $^{14}C_2O_4^{2-}$ in der Lösung kein Ligandenaustausch eintritt. Man muß annehmen, daß die Racemisierung über ein Zwischenprodukt von trigonal-prismatischer Struktur verläuft, wobei die Chelatringe vorübergehend geöffnet werden:

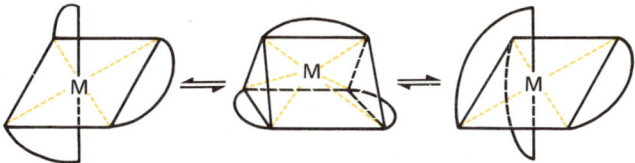

Redoxreaktionen. Viele Komplexe können Redoxreaktionen eingehen und damit als Elektronenakzeptoren oder Elektronendonatoren wirken. Bei Reaktionen mit Komplexen der Übergangsmetalle kann die Elektronenübertragung im Prinzip auf zwei Weisen ablaufen. Im einen Fall behält jeder Komplex im Übergangszustand seine intakte Koordinationssphäre, und das Elektron muß gewissermaßen durch die beiden Koordinationssphären «hindurchtunneln» *(«Tunnelmechanismus»)*. Beispiele dafür sind folgende Vorgänge:

$$Fe(CN)_6^{4-} \rightleftarrows Fe(CN)_6^{3-} + e^-$$
$$Co(NH_3)_6^{2+} \rightleftarrows Co(NH_3)_6^{3+} + e^-$$
$$MnO_4^{2-} \rightleftarrows MnO_4^- + e^-$$

Die meisten Reaktionen, die nach diesem Schema ablaufen, sind Vorgänge vom Typ eines einfachen Elektronenaustausches, d. h. sie spielen sich zwischen Partikeln ab, die durch die Elektronenübertragung gegenseitig ineinander umgewandelt werden. Damit sie bei der Untersuchung solcher Reaktionen überhaupt voneinander unterschieden werden können, muß die eine Teilchenart mittels radioaktiver Isotope markiert werden; für die erstgenannte Reaktion kann man z. B. nichtradioaktives $Fe(CN)_6^{4-}$ mit $Fe(CN)_6^{3-}$ reagieren lassen, das *Fe als Zentralion enthält. Gewöhnlich verlaufen solche Reaktionen ziemlich schnell, rascher jedenfalls als Ligandensubstitutionen an einem (oder beiden) an der betreffenden Reaktion beteiligten Komplex. Eine Ausnahme bildet die Oxidation des Kobalt(II)-amminkomplexes, weil hier mit der Oxidation eine Veränderung der Elektronenkonfiguration des Zentralions (und damit eine Veränderung der Bindungszustände) einhergeht: Der Co^{II}-Komplex ist ein *high-spin*-$(d_\varepsilon^5 d_\gamma^2$-)Komplex, während der Co^{III}-Komplex ein *low-spin*-Komplex ist (d_ε^6).

Beim anderen möglichen Mechanismus einer Redoxreaktion, der nach den Untersuchungen von Taube recht häufig ist, ist ein Atom oder eine Atomgruppe den beiden Koordinationssphären gemeinsam, und dieses Brückenatom (bzw. der Brückenligand) wird zusammen mit dem Elektron übertragen. Beispiele von *Brückenmechanismen* wurden bereits früher besprochen (S. 394); es sei hier nochmals daran erinnert, daß man solche Reaktionen durch Zugabe von Partikeln, die als Brückenliganden fungieren können, oft stark katalysieren kann und daß in manchen Fällen die Elektronenübertragung über eine verhältnismäßig weite Strecke hinweg erfolgt, wenn ein Ligand mit einem ausgedehnten delokalisierten Elektronensystem (z. B. das Fumarat-Ion) als Brückenligand zur Verfügung steht.

Übungen

21.1   Warum besitzt die Verbindung $PtCl_4 \cdot 2NH_3$ keine elektrische Leitfähigkeit? Wieviel Cl-Atome lassen sich aus einer wäßrigen Lösung der Verbindung $PtCl_4 \cdot NH_3 \cdot KCl$ mittels $AgNO_3$ ausfällen?

21.2   Beschreiben Sie die Bindungsverhältnisse im $Fe(CN)_6^{3-}$-Komplex a) mit der VB-Methode, b) mit der Kristallfeldtheorie.

21.3   Welches sind die entscheidenden Aussagen und Vorstellungen der Kristallfeldtheorie? Warum kann diese Theorie nur näherungsweise richtig sein?

21.4   Geben Sie Beispiele für Ionen folgender Elektronenkonfigurationen an: d^1, d^4, d^5, d^7, d^9.

21.5   Wie werden die d-Niveaus in einem oktaedrischen Ligandenfeld aufgespalten, und wie kann man die Größe der Aufspaltung experimentell bestimmen?

21.6   Welche Folgen für die Eigenschaften eines Komplexes hat die Aufspaltung der d-Niveaus?

21.7   Geben Sie die Elektronenkonfigurationen folgender Zentralionen an: high-spin-Mn^{2+}, high-spin-Fe^{2+}, low-spin-Fe^{2+}, low-spin-Co^{3+}.

21.8   Wovon hängt die Besetzung der verschiedenen d-Niveaus bei Cr(II)-, Mn(II)-, Fe(II)- und Co(II)-Komplexen ab?

21.9   Wie viele ungepaarte Elektronen besitzen folgende Komplexe: $Fe(CN)_6^{4-}$ $Co(NH_3)_6^{2+}$ $Mn(H_2O)_6^{2+}$ $Fe(H_2O)_6^{3+}$ $Ni(CN)_4^{2-}$

21.10   Wie ist die Farbänderung beim Zusammengießen wäßriger Ni(II)-salz- und NH_3-Lösungen zu erklären?

21.11   Aus welchen Gründen sind planar-quadratische Komplexe bei Übergangsmetallen häufiger als tetraedrisch gebaute?

21.12   Charakterisieren Sie das MO-Modell der koordinativen Bindung. Worin unterscheidet es sich von der Kristallfeldtheorie? Was für Vorteile, was für Nachteile hat es?

21.13   Welche Geometrien zeigen die Aquo- und Amminkomplexe von Cu(II)? Erklären Sie diese Verhältnisse!

21.14   Geben Sie Beispiele von cis/trans- und von optischer Isomerie an Komplexverbindungen.

21.15   Unter welchen Voraussetzungen ist optische Isomerie überhaupt möglich?

21.16   Was erhält man bei der Synthese einer chiral gebauten Substanz aus nicht chiralen Substanzen?

21.17   Welche Effekte tragen zur Stabilität eines Komplexes bei?

21.18   Warum wirkt $Co(NH_3)_6^{2+}$ stark reduzierend, $Co(H_2O)_6^{2+}$ hingegen nicht?

21.19   Wie ist es zu erklären, daß Chelatkomplexe bedeutend stabiler sind als Komplexe mit nur einzähnigen Liganden?

21.20   Geben Sie Beispiele inerter und labiler Komplexe. Warum sind die meisten planar-quadratisch gebauten Komplexe labil?

21.21   Geben Sie Beispiele von Ligandensubstitutionen und diskutieren Sie den Ablauf.

Literatur

C. J. Ballhausen	*Introduction to Ligand-Field-Theory.* McGraw-Hill, New York 1962
G. M. Barrow	*The Structure of Molecules.* Benjamin, New York 1964
F. Basolo und R. Johnson	*Coordination Chemistry.* Benjamin, New York 1964
F. Basolo und R. G. Pearson	*Mechanisms of Inorganic Reactions.* Wiley, New York 1967
D. Benson	*Mechanism of Inorganic Reactions in Solution.* McGraw-Hill, London 1968
E. Cartmell und G. W. A. Fowles	*Valency and Molecular Structure.* Butterworths, London 1966
F. A. Cotton und G. Wilkinson	*Anorganische Chemie.* Verlag Chemie, Weinheim 1972 (Kapitel 1, 21, 22, 23)
M. C. Day und J. Selbin	*Theoretical Inorganic Chemistry.* Reinhold, New York 1969
J. O. Edwards	*Inorganic Reaction Mechanisms.* Benjamin, New York 1964
D. P. Graddon	*An Introduction to Coordination Chemistry.* Pergamon, New York 1968
H. B. Gray	*Electrons and Chemical Bonding.* Benjamin, New York 1964
S. F. A. Kettle	*Coordination Compounds.* Nelson, London 1969
L. E. Orgel	*An Introduction to Transition Metal Chemistry : Ligand Field Theory.* Methuen, London 1960
W. Schneider	*Einführung in die Koordinationschemie.* Springer, Berlin 1968

Ergänzende Aufsätze:

H. B. Gray	Molecular Orbital-Theory for Transition Metal Complexes. *J. Chem. Educ. 41* (1964) 2
A. D. Liehr	Molecular Orbital, Valence Bond and Ligand Field. *J. Chem. Educ. 39* (1962) 135
L. E. Sutton	Some Recent Developments in the Theory of Bonding in Complex Compounds of the Transition Metals. *J. Chem. Educ. 37* (1960) 498

22 Übergangsmetalle III: Die Nebengruppen IIIa bis VIIa

Wir werden die eigentliche Chemie der Übergangsmetalle so darstellen, daß wir die einzelnen Nebengruppen nacheinander – von links nach rechts im Periodensystem – besprechen, wobei jeweils das oberste Metall als in der Regel häufigstes und technologisch wichtigstes der ganzen Nebengruppe besonders herausgestellt werden soll; siehe Tabelle 22.1.

22.1 Die Nebengruppe IIIa (Scandium-Gruppe)

Zur Scandium-Gruppe gehören die Elemente *Scandium, Yttrium, Lanthan* und *Actinium*. Es sind typische Metalle von guter elektrischer Leitfähigkeit und von im allgemeinen großer Reaktionsfähigkeit (E^0 meistens in der Größenordnung von -2 V). Sie kommen in der Natur nicht elementar vor. Scandium findet sich im *«Monazit»*, einem phosphorhaltigen Silicat, in welchem in wechselnden Mengen auch zahlreiche Lanthaniden enthalten sind, und in wenigen weiteren Mineralien; Yttrium – das häufigste der drei Elemente – kommt im *Gadolinit,* einem kompliziert zusammengesetzten, Fe- und Be-haltigen Silicat, vor. Lanthan tritt zusammen mit Cer im Monazit sowie in einigen anderen Mineralien auf. In allen Verbindungen besitzen diese Elemente die Oxidationszahl $+$III (die der Elektronenkonfiguration des vorausgegangenen Edelgases entspricht); die Verbindungen sind nicht paramagnetisch und farblos. Hydroxide, Phosphate und Carbonate (welche durch Fällung der Chloride mit OH^-, PO_4^{3-} bzw. HCO_3^- entstehen) sind schwerlöslich. Ihre hydratisierten Ionen sind schwache Kationsäuren, wegen des größeren Ionenradius schwächer als z.B. Al^{3+}aq. Man gewinnt die Metalle durch Schmelzelektrolyse ihrer Chloride oder durch Reduktion der Oxide mit Alkalimetallen. Zur Gewinnung von *Uran* extrahiert man das Metall als Uranylnitrat $[UO_2(NO_3)_2]$ aus dem Erz (das wichtigste ist Pechblende von der ungefähren Zusammensetzung UO_2); das Glühen des extrahierten Salzes ergibt U_3O_8, welches mit H_2 zu UO_2 reduziert wird. Dieses wird mit HF zu UF_4 (einem grünen Salz) umgesetzt, welches schließlich mittels metallischem Calcium zu Uran reduziert wird.

Lanthaniden und Actiniden. Auch die beiden Reihen der *«inneren Übergangsmetalle»* gehören zur Scandium-Gruppe. Die auf das Lanthan ($Z = 57$) folgenden 14 Elemente, die Lanthaniden, werden gewöhnlich als Metalle der *seltenen Erden* bezeichnet (die schwerschmelzbaren, pulvrigen Oxide der Metalle der Gruppen II und III nannte man früher «Erden»), obschon sie bedeutend häufiger sind als viele andere Elemente, die man üblicherweise nicht als besonders «selten» betrachtet, wie z.B. As, Cd oder Hg. Ihre Namen und Symbole sowie ihre Elektronenkonfiguration sind in Tabelle 22.3 angegeben. Es ist dazu zu bemerken, daß wegen des geringen Energieunterschiedes zwischen $5d$- und $4f$-Niveau nicht in allen Fällen völlige Klarheit über die Elektronenkonfiguration der freien Atome besteht. Alle Lanthaniden bilden jedenfalls Ionen der Ladung $+3$, offenbar dadurch, daß die beiden $6s$-Elektronen sowie ein $5d$- oder $4f$-Elektron abgegeben werden. Mit Ausnahme des radioaktiven Promethiums kommen viele Lanthaniden in der Natur *vergesellschaftet* vor; eine ganze Reihe von ihnen kann aus Monazit gewonnen werden. Da sich die Lanthaniden nur im Aufbau der drittäußersten

Tabelle 22.1. Eigenschaften der Elemente der ersten Übergangsreihe

	Sc	Ti	V	Cr	Mn	Fe	Co	Ni	Cu	Zn
Elektronenkonfiguration	$3d^1 4s^2$	$3d^2 4s^2$	$3d^3 4s^2$	$3d^5 4s^1$	$3d^5 4s^2$	$3d^6 4s^2$	$3d^7 4s^2$	$3d^8 4s^2$	$3d^{10} 4s^1$	$3d^{10} 4s^2$
Atomradius (pm)	160	146	131	125	129	126	125	124	128	133
Schmelzpunkt (°C)	1539	1725	1700	1920	1247	1535	1480	1455	1083	419
Siedepunkt (°C)	3300	3260	3380	2480	2090	3200	3185	3350	2350	907
Dichte (g/cm³)	2,99	4,50	5,96	7,1	7,21	7,9	8,7	8,9	8,9	7,1
Ionenradius (pm)										
Me^{2+}	–	90	88	84	80	75	72	69	72	74
Me^{3+}	81	76	74	69	66	64	63			
Hydrationsenthalpie (kJ/mol)										
Me^{2+}	–	– 1866	– 1895	– 1925	– 1862	– 1958	– 2079	– 2121	– 2121	– 2054
Me^{3+}	–	– 3962	– 4297	– 4406	– 4623	– 4594	– 4485	– 4711		
Elektronenkonfiguration										
Me^{2+}	–	$3d^2$	$3d^3$	$3d^4$	$3d^5$	$3d^6$	$3d^7$	$3d^8$	$3d^9$	$3d^{10}$
Me^{3+}	–	$3d^1$	$3d^2$	$3d^3$	$3d^4$	$3d^5$	$3d^6$			
$E^0_{Me/Me^{2+}}$ (Volt)	–	– 1,63	– 1,2	– 0,91	– 1,18	– 0,44	– 0,28	– 0,25	+ 0,35	– 0,76
$E^0_{Me/Me^{3+}}$ (Volt)	– 2,1	– 1,2	– 0,85	– 0,74	– 0,28	– 0,04	– 0,4			

Tabelle 22.2. Eigenschaften der Elemente der Gruppe III a

		Sc	Y	La	Ac
Ordnungszahl		21	39	57	89
Elektronenkonfiguration		$3d^1 4s^2$	$4d^1 5s^2$	$5d^1 6s^2$	$6d^1 7s^2$
Schmelzpunkt (°C)		1539	1547	920	1050
Siedepunkt (°C)	etwa	3300	3027	3470	
Dichte (g/cm³)		2,99	4,472	6,162	10,07

Elektronenschale unterscheiden, die von geringem Einfluß auf die chemischen Eigenschaften ist, sind sich diese Elemente *außerordentlich ähnlich,* so daß ihre Trennung und Charakterisierung lange Zeit große Schwierigkeiten bereitete. Alle Trennungsmethoden — die wichtigsten sind Trennungen von Salzen durch fraktionierte Kristallisation oder an Ionenaustauschern — beruhen auf den geringen Unterschieden in der Löslichkeit, in der Tendenz zur Komplexbildung und in der Hydration, die auf die unterschiedlichen Ionenradien zurückzuführen sind. Innerhalb der Reihe der Lanthaniden nimmt nämlich der Ionenradius von 115 pm (La^{3+}) auf 85 pm (Lu^{3+}) stetig ab *(«Lanthanidenkontraktion»),* eine Folge der wachsenden Kernladung bei gleichzeitiger Auffüllung einer inneren Elektronenschale.

Die Elemente der Lanthanidengruppe (im folgenden Schema mit «Ln» abgekürzt) sind weiche, graue, sehr reaktionsfähige Metalle (Lanthan und Cer entsprechen in der Härte etwa dem Zinn), welche zum Teil mit Wasser ziemlich heftig unter Entwicklung von Wasserstoff reagieren und durch Luftsauerstoff oxidiert werden (vgl. Schema). In ihren *chemischen Eigenschaften* erinnern sie zum Teil an Calcium (vgl. z. B. die Normalpotentiale von La [− 2,52 V] und Lu [− 2,25 V] mit Ca [− 2,76 V]), zum Teil auch an Aluminium.

Tabelle 22.3. Die Elemente der Seltenen Erden

	Symbol	Z	Elektronen-konfiguration	Vorkommende Ionenladungen	Me^{3+}-Radius (pm)	E^0 (V)
Lanthan	La	57	$5d^1 6s^2$	+3	115	− 2,52
Cer	Ce	58	$4f^2 - 6s^2$	+3 +4	103	− 2,48
Praseodym	Pr	59	$4f^3 - 6s^2$	+3 +4	101	− 2,47
Neodym	Nd	60	$4f^4 - 6s^2$	+3	100	− 2,44
Promethium	Pm	61	$4f^5 - 6s^2$	+3	98	− 2,42
Samarium	Sm	62	$4f^6 - 6s^2$	+2 +3	96	− 2,41
Europium	Eu	63	$4f^7 - 6s^2$	+2 +3	95	− 2,41
Gadolinium	Gd	64	$4f^7 5d^1 6s^2$	+3	94	− 2,40
Terbium	Tb	65	$4f^9 - 6s^2$	+3 +4	92	− 2,39
Dysprosium	Dy	66	$4f^{10} - 6s^2$	+3	91	− 2,35
Holmium	Ho	67	$4f^{11} - 6s^2$	+3	89	− 2,32
Erbium	Er	68	$4f^{12} - 6s^2$	+3	88	− 2,30
Thulium	Tm	69	$4f^{13} - 6s^2$	+3	87	− 2,28
Ytterbium	Yb	70	$4f^{14} - 6s^2$	+2 +3	86	− 2,27
Lutetium	Lu	71	$4f^{14} 5d^1 6s^2$	+3	85	− 2,25

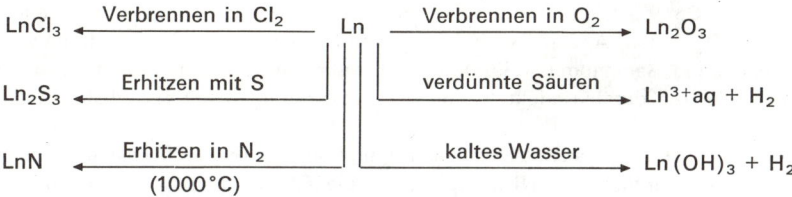

Die Hydroxide sind schwerlöslich, bilden aber analog den Erdalkalihydroxiden mit einem Überschuß von OH^--Ionen keine Hydroxokomplexe, d. h. sind nicht amphoter. Auch die Phosphate, Carbonate und Fluoride sind – wie bei den Erdalkalimetallen – schwerlöslich. Die meisten Lanthaniden bilden relativ wenige stabile Komplexe; ebenso wie bei den Erdalkalimetallen sind auch hier die Chelatkomplexe mit EDTA (Äthylendiamintetraessigsäure) durch besondere Stabilität ausgezeichnet. Die meisten Verbindungen sind paramagnetisch, wobei hier die $4f$-Elektronen sowohl durch ihr Spin-Moment wie durch ihr Orbital-Moment zum gemessenen Gesamtmoment beitragen, da sie durch die äußeren Elektronen von ihrer Umgebung relativ gut abgeschirmt werden. Dieser abschirmende Effekt der äußeren $5s$-, $5p$- und $6s$-Elektronen zeigt sich auch in den *Spektren* der Ionen; an Stelle der breiten, den d-Elektronen zuzuschreibenden Absorptionsbanden der übrigen Übergangsmetalle weisen die Absorptionsspektren der Ionen der Lanthaniden viele scharfe Banden auf, absorbieren also jeweils in vielen, jedoch enger begrenzten Bereichen des sichtbaren Lichtes. Die große Anzahl der Banden (in einzelnen Fällen bis zu hundert) ist auf die große Zahl möglicher Konfigurationen innerhalb des teilweise besetzten $4f$-Niveaus zurückzuführen.

Manche Elemente der Lanthanidengruppe zeigen neben der + III-Stufe auch andere Oxidationsstufen. So bildet z. B. Cer auch Ionen der Ladung + 4; das Normalpotential für die Oxi-

Tabelle 22.4. Die Actiniden

	Symbol	Z	Masse des langlebigsten Nuclids	Elektronen-konfiguration	Halbwertszeit
Actinium	Ac	89	227	$6d\ 7s^2$	$2{,}17 \cdot 10^4$ Jahre
Thorium	Th	90	232	$6d^2\ 7s^2$	$1{,}39 \cdot 10^{10}$ Jahre
Protactinium	Pa	91	231	$5f^1\ 6d^2\ 7s^2$	$3{,}43 \cdot 10^4$ Jahre
Uran	U	92	238	$5f^3\ 6d\ 7s^2$	$4{,}51 \cdot 10^9$ Jahre
Neptunium	Np	93	237	$5f^5\ 7s^2$	$2{,}20 \cdot 10^8$ Jahre
Plutonium	Pu	94	244	$5f^6\ 7s^2$	$7{,}60 \cdot 10^7$ Jahre
Americium	Am	95	243	$5f^7\ 7s^2$	$7{,}95 \cdot 10^3$ Jahre
Curium	Cu	96	247	$5f^7\ 6d\ 7s^2$	$4{,}00 \cdot 10^7$ Jahre
Berkelium	Bk	97	247	$5f^9\ 7s^2$	$7 \cdot 10^3$ Jahre
Californium	Cf	98	251	$5f^{10}\ 7s^2$	660 Jahre
Einsteinium	Es	99	252	$5f^{11}\ 7s^2$	140 Tage
Fermium	Fm	100	253	$5f^{12}\ 7s^2$	45 Tage
Mendelevium	Mv	101	256	$5f^{13}\ 7s^2$	1,5 Std.
Nobelium	No	102	253	$5f^{14}\ 7s^2$	10 min
Lawrencium	Lw	103	257	$5f^{14}\ 6d\ 7s^2$	8 sec

21

dation von Ce^{+III} zu Ce^{+IV} beträgt $+1,61$ V. Ce^{4+}-Ionen wirken also ebenso stark oxidierend wie beispielsweise MnO_4^--Ionen! Andere Verbindungen von Lanthaniden in der $+IV$-Stufe wirken noch stärker oxidierend. Samarium und Europium schließlich bilden auch Verbindungen in der Oxidationsstufe $+II$, die durch Reduktion von $+III$-Verbindungen mit H_2 erhalten werden können.

Von den 15 *Actiniden* ist die genaue Elektronenkonfiguration zum Teil noch viel weniger sicher bekannt als von den Lanthaniden. Nicht nur liegen die Energieniveaux nahe beieinander, sondern es sind auch von gewissen Elementen erst ganz geringe Spuren erhalten worden, die für eine eindeutige Entscheidung nicht genügen. Die Kerne aller Actiniden sind *instabil* und zerfallen unter Aussendung von α-Teilchen; die Kerne der letzten Glieder der Reihe können auch spontan zerfallen. Thorium und Uran haben relativ lange Halbwertszeiten (^{232}Th $1,39 \cdot 10^{10}$ Jahre; ^{238}U $4,5 \cdot 10^9$ Jahre). Sie treten auch beide in der Natur auf; Thorium im Monazit und Uran in der Pechblende und in einigen anderen Uran-Mineralien. Actinium und Protactinium sind Produkte des radioaktiven Zerfalls von Uran bzw. Thorium. Von den auf das Uran folgenden Elementen (den «*Transuranen*») kommen Plutonium und Neptunium in winzigen Mengen in der Natur vor. Die übrigen Transurane wurden künstlich durch Kernreaktionen hergestellt; sie haben zum Teil recht kurze Halbwertszeiten (Tabelle 22.4).

Ebenso wie die Lanthaniden sind auch die Actiniden ziemlich reaktionsfähige Metalle. Im Gegensatz zu jenen können sie jedoch in verschiedenen Oxidationsstufen auftreten. So kennt man beispielsweise Verbindungen von Uran in den Oxidationsstufen $+III$, $+IV$, $+V$ und $+VI$. U^{3+}-Ionen reduzieren Wasser zu Wasserstoff und gehen in U^{4+} über, die vom Luftsauerstoff allmählich zu UO_2^{2+}-Ionen («*Uranyl-Ionen*») oxidiert werden. Von den Halogeniden ist besonders das gasförmige UF_6 erwähnenswert, welches zur Trennung der Uran-Isotope im Trennrohr dient. Die meisten Uranverbindungen sind farbig; ihre Absorptionsspektren enthalten eine große Zahl ziemlich scharfer Absorptionsbanden.

Soweit heute bekannt ist, nimmt bei den Transuranen die Stabilität der $+III$-Stufe mit wachsender Ordnungszahl zu. Die Verbindungen der schwereren Actiniden sind häufig den entsprechenden Verbindungen der Lanthaniden analog zusammengesetzt und zum Teil auch mit ihnen isomorph (Oxide, Halogenide).

22.2 Die Nebengruppe IVa (Titan-Gruppe)

Die drei Elemente *Titan, Zirkonium* und *Hafnium* sind häufiger als die Elemente der Scandium-Nebengruppe. So steht Titan bezüglich der Häufigkeit auf der Erde an 10. Stelle aller Elemente und hat am Aufbau der Erdkruste einen Anteil von 0,6%. Wegen der mit der Gewinnung des Metalls aus seinen Erzen verbundenen Schwierigkeiten blieb metallisches Titan allerdings bis vor wenigen Jahrzehnten eine bloße Laborkuriosität. Titan, Zirkonium und Hafnium besitzen je zwei s-Elektronen in der äußersten und zwei d-Elektronen in der zweitäußersten Schale. Die Abtrennung der beiden s-Elektronen ergibt Verbindungen in der Oxidationsstufe $+II$; durch weitere Abgabe von einem oder zwei d-Elektronen entstehen Verbindungen der Oxidationsstufe $+III$ bzw. $+IV$. Nur das erste Element, Titan, kommt in allen drei Oxidationsstufen vor. Zirkonium bildet allerdings einige Zirkonium (III)-Verbindungen, jedoch ist die $+IV$-Stufe häufiger. Hafnium bildet ausschließlich $+IV$-Verbindungen. (Bei allen Nebengruppen wird mit zunehmender Ordnungszahl die höchste Oxidationszahl immer wichtiger!). Im chemischen Verhalten zeigt besonders Titan deutliche Ähnlichkeiten mit den Elementen der Hauptgruppe IV, besonders mit Zinn und Blei. So kristallisieren SnO_2 und TiO_2 in der gleichen Kristallstruktur

Tabelle 22.5. Eigenschaften der Elemente der Titan-Gruppe

	Ti	Zr	Hf
Ordnungszahl	22	40	72
Elektronenkonfiguration	$3d^2 4s^2$	$4d^2 5s^2$	$(4f^{14})$ $5d^2 6s^2$
Atomradius (pm)	146	157	157
Schmelzpunkt (°C)	1725	1860	2200
Siedepunkt (°C)	3260	4750	5200
Dichte (g/cm³)	4,50	6,53	13,07
Ionenradius Me⁴⁺ (pm)	68	80	79
$E^0_{Me/Me^{2+}}$ (V)	− 0,95	− 1,53	− 1,68
ΔH^0_f MeO₂ (kJ/mol)	− 912	− 1079	− 1134
ΔH^0_f MeF₄ (kJ/mol)	− 1548	− 1862	−
ΔH^0_f MeCl₄ (kJ/mol)	− 749	− 962	−

(Rutilstruktur; S. 216), sind die Tetrachloride $SnCl_4$ und $TiCl_4$ flüchtige, destillierbare Flüssigkeiten, die mit Diäthyläther Additionsverbindungen ergeben, und bilden die Elemente entsprechende Halogenokomplexe (GeF_6^{2-} − TiF_6^{2-}; $SnCl_6^{2-}$ − $TiCl_6^{2-}$) usw.

Die drei *Metalle* (Tabelle 22.5) sind silberweiß, duktil und haben alle sehr hohe Schmelz- und Siedepunkte. Gegenüber den meisten Oxidationsmitteln sind sie ziemlich reaktionsfähig ($E^0_{Ti/Ti^{+IV}}$ = − 0,95 V) und kommen deshalb in der Natur nicht elementar vor. Die wichtigsten *Titanerze* sind TiO_2, das in drei Modifikationen von verschiedener Gittersymmetrie auftritt (Rutil, Anatas, Brookit), ferner Ilmenit ($FeTiO_3$) und Perowskit ($CaTiO_3$). Zur Gewinnung des reinen Metalls müssen die Sauerstoffverbindungen zuerst in $TiCl_4$ übergeführt werden; dieses wird anschließend in einer Argon-Atmosphäre mit Magnesium reduziert. Kohlenstoff oder Wasserstoff kommen als Reduktionsmittel wegen der Leichtigkeit, mit der Titan ein Carbid bzw. Hydrid bildet, nicht in Frage. Zudem reagiert Titan bei höherer Temperatur auch mit Stickstoff ziemlich gut (Bildung von TiN, einem interstitiellen Nitrid). Reines Titan, das oberflächlich durch eine kompakte Oxid-Nitrid-Schicht geschützt wird, ist dank seiner relativ geringen Dichte (ϱ = 4,50 g/cm³), seiner guten mechanischen Festigkeit und seiner Korrosionsbeständigkeit gegenüber Luftsauerstoff, Meerwasser, Salpetersäure u. a. zu einem vielfach verwendeten, sehr wertvollen Werkstoff geworden. Da das Metall oberhalb 800°C recht reaktionsfähig wird (so werden z. B. C, H_2, N_2 und O_2 unter Bildung interstitieller Carbide, Hydride, Nitride und Oxide absorbiert), sind metallurgische Prozesse mit Titan allerdings oft nicht einfach durchzuführen.

Titanverbindungen der Oxidationsstufen + II und + III sind farbig und paramagnetisch (ungepaarte *d*-Elektronen). Von den Titan(II)-Verbindungen sind nur $TiCl_2$, $TiBr_2$, TiI_2 und TiO gut charakterisiert. Es sind salzartige Festkörper, die im CdI_2- bzw. NaCl-Gitter kristallisieren und Ti^{2+}-Ionen enthalten. Diese wirken stark reduzierend ($E^0_{Ti^{+II}/Ti^{+IV}}$ etwa − 2V) und ergeben mit Wasser Wasserstoff. Alle diese Verbindungen lassen sich aus den entsprechenden Verbindungen der + IV-Stufe durch Reduktion mit elementarem Titan erhalten. Sie sind nur bei Abwesenheit von Luft bzw. Wasser stabil.

Ti(H₂O)₆³⁺-Ionen können z. B. durch Reduktion wäßriger Lösungen von Titan (IV)-Verbindungen mit Zink oder auf elektrolytischem Weg erhalten werden. Es sind schwache Reduktionsmittel ($E^0_{Ti^{3+}/Ti^{+IV}}$ = 0,1 V); ihre Lösungen werden durch Luftsauerstoff allmählich zu Titan-(IV)-Verbindungen oxidiert und müssen darum unter Luftabschluß aufbewahrt werden. Durch Zusatz starker Basen zu solchen Lösungen erhält man einen Niederschlag von wasserhaltigem Ti_2O_3 [«$Ti(OH)_3$»], das als Festkörper ziemlich beständig ist. Neben dem charakteristisch violett gefärbten Hexaquokomplex (Ligandenfeld-Bande; $d_\varepsilon \rightarrow d_\gamma$!) bildet Ti(III) eine Reihe weiterer Komplexe, wie TiF_6^{3-} u. a. Weiter existieren eine Reihe von Doppelsulfaten mit Rb⁺-, Na⁺- und NH₄⁺-Ionen, sowie Alaune [$RbTi(SO_4)_2 \cdot 12 H_2O$ und $CsTi(SO_4)_2 \cdot 12 H_2O$]. Auch ein grünes, wasserfreies Sulfat der Zusammensetzung $Ti_2(SO_4)_3$ ist bekannt.

Titan (IV) ist die beständigste und wichtigste Oxidationsstufe des Elements. Die zur Entfernung von vier Elektronen aus dem Atom nötige Energie ist jedoch so groß, daß echte Ti⁴⁺-Ionen kaum existieren und die weitaus meisten Titan (IV)-Verbindungen eher *kovalenten* Charakter haben. Die wichtigste Verbindung dieser Oxidationsstufe ist das *Oxid,* ein weißes, bei 1560°C schmelzendes, gegenüber Säuren und Hydroxiden ziemlich beständiges Pulver. Beim Schmelzen mit Alkalihydroxiden entstehen *«Titanate»* von meist unbekannter Struktur, wie z. B. $Na_2TiO_3 \cdot n H_2O$, die jedoch – mit Ausnahme von Ba_2TiO_4, das zu K_2SO_4 isotyp ist – keine inselartigen TiO_3^{2-}- bzw. TiO_4^{4-}-Komplexe enthalten und in wäßriger Lösung wieder zu TiO_2 hydrolysiert werden. Durch Erhitzen eines Gemisches von TiO_2 und Kohle im Chlorstrom entsteht *Titan (IV)-chlorid,* eine stechend riechende, stark rauchende Flüssigkeit (Smp. – 23°C; Sdp. 136°C), das eine starke Lewis-Säure ist und in Wasser ebenfalls zu TiO_2 (und HCl) hydrolysiert wird. In konzentrierter Salzsäure ergibt $TiCl_4$ Komplexe wie [$TiCl_5(H_2O)$]⁻ und $TiCl_6^{2-}$; das letztgenannte Ion kann mit Cs⁺ oder NH₄⁺ als schwerlösliches Salz ausgefällt werden [Cs_2TiCl_6 bzw. $(NH_4)_2TiCl_6$]. Im Gegensatz zum kovalenten, flüchtigen $TiCl_4$ ist TiF_4 ein weißer, wahrscheinlich ionischer Festkörper unbekannter Struktur.

Ti⁴⁺-Ionen existieren in wäßrigen Lösungen nicht; Titan (IV)-Verbindungen ergeben darum in Wasser stets basische Salze oder Oxidhydrate. Ein Hydroxid der Zusammensetzung $Ti(OH)_4$ ist nicht bekannt. Auch das TiO^{2+}- («Titanyl-») Ion – welches gemäß früheren Vorstellungen durch Oxidation wäßriger Lösungen von Ti^{3+}-Ionen entstehen sollte – existiert nach neueren Untersuchungen nicht. Das *«Titanylsulfat»,* welches vielfach als Reagens auf H_2O_2 benutzt wird (es bildet mit diesem eine charakteristisch gelb gefärbte Verbindung), besteht im festen Zustand aus $-Ti-O-Ti-O-Ti-O-Ti-O$-Ketten, welche untereinander durch die SO_4^{2-}-Ionen verbunden sind. In Lösung bilden sich oktaedrisch koordinierte Komplexe, wie z. B. [$Ti(OH)_2(H_2O)_4$]²⁺.

Zirkonium und **Hafnium** gleichen sich in ihrem chemischen Verhalten ganz außerordentlich. Der Grund dafür liegt in den – bei gleicher Konfiguration der äußeren Elektronenschalen – praktisch *identischen Atomradien* (Zr 157 pm, Hf 157 pm), eine Folge der «Lanthanidenkontraktion». Obschon Hafnium in der Natur häufiger ist als z. B. Co, Sn, As oder Ag, wurde es erst 1923 entdeckt (v. Hevesy), weil es wegen der nahezu gleichen Ionenradien vom Zirkonium «getarnt» wird. In Gittern lassen sich Zr-Atome bzw. Ionen beliebig durch Hf-Atome (Ionen) ersetzen, und alle Zirkonium-Mineralien enthalten darum Hafnium als Beimengung. Selbständige Hafnium-Mineralien sind nicht bekannt. Die Trennung der beiden Metalle war früher sehr schwierig (fraktionierte Kristallisationen der Doppelfluoride K_2MeF_6), ist heute aber mittels Ionenaustauschern relativ leicht durchzuführen.

Die wichtigsten Zirkonium-Erze sind *Zirkon* ($ZrSiO_4$), ein Orthosilicat, das auch als Edelstein verwendet wird, und *Baddeleyit* (ZrO_2). Beide Metalle sind wie Titan wegen ihrer Neigung zur

Tabelle 22.6. Eigenschaften der Elemente der Vanadin-Gruppe

	V	Nb	Ta
Ordnungszahl	23	41	73
Elektronenkonfiguration	$3d^3\,4s^2$	$4d^4\,5s^1$	$(4f^{14})$ $5d^3\,6s^2$
Atomradius (pm)	131	141	143
Schmelzpunkt (°C)	1700	2410	2850
Siedepunkt (°C)	3380	4630	5330
Dichte (g/cm³)	5,96	8,4	16,6
$E^0_{Me/Me^{4+}}$ (V)	– 1,5	–	–
$E^0_{Me/Me^{5+}}$ (V)	–	– 0,6	– 0,7
$\Delta H^0_f\,Me_2O_5$ (kJ/mol)	– 1561	– 1937	– 2092
$\Delta H^0_f\,Me_2O_3$ (kJ/mol)	– 1213	–	–

Bildung von Carbiden, Hydriden, Nitriden und Oxiden sehr schwer völlig rein zu erhalten. Zirkonium hat neuerdings als Werkstoff für den Bau von Kernreaktoren eine gewisse Bedeutung erlangt.

Zu den wichtigsten Verbindungen gehören ZrO_2 und HfO_2, die bei hohen Temperaturen als Isolatoren Verwendung finden. Von den Komplexen ist besonders der ZrF_7^{3-}-Komplex erwähnenswert, ein seltenes Beispiel eines siebenfach koordinierten Komplexes.

22.3 Die Nebengruppe Va (Vanadin-Gruppe)

Die Chemie der drei Elemente Vanadin (Vanadium), Niob und Tantal ist wegen des Auftretens einer weiteren Oxidationsstufe (+ V) komplizierter als die Chemie der Titan-Gruppe. So tritt Vanadin in den Stufen + II, + III, + IV und + V auf. Niob und Tantal sind sich in ihrem chemischen Verhalten wiederum als Folge der Lanthanidenkontraktion sehr ähnlich.

Reines **Vanadin** ist ein stahlgraues, ziemlich hartes Metall. Es ist nicht leicht in reinem Zustand zu gewinnen, da es ähnlich wie Titan bei höherer Temperatur ziemlich reaktionsfähig ist [Reduktion von Vanadin (V)-oxid mit Calcium!]; man verwendet es als *Ferrovanadin* (Legierung aus etwa 50 % Fe und 50 % V), das man durch Reduktion eines Gemisches von Vanadin- und Eisenoxid erhält, zur Härtung von Spezialstählen. Seine wichtigsten Erze sind Patronit (V_2S_5) und Vanadinit [$Pb_5\,(VO_4)_3Cl$], welcher strukturell dem Apatit entspricht.

Viele *Vanadin-Verbindungen* sind charakteristisch gefärbt[1]. Verbindungen in niedrigen Oxidationsstufen wirken reduzierend, während Vanadin (V)-Verbindungen Oxidationsmittel sind. [Im Gegensatz dazu wirken Titan (IV)-Verbindungen nicht oxidierend!]

Man kennt vier *Oxide:* VO (Steinsalzstruktur), V_2O_3 (Korundstruktur), VO_2 (Rutilstruktur) und V_2O_5 (bildet eine Struktur mit unregelmäßig gebauten VO_4-Tetraedern als strukturellen Einheiten). In wäßrigen Lösungen existieren V^{2+}aq-, V^{3+}aq-, VO^{2+}- und VO_3^--Ionen (vgl.

[1] Vanadis ist eine skandinavische Göttin der Schönheit!

Tabelle 22.7. Vanadin-Verbindungen in wäßrigen Lösungen

Oxidationszahl	+ II	+ III	+ IV	+ V
Gewöhnlichste Teilchenart dieser Stufe und geeignete Reduktionsmittel	V^{2+} $\xleftarrow{\text{Zn oder } Cr^{2+}}$	V^{3+} $\xleftarrow{\text{Sn}^{2+}, \text{Ti}^{3+}}$	VO^{2+} $\xleftarrow{\text{Fe}^{2+}}$	VO_3^-
Farbe	violett	blauviolett	blau	farblos
E^0 (V)		$-0{,}2$	$+0{,}36$	$+1{,}0$
Typische Verbindungen	VSO_4	$V_2(SO_4)_3$	$VOCl_2$ $VOSO_4$	NH_4VO_3
Typische Komplexe	$V(CN)_6^{4-}$	$V(NH_3)_6^{3+}$	$VO(SCN)_4^{2-}$	

Tabelle 22.7), aber auch zahlreiche Komplexe und mehrkernige Komplex-Ionen. Die wichtigste Vanadinverbindung ist V_2O_5, ein orangeroter Festkörper (Smp. 650°C), das beim Glühen vieler Vanadinverbindungen an der Luft erhalten werden kann und bei verschiedenen technisch durchgeführten Oxidationen mit Luftsauerstoff als Katalysator verwendet wird (z. B. für die Oxidation von SO_2 zu SO_3, vgl. S. 477). Sehr reines V_2O_5 gewinnt man durch Erhitzen von NH_4VO_3. V_2O_5 ist sehr wenig wasserlöslich (etwa 7 mg/Liter); seine Lösung reagiert schwach, jedoch deutlich sauer. In stark sauren Lösungen löst es sich unter Bildung von VO^{3+}, $V(OH)_4^+$ sowie mehrkernigen Komplexen, wie z. B. $[H_2V_{10}O_{28}]^{4-}$; unterhalb pH 1,3 tritt das VO_2^+-Ion auf. V_2O_5 löst sich auch in stark alkalischen Lösungen unter Bildung von *Orthovanadaten* (VO_4^{3-}); gewisse Orthovanadate, wie $Na_3VO_4 \cdot 12\ H_2O$ oder $K_3VO_4 \cdot 12 H_2O$, können aus Lösungen mit pH > 12 kristallin erhalten werden. Durch Zusatz von NH_4Cl zu solchen Lösungen fällt Ammoniummetavanadat, NH_4VO_3, aus. Erniedrigt man das pH von Orthovanadatlösungen, so bilden sich wiederum mehrkernige Komplexe (Isopolyvanadate), wie $V_2O_6(OH)_3^{3-}$, $V_3O_9^{3-}$ u. a., die bei noch tieferen pH-Werten schließlich zu festem V_2O_5 kondensieren. Werden saure Lösungen von Vanadin (V)-Verbindungen mit genügend starken Reduktionsmitteln, wie Zink, reduziert, so wird die Lösung zuerst blau, dann grün und schließlich violett, entsprechend den Übergängen zu Vanadin (IV), Vanadin (III) und Vanadin (II). Möglicherweise bedingt dieser leichte Wechsel der Oxidationsstufe die Verwendbarkeit von V_2O_5 und anderen Vanadinverbindungen als sauerstoffübertragende Katalysatoren. Die oxidierende Wirkung von V_2O_5 zeigt sich beim Erhitzen des Oxids mit konzentrierter Salzsäure: es bildet sich Chlor.

Von den verschiedenen Oxidationsstufen des Elementes Vanadin ist die + *IV-Stufe* unter gewöhnlichen Bedingungen am *stabilsten* : Vanadin (III) wird bereits durch Luftsauerstoff zu Vanadin (IV) oxidiert, während Vanadin (V) durch ziemlich schwache Reduktionsmittel in Vanadin (IV) übergeführt werden kann. Besonders bekannt ist das blaue Vanadin (IV)-oxid, VO_2. In Hydroxiden löst sich VO_2 unter Bildung von VO_4^{4-}-Ionen [die jedoch nur bei pH-Werten über 10 beständig sind und bei pH-Erniedrigung Isopolyvanadate (IV) bilden], während mit Säuren « *Vanadyl* »-Ionen (VO^{2+} bzw. in wäßriger Lösung $[VO(H_2O)_5]^{2+}$) entstehen. Das bekannteste Vanadylsalz ist das blaue $VOSO_4 \cdot 2\ H_2O$. Vanadin (III)-oxid, eine schwarze Substanz, löst sich in Säuren unter Bildung des grünen $V(H_2O)_6^{3+}$-Ions. Salze, die V^{3+}-Ionen enthalten, werden bei höherem pH zu $V(OH)^{2+}$ und VO^+ hydrolysiert. Der an der Luft beständige, blauviolette Vanadinalaun kann durch elektrolytische Reduktion von NH_4VO_3 in Schwefelsäure erhalten werden.

Die *Oxidationsstufe* + *II* ist die am wenigsten beständige Stufe des Elements. VO ist eine nicht-daltonide Verbindung mit charakteristischem Metallglanz und relativ guter metallischer Leit-fähigkeit. Lösungen, welche violette V^{2+}aq-Ionen enthalten, können durch Reduktion von Vanadin (IV)-Verbindungen mit Zink (unter Luftabschluß) erhalten werden. V^{2+}-Ionen wirken stark reduzierend und bilden im Wasser unterhalb pH 4 Wasserstoff. Von den wenigen kristallin erhaltenen Salzen dieser Oxidationsstufe ist das salzartige VCl_2 und das Komplexsalz $K_4V(CN)_6 \cdot 3 H_2O$ erwähnenswert.

Vanadinhalogenide existieren von jeder Oxidationsstufe. Der + V-Stufe entspricht das VF_5, eine weiße, ziemlich flüchtige Substanz (Smp. 19,5°C). Durch direkte Reaktion von Vanadin mit Chlor, Brom oder Iod entstehen VCl_4 (eine rotbraune, ölige Flüssigkeit vom Sdp. 154°C) bzw. VBr_3 und VI_3 (schwarze Festkörper mit Schichtstruktur). Durch Erhitzen der Halogenide der + III-Stufe erhält man die Dihalogenide, von welchen VCl_2 thermisch überraschend stabil ist (Zersetzung erst oberhalb 1100°C).

Niob und **Tantal** sind ziemlich seltene Elemente und werden in der Natur meist miteinander *vergesellschaftet* gefunden. Das wichtigste Mineral ist ein Mischoxid der beiden Metalle, zusammen mit Eisen- und Manganoxid, das je nach dem jeweils überwiegenden Metall als Columbit oder Tantalit bezeichnet wird. *Tantal* ist dank seiner stahlähnlichen Festigkeit, seinem hohen Schmelzpunkt (2850°C) und seiner bei nicht allzu hohen Temperaturen sehr großen Widerstandsfähigkeit gegenüber chemischen Einflüssen ein sehr wertvoller Werkstoff für chemische Geräte, chirurgische und zahnärztliche Instrumente. Die wichtigsten Verbindungen der beiden Metalle sind die Oxide der + V-Stufe, welche sich in stark alkalischen Lösungen ähnlich wie V_2O_5 unter Bildung von Niobaten und Tantalaten lösen.

22.4 Die Nebengruppe VIa (Chrom-Gruppe)

Die Nebengruppe VIa umfaßt die Elemente Chrom, Molybdän und Wolfram (Tabelle 22.8). Alle sind Metalle von relativ kleinem Atomradius, sehr hohem Schmelzpunkt, großer Härte und sehr guter Korrosionsbeständigkeit.

Chrom kommt in der Natur hauptsächlich als Chromit *(«Chromeisenstein»*, $FeCr_2O_4$) und als *Rotbleierz* ($PbCrO_4$) vor. Chromit ist ein Spinell, in welchem die Cr^{3+}-«Ionen» die oktaedrischen, die Fe^{2+}-«Ionen» die tetraedrischen Hohlräume besetzen. Zur Gewinnung des Metalls führt man die Erze in das Oxid Cr_2O_3 über, welches mittels Aluminium reduziert werden kann (Goldschmidt-Prozeß; die Reduktion mit Kohle ergäbe das Carbid!). Reduziert man Chromit direkt mit Kohlenstoff, so erhält man *Ferrochrom,* eine Chrom/Eisen-Legierung, welche gewissen Stahlsorten zugesetzt wird. Stähle mit wenig Chrom (bis 1%) sind sehr hart und zäh; Stähle mit höheren Chromgehalten (bis maximal 30%) sind besonders korrosionsbeständig («nicht-rostende» Stähle; gewöhnlich zusätzlich mit Nickel legiert). Ein großer Teil des abgebauten Chromeisensteins wird durch Erhitzen mit Na_2CO_3 in Natriumchromat übergeführt:

$$8 Na_2CO_3 + 4 FeCr_2O_4 + 7 O_2 \longrightarrow 2 Fe_2O_3 + 8 Na_2CrO_4 + 8 CO_2$$

Metallisches Chrom ist sehr hart und als kompaktes Metall trotz seines negativen Normal-potentials chemisch sehr widerstandsfähig und reaktionsträg *(Passivität* durch dünne Oxid-haut). Die Oxidschicht verleiht dem Metall auch seinen charakteristischen, starken Glanz.

Tabelle 22.8. Eigenschaften der Elemente der Chrom-Gruppe

	Cr	Mo	W
Ordnungszahl	24	42	74
Elektronenkonfiguration	$3d^5 4s^1$	$4d^5 5s^1$	$(4f^{14})$ $5d^4 6s^2$
Atomradius (pm)	125	136	137
Schmelzpunkt (°C)	1920	2620	3370
Siedepunkt (°C)	2480	4800	5600
Dichte (g/cm³)	7,1	10,4	19,3
$E^0_{Me/Me^{3+}}$ (V)	– 0,74	– 0,2	–
$E^0_{Me/Me^{4+}}$ (V)	–	–	– 0,05
ΔH^0_f MeO₃ (kJ/mol)	– 607	– 753	– 841
ΔH^0_f MeCl₂ (kJ/mol)	– 396	– 184	– 159
ΔH^0_f MeCl₆ (kJ/mol)	–	– 377	– 413

Elektrolytisch aufgetragene Chromüberzüge auf Eisengegenständen wirken dekorativ und als Rostschutz; durch die Bildung von Lokalelementen fördert aber das infolge der Passivierung edlere Chrom die Korrosion des darunterliegenden Eisens, wenn die Schutzschicht verletzt worden ist.

Die *Verbindungen von Chrom* sind alle farbig *(chroma* gr. = Farbe). Die wichtigsten Oxidationsstufen des Elements sind + II, + III und + VI; Verbindungen der Stufen + IV und + V existieren nur im festen Zustand. Den Oxidationsstufen + II, + III und + VI entsprechen in sauren Lösungen die Ionen Cr^{2+}, Cr^{3+} und $Cr_2O_7^{2-}$, in alkalischem Milieu das Chromhydroxid [Cr(OH)₂], die Ionen CrO_2^- bzw. [Cr(OH)₆]³⁻ und CrO_4^{2-}. Am stabilsten sind die Chrom(III)-Verbindungen; Chrom(II)-Verbindungen sind starke Reduktionsmittel, während Chrom(VI)-Verbindungen stark oxidierend wirken.

$Cr^{2+}aq$-Ionen können z.B. durch Reduktion von Cr^{3+} oder Chromat (CrO_4^{2-}) mit Zink oder durch Reaktion von hochreinem Chrom mit verdünnten Säuren erhalten werden. Sie sind charakteristisch himmelblau gefärbt. Durch Luftsauerstoff werden sie in wäßrigen Lösungen ziemlich rasch oxidiert, sind also nur unter Luftabschluß in Lösung haltbar. Obschon das der Oxidation zu Cr^{3+} entsprechende Normalpotential ziemlich stark negativ ist (E^0 = – 0,41 V), erfolgt die Oxidation durch H^{+I} (in Wasser oder verdünnten Säuren) nur sehr langsam. In alkalischen Lösungen scheidet sich als Chrom(II)-Lösungen gallertiges Cr(OH)₂ aus, das in einem Überschuß von OH⁻-Ionen nicht löslich ist und durch Luft allmählich zu Cr(OH)₃ oxidiert wird. – Aus wäßrigen Lösungen lassen sich verschiedene Salze in kristalliner Form erhalten, z.B. CrSO₄ · 5 H₂O, CrCl₂ · 4 H₂O, CrBr₂ · 6 H₂O. Das bekannteste Chrom(II)-Salz ist Cr(CH₃COO)₂ · 2 H₂O, das relativ beständig ist und durch Ausgießen einer Chrom(II)-chloridlösung in mäßig konzentrierte Natriumacetatlösung als rote, kristalline Substanz erhalten werden kann. Wasserfreie Chrom(II)-Salze werden am besten durch direkte Reaktion von Chrom mit dem betreffenden Nichtmetall oder einer wasserfreien Säure (HF, HCl, HBr) gewonnen. Von den Komplexen dieser Oxidationsstufe sind zu nennen [Cr(NH₃)₆]²⁺, [Cr(SCN)₆]⁴⁻ und [Cr(CN)₆]⁴⁻. Es sind d^4-high-spin-Komplexe (wohl mit Ausnahme des

Hexacyanokomplexes; im Hexammin-Komplex erfolgt die Koordination verzerrt-oktaedrisch [Jahn-Teller-Effekt; S. 604]).

Das der *Oxidationsstufe +III* entsprechende Oxid Cr_2O_3, ein dunkelgrüner Festkörper, entsteht durch Verbrennung des Metalls in reinem Sauerstoff, durch thermische Zersetzung von Ammoniumdichromat, $(NH_4)_2Cr_2O_7$, oder CrO_3 oder durch Kalzinieren von Chrom (III)-hydroxid. Es kristallisiert wie Al_2O_3, Ti_2O_3, Mn_2O_3 und Fe_2O_3 in der Korundstruktur. Cr_2O_3 ist in verdünnten Säuren und wäßrigen Hydroxidlösungen nahezu unlöslich; beim Abrauchen mit konzentrierter Schwefelsäure bildet es Chrom (III)-sulfat, während es beim Verschmelzen mit NaOH unter Luftabschluß in Chromit, an der Luft in Chromat übergeht. Das Cr^{3+}aq-Ion, $[Cr(H_2O)_6]^{3+}$, ist ähnlich dem Al^{3+}-Ion eine mäßig starke Kationsäure. Bei der Erhöhung des pH-Wertes von Chrom (III)-salzlösungen durch Zusatz starker Basen bildet sich zuerst Chrom (III)-hydroxid, das sich bei noch höheren pH-Werten unter Bildung von grünen Hydroxokomplexen löst:

$$[Cr(H_2O)_6]^{3+} \xrightarrow{\ OH^-\ } Cr(OH)_3\,aq \xrightarrow{\ OH^-\ } [Cr(OH)_6]^{3-}$$

Durch Wasseraustritt können sich aus den Hexahydroxochromat-Anionen neben mehrkernigen Anionen auch Chromit-Ionen (CrO_2^-) bilden.

Von den Chrom (III)-salzen sind weiter erwähnenswert die Halogenide, welche als wasserfreie Salze durch direkte Reaktion der beiden Elemente entstehen (z. B. $CrCl_3$, ein in rotvioletten Blättchen kristallisierendes, im Chlorstrom bei 600°C sublimierbares, in Wasser schlecht lösliches Salz) oder als Hydrate aus den wäßrigen Lösungen erhalten werden können (z. B. $CrF_3 \cdot 6\,H_2O$), weiter das Sulfat, $Cr_2(SO_4)_3 \cdot 18\,H_2O$ und der dunkelviolette Chromalaun. Auffallend ist die große Tendenz der Cr^{3+}-Ionen zur Komplexbildung mit zahlreichen Liganden wie NH_3, F^-, Cl^-, CN^- usw. In diesen Komplexen ist das Cr^{3+}-Ion oktaedrisch mit den Liganden koordiniert; sie sind high-spin-Komplexe und im allgemeinen kinetisch inert und gehen nur langsam Ligandensubstitutionen ein. Chrom (III)-Komplexe wurden deshalb in der Frühzeit der Komplexchemie sehr eingehend untersucht (Jørgensen, Werner). In wäßrigen Lösungen sind Chrom (III)-Salze beliebig haltbar, ohne daß Oxidation durch Luftsauerstoff eintritt.

Chrom (IV)-Verbindungen sind in Lösung instabil (Disproportionierung in Cr^{III} und Cr^{VI}). Eine relativ stabile Substanz ist das grünschwarze Fluorid CrF_4, das durch die Einwirkung von Fluor auf CrF_3 erhalten werden kann. Es existieren auch Fluorokomplexe dieser Oxidationsstufe, wie z. B. CrF_5^- und CrF_6^{2-}. Eine interessante Verbindung ist das in der Rutilstruktur kristallisierende, ferromagnetische Oxid CrO_2, das metallische Leitfähigkeit besitzt.

Die einzige, der *Oxidationsstufe + V* entsprechende binäre Verbindung von Chrom ist CrF_5, ein karmesinroter, flüchtiger Festkörper (Smp. 30°C). Die gut charakterisierten Verbindungen Li_3CrO_4 und Na_3CrO_4 enthalten tetraedrische CrO_4^{3-}-Ionen.

Die wichtigsten *Chrom (VI)-Verbindungen* sind Chrom (VI)-oxid, CrO_3, die *Chromate* (CrO_4^{2-}) und die *Dichromate* ($Cr_2O_7^{2-}$). Chromate können, wie erwähnt, direkt aus Chromeisenstein oder auch durch Oxidation von Hexahydroxochromat(III) in alkalischer Lösung mit H_2O_2 erhalten werden. Sie zeigen eine charakteristische gelbe Farbe. Werden Lösungen von Chromaten mit starker Säure versetzt, so ändert sich die Farbe in Orange, und es bildet sich das zweikernige Dichromat-Ion:

$$2\,CrO_4^{2-} + 2\,H_3O^+ \rightleftharpoons Cr_2O_7^{2-} + 3\,H_2O$$

Die Reaktion ist umkehrbar; Dichromate gehen deshalb bei hohen pH-Werten wieder in Chromate über. In konzentrierter Säure bildet sich durch fortgesetzte Kondensation von CrO_4-Gruppen schließlich CrO_3, eine zerfließliche, in roten Nadeln kristallisierende Substanz, welche sich unter saurer Reaktion im Wasser löst:

$$CrO_3 + 3 \, H_2O \; \rightleftharpoons \; CrO_4^{2-} + 2 \, H_3O^+$$

Chrom (VI)-oxid zersetzt sich bereits oberhalb seines Schmelzpunktes (197 °C) und geht unter Sauerstoffabspaltung in Cr_2O_3 über. Es wirkt sehr stark oxidierend.

Chromate und Dichromate wirken in sauren bzw. neutralen Lösungen ebenfalls stark oxidierend [im Gegensatz zu den Vanadin (V)-Verbindungen bzw. den Titan (IV)-Verbindungen!]; sie werden dabei zu Cr^{3+}aq-Ionen oder zu Komplexen der Oxidationsstufe + III reduziert ($E^0_{Cr^{3+}/CrO_4^{2-}} = +1,36 \, V$). Eine Lösung von CrO_3 oder von $Na_2Cr_2O_7$ in konzentrierter Schwefelsäure wird dank ihrer stark oxidierenden Wirkung im Laboratorium zur Reinigung von Glasgeräten verwendet («Chromschwefelsäure»). In alkalischer Lösung ist die Oxidationswirkung viel weniger ausgeprägt:

$$Cr(OH)_3 + 5 \, OH^- \; \rightleftharpoons \; CrO_4^{2-} + 4 \, H_2O \quad E^0 = -0,13 \, V$$

Molybdän tritt in der Natur hauptsächlich als Molybdänit («Molybdänglanz», MoS_2) auf, einem Mineral von blaugrauer Farbe und starkem Metallglanz, das in einem Schichtgitter kristallisiert (Verwendung als Schmiermittel, ähnlich Graphit). Durch Erhitzen an der Luft geht es in MoO_3 über, welches mit Wasserstoff zu metallischem Molybdän reduziert werden kann. Die Hauptmenge des technisch gewonnenen Molybdäns wird (in der Form von Ferromolybdän) als Zusatz zu Stählen verwendet; Molybdänstahl ist besonders hart und zäh.

Molybdän (VI)-oxid, MoO_3, löst sich in alkalischen Lösungen unter Bildung von Molybdat-(MoO_4^{2-}-) Ionen. Ähnlich wie im Fall von Chromat (und auch von Vanadat) tritt sehr leicht Kondensation zu mehrkernigen Komplex-Anionen ein *(«Polymolybdate»)*, von denen manche Salze, wie etwa die Paramolybdate ($Mo_7O_{24}^{6-}$) oder die Metamolybdate ($Mo_8O_{26}^{4-}$), besser bekannt sind. Werden angesäuerte Molybdatlösungen mit Reduktionsmitteln wie Zink oder SO_2 versetzt, so erhält man tiefblaue, kolloidale Lösungen von Mischoxiden des Molybdäns in den Oxidationsstufen + IV und + VI. Interessant ist die Struktur der Dihalogenide von Molybdän und Wolfram. Sie enthalten inselartige $Me_6X_8^{4+}$-Gruppen (Abb. 22.1), sogenannte *Cluster,* die im Kristall über weitere Cl^--Ionen miteinander verbrückt sind, aber auch in Lösung erhalten bleiben. Die Bindungsverhältnisse in diesen Clustern sind nicht vollkommen abgeklärt; offenbar treten direkte Metall-Metall-Bindungen auf, analog zu gewissen Carbonylen (S. 669).

Das **Wolfram** besitzt den höchsten Schmelzpunkt aller Metalle (3370 °C; Verwendung für Glühfäden in Glühlampen und für Wolframstähle [Schnelldrehstähle]; enthalten etwa 17 % W neben 3 % Co und besitzen ihre hohe Härte auch noch bei Rotglut). Man gewinnt es in Form eines schwarzgrauen Pulvers durch Reduktion von Wolfram (VI)-oxid mit Wasserstoff. Das Pulver wird zu festen Stäben gepreßt und in einer Wasserstoffatmosphäre zu größeren Stücken gesintert. Es ist ein weißglänzendes, an der Luft beständiges Metall von enormer mechanischer Festigkeit. Seine wichtigsten Erze sind Wolframit (Mn, Fe) WO_4 und Scheelit ($CaWO_4$).

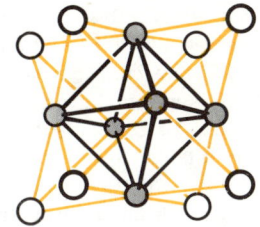

Abb. 22.1. Struktur des $Mo_6Cl_8^{4+}$ Clusters

Wolfram bildet stabile Verbindungen nur in der *Oxidationsstufe + VI*. Das Oxid, WO_3, ergibt in stark alkalischen Lösungen oder durch Schmelzen mit Alkalihydroxiden oder Erdalkalioxiden Wolframate, die noch leichter mehrkernige Komplexanionen bilden als die Molybdate. Durch Zusatz von Nichtmetallsäuren (wie H_5IO_6 oder H_3PO_4) oder ihrer Ionen zu angesäuerten Poly-wolframatlösungen erhält man Heteropolykomplexanionen (Phosphorwolframate, Silicowolf-ramate usw.). Durch Reduktion von Wolframaten mit $SnCl_2$ oder anderen Reduktionsmitteln entstehen ähnlich wie beim Molybdän blau gefärbte Lösungen von Mischoxiden der + IV- und + VI-Stufe.

22.5 Die Nebengruppe VIIa (Mangan-Gruppe)

Von den drei Elementen dieser Gruppe ist wiederum das erste (**Mangan**) weitaus am wichtig-sten. Mangan hat mit etwa 0,08% Anteil am Aufbau der festen Erdrinde; es ist ebenso häufig wie Kohlenstoff und häufiger als z. B. Schwefel. Seine wichtigsten Erze sind Oxide: *Pyrolusit* (MnO_2, *«Braunstein»*), *Braunit* (Mn_2O_3) und *Hausmannit* (Mn_3O_4); ein weiteres wichtiges Erz ist der *Manganspat,* $MnCO_3$. Zur Gewinnung des reinen Metalls werden die gereinigten Oxide mit Aluminium reduziert; das meiste technisch produzierte Mangan wird jedoch wie das Vanadin als *Ferromangan* (ungefähr 80% Mn, 20% Fe) oder *Spiegeleisen* (etwa 20 bis 30%

Tabelle 22.9. Eigenschaften der Elemente der Mangan-Gruppe

	Mn	Tc	Re
Ordnungszahl	25	43	75
Elektronenkonfiguration	$3d^5 4s^2$	$4d^6 5s^1$	$(4f^{14})$ $5d^5 6s^2$
Atomradius (pm)	129	130	137
Schmelzpunkt (°C)	1247		3180
Siedepunkt (°C)	2090		5500
Dichte (g/cm³)	7,21	11,5	20,99
$E^0_{Me/Me^{2+}}$ (V)	− 1,18	−	−
E^0_{Me/MeO_4^-} (V) .	−	+ 0,47	+ 0,34
ΔH^0_f MeO_2 (kJ/mol)	− 520		− 418

Mn, 5% C; Rest Fe) bei der Stahlgewinnung verwendet. Ferromangan und Spiegeleisen werden durch Reduktion entsprechender Oxidgemische im Hochofen mit C oder CO als Reduktionsmittel gewonnen. Bei der Stahlherstellung verbindet sich das Mangan mit dem im Roheisen enthaltenen Schwefel und entfernt dieses störende Element auf diese Weise; es wirkt zudem als Desoxidationsmittel und erhöht als Legierungsbestandteil die Härte und Zähigkeit des Stahls. Reines Mangan ist ein sprödes, hartes, grauweißes, ziemlich unedles Metall ($E^0 = -1,18$ V), das polymorph ist (es kristallisiert in drei verschiedenen Strukturen). Mangan löst sich leicht in nichtoxidierenden Säuren und reagiert insbesondere bei höherer Temperatur ziemlich leicht mit vielen Elementen (Halogenen, Sauerstoff, Schwefel, Kohlenstoff, Stickstoff). In *Verbindungen* tritt Mangan in den Oxidationsstufen $+$I, $+$II, $+$III, $+$IV, $+$V, $+$VI und $+$VII auf. Viele seiner Verbindungen sind farbig und paramagnetisch.

Eine der ganz wenigen Mangan(I)-Verbindungen ist $K_5[Mn(CN)_6]$, ein low-spin-d^6-Komplex, der durch Reduktion von $K_4[Mn(CN)_6]$ mit Al-Pulver oder durch elektrolytische Reduktion erhalten werden kann.

Die *+II-Stufe* ist die wichtigste und stabilste Oxidationsstufe des Mangans (halbbesetztes d-Niveau!). In neutralen oder sauren Lösungen existiert Mn^{+II} als $[Mn(H_2O)_6]^{2+}$-Ion (d^5) high-spin) von blaßrosa Farbe. Im Gegensatz zu Chrom(II)-salzen ist das Mn^{2+}aq-Ion schwer zu oxidieren, wirkt also nicht reduzierend. Vergleiche dazu die Normalpotentiale:

$$E^0_{Cr^{2+}/Cr^{3+}} = -0,41 \text{ V} \qquad E^0_{Mn^{2+}/Mn^{3+}} = +1,5 \text{ V} \qquad E^0_{Fe^{2+}/Fe^{3+}} = +0,75 \text{ V}$$

Bei Erhöhung des pH-Wertes einer neutralen Mn(II)-salzlösung auf etwa 8 oder 9 beginnt $Mn(OH)_2$, eine Verbindung von definierter Zusammensetzung (also kein Oxidhydrat), als reinweißer Niederschlag auszufallen. $Mn(OH)_2$ und ebenso das Sulfid, MnS, ist bedeutend leichter oxidierbar; an der Luft färben sich beide allmählich braun:

$$Mn(OH)_2 \xrightarrow{E^0 = +0,1 \text{ V}} Mn_2O_3 \cdot n \, H_2O \xrightarrow{E^0 = +0,2 \text{ V}} MnO_2$$

Mn^{2+}-Ionen bilden mit den meisten wichtigeren Anionen beständige Salze, die – mit Ausnahme z. B. des Phosphats oder Carbonats – leichtlöslich sind und häufig mit Kristallwasser (d. h. mit Mn^{2+}aq-Ionen) kristallisieren. Mangan(II) bildet zahlreiche *Komplexe* (außer dem Hexacyanokomplex alles high-spin-d^5-Komplexe); die Komplexbildungsgleichgewichte liegen jedoch meistens nicht so stark auf Seite der Komplexe wie bei den $+2$-fach geladenen Ionen der folgenden Metalle; mit anderen Worten, die Mangan(II)-Komplexe sind thermodynamisch weniger stabil als die Eisen(II)- oder Kobalt(II)-Komplexe, weil die CFS-Energie für high-spin-d^5-Komplexe Null ist. In den meisten Komplexen ist das Mn-Ion oktaedrisch von 6 Liganden umgeben; es existieren jedoch auch einige wenige Komplexe mit tetraedrischer Koordination. Tetraedrisch koordiniertes Mangan(II) ist oft durch eine intensive grüngelbe Fluoreszenz ausgezeichnet; die meisten technisch verwendeten Leuchtfarben (*«Phosphore»*) sind Zinkverbindungen (z. B. $ZnSiO_4$ u. a.), in welchen ein Teil des (ebenfalls tetraedrisch koordinierten) Zinks durch Mangan ersetzt ist.

In der *+III-Stufe* existiert Mangan als Mn^{3+}-Ion, jedoch fast nur in Festkörpern, wie z. B. in den Mineralien Braunit (Mn_2O_3) oder Hausmannit (Mn_3O_4, diese Substanz kristallisiert in einer deformierten Spinellstruktur als $Mn^{+II}Mn_2^{+III}O_4$), Manganit (MnOOH), oder in Komplexen wie MnF_6^{3-} und MnO_3^{3-}. Zu den wenigen einigermaßen beständigen Mangan(III)-Salzen gehören MnF_3, eine rote, wasserlösliche Substanz, $Mn(CH_3COO)_3 \cdot 2 \, H_2O$, das durch Oxidation von Mangan(II)-acetat mit Chlor erhalten werden kann, und der Alaun $CsMn(SO_4)_2 \cdot 12 \, H_2O$. Letzterer enthält das oktaedrisch koordinierte $Mn(H_2O)_6^{3+}$-Ion. Im

Gegensatz zu den Chrom(III)-Verbindungen wirkt Mangan(III) stark oxidierend; es vermag sogar H_2O_2 zu Sauerstoff zu oxidieren. In wäßrigen Lösungen disproportionieren die Mn^{3+}-Ionen (z.B. durch Lösen von Mn_2O_3 in verdünnten starken Säuren zu erhalten) in Mn^{2+} und Mn^{+IV}:

$$2\ Mn^{3+} + 6\ H_2O \longrightarrow Mn^{2+} + MnO_2 + 4\ H_3O^+$$

Durch Komplexierung mit CN^-- oder Oxalat-Ionen kann die $+III$-Stufe stabilisiert werden. In Gegenwart eines Überschusses an CN^--Ionen wird Mn^{2+} deshalb leicht zu $[Mn(CN)_6]^{3-}$, ebenfalls einem low-spin-Komplex, oxidiert.

Die wichtigste Verbindung der $+IV$-Stufe ist *Mangan(IV)-oxid*, MnO_2, ein grauschwarzer Festkörper von auch bei sorgfältigster Herstellung stets nichtstöchiometrischer Zusammensetzung (maximaler O-Gehalt $MnO_{1,95}$), der in einer rutilähnlichen Struktur kristallisiert. MnO_2 ist schwerlöslich; durch Reduktionsmittel wird jedoch die Verbindung in wäßrigen Lösungen bei genügend tiefem pH leicht zu Mn^{2+} reduziert. Gegenüber den meisten Säuren ist MnO_2 ziemlich inert; erst beim Erhitzen wirkt es als Oxidationsmittel. So erhält man z.B. aus MnO_2 und konzentrierter Salzsäure Chlor:

$$MnO_2 + 4\ H_3O^+ + 4\ Cl^- \longrightarrow 6\ H_2O + MnCl_2 + Cl_2$$

Durch Schmelzen mit Erdalkalioxiden erhält man «Manganite» von variabler Zusammensetzung und unbekannter Struktur. Seiner oxidierenden Wirkung wegen dient Braunstein zur Entfärbung von Glasschmelzen («Glasmacherseife»).

Weitere Mangan(IV)-Verbindungen sind MnF_4, ein ziemlich flüchtiger, blaugrauer Festkörper, und $Mn(SO_4)_2$ (schwarze Kristalle, die durch Oxidation von $MnSO_4$ mit $KMnO_4$ erhalten werden können und in Wasser rasch hydrolysiert werden). Mangan(IV) bildet auch verschiedene Komplexe, wie MnF_6^{2-} oder $MnCl_6^{2-}$.

Der *Oxidationsstufe* $+V$ entspricht eine einzige Verbindung, das blaue $Na_3MnO_4 \cdot 7\ H_2O$ [«Natriumhypomanganat» oder Natriummanganat-(V)], das durch Reduktion von Na_2MnO_4 mittels Natriumformiat in alkalischer Lösung erhalten werden kann und in neutraler Lösung rasch in Mangan (+VI) und Mangan (+IV) disproportioniert.

Mangan der *Oxidationsstufe* $+VI$ ist einzig als tiefgrünes Manganat-Ion (MnO_4^{2-}) bekannt. Man erhält es durch Oxidation von MnO_2 in geschmolzenem KOH unter der Wirkung von Luftsauerstoff, Kaliumnitrat oder anderen Oxidationsmitteln. Nur K_2MnO_4 und $Na_2MnO_4 \cdot n\ H_2O$ sind gut charakterisiert. Das MnO_4^{2-}-Ion ist in wäßriger Lösung nur bei sehr hohen pH-Werten beständig; unterhalb pH 8 tritt rasche Disproportionierung ein:

$$3\ MnO_4^{2-} + 4\ H_3O^+ \longrightarrow 2\ MnO_4^- + MnO_2 + 6\ H_2O$$

Das tiefviolette *Permanganat-Ion* (MnO_4^-) schließlich enthält das Element in seiner höchsten Oxidationsstufe. $KMnO_4$, ein in schwarz glänzenden Nadeln kristallisierendes, mit $KClO_4$ isomorphes Salz, wird durch elektrolytische Oxidation einer alkalischen Lösung von K_2MnO_4 hergestellt. Die MnO_4^--Ionen wirken sehr stark oxidierend; Lösungen von Kaliumpermanganat zersetzen sich beim Stehenlassen gemäß der Gleichung

$$4\ MnO_4^- + 4\ H_3O^+ \longrightarrow 3\ O_2 + 6\ H_2O + 4\ MnO_2$$

wobei die Zersetzung durch Licht katalysiert wird.

In alkalischer Lösung wird $KMnO_4$ zu MnO_2 reduziert:

$$MnO_4^- + 2\,H_2O + 3\,e^- \longrightarrow MnO_2 + 4\,OH^- \qquad E^0 = +1{,}23\ V$$

Bei sehr hohem pH und überschüssigem Reduktionsmittel geht die Reduktion nur bis zur +VI-Stufe:

$$MnO_4^- + e^- \longrightarrow MnO_4^{2-} \qquad E^0 = +0{,}6\ V$$

In sauren Lösungen entsteht als Endprodukt der Reduktion die +II-Stufe:

$$MnO_4^- + 8\,H_3O^+ + 5\,e^- \longrightarrow Mn^{2+} + 12\,H_2O \qquad E^0 = +1{,}51\ V$$

Weil aber MnO_4^- umgekehrt Mangan (II) zu Mangan (IV) oxidieren kann, entsteht bei MnO_4^--Überschuß auch in saurer Lösung MnO_2.

Die dem MnO_4^--Anion konjugierte Säure $HMnO_4$ ist nicht bekannt. Hingegen läßt sich das entsprechende *Oxid* (Mn_2O_7) durch vorsichtige Einwirkung von konzentrierter Schwefelsäure auf trockenes $KMnO_4$ gewinnen. Es ist ein flüchtiges, in der Durchsicht rotes Öl (Smp. 5,9 °C), das sich bei geringem Erwärmen zersetzt.

Technetium, das zweite Element der Gruppe, ist radioaktiv. Seine Chemie ist noch ziemlich unvollkommen bekannt, und es scheint in der Natur nicht aufzutreten. In seinem chemischen Verhalten gleicht es eher dem Rhenium als dem Mangan.

Das sehr seltene **Rhenium** tritt in Spuren in gewissen Erzen wie Columbit, Molybdänglanz und Pyrolusit auf. Es ist ein ziemlich reaktionsträges Schwermetall von sehr hohem Schmelzpunkt. Rhenium bildet Oxide der Oxidationsstufen +III, +IV, +V, +VI und +VII. Die höheren Oxidationsstufen sind beträchtlich beständiger als beim Mangan, so werden z. B. Perrhenate (ReO_4^-) auch in alkalischer Lösung nur mäßig leicht reduziert. Gewisse Rheniumsulfide dienen als Hydrierungskatalysatoren; gegenüber dem sonst dafür meist verwendeten Platin haben sie den Vorteil, nicht durch Schwefelverbindungen vergiftet zu werden.

Übungen

22.1   Stellen Sie die Ähnlichkeiten in den Eigenschaften zwischen den Elementen der seltenen Erden und Aluminium bzw. Calcium sowie zwischen entsprechenden Verbindungen zusammen.

22.2   Warum war die Trennung der seltenen Erdmetalle früher sehr schwer?

22.3   Worauf beruht die große Ähnlichkeit zwischen Zirkonium und Hafnium?

22.4   Zeigen Sie an einigen Beispielen aus der IV. und VI. Nebengruppe, wie innerhalb einer Gruppe mit wachsender Ordnungszahl die höheren Oxidationsstufen immer stabiler werden!

22.5   Vergleichen Sie die folgenden Ionen auf ihre oxidierende (reduzierende) Wirkung und erklären Sie das Verhalten durch ihre Elektronenkonfiguration: Ti^{3+}, V^{3+}, Cr^{3+}, Mn^{3+}, Fe^{3+}

22.6   Wie stellt man technisch folgende Metalle her, und wozu werden sie verwendet: Ti, V, Cr, W, Mn

22.7   Vergleichen Sie das chemische Verhalten der Titan (II)-, Chrom (II)- und Mangan (II)-Verbindungen!

22.8   Zur Untersuchung ihrer spektroskopischen Eigenschaften benötigt man eine Lösung, die Ti^{3+}aq-Ionen enthält. Wie kann man diese herstellen?

22.9   Erklären Sie die Unterschiede in den Eigenschaften von $TiCl_2$ und $TiCl_4$. Wie verhalten sich die entsprechenden Vanadinhalogenide?

22.10   In welcher Form existiert Ti^{+IV} in wäßrigen Lösungen?

22.11   Wie kann man Orthovanadate aus Vanadin erhalten?

22.12   Beschreiben Sie die Effekte, die beim Ansäuern einer Orthovanadatlösung auftreten!

22.13   Worin zeigt sich die relativ große Beständigkeit der Oxidationsstufe $+IV$ beim Vanadin?

22.14   Welches sind die stabilsten Oxidationsstufen der Elemente Ti, Cr und Mn? Worin zeigt sich dies?

22.15   Wie kann man folgende Verbindungen herstellen: Ti_2O_3, V_2O_5, $CrCl_2$, $CrCl_2 \cdot 4\ H_2O$, $CrCl_3$, K_2MnO_4 und $KMnO_4$.

22.16   Vergleichen Sie die Hydroxide von Ti(III), Cr(II), Cr(III) und Mn(II) in bezug auf Zusammensetzung und amphoteres Verhalten.

22.17   Was kann bei der Reduktion von $KMnO_4$ entstehen? Warum müssen $KMnO_4$-Lösungen in braunen Flaschen aufbewahrt werden?

22.18   Stellen Sie die Gleichungen für folgende Reaktionen auf:

$$MnO_4^- + Cr^{2+} \longrightarrow Cr^{3+} + Mn^{2+} \text{ (in saurer Lösung)}$$
$$MnO_4^- + SCN^- \longrightarrow Mn^{2+} + HSO_4^- + CO_2 + NO_3^- \text{ (in saurer Lösung)}$$
$$HO_2^- + Mn(OH)_2 \longrightarrow MnO_4^{2-} \text{ (in alkalischer Lösung)}$$

22.19   Wie viele Gramm $K_2Cr_2O_7$ werden zur Herstellung von 1 Liter einer Lösung benötigt, von welcher 20 ml gerade mit 28,63 ml einer 0,123-M $SnCl_2$ Lösung reagieren? (Bildung von Cr^{3+} und Sn^{4+})

Literatur

F. A. Cotton und G. Wilkinson   *Anorganische Chemie.* Verlag Chemie, Weinheim 1972 (Kapitel 25, 26)

R. B. Heslop und P. L. Robinson *Inorganic Chemistry,* Elsevier, London 1960 (Kapitel 26–31)

A. F. Holleman und E. Wiberg   *Lehrbuch der Anorganischen Chemie.* De Gruyter, Berlin 1970 (Kapitel XX–XXIV)

E. M. Larsen   *Transitional Elements.* Benjamin, New York 1965

M. J. Sienko, R. A. Plane und R. E. Hester: *Inorganic Chemistry* (Part II: Elements of Inorganic Chemistry). Benjamin, New York 1965 (Kapitel 4 und 5)

A. F. Wells   *Structural Inorganic Chemistry.* Oxford University Press, 1962

23 Übergangsmetalle IV: Eisen- und Platinmetalle

Die auf die Nebengruppe VIIa folgenden 9 Metalle bilden zusammen die Gruppe VIIIa des Periodensystems. Hier sind die Ähnlichkeiten zwischen den drei Elementen einer Periode (Fe, Co, Ni; Ru, Rh, Pd; Os, Ir, Pt) viel größer als zwischen senkrecht untereinanderstehenden Elementen. Es ist deshalb zweckmäßig, bei der Behandlung der Gruppe VIII jeweils eine Triade von drei benachbarten Elementen gemeinsam zu besprechen.

23.1 Die Eisenmetalle

Die drei Elemente der Eisen-Triade gleichen sich in ihren physikalischen Eigenschaften sehr stark. Alle drei sind typische Metalle von hohem, nur wenig verschiedenem Schmelzpunkt und hoher Dichte (Tabelle 23.1); alle haben nahezu den gleichen Atomradius (um 125 pm), und alle drei sind ferromagnetisch. Alle drei treten in Verbindungen in den Oxidationsstufen $+$II und $+$III auf (Eisen zeigt in gewissen Verbindungen – allerdings nur im festen Zustand! – auch die Oxidationszahlen $+$IV und $+$VI [vgl. S. 647]; bei Nickel sind Verbindungen in der $+$III-Stufe instabil.)

Eisen ist das nach Sauerstoff, Silicium und Aluminium vierthäufigste Element der Erdkruste (4,7%) und tritt in vielen Mineralien (vor allem O-, S- und Si-Verbindungen) auf. Die wichtigsten Eisenerze sind Hämatit (Fe_2O_3), Limonit ($Fe_2O_3 \cdot n\ H_2O$) und Magnetit (Fe_3O_4). Auch Eisenspat ($FeCO_3$) und Pyrit (FeS_2) haben als Eisenerze eine gewisse Bedeutung.

Reines Eisen [z.B. durch Pyrolyse von Fe(CO)$_5$ hergestellt] ist ein ziemlich weiches, silberweißes Metall, das an feuchter Luft oder in Wasser, das Sauerstoff gelöst enthält, rasch anläuft. Das Element ist polymorph; unterhalb 906°C kristallisiert es in der Wolfram-, oberhalb von

Tabelle 23.1. Eigenschaften der Eisenmetalle

	Fe	Co	Ni
Ordnungszahl	26	27	28
Elektronenkonfiguration	$3d^6\,4s^2$	$3d^7\,4s^2$	$3d^8\,4s^2$
Atomradius (pm)	126	125	124
Schmelzpunkt (°C)	1535	1480	1455
Siedepunkt (°C)	3200	3185	3350
Dichte (g/cm³)	7,9	8,7	8,9
$E^0_{Me/Me^{2+}}$ (V)	$-0,44$	$-0,27$	$-0,25$
$E^0_{Me^{2+}/Me^{3+}}$ (V)	$+0,75$	$+1,80$	
ΔH^0_f MeO (kJ/mol)	-267	-239	-244

Abb. 23.1
Zoneneinteilung des Hochofens

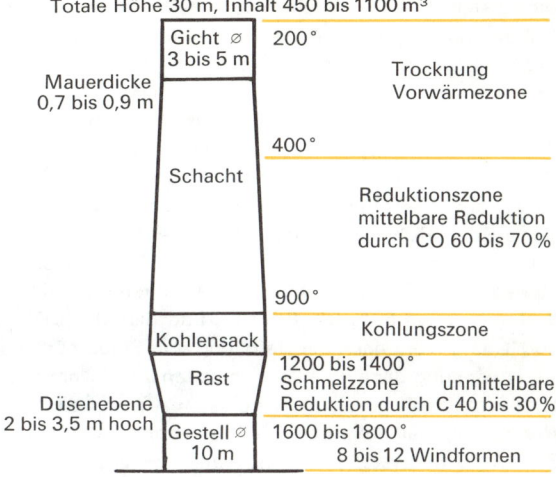

Totale Höhe 30 m, Inhalt 450 bis 1100 m³

Gicht ⌀ 3 bis 5 m — 200°

Mauerdicke 0,7 bis 0,9 m

Trocknung
Vorwärmezone

Schacht — 400°

Reduktionszone
mittelbare Reduktion
durch CO 60 bis 70%

900°

Kohlensack — Kohlungszone

Rast — 1200 bis 1400°
Schmelzzone   unmittelbare
Reduktion durch C 40 bis 30%

Düsenebene
2 bis 3,5 m hoch

Gestell ⌀ 10 m — 1600 bis 1800°
8 bis 12 Windformen

Bodenstein 1,5 bis 2,5 m

906°C in der Goldstruktur (α- und γ-Eisen). Reines Eisen wird nur in geringen Mengen hergestellt und z. B. für die Kerne von Elektromagneten verwendet, weil es ohne Hysteresis magneti-
sierbar ist. *Stähle* enthalten in der Regel nicht mehr als 1,7% Kohlenstoff und oft zusätzlich
andere Metalle.

Die Reduktion der Eisenerze geschieht in *Hochöfen,* schachtförmigen, 25 bis 30 m hohen
Öfen, in welchen unten heiße Luft («Heißwind») eingeblasen wird und die von oben her abwechselnd mit Koks und einer Mischung von Erz und «Zuschlag» (Kalk u. a.) beschickt werden. Der Zuschlag ergibt mit dem unschmelzbaren Begleitgestein des Erzes, der «Gangart», die
schmelzbare Schlacke. Im unteren Teil des Hochofens verbrennt der Koks mit dem Heißwind
vorwiegend zu CO (Temperatur bis gegen 1800°C; vgl. Boudouard-Gleichgewicht S. 526).

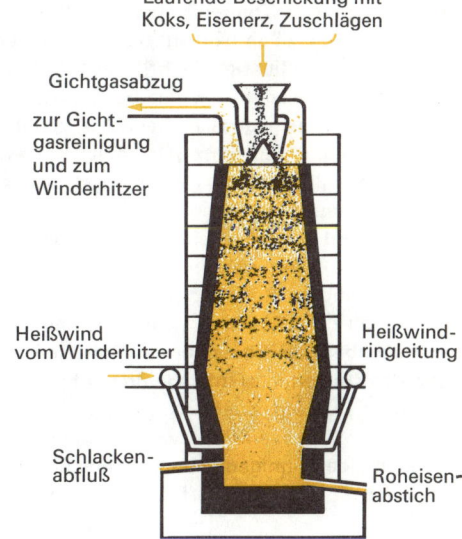

Laufende Beschickung mit
Koks, Eisenerz, Zuschlägen

Gichtgasabzug

zur Gicht-
gasreinigung
und zum
Winderhitzer

Heißwind
vom Winderhitzer

Heißwind-
ringleitung

Schlacken-
abfluß

Roheisen-
abstich

Abb. 23. 2
Schematische Darstellung eines Hochofens

Die aufsteigenden Gase reduzieren das Erz in der mittleren Zone zu schwammigem Metall. Ein Teil des Kohlenmonoxids disproportioniert bei der hier herrschenden niedrigeren Temperatur (400 bis 900°C) in Kohlendioxid und Kohlenstoff, welcher sich in der darunterliegenden «Kohlungszone» mit dem Eisen legiert. Dadurch wird sein Schmelzpunkt so stark erniedrigt, daß das Roheisen in flüssiger Form nach unten tropft und durch das «Stichloch» von Zeit zu Zeit abgelassen werden kann (Schmelzpunkt von reinem Fe 1535°C, des Roheisens je nach C-Gehalt 1150 bis 1300°C). Die Schlacke tropft ebenfalls flüssig ab; ihr Anteil an Eisensilicat wird in der untersten Hochofenzone durch Koks direkt reduziert. Die restliche Schlacke sammelt sich auf dem Roheisen an und schützt dieses vor der Oxidation durch den eingeblasenen Heißwind. Auch die Schlacke wird von Zeit zu Zeit «abgestochen». In der obersten Zone des Hochofens werden Erz, Koks und Zuschlag durch die heißen Gase vorgewärmt; das entweichende Gichtgas (etwa 60% N_2, 8% CO_2 und bis 30% CO) hat noch eine Temperatur von 100 bis 300°C und dient nach der Befreiung von Staub (Entstaubungsanlagen) in den Winderhitzern zur Erwärmung der eingeblasenen kalten Luft (Wärmeaustausch). Dank seinem ziemlich hohen Heizwert (bis 4200 kJ/m³) wird es im Hüttenwerk als Heizgas verwendet.

Roheisen enthält etwa 3 bis 7% Fremdstoffe (vorwiegend Kohlenstoff, ferner Silicium, Mangan, Phosphor, Schwefel u.a.) und kann nur vergossen, aber nicht geschmiedet oder gewalzt werden (Sprödigkeit!). Um es verformbar zu machen, muß sein Kohlenstoffgehalt auf weniger als 1,7% herabgesetzt und müssen die übrigen Begleitstoffe entfernt werden *(«Frischen»* des Roheisens): Das Roheisen wird zu *Stahl*. Beträgt der Kohlenstoffgehalt noch 0,5 bis 1,7%, so läßt sich der Stahl durch Erhitzen auf etwa 800°C und nachfolgendes Abschrecken in Wasser oder Oel härten. Stahl mit weniger als 0,5% C ist nicht härtbar und wird als *«Schmiedeeisen»* bezeichnet. Die Härtung beruht darauf, daß die im gewöhnlichen Stahl vorliegende Mischung von Eisen und Cementit (Fe_3C) beim Erhitzen in eine feste Lösung von Cementit in Eisen übergeht. Bei raschem Abkühlen bleibt diese als metastabile feste Phase zum größten Teil erhalten («Martensit») und bedingt die verglichen mit dem Schmiedeeisen höhere Härte.

Die beiden wichtigsten Verfahren zur Stahlherstellung sind das «Windfrischen» und das «Herdfrischen». Beim *Windfrischen* (Bessemer-, Thomas- oder LD-Verfahren) wird das flüssige Roheisen in ein drehbares, birnenförmiges, vorn offenes Gefäß («Konverter») gebracht (Abb. 23.3). Nach dem älteren Thomas-Verfahren wird durch den Boden des Konverters, der etwa 30 bis 55 und mehr Tonnen Roheisen faßt, Luft eingeblasen, welche die Begleitstoffe des Roheisens zu ihren Oxiden oxidiert; die entstehende Verbrennungswärme hält die Masse ohne zusätzliche Heizung flüssig. Nach 15 bis 20 Minuten ist die Reaktion beendet, was an der Farbe der Flamme zu erkennen ist, die oben aus dem Konverter schlägt. Durch Kippen des Konverters wird der Stahl ausgegossen. Beim LD-Verfahren *(«Sauerstoff-Aufblas-Verfahren»),* das seit 1952 in Linz und Donawitz (Österreich) entwickelt wurde und seither zum wichtigsten Verfahren der Stahlherstellung geworden ist, bläst man reinen Sauerstoff durch eine wassergekühlte Düse direkt auf die flüssige Schmelze. Die Reaktionstemperatur beträgt bis 3000°C; die Schmelze wird durch die heftigen Oxidationsvorgänge so stark durchgemischt, daß alle Begleitstoffe völlig oxidiert werden und ein Stahl von großer Reinheit entsteht. – Zum Frischen von phosphorhaltigem Roheisen wird der Konverter mit gebranntem Dolomit ausgekleidet. Zusammen mit dem Roheisen wird Calciumoxid (gebrannter Kalk) als «Zuschlag» in den Konverter gegeben; der Phosphor des Roheisens verschlackt sich mit dem Zuschlag und dem Abbrand des Konverter-«Futters» und wird nachher zu Pulver vermahlen und als Phosphordünger verwendet *(«Thomasmehl»).*

Für das *Herdfrischverfahren* wird flüssiges Roheisen mit Schrott und eventuell Erz in einem großen, muldenförmigen Ofen zusammengeschmolzen *(«Siemens-Martin-Ofen»).* Der Sauerstoff aus dem Schrott (Rost!) und dem Erz oxidiert die Begleitstoffe des Roheisens. Der Vor-

Füllstellung   Blasstellung   Kippstellung

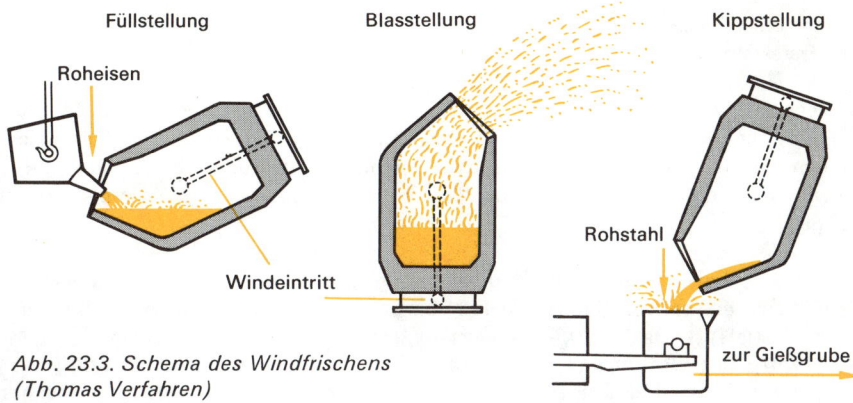

Abb. 23.3. Schema des Windfrischens
(Thomas Verfahren)

gang dauert hier viel länger (4 bis 6 Stunden), und die Schmelze muß durch einen Brennstoff (Koksofengas, Öl) flüssig gehalten werden. Verbrennungsluft und Heizgas werden in großen, ausgemauerten Kammern (Wärmespeicher!), die unterhalb des Ofens liegen, durch die Abgase vorgewärmt.
Mit Mo, Mn, Cr, Ni oder V legierte Stähle werden meist in *Elektroöfen* (Lichtbogen- oder Induktionsöfen) erschmolzen, oft sogar unter Ausschluß von Luft, um eine Oxidation der Legierungsbestandteile zu verhindern.

Eisenoxide und -hydroxide. Die drei *Eisenoxide* entsprechen den idealisierten Zusammensetzungen FeO, Fe_2O_3 und Fe_3O_4; sie sind jedoch häufig *nicht stöchiometrisch* zusammengesetzt. *Eisen(II)-oxid* kann durch Erhitzen von Eisen(II)-oxalat im Vakuum als schwarzes, pyrophores Pulver erhalten werden. In kristalliner Form entsteht es nur bei sehr hohen Temperaturen, da es bei Raumtemperatur bezüglich der Disproportionierung in Fe^0 und Fe_3O_4 instabil ist. *Eisen(III)-oxid* kann durch Erhitzen von frisch gefälltem «Eisen(III)-hydroxid» als rotbraunes Pulver erhalten werden. Bei stärkerem Erhitzen wandelt es sich in einen mehr grauen, kristallinen, in Säuren nahezu unlöslichen Festkörper um. Natürlicher Hämatit besitzt dieselbe Struktur wie Korund (Al_2O_3); die O^{2-}-«Ionen» bilden eine hexagonal dichteste Kugelpackung, und die Fe^{3+}-«Ionen» besetzen oktaedrische Hohlräume. Bei sorgfältiger Oxidation von Fe_3O_4 oder durch Erhitzen von Lepidokrokit (einer Modifikation von FeOOH) kann eine zweite Modifikation von Eisen(III)-oxid hergestellt werden, in welcher die O^{2-}-«Ionen» eine kubisch dichteste Kugelpackung bilden und die Fe^{3+}-«Ionen» ungeregelt auf tetraedrische und oktaedrische Hohlräume verteilt sind. Dieses γ-Fe_2O_3 entspricht strukturell dem γ-Al_2O_3 (Spinellstruktur!)·und ist ferromagnetisch; dank seiner Verwendung zur Fabrikation von Tonbändern ist es von erheblichem technologischem Interesse geworden. – Auch im Fe_3O_4 bilden die O^{2-}-«Ionen» eine kubisch dichteste Kugelpackung. Die Fe^{2+}-«Ionen» belegen oktaedrische Hohlräume, während die Fe^{3+}-«Ionen» zur Hälfte auf oktaedrische, zur Hälfte auf tetraedrische Hohlräume verteilt sind. Seine elektrische Leitfähigkeit beruht auf dem Elektronenübergang zwischen den auf gleichwertigen Gitterplätzen liegenden Fe^{2+}- und Fe^{3+}-Ionen.

Die drei Oxide stehen also in enger struktureller Beziehung zueinander. Werden alle oktaedrischen Hohlräume einer kubisch dichtesten Kugelpackung von O^{2-}-«Ionen» durch Fe^{2+}-«Ionen» besetzt, so liegt die idealisierte FeO- (d.h. Steinsalz-) Struktur vor. Wenn nun ein kleiner Teil der Fe^{2+}-«Ionen» durch Fe^{3+}-«Ionen» ersetzt ist (statt 3 Fe^{+II} 2 Fe^{+III}), entsteht die Defektstruktur des gewöhnlichen «Eisen (II)-oxids». Sind nun ¾ aller Fe^{2+}-«Ionen» durch Fe^{3+}-«Ionen» ersetzt und nehmen diese zur Hälfte die tetraedrischen Hohlräume ein, so liegt das Fe_3O_4 vor. Durch Oxidation der restlichen Fe^{2+}- zu Fe^{3+}-«Ionen» entsteht das γ-Fe_2O_3 mit kubischer Struktur. Die Oxide können somit relativ leicht ihre Zusammensetzung ändern, ohne daß zugleich auch ihre Struktur verändert wird. Dies erklärt die leichte gegenseitige Umwandlung sowie die Tendenz zur Bildung nichtstöchiometrisch zusammengesetzter Verbände.

Eisen (II)-hydroxid ist eine Substanz von definierter, stöchiometrischer Zusammensetzung. Es läßt sich nur bei völligem Ausschluß von Sauerstoff in reinem (reinweißem) Zustand erhalten. $Fe(OH)_2$ kristallisiert wie die meisten Metallhydroxide der Zusammensetzung $Me(OH)_2$ in der CdI_2-Struktur (Schichtstruktur; Abb. 5.21, S. 210) und wird bei Luftzutritt (oder bei Fällung aus Eisen (II)-salzlösungen an der Luft) sofort oxidiert, wobei es sich zunächst grün, dann schmutzig braungrün und schließlich braun färbt. Bei den grünen intermediär auftretenden Produkten handelt es sich um *basische Salze* (Festkörper, die in ihren Kristallen neben OH^--Ionen auch andere Anionen enthalten), die neben Fe^{2+}-Ionen einen variablen Gehalt an Fe^{3+}-Ionen aufweisen. Wahrscheinlich beruht die grüne Farbe dieser Substanzen auf dem leicht möglichen Elektronenübergang von Fe^{2+} zu Fe^{3+} im Kristall.
Eisen (II)-hydroxid ist schwach amphoter. Es löst sich nicht nur in Säuren, sondern in geringem Maß auch in konzentrierten Alkalihydroxidlösungen unter Bildung von Hexahydroxoferrat (II)-Komplexen.
Im Gegensatz zur Oxidationsstufe + II existiert von der + III-Stufe kein Hydroxid definierter Zusammensetzung. Die bei Erhöhung des pH-Wertes aus wäßrigen Eisen (III)-salzlösungen ausfallenden gallertigen Niederschläge stellen also nicht $Fe(OH)_3$ dar, sondern bestehen aus stark wasserhaltigem Fe_2O_3. Durch langsame Oxidation von $Fe(OH)_2$ bildet sich *«Eisen (III)-hydroxid»* in Form von feindispersem, mikrokristallinem FeOOH. Diese Verbindung tritt in zwei Modifikationen auch in der Natur auf. Beide kristallisierten in rhombischen Strukturen, die sich durch die Anordnung der «FeO_6»-Oktaeder unterscheiden. Die stabile Form *(«Goethit»)* entspricht strukturell dem Mineral Diaspor (α-AlOOH) und kristallisiert in Nadeln; sie bildet sich beim Erhitzen von frisch gefälltem Eisen (III)-oxidhydrat in NaOH mit überhitztem Wasserdampf. *Lepidokrokit,* die weniger stabile γ-Modifikation von FeOOH, entspricht strukturell dem γ-AlOOH (Böhmit) und kristallisiert in Blättchen. Goethit und Lepidokrokit bilden die Hauptbestandteile von Limonit, dem Brauneisenerz.
Auch Eisen (III)-oxidhydrat ist schwach amphoter. Durch Erhitzen konzentrierter Lösungen von $Ba(OH)_2$ mit $FeCl_3$ läßt sich $Ba_3[Fe(OH)_6]_2$ als weißes, kristallines Pulver erhalten.
Eisen (III)-oxide und -hydroxide spielen eine technologisch außerordentlich wichtige Rolle als Bestandteile des *Rostes.* Die Oxidation des Eisens an der Luft, das Rosten, ist ein ziemlich komplizierter Vorgang, der – allerdings nur sehr schematisch – durch folgende Reaktionsgleichungen beschrieben werden kann:

$$2\,Fe \longrightarrow 2\,Fe^{2+} + 4\,e^- \tag{1}$$

$$O_2 + 4\,e^- + 2\,H_2O \longrightarrow 4\,OH^- \tag{2}$$

$$2\,Fe^{2+} + H_2O + \tfrac{1}{2}O_2 \longrightarrow 2\,Fe^{3+} + 2\,OH^- \tag{3}$$

$$2\,Fe^{3+} + 6\,OH^- \longrightarrow 2\,Fe(OH)_3 \tag{4}$$

$$\overline{2\,Fe + 3\,H_2O + 1\tfrac{1}{2}O_2 \longrightarrow 2\,Fe(OH)_3}$$

Dementsprechend wird das Rosten durch Säuren begünstigt [die Reaktion der Säure mit OH^--Ionen bewirkt Verschiebung der Gleichgewichte (2) und (3) nach rechts!]. Die entstehenden hydratisierten Fe^{3+}-Ionen sind aber selbst ziemlich stark sauer, so daß immer wieder neue H_3O^+-Ionen entstehen. Alkalische Lösungen hemmen das Rosten [Verschiebung des Gleichgewichtes (3) nach links!]. Das nach der dargestellten Reaktionsfolge entstehende « Fe (OH)₃ » spaltet Wasser ab und geht dadurch in FeOOH über. Die poröse, lockere Struktur der Produkte erlaubt den weiteren Zutritt von Luft und Feuchtigkeit zum Metall und damit schließlich ein vollständiges Durchrosten.

Eisen (II)-salze. Fe^{2+}-Ionen bilden mit nahezu jedem stabilen Anion relativ beständige Salze, die aus ihren wäßrigen Lösungen als kristallwasserhaltige Festkörper erhalten werden können. Manche von ihnen werden allerdings beim Aufbewahren an der Luft oberflächlich zu Eisen (III)-Verbindungen oxidiert, so z. B. das Eisen (II)-sulfat, $FeSO_4 \cdot 7\ H_2O$. Relativ luftbeständig ist das Mohrsche Salz, $(NH_4)_2 Fe (SO_4)_2$. Die festen Hydrate der Eisen (II)-halogenide enthalten keine Hexaaquokomplexe, sondern elektrisch neutrale Komplexe wie $[Fe (H_2O)_4 Cl_2]$ (das restliche Wasser ist Kristallwasser); die beiden Halogenidionen sind also als Liganden in den Oktaederkomplex eingebaut.

Das Normalpotential für die Oxidation des blaßgrünen Fe^{2+}aq-Ions ist $+ 0,75$ V; diese Oxidation ist demnach prinzipiell an der Luft möglich. Da aber sowohl Fe^{2+}aq- wie Fe^{3+}aq-Ionen Kationsäuren sind (das Fe^{3+}aq-Ion ist die stärkere Säure!), ist der Anteil der Ionen, die wirklich als Hexaquokomplexe vorliegen, pH-abhängig. Aus diesem Grund ist auch das Fe^{+II}/Fe^{+III}-Potential pH-abhängig; es wird in sauren Lösungen positiver [saure Lösungen von Eisen (II)-Salzen, wie z. B. $FeCl_2$, sind deshalb relativ gut haltbar], in schwach alkalischen Lösungen hingegen negativer. Für den Übergang $Fe (OH)_2 \longrightarrow$ « Fe (OH)₃» schließlich wird $E^0 = - 0,75$ V [die Eisen (III)-oxidhydrate bzw. FeOOH sind bedeutend weniger löslich als $Fe (OH)_2$!].

Eisen (II) bildet zahlreiche *Komplexe* mit meist oktaedrischer Koordination, z. B. einen in wäßriger Lösung allerdings instabilen Hexamminkomplex, den Hexaquokomplex und den bekannten, gelblich-grünen, thermodynamisch sehr stabilen und gleichzeitig inerten Hexacyanoferrat (II)-Komplex $[Fe (CN)_6]^{4-}$ u. a. Im Gegensatz zu den Komplexen von Co^{+III} (die ebenfalls d^6-Komplexe, aber mit Ausnahme von CoF_6^{3-} alles low-spin-Komplexe sind) sind die Eisen (II)-Komplexe paramagnetische high-spin-Komplexe. Nur der Hexacyanokomplex ist ein low-spin-Komplex (S. 589); trotz der niedrigeren Oxidationsstufe des Zentralions reicht die Stärke des Ligandenfeldes der sechs CN^--Ionen aus, um die Aufspaltung Δ so groß zu machen, daß hier Spinpaarung eintritt. Von besonderem Interesse ist der bekannte zum Nachweis von Nitrat oder Nitrit dienende braunschwarze Nitrosokomplex der Zusammensetzung $[Fe (H_2O)_5 NO]^{2+}$. Sein experimentell festgestelltes magnetisches Moment von 3,9 Magnetonen entspricht dem Vorhandensein von drei ungepaarten Elektronen; der Ligand «NO» ist also in Wirklichkeit als NO^+-Ion vorhanden, und das Eisen des Komplexes muß formal als Fe^{+I} betrachtet werden. Der wichtigste Eisen (II)-Komplex ist das «Häm», ein Komplex mit einem Porphinring, der, an ein globuläres Protein gebunden, als Hämoglobin bezeichnet wird. Er verbindet sich mit molekularem Sauerstoff zu einer lockeren Additionsverbindung (Bedeutung für die Sauerstoffübertragung im Blut!).

Eisen (III)-Verbindungen. FeF_3, $FeCl_3$ und $FeBr_3$ lassen sich als rotbraune, hygroskopische, relativ leichtflüchtige Festkörper durch direkte Reaktion der Elemente erhalten. Über den strukturellen Aufbau der verschiedenen Phasen von $FeCl_3$ siehe S. 212. Von den meisten Anionen –

soweit sie nicht reduzierend wirken! – sind Eisen (III)-Salze bekannt; aus wäßrigen Lösungen erhält man sie meist als Hydrate mit Hexaquoeisen-Komplexen. Das Fe^{3+}aq-Ion ist eine ziemlich starke Kationsäure (vgl. S. 359); in wäßrigen Lösungen bilden sich deshalb Hydroxokomplexe und mehrkernige Komplex-Kationen. Die gelbbraune Farbe wäßriger Eisen (III)-salzlösungen ist auf das Vorhandensein von Komplexen wie $[Fe(H_2O)_5OH]^{2+}$ zurückzuführen, bei denen die «charge-transfer»-Banden bis ins sichtbare Gebiet des Spektrums reichen.

Auch von Eisen (III) sind sehr zahlreiche *Komplexe* (d^5-high-spin) bekannt. Der Hexaquo-komplex ist kinetisch labil und tauscht leicht Wassermoleküle gegen andere Liganden aus (Ligandensubstitution). So wird z.B. eine blaßviolette Lösung von $Fe(ClO_4)_3$ durch Zusatz von Sulfat schwach gelb, durch Zusatz von Chlorid oder Bromid gelbgrün bis rotbraun, durch Zusatz von Acetat oder Sulfit braunrot bzw. rot und durch Zusatz von Thiocyanat schließlich intensiv blutrot:

$$Fe(H_2O)_6^{3+} + Cl^- \rightleftarrows Fe(H_2O)_5Cl^{2+} + H_2O$$
$$Fe(H_2O)_5Cl^{2+} + Cl^- \rightleftarrows Fe(H_2O)_4Cl_2^+ + H_2O$$
$$Fe(H_2O)_6^{3+} + 2\,SCN^- \rightleftarrows Fe(H_2O)_4(SCN)_2^+ + 2\,H_2O$$

Auch tetraedrische FeX_4^--Komplexe (X = Cl, Br) sind bekannt.
Sehr stabil ist auch der Fluorokomplex, der in wäßrigen Lösungen meist als farbloses Penta-fluoroaquo-Ion auftritt:

$$Fe(H_2O)_6^{3+} + 5\,F^- \rightleftarrows Fe(H_2O)F_5^{2-} + 5\,H_2O$$

Auffallend ist, daß das Eisen (III)-Ion vorwiegend Komplexe bildet, in denen die Liganden über O-Atome mit dem Zentralion koordiniert sind, so in den Komplexen mit SO_4^{2-}, SO_3^{2-}, Poly-phosphaten, Glycerin u.a. Amminkomplexe existieren in wäßrigen Lösungen – wie auch bei Eisen (II) – nicht; nur mit einzelnen wenigen N-haltigen Liganden, wie EDTA, *o*-Phenanthrolin u.a., werden relativ stabile Komplexe gebildet, in denen die Liganden über ein N-Atom mit dem Zentralion koordiniert sind. Erwähnenswert ist schließlich der dunkelrote Hexacyanoferrat (III)-

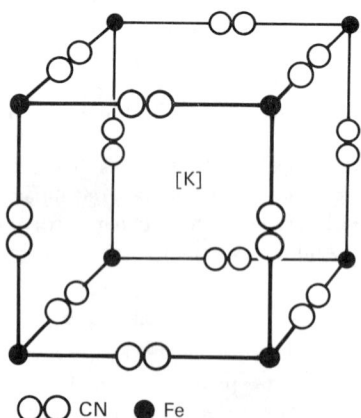

$\bigcirc\hspace{-0.3em}\bigcirc$ CN   ● Fe

Abb. 23.4. Struktur von «Berlinerblau»

Komplex, ein low-spin-Komplex; er ist thermodynamisch weniger stabil als der entsprechende Eisen (II)-Komplex. Zudem ist er kinetisch labil und deshalb sehr giftig.

Schon längst bekannt ist, daß beim Zusammengießen von Lösungen, die Eisen (III) und Hexacyanoferrat (II) enthalten, ein tiefblauer, schwerlöslicher Stoff, das sogenannte *Berlinerblau,* entsteht; einen ähnlichen Niederschlag («Turnbulls Blau») erhält man aus Eisen (II)-salzlösungen mit Lösungen von Hexacyanoferrat (III). Die beiden blauen Substanzen sind in Wirklichkeit identisch und entsprechen der Zusammensetzung $Me^{+I}Fe[Fe(CN)_6]$ (wobei Me^{+I} Na^+, K^+ oder Rb^+ sein kann). Vor der Ausfällung von «Turnbulls Blau» muß also eine Redoxreaktion eintreten:

$$Fe^{2+} + [Fe^{III}(CN)_6]^{3-} \longrightarrow Fe^{3+} + [Fe^{II}(CN)_6]^{4-}$$

Berlinerblau ist in struktureller Hinsicht einer Reihe ähnlicher Verbindungen verwandt, so z. B. dem braunen $Fe^{III}Fe^{III}(CN)_6$, dem weißen, schwerlöslichen $K_2Fe[Fe(CN)_6]$ u.a. Im $FeFe(CN)_6$ bilden die Eisenionen ein einfach-kubisches Gitter (sie besetzen alle Gitterplätze der Steinsalzstruktur), und die CN^--Ionen nehmen Plätze zwischen zwei Fe-Ionen auf den Würfelkanten ein. In der Struktur von Berlinerblau enthält jeder zweite Würfel zusätzlich ein Me^+-Ion, und die Eisenionen sind zur Hälfte +2-, zur Hälfte +3-fach geladen. Jedes Fe-Ion ist somit oktaedrisch von sechs CN^--Ionen umgeben; die inselartigen Hexacyanokomplexe sind im Kristall aber nicht mehr vorhanden (Abb. 23.4). Die intensive Farbe beruht auf dem Elektronenübergang zwischen den auf gleichwertigen Gitterpunkten liegenden Fe^{2+}- und Fe^{3+}-Ionen (Charge-transfer-Bande).

Eisen (IV)- und (VI)-Verbindungen. Man kennt auch eine Anzahl Verbindungen, in denen Eisen in höheren Oxidationsstufen als +III auftritt. So erhält man durch Oxidation von Hexahydroxoferrat (III) mit Sauerstoff bei hohen Temperaturen Verbindungen, die Eisen in der +IV-Stufe enthalten:

$$Ba_3[Fe(OH)_6]_2 + Ba(OH)_2 + \tfrac{1}{2}O_2 \longrightarrow 2\,Ba_2FeO_4 + 7\,H_2O$$

Die Röntgenstrukturanalyse solcher Verbindungen hat gezeigt, daß sie nicht etwa diskrete Anionen $[FeO_4]^{4-}$ enthalten, sondern daß es sich bei ihnen um spinellartige *Mischoxide* handelt.

Durch Oxidation von Fe_2O_3-Suspensionen in konzentrierten Hydroxidlösungen mittels Chlor oder auch durch anodische Oxidation von metallischem Eisen in stark alkalischen Lösungen entsteht *Ferrat (VI),* FeO_4^{2-} (mit diskreten FeO_4^{2-}-Anionen). In basischen Lösungen sind die rotpurpurnen Ferrate (VI) relativ beständig. Durch Zusatz von Ba^{2+}-Ionen kann man festes $BaFeO_4$ ausfällen. Auch die leichtlöslichen Alkalisalze, Na_2FeO_4 und K_2FeO_4, sind bekannt. In neutraler Lösung werden Ferrate (VI) durch Wasser reduziert:

$$2\,FeO_4^{2-} + 10\,H_3O^+ \longrightarrow 2\,Fe^{3+} + 15\,H_2O + \tfrac{3}{2}\,O_2$$

Das FeO_4^{2-}-Ion ist ein sehr starkes Oxidationsmittel und wirkt noch stärker oxidierend als das MnO_4^--Ion.

Über die Eisencarbonyle und das Ferrocen siehe S. 667 und S. 675.

Kobalt. Dieses Element ist bedeutend weniger häufig als Eisen (0,002% der Erdkruste) und ist schwieriger aus seinen Erzen zu gewinnen [1]. Es tritt in der Natur oft mit Nickel zusammen auf; seine wichtigsten Erze sind Kobaltglanz (CoAsS), Linneit (Co_3S_4) und Speiskobalt (Smaltin, $CoAs_2$). Zur technischen Gewinnung dienen hauptsächlich Rückstände aus der Schmelze arsenhaltiger Blei-, Nickel- und Kupfererze.

Kobalt ist ein ziemlich hartes, blauweißes Metall (Smp. 1490°C). Es ist recht reaktionsträg und löst sich trotz seines negativen Normalpotentials ($E^0_{Co/Co^{2+}} = -0,27$ V) nur langsam in verdünnten Säuren. Durch konzentrierte Salpetersäure wird es ähnlich wie Eisen *passiviert.* Mit Stickstoff oder Wasserstoff reagiert es auch bei höherer Temperatur nicht. Metallisches Kobalt wird wegen seines starken Ferromagnetismus als Legierungsbestandteil für Permanentmagnete verwendet *(«Alnico»*-Legierungen aus Aluminium, Nickel, Kobalt und Kupfer); andere Legierungen, wie z. B. Stellit (55% Co, 15% W, 25% Cr und 5% Mo), sind wegen ihrer großen Härte und Korrosionsbeständigkeit von Bedeutung.

In *Verbindungen* tritt Kobalt in den Oxidationsstufen +II und +III auf. Das Co^{2+}aq-Ion (mit oktaedrischer Koordination) ist rosa, das wasserfreie Co^{2+}-Ion hellblau gefärbt. Im Gegensatz zum Fe^{2+}-Ion ist das Co^{2+}-Ion gegen Oxidation an der Luft völlig beständig:

$$Co(H_2O)_6^{2+} \longrightarrow Co(H_2O)_6^{3+} + e^- \quad E^0 = +1,84 \text{ V}$$

Wäßrige Lösungen von Kobalt(II)-Salzen sind an der Luft unbeschränkt haltbar. Beim Erhöhen des pH-Wertes fällt aus solchen Lösungen *Kobalt(II)-hydroxid* [eine wie das $Fe(OH)_2$ stöchiometrisch zusammengesetzte Verbindung] als blauer Niederschlag aus. Diese blaue Modifikation ist weniger beständig und wandelt sich ziemlich rasch in die beständigere rote Form (die in der CdI_2-Struktur kristallisiert) um. Durch Erwärmen unter Sauerstoffausschluß kann das Hydroxid in olivgrünes *Kobalt(II)-oxid* übergeführt werden; wird dieses auf 400 bis 500°C erhitzt, so entsteht das dem Fe_3O_4 analoge Co_3O_4, welches in der Spinellstruktur kristallisiert und Co^{2+}- neben Co^{3+}-Ionen enthält. Reines Kobalt(III)-oxid ist nicht bekannt, doch kennt man ein definiertes Hydrat allerdings unbekannter Struktur, $Co_2O_3 \cdot H_2O$. Werden Kobalt(II)-Salze mit Al^{3+}- oder Zn^{2+}-Ionen zusammen geglüht, so entstehen sehr schwerlösliche, farbige Doppeloxide vom Spinelltypus *(«Thénards Blau»,* Al_2CoO_4; *«Rinmanns Grün»,* $ZnCoO_2$).

Ebenso wie $Fe(OH)_2$ ist auch $Co(OH)_2$ schwach amphoter. In konzentrierten Alkalihydroxidlösungen ist die Substanz in geringem Maß löslich unter Bildung von tetraedrisch koordinierten (blauen!) $Co(OH)_4^{2-}$-Komplexen. Feste Salze, wie z. B. $Na_2Co(OH)_4$, sind ebenfalls bekannt.

Das Co^{3+}-*Ion* ist ein sehr starkes Oxidationsmittel und vermag z. B. Wasser zu Sauerstoff zu oxidieren. Es sind nur wenige einfache Salze mit Co^{3+}-Kationen bekannt. Beispiele dafür sind CoF_3, ein braunes Pulver, das durch Reaktion von metallischem Kobalt mit Fluor erhalten werden kann und durch Wasser sehr rasch reduziert wird, und das als Fluorierungsmittel dient, weiter $Co_2(SO_4)_3 \cdot 18 H_2O$, eine blaue, im trockenen Zustand beständige Substanz, die durch elektrolytische Oxidation einer stark schwefelsauren $CoSO_4$-Lösung entsteht. Kobalt(III)-sulfat enthält ebenso wie die dunkelblauen Alaune $Me^{+I}Co(SO_4)_2 \cdot 18 H_2O$ (Me = K^+, Rb^+, Cs^+, NH_4^+) das $Co(H_2O)_6^{3+}$-Ion.

---

[1] Der Name «Kobalt» stammt aus dem Mittelalter; man glaubte, daß gewisse Erze, aus denen trotz vielfachen Bemühungen kein Eisen oder anderes Metall gewonnen werden konnte, von einem Kobold verwünscht seien. Ebenso ist «Nickel» ein Schimpfwort, mit welchem man Erze belegte, die kein Eisen ergaben.

Kobaltkomplexe. In beiden Oxidationsstufen bildet Kobalt eine sehr große Zahl von Komplexen, von denen besonders die zahlreichen *Kobalt (III)-Komplexe* in der Frühzeit der Komplexchemie sehr intensiv untersucht wurden, da sie ihre Liganden nur relativ langsam austauschen, kinetisch also ziemlich inert sind. Kobalt (II)-Komplexe (d^7) hingegen sind sämtlich kinetisch labil und zudem im allgemeinen sehr leicht oxidierbar (Übergang in die d^6-low-spin-Komplexe, die sehr stabil sind); sie lassen sich nur bei völligem Ausschluß oxidierender Substanzen wie Sauerstoff in reiner Form herstellen. In Gegenwart von Liganden, welche die Co^{3+}-Ionen komplexieren können, wird also die +III-Stufe gegenüber der +II-Stufe viel stabiler. Wird z. B. eine wäßrige Lösung eines Kobalt (II)-Salzes mit Ammoniak versetzt, so bildet sich zuerst der rötliche $Co(NH_3)_6^{2+}$-Komplex, der jedoch rasch zum gelbbraunen $Co(NH_3)_6^{3+}$ oxidiert wird. Etwas stabiler und aus wäßrigen Lösungen als Salze mit relativ voluminösen Kationen, wie quartären Ammoniumionen oder K^+- bzw. Cs^+-Ionen, isolierbar sind die tiefblauen, tetraedrisch koordinierten Komplexe von Kobalt (II) mit Halogenid- oder Thiocyanat-Ionen. Auch manche Chelatkomplexe von Kobalt (II) sind etwas beständiger. Die Kobalt (III)-Komplexe sind sämtlich oktaedrisch koordiniert und − mit Ausnahme von $[CoF_6]^{3-}$ − alles low-spin-Komplexe. (Im Fall des dreifach geladenen d^6-Zentralions genügen schon schwächere Ligandenfelder, um die Spinpaarung zu erzwingen, weil die Aufspaltung Δ relativ groß ist.) Neben den zahlreichen Ammin-, Chloro-, Thiocyanato- und Äthylendiamino-Komplexen von

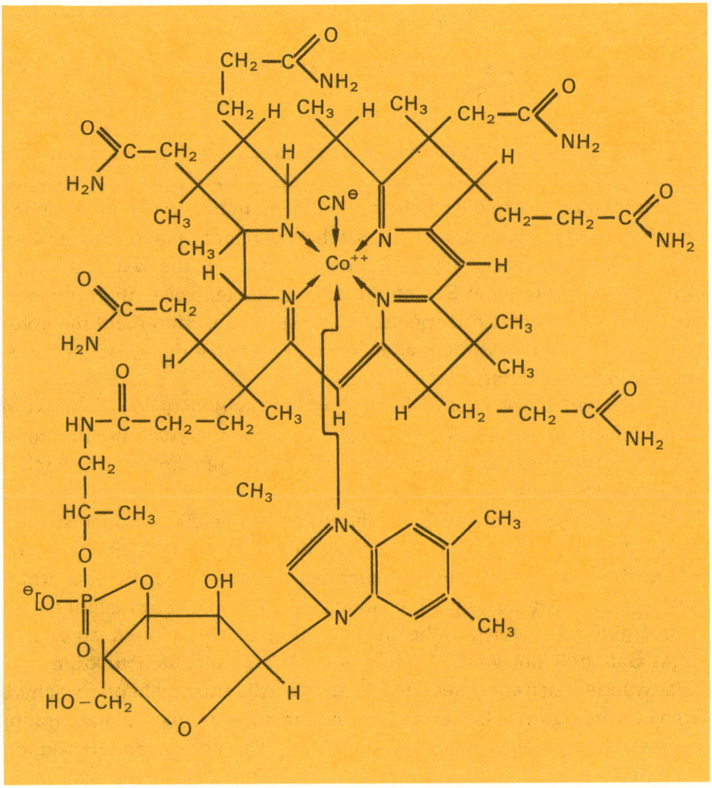

Abb. 23.5
Struktur des
Moleküls von
Vitamin B_{12}
(«Cobalamin»)

Kobalt (III) – das sich also im Gegensatz zum Eisen (III) bevorzugt mit N-haltigen Liganden koordiniert – existieren auch zahlreiche mehrkernige Kobalt (III)-Komplexe, in welchen OH^-- oder Peroxy-Ionen, Amino- (NH_2-) oder Imino- (NH-) Gruppen als Brückenliganden fungieren. Ein Kobalt (III)-Komplex von besonderem Interesse und großer Bedeutung ist das Vitamin B_{12}, eine Substanz von komplizierter Struktur (Abb. 23.5), in welcher das Co-«Ion» mit 4 N-Atomen eines Porphinsystems, einem N-Atom von Adenin und schließlich noch mit einem CN^--Ion koordiniert ist.

Hydroxide und basische Salze der Übergangselemente. Aus vielen wäßrigen Lösungen von Salzen der verschiedensten Metalle erhält man bei Zugabe von Alkalihydroxiden gallertartige, manchmal auch feinkristalline Niederschläge, welche früher unbesehen als Hydroxide der betreffenden Metalle betrachtet wurden. Tatsächlich handelt es sich bei solchen Primärprodukten von Fällungen durch OH^--Ionen meist um basische Salze, also Salze, welche in ihren Kristallen neben Anionen, wie Cl^-, Br^-, CO_3^{2-}, SO_4^{2-} u.a., auch OH^--Ionen enthalten. Wie eingehende Untersuchungen, insbesondere von Feitknecht und Mitarbeitern, gezeigt haben, handelt es sich bei diesen Verbindungen *oft* um *nichtstöchiometrisch zusammengesetzte Substanzen,* die nur durch sorgfältiges Einhalten bestimmter Fällungsbedingungen in reproduzierbarer Weise erhalten werden können. Einfachere basische Salze des Typus Me^{2+} (OH) Cl sind hingegen meist von definierter Zusammensetzung. Basische Salze besitzen als Produkte der direkten chemischen oder der elektrochemischen Korrosion von Metallen eine recht große Bedeutung.

Die meisten eigentlichen Hydroxide der Zusammensetzung Me $(OH)_2$ kristallisieren, wie bereits erwähnt, in der CdI_2-Struktur. Eine Ausnahme davon bildet die wichtigste Modifikation des Zinkhydroxids, Zn $(OH)_2$, die in einer *«Doppelschichtenstruktur»* kristallisiert. Hier sind zwischen geordneten Hydroxidschichten, in denen die Metallionen mit 6 OH^--Ionen koordiniert sind, ungeordnete Schichten von «molekularem» Hydroxid eingelagert, so daß der Abstand der geordneten Hydroxidschichten nicht mehr genau konstant ist, sondern um einen bestimmten Mittelwert schwankt. Auch das schon genannte blaue Kobalt (II)-hydroxid kristallisiert in einer solchen Doppelschichtenstruktur (die blaue Farbe weist darauf hin, daß die Metallionen in den nicht geordneten Schichten mindestens teilweise auch tetraedrisch koordiniert sind!). Substanzen mit solchen Doppelschichtenstrukturen sind nicht mehr vollkommen kristallin gebaut, und stellen gewissermaßen eine Zwischenstufe zwischen dem kristallinen und dem amorphen Zustand dar.

Die basischen Salze kristallisieren zum Teil in den gleichen Strukturen wie die Hydroxide («Einfachschichtenstruktur» vom CdI_2-Typus oder verwandte Strukturen) oder bilden Doppelschichtenstrukturen. Bei zahlreichen Verbindungen kommen jedoch noch weitere, kompliziertere Kristallstrukturen vor.

Für die Vorgänge beim Ausfällen dieser Festkörperverbindungen spielen Probleme der Kristallkeimbildung, der Übersättigung und des Kristallwachstums eine große Rolle, auf die im Rahmen dieses Buches nicht näher eingegangen werden kann. Bei der tropfenweise Zugabe einer NaOH- oder KOH-Lösung zur Lösung eines Metallsalzes entsteht nämlich an der Eintropfstelle vorübergehend eine sehr hohe Übersättigung an OH^--Ionen, so daß zunächst instabiles basisches Salz gebildet wird. Besonders in Doppelschichtenstrukturen kristallisierende basische Salze wandeln sich anschließend allmählich in die entsprechenden (schwerer löslichen und stabileren) Hydroxide um. Dabei werden die Fremdanionen – die hauptsächlich in den ungeordneten Zwischenschichten vorhanden sind – fortlaufend durch OH^--Ionen ersetzt, ohne daß dabei eine Phasenänderung auftritt. Derartige Reaktionen, die sich in Kristallen oder an deren

Oberfläche abspielen, werden als *«topochemische»* Reaktionen bezeichnet. Beispiele von topochemischen Umwandlungen sind die Umsetzung der grünen basischen Kobalt(II)-Salze zum blauen $Co(OH)_2$ (die Doppelschichtenstruktur bleibt hier zunächst erhalten und nur die in den ungeordneten Zwischenschichten vorhandenen Anionen werden durch OH^--Ionen ersetzt) oder die Umwandlung des blauen in das stabilere rote $Co(OH)_2$, wobei die ungeordneten Hydroxid-Zwischenschichten geordnet werden. Ähnliche Vorgänge spielen auch beim *«Altern»* von Hydroxidniederschlägen eine Rolle, d.h. beim Übergang in schwerer lösliche, reaktionsträgere und stabilere Modifikationen. Doch sind hier auch kolloidchemische Vorgänge (Kristallwachstum, Änderung des Dispersionsgrades) von großer Bedeutung.

Zu den topochemischen Reaktionen gehören aber auch zahlreiche *Vorgänge,* die sich *im festen Zustand* abspielen, wie etwa die Wasserabspaltung beim Erhitzen von Metallhydroxiden, die Bildung von Zement beim Erhitzen eines Gemisches von Ton und Kalk, usw. Ihr genauer Ablauf ist oft sehr kompliziert und nur mit den modernen Mitteln der Röntgenstrukturanalyse, der Elektronenbeugung, der Thermogravimetrie oder auch der direkten Beobachtung durch das Elektronenmikroskop zu untersuchen.

Nickel tritt hauptsächlich in Verbindungen mit Arsen und Schwefel in der Natur auf: Millerit (NiS), Rotnickelkies (NiAs) u.a. Der größte Teil der Weltproduktion an Nickel wird aus kanadischem Magnetkies (FeS) erzeugt, welches Nickelsulfid als Beimengung enthält. Auch Garnierit, ein Magnesium-Nickel-Silicat variabler Zusammensetzung, ist für die Nickelgewinnung von Bedeutung. Viele *Meteoriten* bestehen aus Eisen-Nickel-Legierungen und man nimmt an, daß auch der Erdkern hauptsächlich aus den beiden Metallen besteht. Zur Herstellung von metallischem Nickel werden die Erze zuerst in Sulfide übergeführt, diese anschließend geröstet und mit Kohle reduziert. Hochreines Nickel wird über Nickeltetracarbonyl, $Ni(CO)_4$, gewonnen. Dieses ist eine farblose, stark giftige, leichtflüchtige Flüssigkeit (Sdp. 43°C) und entsteht aus Rohnickel und CO bei mäßigem Erhitzen (50 bis 60°C). Durch Erhitzen auf 200°C wird es wieder in Nickel und CO zersetzt.

Reines Nickel ist ein silberweißes Metall (Smp. 1452°C) und in Form kompakter Stücke gegenüber Luft, Wasser und auch verdünnten Säuren sehr widerstandsfähig (Passivität; $E^0_{Ni/Ni^{2+}} = -0,25$ V!); Verwendung als Überzugsmetall für Eisen (Korrosionsschutz) und zur Herstellung korrosionsbeständiger Stähle (Chromnickelstahl mit z.B. 18% Cr und 8% Ni).

In seinen *Verbindungen* kommt Nickel fast ausschließlich in der Oxidationsstufe +II vor. Wäßrige Lösungen von Nickelsalzen enthalten das apfelgrüne $Ni(H_2O)_6^{2+}$-Ion, das auch in zahlreichen kristallwasserhaltigen festen Nickelsalzen auftritt. Durch S^{2-}-Ionen kann schwarzes NiS ausgefällt werden, das ebenso wie CoS als frisch gefällte Substanz in Säuren löslich ist, nach einer gewissen Alterung an der Luft jedoch säureunlöslich wird (oberflächliche Bildung von schwerer löslichen Polysulfiden). *Nickelhydroxid,* $Ni(OH)_2$, kann aus Nickelsalzlösungen als stark wasserhaltige, gallertige, grüne Substanz erhalten werden; sie ordnet sich nach einiger Zeit kristallin und ist ebenso wie $Fe(OH)_2$ und $Co(OH)_2$ von stöchiometrischer Zusammensetzung. Im Gegensatz zu den Hydroxiden von Fe^{II} und Co^{II} ist $Ni(OH)_2$ in Alkalihydroxidlösungen völlig unlöslich. – Durch Erhitzen von Nickelhydroxid, -carbonat oder -nitrat erhält man das grüne NiO, ein Festkörper von definierter Zusammensetzung, der im NaCl-Gitter kristallisiert.

Nickel(II) (d^8) bildet zahlreiche *Komplexe,* die jedoch – im Gegensatz zu den Kobalt(III)-Komplexen – kinetisch ziemlich labil sind. Gegenüber NH_3 oder H_2O zeigt Nickel die Koordinationszahl 6 (oktaedrische Koordination); anderen Liganden gegenüber ist jedoch auch die Koordinationszahl 4 möglich (wie bei d^8-Komplexen zu erwarten), so z.B. im tetraedrischen

$NiCl_4^{2-}$-Komplex oder in den relativ zahlreichen Komplexen mit planar-quadratischer Koordination wie $[Ni(CN)_4]^{2-}$ oder im schwerlöslichen, intensiv roten Diacetyldioxim-Komplex, der zur quantitativen (gravimetrischen) Bestimmung von Nickel in Ni-Salzen viel verwendet wird.

Durch Lösungen von Br_2 oder Cl_2 in NaOH (die Hypobromit bzw. Hypochlorit enthalten), werden aus Nickel(II)-salzlösungen schwarze, schwerlösliche Substanzen variabler Zusammensetzung ausgefällt, welche Nickel in der *Oxidationsstufe +III* enthalten. Durch sorgfältige Trocknung lassen sich Produkte erhalten, die annähernd der Zusammensetzung $Ni_2O_3 \cdot H_2O$ entsprechen. Auch Nickelhydroxid kann — sowohl als frisch ausgefälltes oder gealtertes Gel wie auch als Suspension — zu höheren Nickeloxiden oxidiert werden. Interessant ist der Mechanismus dieser Oxidation: Durch das Oxidationsmittel werden den Nickelhydroxid-Kriställchen Elektronen entzogen, die aus dem Kristallinneren nachgeliefert werden. Zugleich wandern aus den Kristallen Protonen und vereinigen sich mit den OH^--Ionen der Lösung zu Wasser. Die Kristallstruktur kann dabei bis zu sehr weitgehenden Oxidationsgraden erhalten bleiben; die Oxidation geschieht somit einphasig und topochemisch. Von den Verbindungen, die Nickel in der Oxidationsstufe +III enthalten, sind $Ni_3O_2(OH)_4$ und NiOOH durch ihre Kristallstrukturen ziemlich gut charakterisiert. Beide bilden Schichtstrukturen ähnlich dem CdI_2-Typ; die Struktur der erstgenannten Substanz ist rhombisch deformiert. Sichere Beweise für die Existenz einer definierten Verbindung NiO_2 (mit Ni^{+IV}) — die in der Literatur häufig erwähnt wird — fehlen bis heute. — Alle Nickel(III)-Verbindungen sind unstabil und spalten leicht Sauerstoff ab; sie vermögen sogar Mn^{+II} in MnO_4^- überzuführen. Sie sind für die Vorgänge im *Edison-Akkumulator* von Bedeutung, in welchem sich bei der Stromentnahme — schematisch — folgende Reaktionen abspielen:

$$Fe + 2\,OH^- \longrightarrow Fe(OH)_2 + 2\,e^-$$
$$2\,e^- + Ni_2O_3 + 3\,H_2O \longrightarrow 2\,Ni(OH)_2 + 2\,OH^-$$

Besonders erwähnenswert ist schließlich der $[Ni(CN)_4]^{4-}$-Komplex mit Nickel der *Oxidationsstufe 0,* der z.B. in der kupferfarbenen Substanz $K_4Ni(CN)_4$ auftritt. Die Liganden sind hier ähnlich wie in den Carbonylen durch π-Bindungen mit dem Ni-Atom verbunden. Im Gegensatz zum $[Ni(CN)_4]^{2-}$-Komplex ist der $[Ni(CN)_4]^{4-}$-Komplex tetraedrisch gebaut.

23.2 Die Gruppe Ruthenium, Rhodium und Palladium

Diese drei Metalle gleichen in ihren Eigenschaften mehr dem Platin als den Metallen der Eisen-Triade. Sie sind alle drei ziemlich *reaktionsträg* (ihr Normalpotential ist positiv), schwer zu oxidieren und treten deshalb alle auch *elementar* in der Natur auf.

Ruthenium, das seltenste «Platinmetall», kommt als Legierung mit Osmium und Iridium vor. Zur Gewinnung des reinen Metalles wird diese mit einem Gemisch aus KOH und KNO_3 geschmolzen; das dabei gebildete, grüne, dem K_2MnO_4 analoge Kaliumruthenat, K_2RuO_4, wird gelöst und durch Erhöhung des pH-Wertes in RuO_4 (Rutheniumtetroxid) übergeführt, welches abdestilliert werden kann. Durch Reduktion mit Wasserstoff erhält man das reine, grauweiße, spröde und sehr harte Metall. Es wird zur Härtung von Platin und für besonders harte Legierungen verwendet.

In Verbindungen tritt *Ruthenium* in den Oxidationsstufen $+ II$, $+ III$, $+ IV$, $+ V$, $+ VI$, $+ VII$ und $+ VIII$ auf. Beispiele von Ruthenium(II)-Verbindungen sind etwa die stark reduzierenden low-spin-Komplexe $[Ru(CN)_6]^{4-}$ und $[Ru(NH_3)_6]^{2+}$. Die Halogenide RuF_3 und $RuCl_3$ sind Beispiele von Verbindungen der $+ III$-Stufe; $RuCl_3$, eine der wichtigsten Ruthenium-Verbindungen, wird in Form schwarzer, in Wasser unlöslicher Blättchen aus den Elementen erhalten. RuF_5, eine relativ flüchtige, sehr reaktionsfähige und leicht hydrolysierbare Verbindung,

Tabelle 23.2. Eigenschaften der Platinmetalle

	Ru	Rh	Pd	Os	Ir	Pt
Ordnungszahl	44	45	46	76	77	78
Elektronenkonfiguration	$4d^7 5s^1$	$4d^8 5s^1$	$4d^{10}$	$5d^6 6s^2$	$5d^7 6s^2$	$5d^9 6s^1$
Atomradius (pm)	133	134	138	134	135	138
Schmelzpunkt (°C)	2500	1970	1560	2700	2450	1770
Siedepunkt (°C)	3700	3700	3000	4200	4300	3800
Dichte (g/cm³)	12,2	12,4	11,9	22,5	22,4	21,4

entsteht ebenfalls durch direkte Reaktion der beiden Elemente. RuO_2 und RuO_4 sind die einzigen Oxide; ersteres ist ein blauschwarzer Festkörper mit Rutilstruktur, letzteres — das Ruthenium in der Oxidationsstufe $+ VIII$ enthält! — ist eine gelbe, bei 100°C siedende Flüssigkeit. Es entsteht aus Rutheniumverbindungen niedrigerer Oxidationsstufen durch Oxidation mit Chlor oder Periodsäure und kann anschließend abdestilliert werden. In alkalischen Lösungen wird es zunächst zu Perruthenat, RuO_4^-, und dann zu Ruthenat (RuO_4^{2-}) reduziert. In den meisten Oxidationsstufen bildet Ruthenium auch zahlreiche Komplexe.

Rhodium ist ein recht seltenes Element und tritt meist zusammen mit Platin auf. Es ist sehr widerstandsfähig gegenüber chemischen Einflüssen und wird als Überzugsmetall für wissenschaftliche Geräte oder Instrumente verwendet. *Platin-Rhodium-Legierungen* dienen zur Herstellung von Thermoelementen und als Katalysatoren für die Ammoniak-Oxidation. Die wichtigste Oxidationsstufe ist $+ III$; dazu gehören einfache Salze wie $RhCl_3$ und eine Reihe von Komplexen wie K_3RhCl_6. Von Verbindungen in Oxidationsstufen höher als $+ IV$ sind RhF_6 und $[RhF_6]^-$ bekannt.

Palladium ist das häufigste Platinmetall. Es ist relativ weich, grauweiß glänzend und schmilzt bei 1550°C. Seine auffallendste Eigenschaft ist seine Fähigkeit, große Mengen von Wasserstoff unter Bildung eines interstitiellen Hydrids zu absorbieren. So löst das kompakte Metall bei Raumtemperatur das rund 600fache, feinverteiltes Palladium das 850fache und eine kolloidale Palladium-Lösung sogar das 3000fache Volumen Wasserstoff (Verwendung von Palladium als Katalysator für Hydrierungen!). Palladium ist das unedelste der Platinmetalle; es löst sich — im Gegensatz zum Platin — z.B. in konzentrierter Salpetersäure. In Verbindungen existiert es in den Oxidationsstufen $+ II$ und $+ IV$: PdF_2, $PdCl_2$, K_2PdCl_6.

23.3 Die Gruppe Osmium, Iridium und Platin

Osmium, ein graublaues, sprödes, relativ edles Metall (Smp. 2700°C) wird aus natürlich vorkommendem Osmiridium, einer Osmium-Iridium-Legierung, gewonnen. Von seinen Verbindungen ist das Tetroxid, OsO_4, am wichtigsten; es sind farblose Kristalle (Smp. 40°C, Sdp.134°C) von charakteristischem, stechendem Geruch, welche die Augen stark reizen.

Auch **Iridium** wird aus natürlichem Osmiridium gewonnen. Es ist ein silberweißes, sprödes Metall und wird als reaktionsträgstes Platinmetall nicht einmal von Königswasser angegriffen. Wegen seiner großen Widerstandsfähigkeit und Härte verwendet man es für chemische Geräte, für Füllfederspitzen u.a. Das in Paris aufbewahrte Urmeter besteht aus einer Platin-Iridium-Legierung. Verschiedene Verbindungen, die den Oxidationsstufen +III und +IV entsprechen, sind bekannt, doch haben sie nur geringe Bedeutung.

Platin schließlich, ein silberweißes, dehnbares Metall (Smp. 1769°C) ist praktisch das wichtigste Platinmetall. Obschon es in der Natur nicht häufig ist (sein Anteil am Aufbau der Erdrinde beträgt nur $5 \cdot 10^{-7}$%), tritt es in Lagerstätten angereichert auf. Um es von den übrigen Platinmetallen zu trennen, werden die natürlich vorkommenden, legierten Metalle zuerst mit Königswasser behandelt, wobei sich Platin und Palladium lösen, während Iridium zurückbleibt. Anschließend fällt man das Platin als schwerlösliches $(NH_4)_2PtCl_6$.
Platin wird nicht nur als Schmuckmetall verwendet, sondern spielt auch als Werkstoff eine *technisch* wichtige Rolle (Platingeräte und -instrumente). Eine große Bedeutung hat das Metall auch als Katalysator bei einer Reihe technisch durchgeführter Reaktionen. Das Metall löst sich in einer Schmelze von Alkalihydroxiden unter Bildung von Hydroxoplatinat-Komplexen zum Teil auf; Platingeräte (Tiegel u.a.) dürfen deshalb nicht für Alkalischmelzen verwendet werden. Vom Platin sind relativ zahlreiche Verbindungen, insbesondere auch Komplexe, bekannt, hauptsächlich in den Oxidationsstufen +II und +IV.

Übungen

23.1   Stellen Sie die physikalischen und chemischen Eigenschaften zusammen, in denen sich die drei Metalle der Eisen-Triade gleichen!

23.2   Welches sind die charakteristischen chemischen Unterschiede zwischen den drei Eisenmetallen?

23.3   Was ist Stahl, und wie wird er erzeugt?

23.4   Charakterisieren Sie die Kristallstrukturen der drei Eisenoxide! Wie erhält man γ-Fe_2O_3?

23.5   Wie sind die engen gegenseitigen Beziehungen zwischen den Eisenoxiden zu erklären?

23.6   Wie verhält sich Eisen (II)-hydroxid gegen verdünnte Säuren, gegen Luft, gegen Alkalihydroxidlösung und gegen KSCN-Lösung (an der Luft)?

23.7   In welchen Formen tritt Eisen (III)-hydroxid auf?

23.8   Was ist Rost? Durch welche Vorgänge entsteht er? Wie kann man Eisen vor Rosten schützen?

23.9   Wie verhält sich das Fe^{+II}/Fe^{+III}-Potential in sauren bzw. alkalischen Lösungen?

23.10   Warum ist $K_3Fe(CN)_6$ giftig, $K_4Fe(CN)_6$ hingegen nicht?

23.11   Was ist Berlinerblau?

23.12 Überlegen Sie mit Hilfe der Tabelle der Komplexzerfallskonstanten (S.689), welche Reaktionen beim Mischen folgender Lösungen eintreten werden:

$Fe^{3+}aq + F^- \longrightarrow$

$Fe(H_2O)_4(SCN)_2^+ + F^- \longrightarrow$

$Fe(H_2O)F_5^{2-} + Cl^- \longrightarrow$

$Fe(H_2O)_6^{3+} + Br^- \longrightarrow$

23.13 Verdünnt man eine blutrote Lösung, welche den $Fe(H_2O)_4(SCN)_2^+$-Komplex enthält, stark, so wechselt die Farbe zunächst nach Gelb und schließlich nach fast Farblos. Erklären Sie diese Beobachtungen!

23.14 Worin unterscheiden sich die beiden Formen des Kobalt(II)-hydroxids?

23.15 Was versteht man unter topochemischen Reaktionen?

23.16 Was sind basische Salze, und wie können sie erhalten werden?

23.17 Vergleichen Sie die Stabilität von Eisen(III)-, Kobalt(III)- und Nickel(III)-Verbindungen. Wie lassen sie sich jeweils herstellen?

23.18 Erklären Sie die Vorgänge im Edison-Akkumulator.

23.19 Machen Sie einige Angaben über das chemische Verhalten der Platinmetalle!

Literatur

F. A. Cotton und G. Wilkinson *Anorganische Chemie*. Verlag Chemie, Weinheim 1972
(Kapitel 25, 26)

W. Feitknecht Laminardisperse Hydroxyde und basische Salze zweiwertiger Metalle. *Kolloid-Z. 92* (1940) 92
Die festen Hydroxysalze zweiwertiger Metalle. *Fortschr. chem. Forsch. 2* (1953) 670

R. B. Heslop und P. L. Robinson *Inorganic Chemistry.* Elsevier, London 1960 (Kapitel 32 und 33)

A. F. Holleman und E. Wiberg *Lehrbuch der Anorganischen Chemie.* De Gruyter, Berlin 1970
(Kapitel XXV und XXVI)

E. M. Larsen *Transitional Elements.* Benjamin, New York 1965

A. F. Wells *Structural Inorganic Chemistry.* Oxford University Press, 1962

24 Übergangsmetalle V:
Die Nebengruppen I b und II b

Die Metalle der Nebengruppe I b *(«Kupfergruppe»)* und II b *(«Zinkgruppe»)* werden häufig nicht mehr zu den eigentlichen Übergangselementen gerechnet, da bei den Atomen beider Gruppen die d-Niveaux der zweitäußersten Schale vollständig aufgefüllt sind. Die Atome der Kupfergruppe besitzen im Grundzustand in der äußersten Schale ein einziges s-Elektron; bei den Atomen der Zinkgruppe sind zwei s-Elektronen vorhanden.

24.1 Die Kupfer-Gruppe

Die drei Elemente Kupfer, Silber und Gold gehören zu den am längsten bekannten Metallen, da sie – im Gegensatz zu den meisten anderen Metallen – in der Natur *elementar* vorkommen. Es sind typische Metalle von mäßig hohem Schmelzpunkt (um 1000°C; vgl. Tabelle 24.1). Durch Abgabe eines einzelnen Elektrons erreichen sie einen Zustand mit vollständig besetzter äußerer Schale (Oxidationsstufe + I). Der verglichen mit den Alkalimetallen viel edlere Charakter ist darauf zurückzuführen, daß die d-Elektronen die (nächsthöheren) s-Elektronen weniger stark vom Kern abschirmen als eine Edelgasschale (so daß das erste Ionisationspotential beträchtlich höher wird als bei den Alkalimetallen); zudem beteiligen sich die d-Elektronen auch an der Bindung im Metallgitter, wodurch die Sublimationsenthalpien – wiederum verglichen mit den Alkalimetallen – relativ hoch werden. Da jedoch die d-Niveaux energetisch nur wenig niedriger liegen als die s-Niveaux der höheren Schale, können auch einzelne d-Elektronen unter relativ geringem Energieaufwand entfernt werden, insbesondere, wenn die höheren Oxidationsstufen in Kristallen oder durch Liganden stabilisiert werden.

Tabelle 24.1. Eigenschaften der Elemente der Kupfergruppe

	Cu	Ag	Au
Ordnungszahl	29	47	79
Elektronenkonfiguration	$3d^{10}4s^1$	$4d^{10}5s^1$	$5d^{10}6s^1$
Atomradius (pm)	128	144	144
Schmelzpunkt (°C)	1083	960	1053
Siedepunkt (°C)	2350	2150	2960
Dichte (g/cm³)	8,9	10,5	19,3
ΔH_f^0 MeCl (kJ/mol)	– 136	– 127	– 35
ΔH_f^0 Me$_2$O (kJ/mol)	– 167	– 27	–

Kupfer gehört zu den selteneren Elementen (0,0001 % der Erdkruste!), was in Anbetracht seiner technischen Bedeutung eigentlich überraschend ist; es tritt jedoch in Form seiner Erze (oder als gediegenes Metall) in gewissen Lagerstätten stark angereichert auf und kann auch relativ leicht als Metall gewonnen werden. Zu den wichtigsten Kupfererzen gehören Sulfide und Oxide wie

z. B. *Chalkopyrit (Kupferkies,* $CuFeS_2$), *Kupferglanz* (Cu_2S) und *Cuprit* (Cu_2O) und basische Kupfercarbonate *(Malachit)*. Die Hauptmenge des technisch hergestellten Kupfers stammt aus sulfidischen Erzen, welche (häufig nach vorausgegangener Anreicherung) geröstet und verschmolzen werden, etwa gemäß der (vereinfachten) Bruttogleichung

$$2 \, CuFeS_2 + 5 \, O_2 \longrightarrow 2 \, Cu + 2 \, FeO + 4 \, SO_2$$

Das dabei in großen Mengen als Nebenprodukt anfallende SO_2 wird auf Schwefelsäure weiter verarbeitet. Das Rohkupfer, welches auf diese Weise erhalten wird, enthält 97 bis 98 % Cu und wird durch elektrolytische Raffination (S. 418) in Reinkupfer übergeführt. Im «nassen» Verfahren wird das Erz durch Behandeln mit Schwefelsäure an der Luft in $CuSO_4$ übergeführt und anschließend aus der wäßrigen Lösung das Kupfer durch Reduktion der Cu^{2+}-Ionen mit Fe (oder elektrolytisch) abgeschieden.

Metallisches Kupfer ist ziemlich hart, sehr zäh und leicht verformbar und zeigt nächst Silber die beste Leitfähigkeit aller Metalle. An der Luft bildet sich ein oberflächlicher Überzug von Hydroxycarbonaten von verschiedenen, komplizierten Strukturen, der das Metall vor weiterem Angriff schützt. Die «kupferrote» Farbe ist auf eine dünne Schicht aus Cu_2O zurückzuführen; reinstes Kupfer ist gelbrot. Aus der sehr großen Zahl der Kupferlegierungen sollen hier nur *Messing* (Kupfer/Zink) und *Bronze* (Kupfer/Zinn) erwähnt werden.

In *Verbindungen* tritt Kupfer in den Oxidationsstufen +I und +II auf. Kupfer (I) besitzt die Elektronenkonfiguration d^{10}; seine Verbindungen sind diamagnetisch und farblos (außer wenn die «charge-transfer»-Banden bis ins sichtbare Gebiet reichen, wie z. B. beim Cu_2O). Beispiele von *Kupfer (I)-Verbindungen* sind etwa das rote Cu_2O, die weißen, schwerlöslichen «Salze» CuCl, Cu I, CuCN, das graue Cu_2SO_4 u. a. Cu_2O entsteht als gelbes Pulver durch kontrollierte Reduktion einer schwach alkalischen Kupfer (II)-salzlösung mittels Hydrazin oder als roter Festkörper durch thermische Zersetzung von CuO. Es ist – neben Cu_2S – die bei hohen Temperaturen stabilste Kupferverbindung überhaupt. Von den Halogeniden sind nur CuCl, CuBr und Cu I bekannt. CuCl und CuBr können durch Erhitzen von $CuCl_2$- bzw. $CuBr_2$-Lösungen mit überschüssigem Kupfer erhalten werden; aus den dadurch entstandenen Lösungen (die CuX_2^--Komplexe enthalten) können die Halogenide als schwerlösliche Substanzen durch Zugabe von weiterem Wasser ausgefällt werden. Das Cu^+-«Ion» ist eine weiche Lewis-Säure und koordiniert sich bevorzugt mit weichen Liganden (I^-, CN^-, SCN^- u. a.).

Das Cu^+-Ion ist bezüglich einer Disproportionierung in Cu^0 und Cu^{+II} instabil:

$$Cu^0 \longrightarrow Cu^+ + e^- \qquad E^0 = +0{,}52 \text{ V}$$
$$Cu^+ \longrightarrow Cu^{2+} + e^- \qquad E^0 = +0{,}17 \text{ V}$$

Salze wie Cu_2SO_4 können nur bei Ausschluß von Wasser erhalten werden; in Wasser disproportionieren sie sofort zu metallischem Kupfer und Kupfer (II)-salzen. Nur die schwerlöslichen Kupfer (I)-halogenide sowie CuCN und Cu_2S sind gegenüber Wasser beständig. Infolge ihrer geringen Löslichkeit wird das Normalpotential für den Übergang $Cu^{+I} \longrightarrow Cu^{+II}$ viel positiver, so daß z. B. Kupfer (II)-salze durch Iodid zu Cu I reduziert werden:

$$2 \, Cu^{2+} + 4 \, I^- \longrightarrow 2 \, Cu I + I_2$$

In der gleichen Weise entsteht auch CuCN:

$$2\ Cu^{2+} + 4\ CN^- \longrightarrow 2\ CuCN + (CN)_2$$

Diese Reaktion stellt eine bequeme Möglichkeit zur Gewinnung von *Dicyan,* $(CN)_2$, dar.
Durch *Komplexbildung* kann die + I-Stufe stark stabilisiert werden. Die in wäßrigen Lösungen beständigen Dichloro- bzw. Dibromokomplexe wurden bereits erwähnt. Mit einem Überschuß an Cyanid erhält man aus Kupfer (II)-salzlösungen den tetraedrisch gebauten Tetracyano-komplex:

$$2\ Cu^{2+} + 10\ CN^- \longrightarrow 2\ Cu(CN)_4^{3-} + (CN)_2$$

Dieser Komplex ist so beständig, daß sich metallisches Kupfer in KCN-Lösungen unter H_2-Entwicklung löst!
In der *Oxidationsstufe + II* bildet Kupfer zahlreiche *Salze* und *Komplexe.* Das Cu^{2+}-Ion enthält ein einzelnes, ungepaartes d-Elektron. Dieses besetzt ein d_γ-(σ_d^*-) MO; Cu^{II}-Verbindungen sind paramagnetisch und farbig ($d_\varepsilon \rightarrow d_\gamma$-Übergang). Wasserfreie Kupfer (II)-Salze sind — mit Ausnahme der nahezu rein weißen Verbindungen CuF_2 und $CuSO_4$ — schwarz oder gelbbraun, ein Hinweis darauf, daß die Bindungen in ihnen mindestens partiell kovalenten Charakter haben (vgl. auch die Struktur des wasserfreien $CuCl_2$, S. 205). Die meisten Komplexe von Kupfer (II) sind kinetisch ziemlich labil und sind von blauer oder grüner Farbe. Besonders bekannt unter ihnen sind der tiefblaue Ammin- und der dunkelgrüne Chlorokomplex. Die Liganden sind entweder planar-quadratisch mit dem Cu^{2+}-Ion koordiniert oder bilden ein verzerrtes Oktaeder, in welchem zwei einander gegenüberliegende Liganden weiter vom Zentralion entfernt sind als die vier anderen, in einer Ebene liegenden Liganden *(Jahn-Teller-Effekt).* Auch in der Struktur des bekannten blauen Kupfer (II)-sulfats, $CuSO_4 \cdot 5 H_2O$, ist jedes Cu^{2+}-Ion verzerrt-oktaedrisch von O-Atomen umgeben. Vier von ihnen liegen in einer Ebene und gehören zu den H_2O-Molekülen, während die beiden axialen Positionen von Sulfat-O-Atomen besetzt werden. Je ein weiteres, «fünftes» H_2O-Molekül bildet eine Brücke zwischen SO_4^{2-}-Ionen und anderen H_2O-Molekülen. Beim Erhitzen erfolgt Wasserabgabe in 3 Stufen:

$$CuSO_4 \cdot 5 H_2O \longrightarrow CuSO_4 \cdot 3 H_2O \longrightarrow CuSO_4 \cdot H_2O \longrightarrow CuSO_4.$$

Eine Verbindung von interessanter Struktur ist das Kupfer (II)-nitrat. Durch Reaktion von metallischem Kupfer mit einer Lösung von N_2O_4 in Essigester und anschließende Kristallisation erhält man ein Salz der Zusammensetzung $Cu(NO_3)_2 \cdot N_2O_4$, dem aber nach dem IR-Spektrum die Formel $[Cu(NO_3)_3]^-\ NO^+$ zukommt. Erhitzt man diese Substanz auf 90 °C, so spaltet sie NO_2 ab, und man erhält das wasserfreie Nitrat. Während das kristallwasserhaltige Nitrat ein gewöhnliches Salz ist und beim Erhitzen in NO_2, O_2 und CuO übergeht, sublimiert das wasserfreie Salz im Vakuum ohne Zersetzung (bei 150 bis 200 °C), wobei diskrete Moleküle der Struktur

auftreten (planar-quadratische Koordination des Cu-Atoms!).

Das $Cu^{2+}aq$-Ion – welches korrekterweise als $[Cu(H_2O)_6]^{2+}$-Ion formuliert werden muß (wobei wiederum zwei H_2O-Moleküle weiter vom Cu^{2+}-Ion entfernt sind als die vier anderen) – ist eine mäßig starke Kationsäure. Versetzt man wäßrige Kupfer(II)-salzlösungen mit Alkalihydroxidlösungen, so fällt $Cu(OH)_2$ als gallertige, blaue Substanz aus, die sich im Überschuß von Alkalihydroxid nur sehr wenig löst. Beim Erhitzen geht das Kupfer(II)-hydroxid in schwarzes Kupfer(II)-oxid über, welches beim weiteren Erhitzen (oberhalb 1000°C) allmählich Sauerstoff abspaltet. Vier H_2O-Moleküle des Cu^{2+}aq-Komplexes lassen sich sukzessive durch geeignete Liganden (NH_3, Cl^-) austauschen. Ein Hexamminkomplex, $[Cu(NH_3)_6]^{2+}$, ist aus Kupfer(II)-Salzen in flüssigem Ammoniak erhältlich. Lösungen von Kupfertetramminsalzen sind tiefblau gefärbt; bei langsamer Erniedrigung des pH-Wertes bildet sich $Cu(OH)_2$, sofern die Lösung neben dem Amminkomplex genügend OH^--Ionen enthält.

Von Kupfer sind auch einige wenige Verbindungen in *höheren Oxidationszahlen* bekannt. So entsteht bei der Reaktion eines Gemisches von KCl und $CuCl_2$ mit F_2 eine blaßgrüne, kristalline Substanz der Zusammensetzung K_3CuF_6 von unbekannter Struktur, die Cu in der Oxidationsstufe + III enthält. Weiter läßt sich durch Oxidation einer Lösung, die neben Cu(II)-Salz auch Periodat enthält, ein Kupferperiodatokomplex erhalten, der ebenfalls Cu(III) enthält.

Auch **Silber** ist ein ziemlich seltenes Element (10^{-8}% der Erdkruste) und tritt hauptsächlich als gediegenes Metall, als Silbersulfid *(Silberglanz*, Ag_2S) und als *Hornsilber* (AgCl) auf. Der größte Teil des technisch produzierten Silbers stammt jedoch aus Blei- und Kupfererzen, in denen Silberverbindungen als Beimengungen enthalten sind. Um das Metall zu gewinnen, bläst man Luft durch eine Suspension des Erzes in wäßriger NaCN-Lösung; weil sich dabei der sehr stabile $Ag(CN)_2^-$-Komplex bildet, ist das Normalpotential für den Übergang $Ag^0 \longrightarrow Ag(CN)_2^-$ so stark negativ, daß die Oxidation des Metalls zur + I-Stufe (im Cyanokomplex) bereits durch Luftsauerstoff möglich wird:

$$4\,Ag + 8\,CN^- + 2\,H_2O + O_2 \longrightarrow 4\,Ag(CN)_2^- + 4\,OH^-$$

Normalpotentiale:

$$E^0_{Ag/Ag^+} = +0{,}81\ V$$
$$E^0_{Ag/Ag(CN)_2^-} = -0{,}31\ V$$

Die Stabilität dieses Cyanokomplexes ist so groß, daß auch das sehr schwerlösliche Ag_2S (Löslichkeitsprodukt etwa 10^{-49}) durch genügend hohe CN^--Konzentrationen in den Komplex übergeführt werden kann:

$$Ag_2S + 4\,CN^- \longrightarrow 2\,Ag(CN)_2^- + S^{2-}$$

Um aus der Lösung des Cyanokomplexes das metallische Silber erhalten zu können, sind verhältnismäßig starke Reduktionsmittel nötig, wie etwa Zink oder Aluminium. Rund 20% des insgesamt produzierten Silbers stammt aus dem Anodenschlamm (vgl. S. 418). Metallisches Silber ist ein weißes, glänzendes, weiches Metall (Smp. 960°C) mit der höchsten elektrischen und thermischen Leitfähigkeit aller Metalle. Es ist weniger reaktionsfähig als Kupfer, außer gegen H_2S (an der Luft) und S^{2-}-Ionen, welche das Metall oberflächlich in schwarzes Sulfid verwandeln:

$$4\,Ag + O_2 + 2\,H_2S \longrightarrow 2\,Ag_2S + 2\,H_2O$$

Zur Verwendung als Werkstoff wird Silber durch Legieren – meist mit Kupfer – gehärtet.

In *Verbindungen* tritt Silber hauptsächlich in der Oxidationsstufe +I auf. Nur unter extremen Bedingungen (mit sehr starken Oxidationsmitteln) können Silber(II)- und Silber(III)-Verbindungen erhalten werden, wie etwa Silber(II)-oxid (AgO) aus Ozon und Silber, AgF_2 aus AgF und Fluor oder $KAgF_4$ beim Erhitzen eines Gemisches von KF und AgF mit Fluor. Das Ag^+aq-Ion ist farblos und eine nur schwache Kationsäure; es bildet mit zahlreichen Liganden *Komplexe,* in denen es die Koordinationszahl 2 besitzt und die linear gebaut sind: $[Ag(NH_3)_2]^+$, $[Ag(CN)_2]^-$, $[Ag(S_2O_3)_2]_2^{3-}$ u. a. Der letztgenannte Komplex mit Thiosulfat-Ionen als Liganden ist von besonderer praktischer Bedeutung; auf seiner Leichtlöslichkeit beruht die Verwendung von Natriumthiosulfat als Fixiersalz in der Photographie (Herauslösen von unbelichtetem AgBr). Bei pH-Erhöhung fällt aus wäßrigen Silbersalzlösungen Ag_2O als dunkelbrauner Niederschlag aus. Reines Ag_2O löst sich in Wasser nur wenig (unter alkalischer Reaktion), in verdünnter Ammoniaklösung dagegen sehr gut (Bildung des Amminkomplexes). Die meisten Silbersalze sind schwerlöslich (sehr stark polarisierende Wirkung des relativ kleinen Ag^+-Ions und partiell kovalenter Charakter der Bindungen); leichtlöslich und gut definiert sind verhältnismäßig wenige Salze, wie $AgF \cdot 2\ H_2O$, $AgNO_3$, $AgClO_3$ und $AgClO_4$. Die Löslichkeit der Silberhalogenide nimmt vom AgCl zum AgI ab [analog dem Verhalten der Kupfer(I)-halogenide], da die Gitterenergie in dieser Reihenfolge zunimmt (vgl. S. 133). In konzentrierten Halogenidlösungen sind die drei Silberhalogenide in einem gewissen Ausmaß löslich, weil sich Dihalogenokomplexe (z. B. $AgCl_2^-$) bilden.

Eine interessante Verbindung, das *Silbersubfluorid* (Ag_2F), läßt sich durch kathodische Reduktion einer wäßrigen AgF-Lösung als bronzefarbiger Festkörper erhalten. Die Substanz besitzt eine beträchtliche elektrische Leitfähigkeit und kristallisiert in einer Schichtenstruktur:

Ag Ag Ag Ag Ag Ag Ag Ag Ag
Ag Ag Ag Ag Ag Ag Ag Ag Ag
F   F   F   F   F   F   F   F   F
Ag Ag Ag Ag Ag Ag Ag Ag Ag
Ag Ag Ag Ag Ag Ag Ag Ag Ag
F   F   F   F   F   F   F   F   F

Die Schichten mit F^--Ionen werden dabei durch gewöhnliche elektrostatische Kräfte (Ionenbindung!) mit den Ag-Schichten verknüpft, während zwischen den Ag–Ag-Schichten metallische Bindung vorliegt. Das Silbersubfluorid ist damit ein Beispiel einer Verbindung, die in ihren Eigenschaften und ihrer Struktur zwischen den echten Salzen und den Metallen steht.

Gold ist noch etwa 10 mal weniger häufig als Silber und tritt hauptsächlich in gediegenem Zustand, seltener als Tellurid (Calaverit, $AuTe_2$) auf. Das meistens mit etwas Silber legierte natürliche Metall kann dank seiner hohen Dichte ($\varrho = 19{,}3$ g/cm^3) durch Schlämmen relativ leicht vom Begleitgestein getrennt werden. Zur Extraktion des reinen Metalles wird es ebenso wie Silber durch Cyanidlösungen «ausgelaugt» und dann durch Reduktionsmittel ausgefällt. Eine andere Möglichkeit zur Gewinnung von Gold besteht darin, daß man das goldhaltige, fein vermahlene Gestein mit Quecksilber behandelt, in welchem sich das Gold als Amalgam löst. Das reine Metall wird dann durch Abdestillieren des Quecksilbers erhalten. Metallisches Gold besitzt die größte Duktilität aller Metalle und ist sehr weich; zur Verwendung als Schmuck- oder Münzmetall wird es stets mit Kupfer oder Silber legiert.

Die wichtigsten *Oxidationsstufen* von Gold sind die + I- und die + III-Stufe. In beiden tritt das Element jedoch fast nur in Form von Komplexen auf. Au^{+I} wirkt stark oxidierend ($E^{o}_{Au/Au^{+I}}$ = + 1,7 V); die + I-Stufe kann aber durch Komplexbildung mit CN^- oder durch Bindungen von teilweise Kovalenzcharakter in Kristallen stabilisiert werden. [Für den Übergang Au → $Au(CN)_2^-$ ist das Normalpotential − 0,60 V (!).] AuCl ist nur in festem Zustand zu erhalten; in wäßriger Lösung geht es sofort in metallisches Gold und Gold (III)-Komplexe über. Mit Halogeniden bilden sich $AuCl_2^-$- bzw. analoge Komplexe. Auch Gold (III)-Verbindungen wirken stark oxidierend. Durch direkte Reaktion der Elemente lassen sich $AuCl_3$ und $AuBr_3$ erhalten; die roten Kristalle enthalten dimere Moleküle als Baueinheiten. In wäßriger Lösung werden sie zu Hydroxokomplexen, wie z. B. $[AuCl_3(OH)]^-$, hydrolysiert; durch Zusatz von Halogenwasserstoffsäuren gehen sie in die ziemlich stabilen Halogenokomplexe $AuCl_4^-$ und $AuBr_4^-$ über. Das Normalpotential für die Oxidation ·

$$Au + 4\ Cl^- \longrightarrow AuCl_4^- + 3\ e^-$$

beträgt wegen der Stabilität des Chlorokomplexes nur + 1,0 V, so daß elementares Gold durch Königswasser oxidiert werden kann. Reine Salpetersäure − ohne Vorhandensein von Cl^- − vermag Au nicht zu oxidieren.

24.2 Die Zink-Gruppe

Die drei Elemente der Zinkgruppe, Zink, Cadmium und Quecksilber, sind reaktionsfähiger als die jeweils neben ihnen stehenden Metalle der vorhergehenden Gruppe. Ihr chemisches Verhalten ist dadurch etwas einfacher zu überblicken, daß sie − mit Ausnahme von Quecksilber − nur in der + II-Stufe auftreten. Quecksilber allein bildet Verbindungen auch in der Oxidationsstufe + I. Obschon durch Abgabe der beiden äußersten *s*-Elektronen eine abgeschlossene Schale (mit aufgefüllten *d*-Niveaux) entsteht, sind die drei Metalle deutlich schwerer zu oxidieren als etwa die ihnen in einem gewissen Maß vergleichbaren Erdalkalimetalle, eine Folge der geringeren abschirmenden Wirkung der *d*-Elektronen und des kleineren Atomradius.

Zink kommt in der Natur *nicht elementar* vor. *Zinkblende* (ZnS) und *Zinkspat* ($ZnCO_3$) sind seine wichtigsten Erze. Man gewinnt das Metall durch Überführung der Erze in das Oxid und anschließende Reduktion mit Kohle. Da die Reduktion oberhalb 1200°C durchgeführt werden muß, erhält man das Metall als Dampf. Das reine Metall wird durch fraktionierte Destillation oder durch Lösen in verdünnter Schwefelsäure und anschließende Elektrolyse erhalten (Wasserstoff hat an einer Zn-Kathode eine genügend große Überspannung). Metallisches Zink ist grauweiß und von starkem Glanz; es bedeckt sich an der Luft jedoch mit einer dünnen Schicht von Oxid und Carbonat und wird dadurch matt. Es ist ein relativ sprödes Metall, das leicht pulverisiert werden kann, und schmilzt schon bei 419°C. Sein Normalpotential ($E^0 = -0,76$ V) weist auf die relativ leichte Oxidierbarkeit hin; stark erhitztes Zink vermag sogar Wasser zu Wasserstoff zu reduzieren. Reines Zink reagiert allerdings meist ziemlich langsam (so z. B. auch mit wäßrigen Säuren); ist es hingegen mit edleren Metallen verunreinigt, so löst es sich in Säuren viel rascher (Förderung der Oxidation durch Bildung von Lokalelementen!).

Das Zn^{2+}-*Ion* ist farblos und nicht paramagnetisch. Es tritt in wäßriger Lösung als Aquokomplex, $Zn(H_2O)_4^{2+}$, auf, der eine Kationsäure ist (jedoch schwächer sauer ist als z. B. $Cu^{2+}aq$) und bei *p*H-Erhöhung zuerst schwerlösliches, weißes $Zn(OH)_2$ bildet, das sich bei weiterer

Tabelle 24.2. Eigenschaften der Elemente der Zinkgruppe

	Zn	Cd	Hg
Ordnungszahl	30	48	80
Elektronenkonfiguration	$3d^{10}4s^2$	$4d^{10}5s^2$	$5d^{10}6s^2$
Atomradius (pm)	133	149	150
Ionenradius Me^{2+} (pm)	74	97	110
Schmelzpunkt (°C)	419	321	$-38,8$
Siedepunkt (°C)	907	767	357
Dichte (g/cm³)	7,1	8,6	13,6
ΔH_f^0 $MeCl_2$ (kJ/mol)	-414	-389	-223
ΔH_f^0 MeO (kJ/mol)	-348	-255	-91
$E_{Me/Me^{2+}}^0$ (V)	$-0,76$	$-0,40$	$+0,85$

Erhöhung des pH-Wertes als Tetrahydroxokomplex $[Zn(OH)_4]^{2-}$ löst. Wegen der Bildung dieses Komplexes wirkt Zink in alkalischer Lösung viel stärker reduzierend:

$$Zn + 4\ OH^- \longrightarrow Zn(OH)_4^{2-} + 2\ e^- \qquad E^0 = -1,22\ V$$

Von den *Komplexen* von Zink sind der Tetrammin- und der Tetracyanokomplex erwähnenswert, die beide thermodynamisch ziemlich stabil, kinetisch jedoch labil sind. Auch Halogenokomplexe (z. B. $ZnCl_4^{2-}$) sind bekannt.

Zinkoxid (ZnO), eine weiße, feste Substanz, wird beim Erwärmen gelb, eine Folge verschiedenartiger Gitterstörungen, und sublimiert schließlich bei sehr hoher Temperatur unzersetzt. Zinksulfid (ZnS) ist polymorph und tritt mineralisch als *Zinkblende* (kubisch; Diamantstruktur) und *Wurtzit* (hexagonal; jedes Zn^{2+}-«Ion» aber ebenfalls tetraedrisch mit 4 S^{2-}-«Ionen» koordiniert; vgl. Abb. 5.24). Die Wurtzit-Struktur ist die bei höheren Temperaturen stabilere Form. Von den Zinkhalogeniden kristallisiert ZnF_2 in der Rutilstruktur; es zeigt den höchsten Schmelzpunkt der vier Halogenide und hat deutlich Salzcharakter. ZnF_2 ist schwerlöslich und bildet mit Überschuß von F^- keine Fluorokomplexe (gleiches Verhalten wie die Erdalkalifluoride!). In den Gittern der übrigen Halogenide bilden die Halogenid-Ionen dichteste Kugelpackungen, während die Zn^{2+}-Ionen tetraedrische Hohlräume zwischen ihnen besetzen. Beim Lösen von Zinkchlorid in Wasser bilden sich verschiedene Chlorokomplexe, wie $Zn(H_2O)_3Cl^+$, $Zn(H_2O)Cl_3^-$ u.a.; beim Stehenlassen solcher Lösungen scheiden sich gewöhnlich basische Salze wie $Zn(OH)Cl$ aus.

Cadmium gleicht in seinen Eigenschaften stark dem Zink, mit welchem es auch in der Natur zusammen auftritt. Man gewinnt es als Nebenprodukt bei der Reduktion von Zinkerzen; es ist leichter flüchtig als Zink und reichert sich darum in den ersten Fraktionen an. Man verwendet es hauptsächlich als Überzugsmetall für Stahl; es besitzt gegenüber Zink den Vorteil, daß es auch in alkalischem Milieu nicht oxidiert wird, weil sich keine Hydroxokomplexe bilden. In seinen Komplexen zeigt Cadmium die Koordinationszahl 4; in der Struktur des festen $CdCl_2$ und CdI_2 (Abb. 5.20) ist jedes Cd^{2+}-Ion von 6 Halogenid-Ionen umgeben. Die meisten Cadmium-Komplexe entsprechen in ihrer Zusammensetzung den analogen Zink-Komplexen; sie sind jedoch meist stabiler als die Zink-Komplexe.

Nach den Leitfähigkeitsmessungen scheinen manche Cadmiumsalze (z. B. $CdCl_2$ und $CdBr_2$) schwache Elektrolyte zu sein. Tatsächlich treten jedoch in solchen Lösungen neben undissoziierten Molekülen der Zusammensetzung CdX_2 eine ganze Anzahl verschiedener Komplexe (CdX^+, CdX_3^-, CdX_4^{2-}) nebeneinander im Gleichgewicht auf. – Cadmiumhydroxid [$Cd(OH)_2$] ist im Gegensatz zu $Zn(OH)_2$ nicht amphoter. Beim Erwärmen geht es in gelbbraunes Oxid CdO über.

Das einzige relativ häufige **Quecksilber**erz ist *Zinnober,* HgS, aus welchem das Metall durch Rösten an der Luft erhalten wird. Quecksilber ist im Gegensatz zu allen anderen Metallen bei Raumtemperatur flüssig und wegen seines niederen Siedepunktes ziemlich flüchtig (Smp. $-38{,}8\,°C$, Sdp. $357\,°C$); die Dämpfe sind sehr giftig.

Flüssiges Quecksilber zeigt einen starken Metallglanz; es ist nur ein mäßig guter thermischer und elektrischer Leiter und wird wegen seiner Beständigkeit gegen Luftoxidation und seiner über relativ weite Temperaturbereiche annähernd linearen Längenausdehnung zur Füllung von Thermometern verwendet. Quecksilber vermag viele Metalle, besonders die weicheren, wie Kupfer, Silber, Gold und die Alkalimetalle, zu lösen. Manche dieser *«Amalgame»* sind weich und knetbar und erhärten nach einiger Zeit (Silberamalgam als Zahnfüllung!); in den Alkaliamalgamen ist die Reaktionsfähigkeit des betreffenden Alkalimetalls stark abgeschwächt, so daß z. B. Natriumamalgam mit Wasser nur langsam Wasserstoff entwickelt.

Eine Übersicht über die wichtigsten chemischen Reaktionen von Quecksilber gibt folgendes Schema:

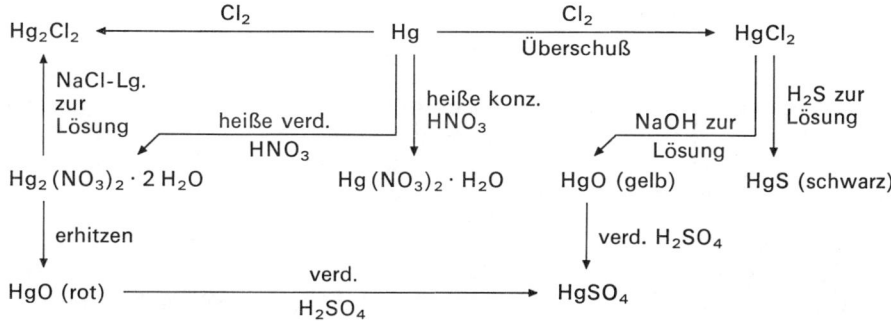

In seinen Verbindungen tritt Quecksilber in der + I- und der + II-Stufe auf. In den *Quecksilber(I)-Verbindungen* sind jeweils zwei Hg^{2+}-Ionen miteinander durch eine Atombindung verbunden; das Hg_2^{2+}-Ion tritt auch in wäßrigen Lösungen, z. B. von Quecksilber(I)-nitrat, als Einheit auf [Quecksilber(I)-Salze sind deshalb nicht paramagnetisch, wie es zu erwarten wäre, wenn sie Hg^+-Ionen enthalten würden]. Die Hg_2^{2+}-Ionen verhalten sich in mancher Beziehung den Ag^+-Ionen ähnlich; sie bilden z. B. schwerlösliche Halogenide, deren Löslichkeit wie bei den Silber- und Kupfer(I)-Halogeniden vom Fluorid zum Iodid stark abnimmt. Hg_2F_2, ein relativ leichtlösliches Salz, ist in wäßriger Lösung allerdings nicht sehr beständig und wird unter Abscheidung von schwarzem Hg_2O zu HF hydrolysiert. Das Quecksilber(I)-chlorid, Hg_2Cl_2 *(«Kalomel»),* färbt sich beim Stehenlassen an der Luft allmählich schwarz, eine Folge der Disproportionierung von Hg^{+I} in Hg^0 und Hg^{+II}. Durch Zusatz von Ammoniak zu Kalomel entsteht das «schwarze Präzipitat», ein Gemisch von Quecksilber und weißem, «unschmelzbarem Präzipitat», $Hg(NH_2)Cl$; es bildet sich also kein Amminkomplex (wie beim Silber).

In der *Oxidationsstufe +II* tritt Quecksilber häufig in Form von *Komplexen* auf: $HgCl_3^-$, $Hg(NH_3)_4^{2+}$, $Hg(CN)_4^{2-}$ usw., von denen besonders die beiden letztgenannten sehr stabil sind. Eine Lösung von K_2HgI_4, das sogenannte Neßler-Reagens, dient zum Nachweis und zur quantitativen Bestimmung von Ammoniak, mit dem es schon in geringsten Mengen eine braune Fällung gibt. Quecksilber(II)-chlorid ($HgCl_2$, *«Sublimat»*) existiert im Gitter in Form von $HgCl_2$-Molekülen (ungeladenen Komplexen), die auch in Lösung weitgehend erhalten bleiben. Im Gegensatz dazu ist HgF_2 wahrscheinlich eine Ionenverbindung; sie wird durch Wasser allerdings sofort zersetzt. Versetzt man eine Quecksilber(II)-salzlösung mit S^{2-}-Ionen oder H_2S, so entsteht eine tiefschwarze Fällung von HgS. Diese schwarze Form ist, verglichen mit der roten Form, dem Zinnober, metastabil und wandelt sich beim Erhitzen allmählich in diese um. Durch Erhöhung des *p*H-Wertes fällt aus Quecksilber(II)-salzlösungen orangerotes oder gelbes HgO aus. Hydroxide von Quecksilber sind nicht bekannt.

Aus Sublimat und NH_3-Gas (bei Anwesenheit von viel NH_4Cl) erhält man das weiße *«schmelzbare Präzipitat»*:

$$HgCl_2 + 2\,NH_3 \longrightarrow Hg(NH_3)_2Cl_2$$

Wie die Röntgenstrukturanalyse zeigt, sind in der Struktur dieser Substanz diskrete $Hg(NH_3)_2^{2+}$-Ionen vorhanden. NH_3-Lösung bildet mit $HgCl_2$ das weiße «unschmelzbare Präzipitat», welches im Gegensatz zum «schmelzbaren Präzipitat» eine Kettenstruktur bildet.

Die

$$-\overset{+}{N}H_2-Hg-\overset{+}{N}H_2-Hg-\overset{+}{N}H_2-Hg-\overset{+}{N}H_2-Hg-\overset{+}{N}H_2\text{-Ketten}$$

werden untereinander durch die Cl^--Ionen verbunden. Erwärmt man schließlich HgO mit wäßriger NH_3-Lösung, so entsteht eine Verbindung der Zusammensetzung $Hg_2NOH \cdot 2\,H_2O$, die «Millonsche Base». Hier bilden Hg_2N^+-Gruppen eine Struktur vom Cristobalit-Typus, und die OH^--Ionen sowie die H_2O-Moleküle sind ungeregelt darin eingelagert. In den Gitterhohlräumen sind die OH^--Ionen relativ gut beweglich und können durch andere Anionen verdrängt werden (Verwendung als Ionenaustauscher!).

Übungen

24.1   Wie lassen sich die großen Unterschiede im Verhalten der Metalle der Kupfergruppe und der Alkalimetalle erklären?

24.2   Nennen Sie einige Kupfer(I)-salze und geben Sie an, wie man sie herstellen kann.

24.3   Zur Bestimmung des Kupfergehaltes einer Legierung wurden 0,800 g Legierung in überschüssiger Schwefel-/Salpetersäure gelöst. Um die noch vorhandene Salpetersäure zu vertreiben, wurde die Lösung zunächst noch einige Zeit erhitzt und dann in einem Meßkolben auf 250 ml aufgefüllt. Bei der Titration wurden davon 50 ml verwendet, die mit einem Überschuß an KI versetzt wurden. Das ausgeschiedene Iod wurde mit einer Standard-Thiosulfatlösung (0,1-M) titriert. Im Mittel wurden davon 18,9 ml verbraucht. Wieviel % Cu enthielt die Legierung?

24.4   Geben Sie einige Beispiele von Komplexen von Kupfer(I) und Kupfer(II) und diskutieren Sie ihre Struktur.

24.5   Löst man braungrünes (wasserfreies) $CuCl_2$ in Wasser, so erscheint die Lösung zuerst dunkelgrün, wird aber mit zunehmender Verdünnung immer mehr blaugrün und schließlich rein blau. Setzt man der verdünnten (blauen) Lösung konz. NaCl- oder konz. HCl-Lösung zu, so schlägt die Farbe wieder nach Grün um. Erklären Sie diese Beobachtungen!

24.6 Vergleichen Sie das Verhalten von Kupfer(II)-, Silber(I)- und Quecksilber(II)-salzen zu Ammoniak.

24.7 Erklären Sie die Vorgänge bei der Silbergewinnung durch «Auslaugen» mit Cyanid.

24.8 Leitet man Ozon auf ein angewärmtes Silberblech, so beobachtet man die Bildung eines braunen Fleckes. Welche Reaktion tritt ein?

24.9 Welche Vorgänge treten ein beim Zusammengießen von wäßriger NaOH mit Lösungen von $CuSO_4$, $AgNO_3$, $ZnSO_4$, $CdSO_4$, $Hg(NO_3)_2$?

24.10 Charakterisieren Sie die verschiedenen Silber-Fluor-Verbindungen!

24.11 Während nach dem Löslichkeitsprodukt ein Überschuß von NaCl-Lösung beim Zugeben zu einer Lösung von $AgNO_3$ eine weitgehend vollkommene Ausfällung der Ag^+-Ionen als AgCl ergeben sollte, nimmt in Wirklichkeit die Löslichkeit von AgCl bei Zusatz weiterer NaCl-Lösung zu. Erklären Sie diese Tatsache!

24.12 Worauf beruht die Schwerlöslichkeit vieler Silbersalze?

24.13 Worin zeigt sich die Ähnlichkeit zwischen Silber und Gold?

24.14 Warum läßt sich Gold nur durch Königswasser, nicht aber durch konzentrierte Salpetersäure lösen?

24.15 Geben Sie die Elektronenkonfigurationen folgender Ionen an:
Cu^+, Ag^+, Zn^{2+}, Hg_2^{2+}, Hg^{2+}, Cu^{2+}

24.16 Warum löst sich Zink viel rascher in verdünnter Säure, wenn man dieser einige Tropfen $CuSO_4$-Lösung zusetzt?

24.17 Worin zeigt sich eine gewisse Ähnlichkeit zwischen Zink und den Erdalkalimetallen?

24.18 Wie kann man folgende Substanzen gewinnen:
$Cu(NH_3)_4SO_4$ $Na_2Zn(OH)_4$ $ZnCl_2$ $HgCl_2$ $Hg(NO_3)_2 \cdot H_2O$

24.19 Bei der Korrosion verzinkter Eisenbleche beobachtet man gewöhnlich, daß sich gelblich-weißliche, pulvrige Salze bilden. Um welche Substanzen handelt es sich dabei?

24.20 Wie reagiert NH_3 (bzw. NH_3-Lösung) mit Kalomel bzw. mit Sublimatlösung?

24.21 Bringt man einige Tropfen Sublimatlösung auf ein Aluminiumblech, so beobachtet man nach kurzer Zeit, wie fasrige Nadeln von Aluminiumhydroxid aus dem Blech «herauswachsen». Wie ist dieser Vorgang zu erklären?

Literatur

F. A. Cotton und G. Wilkinson   *Anorganische Chemie.* Verlag Chemie, Weinheim 1972 (Kapitel 18)

R. B. Heslop und P. L. Robinson   *Inorganic Chemistry.* Elsevier, London 1960 (Kapitel 34 und 35)

A. F. Holleman und E. Wiberg   *Lehrbuch der Anorganischen Chemie.* De Gruyter, Berlin 1970 (Kapitel XVIII und XIX)

A. F. Wells   *Structural Inorganic Chemistry.* Oxford University Press, 1962

25 Übergangsmetalle VI: Carbonyle und metallorganische Verbindungen

25.1 Metallcarbonyle

Als **Carbonyle** bezeichnet man Verbindungen (Komplexe) von Metallen mit *Kohlenmonoxid*. Die erste solche Verbindung, das Nickeltetracarbonyl, $Ni(CO)_4$, wurde 1890 entdeckt (Mond). In der Folgezeit wurden zahlreiche weitere Verbindungen dieses Typus sowie auch mehrkernige Carbonyle und verschiedenartige Derivate der Carbonyle hergestellt, und man kennt heute von allen Übergangsmetallen (mit Ausnahme von Zirkonium, Hafnium und den Metallen der inneren Übergangsreihen) solche Kohlenmonoxid-Derivate. In den letzten Jahren haben sie aus theoretischen und praktischen Gründen starkes Interesse gefunden. So können manche Carbonyle als Katalysatoren bei organischen Synthesen verwendet werden; gewisse Carbonyle wie z.B. $Ni(CO)_4$ dienen zur Gewinnung hochreiner Metalle, und andere Carbonyle sind als Antiklopfmittel für Treibstoffe brauchbar.

Herstellung und physikalische Eigenschaften. Zur präparativen Herstellung von Metallcarbonylen dienen zahlreiche verschiedenartige Methoden. Nickel- und Eisencarbonyl können durch direkte Reaktion des (feinverteilten) Metalles mit Kohlenmonoxid erhalten werden:

$$Ni + 4\,CO \xrightarrow{\;80\,°C\;} Ni(CO)_4$$

$$Fe + 5\,CO \xrightarrow[100\,bar]{\;200\,°C\;} Fe(CO)_5$$

Neuerdings lassen sich auch Molybdän- und Wolframcarbonyle auf diese Weise gewinnen. Die meisten anderen Carbonyle werden durch Reduktion von Metallsalzen in Gegenwart von CO erhalten, eine Methode, welche verschiedenartig abgewandelt werden kann. Am einfachsten wird dabei das CO selbst als Reduktionsmittel verwendet, indem man dieses bei höheren Temperaturen und unter Druck auf Oxide, Sulfide oder Halogenide von Metallen einwirken läßt:

$$Re_2O_7 + 17\,CO \longrightarrow Re_2(CO)_{10} + 7\,CO_2$$

Die Ausbeute läßt sich stark steigern, wenn man dem Reaktionsgemisch ein weiteres Metall zusetzt, welches die Anionen des Metallsalzes zu binden vermag:

$$Ru\,I_3 + 3\,Ag + 5\,CO \xrightarrow[100\,bar]{\;170\,°C\;} Ru(CO)_5 + 3\,Ag\,I$$

Auch Aluminiumtriäthyl, Zinkdiäthyl, Grignard-Verbindungen und Lithiumaluminiumhydrid können in speziellen Fällen als Reduktionsmittel dienen.

Die *einkernigen* Carbonyle sind typisch *flüchtige* Substanzen (siehe Tabelle 25.1). Sie sind wasserunlöslich, lösen sich jedoch in organischen Lösungsmitteln. Eisen-, Nickel-, Ruthenium- und Osmiumcarbonyl sind bei Zimmertemperatur flüssig, leichtentzündlich und sehr stark giftig. *Mehrkernige* Carbonyle wie $Fe_2(CO)_9$ lassen sich hingegen meist nicht unzersetzt schmelzen und sind auch in organischen Lösungsmitteln kaum löslich. Beim Erhitzen auf höhere Tempera-

Tabelle 25.1. Die wichtigsten Carbonyle

$Cr(CO)_6$ farblose Kristalle; subl. im Vakuum. An der Luft stabil; zersetzt sich oberhalb 180 bis 200 °C	$Mn_2(CO)_{10}$ goldgelbe Kristalle; Smp. 155 °C An der Luft langsame Oxidation	$Fe(CO)_5$ gelbe Flüssigkeit; Smp. – 20 °C, Sdp. 103 °C $Fe_2(CO)_9$ broncefarbige Blättchen; Zersetzung oberhalb 100 °C. Nichtflüchtig; in organischen Lösungsmitteln fast unlöslich $Fe_3(CO)_{12}$ dunkelgrüne Kristalle; Zersetzung oberhalb 140 °C. In organischen Lösungsmitteln löslich	$Co_2(CO)_8$ orangefarbene Kristalle; Smp. 51 °C. An der Luft Zersetzung $Co_4(CO)_{12}$ schwarze Kristalle; Zersetzung bei 60 °C	$Ni(CO)_4$ farblose Flüssigkeit; Smp. – 25 °C, Sdp. 43 °C
$Mo(CO)_6$ farblose Kristalle; subl. im Vakuum. Oberhalb 180 °C Zersetzung		$Ru(CO)_5$ farblose Flüssigkeit; Smp. – 22 °C $Ru_3(CO)_{12}$ orangefarbene Kristalle, leicht sublimierend	$Rh_2(CO)_8$ gelbrote Kristalle; Smp. 76 °C $Rh_4(CO)_{12}$ dunkelrote Kristalle subl. oberhalb 150 °C	
$W(CO)_6$ farblose Kristalle; subl. im Vakuum. Oberhalb 180 °C Zersetzung	$Re_2(CO)_{10}$ farblose Kristalle; Smp. 177 °C. An der Luft stabil	$Os(CO)_5$ farblose Flüssigkeit Smp. – 15 °C $Os_3(CO)_{12}$ hellgelbe Kristalle; Smp. 224 °C	$Ir_2(CO)_8$ grüngelbe Kristalle; subl. bei 160 °C $Ir_4(CO)_{12}$ hellgelbe Kristalle; Zersetzung bei 210 °C	

turen zersetzen sich auch die einfachen Carbonyle in das entsprechende Metall und Kohlenmonoxid. Gewisse einfache Carbonyle bilden unter dem Einfluß von UV-Licht mehrkernige Carbonyle:

$$2\,Fe(CO)_5 \longrightarrow Fe_2(CO)_9 + CO$$
$$Fe(CO)_5 + Fe_2(CO)_9 \longrightarrow Fe_3(CO)_{12} + 2\,CO$$

Bindungsverhältnisse und Strukturen. In nahezu allen einkernigen Carbonylen entspricht die Summe aus der Elektronenzahl des Metallatoms und der (bindenden) Elektronenpaare der

CO-Moleküle der Elektronenzahl des nächsthöheren *Edelgases*[1]. Ihre Zusammensetzung gehorcht damit der allgemeinen Formel Me $(CO)_n$, wobei $2n$ die zur nächsten Edelgasschale fehlende Zahl Elektronen bedeutet:

$$Ni(CO)_4 \quad Z = 28 + 4 \cdot 2 = 36 \ (Kr)$$
$$Fe(CO)_5 \quad Z = 26 + 5 \cdot 2 = 36 \ (Kr)$$
$$Mo(CO)_6 \quad Z = 42 + 6 \cdot 2 = 54 \ (Xe)$$

Einkernige Carbonyle können also nur von Metallen mit gerader Ordnungszahl gebildet werden. Je nach der Koordinationszahl des Metallatoms ist ihr Bau tetraedrisch, trigonal-bipyramidal (KZ5) oder oktaedrisch. Metalle mit ungerader Elektronenzahl (Mn, Co usw.) ergeben mehrkernige Carbonyle. Weil hier aber *zwischen den Metallatomen* unter sich *zusätzliche Bindungen* auftreten, ist die Summe der Metall- und der Bindungselektronen eines einzelnen Metallatoms ebenfalls gleich der Elektronenzahl des nächsthöheren Edelgases. Beispiele sind $Mn_2(CO)_{10}$, $Co_2(CO)_8$, $Co_4(CO)_{12}$ u.a. Die Strukturen der mehrkernigen Carbonyle sind noch nicht überall mit Sicherheit bekannt. In den von den Elementen Mn, Tc und Re gebildeten Carbonylen

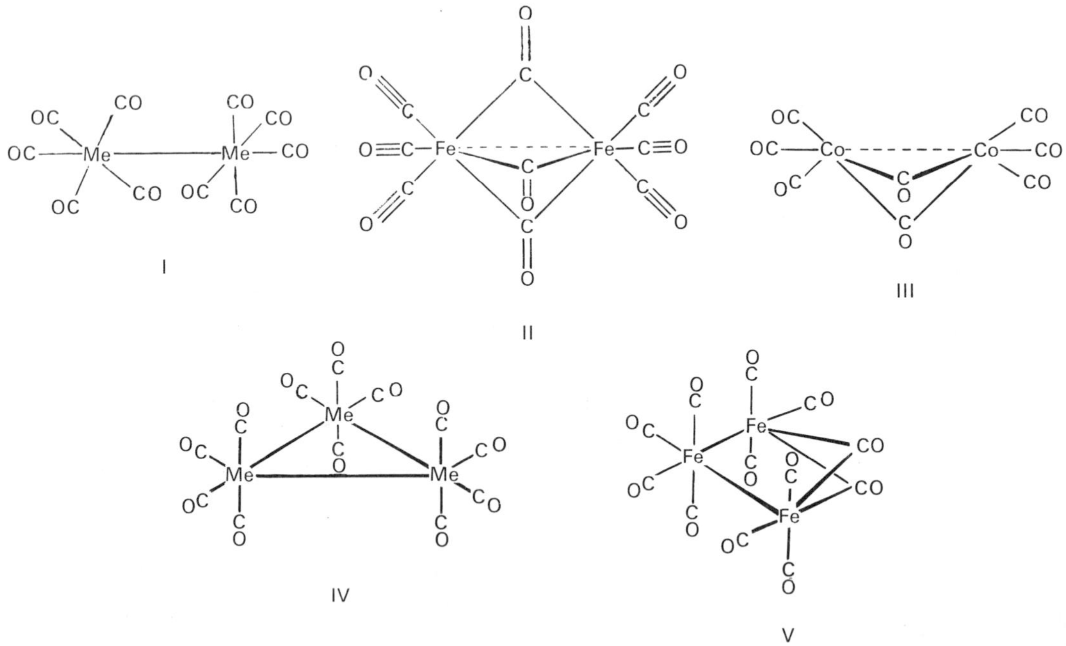

Abb. 25.1. Strukturen verschiedener Carbonyle der Übergangsmetalle

[1] 1959 wurde die Verbindung $V(CO)_6$, ein schwarzer Festkörper, als erste Metallcarbonylverbindung, deren Metallatom keine Edelgaskonfiguration besitzt, hergestellt. Sie ist − im Gegensatz zu sämtlichen übrigen Carbonylen − paramagnetisch und wird sehr leicht zu $V(CO)_6^-$ reduziert, wo das V-Atom insgesamt 36 Elektronen (Kr) besitzt:

$$V(CO)_6 + Na \longrightarrow V(CO)_6^- Na^+$$

der Zusammensetzung $Me_2(CO)_{10}$ (I) sind zwei insgesamt oktaedrisch koordinierte Metallatome durch eine Metall-Metall-σ-Bindung verbunden (die allerdings beträchtlich länger und
schwächer ist, als es von einer «normalen» σ-Bindung zu erwarten wäre, wohl eine Folge der
gegenseitigen Abstoßung der CO-Gruppen). In anderen zweikernigen Carbonylen [z. B. beim
$Fe_2(CO)_9$] wirken CO-Gruppen als Brücken zwischen den beiden Metallatomen (Abb. 25.1).
Dabei handelt es sich offenbar um weitgehend «normale» Carbonylgruppen; die IR-Spektren
zeigen neben den Absorptionsbanden bei 1900 bis 2050 cm^{-1} (wie sie für «endständige»
$-C\equiv O$-Gruppen typisch sind) auch die Carbonylbande bei etwa 1800 cm^{-1}. Zusätzlich zu den
$\diagdown$CO-Brücken müssen zwischen den Fe-Atomen jedoch auch (schwache) Metall-Metall-
Bindungen vorhanden sein, da sonst der $Fe_2(CO)_9$-Komplex paramagnetisch sein müßte. –
In den Osmium- und Rutheniumdodecacarbonylen [$Os_3(CO)_{12}$] sind drei Metallatome durch
σ-Bindungen in einem Dreieck miteinander verbunden. Das formal analoge $Fe_3(CO)_{12}$ ist
wahrscheinlich anders gebaut; die 3 Fe-Atome sind durch σ-Bindungen miteinander verbun-
den und schließen einen Winkel ein, während die dritte Seite des «Dreieckes» durch zwei
CO-Brücken gebildet wird.
Die Deutung der Metall-CO-Bindungen in den Carbonylen bereitete lange Jahre große
Schwierigkeiten, insbesondere auch deshalb, weil den Metallatomen hier die formale Oxidationszahl Null zugeschrieben werden muß. Kohlenmonoxid ist nur eine extrem schwache
Lewis-Base (so reagiert es auch mit starken Lewis-Säuren wie $AlCl_3$ oder den Borhalogeniden
nicht); eine durch Überlappung des freien Elektronenpaares am C-Atom (sp-Hybrid-AO;
vgl. S. 92) mit einem unbesetzten Orbital des Metallatoms gebildete σ-Bindung kann also
nur eine schwache Bindung sein, wobei ihre Ladungsdichte zudem stärker auf das C-Atom.
konzentriert sein dürfte. Hingegen besitzt das CO-Molekül unbesetzte antibindende π^*-MO,
welche die zur Überlappung mit d_ε-AO des Metallatoms geeignete Symmetrie besitzen.
Dadurch kommt es zur Ausbildung von M $\longrightarrow$ L-π-Bindungen (vgl. S. 602), wodurch negative Ladung auf die Liganden übertragen und dadurch deren Donatorcharakter (d.h. die
σ-Bindung) verstärkt wird (sogenannte «*back-donation*», ähnlich wie in den Cyanokomplexen). Ganz analog liegen die Verhältnisse auch bei den *Nitrosylkomplexen* (mit NO als Liganden), wie sie z.B. aus Carbonylmetallaten unter der Einwirkung von salpetriger Säure entstehen können. Dabei wird [ebenso wie bei der Bildung von Nitrosyleisen (II)-Komplexen] zuerst
das ungepaarte Elektron eines NO-Moleküls auf das Zentralatom übertragen (und dadurch
dessen Oxidationsstufe um 1 erniedrigt) und nachher die π-Bindung mit dem NO-Liganden
gebildet.

Reaktionen. Carbonyle zeigen eine Reihe interessanter Reaktionen. So lassen sich die CO-
Moleküle durch gewisse Lewis-Basen wie Amine, Isonitrile, Phosphortrihalogenide oder substituierte Phosphine (und ebenso analoge As- bzw. Sb-Verbindungen) ganz oder teilweise ersetzen:

$$Mo(CO)_6 + 3\ C_5H_5N \longrightarrow Mo(CO)_3(C_5H_5N)_3 + 3\ CO$$

$$Fe(CO)_5 + 2\ PX_3 \longrightarrow Fe(CO)_3(PX_3)_2 \quad + 2\ CO$$

$$Ni(CO)_4 + 4\ C_6H_5NC \longrightarrow Ni(CNC_6H_5)_4 \quad + 4\ CO$$

Auch in diesen Verbindungen werden zwischen Metallatom und Liganden π-Bindungen gebildet. In den Isonitril-Komplexen ist das C-Atom mit dem Metallatom koordiniert und mit
diesem – ganz analog zu den Carbonylen – durch eine (schwächere) σ- und eine π-Bindung
verbunden. Die Koordination mit den Phosphorhalogeniden oder substituierten Phosphinen

beruht darauf, daß das P-Atom die Möglichkeit zur «Oktettaufweitung» besitzt; es werden deshalb ebenfalls π-Bindungen gebildet, indem sich ein besetztes d-AO des Metallatoms mit einem unbesetzten d-AO eines P-Atoms überlagert.

Durch Einwirkung von Halogenen auf gewisse Carbonyle (besonders auf Carbonyle der Metalle der Eisengruppe) oder durch Reaktion von Metallhalogeniden mit Kohlenmonoxid entstehen *Carbonylhalogenide,* weiße oder farbige Festkörper, die sich bei relativ niedrigen Temperaturen zersetzen:

$$Mn_2(CO)_{10} + Br_2 \xrightarrow{40\,°C} 2\,Mn(CO)_5Br \xrightarrow{120\,°C} Mn(CO)_4Br_2 + 2\,CO$$

In den mehrkernigen Carbonylhalogeniden sind die Metallatome über Halogenatome als Brückenatome miteinander verbunden, wobei sich die Halogenbrücken durch viele andere Lewis-Basen wie Pyridin, substituierte Phosphine, Isonitrile usw. aufspalten lassen. Die Bildung von Kupfer(I)carbonylhalogenid wird zur Reinigung des aus Synthesegas hergestellten Wasserstoffs für die Ammoniaksynthese sowie zur Entgiftung von Leuchtgas verwendet. Durch Reaktion von Carbonylhalogeniden mit «Halogenacceptoren» wie $AlCl_3$, und CO (unter Druck) gelang es, Salze von Hexacarbonylkationen zu erhalten:

$$Mn(CO)_5Cl + AlCl_3 + CO \longrightarrow [Mn(CO)_6]^+\,[AlCl_4]^-$$

Die Reduktion der Metallcarbonyle ergibt sogenannte *Carbonylmetallate*:

$$Fe(CO)_5 + 2\,e^- \longrightarrow Fe(CO)_4^{2-} + CO$$

Als Reduktionsmittel dienen Natriumamalgam in Äther oder Alkalimetalle in flüssigem Ammoniak. Die mehrkernigen Carbonyle werden dabei durch Trennung der Metall-Metall-Bindung in einkernige Komplexe gespalten. Durch mildere Reduktionsmittel wie $NaBH_4$ lassen sich jedoch auch mehrkerne Carbonylate erhalten. Eine weitere Möglichkeit zur Bildung von Carbonylaten besteht in der Reaktion von Metallcarbonylen mit verdünnten Hydroxidlösungen:

$$Fe(CO)_5 + 3\,OH^- \longrightarrow HFe(CO)_4^- + CO_3^{2-} + H_2O$$

In den Carbonylaten sind die Liganden wesentlich stärker gebunden als in den elektrisch neutralen Carbonylen. Substitutionsreaktionen sind deshalb im allgemeinen kaum möglich. Hingegen lassen sich durch Einwirkung von Säuren auf feste Carbonylate die entsprechenden Wasserstoffverbindungen erhalten:

$$Fe(CO)_4^{2-} \xrightarrow{H^+} HFe(CO)_4^- \xrightarrow{H^+} H_2Fe(CO)_4$$

Diese *Carbonylwasserstoffverbindungen* sind flüchtige, thermisch nicht sehr stabile Verbindungen. $H_2Fe(CO)_4$ beispielsweise ist eine Flüssigkeit vom Smp. $-70\,°C$, die sich aber bereits bei $-10\,°C$ zu zersetzen beginnt. Die Substanz ist in Wasser nur mäßig löslich, reagiert aber ziemlich stark sauer (die Aciditätskonstante ist derjenigen der Essigsäure vergleichbar). Noch stärker sauer (d.h. etwa von der Stärke der Salpetersäure) ist die Kobaltcarbonylwasserstoffverbindung, $HCo(CO)_4$. Die geringe Thermostabilität dieser Stoffe beruht wohl hauptsächlich darauf, daß zwischen dem H- und dem Metallatom keine π-Bindungen möglich sind.

Carbonylhydride können in nichtwäßrigen Lösungsmitteln als *Wasserstoffüberträger* wirken:

$$C_5H_5Fe(CO)_2H + CCl_4 \longrightarrow CHCl_3 + C_5H_5Fe(CO)_2Cl$$

Kobaltcarbonylhydrid ist der wirksame Katalysator bei der technisch sehr bedeutungsvollen *«Oxosynthese»*, in welcher Olefine mittels H_2 und CO bei Gegenwart von Kobaltcarbonyl in Aldehyde übergeführt werden.

Die Carbonylhydride sind die zuerst bekannt gewordenen Beispiele von Verbindungen der Übergangselemente mit Wasserstoff, welche molekularen Aufbau besitzen (metallische «interstitielle» Hydride sind schon lange bekannt). Seit 1955 ist es gelungen, eine große Zahl weiterer solcher «Hydrid-Komplexe» herzustellen und zu charakterisieren, wie z. B. $HCo(CN)_5^{3-}$, $(C_5H_5)_2ReH$ oder $HPtCl[P(C_2H_5)_3]_2$ u.a. Man weiß heute mit Sicherheit, daß solche Komplexe H-Atome direkt an Metallatome gebunden enthalten (der Abstand H—Fe im $H_2Fe(CO)_4$ beträgt 110 bis 120 pm, ist also von der Größenordnung des Atomradius von Eisen). Im NMR-Spektrum der Hydrid-Komplexe tritt bei extrem hohen Feldstärken eine scharfe Resonanzfrequenz auf, welche dieser Metall—H-Bindung zugeschrieben werden muß. Es ist dadurch möglich, solche Bindungen auch in sehr kleiner Konzentration (z. B. in Lösungen unstabiler, als Substanz nicht isolierbarer Komplexe) zu erkennen.

Stickstoff-Komplexe. Auf Grund der Elektronenstruktur der Liganden allein wäre zu erwarten, daß das dem CO-Molekül isostere N_2-Molekül ebenfalls π-Komplexe mit Übergangsmetallen bilden könnte. Tatsächlich ist aber die Elektronenkonfiguration der beiden Moleküle – trotz gleicher Lewis-Formel $|N \equiv N|$ bzw. $|C \equiv O|$ – nicht identisch (siehe S. 92). Wegen der fehlenden Polarität ist N_2 ein noch wesentlich schwächerer Elektronenpaar-Donator als CO. Trotzdem ist es in den letzten Jahren gelungen, auch N_2-Übergangsmetall-Komplexe zu erhalten, wie z. B. bei der Einwirkung von freiem Stickstoff (oder Luft) auf $[Ru(NH_3)_5Cl]Cl_2$ bei Gegenwart von Zinkamalgam als Reduktionsmittel:

$$[Ru^{III}(NH_3)_5Cl]^{2+} + N_2 + \tfrac{1}{2}Zn \longrightarrow [Ru^{II}(NH_3)_5(N_2)]^{2+} + \tfrac{1}{2}ZnCl_2$$

Das N_2-Molekül ist in diesem und ähnlichen Komplexen prinzipiell gleichartig gebunden wie die CO-Moleküle in den Carbonylen («back-donation» und lineare Me—N—N-Bindung); die Bindung selbst ist allerdings beträchtlich weniger stabil, und beim Erwärmen solcher Komplexe entweicht N_2 als Gas. Trotzdem ist es erstaunlich, daß der so reaktionsträge gasförmige Stickstoff durch direkte Reaktion in Übergangsmetall-Komplexe eingebaut werden kann. Reaktionen, bei welchen ein N_2-Ligand weiter reagiert (z. B. indem er zu N—H-Verbindungen reduziert wird), sind heute noch nicht bekannt, obschon man weiß, daß z. B. in gewissen metallorganischen Reaktionsgemischen (in denen ein Ti-, V-, Cr-, Mn- oder Fe-Derivat z. B. mittels einer Grignard-Verbindung reduziert wird) N_2 aus der Luft aufgenommen und direkt zu NH_3 bzw. zu Aminen reduziert wird. Offenbar tritt in derartigen Gemischen eine Partikel auf, die nicht nur N_2 sehr rasch zu binden vermag, sondern ebenso rasch auch eine Reduktion des gebundenen N_2 ermöglicht. Die Natur dieser offenbar sehr reaktionsfähigen Zwischenstoffe ist heute noch unbekannt; man vermutet allerdings, daß es sich dabei um Hydridkomplexe der betreffenden Metalle in tiefen Oxidationsstufen handeln könnte. Auf jeden Fall eröffnet die Erforschung solcher Reaktionen, insbesondere der Komplexbildung mit N_2 als Ligand, höchst interessante Perspektiven für eine mögliche Bindung des *Luftstickstoffes* und damit für die Entwicklung von viel wirksameren (bei Raumtemperatur aktiven?) Katalysatoren für die Synthese von NH_3. Wahrscheinlich geschieht auch die Bindung des Luftstickstoffes in Bakterien- und Blaualgenzellen über solche Übergangsmetall-N_2-Komplexe.

Phosphortrifluorid-Komplexe. Ähnlich wie CO kann auch das Molekül von PF_3 als Ligand in Übergangsmetall-Komplexen auftreten. Da PF_3 sowohl der bessere Elektronenpaar-Donator wie auch Elektronenpaar-Acceptor ist als CO (Möglichkeit zur Benützung von d-AO des P-Atoms), sind die Phosphortrifluorid-Komplexe wesentlich stabiler als die Carbonyle (verstärkte «back-donation»). Die meisten dieser Verbindungen sind ebenfalls leichtflüchtige Flüssigkeiten oder Festkörper (vgl. Tabelle 25.2), die nach prinzipiell ähnlichen Methoden hergestellt werden können wie die Carbonyle, also z. B. durch direkte Reaktion von Übergangsmetallen (wie Ni) mit PF_3 unter Druck oder dann durch Einwirkung von PF_3 auf Carbonyle. Ebenfalls wie bei den Carbonylen konnten auch hier mehrkernige Komplexe synthetisiert werden. Den Carbonylwasserstoffverbindungen entsprechen analog zusammengesetzte, ebenfalls sauer reagierende Trifluorphosphorwasserstoffverbindungen mit kovalenter Metall-Wasserstoff-Bindung, wie z. B. $HMn(PF_3)_5$ oder $HCo(PF_3)_5$ usw. Sie sind wesentlich stabiler als die Carbonylwasserstoffverbindungen und können aus den entsprechenden Anionen (Phosphortrifluorid-Metallate) durch Ansäuern erhalten werden. Letztere entstehen genau wie die Carbonylmetallate durch Reduktion der ungeladenen Phosphortrifluorid-Komplexe mit Natriumamalgam oder mit Alkalimetallen in flüssigem Ammoniak. Obschon diese Verbindungen bis heute ohne praktische Anwendungen geblieben sind, haben sie wegen ihrer ungewöhnlichen Stabilität und aus theoretischen Gründen (Bindungsverhältnisse!) großes Interesse gefunden, und man darf wohl erwarten, daß die gegenwärtig sehr intensive Beschäftigung mit Übergangsmetall-Komplexen in absehbarer Zeit noch zahlreiche, neue und unerwartete Ergebnisse liefern wird.

25.2 Organische Verbindungen der Übergangsmetalle

Olefin-Komplexe. 1827 wurde von Zeise, einem dänischen Apotheker, beobachtet, daß Äthylen (C_2H_4) mit $PtCl_4^{2-}$ in verdünnter Salzsäure eine Additionsverbindung bildet, welche sowohl Äthylen wie Platin enthält. Später wurde gefunden, daß auch andere Metallhalogenide oder -ionen (Cu^{+I}, Ag^{+I}, Hg^{+II} und Pd^{+II}) mit einer ganzen Anzahl von Olefinen Komplexe bilden können. So absorbiert beispielsweise eine Suspension von CuCl größere Mengen von Äthylen und bildet einen Additionskomplex im Verhältnis 1:1. Auch Ag^+-Ionen ergeben mit vielen Olefinen solche Additionsprodukte. Heute kennt man solche Komplexe auch von den Übergangsmetallen der Gruppen VIa – VIII (Tabelle 25.3).
Die meisten Olefinkomplexe entstehen durch *direkte Reaktion* von *Olefin* und *Metallhalogenid*. Besonders stabil unter ihnen sind solche, welche zweizähnige Olefine als Liganden enthalten, wie z. B. Bicyclo-2,5-heptadien (Abb. 25.3). Komplexe mit Mono-Olefinen (d. h. Olefinen mit nur einer einzigen Mehrfachbindung) sind weniger beständig. Beispiele dafür sind das bereits erwähnte Platinsalz $K[C_2H_4PtCl_3]$ oder Komplexe mit gewissen Acetylenen wie $(CH_3)_3C—C≡C—C(CH_3)_3$.
Die Strukturen dieser Verbindungen wurden erst in den letzten Jahren (und nur zum Teil) aufgeklärt. Auch die Bindungsverhältnisse dieser Komplexe sind noch nicht völlig klargelegt. Sicher ist, daß keine σ-Bindungen zwischen einem Metallatom und einem C-Atom auftreten. Wahrscheinlich geschieht die Bindung durch Überlappung der π-Elektronen des ungesättigten Systems mit unbesetzten d-AO des Metallatoms; sehr wahrscheinlich bilden sich jedoch ähnlich wie bei den Carbonylen auch π-Bindungen durch Überlappung von besetzten

Tabelle 25.2. Beispiele von Phosphortrifluorid-Komplexen

$Cr(PF_3)_6$ farblose Kristalle Smp. 193°C Zers. ab 300°C	$HMn(PF_3)_5$ farblose Flüssigkeit	$Fe(PF_3)_5$ hellgelbe Kristalle Smp. 45°C Zers. ab 270°C	$H_2Fe(PF_3)_4$ farblose Flüssigkeit Smp. etwa −80°C	$HCo(PF_3)_4$ fastfarbl. Flüssigkeit Smp. −51°C Zers. ab 250°C	$Ni(PF_3)_4$ farblose Flüssigkeit Smp. −55°C Zers. ab 155°C
$Mo(PF_3)_6$ farblose Kristalle Smp. 196°C Zers. ab 250°C		$Ru(PF_3)_5$ farblose Kristalle Smp. 80°C Zers. ab 155°C	$H_2Ru(PF_3)_4$ farblose Flüssigkeit Smp. −76°C Zers. ab 290°C	$HRh(PF_3)_4$ farblose Flüssigkeit Smp. −40°C Zers. 140°C (langsam ab 20°C)	$Pd(PF_3)_4$ farblose Flüssigkeit Smp. −41°C Zers. ab −20°C
$W(PF_3)_6$ farblose Kristalle Smp. 214°C Zers. ab 320°C	$HRe(PF_3)_5$ farblose Kristalle Smp. 42,5°C Zers. ab 160°C		$H_2Os(PF_3)_4$ farblose Flüssigkeit Smp. −72°C Zers. ab 340°C		$Pt(PF_3)_4$ farblose Flüssigkeit Smp. −15°C Zers. ab 90°C

Tabelle 25.3. Beispiele von Olefinkomplexen

Olefin	Komplex	Eigenschaften
Äthylen	$K[C_2H_4PtCl_3]$	blaßgelbes, wasserlösliches Salz
Cyclopenten (C_5H_8)	$C_5H_5Re(CO)_2C_5H_8$	farblose Kristalle, in organischen Lösungsmitteln löslich
Bicycloheptadien-2,5 (Norbornadien, C_7H_8)	$C_7H_8Fe(CO)_3$	gelbe, destillierbare Flüssigkeit
Cyclooctadien-1,5	$[C_8H_{10}RhCl]_2$	orangefarbener, kristalliner Festkörper
Cycloheptatrien	$C_7H_8Mo(CO)_3$	rote Kristalle
Cyclooctatetraen	$C_8H_8Fe(CO)_3$	rote Kristalle (Smp. 72°C). Wirkt gegenüber starken Säuren als Base

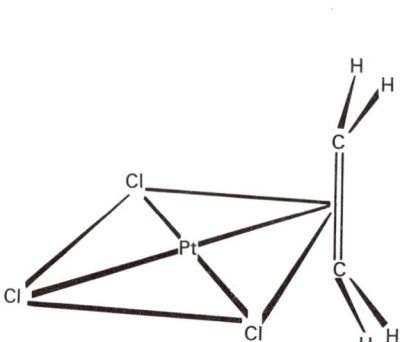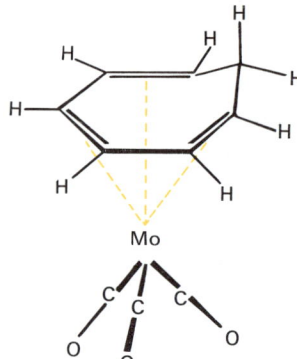

Abb. 25.2. Strukturen von Olefinkomplexen

+ Mo (CO)$_6$ ⟶   + 2 CO

Bicyclo [2,5] heptadien

Abb. 25.3. Struktur des Bicyclo [2,5] heptadienkomplexes von Molybdän

d-AO des Metallatoms mit antibindenden π-MO der Doppelbindung (Abb. 25.4). Die Bindung zwischen dem ungesättigten Ligand und dem Metallatom erhält damit in gewissem Sinn Doppelbindungscharakter, wie es auch in den Carbonylen, den Nitrosylkomplexen, den Cyanokomplexen u. a. der Fall ist.

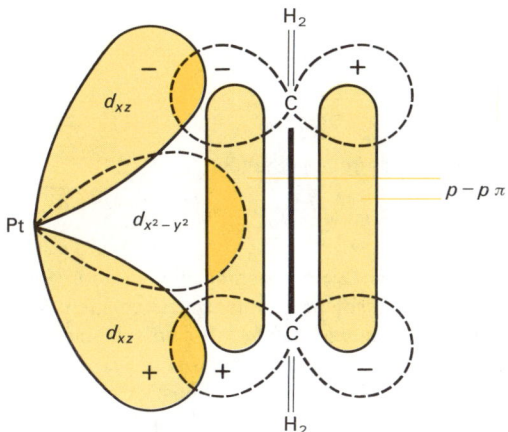

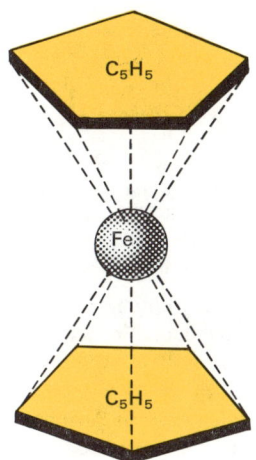

Abb. 25.4. Bindungen zwischen dem Zentralion und dem Olefinmolekül (π-Bindungen durch Überlappung der d_{xz}-AO des Metallions mit antibindenden [unbesetzten] MO des Olefins sowie durch Überlappung der π-MO des Olefins mit unbesetzten $d_{x^2-y^2}$-AO des Metallions)

Abb. 25.5. Die Struktur von Ferrocen

Sandwich-Verbindungen. Die zuerst bekanntgewordene Verbindung dieses neuartigen Substanztypus ist das 1951 durch Reaktion von $FeCl_2$ mit der Grignard-Verbindung von Cyclopentadien erstmals hergestellte **Ferrocen,** eine Substanz der Zusammensetzung $(C_5H_5)_2Fe$ und von bemerkenswerter Stabilität:

$$FeCl_2 + 2\ \boxed{}\text{—MgBr} \longrightarrow Fe(C_5H_5)_2 + MgBr_2 + MgCl_2$$

Ferrocen, ein orangeroter Festkörper, schmilzt bei 173 °C und zersetzt sich erst oberhalb 470 °C. Die Verbindung ist gegen Luftsauerstoff völlig beständig, bildet aber durch **Oxidation mit konzentrierter** HNO_3 ein blaues Kation der Zusammensetzung $Fe(C_5H_5)_2^+$. Man nahm zunächst an, es handle sich bei der Substanz um eine Verbindung der Struktur C_5H_5—Fe—C_5H_5, in welcher die beiden Cyclopentadienringe mittels σ-Bindungen an das Fe-Atom gebunden wären. Röntgenstrukturanalysen zeigten indessen, daß das Fe^{2+}-Ion sandwichartig zwischen zwei parallel zueinander gelagerten, jedoch gestaffelt (antiprismatisch) orientierten Cyclopentadienylringen $(C_5H_5^-)$ eingeschlossen ist (Abb. 25.5).

Cyclopentadien selbst ist eine schwache Säure. In Tetrahydrofuran gelöst, reagiert es mit metallischem Natrium unter Bildung von H_2 sowie eines Salzes, welches das Cyclopentadienyl-Anion enthält. Dieses besitzt ebenso wie das Benzol ein ringförmig geschlossenes delokalisiertes System von 6 Elektronen und wird dadurch stark stabilisiert.

Auch aus Natriumcyclopentadienat und $FeCl_2$ läßt sich Ferrocen erhalten:

$$2\ C_5H_5Na + FeCl_2 \longrightarrow (C_5H_5)_2Fe + 2\ NaCl$$

Seit der Entdeckung des Ferrocens wurde das Gebiet der Cyclopentadienylkomplexe intensiv untersucht. Es gelang dabei, von allen $3\,d$-Elementen solche Komplexe zu erhalten (vgl. Tabelle 25.4). Die Verbindungen von Metallen in der Oxidationsstufe $+$ II sind sublimierbare, in organischen Lösungsmitteln lösliche Substanzen, welche elektrisch *neutrale Moleküle* enthalten; mit Ausnahme des Ferrocens sind sie alle an der Luft nicht beständig, sondern zersetzen sich oder werden langsam oxidiert Metalle in der $+$ III-, $+$ IV- oder $+$ V-Stufe ergeben mit Cyclopentadienyl-Anionen Komplex*kationen* wie $(C_5H_5)_2Co^+$, $(C_5H_5)_2Ti^{2+}$ oder $(C_5H_5)_2Nb^{3+}$. Von diesen Ionen kennt man zahlreiche Salze; wie andere relativ große Kationen (z. B. Cs^+) lassen sie sich aus Lösungen als Silicowolframate oder Hexachloroplatinate ausfällen.

Tabelle 25.4.Cyclopentadienkomplexe der Metalle der ersten Übergangsreihe (*Cp* = *Cyclopentadien*)

Element	Verbindung	Smp. (°C)	Farbe	Magnetisches Moment (Magnetonen)	Anzahl ungepaarter Elektronen
Ni (II)	Cp_2Ni	173	grün	2,86	2
Ni (III)	$[Cp_2Ni]^+$	–	gelb	1,75	1
Co (II)	Cp_2Co	173	purpur	1,76	1
Co (III)	$[Cp_2Co]^+$	–	gelb	0	0
Fe (II)	Cp_2Fe	173	orange	0	0
Fe (III)	$[Cp_2Fe]^+$	–	blau	2,26	1
Mn (II)	Cp_2Mn	173	hellrot	5,9	5
Cr (II)	Cp_2Cr	173	scharlach	2,84	2
Cr (III)	$[Cp_2Cr]^+$	–	grün	3,81	3
V (II)	Cp_2V	168	purpur	3,82	3
V (III)	$[Cp_2V]^+$	–	purpur	2,86	2
Ti (II)	Cp_2Ti	130	grün	0	0
Ti (III)	$[Cp_2Ti]^+$	–	grün	2,30	1

Thiophen   Pyridin   Tropylium-Ion   Tetramethylcyclobutadien

Neben den Komplexen mit zwei Cyclopentadienylringen kennt man auch zahlreiche Verbindungen, die nur *einen* Cyclopentadienylring neben anderen Liganden enthalten (CO, NO, Halogenatome, H-Atome, Alkylgruppen), wie z.B. $[(C_5H_5)Mo(CO)_3]^-$, $(C_5H_5)Mn(CO)_3$, $(C_5H_5)Cr(CO)_3Cl$ u.a. Komplexe mit Cyclopentadien sind heute von über 60 Metallen bekannt. Analog gebaute Verbindungen lassen sich auch mit *anderen aromatischen Ringsystemen* erhalten. Beispielsweise entsteht aus Benzol und $CrCl_3$ (in Gegenwart von Al-Pulver als halogenbindender Substanz und von $AlCl_3$ als Katalysator) die Sandwich-Verbindung $(C_6H_6)_2Cr$. Zahlreiche Ionen von Übergangsmetallen (Mn^+, Tc^+, Re^+, Fe^{2+}, Ru^{2+}, Os^{2+}, Co^{3+}, Rh^{3+}, Ir^{3+}) bilden ebenfalls Sandwich-Verbindungen mit zwei Benzolmolekülen. Es konnten auch Sandwich-Verbindungen hergestellt werden, die Diphenyl, Pyridin, Thiophen oder Tropylium-Ionen (ein aromatisches Siebenringsystem) enthalten. Ja sogar Cyclobutadien und gewisse Cyclobutadienderivate (die in freier Form höchst unbeständig sind und trotz jahrzehntelanger Versuche niemals als Substanzen dargestellt werden konnten) können solche Verbindungen mit Übergangsmetallen bilden. Longuet-Higgins und Orgel waren schon 1956 auf Grund theoretischer Überlegungen zur Annahme gelangt, es müsse möglich sein, Sandwich-Verbindungen mit Cyclobutadien zu erhalten (gewisse Übergangsmetalle besitzen AO von solcher Symmetrie, daß zusammen mit den π-MO von Cyclobutadien Bindungen gebildet werden

Abb. 25.6. Beispiele von π-Komplexen mit (im freien Zustand) unstabilen Liganden

sollten). 1959 konnte dann ein Eisenderivat von Tetraphenylcyclobutadien und schließlich 1965 auch eine Verbindung des unsubstituierten Cyclobutadiens synthetisiert werden. Bemerkenswerterweise ist im letztgenannten Fall der Cyclobutadienring — ein im freien Zustand nicht aromatisches System — gegenüber elektrophilen Reagenzien sehr reaktionsfähig, genau wie die typischen Aromaten. Auch andere, im freien Zustand instabile «Aromaten», wie z.B. Dehydrobenzol, konnten in Form von π-Komplexen mit Übergangsmetallen isoliert werden.

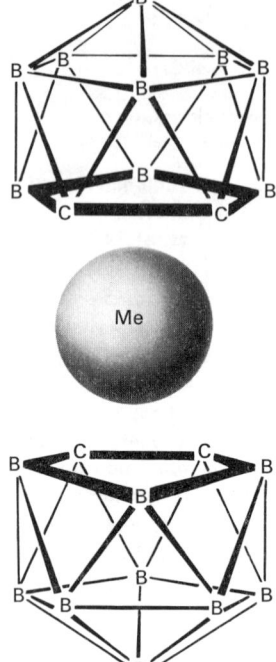

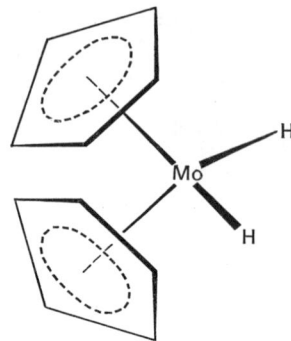

Abb. 25. 7
Struktur des (C_5H_5)$_2$MoH$_2$-
Komplexes

Abb. 25. 8. Sandwich-Struktur
einer Verbindung mit Carboranat-Ionen

Sogar mit Borazin (dem «anorganischen» Benzol) und mit Carboranat-Ionen können analoge Verbindungen gebildet werden. Dabei ist es nicht unbedingt erforderlich, daß die beiden aromatischen Ringsysteme parallel zueinander angeordnet sind, denn man kennt auch analoge Verbindungen anderer Struktur, wie z. B. die Substanz (C_5H_5)$_2$MoH$_2$ (Abb. 25.7).

Trotz zahlreichen Untersuchungen ist die *Bindungsart* in diesen Verbindungen noch nicht vollständig geklärt. Wie der Diamagnetismus des Ferrocens zeigt, müssen hier die 6 *d*-Elektronen des Fe^{2+}-Ions paarweise drei *d*-Orbitale besetzen. Je eines der beiden unbesetzten *d*-AO überlagert sich dann wahrscheinlich mit einem der drei, von zwei Elektronen besetzten π-MO eines aromatischen Ringes und bildet damit eine π-Bindung zu einem Ring. Ebenso wie in den Carbonylen erhält das Fe-Atom insgesamt die Elektronenzahl des Kryptons, wohl mit ein Grund für die außergewöhnliche Stabilität des Ferrocen-Moleküls. Die analogen Verbindungen der Nachbarelemente Mn und Co sind paramagnetisch und enthalten ungepaarte Elektronen in *d*-Orbitalen des Metallions; die Bindungen zum aromatischen Molekül entstehen jedoch wahrscheinlich in der gleichen Weise wie beim Ferrocen durch Überlappung von aromatischen π-Orbitalen mit unbesetzten *d*-AO der Metallionen. Interessant ist, daß die für aromatische Substanzen charakteristischen Eigenschaften in den Sandwich-Verbindungen erhalten bleiben. So lassen sich z. B. ebenso wie am Cyclopentadienyl-Anion oder am Benzol allein elektrophile Substitutionen durchführen (Sulfurierung, Friedel-Crafts-Acylierung u. a.).

Verbindungen mit prinzipiell analogem Bindungstyp lassen sich auch aus anderen organischen Molekülen mit delokalisiertem Elektronensystem und Übergangsmetallionen erhalten.

So kennt man Komplexe verschiedener Übergangsmetalle (hauptsächlich Pd, Ru und Mn) mit *Allylderivaten,* in welchen ein über drei C-Atome delokalisiertes System vorhanden ist ($-CH=CH=CH-$). Ein Beispiel einer solchen Verbindung, die eine Zwischenstellung zwischen Olefin-Komplexen und Sandwich-Verbindungen einnimmt, ist $(C_3H_5PdCl)_2$, in welcher zwei Pd-Atome über zwei Cl-Brückenatome verbunden sind.

Metallalkyle. Verbindungen, in welchen C-Atome mit Atomen von Übergangsmetallen σ-Bindungen bilden, sind erst in den letzten Jahren hergestellt und intensiv untersucht worden, seitdem erkannt worden war, daß sie als Katalysatoren bei der Niederdruckpolymerisation von Olefinen eine große Bedeutung besitzen (Ziegler, Natta). Zwar sind einige wenige binäre Alkyl- oder Arylverbindungen von Übergangsmetallen schon länger bekannt, wie etwa $Ti(CH_3)_4$ oder $(CH_3)_3TaCl_2$; diese Substanzen sind jedoch nur bei tieferer Temperatur beständig und äußerst luft- und feuchtigkeitsempfindlich. Sind jedoch an das Metallatom neben den C-Atomen noch Halogenatome oder Liganden, die π-Bindungen bilden, gebunden, so werden die C-Metall-σ-Bindungen stabilisiert, und man kann recht beständige Alkyl- oder Arylverbindungen erhalten. Ihre Darstellung geschieht am einfachsten aus Carbonylaten und Alkylhalogeniden oder Grignard-Verbindungen:

$$(CO)_5Mn^- \, Na^+ \quad + \, CH_3I \quad \longrightarrow \; (CO)_5Mn(CH_3) + NaI$$

$$(C_5H_5)\,Fe\,(CO)_2Br + CH_3MgBr \; \longrightarrow \; (C_5H_5)Fe(CO)_2(CH_3) + MgBr_2$$

Im allgemeinen nimmt die Stabilität mit zunehmender Ordnungszahl des Metalls und zunehmender Elektronegativität des organischen Liganden zu. Thermisch besonders stabil sind entsprechende Fluorverbindungen, in welchen die Metall-C-Bindung auch kinetisch inert ist.

Die Chemie der **metallorganischen Verbindungen,** insbesondere der Verbindungen mit Übergangsmetallen, steht heute in voller Entwicklung. Es ist zu erwarten, daß hier nicht nur Verbindungen entdeckt werden, die in theoretischer Hinsicht interessant sind (Strukturen, Bindungsverhältnisse!), sondern es eröffnen sich auch für die synthetische organische Chemie durch die Entwicklung neuartiger Katalysatoren oder neuer Zwischenprodukte weitreichende und großartige Perspektiven. Es wird jedenfalls gerade durch den starken Aufschwung der Chemie metallorganischer Verbindungen wie auch der Chemie der Carborane schon heute deutlich, daß die historisch bedingte Trennung der Gesamtchemie in anorganische und organische Chemie ihre Berechtigung weitgehend verloren hat und in Zukunft wohl nur noch aus didaktischen Gründen aufrechterhalten werden wird.

Übungen

25.1 Erklären Sie die Bildung und die Bindungsverhältnisse in Metallcarbonylen.

25.2 Welche Oxidationsstufen bzw. Elektronenkonfigurationen kommen den Zentralatomen in den Carbonylen zu?

25.3 Geben Sie Beispiele praktischer Anwendungen von Carbonylen.

25.4 Diskutieren Sie Analogien und Unterschiede zwischen Carbonylen und Phosphortrifluorid-Komplexen, zwischen Carbonylen und Stickstoff-Komplexen.

25.5 Warum bilden Mn und Co nur mehrkernige, Cr und W dagegen nur einkernige Carbonyle?

25.6 Wie erfolgt die Bindung in Metall-Olefin-Komplexen?

25.7 Was sind Sandwich-Verbindungen? Geben Sie einige Beispiele elektrisch neutraler Verbindungen und von Komplex-Kationen!

25.8 Welche bemerkenswerten Resultate haben die Arbeiten über Aromatenkomplexe geliefert?

Literatur

G. E. Coates, M. L. H. Green, P. Powell und K. Wade   *Principles of Organometallic Chemistry.* Methuen, London 1968

F. A. Cotton und G. Wilkinson   *Anorganische Chemie* . Verlag Chemie, Weinheim 1972 (Kapitel 22, 23)

Anhang

Zur rechnerischen Behandlung einfacher atomarer und molekularer Systeme

Es ist selbstverständlich unmöglich, im Text eines Lehrbuches wie des vorliegenden genauer auf die mathematische Behandlung der Kovalenzbindung einzugehen. Um aber dem interessierten Leser wenigstens einen Eindruck von den Gedankengängen zu vermitteln, die dabei wegleitend sind, soll in diesem Abschnitt des Anhanges versucht werden, ganz knapp die Behandlung des H_2^+-Ions und des H_2-Moleküls zu skizzieren. Für eine detaillierte Orientierung sei auf die einschlägige Literatur verwiesen, insbesondere auf die Bücher von Day/Selbin *(Theoretical Inorganic Chemistry)* und Coulson *(Valence)*.

Der Hamilton-Operator. Die Schrödinger-Gleichung läßt sich auch in einer anderen Form schreiben, welche besonders zur Berechnung der Eigenwerte nützlich ist und zudem die Verbindung zwischen Wellenmechanik und klassischer Mechanik in übersichtlicher Weise zeigt. Nach der klassischen Mechanik gilt:

$$\text{Gesamtenergie} \quad E = T + V = \frac{1}{2m}\,(p_x^2 + p_y^2 + p_z^2) + V_{(x,y,z)} \tag{1}$$

denn die kinetische Energie $T = \frac{1}{2}\,m\,v^2$ ist gleich $1/(2\,m) \cdot (p_x^2 + p_y^2 + p_z^2)$ [wobei p_x der Impuls in Richtung der x-Achse ist usw.], und die potentielle Energie V ist eine Funktion der Koordinaten x, y und z.

Die Schrödinger-Gleichung läßt sich umformen:

$$E \cdot \psi = -\frac{1}{2m}\left(\frac{h}{2\pi}\right)^2 \cdot \left(\frac{\delta^2}{\delta x^2} + \frac{\delta^2}{\delta y^2} + \frac{\delta^2}{\delta z^2}\right)\psi + V \cdot \psi \tag{2}$$

Wenn wir p_x in (1) durch $h/(2\,\pi i) \cdot \delta/\delta x$ ersetzen, so daß $p_x^2 = -(h/2\,\pi)^2 \cdot \delta^2/\delta x^2$ wird und dasselbe für p_y und p_z durchführen, geht — nach Multiplikation mit ψ — die Gleichung (1) in die Gleichung (2) über. Der Ausdruck $h/(2\,\pi i) \cdot \delta/\delta x$ ist aber keine Größe, sondern eine auf eine bestimmte Funktion anzuwendende *Rechenvorschrift* [nämlich: Differenziere die Funktion nach der x-Koordinate und multipliziere nachher mit $h/(2\,\pi i)$], ein sogenannter *Operator ;* der Ersatz von p_x (bzw. p_y und p_z) durch $h/(2\,\pi i)\,\delta/\delta x$ (bzw. δy bzw. δz) bedeutet also, daß die Größe p der klassischen Mechanik (der Impuls) in der Wellenmechanik durch einen Operator ersetzt werden muß. Die Schrödinger-Gleichung läßt sich dann in der folgenden einfachen Form schreiben:

$$E \cdot \psi = H\psi \tag{3}$$

Dabei ist H ein Symbol eines Operators (nicht einer Größe!), der als *Hamilton-Operator* bezeichnet wird und folgendermaßen zu formulieren ist:

$$H = -\frac{h^2}{8\,\pi^2 m}\,\nabla^2 + V \tag{4}$$

(∇^2 bedeutet den sogenannten Laplace-Operator, d. h. die Summe der nach den drei Koordinatenrichtungen genommen zweiten partiellen Ableitungen $\dfrac{\delta^2}{\delta x^2} + \dfrac{\delta^2}{\delta y^2} + \dfrac{\delta^2}{\delta z^2} \cdot$)

In Worten ausgedrückt bedeutet H: Man differenziere die Funktion ψ zuerst zweimal nach den drei Koordinatenachsen und multipliziere das Ergebnis mit einem konstanten Faktor; dazu addiere man das Produkt aus der Funktion ψ und einem Ausdruck für die potentielle Energie.

Zur Berechnung der *Gesamtenergie* multipliziert man beide Seiten der Gleichung (3) mit ψ und integriert die linke und die rechte Seite über den gesamten Raum. Auf der linken Seite der Gleichung steht dann $\int E \cdot \psi^2 \, dv$, was infolge der Normierungsbedingung $-\int \psi^2 \, dv = 1$ – gleich E ist (die Gesamtenergie stellt einen konstanten Parameter dar!). Man bekommt deshalb

$$E = \int \psi \cdot H \, \psi \, dv \tag{5}$$

Zur Berechnung der Energie muß also die Wellenfunktion ψ (bzw. eine Näherung) bekannt sein, an welcher die durch H symbolisierte Operation ausgeführt werden muß, so daß dann die Integration folgen kann.

Als *Beispiel* diene die Berechnung der *Energie des H-Atoms im Grundzustand*. In den Hamilton-Operator H muß $V = - e_\pi^2/r$ und $\psi = 1/\sqrt{\pi} \, (1/a)^{3/2} \, e^{-r/a}$ eingesetzt werden [1]. Bei Benützung der Polarkoordinaten und bei Beschränkung auf r (wegen der Kugelsymmetrie der 1 s-Funktion) wird

$$\nabla^2 \psi = \frac{1}{r^2} \cdot \frac{\partial}{\partial r} \left(r^2 \cdot \frac{\partial \psi}{\partial r} \right)$$

und nach Substitution und Differentiation

$$\nabla^2 \psi = \frac{1}{a^2} - \frac{2}{a \, r} \cdot \psi.$$

Setzt man diesen Ausdruck in (4) ein und berücksichtigt, daß

$$V \cdot \psi = - \frac{e_\pi^2}{r} \cdot \psi = - \frac{h^2}{8 \pi^2 m} \cdot \frac{2}{a \, r} \cdot \psi$$

ist, so erhalten wir

$$H \, \psi = - \frac{h^2}{8 \pi^2 m \, a^2} \, \psi.$$

Die Multiplikation mit ψ und Integration ($dv = 4 \pi r^2 \, dr$) ergibt

$$E = \int \psi \cdot H \, \psi \, dv = - \frac{h^2}{8 \pi^2 m \, a^2} \quad \text{und mit} \quad a = \frac{h^2}{4 \pi^2 m \, e_\pi^2}$$

$$E = - \frac{2 \pi^2 m \, e_\pi^4}{h^2} = -13{,}6 \text{ eV}$$

also dasselbe Ergebnis, wie in der Bohrschen Theorie.

Sehr häufig kennt man indessen die exakte Wellenfunktion nicht. Zur Berechnung der Eigenwerte benützt man dann das « *Variationsprinzip* », d. h. man wählt eine beliebige Wellenfunktion, die variable Parameter enthält, und berechnet nach (5) die zugehörige Energie. Durch Variieren der Parameter bekommt man verschiedene Werte für die Energie; diejenige Kombination, welche für E den niedrigsten Wert liefert, kommt der wirklichen ψ-Funktion am nächsten. Durch geschickte Wahl einer Probefunktion läßt sich auf diese Weise die wirkliche ψ-Funktion oft recht gut annähern.

---

[1] $e_\pi \equiv e / \sqrt{4 \pi \varepsilon_0}$

Die LCAO-Methode; das H_2^+-Ion und das H_2-Molekül. Wie schon früher ausgeführt, benützt man im einfachsten Fall lineare Kombinationen atomarer ψ-Funktionen als Näherung für molekulare ψ-Funktionen (LCAO-Methode). Solche lineare Kombinationen sind zur Anwendung der Variationsmethode besonders gut geeignet.

Für den Fall einer Kombination von nur zwei ψ-Funktionen ist

$$\Psi = N(c_1\psi_1 + c_2\psi_2). \qquad N = \text{Normierungsfaktor}$$

Die Koeffizienten c_1 und c_2 werden so bestimmt, daß die Energie E minimal wird.
Einsetzen von Ψ in die Gleichung (3) und Multiplikation mit ψ ergibt

$$\Psi \cdot E \cdot \Psi = \Psi \cdot H\Psi$$

Die Energie E erhält man wieder durch Integration über den gesamten Raum:

$$E \cdot \int \Psi^2 \, dv = \int \Psi \cdot H\Psi \, dv$$

und

$$E = \frac{\int \Psi \cdot H\Psi \, dv}{\int \Psi^2 \, dv}$$

(Da Ψ nicht normiert ist, wird der Nenner nicht gleich 1!).
Somit erhalten wir

also

$$E = \frac{\int (c_1\psi_1 + c_2\psi_2) \cdot H(c_1\psi_1 + c_2\psi_2) \, dv}{\int (c_1^2\psi_1^2 + 2c_1c_2\psi_1\psi_2 + c_2^2\psi_2^2) \, dv}$$

$$E = \frac{c_1^2 \int \psi_1 \cdot H\psi_1 \, dv + 2c_1c_2 \int \psi_1 \cdot H\psi_2 \, dv + c_2^2 \int \psi_2 \cdot H\psi_2 \, dv}{c_1^2 \int \psi_1^2 \, dv + 2c_1c_2 \int \psi_1\psi_2 \, dv + c_2^2 \int \psi_2^2 \, dv} \qquad (6)$$

(Dabei wird die Tatsache benützt, daß $\int \psi_1 \cdot H\psi_2 \, dv = \int \psi_2 \cdot H\psi_1 \, dv$ ist.)

Zur Vereinfachung der Gleichung (6) führt man folgende Abkürzungen ein:

$$H_{11} = \int \psi_1 \cdot H\psi_1 \, dv$$
$$H_{12} = H_{21} = \int \psi_1 \cdot H\psi_2 \, dv = \int \psi_2 \cdot H\psi_1 \, dv$$
$$H_{22} = \int \psi_2 \cdot H\psi_2 \, dv$$
$$S_{11} = \int \psi_1^2 \, dv$$
$$S_{12} = \int \psi_1 \cdot \psi_2 \, dv$$
$$S_{22} = \int \psi_2^2 \, dv$$

Mit diesen Abkürzungen lautet Gleichung (5):

$$E = \frac{c_1^2 H_{11} + 2c_1c_2 H_{12} + c_2^2 H_{22}}{c_1^2 S_{11} + 2c_1c_2 S_{12} + c_2^2 S_{22}}$$

Die einzigen Variablen sind die beiden Parameter c_1 und c_2. Nach dem Variationsprinzip müssen sie so gewählt werden, daß die Energie minimal wird. Wir erhalten somit zwei Gleichungen:

$$\frac{\delta E}{\delta c_1} = 0 \quad \text{und} \quad \frac{\delta E}{\delta c_2} = 0$$

Aus diesen Gleichungen lassen sich die Koeffizienten c_1 und c_2 bestimmen.

Für Versuchsfunktionen, die aus drei atomaren ψ-Funktionen zusammengesetzt sind, geht man im Prinzip genau gleich vor, nur erhält man dann drei Gleichungen für die Bestimmung der drei Koeffizienten c_1, c_2 und c_3.

Für das H_2^+-*Ion* sind c_1 und c_2 numerisch gleich groß (wie aus Symmetriegründen zu erwarten ist):

$$c_1/c_2 = 1 \quad \text{und} \quad c_1/c_2 = -1$$

Somit sind

$$\Psi_+ = N(\psi_1 + \psi_2)$$
$$\Psi_- = N(\psi_1 - \psi_2)$$

Die beiden Funktionen Ψ_+ und Ψ_- müssen noch normiert werden. Wenn man berücksichtigt, daß beide ψ-Funktionen separat normiert sind, so wird (unter Verwendung des Symbols S statt S_{12}):

$$N^2 \int (\psi_1 + \psi_2)^2 \, dv = 1$$

oder

$$N^2 \int \psi_1^2 \, dv + N^2 \int \psi_2^2 \, dv + 2N^2 \int \psi_1 \psi_2 \, dv = 1$$

also

$$N^2 (1 + 1 + 2\,S) = 1$$

und

$$N = \frac{1}{[2(1 + S)]^{1/2}}$$

Die Energie des Elektrons im H_2^+-Ion kann dann folgende Werte annehmen:

a) $c_1 = c_2$

$$E = \frac{2\alpha + 2H_{12}}{2 + 2S}$$

Mit α werden H_{11} bzw. H_{22} symbolisiert; α stellt nichts anderes dar als die Energie des Elektrons im Grundzustand eines isolierten H-Atoms, also die Energie, welche frei wird, wenn ein ursprünglich freies Elektron das 1s-AO eines H-Atoms besetzt. Anders gesagt, die Ionisierungsenergie eines H-Atoms ist $= -\alpha$. Man nennt α das «*Coulomb-Integral*»; es stellt gewissermaßen die Bezugsgröße dar, mit welcher die Energie des Elektrons im MO verglichen werden kann. Die Größe $H_{12} = \int \psi_1 \cdot H \psi_2 \, dv$ stellt ebenfalls eine Energie dar und wird als *Austauschintegral* bezeichnet. Es repräsentiert den mit der Besetzung des MO verbundenen Energiegewinn und wird häufig – in Analogie zum Symbol α – mit β symbolisiert. S ist das bereits auf S. 83 erwähnte *Überlappungsintegral*.

Für die Energie E gilt also

$$E = \frac{\alpha + \beta}{1 + S}$$

und umgeformt

$$E = \frac{\alpha}{1 + S} + \frac{\beta}{1 + S}$$

Durch Addition von αS zum ersten Glied und Subtraktion von αS vom zweiten Glied wird

$$E = \frac{\alpha + \alpha S}{1 + S} + \frac{\beta - \alpha S}{1 + S}$$

und vereinfacht

$$E = \alpha + \frac{\beta - \alpha S}{1 + S}$$

b) $c_1 = -c_2$ Die Überlegungen erfolgen ganz analog zum Fall a); man erhält dann

$$E = \alpha - \frac{\beta - \alpha S}{1 - S}$$

Da β eine bei der Bildung des MO freiwerdende, also negative Energiegröße ist, erhalten wir für das H_2^+-Ion zwei mögliche Energiezustände, von denen der eine ($c_1 = c_2$) niedriger liegt als das Niveau im isolierten H-Atom und welchem das *bindende MO* entspricht, während der andere höher liegt als das Niveau im isolierten H-Atom ($c_1 = -c_2$) und dem *antibindenden MO* entspricht.

Für den Fall des H_2^+-Ions enthält der Hamilton-Operator auch Terme für die Anziehung zwischen Proton 1 bzw. 2 und dem Elektron sowie für die Proton-Proton-Abstoßung, die beide vom Abstand der Protonen abhängen. Berechnet man E als Funktion dieses Abstandes, so findet man, daß einem *bestimmten Abstand* ein *Minimum* (bzw. Maximum im Fall des antibindenden MO) entspricht, d.h. es tritt tatsächlich eine *bindende Wirkung* auf, wenn das Elektron das bindende MO besetzt. Die dabei (verglichen mit den isolierten H-Atomen) auftretende Energiesenkung ist um so größer, je größer β und S sind, d.h. die «Bindung» ist um so stärker, je stärker die Überlappung beider AO (welche durch S ausgedrückt wird) ist. Die Integration (d.h. die numerische Berechnung von β und S) ist allerdings ziemlich umständlich, läßt sich jedoch für das H_2^+-Ion (ein Ein-Elektronensystem) exakt durchführen.

Im *H_2-Molekül* sind zwei Elektronen vorhanden. Die Wahrscheinlichkeit, das Elektron 1 in einem Volumenelement dv_1 zu finden, ist unabhängig von der Wahrscheinlichkeit, das Elektron 2 in einem Volumenelement dv_2 zu finden, sofern die gegenseitige Abstoßung der Elektronen vernachlässigt werden kann. Die Wahrscheinlichkeit, daß sich das Elektron 1 im Volumenelement dv_1 und gleichzeitig das Elektron 2 im Volumenelement dv_2 befindet, wird gleich dem Produkt der beiden Wahrscheinlichkeiten, also gleich $\psi_1^2 \cdot dv_1 \cdot \psi_2^2 \cdot dv_2$. Die Wellenfunktion Ψ_+ (das bindende MO) wird deshalb durch das Produkt der Wellenfunktionen der einzelnen Elektronen gegeben. Nun ist die Wellenfunktion eines *bindenden* Elektrons in einem Molekül gleich

$$\psi_1 = \Phi_{A(1)} + \Phi_{B(1)}$$

wobei $\Phi_{A(1)}$ und $\Phi_{B(1)}$ die Zustände darstellen, in welchen sich das Elektron 1 um den Kern A bzw. um den Kern B herum aufhält. (Die Normierungsfaktoren sowie die Koeffizienten c_1 und c_2 werden der Einfachheit halber weggelassen.) Ebenso gilt für das zweite Elektron:

$$\psi_2 = \Phi_{A(2)} + \Phi_{B(2)}$$

Die Gesamt-Wellenfunktion – das bindende MO – wird somit

$$\Psi_+ = \psi_1 \cdot \psi_2 = (\Phi_{A(1)} + \Phi_{B(1)}) \cdot (\Phi_{A(2)} + \Phi_{B(2)}) .$$

Durch Anwendung des Variationsprinzips ist es auch hier möglich, die Energie des bindenden MO zu berechnen. Wegen der Vernachlässigung der Elektron-Elektron-Wechselwirkung stimmen allerdings die Ergebnisse mit den beobachteten Werten nur sehr angenähert überein (so wird die Bindungsenergie zu hoch!). Durch eine verfeinerte mathematische Behandlung – wobei die gegenseitige Abstoßung der Elektronen berücksichtigt und ferner ein «Abschirmungsfaktor» für die Protonen eingeführt wird (weil sich die beiden Elektronen gegenseitig etwas gegen die Kernladung abschirmen) und schließlich auch die Tatsache berücksichtigt wird, daß sich die beiden Elektronen gleichzeitig beim einen oder anderen Kern aufhalten können [d. h. daß eine endliche Wahrscheinlichkeit dafür besteht, daß beide Elektronen durch das gleiche AO beschrieben werden: $\Psi = \Phi_{A(1)} \cdot \Phi_{A(2)}$] – können die Ergebnisse stark verbessert werden. Unter Verwendung einer Variationsfunktion von 50(!) Termen (die nur durch elektronische Rechengeräte bewältigt werden konnte), gelang es schließlich, praktisch völlige Übereinstimmung mit dem Experiment zu erhalten.

Zur Einführung des Begriffes «Entropie»

Im Zusammenhang mit der Besprechung der Phasenumwandlungen (-Abschnitt 6.2) und dann nochmals in Abschnitt 8.3 wurde gezeigt, daß für Systeme irgendwelcher Art eine *Tendenz zur Zunahme der Unordnung* besteht, eine Folge der völlig ungeordneten Wärmebewegung. Die Entropie wurde in Abschnitt 8.3 als Quotient q_{rev}/T definiert und als Zustandsgröße charakterisiert, ohne dafür eine nähere Begründung zu geben. Hier sollen deshalb noch einige *ergänzende Betrachtungen* zum Entropiebegriff angestellt werden.

Die Tatsache, daß eine Tendenz zur Erreichung eines weniger geordneten Zustandes besteht, läßt sich auch anders formulieren: Ein Zustand *geringerer Ordnung* stellt einen Zustand *höherer Wahrscheinlichkeit* dar als ein besser geordneter Zustand. Es sollte sich also eine Beziehung zwischen der Entropie und der Wahrscheinlichkeit eines Zustandes finden lassen. Wie von Boltzmann gezeigt wurde, ist dies in der Tat möglich.

Unseren Überlegungen sei vorausgeschickt, daß in einem aus mehreren Bestandteilen aufgebauten System die Gesamtentropie gleich der Summe der Entropien der einzelnen Komponenten sein soll, d. h. daß Entropien — ebenso wie Energien und Enthalpien — *additive* Größen sein müssen. Haben wir nun ein System aus zwei Bestandteilen, die sich beide in zwei Zuständen Z_1 und Z_2 befinden können — wobei die Wahrscheinlichkeit dafür, daß die eine Komponente sich im Zustand Z_1 befindet, gleich W_1, die Wahrscheinlichkeit dafür, daß sich die zweite Komponente im Zustand Z_2 befindet, gleich W_2 ist —, so ist die Wahrscheinlichkeit, daß sich beide Komponenten im gleichen Zustand befinden, gleich

$$W = W_1 \cdot W_2.$$

(Beim Aufwerfen zweier Münzen ist die Wahrscheinlichkeit, daß nachher beide Münzen mit der Zahl nach oben liegen bleiben, gleich $\frac{1}{2} \cdot \frac{1}{2} = \frac{1}{4}$.)

Wenn nun die Entropie eine Funktion der Wahrscheinlichkeit des betreffenden Zustandes sein soll [Entropie $= S(W)$] und die Gesamtentropie additiv aus den Entropien der Komponenten zusammengesetzt ist, so wird

$$S(W) = S(W_1) + S(W_2)$$

oder
$$S(W_1 \cdot W_2) = S(W_1) + S(W_2) \tag{1}$$

Eine Beziehung von der Art der Gleichung (1) ist nur möglich, wenn die Entropie S *logarithmisch* mit der Wahrscheinlichkeit verknüpft ist:

$$S \text{ proportional } \log W \text{ oder } S = a \cdot \log W$$

Dann wird
$$S = a \log(W_1 \cdot W_2) = a \log W_1 + a \log W_2 = S_1 + S_2$$

Bei Verwendung natürlicher Logarithmen wird der Proportionalitätsfaktor a gleich der *Boltzmann-Konstante* ($k = R/N_A$):

$$\mathbf{S = k \ln W} \tag{2}$$

Diese fundamentale Beziehung (welche von Boltzmann aus der statistischen Thermodynamik hergeleitet wurde) zeigt den *Zusammenhang zwischen der Entropie und der Wahrscheinlichkeit eines Zustandes*. Ist die mit einer Zustandsänderung verbundene Entropieänderung positiv, so bedeutet dies, daß das System dabei aus einem weniger wahrscheinlichen in einen wahrscheinlicheren Zustand übergeht.

Wenden wir nun diese Erkenntnis auf die *Expansion eines idealen Gases* an. Wir nehmen an, daß das Gas aus einem Behälter mit dem Volumen V in einen zweiten, evakuierten, mit diesem verbundenen und *gleich großen* Behälter ausströmt. War ursprünglich nur ein einziges Molekül im Behälter V vorhanden, so ist die Wahrscheinlichkeit, mit welcher sich dieses Molekül nachher in einem der beiden Behälter befindet, gleich ½. Waren zwei Moleküle im Behälter V, so ist die Wahrscheinlichkeit, mit der in jedem Behälter ein Molekül angetroffen wird, gleich ½, die Wahrscheinlichkeit, mit der sich beide Moleküle im selben Behälter befinden, gleich ¼, d.h. $(½)^2$. Für n Moleküle ergibt sich die Wahrscheinlichkeit dafür, daß nach dem Ausströmen alle n Moleküle nur in einem Behälter sind, zu $(½)^n$. Enthielt der Behälter V am Anfang 1 mol Gas, so wird die Wahrscheinlichkeit dafür, daß sich das Gas nach dem Ausströmen von selbst wieder in den einen Behälter «zurückzieht», gleich $(½)^{N_A}$, also ganz *extrem klein*. (Ein solches «Zurückziehen» wäre ja nur dadurch möglich, daß sich zufälligerweise alle N_A Moleküle gleichzeitig in derselben Richtung – nämlich in den einen Behälter hinein – bewegen würden.)

Wenn nun der *zweite* Behälter *doppelt so groß* ist wie der erste, so ist die Wahrscheinlichkeit dafür, daß sich ein Molekül in diesem Behälter befindet = W_2 = ⅔, die Wahrscheinlichkeit, mit der dasselbe Molekül im kleineren Behälter angetroffen wird = W_1 = ⅓. Für n Teilchen ergeben sich W_2 = $(⅔)^n$ und W_1 = $(⅓)^n$. Das Verhältnis von W_2 zu W_1 ist

$$\frac{W_2}{W_1} = \frac{(⅔)^n}{(⅓)^n} = \left(\frac{2}{1}\right)^n$$

und verallgemeinert für beliebige Volumina V_2 und V_1

$$\frac{W_2}{W_1} = \left(\frac{V_2}{V_1}\right)^n$$

Dieser Ausdruck kann auch anders formuliert werden:

$$\ln (W_2/W_1) = n \cdot \ln (V_2/V_1)$$

Wir multiplizieren beide Seiten dieser Gleichung mit der Boltzmann-Konstante k und betrachten 1 mol Gas. Dann wird

$$k \cdot \ln (W_2/W_1) = k \cdot N_A \cdot \ln (V_2/V_1) = R \cdot \ln (V_2/V_1) \tag{3}$$

Verwenden wir nun die Beziehung (2), so ist

$$\varDelta S = k \cdot \ln W_2 - k \cdot \ln W_1, \text{ also } \varDelta S = k \cdot \ln (W_2/W_1) = R \cdot \ln (V_2/V_1) \tag{4}$$

Nach S. 286 ist die mit einer isothermen, reversiblen Expansion verbundene aufgenommene *Wärme* q_{rev} = $R\,T \ln (V_2/V_1)$, so daß nach (4)

$$\frac{q_{rev}}{T} = R \cdot \ln (V_2/V_1) = \varDelta \mathbf{S}$$

wird. Damit ist – für das Beispiel der isothermen Expansion eines idealen Gases – gezeigt, *daß die in Abschnitt 8.3 ad hoc eingeführte Definition von $\varDelta S$ tatsächlich sinnvoll ist* und *mit der anschaulichen Beziehung* (2) *verknüpft werden kann.*

Zur Nomenklatur anorganischer Verbindungen

a) Binäre Verbindungen

Die rationellen Namen werden durch Aneinanderhängen der Verbindungsbestandteile und durch Angabe ihrer Mengenverhältnisse gebildet. Dabei ist zu beachten:

— Der elektropositivere Bestandteil wird zuerst genannt.
— Der (vom lateinischen Wortstamm abgeleitete) Name des elektronegativeren Bestandteils erhält die Endung -id. Bei binären Verbindungen der Nichtmetalle erhält der Name desjenigen Elementes die Endung -id, das in der folgenden Reihe rechts vom anderen steht:

B, Si, C, Sb, As, P, N, H, Te, Se, S, At, I, Br, Cl, O, F

— Die Mengenverhältnisse werden durch griechische Zahlwörter angegeben, die man den Namen der Elemente, auf die sie sich beziehen, ohne Bindestrich vorausstellt (di, tri, tetra, penta, hexa, hepta, okta, ennea, deka; mono wird meist weggelassen. Häufig wird das Mengenverhältnis auch durch die «Stocksche Bezeichnungsweise» ausgedrückt. Dabei wird die Oxidationsstufe eines Elementes mittels römischer Ziffern (in Klammern unmittelbar hinter dessen Namen gesetzt) angegeben.

Beispiele:

Natriumchlorid, Magnesiumsulfid, Lithiumnitrid, Bariumphosphid, Nickelarsenid, Siliciumcarbid, Kohlenstoffdisulfid (Kohlendisulfid), Schwefelhexafluorid, Distickstoffoxid oder Stickstoff (I)-oxid (N_2O), Distickstofftetroxid oder Stickstoff (IV)-oxid (N_2O_4), Eisen (II)-sulfat, Eisen (III)-sulfat, Trieisentetroxid oder Eisen (II,III)-oxid (Fe_3O_4), Mangandioxid oder Mangan (IV)-oxid (MnO_2).

b) Verbindungen aus mehreren Elementen

Bei den meisten anorganischen Verbindungen, die aus mehreren Elementen bestehen, ist es — mindestens formal — möglich, ein «charakteristisches» Atom einer Atomgruppe (wie Cl in ClO^- oder Ti in $CaTiO_3$) anzugeben. Man benennt darum alle solchen Verbindungen analog den Komplexverbindungen, wobei der Name des elektropositiveren Bestandteils vorausgestellt wird und der elektronegativere Bestandteil die Endung -at erhält (aus historischen Gründen behalten gewisse Oxokomplexe die Endung -it). Anionische Liganden bekommen die Endung -o. Die Oxidationsstufe des Zentralatoms (bzw. des «charakteristischen» Atoms) wird nach der Stockschen Bezeichnungsweise angegeben.
In den folgenden Beispielen stehen links die nach den Regeln gebildeten Namen, rechts die vereinfachten und allgemein üblichen.

Na_2SO_4	Natriumtetroxosulfat (VI)	Natriumsulfat
K_2SO_3	Kaliumtrioxosulfat (IV)	Kaliumsulfit
$K_4Fe(CN)_6$	Kaliumhexacyanoferrat (II)	
$CaTiO_3$	Calciumtitanat (IV)	
$LiAlH_4$	Lithiumtetrahydridoaluminat	Lithiumaluminiumhydrid
$Ni(NH_3)_6Cl_2$	Hexamminnickel (II)-chlorid	

23

c) Namen einzelner Radikale, Ionen und Liganden

OH	Hydroxyl (aber: OH^- = Hydroxid-Ion)	VO	Vanadyl
CO	Carbonyl	SO	Thionyl
NO	Nitrosyl	SO_2	Sulfuryl
NO_2	Nitryl	ClO_2	Chloryl
PO	Phosphoryl	CrO_2	Chromyl

AsH_4^+	Arsonium-Ion	$H_2NO_3^+$	Nitratacidium-Ion
OH_3^+	Oxonium-Ion (Hydronium-Ion)	$H_3SO_4^+$	Sulfatacidium-Ion
FH_2^+	Fluoronium-Ion	$N_2H_5^+$	Hydrazinium-Ion
NO_2^+	Nitryl-Ion	NH_3OH^+	Hydroxylammonium-Ion
UO_2^{2+}	Uranyl-Ion [Dioxouran (VI)-Ion]		

HSO_4^-	Hydrogensulfat-Ion	SCN^-	Thiocyanat- (Rhodanid-) Ion
$H_2PO_4^-$	Dihydrogenphosphat-Ion	C_2^{2-}	Acetylid-Ion
HPO_4^{2-}	Hydrogenphosphat-Ion	HF_2^-	Hydrogendifluorid-Ion

Liganden:	F^-	fluoro-	CN^-	cyano-
	Cl^-	chloro-	SCN	thiocyanato- (rhodano-)
	O^{2-}	oxo-	H_2O	aquo-[1]
	OH^-	hydroxo-	NH_3	ammin-
	S^{2-}	thio-	NO_2^-	nitrito-
	HS^-	thiolo-	NO	nitrosyl-

[1] Nach den neuesten Richtlinien soll Wasser als Ligand mit «aqua» bezeichnet werden (die Endung -o bleibt anionischen Liganden vorbehalten).

Löslichkeitsprodukte [1]

Substanz	*pL*	Substanz	*pL*
AgBr	12,3	HgS	54
AgCl	10		
Ag_2CO_3	11,3	$KClO_4$	2,05
Ag_2CrO_4	11,7		
AgI	16	$MgCO_3$	3,7
AgOH	7,7	MgF_2	8,16
Ag_2S	49	$Mg(OH)_2$	12
AgSCN	12	$MgNH_4PO_4$	12,6
$Al(OH)_3$	33	$Mn(OH)_2$	14,15
		MnS	15
$BaCO_3$	8,3		
$BaCrO_4$	9,7	$NiCO_3$	6,85
BaF_2	5,77	$Ni(OH)_2$	14
$BaSO_4$	10	NiS	21
$CaCO_3$	8,32	$PbCl_2$	4,77
CaC_2O_4	8,07	$PbCO_3$	13,48
CaF_2	10,46	$PbCrO_4$	18,8
$CaSO_4$	4,32	PbF_2	7,5
		PbI_2	7,86
$Cd(OH)_2$	13,92	$Pb(OH)_2$	15,55
CdS	28	$PbSO_4$	8
		PbS	28
CoS	22		
		SnS	28
CuCl	6		
CuI	11,3	$SrCO_3$	8,8
$Cu(OH)_2$	19,75	SrF_2	8,52
Cu_2S	46,7	$SrSO_4$	6,56
CuS	etwa 40		
		$ZnCO_3$	10,2
$Fe(OH)_2$	15	$Zn(OH)_2$	16,75
$Fe(OH)_3$	38	ZnS	23
FeS	21		

$pL = -\log Lp$

[1] Der Übersichtlichkeit halber werden die Substanzen auf dieser und den folgenden Tabellen alphabetisch angeordnet.

Komplexzerfallkonstanten (Stabilitätskonstanten)

Die angegebenen Konstanten beziehen sich auf die Gleichgewichte
$$MeX_n^+ \rightleftharpoons Me^+ + nX$$

Ligand	Kation	Komplex	pK_K
NH_3	Ag^+	$[Ag(NH_3)_2]^+$	7,1
	Co^{2+}	$[Co(NH_3)_6]^{2+}$	4,7
	Co^{3+}	$[Co(NH_3)_6]^{3+}$	35,1
	Cu^{2+}	$[Cu(NH_3)_4]^{2+}$	13,3
	Ni^{2+}	$[Ni(NH_3)_4]^{2+}$	8,7
	Zn^{2+}	$[Zn(NH_3)_4]^{2+}$	9,6
F^-	Al^{3+}	$[AlF_6]^{3-}$	19,8
	Fe^{3+}	$[FeF_6]^{3-}$	9,16
Cl^-	Ag^+	$[AgCl_2]^-$	5,4
	Cu^{2+}	$[CuCl_4]^{2-}$	6,5
	Fe^{3+}	$[Fe(H_2O)_5Cl]^{2+}$	0,5
I^-	Hg^{2+}	$[HgI_4]^{2-}$	30,5
	Pb^{2+}	$[PbI_4]^{2-}$	6,2
CN^-	Ag^+	$[Ag(CN)_2]^-$	20,8
	Au^+	$[Au(CN)_2]^-$	21
	Cd^{2+}	$[Cd(CN)_4]^{2-}$	18,6
	Cu^+	$[Cu(CN)_3]^{2-}$	20,8
	Fe^{2+}	$[Fe(CN)_6]^{4-}$	44
	Fe^{3+}	$[Fe(CN)_6]^{3-}$	31
	Ni^{2+}	$[Ni(CN)_4]^{2-}$	22,0
	Zn^{2+}	$[Zn(CN)_4]^{2-}$	16,9
SCN^-	Ag^+	$[Ag(SCN)_2]^-$	9,8
	Fe^{3+}	$[Fe(H_2O)_4(SCN)_2]^+$	5,94
$S_2O_3^{2-}$	Ag^+	$[Ag(S_2O_3)_2]^{3-}$	13,5
OH^-	Al^{3+}	$[Al(OH)_4]^-$	32
	Pb^{2+}	$[Pb(OH)_4]^{2-}$	14,55
	Zn^{2+}	$[Zn(OH)_4]^{2-}$	15,75

$pK_K = -\log K_K$

Säurekonstanten

Säure	Konjugierte Base	pK_s	Säure	Konjugierte Base	pK_s
$[Al(H_2O)_6]^{3+}$	$[Al(H_2O)_5OH]^{2+}$	4,9	NH_4^+	NH_3	9,21
			NH_3	NH_2^-	23
H_3AsO_3	$H_2AsO_3^-$	9,22	HNO_2	NO_2^-	3,35
H_3AsO_4	$H_2AsO_4^-$	2,32	HNO_3	NO_3^-	$-1,32$
$H_2AsO_4^-$	$HAsO_4^{2-}$	7			
$HAsO_4^{2-}$	AsO_4^{3-}	13	H_3O^+	H_2O	$-1,74$
			H_2O	OH^-	15,74
HBr	Br^-	-6	OH^-	O^{2-}	24
$HBrO_3$	BrO_3^-	0	H_2O_2	HO_2^-	11,62
CH_4	CH_3^-	etwa 48	PH_4^+	PH_3	0
(H_2CO_3)	HCO_3^-	6,46	H_3PO_2	$H_2PO_2^-$	2,0
HCO_3^-	CO_3^{2-}	10,40	H_3PO_3	$H_2PO_3^-$	1,8
CH_3COOH	CH_3COO^-	4,76	H_3PO_4	$H_2PO_4^-$	1,96
HCN	CN^-	9,4	$H_2PO_4^-$	HPO_4^{2-}	7,21
$HSCN$	SCN^-	4	HPO_4^{2-}	PO_4^{3-}	12,32
HCl	Cl^-	-6	H_2S	HS^-	7,06
$HClO$	ClO^-	7,25	HS^-	S^{2-}	12,9
$HClO_2$	ClO_2^-	2	H_2SO_3	HSO_3^-	1,96
$HClO_3$	ClO_3^-	0	HSO_3^-	SO_3^{2-}	7,2
$HClO_4$	ClO_4^-	-9	H_2SO_4	HSO_4^-	-3
			HSO_4^-	SO_4^{2-}	1,92
H_2F^+	HF	-6			
HF	F^-	3,14	H_2Se	HSe^-	3,77
			HSe^-	Se^{2-}	10,0
$[Fe(H_2O)_6]^{3+}$	$[Fe(H_2O)_5OH]^{2+}$	2,22	H_2SeO_3	$HSeO_3^-$	2,54
			H_2SeO_4	$HSeO_4^-$	-3
H_2	H^-	etwa 40			
			H_2Te	HTe^-	2,64
HI	I^-	-8	HTe^-	Te^{2-}	5,0
HIO	IO^-	10,8	H_6TeO_6	$H_5TeO_6^-$	7,68
HIO_3	IO_3^-	0			
H_5IO_6	$H_4IO_6^-$	1,64	$[Zn(H_2O)_4]^{2+}$	$[Zn(H_2O)_3OH]^+$	9,66

$pK_s = -\log K_s$

Thermodynamische Daten einiger Elemente und Verbindungen (298 K, 1 bar)

Substanz	H_f^0 (kJ mol^{-1})	S^0 (J mol^{-1} K^{-1})	Substanz	H_f^0 (kJ mol^{-1})	S^0 (J mol^{-1} K^{-1})
Ag	0	42,7	Cd	0	51,5
Ag$^+$ aq	+ 105,9	73,4	Cd^{2+} aq	− 72,4	− 61,9
Ag$_2$O	− 27,2	121,8	CdSO$_4$	− 928,8	129,7
AgNO$_3$	− 120,7	141,0	Cl (g)	+ 120,9	165,1
AgCl	− 127,0	96,2	Cl$_2$ (g)	0	223,0
AgBr	− 99,6	107,1	Cl$^-$ aq	− 167,4	39,3
AgI	− 63,2	115,5	HCl (g)	− 92,3	186,9
Al	0	28,2	Cr	0	23,8
Al^{3+} aq	− 528,4	− 318,0	Cr$_2$O$_3$	−1125,5	81,2
Al$_2$O$_3$	−1669,8	52,3	CrO$_3$	− 606,7	−
As	0	35,1	CrO$_4^{2-}$ aq	− 870,3	43,9
As$_2$O$_3$	− 656,9	107,1	Cu	0	33,3
Ba	0	63,2	Cu^{2+} aq	+ 64,4	−110,9
BaO	− 558,6	70,3	Cu$_2$O	− 116,5	100,4
BaCO$_3$	−1216,7	112,1	CuO	− 138,1	43,5
BaSO$_4$	−1444,7	132,2	Cu$_2$S	− 79,5	120,9
			CuS	− 48,5	66,5
Br (g)	+ 111,7	174,9	CuSO$_4$	771,1	105,9
Br$_2$ (l)	0	245,2	F$_2$	0	203,3
Br$^-$ aq	− 120,9	53,1	F$^-$ aq	− 329,1	− 11,3
HBr (g)	− 36,2	198,7	HF (g)	− 286,6	173,8
C$_{Graphit}$	0	5,7	Fe	0	27,2
C$_{Diamant}$	+ 0,9	2,5	Fe^{2+} aq	− 87,9	− 113,4
CH$_4$	− 74,9	186,2	Fe^{3+} aq	− 47,7	− 293,3
C$_2$H$_2$	+ 226,8	200,8	Fe$_3$O$_4$	−1116,3	146,4
C$_2$H$_6$	− 84,7	229,3	Fe$_2$O$_3$	− 821,7	90,0
C$_6$H$_6$ (l)	+ 46,9	520,9	FeS	− 95,4	67,4
CO	− 110,5	198,0	FeS$_2$	− 162,3	53,1
CO$_2$	− 393,5	213,8	FeCO$_3$	− 747,7	92,9
CO$_2$ aq	− 413,3	115,5	H (g)	+ 218,0	114,6
CO$_3^{2-}$ aq	− 676,3	− 54,4	H$_2$	0	130,6
HCO$_3^-$ aq	− 691,6	92,9	H$^+$ aq	0	0
CH$_3$COOH (l)	− 485,8	159,0	H$_2$O (g)	− 241,8	188,9
Ca	0	41,6	H$_2$O (l)	− 286,0	70,0
Ca^{2+} aq	− 542,7	− 55,2	Hg	0	76,0
CaO	− 635,1	39,7	Hg$_2^{2+}$ aq	+ 167,4	74,1
Ca (OH)$_2$	− 985,8	72,8	I (g)	+ 107,1	180,7
CaF$_2$	−1214,2	68,6	I$_2$ (g)	+ 62,3	260,6
CaCO$_3$	−1206,7	− 92,9	I$_2$ (s)	0	116,7
CaSO$_4$	−1417,1	107,1			

Substanz	H_f^0 (kJ mol^{-1})	S^0 (J mol^{-1} K^{-1})	Substanz	H_f^0 (kJ mol^{-1})	S^0 (J mol^{-1} K^{-1})
I$^-$ aq	− 55,9	71,5	O (g)	+ 247,3	161,0
HI (g)	+ 25,9	206,5	O$_2$	0	205,0
K	0	63,6	OH$^-$ aq	− 230,0	− 11,3
K$^+$ aq	− 251,2	102,5	P$_{weiß}$	0	44,4
KNO$_3$	− 494,1	133,1	PH$_3$	+ 5,4	210,7
KCl	− 436,8	82,8	PO$_4^{3-}$ aq	− 1284,1	188,3
KBr	− 393,7	94,6	Pb	0	64,9
KI	− 405,8	100,8	Pb^{2+} aq	0	16,3
K$_2$SO$_4$	− 1431	188,3	PbO	− 220,5	70,7
Li	0	28,0	PbO$_2$	− 272,0	76,6
Li$^+$ aq	− 278,7	19,7	PbCl$_2$	− 358,6	136,4
Mg	0	32,6	PbS	− 96,7	91,2
Mg^{2+} aq	− 462,0	− 132,1	PbSO$_4$	− 917,6	147,3
MgO	− 610,0	26,8	S$_{rhomb.}$	0	31,9
Mg (OH)$_2$	− 928,8	63,2	H$_2$S	− 20,1	205,6
MgCl$_2$	− 641,4	116,7	SO$_2$	− 296,9	248,5
MgCO$_3$	− 1117,1	65,7	SO$_3$ (g)	− 395,2	266,9
Mn	0	31,8	SO$_4^{2-}$ aq	− 907,5	22,6
MnO$_2$	− 519,7	58,2	H$_2$SO$_4$ (l)	− 811,7	−
MnO$_4^-$ aq	− 511,7	195,4	Si	0	18,8
N (g)	+ 470,7	153,2	SiO$_2$ (Quarz)	− 878,2	42,3
N$_2$	0	191,2	SiC	− 117,2	16,3
NH$_3$	− 45,6	192,6	S$_{weiß}$	0	51,3
N$_2$O	+ 81,5	220,0	S$_{grau}$	0	44,8
NO	+ 90,4	210,5	Sn^{2+} aq	− 10,0	20,5
NO$_2$	+ 33,8	240,5	SnO	− 280,3	56,5
NO$_2^-$ aq	− 107,1	125,1	SnO$_2$	− 577,4	52,3
NO$_3^-$ aq	− 206,6	87,0	Ti	0	27,6
NH$_4^+$ aq	− 132,8	110,5	TiO$_2$	− 912,1	52,1
Na	0	51,0	V	0	29,3
Na$^+$ aq	− 239,7	60,2	V$_2$O$_3$	1238	98,3
Na$_2$O	− 416,1	−	VO$_2$	− 715,5	51,3
NaOH	− 426,8	57,7	V$_2$O$_5$	− 1561	131,0
NaNO$_3$	− 467,4	116,7	Zn	0	41,6
NaF	− 569,0	50,2	Zn^{2+} aq	− 152,2	108,4
NaCl	− 411,7	72,4	ZnO	− 384,1	43,9
NaBr	− 362,8	83,7	ZnCl$_2$	− 414.2	66,5
NaI	− 290,0	94,1	ZnS	− 200,8	57,7
Na$_2$SO$_4$	− 1383	149,4	ZnSO$_4$	− 976,5	128,0
Na$_2$CO$_3$	− 1132	136,0	ZnCO$_3$	− 812,5	82,4
NaHCO$_3$	− 948,5	102,1			

Redoxpotentiale

Normalpotentiale (E^0) bei 25°C; Volt

Redoxpaar	Reduzierte Form	Oxidierte Form	n	E^0
Ag (0) − Ag (+ I)	Ag	Ag^+aq	1	+ 0,81
Ag (0) − Ag (+ I)	$Ag + 2\,CN^-$	$Ag\,(CN)_2^-$	1	− 0,31
Al (0) − Al (+ III)	Al	$Al^{3+}aq$	3	− 1,67
Al (0) − Al (+ III)	$Al + 3\,OH^-$	$Al\,(OH)_3\,(s)$	3	− 2,31
Al (0) − Al (+ III)	$Al + 6\,F^-$	AlF_6^{3-}	3	− 2,07
As (− III) − As (0)	$AsH_3 + 3\,H_2O$	$As + 3\,H_3O^+$	3	− 0,60
As (− III) − As (0)	$AsH_3 + 3\,OH^-$	$As + 3\,H_2O$	3	− 1,43
As (0) − As (+ III)	$As + 5\,H_2O$	$HAsO_2aq + 3\,H_3O^+$	3	+ 0,25
As (0) − As (+ III)	$As + 4\,OH^-$	$AsO_2^- + 2\,H_2O$	3	− 0,68
As (+ III) − As (+ V)	$HAsO_2 + 4\,H_2O$	$H_3AsO_4 + 2\,H_3O^+$	2	+ 0,56
As (+ III) − As (+ V)	$AsO_2^- + 4\,OH^-$	$AsO_4^{3-} + 2\,H_2O$	2	− 0,67
Au (0) − Au (+ I)	Au	Au^+	1	+ 1,70
Au (0) − Au (+ I)	$Au + 2\,CN^-$	$Au\,(CN)_2^-$	1	− 0,60
Au (0) − Au (+ III)	$Au + 4\,Cl^-$	$AuCl_4^-$	3	+ 1,00
B (0) − B (+ III)	$B + 6\,H_2O$	$H_3BO_3 + H_3O^+$	3	− 0,87
Ba (0) − Ba (+ II)	Ba	$Ba^{2+}aq$	2	− 2,92
Bi (0) − Bi (+ III)	$Bi + 3\,H_2O$	$BiO^+ + 2\,H_3O^+$	3	+ 0,32
Bi (0) − Bi (+ III)	$2\,Bi + 6\,OH^-$	$Bi_2O_3 + 3\,H_2O$	6	− 0,44
Br (− I) − Br (0)	$2\,Br^-$	$Br_2\,(l)$	2	+ 1,06
Br (− I) − Br (0)	$2\,Br^-$	$Br_2\,(aq)$	2	+ 1,09
Br (− I) − Br (+ I)	$Br^- + 2\,OH^-$	$BrO^- + H_2O$	2	+ 0,76
Br (− I) − Br (+ V)	$Br^- + 9\,H_2O$	$BrO_3^- + 6\,H_3O^+$	6	+ 1,42
Br (− I) − Br (+ V)	$Br^- + 6\,OH^-$	$BrO_3^- + 3\,H_2O$	6	+ 0,61
Br (0) − Br (+ I)	$Br_2 + 4\,H_2O$	$2\,HOBr + 2\,H_3O^+$	2	+ 1,59
Br (0) − Br (+ I)	$Br_2 + 4\,OH^-$	$2\,BrO^- + 2\,H_2O$	2	+ 0,45
Br (0) − Br (+ V)	$Br_2 + 18\,H_2O$	$2\,BrO_3^- + 12\,H_3O^+$	10	+ 1,51
Br (+ I) − Br (+ V)	$HOBr + 7\,H_2O$	$BrO_3^- + 5\,H_3O^+$	4	+ 1,49
Br (+ I) − Br (+ V)	$BrO^- + 4\,OH^-$	$BrO_3^- + 2\,H_3O^+$	4	+ 0,54
Ca (0) − Ca (+ II)	Ca	$Ca^{2+}aq$	2	− 2,76
Cd (0) − Cd (+ II)	Cd	$Cd^{2+}aq$	2	− 0,40
Ce (0) − Ce (+ III)	Ce	$Ce^{3+}aq$	3	− 2,48
Ce (+ III) − Ce (+ IV)	$Ce^{3+}aq$	$Ce^{4+}aq$	1	+ 1,61

Redoxpaar	Reduzierte Form	Oxidierte Form	n	E^0
$Cl(-I) - Cl(0)$	$2\,Cl^-$	$Cl_2\,(g)$	2	$+1,36$
$Cl(-I) - Cl(0)$	$2\,Cl^-$	$Cl_2\,(aq)$	2	$+1,40$
$Cl(-I) - Cl(+I)$	$Cl^- + 3\,H_2O$	$ClO^- + 2\,H_3O^+$	2	$+1,49$
$Cl(-I) - Cl(+I)$	$Cl^- + 2\,OH^-$	$ClO^- + H_2O$	2	$+0,89$
$Cl(-I) - Cl(+V)$	$Cl^- + 9\,H_2O$	$ClO_3^- + 6\,H_3O^+$	6	$+1,45$
$Cl(-I) - Cl(+V)$	$Cl^- + 6\,OH^-$	$ClO_3^- + 3\,H_2O$	6	$+0,63$
$Cl(-I) - Cl(+VII)$	$Cl^- + 12\,H_2O$	$ClO_4^- + 8\,H_3O^+$	8	$+1,34$
$Cl(-I) - Cl(+VII)$	$Cl^- + 8\,OH^-$	$ClO_4^- + 4\,H_2O$	8	$+0,56$
$Cl(0) - Cl(+I)$	$Cl_2\,(g) + 4\,H_2O$	$2\,HOCl + 2\,H_3O^+$	2	$+1,63$
$Cl(0) - Cl(+I)$	$Cl_2\,(g) + 4\,OH^-$	$2\,HOCl + 2\,H_2O$	2	$+0,40$
$Cl(+I) - Cl(+III)$	$ClO^- + 2\,OH^-$	$ClO_2^- + H_2O$	2	$+0,66$
$Cl(+III) - Cl(+V)$	$HClO_2 + 4\,H_2O$	$ClO_3^- + 3\,H_3O^+$	2	$+1,21$
$Cl(+III) - Cl(+V)$	$ClO_2^- + 2\,OH^-$	$ClO_3^- + H_2O$	2	$+0,33$
$Cl(+V) - Cl(+VII)$	$ClO_3^- + 3\,H_2O$	$ClO_4^- + 2\,H_3O^+$	2	$+1,19$
$Cl(+V) - Cl(+VII)$	$ClO_3^- + 2\,OH^-$	$ClO_4^- + H_2O$	2	$+0,36$
$Co(0) - Co(+II)$	Co	$Co^{2+}aq$	2	$-0,27$
$Co(0) - Co(+II)$	$Co + 2\,OH^-$	$Co\,(OH)_2$	2	$-0,42$
$Co(0) - Co(+III)$	Co	$Co^{3+}aq$	3	$+0,40$
$Co(+II) - Co(+III)$	$Co^{2+}aq$	$Co^{3+}aq$	1	$+1,80$
$Co(+II) - Co(+III)$	$Co\,(NH_3)_6^{2+}$	$Co(NH_3)_6^{3+}$	1	$+0,10$
$Co(+II) - Co(+III)$	$Co\,(OH)_2 + OH^-$	$Co\,(OH)_3$	1	$+0,2$
$Cr(0) - Cr(+II)$	Cr	$Cr^{2+}aq$	2	$-0,91$
$Cr(0) - Cr(+III)$	Cr	$Cr^{3+}aq$	3	$-0,74$
$Cr(+II) - Cr(+III)$	$Cr^{2+}aq$	$Cr^{3+}aq$	1	$-0,41$
$Cr(+III) - Cr(+VI)$	$2\,Cr^{3+} + 21\,H_2O$	$Cr_2O_7^{2-} + 14\,H_3O^+$	6	$+1,36$
$Cr(+III) - Cr(+VI)$	$Cr^{3+} + 12\,H_2O$	$CrO_4^{2-} + 8\,H_3O^+$	3	$+1,34$
$Cr(+III) - Cr(+VI)$	$Cr\,(OH)_3 + 5\,OH^-$	$CrO_4^{2-} + 4\,H_2O$	3	$-0,13$
$Cs(0) - Cs(+I)$	Cs	Cs^+aq	1	$-2,99$
$Cu(0) - Cu(+I)$	$Cu + Cl^-$	$CuCl\,(s)$	1	$+0,13$
$Cu(0) - Cu(+I)$	$Cu + I^-$	$CuI\,(s)$	1	$-0,185$
$Cu(0) - Cu(+I)$	$Cu + 2\,CN^-$	$Cu\,(CN)_2^-$	1	$-0,43$
$Cu(0) - Cu(+I)$	$Cu + 2\,NH_3$	$Cu\,(NH_3)_2^+$	1	$-0,11$
$Cu(0) - Cu(+I)$	$2\,Cu + S^{2-}$	Cu_2S	2	$-0,95$
$Cu(0) - Cu(+II)$	Cu	$Cu^{2+}aq$	2	$+0,35$
$Cu(0) - Cu(+II)$	$Cu + 2\,OH^-$	$Cu\,(OH)_2$	2	$-0,224$
$Cu(0) - Cu(+II)$	$Cu + 4\,NH_3$	$Cu\,(NH_3)_4^{2+}$	2	$-0,05$
$Cu(+I) - Cu(+II)$	Cu^+	$Cu^{2+}aq$	1	$+0,17$
$Cu(+I) - Cu(+II)$	CuI	$Cu^{2+}aq + I^-$	1	$+0,85\cdot$

Redoxpaar	Reduzierte Form	Oxidierte Form	n	E^0
F$(-$I$)$ $-$ F(0)	2 F$^-$	F$_2$ (g)	2	$+2,85$
Fe(0) $-$ Fe$(+$II$)$	Fe	Fe^{2+}aq	2	$-0,44$
Fe(0) $-$ Fe$(+$II$)$	Fe $+$ 2 OH$^-$	Fe$(OH)_2$	2	$-0,88$
Fe(0) $-$ Fe$(+$III$)$	Fe	Fe^{3+}aq	3	$-0,04$
Fe$(+$II$)$ $-$ Fe$(+$III$)$	Fe^{2+}aq	Fe^{3+}aq	1	$+0,75$
Fe$(+$II$)$ $-$ Fe$(+$III$)$	Fe$(OH)_2$ $+$ OH$^-$	Fe$_2$O$_3 \cdot$ 3 H$_2$O	1	$-0,75$
Fe$(+$II$)$ $-$ Fe$(+$III$)$	Fe$(CN)_6^{4-}$	Fe$(CN)_6^{3-}$	1	$+0,36$
Fe$(+$II$)$ $-$ Fe$(+$III$)$	Fe^{2+} in 1-M HCl	Fe^{3+} in 1-M HCl	1	$+0,67$
Fe$(+$II$)$ $-$ Fe$(+$III$)$	Fe^{2+} in 1-M HClO$_4$	Fe^{3+} in 1-M HClO$_4$	1	$+0,70$
Ga(0) $-$ Ga$(+$III$)$	Ga	Ga^{3+}aq	3	$-0,52$
H(0) $-$ H$(+$I$)$	H$_2$ $+$ 2 H$_2$O	2 H$_3$O$^+$	2	$0,00$
H(0) $-$ H$(+$I$)$	H$_2$ $+$ 2 H$_2$O	2 H$_3$O$^+$ bei pH 7	2	$-0,42$
H(0) $-$ H$(+$I$)$	H$_2$ $+$ 2 OH$^-$	2 H$_2$O	2	$-0,84$
H$(-$I$)$ $-$ H(0)	2 H$^-$	H$_2$	2	$-2,24$
Hg(0) $-$ Hg$(+$I$)$	2 Hg	Hg$_2$$^+$aq	2	$+0,80$
Hg(0) $-$ Hg$(+$I$)$	2 Hg $+$ 2 Cl$^-$	Hg$_2$Cl$_2$	2	$+0,268$
Hg(0) $-$ Hg$(+$I$)$	2 Hg $+$ 2 CN$^-$	Hg$_2$(CN)$_2$	2	$-0,36$
Hg(0) $-$ Hg$(+$II$)$	Hg	Hg^{2+}aq	2	$+0,85$
Hg(0) $-$ Hg$(+$II$)$	Hg $+$ 4 I$^-$	HgI$_4^{2-}$	2	$-0,04$
Hg$(+$I$)$ $-$ Hg$(+$II$)$	Hg$_2^{2+}$	2 Hg^{2+}aq	2	$+0,91$
Hg$(+$I$)$ $-$ Hg$(+$II$)$	Hg$_2$Cl$_2$ $+$ 2 Cl$^-$	2 HgCl$_2$	2	$+0,63$
I$(-$I$)$ $-$ I(0)	2 I$^-$	I$_2$ (s)	2	$+0,54$
I$(-$I$)$ $-$ I(0)	2 I$^-$	I$_2$ (aq)	2	$+0,58$
I$(-$I$)$ $-$ I$(+$I$)$	I$^-$ $+$ 2 H$_2$O	HOI $+$ H$_3$O$^+$	2	$+0,99$
I$(-$I$)$ $-$ I$(+$V$)$	I$^-$ $+$ 9 H$_2$O	IO$_3^-$ $+$ 6 H$_3$O$^+$	6	$+1,09$
I$(-$I$)$ $-$ I$(+$V$)$	I$^-$ $+$ 6 OH$^-$	IO$_3^-$ $+$ 3 H$_2$O	6	$+0,26$
I(0) $-$ I$(+$I$)$	I$_2$ $+$ 4 H$_2$O	2 HOI $+$ 2 H$_3$O$^+$	2	$+1,45$
I(0) $-$ I$(+$I$)$	I$_2$ $+$ 4 OH$^-$	2 IO$^-$ $+$ 2 H$_2$O	2	$+0,45$
I(0) $-$ I$(+$V$)$	I$_2$ $+$ 12 OH$^-$	2 IO$_3^-$ $+$ 6 H$_2$O	10	$+0,20$
I$(+$I$)$ $-$ I$(+$V$)$	IO$^-$ $+$ 4 OH$^-$	IO$_3^-$ $+$ 2 H$_2$O	4	$+0,14$
I$(+$V$)$ $-$ I$(+$VII$)$	IO$_3^-$ $+$ 4 H$_2$O	H$_5$IO$_6$ $+$ H$_3$O$^+$	2	$+1,70$
I$(+$V$)$ $+$ I$(+$VII$)$	IO$_3^-$ $+$ 3 OH$^-$	H$_3$IO$_6^{2-}$	2	$+0,70$
In(0) $-$ In$(+$III$)$	In	In^{3+}aq	3	$-0,34$
K(0) $-$ K$(+$I$)$	K	K$^+$aq	1	$-2,92$
La(0) $-$ La$(+$III$)$	La	La^{3+}aq	3	$-2,52$
Li(0) $-$ Li$(+$I$)$	Li	Li$^+$aq	1	$-3,02$
Mg(0) $-$ Mg$(+$II$)$	Mg	Mg^{2+}aq	2	$-2,40$

Redoxpaar	Reduzierte Form	Oxidierte Form	n	E^0
Mn (0) − Mn (+ II)	Mn	$Mn^{2+}aq$	2	− 1,18
Mn (0) − Mn (+ II)	$Mn + 2OH^-$	$Mn(OH)_2$	2	− 1,55
Mn (0) − Mn (+ III)	Mn	$Mn^{3+}aq$	3	− 0,28
Mn (+ II) − Mn (+ III)	$Mn^{2+}aq$	$Mn^{3+}aq$	1	+ 1,51
Mn (+ II) − Mn (+ III)	$Mn(CN)_6^{4-}$	$Mn(CN)_6^{3-}$	1	− 0,22
Mn (+ II) − Mn (+ III)	$Mn(CN)_4^{2-} + 2CN^-$	$Mn(CN)_6^{3-}$	1	− 0,70
Mn (+ II) − Mn (+ III)	$Mn(OH)_2 + OH^-$	$Mn(OH)_3$	1	+ 0,10
Mn (+ II) − Mn (+ IV)	$Mn^{2+}aq + 6H_2O$	$MnO_2 + 4H_3O^+$	2	+ 1,35
Mn (+ III) − Mn (+ IV)	$Mn(OH)_3 + OH^-$	$MnO_2 + 2H_2O$	1	+ 0,20
Mn (+ IV) − Mn (+ VII)	$MnO_2 + 6H_2O$	$MnO_4^- + 4H_3O^+$	3	+ 1,63
Mn (+ IV) − Mn (+ VII)	$MnO_2 + 4OH^-$	$MnO_4^- + 2H_2O$	3	+ 1,23
Mn (+ II) − Mn (+ VII)	$Mn^{2+}aq + 12H_2O$	$MnO_4^- + 8H_3O^+$	5	+ 1,51
Mn (+ VI) − Mn (+ VII)	MnO_4^{2-}	MnO_4^-	1	+ 0,60
N (− III) − N (0)	$2NH_4^+ + 8H_2O$	$N_2 + 8H_3O^+$	6	+ 0,27
N (− III) − N (0)	$2NH_3 + 6OH^-$	$N_2 + 6H_2O$	6	− 0,73
N (− III) − N (− II)	$2NH_4^+ + 3H_2O$	$N_2H_5^+ + 3H_3O^+$	2	+ 1,275
N (− III) − N (− I)	$NH_4^+ + 3H_2O$	$NH_3OH^+ + 2H_3O^+$	2	+ 1,35
N (− II) − N (0)	$N_2H_5^+ + 5H_2O$	$N_2 + 5H_3O^+$	4	− 0,23
N (− II) − N (0)	$N_2H_4 + 4OH^-$	$N_2 + 4H_2O$	4	− 1,16
N (− III) − N (+ III)	$NH_4^+ + 9H_2O$	$HNO_2 + 7H_3O^+$	6	+ 0,86
N (− III) − N (+ V)	$NH_4^+ + 13H_2O$	$NO_3^- + 10H_3O^+$	8	+ 0,87
N (− III) − N (+ V)	$NH_3 + 9OH^-$	$NO_3^- + 6H_2O$	8	− 0,12
N (+ II) − N (+ III)	$NO + 2H_2O$	$HNO_2 + H_3O^+$	1	+ 0,99
N (+ II) − N (+ III)	$NO + OH^-$	HNO_2	1	− 0,46
N (+ III) − N (+ IV)	$HNO_2 + H_2O$	$NO_2 + H_3O^+$	1	+ 1,07
N (+ II) − N (+ IV)	$NO + 3H_2O$	$NO_2 + 2H_3O^+$	2	+ 1,03
N (+ II) − N (+ V)	$NO + 6H_2O$	$NO_3^- + 4H_3O^+$	3	+ 0,95
N (+ III) − N (+ V)	$HNO_2 + 4H_2O$	$NO_3^- + 3H_3O^+$	2	+ 0,94
N (+ III) − N (+ V)	$NO_2^- + 2OH^-$	$NO_3^- + H_2O$	2	+ 0,01
N (+ IV) − N (+ V)	$NO_2 + 3H_2O$	$NO_3^- + 2H_3O^+$	1	+ 0,81
N (− II) − N (+ V)	$N_2H_5^+ + 23H_2O$	$2NO_3^- + 17H_3O^+$	14	+ 0,84
N (− I) − N (+ V)	$NH_3OH^+ + 10H_2O$	$NO_3^- + 8H_3O^+$	6	+ 0,73
N (− I) − N (+ V)	$NH_2OH + 7OH^-$	$NO_3^- + 5H_2O$	6	− 0,30
Na (0) − Na (+ I)	Na^+	Na^+aq	1	− 2,71
Ni (0) − Ni (+ II)	Ni	$Ni^{2+}aq$	2	− 0,25
Ni (0) − Ni (+ II)	$Ni + 2OH^-$	$Ni(OH)_2$	2	− 0,66
Ni (+ II) − Ni (+ III)	$Ni(OH)_2 + OH^-$	$Ni_2O_3 \cdot 3H_2O$	1	+ 0,49
	$O_2 + 3H_2O$	$O_3 + 2H_3O^+$	2	+ 1,90
O (− II) − O (0)	$6H_2O$	$O_2 + 4H_3O^+$	4	+ 1,24
O (− II) − O (0)	$6H_2O$	$O_2 + 4H_3O^+$ bei pH 7	4	+ 0,82

Redoxpaar	Reduzierte Form	Oxidierte Form	n	E^0
$O(-II) - O(0)$	$4\,OH^-$	$O_2 + 2\,H_2O$	4	$+0,40$
$O(-II) - O(-I)$	$4\,H_2O$	$H_2O_2 + 2\,H_3O^+$	2	$+1,77$
$O(-II) - O(-I)$	$3\,OH^-$	$HO_2^- + H_2O$	2	$+0,87$
$O(-II) - O(+II)$	$2\,F^- + 3\,H_2O$	$OF_2 + 2\,H_3O^+$	4	$+2,10$
$O(-I) - O(0)$	$HO_2^- + OH^-$	$O_2 + H_2O$	2	$-0,08$
$O(-I) - O(0)$	$H_2O_2 + 2\,H_2O$	$O_2 + 2\,H_3O^+$	2	$+0,68$
$P(-III) - P(0)$	$PH_3 + 3\,OH^-$	$P + 3\,H_2O$	3	$-0,89$
$P(-III) - P(0)$	$PH_3 + 3\,H_2O$	$P + 3\,H_3O^+$	3	$-0,06$
$P(0) - P(+I)$	$P + 3\,H_2O$	$H_3PO_2 + H_3O^+$	1	$-0,51$
$P(0) - P(+I)$	$P + 2\,OH^-$	$H_2PO_2^-$	1	$-2,05$
$P(+I) - P(+III)$	$H_3PO_2 + 3\,H_2O$	$H_3PO_3 + 2\,H_3O^+$	2	$-0,50$
$P(+III) - P(+V)$	$H_3PO_3 + 3\,H_2O$	$H_3PO_4 + 2\,H_3O^+$	2	$-0,28$
$P(+III) - P(+V)$	$HPO_3^{2-} + 3\,OH^-$	$PO_4^{3-} + 2\,H_2O$	2	$-1,12$
$Pb(0) - Pb(+II)$	Pb	$Pb^{2+}aq$	2	$-0,13$
$Pb(0) - Pb(+II)$	$Pb + SO_4^{2-}$	$PbSO_4$	2	$-0,356$
$Pb(+II) - Pb(+IV)$	$Pb^{2+}aq + 6\,H_2O$	$PbO_2 + 4\,H_3O^+$	2	$+1,47$
$Pb(+II) - Pb(+IV)$	$Pb^{2+}aq$	$Pb^{4+}aq$	2	$+1,80$
$Pb(+II) - Pb(+IV)$	$PbSO_4 + 6\,H_2O$	$PbO_2 + 4\,H_3O^+ + SO_4^{2-}$	2	$+1,68$
$Pt(0) - Pt(+IV)$	$Pt + 4\,Cl^-$	$PtCl_4^{2-}$	4	$+0,73$
$Pt(+IV) - Pt(+VI)$	$PtCl_4^{2-} + 2\,Cl^-$	$PtCl_6^{2-}$	2	$+0,68$
$Ra(0) - Ra(+II)$	Ra	$Ra^{2+}aq$	2	$-2,92$
$Rb(0) - Rb(+I)$	Rb	Rb^+aq	1	$-2,99$
$S(-II) - S(0)$	S^{2-}	S	2	$-0,51$
$S(-II) - S(0)$	$HS^- + OH^-$	$S + H_2O$	2	$-0,48$
$S(-II) - S(0)$	$H_2S(g) + 2\,H_2O$	$S + 2\,H_3O^+$	2	$+0,17$
$S(0) - S(+IV)$	$S + 7\,H_2O$	$H_2SO_3 + 4\,H_3O^+$	4	$+0,45$
$S(+IV) - S(+VI)$	$H_2SO_3 + 5\,H_2O$	$SO_4^{2-} + 4\,H_3O^+$	2	$+0,14$
$S(+IV) - S(+VI)$	$SO_3^{2-} + 2\,OH^-$	$SO_4^{2-} + H_2O$	2	$-0,90$
$S(+III) - S(+IV)$	$S_2O_4^{2-} + 4\,OH^-$	$2\,SO_3^{2-} + 2\,H_2O$	2	$-1,4$
$S(-II) - S(-I)$	$2\,S_2O_3^{2-}$	$S_4O_6^{2-}$	2	$+0,08$
	$2\,SO_4^{2-}$	$S_2O_8^{2-}$	2	$+2,05$
$Sb(-III) - Sb(0)$	$SbH_3 + 3\,H_2O$	$Sb + 3\,H_3O^+$	3	$-0,51$
$Sb(0) - Sb(+III)$	$2\,Sb + 9\,H_2O$	$Sb_2O_3 + 6\,H_3O^+$	6	$+0,15$
$Sb(0) - Sb(+III)$	$Sb + 4\,OH^-$	$SbO_2^- + 2\,H_2O$	3	$-0,66$
$Sb(0) - Sb(+III)$	$Sb + 3\,H_2O$	$SbO^+ + 2\,H_3O^+$	3	$+0,21$
$Sb(+III) - Sb(+V)$	$Sb_2O_3 + 6\,H_2O$	$Sb_2O_5 + 4\,H_3O^+$	4	$+0,73$
$Sb(+III) - Sb(+V)$	$2\,SbO^+ + 9\,H_2O$	$Sb_2O_5 + 6\,H_3O^+$	4	$+0,58$

Redoxpaar	Reduzierte Form	Oxidierte Form	n	E^0
$Se(-II) - Se(0)$	$H_2Se(g) + 2H_2O$	$Se + 2H_3O^+$	2	$+0,36$
$Se(0) - Se(+IV)$	$Se + 7H_2O$	$H_2SeO_3 + 4H_3O^+$	4	$+0,74$
$Se(0) - Se(+IV)$	$Se + 6OH^-$	$SeO_3^{2-} + 3H_2O$	4	$-0,35$
$Se(+IV) - Se(+VI)$	$SeO_3^{2-} + 2OH^-$	$SeO_4^{2-} + H_2O$	2	$+0,03$
$Si(0) - Si(+IV)$	$Si + 6H_2O$	$SiO_2 + 4H_3O^+$	4	$-0,86$
$Si(0) - Si(+IV)$	$Si + 6OH^-$	$SiO_3^{2-} + 3H_2O$	4	$-1,70$
$Sn(0) - Sn(+II)$	Sn	$Sn^{2+}aq$	2	$-0,16$
$Sn(0) - Sn(+II)$	$Sn + 2OH^-$	$Sn(OH)_2$	2	$-0,91$
$Sn(+II) - Sn(+IV)$	$Sn^{2+}aq$	$Sn^{4+}aq$	2	$+0,15$
$Sn(+II) - Sn(+IV)$	$Sn(OH)_2 + 4OH^-$	$Sn(OH)_6^{2-}$	2	$-0,90$
$Sr(0) - Sr(+II)$	Sr	$Sr^{2+}aq$	2	$-2,89$
$Te(-II) - Te(0)$	$H_2Te + 2H_2O$	$Te + 2H_3O^+$	2	$-0,69$
$Te(-II) - Te(0)$	Te^{2-}	Te	2	$-1,14$
$Te(0) - Te(+IV)$	$Te + 6H_2O$	$TeO_2 + 4H_3O^+$	4	$+0,53$
$Te(0) - Te(+IV)$	$Te + 6OH^-$	$TeO_3^{2-} + 3H_2O$	4	$-0,57$
$Te(+IV) - Te(+VI)$	$TeO_2 + 6H_2O$	$H_6TeO_6 + 2H_3O^+$	2	$+1,02$
$Ti(0) - Ti(+II)$	Ti	Ti^{2+}	2	$-1,63$
$Ti(0) - Ti(+III)$	Ti	Ti^{3+}	3	$-1,2$
$Ti(+II) - Ti(+III)$	Ti^{2+}	Ti^{3+}	1	$-0,37$
$Ti(+III) - Ti(+IV)$	$Ti^{3+} + 3H_2O$	$TiO^{2+} + 2H_3O^+$	1	$+0,1$
$Ti(0) - Ti(+IV)$	$Ti + 6H_2O$	$TiO_2 + 4H_3O^+$	4	$-0,95$
$Tl(0) - Tl(+I)$	Tl	Tl^+aq	1	$-0,336$
$Tl(0) - Tl(+III)$	Tl	$Tl^{3+}aq$	3	$+0,72$
$Tl(+I) - Tl(+III)$	Tl^+aq	$Tl^{3+}aq$	2	$+1,25$
$U(0) - U(+IV)$	$U + 6H_2O$	$UO_2 + 4H_3O^+$	4	$+1,40$
$U(0) - U(+VI)$	$U + 6H_2O$	$UO_2^{2+} + 4H_3O^+$	6	$-0,82$
$U(+IV) - U(+VI)$	UO_2	UO_2^{2+}	2	$+0,33$
$V(0) - V(+II)$	V	$V^{2+}aq$	2	$-1,2$
$V(0) - V(+III)$	V	$V^{3+}aq$	3	$-0,85$
$V(+II) - V(+III)$	$V^{2+}aq$	$V^{3+}aq$	1	$-0,255$
$V(0) - V(+V)$	$V + 8H_2O$	$V(OH)_4^+ + 4H_3O^+$	5	$-0,353$
$V(+III) - V(+IV)$	$V^{3+} + 3H_2O$	$VO^{2+} + 2H_3O^+$	1	$+0,36$
$Zn(0) - Zn(+II)$	Zn	$Zn^{2+}aq$	2	$-0,76$
$Zn(0) - Zn(+II)$	$Zn + 4CN^-$	$Zn(CN)_4^{2-}$	2	$-1,26$
$Zn(0) - Zn(+II)$	$Zn + 2OH^-$	$Zn(OH)_2$	2	$-1,245$
$Zn(0) - Zn(+II)$	$Zn + 4OH^-$	$Zn(OH)_4^{2-}$	2	$-1,22$

Atommassenzahlen (Atomgewichte) 1961

	Symbol	Ordnungs-zahl	Atommasse		Symbol	Ordnungs-zahl	Atommasse
Actinium	Ac	89	226,81	Neon	Ne	10	20,183
Aluminium	Al	13	26,9815	Nickel	Ni	28	58,71
Antimon	Sb	51	121,75	Niob	Nb	41	92,906
Argon	Ar	18	39,948	Osmium	Os	76	190,2
Arsen	As	33	74,9216	Palladium	Pd	46	106,4
Barium	Ba	56	137,34	Phosphor	P	15	30,9738
Beryllium	Be	4	9,0122	Platin	Pt	78	195,09
Blei	Pb	82	207,19	Polonium	Po	84	210
Bor	B	5	10,811	Praseodym	Pr	59	140,907
Brom	Br	35	79,909	Protactinium	Pa	91	231
Cadmium	Cd	48	112,40	Quecksilber	Hg	80	200,59
Caesium	Cs	55	132,905	Radium	Ra	88	226,05
Calcium	Ca	20	40,08	Radon	Rn	86	222
Cer	Ce	58	140,12	Rhenium	Re	75	186,2
Chlor	Cl	17	35,453	Rhodium	Rh	45	102,905
Chrom	Cr	24	51,996	Rubidium	Rb	37	85,47
Dysprosium	Dy	66	162,50	Ruthenium	Ru	44	101,07
Eisen	Fe	26	55,847	Samarium	Sm	62	150,35
Erbium	Er	68	167,26	Sauerstoff	O	8	15,9994
Europium	Eu	63	151,96	Scandium	Sc	21	44,956
Fluor	F	9	18,9984	Schwefel	S	16	32,064
Gadolinium	Gd	64	157,25	Selen	Se	34	78,96
Gallium	Ga	31	69,72	Silber	Ag	47	107,870
Germanium	Ge	32	72,59	Silicium	Si	14	28,086
Gold	Au	79	196,967	Stickstoff	N	7	14,0067
Hafnium	Hf	72	178,49	Strontium	Sr	38	87,62
Helium	He	2	4,0026	Tantal	Ta	73	180,948
Holmium	Ho	67	164,930	Tellur	Te	52	127,60
Indium	In	49	114,82	Terbium	Tb	65	158,924
Iod	I	53	126,9044	Thallium	Tl	81	204,37
Iridium	Ir	77	192,2	Thorium	Th	90	232,038
Kalium	K	19	39,102	Thulium	Tm (Tu)	69	168,934
Kobalt	Co	27	58,9332	Titan	Ti	22	47,90
Kohlenstoff	C	6	12,01115	Uran	U	92	238,03
Krypton	Kr	36	83,80	Vanadium	V	23	50,942
Kupfer	Cu	29	63,54	Wasserstoff	H	1	1,00797
Lanthan	La	57	138,91	Wismut	Bi	83	208,980
Lithium	Li	3	6,939	Wolfram	W	74	183,85
Lutetium	Lu	71	174,97	Xenon	Xe	54	131,30
Magnesium	Mg	12	24,312	Ytterbium	Yb	70	173,04
Mangan	Mn	25	54,9381	Yttrium	Y	39	88,905
Molybdän	Mo	42	95,94	Zink	Zn	30	65,37
Natrium	Na	11	22,9898	Zinn	Sn	50	118,69
Neodym	Nd	60	144,24	Zirkonium	Zr	40	91,22

Lösungen ausgewählter Übungsaufgaben

1.3 rund 100 Std.

1.5 102 mg

1.9 $1{,}24 \cdot 10^{15}$ sec^{-1}; 242 nm

2.5 C, Ti, V

2.8 Cr und Cu besitzen nur ein einziges $4s$-Elektron (Stabilität der halbbesetzten bzw. ganz besetzten $3d$-Teilschale)

3.8 $O_2^{2+} > O_2^+ > O_2 > O_2^- > O_2^{2-}$

3.20 $[Co(Br)_2(H_2O)_2(NH_3)_2]\,Cl$; $[Cu(NH_3)_4]\,SO_4$; $[Cr(Cl)_2(NH_3)_4]_2(SO_4)$; $Na_3[Mn(CN)_6]$; $K_3[Co(NO_2)_6]$

3.21 Tetramminplatin (II) tetrachloroplatinat (II)
Monochlorotriamminplatin (II) monammintrichloroplatinat (II)
Kaliumtetracyanonickelat (0)

3.32 b) für $\bar{\nu} = 20{,}7$ cm^{-1}, $\nu = 6{,}2 \cdot 10^{11}$ Hertz, $\Delta E = 4{,}1 \cdot 10^{-15}$ erg [= $4{,}1 \cdot 10^{-22}$ Joule]; $I = 2{,}7 \cdot 10^{-40}$ g cm^2

4.1 0,238 g/l

4.2 a) 8,21 bar, b) 8,25 bar, c) 8,07 bar

4.3 He: 133 pm, N_2: 157 pm, CO_2: 162 pm, CCl_4: 240 pm

4.5 0,0266 bar

4.12 a) $= 2{,}25$ l^2 bar/mol^2; b) $= 0{,}0427$ l/mol; $V_k = 0{,}128$ l/mol

4.13 77,3 g/l

5.2 a) Tetragyre, 4 darauf senkrecht stehende Digyren, 4 vertikale Spiegelebenen, horizontale Spiegelebene, Symmetriezentrum;
b) monokliner Schwefel: Digyre, senkrecht darauf Spiegelebene, Symmetriezentrum; rhombischer Schwefel: drei senkrecht aufeinanderstehende Digyren, zwei vertikale und eine horizontale Spiegelebene, Symmetriezentrum;
c) vier Trigyren, drei vierzählige Drehspiegelachsen (die zugleich Digyren sind), 6 Spiegelebenen;
d) kein Symmetrieelement;
e) Digyre (senkrecht zur Längsachse);
Chiral sind d) und e)

5.3 (1) Trichlorcyclopropan: $\mathbf{C}_S$
(2) Phenanthren: $\mathbf{C}_{2v}$
(3) Al_2Br_6: $\mathbf{D}_{2h}$
(4) 1,3-Dichlorallen: $\mathbf{C}_2$
(5) 1,2-*trans*-Dibromcyclopentan: $\mathbf{C}_2$
(6) Ferrocen: $\mathbf{D}_{5d}$
(7) Schwefel(IV)-fluorid: $\mathbf{C}_{2v}$
(8) Borazin: $\mathbf{D}_{3h}$

5.4   Optische Aktivität tritt bei (4) und (5) auf. Das Molekül (1) besitzt ein Dipolmoment

5.5 $B_{12}H_{12}^{2-}$: **I**

   $[Ag(CN)_2]^-$: $\mathbf{D}_{\infty h}$

   $[Be(OH)_4]^{2-}$: $\mathbf{T}_d$

   $Fe(CO)_5$: $\mathbf{D}_{3h}$

   $[Co(NO_2)_6]^{3-}$ $\mathbf{O}_h$

   $[TaF_8]^{3-}$: $\mathbf{S}_8$

6.11   3,85

6.12   a) $x_{\text{Äthanol}} = 0,51$; b) $p_{\text{Äthanol}} = 22,7$ Torr; $p_{\text{Methanol}} = 43,5$ Torr; $x_{\text{Äthanol}} = 0,34$

6.13 $x_{\text{Benzol}} = 0,53$; x_{Benzol} (Dampf) $= 0,795$

6.14   Wärmeverbrauch

6.17   Die Leitfähigkeit nimmt ab, bis nur noch Na^+- und Cl^--Ionen vorhanden sind, und steigt dann wieder an (die schnell wandernden H_3O^+-Ionen der Salzsäure werden durch die langsamer wandernden Na^+-Ionen ersetzt!)

7.1   296 Liter

7.2 CO_2: 1,54; CO: 0,973

7.3   4550 kg; $18,4 \cdot 10^6$ Liter

7.4 Sb_2O_5

7.5 C_3H_6

7.6 Fe_2O_3

7.8   45 %

7.9   4,56 g

7.10 BaO_2; 5,53 g

7.11   73 %

7.12 $5,95 \cdot 10^{23}$

7.13   53,5 g bzw. 38 ml

7.14   1,9-molal bzw. 1,84-molar

7.15   3,85 °C

7.16   256 u

7.17   0,281; 9,93-molar; 21,7-molal

7.19   6,5 %

7.20   0,008-M

8.3 $- 984,9$ kJ

8.4 $- 27,3$ kJ; $+ 113,1$ kJ; $- 313,8$ kJ

8.7 $- 233,3$ kJ

8.8 $-104,4$ J K^{-1}; $+ 160,7$ J K^{-1}; $+ 98,6$ J K^{-1}; $+ 24,7$ J K^{-1}

8.9   a) $\Delta S_{\text{sys}} = 19,1$ J $K^{-1} = \Delta S_{\text{umg}}$; b) $\Delta S_{\text{sys}} = 19,1$ J K^{-1}; $\Delta S_{\text{umg}} = 0$

8.10   6,9 kJ; $- 3,2$ kJ

8.11 $- 462,0$ kJ

8.13 $\Delta G^0 = - 34,9$ kJ/mol; $K = 1,2 \cdot 10^6$

8.14 $2,0 \cdot 10^{-7}$; $3,6 \cdot 10^{-6}$

8.15 $K = 1,74 \cdot 10^{12}$; $K_{600°} = 3,7 \cdot 10^3$

8.16 $6,78 \cdot 10^{-7}$

8.17 $1,34 \cdot 10^{-4}$; $1,8 \cdot 10^{-7}$; $1,8 \cdot 10^{-5}$

8.18 $(SO_4^{2-}) = 1,1 \cdot 10^{-9}$; $BaSO_4$; $(Ba^{2+}) = 4,6 \cdot 10^{-7}$

8.19 $(Pb^{2+}) = 2,9 \cdot 10^{-10}$; $(IO_3^-) = 0,03$

8.20 Wenn $(Ag^+) = 2,8 \cdot 10^{-9}$ geworden ist, fällt AgCl aus. Ag_2CrO_4 fällt erst dann aus, wenn $(Ag^+) = 1,4 \cdot 10^{-5}$

8.21 $6,95 \cdot 10^{-9}$

9.5 51,9 kJ

9.6 a) $1,49 \cdot 10^{-2}$ min^{-1}; b) 154 min

9.7 $1,59 \cdot 10^{-3}$ sec^{-1}

9.8 170,3 kJ

10.6 NH_3

10.8 Durch NH_4Cl-Zusatz wird das pH der NH_3-Lösung erniedrigt; die (OH^-) wird zu klein, als daß das Lp von Mg$(OH)_2$ überschieden werden könnte

10.9 1; 11,62; 2,42; 8,43; 7; 13,6; 12,95; 2,65

10.10 0,764%; 24,1%

10.11 Reaktion: $Cu^{2+} + 2H_2O + H_2S \rightleftharpoons 2H_3O^+ + CuS(s)$. Die extreme Schwerlöslichkeit von CuS verschiebt das Gleichgewicht sehr stark nach rechts

10.13 $(OH^-) = 4,2 \cdot 10^{-4}$

10.15 10,3

11.4 (Fe^{3+}) wird durch den Fluorid-Zusatz so stark verkleinert, daß das Potential der $FeSO_4$-Lösung genügend stark negativ wird

11.5 nicht ansäuern

11.6 Null

11.7 Da CuI sehr schwerlöslich ist, wird (Cu^+) sehr klein und damit das Potential Cu^{+I}/Cu^{+II} genügend stark positiv

11.10 a) Wasserzersetzung; $U_z = 1,24$ V; b) Abscheidung von Blei (Kathode) und von Sauerstoff (Anode); $U_z = 0,95$ V; c) Abscheidung von Blei (Kathode) und Auflösung der Anode (Pb $\longrightarrow$ Pb^{2+}); $U_z = $ Null

11.18 10^{-10}

12.2 Ionisierungsenergie zu hoch; Elektronen werden weniger leicht vom Atom «entfernt»

12.14 a) Äthan: gegenüber Wasser und Luft inert; b) Disilan: an der Luft Entzündung, im Wasser Hydrolyse

13.7 Abschirmungseffekt!

13.8 Geringere EN und größerer Atomradius bei Chlor

13.12 Höher geladene Metall-«Ionen» polarisieren die Anionen viel stärker (Übergang zur Kovalenz)

13.16 505,6 nm

13.17 $3,2 \cdot 10^{26}$; $5 \cdot 10^{45}$; $3,2 \cdot 10^{27}$

13.20 $E^0 = +1,60$ V

14.9 a) Oxidation zu O_2; b) Reduktion zu H_2O ($I^- \longrightarrow I^0$); keine Reaktion; Reduktion zu H_2O ($Fe^{+II} \longrightarrow Fe^{+III}$)

14.14 $1 \cdot 10^{-22}$; $3 \cdot 10^{-14}$; $3 \cdot 10^{-5}$

15.2 P_4 ist kinetisch labil; zudem ist P_4O_{10} thermodynamisch stabil

15.11 a) Protonenabgabe des HPO_4^{2-}-Ions endotherm und mit Entropieabnahme verbunden; b) das H_2SO_4-Molekül ist thermodynamisch weniger stabil als das H_3PO_4-Molekül, so daß ΔG^0 für die 1. Protolysestufe negativ wird

15.16 0,062-M

15.19 a) 740 min, b) 740 min, c) 370 min

15.20 ein kinetischer Effekt

15.22 0,073-M; 0,027-M 1,6 $\cdot 10^{-7}$-M

16.1 Die Abstände zwischen den Schichten müssen auf die Länge einer C—C-Einfachbindung gebracht werden

16.5 inert; inert; Hydrolyse zu SiO_2; Hydrolyse zu Halogenokomplex; löslich als Ionenverbindung; ebenso; ebenso

16.8 Mäßiger Sauerstoffstrom ergibt keine allzu hohen Verbrennungstemperaturen und führt damit zur Bildung von CO_2. Stärkerer Sauerstoffstrom bewirkt trotz des O_2-Überschusses vermehrte CO-Bildung wegen der hohen Verbrennungstemperatur

16.18 5,69

16.19 + 40,6 kJ/mol

17.12 a) $3,3 \cdot 10^{14}$; b) $2,6 \cdot 10^{13}$

17.13 10^{-54}

18.8 a) $3,5 \cdot 10^{-4}$; b) $2,1 \cdot 10^{-5}$; c) $1,7 \cdot 10^{-8}$

20.13 disproportioniert; disproportioniert; stabil; disproportioniert; stabil

22.19 17,2 g

23.10 Die Komplexzerfallskonstante von $K_3Fe(CN)_6$ ist größer, so daß eine Lösung des Salzes freie CN^--Ionen enthält

24.3 75%

24.5 In konzentrierter Lösung und auf Zusatz von Cl^- bilden sich (grüne) Tetrachlorokomplexe

24.11 Bildung eines löslichen $AgCl_2^-$-Komplexes

24.19 basische Zinksalze

24.21 Das Aluminiumblech wird amalgamiert, und die dünne, kompakte Oxidschicht wird zerstört

Sachregister

Abbildungsnachweis

Die folgenden Abbildungen sind dem Werk *Anorganische Chemie* von F. A. Cotton und G. Wilkinson (erschienen im Gemeinschaftsverlag Chemie / Interscience) entnommen (mit freundlicher Genehmigung des Verlags Chemie, Weinheim):

Abb. 5.20 (Cotton-Wilkinson, S. 46)
Abb. 16.2 (Cotton-Wilkinson, S. 276)
Abb. 21.9 (Cotton-Wilkinson, S. 650)
Abb. 25.7 (Cotton-Wilkinson, S. 715)